普通高等教育“十三五”规划教材

分子生物学

（第二版）

MOLECULAR BIOLOGY

主　编　杨荣武

副主编　盛　清　卢　彦

参　编（按姓氏笔画为序）

丁　智　王小明　王永芬　田新民

刘　堰　杜希华　汪　茗　杨　艳

罗　姮　赫富霞　藏宇辉

南京大学出版社

图书在版编目(CIP)数据

分子生物学 / 杨荣武主编. — 2版. — 南京 : 南京大学出版社，2017.9(2024.7 重印)
普通高等教育“十三五”规划教材
ISBN 978-7-305-18469-7

Ⅰ. ①分… Ⅱ. ①杨… Ⅲ. ①分子生物学 Ⅳ. ①Q7

中国版本图书馆 CIP 数据核字(2017)第 090649 号

出版发行 南京大学出版社
社　　址 南京市汉口路22号　　邮　编 210093

丛 书 名 普通高等教育“十三五”规划教材
书　　名 分子生物学
FENZI SHENGWUXUE
主　　编 杨荣武
责任编辑 刘　飞　　编辑热线 025-83592146

照　　排 南京南琳图文制作有限公司
印　　刷 常州市武进第三印刷有限公司
开　　本 889×1194 1/16 印张 39.75 字数 1500 千
版　　次 2024 年 7 月第 2 版第 8 次印刷
ISBN 978-7-305-18469-7
定　　价 118.00 元

网址：http://www.njupco.com
官方微博：http://weibo.com/njupco
官方微信号：njupress
销售咨询热线：(025) 83594756

第二版前言

经过了十年漫长的等待,《分子生物学》第二版终于出版了,对此我既感到十分的遗憾,又感到特别的激动。遗憾的是,十年的时间对于分子生物学这样的学科来说,意味着有太多太多的进展,这么久才更新显然有些滞后了!然而,令人激动的是,毕竟慢工出细活。经过这么长时间的精心准备和精雕细琢,第二版教材的质量有了根本的改善。

《分子生物学》第一版也很成功,曾经获得华东六省一市大学出版社优秀教材一等奖。而第二版在保留第一版全部优点和特色的基础上,做了许多优化、改进和创新。这些优化、改进和创新包括:

(1) 内容进行了全面的更新,包括每一章后面提供的文献和推荐网址。例如,增加了 CRISPR 系统、基因组编辑、表观遗传、lnRNA 和新一代 DNA 测序技术等内容,引用文献截止到 2017 年 8 月。

(2) 可读性、易读性进一步提高。全书的每一个句子都经过了字斟句酌、反复推敲。

(3) 全书结构体系做了一些调整,特别是考虑到古菌与真核生物在分子生物学的各种机制上更加相似,因此不再简单地按照原核生物和真核生物来组织各章内容,而是按照细菌、真核生物和古菌三个域来组织。

(4) 教材中引入了新的元素,就是文中穿插了许多小框和随文小测验(quiz)。小框中有分子生物学的最新动态、趣事、应用和科学小故事等。小框中丰富多彩的内容可进一步激发读者学习分子生物学的兴趣,而小测验可以让读者带着问题去学习。另外,每一章的小结仍然设计成填充的形式,这样可以让读者自己去总结。

(5) 特配数字课程,内有杨荣武教授讲授的本课程的全程录像,读者可以利用书中的二维码,在有网络的情况下随时观看录像视频,此外,还有许多辅助教学和学习的资料可供下载。这不仅有助于读者的学习和教师的教学,还在读者和编者之间提供了一种相互交流和学习的平台。

(6) 提供了四套 PPT 课件,中、英文简版和全版各一套,相信这对于许多学校正在推行的双语教学应该很有帮助。

(7) 为了提高学习效果,本版改为了双色版,从而使反应主线特别是图表显示的部分更加突出、内容更加鲜活生动。

(8) 配套的《分子生物学学习指南与习题解析》将很快更新。

第二版的主编是南京大学的杨荣武教授,副主编是浙江理工大学的盛清教授和南京大学的卢彦老师,参加编写的还有南京大学的藏宇辉、王小明和丁智,江苏科技大学的罗晅,河南牧业经济学院的王永芬,山东师范大学的杜希华,西南大学的刘堰,牡丹江师范学院的田新民,东北林业大学的赫富霞,中国海洋大学的杨艳以及皖南医学院的汪茗等老师。

在编写的过程中,对我们支持最多的显然是我们的家人。在此,我们想对他们大声地说一声谢谢,谢谢对我们工作的全力支持。当然还要感谢我最最可爱的学生们,尤其是 2013 级生科院的刘苗、高雅雯以及医学院的李竹同学,她们参与了对第二版的校对,并从学生的角度提供了许多修改的建议,以及宋揆松同学,他为第二版设计了封面。还要特别感谢所有第一版的读者,谢谢你们对这本教材的厚爱。最后,还要感谢苹果公司,因为我几乎所有章节的内容都是在 iPad pro 上完成的。

杨荣武

Robert Young

2017 年 9 月于南京

第一版前言

分子生物学是在分子水平上研究生物大分子的结构与功能的学科，其研究的核心内容是基因的化学本质和基因复制、突变及表达的分子机制。如果以 Watson 和 Crick 提出 DNA 双螺旋结构作为这门学科诞生的标志，那么分子生物学的发展已有半个多世纪。在过去的 50 多年里，分子生物学发生了翻天覆地的变化，它的变化也极大地带动和推进了其他许多学科的发展。可以说当今的分子生物学已经渗透到生命科学的各个方面。

为了能够充分反映这一门学科的核心内容和最新进展，急需一本既与时俱进又通俗易懂的新教材。上个世纪 80 年代末，南京大学的孙乃恩教授曾经编写一本在全国颇有影响的《分子遗传学》教科书。到 2005 年为止，孙先生的教材已重印过 15 次。然而，由于种种原因，这本教材的内容一直没能更新，显然，与当今分子生物学发展的速度相比，书中的许多内容已显陈旧了。为此我们在原来的《分子遗传学》的基础上，重新编著了这本《分子生物学》，希望这本新教材既能继承孙先生教材的诸多优点，也能克服原教材中的一些不足。

这本新版的《分子生物学》具有以下特点：(1) 在内容上，突出了"新"字，充分反映了本学科发展的最新成果。例如，在本书的相关章节增加了 RNA 聚合酶作用的"热棘轮"模型、RNA 核开关、RNA 干扰和蛋白质的反式拼接等。考虑到本学科发展的特点，以后我们将随时更新本书内容。(2) 在介绍重要的分子生物学原理的时候，已不再仅局限于介绍现成的结论，而是更多描述相关的背景知识。为了激发读者的学习兴趣，启发学生的创新意识和思维，在主要的章节后面附有具启发性的科学故事。例如，在第 9 章蛋白质的生物合成这一章，附有的科学故事是 RNA 领带俱乐部与遗传密码的破译。(3) 在编写过程中，吸收了南京大学生命科学学院的部分优秀学生的参与，认真听取他们的意见。他们的主要任务是"试读教材"，以保障教材的通俗易懂。(4) 在编排体系上，力求做到各章节之间的衔接和连续性，尽可能避免不必要的重复。每一章有引言、主题内容、小结、科学故事、参考文献、推荐网址和思考题。(5) 小结以填充题的形式给出，这为读者提供了一次自我检测的机会。(6) 提供了配套的光盘。在光盘中，有各章节图表的彩图，以方便读者能够借助高清晰的彩图更加直观地理解复杂的分子机制。

本书的使用对象包括综合性院校、医学院、农林院校及师范院校的与生命科学相关专业的本科生，也可供相关专业的教师、研究生和科技工作者使用。

最后，衷心希望这本书的出版能够为我国的分子生物学的发展和分子生物学知识的普及做出一点贡献。

杨荣武

Robert Young

2007 年 1 月于南京

致学生的一封公开信

亲爱的同学，你好！

首先要非常感谢你使用本教材！希望这本教材会让你喜欢上分子生物学，并对你学好分子生物学有帮助！同时，还特别希望你能对本教材提出宝贵的意见，以便再版的时候进行改进，从而使这本教材日臻完善，越编越好。我一直认为，你们对一本教材的评价是最有发言权的，因此我特别看重你的建议。请给我的邮箱（robertyang@nju.edu.cn 或 askmenow@whoever.com）发邮件吧，或者加我微信（微信号："njuyangsir"），给我留言吧！我的目标是让这本教材早日成为中国最好的中文分子生物学教材之一。要想实现这个目标，你的帮助和支持是必不可少的。

为了让你能更好地使用本教材，让它更好地能为你服务，我这里有几点建议，仅供参考。

(1) 让自己喜欢上分子生物学

在学习这门课之前，你可能已从学长那里得到一些有关这门课的信息。你所得到的信息中，最多的可能是这门课有多难学，就像当初学习生物化学一样。但你不能因此就不敢去学，或者失去学习的兴趣。我始终认为，要想学好一门课，你首先得让自己喜欢上这门课。当然，让你喜欢上分子生物学是要有理由的：首先，分子生物学很有用。从分子生物学课中，你可以得到很多与健康、疾病、医药、营养、保健、防病和治病等有关的知识。这些知识可以让你受用一辈子，而且你也可以将这些分子生物学知识传播给你的家人和朋友。电视上每天都充斥着各种骗人的医药、保健品的广告，这些广告利用的就是大众缺乏生化、分子生物学等知识这一点。这里请允许我问你几个问题，看你知道不知道？抽烟和熬夜究竟为什么不利于健康？为什么路边的野蘑菇你不要乱采？为什么腌制的食品不能多吃？什么是表观遗传？什么是基因组编辑？你有多少个编码蛋白质的基因？有天生不会得艾滋病的人吗？这些问题的答案，在我这本教科书上你都能找到。其次，学好分子生物学是你学好生命科学其他课程以及将来从事生命科学研究的基础，你要知道分子生物学不仅作为一门学科，而且作为一项工具与生命科学其他学科、医学和农学早已经深度整合在一起了。很难想象，没有分子生物学的生命科学、医学和农学等是什么样子！

(2) PPT 课件的使用

建议你事先将 PPT 课件打印出来，上课前能预习一下，听课的时候可以在打印稿上直接做笔记。如果你想趁机提高自己的专业英语水平，就打印英文 PPT 吧。专业英语不是你想象的那样难，平时多看看就习惯了。此外，在看英文 PPT 的时候，要注意单词的发音，而发音的时候要特别注意重音的位置。为了方便你自己与老外同行进行学术交流，就大胆地将专业词汇读出来吧！

(3) 教科书内容的取舍

学好分子生物学，平时应该多花点时间去阅读教材。但书上的内容不是每一个部分都要看的。这取决于你想掌握多少分子生物学知识或者你的任课老师要求你掌握多少。当然，你首先应该阅读老师上课讲到的相关内容，其次阅读你感兴趣的部分。此外，在阅读的时候，最好结合我在书上提出来的问题（quiz），或者自己提出问题。对于我给出的问题，要尽量自己去解决，如果解决不了，再去问老师，或者去网上查阅答案。

(4) 小框和科学故事的使用

本教材中有许多小框和科学故事，小框中的内容和科学故事十分有趣，强烈建议你课后好好看看，以享受学习分子生物学给你带来的乐趣。但是，单是看看是不够的，最好看过以后多多思考故事给你带来的启示，更希望你能根据分子生物学中其他经典的发现和最新的突破写成你的小框故事。如果你愿意，我可以将你的小框故事放到下一版本的《分子生物学》中，让更多的人分享你的故事。

(5) 书中文献的使用

本教材的每一章后面都有参考文献,有经典的,也有最新的。如何使用这些文献呢?我建议你有选择地去阅读,一些特别经典的文献是非读不可的,如 Watson 和 Crick 有关 DNA 双螺旋结构的论文,还有一些最新的文献你也可以找几篇好好研读一下。

(6) 如何利用书中推荐的网址

在每一章的后面,我都精选了若干与此章内容相关的网址,而在全书的最后也推荐了多个有用的网站。建议你有空就去看一看,我想这些网站对你的分子生物学学习肯定有很多帮助。像维基百科(http://en.wikipedia.org)和每日科学新闻(http://www.sciencedaily.com),我建议你每天都可以去浏览浏览,它们对拓宽你的知识面是非常有帮助的。

(7) 如何使用与这本教材配套的《分子生物学学习指南与习题解析》

为了能让你更好地学好分子生物学,我还专门编写了一本与本教材配套的《分子生物学学习指南与习题解析》。在这本辅助教材中,不仅有很多富于启发性的例题、习题及其解析过程,还有很多有用的学习方法、知识点总结和记忆秘诀。建议你不妨去图书馆借阅或者自己购买一本。

(8) 如何考出好的成绩

每一个学生都想最后在分子生物学课上考出好的成绩。对此我的建议是,你首先要搞清楚你的任课老师的评分标准。请参考评分标准,来制定你的学习计划。其次,按照"I hear, I forget; I see, I remember; I do, I understand",即"我听,我忘;我看,我记得了;我做,我理解了"这一句话去做。这句话中的听是听课,看是看书,做是做题目和做实验。最后,千万不可临时抱佛脚。分子生物学内容太多了,平时多看点、多做点吧!

祝学习分子生物学过程顺利、愉快并取得成功!

南京大学生命科学学院

杨荣武

Robert Young

2017 年 9 月

致同行的一封公开信

尊敬的同行，您好！

谢谢您选用本教材。希望这本教材对您的分子生物学课程的教学会有帮助！同时还特别希望您能对本教材提出宝贵的意见，以便再版的时候进行改进，从而使这本教材越编越好。我的目标是让这本教材早日成为中国最好的中文分子生物学教材之一。要想实现这个目标，显然您的帮助和支持是必不可少的。

为了让您能更好地使用本教材，我这里有几点建议，仅供参考。

(1) 课件的选择

与本教材配套的共有四套 PPT 课件，两套英文，两套中文。英文课件用于双语教学。中英文课件中各有高级版和初级版两种。究竟使用何种版本取决于您的课时多少。初级版涉及的是分子生物学最基础和最重要的内容，高级版则在初级版内容的基础上有很多扩充，在内容的深度和广度都有很大提高。

(2) 课件的使用

在使用 PPT 课件的时候，我认为最重要的一点是切忌照着 PPT 一条一条去念，否则会让学生昏昏欲睡，慢慢丧失学习的兴趣！PPT 不是万能的，有时候适当地做做板书还是有必要的，甚至可以考虑不定期地进行"裸讲"。

(3) 授课内容的取舍

在使用任何一本教材的时候，上面的内容不可能也不需要都去讲授。在这个学时不断被压缩的年代，对于日新月异的分子生物学来说，在有限的学时内完成高质量的教学是很困难的。对此我的建议：先将教科书上的内容分为课堂上必讲的部分、给学生自学的部分、与其他课程（如生物化学、细胞生物学和遗传学）重叠的部分和有兴趣才需要学的部分。我们教师应该将课本上最难又最重要的部分作为课堂必讲的内容，那些很容易理解的内容可让学生自学，而那些与其他课程重叠的内容事先最好与其他课程的老师进行协调，以避免不必要的重复。像分子生物学书上有关核苷酸这样的内容，完全可以省去不讲，因为它在生物化学课程中肯定已经讲过。分子生物学发展史有关内容可以让学生去自学。另外，我还建议，有关实验技术的内容（如基因工程）可以直接留给实验课的老师。

(4) 书中 quiz 的用途

在本教材上，每一章的内容中都插有富有启发性的 quiz，这些 quiz 紧扣书上相关的内容。我建议可利用这些 quiz，在课堂上组织学生进行讨论。为了吸引学生能够主动参与讨论，可将其作为平时成绩的一部分。我所使用的方法是课堂参与有 5 分奖励，作为 100 分以外的附加分，每参与一次课堂讨论就统计一次，最后参与次数最多的就可得 5 分附加分，其他人根据次数的多少，得相应的附加分。

(5) 小框和科学故事的使用

本教材中有许多小框和科学故事，小框中的内容和科学故事十分有趣，估计学生课后都会自己去看。但单是看看是不够的，我认为可以让学生选择一个科学故事来写一点心得体会，或者让学生自己根据最新的科学进展来创作小框故事。这样做可更好地激发学生学习分子生物学的兴趣，也可以培养学生的科研思维。

(6) 书中文献的使用

本教材的每一章后面都有参考文献，有经典的，也有最新的。如何使用这些文献呢？我的建议是有选择地叫学生去阅读，如 Watson 和 Crick 有关 DNA 双螺旋结构的文献是一定要让学生去阅读的，如果你在进行双语教学，可让学生将阅读的文献翻译成中文，并提供机会，让学生之间进行文献阅读和翻译的交流。

(7) 第一堂分子生物学课怎么上

第一次分子生物学课非常重要，直接关系到学生对这门课的兴趣。因此，我认为老师一定要在第一次课上动员一切可用的手段，激发学生学习分子生物学的兴趣，另外可在第一次课上把评分标准、课程要求和纪律讲清楚。有的老师喜欢在第一堂课上大谈分子生物学的历史，我认为并不适合。与其大谈遥远的分子生物学发展史，不如多讲些最新的分子生物学进展和突破。这里我想把我每学期第一次课讲授的主要内容与各位同行分享一下：

☆ 致欢迎辞。

☆ 让一位同学谈谈自己对分子生物学这门课的认识。

☆ 介绍课堂要求和课堂纪律。

☆ 公布评分标准。

☆ 介绍学好分子生物学的技巧(可请上一届学得比较好的学生到现场介绍学习心得)。

☆ 介绍近两年诺贝尔化学奖和诺贝尔医学及生理学奖有关生化和分子生物学的内容。

☆ 介绍当年和以前的由科学杂志评选的年度分子或年度突破。

☆ 介绍什么是分子生物学以及分子生物学的主要内容。

☆ 介绍分子生物学的用途。

☆ 最后播放两段视频：一是由哈佛大学制作的模拟细胞内发生的各种分子事件的动画视频；二是我的结构生物化学 MOOC 宣传片的视频。这两段视频的播放可将学生们学习分子生物学的激情激活到顶峰。

☆ 布置 homework。

(8) 如何进行分子生物学课的双语教学和翻转课堂教学

现在流行双语教学，但如何将双语教学开展得好并不容易。对此我的建议：不主张用全英文授课，因为分子生物学的专业词汇太多，使用全英文上课对学生的要求太高。但使用全英文的 PPT 是完全可行的。至于讲课的英文比例可控制在 50%左右。对于第一次遇到的专业词汇，在讲英文以后，最好立刻快速翻译成中文；课后可适当地补充一些英文阅读资料(如 www. sciencedaily. com 每天发布的最新分子生物学进展)，或者叫学生阅读章节后面的英文文献，以提高学生的专业英语水平；免费租借给学生英文原版教材；考试不必出全英文试卷，但可以最后出两道共 10 分的英文题目作为附加题，并要求学生必须用英文回答。

对于翻转课堂教学这种方式，我并不反对，但我认为它永远只能做“陪衬”，绝对不能作为“主菜”，而且要选择好内容。现在有的老师干脆课堂什么内容都不讲，让学生回去看事先录制的录像，然后再定期让学生自己来讲某个部分的内容，还组织什么讨论。这是极其不负责任的！试想你录制的授课录像又不是偶像剧，可能第一次学生还觉得新鲜去看，后面会产生强烈的抵触心理的。再说，你让学生分组自己去讲，首先组内有的学生是打“酱油”的。其次每一组只会对本组讲的内容有兴趣，对其他组讲的内容几乎没有兴趣，不像老师讲，只要你讲的好，所有的学生都会有兴趣。如此翻转，结果必然导致一门课结束以后，学生真正学到的内容很少！所以，翻转只能作为一种辅助的教学手段。

顺致

教安！

南京大学生命科学学院

杨荣武

Robert Young

2017 年 9 月

目 录

第一章 绪论

分子生物学(molecular biology)广义上可以指从分子水平研究生命现象、探究生命本质的学科,但是按照这样的定义就很难将它与生物化学区分开。实际上,分子生物学主要以核酸和蛋白质的结构及其在遗传信息、细胞信息传递中的作用为研究对象,核心内容是核酸在生命过程中的作用,因此称为核酸生物学也许更确切。然而,与生物化学侧重研究各种生物分子包括核酸的结构、功能和性质不同,分子生物学更侧重研究核酸的功能单位即基因的结构和功能,因此,分子生物学更严格的定义是从分子水平研究基因的结构和功能的学科,包括遗传信息的传递、表达和调控等内容。

本章将主要介绍分子生物学的起源、发展、应用以及学习方法。

第一节 分子生物学的起源

分子生物学是在遗传学和生物化学的基础上发展起来的一门交叉学科,其起源可以追溯到19世纪中叶开始的一系列遗传学研究成果,但是当时还没有把遗传物质与核酸相关联,而侧重于研究遗传性状从亲本向子代传递的规律,称为传递遗传学(transmission genetics),那个阶段可认为是分子生物学的奠基阶段。

虽然早在1869年,Friedrich Miescher就发现了核酸,但是直到1944年,Oswald Avery通过肺炎双球菌(*Pneumococcus*)的转化实验,才证明遗传物质就是脱氧核糖核酸(deoxyribonucleic acid, DNA)。自此以后,人们才真正了解基因的化学本质,才开始从分子水平研究遗传物质的传递和表达规律,称为分子遗传学(molecular genetics),分子生物学的发展由此从奠基阶段进入迅速发展阶段。

一、传递遗传学

在1858~1865年间,Gregor Mendel(图1-1)经过7年的豌豆杂交实验,总结了生物遗传的两条基本规律,即基因分离定律和基因的自由组合定律,于1865年发表了题为"*Experiments in Plant hybridization*"(植物杂交试验)的论文。在此之前,人们认为遗传就是将来自亲本的各种性状混合后传给子代,而Mendel根据自己的实验结果认为,生物的遗传性状由分开的遗传因子(hereditary factor)传递给后代。各种遗传因子独立地完整地传给子代,每一个亲本只传递一半的遗传因子给每一个子代,而同一个亲本的不同子代可以得到一套不同的遗传因子。后来,这些遗传因子被称为基因(gene),而符合Mendel所发现的遗传规律的遗传行为称为孟德尔遗传(Mendelian inheritance)。

图1-1 Gregor Mendel (1822—1884)

Mendel将一些显而易见的遗传性状称为表现型或表型(phenotype),如黄色种子和白色花。表型也指生物的一整套显而易见的遗传性状,是生物内在遗传因子的外在表现。Mendel发现基因能以不同的形式存在,这些形式不同的同种基因称为等位基因(allele)。等位基因决定生物体的表型,这两个等位基因中,一个可能是显性(dominant),一个可能是隐性(recessive),显性性状可以覆盖隐性性状。每个亲本若所含有的基因都具有两个拷贝,则是二倍体(diploid),分为纯合体(homozygote)和杂合体(heterozygote)。其中纯合体具有两个相同的等位基因,而杂合体具有两个不同的等位基因。Mendel进而推断,性细胞即配子中所含有的基因只有一个拷贝,是单倍体(haploid)。在杂交时,具有不同等位基因的二倍体亲本分别将不同的等位基因传给子代,每个亲本只传递一个等位基因给子代,而子代因为得到来自亲本的不同等位基因而具有不同的表型。根据亲本的基因型可以预计子代出现不同性状的比例。

遗憾的是 Mendel 的研究成果并没有得到当时生物学界的注意和重视,直到 35 年以后,他的遗传学理论才被重新发现,并得到普遍应用,成为现代遗传学的基础,Mendel 也被公认为经典遗传学的奠基人。

1900 年之后,大多数遗传学家开始认同基因是颗粒性的,遗传学也与此同时进入了繁荣期。19 世纪后期开始的关于染色体本质的研究,促使遗传学家们开始接受 Mendel 学说。Mendel 早就预言配子是单倍体,其含有的基因仅有一个拷贝。如果基因存在于染色体上,那么染色体的数量在配子中也应该减半,事实正是如此,因此染色体就成了基因的载体。于是在 1902 年,Walter Sutton 和 Theodor Boveri 各自独立地提出了遗传的染色体学说(the chromosome theory of inheritance)。该学说认为基因存在于染色体之上,这是遗传学一次至关重要的进步。从此,基因不再是空洞的概念,而是细胞核中可以被观察到的实物。

1910 年,Thomas Hunt Morgan 利用果蝇进行遗传学实验,发现了连锁遗传规律。Morgan 因为"发现了染色体在遗传中所起的作用,并证明了基因位于染色体上"而获得 1933 年的诺贝尔生理学或医学奖。

图 1-2 Thomas Hunt Morgan(1866—1945)

Morgan 选用在许多方面都比豌豆更适合用于遗传学研究的果蝇(*Drosophila melanogaster*)进行遗传学研究,发现果蝇眼睛颜色、翅膀大小等表型是与性别相关联的,这种遗传现象被称为伴性遗传。出现伴性遗传的原因是控制这些性状的基因位于同一条 X 性染色体上,这使他确信染色体学说的正确性。

Morgan 的研究结果与 Mendel 遗传学并不矛盾,位于不同染色体上的基因在遗传中独立起作用,而位于同一染色体上的基因在遗传中的作用是连锁的,比如决定果蝇白眼和短翅的基因。

二、分子遗传学

传递遗传学明确了遗传性状由基因控制,基因位于细胞核的染色体上,在遗传过程中由亲本传递给子代,决定子代的遗传性状,但并不明确基因的组成以及基因如何决定生物体的遗传性状。这些问题是分子遗传学的研究领域。

1869 年,瑞士有一位叫 Friedrich Miescher 的年轻科学家,他在获得博士学位仅一年后就从外科的脓细胞即白细胞中,分离得到完整的细胞核,然后经过碱抽提和酸化处理,从细胞核中分离得到了一种富含磷的化合物,他称之为核素(nuclein)。第二年,Miescher 在莱茵河上游找到了分离核素的更好材料——鲑鱼精子,并从中提取了纯的核素。1889 年，他的学生 Richard Altmann 引入了"核酸"(nucleic acid)的概念。

那时虽然 Mendel 的"*Experiments in Plant hybridization*"论文已经发表，但是却被束之高阁，有关的遗传学知识依然十分模糊和混乱，用于研究生物大分子的化学手段和技术也相对滞后，因此，当时 Miescher 无法正确判断他所发现的这种新物质的生物学功能。但是，Miescher 凭借自己的研究，曾在 1892 年的一封信中指出，这种大分子由一些彼此相似但不完全相同的小的化学片段重复组成，可以表达非常丰富的遗传信息，正如所有语言的单词和概念都是由 24～30 个字母组成的一样。

1900 年，对 Mendel 遗传学理论的再发现更促进了人们对核酸的深入研究。1910 年，德国生化学家 Albrecht Kossel 首次分离到单核苷酸，并阐明了核酸的三种主要成分是核糖、磷酸和碱基。1924 年，德国细胞学家 R. Feulgen 发现核酸中的糖类有核糖和脱氧核糖两种，并基于此，将核酸分为核糖核酸(ribonucleic acid, RNA)和脱氧核糖核酸。

1929 年，Kossel 的学生 P. A. T. Levine 发现核酸中的碱基主要是腺嘌呤、鸟嘌呤、胸腺嘧啶和胞嘧啶。Levine 还证明核酸由更简单的核苷酸组成，而核苷酸由碱基、核糖和磷酸组成。Levine 为探明核酸的成分做出了重要贡献，但他却错误地以为核酸结构比较简单，不可能携带大量信息，难以承担复杂的遗传功能，这一观点在当时得到了广泛认同。由于染色体的主要成分除了核酸以外，还有蛋白质，因而人们普遍认为结构更为复杂的蛋白质是遗传信息的载体。

直到 1944 年，Avery 通过肺炎链球菌转化实验证明 DNA 而不是 RNA 或者蛋白质可以使生物体的遗传性状发生改变，DNA 才是遗传信息的载体(参看第二章 遗传物质的分子本质)。

1952 年，A. D. Hershey 和 Martha Chase 利用噬菌体感染细菌实验进一步证实了 DNA 作为遗传物质的作用。在此之前不久，Linus Pauling 刚刚发表了关于蛋白质详细结构的论文并认为蛋白质是遗传物质，Hershey 和 Chase 的实验结果不仅使 Pauling 意识到蛋白质充当遗传物质的观点是错误的，DNA 才更可能是遗传物质，而且引导了当时许多科学家转向研究 DNA 的结构。

图 1－3 James D. Watson(左)与 Francis Crick(1916—2004)(右)

1953 年，James D. Watson 与 Francis Crick 提出了 DNA 的双螺旋结构模型，这一事件被公认为是分子生物学发展史上最重要的里程碑，也是分子生物学正式诞生的标志。这之后分子生物学的发展进入了一个崭新的时代，分子生物学的迅速发展不仅带动了整个生命科学的发展，也使得生物学在自然科学中的地位发生了根本的变化，生物科学与物理学、化学、数学和信息科学等学科的交叉渗透也极大地推动了这些学科的发展。现在，生物学已经毫无疑义地成为自然科学的带头学科之一，21 世纪已成为生命科学的世纪！

第二节　分子生物学的发展

明确了生物体主要遗传物质的化学本质就是DNA,并揭示了DNA的双螺旋结构之后,接下来的问题就是DNA作为遗传物质如何保证遗传的稳定性,也就是说在传代之前如何进行高保真的复制?以及DNA如何决定生物体的遗传性状?

一、DNA的半保留复制

Watson和Crick在提出DNA的双螺旋结构模型的时候,就对DNA的复制过程进行了预测,按照DNA的双螺旋结构模型,DNA分子由两条反平行的多聚脱氧核苷酸链组成,两条链上的碱基通过氢键互补配对,即一条链上的G只能与另一条链上的C配对,A只能与T配对,也就是说,一条链上的碱基排列顺序决定了另一条链上的碱基排列顺序,或者说,DNA分子中的每一条链都含有合成它的互补链所需要的全部信息。因此,Watson和Crick认为,DNA复制时,两条互补链的碱基对之间的氢键首先断裂,双螺旋解开,两条链分开,分别作为模板,按照碱基互补配对原则合成新链,每条新链与其模板链组成一个子代DNA分子,子代DNA分子具有与亲代DNA分子完全相同的碱基排列顺序,即携带了相同的遗传信息。在由此产生的两个相同的子代DNA分子中,一条链来自亲代DNA,另一条链来自新合成的DNA,这种复制方式被称为半保留复制(semi-conservative replication)。后来由Meselson和Stahl设计的实验结果与根据半保留复制机制预期的结果完全一致(参看第四章DNA的生物合成),这就验证了Watson和Crick预测的正确性。

二、基因与蛋白质之间的关系

DNA通过半保留复制机制将遗传信息传递给子代,保证了遗传的稳定性,这也是"种瓜得瓜,种豆得豆"的原因。那么DNA又是如何决定不同生物特定性状的呢?

1902年,Archibald Garrod在研究黑尿病(alkaptonurea)时发现这种疾病符合孟德尔隐性遗传规律,因此推测这种疾病很可能是由某个基因变异失活而引起的。患者的主要症状是尿液中黑色素的积累,Garrod据此认为该病是由某条生化代谢途径中某种中间代谢物的异常积累而引起的,他假设这种异常积累是因为转化该中间代谢物的酶失活。在此基础上Garrod提出了"一个失活的基因产生一种失活的酶"的假设,即一个基因一种酶假说(one-gene/one-enzyme hypothesis)。

不久后,George Beadle和E. L. Tatum通过研究一种链孢菌(*Neurospora*)的突变株证明了这一假说。他们在突变菌株中找到了使某一代谢反应失活的酶,并证明在突变菌株中只有一个基因发生了突变。也就是说,一个失活的基因产生一种失活的酶,或者干脆不产生产物。1957年,V. M. Ingram研究了镰状细胞贫血症(sickle cell anemia)患者的血红蛋白和正常血红蛋白的氨基酸序列,结果发现镰状细胞贫血症患者的β-珠蛋白同正常野生型之间仅有一个氨基酸的差别,即在β-珠蛋白的第六位由缬氨酸取代了正常的谷氨酸。这表明基因的突变可直接影响到它所编码的蛋白质多肽链的结构,从而为"一个基因一种酶"的假说提供了有利的证据。然而严格地说来,这个假说并不完全正确,这是因为:(1) 许多酶分子可以由数条多肽链组成,而一个基因一般只能产生一条多肽链;(2) 许多基因的产物为非酶蛋白质;(3) 一些基因的产物并不是蛋白质,而是RNA,如tRNA和rRNA的基因。因此,后来有人主张将"一个基因一种酶"假说修正为"大多数基因含有产生一条多肽链的信息"。

三、“中心法则”

在与 Watson 一起提出 DNA 双螺旋结构模型五年之后，Crick 便提出了分子生物学的“中心法则”(central dogma)。在当时许多研究尚未开展以及研究结果非常不明朗的情况下，Crick 根据 DNA 复制时的碱基配对原理，天才地预言模板 RNA 的存在，并由 RNA 分子中的碱基无法直接与多肽链中的氨基酸配对的事实，提出了密码和适应体(adaptor)(即后来发现的 tRNA)的概念，认为生物体可以在 DNA 模板上合成 RNA，再以 RNA 为模板，在适应体参与下氨基酸按密码顺序合成肽链。遗传信息从 DNA 流向 RNA 再流向蛋白质的规律就是“中心法则”。这是分子生物学发展的又一个重要的转折点，在“中心法则”的影响下，生物学向新的层次大踏步地前进，生物学理论出现了日新月异的发展，最终推动了基因工程的诞生和发展。

在“中心法则”之中，编码蛋白质的基因所蕴含的信息先后通过转录(transcription)和翻译(translation)两个相关联的过程得到表达。RNA 聚合酶(RNA polymerase)以 DNA 中的一条链为模板合成互补的一条 RNA 单链，将 DNA 中所蕴含的遗传信息以 mRNA 的形式带到核糖体中，在核糖体中作为多肽链合成的直接模板指导蛋白质的合成。

因为核糖体本身就含有 RNA(rRNA)，Crick 最初认为是这种存在于核糖体上的 RNA 指导蛋白质的合成。按照这种学说，每个核糖体只能合成由该核糖体上的 rRNA 编码的蛋白质。Francois Jacob 和 Sydney Brenner 则提出了另一种看法：核糖体只是一种非特异性的翻译机器，可以按照进入核糖体的 mRNA 上的信息指导合成不同的蛋白质，实验证明这种看法才是正确的。

在 20 世纪 60 年代，Marshall Nirenberg 和 Gobind Khorana 从不同的途径破译了遗传密码。他们发现三个连续的碱基组成一个编码单位——密码子(codon)，编码一种氨基酸。在 64 个密码子中，有 61 个编码 20 种常见的蛋白质氨基酸，其他 3 个是终止信号。他们因为共同阐明了遗传密码及其在蛋白质合成中的作用而分享了 1968 年的诺贝尔生理学或医学奖。

1970 年前后，Howard Temin 和 David Baltimore 分别从致癌 RNA 病毒——劳氏肉瘤病毒(Rous sarcoma virus, RSV)和鼠白血病病毒(Murine leukemia virus, MuLV)中发现了催化以 RNA 为模板合成 DNA 的逆转录酶(reverse transcriptase, RT)。该酶的发现揭示了生物遗传信息不仅可以从 DNA 流向 RNA，还可以从 RNA 流向 DNA。这进一步发展和完善了“中心法则”，因此，Temin 和 Baltimore 获得了 1975 年的诺贝尔生理学或医学奖。

四、基因工程

在了解了基因与生物体遗传性状之间的关系、动植物品种的优劣和自身的某些疾病是由于遗传基因所导致的之后，人们自然而然地试图根据人类的需要改变遗传基因。于是，以基因工程为核心的生物工程技术便应运而生了。20 世纪 60 年代末开始，限制性内切酶等工具酶的发现、DNA 测序技术的建立、质粒和病毒载体的利用共同促使了 70 年代中期基因工程的诞生。从此以后，人类可以按照自己的意愿将 DNA 基因元件切割、重组，并使指定的基因在不同的细胞中行使功能。

1965 年，瑞士遗传学家 Werner Arber 首次从理论上提出了生物体内存在着一种具有切割基因功能的限制性内切酶，并于 1968 年成功分离出 Ⅰ 型限制性内切酶；1970 年，Hamilton O. Smith 分离出了 Ⅱ 型限制性内切酶；同年，Daniel Nathans 使用 Ⅱ 型限制性酶首次完成了对基因的切割。他们于 1978 年分获了诺贝尔生理学或医学奖。他们的研究成果为人类在分子水平上实现人工基因重组提供了有效的技术手段。

1975 年，Frederick Sanger 发明了测定 DNA 一级结构的末端终止法，1977 年，Walter

Gilbert 发明了化学断裂法。他们与 Paul Berg 分享了 1980 年的诺贝尔化学奖。Berg 将两个不同来源的 DNA 连接在一起并发挥其应有的生物学功能,证明了完全可以在体外对基因进行操作,因而被称为“重组 DNA 技术之父”。

1973 年,S. N. Cohen 和 H. W. Boyer 等人将大肠杆菌中两种不同的质粒片段,用内切酶和连接酶分别进行剪切和连接,获得了第一个重组质粒,然后通过转化技术将它引入大肠杆菌细胞中进行复制,并发现它能表达原先两个亲本质粒的遗传信息,从而开创了遗传工程的新纪元。在此基础上,Boyer 于 1976 年成功地运用 DNA 重组技术生产出人的生长激素;此后,又有科学家利用 DNA 重组技术生产出胰岛素和干扰素等。从此引发了 70 年代末、80 年代初的基因工程工业化的热潮。现代生物工程由此崛起,它包括基因工程、蛋白质工程、细胞工程、酶工程与发酵工程等。迄今为止,全世界已有多个国家和地区拥有生物工程企业,生物工程产品比比皆是。这些成果已经对人类健康、医药行业、农业生产及其产品的加工产生了积极而深远的影响。当今基因工程发展的水平早已经不再是限于将单个外源基因导入宿主细胞里进行表达,而是能够将一条代谢途径相关的所有酶的基因导入到宿主细胞内并进行表达,由此引入一条全新的代谢途径。例如,2015 年 9 月,斯坦福大学的 Christina Smolke 教授,就将与鸦片类物质合成有关的多个酶的基因导入到酵母中,从而在一个酵母细胞内复制了整个鸦片的生产过程,产生出鸦片类物质。

Box 1-1　让“酵母君”酿造鸦片,你相信吗?

人类与“酵母君”早已经结下了不解之缘,如平时我们喝的各种酒类饮品就离不开酵母,还有制作面包也少不了它们。但如果现在有人声称,可以让酵母为我们生产鸦片类物质,估计许多人会表示严重怀疑!

然而,在 2015 年 9 月 4 日,*Science* 发表了一篇受到广泛关注的题为“Complete biosynthesis of opioids in yeast”的论文,文中报道了斯坦福大学 Christina Smolke 教授为首的研究小组,利用基因工程的手段,将与鸦片类物质合成有关的多个酶的基因导入到酵母中,从而在一个酵母细胞内复制了整个鸦片的生产过程,即用少量酵母将糖类发酵,产生出鸦片类物质,而且完全不需要罂粟(poppy)。

Smolke 教授在 29 岁的时候就有了自己的实验室,并开始了对于许多进行生物工程研究的人说来是圣杯式的研究项目,就是改造酵母,让它能够发酵生产出鸦片类物质。她之所以从事这样的研究,显然不是想在实验室里制造出非法的海洛因毒品,而是制造合法的在当今仍然是最强效的止痛药吗啡(morphine)以及其他相关的药品。

你要知道,在她一开始进行这样的研究时,本领域的许多同行和专家对此表示怀疑,认为是不可能的。然而,在差不多十年以后,她终于获得了成功!她同时得到两株改造过的酵母:一种可以发酵产生氢可酮(hydrocodone),这是一种叫维柯丁(Vicodin)

Christina Smolke

止痛药的活性成分；另一株可产生蒂巴因或二甲基吗啡(thebaine)，该物质很容易被转变成许多鸦片类物质，如奥施康定(oxycontin)、可待因(codeine)和吗啡。这些物质都可以作为有效的止痛药。

为了获得这两株酵母，Smolke 和她的研究小组付出了巨大的努力，先后从大鼠、一种寄生于罂粟茎秆内名为恶臭假单孢菌(*Pseudomonas putida*)的细菌、黄连(Goldthread)和几种罂粟共 6 种生物中得到 20 多种基因，然后，将它们引入到一种酵母的基因组中，并让它们表达。表达出来的酶可在酵母细胞内组装成一条酮或蒂巴因的代谢途径，从而最终得到了吗啡类药物的前体。其中，合成氢可酮的酵母共引入了 23 个外源基因，合成蒂巴因的则引入了 21 个基因。在这些外源基因中，将 S-心果碱(reticuline)转变成 R-心果碱的酶基因最重要，因为 R-心果碱是将合成途径引到鸦片类物质的起点。在制造鸦片的过程中，酵母细胞是在封闭的生物反应器中培养的，因此可以精确地控制其搅拌程度、通气量、营养物以及 pH 值等因素。

目前，这两株酵母只能发酵产生少量的氢可酮或蒂巴因，若想得到一剂量的氢可酮或蒂巴因，需要上千升的发酵液。但随着菌株本身以及发酵过程的改进和优化，相信产量会大大提高！对此，Smolke 教授表示："我相信，两年内就可以更新这项技术，从而利用酵母大规模生产出鸦片。"到时，"酵母君"真的可以取代罂粟田和吗啡工厂，让整个过程在其体内完成。

不过，Smolke 教授和其他一些科学家都发出警告，强调这只是实验室研究成果，只可用于科学研究和临床医药，绝对不能被非法用于毒品生产！

1983 年，美国生化学家 Kary B. Mullis 发明"聚合酶链式反应"(polymerase chain reaction, PCR)技术。该技术可让研究者从极其微量的样品中大量扩增 DNA 分子，使基因工程又获得了一个新的工具。Mullis 因此获得了 1993 年的诺贝尔化学奖。

图 1-4 Kary B. Mullis

五、分子生物学的其他进展

1983 年，Barbara McClintock 因为提出并发现可转座元件(transposable element)而获得了诺贝尔生理学或医学奖。她在 1940～1950 年的 10 年间，一直致力于玉米的细胞遗传学研究，发现了大量具有修饰与控制活性的"控制因子"。

1989 年，Thomas R. Cech 和 Sidney Altman 因为各自独立地发现某些 RNA 也具有酶活性而分享了诺贝尔化学奖。1982 年，Cech 发现四膜虫的 26S rRNA 前体具有自我剪接功能，并于 1986 年证明其内含子 L-19 间插序列(intervening sequence, IVS)具有多种催化功能；1984 年，Altman 发现大肠杆菌核糖核酸酶 P(RNase P)的核酸组分——M_1 RNA 具有催化活性，而该酶的蛋白质部分——C_5 蛋白并无酶活性。这一发现彻底改变了酶的传统概念，后来具有催化活性的 RNA 被称为核酶(ribozyme)。

1990 年，由美国科学家于 1985 年率先提出的人类基因组计划(human genome project, HGP)正式启动。

1990 年以后，早在 1942 年就由 C. H. Waddington 提出的表观遗传学(epigenetics)概念在现代分子生物学中频繁出现，并被广泛接受，但不同的学者给予的诠释不尽相同。根据 2008 年在美国冷泉港举行的一次学术会议上的定义，表观遗传性状(epigenetic trait)是指 DNA 序列没有变化但染色体变化产生的稳定可遗传的表型(stably heritable phenotype resulting from changes in a chromosome without alterations in the DNA sequence)。目前，表观遗传学研究已经成为分子生物学一大热点。

1993 年，Michael Smith 因建立的基于寡核苷酸的定点突变技术并应用于蛋白质的研究而获得诺贝尔化学奖。

1995 年，Edward B. Lewis、Christiane Nüsslein-Volhard 和 Eric F. Wieschaus 因为先

后独立地鉴定了控制果蝇体节发育的基因而分享了诺贝尔生理学或医学奖;同年,首例独立生活的生物即流感嗜血杆菌(*Haemophilus influenzae*)的全基因组测序完成并发布。

1996年,首例单细胞真核生物即酿酒酵母(*Saccharomyces cerevisiae*)的全基因组测序完成并发布。

1997年,Stanley Prusiner因为发现朊病毒(prion)以及在朊病毒致病机理方面的研究而获得诺贝尔生理学或医学奖。朊病毒是一种蛋白质致病因子,可导致人和动物的多种神经系统退行性疾病,如库鲁病(Kuru)、克雅氏病(Creutzfeld-Jakob disease, CJD)以及动物中的羊瘙痒病(Scrapie)、鹿慢性消耗病(chronic wasting disease)、牛海绵状脑病(Bovine spongiform encephalopathy, BSE)或疯牛病(mad cow disease)等。

1998年,首例多细胞真核生物即秀丽隐杆线虫(*Caenorhabditis elegans*)的全基因组测序完成并发布。

2001年,Leland H. Hartwell、Timothy Hunt以及Paul Nurse因为在细胞周期调控研究中做出的突出贡献而分享了诺贝尔生理学或医学奖。

2002年,Sydney Brenner、John E. Sulston和H. Robert Horvitz因为在细胞凋亡(apoptosis)即细胞程序性死亡(programmed cell death, PCD)和器官发育的遗传调控机制方面的贡献而分享了诺贝尔生理学或医学奖;同年,John B. Fenn和Koichi Tanaka因利用质谱分析生物分子的结构以及Kurt Wuthrich因利用核磁共振影像研究溶液中生物大分子的三维结构,共同获得诺贝尔化学奖。

2003年,人类基因组计划中的测序工作基本完成,其精确度达到99.99%。

2004年,Aaron Ciechanover、Avram Hershko和Irwin Rose因发现泛素介导的蛋白质降解机制而获得诺贝尔化学奖。

2006年,Andrew Z. Fire和Craig C. Mello因发现RNA干扰而分享了诺贝尔生理学或医学奖;同年,Roger D. Kornberg因揭示真核生物的转录机制而获得诺贝尔化学奖。

2007年,Mario R. Capecchi、Martin J. Evans和Oliver Smithies因发现使用胚胎干细胞将特定的基因修饰引入到小鼠体内的原理而分享诺贝尔生理学或医学奖。

2008年,Harald zur Hausen因发现人乳头瘤病毒(human papilloma virus, HPV)导致宫颈癌和Francoise Barre-Sinoussi及Luc Montagnier因发现艾滋病病毒而获得诺贝尔生理学或医学奖;同年,Osamu Shimomura、Martin Chalfie和Roger Y. Tsien因发现和利用绿色荧光蛋白(green fluorescent protein, GFP)而获得诺贝尔化学奖。

2009年,Elizabeth H. Blackburn、Carol W. Greider和Jack W. Szostak因发现端聚酶保护染色体端粒的机制而获得诺贝尔生理学或医学奖;同年,Venkatraman Ramakrishnan、Thomas A. Steitz和Ada E. Yonath因研究核糖体的结构与功能而获得诺贝尔化学奖。

2012年,John B. Gurdon和Shinya Yamanaka因发现成熟的体细胞可重新编程成为多能干细胞而获得诺贝尔生理学或医学奖;同年,Robert J. Lefkowitz和Brian K. Kobilka因研究G蛋白偶联的受体而获得诺贝尔化学奖;此外在这一年,还有多位科学家将早在21世纪初就发现的广泛存在于原核生物体内的CRISPR(clustered regularly-interspaced short palindromic repeats)系统成功引入到真核细胞内,用于基因组编辑(genome editing)。

2013年,James E. Rothman、Randy W. Schekman和Thomas C. Sudhof因发现真核细胞内囊泡运输的调节机制而获得了诺贝尔生理学或医学奖。

2015年,Tomas Lindahl、Paul Modrich和Aziz Sancar因研究DNA损伤的修复机制而获得诺贝尔化学奖。

2016年,Yoshinori Ohsumi因发现细胞自噬(autophagy)而获得了诺贝尔生理学或医学奖。

2017年，Jeffrey C. Hall、Michael Rosbash和Michael W. Young因发现控制生物钟的分子机制而获得了诺贝尔生理学或医学奖；同年，Jacques Dubochet、Joachim Frank和Richard Henderson则因发展了冷冻电镜技术研究溶液中生物分子高分辨率的三维结构而获得诺贝尔化学奖。

在分子生物学一百多年的发展历史上做出突出贡献的科学家还有很多，不胜枚举，分子生物学的发展为人类认识生命现象带来了前所未有的机会，也为人类利用和改造生物创造了极为广阔的前景。

第三节 分子生物学学习方法

分子生物学的发展使其现在不仅是一门学科，还成了生命科学研究中一项十分重要的工具。生命科学因为有了它，才可能在较短的时间内取得了那么多的突破。正因为如此，学好它对于每一个从事生命科学和相关科学研究的人都特别重要。然而，许多人认为难学，对它心存畏惧。但我个人认为，这门学科的内容应该是整个生命科学中逻辑性最强的部分，因此，如果方法得当，还是比较容易掌握的。因为整个这一部分的内容是围绕分子生物学的“中心法则”展开的，死记的内容并不多，学习的目的就是要搞清楚一个“中心”(DNA)和两个“基本点”(RNA和蛋白质)之间内在的分子逻辑关系。在学习中，需要将它们作为一个整体来看，一环套一环，同时注意科学家们在揭示一些重要发现的时候所使用的各种技术和手段。例如，在DNA复制的一般特征这一节，基本上每一要点的背后都有着设计巧妙的实验，从Meselson和Stahl设计的被誉为“生命科学中最美丽的实验”证明DNA半保留复制的实验，到Okazaki设计的证明DNA复制是半不连续的实验，每一个实验设计得都很精彩。我们在学习的时候，除了要搞清楚这些实验的结果与得出的结论之间的逻辑关系之外，更需要理解这些实验的设计思路，以作为将来自己做科研时的宝贵借鉴。比较及归纳是在学习这些内容的时候最重要的方法之一。此外，学习这门课还需要在如何选择教材、如何做笔记、如何记忆、如何充分使用网络资源等方面掌握一些窍门。总之，归纳起来有以下几点：

1. 注意将细菌、古菌和真核系统进行比较

无论是哪一类生物，都在进行DNA复制、转录、转录后加工和翻译等基本的分子事件。在学习的时候，时刻要注意将三个域(domain)的生物进行全面的比较。通过比较，我们会发现，古菌在分子生物学的方方面面与真核生物更加相似。例如：在学习DNA复制的时候，注意将细菌细胞内的DNA聚合酶Ⅰ、Ⅱ、Ⅲ、Ⅳ、Ⅴ和真核生物的DNA聚合酶α、β、γ、δ、ε进行比较，将细菌DNA聚合酶Ⅲ的β滑动钳和真核DNA聚合酶δ的PCNA滑动钳进行比较；在学习转录的时候，需要将两者的启动子结构和RNA聚合酶的结构与功能进行比较；在学习转录校对的时候，注意将细菌细胞中的GreA、GreB和真核细胞内的TFⅡS进行比较；在学习DNA甲基化的时候，要注意细菌与真核生物在甲基化的位点和功能上是不同的；在学习弱化子机制的时候，要注意这种机制是原核系统特有的，真核系统没有。如果能这样去学习的话，那所有的内容就活了，将它们串在一起理解要比孤立地记忆强得多！

2. 注意将两种不同的分子机制进行比较

细胞内的很多分子机制是很相似的，这就需要我们在学习的时候，将相关联的分子机制放在一起来理解，一方面要关注它们的共同之处，另一方面还要关注它们的差别。例如，DNA复制和DNA转录都需要解链，合成的方向都是从5′→3′，都遵循Watson和Crick碱基配对原则；然而，DNA复制需要引物，RNA不需要，DNA聚合酶通常具有自我校对能力，RNA聚合酶没有校对能力。这里更要明白为什么会有这些差异，为什么允许有这些差异。

3. 以"中心法则"为核心,"碱基互补配对"和"蛋白质与核酸之间的相互作用"为主线,巧妙地利用"外因与内因的关系"的理论,全面理解分子生物学的机制

分子生物学的核心内容是所谓的"中心法则",即生物体内的三种生物大分子——DNA、RNA和蛋白质之间的关系。其中涉及遗传信息的复制、损伤修复、重组、转录、逆转录、转录后加工和翻译等。这些过程总是涉及蛋白质和核酸分子之间的相互作用,以及碱基互补配对,因此,掌握蛋白质和核酸分子之间相互作用的规律以及碱基互补配对的原则,对于深入理解分子生物学的各种机制和原理至关重要。另外,细胞内的很多机制都可以使用哲学中"外因"和"内因"之间的关系原理进行理解,掌握这一点也非常重要。例如,理解DNA复制为什么具有固定的起点?这涉及DNA复制起始区和复制起始蛋白之间的相互作用,在这里可以将DNA复制起始区看成"内因",复制起始蛋白(大肠杆菌为DnaA蛋白)看成"外因"。按照"内因"和"外因"之间的关系原则,即"内因"是变化的根据,"外因"是变化的条件,"外因"需要通过"内因"起作用,DNA复制区所具有的特殊序列是DNA复制具有固定起点的根本原因,即"内因",但仅有它是不够的,还需要识别这种特殊序列的蛋白质,它就是"外因",正是它们之间的相互作用才使得DNA复制能从固定的起点开始。

4. 注意掌握各种研究方法的原理及其应用

分子生物学的发展与研究方法的进步是分不开来的,而反过来它的发展又让人们能提出和发明新的研究手段。两者之间既相互依存,又相互促进。因此,在学习各章节内容的时候,对于分子生物学家在研究各种分子机理时所使用的方法要充分理解。例如,对参与DNA复制的各种蛋白质和酶的鉴定,主要是利用DNA复制突变体的互补和体外复制系统的重建两种方法。互补的原理是利用某种野生型的蛋白质去恢复特定的DNA复制缺陷突变体的复制功能,从而确定参与复制的蛋白质。重建的原理是在较为简单的体外复制系统(如SV40病毒复制系统)中,先人为去掉某种成分,致使复制不能正常进行。然后,在复制系统中逐一添加分步收集的可能参与复制的蛋白质抽取物,看是否能够恢复复制活性,从而确定复制蛋白。有时,添加的蛋白质可能来自于其他物种,这样可以从其他物种中找到同源的或同工的蛋白质。为了方便理解重建的原理,这里可以打一个比方加以说明。假定你的一台电脑坏了一个部件而不能运转,那么如何迅速找到是哪一个部件有毛病呢?这时可以用类似重建的手段来确定:首先弄一台运转正常的电脑,将它的各个部件拆开,那么,来自这台正常电脑内的所有部件都应该是正常的(相当于野生型蛋白质)。然后,将坏掉的电脑逐一取出一个部件(如内存条或主板),再用正常电脑的相应部件取而代之。如果某一个部件经过替换以后,坏的电脑恢复正常了,这就等于找到了坏的部件(相当于突变型蛋白质)。这两种方法对于参与其他过程(如信号转导、转录、转录后加工、翻译和细胞周期的调控等)的蛋白质的鉴定也很有帮助。例如,为了找到人细胞内参与控制细胞周期的某一种蛋白质,先将酵母细胞内某一种与细胞周期有关的蛋白质突变,这样的酵母的细胞周期运转肯定会有异常,然后将正常的人细胞内的各种可能与细胞周期有关的蛋白质导入到突变的酵母细胞中,如果其中的某一组分加入以后,酵母的细胞周期恢复正常,那么这种导入的蛋白质就是人细胞内的一种与细胞周期调控有关的蛋白质。

5. 选择好合适的教材和参考书

目前市场上有各种各样的分子生物学教材和参考书,如何选择适合自己的教材和参考书对于培养学习兴趣、学好本学科十分重要。我个人认为,最好能准备中英文教材各一部和一本学习指南与习题解析。中文教材可以选择这部《分子生物学》,中文教材在价格上比较便宜,在理解上也相对容易。英文的原版教材可选择Weaver的Molecular Biology、Watson的Molecular biology of the Gene或者Lewin的Gene系列。英文原版教材的特点是内容新、印刷精美,图表多为彩图,通常还有配套的多媒体光盘,方便于自学。

阅读一本好的英文教材，不仅有助于提高自己的专业英语水平，而且更能加深对各章节内容的理解；至于学习指南与习题解析，最好带有学习方法介绍和例题详细分析的，与这本教材配套的《分子生物学学习指南与习题解析》就是一个很好的选择。

6. 学会做笔记

首先有一点必须强调，上课时同学们的主要任务是听老师讲课而不是做笔记，因此在课堂上要集中精力听讲，一些不清楚的内容和重要的内容可以笔录下来，以便课后复习和向老师求教。当然，条件好的同学可以买来录音笔，将老师的上课内容录下来，以供课后消化。现在国外很多大学直接将课程录制下来，提供 MP3 和 MP4 下载，如果国内的大学也能这样，那就更方便了。另外，老师的讲稿大都做成了幻灯片，同学们可从老师那里得到拷贝。如果事先将老师的课件打印出来，然后在打印稿上做笔记，效果会更好。

7. 多使用图表、比较和联想的方法来辅助理解和记忆所学过的内容

重点学习复制、转录和翻译的基本过程，并从必要条件、所需酶蛋白和特点等方面对三个过程进行比较，在理顺它们的基本框架后，就应全面、系统、准确地掌握教材的基本内容，并且找出共性，抓住规律。

8. 充分利用网络课程或其他网络资源

现在网上有各种免费的网络课程，特别是现在很流行的由世界许多名校开设的大规模公开在线课程(massive open on-line courses, MOOC)，即慕课，有条件的同学可以去修读。例如，在 coursera(www. coursera. org)和中国大学 MOOC 平台上就有生物化学以及分子生物学课程(如杨荣武教授讲授的结构生物化学 MOOC)。另外，国内在爱课程网(www. icourses. cn)上也提供了许多国家精品资源共享课程，其中也有分子生物学和相关课程。此外，还有一些分子生物学论坛或博客站点，也可以经常去浏览，以跟踪和了解本学科最新的进展，与网友一起交流学习的体会和对一些热点问题进行讨论。

以上就学习分子生物学的方法谈了自己的看法，但需要指出的是，每一个人学习这门课的基础、目的和条件可能有差别，所以最好是结合自己的特点找出最适合自己的学习方法。总之，只要同学们勤于思考、方法得当、多做题目和实验，学好并考好分子生物学是完全可能的。

科学故事——朊病毒的发现

1982 年，美国科学家 Stanley B. Prusiner 报道了出人意料的发现。他在研究中发现了一种具有遗传物质特性的蛋白质——朊病毒，这一发现对“中心法则”提出了挑战。朊病毒的发现，揭开了长期以来困扰人们的若干种动物和人的奇怪的神经退行性疾病的谜团。

大约三百年前，英国农庄的羊群中出现了一种奇怪的疾病。得病的羊浑身奇痒难熬，只有靠在粗糙的岩石或树干上摩擦以求缓解，结果羊身上的羊毛大片脱落。病羊的另一个症状是站立不稳，运动机能出现障碍。病羊最终结局都是瘫痪和死亡。人们把羊得的这种病称为瘙痒病。解剖羊的尸体发现，所有病羊的脑组织像海绵一样，充满了细小的空洞，因此后来又把这种病称为“海绵样脑病”。几百年来，羊瘙痒病一直是一种不治之症，病因不详。

在大洋洲巴布亚新几内亚的 Papua New Guinea 岛上，生活着一个叫 Fore 的部落。直到 20 世纪，部落的生活方式还基本处于原始社会的状态。这个部落一直奉行着一种令人毛骨悚然的习俗，他们在亲人死后的祭祀活动中，会剖开死者的尸体，

一起分食尸肉和脑组织。在20世纪上半叶,部落中爆发了一种可怕的瘟疫。得病的人就像得瘙痒病的羊一样,走路摇摇晃晃,并伴随着肢体的震颤,最终发展到失语、瘫痪,直至死亡。这同样是一种不治之症。病人的脑组织和死于瘙痒病的羊一样,充满了令人心悸的细小空洞。更为可怕的是,这种不知病因的疾病像瘟疫一样在部落中到处蔓延。人人担心不知道什么时候病魔会降临到自己的头上。当地人把这种怪病叫作“库鲁”,也就是“恐惧”或“震颤”的意思,因此库鲁病也叫震颤病。这场由库鲁病造成的浩劫使部落中80%的人死于非命。如果没有一位勇敢的美国科学家的研究,整个部落很可能难逃灭绝的厄运。这位科学家的名字是D. Carleton Gajdusek。

患有库鲁病的小孩和他的家人

50年代,Gajdusek在美国国立卫生研究院(NIH)病毒研究实验室工作。1954年,他作为访问学者前往澳大利亚墨尔本的Walter and Eliza Hall医学研究所,从而有机会接触了巴布亚新几内亚Fore部落。当时震颤病正在到处蔓延,Gajdusek从Fore部落带回了一些病人的标本。经过研究,他发现:库鲁病和羊瘙痒病等疾病一样,都是由一类相同的病原体感染导致的。这类病原体具有病毒的一般特征,如传染性、可滤过性、致病性等;同时又具有一些病毒所没有的特征,如抗紫外辐射、耐高温、耐强酸和福尔马林等化学处理等。因此,Gajdusek称之为“非常规病毒”。通过在实验动物上研究这类疾病的传染性,他最终得出结论,这种疾病是当地人通过分食患病死者的脑组织而横向传染的。Gajdusek的研究向世人揭示了震颤病的传播途径。在世界卫生组织和澳大利亚政府干预下,Fore部落改变了传统的祭祀方式,放弃了分食亲人尸体的习俗。20世纪50年代以后,库鲁病的传播逐步得到了控制。Gajdusek的出色工作拯救了Fore部落,使他荣获了1976年的诺贝尔生理学或医学奖。

D. Carleton Gajdusek
(1923—2008)

但是,Gajdusek的研究并没有查明导致库鲁病的病原体。在Gajdusek之后,各国科学家在库鲁病方面又做了大量的研究工作,并成功地构建了动物模型。人们发现,库鲁病是一种神经系统慢性退化性疾病,其病理变化与动物的海绵状脑病很相似。1982年,Prusiner在对羊瘙痒病多年研究的基础上提出,这种疾病是由一种称为“蛋白质侵染颗粒”或“朊病毒”的蛋白质造成的。他证明,从病羊身上得到的病理组织经过核酸酶、紫外线等破坏核酸的方式处理后,同样具有传染性。相反,破坏蛋白质的处理可大大降低病变组织的传染性。因此,他认为朊病毒是一种传染性蛋白质颗粒,不含有核酸。Prusiner第一次成功地从患羊瘙痒病的羊中纯化了朊病毒。他提出朊病毒蛋白(prion protein, PrP)具有两种存在形式:一种是细胞型(the cellular form of prion protein, PrP^{C}),另一种为异常型(the scrapie form of prion protein, PrP^{SC})。PrP^{C}存在于正常动物神经组织中,不具有传染性,其具体功能不详。朊病毒就是异常型的朊病毒蛋白PrP^{SC},存在于海绵样脑病动物的神经组织中。Prusiner认为,PrP^{SC}来源于突变的PrP^{C}。他的课题组用分子生物学技术在鼠身上证明,正常动物和人脑组织内的朊蛋白异构体只要一个氨基酸位点突变,就可以变成具有传染性的朊病毒。有关朊病毒的来源目前尚无定论。研究表明,具有传染性的PrP^{SC}可以使PrP^{C}由正常构象转变为非正常构象,成为传染性的PrP^{SC}。这很好地解释了朊病毒的传染规律。

Stanley B. Prusiner

Prusiner 对朊病毒的开创性的研究和贡献，使他荣获 1997 年的诺贝尔生理学或医学奖。

本章小结

思考题：

1. 列举你认为在分子生物学发展史上最具里程碑意义的三个重要的发现。
2. 你认为 Mendal 和 McClintock 在科学发现旅程中的遭遇有哪些相同的地方和不同的地方？以后类似的遭遇还会发生在将来的科学家身上吗？
3. 你认为分子生物学在近十年内会有哪些重要的突破？
4. 简述分子生物学与生物化学以及遗传学之间的关系。
5. 证明“疯牛病”的致病因子是蛋白质的主要证据有哪些？为什么又说它是一种构象病？
6. 有人认为朊病毒导致的疾病(如疯牛病)是分子生物学“中心法则”的例外。对此你有何看法？为什么？
7. 你听说过年度分子或年度突破吗？说出近十年内与分子生物学领域有关的年度分子或者年度突破。
8. 你知道中国科学家近十年内在分子生物学领域主要的研究成果有哪些？
9. 从分子生物学的角度，你是赞成生物分类的两域学说还是三域学说？为什么？
10. 结合尽可能多的例子，说说分子生物学的应用。

推荐网站：

1. https://www.coursera.org/learn/shengwu-huaxue/home/welcome(全球著名的 MOOC 平台 coursera，内有南京大学杨荣武教授讲授的结构生物化学 MOOC 课程)
2. http://www.icourses.cn/coursestatic/course_6275.html(中国国家资源共享课程平台，内有南京大学杨荣武教授讲授的结构生物化学 MOOC 和生物化学国家级精品资源共享课程，以及国内其他高校教授讲授的与生命科学有关的课程)
3. https://www.edx.org/course/principles-biochemistry-harvardx-mcb63x#.VR6lMGbZFVx(全球另一著名的 MOOC 平台 edx，这是由哈佛大学 Alain Viel 讲授的 Principles of Biochemistry)
4. https://www.cdc.gov/prions/index.html(美国疾病预防控制中心网站，内有丰富的有关朊病毒及其引发的疾病的内容)
5. http://www.biology.arizona.edu/mendelian_genetics/mendelian_genetics.html(美国亚利桑那大学一个与经典遗传学有关的网站，内有许多孟德尔遗传有关的内容)
6. http://www.mendelweb.org/Mendel.html(内有孟德尔 1865 年发表的题为“植

物杂交试验”论文英文翻译)

7. http://www.nobelprize.org(诺贝尔奖官方网站，请主要关注历年的诺贝尔化学奖和诺贝尔生理学或医学奖)
8. http://mol-biol4masters.masters.grkraj.org/Molecular_Biology_Table_Of_Contents.html(印度班加罗尔大学 G. R. Kantharaj 教授提供的免费的面向硕士研究生的分子生物学课程)

参考文献：

1. Galanie S，Thodey K，Trenchard I J，et al. Complete biosynthesis of opioids in yeast[J]. *Science*，2015，349(6252)：1095～1100.
2. Prusiner S B. Novel proteinaceous infectious particles cause scrapie[J]. *Science*，1982，216(4542)：136～144.
3. Marantz Henig R. The Monk in the Garden[J]. 2000.
4. Waddington C H. Molecular biology or ultrastructural biology? [J]. *Nature*，1961，190(4781)：1124～1125.
5. Orel V. Gregor Mendel：the first geneticist[M]. Oxford University Press，USA，1996.
6. Moore J A. Thomas Hunt Morgan—The Geneticist[J]. *American Zoologist*，1983，23(4)：855～865.

数字资源：

第二章　遗传物质的分子本质

在最终确定 DNA 是生物体主要的遗传物质之前，人们已就遗传物质必须具备的性质达成共识：首先，遗传物质必须十分稳定。这种稳定性不仅仅是指其物理性质的稳定，还应该包括其化学组成的稳定，这样才能保证遗传物质不会轻易改变。其次，遗传物质必须能够忠实地复制，并在亲代与子代之间传递。亲代的生殖细胞，必须携带与亲代相同的全套遗传物质，这样子代才能获得与亲代完全相同的遗传信息。还有，遗传物质应该允许有一定程度的可遗传的变异。有变异才有进化，生命才有可能从最简单的单细胞生物，进化出复杂的高等多细胞生物，这个世界才会有如此纷繁复杂的各种生命形式。

本章将侧重介绍 DNA 作为生物主要遗传物质的实验证据和结构基础。

第一节　遗传物质的分子本质

20 世纪初，人们对细胞中的生物大分子已经有了一定的了解。但细胞中究竟是哪种大分子充当了遗传信息的载体呢？直到 20 世纪 40 年代，遗传物质的化学本质才逐渐被认识。

一、DNA 是主要的遗传物质

现在几乎谁都知道 DNA 是生物体的主要遗传物质，生物体的一切性状最终都是由它决定的。然而，得出这样的结论却并非易事。

早在 1868 年，即在孟德尔发现遗传规律之后不久，Miescher 就发现了细胞核含有所谓的核素即核酸。但此项发现与遗传规律的发现一样遭受到相同的命运，当时没有引起人们的重视。到了 19 世纪后期，人们在显微镜下观察到了染色体。后来，A. Kossel 等人确定了 DNA 的化学组成，但并不知道 DNA 是构成基因的化学物质。直到 20 世纪 30 年代末，人们才逐渐将核酸和细胞的功能联系起来。1928 年，英国科学家 Frederick Griffith 研究有可能用来预防由肺炎链球菌引发的肺炎的疫苗，实验中发现了被后人称为转化(transformation)的现象，该现象为确定遗传物质的化学本质提供了可能。1944 年，O. T. Avery、C. M. Macleod 和 M. Mccarty 改进了 Griffith 的实验，第一次有力地证明遗传物质是 DNA，而不是蛋白质。

（一）细菌转化实验

Griffith 在他的实验中，使用了两种肺炎链球菌：一种为光滑型(smooth, S)，其细胞壁的外面包有一层多糖荚膜(capsule)，另一种为没有荚膜的粗糙型(rough, R)。S 型感染小鼠会导致小鼠患败血症而死亡，但将 S 型加热杀死后再感染小鼠则不会致病。R 型感染小鼠不会引起小鼠的死亡，但若将 R 型和加热杀"死"的 S 型混合后感染小鼠也能导致小鼠死亡，并在其体内检出活的 S 型(图 2-1)。Griffith 认为，实验的结果是由于加热杀死的 S 型肺炎链球菌含有某种"转化因子"(transforming factor)，可导致活的 R 型发生转化作用，使其恢复了生成荚膜的能力。Griffith 在三年后还发现，只要有加热杀死的 S 型链球菌的存在，就可让 R 型在体外发生转化。又过了两年，Griffith 进一步证明只要将 S 型的提取液加到生长着 R 型的培养基中，同样也能发生转化。那么提取物中究竟是哪一种物质充当"转化因子"促使 S 型发生转化的呢？Griffith 最初认为，接种物中的死细菌

Quiz1 多糖荚膜导致 S 型致病的原因究竟是什么？

可能提供了某些特异性的蛋白质为食料,使R型能制造出荚膜。然而,其后Avery等人在前人工作的基础上,经过近十年的努力,终于成功在体外完成了转化实验(图2-2),并确定了这种转化因子的化学本质是DNA,而不是蛋白质或其他大分子。

他们将S型链球菌加热杀死后,分离出多糖、脂类、蛋白质、RNA和DNA,然后分别加到R型中培养,仅在加入S型DNA的R型链球菌中发生转化,产生了R型和S型。同时,他们还用不同的水解酶来处理各提取物,观察对实验的影响,结果发现在DNA中加入水解DNA的DNA酶后就不能发生转化了。

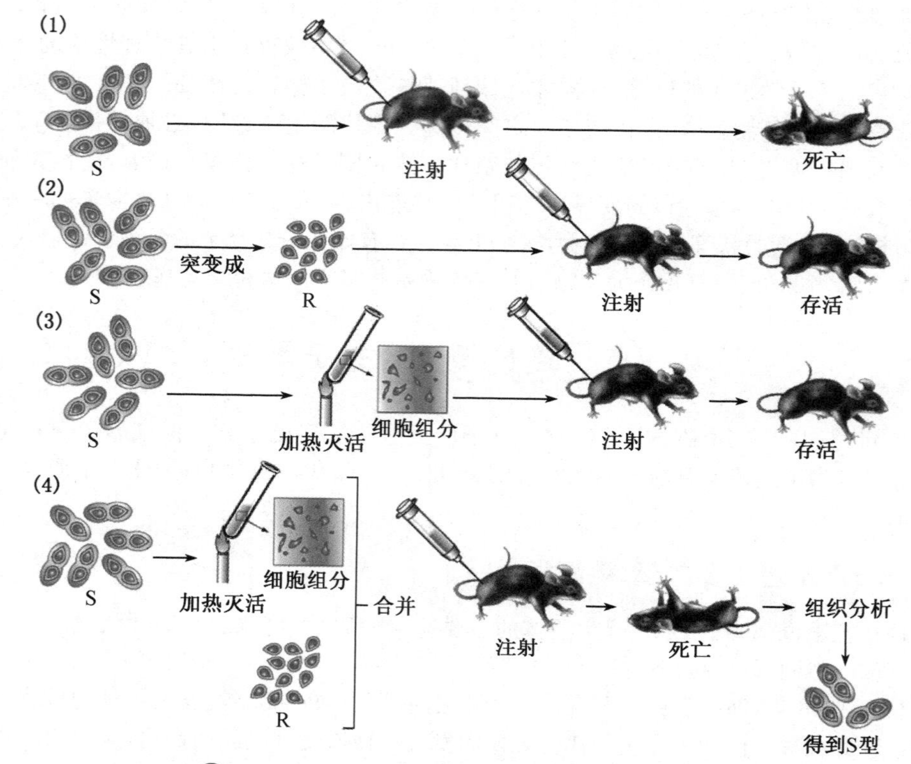

图2-1 Frederick Griffith的肺炎链球菌转化实验

尽管Avery及其同事的体外转化实验设计得十分精确和严密,但当时人们仍怀疑这一结论,主要原因有三点:

(1) 虽然Feulgen已证明了DNA是染色体的主要组分之一,但人们仍然认为遗传和染色体上的蛋白质有关。因为蛋白质结构复杂,由20多种氨基酸组成,这些氨基酸不同的排列组合将是个天文数字,从而可提供更加丰富的遗传信息,且在不同生物体中的同源蛋白之间在结构的特异性上存在着极大的差异。而DNA只含有4种不同的碱基,人们一度认为不同种生物的核酸只有微小的差异,因而形成一种根深蒂固的观念,即始终相信基因和染色体的活性成分是蛋白质。

(2) 认为转化实验中的DNA纯度不够,还可能有其他杂质,正是这些少量残留的特殊蛋白质在起着转化作用。当时人们难以忘记,20年前Willstatter由于没有能将酶提纯而错误宣称酶不是蛋白质的沉痛教训,这种担心重蹈覆辙的心理也加重了人们对Avery实验结果的怀疑。

(3) 也有人认为即使转化因子确实是DNA,但DNA可能只是对荚膜形成起着直接的化学效应,而不是充当遗传信息的载体。基于上述原因,Avery的重大发现并未能引起人们的重视,即使到了1949年,Hotchkiss证实了和荚膜无关的细菌性状也能转化,并用实验证明了DNA已提得很纯,其中蛋白质的污染已降至0.02%,这么纯的DNA仍可转化，且纯度越高转化效率也越高。但这仍未能改变人们的观点，直到 1952 年，由 Alfred Hershey 和 Martha Chase 设计的噬菌体实验才终于让人们彻底信服。

Quiz2 如果让你现在重新设计证明遗传物质是 DNA 的转化实验，你会怎样设计？

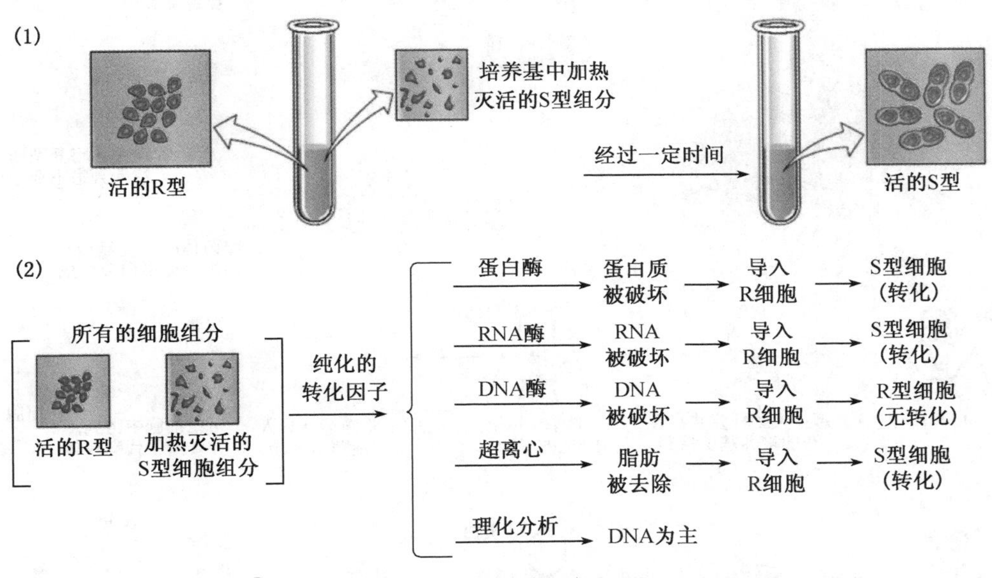

图 2－2　O. T. Avery 的肺炎链球菌体外转化实验

（二）Hershey-Chase 的噬菌体实验

1950 年，Erwin Chargaff 证明：不同生物中 DNA 的碱基组成不同，而同种生物体内不同组织、不同器官中的 DNA 碱基组成保持恒定，不受生长发育状况的影响，即具有种属特异性，而没有组织特异性。这与遗传物质的特性相吻合。

1952 年，即在 1955 年 Avery 去世前，Hershey 和 Chase 所做的实验为其提供了最直接的证据。这一突破性的实验受到了 T. F. Anderson 两项发现的启发：

(1) 1949 年，Anderson 发现，将 T2 噬菌体悬液骤然用蒸馏水稀释，使其受到渗震作用，噬菌体便释放出 DNA，留下其中空的头部外壳。

(2) 噬菌体利用尾部吸附到细菌表面上进行感染，如果用组织搅碎器剧烈搅拌，就可以阻碍感染作用。1951 年，Herriott 发现这种释放了 DNA 的噬菌体空壳仍可吸附到细菌上。这些发现为噬菌感染实验奠定了基础。当时已知 T2 噬菌体是由蛋白质外壳和内部的 DNA 组成。由于一般蛋白质只含有 S 而不含 P，DNA 中含 P 而不含 S，因而 Hershey 等人想到用同位素 ^{35}S 和 ^{32}P 来分别标记 T2 的蛋白质外壳和 DNA。他们首先让 T2 噬菌体分别去感染在含有 ^{32}P 或 ^{35}S 的培养基中生长的大肠杆菌，在菌体裂解后分别收集裂解菌液，经标记后再分别感染没有 ^{32}P 或 ^{35}S 标记的大肠杆菌，感染后培养 10 分钟，用搅拌器剧烈搅拌，使得吸附在细胞表面上的噬菌体脱落下来，再离心分离，细菌发生沉淀，而游离的噬菌体悬浮在上清液中(图 2－3)。

经同位素测定，上清液和沉淀中 ^{35}S 的含量分别为 80％和 20％，这表明蛋白质外壳脱落下来，并未进入细胞中，沉淀中的 20％可能由于少量的噬菌体经搅拌后，仍吸附在细胞上所致。^{32}P 则在沉淀中含有 70％，而在上清液中仅有 30％。这表明噬菌体感染细菌后将带有 ^{32}P 的 DNA 已注入细胞中，可能还有少部分噬菌体尚未将 DNA 注入宿主细胞就被搅拌了下来，所以上清液中约有 30％的 ^{32}P。这个实验结果进一步证实 DNA 是遗传物质，而不是蛋白质。Hershey 也因此荣获了 1969 年诺贝尔生理学或医学奖。

尽管噬菌体和细菌属于非常低等的生命形式，但随后的研究证明，DNA 作为生物体的遗传物质具有广泛性，在自然界各种生命形式中，DNA 是遗传信息的主要载体。

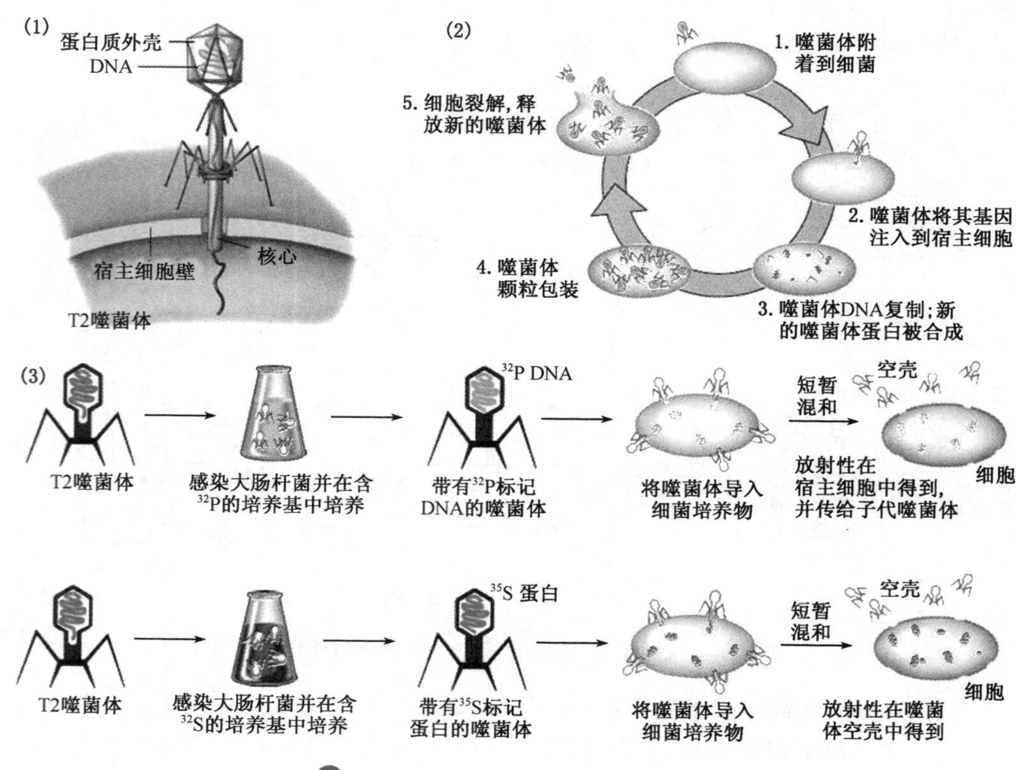

图 2-3 Hershey-Chase 的噬菌体实验

二、RNA 也可以作为遗传物质

目前所知的生物以及大多数病毒都以 DNA 作为遗传信息的载体。严格地说，病毒并不属于真正的“生物”，而是一种细胞内寄生的生命形式，一旦离开宿主，病毒并不能表现出生命特征。只有在活的宿主细胞内，利用宿主细胞的代谢装置和蛋白质、核酸合成机器，才能完成自身的复制。因此，有人仅仅把病毒称为“遗传系统”(genetic system)。遗传系统这个名词可以适用于表述任何含有遗传物质并且有能力复制的生命形式。

大多数病毒由 DNA 和蛋白质构成。DNA 作为病毒的基因组，编码病毒蛋白质的遗传信息就储存在 DNA 分子的核苷酸序列中，病毒的 DNA 被蛋白质的外壳所包裹。

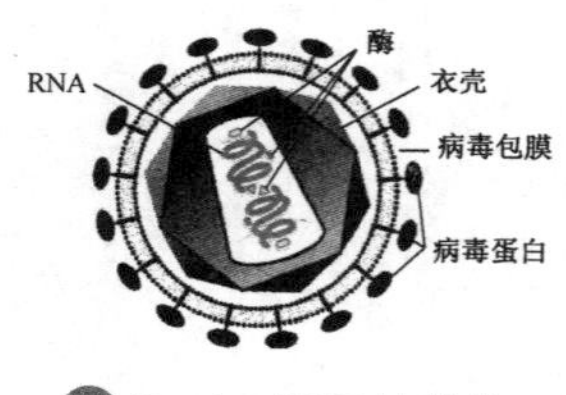

图 2-4 HIV 的结构模式图

但也有少数病毒的遗传物质是 RNA。在细菌和真核生物体内都发现了 RNA 病毒。例如，新冠病毒(SARS-2-COV)、埃博拉病毒(Ebola virus)、流感病毒(influenza virus)和人免疫缺陷病毒(human immunodeficiency virus, HIV)即艾滋病病毒就是 RNA 病毒(图 2-4)。导致人患非典型肺炎的 SARS 病毒(severe acute respiratory virus)也是一种 RNA 病毒。和 DNA 病毒类似，RNA 病毒的核酸也是包装在蛋白质外壳之中的。然而，迄今为止，在古菌体内还没有发现过 RNA 病毒。

RNA 病毒颗粒的核心是病毒 RNA 基因组，其外包裹着由病毒 *gag* 基因编码的核心蛋白(core protein)。核心蛋白的外面是病毒外膜，来源于宿主的细胞膜。外膜上有外膜蛋白，由病毒的 *env* 基因编码。

多数 RNA 病毒侵入宿主细胞后，可以在 RNA 复制酶(replicase)的催化下进行病毒 RNA 的复制。在一定的条件下将复制的产物 RNA 导入到宿主细胞，可以产生正常的 RNA 病毒，证明病毒的全部遗传信息，包括合成病毒外壳蛋白和各种酶的信息都贮存在被复制的 RNA 中，因此 RNA 是这些病毒的遗传物质。然而，少数 RNA 病毒属于一类逆转录病毒(如 HIV)，其复制需要经过 DNA 中间体的合成。这个 DNA 中间体还要整合到宿主细胞的染色体 DNA 中，经过转录和后加工才能得到新的全长的病毒基因组 RNA 和病毒的 mRNA。

三、某些蛋白质具有遗传物质的特性

长期以来，分子生物学中关于遗传信息传递的“中心法则”深入人心。“中心法则”认为，遗传信息以 DNA 为载体，从 DNA 到 RNA 再到蛋白质单向传递。后来人们认识到遗传信息还可以由 RNA 传递给 DNA。但其实质仍然是任何生命形式都含有核酸，遗传信息只能由核酸来存储并传递，蛋白质只是遗传信息的执行者。人们确信，核酸中的碱基序列决定了蛋白质的氨基酸序列即一级结构，而蛋白质的功能取决于由其一级结构决定的三维结构，各项生命活动是细胞中各种蛋白质功能的宏观体现。归根到底，核酸决定了一切生命性状。

20 世纪 60 年代，英国放射生物学家 T. Alper 发现，羊瘙痒症的病因可能是不含核酸的蛋白质，但这样的观点有悖于“核酸为中心”的观念，因而当时未得到人们的重视。1982 年，Prusiner 的实验结果表明，瘙痒病致病因子用灭活核酸的方法不能明显降低其致病性，但蛋白质变性剂却能使致病力消失，因而提出该致病因子确实不是核酸，而是蛋白质。为了区别于细菌、真菌、病毒及其他已知病原体，他将这种蛋白质致病因子命名为朊病毒(prion)，对应的蛋白质单体称为朊病毒蛋白，相应疾病称为朊病毒病。

1983 年，一次有关植物和动物亚病毒病源的国际会议正式把朊病毒归入亚病毒范畴。对朊病毒的形成及其致病机制的研究已经成为当今分子生物学研究的一个重大课题。

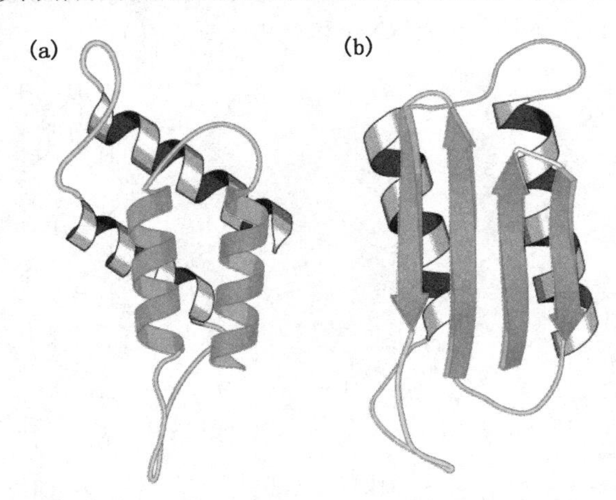

图 2-5　PrP^c(a)和 PrP^{sc}(b)的三维结构的比较

朊病毒是极微小的蛋白质微粒，类似于病毒，但不含核酸。与常规病毒一样，朊病毒有可滤过性、传染性、致病性以及对宿主范围的特异性，但它比已知最小的常规病毒还小得多(约 30～50 nm)。电镜下观察不到病毒粒子的结构，且不呈现免疫效应，不诱发干扰素产生，也不受干扰作用。朊病毒对人类最大的威胁是可以导致人类患克雅氏病(Creutzfeld-Jakob disease，CJD)，这是一种中枢神经系统退行性病变，患者最终不治而亡。朊病毒也可以导致家畜患病，如 1996 年春天在英国蔓延的“疯牛病”就是由朊病毒引起的。

Quiz3 如果将哺乳动物(如小鼠)的 *PRNP* 基因敲除的话，它们还能被朊病毒感染患病吗?

朊病毒蛋白是人体和其他许多哺乳动物正常基因(*PRNP*)编码的产物，该基因位于人 20 号染色体的短臂，小鼠为 2 号染色体，基因产物为 PrP^c(细胞型)。人的 PrP^c 由 209 个氨基酸残基组成，含有 1 个二硫键，大小为 35～36 kDa，主要定位于大脑神经细胞膜上。其二级结构主要是 α 螺旋，约占 43%，β 折叠比较少，仅占 3%。细胞型 PrP^c 不具有感染性和致病性，但是遗传突变可以产生传染型 PrP^{sc}，饮食和手术等原因接触到传染型

PrP^{sc}，也可以诱发正常的细胞型 PrP^{c} 异构为传染型的 PrP^{sc}。传染型 PrP^{sc} 一级结构与细胞型 PrP^{c} 相同，但二级结构有较大差异，含有34%的α螺旋和43%的β折叠。传染型的 PrP^{sc} 因为结构特殊，无法被细胞内溶酶体中的蛋白酶分解，而在溶酶体中大量累积，最终涨破溶酶体，使其中的蛋白酶流出而对细胞造成破坏，使神经元大量死亡而产生海绵状空洞。

由于传染型 PrP^{sc} 可以促使细胞型 PrP^{c} 转化为 PrP^{sc}，实现自我复制，因此有人认为朊病毒是一类可以在宿主细胞内复制的蛋白质侵染因子，复制方式是从蛋白质到蛋白质，还有人认为这样的蛋白质也是一种遗传物质。对于这样的观点目前还存在很多的争议，因为毕竟朊病毒蛋白归根到底也是由专门的基因在细胞里经正常的基因表达产生的。

第二节　核酸的结构

尽管在20世纪50年代初，人们已经认识到DNA是遗传信息的主要载体，但是DNA如何组成编码蛋白质的基因，遗传信息是如何复制、表达等问题仍然没有答案。这些问题直至DNA双螺旋结构模型被提出以后才有了答案，可以说DNA双螺旋结构的发现使长期以来神秘的基因成了真实的分子实体，它也是分子生物学正式诞生的标志。

一、核酸的化学组成

核酸是由多个核苷酸通过3′,5′-磷酸二酯键连接而成的多聚核苷酸(polynucleotide)，包括RNA和DNA两大类。构成核酸的基本单位是核苷酸(nucleotide)，分为核糖核苷酸和脱氧核苷酸，它们分别聚合而成RNA和DNA(图2-6)。

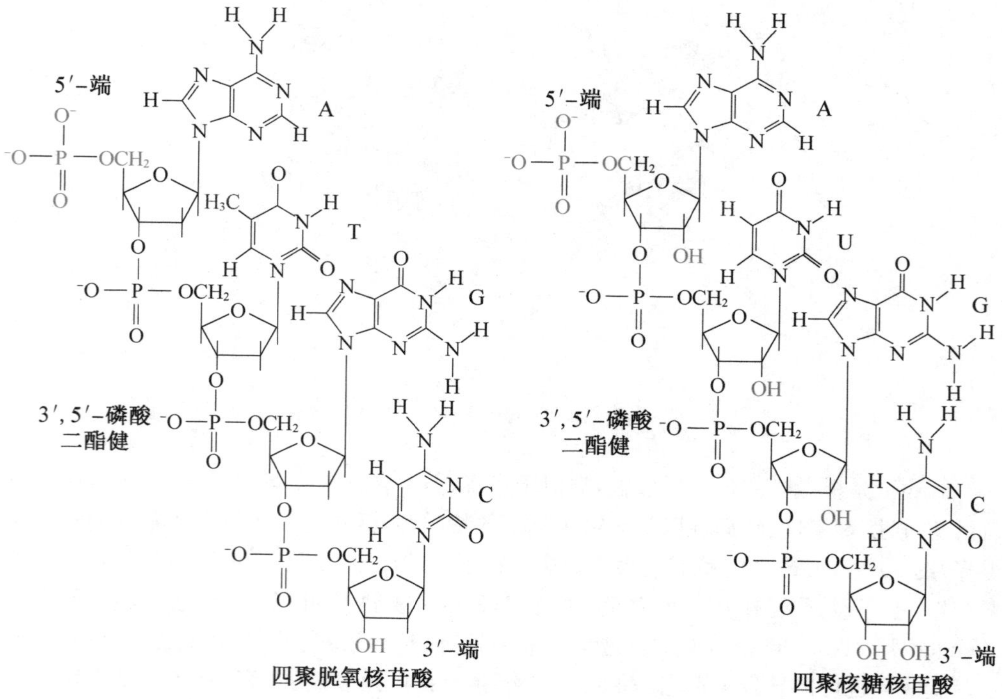

5′-端　3′,5′-磷酸二酯键　3′-端

四聚脱氧核苷酸　　四聚核糖核苷酸

图2-6　核苷酸以3′,5′-磷酸二酯键头尾相连构成核酸分子

核酸有线形和环形，也有单链和双链。线形核酸的每一条链都有两个不对称的末端：一端的5′-羟基不参与形成3′,5′-磷酸二酯键，因此被称为5′-端；另一端的3′-羟基不参与3′,5′-磷酸二酯键，故被称为3′-端。环状核酸没有游离的5′-端和3′-端。在自然界，DNA通常以双链形式存在，在细胞内只有一项功能，就是充当遗传物质，而RNA一般以单链形式存在，可行使多项功能。

已在生物体内发现多种天然的 RNA，例如转移 RNA(tRNA)、信使 RNA(mRNA)、核糖体 RNA(rRNA)、核小 RNA(small nuclear RNA, snRNA)、核仁小 RNA(small nucleolar RNA, snoRNA)、微 RNA(microRNA, miRNA)、小干扰 RNA(small interfering RNA, siRNA)、小激活 RNA(small activating RNA, saRNA)、7SL RNA、向导 RNA(guide RNA, gRNA)和 Xist RNA 等(表 2-1)。这些 RNA 具有特殊的结构和功能，其中某些 RNA 存在于所有的生物，某些 RNA 是细菌、古菌或真核生物特有的。有时，根据 RNA 是否具有编码蛋白质的功能，可将 RNA 分为编码 RNA(coding RNA)和非编码 RNA(non-coding RNA, ncRNA)。按照这样的划分，显然 mRNA 和 tmRNA 以外的所有 RNA 都属于 ncRNA。而 ncRNA 还可以进一步分为管家 ncRNA(house-keeping ncRNA)

表 2-1 不同类型的 RNA 的功能和分布

名称	功能	存在
信使 RNA(mRNA)	翻译模板	所有的生物
转移 RNA(tRNA)	携带氨基酸，参与翻译	同上
核糖体 RNA(rRNA)	核糖体组分，参与翻译	同上
核小 RNA(snRNA)	参与真核细胞核 mRNA 前体的剪接	真核生物
核仁小 RNA(snoRNA)	参与古菌和真核生物 rRNA 前体的后加工	真核生物和古菌
微 RNA(miRNA)	主要在翻译水平上抑制特定基因的表达	绝大多数真核生物
小干扰 RNA(siRNA)	主要在翻译水平上抑制特定基因的表达	同上
小激活 RNA(saRNA)	“瞄准”特定基因的启动子，激活它们的转录	某些真核生物
piRNA 或 piwi RNA	反转位子的基因沉默，对于胚胎发育和某些动物的精子发生十分重要	脊椎动物或无脊椎动物的生殖细胞
长非编码 RNA(lncRNA)	在基因表达的多个环节调节基因的表达	真核生物
7SL RNA	作为信号识别颗粒(SRP)的一部分，参与蛋白质的定向和分泌	真核生物和古菌
7SK RNA	抑制 RNA 聚合酶Ⅱ催化的转录延伸	脊椎动物
RMRP RNA	参与线粒体 DNA 复制过程中 RNA 引物的加工；参与 rRNA 的后加工；参与切除一种阻滞细胞周期的蛋白质的 mRNA 的 5′-非翻译序列，而促进细胞周期的前进	真核生物
转移信使 RNA(tmRNA)	兼有 mRNA 和 tRNA 的功能，参与原核生物无终止密码子的 mRNA 的抢救翻译	细菌
向导 RNA(gRNA)	参与锥体虫线粒体 mRNA 的编辑	某些真核生物
病毒 RNA	作为 RNA 病毒的遗传物质	RNA 病毒
类病毒	最小的感染性致病因子	植物
端聚酶 RNA	作为端聚酶的模板，有助于端粒 DNA 的完整	真核生物
核开关或 RNA 开关(riboswitch)	在转录或翻译水平上调节基因的表达	原核生物和少数低等的真核生物
核酶	催化特定的生化反应，如核糖核酸酶 P 和核糖体上的转肽酶	原核或真核生物以及某些 RNA 病毒
环状非编码 RNA(circRNA)	作为竞争性内源 RNA，参与调控细胞内特定 miRNA 的功能；还可与细胞内一些 RNA 结合蛋白结合，调节这些蛋白质与其他 RNA 之间的相互作用。	主要是真核生物
Xist RNA	促进哺乳动物一条 X 染色体转变成高度浓缩的巴氏小体(Barr body)	雌性哺乳动物

Quiz4 你认为三 X 染色体综合征患者的体细胞有几个 X 染色体会变成巴氏小体?

和调控 ncRNA(regulatory ncRNA),前者呈组成型表达,是细胞的正常功能和生存所必需的,后者只在特定的细胞,或者在生物发育的某个阶段,或者在受到特定的信号刺激以后才表达,它们的表达可在转录或翻译水平上影响到其他基因的表达。ncRNA 中长于 200 nt 的一般称为长非编码 RNA(long noncoding RNA, lnc RNA)。上述各种类型的 RNA 都是线形的,但近几年来已有很多研究者在多种生物体内发现环状的非编码 RNA(circular non-codling RNA, circRNA)。

Box 2-1　环状非编码 RNA

RNA 研究总是不断地带给我们惊喜!从发现包括 miRNA 在内的各种短 ncRNA,到多种长非编码 RNA(lncRNA),再到现在的环状 RNA(circRNA),简直让人目不暇接。

事实上,早在 20 世纪 70 年代就有人发现过 circRNA,但在当时被视为细胞中的罕见奇怪现象。因为在那个被“中心法则”统治的时代,像 circRNA 这种不直接参与翻译的核酸基本上是无人问津的。然而在进入 21 世纪以后,circRNA 研究开始引起了人们的注意,这主要得益于两点:一是对以 miRNA 为代表的 ncRNA 研究的兴起,二是生物信息学这门学科的突飞猛进,特别是新一代核酸测序技术的发展,使我们能够在人类细胞中直接检测到几万个 circRNA 分子。2012 年,美国斯坦福大学的 Patrick Brown 等人证实了 circRNA 存在于在多种类型的细胞中,从而促使很多科学家们开始研究和理解它们。在这之前,我们唯一了解的环状 RNA 就只有类病毒,而现在许多 circRNA 浮出水面,并且具有重要的生理功能,这确实是个了不起的发现。

目前,已在细菌、古菌和真核生物体内发现了 circRNA。与传统的线性 RNA 相比,环状 RNA 没有游离的 3′-端和 5′-端,因此可以抵抗外切核酸酶的降解,从而在细胞中可以长期稳定存在。对于真核生物而言,环状 RNA 多由外显子环化而成,在进化上比较保守。基于上述两点,环状 RNA 自然成为理想的临床诊断生物标志物(biomarker)。目前,科学家们已经证实,在全血样本中能采集到大量稳定存在的环状 RNA,而且测序结果显示其整体错误率很低。此外,全血中的环状 RNA 丰度要比小脑和肝脏细胞内的高,也远高于线性 RNA 的表达水平。

在真核细胞内,circRNA 主要存在于细胞质基质,其作用主要是作为竞争性内源 RNA(competing endogenous RNA, ceRNA),参与调控细胞内特定 miRNA 的功能。此外,它还可与细胞内一些 RNA 结合蛋白结合,从而调节这些蛋白质与其他 RNA 之间的相互作用。

以一种叫 ciRS-7 的 circRNA 为例,其作用的 miRNA 是 miR-7。ciRS-7 又称为 CD1as,可与 miR-7 在多个位点结合。这种结合让它像海绵一样将 miR-7 吸附住,阻止 miR-7 去抑制特定的 mRNA 的翻译。此外,它还起到 miR-7 的缓冲剂、蓄电池的作用。而受 miR-7 直接作用的主要是癌症相关信号通路中的一些蛋白质,如表皮生长因子受体(EGFR)、胰岛素受体底物Ⅰ和底物Ⅱ(IRSⅠ和 IRSⅡ)、p21 蛋白活化激酶Ⅰ(Pak1)、活化的 CDC42 激酶Ⅰ(Ack1),以及磷脂酰肌醇-3 激酶催化亚基 δ(PIK3CD)等。大量的实验证明,高水平 miR-7 可显著抑制胶质瘤细胞、乳腺癌细胞的增殖活性和侵袭性。

构成 DNA 和 RNA 的单个核苷酸都是由含氮碱基(base)、戊糖和磷酸三部分构成的。

1. 碱基

构成核苷酸的碱基分为嘌呤(purine)和嘧啶(pyrimidine)二类。前者主要有腺嘌呤(adenine, A)和鸟嘌呤(guanine, G),后者主要有胞嘧啶(cytosine, C)、胸腺嘧啶(thymine, T)和尿嘧啶(uracil, U),T 和 U 唯一的区别是 T 在 C5 位上有甲基相连(图 2-7)。

RNA 和 DNA 都含有 G、A 和 C 这三种碱基,U 和 T 一般被分别视为 RNA 和 DNA

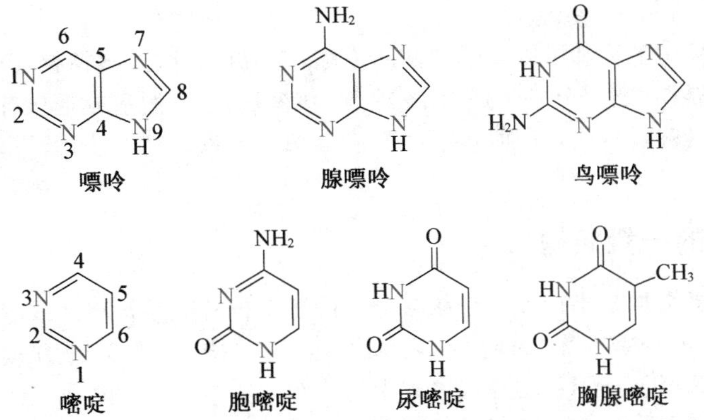

嘌呤　腺嘌呤　鸟嘌呤

嘧啶　胞嘧啶　尿嘧啶　胸腺嘧啶

图 2-7　五种碱基的化学结构

特有的碱基。但是，有的 RNA 含有少量的 T(如 tRNA)，DNA 也可能含有少量 U。

此外，在核酸分子中还发现多种修饰碱基，又称稀有碱基。它们是指上述五种碱基环上的某一位置被一些化学基团(如甲基)修饰后的衍生物。一般这些碱基在核酸中的含量稀少，在不同类型核酸中的分布也不均一，但对核酸的功能可能起重要的调节作用。例如，绝大多数真核生物基因组 DNA 上位于 CG 序列中的 C 可发生甲基化，转变成 5-甲基 C。C 甲基化以后可影响到周围基因的表达，因此 5-甲基 C 有时被称为 DNA 分子中的第五个碱基。再如，某些真核生物基因组 DNA 上某些位置的 A 也可甲基化，形成 N^6-甲基 A。这种甲基化的 A 也可以影响到周围基因的表达，因此有时被称为 DNA 分子中的第六个碱基。

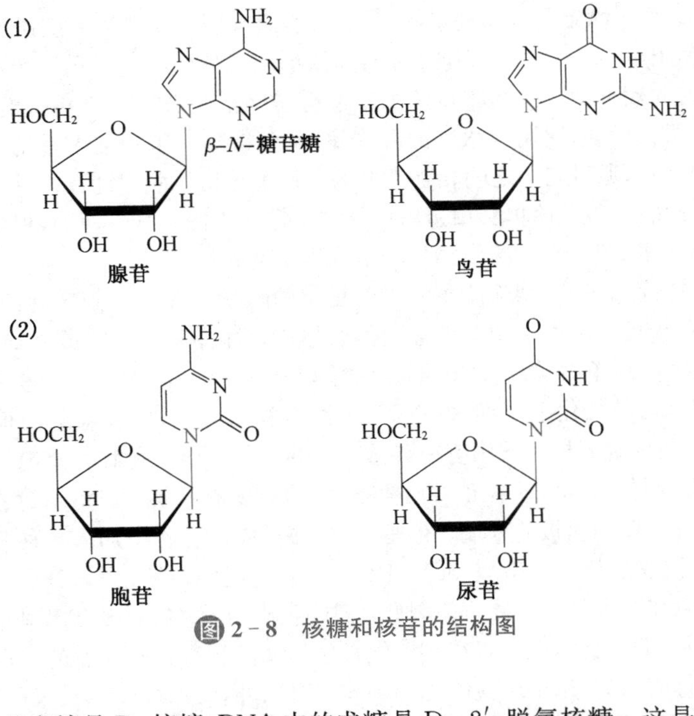

(1)　β-N-糖苷糖　腺苷　鸟苷

(2)　胞苷　尿苷

图 2-8　核糖和核苷的结构图

2. 戊糖

RNA 中的戊糖是 D-核糖，DNA 中的戊糖是 D-2′-脱氧核糖。这是我们判断一种核酸究竟是 RNA 和 DNA 的唯一标准！D-核糖或 D-2′-脱氧核糖通过 C1 位羟基，与嘌呤碱基的 N9 或嘧啶碱基的 N1 形成 β-糖苷键而构成核苷，根据所含戊糖的不同分为核糖核苷和脱氧核糖核苷，或者根据所含碱基的不同分为嘌呤核苷和嘧啶核苷(图 2-8)。在游离的核苷分子中，β-糖苷键既可是顺式，也可是反式，但嘧啶糖苷键通常是反式，嘌呤糖苷键两者皆可。然而，在核酸分子之中的 β-糖苷键一般是反式。

3. 核苷酸

核苷中核糖中的羟基可以与磷酸基团成酯，生成核苷酸。核糖核苷中核糖的2′、3′和5′羟基可以被磷酸化，分别生成2′、3′或5′-核糖核苷酸，脱氧核糖核苷中脱氧核糖的3′和5′羟基可以被磷酸化，分别生成3′或5′-脱氧核苷酸。但细胞内游离的核苷酸一般是5′-核苷酸。

二、核酸的一级结构

核酸的一级结构是指构成一个核酸分子的各个核苷酸结构单元或者碱基的排列顺序。在书写核酸一级结构的时候，习惯从左到右按5′到3′的方向书写。例如，5′pGATCGGAAATC-OH 3′。这段序列中的5′和3′完全可以省略掉。

作为遗传物质的DNA是以一级结构的形式贮存信息的，因此要了解DNA分子中所蕴含的遗传信息，必须先确定它的序列。由Frederick Sanger发明的双脱氧法(Dideoxy method)以及Maxam和Gilbert发明的化学断裂法(chemical cleavage method)是两种最经典的测序方法，通常被视为第一代测序的方法。从那时起，DNA测序技术已经历了几代的变化。这里按"代"来划分，充分反映了测序技术在速度和成本上已连续经历了多次重大的发展和进步。

(一) 第一代DNA测序

第一代测序用得最多的是双脱氧法，而化学断裂法只在一些特殊情况下使用。尽管在当今的基因组测序中，有许多新的测序技术取代了双脱氧法，但双脱氧法引入的几个重要的概念几乎仍然被用在大多数新的测序技术中。

1. 双脱氧法

1951年，Sanger测定了牛胰岛素的一级结构，后来因此获得第一次诺贝尔奖。在20世纪70年代刚开始转向核酸序列测定研究时，他和他的同事们沿用了蛋白质序列测定的基本思路：首先用低浓度的酶将待测的核酸分子降解为若干相互重叠的大片段，分别分离出这些片段，分别再次用低浓度的酶降解，直至得到一组相互重叠的小片段。测出这些小片段的序列，通过它们之间相互重叠的区域推算出核酸序列。这种方法的工作量显然太大、可行性差，因此简单套用蛋白质序列测定的方法是行不通的，但他们后来建立的双脱氧法终于使得DNA一级结构的测定取得了突破。

双脱氧法的特点在于将生物体内DNA复制的酶学过程应用到序列测定中。首先，待测的双链DNA可以被克隆到单链噬菌体载体而产生单链DNA，或者通过碱变性、热变性的方法直接得到单链DNA。根据已知序列合成的特定引物与上述单链模板褪火后，在DNA聚合酶的催化下以四种dNTP的混合物为底物，合成一条与模板链互补的DNA链。如果四种脱氧核苷酸中有一种或几种的α-磷带有放射性标记，那么，新合成的链将被放射性同位素标记。在正常反应条件下，只要有足够的dNTP存在，DNA链将沿着5′→3′一直延伸到模板的末端。但是，如果在反应混合物中加入一种脱氧核苷酸类似物，即2′,3′-双脱氧核苷三磷酸(ddNTP)，由于它的脱氧核糖无3′-OH，一旦它参入到DNA链上，反应在参入处提前终止。因此，只要控制反应体系中dNTP(其中有一种带放射性标记)和ddNTP比例，就可以得到一组长短不同的具有相同起点的片段。测序通常需要做四个平行的反应，每个反应除加四种dNTP以外，仅加入一种ddNTP。例如，某反应中加入了ddATP，那么在一定的长度范围内，所有新合成的DNA片段由于参入ddATP而导致的意外终止，在3′-端都是A。因此，在ddATP浓度适当的情况下，所有新生链中A的位置都会对应于相应长度的DNA片段。将四组反应产物通过高分辨率的聚丙烯酰胺凝胶电泳分离，再经放射自显影，就可以从电泳图谱上按片段从小到大，读出新生DNA链的碱基排列顺序，根据碱基互补配对的原则很容易得出模板链的序列(图2-9)。

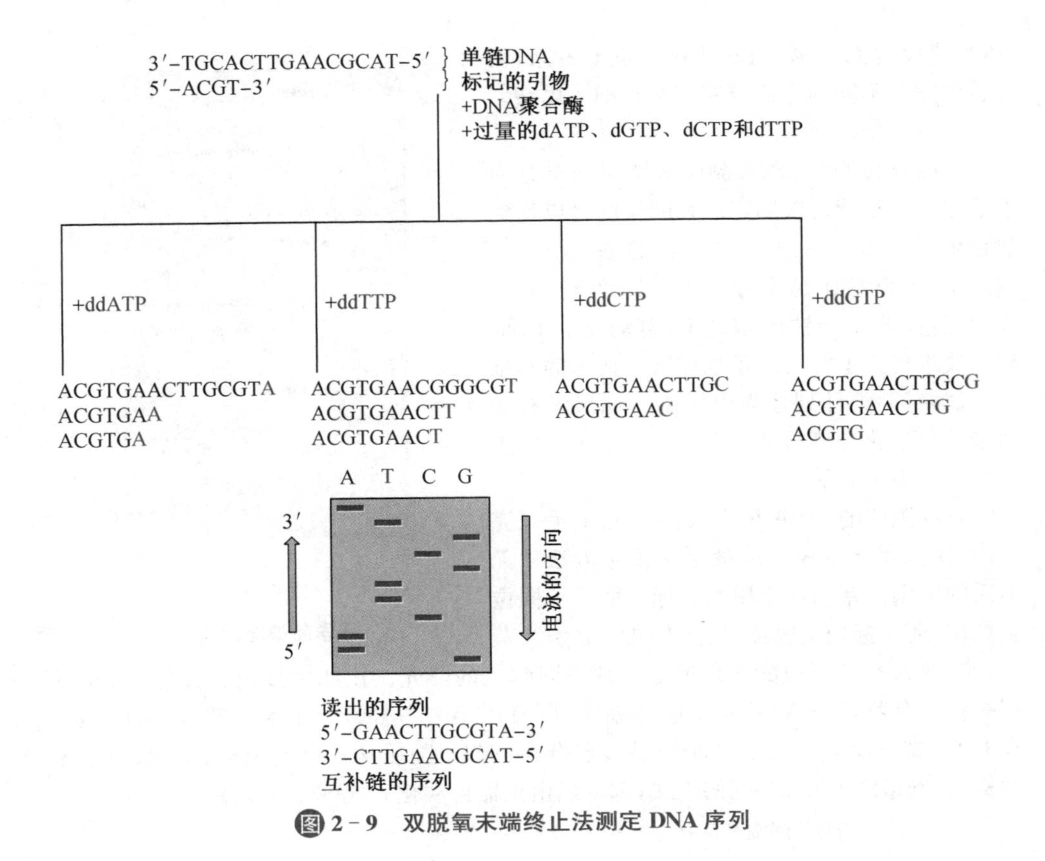

图 2-9　双脱氧末端终止法测定 DNA 序列

2. 化学断裂法

化学断裂法首先将待测定的 DNA 片段的一端(3′-端或 5′-端)进行放射性标记,然后在适当的条件下,用专一性的化学试剂特异性地修饰 DNA 分子上的某种或某类碱基,并控制反应条件,使每条 DNA 链上平均仅有一个碱基被修饰。然后从 DNA 链上除去已被修饰的碱基,并通过不同的化学处理使 DNA 在这个部位被切断。再将得到的各种长度的带放射性标记的片段在聚丙烯酰胺凝胶上电泳分离。裂解 DNA 的过程包括:有限的碱基修饰、修饰碱基从核糖上脱落及 5′,3′两侧磷酸二酯键断裂三步反应。例如,在 pH 8.0 下,硫酸二甲酯可以使 DNA 上鸟嘌呤 N7 位进行甲基化,甲基化使 C8～C9 键对碱裂解有特异的敏感性,极易水解;在 pH 2.0 下,哌啶甲酸可以使嘌呤环的 N 原子质子化而脱嘌呤,并可使 DNA 链仅在鸟嘌呤残基处断裂。如果同位素标记在 5′-端的话,这样就产生了一条 DNA 单链分子 5′-端有放射性同位素标记,另一端的下一个碱基为鸟嘌呤。当然还需要同时再完成针对其他三种碱基的特异性裂解反应,通常可以通过酸的作用削弱腺嘌呤和鸟嘌呤的糖苷键,哌啶甲酸进而脱去嘌呤并切断磷酸二酯键。如果将这组结果与鸟嘌呤的结果在相邻的加样孔电泳的话,通过比较很容易推断出腺嘌呤的位置。

肼在碱性条件下进攻胸腺嘧啶和胞嘧啶的 C4 位和 C6 位,然后在哌啶甲酸的作用下脱去碱基并进一步导致 DNA 链断裂。在 1.0 mol/L NaCl 存在下,肼与胞嘧啶发生专一性反应,这样就可以在 C 和 C+T 两组产物中区分 C 和 T。在所有碱基专一性的部分降解后得到的片段,实际上比该碱基所在的片段少了一个核苷酸(图 2-10)。

化学断裂法测定核酸序列在速度、操作难度、可测定的 DNA 片段的长度等方面都逊于末端终止法,但对于测定小片段 DNA、引物和人工合成片段的序列特别适合。另外在 DNA 足印法(DNA footprinting)中也有它的应用(参看第七章 RNA 的生物合成)。

双脱氧法通过在体外合成 DNA 的过程中参入 ddNTP,从而产生四组末端已知 DNA 片段的混合物,化学断裂法则通过特异性的化学修饰与裂解,进而得到四组末端已知的

DNA 片段的混合物,因此从这一点上看来,两种看似完全不同的方法有着完全相同的思路。

3. 全自动测序

Sanger 发明的 DNA 测序方法以前都是由手工完成。尽管每次测定序列的长度可以达到数百个碱基,但要完成一种生物的基因组的序列测定,工作量还是十分巨大。20 世纪 90 年代初期,在 Sanger 法的基础上,自动化的 DNA 测序技术得到了发展。正是在这一技术的基础上,人类基因组计划才得以实施。如果没有高通量的自动化测序技术,要完成如此浩大的工程几乎是不可能的。

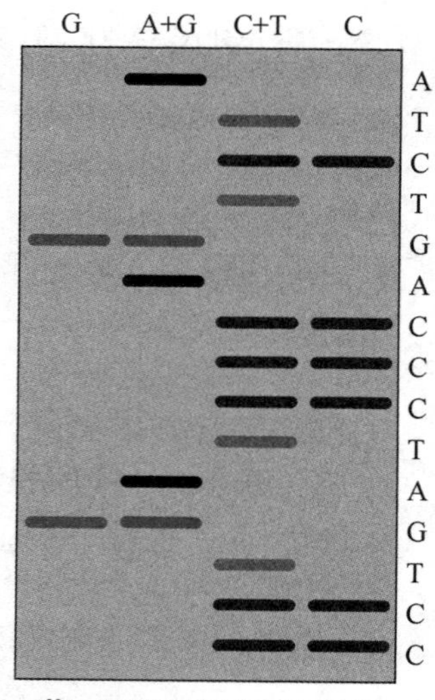

5′*^{32}P–TCCTGATCCCAGTCTA 3′
5′ATCTGACCCTAGTCCT–^{32}P* 3′

图 2-10 化学断裂法测定核酸序列的原理

自动测序的 DNA 聚合反应仍然是手工完成的,在原理上和 Sanger 的手工测定方法并无本质的区别。差别在于用荧光标记取代了同位素标记,通过标记引物或者标记 ddNTP 引入荧光,使 DNA 聚合反应的产物带上 4 种不同颜色的荧光。比如用红色荧光标记 ddATP,那么在含有荧光 ddATP 的反应体系中,所有以 A 结尾的 DNA 条带都带有红色荧光。在 DNA 聚合反应完成后,4 个样品被混合在一起。随后从样品的上样、电泳、电泳条带的检测,到最终 DNA 序列的生成,都可以由机器自动化完成(图 2-11)。

(1) 引物延伸反应

ddA反应:
TACTATGCCAGA
ATGA

ddC反应:
TACTATGCCAGA
ATGATAC

ddG反应:
TACTATGCCAGA
ATGATACG

ddT反应:
TACTATGCCAGA
ATGAT

(2) 电泳

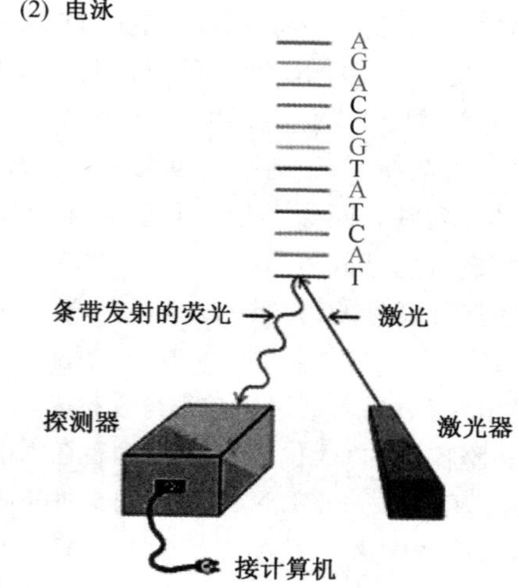

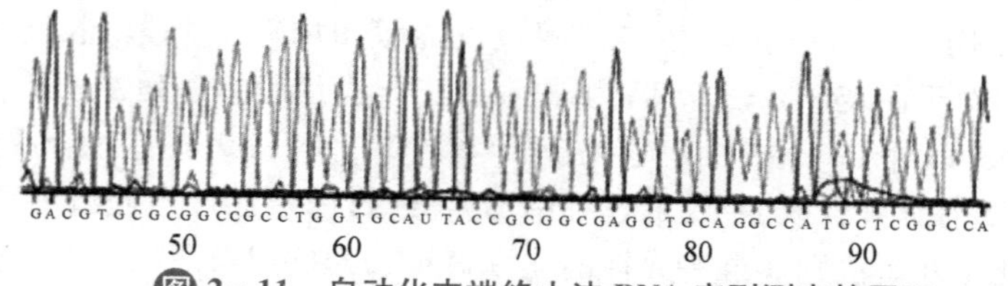

图 2-11 自动化末端终止法 DNA 序列测定的原理

DNA 条带经电泳后得到分离，按分子从小到大的顺序依次通过检测区。检测区有一个激光器，可发出不同波长的激发光。当 DNA 条带被激光照射后，DNA 上的荧光基团被激发产生荧光。不同的荧光信号被探测器探测到后，被转换为相应的电信号后输入计算机记录下来。由于相邻的条带只差一个碱基，而不同的荧光又代表特定的碱基末端，因此，根据依次通过检测区的 DNA 条带的荧光颜色及强度，可以用软件实现 DNA 序列的自动输出。

荧光标记灵敏度高，没有放射性污染，而且 4 色荧光标记可以用不同的波长检测，因此 4 个样品可以混合在同一个泳道内电泳，提高了凝胶的利用率，检测通量是原来的 4 倍。

（二）第二代 DNA 测序

第二代测序技术的典型标志是使用大规模并行的方法，即大量样品在同一个仪器内同时测定。但要做到这一点需要实现微型化和增强的计算能力。第二代测序方法在速度上比第一代快 100 倍。有三种被广泛使用的第二代测序方法，它们是 454 Life Sciences 焦磷酸测序（pyrosequencing）、Illumina/Solexa 测序和 SOLiD/Applied Biosystems 测序。

454 系统需要将 DNA 切成几百个碱基长的单链片段。每一个片段被固定在小珠子上，随后使用 PCR 进行扩增，使得每一个珠子上带有许多相同拷贝的 DNA。再使用微型机器人，将珠子放到含有上百万微孔的光纤平板上，每一个微孔刚好可以放入一个小珠。与 Sanger 的末端终止法相似，焦磷酸测序也需用 DNA 聚合酶合成互补链。但焦磷酸测序还需要在同一反应体系中加另外 3 种酶，它们与 DNA 聚合酶一起组成级联化学发光反应，在每一轮测序反应中，只加入一种 dNTP，若该 dNTP 与模板配对，聚合酶就可以将其参入到引物链的 3′-端，并释放出等量的焦磷酸基团（PP_i）。PP_i 可转化为可见光信号，并最终转化为一个峰值。每个峰值的高度与反应中参入的核苷酸数目成正比。第一轮反应结束后，再加入下一种 dNTP，继续下一轮 DNA 链的合成。整个测序反应分为四步（图 2－12）：

Quiz5 如何判断几个相同的碱基串联在一起的序列？

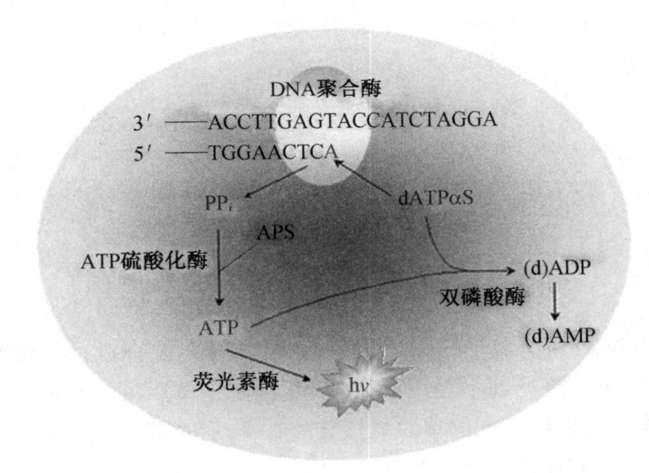

图 2－12　焦磷酸测序的原理

（1）将待测的单链 DNA 作为模板，与其特异性的测序引物结合，然后加入四种酶的混合物，包括 DNA 聚合酶、ATP 硫酸化酶（ATP sulfurylase）、荧光素酶（luciferase）和双磷酸酶（apyrase）。反应底物有腺苷－5′-磷酸硫酸（adenosine-5′-phosphosulfate，APS）和荧光素（luciferin）。

（2）向反应体系中加入 1 种 dNTP，如果它正好能和 DNA 模板上的下一个碱基配对，就会在 DNA 聚合酶的催化下，被添加到测序引物的 3′-端，同时释放出 1 分子 PP_i。dATP 需由脱氧腺苷－α 硫-三磷酸（deoxyadenosine α-thio triphosphate，dATPαS）代替，原因是DNA聚合酶对dATPαS比对dATP的催化效率高，且dATPαS不是荧光素酶的底物。

(3) 在ATP硫酸化酶的作用下，生成的PP_i可以和APS结合形成ATP。在荧光素酶的催化下，生成的ATP又可以和荧光素结合，形成氧化荧光素，同时产生可见光。通过电荷耦合器(charge coupled device，CCD)光学系统，即可获得一个特异的检测峰，峰值的高低和相匹配的碱基数成正比。

(4) 反应体系中剩余的dNTP和残留的少量ATP在双磷酸酶的作用下发生降解。

(5) 加入另一种dNTP，按第(2)、(3)、(4)步反应重复进行，根据获得的峰值图即可读取准确的DNA序列信息。

焦磷酸测序的另外一个用处是通过比较亚硫酸盐(bisulfite)处理前后的测序结果，快速地检测目标DNA甲基化的频率和样式，对样品中的甲基化位点进行定性及定量检测。如图2-13所示，需要对同一种样品进行两次测序：一次是对原始样品直接进行焦磷酸测序，另一次是先使用亚硫酸盐对样品处理，然后进行PCR扩增，再进行测序。亚硫酸盐能够将没有甲基化的C转变成U，甲基化的C则不会受影响。因此，通过PCR扩增，甲基化的C被拷贝成C，而由没有甲基化转变而来的U则被拷贝成T。于是，第二次测序的结果上保留为C的位置就是原始样品上甲基化C的位置，而新出现的T峰则是原来没有甲基化的C所在的位置。

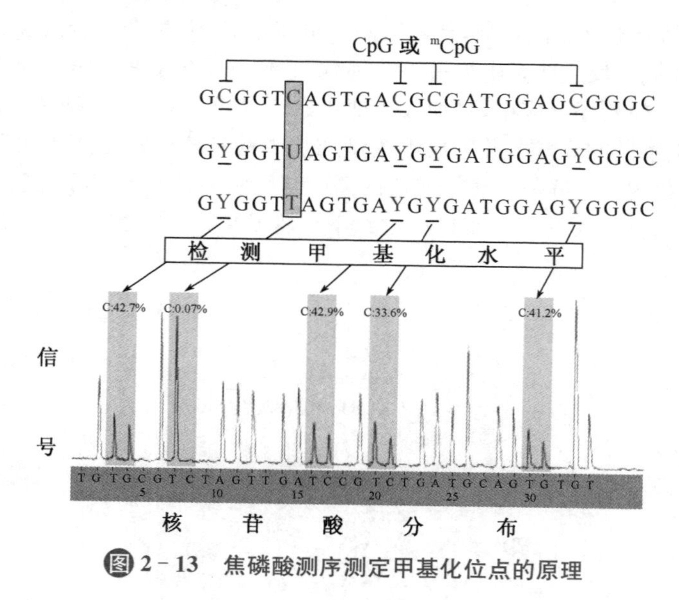

图2-13　焦磷酸测序测定甲基化位点的原理

Illumina/Solexa方法类似于Sanger法，也要进行DNA合成，并使用链末端核苷酸终止剂。但使用的末端终止剂不是双脱氧核苷酸，而是单脱氧核苷酸，而且参入是可逆的。此外，四种作为末端终止剂的单脱氧核苷酸在3′-羟基带有不同荧光标记。

(三) 第三代DNA测序

第三代测序技术的核心特征是对单分子DNA测序。这里有两个新颖之处对于单分子测序至关重要：首先，反应在纳米容器内进行。这些细小的圆柱体金属槽(20 nm宽)可以有效地降低背景光，使得单个核苷酸发出的单道闪光能够检测到；其次，荧光标签不一定标在参入的脱氧核苷酸上，而可能是标在释放出来的焦磷酸基团上。于是，荧光标签没有积累在DNA上，而是每一次反应释放一个显微的可见光信号。主要有两种途径：一条基于显微技术(microscopy)，另一条是基于纳米技术(nano-technology)。HeliScope的单分子测序仪(single molecule sequencer)实际上也是一种循环芯片测序设备。其最大特点是无需对测序模板进行扩增，因为它使用了一种高灵敏度的荧光探测仪直接对单链

DNA模板进行合成法测序：首先，将基因组DNA切割成随机的小片段DNA，并且在每个片段末端加上多聚A尾巴；然后，通过多聚A尾巴与固定在芯片上的多聚T互补配对，将待测模板固定到芯片上，制成测序芯片；最后，借助聚合酶将荧光标记的单脱氧核苷酸掺入到引物上（图2－14）。采集荧光信号，切除荧光标记基团，进行下一轮测序反应，如此反复，最终获得完整的序列信息。据报道，经过数百轮这种单碱基延伸可以获得25 bp或更长的测序长度。太平洋生命科学单分子实时测序（Pacific Biosciences single-molecule real-time sequencing）则使用一种叫零模式波导（zero-mode waveguides）的技术。在使用这种方法的时候，DNA聚合酶延伸四种带有不同荧光染料的脱氧核苷酸。每一个脱氧核苷酸在参入的瞬间会发出一道荧光。

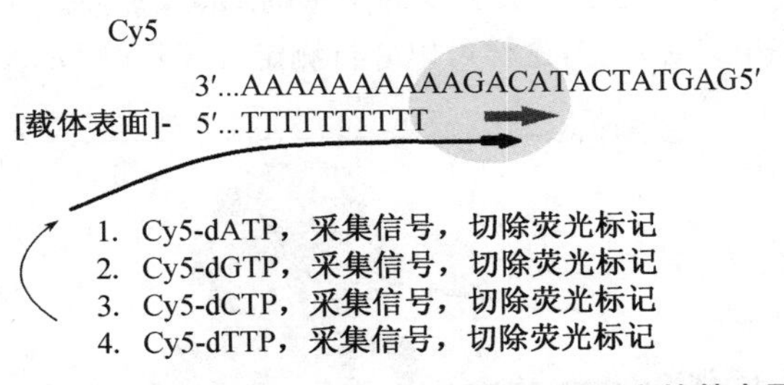

图2－14　HeliScope的单分子测序仪测序的基本原理

（四）第四代DNA测序

第四代测序技术的核心特征是不再使用光检测，而是利用离子流（ion torrent）测序，所以也称为后光测序（post light sequencing）。这一代测序方法并不适用单分子测序。它测定的是伴随一个新脱氧核苷酸的参入释放出来的质子（图2－15）。这种方法测序的速度极快，相关的测序仪器比前几代测序所使用的仪器要便宜很多。例如，这种仪器可以在不到一天的时间测出一个人的全基因组序列。离子流测序的基本原理是：在半导体芯片的微孔中固定DNA链，随后依次掺入ACGT。DNA聚合酶以单链DNA为模板，按碱基互补原理，合成互补的DNA链。DNA链每延伸一个碱基时，就会释放一个质子，在它们穿过每个孔底部时能被离子传感器检测到pH变化，即刻便从化学信号转变为数字电子信号，从而通过对质子的检测，实时判读碱基。在离子流半导体测序芯片上每个微孔

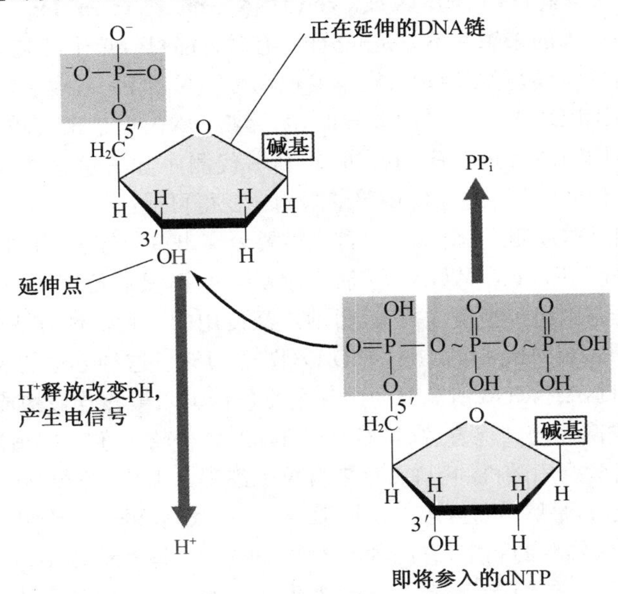

图2－15　离子流测序反应

的微球表面,含有大约 100 万个拷贝的 DNA 分子。如果 DNA 链含有两个相同的碱基,则记录电压信号是双倍的。如果碱基不匹配,则无质子释放,也就没有电压信号的变化。这种方法属于直接检测 DNA 的合成,因少了 CCD 扫描和荧光激发等环节,几秒钟就可检测合成插入的碱基,大大缩短了运行时间。

纳米孔(nanopore)技术基于能在单分子水平上操作的显微仪器。DNA 的纳米孔检测器特别细,一个纳米孔一次只允许一条 DNA 单链通过。牛津纳米孔技术系统使用的纳米孔是由蛋白质制备而成的。在毫伏级电压的作用下,DNA 的一条单链通过纳米孔向前泳动。随着单链 DNA 分子通过小孔,检测器记录纳米孔的电流变化。电流的差别取决于每一个碱基以及不同碱基的组合(图 2－16)。纳米孔技术的主要优点在于快速和能测定长的 DNA,其他大多数测序方法测定的是短的 DNA 片段。此外,可以将许多纳米孔集中装配在一个小小的芯片上,这样可以并行测定许多长的 DNA 片段。

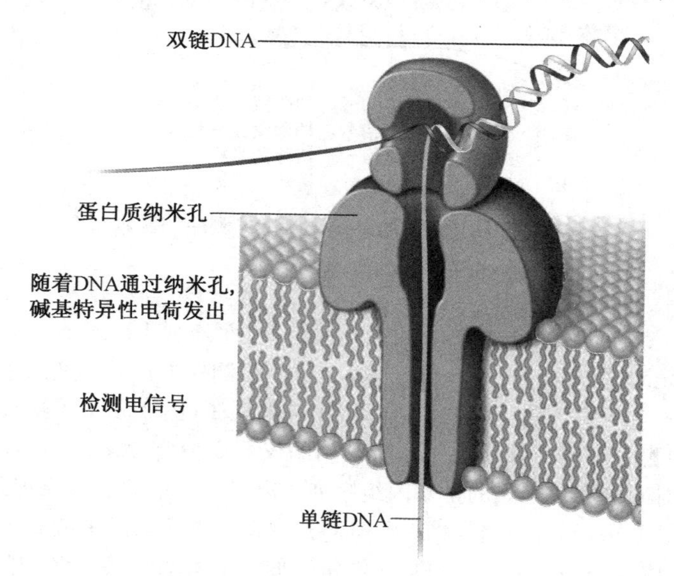

图 2－16　纳米孔测序反应

(五) 单细胞基因组 DNA 测序(single cell DNA genome sequencing)

特定基因组 DNA 的来源并不总是充分的,有时可能只有单个细胞,如在法医调查进行 DNA 指纹分析的时候,犯罪嫌疑人在案发现场可能只留下一个细胞。此外,在检测两个细胞之间在基因组 DNA 水平上的差异时,基因组 DNA 也是来自单个细胞。如何能对单个细胞的基因组 DNA 进行序列分析,在新一代测序方法建立之前,那是难以想象的!DNA 测序技术的突飞猛进才使得单细胞测序变得可能。

单细胞基因组 DNA 测序(图 2－17)首先需要分离出单个细胞,并进行全基因组扩增(whole-genome-amplification, WGA),然后构建测序文库,最后使用新一代测序技术进行序列分析。其中全基因组扩增极为关键,目前广泛使用的一种扩增方法是多重取代扩增(Multiple Displacement Amplification, MDA)(图 2－18)。这种方法的灵敏度非常高,可扩增出 10^{-15} g 的 DNA。MDA 所需要的试剂主要包括由六聚核苷酸构成的随机引物,以及一种来自 Φ29 噬菌体的高保真、高进行性的 DNA 聚合酶。在30 ℃恒温下进行扩增反应,这时 DNA 聚合酶利用随机的引物,以来自单个细胞的 DNA 为模板,不断地合成互补的新链进行取代反应,最终可得到多个拷贝 12 kb～100 kb 长的全基因组 DNA。

Quiz6 你认为可以用常规的 PCR 来扩增吗?

至于 RNA 一级结构的测定,有两种不同的策略。一是直接测定。具体测定的方法可以用质谱分析。二是间接测定。这需要先用逆转录酶将待测的 RNA 逆转录成 cDNA,然后直接测定 cDNA 序列,再反推出互补的 RNA 序列。

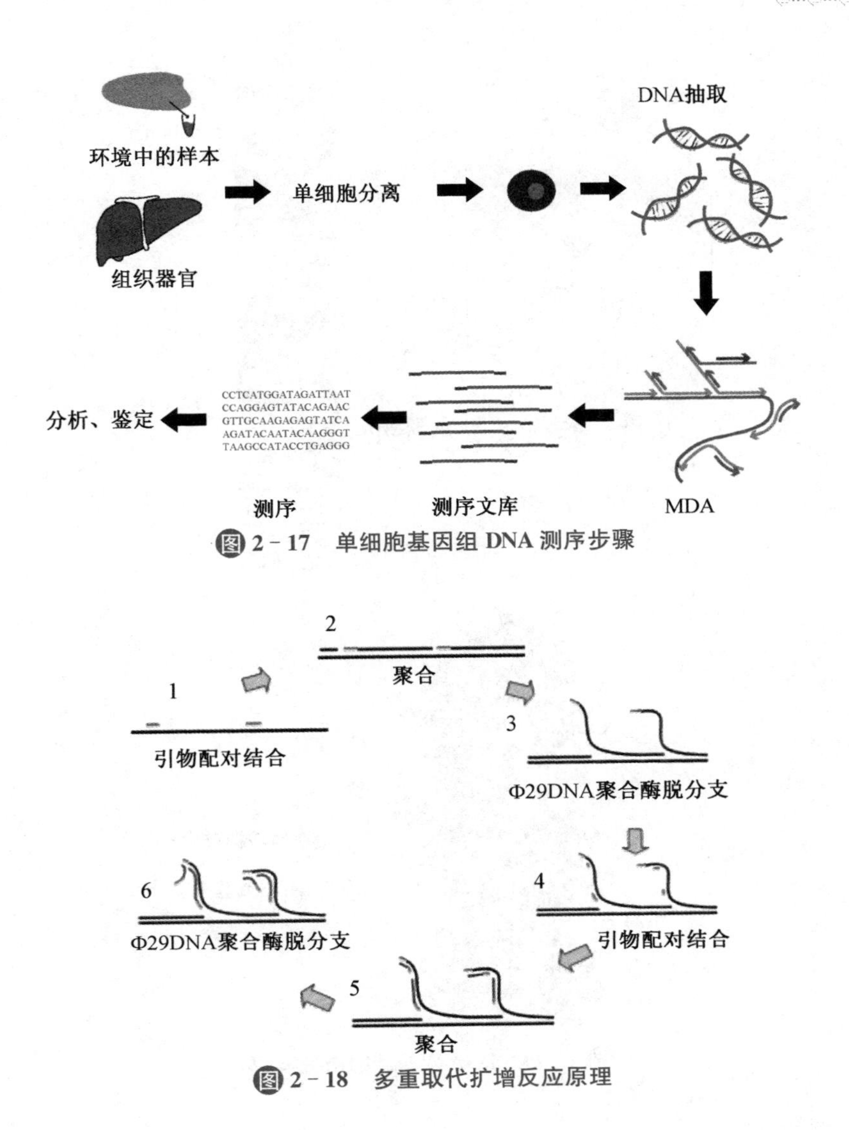

图 2－17　单细胞基因组 DNA 测序步骤

图 2－18　多重取代扩增反应原理

三、核酸的二级结构

（一）DNA 的二级结构

DNA 最典型的二级结构形式是双螺旋。这种结构的成功之处除可解释 X 射线衍射图谱及核酸化学的实验结果外，还很好地解释了作为遗传物质的 DNA 是如何进行复制、重组、损伤修复和转录的。

1. DNA 双螺旋

1953 年，Watson 和 Crick 以非凡的洞察力，以立体化学上的最适构象建立了一个与 DNA 的 X 射线衍射数据相符的 DNA 分子结构模型（图 2－19）。他们与 Wilkins 和 Franklin 于 1953 年 4 月 25 日，在 *Nature* 上提出了 DNA 双螺旋模型和实验证据，解释了当时所知道的 DNA 分子的一切理化性质，并将 DNA 分子的结构特性与其携带和传递遗传信息的功能联系起来。这是一个能够在分子水平上阐述遗传基本特征的 DNA 二级结构。

Watson 和 Crick 提出的 DNA 双螺旋模型的要点如下：

（1）主链呈螺旋状

DNA 的密度表明 DNA 螺旋由两条绕同一轴心旋转的多聚核苷酸链组成，脱氧核糖通过 3′，5－磷酸二酯键相连形成主链，两条主链反向平行，并呈右手螺旋。主链处于螺旋的外侧，所谓双螺旋就是针对两条主链的形状而言的。

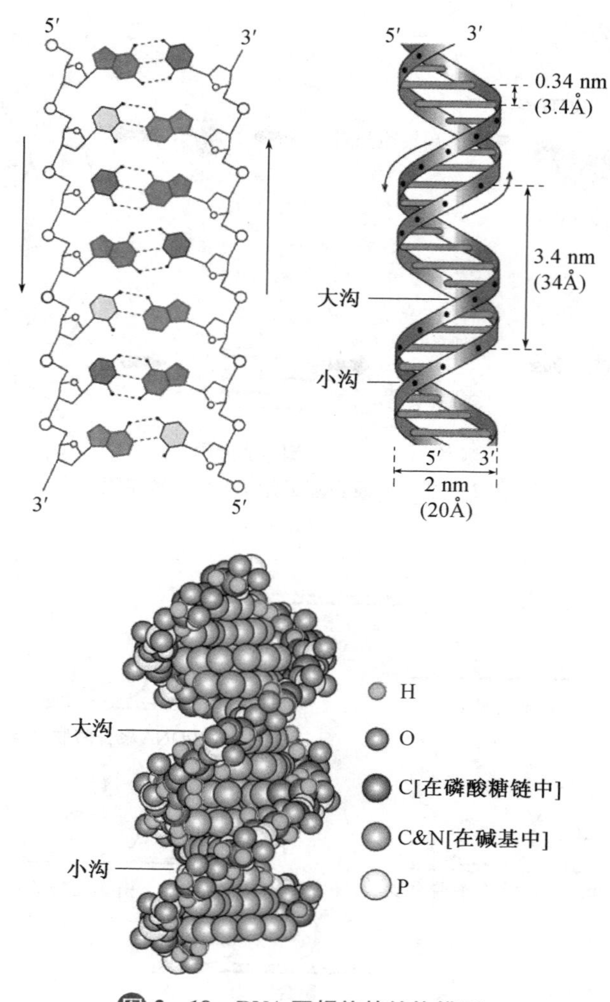

图 2-19　DNA 双螺旋的结构模型

(2) 碱基位置

螺旋恒定的直径表明每条链的碱基位于螺旋内部,碱基平面与螺旋轴垂直。碱基通过糖苷键与主链糖基相连。同一平面的碱基在两条主链间形成碱基对。但螺旋周期内的各碱基对平面的取向均不同。碱基对具有二次旋转对称性的特征,即使碱基旋转 180°也不影响双螺旋的对称性。即双螺旋结构在满足两条链碱基互补的前提下,DNA 的一级结构并不受限制。这一特征能很好地阐明 DNA 作为遗传信息载体在生物界的普遍意义。

(3) 碱基互补配对

一条链的碱基与另一条链的碱基通过氢键联系起来形成碱基对。在双螺旋结构中,嘌呤总是与嘧啶配对,因为嘌呤与嘌呤配对使螺旋直径太大,而嘧啶与嘧啶配对则使螺旋直径太小。嘌呤与嘧啶配对形成专一碱基对:A 总是和 T 配对,G 总是和 C 配对。决定 DNA 双螺旋结构中这种碱基配对专一性的因素有两个:一是碱基之间在几何形状的互补性,二是碱基之间形成的特异性氢键。据测定,A 和 T 之间可以形成 2 个氢键,G 和 C 之间可以形成 3 个氢键(图 2-20)。

(4) 大沟和小沟

大沟(major groove)和小沟(minor groove)分别指双螺旋表面凹下去的一大一小的沟槽。从双螺旋中心到两条主链的连线将 DNA 的横截面划分为两个不等的扇形,一个

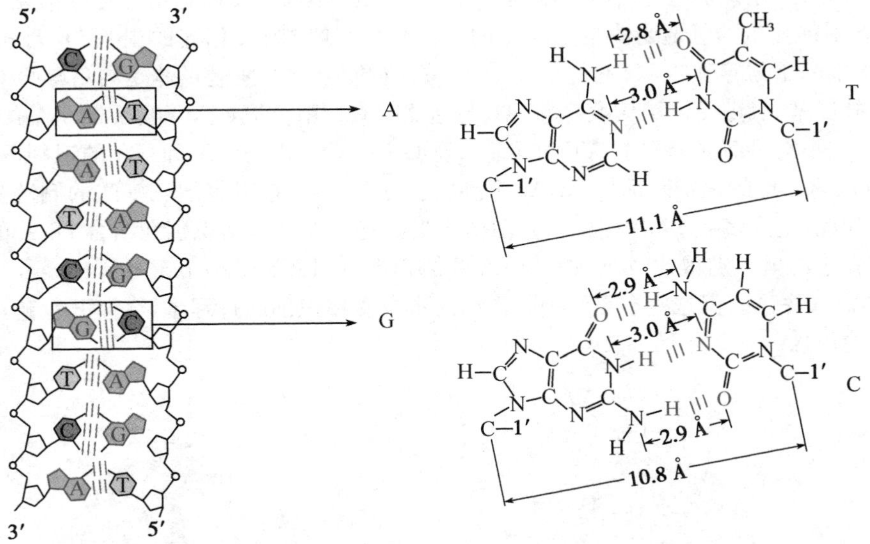

图 2-20　DNA 双螺旋中互补碱基的配对

大于 180°，一个小于 180°，分别对应于大沟和小沟（图 2-21）。在大沟和小沟内的碱基对中的 N 和 O 原子朝向分子表面。这些特性对于 DNA 双螺旋结构中遗传信息的识别是非常重要的，因为只有在沟内，非组蛋白才能识别出不同的碱基顺序。在双螺旋结构的表面是没有特异性差别的磷酸和脱氧核糖骨架，并不携带任何遗传信息。

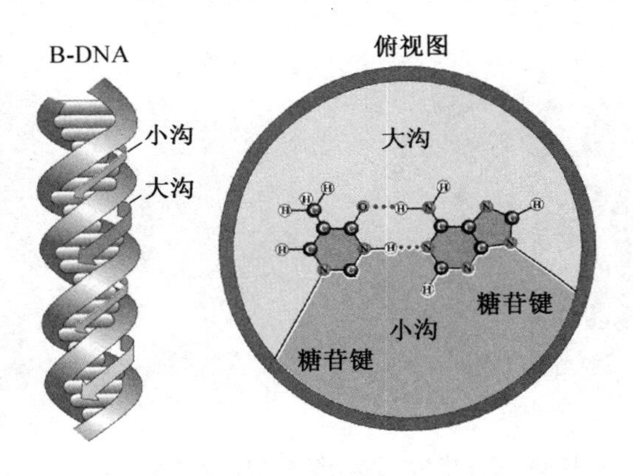

图 2-21　DNA 的大沟和小沟

双螺旋上的大沟和小沟是 DNA 分子对外展示信息和交流信息的窗口。大沟里含有更多的化学信息，因为在其中的每个碱基对能提供更多的氢键供体和受体以及疏水基团，这些信息可以被 DNA 序列特异性结合蛋白用来识别和结合特异性碱基序列。例如（图 2-22）：AT 碱基对在大沟里展示的氢键供体（D）有与腺嘌呤 C6 相连的环外氨基，氢键受体（A）有腺嘌呤的 N7、胸腺嘧啶 C4 上的羰基 O，提供的疏水基团是与胸腺嘧啶 C5 相连的甲基；GC 碱基对在大沟里展示的氢键供体有与胞嘧啶 C4 相连的环外氨基，氢键受体（A）有鸟嘌呤的 N7、鸟嘌呤 C6 上的羰基 O，提供的疏水基团则是与胸腺嘧啶 C5 相连的 H。因此，在大沟里，不仅可以很好地区分 AT 和 GC，还可以区分 AT 和 TA、GC 和 CG。在这里，如果把特定的氢键受体（A）、氢键供体（D）、疏水基团甲基（M）和疏水基团氢原子（H）的组合看成是一种识别码，那么，AT 碱基对和 TA 碱基对的识别码分别是 ADAM 和 MADA，GC 碱基对和 CG 碱基对的识别码分别是 AADH 和 HDAA。这种识别码是非常重要的，因为一种 DNA 序列特异性结合蛋白不需要破坏 DNA 的双螺旋结构,就可以有效地识别特定的碱基序列。与大沟相比,小沟里面展示出的化学信息要少,AT 碱基对能提供的氢键受体是腺嘌呤的 N3、与胸腺嘧啶 C2 相连的羰基 O,无氢键供体,疏水基团是与腺嘌呤 N2 相连的 H;GC 碱基对能提供的氢键供体是与鸟嘌呤 C2 相连的环外氨基,氢键受体是鸟嘌呤的 N3、与胞嘧啶 C2 相连的羰基 O,也无疏水基团。由此看来,在小沟里面区分不了 AT 和 TA 以及 GC 和 CG,因为 AT 和 TA 的识别码都是 AHA,GC 和 CG 的识别码都是 ADA。同时,小沟窄而浅,难以容纳氨基酸的侧链基团。正因为如此,绝大多数 DNA 序列特异性结合蛋白是在大沟里面识别和结合 DNA 的,只有少数在小沟里识别碱基序列,如 TATA 盒结合蛋白(TATA box binding protein, TBP)识别 TATA 序列。但这些在小沟中起作用的蛋白质在识别的过程中,会撕开双链,以获取更多的信息。

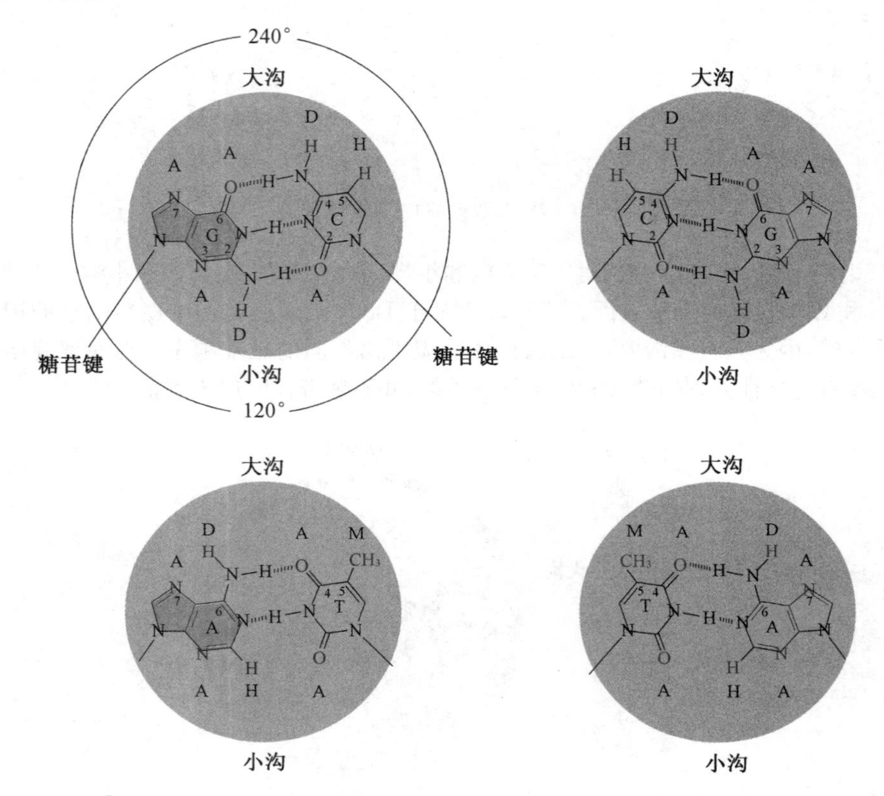

图 2-22　DNA 双螺旋大、小沟形成的原因以及里面展示的化学信息

(5) 螺旋参数

X 射线衍射数据表明 DNA 具有规则的螺旋结构,螺旋直径为 2 nm,每一圈螺旋的高度为 3.4 nm,每一圈螺旋由 10 bp 组成,相邻核苷酸之间呈 36°角,距离为 0.34 nm。碱基倾角一2°,碱基平面基本上与螺旋轴垂直,螺旋轴穿过碱基对。

(6) 稳定 DNA 双螺旋结构的因素

影响 DNA 双螺旋结构的因素有氢键、碱基堆积力和离子键。

氢键的本质是在与 O 或 N 相连的氢原子和邻近的 O 或 N 原子之间形成的一种静电吸引。在每一个碱基上,都有氢键供体(如羟基和氨基)和氢键受体(如羰基和亚氨基)。碱基之间的氢键既决定了双螺旋结构中碱基配对的特异性,也是维持 DNA 结构的重要因素。氢键有两个重要的性质:①特异性。氢键的形成要求氢键供体和氢键受体具有互补性,因此特异性很强。在 DNA 双螺旋结构中,当 G 与 C 或者 A 与 T 配对时,才能形成绝配的氢键。②方向性。当氢键形成时,氢键供体、氢原子和氢键受体三者在一条直线上时,形成的氢键最强,同一条 DNA 链相邻碱基之间的堆积力则满足氢键形成的方向性。

碱基堆积力是同一条DNA链中相邻碱基之间非特异性的作用力，包括疏水作用力和范德华力。尽管DNA分子是亲水的，但是分布在DNA双链之间的碱基仍然带有一定程度的疏水性。这些碱基在水相中，一方面具有相互结合、相互堆积在一起的趋势，这就是疏水作用力，另一方面，同一条DNA链中相邻碱基之间存在的范德华力又加强了疏水作用力。它们共同作用，构成形成氢键方向性的碱基堆积力。有证据表明，碱基堆积力是稳定DNA双螺旋最重要的因素。

DNA双链上的磷酸基团在生理pH下都带负电荷，由此产生的静电排斥力具有将两条链推开的趋势。然而，周围环境里的阳离子(如Na^+)与磷酸基团形成离子键，可以有效地中和磷酸基团的负电荷。因此，溶解在无离子水的DNA即使在室温下，仍然会解链变性，而平时制备的DNA都是DNA的钠盐。

2. DNA结构的多态性

Watson和Crick最早提出来的DNA双螺旋结构实际上属于所谓的B型双螺旋，即B-DNA。B-DNA曾一直被认为是唯一的与DNA生物学功能相关的结构。但是，对人工合成的多聚核苷酸以及天然存在的具有特定重复序列DNA的结构研究表明，DNA的分子结构不是一成不变的，而是具有一定的多态性。DNA双螺旋结构在不同条件下，或在不同功能状态下可以发生扭曲、旋转、伸展等结构变化，特别是细胞核内的DNA常常与蛋白质紧密结合，因此可以形成不同形态的结构。其中一些结构与经典的B-DNA只有一些细微的差别，但有少数结构在DNA的重要属性(如螺旋方向、碱基配对原则或者链的数目)上存在根本变化(表2-2)。现在这些不同的DNA二级结构被分为A、B、C和Z等类型，26个英文字母中现在只有F、Q、U、V和Y还没有被分配给特定的新的DNA结构。但具有生物学意义的其他二级结构只有：A型双螺旋、Z型双螺旋(图2-23)、十字型DNA(cruciform DNA)、三螺旋(triple helix)DNA、DNA弯曲(DNA bending)、四链DNA(quadruplex DNA)、错配滑移DNA(slided mis-paired DNA，SMP-DNA)和碱基翻转(base flipping)等。

表2-2　B-DNA、A-DNA与Z-DNA的结构比较

	B-DNA	A-DNA	Z-DNA
螺旋方向	右旋	右旋	左旋
每螺旋碱基对	10	10.9	12
螺旋直径	2 nm	2.6 nm	1.8 nm
碱基平面的间距	0.34 nm	0.29 nm	0.35 nm(G/C)；0.41 nm(C/G)
螺距	3.4 nm	3.2 nm	4.5 nm
相邻碱基对间的转角	36°	33°	−51°(G-C)；−9°(C-G)
轴心与碱基的关系	穿过碱基对	不穿过碱基对	不穿过碱基对
碱基倾角	−2°	13°	9°
嘌呤碱基与脱氧核糖之间β-糖苷键的构象	反式	反式	顺式
形成的有利条件	无	相对脱水(相对湿度为75%)；高盐	嘌呤-嘧啶(特别是GC)交替排列，高盐

(1) A型双螺旋

如果在以钠、钾或铯作阳离子以及相对湿度为75%的条件下进行X射线衍射，测得的DNA分子则形成A型双螺旋。以这种双螺旋存在的DNA称为A-DNA。这一构象不仅出现于脱水DNA中，还出现在RNA分子中的双螺旋区或DNA-RNA杂交分子中。

A型DNA也是右手双螺旋，主要特征是：每圈螺旋10.9 bp，螺旋扭角为33°，螺距

3.2 nm。每个碱基对的螺旋上升值为0.29 nm,碱基倾角13°,碱基平面不再与螺旋轴垂直,螺旋轴不穿过碱基对,而是位于大沟中,碱基对在小沟中围绕着螺旋轴,形成中空结构,小沟宽而浅,大沟极深,其深度为从螺旋表面经过螺旋轴再向对面延伸一段距离。

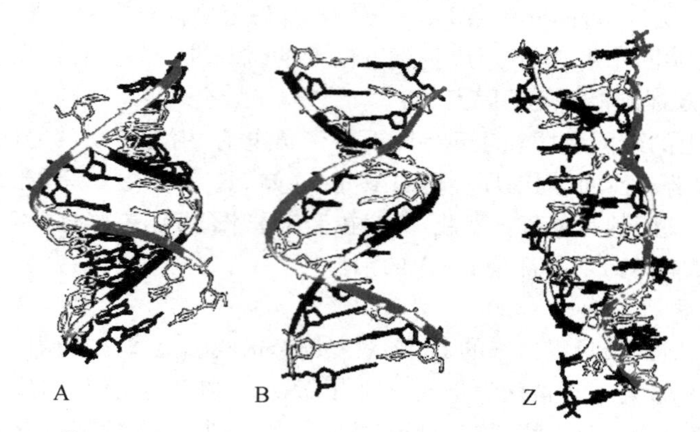

图2-23 A-DNA、B-DNA和Z-DNA结构模式图

(2) Z型双螺旋

在研究人工合成的CGCGCG单晶体的X射线衍射图谱时,发现这种六聚体的构象与上面讲到的B型和A型双螺旋完全不同。它是一种左手双螺旋,主链中各个磷酸基团呈锯齿状排列,形如英文字母Z,因此叫它Z型(Zigzag)双螺旋。以这种双螺旋存在的DNA称为Z-DNA。

Z-DNA的主要特征是:左手双螺旋;每圈螺旋12 bp,螺旋扭角为-51°(G-C)和-9°(C-G);螺距4.5 nm,每个碱基对的螺旋上升值为0.35 nm(G-C)和0.41 nm(C-G);碱基倾角9°,即碱基平面不与螺旋轴垂直,螺旋轴不穿过碱基对,而是位于小沟中,大沟已不复存在,小沟狭而深;两条链上的磷酸基隔着狭窄的小沟面对面。

有研究表明,在高盐浓度下,DNA链上出现嘌呤与嘧啶交替排列的序列有利于Z-DNA的形成,比如CGCGCGCG或者CACACACA。这种碱基排列方式可促使核苷酸中的糖苷键以顺式和反式的构象交替存在。当碱基与脱氧核糖形成反式糖苷键时,它们之间离得远,若形成顺式糖苷键,就彼此接近。在Z-DNA中,嘌呤核苷酸中的糖苷键为顺式,弯向小沟,而嘧啶核苷酸中的糖苷键为反式,离开小沟向外挑出。于是,糖苷键的顺式与反式交替排列使得Z-DNA主链呈锯齿状或Z字形。

实验证明,细胞内的DNA分子中确实存在Z-DNA区,细胞内有一些因素可以促使B型DNA转变为Z型DNA。例如,DNA分子上的胞嘧啶在5号位发生甲基化修饰,使C5周围形成局部的疏水区,并可扩展到B型DNA的大沟中,使B型DNA不稳定而转变为Z型DNA。因此,在B-DNA的某些区段出现Z-DNA构象是完全可能的。

(3) 十字形DNA

这种结构的形成需要特殊的碱基序列,即反向重复序列(inverted sequence)。当两段长于10 bp的反向重复序列被一小段非重复序列隔开以后,它们可以通过链内的互补碱基对,同时在两条链上形成2个对称的发夹结构,结合在一起像十字形(图2-24)。这种结构有可能作为某些转录因子结合的位点,从而参与调控特定基因的表达。

(4) 三螺旋DNA

双螺旋DNA在一定条件下可容纳第三条链,这个“第三者”沿着双螺旋的大沟,通过与双螺旋中的一条链形成Hoogsteen碱基对(图2-25)而形成稳定的三螺旋结构(图2-26)。

嘌呤碱基具有再形成两个氢键的潜在位点,被称为Hoogsteen面。若是G,两个位点为N7和O6;若是A,两个位点是N7和6号位的NH_2,这些氢键供体和受体可以导致Hoogsteen碱基对的形成,其中T与A配对,质子化的C与G配对。

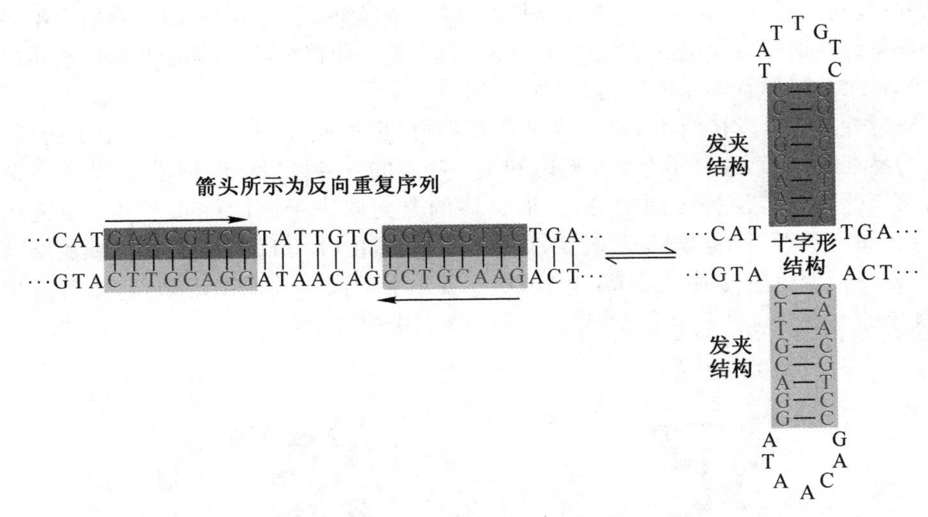

图 2-24　十字形 DNA 的形成

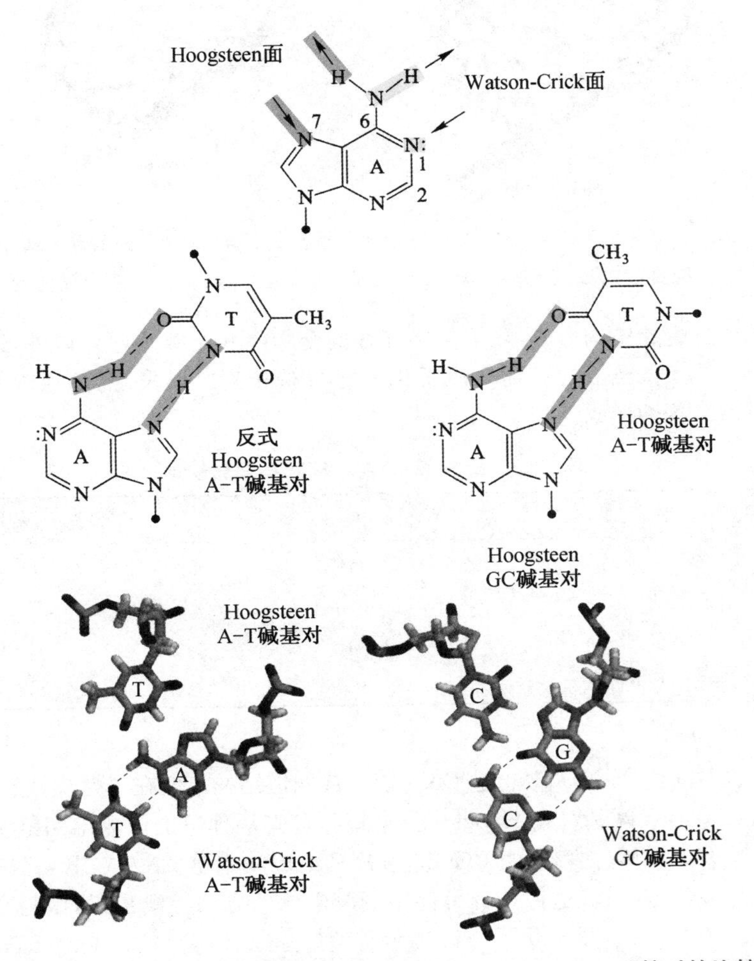

图 2-25　Hoogsteen 碱基对中氢键的形成与 Watson-Crick 碱基对的比较

Hoogsteen 碱基对有顺式和反式两种：反式是指第三条链与嘌呤链呈反平行排列，顺式是指第三条链与嘌呤链呈平行排列。这种结构的形成涉及 3 段碱基序列，每一段序列要么全是嘌呤，要么全是嘧啶，而且具有互补的关系。它们可以是两段相同的全嘌呤序列和一段互补的全嘧啶序列,也可以是两段相同的全嘧啶序列和一段互补的全嘌呤序列。三螺旋结构的形成可以影响到DNA的复制、重组和转录,还可能阻止特定的蛋白质和DNA的结合,从而对基因表达起调控作用。

三螺旋结构可以在两个DNA分子之间形成,也可能在同一个DNA分子内形成。前者容易在两个DNA分子上全是嘌呤和全是嘧啶的互补区段之间形成,但第三条链在配对结合的时候有两种不同的方向,而具体的方向取决于链的性质。第三条链通过Hoogsteen氢键配对(表2-3)的时候,需要C的质子化(低pH)。这样的三螺旋结构可能在DNA同源重组的时候形成:一个DNA分子上的同源片段出现裂口,然后发生解链,其中的一条链与另一个DNA分子上的同源双链配对结合。

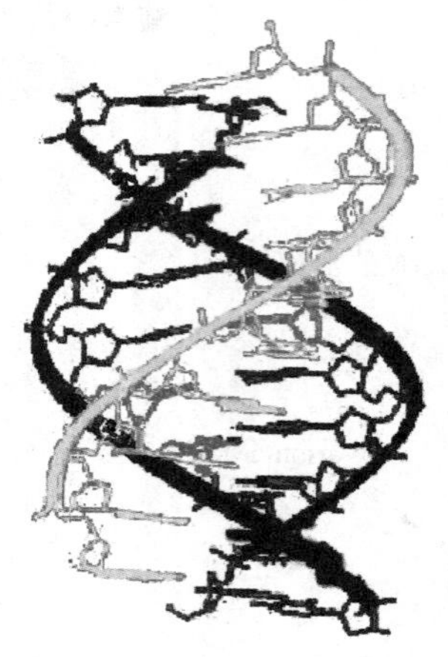
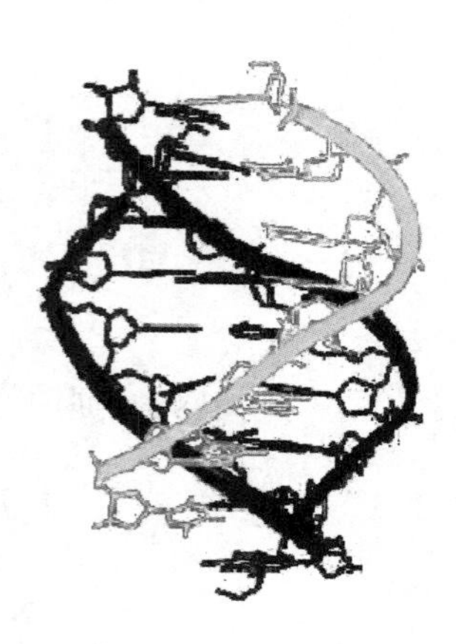

图2-26　三螺旋DNA模式图(左:具有CGG重复的三链DNA,右:TAT和CGG重复混合物的三链DNA。Watson-Crick双螺旋为深色,第三链为浅蓝色)

分子内的三螺旋结构形成,除了需要互补的全嘌呤和全嘧啶序列以外,还需要序列呈镜像重复。第三条链上的C需要质子化才能与G配对。已发现,超螺旋的形成有利于这类三螺旋结构的形成。

Quiz7 这里的三螺旋结构与Linus Pauling最初提出的三螺旋结构有什么差别?为什么Pauling提出的三螺旋结构是错误的?

表2-3　三螺旋DNA中的碱基配对规则

配对方式	Watson-Crick碱基对	Hoogsteen碱基对
T=A=T	A&T	T&A
A=A=T	A&T	A&A
C=G=C	G&C	C&G
G=G=C	G&C	G&G

(5) 四链DNA

很长一段时间内,没有人敢想过DNA能形成四链结构。但在三螺旋被发现以后,有人根据Watson-Crick碱基对和Hoogseen碱基对,首先从理论上预测出四链结构是可能存在的。很快有人在体外发现,由CGG重复序列组成的单链DNA在K^+、Na^+或Li^+存在下很容易形成四链结构,这种结构可使用凝胶电泳的方法检测出来,因为它泳动的速度比其他形式的DNA要快。化学修饰实验清楚地显示,G参与以Hoogsteen氢键形成四链。在两个两侧含有两段G四联体——GGGG(G quartets)重复序列的GCGC序列组成的DNA片段之间,可以形成四链结构。

真核生物染色体DNA的端粒是细胞内DNA最可能形成四链结构的地方。端粒DNA是由短的GnTn重复序列组成。重复的次数成百上千。例如,四膜虫大核端粒DNA重复序列GGGGTT,拟南芥为GGGATTT,人类为GGGATT。

多数真核细胞的端粒 DNA 的 3′-端具有由富含 G 的短重复序列组成的悬垂(overhang)，长度通常为 12～16 个碱基。人端粒 DNA 的 3′-端的悬垂较长，有 125～275 个碱基，其重复序列为 GGGATT。人工合成的人端粒悬垂序列在体外特定的条件下，可以通过螺旋桨状的 G-四联体结构形成四链结构。在 G 四联体结构之中，每一个 G 通过 Watson-Crick 面与相邻 G 的 Hoogsteen 面形成氢键。四个 G 的 O6 位于四联体的中心，每两个四联体片层可以结合一个金属离子(图 2-27)。

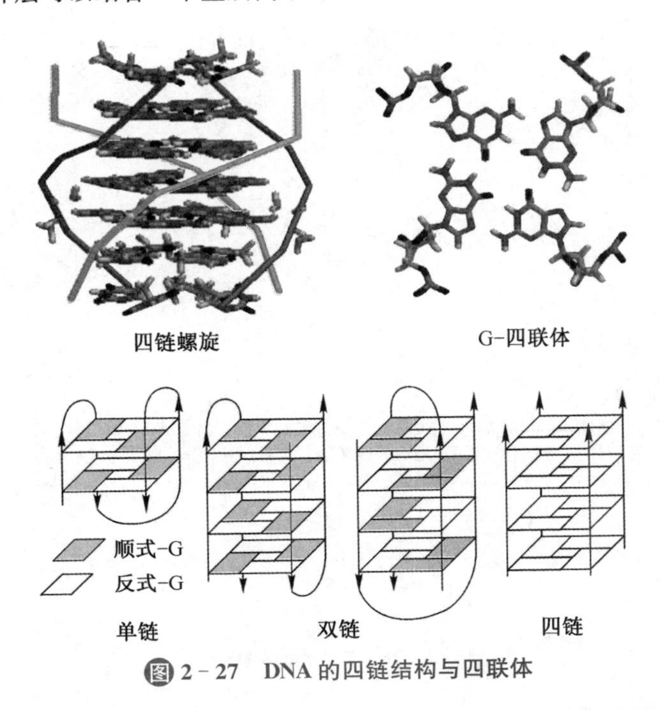

图 2-27　DNA 的四链结构与四联体

四联体可能是平行的，也可能是反平行的。如果是反平行的，相邻的 G 就必须采取不同的取向。

有人根据体外的一些实验数据认为，人细胞端粒 DNA 的悬垂折叠成为的 G-四联体可与特定的端粒 DNA 结合蛋白结合，从而可为端粒提供额外的保护，有助于它的完整性和稳定性。还有人使用改造过的由荧光标记的 G-四联体特异性抗体，在人细胞中直接观察到了 G-四联体的存在。此外，体内的四联体可能参与调节 c-*Myc* 原癌基因的转录：有证据表明，一种椅状的四联体(chair-G-quadruplex)结构能够阻止 c-*Myc* 的转录激活。如果四联体被破坏，c-*Myc* 的转录就会显著增加。

(5) 错配滑移 DNA

含有直接重复序列的 DNA 可以形成一种叫"滑移错配"的二级结构。形成这种结构的原因是该区段 DNA 先发生解链，在重新缔合的时候，一段重复单元内的核苷酸序列因滑移与另一段重复单元内的互补序列发生错配，从而形成两个环(图 2-28)。因滑移的方式不同，可形成两种错配滑移 DNA。若体内的 DNA 形成上述结构，会导致某些基因发生移框突变。

(6) DNA 弯曲

DNA 双螺旋结构的稳定是相对的，有时会出现弯曲(图 2-29)。弯曲的形成一方面与一些特殊的碱基序列有关，另一方面与某些 DNA 结合蛋白的作用有关。DNA 的弯曲可以通过电泳的方法检测到。例如，一种原生动物的动基体 DNA(kinetoplast DNA, kDNA)的实际长度为 414 bp，但其电泳的行为显示它有 828 bp。正是弯曲降低了它的泳动速率。碱基序列分析显示，含有成串 A 重复序列(4～5 个 A)且每串 A 前后分别是 C

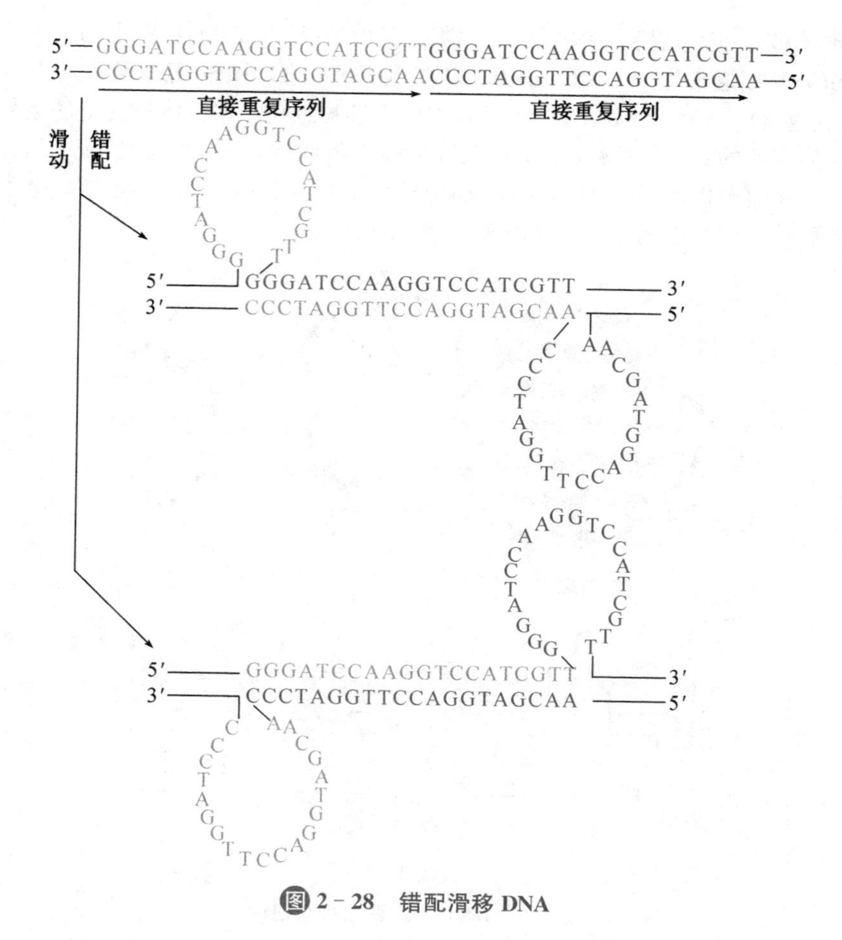

图 2-28　错配滑移 DNA

和 T 的片段之间容易形成弯曲,如 CCC (5A) TCTC (6A) TAGGC (6A) TGCC (5A) TCCCAAC。这是因为成串 A 构成的片段因碱基堆积力较强形成更稳定的双螺旋,这里的双螺旋与标准的 B 型双螺旋有所变化,如具有更窄的小沟,但在它们之间的序列却易出现弯曲。

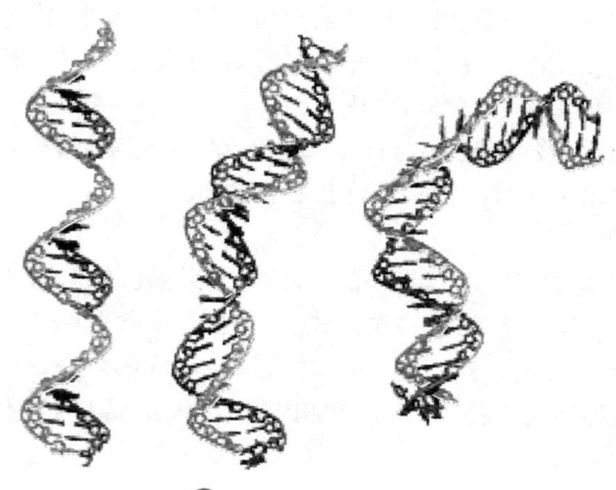

图 2-29　DNA 弯曲

弯曲的 DNA 片段可能位于基因的上游、下游和启动子附近。在基因转录或激活的时候,可观察到 DNA 上游序列发生弯曲。那些参与调节基因表达的蛋白质虽然结合在距离基因较远的地方,但通过弯曲 DNA,可拉近与其他序列之间的距离。此外,DNA 弯曲还发现在 DNA 复制、位点特异性重组和 DNA 修复过程中。

DNA弯曲还有利于压缩比较大的基因组DNA。已发现类似CTGnCAGn的序列比其他序列更容易组装成核小体的结构，这是因为这样的序列构成的双螺旋具有较好的柔性，容易发生弯曲。这说明DNA弯曲可影响到染色质的结构组装。

(7) 碱基翻转

有时候，DNA双螺旋上的某个碱基离开它的“搭档”，突出在双螺旋之外，这种现象称为碱基翻转(图2-30)。一个碱基发生翻转的时候，会造成相邻碱基对的扭曲。碱基翻转对于细胞的一些功能是很重要的。例如，参与同源重组的酶需要通过碱基翻转寻找同源的序列，催化碱基修饰的酶需要碱基通过翻转落入它的活性中心被化学修饰，参与碱基切除修复的DNA糖苷酶需要受损伤的碱基通过翻转进入它的活性中心被切除。针对最后一种情况而言，DNA分子上出现的U就是通过这种方式被尿嘧啶-DNA糖苷酶切掉的。

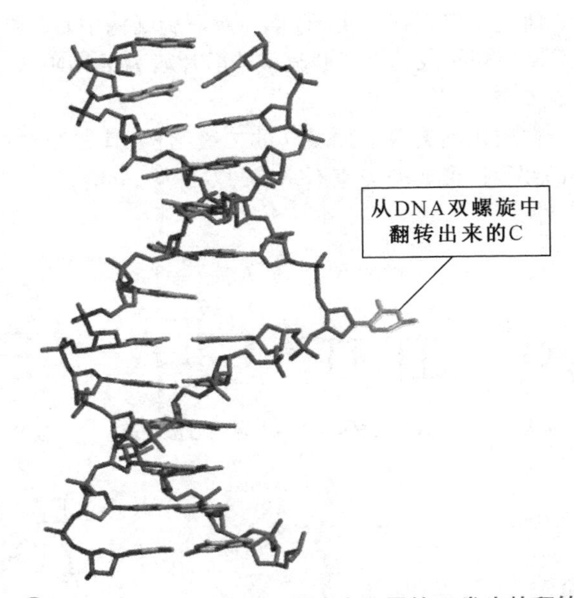

图2-30　DNA双螺旋上某一个位置的C发生的翻转

3. 不同构象DNA存在的生物学意义

人基因组DNA有32亿个碱基对，排列起来有2 m长，但是被局限在直径仅几个微米的细胞核内，难以想象这些碱基对仅仅采用一种构象。研究发现，在溶液中由任意序列组成的DNA会采取介于A型和B型双螺旋之间的构象状态。对所有已知的核酸或寡聚核苷酸的结构数据分析表明，一个DNA分子可根据不同序列，分别采取A、B或Z型构象，并且这些构象可能位于相邻的位置上。

不同构象DNA的存在，对DNA的基本功能如复制、转录以及基因表达调控都是十分重要的。Z-DNA的形成在热力学上通常是不利的，Z-DNA中距离太近的磷酸基团会产生更强的静电排斥。但是，DNA链上局部不稳定区域的存在可能成为潜在的解链位点。比如猿猴肾病毒(SV40)增强子区中就有Z-DNA的结构，鼠类微小病毒DNA复制区起始点附近存在有利于Z-DNA形成的GC交替排列序列。

DNA螺旋中沟的特征在遗传信息表达过程中也起关键作用，调控蛋白质均通过其分子上特定的亲水氨基酸的侧链基团，与沟中碱基对两侧潜在的氢键供体或受体形成氢键，去识别DNA上特定的遗传信息。因此，沟的宽窄和深浅都直接影响到调控蛋白质对DNA序列信息的识别。一般来说，大沟所带的遗传信息比小沟多，因为在大沟中这些潜在的氢键供体和受体及其排列与小沟相比更为丰富。但是在Z-DNA中，小沟狭而深，而大沟消失，碱基对富于信息的一边在大沟位置暴露于螺旋表面，使调控蛋白质更易识别相关的信息。可见调控蛋白质对 Z-DNA 信息的识别方式与对 B-DNA 信息的识别方式是不相同的。而对于 A-DNA(包括 DNA-RNA 杂交双链,RNA-RNA 双链)来说,大沟极深,碱基对在小沟一边比较暴露,因此调控蛋白质对 A-DNA 信息的识别方式也不同于 B-DNA,二者差异可能比 B-DNA 与 Z-DNA 的差异还要大,尽管 A-DNA 和 B-DNA 同属右手双螺旋,而 Z-DNA 为左手双螺旋。

多年来,DNA 结构的研究手段主要是 X 射线衍射技术,其结果是通过间接观测多个 DNA 分子有关结构参数的平均值而获得的。同时,这项技术的样品分析条件使被测 DNA 分子与天然状态相差甚远。因此,在反映 DNA 结构真实性方面这种方法存在着缺陷。1989 年,应用扫描隧道显微镜(scanning tunnel microscope, STM)研究 DNA 结构克服了上述技术的缺陷。这种先进的显微技术,不仅可将被测物放大 500 万倍,并且能直接观测接近天然条件下单个 DNA 分子的结构细节。应该说它所取得的 DNA 结构资料更具有权威性。STM 研究不仅直接证实了 DNA 双螺旋结构中 GC 和 AT 碱基配对的存在,还证实了由 CG 重复序列构成的寡聚脱氧核苷酸片段为 Z-DNA 结构的事实。

(二) **RNA 的二级结构**

RNA 能形成与蛋白质相媲美的多种多样的二级结构,其二级结构的形成首先需要满足互补的碱基尽可能配对,形成完美或不完美的双螺旋,同时,让非互补的碱基以各种方式游离在双螺旋之外。

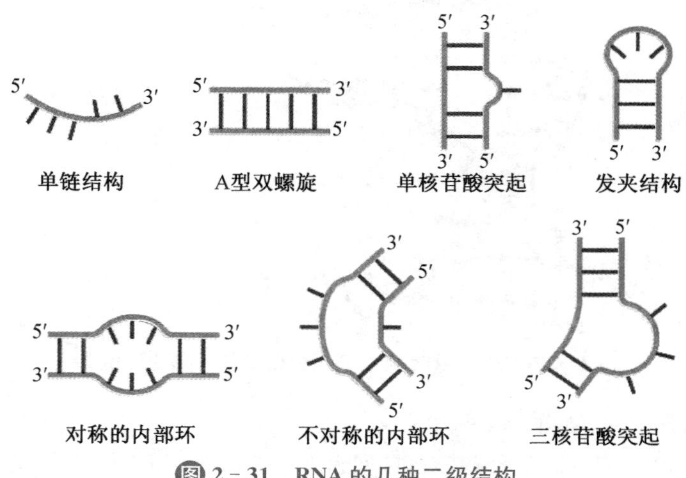

图 2-31 RNA 的几种二级结构

如果一个 RNA 分子由两条完全互补的单链组成,那么其二级结构与 A-DNA 一样,形成 A 型双螺旋。然而,自然界的 RNA 通常只有一条链组成,但它们仍然表现出相当程度的双螺旋性质。这是因为 RNA 链经常自我折叠,使在不同区段的互补序列之间形成局部的 A-型双螺旋,而不能配对的序列以突起(bulge)、简单环(simple loop)、内部环(internal loop)或发夹环的形式游离在双螺旋之外(图 2-31)。例如,tRNA 分子就含有多个发夹结构(hairpin)或茎环结构(stem-loop)。需要特别注意的是,在 RNA 分子之中,G 与 U 之间也可以正常地配对,形成 2 个氢键(图 2-32),这就增加了单链 RNA 分子形成局部双螺旋的机会。

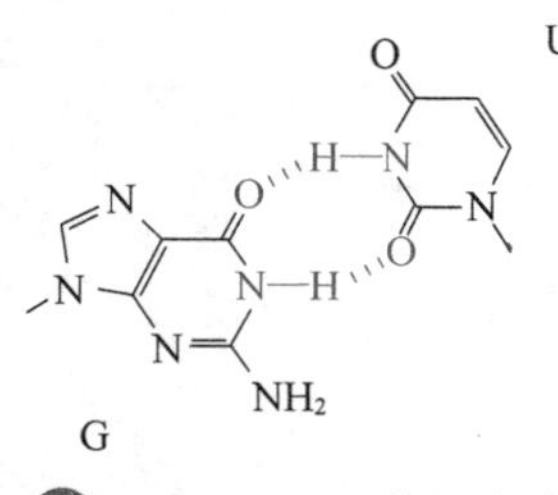

图 2-32 RNA 分子之中的 GU 碱基对

Box 2-2 为何是 DNA 而不是 RNA 作为遗传信息的载体?

2016 年 8 月 1 日,美国杜克大学的 Hashim M. Al-Hashimi 等人在 *Nature Structural & Molecular Biology* 在线发表了一篇为"mA and mG disrupt A-RNA structure through the intrinsic instability of Hoogsteen base pairs"的论文,这篇论文为生物体为什么选择 DNA 而不是它那古老的表亲 RNA 作为主要的遗传物质提供了新的解释。

众所周知，DNA 和 RNA 都可以形成双螺旋，但根据这篇论文的研究结果，DNA 双螺旋是容错性较大的分子，能够自我扭曲成不同的形状来消除或减少组成遗传密码的基本元件即 A、G、C 和 T 四种碱基所遭受的化学损伤；与此相反的是，RNA 双螺旋则是非常刚硬和不易弯曲的，不能够容纳受损伤的碱基，因而很容易完全断裂了。这项研究突出强调了 DNA 双螺旋结构的动力学性质，其中这种结构在维持基因组稳定性以及防止癌症和衰老等疾病中发挥着极为重要的作用。

DNA 双螺旋经常被人绘制成螺旋梯：两条长链相互缠绕在一起，梯子的每一节都由一对碱基组成。每个碱基含有戊糖环以及不同的氢键供体和受体。这些氢键供体和受体之间形成的氢键让 G 与 C 配对，A 与 T 配对。

当 Watson 和 Crick 在 1953 年 4 月 25 日在 *Nature* 上发布 DNA 双螺旋结构模型时，他们准确地预测到这些碱基对是如何组装在一起的。不过，其他的科学家仍在努力寻找证据支持这些所谓的 Watson-Crick 碱基对。1959 年，Karst Hoogsteen 获得了 A-T 碱基对的图片，但却是一种略有倾斜的结构：一个碱基相对于另一个碱基旋转了 180 度，这是所谓的 Hoogsteen。从那以后，Watson-Crick 碱基对和 Hoogsteen 碱基对仍然只在 DNA 图片中观察到。Al-Hashimi 对此说到，“这些简单而又漂亮的结构具有惊人的复杂性，在此之前，我们由于没有观察它们的工具，而不能够了解它们全新的维度或结构层次。”

5 年前，Al-Hashimi 和他的研究团队就发现了在 DNA 双螺旋中，碱基对会不断地在 Watson-Crick 构象和 Hoogsteen 构象之间来回转换。而在当 DNA 被蛋白结合或因化学攻击遭受损伤时，Hoogsteen 碱基配对通常会出现。当 DNA 从结合的蛋白中释放出来或它遭受的损伤被修复时，DNA 便返回到更加直接的 Watson-Crick 碱基配对。DNA 似乎利用这些 Hoogsteen 碱基对增加它的结构多样性，产生不同的形状来实现其在细胞内更多的功能性。

于是，Al-Hashimi 与其团队想知道当 RNA 形成双螺旋结构时，同样的情形是否也会发生。鉴于碱基配对上的这些转换涉及原子水平上的分子运动，利用常规方法很难检测到。因此，他们采用一种叫作核磁共振弛豫分散(NMR relaxation dispersion)的成像技术可视化观察这些微小的变化。首先，他们设计出 DNA 和 RNA 两种双螺旋。接着，再利用这种成像技术追踪按照两种配对规则配对形成的螺旋中单个碱基 G 和 A 的翻转。之前的研究已表明，在任何给定的时间，在 DNA 双螺旋中只有 1%的碱基形成 Hoogsteen 碱基对。但是研究了相对应的 RNA 双螺旋时，则发现完全没有可检测到的分子运动。这意味着碱基对全部都待在原位，保持 Watson-Crick 构象。

为了搞清楚所设计的 RNA 双螺旋是不是一种异常的例外，他们又设计出一系列其他双螺旋 RNA 分子，在多种条件下对它们进行测试，但发现没有一种 RNA 分子扭曲成 Hoogsteen 构象。他们担心 RNA 分子可能实际上形成 Hoogsteen 碱基对，但是转换得如此之快以至于无法当场捕捉到它们。于是，他们将甲基添加到这些碱基的一个特异性位点上来阻断 Watson-Crick 碱基配对。他们本以为，若存在 Hoogsteen 构象的话，RNA 将会保持 Hoogsteen 构象，但却吃惊地发现 RNA 的两条链并不是通过 Hoogsteen 碱基对连接在一起，而是在损伤位点附近断裂开。

在细胞内，DNA 的这种甲基化修饰是一种损伤，但它能够很容易地通过翻转这个碱基和形成 Hoogsteen 碱基对加以修复。相反，这种同样的修饰严重破坏了 RNA 的双螺旋结构。Al-Hashimi 认为，RNA 不形成 Hoogsteen 碱基对是因为它的双螺旋结构(A 型)要比 DNA 的双螺旋结构(B 型)压缩得更紧。因此，RNA 无法在不撞击另一个碱基的情形下翻转一个碱基，而这种撞击会让它的双螺旋结构断裂开。

四、核酸的三级结构

(一) DNA的三级结构

DNA的三级结构主要是在双螺旋的基础上再形成更高一级的螺旋,即超螺旋(supercoil)。

不管是细菌还是古菌,绝大多数原核生物的DNA(染色体DNA和质粒DNA)都是以共价闭环(covalently closed circle, cccDNA)的形式存在。这种环状双螺旋分子再度螺旋化,即成为超螺旋结构(图2-33)。对于真核生物来说,虽然DNA多为线形分子,但在生理状态下DNA与蛋白质(如组蛋白)结合或相互作用的时候,特别在与骨架蛋白的结合点之间的DNA形成一个环结构,类似于cccDNA,同样也能形成超螺旋结构。

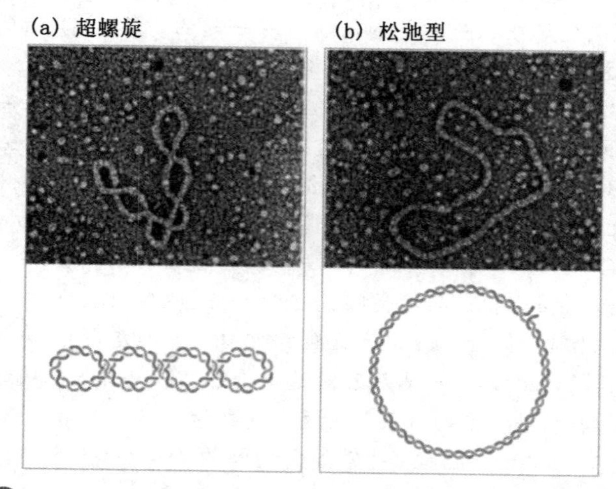

图2-33 电子显微镜下的超螺旋和松弛型DNA及其模式图

超螺旋DNA可以通过琼脂糖凝胶电泳的方法与松弛型DNA区分开来,因为前者泳动的速度要快。一种纯化的质粒DNA在电泳的时候,一般会有3条带:跑在最前面的是超螺旋质粒DNA,中间的是两条链均被切开的线状质粒,最慢的是具有单链缺口的环状质粒。如果将超螺旋质粒DNA用DNA拓扑异构酶(DNA topoisomerase)处理后再电泳,可以得到一系列的条带。这是拓扑异构酶作用得到的超螺旋程度不同的质粒,跑在最前面的是超螺旋程度最高的质粒DNA,跑得最慢的是完全松弛的质粒DNA,相邻的条带相差1个超螺旋,条带的数目与超螺旋数相同。

超螺旋是有方向的,有正超螺旋(positive supercoil)和负超螺旋(negative supercoil)两种。为了说明超螺旋的方向,我们可以用一根两股以右旋方向缠绕的细绳做下述演示:如果在一端使绳子向紧缠(overwinding)方向捻转,再将绳子两端连接起来,则会产生一个左旋的超螺旋以解除外加的捻转造成的胁变。这样的超螺旋叫作正超螺旋;相反,如果在绳子一端向松缠方向(underwinding)捻转,再将绳子两端连接起来,则会产生一个右旋的超螺旋以解除外加的捻转所造成的胁变,这样的超螺旋叫作负超螺旋。

对于右手螺旋DNA分子来说,每一圈螺旋由10 bp组成。如果每圈初级螺旋的碱基对数小于10,则其二级结构处于紧缠状态,由此而产生的超螺旋就是正超螺旋,如果每圈初级螺旋的碱基对数大于10,则其二级结构处于松缠状态,由此而产生的超螺旋就是负超螺旋。

细胞内所有的DNA超螺旋都是由DNA拓扑异构酶产生的。DNA拓扑异构酶催化的反应本质是先切断DNA的磷酸二酯键,改变DNA的连环数之后再连接,所以兼有DNA内切酶和DNA连接酶的功能。然而它们并不能连接事先已经断裂的DNA,即其断裂反应与连接反应是相互偶联的(参看第六章DNA重组)。

（二）**RNA 的三级结构**

细胞内的 RNA 行使多种生物功能，从充当运载氨基酸的 tRNA，到作为生物催化剂的核酶。显然，其丰富的功能需要复杂的三维结构的支持。与蛋白质一样，RNA 三级结构的形成也是通过折叠实现的。正如蛋白质会在二级结构的基础上形成各种结构模体(motif)，然后再进一步折叠成特定的三维结构一样，许多 RNA 分子在折叠的时候，也是先形成一些相对独立的二级结构，再由一些二级结构组装成模体。在形成模体的时候，涉及许多非 Watson-Crick 碱基对以及与核糖 2′-羟基有关的氢键。此外，很多 RNA 的折叠与蛋白质的折叠一样，需要分子伴侣的帮助。但催化 RNA 折叠的分子伴侣一般叫 RNA 伴侣(RNA chaperone)。然而，与蛋白质折叠不同的是，RNA 在折叠的时候，其主链在生理 pH 下带有高度的负电荷(构成蛋白质肽链的主链不带电荷)，同种电荷之间的排斥显然不利于 RNA 折叠。为了解决这个问题，RNA 折叠一般需要金属离子(主要是镁离子)的存在。

目前在 RNA 分子上发现的常见结构模体有：假节结构(pseudoknot)、“吻式”发夹(kissing hairpin)、A-小沟模体(A-minor motif)、核糖拉链(ribose zipper)和弯曲-转角(kink-turn)等。这些模体出现在不同类型的 RNA 分子上，赋予含有它们的 RNA 具有特殊的结构和功能。

1. 假节结构

假节结构(图 2-34)最初是在萝卜黄色镶嵌病毒(turnip yellow mosaic virus)的基因组 RNA 上发现的。一个假节结构至少由两段螺旋和将两段螺旋联系起来的单链区或环组成。尽管存在几种拓扑学性质不同的假节结构，但最典型的是 H 型假节。在这种假节结构之中，一个发夹环上的碱基与茎以外的碱基形成分子内的配对，从而导致形成第二个茎环结构，由此产生具有两茎、两环的假节结构(图 2-34(1)～(3))。上述两茎可连成一片，形成一段准连续螺旋。单链环区域经常与相邻的茎发生作用(图 2-34 中的环 1 与茎 2 或环 2 与茎 1)，形成氢键，参与整个分子结构的形成。因此，这种模体结构非常稳定。由于环和茎长度以及它们之间相互作用的变化，假节结构实际上多种多样，因而有多种生物学功能。这些功能包括：形成多种核酶的催化核心，如一些自我剪接的内含子(self-splicing intron)；诱导多种病毒在翻译过程中发生核糖体移框(ribosomal frameshifting)。

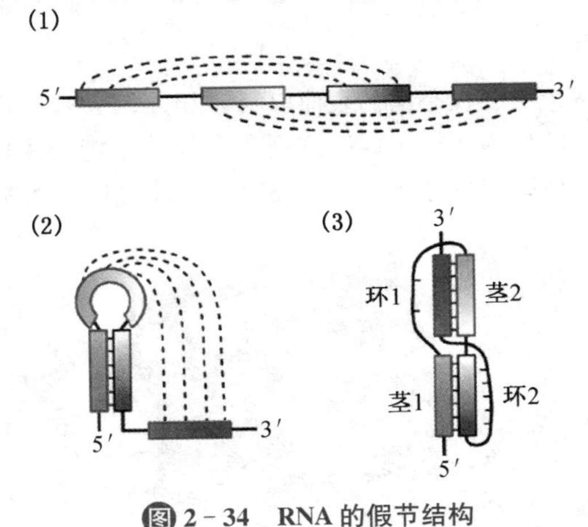

图 2-34　RNA 的假节结构

2. “吻式”发夹

这种模体是由两个独立的发夹结构通过环之间的碱基配对形成的。当两个环配对以后，就在两个发夹结构之间形成第三段双螺旋，这段螺旋与原来的两端双螺旋发生共轴堆积，而形成一段连续的共轴螺旋(图 2-35)。例如，HIV 基因组 RNA 分子上就有这种模体。

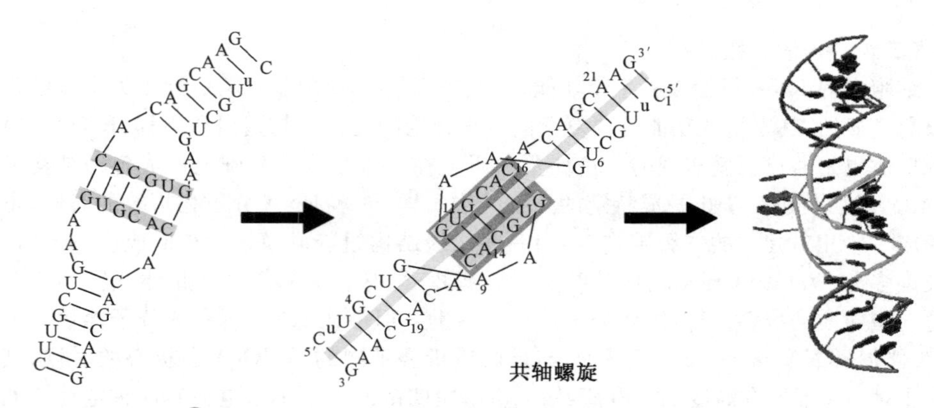

图 2－35　HIV 基因组 RNA 分子中吻式发夹结构的形成

3. A 小沟模体

A 小沟模体是一个处于单链区的 A 插入到一个双螺旋小沟中后形成的。插入到螺旋中的 A 就像一把插到锁眼中的钥匙，通过碱基之间和核苷之间的氢键及范德华力发生作用(图 2－36)。这种模体结构广泛存在于锤头状核酶、第一类内含子核酶和 rRNA 分子之中。

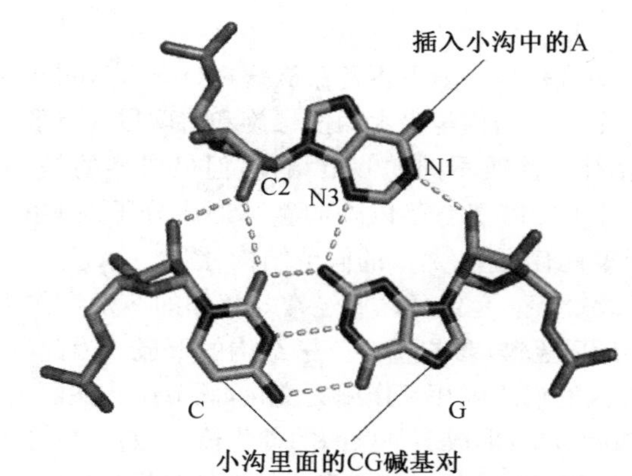

图 2－36　A－小沟模体结构中 A 与螺旋之中的碱基对之间的相互作用

4. 核糖拉链

核糖拉链主要是两个螺旋在小沟的表面以氢键相连的一种结构(图 2－37)，其中的氢键供体是一个螺旋中的核糖 2′－OH，受体则是另外一个螺旋中的嘧啶碱基 2 号位 O 或嘌呤碱基 3 号位 N。该结构也存在于第一类内含子核酶和 rRNA 分子之中。

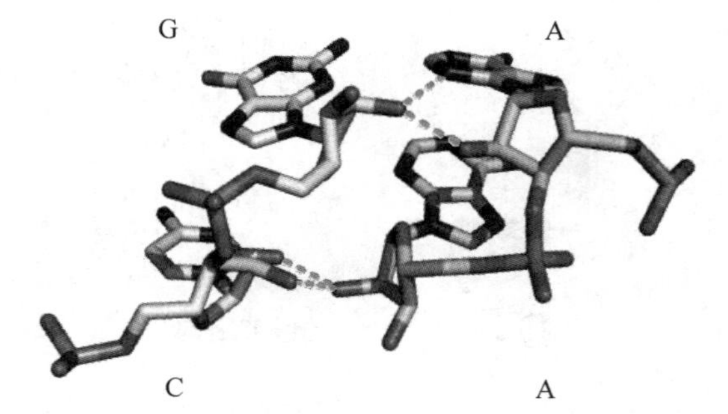

图 2－37　参与形成核糖拉链的各个核苷酸之间的相互作用

5. 弯曲转角

弯曲转角是在螺旋—内部环—螺旋结构中的螺旋轴上引入一个“急转弯”以后形成的。在这种模体中，不对称的内部环被埋在螺旋之中(图 2－38)。

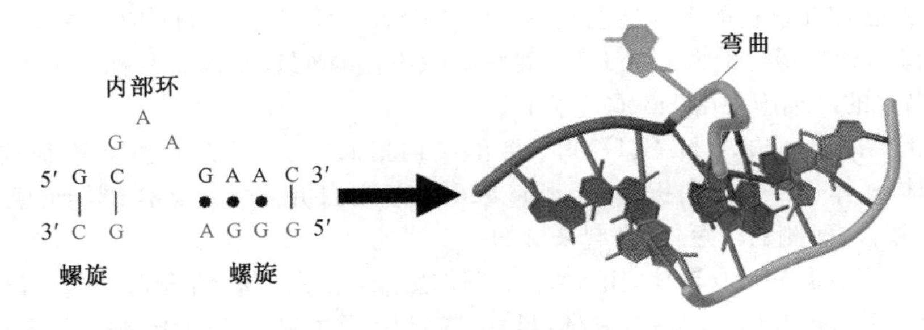

图 2-38　弯曲转角模体的形成

五、核酸与蛋白质形成的复合物

(一) DNA 与蛋白质形成的复合物

1. 真核生物的核小体结构

真核细胞的核基因组 DNA 被局限在细胞核内，与组蛋白结合形成核小体(nucleosome)的结构。核小体可视为真核生物细胞核染色质的一级结构单位，它在电镜下呈串珠状(图 2-39)：每一个"珠子"由组蛋白核心(histone core)和环绕其上的 DNA 组成(约 146 bp)；相邻"珠子"之间的连线为 DNA，称为连线 DNA(linker DNA)，长度 8～114 bp 不等，它最容易受到 DNA 酶的水解。H1 与连线 DNA 结合，但去除 H1 并不会破坏核小体结构。

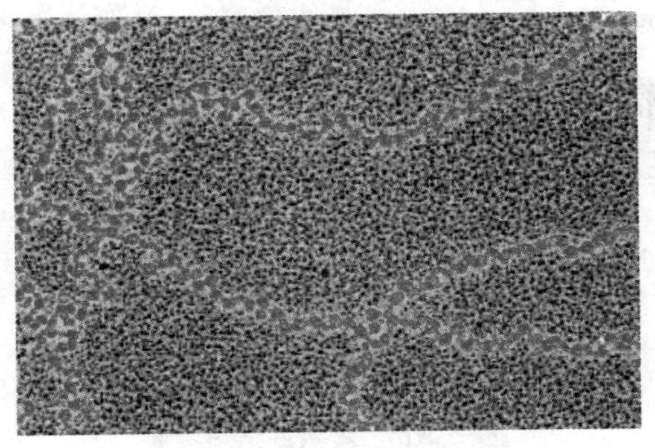

图 2-39　电镜下的核小体结构

组蛋白属于一类较小的碱性蛋白。富含碱性氨基酸——Lys 和 Arg，它们在生理 pH 下，带有正电荷，这样就可以与带负电荷的 DNA 通过静电引力结合在一起。

组蛋白主要有五种类型，即 H1、H2A、H2B、H3 和 H4。某些生物或组织还有 H1°或 H5(表 2-4)。此外，细胞内还存在与这五种标准形式相对应的不同变体。这些变体在取代相应的标准组蛋白并与 DNA 结合以后，会改变局部的核小体和染色质的结构，进而有可能影响到基因的表达。

Quiz8 就你所知，真核生物的组蛋白在基因结构上与其他的蛋白质基因有什么重要的差别？

表 2-4　几种组蛋白的性质比较

组蛋白	大小	保守性
H3	15 400	高度保守
H4	11 340	高度保守
H2A	14 000	在不同组织和物种中，中度保守
H2B	13 770	在不同组织和物种中，中度保守
H1	21 500	在不同组织和物种中，显著变化
H1°	～21 500	变化很大，只存在于非复制的细胞
H5	21 500	高度变化，只存在于某些物种无转录活性的细胞

各种组蛋白在进化的保守性上是不一样的,保守性最高的是 H4,其次是 H3,再其次是 H2A 和 H2B。变化最大的是 H1。某些组织中没有 H1,而含有其他类型的组蛋白。例如,在鸟类的红细胞中由 H5 取代了 H1。

在三维结构上,H2A、H2B、H3 和 H4 的结构相似,N 端形成尾巴,C 端形成组蛋白特有的结构模体——组蛋白折叠(histone fold)。组蛋白折叠由 3 段 α-螺旋组成,中间的 α-螺旋比较长,两侧的较短,组合起来形如一个浅的"U"字。

组蛋白核心是一个八聚体,由 4 组二聚体通过组蛋白折叠结合在一起。H3 与 H4 通过一个组蛋白折叠形成异源二聚体,H2A 与 H2B 通过另一个组蛋白折叠形成另一个异源二聚体。两个 H3～H4 二聚体通过 H3 之间的四螺旋束(4 - helix bundle)形成 H3～H4 四聚体,最后一对 H2A～H2B 通过 H2B 与 H4 之间的相互作用形成八聚体。组蛋白核心主要通过静电引力与 DNA 结合,其表面大约环绕 146 bp 的 DNA 双螺旋,DNA 长度因此被压缩了 6～7 倍(图 2 - 40)。

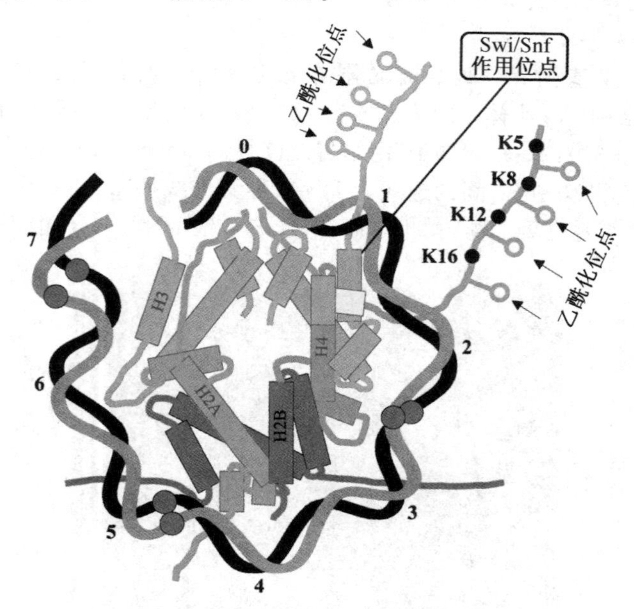

图 2 - 40　核小体结构模型

H1 并不参与形成组蛋白八聚体核心,而是游离在外,与连线 DNA 结合,锁定核小体,有利于将核小体包装成更高层次的结构。

最新研究发现,细胞内核小体的组装经历前核小体(pre-nucleosome)中间物。这种介于 DNA 与核小体之间的前核小体结构,在依赖于 ATP 的马达蛋白(ATP-dependent motor protein)ACF 的催化下,可快速地形成标准的核小体结构。

核小体的宽度约为 10 nm,因此这个阶段的染色质称为 10 nm 纤维或核蛋白纤维(nucleoprotein fibril)。通过 X 射线晶体衍射分析发现,构成核小体核心的组蛋白单体 N 端和 C 端尾巴不在核心结构之中,而是伸出来通过超螺旋上的沟与相邻的核小体接触;DNA 双螺旋每隔 10 bp,其小沟就面对蛋白质的表面,并与 Arg 侧链接触;DNA 的大沟朝外,能够被序列特异性结合蛋白识别并结合;核小体表面的 DNA 卷曲并略显缠绕不足,以负超螺旋的形式存在,其中的双螺旋的螺距为 10.2 bp/圈而不是 10.5 bp/圈。已发现,DNA 序列在核小体选位(nucleosome positioning)中起重要作用。核小体选位对序列的偏爱性可反映一群细胞在一给定的 DNA 区域核小体的占据率。例如,在不同的生物体内,二聚核苷酸 AA 或 TT 序列在核小体形成的区域缺乏,而 GC 含量与核小体的占据率高度相关。此外,在人类和拟南芥细胞内,包裹在核小体外序列中的 C 甲基化程度高于连接 DNA。

核小体结构可以用来调节特定基因的表达：一方面它可以通过启动远距离DNA序列之间的相互作用而激活基因的表达，另一方面它还可以通过阻碍特定转录因子或调节蛋白与DNA的结合而抑制基因的表达。盘绕在核小体上的DNA与转录因子或调节蛋白的接触受到组蛋白的限制，DNA只有在从核小体上分离或部分解盘绕的情况下才可与转录因子或调节蛋白充分接触，但组蛋白尾巴上的氨基酸残基可以被化学修饰。组蛋白可发生的化学修饰包括乙酰化、甲基化、磷酸化和泛酰化等。这些修饰可改变组蛋白分子所带的电荷，从而影响到它们与DNA的相互作用，进而对核小体的稳定和DNA的解螺旋起着调控作用。

2. 古菌的核小体的结构

与细菌相似，古菌的染色体也是单一的连续环状染色体，但许多古菌具有组蛋白，因此也会形成核小体。例如，在炽热甲烷嗜热菌(*Methanothermus fervidus*)体内，发现了两种组蛋白——HMfA和HMfB。然而，古菌的组蛋白要短于真核生物(如HMfA和HMfB比H4在N端和C端各少了36和7个氨基酸残基)，而且在与DNA形成核小体的时候，只形成四聚体核心，也没有伸出来的N端或C端的尾巴(图2-41)。如此小的组蛋白核心让古菌的一个核小体只能包被约80 bp的DNA，而缺乏尾巴的特征，使得古菌的组蛋白不像真核生物可发生各种形式的化学修饰。

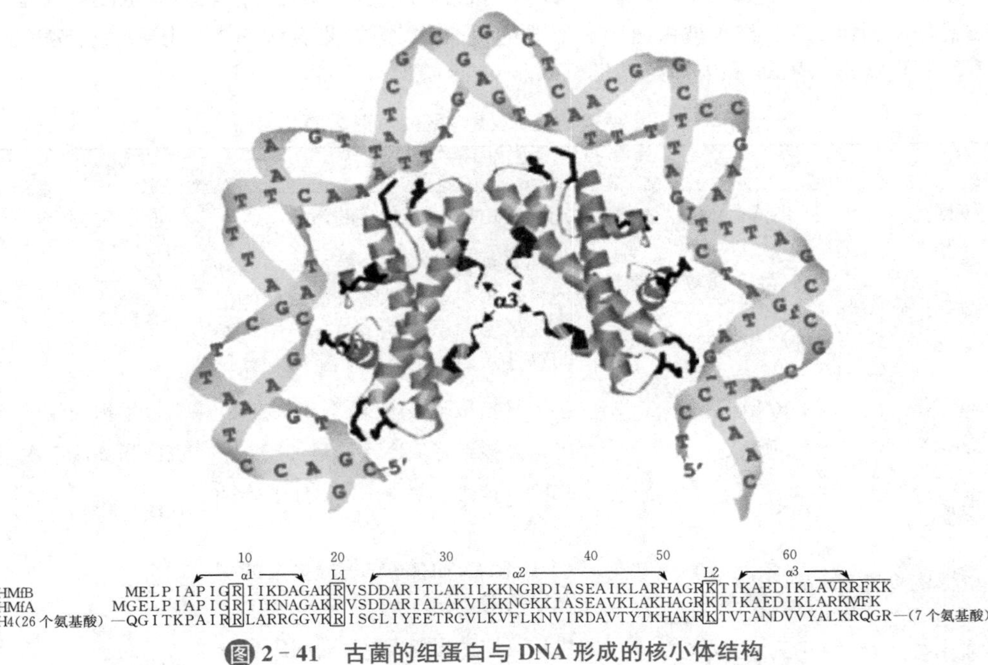

图2-41　古菌的组蛋白与DNA形成的核小体结构

3. 细菌的拟核结构

与古菌和真核生物不同的是，细菌并没有组蛋白，所以不会形成核小体的结构。但细菌也具有一些小的碱性蛋白，如HU和FIS。这些碱性蛋白也可以和它们的基因组DNA结合，形成高度浓缩的拟核或类核(nucleoid)的结构。拟核包括DNA、不同于组蛋白的拟核蛋白NAP、DNA拓扑异构酶、转录因子和mRNA。拟核中的DNA以超螺旋的形式存在，形成一个个大小在50～100 kb的小环。这些小环被固定在由特定的蛋白质分子形成的基座上(图2-42)。

图 2-42　细菌的拟核结构

（二）RNA 与蛋白质形成的复合物

在细胞里，很多重要的 RNA 需要与特殊的蛋白质形成复合物以后才能起作用。这些 RNA 与蛋白质复合物主要包括：核糖体、信号识别颗粒（signal recognition particle，SRP）、核小 RNA 蛋白质复合物（snRNP）、核仁小 RNA 蛋白质复合物（snoRNP）、剪接体（spliceosome）、核糖核酸酶 P 和端粒酶（telomerase）（表 2-5）。除此以外，RNA 病毒本质就是基因组 RNA 与衣被蛋白质等形成的复合物，例如艾滋病病毒（HIV）、流感病毒、丙型肝炎病毒（HCV）和埃博拉病毒（Ebola virus）等。

表 2-5　几种重要的 RNA 与蛋白质形成的复合物

类型	RNA	功能	存在
核糖体	rRNA	充当蛋白质生物合成的产所	所有的生物
信号识别颗粒	古菌和真核生物为 7SL RNA，细菌为 4.5S RNA	识别多种真核细胞与粗面内质网和原核细胞与细胞膜结合的核糖体上合成的蛋白质在 N 端的信号肽，参与这些蛋白质的共翻译定向和分拣	所有的生物
snRNP	snRNA	参与真核细胞核内 mRNA 的剪接	真核生物
snoRNP	snoRNA	参与真核细胞 rRNA 的后加工	古菌和真核生物
剪接体	snRNA 和 mRNA	切除真核细胞核 mRNA 分子内的内含子	真核生物
核糖核酸酶 P	M1 RNA	参与 tRNA 前体在 5′-端多余的碱基序列的切除	所有生物
端粒酶	端粒酶 RNA	维护真核生物核 DNA 端粒序列的完整	真核生物
RNA 病毒	基因组 RNA	充当 RNA 病毒的遗传物质	细菌和真核生物

第三节　核酸的理化性质

核酸所具有的重要理化性质包括紫外吸收（UV absorption）、两性解离、沉淀（precipitation）、黏度、变性（denaturation）、复性（renaturation）和水解（hydrolysis）等。

1. 紫外吸收

核酸的紫外吸收性质是其中的碱基赋予的，最大吸收峰为 260 nm。虽然蛋白质也有紫外吸收，但吸收峰为 280 nm。

核酸的紫外吸收性质十分有用，可用它来对核酸进行定性和定量分析。平时在定量核酸的时候，对于1个OD_{260}的纯的核酸溶液来说，双链DNA的浓度为50 μg/mL，单链DNA的浓度是35 μg/mL，单链RNA的浓度为40 μg/mL。可以用此来计算核酸样品的浓度。

测定紫外吸收不但能确定核酸的浓度，还可通过测定在260 nm和280 nm的紫外吸收值的比值（A_{260}/A_{280}）估计核酸的纯度。纯度较好的DNA的比值为1.8，RNA的比值为2.0。若DNA比值高于1.8，说明有RNA污染，若低于1.8，则说明有蛋白质的污染；若RNA的比值高于2.0，说明有DNA污染，若低于2.0，则说明有蛋白质的污染。

2. 两性解离

核酸同时带有碱性的碱基和酸性的磷酸基团，因此也具有两性解离的性质。但由于核酸含有大量的磷酸基团，因此它们的pI值较低，DNA的pI为4～4.5，RNA的pI为2～2.5。

3. 沉淀

在一定盐浓度（1/10体积3 mol/L的乙酸钠，pH 5.2）下，水相中的核酸可被2.5～3倍体积的无水乙醇沉淀下来。如果是沉淀RNA，可用异丙醇代替。在沉淀中，盐所起的作用在于其中的阳离子，可有效地中和核酸分子中磷酸基团所带的负电荷，乙醇或异丙醇所起的作用是降低溶液的极性，从而有利于阳离子与磷酸基团的结合。

4. 黏度

生物大分子都具有一定的黏度，特别是结构细长并具有一定刚性的大分子黏度更好。以双螺旋结构存在的基因组DNA一般都很长，所以黏度就很高。可显示基因组DNA具有较高黏度的时候是在分离纯化基因组DNA的过程中，若是其完整性维持的比较好，则在最后的阶段可用玻璃棒将其像抽丝一样从溶液中给带出来。

5. 变性

核酸在特定因素作用下，维系双螺旋结构的氢键和碱基堆积力受到破坏，分子由稳定的双螺旋结构松解为无规则线性结构甚至解旋成单链的现象，称为核酸的变性。核酸的变性可以是部分的，也可能发生在整个核酸分子上，但不涉及一级结构即磷酸二酯键的断裂。

（1）影响核酸变性的因素

凡能破坏稳定DNA双螺旋构象的因素（如氢键和碱基堆积力），以及增强不利于DNA双螺旋稳定的因素（如磷酸基的静电斥力和碱基分子的内能）的都可以成为变性的原因，如加热、碱性pH、低离子强度、有机试剂（甲醇、乙醇、尿素及甲酰胺）等，均可破坏双螺旋结构引起核酸分子变性。如要维持单链状态，可保持pH大于11.3，以破坏氢键；或者盐浓度低于0.01 mol/L，此时由于磷酸基的静电斥力，使配对的碱基无法相互靠近，碱基堆集作用也处在最低水平。

常用的DNA变性方法主要是热变性方法和碱变性方法。热变性使用得十分广泛，热能使核酸分子热运动加快，增加了碱基的分子内能，破坏了氢键和碱基堆积力，最终破坏核酸分子的双螺旋结构，引起核酸分子变性。热变性常用于变性动力学的研究，然而高温可能引起磷酸二酯键的断裂，得到长短不一的单链DNA。而碱变性方法则无此缺点，在pH 11.3时，全部氢键都被破坏，DNA完全变成单链的变性DNA。在制备单链DNA时，优先采取这种方法。

（2）变性引起的核酸理化性质的改变

变性时DNA溶液最重要的变化是增色效应（hyperchromic effect）。DNA分子具有紫外吸收的特性，其吸收峰值在260 nm。DNA分子中碱基间电子的相互作用是紫外吸收的结构基础，但双螺旋结构有序堆积的碱基又“束缚”了这种作用。变性时DNA的双链解开，有序的碱基排列被打乱，增加了对光的吸收，因此变性后DNA溶液的紫外吸收作用增强，成为增色效应。浓度为50 μg/mL的双螺旋DNA的$A_{260}=1.00$，完全变性的

DNA 即单链 DNA 的 A_{260} =1.37,而单核苷酸的等比例混合物的 A_{260} =1.60。

变性还能降低 DNA 溶液的黏度。DNA 双螺旋是紧密的"刚性"结构,变性后代之以"柔软"而松散的无规则单股线性结构,DNA 黏度因此而明显下降。另外,变性后整个 DNA 分子的对称性及分子局部的构象改变,使 DNA 溶液的旋光性发生变化。

变性还能提高 DNA 的浮力密度(buoyant density)。DNA、RNA 和蛋白质这三种生物大分子都具有一定的密度,其中 RNA 的密度最大,蛋白质的密度最低,DNA 的密度介于两者之间。一个特定的 DNA 分子的密度主要取决于它的 GC 含量和构象状态。GC 含量越高,密度越大。有超螺旋结构存在的 DNA 密度显然要高于松弛状的 DNA。而变性的 DNA 密度要高于没有变性的 DNA。有一种特殊的离心方法叫密度梯度离心(density gradient centrifugation),以 CsCl 盐溶液为离心液。离心管内的 CsCl 溶液在重力场的作用下,自管口至管底可自发形成由小到大的密度梯度。密度不同的生物大分子可以利用此方法被分开,而 DNA 一旦变性,其最后的位置会向下移,这说明它的密度增加了。

与蛋白质变性不同的是,DNA 不会因为变性而丧失生物学功能。这是因为 DNA 的生物学功能是以一级结构的形式贮存各种遗传信息,而变性并不影响核酸的一级结构。相反,变性有利于 DNA 的复制、转录和重组等。例如,在利用 PCR 进行体外扩增 DNA 的时候,第一步就是对模板 DNA 进行热变性。

(3) 核酸的熔解温度

加热使 DNA 分子有一半发生变性所需的温度称为熔解温度(melting temperature, Tm)。DNA 分子的热变性具有在很狭窄的温度范围内突发的过程,很像晶体达到熔点时的熔化现象,故称熔解温度。当缓慢而均匀地增加 DNA 溶液的温度,记录各个不同温度下的 A_{260} 值,即可绘制成 DNA 的变性曲线。典型的双链 DNA 变性曲线呈 S 型(图 2-43)。S 型曲线下方平坦,表示 DNA 的氢键未被破坏;待加热到某一温度时,氢键突然断开,DNA 迅速解链,同时伴随吸光率急剧上升;此后因"无链可解"而出现温度效应丧失的上方平坦段。当被测 DNA 的 50%发生变性,即增色效应达到一半时的温度作为 Tm。它在 S 型曲线上相当于吸光率增加的中点处所对应的横坐标。

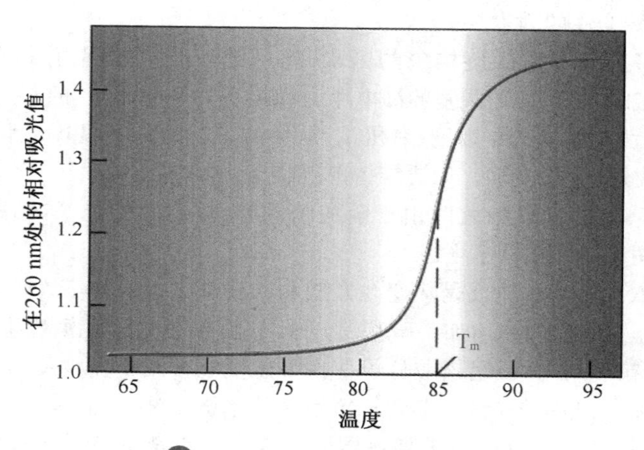

图 2-43 DNA 的熔解曲线图

Quiz9 两个双螺旋 DNA 分子,一个 GC 含量是 60%,由 100 bp 组成,另一个 GC 含量是 40%,但由 200 bp 组成,如果其他条件相同,你认为哪一个 Tm 高?

DNA 分子的 Tm 主要取决于 DNA 自身的性质,这些性质包括:

① DNA 的均一性

包括 DNA 分子中碱基组成的均一性以及 DNA 种类的均一性。总的来说,DNA 均一性越高,Tm 值范围较窄;反之,DNA 均一性越低,Tm 值范围就较宽。

② DNA 的 GC 含量

GC 含量越高,Tm 值越高。因为 GC 碱基对具有 3 个氢键,而 AT 碱基对只有 2 个氢键,DNA 中 GC 含量高显然更能增强结构的稳定性。Tm 与 GC 含量的关系可用以下经验公式表示(DNA 溶于 0.2 mol/L NaCl 中):Tm=69.3+0.41×(G+C)%。

③ 碱基对的数目

双螺旋包括的碱基对数目越多,碱基堆积力就越强,氢键数目就越多,Tm 也就越高。

此外,盐浓度也会影响到一种 DNA 双螺旋的 Tm。显然,同一种 DNA 在盐浓度不同的缓冲溶液中,盐浓度越高,测出的 Tm 就越高。

6. 复性

变性 DNA 在适当条件下,两条互补链全部或部分恢复到天然双螺旋结构的现象称为复性。热变性的 DNA 一般经缓慢冷却后即可复性,这个过程也称"退火"(annealing)。

复性并不是两条单链重新缠绕的简单过程。它首先从单链分子之间随机的无规则碰撞运动开始,当碰撞的两条单链大部分碱基都不能互补时,所形成的氢键都是短命的,很快会被分子的热运动瓦解。只有当可以互补配对的一部分碱基相互靠近时,一般认为需要 10～20 bp,特别是富含 GC 的节段首先形成氢键,产生一个或几个双螺旋核心。这一步称为成核作用(nucleation);然后,两条单链的其余部分就会像拉拉链那样迅速形成双螺旋结构。因此,复性过程的限制因素是分子碰撞过程。DNA 的复性不仅受温度影响,还受 DNA 自身特性等其他因素的影响。

(1) 温度

一般认为比 Tm 低 25 ℃左右的温度是复性的最佳条件,越远离此温度,复性速度就越慢。在很低的温度(如低于 4 ℃)下,分子的热运动显著减弱,互补链碰撞结合的机会自然大大减少。复性时温度下降必须是一缓慢过程,若在超过 Tm 的温度下迅速冷却至低温,复性几乎是不可能的,因此实验中经常以此方式保持 DNA 的变性状态。

(2) DNA 浓度

复性的第一步"成核"作用进行的速度与 DNA 浓度的平方成正比。即溶液中 DNA 分子越多,相互碰撞结合"成核"的机会越大。

(3) DNA 序列的复杂性

DNA 序列的复杂性越低,互补碱基的配对越容易实现;而 DNA 序列的复杂性越高,实现配对越困难。

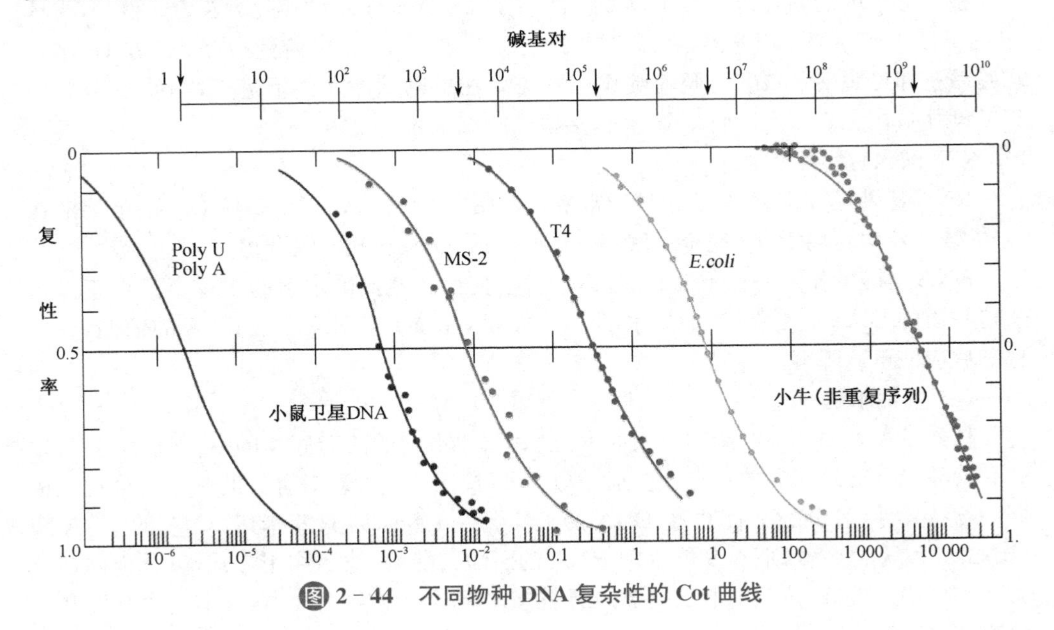

图 2-44　不同物种 DNA 复杂性的 Cot 曲线

核酸的复杂性程度可以用Cot值表示，即复性时DNA的初始浓度Co(核苷酸的摩尔数)与复性所需时间t(秒)的乘积。如果保持实验温度、溶剂离子强度、核酸片段大小等其他因素相同，以复性DNA的百分比对Cot作图，可以得到Cot曲线(图2-44)。在标准条件下(一般为0.18 ml/L阳离子浓度，400 nt的核苷酸片段)测得的复性率达0.5时的Cot值称$Cot_{1/2}$，与核苷酸对的复杂性成正比。

核酸分子的复杂性可用非重复碱基对数表示，如poly(A)的复杂性为1，重复的$(ATGC)_n$组成的核酸的复杂性为4，分子长度是10^5碱基对的非重复DNA的复杂性为10^5。同时，在DNA总浓度(以核苷酸为单位)相同的情况下，片段越短，片段浓度就越高，复性所需的时间也越短。对于来源原核生物的DNA分子，Cot值的大小可代表基因组的大小及基因组中核苷酸对的复杂程度。而真核基因组中因含有许多不同程度的重复序列(repetitive sequence)，所得到的Cot曲线中的S曲线更加复杂，按Cot值由低到高，分别对应回文序列、高度重复序列、中度重复序列和非重复序列。

(4) 核酸的分子杂交

核酸的分子杂交(hybridization)是指不同来源的核酸分子通过碱基配对形成稳定的杂交双链(heteroduplex)分子的过程，它是核酸研究中的一项基本实验技术。其基本步骤为:先在一定条件(通常是升高温度)下使核酸变性，再在适当条件(通常是缓慢降低温度)下使核酸复性，这样即可实现不同核酸分子的杂交。杂交可以发生在两种不同的DNA分子之间，也可以发生在一种RNA和一种DNA分子之间。

杂交的本质是在一定条件下使两条具有互补序列的核酸链实现复性，因此可以利用这项技术检测特定核酸序列的存在。在具体操作时，首先需要制备针对某个特定序列的标记探针，然后将探针和样本进行杂交，通过检测标记信号即可研究样本中是否存在某个基因——Southern印迹(Southern blotting)，或者基因在染色体上存在的位置——原位杂交(in situ hybridization)，以及检测样本中某个基因是否表达和表达的强弱——Northern印迹(Northern blotting)。

7. 水解

酸、碱和特定的酶均可导致核酸水解。

(1) 酸水解

核酸分子内的糖苷键对酸比较敏感，特别是DNA分子中的嘌呤糖苷键。例如，将核酸在pH1.6和室温下对水透析，或者在100 ℃下、在pH 2.8的溶液中存放1小时，多数嘌呤碱基即可脱落。核酸的脱嘧啶作用则需要在更剧烈的条件下进行，如使用98%～100%甲酸，在175 ℃下作用2个小时，多数嘧啶碱基才会脱落。

(2) 碱水解

RNA特别是mRNA分子对碱异常敏感。在室温下，0.3～1 mol/L的KOH溶液在大约24个小时可将RNA完全水解，并得到2′-或3′-核苷酸的混合物。

DNA对碱的作用一般不会水解，只会发生变性。其抗碱水解的生理意义在于作为遗传物质的DNA应更稳定，不易水解。而RNA(主要是mRNA)是DNA的信使，完成任务后应该迅速降解。

(3) 酶促水解

核酸可受到多种不同酶的作用而发生水解，但不同的酶对底物的专一性、水解的方式和磷酸二酯键的断裂方式有所差别，因此可以按照上述性质对有关的酶进行分类。按照底物特异性，可分为只能水解DNA的DNA酶(DNase)，只能水解RNA的RNA酶(RNase)和既能水解DNA又能水解RNA的磷酸二酯酶；按照作用方式，可分为内切核酸酶和外切核酸酶；按照磷酸二酯键的断裂方式，可分为产物为5′-核苷酸的水解酶和产物为3′-核苷酸的水解酶。

科学故事——究竟是谁第一个发现了DNA的双螺旋结构?

2014年12月4日,美国科学家85岁的Watson在纽约以475.7万美元拍卖了自己的诺贝尔奖章,远高于之前预估的350万美元,成为史上第一位拍卖诺贝尔奖章的在世诺贝尔奖得主。据称拍卖所得Watson不会个人占有,而是会捐给慈善机构或者用来支持科学研究。Watson是1962年诺贝尔生理学或医学奖得主、DNA双螺旋结构发现者之一。DNA双螺旋结构的另外一位发现者是英国科学家Crick,他早在2004年7月29日在美国加利福尼亚病逝,享年88岁。Crick是在与直肠癌这个病魔进行了长期的搏斗之后在圣地亚哥的一家医院去世的。Crick于1916年6月8日出生在英国的北安普敦,1953年与朋友兼同事Watson一起提出了DNA的双螺旋模型,并因此与Watson一起获得了1962年的诺贝尔奖。

图2-45　Watson(左)与Crick(右)

1953年2月28日中午,剑桥大学的两位年轻的科学家Crick和Watson(图2-45)在一个非学术场所,位于剑桥大学国王学院斜对面的老鹰酒吧(The Eagle Pub)宣布他们的发现:DNA是由两条核苷酸链组成的双螺旋结构。1953年4月25日,*Nature*发表了这一成果。不过,按照国际学术界惯例,一项成果必须在学术杂志上正式发表才能被视为正式宣布,这样做是为了防止有人钻空子随便宣布获得重大成果造成混乱。因此,尽管Watson和Crick于2月28日就在老鹰酒吧宣布了这一成果,但包括英国官方机构在内的很多机构仍然把4月25日作为DNA双螺旋结构的发现纪念日,可以说每年的这一天都会有人进行各种形式的庆祝(图2-46)。

图2-46　2013年4月25日南京大学杨荣武教授在课堂上与学生一起庆祝DNA双螺旋60岁生日

与 Watson 和 Crick 分享诺贝尔奖的还有 Maurice Wilkins。Wilkins 的贡献在于为 Watson 和 Crick 的发现提供了实验证据。然而科学界就究竟是谁第一个发现了 DNA 的双螺旋结构一直存在不同的看法。眼下,一些 DNA 双螺旋结构发现者的私人手稿和信件揭示了科学史上一些鲜为人知的故事与细节。这可以算是科学史上的一桩著名公案,其中涉及另外一位著名的科学家 Rosalind Franklin。Franklin 是一位非常优秀的实验科学家,在与 Wilkins 合作期间凭着独特的思维,设计了许多能从多方面了解物质不同结构的实验方法,获取在不同温度下的 DNA 晶体的 X 射线衍射图,从而分辨出了这种分子的维度、角度和形状。她发现 DNA 是螺旋结构,至少有两股,其化学信息朝向内部。这已经非常接近真理。然而,Franklin 非常有个性,经常对人进行直言不讳的尖锐批评,也与 Wilkins 因性格不合时常发生矛盾,最终她从 Wilkins 小组中分离了出来,另立门户。

受 Wilkins 和 Franklin(图 2-47)关于 DNA 的 X 射线晶体衍射图分析报告的启发,在英国的卡文迪什实验室工作时,Watson 与 Crick 相遇并共同研究 DNA 的结构。最初,Watson 与 Crick 千辛万苦地按照他们的理解把糖和磷酸置于中间,4 个碱基位于外侧,搭出了 DNA 三螺旋的结构。他们认为,这个模型与 Wilkins 和 Franklin 提供的 X 射线衍射图比较吻合。在向 Wilkins 和 Franklin 透露了他们的所谓最新重大成果时,Franklin 一针见血地指出了这一成果的缺陷,这个模型过分模仿水分子。尽管 Franklin 当时并不知道 DNA 的精确结构应当是什么样的,但是通过她自己的研究,她至少知道 DNA 结构不应当是什么样的。也就是说,DNA 的螺旋结构并不是三螺旋。正是她这种独特的指路明灯式的光芒,把 Watson 和 Crick 一步步引导到了正确的方向。

图 2-47 Rosalind Franklin(1920—1958)(左)与 Maurice Wilkins(1916—2004)(右)

但是,在 20 世纪 50 年代的剑桥,对女科学家的歧视处处存在,她们无形中被排除在科学家间的联系网络之外。作为一名犹太人,一个女人,再加上脾气率直,Franklin 自然不被学术界所包容。因此,1962 年,Watson 和 Crick 获得诺贝尔奖时发表演说根本没有提到她。而本应属于她的荣誉落到了她在伦敦大学国王学院的对手 Wilkins 身上。

然而 Franklin 的贡献是毋庸置疑的:她分辨出了 DNA 的两种构象,并成功地拍摄了它的 X 射线衍射照片。Watson 在 1968 年出版的《The Double Helix》一书中,透露了 Wilkins 曾偷偷复制 Franklin 的研究成果并提供给他,其中就包括了现在众所周知的她证明螺旋结构的 X 射线图像。Watson 和 Crick 未经她的许可使用了这张照片。在一封 Franklin 与 Watson 和 Crick 的通信中,Crick 和 Watson 对 Franklin 说,她和 Wilkins 的非常清晰的 DNA 图片对他们启发很大。可以说,如果没有 Franklin 的 X 射线成果，要确定 DNA 的螺旋结构几乎是不可能的。

这个故事的结局是伤感的。当 1962 年 Watson、Crick 和 Wilkins 获得诺贝尔奖的时候，Franklin 已经由于长期受 X 射线的影响，于 1958 年因卵巢癌去世，年仅 37 岁。而按诺贝尔立下的规矩：诺贝尔奖只发给那些尚在人世，并为人类和社会发展做出了极大贡献的人，自然该奖无法授予 Franklin，所以 Wilkins 就与 Watson 和 Crick 一起分享了 1962 年的诺贝尔生理学或医学奖。

本章小结

思考题：

1. 如果你测定合成的单链 DNA 序列 5′- ACTGTGTTACGCGTGG - 3′和相同序列的 RNA(T 被 U 取代)的紫外吸收，会发现两者的 A_{260} 十分相近。如果你合成新的 DNA 序列 5′- GCAGCGACTGTGTTGT - 3′，你会发现得到的 A_{260} 没有变化，但如果你再合成相同序列的 RNA，就会发现得到的 A_{260} 会急剧下降。为什么？

2. 蛋白质识别 RNA 更可能发生在小沟而不是大沟。为什么？

3. 对以下双链核酸来说，根据提供的信息，判断它们可能形成 A -型、B -型还是 Z -型双螺旋？

(1) 在核酶中发现的双链；

(2) 双链中的一条链序列是：5′- ATGTGCACACGCGCATG - 3′；

(3) 有两种具有相同的碱基数目、但碱基组成不同的双链 DNA 进行琼脂糖凝胶电泳分析，如果样品 1 比样品 2 跑得快，那么它们最可能是哪一种形式的双螺旋？

4. (1) 画出一个 G∶C 碱基对，用虚线标出碱基对的氢键；

(2) 在图中标出碱基对两边的大沟和小沟结构；

(3) 哪些氨基酸可以与 G 的大沟边缘发生特殊的相互作用？

(4) 哪一种氨基酸可以在小沟与 GC 碱基对(G 的 N2 和 N3)发生特殊的相互作用？

5. 如果你合成两条互补的多聚脱氧核苷酸链，但使用 dUTP 代替 dTTP，你预测退火形成的双链属于 A 型还是 B 型？如果每一个核苷酸的 2′- H 被 2′- OH 取代，形成的螺旋又是什么形式？

6. 当双链 DNA 溶解在含有重水的缓冲溶液之中，发现碱基上的氢很容易与溶液中的质子交换。DNA 分子中的 AT 碱基对含量越高，交换率就越高。为什么？

7. 最早提出的 DNA 二级结构并非双螺旋，而是由 Linus Pauling 和 Robert Corey 于 1952 年提出的三螺旋结构。三螺旋结构认为，DNA 由三条链组成，不同的碱基在分子的外部，而磷酸在内部，分子是螺旋的。给出至少五条理由，解释为什么这样的三螺旋结构是不正确的。

8. 一种生活在热泉内的古菌被发现含有一种能够在其 DNA 内引入正超螺旋的拓扑异构酶。你认为拓扑异构酶对它来说有什么益处？

9. 将共价闭环负超螺旋DNA和共价闭环正超螺旋DNA分别与核酸酶S1保温在一起,这对两种超螺旋DNA的结构有没有影响?为什么?

10. 解释为什么RNA的三维结构要比DNA复杂得多?这种在三维结构上的差异有何意义?请结合具体的例子给以说明。

推荐网站:

1. http://themedicalbiochemistrypage.org/nucleic-acids.php(完全免费的医学生物化学课程网站有关核酸的内容)
2. http://en.wikipedia.org/wiki/DNA(维基百科有关DNA的内容)
3. http://en.wikipedia.org/wiki/RNA(维基百科有关RNA复制的内容)
4. http://mol-biol4masters.masters.grkraj.org(印度班加罗尔大学G. R. Kantharaj教授提供的免费的面向硕士研究生的分子生物学课程)
5. http://www.dnai.org(美国冷泉港实验室提供的有关DNA学习的动画等资料)
6. http://www.wiley.com/legacy/college/boyer/0470003790/structure/dna/dna_intro.htm(Wiley数据库提供的有关DNA结构的信息)

参考文献:

1. Zhou H, Kimsey I J, Nikolova E N, et al. m (1) A and m (1) G disrupt A-RNA structure through the intrinsic instability of Hoogsteen base pairs[J]. *Nature structural & molecular biology*, 2016, 23(9): 803~810.
2. Biffi G, Tannahill D, McCafferty J, et al. Quantitative visualization of DNA G-quadruplex structures in human cells[J]. *Nature chemistry*, 2013, 5(3): 182~186.
3. Salzman J, Gawad C, Wang P L, et al. Circular RNAs are the predominant transcript isoform from hundreds of human genes in diverse cell types[J]. *PloS one*, 2012, 7(2): e30733.
4. Mulholland N, Xu Y, Sugiyama H, et al. SWI/SNF-mediated chromatin remodeling induces Z-DNA formation on a nucleosome[J]. *Cell & bioscience*, 2012, 2(1): 3.
5. Torigoe S E, Urwin D L, Ishii H, et al. Identification of a rapidly formed nonnucleosomal histone-DNA intermediate that is converted into chromatin by ACF[J]. *Molecular cell*, 2011, 43(4): 638~648.
6. Lipps H J, Rhodes D. G-quadruplex structures: in vivo evidence and function[J]. *Trends in cell biology*, 2009, 19(8): 414~422.
7. McCarty M. Discovering genes are made of DNA[J]. *Nature*, 2003, 421(6921): 406.
8. Nielsen P E, Egholm M. An introduction to peptide nucleic acid[J]. *Curr Issues Mol Biol*, 1999, 1(1~2): 89~104.
9. Pereira S L, Grayling R A, Lurz R, et al. Archaeal nucleosomes[J]. *Proc. Natl. Acad. Sci*, 1997, 94(23): 12633~12637.
10. Klimasauskas S, Kumar S, Roberts R J, et al. Hhal methyltransferase flips its target base out of the DNA helix[J]. *Cell*, 1994, 76(2): 357~369.
11. Rich A. DNA comes in many forms[J]. *Gene*, 1993, 135(1): 99~109.
12. Wells R D, Collier D A, Hanvey J C, et al. The chemistry and biology of unusual DNA structures adopted by oligopurine. oligopyrimidine sequences[J].

The FASEB Journal, 1988, 2(14): 2939～2949.

13. Wang A H, Quigley G J, Kolpak F J, et al. Molecular structure of a left-handed double helical DNA fragment at atomic resolution[J]. *Nature*, 1979, 282 (5740): 680～686.
14. Watson J D, Crick F H C. Molecular structure of nucleic acids[J]. *Nature*, 1953, 171(4356): 737～738.
15. Hershey A D, Chase M. Independent functions of viral protein and nucleic acid in growth ofbacteriophage[J]. *The Journal of general physiology*, 1952, 36 (1): 39～56.
16. Avery O T, MacLeod C M, McCarty M. Studies on the chemical nature of the substance inducing transformation of Pneumococcal types[J]. *Journal of experimental medicine*, 1944, 79(2): 137～158.

数字资源：

第三章　基因、基因组和基因组学

从1865年Mendel提出“遗传因子”的概念，到1953年Watson和Crick发现DNA的双螺旋结构，基因由最初的抽象符号逐渐被赋予了具体的物质内容。随着研究的不断深入，人们对基因结构和功能的认识也在不断地加深。基因的化学本质主要是DNA，它是遗传信息的物质载体，传递着支配生命活动的各项指令，是构建生命蓝图中的一页，也是可以人工操作用于改造生命属性的元件。任何生物的一切生命活动都直接或间接地在基因控制之下，都可从基因层次上探究其本质。

基因组是指某物种单倍体细胞中一套完整的遗传信息，包括所有的基因和基因间区域。基因组的功能是通过一个个具体基因的功能来实现的。因此，只有弄清每个基因的功能以及实现其功能所需要的各种条件，方能阐明基因组的功能。专门研究基因组结构和功能的学科，称为基因组学，它主要通过基因组作图、测序和基因定位等方法来研究。

本章将主要介绍基因、基因组和基因组学等基本概念以及它们之间的关系。

第一节　基　因

基因的概念随着生命科学的发展而不断完善，同时随着对基因功能认识的深入，人们所知的基因种类也日益增多。回顾对基因研究的演变和发展历史，了解基因的现代概念，将有助于进一步认识基因结构和功能的多样性。

一、对基因的认识

对基因的认识和研究大体上可以分为三个阶段：(1) 在20世纪50年代以前，主要从细胞染色体水平上进行研究，属于基因的染色体遗传学阶段；(2) 50年代以后，主要从DNA水平上进行研究，属于基因的分子生物学阶段；(3) 80年代以后，由于重组DNA技术的完善和应用，人们改变了从表型到基因的传统研究途径，而能够直接从克隆目的基因出发，研究基因的功能及其与表型的关系，使基因的研究进入了反向遗传学(reverse genetics)或反向生物学阶段。与传统遗传学不同的是，反向遗传学利用重组DNA技术和离体定向诱变的方法，在体外使基因突变，再导入体内，检测突变带来的遗传效应，进而探索基因的结构和功能。

1. 基因的染色体遗传学阶段

Mendel以豌豆为材料进行了大量的杂交实验，提出了“遗传因子”的概念。不过他当时所指的“遗传因子”只是代表决定某个遗传性状的抽象符号。

1909年，丹麦生物学家W. Johannsen根据希腊文“给予生命”之义，创造了“基因”(gene)一词，代替了Mendel的“遗传因子”。不过，这里的“基因”也没有涉及具体的物质概念，而是一种与细胞的任何可见形态结构毫无关系的抽象单位。

1911年，Morgan及其助手通过对果蝇的研究发现，一条染色体上有很多基因，一些性状的遗传行为之所以不符合Mendel的独立分配定律，是因为代表这些特定性状的基因位于同一条染色体上，彼此连锁而不易分离。这样，Morgan首次将代表某一特定性状的基因，同某一特定的染色体联系起来。他指出：“种质必须由某种独立的要素组成，这些要素叫作遗传因子，或者更简单地叫作基因”。从此基因不再是抽象的符号，而是在染色体上占有一定空间的实体。因此，基因被赋予了一定的物质内涵。

2. 基因的遗传学阶段

尽管 Morgan 的出色工作使遗传的染色体理论得到普遍认同，但是人们对于基因的理解仍缺乏准确的物质内容。早期研究似乎表明遗传物质是蛋白质，直到 1944 年，Avery 等人通过肺炎链球菌转化实验证明，控制某些遗传性状的物质不是蛋白质，而是 DNA，即基因的化学本质是 DNA。

1953 年，Watson 和 Crick 提出了 DNA 分子的双螺旋结构模型，推测 DNA 分子中的碱基序列贮存了遗传信息以及 DNA 可能的复制机制。1961 年，法国科学家 F. Jacob 和 J. Monod 等人相继发表了他们对调控基因表达的研究，证实了 mRNA 携带着从 DNA 到蛋白质合成所需要的信息；后来，Crick 提出"中心法则"，认为 DNA 通过转录和翻译控制蛋白质的合成，从而将 DNA 双螺旋与 DNA 功能联系起来。

在基因研究的分子生物学阶段，对基因的理解是：基因是编码功能性蛋白质多肽链或 RNA 所必需的全部碱基序列，负载特定的遗传信息并在一定条件下调节、表达遗传信息，指导蛋白质合成。一个基因包括编码终产物为多肽、蛋白质或 RNA 的序列，为保证转录所必需的调控序列，还有内含子以及相应编码区上游 5′-端和下游 3′-端的非编码序列。

3. 基因的反向遗传学阶段

长期以来，生物学家都是根据生物的表型去研究其基因型。随着我们对基因本质的认识越来越深刻，这种间接的研究方法已经不能满足科学发展的要求了。因此，客观上有必要将有关的基因分离出来，以便能够直接研究基因的结构、功能和调节等一系列问题。

目前可以采用多种方法分离特定的基因，例如核酸杂交、核酸限制性酶切以及聚合酶链式反应等等。随着分子生物学的发展，我们不仅能够分离天然的基因，而且还能应用化学的方法合成有关的基因。人工合成的基因可以是生物体内已经存在的，也可以是按照人们的愿望和特殊需要设计的。因此，它为人类操作遗传信息，对遗传疾病进行基因治疗和创造新的优良物种，提供了强有力的手段。

二、基因概念的扩展

分子生物学的不断发展，特别是 DNA 分子克隆技术、DNA 序列的快速测定，以及核酸杂交技术等现代实验手段的不断涌现，为进一步深入研究基因结构和功能提供了条件，出现了"移动基因""断裂基因""假基因""重叠基因"等有关基因的新概念，丰富了对基因本质的认识。

（一）移动基因

移动基因（movable gene）又称转位因子（transposable element）。由于它可以从染色体基因组上的一个位置转移到另一个位置，甚至在不同染色体之间跃迁，因此也称跳跃基因（jumping gene）。

转位（transposition）和易位（translocation）是两个不同的概念。易位是指染色体发生断裂后产生的片段，通过与另一条染色体的断端，连接转移到另一条染色体上。此时，染色体片段上的基因也随着染色体的重接而移动到新的位置；转位则是在转位酶（transposase）的作用下，转位因子或是直接从原来位置上切离下来，然后插入染色体新的位置，或是被复制一份，再插入到染色体上新的位置。这样，在原来位置上仍然保留转位因子，而其拷贝则插到新的位置，也就是使转位因子在基因组中的拷贝数又增加一份。

转位因子本身既包含了基因，如编码转位酶的基因，同时又包含了不编码蛋白质的 DNA 序列。关于移动基因的详细介绍见第六章 DNA 重组。

(二) 断裂基因

曾经人们一直认为,基因的遗传密码是连续排列在一起的,形成一条没有间隔的完整的基因实体。但是通过对真核生物许多编码蛋白质的基因的研究发现,在编码序列中间插有与编码氨基酸无关的DNA间隔区,这些间隔区称为内含子(intron),而编码区则称为外显子(exon)。含有内含子的基因称为不连续基因或断裂基因(split gene)。

断裂基因最早是在腺病毒(adenovirus)基因组中发现的。Sharp及其同事在R-环(R-loop)实验中发现,腺病毒的六棱体蛋白基因(*hexon*)在与其相对应的成熟转录产物mRNA进行杂交时,会出现DNA突环(图3-1中A、B和C所指)。也就是说,mRNA分子与其DNA模板链相比,丢失了一些基因片段。后来证实,这些片段在mRNA前体后加工过程中被剪切出去了。

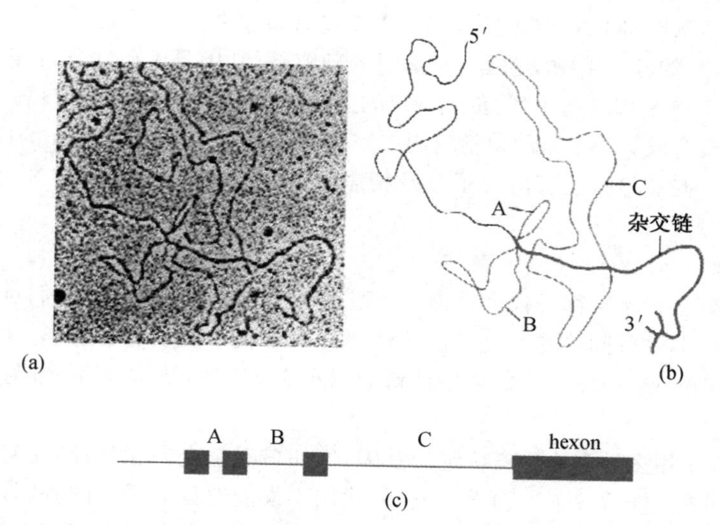

图3-1 腺病毒 *hexon* 基因编码的mRNA与DNA杂交实验的电微照片及解释

断裂基因不仅在腺病毒中存在,事实上,绝大多数真核生物的基因是以断裂基因的形式存在的。少数真核生物基因除外,如组蛋白、α-干扰素和β-干扰素的基因等没有内含子。Chambon及其同事最早证明鸡的卵清蛋白基因是断裂基因。此外,一些原核生物及其病毒(如大肠杆菌T4噬菌体)基因中也含有内含子。只是在不同生物中,这些内含子序列的长度和数目不同。一般来讲,低等的真核生物,其内含子少,序列短;而高等真核生物,其内含子则相对较多,序列较长。有关内含子的起源和它存在的生物学意义,到目前为止已有很大进展,详见第八章转录后加工。

断裂基因在表达时首先转录成初级转录物(primary transcript),即前体RNA;然后经过后加工,除去内含子序列,成为成熟的RNA分子,这种切除内含子、连接外显子的过程,称为RNA剪接(RNA splicing)或拼接(图3-2)。关于RNA拼接的详细机制见第八章转录后加工。

现在已经知道,并非所有的内含子都"含而不显"。有些内含子编码miRNA,还有些内含子可以编码蛋白质。由内含子编码的蛋白质的功能与内含子序列的删除或传播扩散相关。1980年,Church等人在酵母线粒体中发现,其细胞色素氧化酶基因的内含子编码该基因mRNA前体进行剪接的反式作用因子。1985年,Mixchel等人又发现酵母线粒体第Ⅱ类内含子编码的蛋白质,与逆转录病毒编码的逆转录酶具有很大的序列相似性,暗示该蛋白在内含子传播方面可能具有重要意义。同年,Jacquier等人发现,酵母21S rRNA基因的内含子1编码的蛋白质具有转位酶活性。这个由235个氨基酸残基组成的转位酶,可以将内含子1转移到缺乏它的相同基因($omega^-$)中去,而对于已经含有它的相同基因($omega^+$)则不能再发生转移。1986年,他们在大肠杆菌中表达了该转位

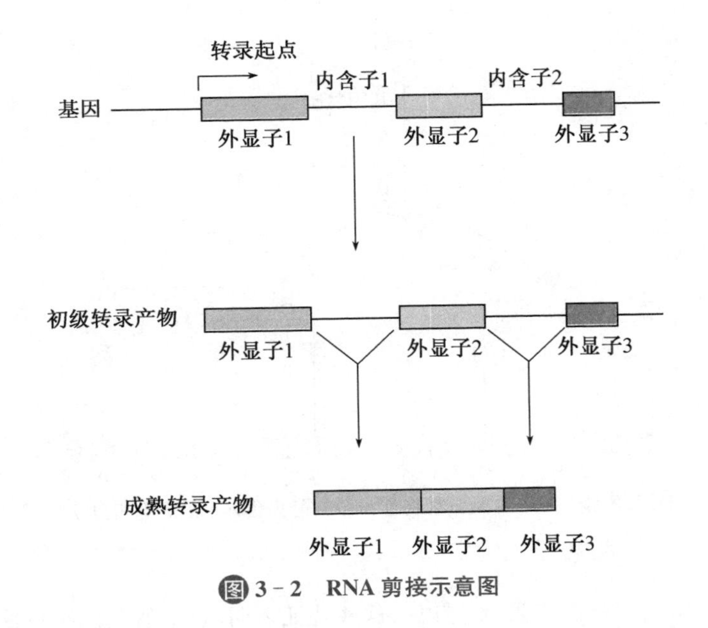

图 3-2　RNA 剪接示意图

酶，发现该酶具有双链 DNA 内切酶活性，其识别位点至少含有 GGATAACA 这样的八聚核苷酸序列。它在催化转移过程中，不需要其他的酶或蛋白质因子。

真核生物的外显子也并非都“显”，即编码氨基酸。除了 tRNA 基因和 rRNA 基因的外显子是理所当然地不显以外，几乎所有蛋白质基因的首尾两个外显子都只有部分核苷酸序列编码氨基酸，还有完全不编码氨基酸的外显子，例如人类尿激酶基因第一个外显子的 88 个核苷酸序列。

（三）假基因

有些基因在碱基序列上与相应的正常功能基因基本相同，但却没有功能，这些失活的基因称为假基因（pseudogene），通常用 ψ 表示。1977 年，Jacq C. 等人在爪蟾的 5S rRNA 基因家族中首先发现了假基因。以后，又有人在珠蛋白基因家族、免疫球蛋白基因家族以及组织相容性抗原基因家族中也都发现了假基因。

Quiz1 除了假基因带假以外，分子生物学中还有哪些其他带假的结构或者分子？

许多假基因与具有功能的“亲本基因”（parental gene）连锁，而且在编码区及侧翼序列具有很高的同源性。这类基因被认为是由含有“亲本基因”的若干复制片段串联重复而成的，称为重复的假基因。珠蛋白基因家族中的假基因就属于这一类型。

珠蛋白基因编码血红蛋白的珠蛋白链，人类珠蛋白基因由分别位于不同染色体上的两个相关的基因家族（α 和 β）组成。其中，β 簇分布在 11 号染色体 50 kb DNA 的范围内，包含 5 个有功能的基因（ε、δ、β 各 1 个，γ2 个）和一个假基因 ψβ1。2 个 γ 基因只有 1 个氨基酸的差别，γ_G的第 136 位为 Gly，而在 γ_A 为 Ala。α 簇则分布在 16 号染色体上，含有 3 个功能基因、3 个假基因和 1 个功能未知的 θ 基因，排列顺序为 ξ、ψξ、ψα2、ψα1、α2、α1、θ（图 3-3）。序列分析表明，ψα1 基因同三个有功能的 α-珠蛋白基因 DNA 序列相似（ψα1 基因同有功能的 α2 基因的序列相似性为 73%），只是假基因中含有很多突变。例如：起始密码子 ATG 变成 GTG；5′-端的两个内含子也有突变，可能导致 RNA 剪接的破坏；在编码区内也存在许多点突变和缺失。ψα1 假基因可能是由 α-珠蛋白基因复制产生的：开始复制生成的基因是有功能的，后来在进化中产生了一个失活突变。由于该基因是复制产生的，所以尽管失去了功能，但不至于影响到生物体的存活。随后，在假基因中又积累了更多的突变，从而形成了现今的假基因序列。

除了重复的假基因外，在真核生物的染色体基因组中还存在着一类加工的假基因（processed pseudogene）。这类假基因不与“亲本基因”连锁，结构与转录物而非“亲本基因”相似，如没有内含子和完整的启动子序列，但在基因的 3′-端都有一段连续的多聚 A

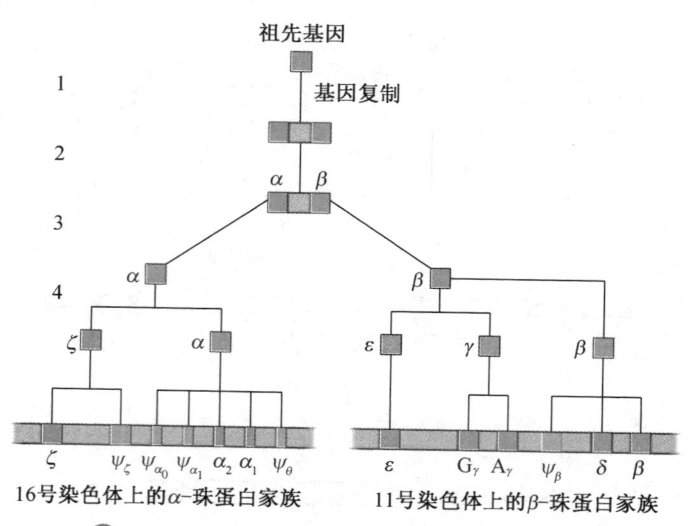

图 3-3 人类珠蛋白基因家族 α 簇和 β 簇的结构

序列,类似 mRNA 3′-端的多聚 A 尾巴。这些特征表明,这类假基因很可能是来自加工后的 mRNA 经逆转录产生的 DNA 拷贝,故称为加工的假基因。

Quiz2 举例说出人类基因组中一个假基因。

已在人类基因组中发现了 14 424 个假基因,比真基因的数目要少。长期以来,绝大多数假基因因为缺乏有功能的启动子序列而一直被认为无转录活性。然而,越来越多的证据表明,许多假基因实际上能转录成稳定的 RNA,这些非编码 RNA 可能具有调节它们的亲本基因和非亲本基因表达的功能。例如,已有人在小鼠卵细胞和水稻的很多组织中发现,源自某些假基因的小干扰 RNA(small interfering RNA, siRNA)可以通过序列互补,下调亲本基因的表达。此外,还有许多由假基因产生的非编码 RNA 参与 RNA 介导的 DNA 甲基化以及异染色质化。最近,还有人发现,一种源自抑癌基因(tumor suppressor gene)*PTEN* 的假基因 *PTENP*1 的转录物可充当干扰 PTEN - mRNA 翻译的 miRNA 的竞争性诱饵,而稳定其亲本基因的表达！这就说明了假基因在体内的作用是比较复杂的,很可能是多层次的。

Box 3-1 假基因,真表达,真功能

假基因曾长期以来一直被认为具有与功能基因相似的序列,但突变导致其丧失了原有的功能,所以它们是没有功能的基因。在人类基因组 DNA 上,已发现了 14 424 多个假基因,其数目几乎与真基因旗鼓相当。这些假基因真的一点功能都没有吗？若果真如此,那么机体还保留它们岂不白白浪费能量？为什么自然选择没有将它们抛弃呢？难道保留它们具有某种潜在的好处？

已有越来越多的证据和越来越多的例子表明,许多假基因在体内不仅能够转录,而且转录出来的非编码 RNA 在细胞内还能行使多种重要的功能。它们在表达的时候,使用的模板链可能与同源的真基因的模板链一致,这样转录出来的是正义 RNA,也可能使用与同源真基因的编码链一致的那一条链作为模板,这样转录出来的就是反义 RNA(anti-sense RNA, asRNA)。两种情况产生的非编码 RNA 主要是以反义 RNA、内源的 siRNA、竞争的内源 RNA(competing endogenous RNA, ceRNA)和核糖体结合位点竞争者的身份起作用,最终调节同源真基因的功能。此外,还有一些假基因可最终被翻译出有活性或无活性的假蛋白起作用。

磷酸酶及张力蛋白同源物(phosphatase and tensin homolog, PTEN)是一种肿瘤抑制蛋白,它有一个假基因 PTENpg1。根据 Poliseno L. 等人 2010 年发表在 *Nature* 上一篇题为"A coding-independent function of gene and pseudogene mRNAs regulates tumor biology"的论文，细胞内 PTENpg1 的过量表达，可以增加 PTEN 的水平，从而导致细胞的生长受到抑制。究其原因，原来是 PTENpg1 转录产生的非编码 RNA，充当了一种诱饵或海绵，将本来干扰 PTEN-mRNA 翻译的 miRNA 几乎完全吸引过来，阻止其作用 PTEN-mRNA。到了 2013 年，Kevin V Morris 等人在 *Nature Structural & Molecular Biology* 上，发表了题为"A pseudogene long-noncoding-RNA network regulates PTEN transcription and translation in human cells"的论文，根据这篇论文的研究结果，原来 PTENpg1 还可以用另一条链作为模板，转录产生一种 asRNA，去作用 DNA 甲基转移酶 DNMT3a、PTENpg1 和一种组蛋白赖氨酸甲基转移酶 Ezh2，引导它们定位到 PTEN 的启动子上，从而诱发 PTEN 在转录水平的基因沉默。由此可见，PTENpg1 可以同时在转录和翻译水平上影响到其同源的真基因的表达。

八聚核苷酸结合转录因子 4（octamer-binding transcription factor 4，Oct4）是一种与细胞多能性（pluripotency）有关的转录因子，所识别结合的一致序列为 ATTTGCAT。编码 Oct4 的基因被敲除，可促进细胞的分化，这就说明它的存在有助于细胞维持没有分化的状态，因此对于机体还没有分化的干细胞的自我更新十分重要。正因为如此，Oct4 在体内的表达受到严格的调控！Oct4 也已成为细胞还没有分化的标记物，同时作为一种必不可少的诱导物，用来诱导已分化的体细胞重新编程而转变成诱导的多能干细胞（induced pluripotent stem cells，iPSC）。例如，2012 年诺贝尔生理学或医学奖得主之一日本的科学家 Shinya Yamanaka，使用了包括 Oct4 在内的四种蛋白质因子，将小鼠的成纤维细胞成功诱导成 iPSC。

已发现 Oct4 在多种肿瘤组织中呈异常表达，其中的原因就可能与它的假基因有关。根据 2013 年 4 月 24 日在 *Carcinogenesis* 在线发表的一篇由我国第四军医大学杨安钢等人提交的题为"Pseudogene OCT4 - pg4 functions as a natural micro RNA sponge to regulate OCT4 expression by competing for miR - 145 in hepatocellular carcinoma"的研究论文，Oct4 的假基因 *OCT4 - pg4* 在肝细胞肿瘤（hepatocellular carcinoma，HCC）中异常表达，而它的表达水平与 Oct4 的表达水平呈正相关，这两个真假基因的转录物同时是一种肿瘤抑制性微 RNA 即 miR - 145 的作用对象。由 *OCT4 - pg4* 转录出来的非编码 RNA 可作为天然的 miR - 145 的"海绵"或者"诱饵"，将其吸引过来，竞争性抑制它去干扰 Oct4 的 mRNA 的翻译，从而上调 Oct4 在 HCC 中的水平，有助于 HCC 的生长和转化。

（四）重叠基因

传统的基因概念把基因看作是彼此独立的、非重叠的实体。但是，随着 DNA 测序技术的发展，在一些噬菌体和动物病毒中发现，不同基因的核苷酸序列有时是可以共用的。也就是说，它们的核苷酸序列可以是彼此重叠的。这种具有独立性但使用部分共同序列的基因称为重叠基因（overlapping gene）或嵌套基因（nested gene）。

以大肠杆菌 ΦX174 噬菌体为例，其单链 DNA 基因组共有 5 387 个核苷酸。如果使用单一的可读框结构，它最多只能编码 1 795 个氨基酸。按每个氨基酸的平均相对分子质量为 110 计算，该噬菌体所编码的全部蛋白质总相对分子质量最多为 197 kDa。但实际测定发现，ΦX174 噬菌体共编码 11 种蛋白质，总相对分子质量高达 262 kDa。1977 年，Sanger 等人测定了此噬菌体的全基因组序列，发现它的一部分 DNA 能够编码两种不同的蛋白质，从而解释了上述矛盾。

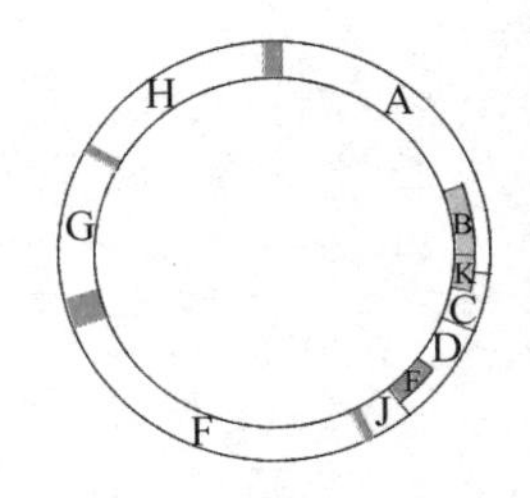

图 3 - 4 噬菌体 ΦX174 的基因组（重叠基因）

根据 Sanger 等人的研究，ΦX174 噬菌体 DNA 中存在两种不同的重叠基因：第一种是一个基因的核苷酸序列完全包含在另一个基因的核苷酸序列中。例如，B 基因位于 A 基因之中，E 基因位于 D 基因中，只是它们的可读框结构不同，因此编码不同的蛋白质（图 3 - 4）。第二种类型是两个基因的核苷酸序列的末端密码子相互重叠。例如，A 基因终止密码子 TGA,与C基因的起始密码子 ATG 相互重叠了2个核苷酸;D基因的终止密码子 TAA 与J基因的起始密码子 ATG 重叠了一个核苷酸。后来,有人在G4病毒的单链环状DNA基因组中,还发现三个基因共有一段重叠的DNA序列。

不仅在某些细菌或其噬菌体的生物基因组中存在重叠序列,在一些真核生物中也存在重叠序列,不过与原核生物的重叠序列有所差别。在某些真核生物体内,有一种特殊的重叠基因,一个基因的编码序列完全寓居于另一个基因的内含子序列中。例如,果蝇的 *GART* 基因(该基因编码的酶参与嘌呤核苷酸的补救合成)的内含子中寓居着一个与之无关的编码蛹角质膜蛋白(cuticle protein)的基因,但是它的转录方向与 *GART* 基因相反。

重叠基因的发现修正了关于各个基因的序列彼此分立、互不重叠的传统观念。但是,它缺乏普遍意义,特别是在真核生物中并非广泛存在。

三、基因的种类和结构

(一)基因的种类

基因按其功能主要分为结构基因、调控基因和RNA基因。

1. 结构基因

结构基因(structural gene)是能决定某些多肽链或蛋白质分子结构的基因。结构基因的突变可导致特定多肽或蛋白质一级结构的改变。

2. 调控基因

调控基因(regulatory gene)是调节或控制结构基因表达的基因。调控基因的突变可以影响一个或多个结构基因的功能,导致蛋白质量或活性的改变。

3. RNA基因

RNA基因只转录不翻译,即以RNA为表达的终产物。例如,rRNA基因和tRNA基因,产物分别为rRNA和tRNA。

(二)基因的结构

最早试图揭示基因内部精细结构的研究工作,是Benzer在20世纪50年代晚期进行的。1955年,他利用T4噬菌体rII区的不同等位基因绘制基因内部图谱(intragenic map),证实基因的最小突变单位和重组单位都是DNA的一个碱基对。1967年,Yanofsky等人通过对大肠杆菌色氨酸合成酶基因(*trpA*)的研究,首次将基因的精细结构遗传图(genetic map)同物理图(physical map)进行比较。结果发现,*trpA* 基因的突变位点与突变的色氨酸合成酶上发生的氨基酸取代是一致的。因此,能够大体确定 *trpA* 基因的遗传边界。随着基因克隆和DNA序列分析技术的发展,70年代中期,人们可以真正从单个碱基水平上剖析基因的分子结构。

细菌和古菌的基因一般以多顺反子的形式存在,转录产生的mRNA,可同时编码两种甚至数种基因产物(图3-5)。真核生物基因一般以单顺反子的形式存在,编码单基因产物(图3-6)。无论是细菌和古菌的基因,还是真核生物的基因,都可以分为编码区和非编码区。编码区含有可以被细胞质中翻译机器即核糖体阅读的遗传密码,包括起始密码子(AUG)和终止密码子(UAA、UAG或UGA)。一般而言,细菌和古菌的基因的编码区是连续的,真核生物基因的编码区被作为内含子的非编码区分隔开来,但在基因的两端都会含有5′-端非翻译区(5′-untranslated region,5′-UTR)和3′-端非翻译区(3′-UTR),非编码区不会被翻译成氨基酸序列,但是对于基因遗传信息的表达却是必需的。

基因5′-端周围的启动子(promoter)序列决定了转录的起点,与RNA聚合酶的正确识别和结合有关。细菌基因的启动子区一般由两段一致序列构成,位于转录起始点上游的-35区和-10区。真核生物蛋白质基因启动子区的一致序列一般包括TATA框、起

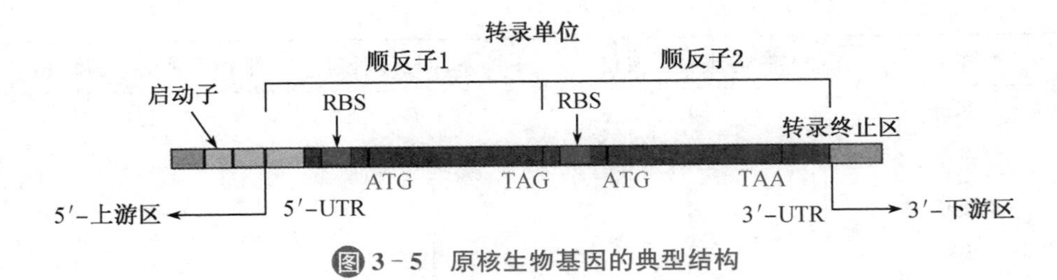

图3-5　原核生物基因的典型结构

始子和其他元件。这些序列有的在转录起始点的上游，有的位于基因的内部。古菌的启动子结构与真核生物核基因组蛋白质基因相似(参看第七章 RNA 的生物合成)。

细菌基因中含有核糖体结合位点(ribosome-binding site，RBS)，转录产生富含嘌呤的序列，该序列被称为 SD 序列，可以与核糖体小亚基 16S rRNA 3′-端富含嘧啶的序列互补配对，帮助翻译的正确起始(图 3-5)。真核生物基因不含 SD 序列，40S 核糖体小亚基与 mRNA 5′-端的“帽子”结构相互作用，帮助翻译的正确起始。

基因 3′-端被称为终止子(terminator)的序列具有转录终止功能。细菌很多基因的终止子序列被转录以后可以形成发夹结构，使 RNA 聚合酶减慢移动或暂停 RNA 的合成。但真核生物的终止子信号和终止过程与细菌并不相同。

在高等真核生物中，mRNA 的 3′-端通常有一段高度保守的序列 AAUAAA，与 3′-端的多聚腺苷酸化有关，故被称为加尾信号。

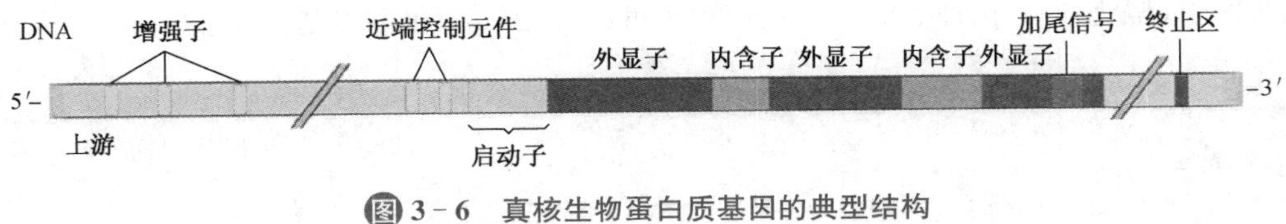

图3-6　真核生物蛋白质基因的典型结构

四、基因的大小和数目

(一) 基因的大小

细菌和古菌的基因大小与编码的产物相差无几。然而，在真核生物中，由于内含子序列的存在，基因比实际编码蛋白质的序列要大得多。但外显子的大小与基因的大小没有必然的联系。与整个基因相比，一般编码蛋白质的外显子要小得多，大多数外显子编码的氨基酸数小于 100。内含子通常比外显子大得多，因此基因的大小主要取决于它所包含的内含子的长度，一些基因的内含子特别长。例如，哺乳动物的二氢叶酸还原酶基因含有 5 个内含子，其 mRNA 的长度为 2 kb，但基因的总长度达 25～31 kb，含有长达几十 kb 的内含子。这些内含子之间也有很大的差别，大小从几百到几万个 bp 不等。

基因的大小还与所包含的内含子的数目有关。在不同的基因中，内含子的数目变化很大，有些断裂基因含有 1 个或几个内含子，如珠蛋白基因；有些基因含有较多的内含子，如鸡伴清蛋白基因含有 16 个内含子。

断裂基因虽然也出现在低等的真核生物中，但不是普遍现象。例如，酿酒酵母大多数基因是非断裂的，断裂基因所含外显子的数目也非常少，一般不超过 4 个，长度都很短。其他真菌基因的外显子也较少，不超过 6 个，长度不到 5 kb；在更高等的真核生物，如昆虫和哺乳动物中，大多数基因是断裂基因。昆虫的外显子一般不超过 10 个，哺乳动物则比较多，有些基因甚至有几十个外显子。

由于基因的大小取决于内含子的长度和数目，导致酵母和高等真核生物的基因大小差异很大。大多数酵母基因小于 2 kb，很少有超过 5 kb 的。而高等真核生物的大多数基因长度在 5～100 kb 之间。表 3-1 总结了一系列生物体基因的平均大小。

表 3－1 不同生物基因的平均大小

种类	平均外显子数目	平均基因长度(kb)	平均 mRNA 长度(kb)
酵母	1	1.6	1.6
真菌	3	1.5	1.5
藻虫	4	4.0	3.0
果蝇	4	11.3	2.7
鸡	9	13.9	2.4
哺乳动物	7	16.6	2.2

从低等真核生物到高等真核生物,其 mRNA 和基因的平均大小略有增加,外显子平均数目的明显增加是真核生物的一种标志。在昆虫、鸟类和哺乳动物中,基因的平均长度几乎是其 mRNA 长度的 5 倍。

(二) 基因的数目

从基因组的大小可以粗略地算出基因的数目,但需要考虑一些基因可以通过选择性剪接或选择性加尾等机制产生一个以上的产物。

由于 DNA 中存在非编码序列,使计算产生误差,因此需要确定基因密度。为准确地确定基因数目,需要知道整个基因组的 DNA 序列。以酵母为例,目前已知酵母基因组的全序列,其基因密度较高,平均每个可读框(open reading frame, ORF)为 1.4 kb,基因间的平均间隔为 600 bp,即大约 70%的序列为可读框,因此可推测出基因的总数。

表 3－2 不同生物的基因数目

种类	基因组大小(bp)	基因数目(编码蛋白质)
人	3.2×10^9	20 300
果蝇	1.4×10^8	8 750
酵母	1.3×10^7	6 100
大肠杆菌	4.2×10^6	4 288
支原体	1.0×10^6	750
T4 噬菌体	1.6×10^5	200

如果不知道基因组的基因密度,就难以估计基因数目。通过基因分离鉴定可以知道一些物种的基因数目,但这只是一个最小值,真正的基因数目往往大得多。通过测序鉴定可读框也可以推测基因数目,但有的可读框可能不是基因,有些基因的外显子在分离时可能会断裂,这都导致过高估计基因数目,因此鉴定可读框可以得到基因数目的最大值。

另一种测定基因数目的方法是计算表达基因的数目。例如,脊椎动物每个细胞平均表达 1 万～2 万个基因。但由于在细胞中表达的基因只占机体所有基因的一小部分,所以这个方法也不准确。一般真核生物的基因是独立转录的,每个基因都产生一个单顺反子的 mRNA。但秀丽隐杆线虫的基因组是个例外,其中 25%的基因能产生多顺反子的 mRNA,表达多种蛋白质,这种情况会影响对基因数目的测定。

通过突变分析可以确定必需基因的数量。如果在染色体一段区域充满致死突变,通过确定致死位点的数量就可得知这段染色体上必需基因的数量。然后外推至整个基因组,可以计算出必需基因的总数。利用这个方法,计算出果蝇的致死基因数为 5 000。但测定的致死位点,即必需基因的数目必然小于基因总数。目前还无法知道非必需基因的数量,通常基因组的基因总数可能与必需基因的数量处于相同的数量级。有人在确定酵母的必需基因比例中发现：当在基因组中随机引入插入突变时，只有12%是致死的，另外的14%阻碍生长，大多数插入没有作用。因为插入序列携带了转录终止信号，因此应该阻碍所插入基因的表达。故酵母表达基因中40%是非必需基因，因为许多基因是多拷贝的，存在冗余现象。

Box 3－2　我们究竟有多少个基因？

2000年5月，随着人类基因组测序工作接近尾声，欧洲生物信息学研究所(European Bioinformatics Institute，EBI)的资深科学家Ewan Birney组织了一次抽奖活动，他邀请了许多研究者对人类基因组可能的基因数目打赌预测，获胜者将会于2003年在美国冷泉港(Cold Spring Harbor)举行的一次学术会议上宣布。为了公平起见，奖金会发给在2000～2002年期间每年度参与打赌的三个最接近真实数目的竞猜人。其中2000年的奖金是1美元，2001年的奖金5美元，2002年的奖金是20美元。Birney当时相信，他在基因组序列数据库(Ensembl)的注释者(annotator)会到时给出最终答案。然而，随着2003年会期的临近，人类基因数目却还远远没有定数。但按照抽奖的规则，获胜者必须到时公布，因此EBI先做了估计，给出了最可能的答案为21 000个基因！

在所有竞猜人给出的数目公布以后，发现所有给出的数字都大大超过了21 000个。于是，就挑出每年给出的最低数字，而不管这个数字离最后答案有多远。其中，2000年竞猜的最低数目是27 462个，最接近21 000。当这位竞猜者被询问为什么给这么低的数目的时候，他的解释是他有一天在一个酒吧里畅饮，已经是午夜时分了，当时在他看来，酒吧顾客的行为并不比一只果蝇复杂多少，既然那时果蝇的基因数目被认为是13 500个，那人的基因数目就加倍吧，再加上他的出生日为1962年4月27日，于是他最后给出的数字便成了27 462！要知道当时一般人都估计至少有50 000个。

Dr. Ewan Birney

这些年来，人类基因组的基因总数一直引起人们巨大的兴趣，因为当将基因的数目仅仅看成是我们鉴定出来的基因组上所有功能单位的数目的时候，这个数字本身还是很有意思的。例如，人类拥有的基因数目远远少于原来的估计！这个事实不管是生物层面，还是哲学的层面，都吸引着很多人思考：人类如此复杂的生物怎么可能只有这么少的编码蛋白质的基因？我们比那么简单的秀丽隐杆线虫(*Caenorhabditis elegans*)只多三分之一的基因，比大肠杆菌只多五倍的基因？而我们东方人每天离不开的水稻却要比人类多一倍多！如果只考虑DNA的含量，那我们人类相对于一些看起来不起眼的生物来说就更惨了！低等的地钱(liverwort)的DNA含量是人类的18倍，火蜥蜴

(salamander)是人类的26倍！这种基因数目和DNA含量与生物复杂性不成比例的现象可简单地归为“N值矛盾”和“C值矛盾”。但合理的解释究竟是什么？对此，有一种“补偿机制”听起来有点道理。这种观点认为，低等生物的基因功能非常单一，基因协同能力较差，因此在适应外部环境时，需要大量的基因来补偿，基因数目相对要多一些，而人类基因却是“一专多能”。换句话说，要完成一个生物学反应，水稻和其他生物可能需要很多基因一起来工作，而人通过一个基因就能完成。打个比方，人类的基因就好像一把多功能的瑞士军刀，它可以让你用一个基因干很多不同的事。但若没有瑞士军刀，那你只能在口袋里携带一大堆工具，就像水稻基因那样。例如，人类血红蛋白的主要功能是运输氧气，但它还有其他的功能，如可作为缓冲剂稳定血液中的pH，还可以和某些蛋白质结合起来，行使其他的生物功能。再如，人体内的脂肪酸合酶一条肽链具有七个不同酶的活性，还充当酰基载体蛋白。

最后，让我们回到人类究竟有多少个基因的实际问题。根据英国Sanger研究所和EBI推行的生物信息学研究计划Ensembl提供的最新数据，人类基因组共有20 296个编码蛋白质的基因以及25 173个编码各种非编码RNA的基因，还有14 424个假基因。虽然数目将来还会有所变化，但一般科学界似乎越来越稳定在20 2XX个左右编码蛋白质的基因，但非编码RNA基因的数目还很难说。

（三）N值矛盾

一种生物所含有的基因数目可称为N值(N value)。不同物种的N值差异很大，从几百个到几万个。随着生物的进化，生物体的结构和功能越复杂，其N值就越大。例如，真核生物的基因数目要比原核生物多。然而，生物体的复杂性和N值之间并不总是正相关的，这种现象称为N值矛盾(N value paradox)。例如，某些原生动物含有的基因数目远远超过人类，如草履虫有40 000个基因，毛滴虫(*Trichomonas*)有60 000个基因。事实上，毛滴虫保持着生物圈内基因数目最多的世界纪录！对此真是令人费解，因为它作为人体的寄生虫，其基因组比那些自由生活的近亲要小，其很多功能依赖于宿主。

毛滴虫以外的其他寄生性真核生物基因的数目为4 000～11 000。例如，在非洲导致昏睡病的病原体——锥体虫(*Trypanosoma brucei*)共有11 000个基因。还有，导致疟疾的病原体即疟原虫(*Plasmodium*)共有5 500个基因。这些基因有一半带内含子，约三分之一功能不详。

五、基因簇与重复基因

（一）基因家族和基因簇

基因家族(gene family)是真核生物基因组中来源相同、结构相似、功能相关的一组基因。尽管基因家族各成员序列上具有相关性，但序列相似的程度以及组织方式不尽相同。其中大部分有功能的家族成员之间相似程度很高，有些家族成员间的差异很大，范围不够明确，甚至有缺乏功能的假基因。基因家族的成员在染色体上的分布形式也可能有所不同，有些基因家族的成员在特殊的染色体区域上成簇存在，而另一些基因家族的成员散布在整个染色体上，甚至可存在于不同的染色体上。

根据家族成员的分布形式，可以把基因家族分为成簇存在的基因家族(clustered gene family)，以及散布的基因家族(interspersed gene family)。

1. *成簇存在的基因家族*

这一类基因家族也称为基因簇(gene cluster)。其各成员以串联的方式紧密成簇地排列，定位于染色体的特殊区域。它们是同一个祖先基因扩增的产物。也有一些基因家族的成员在染色体上的排列并不十分紧密，中间可能包含一些无关序列。但大多数分布在染色体上相对集中的区域。基因簇中也可能包括没有生物功能的假基因。通常基因簇内各序列间的同源性大于基因簇间的序列同源性。

2. 散布的基因家族

这一类基因家族的各成员在基因组DNA上无明显的物理联系，甚至分散在多条染色体上。各成员在序列上有明显差别，其中也含有假基因。但这种假基因与基因簇中的假基因不同，它们一般来源于RNA介导的转座作用。

按照基因家族成员之间序列相似的程度，可把这类基因家族分为以下几个亚类：

(1) 经典的基因家族，家族中各基因的全序列或至少编码序列具有高度的一致性，如rRNA基因家族和组蛋白基因家族。在进化过程中，这些家族成员有自动均一化的趋势。它们的特点是：各成员间有高度的序列一致性，甚至完全相同；拷贝数高，常有几十个甚至几百个拷贝；非转录的间隔区短而且一致。

(2) 基因家族各成员的编码产物上具有大段的高度保守性氨基酸序列，这对基因发挥功能是必不可少的。基因家族的各基因中有部分十分保守的序列，但总的序列相似性却很低。

(3) 家族各成员的编码产物之间只有一些很短的保守性氨基酸序列。从DNA水平上看，这些基因家族成员之间的序列一致性更低。但其基因编码产物具有相同的功能，因为在蛋白质中存在发挥生物功能所必需的保守区域。

(4) 超基因家族(gene superfamily)，家族中各基因序列间没有一致性，但其基因产物的功能相似。蛋白质产物中虽没有明显保守的氨基酸序列，但从整体上看却有相同的结构特征，如免疫球蛋白超家族。

（二）重复序列

除了基因家族外，染色体上还有大量无转录活性的重复DNA序列家族，主要是基因以外的DNA序列。重复序列有两种组织形式：一种是串联重复DNA，成簇存在于染色体的特定区域；另一种是散布的重复DNA，重复单位并不成簇存在，而是分散于染色体的各个位点上，一般来源于RNA介导的逆转座作用(参看第六章DNA重组)。散布的重复序列家族的许多成员是不稳定的可转移的元件，可转移到基因组的不同位置。

1. 串联重复DNA

许多高度重复DNA序列在碱基组成上同主体DNA有区别，而导致它们的浮力密度不同，在进行浮力密度梯度离心时，可形成不同于DNA主带的卫星带，因此被称为卫星DNA(satellite DNA)。卫星DNA由短的串联重复DNA序列组成。这些序列一般对应于染色体上的异染色质区域。有些高度重复序列的碱基组成与主体DNA相差不大，不能通过浮力密度梯度离心法分离，但可以通过其他方法鉴定，如限制性酶切作图，这样的DNA序列称为隐蔽卫星DNA(cryptic satellite DNA)。

除了卫星DNA以外，还有比它的重复单位更小的小卫星DNA(minisatellite DNA)和微卫星DNA(microsatellite DNA)(表3-3)，以及比它的重复单位大得多的大卫星DNA(megasatellite DNA)，它们属于中度重复序列。其中，小卫星和微卫星DNA的重复次数在不同的个体之间具有高度的变异性，因此称为可变串联重复序列(variable number tandem repeated sequence, VNTR)。

与小卫星和微卫星DNA相比，构成卫星DNA的重复序列的核心序列通常最长，它们一般位于染色体上的异染色质区域。其中，人卫星DNA包括卫星1、卫星2、卫星3、α和β型。

小卫星DNA由中等大小的串联重复序列组成，其重复单位的核心序列为15～76 bp，位于靠近染色体末端的区域，也可分散在核基因组的多个位置上，一般没有转录活性。有研究表明，近缘物种和个体间的小卫星核心序列有着一定的同源性，在一定的条件下可以相互杂交。其中有一些高变的小卫星DNA，重复单位之间的序列有很大不同，但都有一个基本的核心序列，多数靠近端粒。由于不同个体的串联重复序列的数目和位置不同,在利用不能识别核心序列的限制性内切酶将各个体总基因组 DNA 切成不同长度的片段,经电泳分离以后,再使用其中的核心特征序列作为探针,进行 Southern 杂交,形成的杂交谱带具有个体的特异性,因此得到的电泳图谱被称为 DNA 指纹图谱(图 3-7)。现在,基于小卫星核心序列的 DNA 指纹分析早已广泛应用于亲子鉴定和法医学分析;另一类小卫星 DNA 是端粒 DNA,主要成分是六聚核苷酸的串联重复单位 TTAGGG,它在真核生物染色体末端的复制中起重要作用。

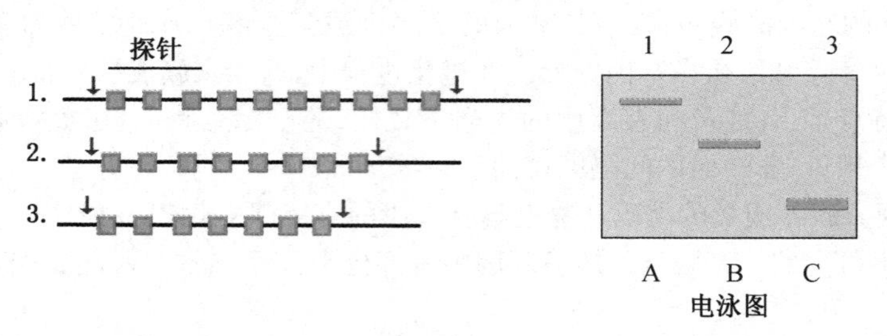

图 3-7 基于小卫星 DNA 的 DNA 指纹分析图解

微卫星 DNA 是由更简单的重复单位组成,又称简单序列重复(simple sequence repeat, SSR),广泛存在于真核生物基因组,重复单位的核心序列为 2~6 bp,大多数重复单位是二核苷酸,少数为三核苷酸和四核苷酸。由于微卫星 DNA 长度不大,可以以其两侧的特异性序列设计专一引物,通过 PCR 可直接扩增出微卫星片段。扩增产物经变性聚丙烯酰胺凝胶电泳分离,不同个体间因核心序列的重复次数不同而产生 DNA 多态性。这种多态性可能与 DNA 复制过程出现的错配滑移有关。

大卫星 DNA 的重复序列单元较长,有几个 kb。以位于人类 4 号染色体短臂 16.1 区(4p16.1)的 RS447 大卫星 DNA 为例,其重复序列长度为 4 746 bp,重复次数为 20~100,其内部含有一个由 1 590 bp 组成的 ORF,编码泛素特异性蛋白酶 17(ubiquitin-specific protease 17, USP17)。对于不同种类的哺乳动物来说:一方面所含有的 RS447 的拷贝数变化很大,表现为高度的多态性;另一方面,重复单元序列又是高度同源的。

表 3-3 人类基因组的主要串联重复序列

分类	长度	重复单位大小(bp)	染色体定位
卫星 DNA	100 kb~数 Mb		
卫星 2 和 3		5	整个染色体
卫星 1		25~48	大多数染色体着丝粒和其他异染色质区域
α		171	所有染色体着丝粒
β		68	1,9,13,14,15,21,22 号和 Y 染色体的着丝粒
小卫星 DNA	0.1~20 kb		
端粒家族		6	所有染色体端粒
高变家族		9~24	所有染色体,通常靠近端粒
微卫星 DNA	小于 150 bp	1~4	所有染色体

2. 散布的重复 DNA

散布的重复 DNA 散布于基因组内,根据重复序列的长短不同,可以分为短散布元件(short interspersed element, SINE)和长散布元件(long interspersed element, LINE)。短散布元件的重复序列长度在 500 bp 以下,在人基因组中的重复拷贝数达 10 万以上。长散布元件的重复序列在 1 000 bp 以上,在人类基因组中有上万份拷贝。几乎所有的真核生物中都具有 SINE 和 LINE,但比例有所不同,如果蝇和鸟类含 LINE 较多,而人和蛙中则含SINE较多。

在人类基因组中有一种中等重复序列，重复单位长约280 bp，属于比较典型的SINE，在单倍体基因组中约有30万个拷贝，在其170 bp处有一个限制性酶*Alu* Ⅰ的切点，因此被称为*Alu*基因家族（*Alu* family）。人类基因组中，大约平均每隔6 kb左右就有一个*Alu*序列，一般出现在内含子或基因附近，可以作为人类DNA片段的特征标记。

*Alu*家族的每个成员彼此都很相似，右边的一个重复序列中有31 bp的插入序列，来自7SL RNA（信号识别颗粒的成分）。7SL RNA长300 nt，其5′-端的90 nt和*Alu*序列左端同源，3′-端的40个碱基和*Alu*序列右端同源，而中央的160个碱基和*Alu*序列并不同源。*Alu*序列的GC含量很高，在具有逆转录活性的*Alu*序列中，GC含量高达65%，两个重复序列之间由富含A的接头连接。*Alu*家族的成员和转座子相似，两端有短的正向重复序列存在。但是*Alu*家族的每个重复片段的长度不同，因为*Alu*序列可能由RNA聚合酶Ⅲ转录而来，因此可能带有下游启动子。在细胞遗传学水平上观察，*Alu*重复序列集中在染色体R带，即基因组转录活跃的区段。在几乎所有已知的编码基因的内含子中，都发现了*Alu*序列。*Alu*家族的广泛存在暗示它可能具有一定的功能。部分*Alu*序列中有14 bp与乳头瘤病毒及乙型肝炎病毒的复制起始区有同源性，因此推测它可能和真核基因组的复制起始区相连接。但是*Alu*家族的成员数要比推测的复制起始区多10倍。

第二节 基因组

基因组（genome）一词最早出现于1920年，由德国植物学家Hans Winkler将gene和chromosome的后3个字母ome拼凑而成，指的是单倍体细胞中所含的整套染色体DNA。随着对不同生物的基因组DNA的测序，人们发现，对基因组这个名词需要做出更精确的定义。现在一般认为，基因组是指一种生物体中所有的遗传物质，主要是DNA，若是RNA病毒，则是RNA，包括所有的基因和基因间隔区域。

原核生物基因组就是原核细胞内的染色体DNA分子。真核生物有细胞核，还有2个半自主的细胞器——线粒体或叶绿体，这两种细胞器也有DNA，所以真核细胞除了核基因组以外，还有细胞器基因组。真核生物的核基因组是指单倍体细胞核内整套染色体所含有的DNA分子。根据https://gold.jgi.doe.gov在2017年7月初提供的最新数据，全基因组计划已经完成的生物有11 526种，永久草图已经拿到的有82 108种，部分完成的有47 066种。多种模式生物，如大肠杆菌、酵母、秀丽隐杆线虫、果蝇、小鼠和拟南芥（*Arabideopis thaliana*）等早已完成。至于人类基因组的测序工作早在2003年就完成了。

Quiz3 利用此链接，查一查最新的已获得基因组全序列的生物种类。

一、病毒基因组

病毒是一种由核酸及蛋白质构成的感染性颗粒，但有的病毒在最外面还包裹一层插有蛋白质的脂双层膜（图3-8）。病毒结构简单，无细胞结构，因为基因组缺乏编码蛋白质生物合成以及构成各种代谢途经所必需的酶，所以自身不能独立复制，只有在合适的宿主细胞内，才能完成复制。然而，一种病毒一旦感染它的宿主细胞，往往会利用自己编码的蛋白质或酶对宿主细胞内的某些过程进行改造，以便让自己可以更好地生存和繁殖。病毒的宿主细胞几乎包括了地球上所有的细胞类生物。其中噬菌体专指以细菌为寄主的病毒。每一种病毒颗粒只有一种类型的核酸作为遗传物质，即要么是DNA，要么是RNA。因此，根据所含核酸的类型，病毒可分为DNA病毒和RNA病毒，然而至今还没有在古菌体内发现有RNA病毒。

Quiz4 你认为造成古菌中缺乏RNA病毒的原因是什么？

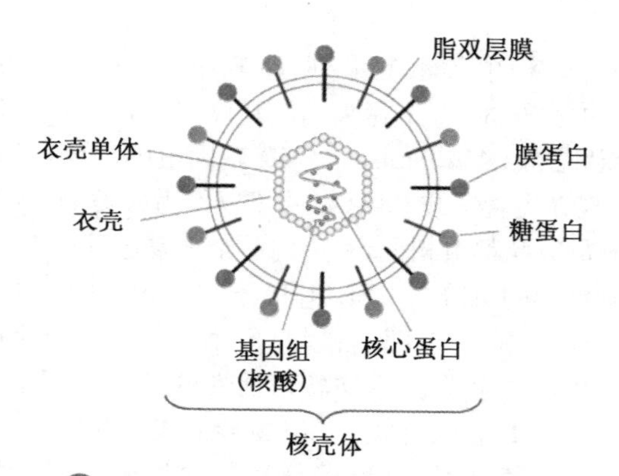

图 3-8 带有外被的病毒的结构示意图

表 3-4 一些病毒基因组的特征

病毒	宿主	核酸类型	基因组大小	基因数目
流感病毒	哺乳动物	ssRNA	13 500 nt	12
埃博拉病毒	人类	ssRNA	19 000 nt	7
艾滋病病毒	人类	ssRNA	9 500 nt	9
烟草花叶病毒	许多植物	ssRNA	6 400 nt	6
Qβ 噬菌体	大肠杆菌	ssRNA	4 200 nt	4
细小病毒	哺乳动物	ssDNA	5 000 nt	5
潘多拉病毒	变形虫	dsDNA	1.9～2.5 Mb	>2 500
T4 噬菌体	大肠杆菌	dsDNA	169 kb	>190
双尾病毒	古菌	dsDNA	63 kb	～72
HRPV-1	极端嗜盐古菌	ssDNA	7 048 nt	～9

(一) DNA 病毒基因组

DNA 病毒的基因组就是其含有的全部 DNA。不同病毒基因组大小差别可能很大：环状病毒(Circoviridae)拥有最小的单链 DNA 基因组，其长度为 2 000 nt，仅编码 2 个蛋白质；潘多拉病毒(Pandoravirus)的基因组则很庞大，长度可达 2 Mb，编码的蛋白质超过 2 500 种，这已经超过了一些细菌。

Box 3-3 大病毒、大惊喜

病毒给予我们的印象通常是体积极小，结构也非常简单，由一种核酸(DNA 或 RNA)和蛋白质外壳构成，有些病毒还含有脂质和蛋白质组成的外膜。

然而，到了 1992 年，La Scola B. 等人在空调系统冷却水管道里的变形虫体内，发现一种不同寻常的大型病毒！一开始，他们以为它属于一种细菌，因为一般人们在观察变形虫细胞内部的时候，有时候会看到一些大小或形状比较奇怪的内容物，这时不会想到病毒，而认为可能是某种被吞噬进来的细菌。但他们用革兰氏染色法进行鉴定的时候，发现呈紫色，这似乎表明它是一种革兰氏阳性细菌。而在体积上，它比一般病毒大得多，更接近某些细菌的大小。例如，脊髓灰质炎病毒直径约为 0.02 μm～0.03 μm，而这种病毒直径大约在 0.4 μm～0.5 μm，要比脊髓灰质炎病毒大几十倍，几乎不能通过细菌滤器。但十年以后，当他们使用电镜直接进行观察研究时，竟然发现它并不是细菌，而是一种病毒。进一步的研究表明，这种病毒也只含有一种类型的核酸，就是 DNA，不能独立地完成生命周期。由于这些特征，科学家在 2003 年时将它归为病毒，并正式命名为拟菌病毒(Mimivirus)。拟菌病毒的发现彻底刷新了人们对于病毒的认识，原因在于，这种病毒很大，超出了人们原本认为病毒所应该拥有的大小，于是科学家们兴奋地宣布，他们发现了世界上最大的病毒。

拟菌病毒之大不仅表现在体积上，还表现在基因组的大小上。它的基因组含有近 1.18×10^6 bp，相比之下，脊髓灰质炎病毒仅含有约 7 500 bp。科学家对其全基因组序列分析后发现，这种病毒的基因组非常紧凑，“垃圾”DNA 只占 10%，大约含有 979 个编码蛋白质的基因，是一般病毒的几十倍到上百倍，甚至超过了一些细菌(如支原体)，而且其中有许多基因从来没有在已知的病毒中发现过。更让科学家惊讶的是，这种病毒竟然自己编码了涉及基因组 DNA 修复的基因，如参与错配修复的 MutS 蛋白，以及参与蛋白质生物合成的部分基因，如四种氨酰- tRNA 合成酶的基因，而这些功能一直以来都被认为仅存在于以细胞为单位的生命体之中。不过，由于拟菌病毒不编码核糖体蛋白，因此仍然需要借助宿主细胞的翻译系统才能完成自己蛋白质的翻译。

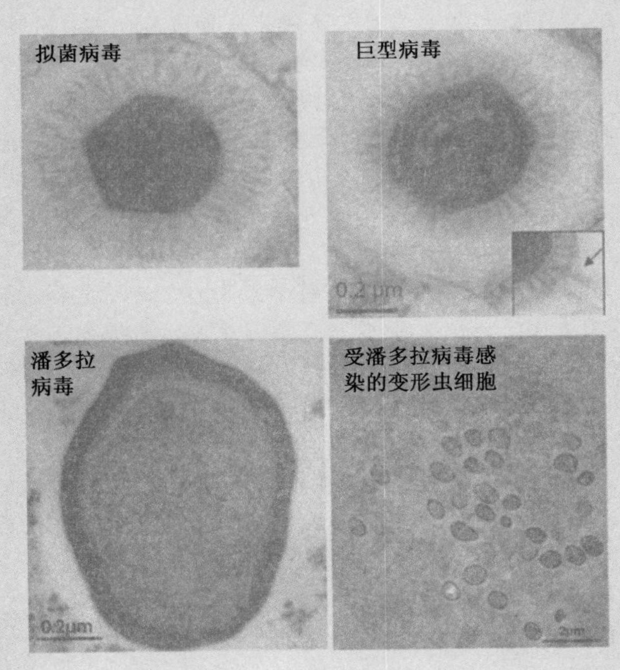

图 3-9 几种大病毒的亚显微结构

到了 2008 年，又有人在变形虫体内发现了一种更大的巨型病毒，命名为大型拟菌病毒(Mamavirus)。其实，发现者起这个名字是为了和拟菌病毒英文名字 Mimivirus 相呼应，连起来就是“妈妈咪咪”病毒。这种病毒的大小和基因组长度比拟菌病毒还要大，大约 1.19×10^6 bp，预测含有 1 023 个编码蛋白质的基因，其中也有涉及基因组 DNA 修复的基因和参与蛋白质生物合成的部分基因，而且还有自己独立的转录机器，位于核心颗粒内。在研究这种病毒的时候，还有一项令人惊奇的发现，就是发现了一种噬病毒体 (virophage) 跟它结合在一起。这种噬病毒体含有环状的 DNA，约有 18 000 bp，仅有 21 个基因，以病毒为宿主。后来，在拟菌病毒体内，也发现了噬病毒体。再到 2011 年，一种更大的病毒在智利海岸被 Arslan D. 等人分离出来，这种病毒被命名为巨型病毒(Megavirus)，其体积比拟菌病毒还大 6.5%，基因组大小为 1.26×10^6 bp，基因数量也多了 10%，约有 1 120 个蛋白质的基因，包括 7 个氨酰- tRNA 合成酶的基因，还有参与错配修复的 MutS 蛋白的基因，以及多个糖代谢、脂代谢和氨基酸代谢的基因。于是，科学家们又一次兴奋地宣布，发现了世界上最大的病毒。

然而,这个记录仅仅保持了两年就被再次打破了。2013年7月,发现巨型病毒的研究小组又宣布,他们分别在智利一个河口的表层沉积物层中和澳大利亚墨尔本附近的一个浅层淡水池塘采集到的变形虫体内,发现了两种更大的病毒,并把它们命名为潘多拉病毒(Pandoravirus)。

潘多拉病毒的发现,再一次刷新了人们对于病毒的认识,其直径差不多达到1 μm,已经超过了一些细菌,如直径为0.5 μm～1.0 μm的金黄色葡萄球菌,它们在普通光学显微镜下很容易观测到。其中有一种基因组长度达到247万bp,要知道大肠杆菌基因组长度大约为400多万bp,编码了2 500多个基因,大约为人类基因组编码数量的十分之一。

经过初步分析,潘多拉病毒基因组中有约93%的基因功能未知,它们在目前已知的生命体中找不到相似的基因,不能追溯到自然界已知任何的生物演化支系中。换句话说,它们和我们相比简直就像是外星生命一样。此外,虽然潘多拉病毒也编码了一些蛋白质翻译系统中的组分,但仍然自己不能完成蛋白质合成。同时,在潘多拉病毒的基因组中发现了大量的内含子,这进一步增加了其基因组的复杂性。由于对这种病毒知之甚少,还很难对它的起源和进化进行研究,也正是由于有太多的未知,对于这种病毒的研究就像打开了潘多拉魔盒,里面会有更多的惊喜等待着科学家们去发现。

巨型病毒的不断发现(图3-9),打破了人们对于病毒的经典认识,促使科学家们重新思考病毒的定义以及生命和非生命界限的划分。谁也不知道未来还会不会有更大的病毒被发现。

关于巨型病毒的来源还没有定论。有科学家认为它们可能来源于某些单细胞生物体,在进化过程中丢失了一些基因,便成了靠寄生生活的病毒。由于大病毒的特殊性,也有科学家建议将它们单独划为一域,并加入以往分为细菌、古菌和真核生物的三域系统。然而,目前,这些巨型的寄生微生物仍被归入病毒范畴,是因为在一定程度上,它们仍然符合经典病毒的特征,比如只含有一种核酸,不能自主进行能量代谢,无法自我分裂增殖,只在宿主细胞中显示出生命特性。也正是因为"不守规矩",大病毒的发现进一步拉近了生命与非生命之间的距离,也为生命起源和进化的研究提供了重要的信息。

令人欣慰的是,现在发现的巨型病毒对人类并没有什么威胁,仅有极少数报道说拟菌病毒可能会引起人类肺炎。

在结构上,DNA病毒主要是双链线性,也有单链线性、双链环状和单链环状(表3-4)。有些病毒的DNA碱基并不是标准的A、T、G和C。例如,在大肠杆菌的T4噬菌体DNA分子中,由5-羟甲基胞嘧啶代替C,在SPO1噬菌体DNA分子中没有T,而是5-羟甲基尿嘧啶。再如,枯草杆菌的PBS2噬菌体完全没有T,取而代之的是U。

(二) RNA病毒基因组

RNA病毒基因组就是其含有的全部RNA。由于RNA病毒基因组在复制时无校对机制(见第十章 RNA基因组的复制),因此很容易产生突变。高突变率限制了它们的基因组大小,因为基因组越大,复制时出错的机会就越大,以至于RNA病毒无法维持准种在碱基序列上的完整性(太多病毒具有致死型突变)。因此,绝大多数RNA病毒基因组大小在5～15 kb,少数>30 kb。基因组RNA有单链和双链之别,而单链RNA又有正链和负链之分。以mRNA为标准,正链RNA与mRNA同义,负链RNA与mRNA互补。

(三) 类病毒和拟病毒基因组

20世纪70年代初期,美国植物病理学家Theodor Otto Diene在研究马铃薯纺锤块茎病病原体时,观察到该病原体无病毒颗粒和抗原性,同时具有对苯酚等有机溶剂不敏感、耐热(70 ℃～75 ℃)、对高速离心稳定和对 RNA 酶敏感等特点。所有这些特点表明病原体并不是病毒，而是一种游离的小 RNA，于是类病毒(viroid)这个概念被提了出来。进一步研究表明，类病毒是一类能感染某些植物的致病性单链共价闭环 RNA 分子。类病毒基因组小，通常只有 246～399 nt，无编码蛋白质的能力。目前已测序的类病毒种类有 100 多个，其 RNA 分子呈棒状结构，由一些碱基配对的双链区和不配对的单链环状区相间排列而成。它们一个共同特点就是在二级结构分子中央处有一段保守区。例如，马铃薯纺锤块茎类病毒(potato spindle tuber viroid, pstvd)(vd 是用来与病毒加以区别)有 359 nt，它的复制一般由宿主细胞的 RNA 聚合酶Ⅱ催化，在细胞核中进行 RNA 到 RNA 的滚环复制(rolling-circle replication)。这种复制方式得到的多个拷贝新基因组 RNA 是串联排列在一起的，需要通过位点特异性切割才能分别释放出来。已发现，催化特异性切割反应的并不是蛋白质，而是类病毒自身的基因组 RNA。

拟病毒也叫卫星病毒或类类病毒(virusoid)，为小的 RNA 或 DNA，可编码一两种蛋白质，由于基因组缺损，它们的感染和复制需要其他一些形态较大的专一性辅助病毒的帮助。充当辅助病毒的通常是植物病毒，少数为动物病毒。例如，人类丁型肝炎病毒(hepatitis D virus, HDV)就是一种拟病毒，其基因组 RNA 也具有酶的活性，它的辅助病毒是乙型肝炎病毒。

二、原核生物基因组

原核生物属于最简单的单细胞生物，无真正的细胞核，包括细菌和古菌。和真核生物一样，它们的遗传信息也是 DNA。在原核生物中有两类 DNA 分子：一是染色体 DNA，携带了细胞生存和繁殖所必需的全部遗传信息；二是质粒(plasmid)，是独立于染色体以外的 DNA 分子，许多原核生物含有它。尽管质粒与细胞的生长没有必然的关系，但往往能为宿主细胞带来某种好处，如对抗生素或重金属产生抗性。

原核生物一般只有一个染色体 DNA 分子，大小在 600 kb～10 Mb 之间。但是在不同生长条件下，染色体 DNA 可能不止 1 个拷贝。例如，当大肠杆菌在适宜的培养基中培养时，其染色体 DNA 可以有 4 个以上的拷贝。此外，少数原核生物的染色体 DNA 本来就有几个拷贝。例如，霍乱弧菌含有 2 个环状染色体 DNA，1 个有 2 961 146 bp，另 1 个有 1 072 314 bp。再如，耐辐射奇球菌(*Deinococcus radiodurans*)的基因组由 2 个环状的染色体 DNA(1 个 2.65 Mb，1 个 412 kb)和 2 个质粒(1 个 177 kb，1 个 46 kb)。

Quiz5 你认为耐辐射奇球菌具有不止一个基因组 DNA 有什么好处？

原核生物染色体 DNA 一般为环状，但有例外。例如，导致莱姆病(lyme disease)的博氏疏螺旋体(*Borrelia burgdorferi*)具有线性的染色体 DNA。

(一) 细菌基因组

与真核生物不同，细菌并不具有明显的染色体形态特征，它们的遗传物质通常形成致密的凝集区，占据细胞大约三分之一的体积，称为类核或拟核。在大肠杆菌的类核中，DNA 占 80%，其余为 RNA 和蛋白质。用 RNA 酶或蛋白酶处理类核，可使之由致密变得松散，表明 RNA 和某些蛋白质起到了稳定类核的作用。

所有已知的细菌染色体 DNA 都由 A、G、T 和 C 构成。每个物种具有特定的平均 G+C 含量，变化范围从 24%(支原体)到 76%(微球菌)，多数为 50%左右。

许多昆虫和其他一些无脊椎动物(包括某些线虫和软体动物)在它们的细胞内含有共生细菌。这些共生菌有的已经无法独立生活，基因组大小已显著减少，甚至比宿主细胞的线粒体和一些噬菌体的基因组还小。例如，共生在某些昆虫细胞内的 *Tremblaya* 拥有目前发现的最小的基因组，只有 121 个基因。这种情况多见于长期生存在“舒适安逸”环境中的细菌，一些功能就由宿主细胞提供，久而久之一些基因也就丧失了。

(二) 古菌基因组

“古菌”这个概念是 1977 年由 C. Woese 和 George Fox 提出的，原因是它们在

16S rRNA 的系统发生树上和其他原核生物不同(图 3-10)。这两组原核生物起初被定为古细菌(*Archaebacteria*)和真细菌(*Eubacteria*)两个界或亚界。Woese 认为它们是两支根本不同的生物,于是重新命名其为古菌(*Archaea*)和细菌(*Bacteria*),这两支和真核生物(*Eukarya*)一起构成了生物的三域系统。

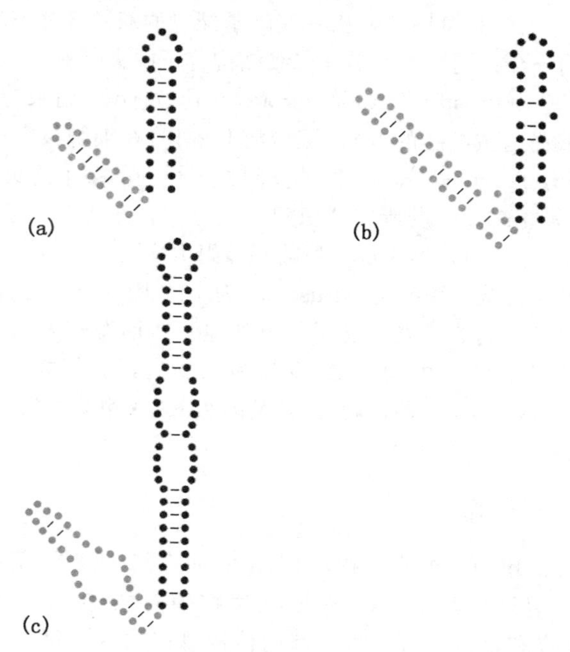

图 3-9 细菌(a)、古菌(b)和真核生物(c)16S rRNA 二级结构的比较

生物的三域系统直到 1996 年才被广泛接受,因为就在这一年,一种产甲烷古菌——詹氏甲烷球菌(*Methanocaldococcus jannaschii*)的全基因组序列被测定,其基因组数据为三域系统提供了强有力的证据。

据估计,古菌大约占地球生物质(biomass)的 20%。迄今为止,近 1 348 多种古菌的基因组序列已被测定。由于来自嗜热古菌的蛋白质特别稳定,因此它们更适合用于结构生物学的研究。与细菌和真核生物不同的是,古菌一般生长在极端环境,如热泉、高压的海底火山口和盐湖等。可以说,古菌代表着生命的极限,正是它们确定了生物圈的范围。例如,一种叫作热网菌(*Pyrodictium*)的古菌能够在高达 113 ℃的温度下生长。这是迄今为止发现的生物最高生长温度。近年来,人们利用分子生物学方法发现,古菌还广泛分布于各种相对温和的自然环境中,如土壤、海水和沼泽地中。

目前,可在实验室培养的古菌主要包括三大类:产甲烷古菌、极端嗜热古菌和极端嗜盐古菌。产甲烷古菌生活在富含有机质且严格无氧的环境中,如沼泽地、水稻田和反刍动物的反刍胃等,参与地球上的碳素循环,负责甲烷的生物合成;极端嗜盐古菌生活于盐湖、盐田及盐腌制品表面,能够在盐饱和环境中生长,而当盐浓度低于 10%时则不能生长;极端嗜热古菌通常分布于含硫或硫化物的陆相或水相地质热点,如含硫的热泉、泥潭和海底热溢口等,绝大多数极端嗜热菌严格厌氧,在获得能量时完成硫的转化。

Quiz6 古菌的磷脂分子中以醚键取代酯键有什么好处?

尽管生活习性大相径庭,古菌的各个类群却有许多共同的有别于其他生物的细胞学及生化特征。例如:构成细菌及真核生物细胞膜的磷脂由不分枝脂肪酸与 L 型磷酸甘油以酯键连接而成,而构成古菌细胞膜的磷脂由分枝碳氢链与 D 型磷酸甘油以醚键相连接而成;细菌鞭毛运动的能量为跨膜的质子梯度,而古菌鞭毛运动的能量则是 ATP;细菌细胞壁的主要成分是肽聚糖,而古菌细胞壁不含肽聚糖。

有趣的是,与细菌相似,古菌染色体 DNA 呈闭合环状,大多数基因也组织成操纵子结构，但在DNA复制、转录和翻译等分子生物学方面，古菌却具有明显的真核生物特征。例如，含有组蛋白，并与基因组DNA形成核小体，以甲硫氨酰tRNA作为起始tRNA，启动子、转录因子、DNA聚合酶、DNA连接酶和RNA聚合酶等均与真核生物相似。

（三）质粒

一般来说，质粒是细菌和古菌染色体外的可以自主复制的DNA分子。大多数质粒是共价闭合环状双链DNA，以超螺旋形式存在。在一些链霉菌属和个别的粘球菌属中，发现有线性质粒和单链DNA质粒。然而，有的真核生物的线粒体也有质粒。不同的质粒大小差别可能很大，从几百bp到几百kb。细胞中质粒DNA分子具有稳定的拷贝数。正常生理条件下，其拷贝数在世代之间保持不变。

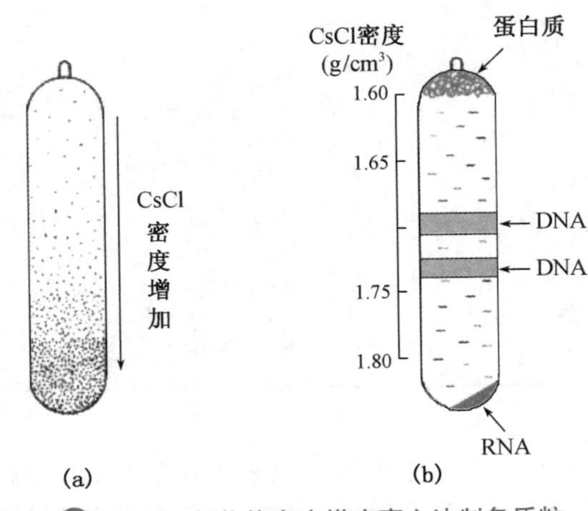

图3-11　氯化铯密度梯度离心法制备质粒

通过氯化铯(CsCl)密度梯度离心(图3-11)，可以将质粒DNA和宿主细胞染色体DNA分离开来。例如，当含有溴化乙啶(Ethium bromide，EB)的氯化铯溶液加到大肠杆菌裂解液中时，染色体DNA和质粒DNA因为结合的EB分子数不同而具有不同的密度，在密度梯度离心时形成不同的平衡条带，由此可以将它们分离开。

三、真核生物基因组

真核生物有核基因组和细胞器基因组，绿色植物的细胞器基因组包括线粒体基因组和叶绿体基因组，其他真核生物的细胞器基因组只有线粒体基因组。

（一）核基因组

真核生物基因组DNA主要存在于细胞核内，其中的大部分DNA序列不编码蛋白质。

1. C值矛盾与基因组大小

一个单倍体基因组的全部DNA含量总是恒定的，这是物种的一个特征，通常称为该物种的C值(C value)。不同物种的C值差异很大，从小于10^6 bp到10^{11} bp。通常随着生物的进化，生物体的结构和功能越复杂，其C值就越大(表3-5)。例如，真菌和高等植物同属于真核生物，而后者的C值就大得多。

但是生物体的复杂性和DNA含量之间并不总是正相关的，这种现象称为C值矛盾(C value paradox)。一些物种基因组大小的变化范围很窄，像爬行动物、鸟类、哺乳动物各门内基因组大小的范围只有两倍的变化。但大多数昆虫、两栖动物和植物的情况却不同，在结构、功能很相似的同类生物中，甚至在亲缘关系非常接近的物种之间，C值可以相差数十倍乃至上百倍。突出的例子是两栖动物，C值小的可以低至10^9 bp以下，大的可以高达10^{11} bp。而哺乳类动物C值均在10^9 bp。

C值矛盾表现在两个方面:一是与预期编码蛋白质的基因数量相比,基因组DNA的含量过多。二是一些物种之间的复杂性变化范围并不大,但是C值却有很大的变化。

表3-5　不同代表性物种的基因组大小、染色体数目和编码蛋白质基因的数目

物种	基因组大小(bp)	染色体数目(单倍体)	编码蛋白质的基因数目
人类	3.2×10^9	23	20 300
小鼠	2.7×10^9	20	20 200
果蝇	1.37×10^8	4	13 000
拟南芥	1.57×10^8	5	25 000
水稻	4.2×10^8	12	50 000
小麦	1.6×10^{10}	21	164 000～334 000(六倍体)
秀丽隐杆线虫	9.7×10^7	6	19 000
酿酒酵母	1.2×10^7	16	5 900
大肠杆菌	4.6×10^6	1	4 300
嗜血流感杆菌	1.8×10^6	1	1 700
生殖道支原体	5.8×10^5	1	503
闪烁古生球菌	2.2×10^6	1	2 500

2. 重复序列与非重复序列

根据DNA序列复性动力学性质的不同,真核生物基因组序列包括三类(图3-12)(1)第一类为快复性组分,占总DNA的25%;(2)第二类为中度复性成分,占总DNA的30%;(3)第三类为慢复性组分,占总DNA的45%。

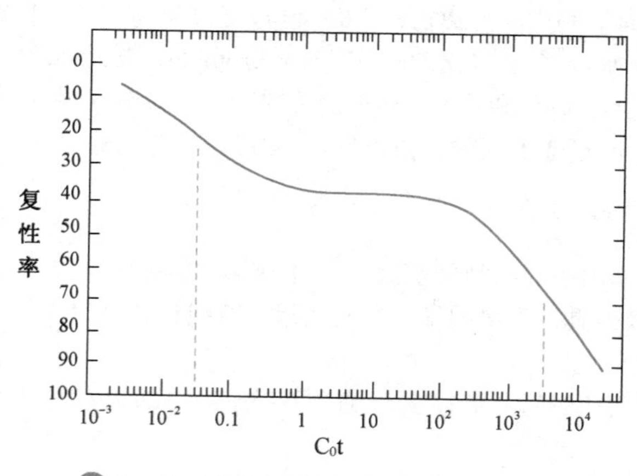

图3-12　真核基因组DNA的复性动力学

快复性组分和中度复性组分分别是高度重复序列(highly repetitive sequences)和中度重复序列(moderately repetitive sequences)。高度重复序列一般是非编码序列,有几百到几百万个拷贝,卫星DNA就是此类。中度重复序列在基因组中一般有十个到几百个拷贝,有的具有编码功能,如大多数真核生物的rRNA基因和某些tRNA基因,以及很多真核生物的组蛋白基因(海胆的组蛋白的基因大约有200个拷贝),有的没有编码的功能,如小卫星DNA、微卫星DNA、LINE和SINE(图3-13)。

慢复性组分即非重复序列,包括单拷贝序列(single copy or unique sequences)和间隔序列(spacer sequences)(图3-13),是原核生物基因组中的唯一成分,也是真核生物基因组中最重要的成分,因为绝大多数蛋白质基因属于单拷贝序列。在真核生物中,非重复

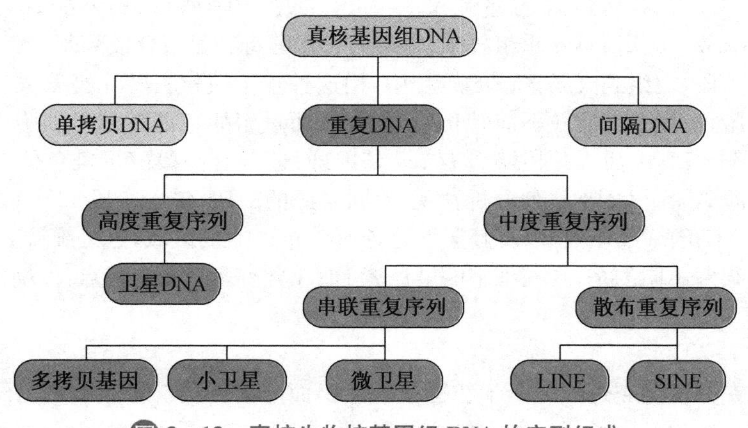

图 3-13　真核生物核基因组 DNA 的序列组成

序列相对于重复序列的比例变化比较大。在低等真核生物中，大多数 DNA 是非重复序列，<20%的DNA 是重复序列。在高等真核生物如动物细胞中，一半的 DNA 是重复序列。在植物和两栖类中，重复序列可能超过 80%。非重复序列在基因组中不是绝对的唯一，但也仅有很少的拷贝，少于 3～4 个拷贝。

3. 染色质与染色体

染色质(chromatin)是指真核生物细胞核中，在细胞分裂期间能被碱性染料着色的物质，由 DNA、组蛋白、非组蛋白和少量 RNA 组成，是细胞分裂间期遗传物质的存在形式。染色质由最基本的单位——核小体成串排列而成的。

染色质根据形态特征和染色性能可分常染色质(euchromatin)和异染色质(heterochromatin)。在细胞核的大部分区域，染色质的折叠压缩程度较小，进行细胞染色时着色较浅，这一部分染色质称为常染色质，常染色质中 DNA 的包装比(packing ratio)约为 1 000～2 000，即 DNA 的实际长度是染色质长度的 1 000～2 000 倍。构成常染色质的 DNA 主要是单拷贝序列和中度重复序列。常染色质中并非所有基因都具有转录活性，处于常染色质状态只是基因转录的必要条件，而不是充分条件。异染色质是指间期核中，染色质纤维折叠压缩程度高，处于高度浓缩状态，用碱性染料染色时着色深的部分。异染色质又分为结构异染色质或组成型异染色质(constitutive heterochromatin)和兼性异染色质(facultative heterochromatin)。结构异染色质指的是除复制阶段外，在整个细胞周期均处于浓缩状态，DNA 包装比在整个细胞周期中基本没有较大变化的异染色质，主要包括卫星 DNA 序列、着丝粒区、端粒、次缢痕和染色体臂的某些节段等。兼性异染色质是指在某些细胞类型或一定的发育阶段，原来的常染色质浓缩，并丧失基因转录活性，变为异染色质。兼性异染色质的总量随不同细胞类型而变化，一般胚胎细胞含量很少，而高度特化的细胞含量较多，说明随着细胞分化，较多的基因表达因所处位置的染色质浓缩而关闭。染色质的紧密折叠压缩可能是关闭基因活性的一种途径。最典型的例子就是哺乳动物雌性个体中的两个 X 染色体中有一个随机失活，失去转录活性而导致异染色质化，形成巴氏小体(Barr body)。

染色体是细胞在有丝分裂时遗传物质存在的特定形式，是间期细胞染色质结构紧密包装的结果。染色体和染色质是真核生物遗传物质存在的两种不同形态，反映了它们处于细胞分裂周期的不同功能阶段，两者基本不存在成分上的差异。

真核生物染色体含有三种必需的 DNA 序列元件：复制起始区(origin of replication)、着丝粒(centromere, CEN)和端粒(telomere, TEL)DNA。

(1) 复制起始区

复制起始区作为细胞内 DNA 复制的起点，是一个 DNA 分子复制必需的元件。酵母染色体 DNA 复制起始区的序列又称为自主复制序列(autonomously replicating sequence, ARS)。应用 DNA 重组技术,将带有正常酵母亮氨酸合成酶基因(*leu*)的 DNA 限制性酶切片段,重组到大肠杆菌的质粒中,用这种重组质粒去转化亮氨酸合成代谢缺陷型酵母细胞,发现单纯质粒不能转化酵母细胞,而重组质粒能在酵母细胞中复制和表达,可见该酵母 DNA 插入片段除含有 *leu* 基因外,还含有一段酵母染色体自主复制的 DNA 序列,即 ARS。DNA 序列分析发现,不同来源的 ARS 包含一段 11～14 bp 的高度同源的富含 AT 的一致序列,以及其上下游各 200 bp 左右的区域,这是维持 ARS 功能所必需的。与细菌不同的是,真核细胞的染色体 DNA 含有多个复制起点,以确保染色体快速复制。

(2) 着丝粒 DNA

染色体在有丝分裂过程中由于纺锤丝的牵引而分向两极。着丝粒就是细胞分裂过程中染色体与纺锤丝(spindle fiber)结合的区域。因此,着丝粒在细胞分裂过程中对于母细胞中的遗传物质能否均衡地分配到子细胞至关重要。缺少着丝粒的染色体片断,就不能和纺锤丝相连,在细胞分裂过程中容易丢失。

CEN 序列的共同特点是含有两个相邻的核心区:80 bp～90 bp 的 AT 区和 11 bp 的保守区。缺失和插入突变实验发现,一旦这两个核心区序列被破坏,CEN 即丧失功能。

(3) 端粒 DNA

端粒是线性染色体末端的结构,有助于染色体的稳定,广泛存在于真核生物体中。端粒由一系列短重复序列构成,在人类 DNA 里,端粒长约 10 kb～15 kb,由重复的 GGGTTA 组成。其他生物端粒的重复序列也多为 T 和 G。例如,四膜虫为 TTGGGG,拟南芥为 TTTAGGG,酵母为 TG_{1-3}。在 DNA 复制的时候,端粒 DNA 的完整复制需要端粒酶(telomerase)或端聚酶的参与。端粒酶是由 RNA 和蛋白质组成,具有逆转录酶活性,可以自带的 RNA 为模板,合成端粒重复序列,添加到染色体 DNA 的 3′-端(参看第四章 DNA 的生物合成)。

(二) 细胞器基因组

根据内共生学说,线粒体和叶绿体作为两种半自主的细胞器,各有自己的基因组 DNA,分别起源于远古时代共生在真核细胞内的好氧细菌和光合细菌,因此两者在很多方面与细菌相似。例如,它们都有自己相对独立的 DNA 复制、转录和翻译系统。每个细胞中有多个线粒体或叶绿体,因此有多个独立存在的细胞器基因组。线粒体和叶绿体蛋白质的来源有两个,一个是自身 DNA 编码,另一个是核基因编码,但两种细胞器中的大多数蛋白质都是由核基因编码。例如,酵母线粒体含有多达 800 种不同的蛋白质,但只有 8 种是由线粒体基因组编码的。与叶绿体基因组相比,大多数线粒体基因组编码的蛋白质要少得多。

1. 线粒体基因组

线粒体基因组就是它自带的全部 DNA,一般可缩写为 mtDNA。每个线粒体中大概有 2～10 个拷贝的 DNA。

线粒体基因组呈广泛的多样性,在结构上一般呈环状,但某些藻类植物、原生动物和真菌线粒体基因组是线性的,许多真菌和开花植物的线粒体还含有小的环状或线性的质粒。线性 mtDNA 在两端就有端粒的结构。

迄今为止,已有千种以上生物的线粒体基因组序列被测定出来。mtDNA 的大小和所含基因的数目因物种的不同差别可能很大:其中最大的含有 62 个多肽链的基因,但最小的仅有 3 个多肽链的基因。几乎所有的哺乳动物线粒体的基因组大小为 16 569 bp(图 3-14),共编码 13 种多肽链,与由核基因组编码的肽链组装成五种复合体,参与呼吸链和氧化磷酸化。例如,酵母细胞色素 bc_1 复合物的 1 个亚基由线粒体基因组编码,其他 6 个亚基由核基因组编码。此外,哺乳动物线粒体基因组还编码 22 种 tRNA 和 2 种

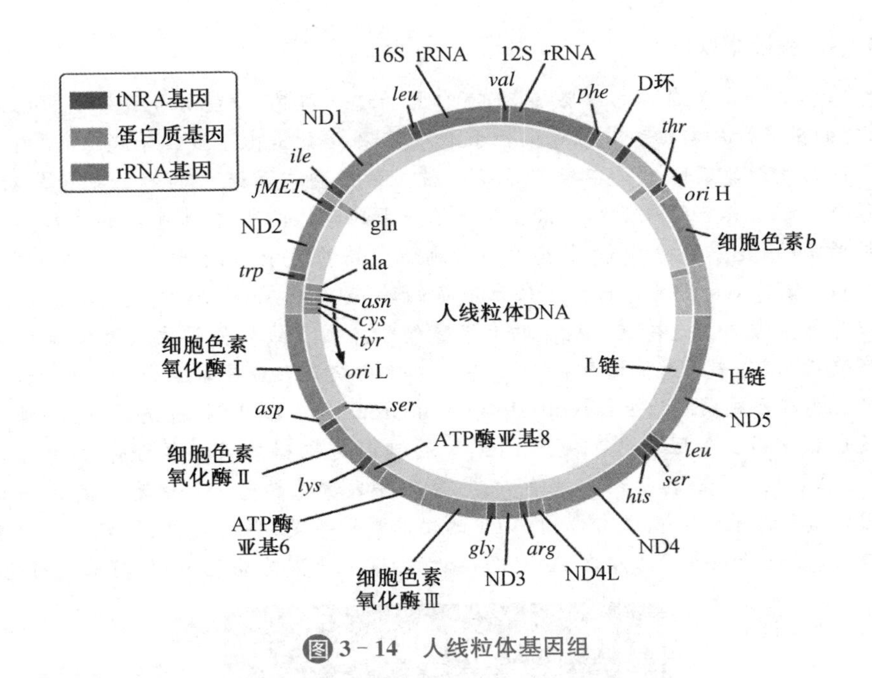

图 3-14 人线粒体基因组

rRNA,参与线粒体内的蛋白质合成。酿酒酵母(*Saccharomyces cerevisiae*)的线粒体基因组要大,有 85 779 bp,但只有 8 个多肽链的基因,含有大段功能不详的富含 AT 序列的区段。

植物线粒体基因组一般要比动物线粒体基因组要大得多,多数在 300 kb～2 000 kb,最大的达 11 Mb,已超过了大多数细菌基因组的大小,但只有 50 个高度保守的基因,编码的产物除了有参与呼吸链和氧化磷酸化的多肽和翻译的 tRNA 和 rRNA 以外,还有一些核糖体蛋白(如其中的核糖体小亚基蛋白 S13)。植物 mtDNA 的增容主要是重复序列、富含 AT 的非编码区以及许多大的内含子的出现,而不是基因数目的增加,因此植物 mtDNA 的基因密度很低,例如拟南芥的 360 kb 的 mtDNA 只有 57 个基因,仅占全基因组大小的 10%左右。

mtDNA 在线粒体基质内与一些特殊的蛋白质结合,形成拟核的结构。

线粒体自己的翻译系统所使用的遗传密码有很多例外(见第九章 蛋白质生物合成),编码的 tRNA 比核基因编码的 tRNA 要小,与翻译有关的氨酰- tRNA 合成酶和大多数核糖体蛋白质均由核基因编码,但却是细胞器专用的,不同于细胞质中的翻译系统。

长期以来,人们一直认为,线粒体基因组只会为线粒体编码蛋白质。但近几年来,这种观念受到了挑战。例如,科学家已发现一种叫海默因或海默素(humanin)的多肽,由哺乳动物线粒体基因组 16S rRNA 基因内 1 个 75 bp 的小可读框(MT-RNR2)编码。其在线粒体外具有细胞保护和神经保护的功能,如能够保护神经细胞免于各种阿尔茨海默氏病相关因素诱导的凋亡。

对大多数有性生殖生物而言,其线粒体基因主要表现为母系遗传,其原因是精子中的线粒体要么在受精的过程中没有进入成熟的卵母细胞,要么被选择性降解或破坏了。

2. 叶绿体基因组

叶绿体基因组就是它自带的全部 DNA,一般可缩写为 ctDNA。一个叶绿体通常含有 15～20 个相同拷贝的 ctDNA。ctDNA 一般为环状,大小通常为 120 000 bp～170 000 bp。许多 ctDNA 含有 2 段高度保守的反向重复序列——IR-A 和 IR-B,将 1 个长单拷贝部分(long single copy section, LSC)和 1 个短单拷贝部分(short single copy section, SSC)分隔开(图 3-14)。反向重复序列中也有带几个功能基因。

Box 3-4　线粒体夏娃

线粒体是一个半自主的细胞器，拥有自己的遗传信息，并能够合成一些自己的蛋白质，它的很多性质与细菌非常相似。于是，人们很早就提出了线粒体起源的"内共生学说"，认为线粒体实际上是在数百万年前被真核细胞内吞进来的好氧细菌的后代。尽管每个人都从各自的母亲和父亲各继承了一半的遗传信息，但每个人的线粒体似乎都是母亲给的，其中的原因是，当精子与卵细胞受精的时候，只有精子核进入卵细胞。如果线粒体DNA(mtDNA)的确只来自母亲的话，那么由mtDNA突变引起的疾病应该表现为母系遗传。支持这种观点的有很多例子。由于线粒体的主要功能是参与细胞的有氧代谢，其中涉及能量代谢的一些遗传性疾病就表现为母系遗传。例如，莱伯遗传性视神经萎缩(Leber's hereditary optic neuropathy, LHON)就是一例，这种疾病可导致患者失明和心脏出现问题。LHON的病因是编码呼吸链复合体Ⅰ的主要成分——NADH脱氢酶的基因有缺陷，而导致其呼吸链上的电子传递和与其偶联的氧化磷酸化受到影响，于是，患者体内ATP的供应严重不足，那些对ATP需求高的组织影响最大，如视神经会因为缺乏ATP而死亡，心脏也会因为缺乏ATP而出现问题。

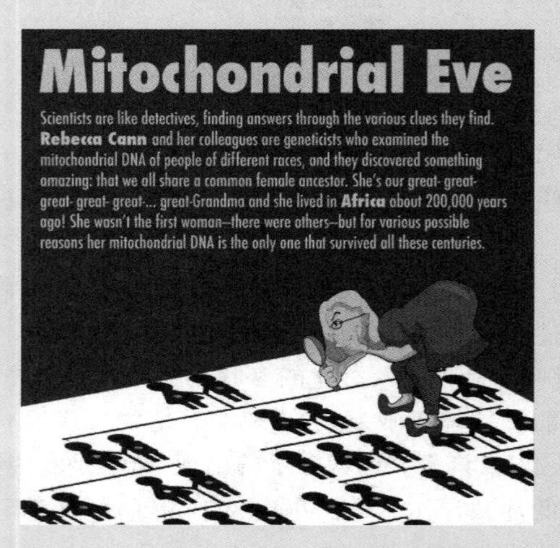

基于mtDNA所具有的独特的传递性质，研究人类进化的科学家想到，如果能够从mtDNA进化这一条线出发，似乎就能够找到有关人类起源的重要信息。于是在1987年前后，美国加州大学Berkeley分校的Allan C. Wilson等人研究了世界各地数以千计女性的线粒体DNA，通过比较样本内的mtDNA序列的相似之处和差异，在1987年1月1日的*Nature*上发表了一篇题为"Mitochondrial DNA and Human Evolution"的论文，文中得出一个结论，认为在人类进化史上，有一个"线粒体夏娃"(Mitochondrial Eve)，来源于东非，她是全人类的母亲。当然，并不是真有一位东非女子，已经活了上万年，而是我们所有人的mtDNA都来自于她。

对于线粒体夏娃这个问题一直存在争议。一方面，Wilson涉及的实验本来就有一些缺陷，另一方面，现在已有很多证据表明，mtDNA不一定全部来自母亲，父亲也可能提供少量的mtDNA。例如，2002年有人报道，通过PCR证明，在好几代回交的小鼠身上发现有少量来自父本的mtDNA。此外，同年还有人报道，有一个28岁患线粒体肌病的男性，其mtDNA在一个关键的基因上缺失2 bp，但通过实验发现，这2 bp的缺失来自他父亲的mtDNA，事实上，这种有缺陷的mtDNA占其肌肉总mtDNA的90%。

叶绿体基因组一般约有100个基因，绝大多数编码蛋白质生物合成和光合作用有关的成分。与原核生物相似，ctDNA上的基因多组织成操纵子的结构。但与原核生物不同的是，ctDNA上的很多基因有内含子。其中的内含子分为两类，一类位于tRNA基因上，类似酵母核 tRNA 基因的内含子；一类位于编码蛋白的基因上，类似线粒体的内含子。

以陆生植物黑麦草(*Lolium perenne L.*)为例(图 3－15)，其 ctDNA 编码的基因有：4 种 rRNA，30～31 种 tRNA，21 种核糖体蛋白，4 个 RNA 聚合酶的亚基，28 种类囊体蛋白和 1，5－二磷酸核酮糖羧化酶的大亚基，7 个与光合作用光反应电子传递有关的蛋白质复合物的亚基。

在生物漫长的进化过程中，ctDNA 中的许多部分已被转移到核基因组中。例如，陆生植物约 11％～14％的核 DNA 来自叶绿体。

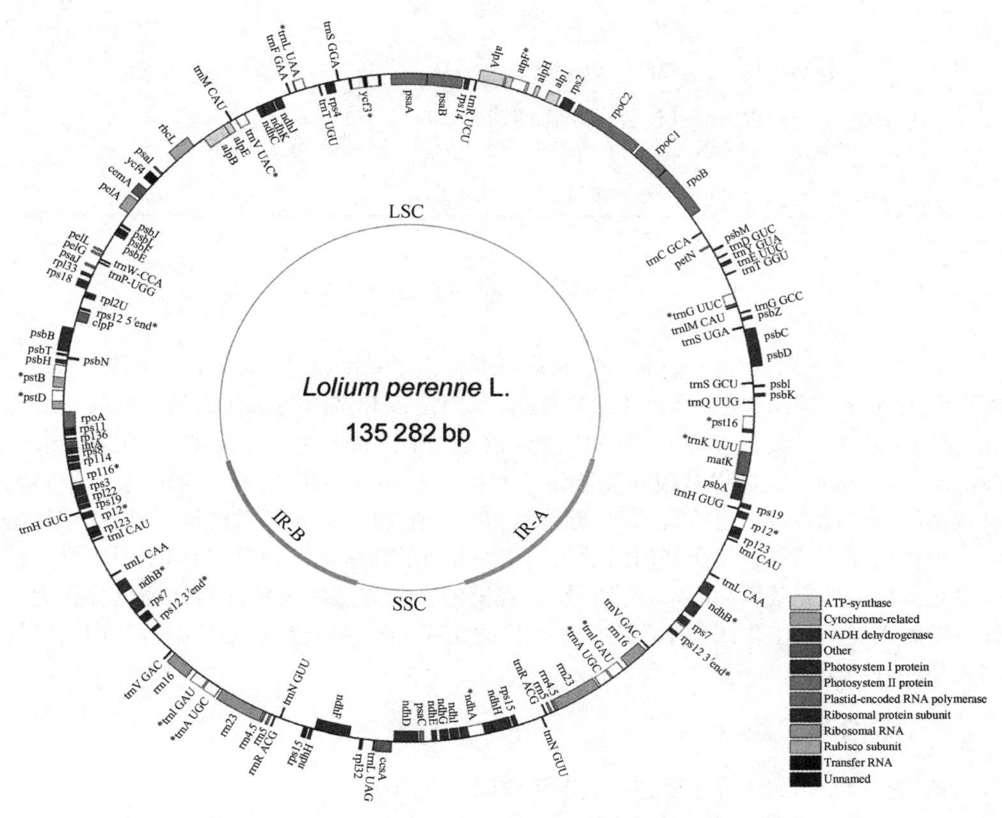

图 3－15　黑麦草(*Lolium perenne L.*)叶绿体基因组结构

四、人类基因组

在所有生物的基因组中，最吸引人的显然是我们人类自己的基因组。目前，科学家对于我们自身的基因组已经有了比较清晰的了解(表 3－6)。这要归功于多项围绕人类基因组而展开的研究计划(见本章第三节)。

表 3－6　人类基因组的主要信息

项目	性质
DNA 大小(C 值)	3.2×10^{9} bp
蛋白质基因的数目	～20 296 个
各种非编码 RNA 基因的数目	～25 173 个
基因数目最大的染色体	1 号染色体
基因数目最少的染色体	Y 染色体
最大的基因	2.4×10^{6} nt
基因的平均大小	27 000 nt

(续表)

项目	性质
一个基因含有的最少的外显子数目	1
一个基因含有的最多的外显子数目	178
基因平均含有的外显子数目	10.4
最大的外显子的大小	17 106 nt
外显子的平均大小	145 nt
假基因的数目	14 424
蛋白质外显子(编码区)占基因组的百分比	1.5%
其他高度保守的序列(包括 mRNA 两端的 UTR、结构和功能性 RNA、保守的蛋白质结合位点)	3.5%
高度重复序列的比例	~50%

第三节 基因组学

1986 年,美国科学家 Thomas H. Roderick 提出了基因组学(Genomics)的概念,指对所有基因进行基因组作图、核苷酸序列分析、基因定位和基因功能分析的一门科学。因此,基因组研究应该包括两方面的内容:以全基因组测序为目标的结构基因组学(structural genomics)和以基因功能鉴定为目标的功能基因组学(functional genomics)。结构基因组学代表基因组分析的早期阶段,以建立生物体高分辨率遗传图谱、物理图谱和大规模测序为基础。功能基因组学代表基因分析的新阶段,是利用结构基因组学提供的信息系统地研究基因功能,以高通量、大规模的实验方法以及统计与计算机分析为特征。随着人类基因组作图和基因组测序工作的完成,当前的研究重心从结构基因组学转移到功能基因组学。

一、结构基因组学

结构基因组学的内容主要包括基因组作图和基因组测序。

(一)基因组作图

基因组学研究的对象是整个基因组,因此很难对它直接进行测序,而需要将其分解成容易操作的小的结构区域,这个过程简称为基因组作图(genome mapping)。它包括绘制遗传图谱和物理图谱(physical map)。

1. 遗传图谱

遗传图谱又称连锁图谱(linkage map),它是以具有遗传多态性的位点为遗传标记,以遗传学距离为图距的基因组图谱。其中,遗传多态性位点是指在一个遗传位点具有一个以上的等位基因,在群体中的出现频率皆高于 1%的遗传标记,因此,遗传学距离实为在减数分裂事件中两个位点之间进行交换、重组的百分率,1%的重组率称为 1 厘摩(centi Morgan, cM),即 1 cM 的遗传距离表示在 100 个配子中有 1 个重组子。在哺乳动物中,遗传图谱上 1 cM 的距离大约相当于物理图谱上 1 000 000 bp。通过该图谱可分清各基因或分子标记之间的相对距离与方向,如是否靠近着丝粒或端粒。

遗传图谱的建立为基因识别和完成基因定位创造了条件。构建遗传图谱就是寻找基因组不同位置上的特征性遗传标记,并采用遗传分析的方法将基因或其他 DNA 序列标定在染色体上构建连锁图。基因组遗传连锁图的绘制需要应用多态性标记,只有可以识别的标记,才能确定目标的方位及彼此之间的相对位置。

早期被用作遗传标记的包括:形态学标记、细胞学标记和生化标记,但这些遗传标记的普遍缺点就是数量有限、容易受到时间和环境等因素的影响。随着分子生物学的发展，人们开始以DNA序列的多态性作为遗传标记，因为在基因组DNA序列上一般平均每几百个碱基会出现一些变异(variation)，这些变异通常不产生病理性后果，并按照Mendel遗传规律由亲代传给子代，从而在不同个体间表现出不同，因而被称为多态性。

DNA序列多态性这种遗传标记也称为DNA分子标记，或简称为分子标记。与其他遗传标记相比，DNA分子标记有许多优点：不受时间和环境的限制；数量非常多，遍布整个基因组；不影响性状表达；自然存在的变异丰富，多态性好；共显性，能鉴别纯合体和杂合体。

现在常用的多态性分子标记主要有限制性片段长度多态性(restriction fragment length polymorphism, RFLP)、串联重复序列(TRS)标记和SNP等三种。

(1) RFLP

RFLP是第1代分子标记，用限制性内切酶特异性切割DNA链，由于DNA上一个点突变所造成的能切与不能切两种状况，而产生不同长度的等位片段，可用凝胶电泳显示多态性，用作基因突变分析、基因定位和遗传病基因的早期检测等方面的研究。

RFLP具有以下优点：① 在多种生物的各类DNA中普遍存在；② 能稳定遗传，且杂合子呈共显性遗传；③ 只要有探针就可检测不同物种的同源DNA分子。缺点是需要大量纯的DNA样品，而且DNA杂交膜和探针的准备以及杂交过程既耗时又耗力，同时由于探针的异源性而引起的杂交低信噪比，或杂交膜的背景信号太高等都会影响杂交的灵敏度。

(2) TRS

这是第二代分子标记。它主要有小卫星DNA和微卫星的DNA多态性等。其中，微卫星DNA重复序列可散布在基因组DNA之中，其数量可达十几万，因此十分有用。

(3) SNP

这是1996年由麻省理工学院(MIT)的E. Lander提出的，被称为第三代分子标记。这种标记的特点主要是单个碱基的转换或颠换，也包括小的插入及缺失。

SNP是最容易发生的一种遗传变异。在人体中，SNP的发生频率极高，大约是0.1%。目前科学界已发现了约400万个SNP。平均每1 kb长的DNA中，就有一个SNP存在。这可能达到了人类基因组多态位点数目的极限。这些SNP标记以同样的频率存在于基因组编码区或非编码区，存在于编码区的SNP约有20万个，称为编码SNP(coding SNP, cSNP)。

SNP技术基本原理是：对于一个经PCR扩增后具有固定长度的DNA片段，其分子构象是由碱基序列所决定的，因此在变性条件下，单个碱基的改变能够引起DNA分子单链或等位基因间形成的错配异源双链存在微小的构象差别，这些不同的构象体在变性梯度凝胶电泳或高效液相检测中因移动性的差异而得以区分。不过，随着新一代的DNA序列测定技术的发展，现在可以通过全基因组再测序，对人类个体基因组上所有的SNP多态性位点进行全面检测。

2. 物理图谱

遗传图谱表现的是通过连锁分析确定的各遗传标记的相对位置，物理图谱则表现染色体上每个DNA片段的实际顺序，是指以已知核苷酸序列的DNA片段，即序列标签位点(sequence-tagged site, STS)为"路标"，以碱基对作为基本测量单位(图距)的基因组图谱，是指DNA序列上两点的实际距离。在DNA交换频繁的区域，两个物理位置相距很近的基因或DNA片段可能具有较大的遗传距离，而两个物理位置相距很远的基因或DNA片段则可能因该部位在遗传过程中很少发生交换而具有很近的遗传距离。

作为路标的STS的长度一般为100 bp～500 bp，它在单倍体基因组DNA上必须是独一无二的单拷贝序列。由于绝大多数蛋白质的基因就是单拷贝序列，因此来自与

Quiz7 你认为组蛋白基因的任何序列适合不适合充当STS？为什么？

mRNA互补的DNA(complementary DNA，cDNA)文库中的大部分表达序列标签(expressed sequence tag，EST)可以作STS，但基因家族成员间共有的序列不能用作STS。另外，STS也可以通过随机基因组测序获得。

实际上，基因组的物理图谱包含有两层意思：首先，它需要大量定位明确、分布较均匀的序列标记，这些序列标记应该可以用PCR的方法扩增。这样的序列标记被称为序列标签位点(STS)；其次，在大量STS的基础上，构建覆盖每条染色体的大片段DNA的连续重叠群(contig)，为最终完成全序列的测定奠定基础。这种连续克隆系的构建最早是建立在酵母人工染色体(Yeast Artificial Chromosome，YAC)上的。YAC可以容纳几百kb到几个Mb的DNA插入片段，构建覆盖整条染色体所需的独立克隆数最少。但YAC系统中的外源DNA片段容易发生丢失、嵌合，从而影响最终结果的准确性。细菌人工染色体(Bacterial Artificial Chromosome，BAC)系统则克服了YAC系统的缺陷，具有稳定性高、易于操作的优点，在构建人类基因组的物理图谱中曾得到了广泛应用。BAC的插入片段达80 kb～300 kb，构建覆盖人类全基因组的BAC连续克隆系，按照15倍覆盖率和平均长度为150 kb度插入片段，约需3×10^5个独立克隆。除了上述两种系统，还有衍生于P1噬菌体的人工染色体(P1-derived Artificial Chromosome，PAC)系统。此系统插入片段最大长度是300 kb。

从精细的物理图出发，一旦排出对应于特定染色体区域重叠度最小的BAC或者其他连续克隆系后，就可以对其中的各个克隆逐个进行测序。

(二) 基因组测序

1. 全基因组的测序策略

常见的测序策略有2个：鸟枪法(the shotgun sequencing)和克隆重叠群法(clone contig approach)(图3-16)。

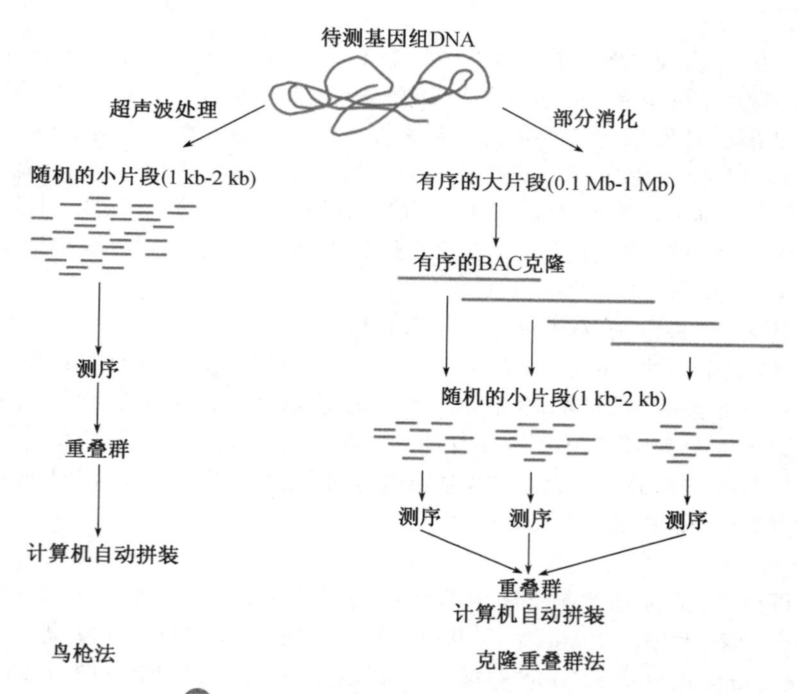

图3-16 全基因组测序测序的两种策略

"鸟枪法"测序策略的基本步骤是：在获得一定的遗传图谱和物理图谱信息的基础上，绕过建立连续的BAC克隆系的过程，使用机械的手段，如超声波处理，直接将基因组DNA化整为零，分解成小片段，进行随机测序，并辅以一定数量的10 kb克隆和BAC克隆的末端测序结果，在此基础上主要通过计算机来进行序列拼装，直接得到待测基因组的完整序列。这一策略从一提出就受到质疑，并不为主流的公共领域所采纳。1995年，由Craig Venter领导的基因组研究所（The Institute for Genomic Research，TIGR）将这种方法，应用于对嗜血流感杆菌（*H. influenzae*）全基因组的测序中，获得了成功。该策略随后也成功地应用到对包括枯草杆菌和大肠杆菌等20多种微生物的基因组测序中。1998年，Celera公司宣布计划采用全基因组的“鸟枪法”测序策略，在2003年底前测定人类的全部基因组序列。接着，Celera公司与加州大学伯克利分校的果蝇基因组计划（Berkeley Drosophila Genome Project，BDGD）合作，仅用了4个月，就用“鸟枪法”完成了果蝇120 Mb全基因组序列的测定和组装，证明了这一策略的可行性。

克隆重叠群法是一种自上而下的测序策略。此策略需要将基因组DNA切割成长度为0.1 Mb～1 Mb的大片段，并克隆到YAC或BAC等载体上，然后再进行亚克隆，分别测定单个亚克隆的序列，再拼装成连续的DNA分子。如果使用的克隆载体是BAC，则基本步骤是：(1) 将插入到BAC中的待测DNA随机打断，选取其中较小的片段，长度约1.6 kb～2 kb；(2) 将这些片段克隆到测序载体中，构建出随机文库；(3) 挑选随机克隆进行测序，达到对BAC所含DNA 8～10倍的覆盖率；(4) 将测序所得的相互重叠的随机序列组装成连续的重叠群；(5) 利用步移（walking）或引物延伸等方法填补存在的缝隙；(6) 获得高质量、连续、真实的完全序列。对一个BAC克隆而言，其内部所有缝隙被填补后的序列称为完全序列；而对一段染色体区域或一条染色体而言，完全序列是指覆盖该区域的BAC连续克隆系之间的缝隙被全部填补。依照美国NIH和能源部联合制定的标准，最终的完全序列需要同时满足以下三个条件：(1) 序列的差错率低于10^{-4}；(2) 序列必须是连贯的，不存在任何缝隙；(3) 测序所采用的克隆必须能够真实代表基因组结构。

2. cDNA测序

cDNA由细胞内的mRNA经过逆转录反应而产生，它代表了基因组中具有转录活性的蛋白质基因。据估计，人类基因组中能够转录表达的序列仅占总序列的约5%，对这一部分序列进行测定将直接导致基因的发现。由于与重要疾病相关的基因或具有重要生理功能的基因具有潜在的应用价值，使得cDNA测序受到制药公司和研究机构的青睐，纷纷投入巨资进行研究并抢占专利。cDNA测序的研究重点首先放在EST测序，根据EST测序的结果，可以获得基因在特定条件下的表达特征。而比较不同条件下（如正常组织和肿瘤组织）EST的测序结果，可以获得丰富的生物学信息，如基因表达与肿瘤发生、发展的关系。其次，利用EST可以对基因进行染色体定位。根据2013年1月1日发布在公共数据库（如Genbank）中的统计结果（见 http://www.ncbi.nlm.nih.gov/genbank/dbest/dbest_summary），已登记有七千四百多万个不同的EST，其中来自人类细胞的最多，约有八百七十多万个，其次是小鼠，约有四百八十多万个。

然而，EST测序有若干限制：首先，由于文库构建的原因，绝大多数EST分布在基因的3′-端，故数据库中代表基因5′-端上游信息的EST只占很小的比例；其次，EST的长度一般在300～500 bp之间，因此，仅从EST中很难获得基因结构的全部信息，如基因的不同剪接形式。鉴于此，cDNA研究的热点目前已由EST转变为全长cDNA研究。为了获得全长cDNA，除了利用cDNA末端快速扩增法（rapid amplification of cDNA ends，RACE）得到cDNA的末端序列以外，另外一个关键是构建高质量的全长cDNA文库。常用的方法是利用mRNA的5′-端帽子结构合成cDNA，以提高全长cDNA的比例。对于表达丰度很低的基因，可采用校正cDNA文库加以识别。此外，根据基因组DNA序列分析基因结构，以指导全长cDNA的克隆，也可加快全长cDNA研究的步伐。

3. DNA测序的具体方法

DNA测序技术已经经历了几代革命性的发展，从1977年第一代由Sanger发明的双脱氧法以及Maxam等人发明的化学断裂法，到当今以纳米孔测序为代表的第四代高通量深度测序技术的建立(参看第二章 遗传物质的化学本质中有关测序方法的内容),一方面测序速度大大加快,另一方面测序成本大大降低。正是测序技术的飞速发展,才使得基因组学研究突飞猛进,同时使其得到更加广泛的运用(表 3-7)。例如,靶向基因组再测序是选择基因组的某段区域,进行比较分析,以确定在不同个体之间发生的突变或多态性;再如,简化基因组测序是对部分基因组进行序列测定。它需要利用生物信息学方法,设计标记开发方案,富集特异性长度片段,应用高通量测序技术获得海量标签序列来代表目标物种全基因组信息;还有,双端测序让测序者能够对片段的两端进行测序,并生成高质量、可比对的序列数据,从而有利于对基因组中的变异(如插入、缺失和倒位)、重复序列元件、基因融合和新的转录物的进行检测。此外,双端 DNA 测序的读数实现了含有重复序列的 DNA 区域的出色比对,并通过填补一致序列的缺口,产生了更长的重叠群,适用于从头测序。这里可以举个例子:假定有人在测序过程中得到若干 DNA 片段,每个片段的长度约为 500 bp。若选择其中的一个片段,测其两端的序列,各是 35 bp,这样连同中间的序列,总共约为 500 bp。这时可以将测出的两端序列作为标签,回贴到基因组上约 500 bp 的区域,对此区段重新测序。如果发现测出的结果与原来的有出入,这

表 3-7 新一代测序技术的应用

应用范围	应用实例
全基因组再测序 (complete genome resequencing)	人类个体基因组多态性及突变的全面检测
约化表示测序法 (reduced representation sequencing)	大规模多态性检测
靶向再测序 (targeted genomic resequencing)	靶向多态性及突变检测
外显组测序(exome sequencing)	测定基因组中蛋白质基因的外显子序列
双端测序(paired end sequencing)	遗传及获得性结构变异检测
环境基因组测序 (metagenomic sequencing)	传染性及共生菌群检测
转录组测序 (transcriptomic sequencing)	定量基因表达及选择性剪接;转录注释;转录 SNP 或体细胞突变检测
小 RNA 测序(small RNA sequencing)	微 RNA 表达谱
酸性亚硫酸盐标记 DNA 测序 (sequencing of bisulfite-treated DNA)	基因组 DNA 中 C 甲基化模式的测定
染色质免疫沉淀测序(ChIP-seq)	全基因组蛋白质与 DNA 相互作用图谱
核酸酶片段及测序 (nuclease fragmentation and sequencing)	核小体定位
分子条码(molecular barcoding)	多个体来源样品的多通道测序

可能意味着有插入、缺失或者倒位。比如,重新测出的序列长度是 1 000 bp,这可能暗示着基因组有 500 bp 的缺失。

(三)基因组计划

为了搞清楚某种生物基因组的结构与功能,过去在科学界曾经进行过多项有针对性的基因组研究计划。计划的对象除了我们人类自己的基因组以外,还有一批重要的模式生物和非模式生物,如大肠杆菌、面包酵母、秀丽隐杆线虫、果蝇、拟南芥菜和小鼠等。低等的模式生物体的基因组结构相对较简单,对其进行全基因组作图测序,可以为人类基因组的研究进行技术的探索和经验的积累。更重要的是,这些研究一方面有助于人们在基因组水平上认识进化规律,另一方面可以通过对不同生物体中的同源基因的研究,以

及利用模式生物体(model organism)的转基因技术、基因敲除(gene knockout)和基因敲减(gene knockdown)等方法研究基因的功能。1997年,大肠杆菌的全基因组序列测定工作完成,人们第一次掌握了这种重要的模式生物的全部遗传信息。随后,在国际多方合作的基础上,面包酵母、秀丽隐杆线虫和果蝇的全基因组序列相继得到测定。2000年4月4日,美国孟山都(Monsanto)公司宣布与Leory Hood领导的研究小组合作测定了水稻基因组的工作草图。2002年5月6日,国际小鼠基因组测序联盟宣布,完成了最重要的模式生物小鼠基因组的序列草图。

目前还有多项研究计划正在开展之中,将来还会有更多的研究计划。这里需要重点介绍的是人类基因组计划(Human Genome Project, HGP),以及后来在此基础上展开的其他与人类基因组有关的计划,如单体型图计划(haplotype mapping project, HapMap)、“DNA元件百科全书”(the Encyclopedia of DNA Elements, ENCODE)计划、“千人基因组计划”(the 1 000 genomes project)和癌症基因组图集(the cancer genome atlas, TCGA)等。

1. HGP

HGP可追溯到1985年5月,当时美国能源部正式提出开展人类基因组的测序工作,形成了能源部的“人类基因组计划”草案。1986年,美国生物学家、诺贝尔奖获得者Renato Dulbecco在*Science*上发表短文,首次提出HGP的设想,并建议组织国家级和国际级的项目来进行这方面的研究。1986年3月,美国能源部在召开的一次专门会议上,正式提出实施测定人类基因组全序列的计划。1988年4月,国际人类基因组织(HUGO)成立。1988年10月,美国能源部和美国国立卫生研究院(NIH)达成协议,共同管理和实施这一计划。1990年10月,由美国国会批准正式启动HGP研究。该计划和“曼哈顿原子弹计划”、“阿波罗登月计划”一起被誉为二十世纪科学史上的三个里程碑。随后,法国、英国、德国和日本等国也相继宣布开始各自的HGP研究。1999年,中国科学家参加了HGP,并承担了1%的任务。

HGP是一项国际性的研究计划,目标是通过以美国为主的全球性的国际合作,在大约15年的时间内,投资30亿美元,完成人类24条染色体的基因组作图和DNA全长序列分析,进行基因的鉴定和功能分析。人类基因组计划的最终目标是确定人类基因组所携带的全部遗传信息,并确定、阐明和记录组成人类基因组的全部DNA序列。

具体任务有以下几个方面:

(1) 基因组作图

人类的单倍体基因组分布在22条常染色体和2条性染色体上,最大的1号染色体有263 Mb,最小的21号染色体也有50 Mb。HGP的首要目标是测定全部DNA序列,但需要先进行基因组作图,即绘制出遗传连锁图谱和物理图谱。

(2) 基因组测序

即测定人类基因组32亿个碱基对的顺序。同时,还需要测定一些其他生物的基因组顺序,以便与人类基因组进行比较研究。

(3) 基因识别(gene identification)

在作图、基因定位和测序的同时,识别出每一个基因的序列,设法克隆基因,以及着手研究基因的生物学功能。

(4) 模式生物研究

从模式生物获得的数据资料,可以为人类基因组的研究进行技术的探索和经验的积累。有助于阐明人类的生物学规律。

在世界各国科学家的努力下,人类基因组测序工作最终取得了成功。在其间,许多私营公司由于觊觎HGP在医药行业带来的巨大应用前景,纷纷投入巨资开展自己的测序计划。1998年,由PE公司和TIGR合作成立的Celera公司宣布,在3年时间内完成人类基因组全序列的测定工作,建立用于商业开发的数据库,并对一大批重要的人类基因注册专利。面对私营领域的挑战,公共领域的测序计划也加快了步伐。1999 年 12 月,美国、英国、日本、加拿大和瑞典科学家共同完成了人类 22 号染色体的常染色质部分共 33.4 Mb 的测序。2000 年 6 月 25 日,美国、英国、日本、法国、德国和中国的 16 个测序中心或协作组,获得了占人类基因组 21.1%的完成序列,及覆盖人类基因组 65.7%的工作草图,两者相加达到 86.8%。同时,对整条染色体的精细测序也获得突破性进展。2001 年 2 月 15 日,国际公共领域人类基因组计划和美国的 Celera 公司分别在 *Nature* 和 *Science* 杂志上公布了人类基因组序列工作草图,完成全基因 DNA 序列 95%的测序。2003 年 4 月 14 日,国际人类基因组测序共同负责人 Francis Collins 宣布,人类基因组序列图绘制成功,全基因组测序完成 99%。

HGP 的成果不仅可以彻底揭示人类所携带的全部遗传信息,而且人类 6 千多种单基因遗传性疾病,以及严重危害人类健康的多基因易感性疾病的致病机理有望最终得到阐明,为这些疾病的诊断、治疗和预防奠定基础。同时,HGP 的实施还带动了医药、农业、工业等相关行业的发展,由此产生的经济和社会效益是无法估量的。但是,这一计划的实施也带来了有关社会学、伦理学和法学等各方面的争论,因此应该充分考虑彻底破解人类遗传信息可能带来的对人类工作、学习和生活方式等各方面的影响,合理地、有限制地利用 HGP 的研究成果,最大限度地造福人类。

2. HapMap 计划

HapMap 计划的目标是构建人类 DNA 序列中多态位点的常见模式,即单体型图,从而建立一个可帮助研究者发现人类疾病及其对药物反应的相关基因的免费公众资源(参看 http://hapmap.ncbi.nlm.nih.gov)。该项目正式开始于 2002 年 10 月的一次会议,原计划进行 3 年的时间。有六个国家的公立和私营机构参与了 HapMap 计划。这六个国家包括中国、日本、英国、加拿大、尼日利亚和美国。

HapMap 计划需要通过比较不同个体的基因组序列来确定染色体上共有的变异区域。计划初期收集了祖先来自非洲、亚洲和欧洲的四个群体。与这些群体的成员们的交流所产生的潜在的伦理学问题,也为对同样群体进行研究提供了宝贵经验。

大多数常见的疾病,如糖尿病、癌症、中风、心脏病、抑郁症和哮喘等,受众多基因以及环境因子共同作用。任意两个不相关的人在 DNA 序列上有 99.9%是相同的,剩下的那 0.1%所占比例甚少,但由于包含了遗传上的差异因素,就非常重要。这些差异造成人们罹患疾病的不同风险和对药物的不同反应。因此,发现这些与常见疾病相关的 DNA 序列上的多态位点,是了解引起人类疾病的复杂原因的最重要途径之一。

在基因组中,不同个体的 DNA 序列上有多个 SNP 位点。例如,某些人的染色体上某个位置的碱基是 A,而另一些人的染色体的相同位置上的碱基则是 G。同一位置上的每个碱基类型叫作一个等位位点。除性染色体外,每个人体内的染色体都有两份。一个人所拥有的一对等位位点的类型被称作基因型。对上述 SNP 位点而言,一个人的基因型有三种可能性,分别是 AA,AG 或 GG。基因型这一名称既可以指个体的某个 SNP 的等位位点,也可以指基因组中很多 SNP 的等位位点。鉴定一个人的基因型称为基因分型(genotyping)。

据估计,人类的所有群体中大约存在四百万多个 SNP 位点,其中稀有的 SNP 位点的频率至少有 1%。相邻 SNP 的等位位点倾向于以一个整体遗传给后代。位于染色体上某一区域的一组相关联的 SNP 等位位点称为单体型(haplotype)。大多数染色体区域只有少数几个常见的单体型,它们代表了一个群体中人与人之间的大部分多态性。一个染色体区域可以有很多 SNP 位点,但是只用少数几个标签 SNP,就能够提供该区域内大多数的遗传多态模式。

单体型图描述了人类常见的遗传多态模式,它包括染色体上具有成组紧密关联 SNP

的区域，这些区域中的单体型，以及这些单体型的标签 SNP，同时，还有那些 SNP 位点关联不紧密的区域。

研究者一般通过比较患者和非患者来发现影响某种疾病（如糖尿病）的基因。在两组单体型频率不同的染色体区域，就有可能包含疾病相关基因。理论上，研究者通过对全部 SNP 位点都进行基因分型，也能够寻找到这样的区域。但是，用这种方法进行检定的成本过于昂贵。通过 HapMap 计划将鉴定出 20～100 万个标签 SNP 位点，从而提供与 SNP 位点大致相同的图谱信息。这样就大幅度地减少了成本，使研究易于进行。

3. ENCODE 计划

2003 年 9 月，美国国立人类基因组研究院（National Human Genome Research Institute，NHGRI）启动了又一跨国研究项目——“DNA 元件百科全书”（the Encyclopedia of DNA Elements，ENCODE）计划。该项目旨在解析人类基因组中的所有功能性元件，它是 HGP 完成之后，又一重要的跨国基因组学研究项目。

经过 9 年多的研究，2012 年 9 月 5 日，国际科学界宣布 ENCODE 计划获得了迄今最详细的人类基因组分析数据，由于其成果非常复杂，以 30 余篇论文的形式同时发表，其中的 30 篇论文发表于 *Nature*（6 篇），*Genome Research*（6 篇）和 *Genome Biology*（18 篇）上。文章作者就达 442 位，来自美国、英国、西班牙、新加坡和日本的 32 个实验室，共获得并分析了超过 15 万亿字节的原始数据，目前已经全部公布，任何人均可公开免费获得。整个研究花费了约 300 年的计算机时间，对 147 个组织类型进行了分析，以确定哪些能打开和关闭特定的基因，以及不同类型细胞之间的“开关”存在什么差异。本次公布的数据显示，人类基因组内的非编码 DNA 至少 80％是有某种特定的生物学功能，而并非之前认为的“垃圾”DNA。

已公布的成果主要包括以下几个部分：(1) 转录因子的足迹分析。对 41 种不同的细胞和组织类型进行基因组 DNA 酶Ⅰ足印分析，研究人员在 DNA 调节区内鉴定出 4 500 万个转录因子结合事件，从而代表着这些转录因子与 840 万个不同的短 DNA 序列元件存在差异性地结合。(2) 人基因组 DNA 元件集成百科全书。ENCODE 项目系统性地描绘出人基因组上的转录区域、转录因子结合、染色质结构和组蛋白修饰。根据这些数据，研究人员将生化功能分配到 80％的人基因组，特别是在已得到很好研究的蛋白编码序列之外的区域。(3) 人细胞转录全景图。RNA 是基因组编码的遗传信息的直接输出。细胞的大部分调节功能都集中在 RNA 的合成、加工和运输、修饰和翻译之中。研究人员证实，75％的人基因组能够发生转录。(4) 人基因组中可访问的染色质全景图。DNA 酶Ⅰ超敏感位点（DNase Ⅰ hypersensitive site，DHS）是调节性 DNA 序列的标记物。研究人员通过对 125 个不同的细胞和组织类型进行全基因组谱分析而鉴定出大约 290 万个人 DHS，并且首次大范围地绘制出人 DHS 图谱。(5) 人基因组调控网络结构。为了确定人转录调节网络的作用原理，研究人员在 450 多项基因组实验中研究了 119 个转录相关因子的结合信息。他们发现转录因子的组合性结合是高度环境特异性的：转录因子的不同组合结合在特异性的基因组位置上。他们对所有的转录因子进行组装而产生一个层次结构，并且将它与其他基因组信息整合在一起形成一个严密而又庞大的调节性网络。(6) 基因启动子的远距离相互作用全景图。在 ENCODE 项目中，研究人员选择 1％的基因组作为项目试点区域，并且利用染色体构象捕获碳拷贝（chromosome conformation capture carbon copy，5C）技术，来综合性地分析了这个区域中转录起始位点和远端序列元件之间的相互作用。他们获得 GM12878、K562 和 HeLa－S3 细胞的 5C 图谱。在每个细胞系，他们发现启动子和远端序列元件之间存在 1 000 多个远距离相互作用。并且利用 5C 技术来综合性地分析了这个区域中转录起始位点和远端序列元件之间的相互作用。(7) 果蝇和人的转录因子结合位点变异分析。研究人员将 ENCODE 项目产生的转录因子结合图谱、他们之前发布的数据以及其他的人和果蝇等基因系中基因组变异数据来源结合在一起,从而研究转录因子结合位点的变异性。(8) 利用调节物组数据库标注个人基因组中的功能性变异。开发出的调节物组数据库能够指导人们理解人基因组中调节性序列上发生的变异。调节物组数据库包括来自 ENCODE 和其他来源的高通量的实验数据,计算预测和人工标注以鉴定出潜在性的调节性序列变异体。

如果说人类基因组计划提供了一张地图,那么 ENCODE 计划就在这张地图上标出了各基因的功能信息。虽然 ENCODE 只分析了 147 种不同类型的细胞,但总数上千。如果还检测其他类型的细胞,功能可能会出现比例分化。ENCODE 对于 DNA 上调控基因表达的体系做了详细和深入的解析,这些知识结合其他研究所获得的大量疾病相关基因,就可能帮助科学家针对这些基因的关键元件设计药物靶点,或者针对不同个体易感基因上功能元件的多态性设计个体化治疗方案,达到有的放矢的治疗目的。

ENCODE 被认为是 HGP 之后国际科学界在基因研究领域取得的又一重大进展。2012 年 12 月 21 日,ENCODE 项目被 *Science* 评为本年度十大科学突破之一。

4. 千人基因组计划

"国际千人基因组计划"自 2008 年 1 月 22 日启动,测序的总任务为 1 200 个人(故称为千人基因组计划),旨在绘制迄今为止最详尽、最有医学应用价值的人类基因组遗传多态性图谱。该计划依托中国深圳华大基因研究院、英国桑格研究所、美国国立人类基因组研究所。

华大基因研究院作为发起单位之一,不仅承担了 400 个黄种人全基因组样本的测序和分析工作,而且还帮助完成了非洲人群的全部测序和分析任务。

"千人基因组计划"测序的人群包括:尼日利亚伊巴丹区域的约鲁巴人;居住于日本东京的日本人;居住于北京的中国人;美国犹他州的北欧和西欧人后裔;肯尼亚 Webuye 的 Luhya 人和 Kinyawa 的 Maasai 人;意大利的 Toscani 居民;居住于美国休斯敦的 Gujarati 印第安人;居住于美国丹佛的华裔;居住于美国洛杉矶的墨西哥人后裔;居住于美国西南部的非洲人后裔。

这是科学界首次实现千人规模以上的基因组对比分析,这一规模可以帮助发现一些罕见的基因变异,比如携带者占总人口比例不到 1%的基因变异。这些罕见基因变异或许与疾病有关,例如可能增加心脏病或癌症的患病风险,对基因变异进行研究有助于开发预防、治疗相关疾病的方法。

2012 年 11 月,"千人基因组计划"的研究人员在 *Nature* 上发布了 1 092 人的基因数据,这一成果将有助于更广泛地分析与疾病有关的基因变异。根据已获得的基因数据,每个看起来很健康的人其实都携有数百个罕见的基因变异,其中有些基因变异已证实与某些疾病风险有关。这些基因变异究竟在什么情况下才会实际增加患病风险,是今后深入研究的目标。

由于这 1 092 名基因提供者的分布地域较广,此次发布的数据也为今后的基因研究提供了一份可供参考的"基因地图"。如果要对一个人的基因组进行分析,就可以不再泛泛地找一些人的基因组用于比对,而是直接调用他们长期生活区域的人群基因组数据,开展更有针对性的比较。

上述成果见证了基因组研究的快速发展,想当初 HGP 耗费 10 多年才在 2003 年绘出一个人的完整基因组图谱,而"千人基因组计划"短短 4 年间就已获得超过 1 000 人的基因组数据。这些数据总量达到 200 TB,是世界上最大的人类基因变异数据集。根据 NIH 的计算,千人基因组计划的数据如果打印出来,可放满 1 600 万个档案柜;如果使用标准 DVD 存储,需要 3 万多张 DVD。亚马逊旗下的云计算公司——亚马逊网络服务(https://aws.amazon.com/cn/1000genomes)存储了这个庞大的数据库。所有数据都免费对外开放,这意味着所有感兴趣的研究者都可以利用这些数据进行研究,以更快的速度得出基因型与癌症、糖尿病等疾病间的关系。

总之，这一计划已经取得了两个重要成果：首先是获得了迄今最详尽的人类基因多态性图谱；其次是探索出了研究基因多态性的新技术手段。

5. TCGA

TCGA计划(http://cancergenome.nih.gov)开始于2004年，其目的在于利用新一代的基因组测序技术和生物信息学手段，筛查和归类人类基因组上所有的致癌突变，以更好地了解癌症发生的分子机制，从而提高人类诊断和防治癌症的能力。

监督该计划的是美国国立癌症研究所(the National Cancer Institute, NCI)的癌症基因组中心和国立人类基因组研究所(the National Human Genome Research Institute)，经费由美国政府支持。该计划采集了500个癌症患者的样本，超过了大多数基因组学研究，通过使用多种不同的技术分析样本，如基因表达谱分析(gene expression profiling)、拷贝数目变异谱分析(copy number variation profiling)、单核苷酸多态性基因分型(SNP genotyping)、基因组规模DNA甲基化谱分析(genome-wide DNA methylation profiling)、微RNA谱分析(microRNA profiling)和外显子序列分析。TCGA测定了某些肿瘤的全基因组序列，包括至少6 000个候选基因和miRNA的序列。其三年的先头计划于2006年开始，重点鉴定人类的三种类型的癌症——多形性胶质细胞瘤(glioblastoma multiforme)、肺癌和卵巢癌，到2009年再扩大到第二个阶段，即在2014年完成20～25种不同的肿瘤的基因组定性和序列分析，完成计划中所有样本80%全部外显子和全基因组序列的测定。

TCGA最后超额完成了最初制定的目标，共确定了33种癌症，其中包括10种罕见的肿瘤。所有靶向测序均使用了杂交捕获(hybrid-capture)测序技术。

二、功能基因组学

功能基因组学是以全面研究基因的功能为中心，并结合基因功能解决生物医学中的基础和应用问题，这些功能直接或间接与基因转录有关，因此狭义的功能基因组学是研究细胞、组织和器官在特定条件下的基因表达。广义地讲，功能基因组学是结合基因组来定量分析不同时空表达的mRNA谱、蛋白质谱和代谢产物谱，所有高通量研究基因组功能都归于功能基因组学的研究范畴。功能基因组学除了转录组学(transcriptomics)、蛋白质组学(proteomics)和代谢组学(metabolomics)以外，还包括在此基础上产生的不同分支，如表观基因组学(epigenomics)、宏基因组学(metagenomics)和比较基因组学(comparative genomics)等等，它们都是以-omics为后缀的新学科。

基因多态性研究虽然属于结构基因组学的范畴，但与功能基因组学密不可分，重点是研究基因多态性与表型的关系，因此是功能基因组研究中必不可少的内容。

功能基因组学研究涉及众多的新技术(见第十三章　分子生物学方法)，包括生物信息学技术、生物芯片技术、转基因技术、基因敲除、敲减技术、酵母双杂交技术(Yeast two-hybrid system)、基因表达谱系分析、蛋白质组学技术和高通量细胞筛选技术等等。利用这些新的技术，可以解决有关基因功能研究中的基本问题：基因何时开始表达；基因表达产物定位于何处；该基因将与其他哪些基因相互影响；该基因如出现突变将会导致什么后果等。

(一) 转录组与转录组学

随着越来越多的基因得以测序，接下来的问题就是：这些基因的功能是什么、不同的基因参与了哪些细胞内不同的生命过程、基因表达的调控、基因与基因产物之间的相互作用以及相同的基因在不同的细胞内或者疾病和治疗状态下表达水平等等。因此，在人类基因组项目后，转录组的研究迅速受到研究人员的青睐。转录组学就是在基因组学后发展起来的一门学科，其研究的对象就是细胞在某一功能状态下的转录组。

以DNA为模板合成RNA的转录过程是基因表达的第一步，也是基因表达调控的关键环节。转录组就是转录后的所有 mRNA 的总称。与基因组不同的是，转录组的定义中包含了时间和空间的限定。一方面，同一细胞在不同的生长时期及生长环境下，其基因表达情况是不完全相同的；另一方面，不同类型的细胞基因表达也不相同。例如，脑组织或心肌组织等分别只表达全部基因中不同的 30%而显示出组织的特异性。

转录组谱可以提供什么条件下什么基因表达的信息，并据此推断相应未知基因的功能，揭示特定调节基因的作用机制。通过这种基于基因表达谱的分子标签，不仅可以辨别细胞的表型归属，还可以用于疾病的诊断。例如：阿尔茨海默病(Alzheimer's diseases, AD)中，出现神经元纤维缠结的大脑神经细胞基因表达谱就有别于正常神经元，当病理形态学尚未出现纤维缠结时，这种表达谱的差异即可以作为分子标志直接对该病进行诊断。同样对那些临床表现不明显或者缺乏诊断标准的疾病也具有诊断意义，如自闭症(autism)。目前对自闭症的诊断要靠长达十多个小时的临床评估才能做出判断。基础研究证实自闭症不是由单一基因引起，而很可能是由一组不稳定的基因造成的一种多基因病变，通过比对正常人群和患者的转录组差异，筛选出与疾病相关的具有诊断意义的特异性表达差异，一旦这种特异的差异表达谱被建立，就可以用于自闭症的诊断，以便能更早地甚至可以在出现自闭症临床表现之前就对疾病进行诊断，并及早开始干预治疗。转录组的研究应用于临床的另一个例子是可以将表面上看似相同的病症分为多个亚型，尤其是对原发性恶性肿瘤，通过转录组差异表达谱的建立，可以详细描绘出患者的生存期以及对药物的反应等等。

目前用于转录组数据获得和分析的方法主要有基于杂交技术的芯片技术包括 cDNA 芯片和寡聚核苷酸芯片，基于序列分析的基因表达系列分析(serial analysis of gene expression, SAGE)和大规模平行信号测序(massively parallel signature sequencing, MPSS)系统。

1991 年，Affymetrix 公司在 Southern 印迹基础上，开发出世界上第一块寡核苷酸基因芯片，自此微阵列或基因芯片技术得到迅速发展和广泛应用，已成为功能基因组研究中最主要的技术手段。但是，芯片技术需要准备基因探针，所以可能漏掉那些表达丰度不高但很重要的未知调节基因。SAGE 是近年来发展的以测序为基础的分析特定组织或细胞类型中基因群体表达状态的一项技术。其显著特点是快速高效地、接近完整地获得基因组的表达信息。SAGE 可以定量分析已知基因及未知基因表达情况，在疾病组织、癌细胞等差异表达谱的研究中，SAGE 可以帮助获得完整转录组学图谱、发现新的基因及其功能、作用机制和通路等信息。MPSS 是对 SAGE 的改进，它能在短时间内检测细胞或组织内全部基因的表达情况，是功能基因组研究的有效工具。MPSS 技术对于致病基因的识别、揭示基因在疾病中的作用、分析药物的药效等都非常有价值，该技术的发展将在基因组功能方面及其相关领域研究中发挥巨大的作用。

(二) 蛋白质组与蛋白质组学

在 20 世纪 80 年代初，在基因组计划提出之前，就有人提出过类似的蛋白质组计划，当时称为人类蛋白质索引(Human Protein Index)，旨在分析细胞内所有的蛋白质。但由于种种原因，这一计划被搁浅。1994 年，Marc Wilkins 提出了蛋白质组的概念。1996 年，澳大利亚建立了世界上第一个蛋白质组研究中心——澳洲蛋白质分析中心(Australia Proteome Analysis Facility, APAF)。随后，丹麦、加拿大、日本和瑞士相继成立了蛋白质组研究中心。在后基因组时代，虽然已经掌握了多种生物体的基因组序列信息，并且运用基因测序也发现了许多新的基因，但对很多基因的功能还一无所知。即使是一些已被深入研究的模式生物，如大肠杆菌以及酵母，仍然有不少基因的功能不明。为了研究基因组中每一个基因的功能，有必要发展一些大规模、高通量、能够集中反映基因功能的实验技术。作为功能基因组学的一个分支，蛋白组学应运而生。蛋白组学是对蛋白质性质和功能的大规模研究，包括对蛋白质的表达水平、翻译后加工以及与其他分子的相互作用的研究，从而可以得到细胞进程在蛋白质水平上的宏观映象。蛋白质作为mRNA的翻译产物，在细胞中行使着绝大部分的功能，但是，蛋白质水平与mRNA水平之间并不一定有严格的线性关系。实验证明，组织中mRNA丰度与蛋白质丰度的相关性并不好，尤其对于低丰度蛋白质来说，相关性更差。蛋白质复杂的翻译后加工、蛋白质的亚细胞定位或分拣、蛋白质-蛋白质相互作用等都几乎无法从mRNA水平来判断。蛋白质本身的存在形式和活动规律，只能靠直接研究蛋白质来解决。

蛋白质组学也可以分为结构蛋白质组学和功能蛋白质组学。前者需要将一蛋白质组内的各种蛋白质进行分离和鉴定，其主要研究方向包括蛋白质氨基酸序列以及三维结构的解析、种类分析和数量确定；后者则以蛋白质的功能和相互作用为主要目标。

高通量分离蛋白质的主要方法是二维电泳或双向电泳（two-dimensional electrophoresis）。这项技术起源于20世纪70年代，应用了30多年并已建立了多种不同细胞及组织类型的资料库。双向电泳是依据等电点和大小的不同在电场中将不同蛋白质分开，在平面聚丙烯酰胺凝胶上形成一个二维的图谱。双向电泳需要先进行一次等电聚焦，然后再沿着等电聚焦电泳条带垂直方向进行SDS-聚丙烯酰胺凝胶电泳。通常一块普通的二维凝胶可以分辨出2 000种蛋白质，即使最熟练的技术员用最好的凝胶也只能分辨出11 000种蛋白质。

蛋白质经二维电泳分离后，可以将单个的蛋白样点从凝胶中切割出来，用蛋白水解酶消化成多个多肽片段，用质谱仪进行分析。目前有两种主要方法：基质辅助激光解析电离飞行质谱（matrix-assisted laser desorption ionization-time of flight mass spectrometry, MALDI - TOF MS）和电喷雾电离串联质谱（electrospray ionization-tandem mass spectrometry, ESI - MS）。前者可获得多肽片段质量的资讯，后者可获得多肽片段详细的资料。虽然两种操作的方式截然不同，但其原理都是带电粒子在磁场中，运动的速度和轨迹依粒子的质荷比的不同而变化，从而来判断粒子的质量和特性。

在每一个细胞的生命进程中，大多数蛋白质通过直接的物理相互作用与其他蛋白质共同行使功能。通过掌握能够与某种蛋白质发生相互作用的一些蛋白质的特性，便可推断出该蛋白的功能。例如，一个功能未知的蛋白质被发现与一系列参与细胞生长有关的蛋白质有相互作用，那么可以推测该未知蛋白质很可能也参与了类似的细胞生长过程。因此绘制细胞中蛋白质-蛋白质相互作用的图谱，对了解蛋白质的细胞生物学属性有重大意义。

酵母双杂交系统是一种广泛运用于大范围内蛋白质-蛋白质相互作用的研究方法（参看第十三章 分子生物学方法）；蛋白质芯片可以用于蛋白质相互作用的体外研究。蛋白质芯片在研发上有一定难度，因为蛋白质拥有十分精密的三维立体结构，而且必须被固定在芯片的表面。目前，许多大规模研究蛋白-蛋白相互作用的蛋白芯片正在研发当中。基于现已掌握的基因组测序信息，计算机分析也已经被广泛运用于预测蛋白质之间的功能性相互作用。计算机分析能够快速的描绘出许多生物个体的蛋白质-蛋白质相互作用图谱，指导运用实验方法准确地绘制出整个基因组规模上的蛋白质-蛋白质相互作用图谱。

总之，蛋白质组学是当今生命与生物技术最活跃、最前沿、应用最广泛的领域之一。就像在研究基因组中，最吸引人的是我们人类自己的基因组一样，在研究蛋白质组中，最吸引人的同样是我们人类自己的蛋白质组。为了早日搞清楚人类的蛋白质组，2001年4月，在美国成立了国际人类蛋白质组研究组织（Human Proteome Organization, HUPO），此后在欧洲、亚太地区也都成立了区域性蛋白质组研究组织，试图通过合作的方式，融合各方面的力量，推进对人类蛋白质组的研究。2003年，有两个重要的类似HGP的人类蛋白质组研究计划几乎同时被提出来：一是人类蛋白质图集（Human Protein Atlas, HPA）项目，二是人类蛋白质组计划（human proteome project, HPP）。

Quiz8 你认为一个人的肝细胞与B淋巴细胞在基因组、转录组、蛋白质组和代谢组上有任何差别吗？

1. HPA 计划

HPA计划于2003年启动，由瑞典一家非营利组织——KAW基金会(Knut and Alice Wallenberg Foundation)资助，主要由瑞典皇家理工学院(Royal Institute of Technology)负责协调和实施。它也是一个十分浩大的工程，旨在了解人体各个组织和细胞中都有哪些基因编码的蛋白质在表达，从而对人体内的蛋白质有一个整体的认识，这有助于对蛋白质的功能获得更精细、更清晰的了解，也有助于我们探究遗传变异对人体生理的影响作用，还可以帮助新药开发人员预测候选药物与蛋白质的作用位点，也可以帮助预测药物的副作用，包括对膜蛋白的认识。由于膜蛋白是将各种分子转运进出细胞的重要通道，所以通过对膜蛋白的了解，也可以认识另外一个非常重要的组——分泌组(secretome)，即机体在健康或者患病状态下由细胞分泌出来的所有蛋白质的总和。

2014年5月29日，即在HPA计划开展十年之后，*Nature*报道了由瑞典皇家理工学院的Mathias Uhlén领导的该项目的主要成果：在从近300个瑞典人的不同器官中提取了48个正常组织和20个癌组织，用兔源抗体取得并研究了这些组织的1 300多万张"图像"。通过制备出荧光标记抗体，将其应用于保存组织的薄切片，观察组织的颜色以及附着在组织上的抗体，研究人员绘制出了17 000个已知蛋白质的图像。

其中的一些结果十分有趣：例如，发现其中有2 355种蛋白只在脑、肝或心脏等特定的器官中表达。这些蛋白质在决定器官间的显著差异方面起着关键的作用。在检测的所有组织和器官中，尤以睾丸表达了最为独特的一些蛋白质，其中有几个与减数分裂相关。

这些结果对于试图在分子水平上了解组织差异的研究人员将具有极大的价值。大多数的生物学功能都依赖于蛋白质，细胞内的蛋白质混合物决定了细胞是什么样子。了解到在健康个体的每个器官中生成了哪些蛋白质，将使得研究人员能够更为容易调控在疾病中功能失常的蛋白质，更好地设计出一些新药和治疗方法。

由于这一图谱还涵盖了20种恶性肿瘤，其可以帮助鉴别与癌症相关的蛋白，以及解释癌组织与健康前体之间的差异。

到目前为止，在已知的2万种蛋白质中已绘制出了17 000种蛋白质的图谱，还剩下3 000多种蛋白，相信迟早会得到一份完整的人类蛋白质组学图谱。

2. HPP

HPP同样是一项大规模的国际性科技工程，与HPA平行，但侧重点有所差别，它旨在全面鉴定、认识人类基因组中所有的蛋白质及其生物学功能和在疾病中的作用。此计划产生的大数据将全景式地揭示人体蛋白质组成及其调控规律，有助于解读人类基因组这部"天书"。

HPP分为两个子项目：一是基于染色体的蛋白质组计划(chromosome-based HPP, C-HPP)，二是生物学及疾病的人类蛋白质组计划(biology/disease HPP, B/D-HPP)。其中，C-HPP的研究对象是人体每一条染色体上的每一个基因，而B/D-HPP的目标则是具有重要生物学功能和当今重要疾病相关的蛋白质组。C-HPP已经按照染色体的编号分成25个研究小组，每一个组负责一条染色体，包括22个常染色体、X染色体、Y染色体和线粒体DNA。其中1、8和20号染色体由中国大陆科学家负责，4号染色体由台湾科学家负责；B/D-HPP也按照生物和疾病的相关性分成若干研究小组。

翻译组分析、质谱分析(mass spectrometry, MS)、知识库(knowledgebase, KB)和抗体技术被HUPO列为HPP的四大支柱。

整个计划已开展了7个项目：由中国科学家牵头的"人类肝脏蛋白质组计划"(human liver proteome project, HLPP)、美国科学家牵头的"人类血浆蛋白质组计划"(human plasma proteome project, HPPP)、德国科学家牵头的"人类脑蛋白质组计划"(human brain proteome project, HBPP)、瑞士科学家牵头的大规模抗体计划、英国科学家牵头的蛋白质组标准计划、加拿大科学家牵头的模式动物蛋白质组计划和日本科学家牵头的糖蛋白质组织计划等。其中 HLPP 总部设在北京，这是中国科学家第一次领导执行重大国际科技协作计划。

2007 年 8 月 22 日，我国科学家成功测定出 6 788 个高可信度的中国成人肝脏蛋白质，系统构建了国际上第一张人类器官蛋白质组“蓝图”。2014 年 1 月 3 日，蛋白质组研究杂志（*Journal of Proteome Research*）发布了专刊，介绍了 HPP 的状况和主要进展。

2014 年 6 月 10 日，“中国人类蛋白质组计划（CNHPP）”全面启动实施。这是中国科学界乃至世界生命科学领域一件具有里程碑意义的大事。CNHPP 分三个阶段展开。第一阶段，全面揭示肝癌、肺癌、白血病、肾病等十大疾病所涉及主要的组织器官的蛋白质组，了解疾病发生的主要异常，进而研制诊断试剂、筛选药物，力争 2017 年左右完成；第二阶段，争取覆盖中国人的其他常见疾病，提升中国人群疾病的防治水平；第三阶段，实现人类更多疾病的覆盖。

（三）表观基因组学

几十年来，DNA 一直被认为是决定生命遗传信息的核心物质，但是近些年新的研究表明，生命遗传信息从来就不是基因所能完全决定的，比如科学家们发现，可以在不影响 DNA 序列的情况下改变基因组的修饰，这种改变不仅可以影响个体的发育，而且还可以遗传下去。这种在基因组的水平上研究表观遗传修饰的领域被称为“表观基因组学”。表观基因组学使人们对基因组的认识又增加了一个新视点：对基因组而言，不仅仅是序列包含遗传信息，而且其修饰也可以记载遗传信息。

DNA 甲基化所致基因表观遗传学转录失活已经成为肿瘤表观基因组学研究的重点内容。基因组水平上研究 DNA 甲基化模式对于肿瘤疾病的诊断、治疗和预后判断具有重要的实用价值。为此，人类表观基因组协会（HEC）于 2003 年宣布正式启动为期五年的人类表观基因组计划（human epigenomic project，HEP）。此计划已经完成。HEP 的实施及成功标志着人类表观基因组学研究又跨上了一个新台阶。表观遗传修饰主要包括 DNA 分子的甲基化和组蛋白修饰两类。表观组学研究结合新一代高通量测序技术及表观遗传学研究方法，在全基因组水平进行基因调控机制研究。

（四）宏基因组学

宏基因组学又名微生物环境基因组学或元基因组学，它以环境样品中的微生物群落作为对象，旨在通过直接从环境样品中提取全部微生物的 DNA，构建宏基因组文库，利用基因组学的研究策略，对环境样品所包含的全部微生物的遗传组成及其群落功能进行研究。

与传统的微生物个体研究相比，宏基因组学的研究手段是直接从环境样品中提取基因组 DNA 后进行测序分析。这种研究技术具有许多优势：首先，自然界的许多微生物无法在实验室条件下培养繁殖，而宏基因组学研究不要求对微生物进行分离培养，从而大大扩展了微生物研究范围；其次，宏基因组学引入了宏观生态的研究理念，对环境中微生物菌群的多样性及功能活性等宏观特征进行研究，因此可以更准确地反映出微生物生存的真实状态；最后，结合高通量测序技术进行宏基因组学研究，无须构建克隆文库，可直接对环境样品中的基因组片段进行测序，这就避免了在文库构建过程中因利用宿主菌对样品进行克隆而引起的系统偏差，从而简化了研究的基本操作，提高了测序效率。

通过宏基因组学的研究，可以解决以下几个重要的问题：

1. 物种鉴定

将所得序列与专业数据库中的序列进行比对，可得出样品中所含物种的信息，所用序列通常为 16S rRNA（细菌）或 18S rRNA（真核生物）等兼具保守及高变特性的序列。

2. 多样性统计学分析

将所得序列进行聚类，得到相应的分类操作单元，所用序列也通常为 16S rRNA 或

18S rRNA 等。通过统计学手段,对环境样品中的主要成分及不同样品间的明显差异因素进行分析出,结合物种鉴定,可以得到关键菌群。

3. 宏基因组拼接

对环境样品 DNA 进行大规模测序后,通过严格的拼接方式,可获得较长的 DNA 片段。若样品的生物多样性较低,在达到一定测序通量后,就很有可能直接获得一个或多个微生物基因组草图。

4. 功能分析

将所得序列与数据库中的序列进行比对,可对与所比对序列有关的基因功能进行注释。

5. 微生物群落结构及功能

通过大量测序,可以获得样品的群落结构信息,如微生物物种在该环境下的分布情况及成员间的协作关系等。此外,通过实验还可以确定一些特殊的主要基因或 DNA 片段。对于多个样品,还可做相应的比较分析,发掘出样品间的异同点。

(五) 比较基因组学

比较基因组学的重点是在基因组图谱和测序基础上,对已知的基因和基因组结构进行比较,来了解基因的功能、表达机理和物种进化,特别利用模式生物基因组与人类基因组之间编码顺序上和结构上的同源性,克隆人类疾病基因,揭示基因功能和疾病分子机制,阐明物种进化关系,及基因组的内在结构。

通过对模式生物基因组的研究,利用基因顺序上的同源性可克隆出人类疾病基因,有助于揭示人类与疾病相关基因的功能,还可以利用模式生物实验系统上的优越性,应用比较作图分析复杂性状,从而加深对人类基因组结构和功能的认识。

在比较基因组学中,有一个非常重要的概念,就是同源(homology),而同源又分为直系同源(orthology)和旁系同源(paralogy)。

同源是指从进化的角度来看两个或多个不同的结构、基因、序列或者蛋白质等具有共同祖先的关系。其中,直系同源也称为直向同源或种间同源物,专指来自于不同物种的由垂直家系即物种形成(speciation)进化产生的同源;旁系同源也称为种内同源,专指同一物种内由于基因复制(gene duplication)、分离产生的同源(图 3-17)。

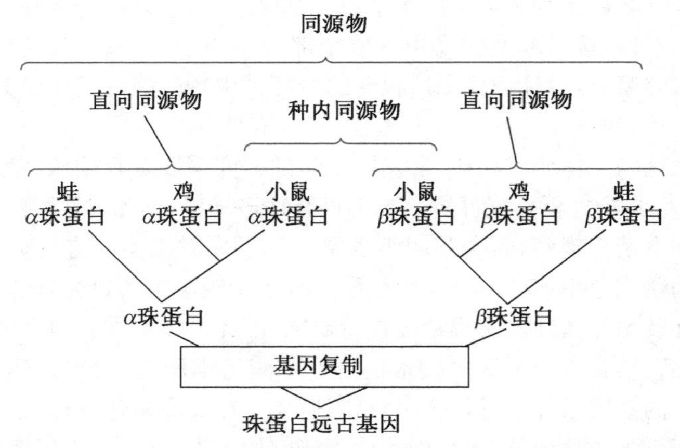

图 3-17 同源物、直向同源物和种内同源物之间的关系

直系同源的序列或基因因物种形成而被区分开(separated):若一个基因原先存在于某个物种,而该物种分化为了两个物种,那么新物种中的基因是直系同源的;旁系同源的序列因基因复制而被区分开:若生物体中的某个基因被复制了,那么两个副本序列就是旁系同源的。直系同源的一对序列、基因或编码的蛋白质称为直系同源物或种间同源物(ortholog)。例如,小鼠、蛙和鸡各自的 α 珠蛋白或 β 珠蛋白;旁系同源的一对序列、基因

或编码的蛋白质称为旁系同源体或种内同源物(paralog)。例如,小鼠 α 珠蛋白和 β 珠蛋白,蛙的 α 珠蛋白和 β 珠蛋白,鸡的 α 珠蛋白和 β 珠蛋白。

直系同源物通常有相同或相似的功能,但对旁系同源物则不一定:由于缺乏原始的自然选择的力量,复制出的基因副本可以自由的变异并获得新的功能,但这种新功能多多少少会与原来的功能有一定的关系。

若在进化过程中,产生的具有相同的功能,但起源于不同的祖先基因的蛋白质,则为类似物(analog),它们是基因趋同进化(convergent evolution)的产物。例如,牛和鼠疫杆菌(*Yersinia pestis*)都合成一种酪氨酸磷酸酶(tyrosine phosphatase)。这两种生物产生的同一种酶在活性中心的三维结构十分相似,活性也相似,但一级结构差别很大,显然它们是从完全不一样的祖先基因进化而来的。再如,枯草杆菌合成的一种丝氨酸蛋白酶,与哺乳动物体内的丝氨酸蛋白酶不仅一级结构不一样,三维结构也不一样,但活性中心都含有由 Ser、His 和 Asp 组成的催化三元体。显然,它们也来自不同的祖先基因。

在进行比较基因组学研究的时候,可以进行种间比较,也可以进行种内比较。

如果是种间比较,可通过对不同亲缘关系物种的基因组序列进行比较,能够鉴定出编码序列、非编码调控序列及给定物种独有的序列。而基因组范围之内的序列比对,可以了解不同物种在核苷酸组成、同线性关系和基因顺序方面的异同,进而得到基因分析预测与定位、生物系统发生进化关系等方面的信息。通过种间比较,可以研究物种之间的进化关系。比较基因组学的基础是相关生物基因组的相似性。两种具有较近共同祖先的生物,它们之间具有种属差别的基因组是由祖先基因组进化而来,两种生物在进化的阶段上越接近,它们的基因组相关性就越高。如果生物之间存在很近的亲缘关系,那么它们的基因组就会表现出同线性(synteny),即基因序列的部分或全部保守。这样就可以利用模式生物基因组之间编码顺序上和结构上的同源性,通过已知基因组的作图信息定位另外基因组中的基因,从而揭示基因潜在的功能、阐明物种进化关系及基因组的内在结构。

生物其中一个特征是进化,比较基因组学同样以进化理论作为理论基石,同时其研究结果又前所未有地丰富和发展了进化理论。当在两种以上的基因组间进行序列比较时,实质上就得到了序列在系统发生树中的进化关系。基因组信息的增多使得在基因组水平上研究分子进化、基因功能成为可能。通过对多种生物基因组数据及其垂直进化、水平演化过程进行研究,就可以对与生命至关重要的基因的结构及其调控作用有所了解。但由于生物基因组中约有 1.5%～14.5%的基因与“横向迁移现象”有关,即基因可以在同时存在的种群间迁移,这样就会导致与进化无关的序列差异。因此在系统发生分析中需要建立较完整的生物进化模型,以避免基因转移和欠缺合适的多物种共有保守序列的影响。

若是种内比较,则因为同种群体内基因组存在大量的变异和多态性,那么正是这种基因组序列的差异,构成了不同个体与群体对疾病的易感性和对药物与环境因子不同反应的遗传学基础。种内基因组序列的差距最重要的就是 SNP,还有拷贝数多态性。在全基因组测序和基因芯片技术发明前,受限于基因组内高通量 DNA 拷贝数检测手段,人们对全基因组范围内的拷贝数多态性(copy number polymorphism, CNP)数量和分布知之甚少。2004 年,全球内数个“人类基因组计划”研究基地意外地发现,在表型正常的人群中,不同的个体间在某些基因的拷贝数上存在差异,一些人丢失了大量的基因拷贝,而另一些人则拥有额外、延长的基因拷贝,研究人员称这种现象为“基因拷贝数多态性”。正是由于 CNP 才造成了不同个体间在疾病、食欲和药效等方面的差异。研究表明,平均两个个体间存在 11 个 CNP 的差异,CNP 的平均长度为 465 kb,其中半数以上的 CNP 在多个个体中重复出现,并经常定位于其他类型的染色体重排附近。

Box 3-5 甲基化让人类和猴子分了家?

人类与黑猩猩可能享有99%共同的基因,但究竟是什么让人类与猿猴最终分道扬镳的呢?这一直是个富有挑战性的问题。目前也有很多假说试图解释这个问题。

类接触蛋白相关蛋白2(contactin-associated protein-like 2, CNTNAP2)属于一类神经黏附蛋白(neurexin),位于有髓鞘的轴突的近结侧区(juxtaparanodes),与钾离子通道相连,在人类特异性语言能力的形成和神经发育疾病的发生中起重要作用!它可能参与轴突局部分化成不同的亚功能区的过程。编码CNTNAP2的基因位于7号染色体,几乎占了这条染色体DNA的1.6%,属于人类基因组中最大基因中的一个,可能与非综合征型遗传性耳聋有关。

一头黑猩猩

根据最新的研究成果,来自德国Julius Maximilian大学的Thomas Haaf等科学家提出了一种假说,认为是这个巨无霸基因的表观遗传变化可能加速了人脑的进化。支持这种假说的证据是在他们分析比较了人和黑猩猩的大脑皮层的DNA甲基化样式以后,发现两者有明显的甲基化差异,其中差异最大的区域反映在以前与自闭症谱系障碍(autism spectrum disorders)相关及基因组印记的区域的甲基化程度,黑猩猩要比人类高出31%。定量PCR的结果显示,人脑高表达了一些转录物的变体,但这些变体对等位基因没有偏向性,这意味着这个基因并不是以前认为的那样在成人的大脑中有印记。总之,在人猿分裂以后,可能正是在语言基因上甲基化方面的变化,细调了人类特有的语言和交流特征的演化。

三、生物信息学

生物信息学(bioinformatics)是20世纪80年代末开始,随着基因组测序数据迅猛增加而逐渐兴起的一门新兴学科,是利用计算机对生命科学研究中的生物信息进行存储、检索和分析的科学。

生物信息学的核心是基因组信息学,包括基因组信息的获取、甄别、处理、存储、分配、解释和使用。基因组信息学的关键是"读懂"基因组的核苷酸顺序,即全部基因在染色体上的确切位置以及各DNA片段的功能;同时在发现了新基因信息之后进行蛋白质空间结构模拟和预测,然后依据特定蛋白质的功能进行药物设计。此外,了解基因表达的调控机理也是生物信息学的重要内容。

对于生物信息学有兴趣的人一方面要关注各种生物学资源,另一方面要搞清楚生物信息学研究的目标和任务。

（一）生物信息学资源

目前，在互联网上已经积累各类丰富的生物信息学资源，它们包括数据资源、分析工具软件资源和文献资源等，其中最丰富、最重要的资源就是数据资源。随着大量生物学实验的数据积累，形成了当前数以千计的分子生物学数据库。它们各自按照一定的目标收集和整理生物学实验数据，并提供数据查询、处理和共享等服务。这些数据库主要有基因组数据库、蛋白质序列数据库和生物大分子三维空间结构数据库等（图 3-18）。这些信息各异的数据库，由因特网连接，构成了极其复杂、规模巨大的生物信息资源网络。

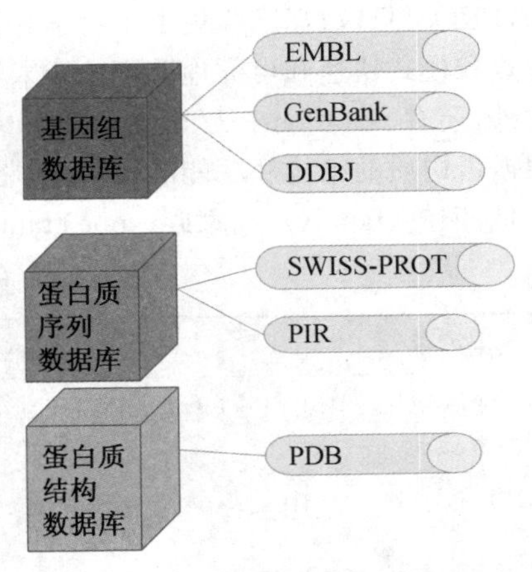

图 3-18　生物信息学的主要数据库

1. 基因组数据库

当今全球共有三大基因组数据库，它们包括美国的 GenBank、欧洲的 EMBL 和日本的 DDBJ 等，用户可以通过光盘或其他存储媒体以及通过因特网，免费获得这些序列，包括最新的序列。

Quiz9 你认为中国有必要建立一个基因组或者蛋白质一级结构的数据库吗？

Genbank 库包含了所有已知的核酸序列和蛋白质序列，以及与它们相关的文献著作和生物学注释。它是由美国国立生物技术信息中心（National Center for Biotechnology Information，NCBI）建立和维护的。NCBI 的数据库检索查询系统基于 Web 界面的综合生物信息数据库检索系统 Entrez。测序者可以由基于 Web 界面的 BankIt 或独立程序 Sequin，把自己工作中获得的新序列添加到 Genbank 数据库。NCBI 的网址是 http://www.ncbi.nlm.nih.gov。

EMBL 核酸序列数据库是由欧洲生物信息学研究所（EBI）维护的核酸序列数据构成，查询检索可以通过因特网上的序列提取系统（SRS）服务完成。EMBL 核酸序列数据库提交序列可以通过基于 Web 的 WEBIN 工具，也可以用 Sequin 软件来完成。该数据库网址是 http://www.ebi.ac.uk/embl/。

DDBJ 数据库是一个由日本国立遗传学研究所维护的核酸序列数据库，与 Genbank 和 EMBL 核酸库合作交换数据。使用其主页上提供的 SRS 工具进行数据检索和序列分析。DDBJ 的网址是 http://www.ddbj.nig.ac.jp/。

2. 蛋白质序列数据库

蛋白质的一级结构即构成蛋白质的氨基酸序列也有了相应的数据库，其中著名的有 PIR（protein information resource）和 SWISS-PORT 等。

SWISS-PROT 数据库包括了从 EMBL 翻译而来的蛋白质序列，这些序列经过检验和注释，瑞士日内瓦大学医学生物化学系和欧洲生物信息学研究所（EBI）合作维护。SWISS-PROT 的网址是 http://cn.expasy.org/sprot。

PIR 包含了由美国 NCBI 翻译自 GenBank 的 DNA 序列，其网址是 http://www-nbrf.georgetown.edu。

3. 蛋白质三维结构数据库

根据 2015 年 12 月 27 日的数据，已经有约十万多种蛋白质的空间结构被阐明，记录这些详尽空间结构的数据库为美国的 PDB。除了这些主要的大型数据库之外，还有相对较小的专门性数据库，如 GenProEc 为大肠杆菌 PDB。

PDB 在 1970 年建立，由美国 Brookhaven 国家实验室维护管理，以文本格式存放数据，包括原子坐标、物种来源、测定方法、提交者信息、一级结构、二级结构等。其网址为 http://www.rcsb.org/pdb。

除了上述的一些数据库以外，还有其他一些更具体、更专业的数据库（表 3-8）。例如,PROSITE数据库收集了生物学有显著意义的蛋白质位点和序列模式,并能根据这些位点和模式快速和可靠地鉴别一个未知功能的蛋白质序列应该属于哪一个蛋白质家族。此外,还有SCOP(http//scop. mrc-lmb. cam. ac. uk)是一个在线的蛋白质分类数据库,它根据蛋白质的结构和功能的相似性,将蛋白质分成若干个等级,按照从低到高的排列依次是:家族(family)、超家族(super-family)、栏(fold)和类(class)。

表3-8 其他的一些代表性数据库

数据库缩写	网址	数据库内容
BioSino	http://www. biosino. org/bigbim/index	中国自主开发的核酸序列公共数据库
MMDB	https://www. ncbi. nlm. nih. gov/structure	NCBI维护的生物大分子三维结构数据库
GDB	http://www. gdb. org	HGP所保存和处理的基因组图谱数据
dbSTS	https://www. ncbi. nlm. nih. gov/genbank/dbest/	序列标签位点数据库
SCOP	http://scop. mrc-lmb. cam. ac. uk/scop/ http://scop2. mrc-lmb. cam. ac. uk	蛋白质结构分类数据库
CATH	http://www. cathdb. info	蛋白质结构分类数据库
DSSP	vhttp://www. cmbi. kun. nl/gv/dssp/	蛋白质二级结构数据库
PROSITE	http://kr. expasy. org/prosite/	蛋白质功能位点数据库
EPD	http://epd. vital-it. ch	真核基因启动子数据库
OMIM	http://omim. org	人类基因和遗传疾病的分类数据库
TRANSFAC	http://gene-regulation. com/pub/databases. html	真核基因顺式调控元件和反式作用因子数据库
BODYMAP	http://bodymap. ims. utokyo. ac. jp	人和老鼠基因表达信息的数据库
PubMed	https://www. ncbi. nlm. nih. gov/pubmed	NCBI维护的生物学、医学文献引用数据库

(二)生物信息学的目标和任务

生物信息学的研究目标是认识生命的起源、进化、遗传和发育的本质,破译隐藏在DNA序列中的遗传语言,揭示基因组信息结构的复杂性及遗传语言的根本规律,揭示人体生理的病理过程的分子基础,为人类疾病的诊断、预防和治疗提供最合理而有效的方法和途径。

目前,生物信息学的主要任务是进行:

1. DNA(编码区和非编码区)和蛋白质序列分析

序列分析的目的是搞清楚:(1)属于什么基因?(2)编码什么产物?(3)基因结构;(4)蛋白质定位及功能;(5)其他物种的同源基因。

2. 基因功能分析

这一方面可以使用计算机预测基因功能,即依据仍然是同源性比较。同源基因拥有一个共同的祖先基因,它们之间有许多相似的序列;另一方面是用实验来确认基因功能,主要使用基因敲除和敲减技术。

3. 蛋白质结构及新药设计

基因组和蛋白质组研究的迅猛发展,使许多新蛋白的序列不断涌现出来。然而,要了解这些蛋白质的功能,只有氨基酸序列是远远不够的,还需要了解其三维空间结构。

蛋白质的功能依赖于其三维结构，而且在执行功能的过程中，蛋白质的三维结构会发生改变。目前，除了通过X射线衍射晶体结构分析、NMR和冷冻电镜二维晶体三维重构等物理方法获得蛋白质的空间结构外，还可以通过计算机辅助特别是同源建模的方法，预测蛋白质的空间结构。一般认为，蛋白质的折叠类型只有数百到数千种，远远小于蛋白质所具有的自由度数目，而且蛋白质的折叠类型与其氨基酸序列具有相关性，因此有可能直接从蛋白质的氨基酸序列，通过计算机辅助方法预测出蛋白质的空间结构。

由于许多药物作用的对象是机体内的蛋白质，也有些蛋白质本身就可以作为药物来使用，因此搞清楚特定蛋白质的三维结构对新药的设计是非常有帮助的。

4. 比较基因组学和系统发育树分析

系统发育树又称为分子进化树(molecular phylogenetic tree)，是生物信息学中描述不同生物之间的相关关系的方法。在系统学分类的研究中，最常用的可视化表示进化关系的方法就是绘制系统发育进化树，用一种类似树状分支的图形来概括各种或各类生物之间的亲缘关系。通过比较基因组学的研究，可获得生物大分子序列差异的数值，从而构建出分子系统树。

5. 生物信息分析的技术与方法研究

为了适应生物信息学的飞速发展，其研究方法和手段必须得到提高。例如：开发有效的能支持大尺度作图和测序需要的软件、数据库和若干数据库工具，以及电子网络等远程通信工具；改进现有的理论分析方法，如统计方法、模式识别方法、复性分析方法、多序列比对方法等；创建适用于基因组信息分析的新方法、新技术，发展研究基因组完整信息结构和信息网络的方法，发展生物大分子空间结构模拟、电子结构模拟和药物设计的新方法和新技术。

科学故事——维生素C与假基因

每到冬季和春季感冒流行的时候，有点生化常识的人就会去药店或者保健品店，买些维生素C即抗坏血酸(图3-19)片剂，以治疗感冒。这种治疗感冒的方法，很久之前就被著名的科学家，两次诺贝尔奖得主Linus Pauling极力推崇过。为此，他还专门写了一本名为“Vitamin C and the Common Cold”的书。维生素C能够治疗感冒，可能是它在体内可以刺激免疫系统。事实上，除了此项作用以外，维生素C还作为辅酶，参与结缔组织中的重要蛋白质即胶原蛋白的羟基化修饰，这种修饰对胶原蛋白形成稳定的三股螺旋结构至关重要。缺乏维生素可导致坏血病，严重的可致死。原因就是与胶原蛋白无法进行正常的羟基化修饰有关。人体不能自己合成维生素，所有我们必须从食物中获取。除了人类以外，其他灵长类动物以及其他许多动物也不能自己制造维生素C，但有的动物是可以自己合成的，如大鼠和小鼠。正因为如此，当年去探索新世界的大多数船员都得了坏血病，但船上的耗子却活得很好！

在大鼠的基因组中，含有全套的有功能的将葡萄糖转变成维生素C的基因，特别是编码L-古洛糖酸-γ-内酯氧化酶(L-gulono-γ-lactone oxidase, GULO)的基因。GULO催化的是维生素C合成的最后一步反应。然而，在人类基因组中，GULO的基因早已经沦落为假基因。

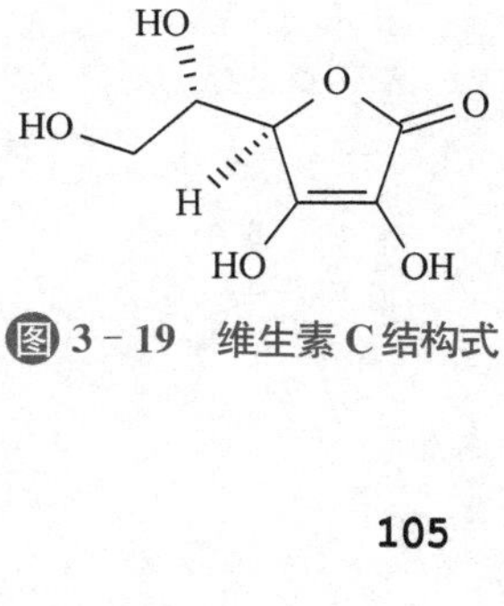

图3-19　维生素C结构式

这个假基因在1994年就被一组日本科学家发现，它位于8号染色体上。根据研究发现，它只有12个外显子的4个，这些外显子也存在于其他灵长类动物的基因组上，它们与大鼠的真基因相应的区域有高达70%～80%的同源性，人类差不多丢掉了大鼠真基因的三分之二部分,这使得我们人体合成不了维生素C,但其他与维生素C合成有关的基因却是完好无损的。这些被保留的正常基因并非在我们人体内是闲着没事的,而是大多数编码的酶参与了体内一条十分重要的代谢途径,即磷酸戊糖途径。

人类和其他灵长类在进化的过程中丧失了合成维生素C的能力,这似乎有悖于进化论,因为能合成维生素是有益的,这种好的性状应该在进化中得到保留。要知道,人类历史上曾经有多少人因为坏血病而死掉的。当然,在我们人类意识到维生素的重要性以后,可以平时通过主动摄入富含维生素C的食物来避免它的缺乏,但在人类和灵长类进化的早期是不可能有这种意识的!那么,有没有可能失去了合成维生素C的能力让我们获得某种进化上的好处呢?对此,一些分子生物学家提出了各种假说:例如,2001年,Halliwell B. 认为,丢掉了GULO可降低机体有毒的代谢产物过氧化氢的产生,因为GULO在催化维生素C合成的时候,会产生副产物过氧化氢;再如,2003年,De Tullio根据维生素C可调节一种胁迫诱导的转录因子(stress-induced transcription factor),即缺氧诱导的转录因子1α(hypoxia-inducible factor 1α, HIF1α)的活性,提出了另外一种假设。因为有人发现缺乏足够的氧气和维生素C可激活HIF1α,因此Tullio认为,失去合成维生素C的能力,可能让机体能够根据食物中维生素C的摄入细调HIF1α的活性。换句话说,就是失去合成维生素C的能力可让机体更容易检测到我们的营养状态,从而为HIF1α的表达设定好最合适的基线,这相当于让机体形成了一个灵敏的滴定系统。

除了这两种假设以外,还有一种可能性,就是假基因已被发现并不一定就没有活性。已有研究表明,它们可以调节真基因的表达,从而产生表观遗传现象。但GULO的假基因有这样的功能吗?

本章小结

思考题:

1. 什么是C值、K值和N值?什么是C值矛盾、K值矛盾和N值矛盾?
2. 什么是模式生物?就你所知,到目前为止已有哪些模式生物的基因组序列已经测定完成?
3. 什么是"RNA世界"假说?列举支持该假说的主要生化及分子生物学证据。
4. 全基因组序列分析已经导致像大肠杆菌这样的细菌几乎所有的蛋白质基因得以确定。然而,如果要用类似的方法想毫不含糊地确定大多数真核生物基因组编码蛋白质的基因,则非常困难。给出一个原因解释以上现象。
5. 生命需要的必需基因的最低数目究竟有多少一直是科学家感兴趣的问题。迄今为止,最小的生物的基因组来自寄生的支原体,其大小为 5×10^5 bp。试估计这种生物最多需要多少个编码蛋白质的基因。这些蛋白质基因的功能会是什么?如何能够更精确地确定所需要的必需基因的数目?
6. 为什么基因组里会有重复序列?列举尽可能多的重复DNA序列并描述它们的

功能(如果有的话)。

7. 人类基因组的测序工作早已经完成,现在人们的注意力之一是寻找我们基因组序列的变异。估计在我们的基因组中,每 10 000 bp 就会有一个单核苷酸多态性(SNP)位点。

(1) 给出一个理由解释为什么人类基因组中会有那么多的变异。

(2) 在我们的单倍体基因组中,大概有多少个 SNP 位点?

8. 给出两类中等 DNA 重复序列的实例,并解释每一类的起源及其在进化上的优势。

9. 什么是模式生物? 模式生物应该具有哪些特征? 秀丽隐杆线虫、果蝇和小鼠是三种常用于分子生物学研究的模式生物。

(1) 简述相对于果蝇和小鼠,使用线虫有哪些优点?

(2) 简述相对于果蝇和线虫,使用小鼠有哪些优点?

(3) 还有哪两种模式动物易于培养?

(4) 简述相对于玉米,使用拟南芥作为模式植物有哪些优点?

10. 简单解释下列名词:

(1) 基因组学、结构基因组学、功能基因组学

(2) 表观基因组学和宏基因组学

(3) 蛋白质组学

(4) 转录组学

(5) 代谢组学

推荐网站:

1. http://www.ncbi.nlm.nih.gov/(这是美国国立生物技术信息中心的主页,内有分子生物学研究必需的 genbank、pubmed 和 blast 等数据库或文献资源及在线程序)
2. http://www.ebi.ac.uk/embl/(这是由欧洲生物信息学研究所 EBI 维护的核酸序列数据库)
3. http://www.ddbj.nig.ac.jp/(这是由日本国立遗传学研究所维护的核酸序列数据库)
4. https://gold.jgi.doe.gov(这是基因组在线数据库)
5. http://www-nbrf.georgetown.edu(这是蛋白质一级结构序列数据库 PIR,包含了由美国 NCBI 翻译自 GenBank 的 DNA 序列)
6. http://www.rcsb.org/pdb(由美国 Brookhaven 国家实验室维护管理的蛋白质三维结构数据库)
7. https://www.genome.gov(这是美国国立卫生研究院下属的国家人类基因组研究所的主页)
8. http://www.genomics.cn/(这是中国华大基因的主页)

参考文献:

1. Johnsson P, Ackley A, Vidarsdottir L, et al. A pseudogene long-noncoding-RNA network regulates PTEN transcription and translation in human cells[J]. *Nature structural & molecular biology*, 2013, 20(4): 440~446.
2. Gonzaga-Jauregui C, Lupski J R, Gibbs R A. Human genome sequencing in health and disease[J]. *Annual review of medicine*, 2012, 63: 35~61.
3. Lander E S. Initial impact of the sequencing of the human genome[J]. *Nature*, 2011, 470(7333): 187.
4. Poliseno L, Salmena L, Zhang J, et al. A coding-independent function of gene and

pseudogene mRNAs regulates tumour biology[J]. *Nature*, 2010, 465(7301): 1033.

5. Adams M D, Celniker S E, Holt R A, et al. The genome sequence of Drosophila melanogaster[J]. *Science*, 2000, 287(5461): 2185~2195.
6. Rubin G M, Yandell M D, Wortman J R, et al. Comparative genomics of the eukaryotes[J]. *Science*, 2000, 287(5461): 2204~2215.
7. Anderson S, Bankier A T, Barrell B G, et al. Sequence and organization of the human mitochondrial genome[J]. *Nature*, 1981, 290(5806): 457~465.
8. Collins F S, Morgan M, Patrinos A. The Human Genome Project: lessons from large-scale biology[J]. *Science*, 2003, 300(5617): 286~290.
9. Venter J C, Adams M D, Myers E W, et al. The sequence of the human genome [J]. *Science*, 2001, 291(5507): 1304~1351.
10. Tilford C A, Kuroda-Kawaguchi T, Skaletsky H, et al. A physical map of the human Y chromosome[J]. *Nature*, 2001, 409(6822): 943.
11. Tupler R, Perini G, Green M R. Expressing the human genome[J]. *Nature*, 2001, 409(6822): 832.
12. Cann R L, Stoneking M, Wilson A C. Mitochondrial DNA and human evolution [J]. *Nature*, 1987, 325(6099): 31~36.
13. Blake C C F. Exons and the evolution of proteins[J]. *International review of cytology*, 1985, 93: 149~185.
14. Breathnach R, Chambon P. Organization and expression of eucaryotic split genes coding for proteins [J]. *Annual review of biochemistry*, 1981, 50 (1): 349~383.
15. Blatner F. The complete genome sequence of E. coli K12[J]. *Science*, 1997, 277: 1453~1474.
16. Eisenberg D, Marcotte E M, Xenarios I, et al. Protein function in the post-genomic era[J]. *Nature*, 2000, 405(6788): 823.
17. Pandey A, Mann M. Proteomics to study genes and genomes[J]. *Nature*, 2000, 405(6788): 837.
18. Brown P O, Botstein D. Exploring the new world of the genome with DNA microarrays[J]. *Nature genetics*, 1999, 21.

数字资源:

第四章　DNA 的生物合成

作为生物体的主要遗传物质，DNA在细胞中起着中心作用。一方面经过生物合成，它可以将其储存的遗传信息代代相传；另一方面经过转录和翻译，它可以将储存的遗传信息表达成RNA和蛋白质，再由RNA和蛋白质执行各种各样的生物学功能。

生物合成DNA的手段有两种：一种是DNA复制(DNA replication)，这是以DNA为模板合成DNA的过程，存在于所有的活细胞中；另外一种是逆转录(reverse transcription)，这是以RNA为模板合成DNA的过程，主要存在于逆转录病毒的生活史之中。无论是DNA复制，还是逆转录，都具有高度的忠实性，以保证每一种生物的遗传信息得以准确和稳定的传递，但DNA复制的忠实性要大大高于逆转录。

本章将重点介绍DNA复制的基本特征、DNA复制的酶学和各类生物DNA复制的详细机制，而对于逆转录只作一般介绍。

第一节　DNA 复制

一、DNA 复制的基本特征

DNA复制发生在细菌和古菌细胞的细胞质、真核细胞的细胞核、线粒体或叶绿体的基质。所有的复制系统都具有以下基本特征。

(1) 以原来的DNA母链为模板(template)，四种脱氧核苷三磷酸(dATP、dGTP、dCTP和dTTP)为前体，还需要二价金属离子——Mg^{2+}，根据Watson-Crick碱基互补配对规则，复制产生新的子链。

Quiz1 为什么需要镁离子？可以用钙离子代替吗？

Box 4-1　“生命字母表”的人工扩增

众所周知，地球上所有生物都是通过五种不同碱基，即A、T、G、C和U来实现遗传信息的储存及代代相传的。这5个字母，可以说是揭开生命奥秘的唯一密码。然而，不久前的一项研究结果表明，科学家已成功地扩展了生命的遗传字母表，向细菌里加入了两个新的人造“字母”，而且这种带有新字母的DNA是可以复制的。

在发现DNA双螺旋结构不久，就有人提出可能存在和天然碱基配对类似的第三种配对形式。这样的设想，一直到有机合成领域以及DNA扩增技术有了长足的发展之后，才被验证。1989年，科学家利用鸟嘌呤和胞嘧啶的异构体合成了新的碱基对，并在体外实现了含有合成碱基对的DNA序列的复制、转录及翻译。1995年，又有研究者发现，在互补配对过程中，碱基之间形成氢键并非是必需条件，若在空间结构上能够具有高度的互补性并形成疏水性的相互作用力，也同样可以维持碱基配对所形成的空间构象。

2014年5月15日，来自美国斯克利普斯研究所(The Scripps Research Institute, TSRI)的Denis A. Malyshev和Floyd Romesberg等人在*Nature*上发表了一篇题为“A semi-synthetic organism with an expanded genetic alphabet”的研究论文。这篇论文的结果显示，他们人工构建了一对代号为“X-Y”的新的互补碱基对——d5SICS及dNaM(图4-1)，其结构和已知碱基完全不同，并借助来自一种藻类植物叶绿体的核苷三磷酸转运蛋白(NTT)将其导入到大肠杆菌细胞内。当含有d5SICS∶dNaM碱基对的质粒被引入到这种大肠杆菌以后,可在其内的DNA聚合酶Ⅰ催化下进行复制。论文的数据表明它们至少复制了24轮。这一非天然碱基对的复制保真率也非常高,至少达到了99.4%。这一研究初步证实,非天然碱基对不仅可以被有机体耐受,而且还可以被主动吸收并加以利用。不过,虽然大肠杆菌能够复制这对新碱基,但这两个碱基无法表达。

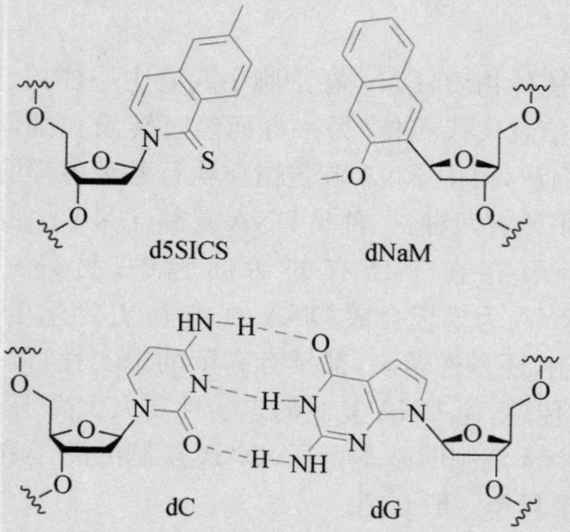

d5SICS dNaM

dC dG

图4-1 "X-Y"碱基对的结构

这一成就可能最终会诞生出特殊的人造生物,可以合成天然生物办不到的药品或者工业产品。事实上,开发这种扩展字母表的TSRI已经成立了一家公司,尝试用这一新技术研发新的抗生素、疫苗和其他产品,虽然距离实际应用还有相当的距离。

显然,这项研究会带来人们对安全的担忧:人类是否又在扮演上帝了?对此Romesberg指出,这种生物是安全的,因为自然环境里根本不存在这种合成碱基。如果细菌逃逸了,进入环境或者人体,它们无法获得相应的原料,要么会死去,要么会恢复成使用传统的碱基。

该研究也表明,宇宙其他地方如果有生命,它们的使用的生命字母表不一定跟我们一样。同时,这就带来了一个关于生命的根本问题:为什么有机体最初选择A、T、G、C和U这五种碱基并将"生命字母表"的扩增停留在5个字母阶段呢?当DNA可存储更多的遗传信息,究竟会使蛋白质功能更为多样性,还是会由于DNA复制中更低保真性、RNA的错误折叠或者翻译过程中更多的差错,从而产生更多的问题呢?

虽然,我们暂时还无法回答这些问题。但是,"生命字母表"的扩增成功开启了基因工程新时代的大门。因为非天然碱基配对的成功引入意味着蛋白质翻译过程中密码子数量的极大扩增,从而能够产生具有更多新功能的产物,同时又避免了因使用现有遗传密码子,为产生新的翻译产物需要重新编码的麻烦。

(2) 作为模板的双链DNA分子需要解链,以暴露隐藏在双螺旋内部的碱基序列,游离出碱基配对需要的氢键供体或受体,然后才能作为模板。

(3) 复制的方式是半保留(semi-conservative)。

在第一章曾经提到,DNA复制可能采取的是一种半保留模式。然而,除了半保留复制以外,DNA复制还可能采取所谓的全保留模式或弥散性(dispersive)模式:全保留模式是指亲代的两条DNA母链被完全保留在一个子代的DNA分子之中,另外一个子代DNA分子的两条链完全是新合成的;弥散性复制则意味着来自亲代的DNA母链片段以弥散性的方式,分散在子代DNA的任意一条链中(图4-2)。

那么生物内的DNA复制究竟采取哪一种方式呢?1958年,Meselson和Stahl设计了一个被众多生物学家誉为生物学最美丽的实验,首先证明大肠杆菌染色体DNA复制

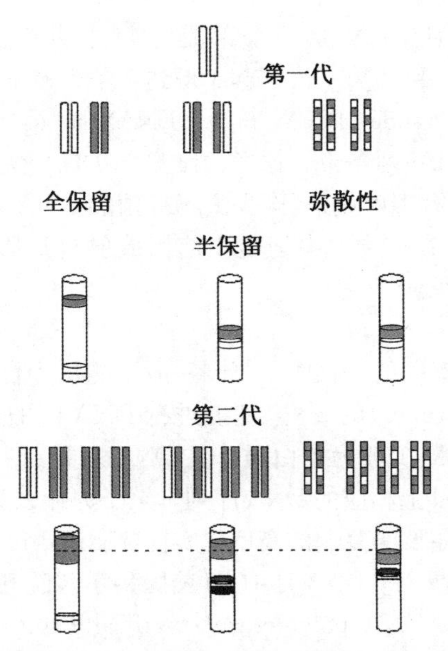

图 4-2　DNA 复制可能的三种方式以及 Meselson 和 Stahl 实验的可能结果

使用的是半保留方式。该实验的基本流程和结果是(图 4-3)：先将大肠杆菌放在$^{15}NH_4Cl$为唯一 N 源的培养基上，连续培养十多代，以使细胞内 DNA 分子两条链上的^{14}N能被较重的^{15}N取代；然后，从上述培养基中收集菌体，一部分用于抽取、分离 DNA，另一部分改放在$^{14}NH_4Cl$为 N 源的培养基中继续培养。在将不同培养代数的大肠杆菌进行收集、裂解和 DNA 抽取后，再用 CsCl 密度梯度离心的方法，分析和比较各代 DNA 与对照 DNA 在离心管中区带的位置。其中，对照 DNA 来自在$^{15}NH_4Cl$或$^{14}NH_4Cl$为唯一 N 源的培养基中培养的大肠杆菌。离心的结果显示，"0 代"DNA 为 1 条高密度

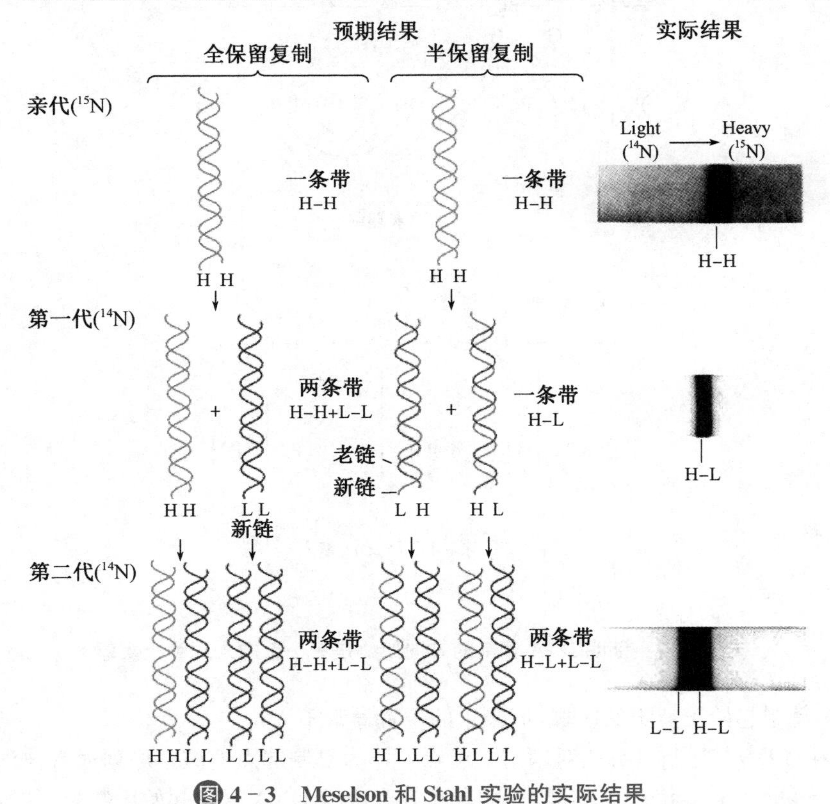

图 4-3　Meselson 和 Stahl 实验的实际结果

Quiz2 该实验为什么没有直接将在一般培养基中培养的大肠杆菌改在$^{15}NH_4Cl$培养基上培养,然后进行同样的分析?

带,因为其DNA两条链上的N原子全部是^{15}N,即两条链都是重链(heavy/heavy stranded DNA, H/H-DNA),"第一代"DNA得到1条中密度带,其一条链为重链,另一条链为轻链(heavy/light stranded DNA, H/L-DNA),而"第二代"DNA有中密度(H/L-DNA)和低密度(L/L-DNA)两条带。这样的结果与DNA在大肠杆菌中半保留复制的预期结果完全一致,因此,有理由相信,至少大肠杆菌的DNA复制是半保留复制。

后来,Herbert Taylor在植物根尖细胞中使用放射自显影的手段,证明真核细胞的DNA复制方式也是半保留。

(4) 一般需要引物。

与DNA转录和翻译不同的是,DNA复制一般不能从头合成(De novo synthesis),只能在事先合成好的引物(primer)的3′-羟基上进行DNA链的延伸。通常作为引物的是长度为7～15 nt的短RNA,少数为蛋白质。在DNA复制到一定阶段,RNA引物最终会被切除。留下的空隙会被补上相应的DNA序列。至于为什么DNA复制需要先合成RNA引物、最后又要除去它,这主要与复制的高度忠实性(high fidelity)有关。然而,根据华中科技大学朱斌等人在线发表在2017年3月16日美国科学院院刊(*Proc. Natl. Acad. Sci.*)题为"Deep-sea vent phage DNA polymerase specifically initiates DNA synthesis in the absense of primers"的论文,一种源自深海火山嗜菌体的DNA聚合酶不需要引物就可以催化DNA的复制。

(5) 复制的方向总是5′→3′。

在DNA复制时,DNA链延伸的方向始终是5′→3′。这可以通过使用任意一种2′,3′-ddNTP能造成复制的末端终止现象加以证明。例如,在图4-4所示的反应系统中,若加入2′,3′-ddTTP,那一旦它参入到DNA链之中,就可导致末端终止。但如果复制的方向是3′→5′,ddTTP就完全不可能有机会参入到DNA链之中,更不可能导致末端终止。

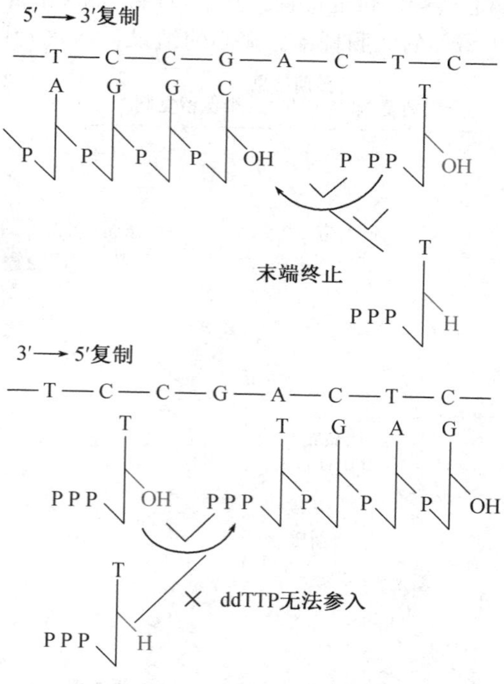

图4-4 证明DNA复制的方向始终是5′→3′的末端终止实验

(6) 复制起始于特定的区域,但终止的位置通常不固定。

体内的DNA复制具有相对固定的起点。作为复制起点的碱基序列通常被称为复制起始区(replication origin)。细菌、古菌和真核生物的DNA复制起始区数目不同,细菌只有一个，真核生物则有多个(图 4－5)，而古菌一般也是有多个。通常将含有 1 个复制起始区的独立复制单位称为复制子(replicon)。按此定义，细菌显然只有一个复制子，而真核生物和古菌则有多个复制子。

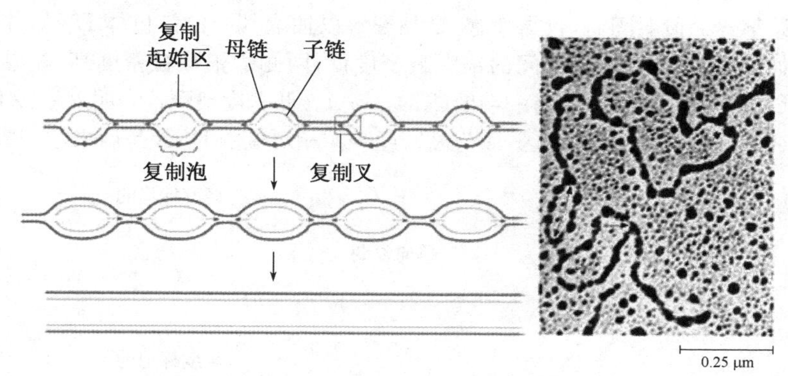

图 4－5 真核生物 DNA 的多个复制叉结构

复制起始区一般具有以下三个重要的特征：

Quiz3 如何设计一个实验，克隆出一种细菌的复制起始区序列？

① 由多个短的重复序列组成。例如，细菌的复制起始区含有 3 个同源的十三聚核苷酸(13mer)和 4 个同源的九聚核苷酸序列(9mer)(图 4－6A)。再如，酵母的复制起始区 ARS，共含有 4 段短的重复序列(A1、B1、B2 和 B3)，但只有 A1 区是绝对必需的，B1、B2 和 B3 的功能仅仅是提高复制的效率(图 4－6B)。

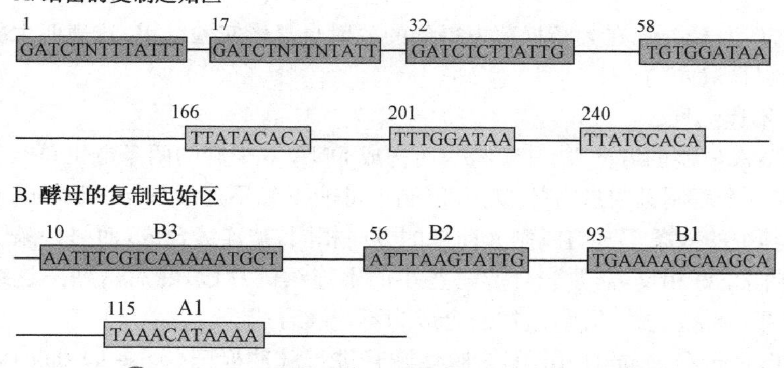

图 4－6 细菌和酵母 DNA 复制起始区的序列特征

② 通常富含有利于 DNA 双螺旋解链的 AT 碱基对。例如，根据计算机分析，人类复制起始区的一致序列是 WAWTTDDWWWDHWGWHMAWTT，这里的 W＝A 或 T；D＝A，G 或 T；H＝A，C 或 T；M＝A 或 C。

③ 能够被特定的复制起始区结合蛋白识别并结合。例如，识别细菌复制区的蛋白质是 DnaA 蛋白，识别真核生物核 DNA 复制起始区的是起始区识别蛋白质复合体(Orc1～Orc6)，识别古菌复制区的蛋白质是 Orc1/Cdc6。

不同真核生物的复制起始区通常可以互用，例如人的复制起始区在酵母中也能起作用。但是，一种细菌的复制起始区只有在亲缘关系十分密切的其他细菌中才能互换。

一旦 DNA 复制从起始区起动，该区域的 DNA 首先发生解链，形成叉状结构，这样的结构被形象地称为复制叉(replication fork)。

(7) 一般为双向复制。

几乎所有的 DNA 复制在起始区起动以后，会“左右开弓”，同时向两个方向展开，进行双向复制(bidirectional)，每一个复制起始区形成 2 个复制叉。但少数质粒 DNA(如大肠杆菌质粒 ColE1)进行单向复制，只有 1 个复制叉。

确定体内的一个DNA分子究竟是不是进行双向复制,可以参考John Cairns在大肠杆菌中曾经使用过的方法:在复制就要开始之前,将大肠杆菌放在含低剂量的[^{3}H]-脱氧胸苷的培养基中培养数分钟。随后,将大肠杆菌转移到含高剂量的[^{3}H]-脱氧胸苷的培养基中继续培养一段时间后,收集细胞,温和裂解以抽取其中的染色体DNA,并进行放射自显影。如果是双向复制,则中间的银颗粒密度低,两侧的银颗粒密度高;如果是单向复制,则银颗粒的密度是一端高,另一端低(图4-7A)。低密度银颗粒表明这一段DNA是一开始就合成的,应属于复制起始区,而与高密度颗粒相对应的DNA是后来才合成的。

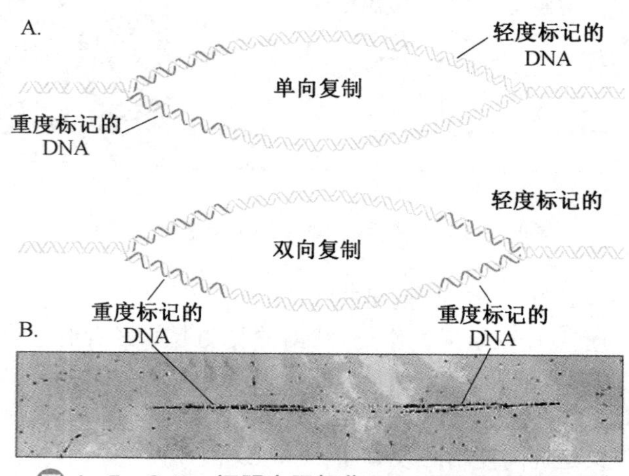

图4-7　Cairns证明大肠杆菌DNA双向复制的实验

图4-7B为Cairns在大肠杆菌中得到的放射自显影实验结果,这表明大肠杆菌染色体DNA复制是双向的。

(8) 半不连续性。

因为DNA复制的方向总是5′→3′,而构成DNA双螺旋的两条链也总是呈反平行关系,所以,在一个复制叉内进行的DNA复制很可能以半不连续(semi-discontinuous)的方式展开,即其中的一条子链与复制叉前进的方向相同,被连续合成,而另一条子链与复制叉前进的方向正好相反,需要先合成一些小的不连续的片段,然后这些不连续的片段再连接起来,成为一条连续的链,这样的合成为不连续合成。

1958年,Reiji Okazaki使用[^{3}H]-脱氧胸苷进行脉冲标记(pulse labeling)和脉冲追踪(pulse chase)实验,证明大肠杆菌内的DNA复制是以半不连续的方式进行的。他的脉冲标记实验是为了使用放射性同位素即时标记在特定时段内合成的DNA,而脉冲追踪的目的则是要确定那些被标记上的DNA片段后来的去向。他以大肠杆菌的T4噬菌体为实验对象,结果表明T4噬菌体DNA的复制至少有一条子链是不连续合成(图4-8和图4-9)。

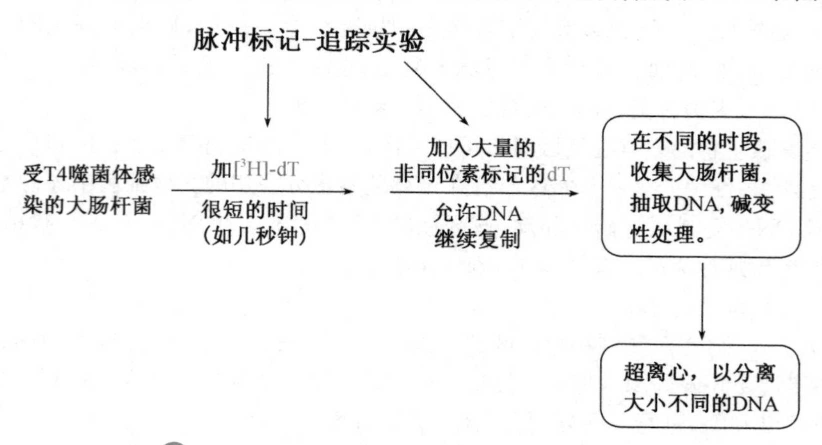

图4-8　Okazaki的脉冲标记和脉冲追踪的实验

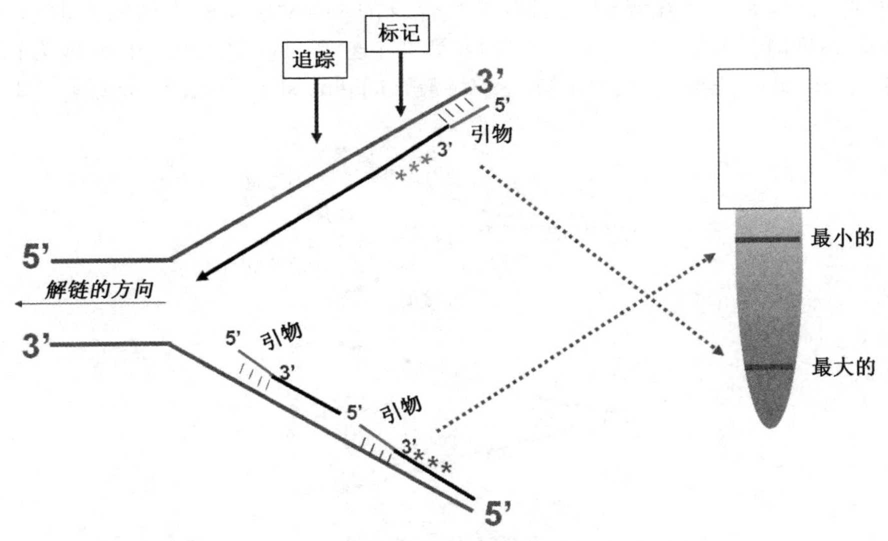

图4-9 Okazaki的脉冲标记和脉冲追踪的实验结果分析

然而，如果仔细分析Okazaki最初得到的实验数据，就会发现得到的同位素标记的短DNA片段的量远远超过新合成DNA总量的一半（图4-10），这似乎说明T4噬菌体DNA的两条子链都是不连续合成的。但不久发现，这种现象是细胞内有少量的dUTP错误参入到连续合成的链上，从而诱发细胞内的碱基切除修复系统切开DNA链造成的。若使用参与这种碱基切除修复的尿嘧啶-DNA糖苷酶（uracil DNA glycosidase，UDG）缺失的大肠杆菌突变株进行同样的实验，则发现新合成的DNA大约有一半由短的DNA片段组成，另一半为连续合成的大片段。另外，如果使用负责将小片段连接成大片段的DNA连接酶（DNA ligase）有缺陷的大肠杆菌突变株，来进行类似的实验，就发现胞内有大量短DNA片段的积累，这就进一步肯定了大肠杆菌DNA复制的半不连续性。

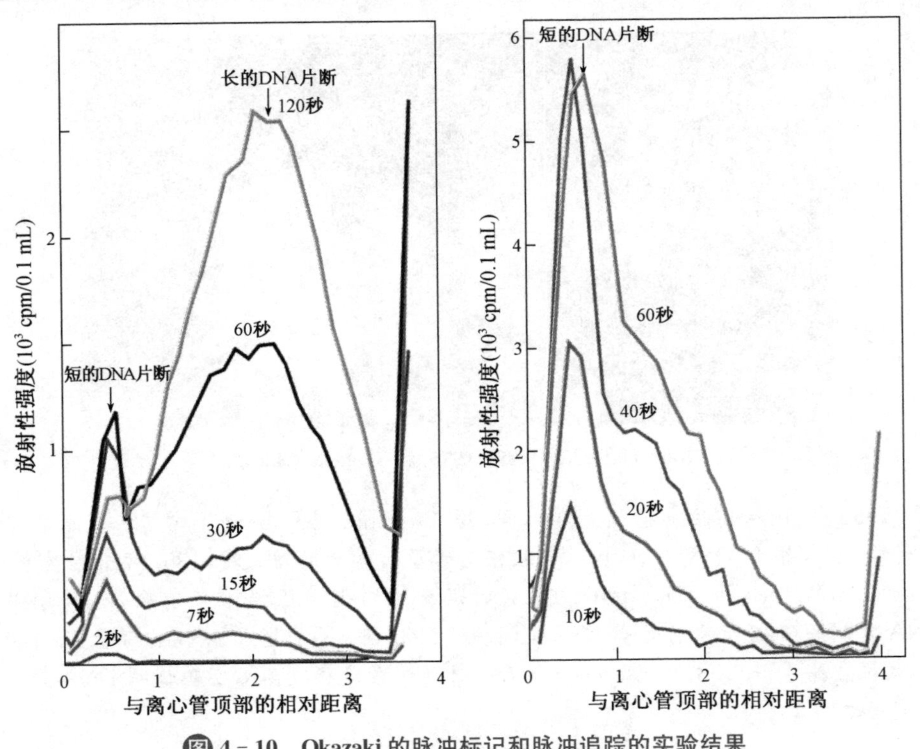

图4-10 Okazaki的脉冲标记和脉冲追踪的实验结果

从此以后，人们将在复制叉中不连续合成的DNA片段称为冈崎片段(Okazaki fragment)，同时采纳了Okazaki最初的建议，将连续合成的DNA子链称为前导链(leading strand)，不连续合成的子链称为后随链(lagging strand)或滞后链(图4-11)。

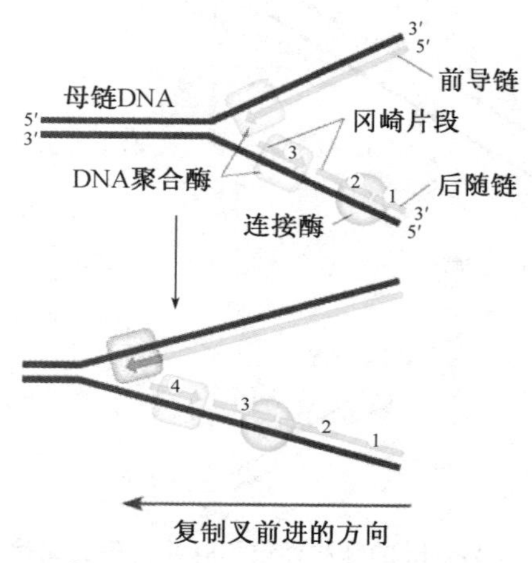

图4-11　DNA的半不连续复制

Box 4-2　冈崎令治与冈崎片段

冈崎令治(Reiji Okazaki)是日本已故的著名分子生物学家，因与其妻子冈崎恒子(Tsuneko Okazaki)发现DNA合成前体的短片段即"冈崎片段"广为人知，被誉为分子生物学的先驱。如果不是英年早逝，他很可能因此获得诺贝尔奖。

1930年10月8日，冈崎令治出生于日本广岛。1945年，当他在广岛就读中学二年级时，亲历了广岛原子弹爆炸，身体淋到爆炸后的"黑雨"，可能因此种下早逝的病因。1953年从名古屋大学理学部生物学科毕业，投入发育生物学家山田常雄门下，进行组织形成研究。

Reiji Okazaki(1930—1975)和Tsuneko Okazaki

1960年，冈崎前往华盛顿大学求学，师从Arthur Kornberg等学者。之后在斯坦福大学求学，并于1963年回到日本，担任名古屋大学的助理教授，1967年升任为教授。

当时，Waston和Click提出DNA双螺旋结构模型已经十年有余，这期间关于DNA复制的研究如雨后春笋般不断涌现。1956年，Kornberg分离出了大肠杆菌的DNA聚合酶Ⅰ。1958年，Meselson和Stahl通过密度梯度离心实验证明DNA是半保留复制的。

由于构成DNA双螺旋的两条链是反平行的，因此在复制时的方向性就成了一个问题。究竟是一条链按照5′→3′的方向，另一条链按照3′→5′的方向，即两条链均为连续合成，还是两条链均按照5′→3′的方向，但有一条链只能合成一些不连续的片段，即为半不连续的合成呢？当时的体外合成实验已经实现了5′→3′的合成，但未实现3′→5′的合成。因此冈崎猜想DNA在合成子代链的过程中是遵循5′→3′的合成规律的。基于这个猜想，他进一步推断出，如果是不连续合成，那么在子代链形成过程中产生的DNA小片段便可以通过一定的手段分离出来。他设计了实验，来验证他的猜想。他使用了用^3H标记的dT作为DNA合成的原料之一，加入到培养基中，用T_4噬菌体感染大肠杆菌，每隔一段时间离心来检测DNA片段大小以及放射性强度。结果与他的预期结果一致。这也就说明了DNA复制过程中是存在不连续合成的。他的实验结果发表在1968年的*Proc. Natl. Acad. Sci.*上。

在此之后，他又围绕DNA不连续复制的机制做了一系列的研究。1969年，他又通过实验验证了新合成的DNA分子中，约50%为长链DNA，约50%为短的DNA片段即冈崎片段。这更加精确地说明了DNA复制过程中两条子链的合成为半不连续复制。1972年他发现连接冈崎片段之间的RNA，从而让他完善了DNA的不连续合成的模型。

1975年，由于广岛原子弹爆炸诱发的慢性粒细胞白血病，冈崎在访美途中去世，享年44岁。在此之后，他的夫人冈崎恒子，同时也是名古屋大学教授，继续了他的研究。从他1968年在*Proc. Natl. Acad. Sci.*上发表的第一篇关于DNA复制模型的文章算起，直到他的不幸离世，他的“Mechanism of DNA chain growth”系列文章已经发表了16篇之多。他做科研的深入和专一由此可见一斑。而最后一篇文章，也就是这个系列的第16篇文章，是他的妻子和同事们根据他生前的实验记录整理而成，也算是对他的一种纪念。

Kornberg在回忆冈崎生平时，对他实验时的勇气和谋略给予了很高的评价。一次，冈崎在做实验时，为了按照之前制备10 mL酶液的方案制备几升的酶液，他用了236支试管来亲自制备，以保证制备的质量。这在旁人看来是几乎难以想象的任务，而冈崎却不浪费一分一秒，在短短几个小时内就完成了全部工作。还有一次，冈崎为了测定各种因素对于酶活性的影响，他做了128组的实验，而一般人只会做10～20组实验就得出结论。Kornberg称之为不可打破的记录。从这两个实验的小故事中，我们能感受到冈崎做实验时一丝不苟的严谨态度。

为了纪念冈崎夫妇在发现冈崎片段上做出的杰出贡献，名古屋大学生命分子研究所和理学部共同设立了冈崎恒子-令治奖(Tsuneko & Reiji Okazaki Award)，每年授予一位在生命科学领域做出杰出贡献的研究者。2015年5月，当今世界在基因组编辑研究领域首屈一指的哈佛大学和麻省理工学院的张锋博士荣获首届冈崎奖，而2016年12月，密歇根大学从事干细胞研究等Yukiko Yamashita(山下由纪子)博士获得第二届冈崎奖。

今天，在任何一本生物化学和分子生物学的教科书上，都会提到“冈崎片段”的概念，虽然带着没有获得诺贝尔奖的一丝遗憾，但丝毫不会影响它的光芒。我们回顾科学大师的一生，充满着传奇色彩，幸运与不幸之间，传递出严谨的治学态度和大胆的科学想象。科学，就是这样一件有趣的事；而做科研的人，就是这样一群甘于奉献又乐在其中的人。

(9) 具有高度的忠实性。

DNA复制出错的机会很小，其忠实性明显高于转录、反转录、RNA复制和翻译。DNA复制的高度忠实性，归功于细胞内存在一系列互为补充的纠错机制(参看DNA复制的高度忠实性)。

二、DNA 复制的酶学

DNA 复制是一项浩大的协同“工程”,涉及一系列的蛋白质和酶,主要的酶和蛋白质有 DNA 聚合酶(DNA polymerase, DNAP)、DNA 解链酶(helicase)、单链 DNA 结合蛋白(single-stranded binding protein, SSB)、DNA 引发酶(primase)、DNA 拓扑异构酶、DNA 连接酶和尿嘧啶-DNA 糖苷酶等。若是真核生物的细胞核 DNA 复制,还需要端粒酶。

对细胞内参与 DNA 复制的各种蛋白质和酶的鉴定,主要是利用 DNA 复制突变体的互补(complementation)和体外复制系统的重建(reconstitution)这两种方法。互补的原理是利用某种野生型的蛋白质,去恢复特定的 DNA 复制缺陷突变体的复制功能,从而确定参与复制的蛋白质;重建的原理是在体外复制系统(一般是比较简单的噬菌体或病毒复制系统)中,先人为去掉某种成分,致使复制不能正常进行。然后在复制系统中,逐一添加经分步收集得到的可能参与复制的蛋白质抽取物,看是否能恢复复制活性,从而确定复制蛋白。这两种方法实际上对鉴定参与其他过程的蛋白质也很有帮助,如转录、转录后加工、翻译和细胞周期的调控等过程。

(一) DNAP

DNAP 是专门催化 DNA 生物合成的酶,包括 DNA 依赖性 DNA 聚合酶(DNA-dependent DNA polymerase)和 RNA 依赖性 DNA 聚合酶(RNA-dependent DNA polymerase)。这两类 DNA 聚合酶各自以 DNA 和 RNA 为模板,分别催化 DNA 复制和逆转录反应。

下面介绍的都是依赖于 DNA 的 DNA 聚合酶,其催化的反应通式为:

$$\text{引物-OH} + (\text{dNTP})_n \xrightarrow{\text{DNA 聚合酶, DNA 模板/镁离子}} \text{引物-O-dNMP} + (\text{dNTP})_{n-1} + PP_i$$

反应中形成的 PP_i 在细胞内焦磷酸酶的催化下,可迅速被水解并释放出大量的能量。这使得聚合反应趋于完全。如果没有焦磷酸酶,上面的反应实际上是可逆的。

DNA 复制的一些基本特征是直接由 DNA 聚合酶决定的。例如,DNA 复制需要引物和 DNA 链延伸的方向总是 $5' \rightarrow 3'$。

在三维结构上,所有的 DNAP(甚至 RNA 聚合酶)都折叠成类似于右手的构象,由手指(finger)、手掌(palm)和拇指(thumb)三个结构域组成。所有 DNAP 催化磷酸二酯键形成的反应机制几乎相同(图 4-12):都涉及 2 个 Mg^{2+},1 个是随 dNTP 进入活性中心的,另 1 个本来就存在于活性中心的底部,与活性中心的 3 个 Asp 残基结合。在所有物种的 DNAP 分子上,这 3 个 Asp 亚基都是高度保守的。其中有一个 Mg^{2+},促进前一个核苷酸的 3'-羟基对下一个 dNTP 的 α 磷展开亲核进攻,另一个 Mg^{2+} 则促进焦磷酸基团的取代,且这两个 Mg^{2+} 都有助于稳定反应中形成的磷五价过渡态。

根据序列的同源性,生物体内的 DNAP 一般可分为 A、B、C、D、X、Y 和 RT 七大家族:A 类包括 T7 噬菌体 DNA 聚合酶、真核生物线粒体 DNA 聚合酶 γ 和细菌 DNA 聚合酶Ⅰ;B 类存在于细菌、古菌和真核生物,包括真核生物的 DNA 聚合酶 α、δ、ε 和一些噬菌体 DNA 聚合酶,如噬菌体 T4 和 Φ29 的 DNA 聚合酶;C 类只存在于细菌,主要代表是细菌的 DNA 聚合酶Ⅲ;D 类只存在于古菌,它们参与 DNA 复制和修复;X 类的主要代表是真核生物的 DNA 聚合酶 β、λ 和 μ;Y 类包括真核生物的 DNA 聚合酶 η、ι、κ、Rev1 以及细菌的 DNA 聚合酶Ⅳ和Ⅴ;RT 类专指逆转录酶,包括各种逆转录病毒编码的逆转录酶和真核生物体内的端粒酶。

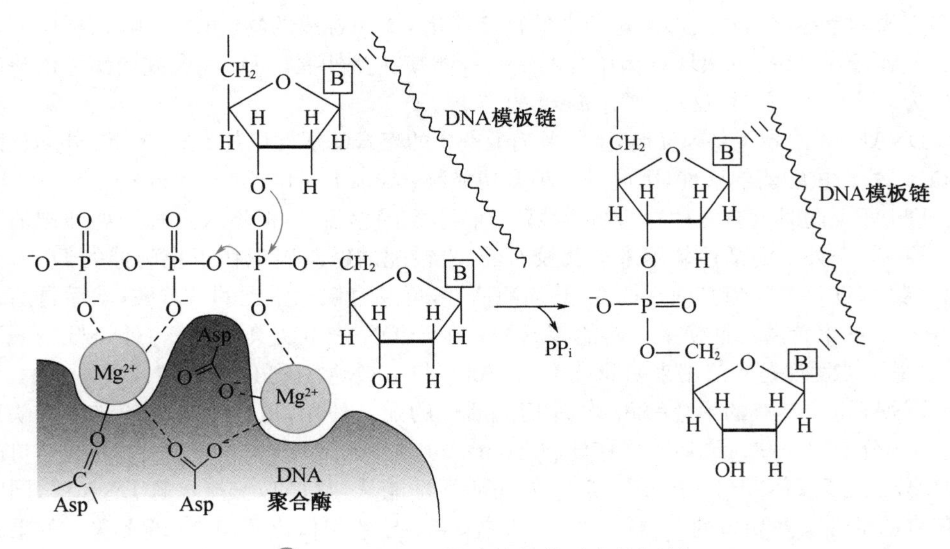

图 4-12　DNA 聚合酶催化反应的机制

表 4-1　DNA 聚合酶的分类及比较

类型	存在	功能	实例
A	细菌和真核生物	某些噬菌体 DNA 和线粒体 DNA 复制，细菌 DNA 的修复合成	T7 噬菌体 DNA 聚合酶、真核生物线粒体 DNA 聚合酶 γ、叶绿体 DNA 聚合酶和细菌 DNA 聚合酶Ⅰ
B	细菌、古菌和真核生物	真核生物细胞核 DNA 复制、某些噬菌体 DNA 复制和细菌 DNA 的修复合成	细菌 DNA 聚合酶Ⅱ、真核生物的 DNA 聚合酶 α、δ、ε 和一些噬菌体 DNA 聚合酶
C	细菌	细菌染色体 DNA 复制	细菌的 DNA 聚合酶Ⅲ
D	广古菌	广古菌染色体的 DNA 复制	极端嗜热菌体内的 Pfu DNA 聚合酶
X	真核生物	真核生物核 DNA 的修复合成	真核生物的 DNA 聚合酶 β、λ 和 μ
Y	细菌和真核生物	细菌和真核生物体内的跨损伤合成	真核生物的 DNA 聚合酶 η、ι、κ、Rev1 及细菌的 DNA 聚合酶Ⅳ和Ⅴ
RT	逆转录病毒和真核生物	逆转录基因组 RNA 的复制和真核生物端粒 DNA 的复制	逆转录病毒（如艾滋病病毒）编码的逆转录酶和真核生物体内的端粒酶

不同的 DNA 聚合酶的进行性（processivity）有所差别。这里的进行性是指一种 DNA 聚合酶从与引物-模板结合，到与模板解离这段时间内催化参入的核苷酸的数目。在细胞内，既有进行性很高的 DNA 聚合酶，也有进行性较低的 DNA 聚合酶。只有进行性高的 DNA 聚合酶才适合催化 DNA 的复制，而进行性低的 DNA 聚合酶只适合催化 DNA 的修复合成。例如，真核细胞 DNAPβ 的进行性只有 1 个核苷酸，显然真核细胞的 DNA 复制不可能交给这样的聚合酶，否则复制的效率将会极其低下！

1. 细菌的 DNAP

细菌的 DNA 聚合酶最早是在大肠杆菌体内发现的。已在大肠杆菌中发现 DNAP Ⅰ、Ⅱ、Ⅲ、Ⅳ和Ⅴ，现分别加以讨论。

(1) 大肠杆菌的 DNA 聚合酶

Ⅰ. DNAPⅠ

DNAPⅠ最初是由 Arthur Kornberg 和 Bob Lehman 在大肠杆菌中发现的。在 Watson 和 Crick 提出 DNA 双螺旋结构模型并对 DNA 复制的可能机制做出预测以后，许多生物学家在努力寻找那个想象中的直接催化 DNA 合成的酶。1957 年,该项研究取得了突破,Kornberg 从大肠杆菌中分离到一种能够在体外催化 DNA 合成的酶。该酶后来称为 DNAPⅠ,有时也称为 Kornberg 酶。

DNAPⅠ由 *polA* 基因编码,除了具有 5′→3′的聚合酶活性以外,还具有 5′-外切核酸酶和 3′-外切核酸酶的活性,因此是一种多功能酶(multi-functional enzyme)。

DNAPⅠ同时具有两种外切酶活性曾让科学家困惑不已,但不久这种困惑即被消除了。原来,3′-外切酶活性是用来自我校对的:当错配的碱基出现在正在延伸的 DNA 链的3′-端时,DNAP 凭借其内在的 3′-外切酶活性,可及时切除错配的核苷酸,然后再通过其 5′→3′ 的聚合酶活性换上正确的核苷酸。至于 DNAPⅠ所具有的 5′-外切核酸酶活性,后来则被发现是专门用来切除位于 DNA5′-端的 RNA 引物的。

DNAPⅠ所具有的聚合酶和 5′-外切酶活性的配合使用,可让本来一条链带有缺口的 DNA 分子发生缺口或切口平移(nick translation)。如图 4-13 所示,一个具有切口的 DNA 分子受到 DNAPⅠ的作用,其 5′-外切酶活性能从切口的 5′-端水解 DNA 链,同时其聚合酶活性又在切口的 3′-端延伸 DNA 链,结果导致切口位置向 3′-端平移。如果在切口平移反应系统中加入[α-^{32}P]-dNTP,则可使重新合成的 DNA 链带上放射性标记。实验室在制备核酸探针的时候经常使用这种方法。

Quiz4 你认为 Klenow 酶还能催化缺口平移反应吗?为什么?

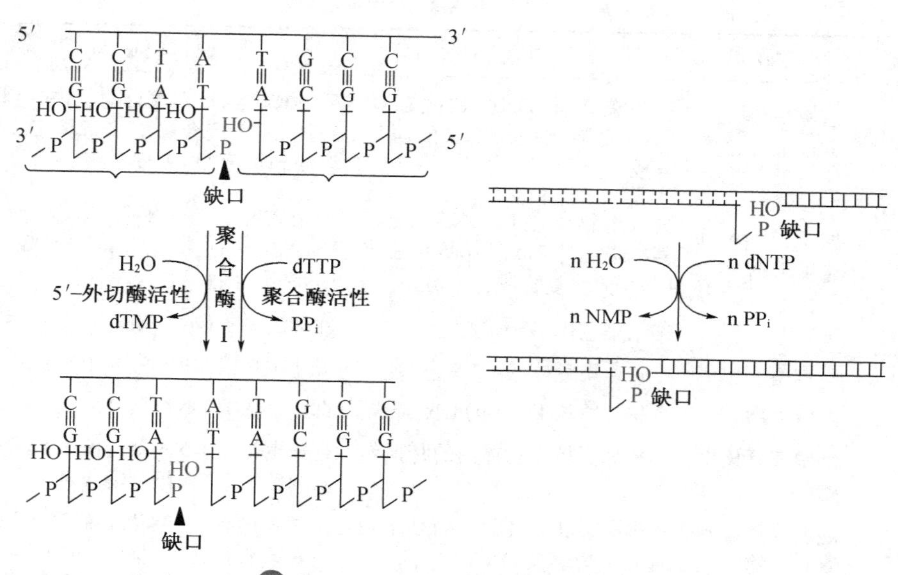

图 4-13 DNAPⅠ催化的缺口平移

为了对 DNAPⅠ所具有三种酶活性进行功能定位,Hans Klenow 使用枯草杆菌蛋白酶(subtilisin)或胰蛋白酶(trypsin)对其进行处理,最终得到大小两个片段:大片段含有 605 个氨基酸残基(324~928),一般被称为 Klenow 片段或 Klenow 酶,它含有大、小两个结构域,其中大结构域(518~928)具有 5′→3′聚合酶活性,小结构域(324~517)保留了 3′-外切酶活性;小片段含有 323 个氨基酸残基(1~323),残留着 5′-外切酶活性。

1978 年,Tom Steitz 等人得到了 Klenow 酶的晶体结构(图 4-14),使人们对催化 DNA 合成的"分子机器"有了更直观的认识。实际上,该酶有"校对"和"聚合"两种活性状态(图 4-15)。在不同的活性状态下,酶的构象不一样。在处于"校对活性状态"或"编辑活性状态"下,Klenow 酶的三维结构形如右手,分子表面含有两个明显的近乎垂直的裂缝。其中一个裂缝位于大结构域的表面,在手指(由 L-P 螺旋组成)与拇指(由 H 螺旋和Ⅰ螺旋组成)之间,裂缝宽约有 2.2 nm,长约 3 nm,其两边分布着带正电荷的氨基酸残基,含有单链 DNA 模板的结合位点,而聚合酶的活性中心刚好位于该裂缝底部。此

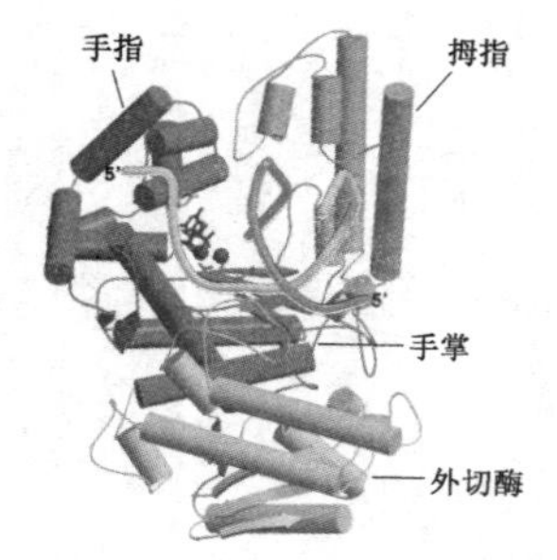

图 4-14 Klenow 酶的结构模型

时，外切酶活性中心距离聚合酶仅3.5 nm，位于拇指和手指之间的掌心上；另外一个裂缝为双链DNA结合位点。

当酶处于“聚合”活性状态时，位于聚合酶活性中心的一些呈高度保守性的氨基酸残基，如R754、R682、K758和H734，直接与进入活性中心的dNTP上的磷酸基团相互作用，这些保守的氨基酸残基均带有正电荷。进一步的研究还发现，除了这些带正电荷的保守性氨基酸残基以外，进入活性中心的dNTP还与一些带负电荷的氨基酸残基发生作用，如D882、D705和E883。

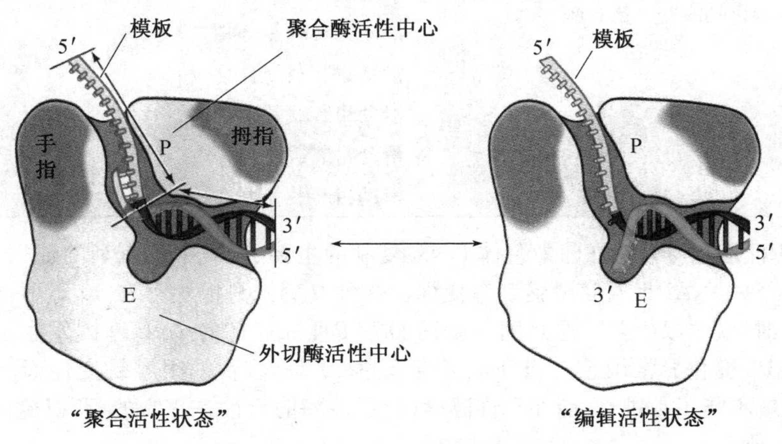

图4－15　Klenow酶的聚合和校对

在DNA复制过程中，首先合成RNA引物。引物合成好以后，与模板链一起诱导酶的构象发生变化，致使酶在外切酶活性中心附近形成一个新的裂缝。随后，RNA引物和模板链从这个新的裂缝进入聚合酶活性中心，由此DNA子链的合成在引物的3′-OH展开。

直到1969年，DNAPⅠ还一度被认为是大肠杆菌唯一的DNA聚合酶。然而，随着对此酶研究的不断深入，发现该酶的一些性质显然不适合充当催化大肠杆菌染色体DNA复制的主要酶。这些性质包括：(1) 速率太慢。该酶催化的聚合反应V_{max}约为20 nt/s，远远低于大肠杆菌染色体DNA复制的实际速率；(2) 酶量太多。据测定，每一个大肠杆菌细胞大约含有400个分子的DNAPⅠ，这大大超过每一个大肠杆菌染色体DNA两个复制叉复制所需要的酶量；(3) 进行性太低。该酶的进行性平均值为20 nt～50 nt，远远低于参与DNA复制的DNA聚合酶的实际值；(4) DNAPⅠ有缺陷的大肠杆菌突变株照样能够生存。1969年，De Luca和Cairns报道了一种大肠杆菌突变株，即使没有DNAPⅠ活性，也能生存。但这样的突变株对各种诱变剂(如紫外线)更为敏感。

由于DNAPⅠ突变株能够正常地生长，它自然就成为科学家寻找其他DNAPⅠ理想地。很快，另外两种聚合酶——DNAPⅡ和Ⅲ在这种突变株细胞中相继被发现。

Ⅱ. DNAPⅡ

此酶也具有5′→3′聚合酶和3′-外切酶活性，但无5′-外切酶活性。其大小为90 kDa，由*polB*基因编码。

因DNAPⅡ的聚合反应速率出奇的慢，无法满足大肠杆菌染色体DNA复制的需要，因而此酶最有可能参与DNA的修复合成。而实验也证明，缺乏此酶活性的突变株在生长和DNA复制上无任何缺陷。

Ⅲ. DNAPⅢ

DNAPⅢ含有多个亚基，虽然也具有5′→3′聚合酶和3′-外切酶活性，但却由不同的亚基承担(表4－2)。

表 4-2　大肠杆菌的 DNAPⅢ

			亚基	功能
全酶	polⅢ′	核心酶	α	5′→3′聚合酶活性
			ε	3′-外切酶活性
			θ	α 和 ε 的装配
			τ	将全酶装配到 DNA
			β	滑动钳(进行性因子)
			γ	滑动钳装载复合物
			δ	滑动钳装载复合物
			δ′	滑动钳装载复合物
			χ	滑动钳装载复合物
			ψ	滑动钳装载复合物

DNAPⅢ是参与大肠杆菌染色体 DNA 复制的主要酶,其中最有利的证据是来自大肠杆菌的一种 DNAPⅢ温度敏感型突变株。这种突变株只能生存在 30 ℃下,当温度上升到 45 ℃时,就难以生存。这是因为编码 DNAPⅢ α 亚基的 *polC* 基因发生了突变,致使该酶对温度变化异常敏感。当环境温度超过 30 ℃以后,就很容易变性而失活,这时 DNA 复制就不能正常进行;而在允许温度以下,该酶的活性是正常的,所以胞内的 DNA 复制也就正常了。

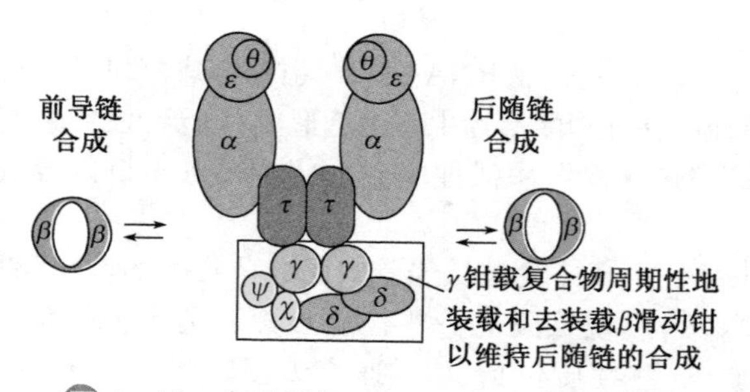

图 4-16　大肠杆菌 DNAPⅢ全酶的结构模型

DNAPⅢ的组成十分复杂,有核心酶和全酶两种形式(图 4-16)。全酶由核心酶、钳载复合物(clamp-loading complex)和滑动钳(sliding clamp)组成。

Ⅰ. 核心酶

由 α、ε 和 θ 亚基组成。α 亚基由 *polC*(也称 *dnaE*)基因编码,具有 5′→3′聚合酶活性。ε 亚基由 *dnaQ* 基因编码,具有 3′-外切酶活性,负责复制的校对。核心酶单独也能催化 DNA 复制,但进行性只有 10 nt～15 nt。

若核心酶与 τ 结合,则形成 DNAPⅢ′。体内的 DNAPⅢ′形成二聚体,分别负责前导链和后随链的复制。τ 和 θ 亚基被认为参与核心酶二聚体的形成,以促进前导链和后随链合成的偶联。

Ⅱ. 钳载复合物

由 γ、δ、δ′、χ 和 ψ 亚基组成。其中 γ-δ 复合物具有 ATP 酶活性,负责 β 滑动钳的装载。γ 和 τ 亚基都是 *dnaX* 基因的产物,其差别是翻译过程中有没有发生移框造成的。

Ⅲ. β 滑动钳

是由两个 β 亚基(*dnaN* 基因的产物)为环绕 DNA 模板而形成的环状六角星结构(图 4-17),其外径为 8 nm,内部为一空洞,直径为 3.5 nm,大于 DNA 双螺旋的直径。在 DNA 复制中,它像一个钳子,松散地夹住 DNA 模板,并能自由地向前滑动,这大大提高了 DNAPⅢ的进行性。

β滑动钳的装配需要消耗 ATP，由钳载复合物催化，其中具有 ATP 酶活性的 γ 亚基通过水解 ATP 驱动钳子的打开，并帮助钳子装配到 DNA 模板上。

前导链和后随链的合成都需要形成 β 滑动钳，但前导链在合成的时候，只是在开始阶段形成一次，这种结构一直持续到前导链合成结束，而后随链在合成时，需要周期性的装配和解体，实际上每合成一个冈崎片段就需要形成一次。

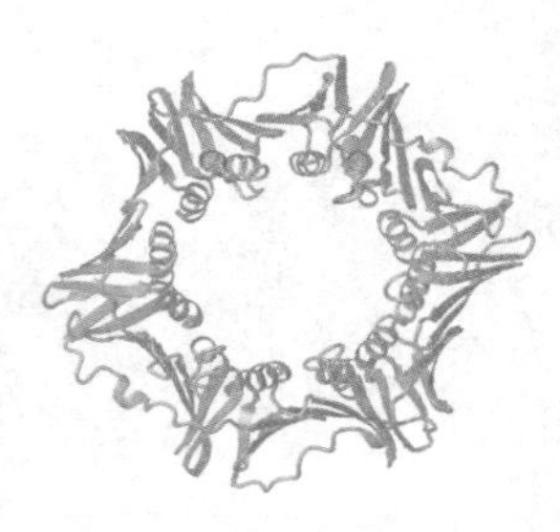

图 4－17　β 滑动钳的三维结构

表 4－3　DNAPⅠ、Ⅱ和Ⅲ的比较

性质	DNAPⅠ	DNAPⅡ	DNAPⅢ
结构基因	*polA*	*polB*	*polC*(编码 α 亚基)
大小(kDa)	103	90	130
分子数/细胞	400	100	10
V_{max} (参入的 nt/s)	16～20	2～5	250～1 000
3′-外切酶活性	有	有	有
5′-外切酶活性	有	无	无
进行性(nt)	3～200	10 000	500 000
突变体表现型	对 UV、硫酸二甲酯敏感	无	DNA 复制温度敏感型
生物功能	DNA 修复、引物切除	DNA 修复	染色体 DNA 复制、错配修复

Ⅳ. DNAPⅣ和Ⅴ

DNAPⅣ和Ⅴ直到 1999 年才被发现，都属于易错的聚合酶，参与 DNA 的修复合成。其中 DNAPⅣ与Ⅱ一样，在细菌生长的稳定期被诱导表达，一起修复此阶段的 DNA 损伤。

Quiz5 你认为大肠杆菌 DNAPⅣ和Ⅴ迟迟才被发现的原因是什么?

DNAPⅤ则在细菌进行 SOS 反应(SOS response)时被诱导合成，主要由 1 个拷贝的 UmuC 和 2 个拷贝的被截短的 UmuD 组装而成，其能够在 DNA 模板有损伤的地方催化 DNA 复制，但它无校对活性从而导致复制易错，而且进行性极低。SOS 反应是指当细菌受到高剂量的辐射或突变剂的作用下，其染色体 DNA 受到严重的损伤时细胞所做的各种保护性应激反应(参见第五章 DNA 的损伤、修复和突变)。当细菌进行 SOS 反应的时候，包括 *umuC* 和 *umuD* 在内的一系列基因被诱导表达，这显然有利于细菌在恶劣环境中的生存。

(2) 水生嗜热菌(*Thermus aquaticus*)的 DNA 聚合酶

水生嗜热菌是一类生活在热泉或深海热泉之中的细菌，其体内的 DNA 聚合酶一般叫 *Taq* 酶。此酶能够抵抗较高的温度，其酶活性的最适温度为 75 ℃～80 ℃，在 92.5 ℃和 95 ℃下，半衰期分别是 2 个小时和 40 分钟。由于能够抵抗较高的温度，*Taq* 酶被广泛用于 PCR。

Taq 酶既没有 5′-外切酶活性，也没有 3′-外切酶的活性。缺乏 3′-外切酶的活性使其在催化 DNA 复制的时候，更容易发生错误，其错误率约为 1/9 000，因此它适合扩增较短的 DNA。然而，使用基因工程的改造，可在 *Taq* 酶分子上引入源自一种古菌体内耐热的 *Pfu* DNA 聚合酶的 3′-外切酶的结构域，从而得到具有校对活性的高保真 *Taq* 酶。

2. 真核细胞的 DNAP

已在真核细胞中发现超过 15 种以上的 DNAP，但最重要的是 5 种较早发现的 DNAPα、β、γ、δ 和 ε(表 4－4)，后来发现的 10 多种 DNAP(如聚合酶 θ、ζ、η、κ、ι、μ、λ、ψ 和 ξ)一般无 3′-外切酶活性(θ 除外)，因此无校对活性，而且它们在催化 DNA 合成的时候，比较“任性”，即不按照碱基互补配对规则行事，在体内的功能是参与 DNA 的跨越合成

(bypass synthesis)(参见第五章　DNA 的损伤、修复和突变)。

表 4－4　真核细胞 DNAPα、β、γ、δ 和 ε 的比较

性质	DNAPα	DNAPβ	DNAPγ	DNAPδ	DNAPε
亚细胞定位	细胞核	细胞核	线粒体基质	细胞核	细胞核
引发酶活性	有	无	无	无	无
亚基数目	4	1	4	3～5	≥4
催化亚基的大小(kDa)	160～185	40	125	125	210～230 或 125～140
对 dNTPs 的 K_m 值(μM)	2～5	104	0.5	2～4	
内在的进行性	中等	低	高	低	高
在 PCNA 存在时的进行性	中等	低	高	高	高
3′-外切酶活性	无	无	有	有	有
5′-外切酶活性	无	无	无	无	无
对 3′,5′- ddNTP 的敏感性	低	高	高	低	中等
对阿拉伯糖 CTP 的敏感性	高	低	低	高	高
对四环双萜(蚜肠毒素)的敏感性	高	低	低	高	高
生物功能	细胞核 DNA 复制	细胞核 DNA 修复	线粒体 DNA 复制	细胞核 DNA 复制	细胞核 DNA 复制和修复

(1) DNAPα

DNAPα 是一种异源四聚体蛋白,拇指—手掌—手指三个结构域位于 p180 亚基上:N 端结构域由 1～329 位氨基酸残基组成,是催化活性和四聚体复合物组装必需的;中央结构域由 330～1 279 位氨基酸残基组成,含有与 DNA 结合、dNTP 结合和磷酸转移所必需的保守区域;C 端结构域由 1 235～1 465 位氨基酸残基组成,并非催化活性所必需,但参与和其他亚基的相互作用。

DNAPα 最独特的性质是它的 2 个小亚基带有引发酶的活性(见后),负责合成 RNA 引物。在 DNA 复制过程中,DNAPα 与复制起始区结合,先合成短的 RNA 引物(长度约为 10 nt),再合成长为 20 nt～30 nt 的 DNA 片段,然后由 DNAPδ 和 ε 取而代之。

DNAPα 缺乏 3′-外切酶活性,因此无校对能力。但在 DNA 复制过程中,复制蛋白 A (replication protein A, RPA)与它相互作用,可稳定它与引物末端的结合,同时降低了参入错误核苷酸的机会,从而抵消了其因无校对能力对复制忠实性不利的影响。

(2) DNAPδ 和 ε

DNAPδ 由 3～5 个亚基组成,例如哺乳动物细胞的 DNAPδ 由 4 个亚基组成(p125、p66、p50 和 p12);DNAPε 由 4 个亚基组成,例如人细胞 DNAPε 的 4 个亚基是 p261、p59、p17 和 p12。DNAPδ、ε 和 α 一起参与细胞核 DNA 的复制,但一般认为,DNAPδ 只参与后随链的复制,DNAPε 不仅参与前导链的复制,还参与 DNA 损伤的修复。

DNAPδ 和 ε 都有 3′-外切酶活性,因此具有校对能力。遗传分析表明,降低 DNAPδ 和 ε 的 3′-外切酶活性突变可导致体内 DNA 突变率增加。而丧失 3′-外切酶活性的 DNAPδ 的转基因小鼠,在 12 个月内对肿瘤的易感性显著增强。

分裂细胞核抗原(proliferating cell nuclear antigen, PCNA)为 DNAPδ 的辅助蛋白,

其功能相当于大肠杆菌DNAPⅢ的β亚基。真核细胞核DNA在复制的时候，在复制因子C(replication factor C, RFC)的帮助下，三个PCNA亚基组成滑动钳(图4-18)，以提高DNAPδ的进行性。此外，PCNA还帮助DNAPε与DNA模板的结合，并在DNA损伤修复和染色质重塑的时候将相关的蛋白质招募到DNA分子上。

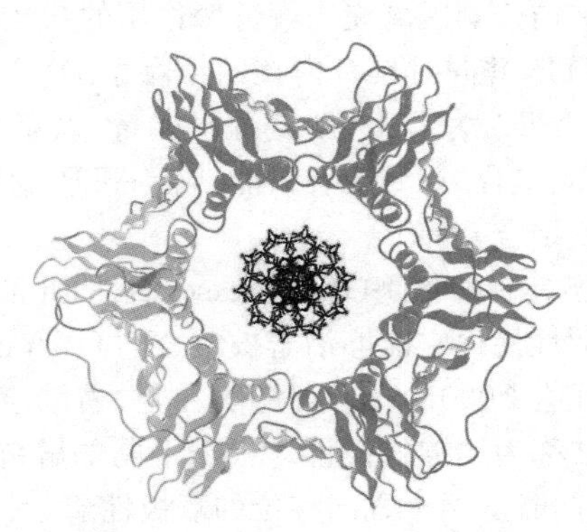

图4-18 真核细胞内由PCNA三个亚基构成的滑动钳结构(被包被的是DNA模板)

(3) DNAPβ

DNAPβ仅由一个39 kDa的多肽链组成。它含有两个结构域：N端较小的结构域具有5′-脱氧核糖磷酸酶(5′-deoxyribose phosphatase)和结合单链DNA的活性；C端较大的结构域具有聚合酶的活性。DNAPβ参与DNA损伤的修复，适合填补DNA链上短的空隙。

(4) DNAPγ

DNAPγ是一种异源二聚体蛋白，由核基因编码，但翻译后却定位于线粒体基质，其大亚基具有催化活性，小亚基为辅助亚基，能刺激大亚基的催化活性。除了聚合酶活性以外，DNAPγ还具有3′-外切酶和5′-脱氧核糖磷酸酶活性。

DNAPγ定位于线粒体意味着它负责线粒体DNA的复制和损伤的修复。

(5) 叶绿体DNA聚合酶

植物细胞内的叶绿体也有一种DNA聚合酶，专门催化叶绿体DNA(chloroplastic DNA, cpDNA)的复制，其大小为90 kDa～120 kDa，在结构上与细菌的DNAPⅠ和线粒体DNAPγ相似，同属A类，也具有3′-外切酶活性。

3. 古菌的DNA聚合酶

古菌所具有的DNA聚合酶分为两类：一类与真核生物的DNAPδ和ε相似，同属于B类，也含有由3个PCNA亚基构成的滑动钳结构，不过古菌体内含有不同的PCNA，因此可以形成异源三聚体。另外，与酵母和人类相比，古菌的PCNA含有更多带电荷的氨基酸残基，这让它们之间能形成更多的离子键，从而在极端的环境下仍然能组装出稳定的滑动钳结构，以维持复制DNA所需要的高度进行性；另一类与其他生物体内的DNA聚合酶无序列的同源性，属于D类，一般只存在于广古菌(*Euryarchaeota*)。例如，有一种耐热的DNA聚合酶来自极端嗜热菌(*Pyrococcus furiosus*)，具有较强的3′-外切酶活性，因此具有校对活性。这种聚合酶也称为*Pfu* DNA聚合酶，被广泛用于高保真的PCR，以代替缺乏3′-外切酶活性的*Taq*酶。

总之，在机体内有多种类型的DNA聚合酶，有的具有校对活性，有的没有；有的进行性高，有的进行性低；有的“任性”，有的“不任性”。但不管怎样，催化DNA复制的DNA聚合酶应该属于具有校对活性、进行性高和“不任性”的一类。

Quiz6 从结构上来看，你认为是什么原因导致DNAPⅤ这些聚合酶可以任性地催化DNA的合成？

(二) **DNA解链酶**

DNA解链酶是一类催化双螺旋DNA解链的酶，一般由2～6个亚基组成。无论是

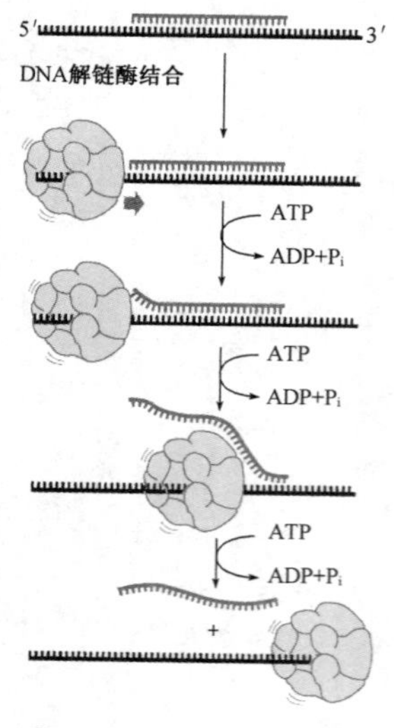

图 4-19 DNA解链酶的作用模型

Quiz7 如何设计一个实验来测定DNA解链酶的活性?

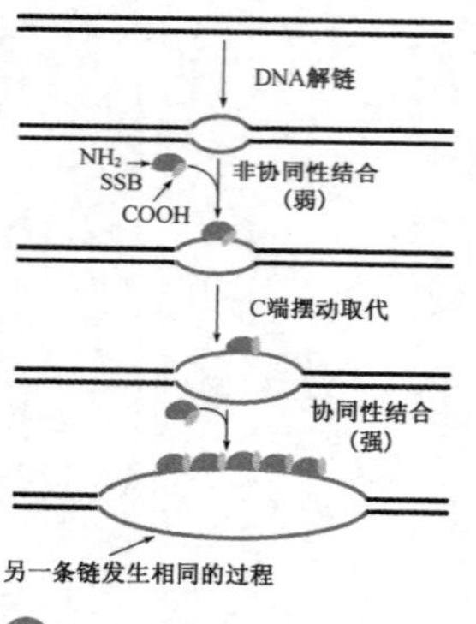

图 4-20 大肠杆菌-SSB与单链DNA结合的协同性

细菌、古菌,还是真核生物,都有多种DNA解链酶。例如,大肠杆菌至少有12种不同的解链酶,像DnaB蛋白、Rep蛋白和UvrD蛋白就是其中的代表。

所有的解链酶都能够结合DNA,但结合DNA与碱基序列无关,这是解链酶作用的前提。此外,大多数解链酶优先结合DNA的单链区,少数优先结合DNA的双链区。无论是单链区还是双链区,被结合的区域充当解链酶作用的"着陆点"。

解链酶还能够结合NTP,并同时具有内在的依赖于DNA的NTP酶活性。其NTP酶活性用来水解被结合的NTP,为DNA解链提供能量,以克服碱基对之间的氢键和堆积力。绝大多数解链酶优先结合ATP或者只能结合ATP,少数解链酶则优先结合其他的NTP,如GTP,甚至还能结合dNTP。

所有的DNA解链酶还具有移位酶(translocase)活性,此活性是与DNA解链紧密偶联的(图4-19)。移位酶活性使得它能够沿着被结合的DNA链向前移动,以不断地解开DNA双链。解链的速率可达1 000 nt/s。解链酶在与"着陆点"结合以后的移位是单向的,这种单向移动的特性被称为解链的极性。根据不同的解链极性,解链酶可分为3′→5′解链酶、5′→3′解链酶和同时从两个方向移位的双极性酶。

无论是解链酶活性,还是移位酶活性,都是将NTP水解释放出的化学能转化成DNA解链和沿着DNA移位的机械能,所以可将解链酶视为一种特殊的分子马达(molecular motor),其运动的轨道是DNA主链。

(三) SSB

SSB是一种专门与DNA单链区域结合的蛋白质,它本身并无任何酶的活性,但通过与DNA单链区段的结合,在DNA复制、修复和重组中发挥以下几个方面的作用:

(1) 暂时维持DNA的单链状态,以防止被解链的互补双链在作为复制模板之前重新复性成双链。

(2) 防止DNA的单链区自发形成链内二级结构,以消除它们对聚合酶进行性的影响。

(3) 包被DNA的单链区,防止核酸酶对单链区的水解。

(4) 刺激某些酶的活性,如T4噬菌体编码的SSB——gp32能够刺激T4噬菌体DNAP的活性。

细菌的SSB与DNA单链的结合具有正协同性(图4-20)。这种协同性表现在:每一个SSB优先结合旁边已结合有SSB的DNA区域,结果一长排的SSB结合在单链DNA上,致使单链DNA模板被拉直,从而更有利于随后的DNA合成。

真核生物在细胞核里的SSB就是复制蛋白A(replication protein A, RPA),它们与单链DNA结合没有协同性,但线粒体里内的SSB(mtSSB)与细菌SSB同源,与单链DNA结合也具有协同性。

古菌的SSB在序列和结构上与真核生物相似,与DNA结合也无协同性。

(四) DNA拓扑异构酶

拓扑异构酶是一类通过催化DNA链的断裂、旋转和再连接而直接改变DNA拓扑学性质的酶。这类酶不仅可以清除在染色质重塑(remodeling)、DNA复制、重组和转录过程中产生的正超螺旋,而且能够细调细胞内DNA的超螺旋程度,以促进DNA与蛋白质的相互作用,同时防止胞内DNA形成有害的过度超螺旋。

拓扑异构酶可分为Ⅰ型和Ⅱ型(表4-5)。Ⅰ型又可进一步分为ⅠA和ⅠB,它们在作用过程中,只能切开DNA的一条链(图4-21),而Ⅱ型也可进一步分为ⅡA和ⅡB,它们在作用过程中同时交错切开DNA的两条链,并能在消耗ATP的同时,将一个DNA双螺旋从一个位置经过另一个双螺旋的裂口,主动运输到另外一个位置(图4-22)。无论是哪一类拓扑异构酶,它们的催化都依赖于活性中心一个Tyr残基侧链上的羟基对DNA主链上的3′,5′-磷酸二酯键所展开的亲核进攻。

表 4－5　DNA 拓扑异构酶的亚类及性质比较

亚类	ⅠA	ⅠB	ⅡA	ⅡB
Mg^{2+} 的依赖性	√	×	√	√
ATP 的依赖性	×	×	√	√
切开 DNA 的几条链	1	1	2	2
切口与酶的连接方式	5′-磷酸酪氨酸酯键	3′-磷酸酪氨酸酯键	5′-磷酸酪氨酸酯键	5′-磷酸酪氨酸酯键
连环数的变化	±1	任何整数	±2	±2

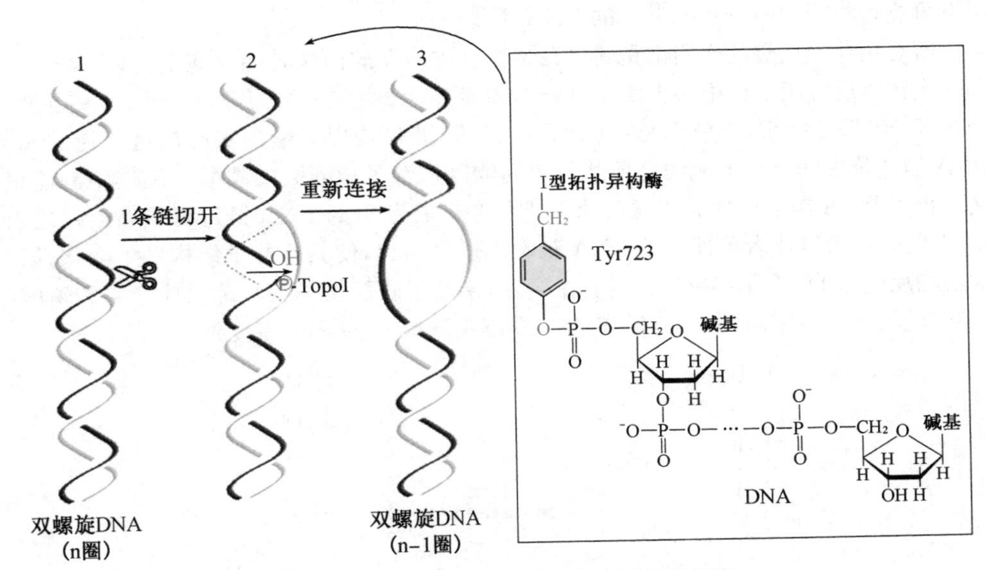

图 4－21　Ⅰ型 DNA 拓扑异构酶的作用机理

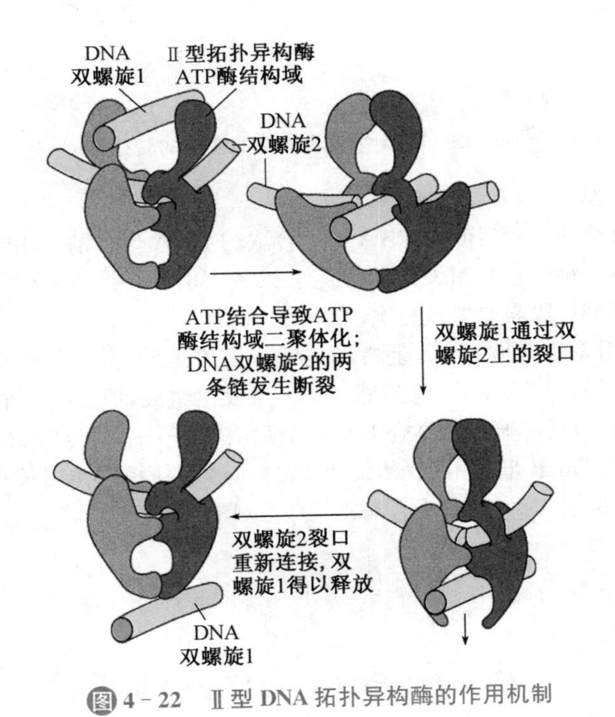

图 4－22　Ⅱ型 DNA 拓扑异构酶的作用机制

参与DNA复制的主要是Ⅱ型。Ⅱ型拓扑异构酶既可以在DNA分子中引入有利于复制的负超螺旋,又可以及时清除复制叉前进中形成的正超螺旋,还能帮助分开复制结束后缠绕在一起的两个子代DNA分子,其催化的反应依赖于ATP。在ATP的存在下,一个DNA双螺旋上的两条链同时出现切口。随后,另一个DNA双螺旋穿过切口。最后,切口重新连接。在断裂和重新连接之间,可完成几种不同类型的拓扑学转变,包括松弛正、负超螺旋,环形DNA的连环化(catenation)和去连环化(decatenation)。

细菌的旋转酶(gyrase)就属于Ⅱ型拓扑异构酶,在消耗ATP的条件下,可在共价闭环DNA分子中连续引入负超螺旋。在无ATP的情况下,该酶可以松弛负超螺旋。

真核细胞的拓扑异构酶Ⅱ在细胞核里通常与核骨架(nuclear scaffold)相连,其作用位点可能是相距30 kb～90 kb长的DNA重复序列。

所有拓扑异构酶的作用都是建立在亲核进攻引发的两次转酯反应上的(图4-23):第一次转酯反应由活性中心上1个Tyr残基侧链上的羟基,亲核进攻DNA主链上的1个3′,5′-磷酸二酯键,导致DNA主链发生断裂,并形成以磷酸酪氨酸酯键相连的酶与DNA的共价中间物。形成的这种共价中间物既贮存了被断裂的磷酸二酯键中的能量,又防止了DNA链上出现非正常的永久性切口。在断裂的DNA链进行重新连接之前,DNA的另一条链或者另外一个DNA双螺旋通过切口,使其拓扑学结构发生变化;第二次转酯反应由DNA主链裂口处的自由羟基,亲核进攻酶第一次转酯反应产生的磷酸酪氨酸酯键,导致原来断裂的3′,5′-磷酸二酯键重新形成,而酶则恢复到原来的状态。

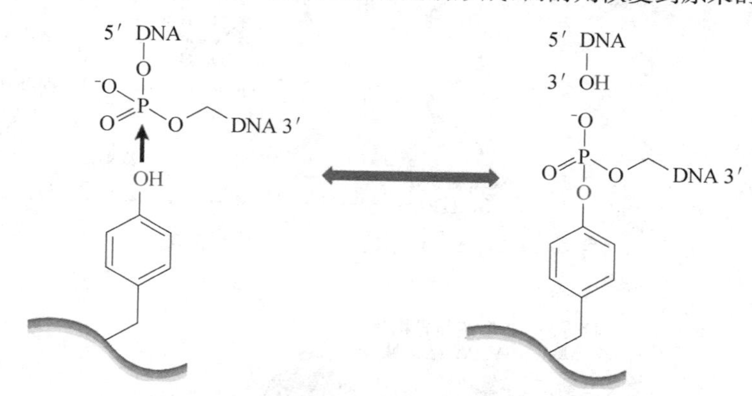

图4-23 DNA拓扑异构酶的催化的转酯反应

(五) DNA引发酶

DNA引发酶是一类专门催化RNA引物合成的RNA聚合酶。由于DNA复制的半不连续性,引发酶在每一个复制叉的前导链上只需要引发一次,而在后随链上则要引发多次,因为一个冈崎片段需要引发一次。

大肠杆菌的引发酶就是DnaG蛋白,由*dnaG*基因编码,其进行性很低,在胞内催化合成9 nt～14 nt长的RNA引物,它虽然仅由一条肽链组成,但具有三个相对独立的结构域:N端结构域(p12)具有典型的结合DNA的结构模体——锌指结构;C端结构域(p16)负责与复制叉内的DnaB蛋白相互作用。引发酶通过这种相互作用被招募到后随链上;核心结构域(p35)位于中央,含有聚合酶活性中心(图4-24)。

图4-24 大肠杆菌引发酶的结构模型

真核细胞核内的引发酶与DNAPα形成共有4个亚基的复合物,与引发酶活性有关的是 p58 和 p48 这两个小亚基(参看真核细胞的 DNAP),一般能催化 8 nt～12 nt 长的 RNA 引物的合成。此外,真核细胞的线粒体和叶绿体也有引发酶,专门催化线粒体 DNA 和叶绿体 DNA 复制过程中引物的合成。

古菌的引发酶与真核细胞核内的引发酶相似,除了能合成 RNA 引物以外,还能合成 DNA。

(六) 切除引物的酶

RNA 引物只是用来启动 DNA 的复制,它迟早要被切除。细胞内有专门的酶负责切除 RNA 引物。在大肠杆菌内,负责切除 RNA 的酶是 DNAP Ⅰ 或核糖核酸酶 H(RNase H)。其中,DNAP Ⅰ 使用自带的 5′-外切酶活性,切除总是位于 5′-端的引物;核糖核酸酶 H 是一种专门水解与 DNA 杂交的 RNA 的内切酶,而 RNA 引物正好与 DNA 模板杂交。古菌和真核细胞内的 DNAP 都没有 5′-外切酶活性,因此它们没有切除 RNA 引物的功能,而是使用核糖核酸酶 H Ⅰ、翼式内切酶 1(flap endonuclease1, FEN1)或 Dna2。FEN1 具有 5′-外切核酸酶和结构特异性内切酶的活性,不仅参与 DNA 复制,还参与 DNA 修复和重组。在古菌和真核生物细胞核 DNA 复制过程中,FEN1 可识别位于冈崎片段 5′-端以单链存在的翼式结构,通过内切酶活性,切开单链和双链连接处的磷酸二酯键,也可以通过 5′-外切核酸酶活性,水解单链翼式结构和具有缺口的 DNA 分子。X 射线晶体衍射分析显示,FEN1 具有一个由 2 段 α 螺旋形成的拱形结构,正适合单链翼式结构像细线一样穿过。

(七) DNA 连接酶

DNA 连接酶不仅参与 DNA 复制、修复和重组,而且是基因工程中重要的工具酶。连接酶催化的反应是一个双螺旋 DNA 内相邻两个核苷酸残基的 3′- OH 和 5′-磷酸,甚至两个双螺旋 DNA 两端的 3′- OH 和 5′-磷酸发生连接,形成 3′,5′-磷酸二酯键。DNA 连接酶只会连接 DNA,而不会连接 DNA 和 RNA,因此从来不可能催化 RNA 引物与前面的冈崎片段相连。

连接酶在 DNA 复制中的作用是连接后随链上相邻的冈崎片段,使后随链成为一条连续的链,而在 DNA 修复和重组中的作用则是“缝合”在修复或重组过程中在 DNA 链上产生的切口。

连接酶在催化连接反应时需消耗能量,根据能量供体的性质,可以分为 ATP 依赖性连接酶(ATP-dependent DNA ligase)和 NAD^+ 依赖性连接酶(NAD^+-dependent DNA ligase)。古菌、真核细胞、病毒和噬菌体的连接酶由 ATP 提供能量,因此属于第一类;细菌来源的 DNA 连接酶由 NAD^+ 提供能量,因此属于第二类。依赖于 ATP 的 DNA 连接酶还可以进一步分为Ⅰ、Ⅱ、Ⅲ和Ⅳ亚类。其中,DNA 连接酶Ⅰ负责催化冈崎片段的连接,Ⅱ是Ⅲ的选择性剪接形式,仅存在于非分裂的细胞,Ⅲ参与碱基切除修复,Ⅳ参与非同源末端连接(non-homologous end joining, NHEJ)方式的 DNA 双链断裂修复。

DNA 连接酶催化的反应由三步核苷酸转移反应构成(图 4-25 和图 4-26),每一步都需要 Mg^{2+}:首先,连接酶活性中心上一个 Lys 残基的 ε-NH_2 与 ATP 或 NAD^+ 起反应,形成酶-AMP 共价中间物;随后,AMP 被转移到 DNA 主链切口上的 5′-磷酸上;最后,切口处的 3′- OH 亲核进攻 AMP-DNA 之间的磷酸酯键,致使切口处相邻的核苷酸之间形成 3′,5′-磷酸二酯键,同时释放出 AMP。

(1) E + ATP(或 NAD^+) ⇌ EpA + PP_i(或 NMN)

(2) EpA + pDNA ⇌ AppDNA + E

(3) DNA_{OH} + AppDNA ⟶ DNApDNA + AMP

图 4-25　DNA 连接酶的三步核苷酸转移反应

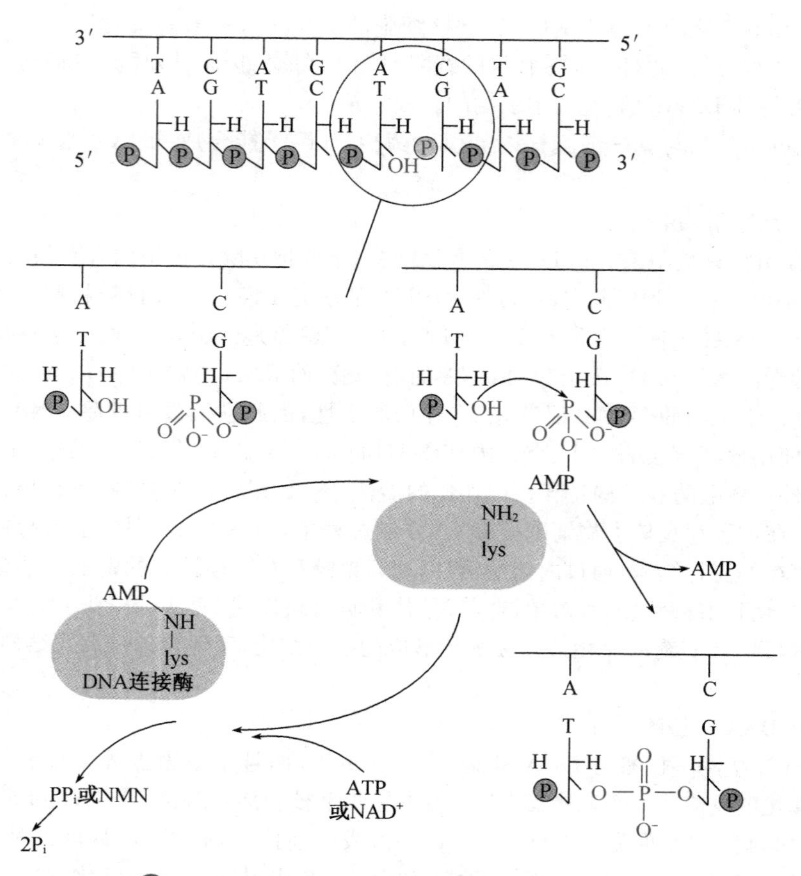

图 4-26　依赖于 ATP 的 DNA 连接酶的作用机理

（八）尿嘧啶-DNA 糖苷酶

此酶专门用来水解出现在 DNA 链上非正常的 U(见碱基切除修复)。U 出现在 DNA 链上通常有两个原因：一是在 DNA 复制过程中，细胞中存在的少量 dUTP“假冒”dTTP，直接参入到新合成的 DNA 链上；二是 DNA 分子中的 C 发生了自发脱氨基作用。

（九）端粒酶

端粒酶也称为端聚酶或端粒末端转移酶(telomere terminal transferase，TTT)，是真核生物所特有的，其作用是维持染色体端粒结构的完整。而端粒是位于一条线形染色体末端的特殊结构，由蛋白质和 DNA 组成，其中的 DNA 称为端粒 DNA。端粒的主要功能是保护染色体，防止染色体降解和相互间发生不正常的融合或重组。

端粒 DNA 有许多短重复序列组成，一般无编码功能。端粒序列最先是从一种叫嗜热四膜虫(*Tetrahymena thermophilus*)的原生动物体内分离得到的。四膜虫具有大小两个细胞核：生殖性的小核(germinal micronucleus)携带全套的二倍体染色体；营养性的大核(somatic macronucleus)含有高拷贝数的特定染色体或染色体的片段。rDNA 基因在单个染色体上大概有 10^4 拷贝。因为 rDNA 基因位于端粒附近，所以使用 rDNA 特异性的引物可直接测定出端粒的序列。使用这种方法得到的四膜虫端粒的重复序列是 TTGGGG。后来人们陆续得到其他多种生物的端粒重复序列(表 4-6)。例如，人端粒 DNA 的重复序列是 TTAGGG。

表 4-6　几种真核生物的端粒重复序列

物种名称	重复序列
四膜虫	TTGGGG
小游仆虫	TTTTGGGG
出芽酵母	TGTGGGTGTGGTG
裂殖酵母	TTAC(A)(C)G(1～8)
丝状真菌(链孢霉)	TTAGGG
脊椎动物(人、小鼠和非洲爪蟾)	TTAGGG

因为线性 DNA 的两端有可能被细胞内的修复系统当作损伤，而进行非正常的“修复”，从而导致末端 DNA 的丢失或与其他双链 DNA 融合，所以真核细胞具有多种机制，可防止染色体末端被修复酶非正常的修复。例如，纤毛虫和真菌的端粒受到端粒结合蛋白(如 TEBP、Cdc13p、Ten1p/Stn1p、TRF1、Taz1 和 Pot1 等)保护，而有效地被与修复机构隔离开来。再如，哺乳动物端粒 DNA 突出的 3′-端能与内部的重复序列互补配对，形成精巧的 D 环(D-loop)和 t 环结构，在此基础上，还有额外的蛋白质结合(如 TRF1 和 Pot1)，提供进一步的保护。无论是哪一种情况，结合在端粒 DNA 上的蛋白质既有保护作用，又能将端粒酶招募到端粒上来(图 4-27)。

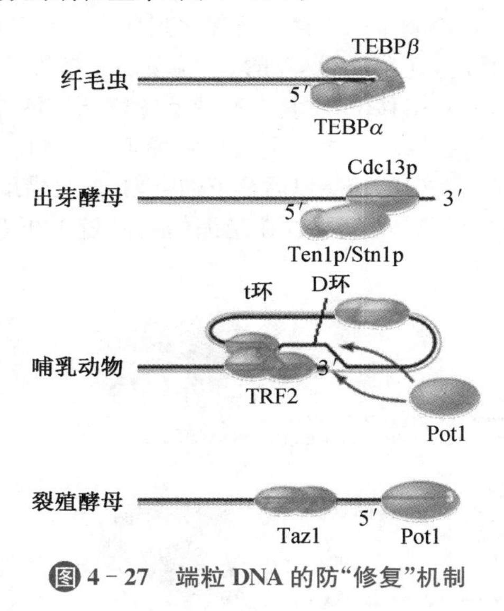

图 4-27　端粒 DNA 的防“修复”机制

在真核细胞染色体 DNA 复制的时候，一旦位于端粒 5′-端冈崎片段上的 RNA 引物被切除，留下来的空隙就无法通过 DNAP 来填补，因为 DNAP 不能从 3′→5′方向催化 DNA 合成。而如果上述空隙不及时填补，端粒 DNA 会变得越来越短。

Tom Cech 等人确定了端粒酶与逆转录酶之间的密切关系。他们从小游仆虫(*Euplotes aediculatus*)大核里纯化到端粒酶。选择小游仆虫作为端粒酶的来源，是因为它的大核含有 8×10^7 个端粒，每一个细胞约含有 3×10^5 分子的端粒酶。在测定完这种端粒酶 p123 亚基的氨基酸序列以后，他们发现，这个亚基与逆转录酶活性中心的手掌状结构域非常相似。

进一步研究还发现，端粒酶由蛋白质和 RNA 两种成分组成(图 4-28)。酵母和人端粒酶的蛋白质部分由 1 个 RNA 结合亚基、1 个逆转录酶亚基和其他几个亚基组成。纤毛虫端粒酶的蛋白质部分只有 2 个亚基。端粒酶的 RNA 在长度上变化很大，如四膜虫只有 146 nt，而白色念珠菌长达 1 544 nt，但它们都形成一种典型的二级结构，且其中有一段序列与端粒重复序列互补，并总是位于单链区。

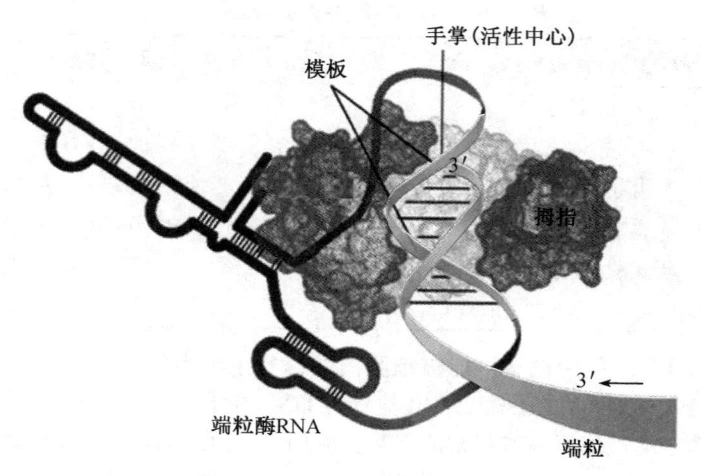

图 4-28　端粒酶的结构模型

端粒酶使用“滑移”机制(the slippage mechanism)来延长端粒的长度,它每合成1拷贝的重复序列,就滑移到端粒新的末端,重新启动重复序列的合成。详细过程如下(图4-29):首先,RNA中1/2拷贝的端粒DNA重复序列(CAA)与端粒DNA最后一段重复序列(TTG)互补配对,而剩余的1拷贝重复序列(CAACCC)凸出在端粒的一侧作为模板;随后,发生逆转录反应,在端粒DNA的3′-端填加1拷贝的重复序列(GGGTTG)。当逆转录反应结束以后,端粒酶移位,重复上面的反应,直到端粒突出的一端能够作为合成一个新的冈崎片段的模板,以填补上一个冈崎片段RNA被切除后留下的空隙。由此可见,端粒酶并没有直接填补引物切除以后留下的空白,而是借助其逆转录酶的活性,将突出的端粒模板链进一步延长,从而可以在隐缩的后随链上再合成冈崎片段以加长后随链。

Quiz8 你认为端粒酶催化的反应需要引物吗?

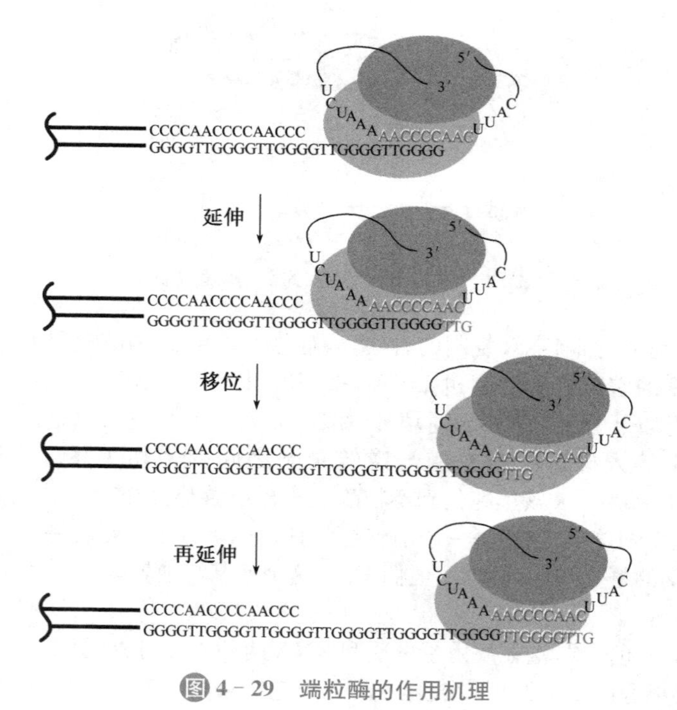

图 4-29　端粒酶的作用机理

对于多细胞真核生物来说,不同种类细胞内的端粒酶活性不同,端粒的长度也不一样,像生殖细胞、干细胞和癌细胞内端粒酶的活性均很高,与此相对应的端粒的长度就很长，而多数体细胞很难检测到端粒酶的活性，端粒的长度要短得多。这说明端粒酶活性的高低与端粒的长短有十分密切的关系。由于体细胞缺乏端粒酶活性，因此每分裂一次，端粒就会缩短一点。当端粒缩短到一定长度的时候，可影响到正常的基因，细胞必然死亡。这就是为什么体细胞在体外培养到几十代以后，就不能传下去了，而癌细胞和生殖细胞几乎是永生的。当有人将端粒酶基因成功地转染到体外培养的体细胞并表达以后，发现被转染的细胞重新获得无限的增殖能力。

对于单细胞真核生物来说（如草履虫和酵母），其体内的端粒酶活性总是很高，因为如果它们缺乏端粒酶活性，最终必然导致物种灭绝。已发现，端粒酶发生突变的四膜虫通常死亡的更早。

1996 年 7 月 5 日，世界第一例通过体细胞克隆产生的哺乳动物——多莉羊（Sheep Dolly）诞生了，其 DNA 来自一头 6 岁的成年羊的乳腺细胞的细胞核，提供 DNA 的乳腺细胞已在体外培养了几个星期。据测定，刚出生的多莉羊端粒只有同年由正常生殖产生的羊端粒长度的 80%。2003 年 2 月 14 日，很可惜多莉羊因早衰引起的渐进性肺病被执行了安乐死。

三、DNA 复制的详细机制

DNA 复制的基本单位是复制子。任何一个复制子都含有 1 个复制起始区，有些复制子还可能含有特定的终止区（terminus）。不同类型的生物 DNA 复制虽然具有很多共同的特征，但在复制的具体步骤和细节上同时存在不少差异。

（一）以大肠杆菌为代表的细菌基因组 DNA 的复制

表 4－7　参与大肠杆菌 DNA 复制的主要蛋白质或酶的名称和功能

蛋白质名称	功能
DNA 腺嘌呤甲基化酶	催化 GATC 中的 A 甲基化，调节 DNA 复制起始
DNA 旋转酶	Ⅱ型拓扑异构酶，负责清除复制叉前进中的拓扑学障碍
SSB	单链结合蛋白
DnaA 蛋白	复制起始因子，识别复制起始区 *OriC*
DnaB 蛋白	DNA 解链酶
DnaC 蛋白	招募 DnaB 蛋白到复制叉
DnaG 蛋白	DNA 引发酶，引物合成
DnaT 蛋白	辅助 DnaC 蛋白的作用
HU 蛋白	类似于真核细胞的组蛋白，结合 DNA 并使 DNA 弯曲
HupA 和 HupB 蛋白	刺激 DNA 复制
IHF	环绕 DNA，结合 *OriC*
PriA 蛋白	引发体的装配
PriB 蛋白	引发体的装配
PriC 蛋白	引发体的装配
DNAPⅢ	DNA 链的延伸
DNAPⅠ	切除引物，填补空隙
DNA 连接酶	缝合相邻的冈崎片段
DNA 拓扑异构酶Ⅳ	分离子代 DNA
Tus 蛋白	复制终止
SeqA 蛋白	结合并屏蔽 A 框序列

大肠杆菌基因组 DNA 就是一个复制子，其复制的详细过程目前已十分清楚，有多种

蛋白质和酶参与复制的过程(表4-7)。由于在复制中其共价闭环的染色体DNA解链形成θ状结构,因此这种复制的方式叫θ模式。

整个DNA复制可分为起始、延伸、终止和分离三个阶段,现分别加以讨论。

1. 复制的起始

大肠杆菌的DNA复制起始阶段的反应,从识别复制起始区 *OriC* 开始,到引发体(primosome)形成结束。

OriC 位于 *gidA* 和 *mioC* 这两个基因之间,其长度约245 bp,包括4个9 bp直接或反向重复序列——TTATCCACA和3个13 bp直接重复序列,以及11个拷贝的甲基化位点序列——GATC和引发酶识别的CTG序列(图4-30)。CTG序列还散布在后随链模板的其他区域。此外,*OriC* 的左侧还有1个编码DNA复制起始蛋白DnaA的 *dnaA* 基因。9 bp的重复序列是DnaA蛋白识别并结合的区域,因此也称为A盒(A box)。13 bp的重复序列是复制起始区最先发生解链的区域,因此也称为DNA解链元件(DNA unwinding element, DUE)。

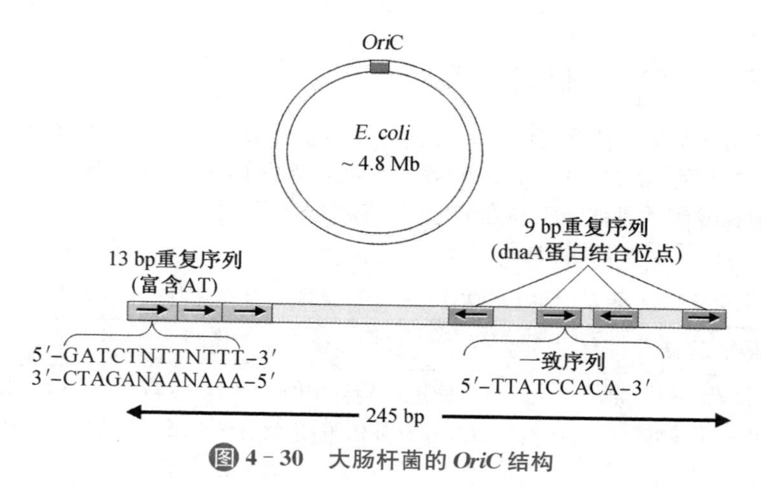

图4-30 大肠杆菌的 *OriC* 结构

在复制起始之前,DNA腺嘌呤甲基转移酶(DNA adenine methyltransferase, Dam)被激活。在该酶的催化下,复制起始区内GATC序列中的A发生甲基化修饰。此反应可彻底解除SeqA蛋白对复制起始区的屏蔽,同时激活DnaA蛋白的基因表达。DnaA蛋白能够结合并水解ATP,属于与细胞多种活性相关的ATP酶(ATPases Associated with diverse cellular Activities, AAA^{+})。于是,DnaA蛋白开始在细胞内积累,当达到某个浓度时即启动DNA的复制。

复制起始阶段的主要反应依次是(图4-31):

(1) 结合有ATP的DnaA蛋白四聚体在HU蛋白和整合宿主因子(integration host factor, IHF)的帮助下,识别并结合 *OriC* 的9 bp重复序列,这种结合具有协同性。协同作用能使更多的DnaA蛋白(20～40个)在较短的时间内结合到附近的DNA上。

HU是细菌内最丰富的DNA结合蛋白,它与IHF享有共同的性质和相似的结构。但与IHF不同的是,HU与DNA结合是非特异性的,而IHF与DNA特异性的位点结合,特别是 *OriC*。HU能调节IHF与 *OriC* 位点的结合,可能激活或者抑制IHF与 *OriC* 的结合。这取决于HU和IHF之间的相对浓度。

(2) DnaA蛋白之间自组装成蛋白质核心,DNA则环绕其上形成类似古菌和真核生物体内的核小体结构。

(3) DnaA蛋白所具有的ATP酶活性水解结合的ATP,以此驱动13 bp重复序列内富含AT碱基对的序列解链,形成长约45 bp的开放的起始复合物。

(4) 在DnaC蛋白和DnaT蛋白的帮助下,2个DnaB蛋白被招募到解链区,形成预引

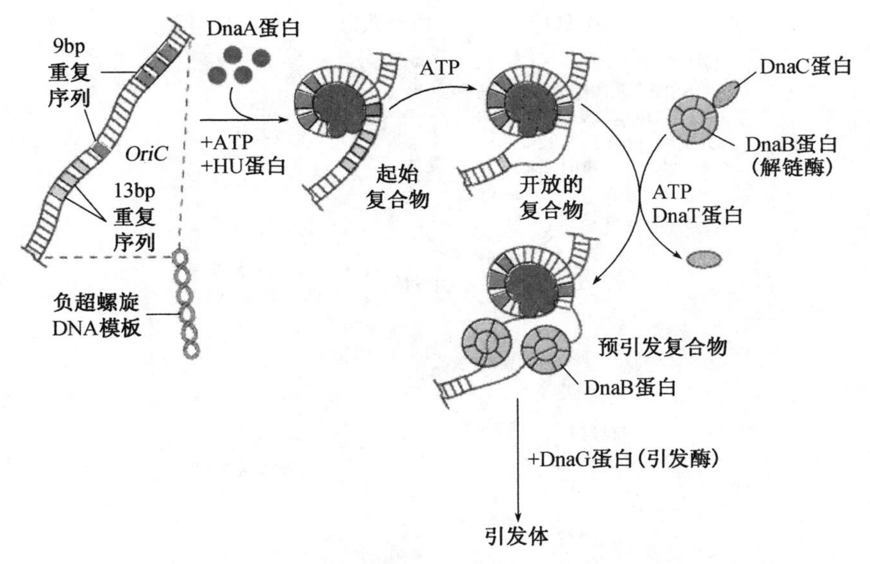

图4-31 大肠杆菌DNA复制过程中引发体的形成

发体(preprimosome)。此过程也需要消耗ATP。

(5) 在DnaB蛋白的催化下,*OriC*内的解链区域不断扩大,形成2个明显的复制叉。随着单链区域的扩大,SSB开始与单链区结合。

(6) 2个DnaB蛋白各自朝相反的方向催化2个复制叉的解链,DnaA蛋白随之被取代下来。

(7) 在PriA、PriB和PriC蛋白的帮助下,DnaG蛋白(引发酶)被招募到复制叉与DnaB蛋白结合在一起,一般结合在CTG序列上。

(8) DnaG∶DnaB蛋白复合物沿着DNA模板链,先后为前导链和后随链合成RNA引物。合成的引物的长度一般为11 nt,前两个碱基几乎都是AG。

2. 复制的延伸

复制的延伸在复制体(replisome)内进行。

(1) 复制体的形成(图4-32)

在DNAPⅢ全酶加入到引发体上以后,这种由DNA和多种蛋白质组装成的能复制DNA的超分子复合体即为复制体。对于一个进行双向复制的复制子来说,每一个复制叉上有一个复制体,故有两个复制体。在一个复制体内,同时进行前导链和后随链的合成。

(2) 前导链合成

当一个复制叉内的第一个RNA引物被合成以后,DNAPⅢ即可以在引物的3′-OH上连续地催化前导链的合成,直至复制的终点。

(3) 后随链合成

后随链的合成需要DNAPⅢ全酶的一部分暂时离开复制体,然后合成新的引物。随后,DNAPⅢ重新装配,以启动下一个冈崎片段的合成。每当一个新的冈崎片段合成好,DNAPⅠ的5′-外切酶活性会及时将其中的RNA引物切除,并顺便填补留下来的序列空白。与此同时,连接酶会将新的冈崎片段与前一个冈崎片段连接起来。

总之,每一个冈崎片段合成经历的反应包括:① DnaG蛋白在复制叉与DnaB蛋白结合,启动后随链引物的合成。结合的位置一般是CTG序列;② DNAPⅢ核心酶与DnaG蛋白相互作用,以限制引物的长度和暴露出引物的3′-OH;③ γ钳载复合物将环境中的β钳子装载到引物与模板的连接处;④ DNAPⅢ全酶从前一个冈崎片段转移到新引物的

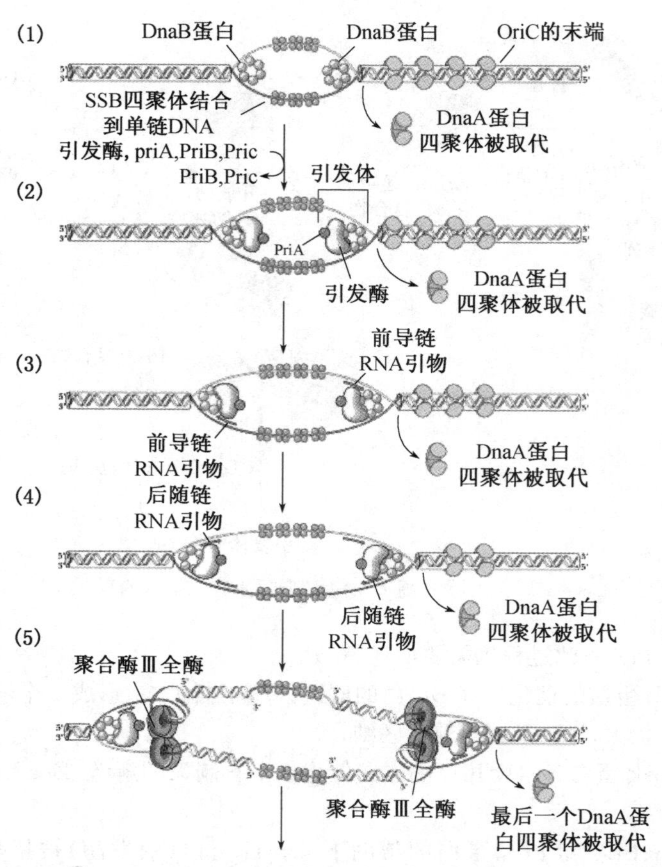

图 4-32 大肠杆菌 DNA 复制过程中复制体的形成

3′-端;⑤ DnaG 蛋白被释放,DNAPⅢ合成新的冈崎片段。

DNAPⅢ复合物的装配与去装配由 γ 钳载复合物控制。一旦复制体装配好,γ 钳载复合物只在后随链上继续发挥作用。

(4) 后随链合成与前导链合成之间的协调

一个复制叉内的 DNAPⅢ全酶以不对称二聚体的形式,同时催化前导链和后随链的合成,但酶只能朝一个方向移动。这就需要后随链模板在复制中形成突环结构,以使正在被复制的后随链模板与前导链模板在方向上保持一致(图 4-33)。

Quiz9 根据大肠杆菌 DNA 复制的特征,预测如果将大肠杆菌的 *polA* 基因完全敲除,大肠杆菌还能生存下来吗

3. DNA 复制的终止和子代 DNA 的分离

大肠杆菌染色体 DNA 复制终止于终止区(图 4-34)。有 9 个特殊的 *Ter* 位点(*TerA*～*TerI*)存在于终止区,它们能够显著地降低复制叉的移动速度,其作用具有方向特异性:*TerG*、*TerF*、*TerB* 和 *TerC* 作用顺时针方向移动的复制叉,*TerH*、*TerA*、*TerD*、*TerE* 和 *TerI* 则作用逆时针方向移动的复制叉。*Ter* 位点富含 GT,一种被称为终止区利用物质的蛋白质——Tus 蛋白(terminator utilization substance)能特异性地与它们结合。

晶体结构分析表明,Tus 蛋白含有 2 个结构域,这两个结构域通过 2 个反平行的 β-折叠相连,其间有一个因富含碱性氨基酸残基而带正电荷的裂缝,正适合局部变形的 *Ter*-DNA 结合(图 4-35)。

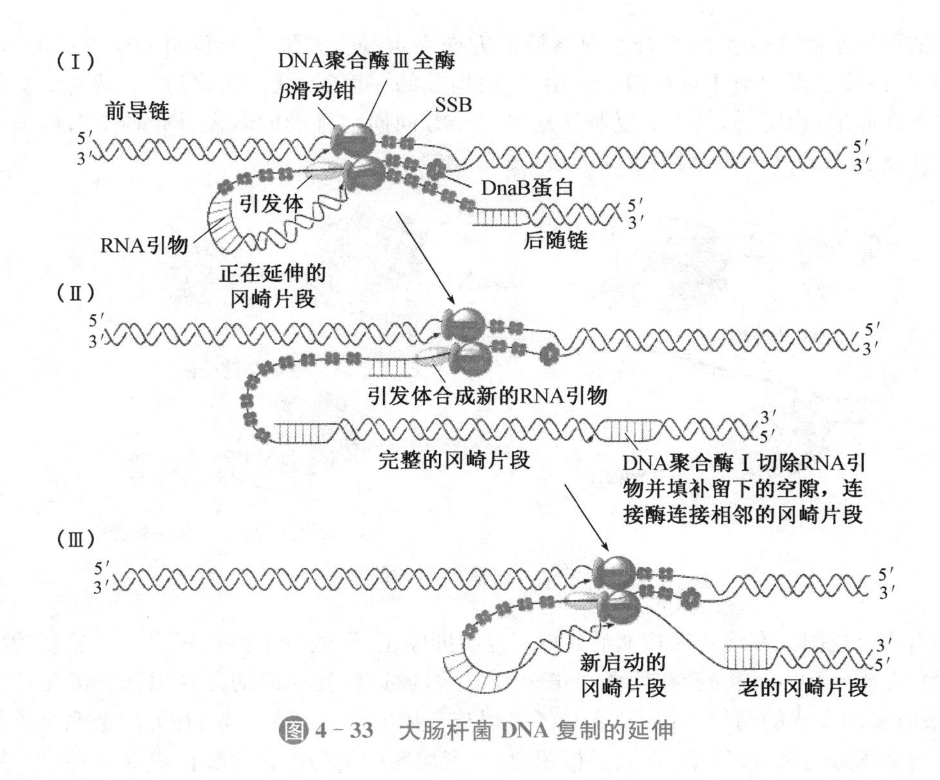

图 4-33　大肠杆菌 DNA 复制的延伸

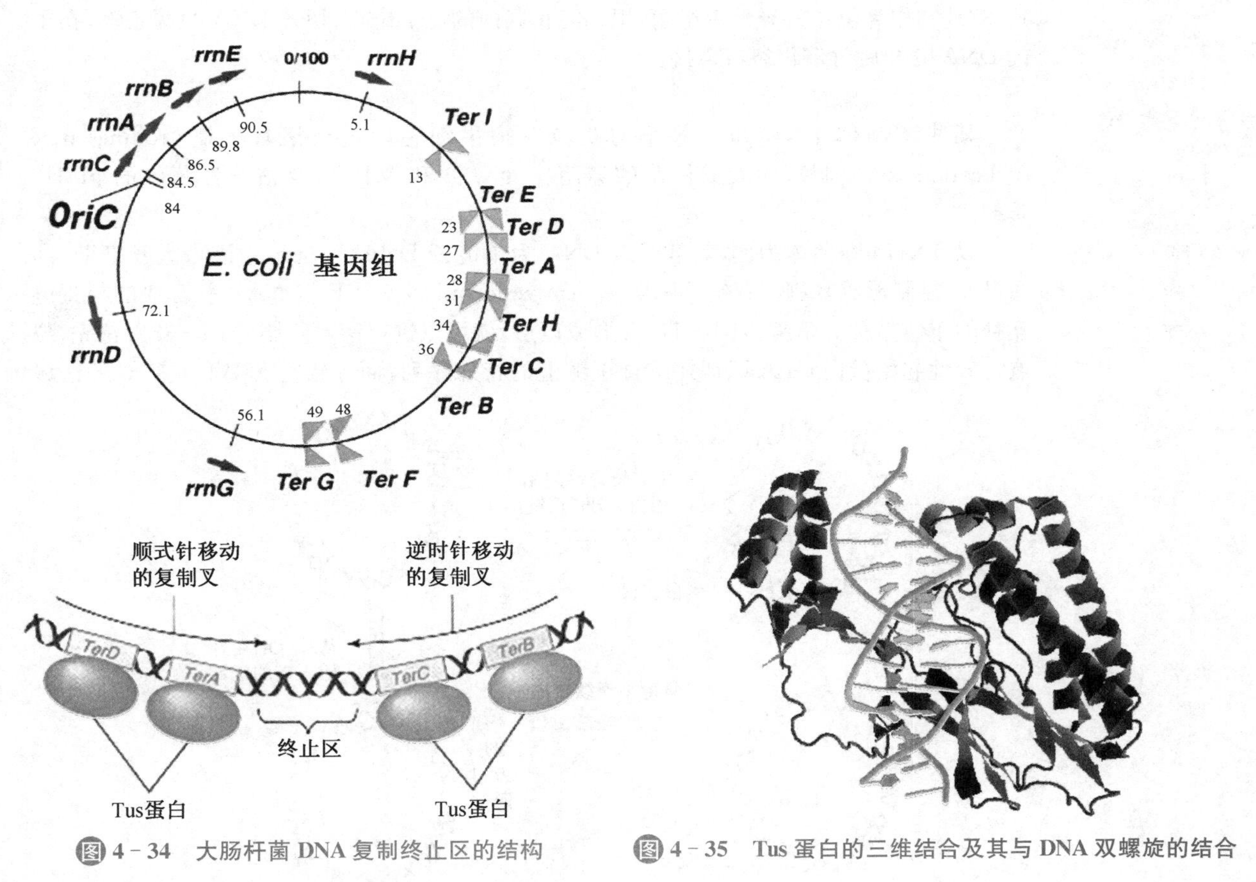

图 4-34　大肠杆菌 DNA 复制终止区的结构

图 4-35　Tus 蛋白的三维结合及其与 DNA 双螺旋的结合

Tus 蛋白能抑制 DnaB 蛋白的解链酶活性，它的作用方式很特别：当它与 *Ter* 位点结合的时候，可让一个方向的复制叉通过，但却阻止另一个方向相反的复制叉通过。这种作用的极性是由 Tus 蛋白结合在双螺旋的方向决定的。如果一个复制叉前进的时候,DnaB 蛋白接触到的是 Tus 蛋白分子由 β-股构成的一面时,就无法穿过,于是这个复制叉便停在原地;相反,如果一个复制叉从另一个方向向前移动的时候,DnaB 蛋白接触到的是 Tus 蛋白的另一面,则很容易通过(图 4-36)。

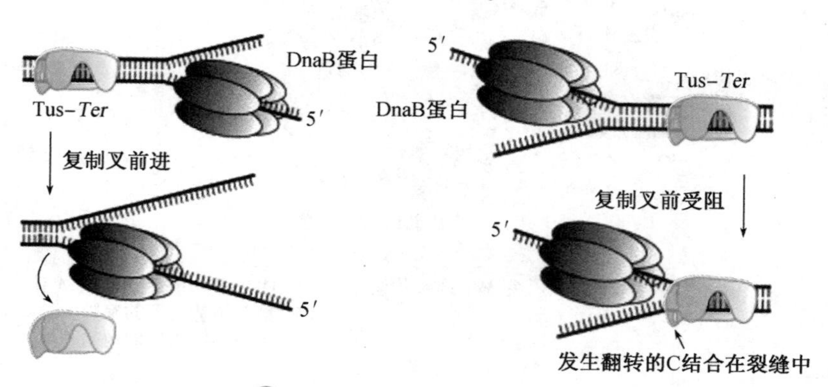

图 4-36 Tus 蛋白的作用机制

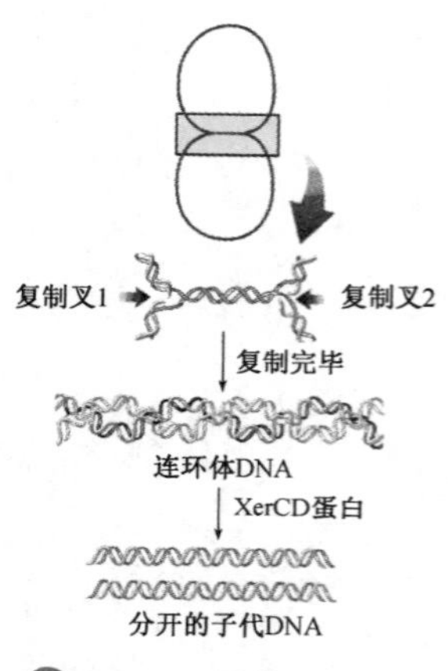

图 4-37 子代 DNA 的分离

当 2 个复制叉在终止区相遇后,DNA 复制即停止,那些位于终止区内尚未复制的序列(约 50 bp~100 bp 长)会在两条母链分开以后,通过修复合成的方式填补。但无论如何,最后复制完成的两个子代 DNA 分子是以连环体的形式锁在一起,在分配给两个子细胞之前必须进行去连环化。在大肠杆菌内,负责切割的是拓扑异构酶Ⅳ或 XerD 蛋白(图 4-37),它作为位点特异性重组酶,识别终止区内的 *dif* 位点,切开 DNA 的两条链,在子代 DNA 分开后再催化裂口再接。

(二) 滚环复制

某些噬菌体 DNA 和一些小的质粒在宿主细胞内进行滚环复制(rolling-circle replication,RC 复制),如大肠杆菌的噬菌体 ΦX174 和 M13 以及枯草杆菌内的 pIM13 质粒。

以 ΦX174 噬菌体为例,其基因组 DNA 为单链正 DNA,一旦感染进入大肠杆菌,即通过 θ-复制形成复制型双链 DNA(replicative-form DNA, RF-DNA),新合成的与正链互补的单链被称为负链。RF-DNA 形成以后,就可以进行滚环复制(图 4-38):首先,位点特异性起始蛋白 GPA 识别并结合正链上的特殊序列,而导致富含 AT 碱基对的区域

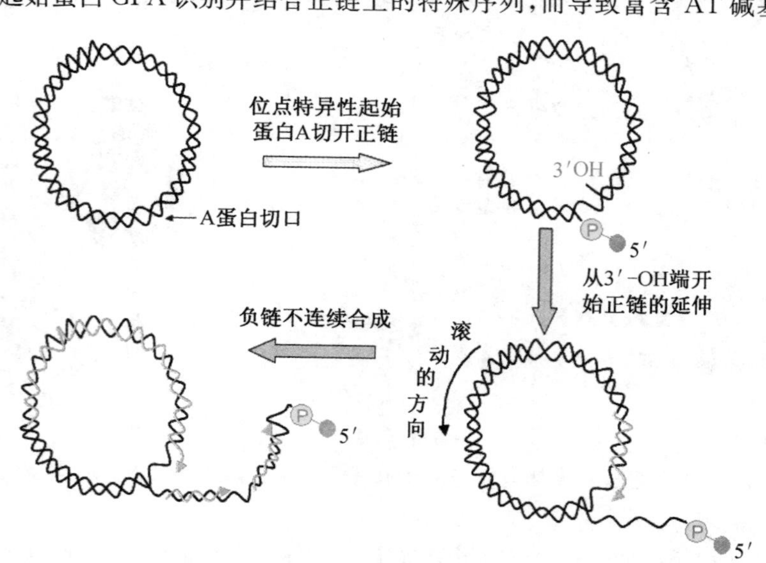

图 4-38 ΦX174 噬菌体 DNA 的滚环复制

发生解链，从而产生一个复制泡；随后，具有内切核酸酶活性的 GPA 在 G4305 和 A4306 之间切开正链，产生游离的 G3′- OH。释放出的 A5′-磷酸基团与 GPA 的 1 个 Tyr 残基以磷酸酯键相连；很快，宿主细胞的 DNAPⅢ结合在切口处，同时，解链酶 RepA 蛋白也结合进来，开始催化 RF - DNA 解链；在 DNAPⅢ的催化下，切口处的 3′- OH 直接作为引物开始合成新的正链即前导链，而作为模板的是负链 DNA；随着新的正链不断合成，负链环好像在滚动，而原来的正链则被取代；RF - DNA 在解链时，会形成正超螺旋。这可被旋转酶及时破坏掉。SSB 与游离出来的以单链形式存在的老的正链结合，新的正链则不断地合成，直到一条全长的新的正链复制好；新合成好的正链仍然与老的正链以共价键相连，这时 GPA 可再次切开正链，以让老的正链释放出来。负链则与新的正链形成新的 RF - DNA，以便进行下一轮滚环复制。

某些噬菌体，如 λ 噬菌体，在进行下一轮滚环复制以后，新合成的正链与老的正链仍然以共价键结合在一起，结果导致多个拷贝的基因组 DNA 前后串联在一起。但在新的噬菌体装配的时候，各个单拷贝的基因组 DNA 会被切开，并包装到新的病毒颗粒之中。此外，在进行滚环复制的时候，被取代的老的正链也可以作为模板，以不连续的方式合成负链，以便提供更多拷贝的 RF - DNA。

滚环复制也存在于真核细胞。例如，某些两栖动物卵母细胞内的 rDNA（rRNA 基因）和哺乳动物细胞内的二氢叶酸还原酶（DHFR）基因，在特定的条件下通过滚环复制，可在较短的时间内迅速增加目标基因的拷贝数。此外，一些共价闭环的类病毒基因组 RNA 也进行滚环复制。

（三）D-环复制

D-环复制即是取代环（displacement-loop）复制，可分为两种形式，一种是单 D-环复制，另一种是双 D-环复制。能够进行 D-环复制的主要是两种半自主性细胞器中的 DNA，即线粒体和叶绿体 DNA，还有少数病毒的基因组 DNA，如腺病毒。

1. 单 D-环复制

动物细胞的线粒体 DNA（mtDNA）两条链的密度并不相同，一条链富含 G 和 T 而具有较高的密度，所以被称为重链（heavy strand，H 链），另一条链富含 C 和 A 而具有较低的密度，因而被称为轻链（light strand，L 链）。每一个 mtDNA 分子有两个复制起始区——O_H和O_L：O_H用于 H 链的合成，O_L用于 L 链的合成。催化 mtDNA 解链的酶是 TWINKLE 蛋白，催化 mtDNA 复制的酶是 DNAPγ，两条链的合成都需要先合成 RNA 引物。

单 D-环复制的主要步骤包括（图 4 - 39）：(1) O_H首先被起动，先合成前导链，即新的 H 链。前导链连续合成，其引物由以 L 链为模板转录产生的接近基因组全长的 mRNA 经剪切加工产生，催化剪切反应的酶是核糖核酸酶 MRP；(2) 新 H 链一边复制，一边取代原来的老 H 链。被取代的老 H 链以单链环的形式被游离出来，这就是 D 环名称的由来；(3) 当 H 链合成到约 2/3 的时候，O_L得以暴露而被激活，由此起动后随链即新的 L 链的合成。新 L 链的合成以被取代的 H 链为模板，与新 H 链合成的方向相反。以前认为，后随链是连续合成的，但越来越多的证据表明它是不连续合成的，即要形成冈崎片段。每一个冈崎片段合成都需要引物，这由线粒体 RNA 聚合酶（mitochondrial RNA polymerase，POLRMT）（哺乳动物）或者兼有解链酶活性的 TWINKLE 蛋白（某些非后生动物）催化合成；(4) 由于 L 链与 H 链合成在时间上的不同步，所以当新 H 链合成完的时候，L 链仍然有约 2/3 还没有复制；(5) 先合成好的 H 链先被连接酶缝合，L 链则等合成好以后再进行连接反应。

2. 双 D-环复制

叶绿体 DNA 也含有 2 个复制起始区（*OriA* 和 *OriB*），这两个复制起始区也是由短的重复序列组成，并能被特定的起始蛋白识别和结合。但在进行 D 环复制的时候，*OriA*

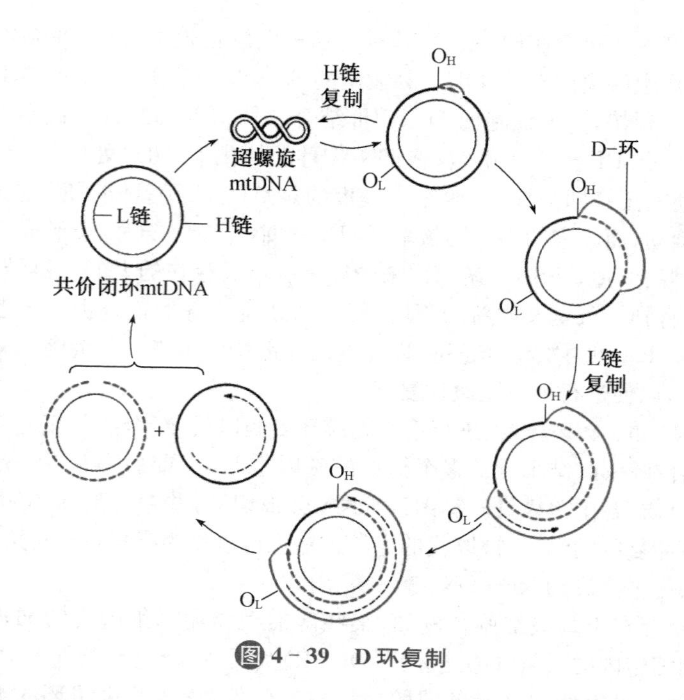

图 4-39　D 环复制

和 $OriB$ 同时启动,因此具有 2 个 D 环(图 4-40)。复制时的解链由叶绿体内的解链酶催化,引物也由叶绿体内的引发酶催化,而 DNA 的合成由叶绿体的 DNAP 催化。2 个 D-环相遇便融合,形成类似 θ 状结构。另外,两条链的复制都是连续的,即不形成冈崎片段。其 RNA 引物的切除往往不彻底,因此会在新复制的 DNA 链上留下几个核糖核苷酸。

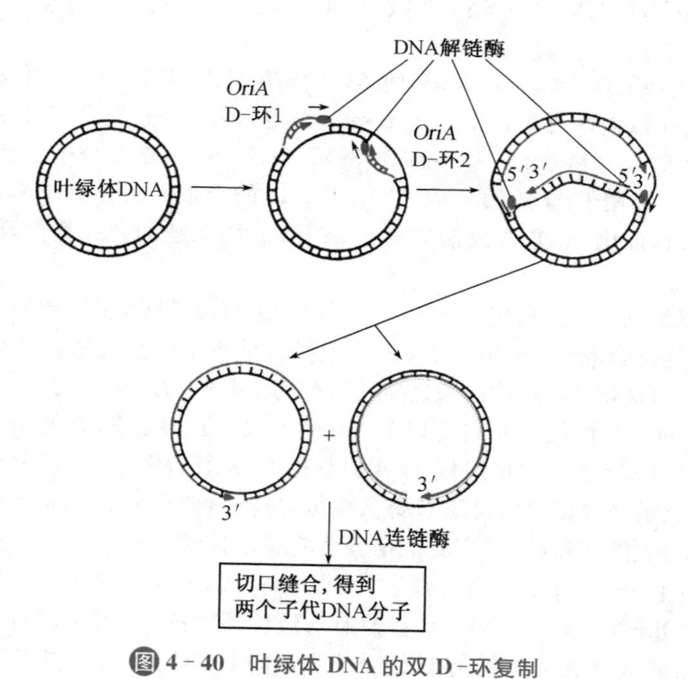

图 4-40　叶绿体 DNA 的双 D-环复制

(四) 真核细胞细胞核 DNA 的复制

真核细胞的核 DNA 复制在近几年来有很多重要的进展。首先,需要总结一下它与细菌 DNA 复制的一些重要差别,然后,再看看其详细的过程。

1. 真核细胞细胞核 DNA 复制与细菌 DNA 复制的重要差别

(1) 起始过程远比细菌复杂，复制被严格限制在细胞周期的 S 期，且一个细胞周期内只复制一次，在第一轮复制结束之前不可能进行第二轮复制，而细菌细胞在第一轮复制还没有结束的时候，就可以在复制起始区启动第二轮复制。真核细胞的核 DNA 复制之所以在一个细胞周期内只发生一次，是因为复制的启动受到严格的调控(见后面的真核细胞的核 DNA 复制的起始)。如果一个真核细胞在同一个细胞周期内进行了两次复制(re-replication)，就会导致基因组的不稳定，诱发双链 DNA 断裂，进而触发 DNA 损伤应答机制，使细胞周期被阻滞在 G2 期，并激活细胞凋亡机制，致使细胞凋亡。

(2) 需要解决核小体和染色质结构对 DNA 复制构成的障碍。

与细菌缺乏核小体和染色质结构形成鲜明对比的是，真核细胞核 DNA 与组蛋白形成核小体和染色质的结构。有证据表明，随着复制叉的前进，位于复制叉正前方老的核小体会不断发生解体，同时在复制叉的正后方，新的核小体又在不断地形成。在这个复制叉移动与新、老核小体形成和解体的紧密偶联的过程中，显然每一个老核小体的解体，会伴随着两个新核小体的形成。核小体在数目上的倍增需要有新的组蛋白的供应。幸好，新的组蛋白的合成也发生在细胞周期的 S 期，正好与 DNA 复制同步。在细胞质中 B 型组蛋白转乙酰酶(HAT－B)的催化下，新合成的 H3 和 H4 发生乙酰化修饰。这种乙酰化修饰位点和样式，不同于成熟的核小体在基因转录被激活时发生的乙酰化修饰。游离的组蛋白发生的乙酰化修饰不但有助于其从细胞质基质运输到细胞核，还有助于它们与组蛋白伴侣(histone chaperone)相互作用，从而促进新合成的组蛋白参入到核小体之中。例如，一种叫染色质组装因子 1(chromatin assembly factor 1, CAF－1)的组蛋白伴侣，能将新合成的 H3 和 H4 组装成四聚体，然后再将其装配到 DNA 双螺旋上。一旦新的组蛋白参入到核小体之中，即在特定的组蛋白去乙酰酶催化下，丢掉乙酰基。

在母链上一个老的核小体解体的时候，并没有彻底解离成单个组蛋白分子，而是解聚成 H3/H4 四聚体和 2 拷贝的 H2A/H2B 二聚体。释放出来的 H3/H4 四聚体直接转移到新复制的两个 DNA 双螺旋中的一个之上，再与其他的组蛋白重新组装成新的核小体。而老的 H2A/H2B 二聚体释放出来以后，融入新合成的组蛋白库中。库中有新的 H2A/H2B 二聚体和新的 H3/H4 四聚体。新的 H3/H4 四聚体在组蛋白伴侣的作用下，结合到另外一个新复制的双螺旋上，启动另一个核小体的组装(图 4－41)。新的核小体在组装中，所利用的 H2A/H2B 二聚体可能是老的，也可能是新的。于是，在 DNA 复制以后，对每一个重新组装的核小体而言，其组蛋白八聚体核心的组成共有 6 种可能性：老

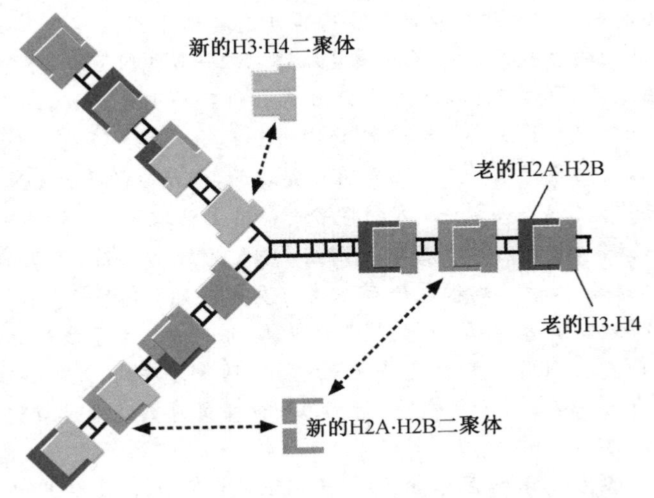

图 4－41 真核细胞核 DNA 复制过程中核小体结构的再组装

的 H3/H4 四聚体+2 个新的 H2A/H2B 二聚体;老的 H3/H4 四聚体+2 个老的 H2A/H2B 二聚体;老的 H3/H4 四聚体+1 个新的 H2A/H2B 二聚体+1 个老的 H2A/H2B 二聚体;新的 H3/H4 四聚体+2 个新的 H2A/H2B 二聚体;新的 H3/H4 四聚体+2 个老的 H2A/H2B 二聚体;新的 H3/H4 四聚体+1 个新的 H2A/H2B 二聚体+1 个老的 H2A/H2B 二聚体。

Quiz10 你认为导致真核生物细胞核 DNA 复制叉移动速度低、冈崎片段短的原因是什么?

(3) 复制叉移动的速度远远低于细菌。细菌复制叉移动的速率约 50 kb/min,而真核生物只有约 2 kb/min(表 4-8)。

(4) 具有多个复制起始区,以弥补复制叉移动速度低和基因组偏大对整个 DNA 复制速度的制约(表 4-8)。

表 4-8 几种不同生物复制子数目、大小和复制速率的比较

生物体	复制子的数目	复制子的大小(kb)	复制速率(nt/min)
大肠杆菌	1	4×10^6	$5\times10^4\sim7\times10^4$
酵母	500	40	3 600
果蝇	35 000	40	2 600
非洲爪蟾	15 000	200	500
小鼠	25 000	150	2 200

(5) 冈崎片段的长度短于细菌。

(6) 需要端粒酶解决端粒 DNA 末端复制问题。

Box 4-3 线形 DNA 末端复制的难题的解决

凡是线形 DNA 都有末端不好复制的难题,真核生物细胞核 DNA 巧用端粒酶很好地解决这种问题。至于其他类型的线形 DNA,如某些病毒的线形 DNA 以及某些线形线粒体 DNA,它们的末端复制问题解决的方式可以说是八仙过海,各显神通,概括起来,还有四种机制:(1) 将线形 DNA 暂时转变为环形 DNA;(2) 经重组形成连环体;(3) 滚环复制;(4) 使用蛋白质作为引物。

λ 噬菌体的基因组为线形双链 DNA,但其两端是 2 个由 12 nt 长的互补单链构成的粘性末端。这样的末端能够相互配对。一旦噬菌体进入宿主细胞,其基因组 DNA 就通过上述粘性末端形成双链环形 DNA。双链环形 DNA 的形成,不仅可以保护末端的 DNA 免受核酸酶降解,还解决了潜在的末端复制问题。

T7 噬菌体的基因组为线形双链 DNA,其复制起始于离左端约 5 900 bp 的区域,为双向复制。其两端含有 160 bp 长的重复序列。在一轮 DNA 复制结束以后,产生的两个子代 DNA 含有 3′-端突出,但通过突出之中的互补重复序列,两个子代 DNA 退火在一起,其间的空隙由 DNAP 和连接酶填补和缝合,最终形成一个串联二聚体分子。一种特殊的内切酶将串联二聚体再次交错切开,但产生的子代 DNA 含有 5′-端突出,它能够直接作为模板,从 5′→3′方向将另一条链上隐缩的 3′-端补齐(图 4-42)。

少数种类的酵母细胞内的线粒体基因组 DNA 为线形双链,其两端的 DNA 结构被称为线粒体端粒。线粒体端粒也含有多拷贝重复序列,并具有 5′-端突出。已在平滑假丝酵母(*Candida parapsilosis*)的线粒体内找到一种衍生于线粒体端粒序列的环形双链附加体 DNA。其序列和长度对应于端粒内的重复序列,能够通过滚环复制,产生更长的线状的端粒重复序列。或许,附加体内的重复序列是通过重组的方式添加到线粒体的端粒上的。

某些病毒(如腺病毒和噬菌体 Φ29)不使用 RNA 引物,而是使用特殊的蛋白质作为引物,直接回避了末端序列不能复制的问题。

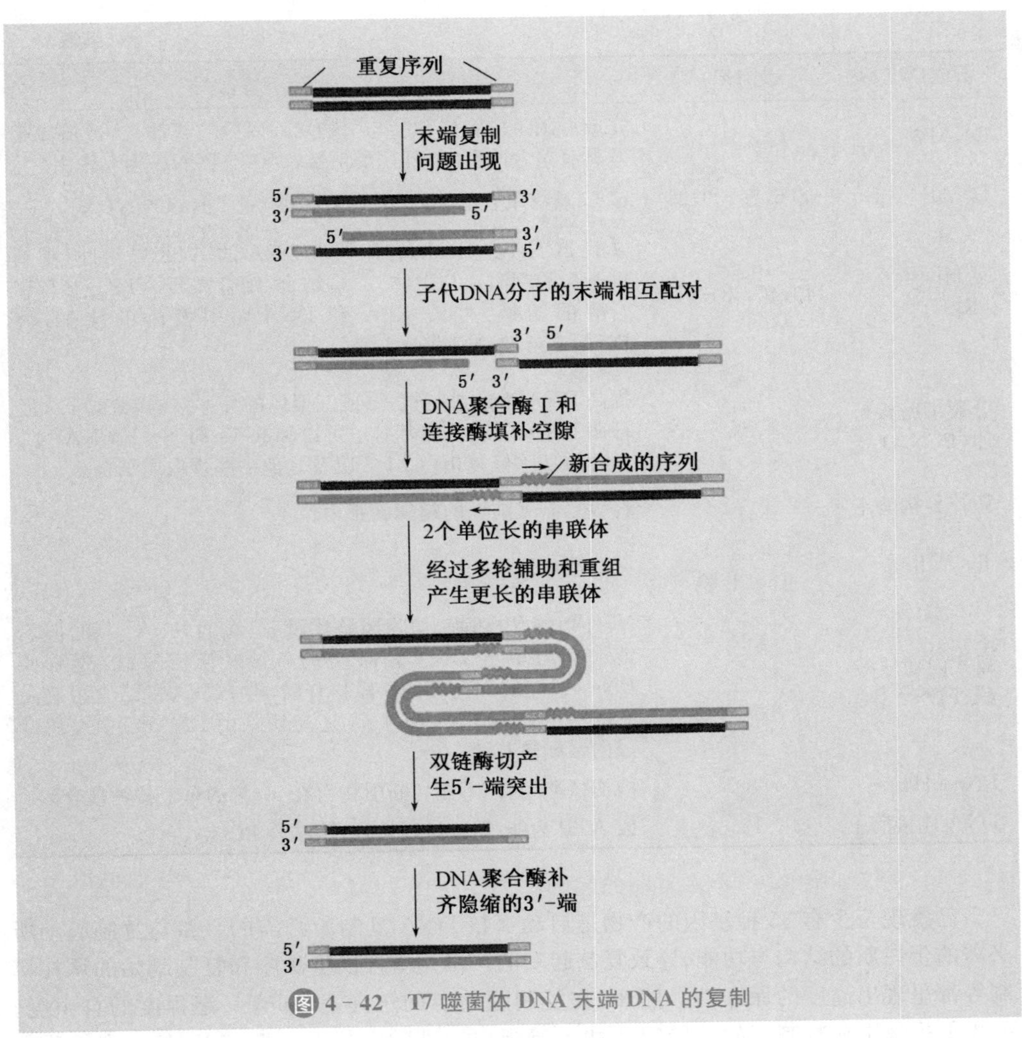

图 4-42　T7 噬菌体 DNA 末端 DNA 的复制

2. 真核细胞核 DNA 复制的详细机制

真核细胞 DNA 复制涉及多种不同的蛋白质和酶(表 4-9),它们在复制过程中起着不同的作用。

表 4-9　参与真核细胞 DNA 复制的主要蛋白质和酶的结构与功能

蛋白质名称	大小(kDa)	功能
Orc1～Orc6	～412	识别并结合复制起始区,形成起始区识别蛋白复合物(ORC)。
Mcm 蛋白	450～600	Mcm2～Mcm7 形成六聚体复合物,作为解链酶参与复制的起始和延伸。
复制蛋白 A (RPA)	70,34,11	结合单链 DNA,刺激复制起始区的解链,刺激 DNAPα/引发酶的活性,与 RFC 和 PCNA 一道刺激 DNAPδ 的活性以产生较长的 DNA 产物,还能阻止 DNAPα/引发酶与新合成的链结合。
DNAPα/引发酶	167,79,62,48	启动前导链和后随链的合成,但无校对功能,在 5′-端合成约 10 nt 长的 RNA 引物,随后再合成约 30 nt 长的 DNA。在后随链模板上频繁启动引物的合成。p167 具有聚合酶活性,p48 具有引发酶活性。与引发点稳定的结合需要 RPA 的刺激。

（续表）

蛋白质名称	大小(kDa)	功能
DNAPδ	125,55,40	完成后随链的合成和参与引物切除以后的填补。125 kDa 亚基具有聚合酶和 3′-外切酶活性，p40 与 PCNA 相互作用。
DNAPε	255,79,29,23	p255 具有聚合酶和 3′-外切酶活性，完成前导链的合成。
复制因子 C (RFC)	140,40,38,37,36	装载 PCNA 到 DNA，有依赖于 DNA 的 ATP 酶活性(受到 PCNA 的刺激)，与引物 3′-端结合，结合需要 ATP。参与聚合酶的切换：打破 RPA 和 DNAPα/引发酶的接触，使 DNAPδ 与 PCNA 相连。
分裂细胞核抗原(PCNA)	36	提高 DNAPδ 的进行性，形成三聚体的环形结构(类似于大肠杆菌 DNAPⅢ的 β 亚基)，也可以和 RFC、FEN-1、DNAPⅠ、核苷酸切除修复蛋白 XPG 以及其他一些蛋白质结合。
拓扑异构酶Ⅰ	110	释放复制叉前面的超螺旋张力。
Ⅱa 或Ⅱb	170(Ⅱa), 180(Ⅱb)	分开连环体。
翼式内切核酸酶(FEN-1)	43	5′-外切酶/内切酶，切除冈崎片段 5′-端的 RNA 引物，但不能水解与单链 DNA 相杂交的 5′-核苷三磷酸，故需要 RNaseH1 切掉 5′-端的一段核苷酸，与 PCNA 的结合可刺激它的活性到 10 倍。FEN-1 还能切除由 DNAPα/引发酶合成的错配核苷酸。
RNaseH1	89	内切核酸酶，但不能切断引物留在 5′-端的单个核糖核苷酸。
DNA 连接酶Ⅰ	125	以 ATP 为能源，连接冈崎片段，结合 PCNA。

(1) 真核细胞的核 DNA 复制的起始

已发现至少有 35 种基因的产物是启动真核 DNA 复制所必需的。参与复制起动所必需的蛋白质的结构与功能、导致复制起动的一系列事件发生次序和复制起始的调控机制等都呈现出高度的保守性。然而，在复制起始点的选择上，却有一定程度的自由度。差别似乎集中在复制起始区的组成和起始蛋白识别的方式上。事实上，某些多细胞生物，如后生动物，在发育过程中能够改变复制起始区的数目和位置。

与细菌 DNA 复制一样，真核细胞核 DNA 复制的起始首先涉及复制起始区的识别。然而，与细菌不同的是，真核细胞核 DNA 在复制起始之前，起始区已经与起始蛋白(Orc1～Orc6)结合，形成了起始区识别蛋白复合物(origin recognition complex of proteins, ORC)。ORC 存在于整个细胞周期，因此它的形成并非是 DNA 复制起始的充分条件，而是 DNA 复制起始的必要条件。真正属于起始步骤的反应可分为两个阶段(图 4-43)：复制预起始复合物(pre-replication complex, pre-RC)的形成及其被激活成活性的复制叉复合物。Pre-RC 能否形成则取决于执照因子(licensing factor)何时对复制起始区进行“点火”(firing)。充当执照因子的有细胞分裂周期蛋白 10 依赖性转录因子(Cell division cycle 10-dependent transcript1, Cdt1)和细胞分裂周期蛋白 6(cell division cycle 6, Cdc6)。它们在细胞周期的 G_1 期才开始合成并在细胞核积累，最先与 ORC 结合，一旦结合，pre-RC 便形成了。随后，它们再将微型染色体维护蛋白 2-7(mini-chromosome maintenance, Mcm2-7)装载到 ORC 上。其中，Cdc6 可水解 ATP，这有助于协调 Mcm 2-7 装载到双链 DNA 模板上，形成两个解链酶环，环绕在 DNA 模板上，沿着前导链的模板按照 3′→5′的方向移位，催化 DNA 复制过程中的解链。Mcm 2-7 复合体形成的是一种双层环结构：其 N 端这层是寡聚体，C 端含有 1 个 AAA^+ ATP 酶模体，构成马达结构域(motor domain)。很快，Cdc6 解离下来并被灭活。紧接着，Mcm10、Dbf4 依赖性蛋白质激酶(Dbf4-dependent protein kinase, DDK)、周期蛋白依赖性蛋白质激酶

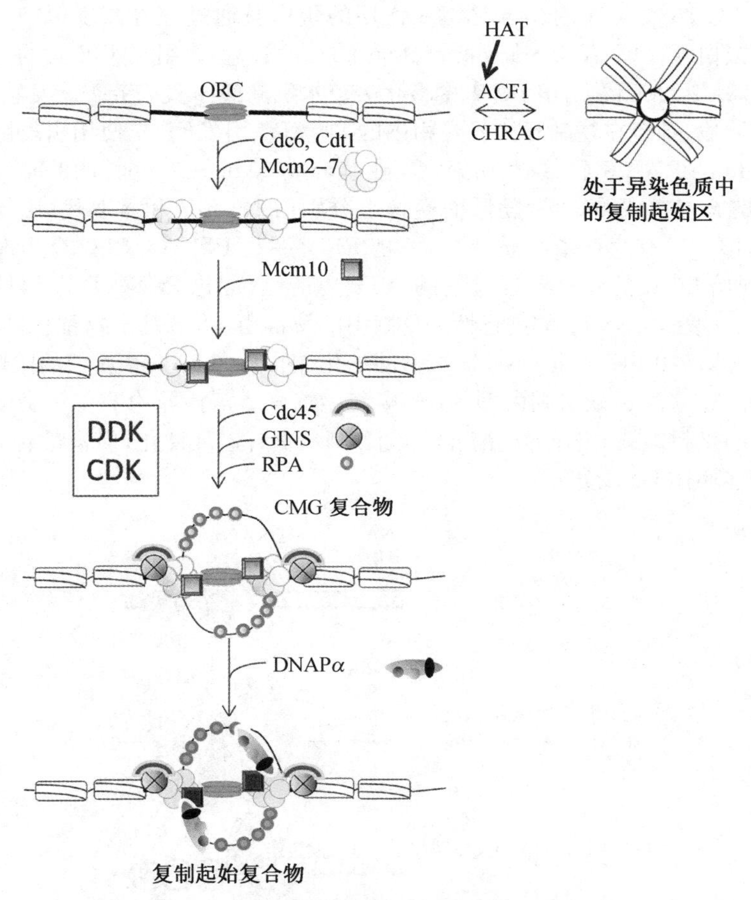

图 4-43　真核生物细胞核 DNA 复制的起始

(cyclin-dependent protein kinase，CDK)、Cdc45 和由 Sld5、Psf1、Psf2 和 Psf3 四个亚基组成的 GINS 也被招募进来。DDK 和 CDK 可催化 Mcm 发生特异性的磷酸化修饰，以调节 Mcm 的活性，而由 Cdc45-Mcm-GINS 形成的三元复合物(Cdc45-MCM-GINS complex，CMG 复合物)可进一步增强 Mcm2-7 环的解链酶活性。Mcm10 则在复制的起始和延伸中均起重要作用。在非洲爪蟾细胞内，它是 Cdc45 结合必需的。Mcm10 与 ORC 的结合可将 DNAPα-引发酶招募到复制起始区。一旦 DNAPα-引发酶加入，具有活性的复制叉复合物就形成了。

有时，DNA 复制起始区可能被隐藏在高度浓缩的异染色质上，这时一开始就需要借助于染色质重塑因子(chromatin remodeling factor)等的催化，例如，利用 ATP 染色质组装和重塑因子 1(ATP-utilizing chromatin assembly and remodeling factor 1，ACF1)、组蛋白转乙酰酶(HAT)和染色质可及复合物(chromatin accessibility complex，CHRAC)，进行去浓缩化，以暴露出复制起始区。

(2) 真核细胞核 DNA 复制的延伸

复制从起始过渡到延伸的机制已经有所了解：Ctf4/1 作为 DNAPα 的复制因子，与 CMG 复合物相互作用。这可能有助于将 DNAPα 拴在染色质上，同时有利于协调 DNA 的解链和 DNAPα 催化的引物合成。如此紧密的偶联将单链的长度最小化。RPA 作为 SSB 与上述稳定的起始蛋白/DNA 复合物结合。

延伸阶段的反应涉及 Mcm 蛋白复合物、三种 DNA 聚合酶、RPA、RFC、PCNA、DNA 拓扑异构酶、DNA 连接酶和 FEN-1/RNaseH1(表 4-9)等的协调有序的作用。其中三种 DNA 聚合酶都有异源四聚体的结构，并具有高度的忠实性。许多参与复制的酶或蛋白质需要与 PCNA 发生作用。与 PCNA 作用的蛋白质通过一种高度保守的模体——PCNA 互作蛋白盒(PCNA-interacting protein box，PIP 盒)。组成 PIP 盒的一致序列是 QXXhXXaa,其中的 X 代表任何氨基酸,h 代表疏水氨基酸,a 代表芳香族氨基酸。

在延伸阶段,结合在复制起始复合物中的 DNAPα/引发酶,先使用引发酶亚基合成长 7 nt～10 nt 的 RNA 引物,再利用聚合酶亚基合成 20 nt～30 nt 长的 DNA 片段,随后离开 DNA 模板,在前导链和后随链的模板上分别由 DNAPε 和 δ 取代(图 4－44 和图 4－45)。在此环节,有两种蛋白质参与,一是 RFC,一是 PCNA。RFC 充当滑动钳装载者,结合在起始 DNA 的 3′-端,通过它的 ATP 酶活性,催化 PCNA 滑动钳结构装载在 DNA 模板上以增强 DNAPδ 的进行性。复制中的解链由 Mcm 复合物催化,冈崎片段上的 RNA 引物水解由 FEN1/RNaseH1 核酸酶催化(图 4－46)。两个相邻的冈崎片段之间的空缺由 DNAPδ 填补,缺口则由 DNA 连接酶Ⅰ缝合。拓扑异构酶Ⅰ负责清除复制叉移动中形成的正超螺旋,拓扑异构酶Ⅱa 和Ⅱb 则负责解连环体化,促进最后的 2 个以共价键相连的连环体 DNA 分开。

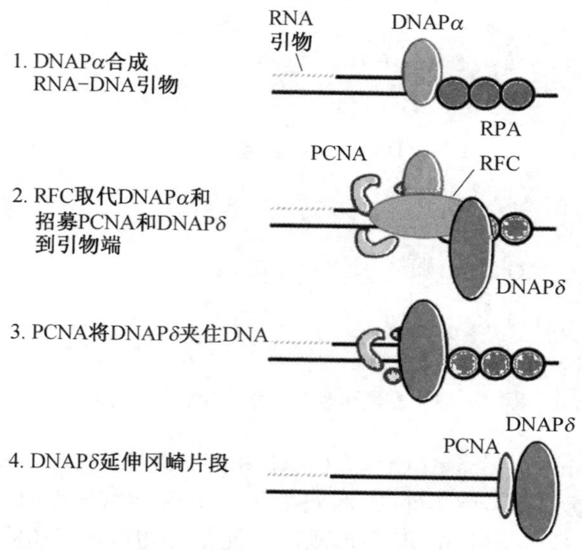

图 4－44　真核细胞核 DNA 复制叉中后随链的合成

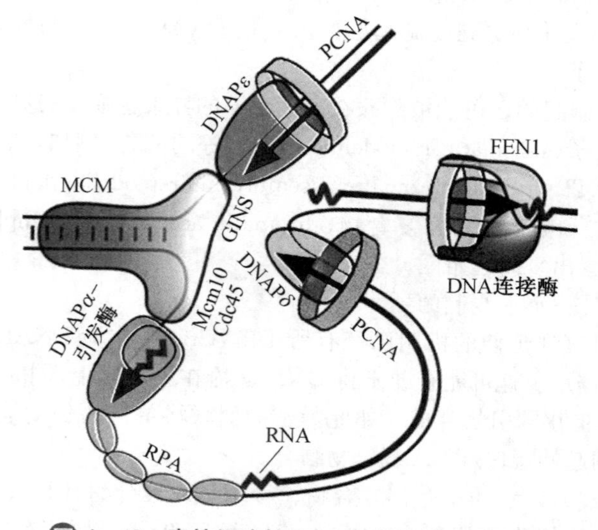

图 4－45　真核细胞核 DNA 复制叉的结构模型

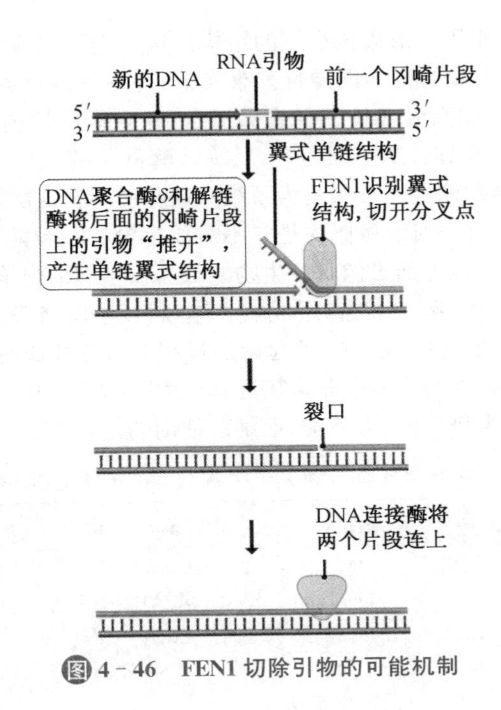

图4-46 FEN1切除引物的可能机制

(3) 真核细胞核DNA复制的终止

两个相邻的复制叉在相遇的时候，做到无缝融合十分重要，这样才能避免多余的复制。另外，精确的终止还必须能够阻止连环体(catenane)的形成。根据对芽殖酵母(budding yeast)的研究，其复制终止随机地发生在4 kb长的区域内。这些区域通常含有复制叉暂停元件(fork pausing element)。已在裂殖酵母的交配型基因和芽殖酵母的rDNA基因内，发现特异性的复制终止位点(replication termination site, RTS)。在RTS内，称作复制叉障碍物(replication fork barriers, RFB)的区域让终止具有方向依赖性，由此可阻滞两个相遇复制叉中的一个向对侧的移动。其他复制暂停的例子包括着丝粒(centromere, CEN)、tRNA元件、Ty元件以及转录和复制刚好相遇的地方。Ⅱ型和Ⅰa型DNA拓扑异构酶参与复制的终止。Ⅱ型拓扑异构酶在S期与染色质结合，在中期位于着丝粒。它与终止区的结合可防止在终止区发生DNA断裂和重组，此外，还参与在含有RTS区域的终止。缺乏Ⅱ型拓扑异构酶可导致细胞分裂期间DNA的断裂。相反，Rrm3解链酶促进复制叉通过终止区。于是，Rrm3和Ⅱ型拓扑异构酶一起在RFB，协调复制叉在终止区的移动和融合。ⅠA型拓扑异构酶的作用则是有助于具相似终止位点结构的姊妹染色单体(chromatid)的分离。

(五) 古菌的DNA复制

与细菌相似，古菌的染色体DNA一般也是单倍体的环状DNA，其上的基因数目也差不多。然而，在DNA模板存在的状态、包装的方式、参与复制的多种酶和蛋白质的结构与功能以及复制的具体机制上，古菌与真核生物非常相似。

在没有复制之前，绝大多数生物体内的DNA以负超螺旋的状态存在，但不同类型的生物引入负超螺旋的机制并非相同。细菌是通过旋转酶引入，而真核生物利用组蛋白与DNA形成核小体的机制引入。而许多古菌则同时具有DNA旋转酶和组蛋白，因此，这些古菌在染色体DNA引入负超螺旋的手段可能类似于细菌，也可能类似于真核生物，还可能兼而有之。古菌的组蛋白长度要短于真核生物，但氨基酸序列与三维结构与真核生物相似，因此也可以自发组装成组蛋白核心。然而，古菌的组蛋白在与DNA形成核小体的时候，只形成四聚体核心，而不是真核生物的八聚体核心。四聚体组蛋白核心让古菌的一个核小体只能包被约80 bp的DNA。细菌没有组蛋白，虽然含有类似组蛋白的碱性蛋白与DNA结合,但从来不会形成核小体的结构。这些类似组蛋白的碱性蛋白与真正的组蛋白在氨基酸序列上没有任何同源性。事实上,许多古菌也含有这样的碱性蛋白。此外,对于那些生活在极端高温环境下的古菌而言,在它们的体内含有DNA反旋转酶(reverse DNA gyrase)。与旋转酶不同的是,反旋转酶催化的反应是将正超螺旋引入染色体DNA。这种反旋转酶的存在显然是为了维持这些嗜高温古菌细胞内DNA的稳定。

在DNA复制上,古菌与细菌相似的是它不需要也没有端粒酶,因为其染色体DNA是环状,无端粒结构,在其他方面更像真核生物。与真核生物细胞核DNA复制相似的地方主要表现在:(1) DNA模板与组蛋白形成核小体,而核小体结构对复制会产生一定影响;(2) 许多古菌具有多个复制起始区,且起始的过程与真核生物惊人相似;(3) 参与复制的许多蛋白质和酶在结构与功能上非常接近真核生物(表4-10)。例如,参与DNA复制的主要聚合酶与真核生物一样,为B类,而细菌使用的是C类。

表4-10 细菌、古菌和真核生物参与DNA复制的主要蛋白质和酶的比较

参与复制的蛋白质和酶	细菌	真核生物	古菌
起始蛋白	DnaA	Orc1～Orc6	Orc1/Cdc6
解链酶	DnaB	MCM复合物	MCM
解链酶装载物	DnaC	Cdc6+Cdr1	Orc1/Cdc6
DNA聚合酶	C类	B类	B类
滑动钳	DNA聚合酶Ⅲ的β亚基	PCNA	PCNA
滑动钳装载物	γ亚基复合物	RF-C	RF-C
DNA连接酶	NAD^+依赖性DNA连接酶	ATP依赖性DNA连接酶Ⅰ	ATP依赖性DNA连接酶Ⅰ
切除引物的酶	DNA聚合酶Ⅰ或RNaseH	RNaseH/FEN1	RNaseH/Fen1
端粒酶	无	有	无

四、DNA复制的高度忠实性

DNA复制非常精确,错误率为10^{-11} nt～10^{-9} nt,因此具有高度的忠实性,这对遗传物质的稳定性格外重要。概括起来有以下几种互为补充的机制在起作用。

Quiz11 根据DNA复制的错误率,计算一下人类单倍体基因组每复制一次最多会有多少错误?

(1) 四种dNTP浓度的平衡

细胞内作为DNA合成前体的四种dNTP浓度的平衡,对于DNA复制的忠实性有很大的影响。如果有一种dNTP的浓度远远高于另外三种,那么浓度过高的那一种就有更多的机会参入到新合成DNA分子上,这会增加核苷酸错配的危险,从而降低复制的忠实性。但在正常的细胞内,负责合成脱氧核苷酸的核苷酸还原酶(nucleotide reductase)具有非常精细的调节机制,可以维持四种dNTP浓度的平衡。

(2) 催化复制的DNAP的高度选择性

直接催化复制的DNAP在维持复制的忠实性方面是最重要的,它们能根据模板链的核苷酸序列,按照Watson-Crick配对方式选择正确的核苷酸参入。如果选择的核苷酸与模板链上的核苷酸不匹配,则加以抛弃,重新挑选;如果选择到的核苷酸正好与模板链上的互补,则保留下来,在聚合酶催化下,与前一个核苷酸形成磷酸二酯键。

然而,聚合酶如何选择正确配对的核苷酸的呢?研究表明,聚合酶通过几何选择(geometric selection)和构象变化(conformational change)两种机制来挑选正确的核苷酸。若是以Watson-Crick方式配对的核苷酸(A-T或G-C),那它们在外形、距离和它们的糖苷键连接的角度上几乎是相同的;若是以非Watson-Crick方式配对的核苷酸(如G-A或C-A或TG),则在外形、距离和它们的糖苷键连接的角度上与Watson-Crick碱基对有较大的差别。于是，错误的dNTP因为不能形成正确的几何形状，不适合进入酶的活性中心，而正确的dNTP很容易进入酶的活性中心。而且，一旦进入酶活性中心，正确的dNTP与模板链上的相应的核苷酸配对，酶的构象即被诱导而迅速发生较大的变化。在没有底物结合的时候，聚合酶的手指—手掌—拇指的构象处于开放的状态。当正确配对的核苷酸进入活性中心以后，构象发生变化的酶能更好地包被碱基对，使之采取合适的取向，让进入的dNTP上的α-P更容易受到引物3′-OH的亲核进攻；如果错误的核苷酸进入活性中心，酶构象发生的变化要慢1万倍！

(3) DNAP附带的3′-外切酶活性产生的自我校对(见DNAP的结构与功能)

(4) 错配修复

前三种机制并不能保证合成好的子链完全没有错配的核苷酸。假定在复制好的DNA分子上果真出现了错配的核苷酸，机体还有补救的措施吗？事实上，在细胞里早已预备好最后一道"防线"，它专门修复复制中错配的核苷酸，这种机制被称为错配修复(参见第五章DNA损伤、修复和突变)。

(5) 使用RNA作为引物

DNA复制使用RNA引物似乎既耗能，又耗时。那么，细胞合成RNA引物的真正意义何在？原来与复制的忠实性有关，因为在DNA合成一开始被参入的核苷酸难以与模板链形成稳定的双螺旋，所以很容易错配，但如果使用RNA引物，则不必担心这些错配的核苷酸，因为反正RNA引物是迟早会被水解的。

(6) DNA复制的极性也可能与忠实性有关

如果DNA复制可以从3′→5′进行，那么当在复制过程中出现错配的时候，只能依靠DNAP的5′-外切酶活性将出现在5′-端错配的核苷酸切除，而留下5′-OH或5′-磷酸。显然，这样的5′-端不能直接与下一个dNTP的3′-OH形成5′,3′-磷酸二酯键。为此，细胞必须预备另外一套酶，专门将校对后产生的5′-端变成5′-三磷酸，这样才能保证后面的聚合反应可进行下去。也许，如果细胞内的脱氧核苷三磷酸为3′-dNTP的话，那么DNA复制的极性就变成了3′→5′。

五、DNA复制的调控

DNA复制的调控主要集中在起始阶段。但对于DNA复制起始过程的调控，细菌和真核生物的使用不同的机制。

(一) 细菌DNA复制起始的调控

以大肠杆菌为例，何时进行新一轮的DNA复制由Dam和复制起始蛋白(DnaA蛋白)控制。

亲代DNA分子的两条链均被甲基化，催化甲基化的酶是Dam。甲基化位点是GATC序列中A的N6，甲基供体是S-腺苷甲硫氨酸。刚形成的子代DNA在GATC序列上是半甲基化的。*OriC*内共含有11个重复的GATC序列，在亲代DNA分子上都被甲基化了。子代DNA在*OriC*上的甲基化位点完全被甲基化以后，才能启动下一轮复制，因为只有甲基化的*OriC*才能被DnaA蛋白识别和结合(图4-47)。

Quiz12 如果一种突变导致Dam活性降低，你认为这将对大肠杆菌的DNA复制带来什么影响？

当子代DNA分子处于半甲基化状态时，与细胞膜结合的一种抑制蛋白SeqA与*OriC*结合，使得DnaA蛋白无法识别和结合*OriC*。只有当Dam将子代DNA分子上的GATC序列甲基化以后，抑制蛋白才与*OriC*解离。此后，DnaA蛋白才能与*OriC*结合，从而启动了新一轮DNA的复制。

(二) 大肠杆菌质粒ColE1的复制调控

质粒ColE1的复制为单向复制，先合成500 nt长的RNA引物，然后先由DNAPⅠ合成，再由DNAPⅢ代替DNAPⅠ继续合成。

ColE1复制由RNAⅠ负调控。RNAⅠ是引物RNA的反义RNA，它的长度为

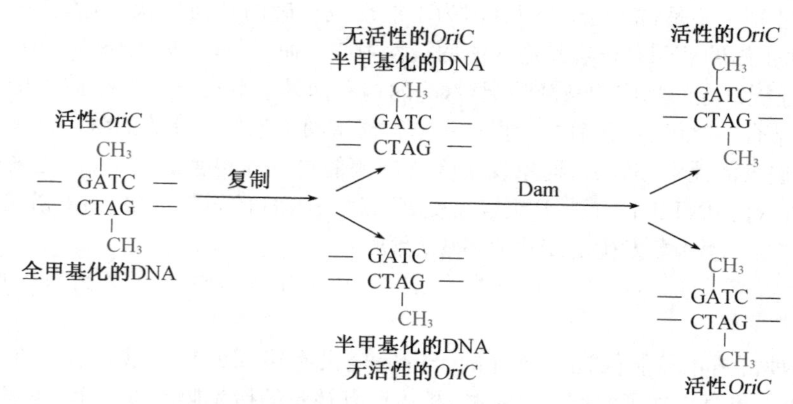

图 4－47　甲基化对细菌 DNA 复制的调节

100 nt,与引物 5′-端的前 100 nt 正好互补。一旦 RNA Ⅰ 与引物 RNA 互补结合,引物就不能形成引发复制所必需的三叶草状结构,从而导致引物失活。

（三）真核细胞核 DNA 复制起始的调控

在每一个细胞周期内,基因组 DNA 的一次性忠实和及时复制对于真核细胞的生存是至关重要的。真核细胞核 DNA 含有多个复制子,各复制子的复制都被限制在细胞周期的 S 期,但各复制子的启动并不同步。那么,真核细胞是如何能让一个复制子在一个细胞周期内只启动一次呢?

原来,真核细胞核 DNA 复制的起动受执照调控系统的控制:在细胞周期的 G1 期,复制起始区被颁发一次性执照,即由 Cdc6 和 Cdt1 对 ORC 进行“点火”激活。一旦进入 S 期,执照即被收回,这就防止了预复制复合物的再次装配,从而保证了一个细胞周期内 DNA 只复制一次。因为 Cdc6 的结合是暂时的,它在细胞有丝分裂结束和 G1 后期与 ORC 结合,它与 Cdt1 一起确保一个细胞周期内,DNA 复制只起动一次。一旦复制被它们起动,Cdc6 蛋白和 Cdt1 蛋白即离开 ORC,Cdc6 就迅速被水解,而 Cdt1 要么被泛酰化后进入蛋白酶体降解,要么被增殖蛋白(geminin)隔离开。

增殖蛋白存在于大多数真核生物的细胞核,在 G1 期缺乏,但在 S 期、G2 期和进入 M 期积累并一直存在,一旦细胞周期从分裂期的中期过渡到后期,受到后期促进复合物(anaphase-promoting complex, APC)诱导的泛酰化/蛋白酶体(ubiquitination/proteasome)的降解,水平开始下降。在 S 期的开始直至分裂后期,增殖蛋白抑制复制因子 Cdt1,阻止预复制复合物的再装配,而阻止 Mcm 蛋白装配到新合成的 DNA 分子上,从而有效地防止了在同一个细胞周期内重复发生 DNA 复制的起动。但随着有丝分裂的结束,增殖蛋白被降解稀释,于是两个子细胞在下一个细胞周期的 S 期能够对执照因子做出反应,由此启动新一轮 DNA 复制。

第二节　逆转录

DNA 的生物合成不仅可以以 DNA 作为模板,还可以以 RNA 作为模板。以 RNA 为模板合成 DNA 的过程称为逆转录。逆转录已被发现是一种很普遍的现象,它不仅仅存在于逆转录病毒的生活史之中,还存在于没有受到任何逆转录病毒感染的真核生物和一些细菌的体内。例如,在前一节中介绍的由端粒酶催化的就是逆转录反应。

一、逆转录病毒的逆转录反应

逆转录病毒是一类 RNA 病毒,以特定的高等动物细胞为宿主细胞,其最基本特征是在生活史中,有一个从 RNA 到 DNA 的逆转录过程。此外,逆转录病毒在感染宿主细胞后，会将其经逆转录产生的基因组 DNA 整合到宿主基因组中。

常见的逆转录病毒有劳氏肉瘤病毒（Rous sarcoma virus，RSV）、猫白血病病毒（feline leukemia virus）、小鼠乳腺肿瘤病毒（mouse mammary tumor virus，MMTV）和人类免疫缺陷病毒（human immunodeficency virus，HIV）。HIV 是人类获得性免疫缺陷综合征（acquired immune deficiency syndrome，AIDS）即艾滋病的元凶，故 HIV 俗称为艾滋病病毒。

HIV 分为 HIV-1 和 HIV-2。两者的主要差别在于，基因组序列不完全相同，如 HIV-1 编码 VPU 蛋白，而 HIV-2 编码 VPX 蛋白。此外，HIV-1 广泛分布于世界各地，HIV-2 则与猿类免疫缺陷病毒（simian immunodeficency virus，SIV）更接近，难以在人人之间传播，目前主要分布于非洲西部。

感染艾滋病病毒的途径主要有血液传播、性传播和母婴传播。

由于 HIV 在人体内破坏免疫系统，造成机体免疫力下降，因此，艾滋病患者很容易发生各种感染，而且症状没有特异性，表现为复杂多样的综合征。常见症状有：长期低热、消瘦、乏力、冒汗、慢性腹泻、慢性咳嗽、全身淋巴结肿大、头晕、头痛和反应迟钝等。

艾滋病患者易发生的肿瘤是卡波西氏肉瘤（Kaposi's sarcoma），其表现为皮肤出现深蓝色或紫色的斑丘疹或结节。此外，淋巴瘤、肝癌和肾癌等也较常见。

Quiz13 每年的世界艾滋病日是哪一天？它是从哪一年开始设立的？

（一）逆转录病毒的结构

按照从外到内的次序（图 4-48 和 4-49），一个典型的逆转录病毒颗粒的最外面是一层衍生于宿主细胞膜的外被（envelope），其上分布着由病毒基因组编码的表面糖蛋白（surface glycoprotein，SU）和跨膜蛋白（transmembrane protein，TM）。SU 是病毒的主要抗原，TM 为成熟的 SU 的内部跨膜部分；中间是一层由蛋白质核心构成的衣壳（capsid），呈二十面体状。组成衣壳的蛋白质有衣壳蛋白（capsid protein，CA）、基质蛋白（matrix protein，MA）和核衣壳蛋白（nucleocapsid protein，NC）。衣壳的功能是保护基因组；最里面的是病毒基因组 RNA，其上结合有逆转录酶（RT）、整合酶（integrase，IN）、蛋白酶和充当逆转录反应引物的特定 tRNA。

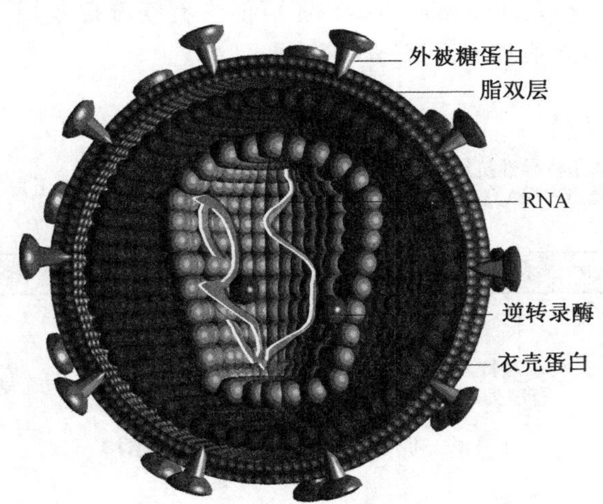

图 4-48　逆转录病毒的结构模式图

逆转录病毒基因组属于正链 RNA，共有 2 个拷贝，因此逆转录病毒被称为二倍体病毒。其两个拷贝的基因组 RNA 在 5′-端通过氢键结合在一起。每一个拷贝就是一个全长的病毒 mRNA，但在病毒感染宿主细胞之后，基因组 RNA 并没有自由地释放到细胞质，所以不能与核糖体结合进行翻译，而是作为模板，在自带的逆转录酶的催化下，被逆转录成 DNA。

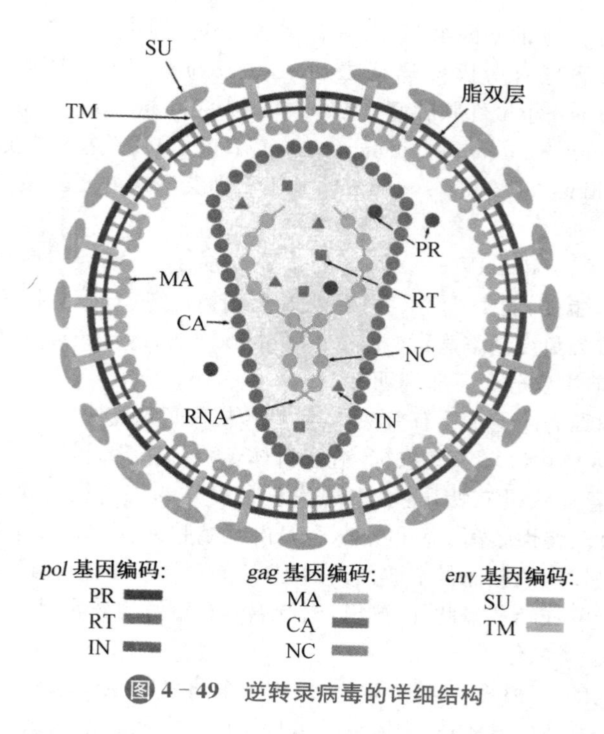

图 4-49 逆转录病毒的详细结构

逆转录病毒基因组 RNA 的非编码区包括 5′-端的帽子、5′-端的末端直接重复序列(5′-R)、5′-端特有序列(5′-end unique，U5)、引物结合位点(primer-binding site，PBS)、剪接信号、充当引物并引发第二条 DNA 链合成的多聚嘌呤区(polypurine tract，PPT)、3′-端尾巴、3′-端特有序列(3′-end unique，U3)和 3′-端的末端直接重复序列(3′-R)(图 4-50)。编码区通常有 3 个结构基因：(1) *gag* 基因——编码 MA、CA 和 NC；(2) *pol* 基因——编码 RT、整合酶和蛋白酶；(3) *env* 基因——编码 SU 和 TM。如果是肿瘤病毒，如鼠白血病病毒(murine leukemia virus)，还可能含有病毒癌基因 *onc*，其编码癌蛋白(oncoprotein)。3′-R 内有加尾信号 AAUAAA。

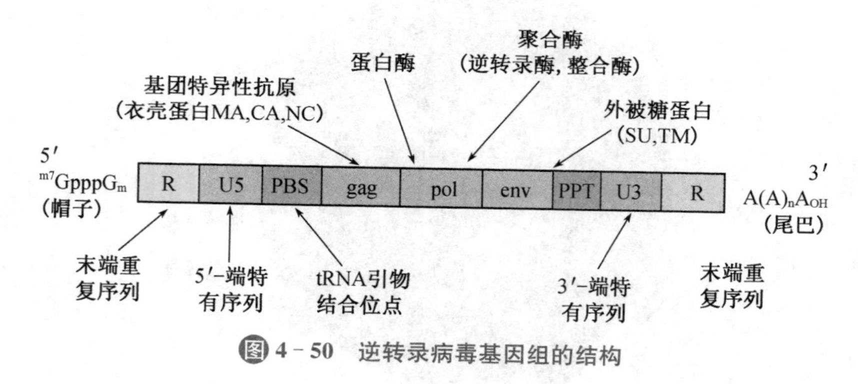

图 4-50 逆转录病毒基因组的结构

(二) 逆转录病毒的生活史

以 HIV 为例，逆转录病毒的生活史主要包括 6 个阶段(图 4-51)。

1. 附着与融合

这是由受体和辅助受体(co-receptor)介导的过程(图 4-52)。作为受体的是 CD4 蛋白，作为辅助受体的是趋化因子受体(chemokine receptor)——C-C 模体受体 5(C-C motif receptor 5，CCR5)或 C-X-C 模体受体 4(CXC motif receptor4，CXCR4)。配体是病毒外被上的表面糖蛋白 gp120 和 gp41。

人体宿主细胞膜上的 CD4 蛋白和趋化因子受体本来拥有自己的功能，但 HIV 却在

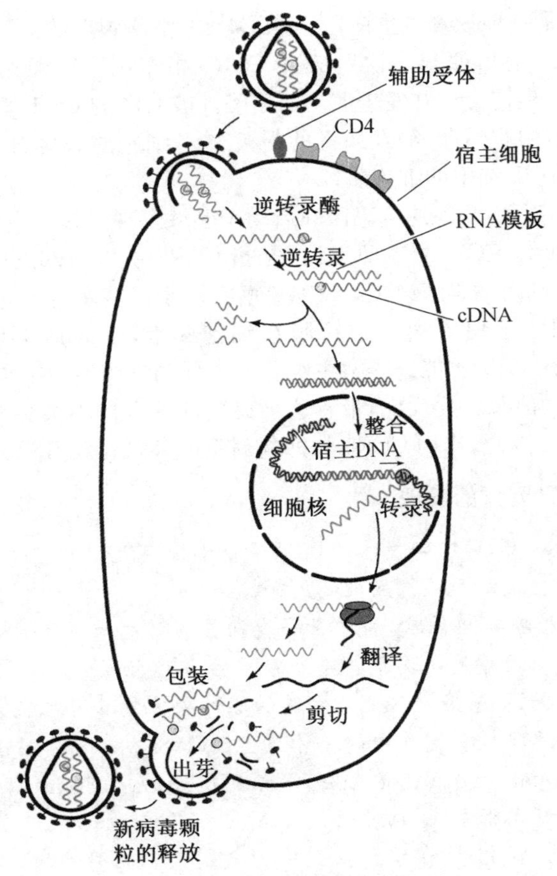

图 4－51 HIV 的生活史

进化过程中盗用了白细胞表面的标记物来作为入侵和感染免疫细胞的跳板。

HIV 的宿主细胞应该同时含有 CD4 蛋白和趋化因子受体，主要是 CD4－T 淋巴细胞，还有巨噬细胞、单核细胞和树突状细胞(dendritic cell)。

HIV 在感染早期，通常使用 CCR5，而在后来可能只用 CXCR4，或者同时使用 CCR5 和 CXCR4。

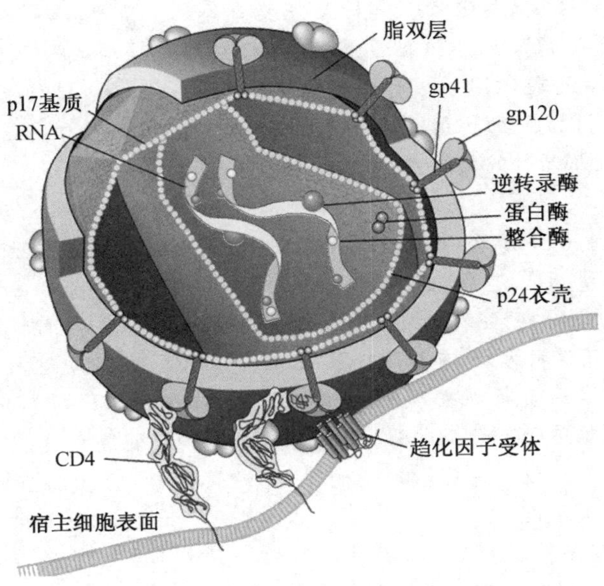

图 4－52 HIV 与宿主细胞的附着

病毒的gp120是一种三聚体蛋白，当与CD4-T细胞膜上的CD4蛋白的末端结构域接触以后，就被激活，随后便与多次跨膜的CCR5相作用。这种相互作用一方面使得gp41激活，另一方面促使gp120发生剪切而塌陷。被激活的gp41通过它的N端疏水结构域，插入到T细胞的质膜上，触发病毒的外被与T细胞质膜融合，同时让里面带有衣壳的病毒颗粒释放到T细胞的细胞质。

目前已在编码CCR5基因的编码区和启动子区域发现了多种有意思的突变，尤其是发生在编码区的突变体CCR5δ^{32}。CCR5δ^{32}是指CCR5基因内部发生的32 nt缺失的突变，即在CCR5等位基因编码区第185位氨基酸密码子以后发生了32 nt缺失，导致可读框错位，从而使CCR5蛋白无法正常跨膜在细胞膜上，进而使HIV的gp120不能与CCR5δ^{32}有效结合，让HIV不能进入宿主细胞。人群调查和实验结果表明，CCR5δ^{32}突变体拥有正常的免疫功能和炎症反应，带有这种突变的纯合体不会感染HIV，而杂合体则不容易感染上HIV。因此，作用CCR5的抑制剂应该可以有效阻断HIV的感染。

Box 4-4　HIV辅助受体的发现

有关趋化因子和HIV辅助受体的发现故事十分有趣，它是又一个因几个不同基础研究领域偶然发生交汇而获得成果的例子。

自从1983年发现HIV以后，科学家一直在苦苦寻找两个看起来似乎互不相干的问题的答案。第一个问题是发现免疫系统能产生某些物质抑制HIV的复制，第二个问题是涉及在参与HIV感染进入免疫细胞的额外受体或其他机制的鉴定。

对解决第一个问题起重要作用的一步发生在1986年：受美国国立过敏症及传染病研究所(the National Institute of Allergy and Infectious Diseases, NIAID)资助从事免疫学基础研究的科学家发现，细胞毒性T淋巴细胞(cytotoxic T lymphocyte, CTL)可分泌特殊的物质抑制HIV在培养细胞中的复制。与此同时，他们还发现某些感染HIV但很长时间不发病的个体在其血液里含有较多的CTL。然而，自此以后差不多过去了十年，才确定了与抑制HIV复制相关的特殊分子。

1987年，从事基础免疫学研究的科学家发现，有一类后来被通称为趋化因子(chemokine)的分子家族在激活免疫系统对感染做出反应中起作用。这些信号分子将自己附着在免疫细胞表面特定的结合位点上，激起更多的免疫细胞到达受感染的区域，抗击入侵的微生物。

到了1995年12月，趋化因子和HIV感染直接的关系才渐渐露出水面。NIH下属的国立肿瘤研究所(National Cancer Institute, NCI)的科学家发现，CTL能够分泌某些抑制HIV活性的趋化因子。有三种特定的趋化因子——RANTES、MIP1-α和MIP1-β共同抑制HIV的复制。不久，NIAID的科学家确定了其他一些由CTL分泌的也参与抑制HIV活性的物质。

随着对CTL抑制HIV复制研究的不断深入，其他的一些研究者发现，免疫细胞的表面含有特定的受体分子CD4允许HIV的感染。而在动物研究中发现，CD4受体分子单独还不够让HIV感染进入免疫细胞。

1994年，NIAID的研究人员发明了一种巧妙的检测方法，可以研究HIV与免疫细胞的融合。使用这种方法，直接导致了1996年4月发现HIV进入免疫细胞还需要第二类受体。研究人员将新发现的受体分子称为融合素(fusin)，因为它使得某些HIV颗粒与免疫细胞融合。而对融合素分子结构的研究很快就发现它就是趋化因子的受体——CXCR4。与这类受体结合的是β-趋化因子，它在以前已被发现有抑制HIV的活性。

在发现融合素1个月以后，来自NIAID的研究者又发现了第二类趋化因子的受体——CCR5是HIV感染宿主细胞所必需的，而在这以前，也发现了这一类趋化因子也能抑制HIV的活性。这个新的发现显示了三类趋化因子通过与HIV竞争结合相同免疫细胞受体而抑制HIV的感染。

到此为止，两个问题可以说都有了答案：HIV要进入细胞，首先必须与细胞表面的CD4受体和一种趋化因子受体结合。如果趋化因子受体被趋化因子占据或者本身有缺陷，HIV就不能附着在细胞的表面，更不要说是进入细胞繁殖了。为什么有一些人尽管频繁接触HIV但就是不感染病毒？其根本原因在于他们的CCR5基因是突变的，导致位于免疫细胞表面的CCR5缺乏能与HIV结合的功能位点。

2. 病毒核心颗粒的释放和逆转录反应

由于病毒颗粒本来就带有基因组复制所必需的成分，因此一旦进入宿主细胞的细胞质，即被激活进行复制。当HIV外被与宿主细胞膜融合以后，失去外被的病毒核心颗粒即被释放到细胞质，随后在RT催化下，基因组RNA先被逆转录成单链cDNA，再复制成双链DNA。衣壳结构有点松散，因此宿主细胞内的dNTP和Mg^{2+}能够进入。

RT含有p51和p66两个亚基，分别含有440和560个氨基酸残基，其中p51是p66的降解形式，少了一段C端序列，在结构上起稳定作用。p66是一种多功能酶，具有两个结构域、三个酶活性(图4-53)：(1) 聚合酶结构域含有4个亚结构域，形如右手，构成“手指”、“手掌”、“拇指”和“铰链”状结构，其中的活性中心具有依赖于RNA的DNAP活性和依赖于DNA的DNAP活性，分别催化负链DNA和正链DNA的合成；(2) 核糖核酸酶H结构域，其中的活性中心负责水解tRNA引物和基因组RNA。

图4-53　逆转录病毒RT的三维结构

由于RT无3′-外切核酸酶活性而缺乏校对能力，因此逆转录反应的忠实性并不高，平均每参入2×10^4个核苷酸就有一个错误，这已成为艾滋病病毒对许多抗艾滋病药物产生抗性的主要原因。

HIV的逆转录反应由以下几步组成(图4-54)：

(1) 负链DNA合成的启动

HIV负链合成的引物是来自宿主细胞的$tRNA^{Lys}$，它结合在基因组RNA的PBS上，呈部分解链状态，有18 nt与PBS上的序列配对充当引物。合成从$tRNA^{Lys}$的3′-端开始，一直持续到基因组RNA的5′-端，产物称为负链强终止DNA(minus-strand strong stop DNA，－sssDNA)。由于PBS紧靠基因组RNA的5′-端，所以－sssDNA并不长，长度在 100 nt～150 nt 之间。

(2) －sssDNA 的链跳跃

－sssDNA 发生第一次跳跃，以便能与基因组 RNA 的 3′-端互补配对，但在跳跃之前，在 RT 的核糖核酸酶 H 活性催化下，与－sssDNA 互补配对的 RNA 模板被降解，因为当 RNA 模板被降解以后，－sssDNA 就可以和 RNA 基因组 3′-端上的 R 互补配对。

(3) 负链 DNA 的再合成

一旦－sssDNA 跳跃转移到基因组 RNA 3′-端，负链 DNA 就继续合成。与此同时，RT 的核糖核酸酶 H 活性水解模板链，但由于 RNA 基因组上的 PPT 序列对核糖核酸酶 H 的作用不大敏感，因而会留下 PPT 序列。

(4) 正链 DNA 的合成

正链 DNA 的合成以 PPT 序列为引物，但在一部分 tRNA 序列被逆转录以后暂停，产生的 DNA 称为正链强终止 DNA(plus-strand strong stop DNA，＋sssDNA)。

(5) ＋sssDNA 的链跳跃

＋sssDNA 上的 PBS 序列与负链 DNA 上的 PBS 互补序列退火，从而实现了第二次链跳跃，但在跳跃之前，需要 RT 的核糖核酸酶 H 活性水解 tRNA 引物，以暴露出互补序列。

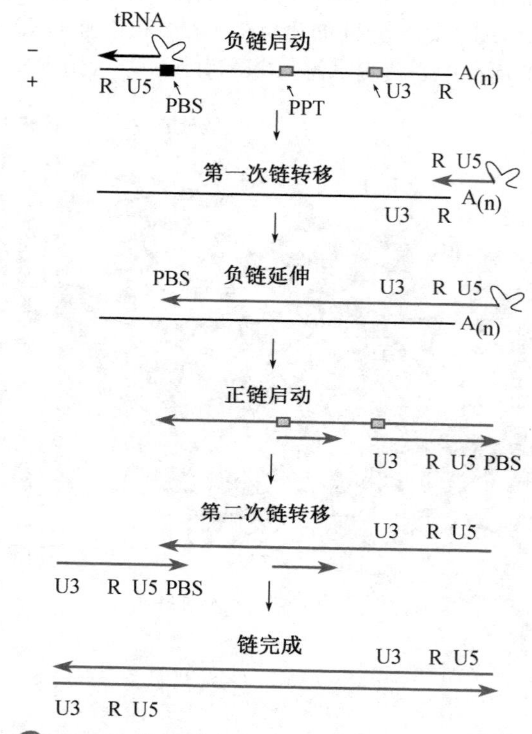

图 4－54 逆转录病毒基因组逆转录的详细过程

(6) 正链 DNA 和负链 DNA 互为模板完成全长双链 DNA 合成

通过上面的 6 步反应，基因组 RNA 被逆转录成两端含有 LTR(U3－R－U5)序列的双链原病毒 DNA，即在原来基因组 RNA 的 3′-端和 5′-端，分别加上了 U5 和 U3(图 4－55)。那为什么需要将双链 DNA 两端转变成 LTR 呢？原因在于，控制逆转录病毒基因转录的启动子和增强子序列均位于 U3。5′-端只有加上了 U3，将来才可能与宿主细胞 RNA 聚合酶Ⅱ一起，催化全长 mRNA 的合成，再经过后加工得到完整的基因组 RNA。否则，无法拷贝转录起始点上游的序列，以致得不到完整的基因组 RNA(图 4－56)。

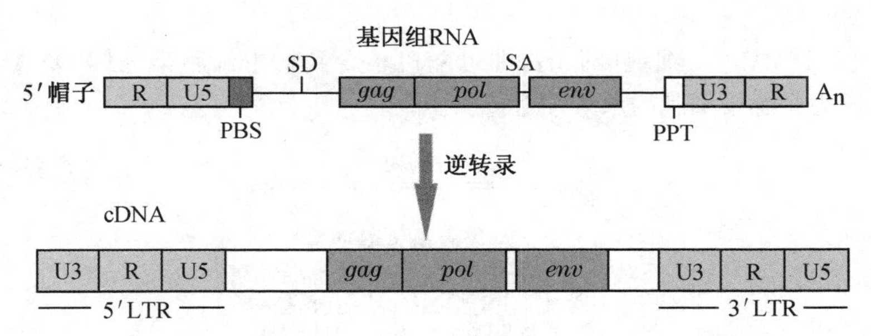

图4-55 逆转录病毒基因组的逆转录与两端LTR的形成

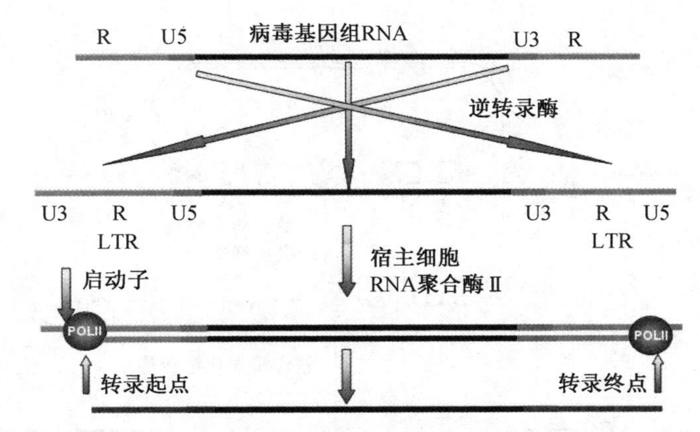

图4-56 LTR对维持逆转录病毒基因组RNA完整性的重要性

3. 原病毒DNA从细胞质进入细胞核

原病毒DNA并不能单独进入细胞核，它先需要与VPR、MA和IN三种病毒蛋白一起组装成核蛋白的形式，然后在IN上的细胞核定位信号(NLS)的指导下，通过核孔复合物进入细胞核(图4-57)(参看第十章 蛋白质的翻译后加工、分拣、定向和水解)。

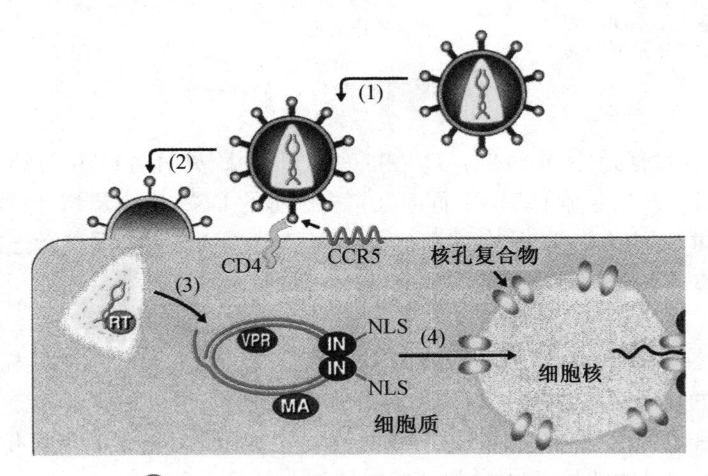

图4-57 原病毒DNA进入细胞核的机理

经RT的两次催化，最后得到的HIV的双链DNA在两端含有4 bp～6 bp的反向重复序列，它们是AATG……CATT。IN在衣壳的核心结合在两端的序列上，2个亚基结合一端。然后通过蛋白质-蛋白质的相互作用，将两端拉在一起成环，但并没有形成共价键。这样的复合体结构称为整合体(intasome)。

4. 原病毒 DNA 的整合

在原病毒 DNA 进入细胞核以后，即可随机整合到宿主细胞染色体 DNA 上无核小体的区域，成为受感染细胞的永久性遗传物质。

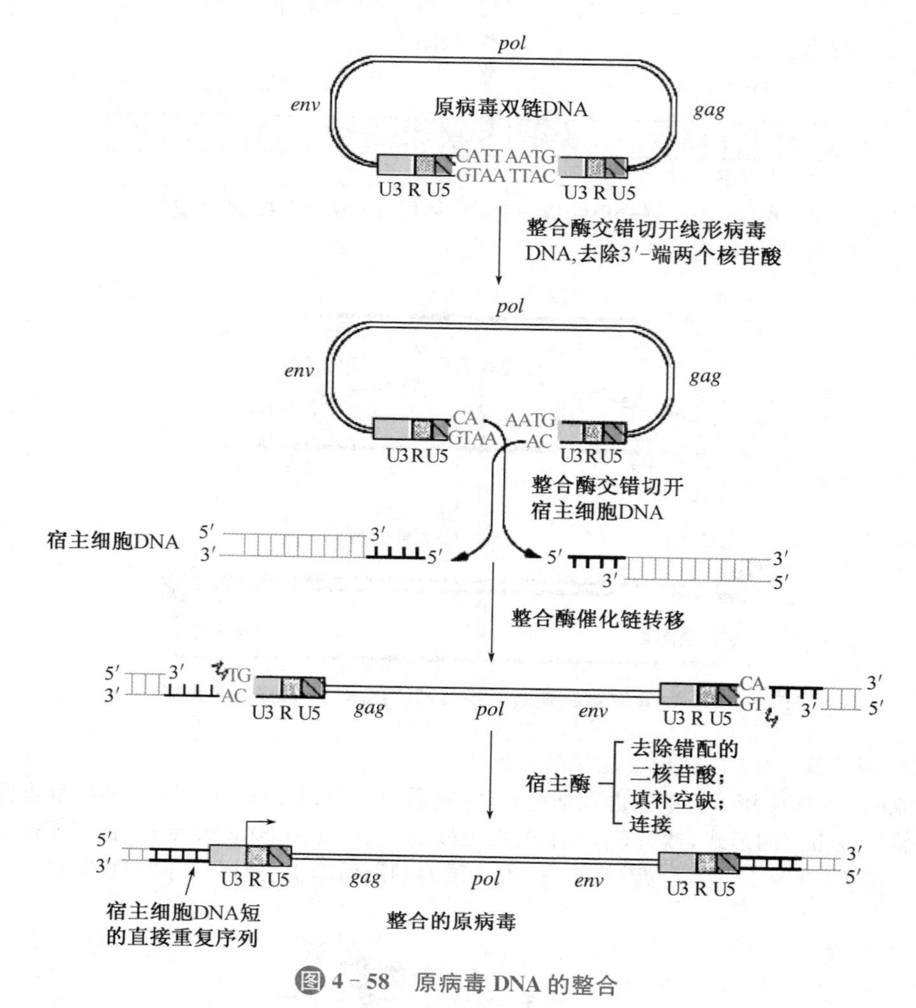

图 4-58 原病毒 DNA 的整合

具体的整合过程是(图 4-58)：(1) 在原病毒 DNA 距离两端 LTR3′-端 2 nt 的位置，整合酶切开 LTR 产生隐缩的 3′-端，同时在宿主细胞的 DNA 上交错切开；(2) 再在整合酶催化下，原病毒 DNA 隐缩的 3′-端和宿主细胞 DNA 突出的 5′-端进行连接；(3) 宿主细胞内的 DNA 修复系统将连接处的空缺填补，完成整合过程。

5. 原病毒 DNA 的基因表达

原病毒 DNA 在整合到宿主细胞核 DNA 以后，既可以作为复制的模板而随着宿主染色体 DNA 的复制而复制，也可以作为转录的模板进行特异性的转录，以产生新的病毒基因组 RNA 和翻译的模板。HIV 的转录是在宿主细胞的 RNA 聚合酶Ⅱ催化下完成的，其全长初级转录物的长度为 9 kb。

像宿主细胞的 mRNA 前体一样，逆转录病毒的转录物也经历复杂的后加工反应(参看第八章 转录后加工)，包括戴帽、加尾和剪接。但剪接并不总是发生的。如果不发生剪接，则得到全长的基因组 RNA，否则得到短于基因组的 RNA。无论剪接过的还是非剪接过的 mRNA，在被运输到细胞质后都可以作为模板进行翻译。全长的基因组 RNA 在被运输到细胞质以后，既可以被翻译成多聚 GAG 和多聚 GAG-POL，也可以被包装到新的病毒颗粒之中。多聚 GAG 和多聚 GAG-POL 在病毒组装过程中，被多聚

GAG－POL上的蛋白酶结构域切割成各种蛋白质单体，如MA、CA、NC、IN、RT和蛋白酶(图4－59)。

一种剪接过的含有*env*基因的mRNA被翻译成gp160。gp160在翻译中进入内质网进行糖基化修饰，再转移到高尔基体被宿主细胞的蛋白酶切割成gp120和gp41。

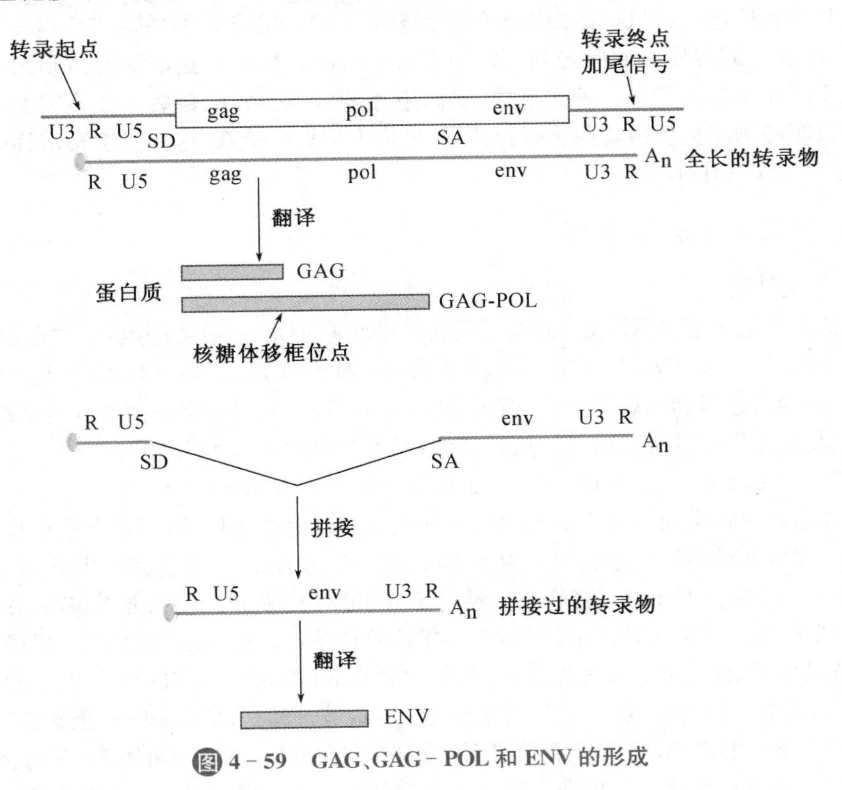

图4－59　GAG、GAG－POL和ENV的形成

6．新病毒颗粒的装配和释放

随着越来越多的病毒所必需的蛋白质得以合成，以及全长的基因组RNA在Rev蛋白的帮助下被运输出细胞核，新病毒颗粒开始进行装配。

首先，GAG与GAG－POL的内部核心自发装配成"颗粒"；随后，两个拷贝的长达9 kb的基因组RNA随着GAG之中的NC部分，与病毒RNA上的包装序列(Ψ序列)结合进入颗粒之中。GAG和GAG－POL上的Myr－MA指导复合物一起，到达插有gp120－gp41的宿主细胞膜附近。颗粒与内部的gp41结构域结合，并开始出芽。在出芽期间或出芽以后，GAG和GAG－POL被病毒的蛋白酶切割成各种单体，其中IN、RT和蛋白酶与基因组RNA相连，其他结构蛋白构成衣壳包裹基因组RNA。在出芽过程中，含有gp120－gp41的细胞膜包被在病毒颗粒的最外面。在颗粒释放以后，GAG和GAG－POL继续切割。病毒蛋白酶虽然不是病毒装配所必需的，但却是病毒颗粒成熟和获得感染性所必需的。

（三）艾滋病的治疗

在对HIV各阶段生活史有所了解的基础上，可有针对性地筛选到特定的药物，阻断特定阶段的反应，从而达到治疗艾滋病的目的。目前治疗艾滋病的药物主要是HIV逆转录酶和蛋白酶的特异性抑制剂。

例如，叠氮胸苷(AZT)在细胞内通过模拟胸苷起作用，受胸苷激酶的催化，可转变为AZTMP，并进一步转变为AZTTP。AZTTP可作为HIV的逆转录酶的底物，在参入到HIV－DNA上以后因缺乏3′－OH而导致逆转录反应的末端终止。然而，高水平的AZT对健康的细胞是有毒的。一种可能的机制是AZT与细胞内的脱氧胸苷竞争胸苷激酶，致使细胞内的脱氧胸苷酸缺乏。此外,高水平的AZTTP(>1 mmol/L)可充当人体细胞内的DNAP的底物,从而影响到人体细胞的DNA复制。幸好,AZT对HIV逆转录酶的亲和性是其与人细胞DNAP亲和性的100多倍,因此只要剂量控制得好,可将其对宿主细胞的伤害降到最低。不过,线粒体内的DNAPγ对AZTTP似乎更加敏感,这可以导致严重依赖线粒体进行有氧代谢的细胞(如骨骼肌、心肌和肝细胞等)的功能异常。

Quiz14 你知道谁发明了治疗艾滋病的鸡尾酒疗法?

再如,沙奎那韦(saquinavir)和利托那韦(ritonavir)是HIV蛋白酶的抑制剂,它们的作用在于阻止病毒衣壳蛋白等的成熟,从而阻止新病毒颗粒的包装。在临床上,将几种抗逆转录酶药物与抗蛋白酶药物联合使用,可大大地提高疗效,这种方法又俗称为"鸡尾酒"疗法(cocktail therapy)。

二、其他的逆转录反应

(一)逆转座子

逆转座子属于通过RNA中间物进行转位的转座子元件,分为两类:一类在逆转录过程中不会形成LTR序列,另一类与逆转录病毒一样会在最后的双链DNA上形成LTR序列,其逆转录过程和随后的整合过程与逆转录病毒极为相似,但是由于其内部缺乏*env*基因,因此不会形成具有感染性的病毒样颗粒(参看第六章 DNA重组)。

(二)逆转录质粒(retroplasmid)与逆转录内含子(retrointron)

绝大多数逆转录元件位于宿主细胞的细胞质和细胞核,但有的却奇怪地出现在细胞器之中。这些奇异的逆转录元件已从一种真菌(*N. crassa*)的某些菌株中分离到,包括Mauriceville质粒和Varkud质粒,它们独立于mtDNA的复制。序列分析表明,它们含有单一的ORF,编码RT,可转录出与DNA一样长的转录物。在转录物的末端,形成一种类似tRNA的结构,作为RT的识别模体。在转录物与RT装配成特定的结构以后,进行逆转录反应,形成全长的线性DNA,最后发生环化。令人惊奇的是,Mauriceville质粒编码的RT对引物没有绝对的需求,而且,此酶在体外可使用非互补的核酸启动负链DNA的合成。

某些真菌线粒体第二类内含子和一些来自细菌的第二类内含子,含有长的ORF,编码的产物与RT有高度的同源性。例如,有一种酵母的线粒体具有RT活性的多肽,由其细胞色素氧化酶的亚基Ⅰ(COXⅠ)的第二个内含子编码,该RT优先使用含有内含子的RNA转录物作为模板进行逆转录。这些编码RT的内含子称为逆转录内含子。

(三)逆转子

逆转录也发现在粘球菌(Myxococcus)、大肠杆菌和一些革兰氏阳性杆菌(如根瘤菌)之中。这些细菌体内存在一种奇怪的称为msDNA的核酸。该核酸是通过特殊的逆转录反应形成的。

msDNA由1个RNA分子和1个DNA分子通过2′-5′磷酸二酯键相连,两者由同一段基因组DNA编码,在编码它们序列的下游是1个RT的ORF,编码合成msDNA所需要的逆转录酶。这种含有足够的遗传信息以合成msDNA的DNA单位称为逆转子(retron)。

msDNA的合成过程是:在宿主RNA聚合酶的催化下,长的msRNA前体首先转录,然后被宿主细胞内的酶加工成较短的形式,即msRNA。后者能够折叠成被RT识别的构象。msRNA既可以作为模板,又可以作为引物。试问:作为引物的是其内部的一个鸟苷酸残基上的2′-OH。于是,逆转录形成的DNA序列与RNA模板通过2′-5′磷酸二酯键相连。有人在体外使用纯化的RT和msRNA可合成得到msDNA(图4-60)。

关于msDNA的确切功能目前还不十分明确。有证据表明,它能提高宿主细胞基因组DNA突变的几率,因为如果提高在DNA茎上含有错配碱基对的msDNA的表达水平,就会产生明显的诱变效应。但茎上无错配碱基对的msDNA表达水平再高,也无诱变效应。另外,转染多个在msDNA的DNA茎上有错配碱基对的逆转子所诱发的突变率,与错配修复有缺陷造成的突变率相当,而提高一种参与错配修复的蛋白质——MutS

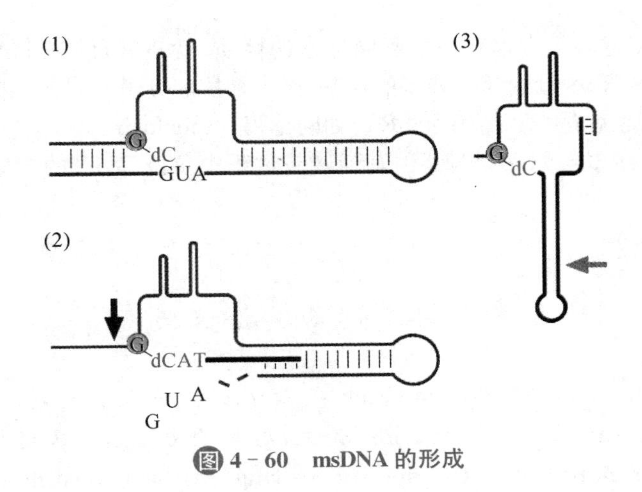

图 4-60　msDNA 的形成

蛋白的量可校正逆转子诱发的突变效应。增强含有错配碱基对的 msDNA 的表达之所以能导致宿主细胞基因组 DNA 的突变率，可能是因为参与错配修复的蛋白质被吸引到含有错配的 msDNA 分子上进行修复，致使原本用于修复基因组 DNA 上错配碱基对的相应蛋白质的量降低。

（四）某些 DNA 病毒生活史中的逆转录现象

逆转录现象绝不是 RNA 病毒的“专利”，某些 DNA 病毒，例如花椰菜镶嵌病毒（*Cauliflower mosaic virus*，CaMV）、乙型肝炎病毒（*Hepatitis B virus*，HBV）和其他一些嗜肝 DNA 病毒（*Hepadna virus*），虽然遗传物质是 DNA，但其生活史中也有从 RNA 到 DNA 的逆转录过程。这些 DNA 病毒称为泛逆转录病毒（pararetroviruses）。

以 HBV 为例（图 4-61），它的基因组 DNA 的扩增必须通过 RNA 中间物，即必须经

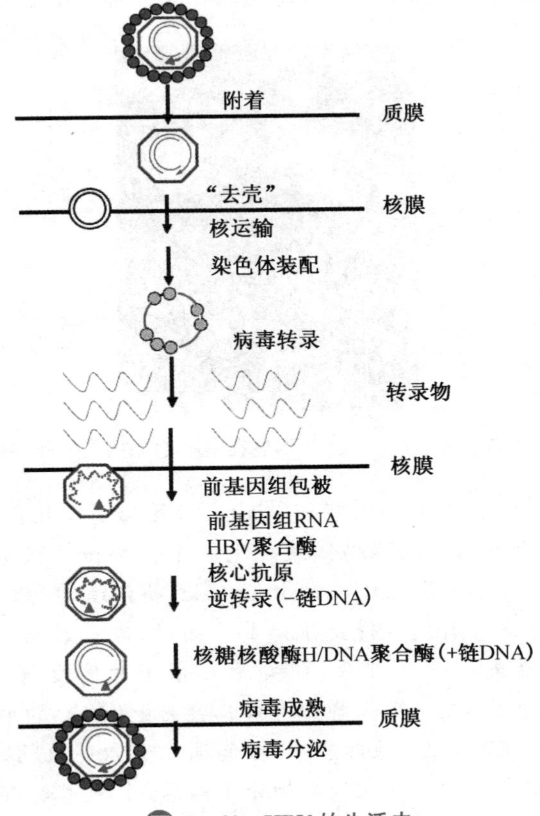

图 4-61　HBV 的生活史

历逆转录。HBV 逆转录过程有一个不同寻常的性质,就是其负链 DNA 合成的引物是 RT 本身的一个位于 N 端的 Tyr 残基的羟基,而不是核酸分子。现在某些治疗乙肝的药物在体内作用对象就是 HBV 编码的 RT,如阿德福韦(adefovir)。

Quiz15 阿德福韦这种药物一开始是作为治疗艾滋病的药物而研发的,后来却成为治疗乙肝的良药。你认为这是巧合吗?

CaMV 的生活史与 HBV 相似,但其逆转录过程中负链 DNA 的合成以宿主细胞的 $tRNA_i^{Met}$ 为引物。

科学故事——DNA 半保留复制的实验证明

1953 年 4 月 25 日,Watson 和 Crick 在 *Nature* 上发表具有划时代意义的题为"Molecular structure of Nucleic Acids"论文,这篇论文最后一段这样写道:"It has not escaped our notice that the specific pairing we have postulated immediately suggests a possible copying mechanism for the genetic material. The structure itself suggested that each strand could separate and act as a template for a new strand, therefore doubling the amount of DNA, yet keeping the genetic information, in the form of the original sequence, intact."翻译成中文的意思是:"特定的碱基配对性质让我们立刻注意到遗传物质可能的复制机制。结构(双螺旋)的本身意味着每一条链可以分离开来,作为新链的模板,于是 DNA 的量加倍了,而且保证了遗传物质以原来原封不动的序列形式存在。"在文中,他们虽然对 DNA 复制具体的机制并没有提及,但已经就 DNA 复制可能采取的是一种半保留方式做了大胆的预测。然而,细胞内 DNA 复制是不是就是以这种方式进行的,光凭预测是不够的,还必须用实验去验证。由 Meselson 和 Stahl(图 4-62)设计的被誉为生物学最美丽的实验(the most beautiful experiment in Biology)最终证明了 Watson 和 Crick 预测的正确性。

图 4-62 Meselson(左)与 Stalh 在 42 年以后在最初他们相遇的一棵树下重逢时的合影

1953 年,Meselson 在加州理工学院(Caltech)开始了以化学为专业的研究生阶段的学习。他进了 Pauling 的实验室,最终完成了其博士论文第二个阶段关于 N,N-二甲基丙二酰胺(N,N-dimethyl malonamide)晶体结构的工作。这部分工作的重点是确定这个分子中含有的肽键是不是共平面的,即是否与 Pauling 的共振理论相符。与他的博士论文第一个部分,即关于大分子的密度梯度平衡沉降技术在 DNA 研究上的应用相比,这一部分鲜为人知。身为 Pauling 的弟子,在听过 Pauling 开设的有关化学键的课程以后,他对当 H 被其同位素氚(^2H)取代以后氢键的相对强度产生了兴趣。就在他对氚参入到生物分子以后,生物体如何能够生存下来的问题发生兴趣的时刻,Meselson 正好去听了 Jacques Monod 在 Caltech 作的有关细菌诱导酶合成的学术报告。Meselson 推测，如果细菌能在重水里培养，然后被转移到一般的水里继续培养，则一旦加入诱导物，则任何新合成的蛋白质就应该具有正常的密度，与原来老的蛋白质的密度是有差别的，利用密度差异可以将“老”的蛋白质和新合成的蛋白质分开。事实上，如果在一个具有中间密度的溶液中离心，“老”的蛋白质可能沉降下来，而新合成的蛋白应该悬浮在上面。

不久，他开始将注意力转移到 DNA 复制的问题。在与 Max Delbrück 对 DNA 双螺旋结构以及可能的复制方式进行了一番热烈的讨论以后，他突然想到相同的方法也许可以用来研究 DNA 复制。于是，他决定投入精力去确定 DNA 复制是否就是按照 Watson 和 Crick 预测的半保留方式进行的。与此决定无关的一件事也许对其最后的成功带来决定性的影响：1954 年的夏天，Meselson 去马里兰州位于 Woods Hole 的海洋生物实验室，协助 Watson 进行一些滴定实验，以获得 RNA 双螺旋结构的证据。巧合的是，来自 Rochester 大学的 Frank Stahl 博士也在 Woods Hole 修生理学课程。一天正当 Stahl 在树下思考噬菌体遗传性的一个问题的时候，他们相遇了，并从此成了朋友和学术伙伴。就在 Meselson 对噬菌体遗传学还似懂非懂的时候，他在微积分上的专长帮助 Stahl 解决了问题。于是，他们变得更加熟悉了，不久 Meselson 提出了利用 Stahl 在研究噬菌体 DNA 上的特长，使用噬菌体 DNA 来合作研究 DNA 复制的可能性。他还提出了使用氚来重标记 DNA 的设想，以此用密度梯度离心来分离重的 DNA 和轻的 DNA。然而，他们很快就意识到使用噬菌体 DNA 进行实验带来的复杂性问题，因为噬菌体 DNA 之间存在高频的重组事件，由此引起亲代和子代 DNA 片段的交换是可以预见的，这势必会影响到结果的分析。幸运的是，Stahl 已经打算去 Caltech 做博士后研究，以方便以后的讨论和合作。既然噬菌体行不通，较为简单的单细胞系统——*E. coli* 也许是一个不错的选择。后来，Meselson 想知道更多有关 DNA 合成前体分子性质的知识，在文献调研中，得知胸腺嘧啶的类似物——5-溴尿嘧啶(5-bromouracil, 5-BrU)能够代替 T 参入到正在合成的 DNA 分子之中。5-BrU 相当于 T，除了由 Br 原子代替嘧啶环 C5 上的甲基以外。Br 与甲基具有几乎相同的范德华半径，但由于 5-BrU 与 T 的离子化程度不同，Meselson 想到也许可以用 5-BrU 标记 DNA，然后利用电泳的方法将它与含有 T 的 DNA 分离开来。特别重要的是，他特别想到含有 5-BrU 的 DNA 要比含有 T 的 DNA 重得多！于是，他考虑使用 5-BrU 来重标记 DNA 以验证 DNA 半保留复制的可能性。由于需要超离心技术的关系，他认识了 Caltech 的超离心技术奇才 Jerry Vinograd，并学会了如何操作当时最先进的 Beckman Spinco E 型超离心机。在 Vinograd 悉心指导下，Meselson 开始尝试用 7 mol·L^{-1}的 CsCl 重盐溶液来沉降 DNA。使用 CsCl 的主意来自他认为可以将重标记的 DNA 与轻 DNA 分开来的设想——重标记 DNA 沉降下来，轻 DNA 悬浮在表面。然而，令他们惊诧的是，在高速离心场下，一种盐密度梯度很快就形成了，且 DNA 迁移到与其等密度的区域，形成很窄的条带。于是有关密度梯度离心的概念被 Meselson 提出来了，相关的论文后来发表在 1957 年 5 月份的美国科学院院刊上。论文中的图和理论计算实际上是他博士论文第一部分的内容。论文中还记录了含有 5-BrU 的 DNA(在含有 5-BrU 培养基中培养的受 T4 噬菌体感染 *E. coli* 中，得到被 5-BrU 标记的 T4 噬菌体 DNA)在密度梯度离心中的沉降情况。结果显示，被 5-BrU 标记的 DNA 条带所处位置的密度是 1.8 g·cm^{-3}，而含有 T 的 DNA 所在位置的密度是 1.7 g·cm^{-3}。虽然文中没有提到使用这种方法研究 DNA 复制，但用于研究完整病毒和生物大分子的报道还是非常富有开创性的。

似乎幸运之神正在一步一步地将Meselson和Stahl带到研究DNA复制的里程碑的实验设计思路上去。他们本来想用5-BrU去重标记DNA的,但后来担心5-BrU能诱发DNA突变而对细胞产生毒性,以及能否获得标记的均一性的问题,他们决定使用$^{15}NH_4Cl$作为唯一N源的合成培养基,去培养*E. coli*以获得被^{15}N标记的重DNA。他们首先将*E. coli*放在$^{15}NH_4Cl$培养基中连续培养十几代,得到了几乎全被^{15}N标记的*E. coli* DNA;然后,随着细菌的指数生长,用10倍过量的$^{14}NH_4Cl$稀释培养基。期间在不同的时段,将DNA从细菌中抽取出来,并使用CsCl密度梯度离心的方法进行分析。

他们的结果是,起初完全被^{15}N标记的DNA具有单一的条带,而在$^{14}NH_4Cl$培养基中培养的第一代细菌DNA的密度介于^{15}N-DNA和^{14}N-DNA之间,为杂交带DNA($^{15}N/^{14}N$-DNA)。随着杂交带的出现,亲代的条带(^{15}N-DNA)消失了。而在第二代细菌中,得到几乎等量的^{14}N-DNA和杂交带DNA。随着培养代数的增加,杂交带始终存在,而且它的量维持不变,但^{14}N-DNA的量越来越多。由此可以得出结论,DNA复制以半保留的方式进行。为了进一步确认这一点,Meselson和Stahl在密度梯度离心之前,用热变性处理(100 ℃下30分钟)CsCl溶液中DNA样品,结果发现,杂交DNA分成了^{15}N-DNA和^{14}N-DNA两条带。不久,他们将数据整理,投给了*Proc. Natl. Acad. Sci.*,很快并得以发表。

本章小结

思考题:

1. 大肠杆菌DNAPⅢ全酶哪一个亚基或哪一种复合物具有以下功能?

(1) 催化5′→3′聚合反应;

(2) 具有校对功能;

(3) 两个催化核心形成二聚体;

(4) 形成滑动钳结构;

(5) 装载和卸载滑动钳。

2. 如果你在南极采集到一种新的单细胞真核生物,发现它具有以下一些有趣的特征:① 其线性的DNA缺乏端粒重复序列;② 端粒不形成T-环结构,但具有特殊的序列,与一种蛋白质结合而受到保护;③ 这种生物似乎没有端聚酶活性;④ DNA复制使用DNA引物代替RNA引物。试问:

(1) 该生物是如何克服末端复制的问题的?

(2) 在其他生物中由T环完成的哪一项功能由它的末端结合蛋白代替?

3. 一种酵母细胞的PCNA温度敏感性突变株在30 ℃下培养,PCNA一切正常;但在37 ℃下培养,PCNA变得不稳定,经常打开它的环结构,从DNA模板上脱落。试问当将本来在30 ℃下培养的这种酵母突然放到37 ℃下培养,会对细胞的功能带来什么影响?

4. 组蛋白是基因家族的一个很有代表性的例子。不论是核心组蛋白还是 H1 组蛋白，在它们之间都表现有同源性。而且，复杂的真核生物在它们的基因组上通常具有许多(几十个到几百个)有功能的组蛋白基因。

(1) 试解释这样的基因家族形成的可能机制。

(2) 为什么复杂的真核生物需要如此多拷贝的组蛋白基因?

5. 如果在使用双链 DNA 模板和随机引物延伸法制备放射性标记的探针的时候，使用大肠杆菌 DNAP Ⅰ 全酶代替 Klenow 酶，你发现绝大多数放射性留在没有参入的部分，为什么?

6. 负超螺旋似乎对于原核和真核生物来说都是极为重要的。

(1) 为什么负超螺旋对于细胞来说如此重要?

(2) 原核生物如何形成负超螺旋?

(3) 真核生物如何形成负超螺旋?

7. 为了研究 DNA 复制，有人得到了大肠杆菌三种温度敏感型突变株。这些变体在室温(22 ℃)下能正常地复制 DNA，但在 37 ℃下复制异常。试问三种突变体中各突变的蛋白质是哪一种? 它们在 DNA 复制中的功能是什么?

(1) 第一种突变株在 37 ℃下能进行 DNA 复制，但有一条 DNA 链能复制得到几百个到几千个核苷酸长的片段。进一步研究表明，突变的蛋白质需要有 NAD^+ 才有活性。

(2) 第二种突变株在 37 ℃下几乎不能进行 DNA 复制。这种突变株中有缺陷的蛋白质的含量比复制系统中其他任何一种成分都多。在纯化到这种蛋白质以后，发现它在 22 ℃下没有任何酶的活性。

(3) 第三种突变株在 37 ℃下很难启动 DNA 复制。而启动的 DNA 合成不能持续得很长。这种突变的蛋白质需要 NTP 才有活性。

8. 某些病毒 DNA 复制不合成 RNA 引物，但需要一种没有任何酶活性的蛋白质，你认为这种蛋白质在复制中起什么作用? 病毒不使用 RNA 引物有什么好处? 为什么细胞染色体 DNA 复制不使用这样的手段?

9. 对于下列每一个基因的温度敏感型突变，指出其在非允许温度下对于复制的影响的快慢，即属于慢终止型，还是快终止型?

(1) *dnaA*　(2) *dnaC*　(3) *dnaG*　(4) *dnaN*　(5) *ssb*　(6) *dnaE*

10. 如果一个普通的大肠杆菌菌株中带有大量拷贝的含有 *OriC* 的质粒，那么，这些额外的复制起始区对大肠杆菌染色体 DNA 的复制带来何种影响? 为什么?

推荐网站：

1. http://en.wikipedia.org/wiki/DNA_replication(维基百科中 DNA 复制内容)
2. http://www.wiley.com/college/pratt/0471393878/student/animations/dna_replication/index.html(Wiley 数据库提供的 DNA 复制过程的动画)
3. http://themedicalbiochemistrypage.org/dna.html(完全免费的医学生物化学课程网站有关 DNA 的内容)
4. http://www.hhmi.org/biointeractive/dna/animations.html(内有 DNA 复制、转录和翻译等过程的动画)
5. http://en.wikipedia.org/wiki/Reverse_transcriptase(维基百科有关逆转录酶的内容)
6. http://www.web-books.com/MoBio/Free/Ch4J1.htm(免费的分子生物学在线课程有关 DNA 损伤修复的内容)
7. http://www.ncbi.nlm.nih.gov/books/bv.fcgi?call=bv.View..ShowTOC&rid=rv.TOC(NCBI 提供的一部关于逆转录病毒的在线教材)

8. http://en.wikipedia.org/wiki/HIV(维基百科有关 HIV 的内容)

参考文献:

1. Malyshev D A, Dhami K, Lavergne T, et al. A semi-synthetic organism with an expanded genetic alphabet[J]. *Nature*, 2014, 509(7500): 385～388.
2. Meselson M, Stahl F W. The replication of DNA in Escherichia coli[J]. *Proc. Natl. Acad. Sci*, 1958, 44(7): 671～682.
3. Okazaki R, Okazaki T, Sakabe K, et al. Mechanism of DNA chain growth. I. Possible discontinuity and unusual secondary structure of newly synthesized chains [J]. *Proc. Natl. Acad. Sci*, 1968, 59(2): 598～605.
4. Klenow H, Henningsen I. Selective elimination of the exonuclease activity of the deoxyribonucleic acid polymerase from Escherichia coli B by limited proteolysis [J]. *Proc. Natl. Acad. Sci*, 1970, 65(1): 168～175.
5. Remus D, Diffley J F X. Eukaryotic DNA replication control: lock and load, then fire[J]. *Current opinion in cell biology*, 2009, 21(6): 771～777.
6. Hübscher U, Maga G, Spadari S. Eukaryotic DNA polymerases[J]. *Annual review of biochemistry*, 2002, 71(1): 133～163.
7. Nishitani H, Lygerou Z. Control of DNA replication licensing in a cell cycle[J]. *Genes to Cells*, 2002, 7(6): 523～534.
8. Davey M J, O'Donnell M. Mechanisms of DNA replication[J]. *Current opinion in chemical biology*, 2000, 4(5): 581～586.
9. Lingner J, Cech T R. Telomerase and chromosome end maintenance[J]. *Current opinion in genetics & development*, 1998, 8(2): 226～232.
10. Steitz T A. DNA polymerases: structural diversity and common mechanisms[J]. *Journal of Biological Chemistry*, 1999, 274(25): 17395～17398.
11. Goodman M F. Error-prone repair DNA polymerases in prokaryotes and eukaryotes[J]. *Annual review of biochemistry*, 2002, 71(1): 17～50.
12. Yamtich J, Sweasy J B. DNA polymerase family X: function, structure, and cellular roles [J]. *Biochimica et Biophysica Acta (BBA)-Proteins and Proteomics*, 2010, 1804(5): 1136～1150.

数字资源:

第五章　DNA的损伤、修复和突变

作为遗传物质的DNA在化学结构上具有高度的稳定性，其稳定性高于蛋白质和RNA。然而，这种稳定性自始至终地在受到细胞内外环境中各种因素的挑战，由此导致DNA遭受各种形式的损伤是常事。据估计，一个细胞内的DNA每天平均遭受约74 000次以上的损伤。幸好，细胞已进化了多种形式的修复机制，使绝大多数损伤能够及时修复。即使损伤一时难以修复，或者一个正在复制的DNA遭遇到损伤，细胞也能够通过跨损伤合成机制，克服损伤对DNA复制造成的障碍，但这种克服有可能会付出突变的代价。对于许多真核生物来说，万一损伤过于严重，细胞的凋亡机制可被启动，随后细胞与损伤的DNA"玉石俱焚"，从而防止了有害的遗传信息传给子代细胞。总之，DNA损伤并不可怕，只要能及时得以修复，但若没有被修复，就可能导致突变的发生。

本章将集中讨论DNA损伤的类型、导致损伤的各种因素、修复损伤的不同机制和损伤不能修复引发突变的原因以及突变的后果。

第一节　DNA的损伤

导致DNA损伤的因素很多，由此产生的损伤形式也很多，现分别加以介绍。

一、导致DNA损伤的因素

细胞的内在因素和环境因素都有可能导致DNA的损伤。属于细胞内在因素的有：(1) DNA结构本身的不稳定；(2) DNA复制过程中自然发生的错误，主要是碱基错配；(3) 细胞正常代谢产生的活性氧(reactive oxygen species, ROS)带来的破坏作用。属于环境因素的有化学性和物理性的，其中前者包括各种化学诱变剂，有的是天然的，如黄曲霉素(aflatoxin)，有的是人造的，如芥子气、烷基化试剂和癌症化疗试剂顺铂(cis-platinum, $PtNH_2Cl_2$)等，而物理因素包括紫外辐射和离子辐射(ionizing radiation, IR)等。

二、DNA损伤的类型

不同的因素造成不同的损伤。一般根据受损的部位，DNA损伤可分为碱基损伤和DNA链的损伤(图5-1)。

碱基损伤有5亚类：(1) 碱基丢失(base loss)。这是水分子进攻DNA分子上连接碱基和核糖之间的糖苷键引起的，以脱嘌呤最为普遍。这种损伤会随着细胞受热或pH降低而加剧。来自某些真菌的黄曲霉素B_1能加剧脱嘌呤反应，从而导致癌症；(2) 碱基转换。这种损伤的原因是含有氨基的碱基自发地发生了脱氨基反应，例如，A和C经脱氨基反应分别转换为I和U。某些化学试剂的作用可加剧这种损伤，如亚硝酸；(3) 碱基修饰。这是某些化学试剂、生物试剂或ROS直接作用碱基造成的。例如，烷基化试剂修饰鸟嘌呤产生6-烷基鸟嘌呤(O^6-alkylated guanine)，ROS修饰鸟嘌呤和胸腺嘧啶分别产生8-氧鸟嘌呤和胸腺嘧啶乙二醇(thymine glycol)(图5-2)；(4) 碱基交联。紫外线照射可导致DNA链上相邻的嘧啶碱基，主要是T之间形成环丁烷嘧啶二聚体(cyclobutane pyrimidine dimmer, CPD)或6-4光产物(6-4 photoproduct, 6-4 PP)(图5-3)；(5) 碱

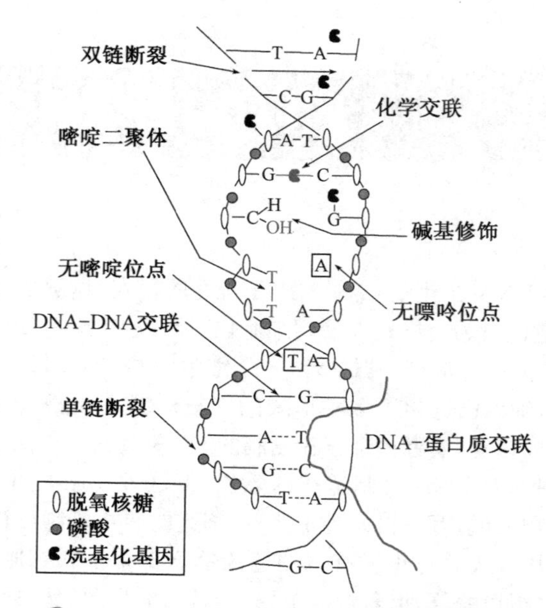

图 5-1　DNA 分子上可能遭遇到的各种损伤

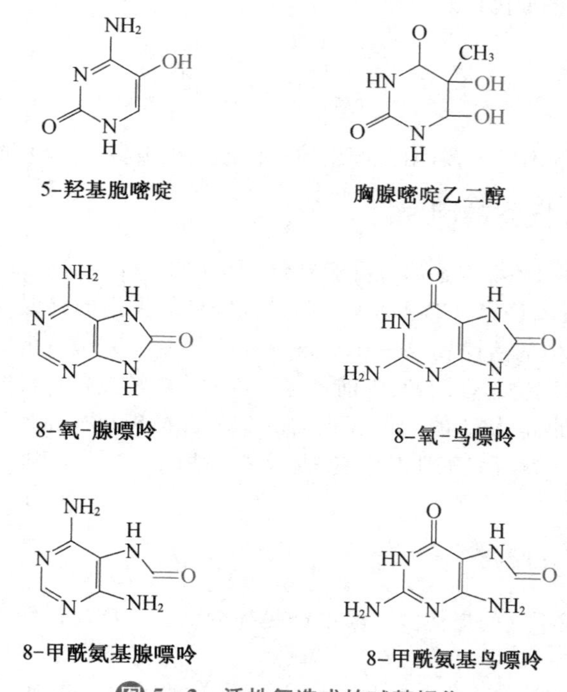

图 5-2　活性氧造成的碱基损伤

基错配。引起错配的原因有 DNA 复制过程中 4 种 dNTP 浓度的失调，以及碱基的互变异构，或者碱基之间的差别不足使 DNAP 难以完全将它们区分开来。尽管绝大多数错配的碱基能被 DNAP 的校对机制得到纠正，但仍然会有少数“漏网之鱼”残留下来。

DNA 链的损伤又分为 3 亚类：(1) 链的断裂，有单链断裂和双链断链。原因有离子辐射，如 X 射线和 γ 射线(图 5-4)，以及某些化学试剂的作用，如博来霉素(bleomycin)。链断裂可谓最严重的损伤，若 DNA 出现太多的裂口(特别是双链裂口)，往往难以修复，这会导致细胞的死亡。癌症放疗的原理就在于此；(2) DNA 链的交联。原因主要是一些双功能试剂的作用，导致 DNA 发生链间交联，如顺铂和丝裂霉素 C(mitomycin C,

图 5-3　紫外线引起的两种嘧啶二聚体的形成

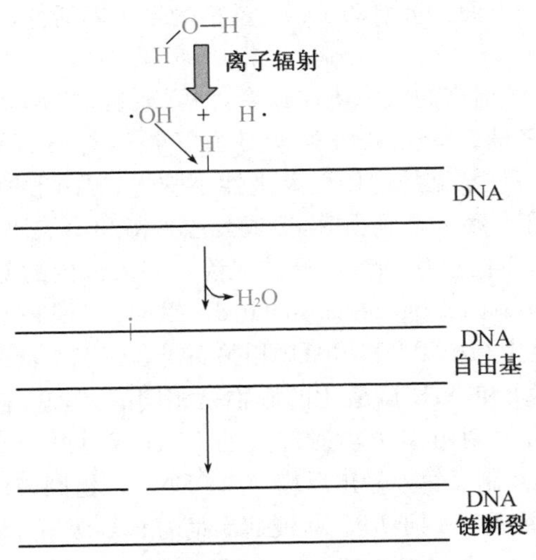

图 5-4　离子辐射引起的 DNA 链断裂

MMC)；(3) DNA 与蛋白质之间的交联。甲醛或 UV 可诱导 DNA 与结合的蛋白质之间形成共价交联。

Quiz1 有两位著名的分子生物学家可能就是因为难以避免的原因而导致 DNA 损伤引发的癌症而英年早逝。你知道他们是谁吗?

第二节　细胞对 DNA 损伤做出的反应

面对内外环境各种因素的作用，细胞内的基因组 DNA 遭受到各种损伤是不可避免的。但细胞也不会甘心被动挨打，会做出多种保护性反应：既可以动用各种修复系统，将损伤尽可能加以修复，还可以做出其他反应(图 5-5)。比如，激活损伤监察机制，阻止细胞周期的前进，为细胞争取修复的时间，以防止损伤的 DNA 或部分复制的染色体传给子代细胞；或者诱发转录水平上的反应，调整基因的转录样式，多合成一些修复蛋白；而对真核生物来说，可激活它们的凋亡机制，这是当 DNA 损伤过于严重而难以修复的时候，真核细胞使出的最后一招,细胞与损伤的DNA"同归于尽",以彻底摆脱受"重伤"的DNA。如果细胞做出的反应不及时或者不够,可导致细胞的衰老和癌变。

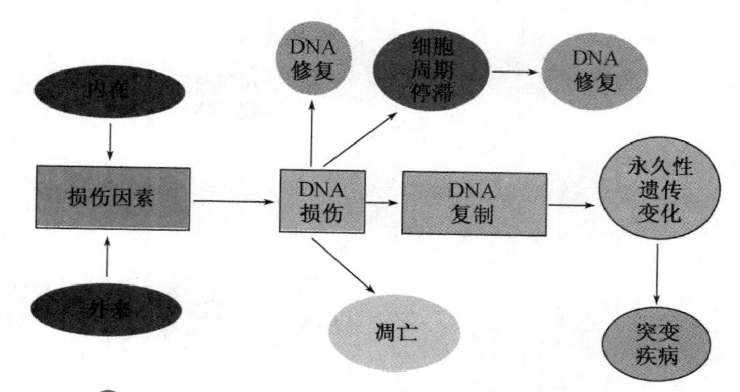

图5-5 哺乳动物细胞对DNA损伤做出的各种反应

从损伤发生到最后的反应出现,前后共经历了DNA损伤→损伤探测(sensing)→信号发送(signaling)→应答(response)等四个阶段的反应。损伤探测由一系列专门的损伤探测蛋白(damage sensor protein)来执行。

细菌体内负责探测损伤的蛋白质主要是重组蛋白A(RecA),当细菌基因组DNA受到损伤并产生单链区的时候,RecA即被激活。被激活的RecA一方面可去调动细菌体内的重组修复系统,另一方面可去刺激LexA蛋白的自水解活性,从而产生SOS反应(见本章第三节DNA修复)。

真核细胞内参与探测损伤的蛋白质比较多,但主要有ATM和ATR。ATM是一种Ser/Thr蛋白质激酶,它是在研究共济失调微血管扩张综合征(Ataxia telangiectasia, AT)中发现的。AT是一种罕见的遗传性渐进性小脑运动失调的疾病,在一至三岁之间开始发病,病人的小脑会渐渐地遭到损害,造成无法平衡和不能协调。AT还会削弱免疫系统,大幅增加年轻患者得白血病和淋巴瘤的风险。病人体内的此种蛋白质激酶发生了突变,故命名为ATM(ataxia telangiectasia mutated, ATM)。ATR也是一种Ser/Thr蛋白质激酶,因在结构和功能上与ATM和RAD3相关而得名(ATM and Rad3-related, ATR)。

在细胞内,许多ATM和ATR磷酸化的底物是相同的,但是,它们负责探测不同性质的损伤。ATM主要负责发现由离子辐射造成的DNA双链断裂和染色质结构的破坏;ATR主要对损伤引起的复制叉暂停做出反应,它在DNA双链断裂反应中仅起补充作用。

这两种激酶在探测到DNA损伤以后,便起启信号转导级联系统(图5-6),通过激活检查点激酶1和2(checkpoint kinase 1 and 2, Chk1和Chk2)等Ser/Thr蛋白质激酶,催化信号通路下游的一些蛋白质发生磷酸化修饰,最终导致细胞周期前进受阻。有一类检查点介导蛋白,它们包括BRCA1、MDC1和53BP1,在将检查点激活信号传给下游成分中也起重要的作用。

p53是一种重要的下游靶蛋白,它是一种抑癌基因的产物,在DNA损伤反应中起着承上启下的作用,有人称之为真核细胞基因组的保护神。据估计,全球大约有1 100万肿瘤患者含有失活的编码p53的基因。

Quiz2 有一项改造人类基因组的计划,其中包括在人类基因组中增加p53基因的拷贝数。你对此有何看法?

p53在DNA受到损伤的时候被激活。如果DNA损伤严重,它可诱导细胞凋亡;如果损伤不重,它可以作为转录因子,诱导周期蛋白依赖性激酶(cyclin-dependent kinase, CDK)抑制蛋白p21的大量表达。p21通过抑制CDK的活性在三个环节,即G_1期→S期、S期内和G_2→M期,阻止细胞周期的前进。此外,p53还直接参与DNA修复,这是因为它能激活核苷酸还原酶基因——p53R的表达,为复制和修复提供脱氧核苷酸,而且能直接作用于AP内切酶和参与修复的DNA聚合酶。

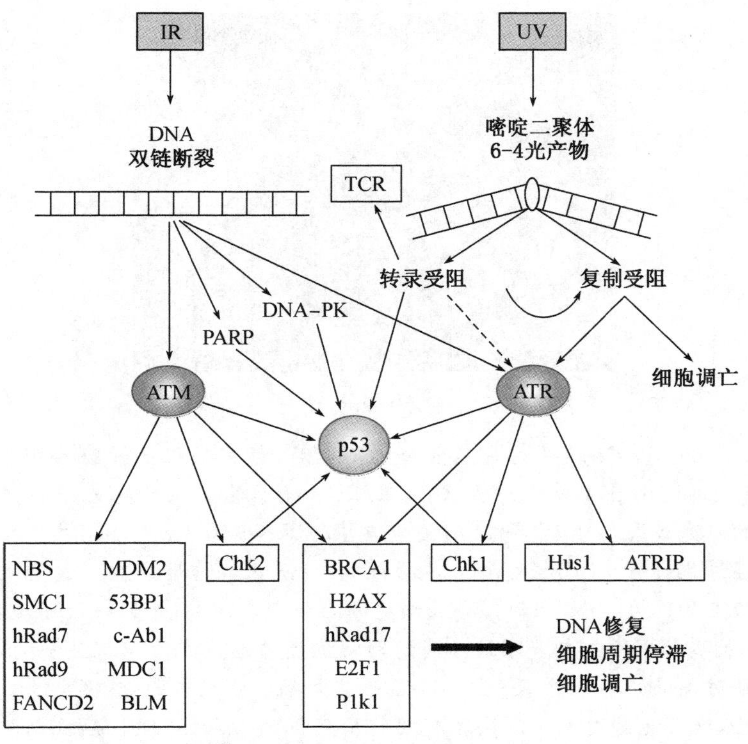

图 5-6　损伤引发的细胞反应

p53 的活性受 MDM2～MDM4 蛋白复合物的调节，同时，MDM2 基因表达受 p53 的激活。当细胞处于正常情况下，这两种蛋白质与 p53 结合，使 p53 泛酰化，从而导致其在蛋白酶体内发生降解。但细胞内的 DNA 受到损伤以后，p53 在 Ser15、Thr18 或 Ser20 上的磷酸化促使它与 MDM2 解离。在正常的细胞内，p53 的这 3 个氨基酸残基是去磷酸化的，因而它在细胞内的浓度很低。DNA 的损伤激活包括 ATM 和 ATR 在内的一系列蛋白质激酶，它们可以直接以 p53 为底物，也可以通过 Chk1 和 Chk2 起作用，从而提高了 p53 浓度。p53 的浓度升高最终激发了细胞产生一系列反应。在 DNA 损伤被修复以后，ATM 和 ATR 等蛋白质激酶不再有活性，于是 p53 很快被去磷酸化，在 MDM2 的作用下，经过泛素介导的蛋白酶体水解系统被降解。当 p53 浓度降低到一定水平，细胞周期恢复前进。

Box 5-1　为什么某些哺乳动物不得或少得癌症？

同样是哺乳动物，癌症占人类死亡率约 23%，而小鼠和大鼠癌症占死亡率的比率更高，有的品种可达 90%。然而，有些种类的哺乳动物似乎非常幸运：它们很少得癌症，还有一些几乎不得癌症。这是为什么呢？对此，科学家一直怀有浓厚的兴趣！因为搞清楚其中的机制，将有可能使人类可以更好地预防癌症和治疗癌症。

以盲鼹鼠(blind mole rats, BMR)为例，它们是主要生活在中东一带的小型地下啮齿动物，已完全适应了地下缺氧的生活，不仅长寿，能活到 20 多岁，而且不得癌症，不管是在原生的环境下，还是在人为强致癌物质存在的条件下。

BMR 生活在极度的缺氧条件下，因此已经进化产生了对缺氧很强的耐受性。根据对几千只圈养的 BMR 近四十年的观察，没有发现一例得癌。为了搞清楚 BMR 的抗癌机制，由来自以色列和美国的 Gorbunova V. 和 Hine C. 等人组成的研究小组，对两种盲鼹鼠的成纤维细胞进行了体外培养研究，结果发现在 7～20 代旺盛分裂以后，成纤维细胞开始分泌 β-干扰素(IFN-β)。在 3 天内，培养的细胞发生大规模的细胞坏死。这种坏死现象的发生与培养条件和端粒缩短没有关系。但如果使用 SV40 的

盲鼹鼠

大T抗原,将p53和Rb这两种抗癌蛋白隔离以后,可完全阻止细胞的坏死。这意味着BMR可能通过由p53和Rb介导的以及IFN-β诱发的细胞坏死来抵抗癌症的发生。他们的研究成果在2012年11月发表在*Proc. Natl. Acad. Sci.*上。

动物在进化过程中,已经发展了多种机制,以防止癌症的发生。这些机制包括细胞周期检验点的设置、DNA损伤修复、细胞凋亡和衰老,它们受到一系列抗癌基因(如p53和Rb)构成的网络控制。不过不同的动物抗癌的适应能力是有差别的,这就使得不同的动物对癌症的易感性不一样。小鼠一直是癌症研究中的重要模式动物,但小鼠很容易患癌,这可能是因为它们缺乏有效的抗癌机制,因此研究抗癌机制最好选择那些不容易生癌的动物为研究对象。

在研究BMR的p53一级结构以后,发现与人类p53不同的是,其174号位为Lys,而不是Arg。但这种取代经常被发现在人类的许多肿瘤细胞中。

已发现,在Lys取代Arg以后,p53结合DNA的结构域会受到影响。这种影响似乎并不改变p53诱导细胞周期的停滞,但却使p53无法启动细胞凋亡。这样的p53可能有利于BMR在地下生存,因为它可以防止缺氧诱导的细胞凋亡。已有实验显示,带有这种取代突变的小鼠丧失了p53依赖性细胞凋亡的能力,这些小鼠相比于p53被敲除的小鼠有更长的肿瘤潜伏期,但比野生型更容易患癌。对于BMR如何从这种取代中获得超强的抗癌能力,还需要做进一步研究。

与BMR相比,体型庞大的大象则少得癌症,其发生癌症的概率只有3%。照理说,动物体型越大,细胞数量越多,大型动物和长寿动物的细胞的分裂次数应该比小动物和寿命短的多很多。细胞基因发生突变和分裂次数相关,那么长寿动物和体重大的动物发生癌症的概率应该更大。

最新发表在JAMA杂志和bioRxiv.org网站上的这两篇论文,给这种悖论提供了一种解释,就是大象基因组拥有高达20个拷贝的p53基因,而人类和其他哺乳动物只有1个拷贝。因此,大象细胞能产生更多p53蛋白,大象血细胞对辐射引起的DNA损伤极其敏感。与人类细胞相比,大象细胞非常容易因为DNA损伤启动凋亡程序。大象所以不容易发生癌症,可能是因为大象细胞更多利用自杀,而不是利用DNA损伤修复,来维持组织的健康状态。看来自杀比勉强活下来更有利于整体健康。利用取自美国圣地亚哥动物园的非洲和亚洲象皮肤细胞进行体外研究,也发现了类似现象。

英国癌症生物学家Mel Greaves认为,p53基因的拷贝数不可能是唯一因素。大象这种大型动物相对比较懒惰,这样造成代谢率和细胞分裂速率变慢,这种保护机制并不能解决所有问题,如果大象也有抽烟或不良饮食等恶劣生活习惯,是不是也能避免癌症的发生。言外之意,人类癌症发生的原因很多,基因和遗传因素只是一个方面,不良的生活习惯和恶劣的生活环境,也必须重视。

第三节 DNA 的修复

在受到机体内外因素的作用下，DNA 与蛋白质或其他生物大分子一样会经历各式各样的损伤。然而，与其他生物大分子不同的是，DNA 在遭受损伤以后可以被完全修复，而其他生物大分子在损伤以后要么被取代，要么被降解。当然，并非发生在 DNA 分子上的所有损伤都可以被修复。如果 DNA 受到的损伤来不及修复，不仅会影响到 DNA 的复制和转录，还可能导致细胞的癌变或早衰甚至死亡。实际上，一些遗传性疾病是参与修复的某一个基因缺陷造成的，更有某些癌症的发生是因为某个修复基因发生了突变，如直肠癌。当然，并不是任何一种参与修复的基因只要有缺陷，就会致病，这是因为修复系统是冗余的，即一种损伤可以被几种不同的修复途径修复。

DNA 受到损伤以后，细胞使用的处理方法是尽可能将其修复而不是简单地将其水解，主要有两个原因：一是一个细胞内的同一种 DNA 分子不像蛋白质和 RNA 能有多个拷贝，如果将其水解的话，细胞也就失去了存在的根基；二是 DNA 的互补双螺旋结构使得损伤很容易修复。正因为如此，一种生物体，即使是那些基因组甚小的生物，也会在修复上投入大量的基因，一般不少于 100 个基因。

尽管 DNA 损伤的形式很多，但是细胞内存在十分完善的修复系统。基本上每一种损伤在细胞内都有相应的修复系统，有时还不止一种，可及时将它们修复。

根据修复的机理，DNA 修复一般可分为直接修复（direct repair）、切除修复（excision repair）、双链断裂修复（double-strand break repair，DSBR）、易错修复（error-prone repair）和重组修复（recombination repair）等几类，下面分别给以介绍。

一、直接修复

直接修复是最简单、最直接的修复方式。细胞内绝大多数修复系统使用的策略是：将受损伤的核苷酸连同周围的一些正常的核苷酸“不分青红皂白”地一起切除，然后，以另一条互补链上正常的核苷酸序列作为模板，重新合成以取代原来异常的核苷酸。然而，直接修复则不需要将受损伤的核苷酸切除，而是直接将损伤加以逆转。能够被这种机制修复的损伤有嘧啶二聚体、6-烷基鸟嘌呤和某些链断裂。

1. 嘧啶二聚体的直接修复

嘧啶二聚体是一种极为常见的损伤，它的出现可导致 DNA 双螺旋发生扭曲，从而影响到 DNA 复制和转录。例如，细菌体内正在催化复制的 DNAPⅢ遇到了模板链上的嘧啶二聚体，如果在嘧啶二聚体的对面插入 A，聚合酶会将这个以弱的氢键相连的 A 视为错配的碱基而将其切除，从而导致聚合酶在这里“裹足不前”，无法越过受损伤的部位。

嘧啶二聚体这种损伤既可以被直接修复机制修复，也可以被切除修复机制修复。

参与直接修复的酶是 DNA 光复活酶（DNA photoreactivating enzyme）或光裂合酶（DNA photolyase），该酶是在光复活（photoreactiration）现象被发现不久得以确定的。1949 年，Kelner A 在研究灰色链霉菌（*Streptomyces griseus*）的紫外诱变，发现了所谓的光复活现象：足够的紫外辐射可将此种真菌生存率下降到 10^{-5}，但若在紫外辐射以后立刻接触可见光，生存率只降到 10^{-1}。光复活酶广泛存在于细菌、许多古菌和大多数真核生物，许多真核生物的线粒体和叶绿体也有，但不知为何在胎盘类哺乳动物却没有这种酶。根据氨基酸序列的相似性，光复活酶可分为两类，一般来自细菌的属于第一类，而来自真核生物和古菌的属于第二类。不同的光复活酶作用的特异性也不尽相同，有的只作用环丁烷二聚体，有的只作用用 6-4 光产物，少数都可以。所有的光复活酶均属于黄素蛋白，含有 2 个辅助因子：一个是以半醌（semiquinone）形式存在的 $FADH\cdot^{-}$，另外一个是甲川四氢叶酸（methenyltetrahydrofolate，MTHF）或脱氮黄素（deazaflavin）。辅助因子的作用是充当捕光色素,但只有 FADH•⁻ 是酶催化所必需的,第二个辅助因子只是在低光条件下能显著提高反应速率。酶利用捕光色素捕获到的可见光的能量,激活 FADH•⁻,然后 FADH•⁻ 将高能电子传给嘧啶二聚体,使之直接修复。

光复活酶的作用分为两步:(1) 光复活酶直接识别和结合位于 DNA 双螺旋上的嘧啶二聚体,使其发生翻转而落入到酶的活性中心。这一步独立于光;(2) 酶的辅助因子在吸收到光能以后被激活,通过 FADH⁻ 释放出的高能电子将嘧啶二聚体之间的共价键断开。这一步需要蓝光或近紫外光(300 nm～500 nm)。一旦嘧啶二聚体被直接修复,光复活酶就与 DNA 解离(图 5-7、图 5-8 和图 5-9)。

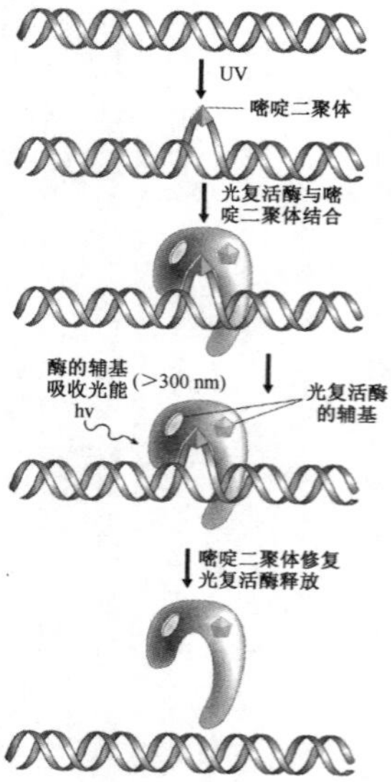

图 5-7 嘧啶二聚体的直接修复

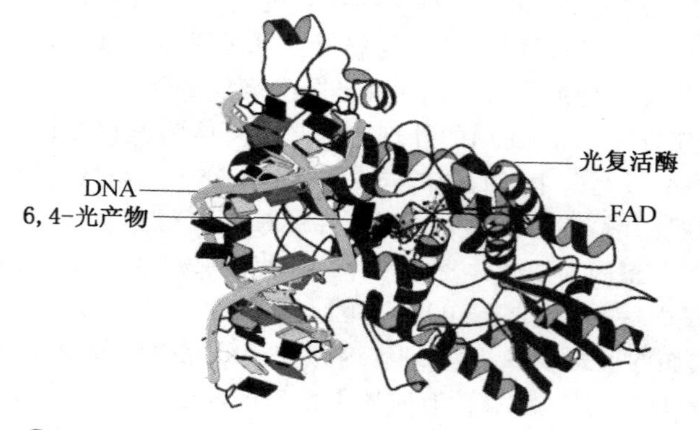

图 5-8 果蝇 6-4 光复活酶与底物结合时的三维结构

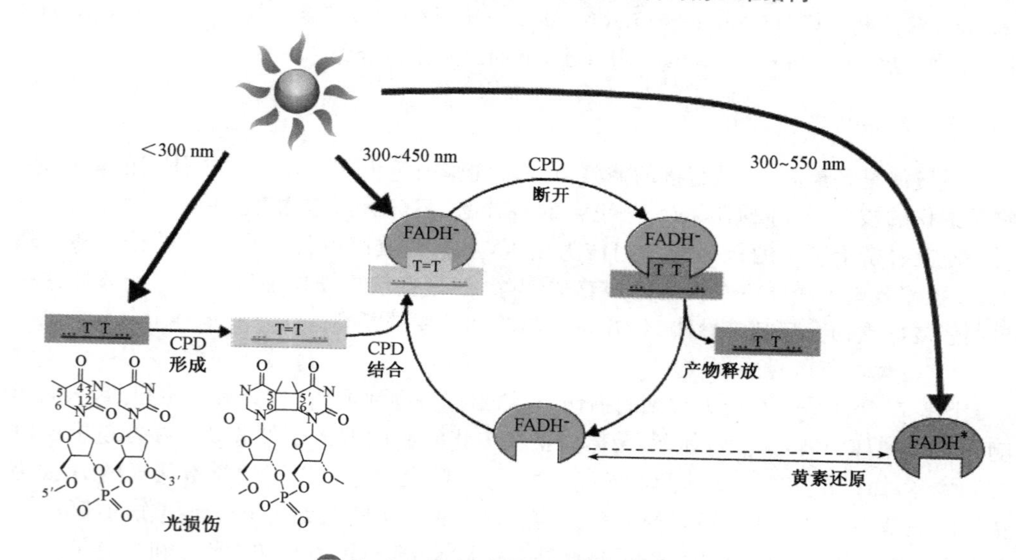

图 5-9 嘧啶二聚体的直接修复机制

尽管人类和其他哺乳动物缺乏有活性的光复活酶,但是在它们体内却已发现了光复活酶的两种同源蛋白——隐蔽色素(cryptochrome, CRY)1 和 2。CRY1 和 CRY2 也结合有 FAD,同时也含有一个捕光色素,但没有直接修复嘧啶二聚体的活性。有证据表明,它们的功能可能是作为光信号的受体,参与调节生物钟(circadian clock)相关的过程。

2. 烷基化碱基的直接修复

DNA 烷基转移酶(alkyltransferase)参与烷基化碱基的直接修复。在大肠杆菌细胞中,6-烷基鸟嘌呤、4-烷基胸腺嘧啶(O^4-alkylated thymine)和甲基化的磷酸二酯键由 Ada 酶直接修复。Ada 酶又名 6-甲基鸟嘌呤甲基转移酶Ⅰ(O^6-methylguanine methyltransferase, MGMT-Ⅰ),是烷基转移酶的一种。此酶既可以转移碱基上的烷基,还可以转移甲基化磷酸二酯键上的甲基。Ada 酶以活性中心的 1 个 Cys 残基作为甲基受体,然而,一旦它

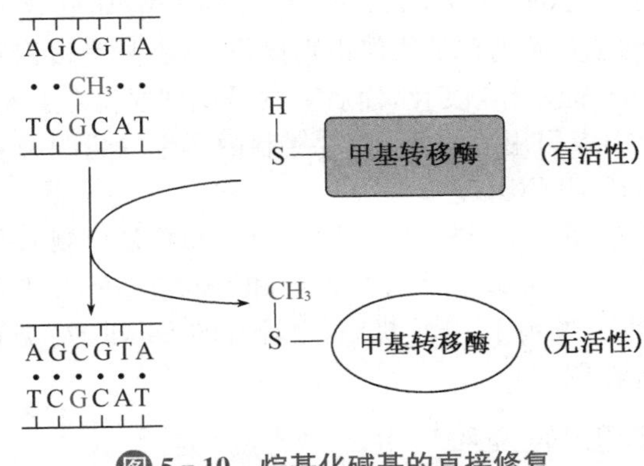

图5-10　烷基化碱基的直接修复

得到甲基，也就失活了，因此它是一种自杀酶（suicide enzyme）（图5-10）。MGMT-Ⅱ是另外一种烷基转移酶，它不能转移甲基化磷酸二酯键上的甲基。

以1个酶分子作为代价去修复1个受损伤的碱基，这在能量学上似乎很不经济，但在动力学上却是有利的，因为整个修复反应只有一步，可谓一步到位。

大肠杆菌在受到环境中低浓度烷基化试剂的刺激以后，会产生适应性反应（adaptive response）。适应性反应独立于SOS反应（见后），涉及*ada*、*aidB*、*alkA*和*alkB*基因的诱导表达。*alkA*编码3-甲基腺嘌呤DNA糖苷酶——参与碱基切除修复（见后），*ada*编码Ada酶。当Ada酶接受甲基以后，虽然失去了活性，但却转变成了一种刺激自身基因（*ada*）和*aidB*、*alkA*和*alkB*基因表达的正调节物。于是，失去的Ada酶又能得到及时补充。在真核生物体内，失活的烷基转移酶因构象发生变化，会被泛素-蛋白酶体系统识别，在打上多聚泛酰化的“死亡标签”后即被水解掉。

人体内的6-氧烷基鸟嘌呤DNA烷基转移酶（O6-alkylguanine DNA alkyltransferase，AGT）与DNA形成的复合物的三维结构已被解析（图5-11）：让人惊奇的是AGT与DNA的结合方式并不多见。它与DNA结合的模体是螺旋—转角—螺旋（helix-turn-helix），该模体存在于很多参与调节基因表达的转录因子中。然而，绝大多数转录因子都在大沟里识别并结合DNA分子上特殊的碱基序列，AGT却在小沟里结合DNA。这种结合方式可能有利于损伤的修复，因为AGT在结合DNA的时候必须不能依赖特定的碱基序列，这样才能修复出现在DNA分子任何位置上的6氧-烷基鸟嘌呤，而在小沟里面结合就可以摆脱对碱基序列的依赖。

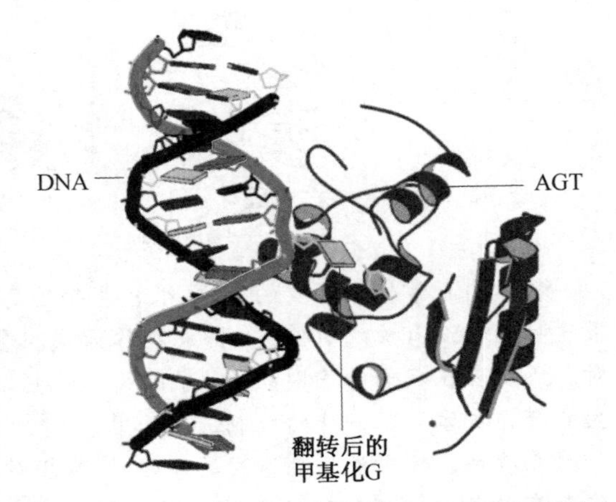

图5-11　人体内的AGT与底物结合时的三维结构

AGT在催化反应的时候，通过活性中心1个高度保守的Y残基的侧链，迫使DNA分子上磷酸基团发生旋转，而磷酸基团的旋转则引起了碱基的翻转，于是烷基化的鸟嘌呤便进入活性中心。与此同时，HTH中的一个R残基刚好取代原来的鸟嘌呤填补其翻转后留下来的真空。

3. DNA链断裂的直接修复

这种修复由DNA连接酶催化，但裂口必须正好是DNA连接酶的底物，即是5′-磷酸和3′-OH。

二、切除修复

切除修复需要先切除损伤的碱基或核苷酸，然后，重新合成正常的核苷酸，最后，再经连接酶重新连接。前后经历识别（recognize）、切除（remove）、重新合成（re-synthesize）和重新连接（re-ligate）四大步。

切除修复又分为碱基切除修复(base excision repair, BER)和核苷酸切除修复(nucleotide excision repair, NER),两者的主要差别在于如何识别损伤,前者是直接识别具体受损伤的碱基,识别的标记是受损伤碱基的化学变化,而后者则是识别损伤对DNA双螺旋结构造成的扭曲。NER中有一亚类专门用来修复DNA复制中产生的错配碱基对,该机制被称为错配修复(mismatch repair, MMR)。

切除修复是各种生物用来修复DNA损伤的主要机制。因揭示DNA修复机制而获得2015年诺贝尔化学奖的三位科学家Tomas Lindahl、Aziz Sancar和Paul Modrich研究的都是切除修复机制。其中,瑞典的Lindahl发现了BER机制,土耳其的Sancar发现了NER机制,美国的Modrich发现了MMR机制。

Box 5-2 额外的DNA序列充当我们基因组的"备胎"

带一个备胎驾车上路是一件很明智的事情,说不定途中遇到爆胎。现在有人在我们的基因组上也发现有备胎序列,这种备胎序列可能有利于DNA损伤的修复。根据Aaron M. Fleming等人在2015年8月发表在*ACS Central Science*题为"A Role for the Fifth G-Track in G-Quadruplex Forming Oncogene Promoter Sequences during Oxidative Stress: Do These Spare Tires Have an Evolved Function?"论文,在我们的基因组DNA上就有额外的G,可能作为备胎序列,有助于鸟嘌呤所发生的氧化性损伤的修复,从而防止癌症的发生。

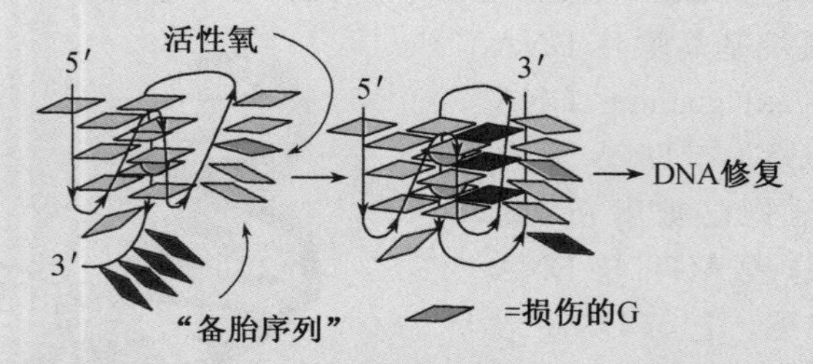

机体内正常代谢产生的ROS很容易导致鸟嘌呤发生损伤,变成8-氧鸟嘌呤。如果这种损伤没有被及时修复,将来在作为模板复制的时候将指导错误的碱基与其配对。已发现在我们的基因组上,存在所谓的G四联体(G-quadruplex)结构,其内所发生的损伤机体用不一样的机制进行修复。

在搜寻已知人类原癌基因的序列时,发现许多原癌基因(*c-myc*、*Kras*和*bcl*-2)不仅带有形成G四联体所必需的四段连续的鸟嘌呤序列,而且在这四段成串的鸟嘌呤序列的下游还有第五段或者更多的连续的鸟嘌呤序列。这些额外的成串的鸟嘌呤序列可能作为备胎,在G四联体内的G发生损伤以后,可与其交换,从而让损伤的G暴露出来,方便修复系统对其进行修复。

(一) BER

BER最初的切点是β-N-糖苷键,首先被切除的是受损伤的碱基,这种机制特别适合修复较轻的碱基损伤,比如尿嘧啶、次黄嘌呤、烷基化碱基、被氧化的碱基和其他一些被修饰的碱基等,催化切除反应的酶是DNA糖苷酶(DNA-glycosylase)。

已发现10多种特异性不同的DNA糖苷酶:有的特异性较高,如UDG;有的特异性较广。但所有的DNA糖苷酶一般是沿着双螺旋的小沟扫描DNA,直到发现受损伤的碱基,然后即与DNA结合,并诱导DNA结构发生弯曲,以使损伤的碱基发生翻转,被挤出双螺旋,进入活性中心后被切除(图5-12)。共有两类DNA糖苷酶,一类只有N-糖苷酶的活性,另一类还带有3′-AP裂合酶活性(3′-AP lyase),属于双功能酶(图5-13)。几乎所有的DNA糖苷酶只作用单个损伤碱基,很少作用较大的涉及几个碱基的复合型损伤。然而,T4噬菌体和黄色微球菌(*Micrococcus luteus*)编码着一种对嘧啶二聚体特异性的糖苷酶。

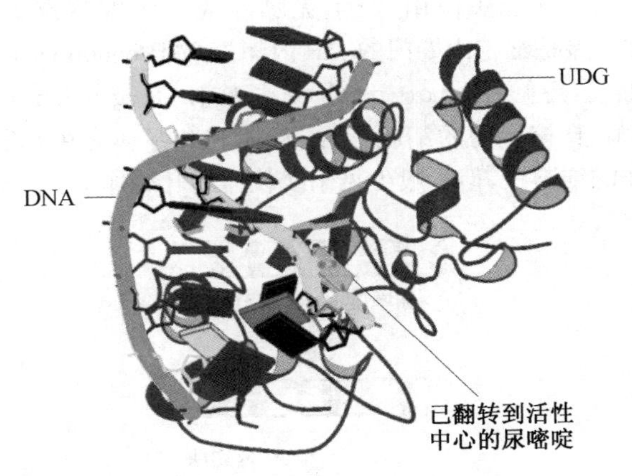

图 5－12　UDG 与底物结合时的三维结构

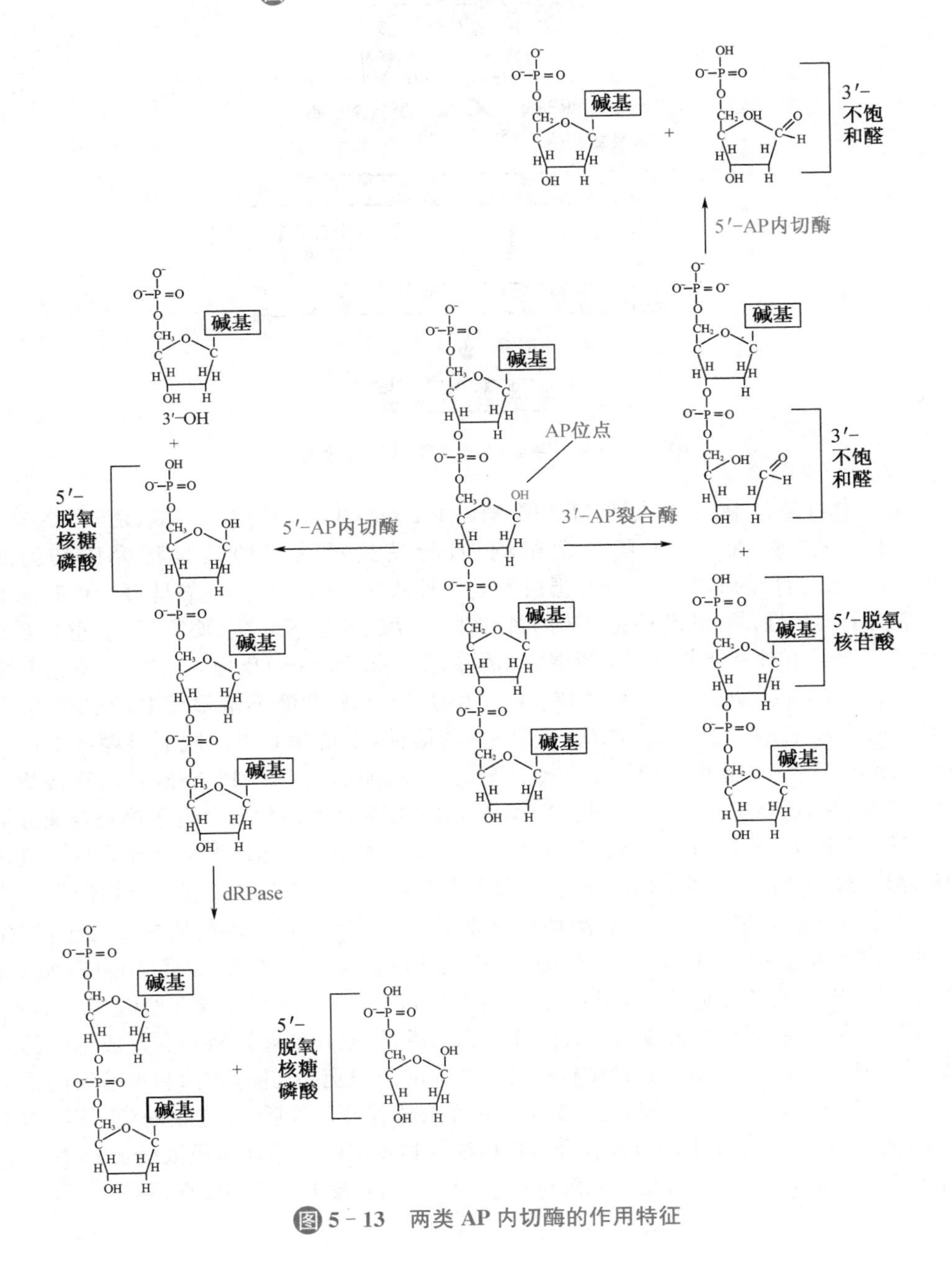

图 5－13　两类 AP 内切酶的作用特征

DNA分子经DNA糖苷酶作用，产生无嘌呤或无嘧啶位点(apurinic/apyridimidic site，AP位点)。该位点是细胞内专门的AP内切酶(AP endonuclease)的有效底物。随后，BER可行两条路径：短修补(short-patch)和长修补(long-patch)(图5-14)。短修补途径广泛存在于细菌、真核生物的细胞核、线粒体和叶绿体之中，长修补途径存在于细菌、古菌和真核生物的细胞核，但一般少见于线粒体和叶绿体。

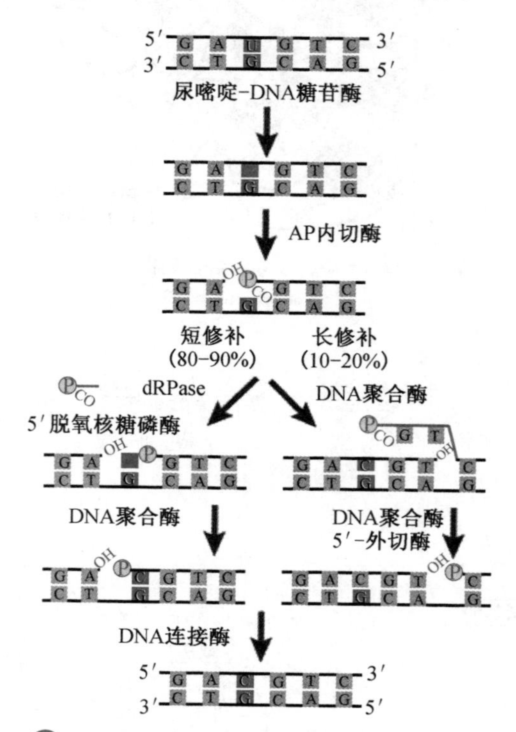

图5-14 尿嘧啶的两条碱基切除修复途径

在短修补路径中，一般先是AP裂合酶(AP lyase)在AP位点3′一侧，切开DNA主链上的磷酸二酯键。在大肠杆菌细胞内，行使这项功能的是也称为内切酶Ⅲ(endonuclease Ⅲ)的Nth蛋白。此蛋白质是一种双功能酶，兼有8-氧鸟嘌呤糖苷酶和AP裂合酶的活性。在哺乳动物细胞内，行使同样功能的是Nth和OGG1，两者也是双功能酶。这些酶在作用的时候，伴随着β-消除(β-elimination)反应，产生3′-不饱和醛(unsaturated aldehydes)和5′-脱氧核苷酸。由于3′-不饱和醛不是DNAP的引物，需要AP内切酶的脱氧核糖磷酸二酯酶(dRPase)的活性，来切除突出的脱氧核糖磷酸产生3′-OH(图5-13)。这时会留下1个核苷酸的空隙，随后被DNAP填补，再由连接酶缝合。细菌细胞负责短修补的一般是DNAPⅡ，真核细胞核和线粒体负责短修补合成分别是DNAPβ和γ。有趣的是，DNAPβ在添补单个核苷酸缺口之前，可以直接去除脱氧核糖磷酸。最后切口的缝合，由DNA连接酶Ⅰ或XRCC1/DNA连接酶Ⅲ复合物催化。

在长修补途径之中，AP内切酶切口也是紧靠AP位点5′一侧的磷酸二酯键，产生5′-脱氧核糖磷酸和3′-OH。但产生的5′-脱氧核糖磷酸并不被除去，而是由DNAP(细菌是DNAPⅡ，真核细胞是DNAPδ或ε)在切口的3′-端添加若干个核苷酸(2 nt～8 nt)，以取代带有5′-脱氧核糖磷酸的寡聚核苷酸。随后，被取代的寡聚核苷酸形成单链的翼式结构(the flap structure)，这种结构被特定的核酸酶识别并切除(古菌和真核细胞是翼式内切核酸酶FEN1)，外切酶水解被取代的寡聚核苷酸。最后，在连接酶(真核细胞是DNA连接酶Ⅰ)的催化下缺口被缝合。真核细胞和古菌的长修补途径依赖于PCNA，它所起的作用一是将DNAPδ或ε装载到DNA上，二是刺激FEN1的活性(图5-15)。

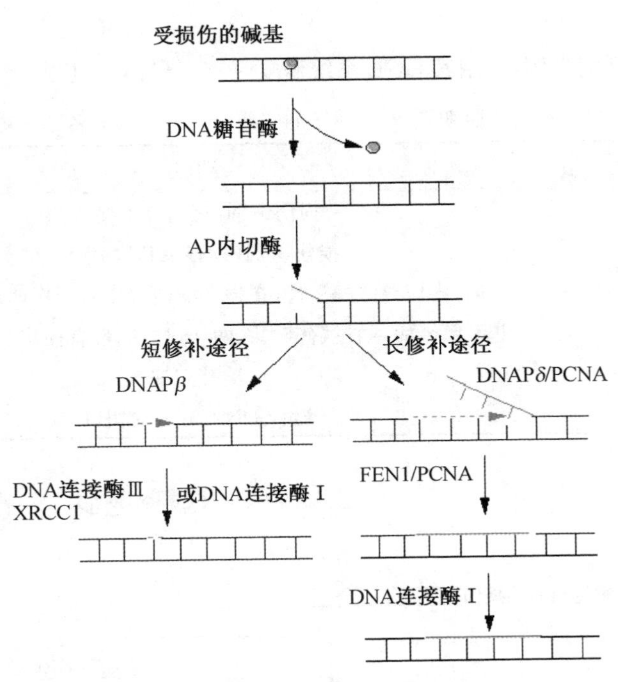

图 5－15　真核细胞的碱基切除修复

DNA 分子上的 AP 位点也可能是碱基的自发脱落形成的，由这种方式产生的 AP 位点直接由 AP 内切酶启动修复过程，省去了 DNA 糖苷酶。

（二）NER

NER 要比 BER 复杂（特别是真核细胞），它主要用来修复导致 DNA 结构发生扭曲并影响到 DNA 复制的损伤，如可造成 DNA 发生大约 30°弯曲的嘧啶二聚体。此外，大概 20％由 ROS 造成的碱基氧化性损伤也由它修复。

NER 的起始切点是损伤部位附近的 3′，5′-磷酸二酯键，由于 NER 识别损伤的机制并不是针对损伤本身，而是针对损伤对 DNA 双螺旋结构造成的扭曲，故许多并不相同的损伤却能被相同的机制和几乎同一套修复蛋白修复。

尽管参与 NER 的蛋白质在真核生物体内高度保守，但与细菌相关蛋白质的同源性很低。然而修复的整个过程是相当保守的，主要由 5 步反应组成：(1) 探测损伤——由特殊的蛋白质完成，并由此引发一系列的蛋白质与受损伤 DNA 的有序结合；(2) 切开损伤链——特殊的内切酶在损伤部位的两侧切开 DNA 链；(3) 去除损伤——2 个切口之间带有损伤的 DNA 片段被去除；(4) 填补缺口——由 DNAP 完成；(5) 缝合切口——由 DNA 连接酶完成。

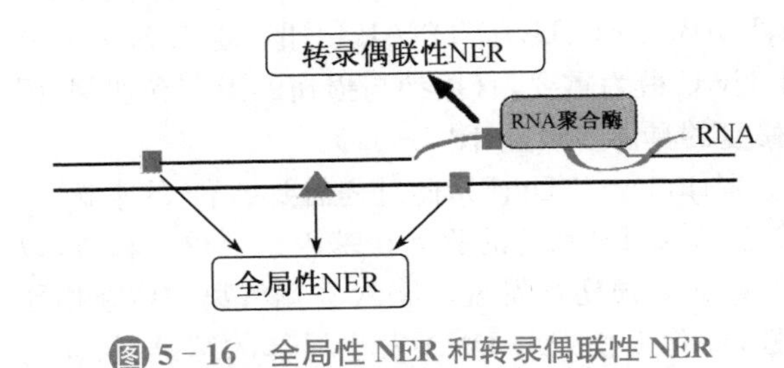

图 5－16　全局性 NER 和转录偶联性 NER

NER 还可以进一步分为全局性基因组 NER（global genome NER，GGR）和转录偶联性 NER（transcription-coupled NER，TCR）（图 5－16）。GGR 负责修复整个基因组的损伤，速度慢，效率低；TCR 专门修复那些正在转录的基因在模板链上的损伤，速度快，效率高。两类 NER 的主要差别在于识别损伤的机制，而损伤识别以后发生的修复反应几乎相同。TCR 由 RNA 聚合酶识别损伤，当聚合酶转录到受损伤部位而前进受阻的时候，TCR 即被启动。TCR 系统的存在，使得基因模板链上遭遇的损伤更容易得到修复。

1. 细菌的NER系统

首先以大肠杆菌为例,介绍其GGR系统修复嘧啶二聚体的过程。

表5-1 参与细菌细胞NER系统的主要蛋白质和酶的名称和功能

蛋白质	功能
UvrA	损伤识别,充当分子接头
UvrB	损伤识别,具有ATP酶活性
UvrC	具有内切核酸酶活性,在损伤的两端先后两次切开DNA链
UvrD	Ⅱ型解链酶,通过解链去除两切口之间带有损伤的DNA片段
DNAP Ⅰ/Ⅱ	填补空缺
DNA连接酶	缝合DNA链上的切口

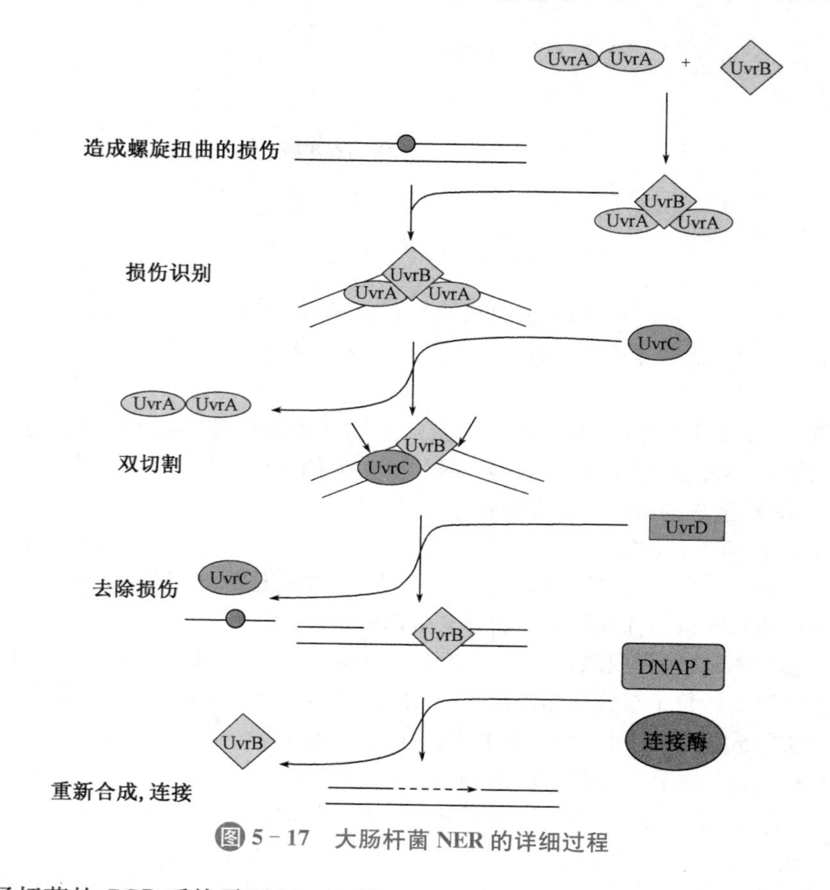

图5-17 大肠杆菌NER的详细过程

Quiz3 如何设计一个实验判断紫外引起的嘧啶二聚体损伤是被直接修复还是被切除修复的?

大肠杆菌的GGR系统需要UvrA、UvrB、UvrC、UvrD、DNAP Ⅰ/Ⅱ和连接酶等6种蛋白质(表5-1),其中UvrA、UvrB和UvrC最为重要,直接参与损伤的识别和切割,因此该系统经常被称为UvrABC系统。修复的具体步骤是(图5-17):

(1) 2个UvrA与1个UvrB形成三聚体($UvrA_2UvrB$),此过程需要ATP的水解;

(2) $UvrA_2UvrB$与DNA随机结合后,受ATP水解的驱动在基因组上单向移位,以便对活细胞内的碱基损伤进行实时监控。如果损伤被发现,UvrA立刻解离。留在损伤处的UvrB通过自带的弱的解链酶活性,催化损伤处的DNA发生局部的解链,从而与DNA形成更稳定的预剪切复合物(pre-incision complex);

(3) UvrC被招募到预剪切复合物之中,作为内切酶先后两次切割受损伤的DNA。先是在损伤的下游,即3′一侧距离损伤4~5 nt的位置产生切口。后是在损伤的上游,即5′一侧距离损伤8 nt的位置产生切口。虽然UvrC切割DNA共两次,但却使用了2个不同的活性中心，这两个活性中心分别位于 N 端结构域和 C 端结构域。此反应需要 UvrB 结合有 ATP，但并不需要 ATP 的水解。有时，一种叫 UvrC 同源物（C homologue，Cho）的核酸酶可代替 UvrC，在损伤的 3′一侧起切割作用；

（4）一旦切割完成，一串由 12 nt～13 nt 组成的寡聚核苷酸片段即被切开，但仍然与互补链配对在一起；

（5）UvrC 随后解离，UvrD 解链酶则结合上来催化解链反应，将带有损伤的 DNA 片段释放出来；

（6）DNAP Ⅰ 催化修复合成，并将 UrvB 取代下来；

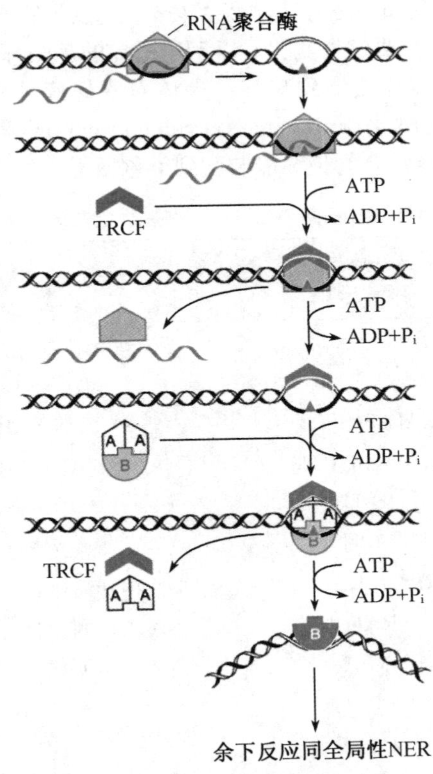

图 5－18　大肠杆菌的 TCR 机制

（7）DNA 连接酶进行最后的缝合。

TCR 最初在真核细胞内发现，后来也发现存在于细菌和古菌细胞中。证明其存在的直接证据是大肠杆菌的乳糖操纵子在诱导物异丙基硫代半乳糖苷（Isopropyl β－D－Thiogalactoside，IPTG）的存在下，其 DNA 的转录股由 UV 诱发的损伤在 5 分钟内被全部修复，而非转录股的损伤和无 IPTG 诱导的细胞遭遇的损伤约需要 40 分钟才能被修复。如果缺乏 TCR，则转录股与非转录股修复的效率几乎没有差别。

之所以转录股更容易修复，是因为它上面的损伤更容易被识别。在大肠杆菌 TCR 系统中（图 5－18），一旦 RNA 聚合酶进入受伤部位就暂停，并形成一个稳定的复合物。转录修复偶联因子（transcription repair coupled factor，TRCF）（*Mfd* 基因的产物）识别这种暂停的复合物，取代 RNA 聚合酶，同时将 $UvrA_2UvrB$ 复合物招募到受伤部位，还能促进 UvrA 与 UvrB 解离，从而加快 UvrB－DNA 预剪切复合物的形成。一旦损伤被切除，后面修复反应与全局性 NER 完全相同。

Quiz4 如何设计一个实验证明细胞内发生在转录股的损伤更容易被修复？

2. 真核生物的 NER 系统

真核细胞内的 NER 系统更为复杂，大概需要 30 多种蛋白质的参与（表 5－2），但修复的基本原理和过程与细菌非常相似。因为许多蛋白质是在研究人着色性干皮病

(Xeroderma pigmentosum, XP)、柯凯因氏症候群(Cockayne syndrome, CS)和人类的毛发二硫键营养不良症(trichothiodystrophy, TTD)中发现的,所以很多蛋白质都以它们的缩写来命名。

在已鉴别出的人细胞参与NER的蛋白质中,至少有四种与损伤识别有关。这些蛋白质似乎可以分为两组:(1) XPA、XPE和RPA——单独能够与损伤的DNA结合,但它们之间的相互作用能显著提高与损伤DNA结合的亲和性;(2) XPC和hHR2B(酵母是RAD23)——它们结合在一起,与损伤DNA具有很强的亲和性。

与细菌的NER相似,真核生物的NER涉及多个步骤,各蛋白质的结合有一定的次序,但它们的精确次序究竟如何还存有争议。另外,真核生物在进行NER修复之前,损伤所在位置的染色质构象需要发生变化。以UV诱导的嘧啶环丁烷二聚体的修复为例,DDB1/DDB2蛋白质复合体能监测到嘧啶二聚体对双螺旋结构造成的扭曲,然后激活XPC蛋白的可逆性多聚泛酰化(reversible polyubiquitination)修饰,而XPC的泛酰化修饰可导致参与NER的功能复合物最终能装配到染色质上。

表5-2 参与真核细胞NER系统的主要蛋白质的名称和功能

蛋白质名称(哺乳动物)	蛋白质名称(酵母)	功 能
XPA	RAD14	优先结合受损伤的DNA(亲和力比结合正常的DNA高10^3倍)
XPB	RAD25(SSL2)	($3'\rightarrow5'$)DNA解链酶,TFⅡH的组分
XPC/hHR23B	RAD4/RAD23	结合受损伤的DNA
XPD	RAD3	($5'\rightarrow3'$)DNA解链酶,TFⅡH的组分
XPE/p48	不明	优先结合受损伤的DNA
XPF/ERCC1	RAD1/RAD10	DNA内切酶(切点在损伤部位的5'-一侧)
XPG(ERCC5)	RAD2	DNA内切酶(切点在损伤部位的3'-一侧)
RPA	RPA	单链DNA结合蛋白
Cdk7	KIN28	CAK亚复合物
CycH	CCL1	CAK亚复合物
Mat1	TFB3	CAK亚复合物
CSA(ERCC8)	RAD28	与CSB和TFⅡH p44亚基结合,参与TCR
CSB (ERCC6)	RAD26	与CSA和TFⅡH p44亚基结合,参与TCR
TTDA	不明	参与TCR和GGR
RFC	RFC	PCNA钳载复合物
PCNA	PCNA	DNA滑动钳
DNAPδ/ε	DNAPδ/ε	DNA修复合成
DNA连接酶Ⅰ	DNA连接酶Ⅰ	缝合切口

以人细胞的GGR系统为例,其修复的基本步骤是(图5-19):

(1) 激活的XPC和hHR23B形成二聚体,识别和结合损伤的DNA;

(2) XPC/hHR23B与损伤部位的结合加剧了双螺旋结构的扭曲;

(3) DNA双螺旋的进一步扭曲让更多的修复蛋白得以"加盟",它们包括TFⅡH、RPA和XPA。TFⅡH为九聚体蛋白,其中有两个亚基(XPB和XPD)有解链酶活性。XPB和XPD与DNA的损伤链结合,一道通过水解ATP来驱动损伤部位约20 bp~30 bp的区域朝两个相反的方向解链。XPD还可以将周期蛋白依赖性激酶激活的激酶(cyclin-dependent kinase activating kinase, CAK)招募到TFⅡH上,对其进行磷酸化修饰,从而

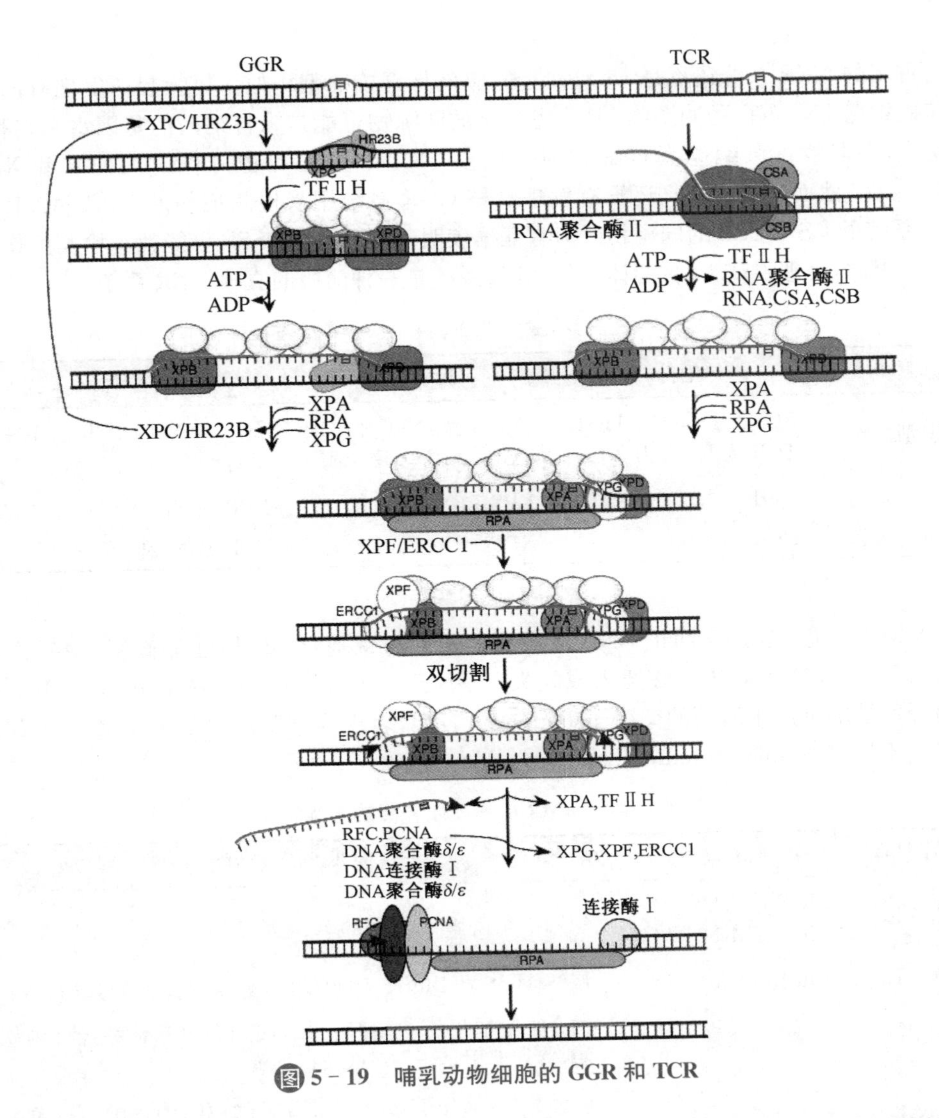

图5-19　哺乳动物细胞的GGR和TCR

对细胞周期前进中涉及的CDK发出指令。RPA作为SSB与已解开的单链区域结合。XPA尽管不是解链酶，但却是解链所必需的；

(4) 随后，XPG和XPF/ERCC1作为对DNA结构特异性的内切酶，被招募到已解链的损伤部位，在DNA的双链区和单链区的结合部切开DNA链，其中XPG先切，其切点在损伤部位的3′一侧，与损伤位点相隔约2～8 nt，ERCC1/XPF后切，切点在损伤部位的5′一侧，与损伤位点相隔15 nt～24 nt；

(5) XPB/XPD解链酶协助去除2个切点之间包含损伤的寡聚核苷酸，其平均长度为27 nt；

(6) DNAPδ或ε与PCNA一起进行修补合成，填补空隙；

(7) 最后，连接酶Ⅰ缝合裂口。

如果是TCR，则需要XPC/hHR23B以外所有参与GGR的蛋白质，这是因为TCR识别损伤的机制不同于GGR。哺乳动物TCR系统识别损伤的机制是：RNA聚合酶延伸复合物暂停在损伤部位，并导致一小部分区域发生解链；随后，CSA和CSB被招募到RNA聚合酶上，而结合到RNA聚合酶上的CSA和CSB帮助招募TFⅡH、XPA、RPA和XPG到损伤部位，RNA聚合酶、RNA转录物、CSA和CSB则解离下来，于是形成了与GGR一样的复合物，剩下来的反应也就无须赘述了。

3. 古菌的 NER 系统

古菌的 NER 系统还不是十分清楚,但应该与真核细胞相似。尽管起初发现有的古菌编码细菌 Uvr 蛋白的同源物,但这些 Uvr 的同源物可能是来自细菌的基因水平转移。事实上,大多数古菌编码真核细胞内一些参与 NER 的同源物,如 XPD、XPB 和 XPF(表 5-3)。然而,迄今为止,还没有发现真核 GGR 系统用来检测损伤的 XPC/hr23B 和 TCR 系统的 CSA/CSB 的同源物。但有证据表明,古菌体内的 SSB 可能就有检测损伤的作用。因此,有理由认为,古菌体内的 NER 系统是一种简版的真核 NER 系统。

表 5-3 细菌、真核生物和古菌参与 NER 的主要成分

修复步骤	细菌	真核生物	古菌
识别损伤	GGR 为 $UvrA_2$ UvrB, TCR 为 RNA 聚合酶	GGR 为 XPC/hr23B, TCR 为 RNA 聚合酶	GGR 为 SSB, TCR 为 RNA 聚合酶
DNA 解链	UvrB	XPB 和 XPD	XPB 和 XPD
损伤切除	UvrC 或 Cho	XPF-ERCC1 和 XPG	XPF、Bax1 和 NucS

(三) MMR

MMR 系统主要用来纠正 DNA 双螺旋上错配的碱基对,此外,还能修复一些因"复制打滑"而诱发产生的核苷酸插入或缺失环(小于 4 nt)(insertion/deletion loop, IDL)。此途径的缺陷可产生所谓的突变子(mutator)表型,表现为细胞的自发突变频率升高和微卫星不稳定性(microsatellite instability, MSI)提高。

表 5-4 参与 MMR 的蛋白质和酶的名称和功能

大肠杆菌	哺乳动物	大肠杆菌中蛋白质的功能
MutS	MutSα:Msh2-Msh6 MutSβ:Msh2-Msh3	识别错配碱基,具有弱的 ATP 酶活性。
MutL	MutLα:Mlh1-Pms2	调节 MutS 和 MutH 之间的相互作用,与 UvrD 作用。
MutH	缺乏	结合半甲基化的 GATC 位点,序列和甲基化特异性内切酶,剪切非甲基化 GATC 的 5′-端。
UvrD	不明	解链酶Ⅱ,催化被切开的含有错配碱基的子链与母链的分离。

Quiz5 如何解释 Dam 活性增强或降低的突变都能提高 DNA 复制的出错率?

MMR 的总过程相似于其他切除修复途径,但与其他修复系统不同的是,MMR 系统首先需要解决的问题是如何区分母链和子链,做到只会将子链上错误的碱基切除,而不会切除母链中本来就正确的碱基。实验证明,大肠杆菌的 MMR 系统利用甲基化来区分子链和母链,因为刚刚复制好的子代 DNA 分子母链和子链的甲基化程度是不一样的,母链高度甲基化,甲基化位点是母链上 GATC 序列中 A 的 6 号位,催化甲基化的酶也是 Dam,而子链几乎还没有甲基化。因此,大肠杆菌内的 MMR 系统又称为甲基化导向的错配修复(methyl-directed mismatch repair)。如果两条链都没有甲基化,那么修复也能进行,但因为不能区分两条链,所以无法保证真正的错配修复;如果两条链都甲基化了,修复的效率极低,即使发生,同样也无法保证真正的错配修复。

MMR 也有长修补和短修补两种方式。大肠杆菌的长修补途径至少需要 *mutH*、*mutL*、*mutS* 和 *uvrD* 四个基因,它们分别编码 MutH、MutL、MutS 和 UvrD 这四种蛋白质(表 5-4)。MutS 蛋白负责识别错配的碱基对,其识别的效率取决于错配的类型和错配碱基对所处的环境,一般而言,G∶T 和 A∶C>G∶G 和 A∶A,C∶T 和 G∶A>C∶C。MutH 是一种内切核酸酶,其底物是没有甲基化的 GATC 序列,切点紧靠 G 的 5′-端。MutS、MutH、ATP 以及 Mg^{2+} 是 MutH 内切酶活性所必需的。UvrD 是一种 DNA 解链酶。

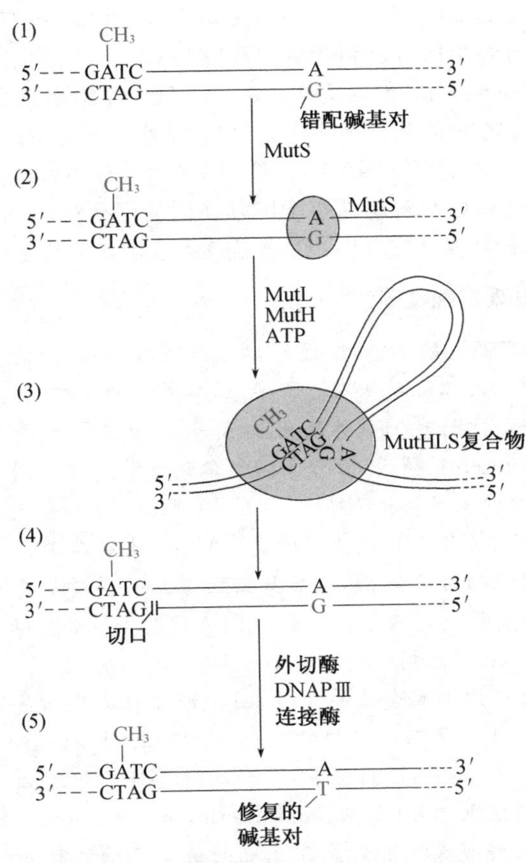

图 5-20　大肠杆菌错配修复的详细过程

参与大肠杆菌 MMR 长修补途径的蛋白质除了 MutS、MutL、MutH 和 UvrD 以外，还有特殊的外切核酸酶、DNAPⅢ和 DNA 连接酶。它们作用的主要步骤是(图 5-20)：(1) MutS 识别并结合除了 C-C 以外的错配碱基对，也能识别因碱基插入或缺失在 DNA 上形成的小环，MutL 随后结合；(2) 在错配碱基对两侧的 DNA 通过 MutS 作相向移动；(3) MutH 与 MutL 和 GATC 位点结合；(4) MutH 的内切核酸酶活性被 MutS/MutL 激活，切开子链非甲基化 GATC 的 5′-端；(5) UvrD 作为解链酶，催化被切开的含有错配碱基的子链与母链的分离，SSB 则与母链上处于单链状态的区域结合，特殊的外切酶水解游离出来的含有错配碱基的单链 DNA。如果 MutH 的切点在错配碱基的 3′-端，则由外切核酸酶Ⅰ或 X 从 3′→5′方向水解。如果 MutH 的切点在在错配碱基的 5′-端，则由外切核酸酶Ⅶ和 RecJ 来降解；(6) 最后，DNAPⅢ和连接酶分别进行缺口的修复合成和切口的缝合，原来的 G：A 变成了正确的 A：T。

GATC 位点与错配碱基对之间的距离可近可远，远的可达 1 kb。显然，它们之间越远，被切除的核苷酸就越多，修复合成所需要消耗的 dNTP 就越多。因此，错配修复是一个低效率、高耗能的过程。但不管消耗多少 dNTP，目的只有一个，就是为了修复一个错配的碱基。

大肠杆菌有两条独立于 mutHLS 的短修补 MMR 途径：

(1) 依赖于 MutY 的修复途径——用于取代 A：G 和 A：C 错配碱基对中的 A。MutY 是一种 DNA 糖苷酶，其主要功能是在 BER 途径中，切除位于 8-氧-7,8-二氢脱氧鸟嘌呤(8-oxy-7,8-dihydrodeoxyguanine)碱基对面的 A，但也参与这里的短修补 MMR 途径。

(2) 极短修补(very short patch, VSP)途径——用于纠正 G：T 错配碱基对中的 T。当受甲基化酶 Dcm 作用的靶序列 CC(A/T)GG 之中 5-^{m}C 因脱氨基而转变成 T 以后，原来正确配对的 G：C 碱基对就变成了错误配对的 G：T 碱基对。VSP 途径可以纠正这样的 G：T 错配碱基对。VSP 需要 MutS、MutL，以及一种对 CT(A/T)GG 序列之中错配的 GT 碱基对特异性的内切酶，但不需要 mutH 和 UvrD。

大多数细菌和所有的真核生物的 MMR 长修补途径与大肠杆菌相近，但不是以甲基化来区分母链和子链的。在酵母细胞和哺乳动物细胞中，人们已找到绝大多数与参与大肠杆菌 MMR 修复蛋白的同源物，只是缺乏 MutH 的对应物，这是因为真核细胞并不以 GATC 的甲基化来区分子链和母链。关于真核细胞在 MMR 的长修复途径中如何识别新链仍然是一个谜。有一种观点认为，DNA 复制过程中在 DNA 连接酶连接之前存在于后随链上的缺口，以及专门在前导链上引入的缺口是识别新合成链的标记。

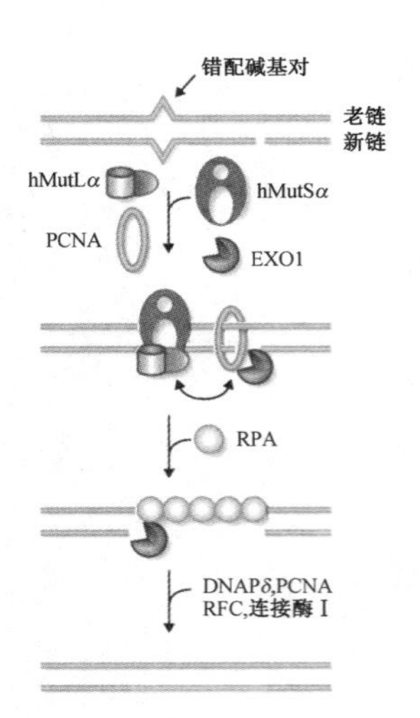

图 5-21 人细胞内的错配修复的详细过程

以人细胞内的 MMR 为例,其基本过程如下(图 5-21):(1) 在 PCNA 的促进下,错配识别蛋白 hMutSα 或 hMutSβ 识别并结合经半保留复制产生的双链 DNA 分子上错配的碱基对;(2) 结合在错配碱基对上的 hMutS 将 hMutLα 招募上来;(3) 发生在错配碱基对上的 DNA-蛋白质和蛋白质-蛋白质之间的相互作用,促进了将外切核酸酶 1 (exonuclease 1, EXO1)招募到错配碱基对附近的 DNA 链的裂口处;(4) 在 hMutS、hMutLα 和 RPA 的存在下,EXO1 开始从裂口处水解包括错配碱基在内的序列;(5) 在 PCNA、RPA 和 RFC 的存在下,DNAPδ 进行修复合成,最后 DNA 连接酶Ⅰ将缺口连上。

Box 5-3 真核生物错配修复系统如何发现错配碱基?

参与 DNA 复制的 DNA 聚合酶既具有高度的选择性,还可以进行实时校对,但这两种机制仍无法保证 DNA 复制过程不会出现错配碱基对。事实上,单凭这两种机制,DNA 复制仍然有百万分之一错配的机会。幸好我们机体还有最后一道"防线",就是错配修复机制。发现这种机制的 Paul Modrich 获得过 2016 年诺贝尔化学奖。该机制涉及 MutS 和 MutL 这一对蛋白质。其中,MutS 沿着新合成的 DNA 子链滑行,进行扫描,一旦发现错配的碱基对,并将其锁定,再将 MutL 招募过去。MutL 随后在新合成的链上引入切口,这等于在此处打上错配的标记,让其他参与错配修复的蛋白质将含有错配碱基的序列切除,然后再重新合成并进行连接。这种机制可以将 DNA 复制的忠实性提高上千倍,从而有效地防止了 DNA 复制引起的突变。

机体在进行错配修复时,必须能够正确识别新合成的子链,因为错配的碱基总是在新合成的子链上,充当子链复制模板的母链是不会有错的。已有证据表明,PCNA 在其中起十分重要的作用。PCNA 结合在 DNA 解链的位置,其所在结合处的物理方向指示了哪一条链是新合成的。这称为链识别信号(the strand discrimination signal)。MutS 和 MutL 可与这种信号发生作用,最终使得 MutL 能在正确的链上正确的位置切开 DNA 链。但是,MutS 和 MutL 究竟是如何与 PCNA 发生作用的呢? 为此,有三个模型被提了出来:第一种模型认为,MutS 和 MutL 结合在一起,形成滑动钳,沿着 DNA 链滑移到 PCNA,与链识别信号作用,在它们滑移过的区域打上标记以便后面将其切除;第二种模型认为,MutS 和 MutL 让 DNA 发生折叠,从而将 PCNA 拉向它们;第三种模型认为,MutL 将带有错配碱基的区域包被起来,向参与错配修复的其他蛋白质传递修复的信号。

为了弄清楚哪一种模型是正确的,来自美国北卡罗来纳大学 Weninger 与北卡罗来纳州立大学的 Dorothy Erie 联合进行了研究,他们使用了单分子荧光(single molecule fluorescence)手段。这种研究方法可让研究者观察到一个蛋白质分子在某一个时刻沿着一段 DNA 向前移动,结果他们发现,当 MutS 发现错配碱基时,构象即发生变化,这样 MutL 才能结合上去。而一旦一个 MutL 结合上去,其构象也会发生变化,使其可以抓住另一个 MutL,由此导致多个 MutL 结合到错配碱基所在到区段,将其包被,并切开需要修复的区域。这样的结果表明,第三个模型应该是正确的。

Weninger 和 Dorothy Erie 的工作非常有意义,让我们了解到了 MutS 和 MutL 在错配修复系统中的作用方式以及重要性。早已有人发现这两种蛋白质的突变跟一些非常具体的癌症发生有密切的关系。

在哺乳动物细胞中,也存在一种短修补 MMR 途径,用来纠正其甲基化的 CpG 岛上因脱氨基产生的错配的 GT。

MMR 有缺陷的真核细胞,在基因组 DNA 内微卫星序列(microsatellite sequence)上具有高度的不稳定性,这是因为微卫星序列由成串的 4~40 个单核苷酸或双核苷酸重复序列组成,这些短重复序列很容易造成复制的 DNAP 发生"打滑"(见后),从而产生插入或缺少错误,这些复制错误更依赖于 MMR 系统的修复。正因为如此,检测微卫星序列的增长或缩短，经常被用来确定一种癌细胞是不是在错配修复上有缺陷。

古菌也应该存在 MMR 系统，但大多数古菌缺乏 MutL 和 MutS 的同源物，这说明它们可能在使用其他不一样的机制进行错配修复。

三、DSBR

对于所有的生物来说，DNA 断裂尤其双链断裂是一种致死性最强的损伤。为了克服这种损伤对于生物体生存造成的威胁，已有好几种机制发展起来用于修复这种损伤。第一种机制称为非同源末端连接(non-homologous end joining, NHEJ)，能在无同源序列的情况下，让断裂的末端简单地加工一下，再重新连接起来。这种机制速度快、效率高，但由于经常会在裂口丢掉若干核苷酸，因此其具有较高的致变性。这种方式广泛存在于真核生物和少数细菌体内。缺乏这种修复方式的突变细胞，对导致 DNA 断裂的离子辐射或化学试剂的作用极为敏感；第二种机制是同源重组(参看第六章 DNA 重组)，它利用在 DNA 复制过程中形成的另外一个没有损伤的 DNA 作为修复的模板，因此可以对损伤进行忠实性地修复。细菌修复主要是利用同源重组，在它们的体内有两条同源重组途径，一条是 RecBCD 途径，另外一条是 RecF 途径(参看第六章 DNA 重组)。这两条途径有部分重叠。

对于真核生物来说，一旦 DNA 双链发生断裂，组蛋白 H2A 的一种变体 H2AX 在一些蛋白质激酶(如 ATM、ATR 和 DNA - PK)的催化下，Ser139 发生磷酸化修饰。磷酸化的 H2AX 被称为 γH2AX，是 DNA 双链断裂的重要标记。它作为 MDC1 蛋白的结合位点，继而可将参与修复的酶招募过来。参与哺乳动物细胞 NHEJ 的主要成分包括 Ku70 蛋白、Ku80 蛋白、DNA 依赖性蛋白质激酶催化亚基(DNA-dependent protein kinase's catalytic subunit, DNA - PK_{CS})、Artemis 蛋白、XRCC4、DNA 连接酶Ⅳ和类 XRCC4 因子(XRCC-like factor)等(表 5 - 5)。其中，Ku70 和 Ku80 形成异源二聚体，除了参与双链 DNA 断裂的修复以外，还参与 B 淋巴细胞分化过程中抗体基因的重排以及端粒长度的维持。

表 5 - 5　参与哺乳动物细胞双链断裂修复的主要蛋白质及其功能

蛋白质	功能
Ku70	与 Ku80 一道结合 DNA 末端，招募其他蛋白质。
Ku80	与 Ku70 一道结合 DNA 末端，招募其他蛋白质。
DNA - PK_{CS}	依赖于 DNA 的蛋白质激酶的催化亚基，激活 Artemis。
Artemis 蛋白	受 DNA - PK_{CS} 调节的核酸酶，参与 DNA 末端的加工，使得末端适于连接。
XRCC4	在 DNA 末端被 Artemis 蛋白加工好以后，协同连接酶Ⅳ一道催化断裂的双链 DNA 分子重新连接。
连接酶Ⅳ	在 DNA 末端被 Artemis 蛋白加工好以后，协同 XRCC4 一道催化断裂的双链 DNA 分子重新连接。

哺乳动物细胞 NHEJ 的基本步骤如下(图 5 - 22)：

(1) Ku70/Ku80 异源二聚体与 DNA 断裂末端结合；

(2) 断裂的 DNA 因 2 个 Ku70/Ku80 二聚体之间的相互作用被强拉到了一起；

(3) Artemis 蛋白作为 DNA - PK_{CS} 的底物与 DNA - PK_{CS} 结合，然后一起被 Ku70/Ku80 招募到 DNA 末端；

(4) DNA - PK_{CS} 一旦与 DNA 末端结合，即与 Ku 蛋白一起组装成 DNA - PK 全酶，其蛋白质激酶活性就被激活，随后便作用 Artemis 蛋白。Artemis 蛋白因被磷酸化，其核酸酶活性被激活；

(5) 被激活的 Artemis 蛋白开始加工 DNA 的末端，水解末端突出的单链区，创造出连接酶的有效底物；

(6) 连接酶Ⅳ、XRCC4与类XRCC4因子形成的复合物，共同催化已加工好的DNA末端之间的连接。

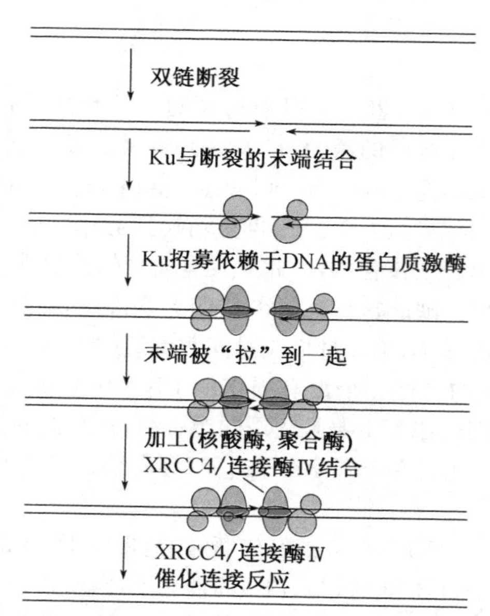

图5-22 哺乳动物细胞DNA双链断裂的非同源末端连接

尽管古菌在DNA复制、转录、重组和翻译等方面，与真核生物十分相似，但迄今为止，还没有在任何古菌体内发现任何与真核细胞NHEJ相关的同源蛋白。古菌所使用的修复机制可能是与真核生物十分相似的重组修复系统。

四、损伤跨越(damage bypass)

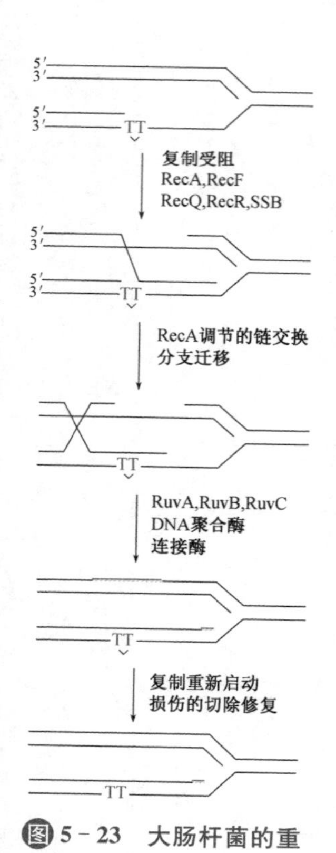

图5-23 大肠杆菌的重组跨越

DNA损伤可以发生在细胞周期的任何阶段和DNA的任何碱基序列上。如果一个正在移动的复制叉遇到模板链上的损伤，将会遇到麻烦。一方面因为复制叉内的DNA已发生了解链，无法利用互补链作为修复的模板。若这时强行进行切除修复，将引起双链断裂和复制叉塌陷，由此造成更严重的后果；另一方面因为损伤让DNAP在催化DNA复制的时候，难以形成正常的碱基对，特别是遇到模板链上的AP位点，这里可没有指导互补链合成的信息。尽管细胞内的BER系统会修复绝大多数AP位点，但少数AP位点可能逃脱了BER系统的修复，残留在DNA分子上。当催化DNA复制的那些高进行性、高保真性和严格遵守互补碱基配对规则的DNAP复制到这些“受伤”的碱基时，将难以复制下去，只能停留在原地不动，这就影响了复制的连续性。针对上述情况，进化让细胞发展了两套相对独立的损伤跨越“战术”，以维持复制的连续性，一套是重组跨越(recombinational bypass)，第二套是所谓的“跨损伤合成”(translesion synthesis, TLS)。这两套战术都是先不管损伤，想方设法完成复制再说。

(一) 重组跨越

重组跨越又称为重组修复，它使用同源重组的方法将DNA模板进行交换，以克服损伤对复制的障碍，而随后的复制仍然使用细胞内高保真的聚合酶，故此途径可视为一种无错的系统，因为忠实性并没有受到影响。

以大肠杆菌为例(图5-23)，一旦复制叉到达损伤位点，如嘧啶二聚体，DNAPⅢ即停止移动，随后与模板链解离，然后在损伤点下游约1 000 bp的地方重启DNA复制，这就在子链上留下一段空缺。然而，在重组蛋白A(RecA)的催化下，原来DNA一条母链(与新合成的子链一样)的同源片段被重组到子代DNA上(重组机制参看第五章DNA

重组)，填补子链的空缺，但在母链上会产生出新的空缺。此外，由于重组过程中的交叉是错开的，因此在子链位于损伤的下游仍然有一个小的缺口。不过，DNAPⅠ很容易将上述缺口进行填补，而连接酶则会将留下的切口缝合。

因此可见，重组跨越克服了损伤对DNA复制的障碍，但是损伤还保留着，不过迟早会被细胞内其他修复系统所修复。

（二）跨损伤合成

跨损伤合成又称为跨越合成(bypass synthesis)，由细胞内一类“宽容”、“任性”、一般无校对活性和进行性低的DNAP，来取代停留在损伤位点上原来催化复制的DNAP(细菌是DNAPⅢ，真核生物是DNAPα、δ和ε)，在子链上即模板链上损伤碱基的对面，随便插入一个核苷酸，以实现对损伤位点无错或易错的跨越。据估计，人细胞参与TLS的DNAP至少有30多种。参与跨损伤合成的DNAP一般属于Y家族，例如真核生物的DNAPη。已发现，人体缺乏DNAPη也可导致着色性干皮病。

Y类DNAP若以没有损伤的DNA作为模板，合成出来的DNA错误率很高，若以受损伤的DNA为模板，则可以进行跨损伤合成，那么Y类DNAP是如何做到的呢？根据对源自一种叫嗜热硫矿硫化叶菌(*Sulfolobus solfataricus*)的古菌体内的Y类DNAP——Dpo4的晶体结构的研究(图5-24)，发现这类聚合酶除了具有所有DNAP的标志性右手结构——拇指、手掌和手指以外，在它们的C端还存在一个特有的小指状结构域。在手指和手掌之间，形成的是一个宽敞的活性中心，主要通过一些非特异性的相互作用结合DNA模板。拇指和小指状结构域分别从小沟和大沟一面握住DNA双链。总之，这类聚合酶博大的“胸怀”及其对特异性DNA相互作用依赖性的降低，让它们能够容忍在活性中心及周围的DNA模板发生的扭曲。Dpo4催化的跨AP位点的合成，始于在模板链损伤的对面插入一个核苷酸。晶体结构分析清楚地显示，该酶在催化的时候，为了完成在“无头”的AP位点对面配上一个“有头”的搭档，强行扭曲DNA模板链，以使损伤处以环出的方式进入手指和小指之间开放的空间内，从而让进入活性中心的dNTP能与AP位点5′一侧的碱基配对。

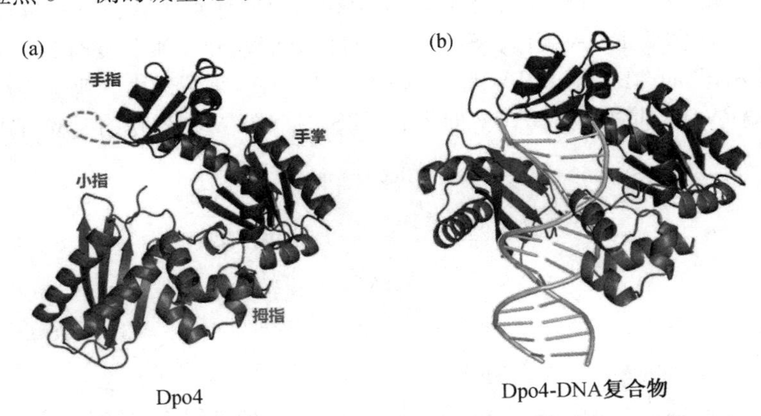

图5-24 古菌的Dop4蛋白与DNA底物结合前后的三维结构

1. 大肠杆菌的跨越合成

大肠杆菌的TLS是其SOS反应的一部分，属于一种可诱导的过程。SOS反应是指细胞在受到潜在致死性压力之后，如UV辐射、胸腺嘧啶饥饿、MMC的作用、DNA修饰物的作用和DNA复制所必需的基因失活等因素，做出的有利于细胞生存、但以突变为代价的代谢预警反应，包括易错的TLS、细胞丝状化(细胞伸长，但不分裂)和切除修复系统的激活，其中涉及近20个“*sos*”基因的表达，整个反应受到阻遏蛋白——LexA和激活蛋白——RecA的调节。

大肠杆菌在正常的生存条件下，LexA蛋白作为阻遏蛋白，与20个*sos*基因上游的一段叫 SOS 盒(SOS box)的序列结合,阻止这些基因的表达;当细胞面临致死性压力,其 DNA 遭遇到严重的损伤而出现单链缺口时,RecA 蛋白被单链 DNA 激活后作用 LexA 蛋白,致使 LexA 蛋白发生自切割,而失去与 SOS 盒结合的活性,从而解除了其对 *sos* 基因表达的抑制(图 5-25)。

Quiz6 如何设计实验来确定大肠杆菌在发生 SOS 反应时,RecA 蛋白催化了 LexA 蛋白的自水解,而不是 RecA 蛋白作为蛋白酶直接催化了 LexA 蛋白的水解?

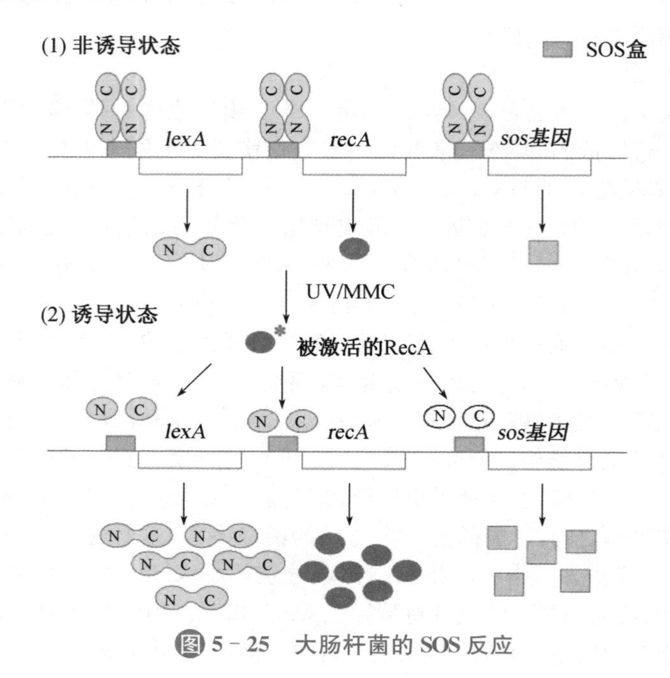

图 5-25 大肠杆菌的 SOS 反应

20 个 *sos* 基因中与 TLS 有关的是 *dinB*、*umuC* 和 *umuD*,它们表达的产物分别是 DNAPⅣ、UmuC 和 UmuD,UmuD 受 LexA 的切割可变成 UmuD′。1 分子 UmuC 与 2 分子 UmuD′再组装成 DNAPⅤ。

图 5-26 和 5-27 为 DNAPⅤ的作用模型和作用的详细步骤:从中可以看出,除了 DNAPⅤ以外,还需要 RecA 蛋白、SSB、DNAPⅢ的 β 亚基和 γ 钳载复合物。γ 钳载复合物所起的作用正如它在装配 DNAPⅢ全酶中的角色一样,是帮助由 β 亚基构成的滑动钳装载到 DNAPⅤ上,而刺激 DNAPⅤ催化的 TLS。DNAPⅤ在催化的时候有点像蒙着眼

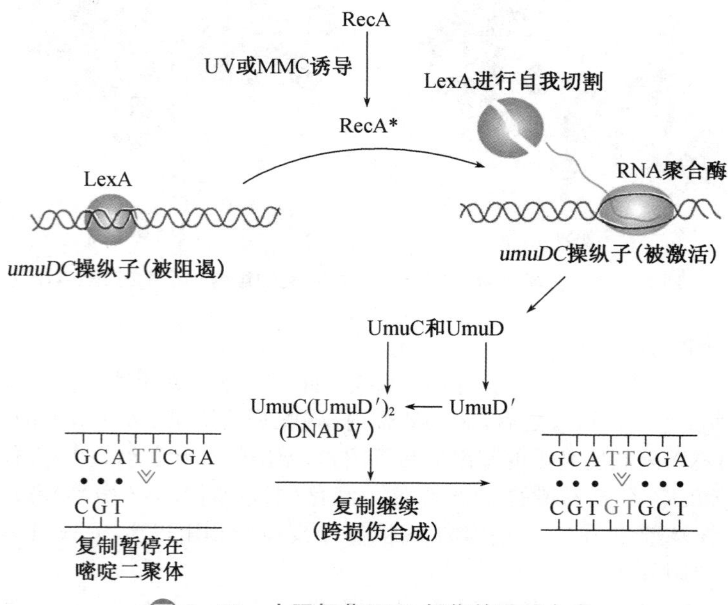

图 5-26 大肠杆菌 DNA 损伤的跨越合成

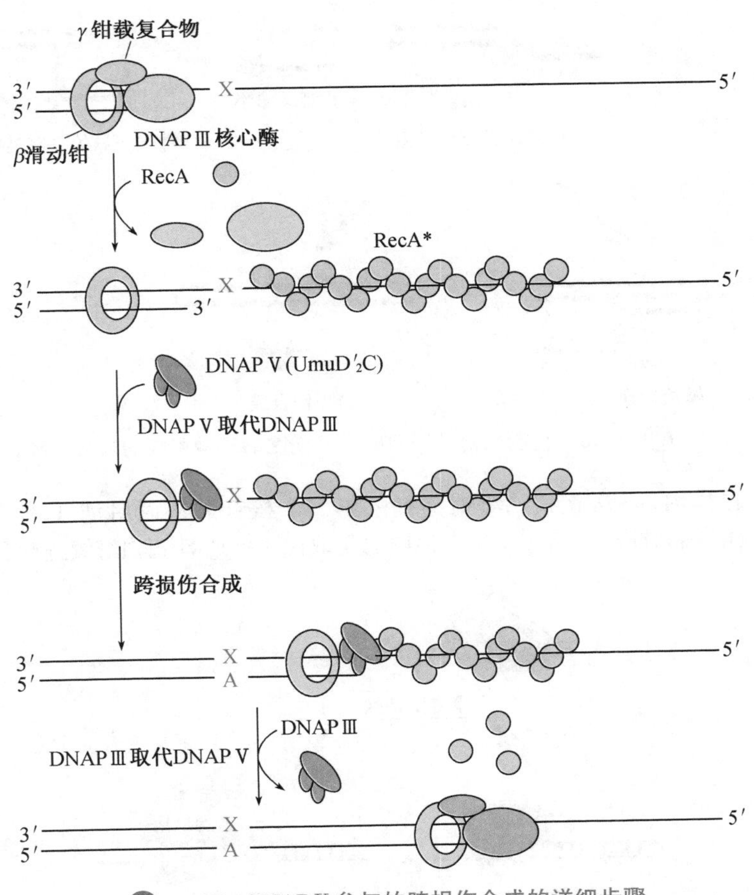

图 5－27　DNAPⅤ参与的跨损伤合成的详细步骤

睛摸彩，在损伤部位因缺乏可靠的模板指导，不管三七二十一随便抓一个脱氧核苷酸参入到 DNA 链上，以克服损伤对 DNA 复制构成的阻碍。然而，这种盲目性是以忠实性作为代价的，因为参入的核苷酸错配的可能性更大，但这也为细胞提供了生存下来的机会，可以说是细胞迫不得已采取了"两害相权取其轻"的做法。能被 DNAPⅤ跨越过的损伤包括嘧啶二聚体和 AP 位点。既然由 DNAPⅤ催化的跨越损伤的 DNA 合成是易错的，它就为生存下来的细胞带来了各种突变，实际上，它是 DNA 损伤试剂诱导大肠杆菌突变的主要原因。

一旦细胞内的 DNA 损伤被修复，RecA 立刻失活而无法再促进 LexA 的自切割。于是，细胞内的 LexA 迅速积累，在与 SOS 盒结合以后关闭 SOS 反应。

2. *真核生物的跨越合成*

真核生物的 TLS 有易错和无错两种方式。究竟选用何种方式一方面取决于损伤的类型，另一方面取决于细胞内各种参与 TLS 的聚合酶之间的相对活性。

DNA 损伤可诱导 PCNA 的泛酰化修饰，PCNA 既可以受到 RAD6/RAD18E2/E3 复合物的作用发生单泛酰化修饰，也可以受到 RAD5/UBC13/MMS2 的作用发生多聚泛酰化修饰。这些化学修饰用来调节易错的或无错 TLS(图 5－28)，以应对 DNA 的损伤或复制叉的阻滞。结合在染色质上的 PCNA 在 K164 位被单泛酰化修饰以后，可将参与 TLS 的 DNAPη 招募过来，因为此聚合酶含有专门结合泛素的结构域(ubiquitin-binding domain，UBZ)。

在易错途径中(图 5－29)，DNAPξ 和 Rev1 蛋白代替停留在嘧啶二聚体上的 DNAPδ 或 ε，催化核苷酸的参入。酵母的 DNAPξ 由 Rev3 和 Rev7 亚基组成，可以胜任对各种损伤进

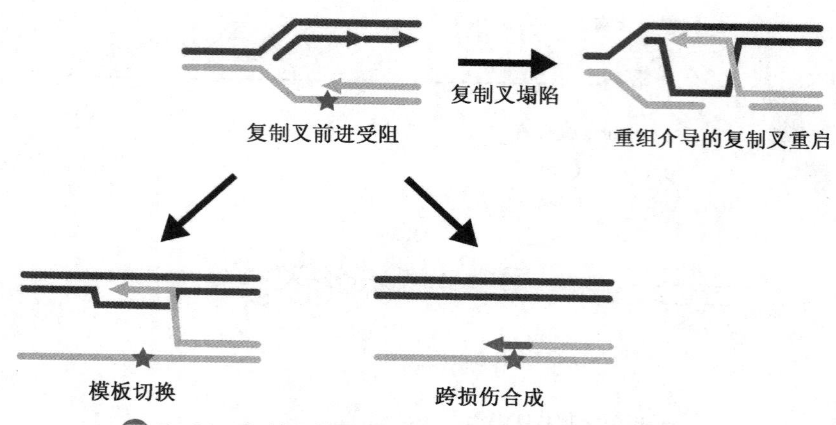

图 5-28 复制叉前进受阻时真核细胞的三种可能的反应

行的 TLS。在体内,Rev1 在损伤处对面插入第一个核苷酸从而启动 TLS。随后,再由 DNAPξ 合成几个核苷酸。最后,再由 DNAPδ 或 ε 取代 ξ 和 Rev1 蛋白继续进行 DNA 复制。

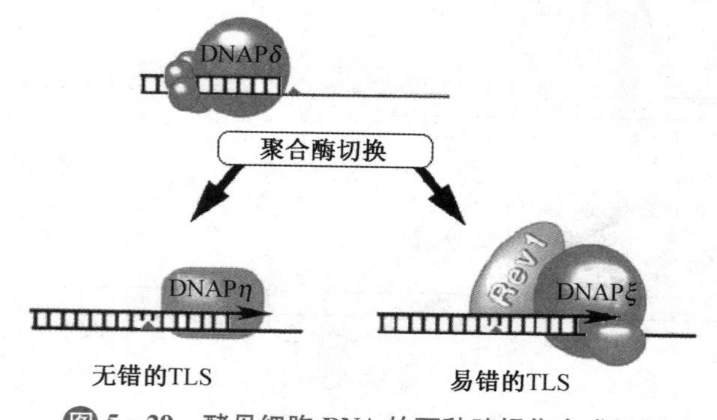

图 5-29 酵母细胞 DNA 的两种跨损伤合成机制

Quiz7 DNAPη 的突变也可以导致着色性干皮病。对此你如何解释?

在无错途径中,DNAPη 替代 δ 或 ε 进行跨损伤合成,在嘧啶二聚体的对面插入两个正确的 A。另外,无错途径还有一种模板转换介导的 TLS(template-switching-mediated TLS),它是在 PCNA 的 K63 进行多聚泛酰化修饰以后发生的:该途径通过切换模板,利用以损伤链互补链为模板合成的子链作为模板,来合成出无错的核苷酸序列,然后再回来与损伤链配对,继续延伸。

体外实验表明,DNAPξ 和 η 与 DNA 底物的亲和力较低,在插入一个核苷酸以后即与 DNA 模板解离,这种性质使得在 TLS 完成以后,正常的聚合酶和辅助蛋白很容易取代它们继续进行 DNA 复制。

3. 古菌的跨越合成

古菌体内催化 DNA 复制的酶属于 B 类和 D 类,当它们遇到模板链上受损伤的碱基时,会停顿下来,让 Y 类 DNAP 接手,如嗜酸热硫化叶菌(*Sulfolobus acidocaldarius*)的 Dbh 蛋白和嗜热硫矿硫化叶菌的 Dpo4,催化跨损伤合成。

极端的环境,特别是高温可以大大增加 C 脱氨基变成 U 的机会。因此,很多古菌具有多种手段对付 DNA 分子上的 U,以降低突变造成的危害。例如:某些古菌的 B 类 DNAP 利用其 N 端的口袋预读并探测 DNA 模板链上可能存在的 U;还有一些古菌体内的 D 型 DNAP 也有特别的机制用来发现 U。古菌体内也含有 dUTP 酶,以将细胞内的 dUTP 尽可能水解成 dUMP,防止其错误参入到子链上。其他保守的修复系统包括使用 UDG 的 BER 系统。还已有研究表明,在 U 诱导的复制叉暂停移动以后,原来复制体内引发酶的小亚基 PriS 能够进行跨损伤合成。PriS 可在氧化性损伤和嘧啶二聚体所在处，催化无错的跨损伤合成。此外，即使在停留的 B 类 DNAP/PCNA 复合物存在的情况下，PriS 也能复制通过模板链上的 U。

五、一些与 DNA 修复缺陷有关的遗传性疾病以及修复缺陷与癌症之间的关系

既然修复系统在维持 DNA 的完整性和稳定性上起着如此重要的作用，那么，可以想象，当修复系统出现故障的时候，机体会产生什么样的后果（表 5-6）。例如，遗传性非息肉直肠癌（hereditary non-polyposis colorectal cancer，HNPCC）是一种显性遗传病，患者通常在 30 岁之前生恶性直肠癌。HNPCC 患者从上一代继承了一个拷贝突变的 MSH1 或 MLH1 基因，因此其细胞 DNA 具有更高的突变率，更容易生癌，一般先发生在直肠。

Quiz8 就你所知，美国著名影星 Angelina Jolie 因为检测到了何种突变以后做了双侧乳腺切除手术？

表 5-6 DNA 修复缺陷有关的遗传性疾病和癌症之间的关系

疾病	有缺陷的修复系	敏感性	癌症易感性	症状
HNPCC	MMR	UV 化学诱变剂	大肠癌，卵巢癌	早发性肿瘤，高频率的自发突变
XP	NER	UV 点突变	皮肤癌，黑色素瘤	皮肤和眼睛对光敏感，角质病
Cockayne 氏综合征（Cockayne's syndrome，CS）	NER 和 TCR	活性氧		对 UV 敏感，早衰
毛发二硫键营养不良症（Trichothiodystrophy，TTD）	NER	UV		毛发易断，生长迟缓，皮肤会对光过敏。
布伦氏综合征（Bloom's syndrome）	重组跨越	中度烷基化试剂	白血病，淋巴瘤	光敏感，面部运动失调，染色体变异
范康尼贫血（Faconi anemia）	同上	DNA 交联试剂，活性氧	急性骨髓性白血病，鳞状细胞癌	发育异常，包括不育、骨骼变形和贫血
遗传性乳腺癌抗原 1（breast cancer antigen 1，BCRA1）和乳腺癌抗原 2（BCRA2）基因缺失	同上		乳腺癌，卵巢癌	早年发生乳腺癌或卵巢癌

第四节 DNA 的突变

当 DNA 遭遇到损伤以后，尽管细胞内的修复系统在很大程度上能够将绝大多数损伤及时修复，然而修复系统并不是完美无缺的。修复系统的不完善，为 DNA 的突变创造了机会，因为如果损伤在下一轮 DNA 复制之前还没有被修复的话，有的就直接被固定下来传给子代细胞，有的则通过易错的跨损伤合成，产生新的错误并最终也被保留下来。这些发生在 DNA 分子上可遗传的永久性结构变化通称为突变（mutation），而带有一个特定突变的基因或基因组的细胞或个体被称为突变体（mutant）。

突变是各种遗传病的"罪魁祸首"，也是癌症发生的主要原因。然而，突变不一定就是坏事！事实上，突变是地球上所有生物进化的动力！但对多细胞动物来说，一般只有影响到生殖细胞的突变才具有进化层次上的意义，而就单细胞生物（细菌、古菌、原生动物和某些真菌）和植物而言，发生在体细胞的突变一样可以传给后代。

一、突变的类型与后果

既然 DNA 的遗传信息是以碱基序列的形式贮存的，那么 DNA 突变的本质就是其

碱基序列发生的任何变化。根据碱基序列变化的方式,DNA 突变可分为点突变(point mutation)和移码或移框突变(frameshift mutation)。

突变并不总是产生表型的变化,这是因为一些突变位点并没有影响到基因的功能或表达,或者高一级的基因组功能(如 DNA 复制)。这样的突变从进化的角度来看属于中性的(neutral),因为它并没有影响到个体的生存和适应能力。

单细胞生物能够将新产生的突变直接传给其后代,而多细胞生物能否将突变传给后代则取决于突变是发生在生殖细胞还是体细胞。如果突变发生在生殖细胞,则与单细胞生物一样,可传给后代;如果是发生在体细胞,则一般不会传给后代,除非后代是由突变的体细胞克隆而成的。

(一) 点突变

点突变也称为简单突变(simple mutation)或单一位点突变(single-site mutation)。其最主要的形式为碱基对置换(base-pair substitution),专指 DNA 分子单一位点上所发生的碱基对改变的突变,分为转换(transition)和颠换(transversion)两种形式(图 5-30)。转换是指两种嘧啶碱基(T 和 C)或两种嘌呤碱基(A 和 G)之间的相互转变,颠换是指嘧啶碱基和嘌呤碱基之间的互变。有时,发生在单个位点上的少数核苷酸缺失或插入(小于 5 nt)也被视为点突变。

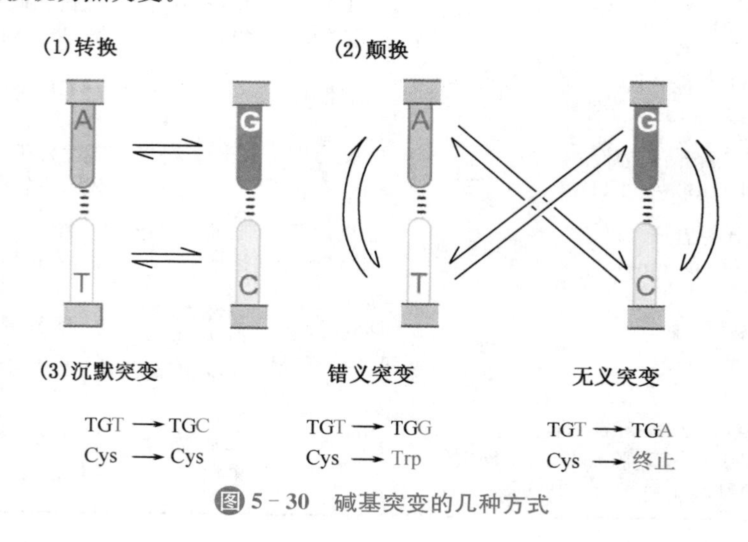

图 5-30 碱基突变的几种方式

点突变带来的后果取决于其发生的位置和具体的突变方式。如果是发生在基因组的"垃圾"DNA(junk DNA)上,就可能不产生任何后果,因为那里的碱基序列缺乏编码和调节基因表达的功能;如果发生在一个基因的启动子或者其他调节基因表达的区域,则可能会影响到基因表达的效率;如果发生在一个基因的内部,就有多种可能性。这一方面取决于突变基因的终产物是蛋白质还是 RNA,即是蛋白质基因还是 RNA 基因,另一方面如果是蛋白质基因,还取决于究竟发生在它的编码区,还是非编码区,是内含子,还是外显子。

发生在蛋白质基因编码区的点突变有三种不同的后果:

(1) 突变的密码子编码同样的氨基酸

这类突变对蛋白质的结构和功能不会产生任何影响,因此被称为沉默突变(silent mutation)或同义突变(same-sense mutation)。例如,密码子 ATT 突变成 ATC,决定的仍然是 Ile。但同义突变有时因为密码子的偏爱性影响翻译的效率,或者突变改变了内部的调控元件而影响到转录的效率和转录产物的稳定性,或者正好产生了隐蔽的剪接位点而导致 mRNA 前体的后加工发生变化,这些因素都有可能引起表型的变化。

(2) 突变的密码子编码不同的氨基酸

这类突变导致一种氨基酸残基取代另一种氨基酸残基,可能对蛋白质的功能不产生任何影响(中性的)或影响微乎其微,也可能产生灾难性的影响而带来分子病,如镰状红细胞贫血和囊性纤维变性(cystic fibrosis)等。由于突变导致出现了错误的氨基酸,因此,这样的突变被称为错义突变(missense mutation)。如果错误的氨基酸与原来的氨基酸属于同种性质,如 Leu 突变成 Val,这种突变被称为中性突变(neutral mutation)。某些错义突变很微妙,其产生的后果只有在极端的条件下(如温度提高)才显露出来,这样的突变体被称为条件突变体(conditional mutant)。前面提到的温度敏感型突变体就属于条件突变体中的一类。

(3) 突变的密码子变为终止密码子或者相反

若是原来的密码子突变为终止密码子可导致一条多肽链被截短,这称为无义突变(nonsense mutation),如 TGC(Cys)突变成 TGA。由于终止密码子有琥珀型(amber, TAG)、赭石型(ocher, TAA)和乳白型(opal, TGA)三种形式,相应的无义突变分别被称为琥珀型、赭石型和乳白型。无义突变究竟会给一个蛋白质的功能带来什么影响,主要取决于丢失了多少个氨基酸残基。显然丢失的越多,危害越大;若是终止密码子突变成非终止密码子,则会使转录后的 mRNA 在翻译的时候发生通读,从而使肽链加长,因此这样的突变称为加长突变(elongation mutation)或通读突变(read-through mutation)。例如,TAG 突变成 CAG。由于 CAG 编码 Gln,这可导致原来翻译终止的地方却参入了 Gln。加长突变可能会改变多肽的性质,如影响其稳定性。但一般不会加得很长,因为通常在原来的终止密码子下游还有其他天然的终止密码子。

如果突变发生在蛋白质基因的非编码区,则可影响到这个基因的转录、转录后加工或翻译等。例如,一些地中海贫血患者是因为珠蛋白基因内含子含有突变,影响到后面的剪接反应,导致翻译出来的珠蛋白没有功能。

(二) 移码突变

移码突变是指在一个蛋白质基因的编码区发生的一个或多个核苷酸(非 3 的整数倍)的缺失或插入,如图 5-31 中的(1)、(2)和(4),但(3)并不是。由于遗传密码是由 3 个核苷酸构成的三联体密码(参看第九章 蛋白质的生物合成),因此,这样的突变将会导致翻译的可读框发生改变,致使插入点或缺失点下游的氨基酸序列发生根本性的变化,但也可能会提前引入终止密码子而使多肽链被截短。移码突变究竟对蛋白质功能有何影响,取决于插入点或缺失点与起始密码子的距离。显然,离起始密码子越近,功能丧失的可能性就越大。

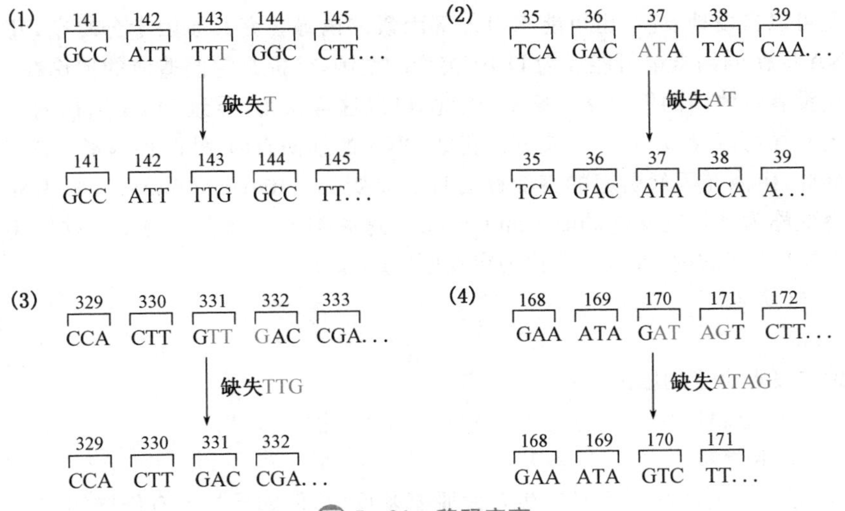

(1)
141 142 143 144 145
GCC ATT TTT GGC CTT...
缺失T
141 142 143 144 145
GCC ATT TTG GCC TT...

(2)
35 36 37 38 39
TCA GAC ATA TAC CAA...
缺失AT
35 36 37 38 39
TCA GAC ATA CCA A...

(3)
329 330 331 332 333
CCA CTT GTT GAC CGA...
缺失TTG
329 330 331 332
CCA CTT GAC CGA...

(4)
168 169 170 171 172
GAA ATA GAT AGT CTT...
缺失ATAG
168 169 170 171
GAA ATA GTC TT...

图 5-31　移码突变

（三）隐性突变和显性突变

DNA突变可能是显性的(dominant)，也可能是隐性的(recessive)(图5-32)。

如果突变仅仅导致一种蛋白质没有活性(loss of function)，那么，这种突变一般产生隐性性状，属于隐性突变。因为染色体通常是成对的(同源染色体)，在二倍体细胞内的每一个基因至少有2个拷贝，一条同源染色体上正常基因的产物，能够抵消或中和另一条同源染色体上突变的基因对细胞功能和性状的影响。因此，只有一对同源染色体上两个等位基因都发生突变，才会影响到表型。但这种情形也会有例外，特别是一些结构蛋白和调节其他基因表达的调节蛋白，这些蛋白质因突变而丧失功能的时候表现的是显性。这主要是因为它们在机体内的量对于机体的功能十分重要，而细胞已无能力再提高正常拷贝表达的量以弥补基因突变造成的损失。例如，人类对Ⅰ型胶原的需求量特别大，如果它的基因只有一个拷贝是正常的话，就会因为最终产生的这种结构蛋白的量不够而引发骨脆性增大和早发性耳聋。

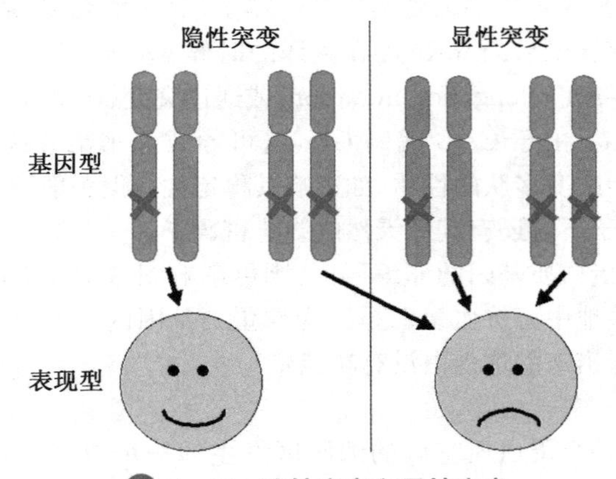

图5-32　隐性突变和显性突变

如果突变产生的蛋白质对细胞有毒，这种毒性就无法被另一条染色体上正常基因表达出来的正常蛋白质所抵消或中和，那么，这种突变就表现为显性。显性突变只需要两条同源染色体上任意一个等位基因发生突变，就可以带来突变体的表型变化。

Quiz9 你认为原癌基因和抑癌基因的突变，哪一种通常是隐性的？为什么？

二、突变的原因

突变可以自发地发生，也可能来自外部因素的诱导。究其原因十分复杂，几乎任何导致DNA损伤的因素都可能成为DNA突变的诱因，前提是它们造成的损伤在DNA复制之前还没有被体内的修复系统修复，因此，可以这样认为，导致DNA损伤的因素在某种意义上同样可以导致DNA的突变。正如DNA的损伤有内、外两种因素一样，DNA突变也是如此，由内在因素引起的突变称为自发突变(spontaneous mutation)，由外在因素引发的突变称为诱发突变(induced mutation)。这两类突变都有点突变和移码突变。各种导致DNA突变的内、外因素总称为突变原(mutagen)。

（一）自发突变

1. 自发点突变

导致自发点突变的原因有：

(1) DNA复制过程中的错配(参看第四章DNA的生物合成)

(2) 自发脱氨基

DNA分子上的胞嘧啶容易发生自发脱氨基反应，但如果是没有修饰的C发生脱氨基反应，则转变成U。由此产生的U若没有被细胞内的BER系统识别和修复，则经过一轮DNA复制以后，原来的C∶G碱基对会转换为T∶A碱基对[图5-33(1)]。此外，如果是修饰的 5-甲基胞嘧啶发生自发脱氨基反应，则就变成了 T，因为 T 是 DNA 分子上正常的碱基，一般没有专门的修复系统纠正这种错误，那么，经过一轮 DNA 复制以后，原来的 C∶G 碱基对会被转换为 T∶A 碱基对。

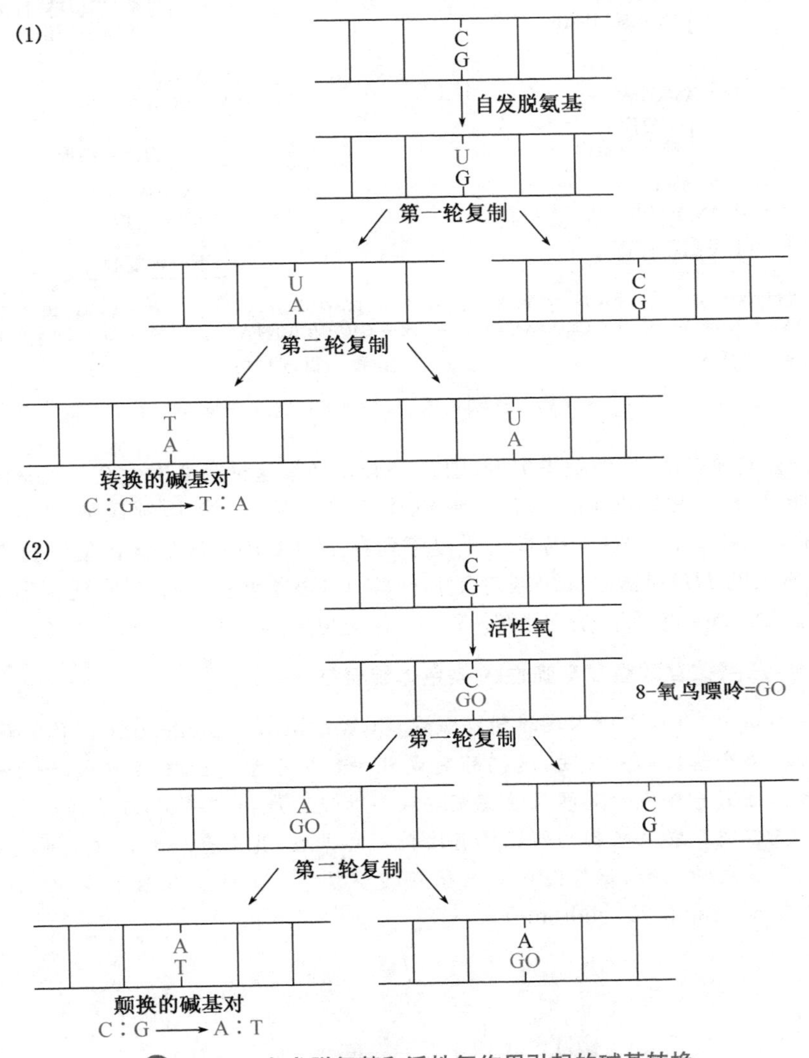

图 5-33　自发脱氨基和活性氧作用引起的碱基转换

（3）ROS 的氧化

细胞正常代谢产生的 ROS 对碱基造成的损伤可改变碱基配对性质。例如，ROS 作用鸟嘌呤的产物——8-氧鸟嘌呤与 A 配对，这可以导致 G∶C 碱基对被颠换成 T∶A 碱基对[图 5-33(2)]。

（4）碱基的烷基化

这里是指细胞内一些天然的烷基化试剂（如 S-腺苷甲硫氨酸）错误地引起 DNA 上某些碱基的甲基化，而改变了碱基的配对性质。

2. 自发的移码突变

引起自发移码突变的主要原因有“复制打滑”（replication slippage）和转座作用。

（1）复制打滑

DNA 复制过程中出现“复制打滑”可导致自发的移码突变。当 DNAP 复制到一些具有短重复序列的区域（如微卫星序列）时，子链和母链之间容易发生错配而形成突环结构。如果突环出现在子链上，复制就会向后打滑，导致插入突变；如果突环出现在母链

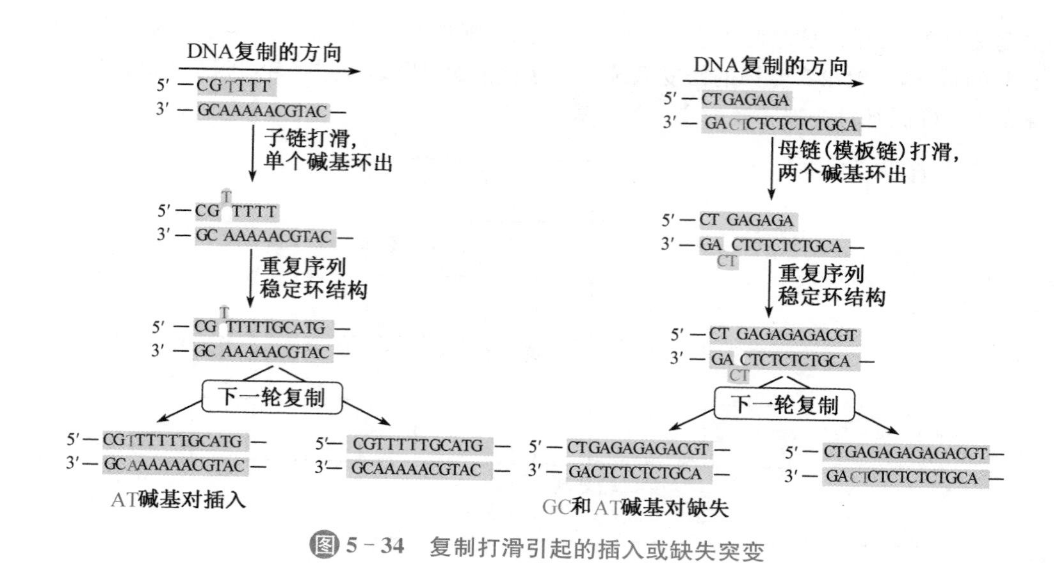

图 5-34　复制打滑引起的插入或缺失突变

上，复制就会向前打滑，导致缺失突变(图 5-34)。如果这种突变发生在一个基因的编码区，将可能产生异常的蛋白质，而导致机体病变。例如，亨廷顿氏病(Huntington's disease)是 CAG(单个 CAG 编码 Gln)重复序列在 *HD* 基因的编码区因复制打滑增多造成的。正常人的 *HD* 基因在编码区内有 10～35 个 CAG 重复序列，但亨廷顿氏病患者的 *HD* 基因内的 CAG 重复序列高到 36～70 个，甚至更多。

Box 5-4　三聚核苷酸重复与脆性 X 染色体综合征

迄今为止，已有数千种人类遗传病被发现(参看 http://omim.org)。已发现，许多遗传病涉及单个基因的点突变，这样的突变可导致单个氨基酸发生取代，例如镰状红细胞贫血。也有一些遗传病涉及的突变导致多肽链合成提前终止，或者可读框发生偏移。对于这些突变发生机制的研究已有比较大的进展，其中有几十种被发现是基因序列的不稳定造成的，特别是基因内三聚核苷酸重复序列的重复次数的变化，如脆性 X 染色体综合征(fragile X syndrome)。

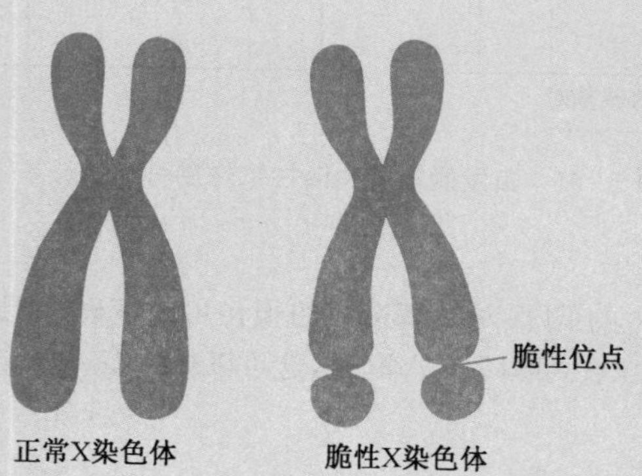

脆性 X 染色体综合征是第一例被证明与三聚核苷酸 CGG 序列的不稳定有关的遗传病，其临床表现主要为智障等。家系研究分析表明，这种遗传疾病与 X 染色体上的一种突变有关。而细胞学研究显示，该突变靠近 X 染色体长臂的顶端，容易与 X 染色体其他部分分开，这就是脆性一词的由来。随后的分子生物学研究最终表明，在脆性位点，含有不稳定的三聚核苷酸 CGG 重复，这些重复序列位于脆性 X 智障基因 1 (fragile X mental retardation gene 1, *FMR*1)的 5′-端非翻译区。*FMR*1 编码的蛋白质产物为 FMRP，在神经元的树突(dendrite)积累，有利于神经元与其他细胞建立联系。

FMRP既是一种RNA结合蛋白，可以与许多参与突触形成的蛋白质的mRNA结合，抑制它们的翻译活性，如微管相关蛋白1B(microtubule-associated protein 1B, MAP1B)和钙离子/钙调蛋白依赖性蛋白质激酶Ⅱ(Calcium/calmodulin dependent protein kinase Ⅱ)，也可以与细胞质FMR1作用蛋白1(cytoplasmic FMR1 interacting protein 1, CYFIP1)结合，通过作用翻译起始因子eIF4E，抑制其他一些分布在突触中的蛋白质的翻译起始，如突触相关蛋白90(synapse-associated protein 90, SAP-90)和谷氨酸受体1/2(GluR1/2)。FMPR对这些蛋白质合成活性的下调，显然对于突触结构的可塑性有重要影响。

脆性X染色体综合征患者体内明显不能制造FMRP，因此*FMR*1不能表达是这种遗传病的主要原因。但是，位于*FMR*1基因5′-端非翻译区的CGG重复序列的不稳定是如何能够导致*FMR*1基因无法表达的呢？根据对CGG重复次数的分析，发现正常表达的*FMR*1基因含有的CGG重复次数为6～59，而不能表达的*FMR*1基因含有的CGG重复次数超过了200。当重复次数突破200的时候，*FMR*1基因的启动子和启动子周围的CG序列发生高度的甲基化修饰，这可能是导致*FMR*1基因不能表达的直接原因。

然而，现在还有一个问题：就是对于CGG重复次数在60～200的人来说，情况会是如何呢？事实表明，这些人通常不表现有脆性X染色体综合征症状，但他们的后代则不那么幸运了，经常有症状表现。因此，CGG重复次数在60～200的人被认为处于突变前状态(premutation state)。这又是为什么呢？因为在这些人体内的生殖细胞进行DNA复制的时候，可发生错配滑移，致使重复次数增加。如果他们的后代刚好源自重复次数增加的生殖细胞，就可能表现出脆性X染色体综合征。但奇怪的是，这种重复次数的增加似乎只发生在女性生殖细胞内！对此现象，还没有一个很好的解释。

除了脆性X染色体综合征以外，还有其他一些神经退化性疾病与三聚核苷酸重复序列的不稳定有关，如脊髓延髓肌萎缩症(spinobulbar-muscular-atrophy, SBMA)和亨廷顿舞蹈病(Huntington's disease)。这两种遗传病涉及的三聚核苷酸重复序列位于基因编码区，是Gln的密码子CAG，前者位于X染色体上雄激素受体(androgen receptor)基因的第一个外显子，后者位于4号染色体上亨廷顿蛋白(huntingtin)基因的第一个外显子。

(2) 转座子的转座作用

转座子是细胞内可移动的DNA片段(参看第六章DNA重组)，它很容易导致突变的发生。当一个基因内部被转座子插入以后，不仅会引起移码突变，还可能导致基因的中断和失活等其他变化。

(二) 诱发突变

1. 诱发点突变

能够诱发点突变的突变原有以下几类：

(1) 碱基类似物

碱基类似物与天然碱基在结构上十分相似，如5-溴尿嘧啶(5-bromodeoxyuracil, 5-BrU)与T相似，2-氨基嘌呤与A相似。在它们进入细胞后，可经核苷酸合成的补救途径转变成相应的dNTP类似物，然后在DNA复制过程中以假乱真进入DNA链。但是，由于它们在结构上与真正碱基的差异，致使配对性质发生变化。以5-BrU为例，在细胞内它会代替T参入到一个正在合成的DNA链上，但与T不同的是，它在体内更容易转变为烯醇式。由于烯醇式的5-BrU与G配对，这将最终导致DNA分子中的A∶T碱基对转换成G∶C碱基对(图5-35)。

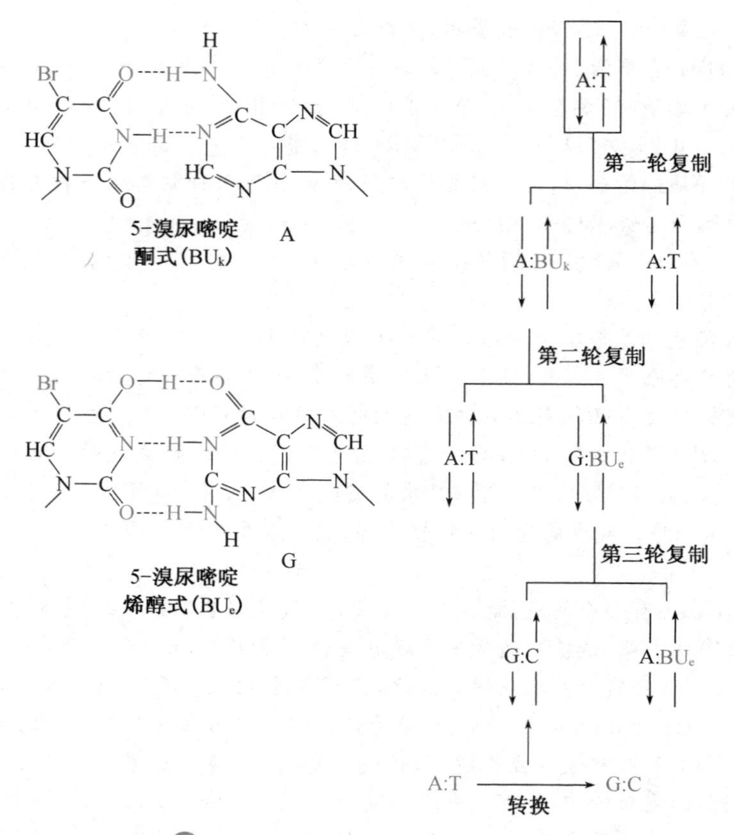

图5-35　5-溴尿嘧啶诱发的点突变

同理,2-氨基嘌呤在细胞内可代替A进入正在复制的DNA链中,但在下一轮复制时,它作为模板既能与T又能与C配对。但如果是与C配对,最终可导致A∶T转换成G∶C。

(2) 烷基化试剂

碱基可被烷基化试剂(如氮芥和硫芥等)化学修饰而改变配对性质,从而将碱基对的转换引入DNA分子之中(图5-36)。例如,6-甲基鸟嘌呤可以和T配对,从而导致G∶C转换为A∶T。此外,某些双功能烷基化试剂可导致DNA的链间交联,而引起染色体的断裂。

(3) 脱氨基试剂

亚硝酸是一种无特异性的脱氨基试剂,它诱发的脱氨基反应与碱基的自发脱氨基的结果是一样的,只不过是它在体内能加快这种过程。C、A和G在亚硝酸的作用下,分别转变成尿嘧啶、次黄嘌呤和黄嘌呤。除了黄嘌呤的配对性质与G一样没有改变以外,其他两种碱基配对性质都有变化,这种变化将最终导致碱基对的转换(图5-36)。

亚硫酸则是一种对C专一性的脱氨基试剂,能促进C转变成U。

(4) 羟胺

羟胺在细胞内能够直接修饰碱基,而改变它们的配对性质,从而引发碱基对的转换。例如,C经羟胺的修饰便变成了能与A配对的羟胞嘧啶,这最终可以导致DNA分子上的C∶G转换成T∶A。

原来的碱基	诱变剂	修饰的碱基　配对的碱基	预期突变
(1) 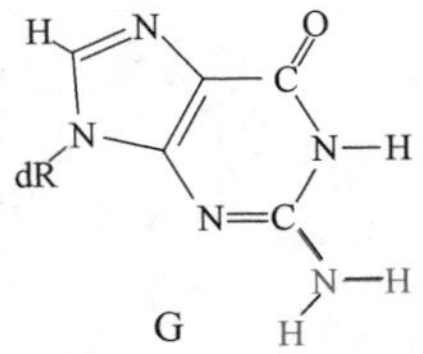 G	亚硝酸	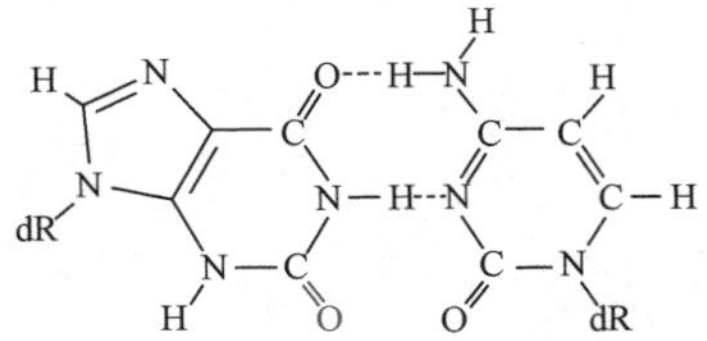 黄嘌呤　胞嘧啶	无变化
(2) 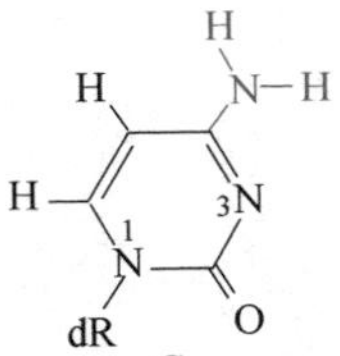 C	亚硝酸	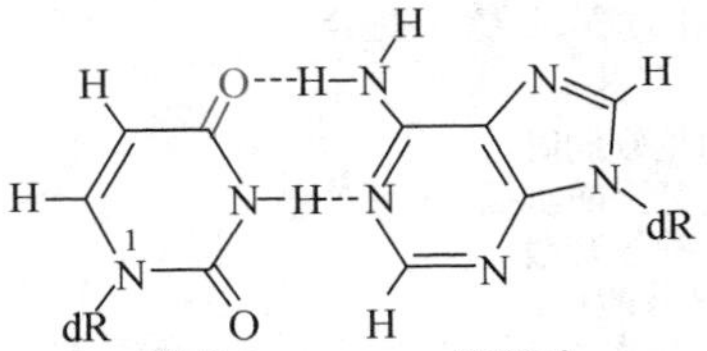 尿嘧啶　腺嘌呤	CG→TA
(3) 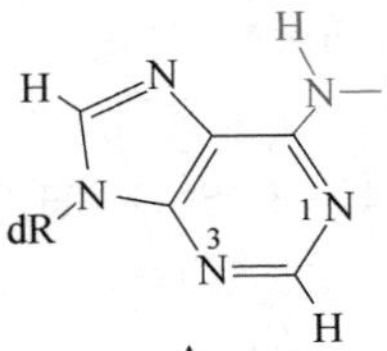 A	亚硝酸	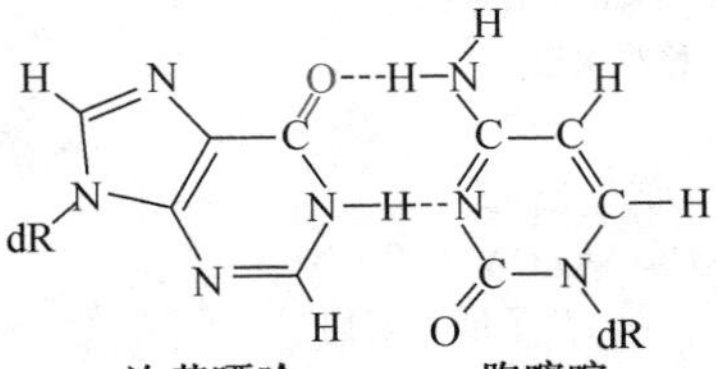 次黄嘌呤　胞嘧啶	AT→GC
(4) 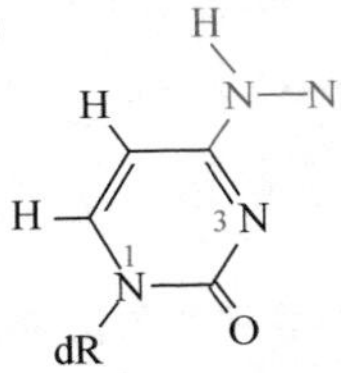 C	羟胺	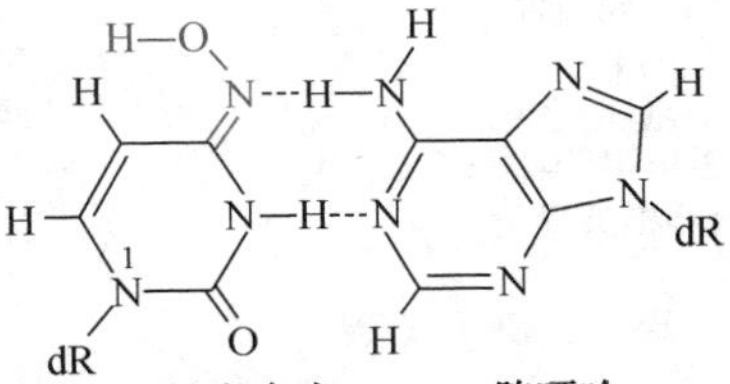 羟胞嘧啶　腺嘌呤	CG→TA
(5) 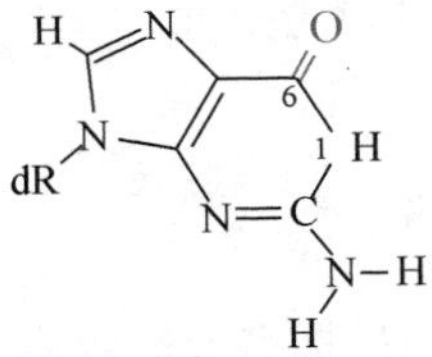 G	甲基甲烷磺酸	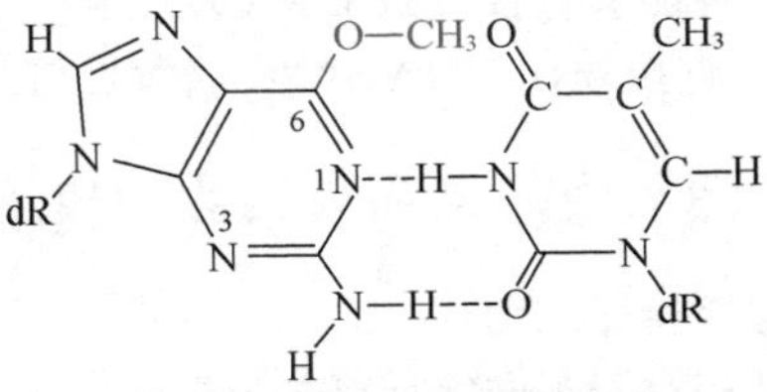 甲基鸟嘌呤　胸腺嘧啶	GC→AT

图 5－36　诱变剂诱发的点突变

2. 诱发移码突变

DNA 嵌入试剂(intercalating agent)，如吖啶黄(acridine orange)、原黄素(proflavin)和溴化乙啶(ethidium bromide，EB)等，都是一类结构扁平的多环分子，可插入到碱基之间，与 DNA 分子上的碱基杂环相互作用，致使双螺旋拉长，并骗过 DNAP，让 DNA 在复制的时候发生移码突变。如果嵌入试剂插入到复制的模板链上，则子链在延伸时会在位于嵌入试剂分子的对面随机插入一个核苷酸，诱发插入突变；相反，如果嵌入试剂分子插入到正在延伸的子链上，那么在进行下一轮复制的时候，一旦嵌入分子脱落，就会导致缺失突变(图 5－37)。

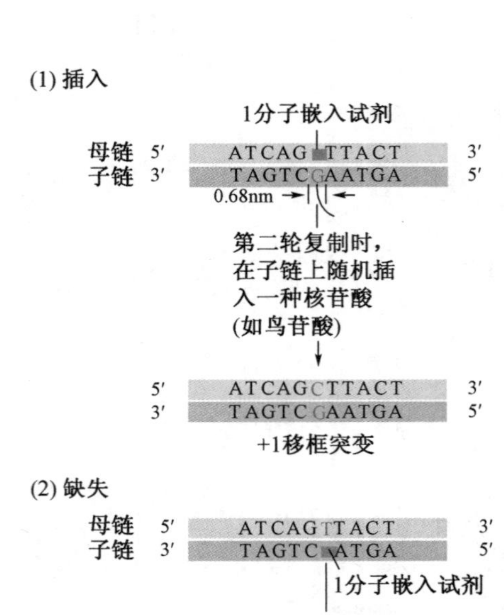

图 5－37　嵌入试剂诱发的移框突变

(1) 碱基类似物

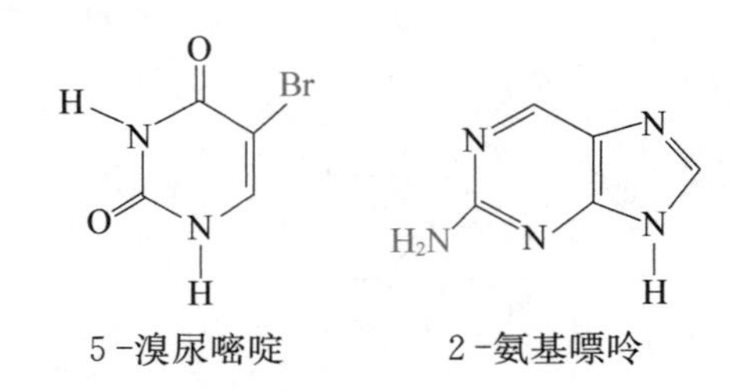

(2) 吖啶

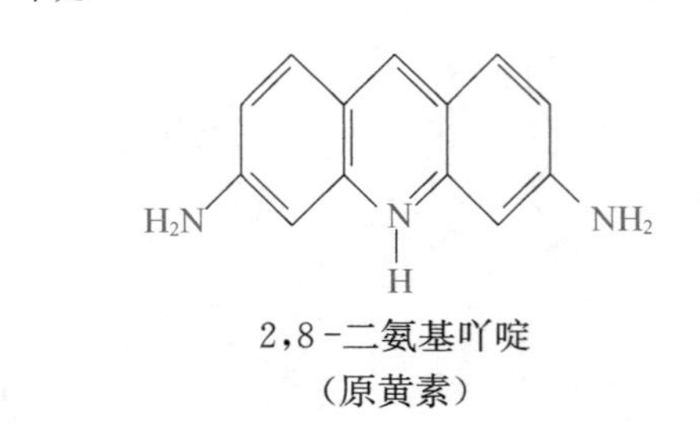

2,8－二氨基吖啶

(原黄素)

(3) 烷基化试剂

硫芥　$ClCH_2CH_2SCH_2CH_2Cl$

氮芥　$ClCH_2CH_2N(CH_3)CH_2CH_2Cl$

乙基甲烷磺酸$CH_3CH_2OSO_2CH$

(4) 脱氨基试剂：亚硝酸，亚硫酸

(5) 羟基化试剂：羟胺

(6) 其他：自由基

图 5－38　各种化学诱变剂化学结构

Quiz10 酵母细胞比哺乳动物细胞更适合作为研究线粒体DNA损伤、修复和突变的材料。你认为其中的原因是什么？

除了上述各种能够直接导致DNA发生突变的试剂以外，还有一些因素(特别是离子辐射和UV)通过直接损伤DNA，诱发易错的TLS或NHEJ而间接导致突变。

三、正向突变、回复突变与突变的校正

(一) 正向突变和回复突变

回复突变是相对于正向突变(forward mutation)而言的。它们根据突变的效应是背离还是返回到野生型这两种方向来区分。正向突变是指改变了野生型性状的突变，而回复突变(reverse mutation 或 back mutation)则在起始突变位点上发生第二次突变，致使原来的野生表型得到恢复。表型能够在回复突变中恢复，可能是因为突变点编码的氨基酸变成原来的氨基酸或者性质相近的氨基酸，从而使原来突变蛋白的功能得到部分或完全恢复(图 5－39)。

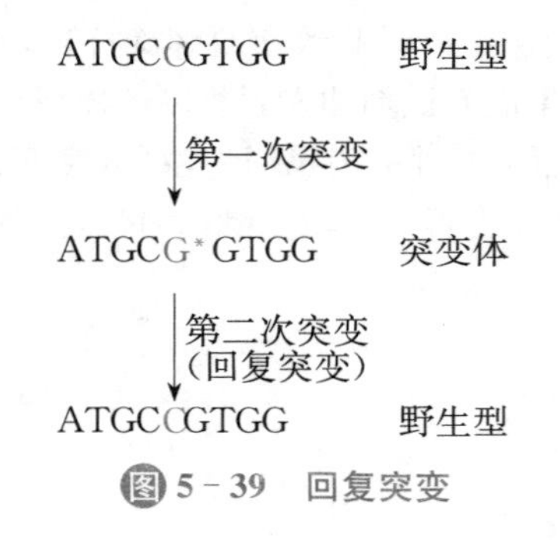

图 5－39　回复突变

（二）校正突变

校正突变(suppressor mutation)有时被称为假回复突变(pseudo-reverse mutation)，它是指发生在非起始突变位点上但能中和或抵消起始突变的第二次突变，可分为基因内校正(intragenic suppressors)和基因间校正(intergenic suppressors)。

1. 基因内校正

基因内校正与起始突变发生在相同的基因内，它可能通过点突变或移码突变来实现校正。显然，点突变一般只能校正点突变，移码突变只能校正移码突变。如图 5-40 所示，一个基因起始密码子 ATG 之后的第三个密码子 TAC 先发生了颠换，变成了终止密码子 TAG。这是一个无义突变，如果没有基因内校正，会导致翻译提前结束。然而，倘若在突变的密码子内再发生第二次突变，让 TAG 变成 CAG，则第二次突变便校正了第一次无义突变。

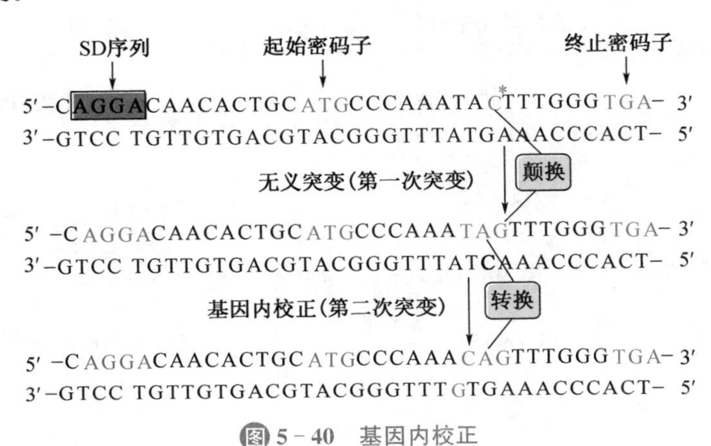

图 5-40 基因内校正

点突变来校正还可以通过恢复一个基因产物内 2 个残基(氨基酸残基或核苷酸残基)之间的功能关系来实现。具体机制可能是 2 次突变相互抵消了 2 个残基的变化，从而恢复了 2 个残基之间的相互作用，致使基因产物能够正确地折叠，或者是 2 个相同的亚基能够组装成有功能的同源二聚体。现举一例说明，假定一个蛋白质的正确折叠需要在 Lys3 和 Glu50 残基侧链之间形成离子键。显然，若 Lys3 突变成 Glu3，将会导致原来的蛋白质因不能正确折叠而丧失功能。但是，如果它的 Glu50 残基也发生了突变，而且突变成了 Lys50，则可以恢复 Glu 残基与 Lys 残基之间的离子键，致使突变的蛋白质仍然能正确折叠，并恢复原有的功能。

如果是由移码突变来校正，则起始突变一般也是移码突变，而且移码的方向相反，且数目相同。例如，一个基因的第一次突变是＋1 移框，如果有第二次突变正好发生在它的附近，而且是－1 移框的话，那么，第二次突变很有可能就是一次基因内校正。

2. 基因间校正

基因间校正发生在另外一个与第一次突变不同的基因上，绝大多数是在翻译水平上起作用。这种发生第二次突变具有校正功能的基因称为校正基因。一般而言，每一种校正基因只能校正无义突变、错义突变或移框突变中的一种。

校正基因通常通过恢复 2 个不同基因产物之间的功能关系来实现，如在 2 条不同的多肽链、2 个不同的 RNA 或者 1 条多肽链和 1 个 RNA 之间。绝大多数校正基因编码 tRNA，这些具有校正功能的 tRNA 称为校正 tRNA。校正 tRNA 通过其内部突变的反密码子，来校正 mRNA 上一个突变的密码子，恢复两者之间的功能联系，从而使翻译出来的多肽链的氨基酸序列恢复正常。

校正 tRNA 不仅能够校正无义突变，还能校正错义突变，甚至能校正移码突变。但由于校正 tRNA 基因在细胞内与野生型 tRNA 基因共存，其产物即校正 tRNA 会与野生型 tRNA 或翻译的终止释放因子竞争,这可能会导致正常的翻译反而出现错义或通读。

如果校正基因不是 tRNA 的基因,而是一个蛋白质基因,则校正机制通常是通过其编码的蛋白质上的一个氨基酸残基变化,去抵消发生第一次突变的那个蛋白质上的氨基酸残基变化,致使这两种蛋白质照样能够正常地组装在一起,形成有功能的异源寡聚体蛋白。

(1) 无义突变的校正

如果一个无义突变落在 mRNA 的一个特定密码子上,那么校正突变就发生在 DNA 上编码野生型 tRNA 的反密码子上,从而使发生突变的密码子能被突变的 tRNA 识别,结果依然能被翻译成正常的氨基酸。例如,一个 $tRNA^{Tyr}$ 的反密码子发生突变,从 GUA 颠换成 CUA,这样的突变使之能识别一个 mRNA 分子上因突变产生的终止密码子 UAG (由一个 Tyr 的密码子 UAC 颠换而成),于是原来的无义突变得到校正(图 5-41)。

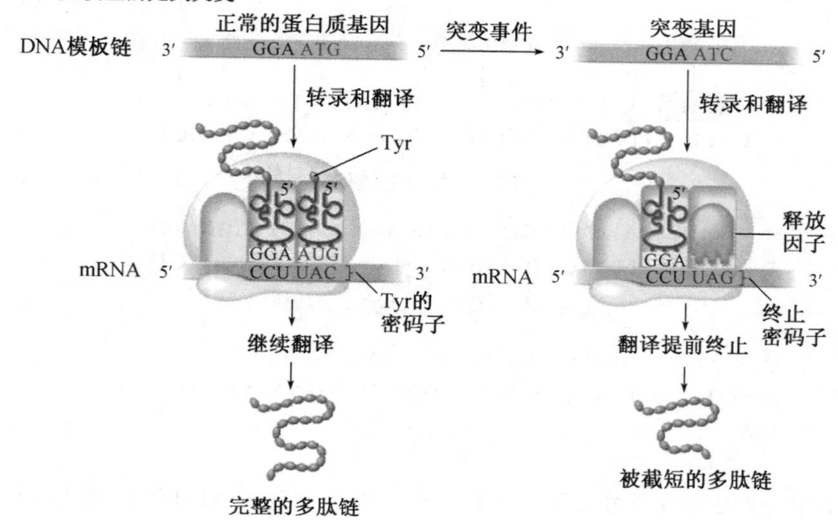

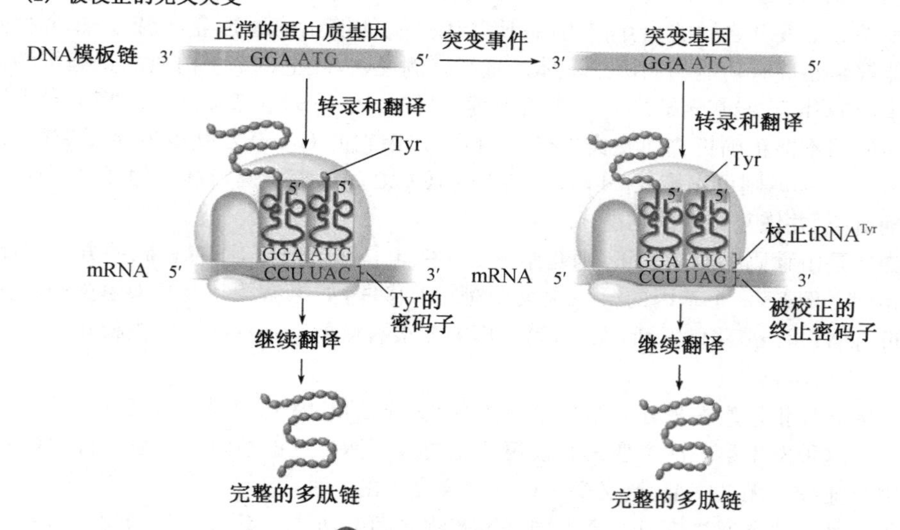

图 5-41 基因间校正

(2) 错义突变的校正

对于这种形式的校正还不完全了解。其中涉及的机制可能是一个突变的 tRNA 能阅读一个 mRNA 上错误的密码子,从而导致正常的氨基酸的参入。

(3) 移码突变的校正

这种方式非常罕见,有两种方式:第一种方式是在一个突变的 tRNA 分子上,出现了由 4 个核苷酸组成的密码子，它能够阅读一个突变 mRNA 分子上由 4 个核苷酸构成的密码子；第二种方式是由核糖体蛋白的突变引起，这种突变引起了核糖体在翻译的时候发生反方向的移框。

(4) 迂回校正(bypass suppressor)

迂回校正是一种生理意义上的校正，该机制通常适用于一条信号通路。如图 5 - 42 所示，蛋白质 C 的突变使得信号无法从 C 传给 D，而导致整个信号通路无法正常运转。然而，发生在蛋白质 D 上的突变若能让它绕过 C，直接从蛋白质 B 得到信号，将使原来的信号通路恢复畅通。

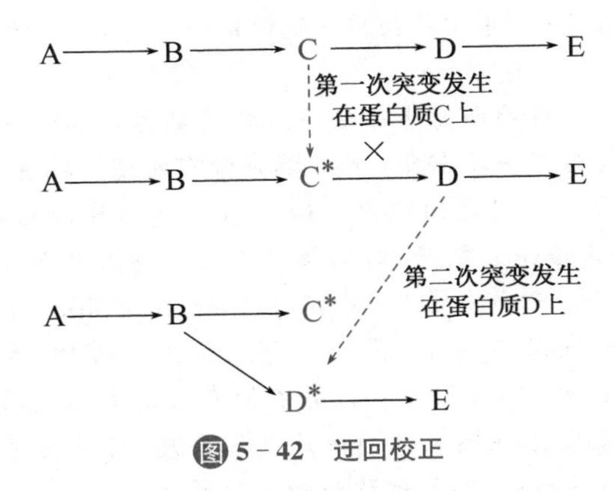

图 5 - 42　迂回校正

再如，一种突变导致机体内某一代谢产物的量减半，然而如果有另外一种突变可以提高量减半产物的可得性和运输能力，这就可以防止第一种突变给机体带来的危害。

四、突变原与致癌物之间的关系以及致癌物的检测

据估计，多达 80% 的人类癌症是由各种导致 DNA 损伤或者干扰 DNA 复制或损伤修复的致癌物或致癌原(carcinogen)引发的，因此致癌物一般也是突变原。由于许多致癌物是人工合成的，如许多食品添加剂、化妆品、杀虫剂和农药等，因而需要建立一套快速检测一种物质是否是致癌物的方法。既然致癌物一般是突变原，那么完全可以根据一种物质的致变性来推测其潜在的致癌性。

1975 年，Bruce Ames 建立了沙门氏菌回复突变试验法，即 Ames 试验(Ames test)法，它是使用突变性推测致癌性的一种较为流行的检测方法。该法简便、快捷、敏感、经济，且适用于测试混合物，能反映多种化学物质的综合效应。Ames 试验的原理是(图 5 - 43)：鼠伤寒沙门氏菌(*Salmonella typhimurium*)的组氨酸营养缺陷型(*his*⁻)菌株，在含微量 His 的培养基中，除极少数发生自发回复突变的细胞外，一般只能分裂几次，形成在显微镜下才能见到的微菌落。然而，一旦受化学诱变剂作用，大量细胞会发生回复突变，自行合成 His，长成肉眼可见的菌落。某些化学物质需经代谢活化才有致变作用，这就需要在测试系统中加入哺乳动物肝细胞微粒体酶，以弥补体外实验缺乏代谢活化系统的不足。

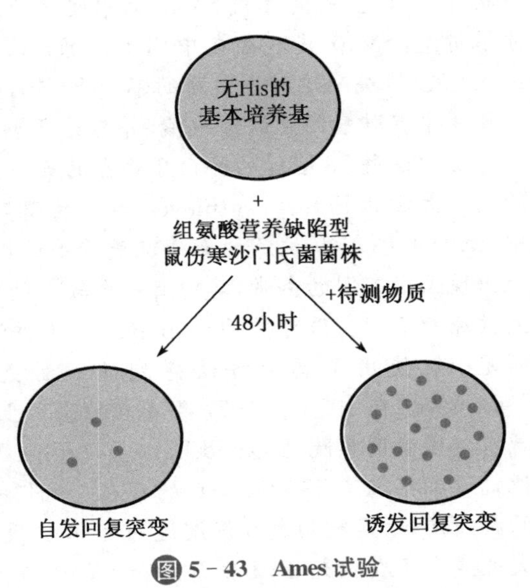

图 5 - 43　Ames 试验

科学故事——p53从癌蛋白到抗癌蛋白的角色转换

现在,学过分子生物学的人都应该听说过p53。p53是一种十分重要的抑癌蛋白,编码它的基因是一种重要的抑癌基因,它对于植物以外的真核生物来说极其重要,被很多人誉为基因组的保护神(the guardian of the genome),作为抑制不正常细胞增殖的关键蛋白,可通过诱导细胞凋亡、细胞衰老和暂时的细胞周期停滞而产生抑制的效果。然而,在1979年它最初被发现的时候,却被误以为是一种由癌基因编码的蛋白质。

在20世纪70年代,肿瘤研究者开始关注肿瘤病毒是如何让正常细胞转化成癌细胞的。在研究中,发现了一些RNA肿瘤病毒带有所谓的病毒癌基因,与宿主细胞内的原癌基因是同源的,在宿主细胞内表达以后可直接导致细胞的癌变。于是,有人提出了癌症的病毒学理论。然而,对同样可导致细胞癌变的DNA肿瘤病毒是如何起作用的还是一个谜。例如,人乳头瘤病毒(human papilloma virus, HPV)、多瘤病毒(polyoma virus)、猿猴病毒40(Simian Virus 40, SV40)和EB病毒(Epstein-Barr virus)等。这是因为DNA肿瘤病毒并不带有与宿主细胞同源的基因。但在它们感染宿主以后,其基因组在宿主体内表达的蛋白质,可被宿主的免疫系统视为外来的物质,而诱发抗体的产生,因此被称为肿瘤抗原(tumor antigen)。

在探索DNA肿瘤病毒是如何诱发肿瘤的过程中,SV40和多瘤病毒引起了人们的注意。这两种病毒有很大相似之处,在体外和体内它们均可转化细胞或者诱发动物生瘤。SV40病毒和多瘤病毒之间的相似性使得研究者可以对这两种病毒进行平行研究,从而相互验证任何一方结果。

在研究SV40过程中,除了发现该病毒编码2种肿瘤抗原,即小t抗原(t antigen)和大T抗原(T antigen)以外,还发现了一种大小53 kDa的蛋白质,考虑到已发现多瘤病毒可表达与转化细胞有关的三种抗原:90 kDa的大抗原、55 kDa的中间抗原和17 kDa的小抗原,所以一开始以为这种53 kDa的蛋白质也是SV40的一种抗原。于是,当时寻找SV40的中间抗原成为一项重要的研究内容,只是到了后来才很清楚,SV40并不存在中间t抗原,事实上,法国Pierre May实验室的Michel Kress发现,编码这种蛋白质的不是SV40,而是宿主细胞。同时,他还发现,这种蛋白质集中在肿瘤细胞的细胞核,并与大T抗原结合在一起。

显示这种53 kDa的蛋白质存在的第一条线索出现在20世纪70年代中期,由纽约州立大学的Peter Tegtmeyer为首的研究小组在研究SV40的大T抗原的过程中,他们用抗大T抗原的血清沉淀受SV40感染的细胞抽取物,结果电泳时在凝胶上出现大小不同的条带,其中有一个较小的蛋白质,大小为50 kDa,因此它不可能是大抗原的条带。很可惜,Tegtmeyer他们并没有对这种蛋白质产生兴趣,但后来其他研究小组使用了类似方法得到的一种大小为53 kDa的蛋白质,实际上就是Tegtmeyer在1975和1977年发表的论文上提到的大小为50 kDa的蛋白质。这里就有英国帝国学院的David Lane和Lionel V. Crawford等人组成的研究小组,正是他们详细报道了53 kDa蛋白的存在。他们一开始是想制备对大T抗原特异性更强的抗血清,于是就用免疫沉淀过的大T抗原诱导产生抗大T抗原的血清,很快就大大地减少了在抗大T抗原血清和SV40转化过的小鼠细胞抽取物之间免疫反应产生的非特异性沉淀物。这时,有两种蛋白质被沉淀下来,其中就包括大小为53 kDa的蛋白质。当时,他们推测这种蛋白质来自宿主细胞,因为首先它不存在于裂解的感染细胞，其次SV40基因组的大小已不大可能再编码如此大的第三种抗原蛋白了。很快他们又证实了这种53 kDa的蛋白质在没有大T抗原的存在下，单独无法被抗大T抗原的血清沉淀。因此，他们得出，这种由宿主细胞编码的蛋白质与大T抗原在细胞内形成了寡聚复合物。再经过几次修正，他们有关与大T抗原结合的53 kDa的宿主蛋白终于在1979年3月的*Nature*上发表了。

仅仅2个月以后，来自Princeton大学Arnold Levine等人在*Cell*上发表了一篇论文，解释了在SV40转化的细胞和没有受到SV40感染的畸胎癌细胞中均发现了一种大小为54 kDa的宿主蛋白，后来被确认为p53。他们在研究中发现，在上述两种细胞中，一种大小为54 kDa的蛋白质可以被带有SV40诱导产生肿瘤的动物产生的抗血清沉淀下来。为了确定这种蛋白质是否与大T抗原同源，他们进行了部分肽谱分析，但结果显示样式不同。后来在1979年8月，又有2篇类似的论文在*Journal of Virology*上发表了，只不过所报道的蛋白质大小为55 kDa。

在此期间，还有一组研究者在用免疫学的手段研究机体对肿瘤的免疫反应，他们是位于纽约的斯隆凯特灵癌症中心(Memorial Sloan-Kettering Cancer Center)的Albert B. DeLeo和他的同事们，他们是研究动物对移入的肿瘤的免疫反应，结果发现了针对化学试剂诱导产生的肿瘤的抗血清对经化学转化的细胞的抽取物，可免疫沉淀一种大小为53 kDa的蛋白质，他们的研究成果发表在1979年5月的*Proc. Natl. Acad. Sci.*上。在文中，他们将这种蛋白质命名为p53。

尽管很多人对p53的发现异常兴奋，但是它一开始就被许多分子生物学家认定是一种普通的癌基因编码的蛋白质。后来，差不多花了研究者们10年的精心研究才对它"平反昭雪"，确定它不是癌基因的产物，而是抑癌基因的产物，并进一步确定它在肿瘤发生、发育和其他生理过程中的作用主要是协调细胞周期对DNA损伤或其他胁迫信号的反应。到了20世纪90年代，p53吸引了更多人的关注。1993年Levine和Lane因为在癌症研究中独立地发现了p53，而获得了瑞士Charles Rodolphe Brupbacher奖。

人们之所以一开始将p53误以为是一种癌基因的产物，是因为最先克隆到的不是野生型的p53，而是它的突变体。

在1984年以后，肿瘤学界在第一批细胞内的癌基因得到克隆和分析以后经历了一场革命，例如，有人发现*ras*癌基因的突变可导致多种细胞的癌变。同时，分子生物学的发展让一些新的方法和技术得到应用。最终，癌症的病毒理论，即"敌人来自外部"被抛弃，取而代之的是细胞原癌基因激活的理论，即"敌人来自内部"。于是，p53的命运与几个重要的知识和方法信条联系在一起。小鼠和人的p53基因先后在1982和1983年被克隆。而在1984年，*Nature*发表的3篇论文显示，p53的转染可以和另一个癌基因一起共同转化细胞，这让人很容易得出编码p53的是一种癌基因。此外，将p53的基因视为癌基因也可以解释其他一些现象，如它积累在肿瘤细胞内，将p53敲除可诱导细胞分裂受阻等。总之，癌基因诱导肿瘤的思维模式决定了对p53一开始的定位。

然而，1984年的兴奋是短命的。在1985～1988年，对p53的研究遭遇到一些困难，在这段时间发表的有131篇有关它的论文无法将其与癌基因家族相联系。其中最重要的发现是编码p53的2个等位基因在弗里德病毒(*Friend virus*)诱导的鼠红白血病(erythroleukaemia)中失活了。另外，还有一个奇怪的现象，就是在小鼠和人体骨肉瘤细胞中，发现p53基因有高频率重组和缺失。由于这些发现，p53研究热潮又消退了。

但就在p53研究热潮消退的时候，一位叫Thierry Soussi的女士却开始了踏上了研究p53之路。1983年，Soussi加入了Michel Kress所在的Pierre May实验室。在当时，法国的大学存在一个普遍问题，就是年轻教师的教学工作量很大，一年有180小时的教学任务。于是，在权衡了科研和教学之间的关系以后，Soussi选择研究p53。

在Soussi加入了实验室以后，被要求继续做p53致癌性的研究，但她并不很积极，因为她对另一个不同的系统更有兴趣。当她的一个博士后同事在从做非洲爪蟾这种模式动物的实验室回来以后，刺激了她想研究这种与人类亲缘关系较远的两栖动物的p53的灵感。在说服了Pierre接受了她的想法以后，她很快克隆到了非洲爪蟾的p53的cDNA和基因，然后又将克隆的对象扩大到了鳟鱼、大鼠和鸡。这些研究使得她能够成功提出一个有关p53的结构草图，后来其他研究小组获得的对p53的功能和晶体结构分析证实她提出的结构。

对p53的系统发生的研究的另外一个结果是促进了将它从癌基因到抑癌基因观念的转变。已有数项研究提示p53远比一个典型的癌基因要复杂：首先，p53的基因可以在几种人和小鼠的细胞转化模型中失活；其次，用来进行转化细胞实验的小鼠和人的克隆基因的不均一性。p53的系统发生研究显示了它在进化中存在5个高度保守的结构域。检查小鼠和人的p53的cDNA克隆，发现有1～2个氨基酸的差异，这可以看作是可以忽略的多态性，然而，差别刚好出现在高度保守的区域，这显然不符合进化的逻辑。

请注意，当时所有克隆到的哺乳动物的p53的cDNA都是来自转化的细胞，而用于系统发生研究的动物p53都是来自健康的动物组织。

1989年，Levine的研究小组率先克隆到非突变的小鼠p53的cDNA，便显示它缺乏致癌性。与此同时，Baker和Takahashi等人发表的论文显示野生型的p53具有抑制细胞分裂的性质。因此1989年变成了重新认识p53功能定位的转折点。

对于p53的角色认识的转变让科学家可以重新解释以前所不能解释的奇怪现象。例如，Maltzman和Czyzyk在1984年就发现，正常细胞的紫外辐射可诱导p53在细胞核的积累。那时，DNA损伤检查点的概念还没有流行，但八年以后，Kastan等人发现p53在DNA损伤以后，控制细胞周期的前进。再如，1982年Crawford等人发现，乳腺癌患者体内出现p53的抗体，直到十多年以后，Lubin和Soussi等人发现这是病人免疫系统对肿瘤细胞表达的p53突变体产生自身免疫反应造成的。

总之，p53在真核细胞内真实身份的最终确定，大大促进了人们对DNA损伤修复、细胞周期调控、细胞凋亡和细胞癌变等分子机制的认识。正因为如此，p53在1993年被*Science*评为当年的年度分子(Molecule of the year)。

本章小结

思考题：

1. T4 噬菌体的一种 rII 突变体——rII-114 受到另外几种突变(rII-120、rII-125 或 rII-127)的校正。如果没有 rII-114，rII-120、rII-125 和 rII-127 突变结合在一起，则发现 rII 的基因座次表现得像野生型。试提出两种可能的机制给以解释。

2. 如何理解“基因组的稳定性压倒一切”这句话?

3. 指出原核生物对以下损伤使用何种修复机制进行修复：

(1) 嘧啶二聚体

(2) 脱氨基后的腺嘌呤

(3) O^6-甲基鸟嘌呤

(4) 复制中形成的 GT 碱基对

(5) DNA 双链断裂

4. 如果一段 DNA 序列 GGTCGTT 上面一条链被亚硝酸处理，那么经过两轮复制以后，最可能的产物是什么?

5. 如果生殖细胞中的 CpG 岛被甲基化，那么经过许多代以后可能的后果是什么?

6. 真核细胞在受到高剂量的辐射照射下，其 DNA 遭受到的损伤超过了机体正常修复的能力。这时细胞使用的最后一道修复防御机制是什么? 这种修复系统有什么缺陷?

7. T 和 U 所含有的遗传信息是完全一致的，为什么 DNA 中含有的 T，而 RNA 中含有的是 U?

8. 大肠杆菌的 Dam 酶活性过高和丧失活性都可以导致大肠杆菌突变率提高，为什么? 哪一种情形引起的突变率更高? 为什么? 另外一种叫 Dcm 的甲基化酶的活性过高也能提高大肠杆菌的突变率，这又是为什么?

9. 2-氨基嘌呤(2-AP)是 A 的类似物。在细菌体内它可转变成相应的脱氧核苷三磷酸，并在 DNA 复制中参入到子链之中，引发突变。2-AP 一般导致的突变为碱基转换，为什么? 尽管 2-AP 被认为只能导致碱基转换，但将它加入到细菌培养基上以后，发现细菌体内发生的移码突变也有显著的提高，这又是为什么? 你如何设计一个实验支持你的解释?

10. 大肠杆菌使用几种不同的机制防止尿苷酸参入到 DNA：首先由 *dut* 基因编码的 dUTP 酶水解 dUTP；其次由 *ung* 基因编码的尿嘧啶-DNA 糖苷酶水解 DNA 分子之中的尿嘧啶，产生的 AP 位点可被修复。

(1) 如果 *dut* 基因突变而丧失功能，那么会有什么样的后果?

(2) 如果 *dut* 基因和 *ung* 基因同时突变丧失功能，预计后果又是什么?

推荐网站：

1. http://en.wikipedia.org/wiki/DNA_repair(维基百科有关 DNA 修复的内容)
2. http://www.nobelprize.org/nobel_prizes/chemistry/laureates/2015/(诺贝尔奖官方网站 2015 年诺贝尔化学奖与 DNA 修复的三条路径有关)
3. http://en.wikipedia.org/wiki/Mutation(维基百科有关突变的内容)
4. http://www.web-books.com/MoBio/Free/Ch7G.htm(免费的分子生物学在线课程有关 DNA 损伤修复的内容)
5. http://www.wormbook.org/chapters/www_DNArepair/DNArepair.html(书虫网站提供的有关 DNA 复制的最新内容)
6. http://mol-biol4masters.masters.grkraj.org/Molecular_Biology_Table_Of_Contents.html(印度班加罗尔大学 G. R. Kantharaj 教授提供的免费的面向硕士研究生的分子生物学课，内有许多关于 DNA 损伤及修复的内容和资料)

参考文献：

1. Fleming A M, Zhou J, Wallace S S, et al. A role for the fifth G-track in G-quadruplex forming oncogene promoter sequences during oxidative stress: Do these "spare tires" have an evolved function? [J]. *ACS central science*, 2015, 1(5): 226～233.
2. Knobel P A, Marti T M. Translesion DNA synthesis in the context of cancer research[J]. *Cancer cell international*, 2011, 11(1): 39.
3. Lindahl T. My journey to DNA repair [J]. *Genomics, proteomics & bioinformatics*, 2013, 11(1): 2～7.
4. Eoff R L, Sanchez-Ponce R, Guengerich F P. Conformational changes during nucleotide selection by Sulfolobus solfataricus DNA polymerase Dpo4[J]. *Journal of Biological Chemistry*, 2009, 284(31): 21090～21099.
5. Lahue R S, Au K G, Modrich P. DNA mismatch correction in a defined system [J]. *Science(Washington)*, 1989, 245(4914): 160～164.
6. Lindahl T. An N-glycosidase from Escherichia coli that releases free uracil from DNA containing deaminated cytosine residues[J]. *Proc. Natl. Acad. Sci*, 1974, 71(9): 3649～3653.
7. Sancar A, Rupp W D. A novel repair enzyme: UVRABC excision nuclease of Escherichia coli cuts a DNA strand on both sides of the damaged region[J]. *Cell*, 1983, 33(1): 249～260.
8. Krutyakov V M. Eukaryotic error-prone DNA polymerases: The presumed roles in replication, repair, and mutagenesis[J]. *Molecular Biology*, 2006, 40(1): 1～8.
9. Friedberg E C, Fischhaber P L, Kisker C. Error-prone DNA polymerases: novel structures and the benefits of infidelity[J]. *Cell*, 2001, 107(1): 9～12.
10. Sutton M D, Smith B T, Godoy V G, et al. The SOS response: recent insights into umu DC-dependent mutagenesis and DNA damage tolerance[J]. *Annual review of genetics*, 2000, 34.

数字资源：

第六章 DNA 重组

DNA 重组(recombination)是指发生在 DNA 分子内或 DNA 分子之间碱基序列的交换、重排(rearrangement)和转移现象,是已有遗传物质的重新组合过程。它主要有同源重组(homologous recombination, HR)、位点特异性重组(site-specific recombination, SSR)和转座重组(transposition recombination, TR)三种形式。生物体通过重组,既可以产生新的基因或等位基因的组合,还可能创造出新的基因,使种群内遗传物质的多样性提高;此外,重组还被用于 DNA 损伤的修复,而某些病毒利用重组将自身的 DNA 整合到宿主细胞的 DNA 上;另外,基因工程技术中还经常使用 DNA 重组进行遗传作图(genetic mapping)和基因敲除(gene knockout)等研究。

本章将重点介绍三类重组的原理、过程以及功能。

第一节 同源重组

同源重组也称为一般性重组(general recombination),它是一种在两个 DNA 分子的同源序列之间直接进行交换的重组形式。同源重组不依赖于序列的特异性,只依赖于序列的同源性。进行交换的同源序列可能是完全相同的,也可能是非常相近的。

同源重组既是生物进化的动力,又是 DNA 修复的重要手段,因此广泛存在于细菌、古菌和真核生物。细菌的接合(conjugation)、转化(transformation)和转导(transduction)以及真核细胞在同源染色体之间发生的交换等一般都属于同源重组。

同源重组的发生必须满足以下几个条件:

(1) 在进行重组的交换区域含有完全相同或几乎相同的碱基序列。

(2) 两个双链 DNA 分子之间需要相互靠近,并发生互补配对。

(3) 需要特定的重组酶(recombinase)的催化,但重组酶对碱基序列无特异性。

(4) 形成异源双链(heteroduplex)。

(5) 发生联会(synapsis)。

用来解释同源重组分子机制的主要模型有 Holliday 模型、单链断裂模型(the single-stranded break model)和双链断裂模型(the double-stranded break model)。

一、同源重组的分子机制

(一) Holliday 模型

Holliday 模型由美国科学家 Robin Holliday 在 1964 年提出,尽管被几经修改,但其核心内容一直没有改变。

Holliday 模型最初的主要内容是:

(1) 2 个同源的 DNA 分子相互靠近。

(2) 2 个 DNA 分子各有 1 条链在相同的位置被一种特异性的内切酶切开,被切开链的极性相同。

(3) 被切开的链交叉并与同源的链连接,形成 χ(chi)状的 Holliday 连接(Holliday junction, HJ)。

Holliday 连接又称 Holliday 结构(Holliday structure)、Holliday 中间体(Holliday immediate)或χ结构(χ structure)。如果 2 个 DNA 之间发生 180°的旋转,可得到它的异构体。

(4) Holliday 连接的拆分。

Holliday 连接的拆分方式有两种,第一种方式是相同的链被第二次切开,结果产生与原来完全相同的两个非重组 DNA;第二种分离方式是另一条链被切开,然后再重新连接,由此产生重组的 DNA。

上述模型过于简单,难以解释清楚许多天然的同源重组现象,于是人们很快对其进行了改进。其中最大的一个改进是在 Holliday 连接形成之后,引入 1 个全新的步骤——分叉迁移(branch migration)。如图 6-1 所示,Holliday 连接形成以后,其分叉可向两侧移动,这样的移动可让 1 个 DNA 分子上一条链的部分序列转移到另 1 个 DNA 分子之中。

上述经过迁移的 Holliday 连接,再通过内部 180°旋转,同样可以得到它的异构体。最后 Holliday 连接的拆分也有两种方式,但与无分叉迁移的模型不同,在非重组的 DNA 分子上也带有异源的双链。支持 Holliday 模型最有力的证据是 Potter 和 Dressler 使用特殊的方法,在电镜下直接看到了 Holliday 中间体的结构(图 6-2)。

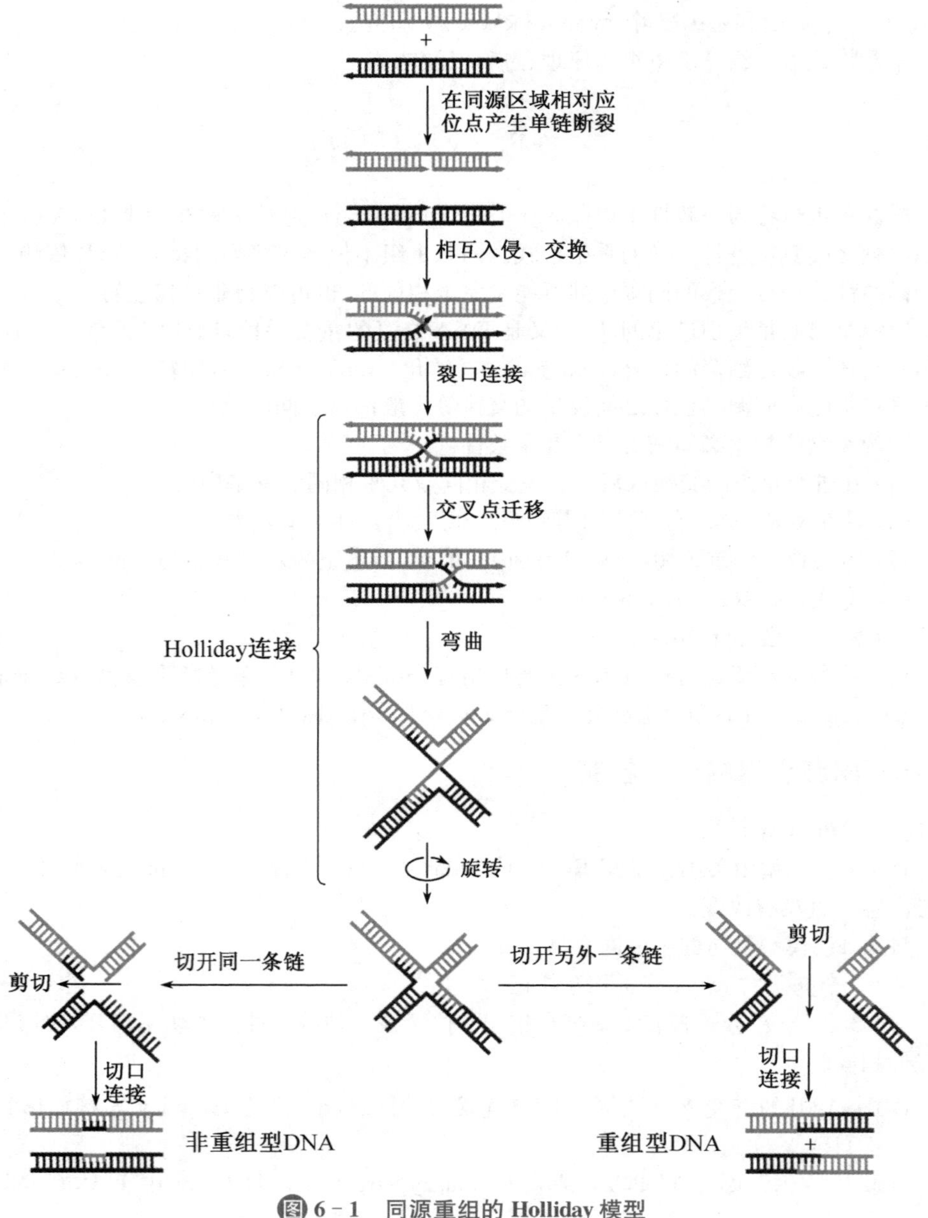

图 6-1 同源重组的 Holliday 模型

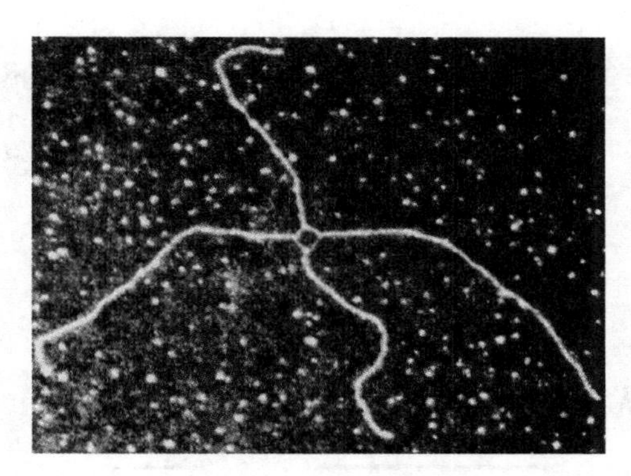

图 6-2　Potter 和 Dressler 在电镜下看到的 Holliday 连接

（二）单链断裂模型

尽管最早的 Holliday 模型能解释同源重组的一些特征，而且 Potter 和 Dressler 也为 Holliday 模型提供了关键的证据，但它仍然存在不足。例如，参与重组的两个 DNA 双链被等同看待，既是入侵者，又是入侵者作用的对象。但后来的研究发现，参与重组的两个双链 DNA 一般有一个优先充当遗传信息的供体。再如，它也没有解释 2 个 DNA 分子的同源序列是怎样配对以及单链切口又是如何形成的。此外，它也不能很好地解释存在于真核细胞（如酵母）内的同源重组现象。1975 年，Aviemore 对 Holliday 模型提出了修改。不久，Matt Meselson 和 Charles Radding 再次提出了修改，修改后的模型被称为 Aviemore 模型或 Meselson-Radding 模型，有时也被称为单链断裂模型。

单链断裂模型认为，2 个进行同源重组的 DNA 分子在同源区相应的位点上，只产生一个单链裂口。单链断裂可能是自发的，也可能是环境胁迫诱导而成的，如离子辐射。产生切口的那条链在被 DNAP 催化的新链合成取代后，侵入到另一条同源的 DNA 分子之中，至于 Holliday 连接的形成以及后来的拆分，与原来的 Holliday 模型相比并没有做多少变动。

（三）双链断裂模型

双链断裂模型由 Szostak J、TL Orr、Weaver R、J Rothstein 和 FW Stahl 等人于 1983 年共同提出，故又名为 Szostak-Orr-Weaver-Rothestein-Stahl 模型。该模型主要是在酵母中获得的一些实验数据的基础上提出来的。与 Aviemore 模型不同，双链断裂模型认为，1 个 DNA 分子上两条链的断裂才启动了链的交换。在两个重组 DNA 分子中，产生断裂的双链称为受体双链（recipient duplex），不产生断裂的称为供体双链（donor duplex）。随后发生的 DNA 修复合成以及切口连接导致形成了 Holliday 连接，但有 2 个半交叉点（half chiasmas），具体步骤共由 7 步反应组成（图 6-3）：

(1) 内切酶切开一个同源 DNA 分子的两条链，导致这个 DNA 分子双链发生断裂，从而启动重组过程。这个双链断裂的 DNA 分子既是启动重组的“入侵者”，又是遗传信息的受体，因此被称为受体双链。

(2) 受到外切酶的作用，双链切口扩大而产生具有 3′-单链末端的空隙。

(3) 一个自由的 3′-端入侵供体双链 DNA 分子同源的区域，形成异源双链。供体双链的一条链被取代，产生取代环（the displacement loop, D-环）。

(4) 由入侵的 3′-端引发的 DNA 修复合成导致 D-环延伸。D-环最终大到覆盖受体双链的整个空隙。新合成的 DNA 是由被入侵的 DNA 双链作为模板，于是新合成的 DNA 序列由被入侵的 DNA 决定。

(5) 当供体双链被取代的链到达受体双链空隙的另外一侧，它将和空隙末端的另一个 3′-单链末端退火。于是被取代的单链提供了序列，填补了受体双链一开始被切除的序列。由 DNAP 催化的修复合成将供体双链的 D-环转变成双链 DNA。

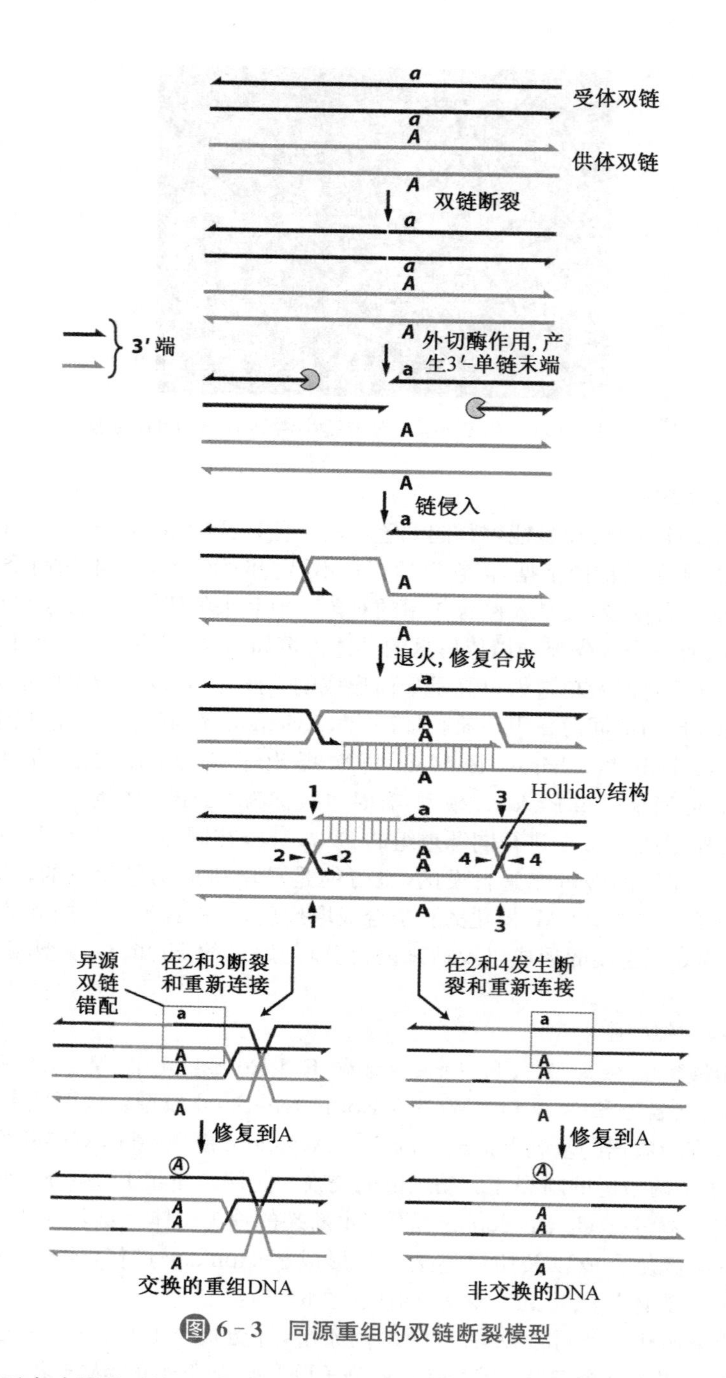

图 6-3 同源重组的双链断裂模型

在以上两个步骤之中，最初被入侵的双链充当供体双链，提供修复合成反应的遗传信息。

(6) DNA 连接酶缝合缺口，形成两个 Holliday 连接。

(7) Holliday 连接的拆分。

拆分有两条可能的途径，一条途径是两个切口一个在内侧的链，另一个在外侧的链，那么分离得到的是交换产物(crossover product)；另一条途径两个切口要么都在内侧的链，要么都在外侧的链，得到的是非交换产物(non-crossover product)。

二、细菌的同源重组

以大肠杆菌为代表的细菌同源重组机制不管是参与重组的蛋白质，还是主要的重组途径，都已研究得十分清楚。

（一）参与同源重组的主要蛋白质

细胞内 DNA 同源重组的每一步反应都是在特定的蛋白质或酶的协助下完成的。这些参与重组的酶或蛋白质，基本上是通过筛选一系列重组有缺陷的大肠杆菌突变体（重组频率降低）而得到的，它们中的绝大多数已经被克隆和定性。下面以大肠杆菌为例，介绍一些与同源重组有关的蛋白质的结构与功能：

1. RecA 蛋白

RecA 是细菌同源重组中最重要的蛋白质，它起初是作为依赖于 DNA 的 ATP 酶被发现的，参与大肠杆菌所有的同源重组途径。其在重组中的主要作用是促进同源序列配对和链交换（strand exchange）（图 6－4）。

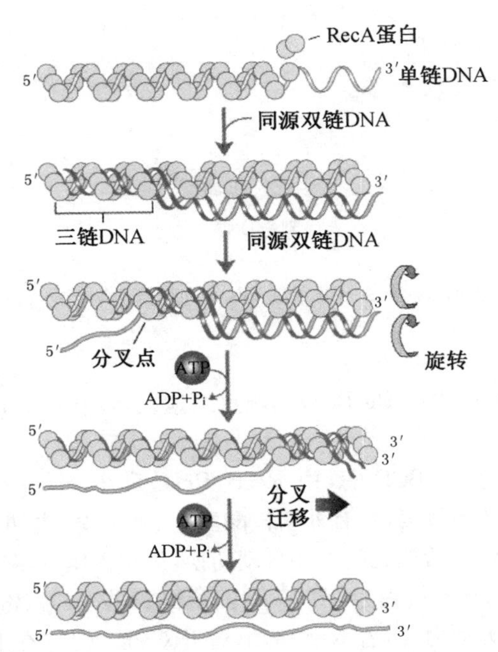

图 6－4　RecA 蛋白促进 2 个双链 DNA 分子链之间的交换

RecA 有单体和多聚体两种形式，单体由 352 个氨基酸残基组成，大小为 38 kDa，含有 2 个 DNA 结合位点，能分别结合单链 DNA 和双链 DNA。多聚体由单体在单链 DNA 上从 5′→3′方向组装而成的丝状结构。多聚体的 RecA 环绕在单链 DNA 上形成一种有规则的螺旋，平均每 1 个单体环绕 5 个核苷酸，每 1 个螺旋有 6 个单体。RecA 的主要功能包括：（1）促进 2 个 DNA 分子之间的链交换；（2）参与 SOS 反应——作为共蛋白酶（co-protease），促进 LexA 蛋白和 UmuD 的自水解（见第五章 DNA 的损伤、修复和突变）。

RecA 催化 DNA 分子之间的链交换需要同时满足 3 个条件：

（1）2 个 DNA 分子中的 1 个必须含有单链区，以便 RecA 能够结合。

（2）2 个 DNA 分子必须含有不低于 50 bp 的同源序列。

（3）同源序列内必须含有 1 个自由的末端，以启动链的交换。

RecA 在同源重组中的具体作用分为 3 步（图 6－5）：

（1）联会前阶段（presynapsis）

RecA 通过它的第一个 DNA 结合位点与单链 DNA 结合，包被 DNA，形成蛋白质-DNA 丝状复合物即核丝（nucleofilament）结构。

（2）联会阶段（synapsis）

RecA 的第二个 DNA 结合位点与 1 个双链 DNA 分子结合，由此形成三链 DNA 中间体,随后单链 DNA 侵入双链 DNA,寻找同源序列。这个阶段称为联会阶段。

(3) 链交换阶段

由 RecA 包被的单链 DNA 从 5′→3′方向,取代双链 DNA 分子之中的同源老链,形成异源双链,并发生分叉迁移。在此阶段,ATP 与 RecA 的结合是由 RecA 驱动的链取代和分叉迁移所必需的,但这并不需要 ATP 的水解,因为使用不能被水解的 ATP 类似物代替 ATP,发现链取代和分叉迁移仍然能够进行。

Quiz1 用于基因工程宿主菌的大肠杆菌通常缺失了编码 RecA 蛋白的基因。这是为什么?

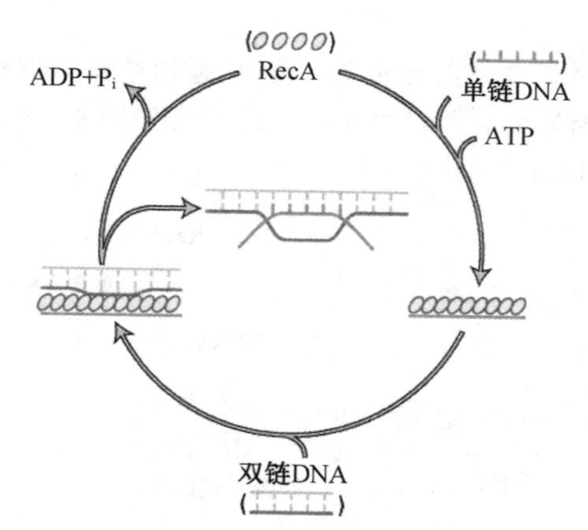

图 6-5 RecA 蛋白促进单链 DNA 与双链 DNA 进行链交换

2. RecBCD 蛋白

RecBCD 蛋白参与细胞内的 RecBCD 同源重组途径,其功能是产生 3′-单链末端,为链入侵做准备。

RecBCD 蛋白又称为 RecBCD 酶,由 RecB、RecC 和 RecD 三个亚基组成,分别由 *recB*、*recC* 和 *recD* 三个基因编码,具有外切核酸酶Ⅴ、解链酶、内切核酸酶、ATP 酶和单链外切核酸酶活性。这些酶活性之间能够自动切换,用于重组的不同阶段。

RecBCD 蛋白作用的基本过程为(图 6-6):RecBCD 首先与双链 DNA 分子自由末端结合,依靠 ATP 的水解为动力,沿着双链移动,解开双链。但它在上面一条链比下面一条链移动的速度要快,于是一个单链的环形成了。这个环随着它沿着 DNA 双链移动而增大(在电镜下可以观测到),先是依靠它的 3′-外切酶活性降解上面的一条链。然而,一

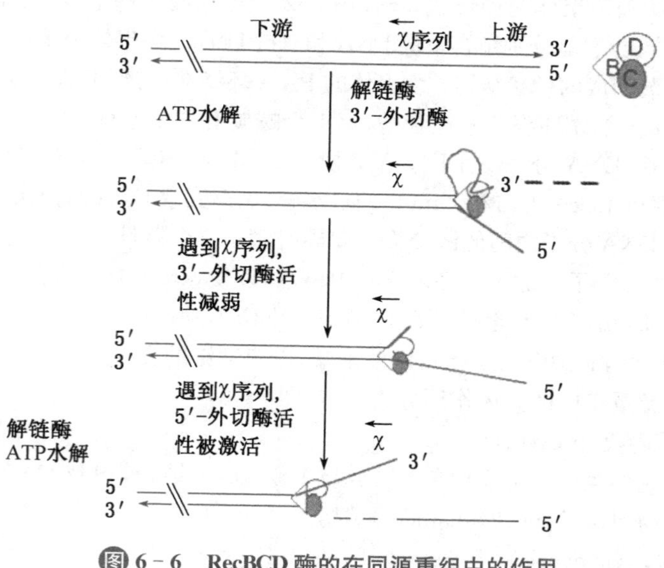

图 6-6 RecBCD 酶的在同源重组中的作用

旦遇到 χ 序列，3′-外切酶活性就减弱，而 5′-外切酶活性则被激活，于是下面一条链的单链部分被迅速降解，留下上面一条链的单链部分。产生的单链 DNA 为 RecA 作用的底物，由此最终启动了链交换和重组反应。

χ 序列是一段特殊的碱基序列，其一致序列是 GCTGGTGG，它的存在能显著提高重组的频率。它在重组中的作用是调节 RecBCD 的酶活性，作为 RecBCD 从 3′-外切酶切换成 5′-外切酶的信号，刺激 RecBCD 重组途径。据估计，大肠杆菌全基因组含有 1 000 个以上的 χ 序列。

3. RuvA、RuvB 和 RuvC 蛋白(图 6 - 8)

(1) RuvA

RuvA 蛋白的功能是识别 Holliday 连接，协助 RuvB 蛋白催化分叉的迁移。

大肠杆菌的 RuvA 蛋白以一种特别的方式形成四聚体，呈四重对称，特别适合与 Holliday 连接中的 4 个 DNA 双链区结合，从而促进分叉迁移过程中链的分离。

(2) RuvB

RuvB 蛋白本质上是一种解链酶，其功能是催化重组中分叉的迁移。与多数解链酶一样，RuvB 是一种环状六聚体蛋白，但其特别之处在于 RuvB 包被双链 DNA，而不是单链 DNA。此外，它单独结合 DNA 的效率并不高，需要 RuvA 的帮助。

电镜照片显示，RuvB 在溶液中是七聚体，但一旦与 DNA 结合，就转变为六聚体。有 2 个 RuvB 六聚体与 RuvA 接触，位于 RuvAB-Holliday 复合体相反的两边。

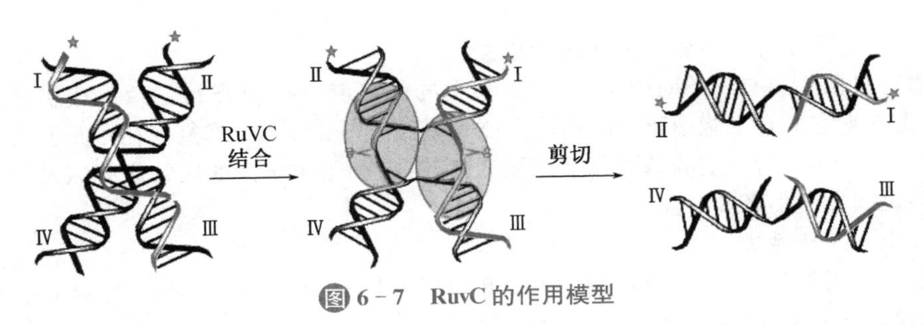

图 6 - 7　RuvC 的作用模型

(3) RuvC

RuvC 是一种特殊的内切核酸酶，其在重组中的作用是促进 Holliday 连接的分离，故又被称为拆分酶(resolvase)。在作用时，RuvC 形成对称的同源二聚体，在 Holliday 连接的中央部位切开 4 条链中的 2 条，而导致 Holliday 连接的拆分(图 6 - 7)。由于 RuvC 二聚体与 Holliday 连接对称结合，因此，从理论上讲，RuvC 能够以两种机会均等的方式与 Holliday 连接结合，致使 Holliday 连接能够以两种机会均等的方式被解离，但只有一种方式产生重组 DNA。RuvC 的作用具有一定的序列特异性，其作用的一致序列是(A/T)TT↓(G/C)(箭头为切点)，因此，只有在分支迁移到上述一致序列时，RuvC 才能起作用。大肠杆菌的基因组含有很多这样的一致序列。

(4) 其他同源重组蛋白

在大肠杆菌中，大概有 30 种蛋白质与同源重组有关，除了上面详细介绍的几种以外，还有：RecE，一种双链外切核酸酶，也被称为外切核酸酶Ⅷ，它也能产生 3′-单链末端；RecJ，一种 DNA 脱氧核糖磷酸二酯酶；RecQ，一种解链酶；RecF，与单链或双链 DNA 结合；RecR，与 RecO 相互作用；RecT，促进 DNA 复性；RecG，一种解链酶，催化 Holliday 连接的迁移；Rus，催化 Holliday 连接的切割；RecN，参与双链 DNA 断裂修复；SbcA，调节 RecE 活性；SbcB，单链外切核酸酶；SbcC，双链 DNA 外切酶；SbcD，单独存在具有单链 DNA 内切酶活性，与 SbcC 形成复合物具有 ATP 依赖性外切酶活性；DNA 拓扑异构酶Ⅰ；DNA 旋转酶；DNA 连接酶；DNAP Ⅰ；DNA 解链酶Ⅱ；DNA 解链酶Ⅳ；SSB。

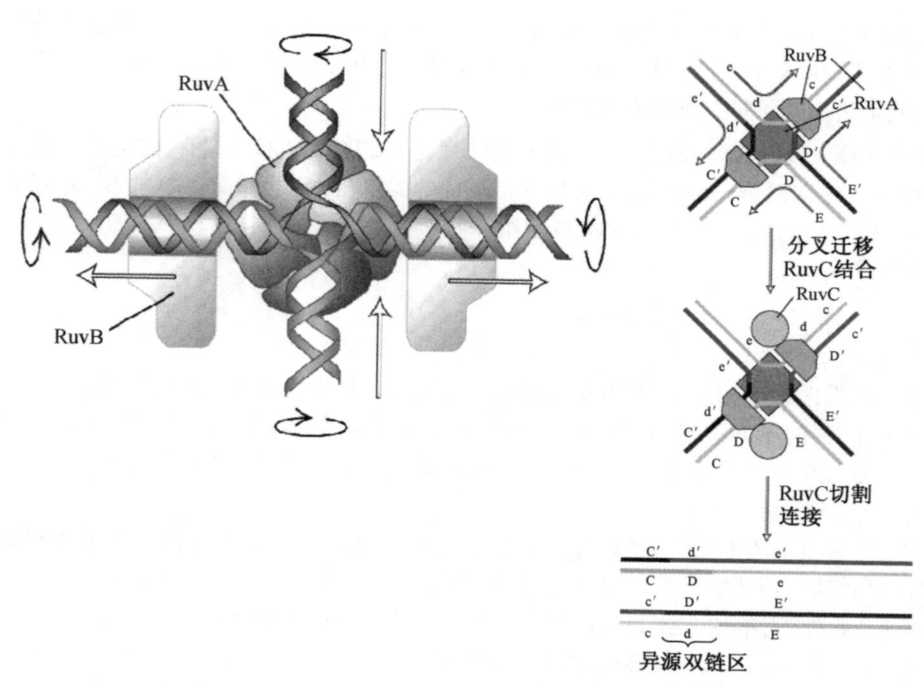

图 6-8 RuvA、RuvB 和 RuvC 在同源重组中的作用

(二) 大肠杆菌几种重要的同源重组途径

大肠杆菌主要有三条同源重组途径,其中的许多成分在 SOS 应急反应中被诱导表达,这意味着它们在细胞中正常的功能可能是重组介导的 DNA 修复。在用于基因工程的某些菌株中,参与重组的基因几乎都无活性,这有利于防止大的质粒之间以及质粒与染色体之间发生不必要的重组。

1. RecBCD 途径

这是大肠杆菌最主要的重组途径。除了 RecBCD 蛋白以外,还需要 RecA、SSB、RuvA、RuvB、RuvC、DNAP Ⅰ、连接酶和旋转酶。此外,还需要 χ 序列(图 6-9)。

Quiz2 如何解释参与大肠杆菌 RecBCD 重组途径的 DNA 聚合酶是Ⅰ而不是Ⅲ?

2. RecF 途径和 RecE 途径

遗传学突变研究表明,*recA*$^-$ 突变体可使大肠杆菌的重组频率下降 10^6 倍,而 *recBCD*$^-$ 突变体仅使突变频率下降 10^2 倍,这说明除了 RecBCD 途径以外,大肠杆菌还具有其他同源重组途径。事实上,RecF 途径就是其中的一种,它主要是质粒之间进行重组的途径,需要的蛋白质有 RecA、RecJ、RecN、RecO、RecQ 和 Ruv 等。此外还有 RecE 途径,此途径中的很多蛋白质与 RecF 途径相同,但 RecE 却是特有的。RecE 具有外切核酸酶Ⅷ的活性,其突变能被 SbcA 校正。

三、真核生物的同源重组

Quiz3 已发现某些隐性基因在杂合体个体中也能够表达,对此你如何解释?

真核生物的同源重组主要发生在细胞减数分裂前期Ⅰ两个配对的同源染色体之间,先在细线期(leptotene)和合线期(zygotene)形成联会复合体(synaptonemal complex, SC),再在粗线期(pachytene)进行交换。此外,同源重组也会发生在 DNA 损伤修复之中(图 6-10),主要用以修复 DNA 双链断裂、单链断裂和链间交联等损伤。研究表明,不同真核生物的同源重组机制高度保守,至少具有以下几个共同特征:

(1) 首先发生特异性的双链断裂,然后再发生同源重组。因此,适合真核生物同源重组的模型为双链断裂模型。

(2) 不能形成 SC 的突变细胞也可以发生交换。

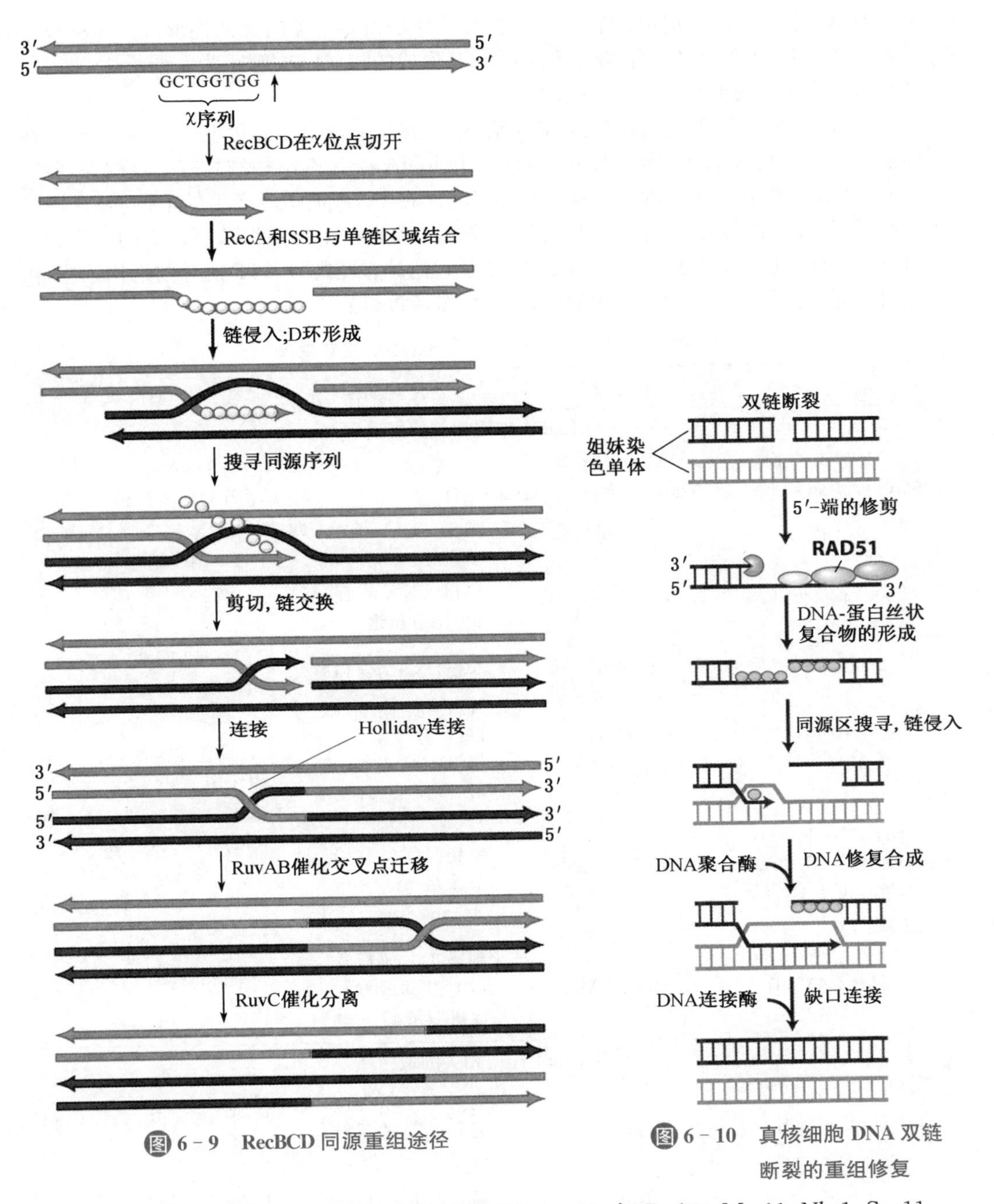

图 6-9　RecBCD 同源重组途径

图 6-10　真核细胞 DNA 双链断裂的重组修复

(3) 参与同源重组的主要蛋白质有多种(表 6-1),如 Rad50、Mre11、Nbs1、Spo11、Dmc1、PCNA、RPA 和 DNAPδ/ε 等,其中 Rad50 与 Mre11 和 Nbs1 一起组成 Mre11 复合体,此复合体在各真核生物之间高度保守,不仅参与 DNA 重组,还参与 DNA 损伤的修复和染色体端粒结构完整性的维持。

同源重组的关键反应是由重组酶(recombinase)超家族催化的 DNA 链交换,细菌的 RecA 蛋白就属于此类。真核生物体内相当于细菌 RecA 的是 Rad51 以及只参与减数分裂期间同源重组的 Dmc1 蛋白。在 ATP 存在下,这些重组酶包被初级单链 DNA,启动搜寻另一个双链 DNA 上的次级同源序列。这个初级单链 DNA 最终入侵并取代它的同源序列,完成链交换反应。链交换使得可以利用相同的姊妹染色体或同源染色体作为模板进行复制。

尽管在重组酶超家族各成员之间氨基酸序列的相似性并不高,但都可以形成两种右手螺旋结构:一种是更加伸展的活性形式,另一种是相对紧缩的无活性形式。多种技术手段研究表明,由伸展的重组酶/ssDNA/ATP 形成的核丝结构螺距为 9 nm～11 nm,每圈约有 6 个重组酶亚基和 18 个核苷酸。

所有的 RecA 类重组酶都有 ATP 酶活性,还有一个短得多聚化模体结构。然而,在 N 端和 C 端结构域不尽相同。Rad51、Dmc1 和 RadA 在 N 端结构域具有一定的保守性,而 RecA 在 C 端具有类似的结构域。此外,RecA 在 DNA 损伤时产生的单链 DNA 激活以后,可打开易错的修复途径,这样的特性是古菌和真核生物重组酶所缺乏的。无论如何,重组酶所具有的保守 ATP 酶核心,赋予了它们具有经典的 ATP 诱导的别构效应,由此引发亚基构象变化和丝状结构的组装,从而激活重组酶。

表 6-1　参与真核生物同源重组的主要蛋白质

人	酵母	生化功能	其他性质
与 Rad51 作用相关的蛋白质			
MRN 复合物: Mre11 - Rad50 - Nbs1	MRX 复合物: Mre11 - Rad50 - Xrs2	DNA 结合,核酸酶活性	参与 DNA 损伤的检查,DSB 的末端修整
BRCA2	无	单链 DNA 结合,调节重组	与 RPA、Rad51、Dcm1 和 DSS1 相作用
Rad52	Rad52	单链 DNA 结合和退火,调节重组	与 Rad51 和 RPA 相作用
无	Rad59	单链DNA结合和退火	与 Rad52 同源,与 Rad52 相作用
Rad54 Rad54B	Rad54 Rdh54	ATP 依赖性双链 DNA 移位酶,诱导双链 DNA 超螺旋形成,刺激 D-环反应	Swi2/Snf2 蛋白家族一员,染色质重塑,与 Rad51 相作用
Rad51B - Rad51C Rad51D - XRCC2 Rad51C - XRCC3	Rad55 - Rad57	单链 DNA 结合,调节重组	Rad51B - Rad51C 和 Rad51D - XRCC2 形成四元复合物,Rad51C 与 Holliday 连接解离酶活性有关
Hop2 - Mnd1	Hop2 - Mnd1	刺激 D-环反应,稳定突触前丝状结构,促进双链捕获	与 Rad51 和 Dmc1 相作用
与 Dmc1 作用相关的蛋白质			
Hop2 - Mnd1	Hop2 - Mnd1	刺激 D-环反应,稳定突触前丝状结构,促进双链捕获	与 Rad51 和 Dmc1 相作用
无	Mei5 - Sae3	调节重组	与 Dcm1 相作用
Rad54B	Rah54	刺激 D-环反应	与 Dcm1 和 Rad51 相作用

Quiz4 你认为 Rad51 的磷酸化是有利于同源重组,还是不利于同源重组?为什么?

(4) 由同源配对蛋白 2(homologous-pairing protein 2, Hop2)蛋白控制染色体配对的特异性。Hop2 蛋白缺陷的突变体细胞能形成正常数目的 SC,但非同源染色体也能配对。这说明同源配对并不是 SC 形成的必要条件。

(5) 如果不发生交换,则减数分裂受阻,以确保在交换发生之前细胞不能分裂。

(6) 受到严格的调控,以促进正常的同源重组,同时防止发生异常的同源重组。受到调控的对象主要是 Rad51,它既可以受到一些正调节物(如 Rad55 和 Rad57)的刺激,又可以受到一些负调节物(如 Srs2)的抑制。此外,许多参与同源重组的蛋白质(如 RPA,、Rad51 和 Rad55)受到共价修饰的调节,如磷酸化和小泛素类修饰物(small ubiquitin-like modifier, SUMO)化(SUMOylation)。

四、古菌的同源重组

不同生物体内的同源重组机制是高度保守的，但古菌的同源机制与真核生物更加相似，如在一级结构的水平上，古菌和真核生物的重组酶（RadA 或 Rad51 蛋白）序列的一致性可达约 40%，而细菌的 RecA 与它们的一致性只有约 20%。

古菌同源重组起始的切除反应由 Rad50 - Mre11 - HerA - NurA 复合物催化，产生用于入侵的单链 DNA3′-端，这里相当于细菌 RecA 的是 RadA 和其他的种内同源物。入侵的结果同样导致形成 Holliday 连接，随后的分叉迁移可能由 Hel308 解链酶催化。Hel308 可作用催化 Holliday 连接拆分的解离酶 Hjc，还能与 PCNA 滑动钳形成功能复合物。最后，连接酶将留有裂口的双链缝合。

第二节　位点特异性重组

位点特异性重组是指发生在 DNA 特异性位点上的重组。参与重组的特异性位点需要专门的蛋白质识别并结合。尽管在许多情况下，它也需要在重组位点具有同源的碱基序列，但同源序列较短。

位点特异性重组既可以发生在 2 个 DNA 分子之间，也可以发生在 1 个 DNA 分子内部。前一种情况通常会导致 2 个 DNA 分子之间发生整合或基因发生重复，而后一种情况则可能导致缺失（deletion）或倒位（inversion）（图 6 - 11）。

缺失性位点特异性重组在 2 个重组位点上含有直接重复序列（direct repeats，DR），而倒位式位点特异性重组在 2 个重组位点上含有反向重复序列（inverted repeats，IR）。

位点特异性重组的生物学功能主要包括：

（1）调节病毒 DNA 与宿主细胞基因组 DNA 的整合。

（2）调节特定的基因表达。

（3）调节动物胚胎发育期间程序性的 DNA 重排，例如脊椎动物抗体基因。

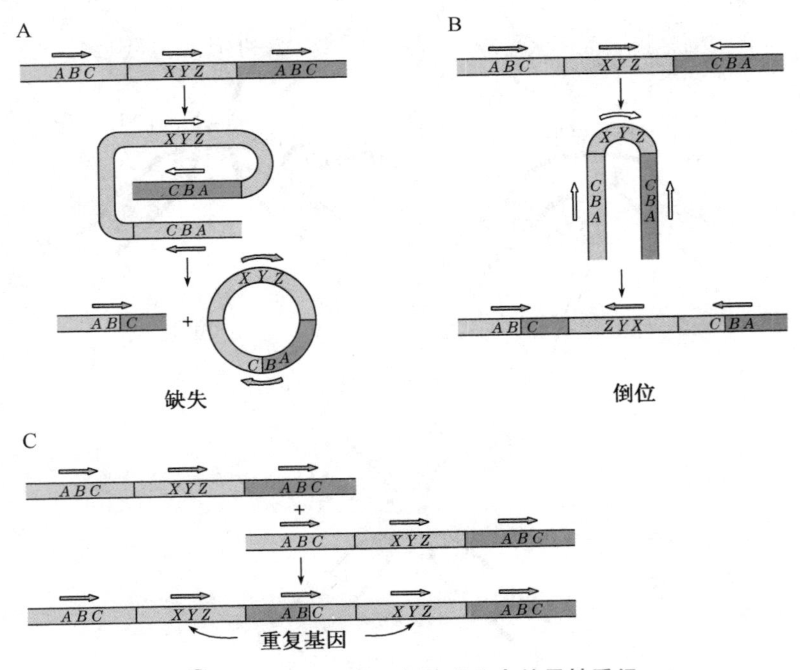

图 6 - 11　缺失性和倒位式位点特异性重组

此外，还可以利用这种重组作用的高度特异性，以此作为一项重要的工具，将其引入到一种生物体内,实现对特定基因的定点、定时或定向敲除或激活(见后)。

位点特异性重组的发生需要两个要素:(1) 两个 DNA 分子或片段;(2) 负责识别重组位点、切割和再连接的特异性重组酶。几乎所有已鉴定的位点特异性重组酶都可归入两大家族——酪氨酸重组酶(the tyrosine recombinase)和丝氨酸重组酶(the serine recombinase)。这两类重组酶的催化,都依赖于活性中心的酪氨酸或丝氨酸残基侧链上的羟基引发的对重组点上的 3′,5′-磷酸二酯键的亲核进攻,从而导致 DNA 链的断裂。在磷酸二酯键断裂的时候,由于释放的能量以磷酸丝氨酸或磷酸酪氨酸酯键的形式得以保留,因此重新连接都不需要消耗 ATP。

酪氨酸重组酶家族的成员较多,有 140 余种,例如整合酶、大肠杆菌的 XerD/XerD 蛋白、P1 噬菌体的 Cre 蛋白和酵母的 FLP 蛋白。这一类重组酶通常由 300～400 个氨基酸残基组成,含有两个保守的结构域,需要 4 个酶分子同时参与,具有共同的反应机制。链交换反应涉及在识别序列交错切开,2 个切点相距 6 bp～8 bp,形成 Holliday 连接。所有的链切割和重连接反应与Ⅰ型 DNA 拓扑异构酶十分相似,为系列转酯反应,没有磷酸二酯键的水解,也没有新 DNA 的合成。具体反应如下(图 6 - 12):

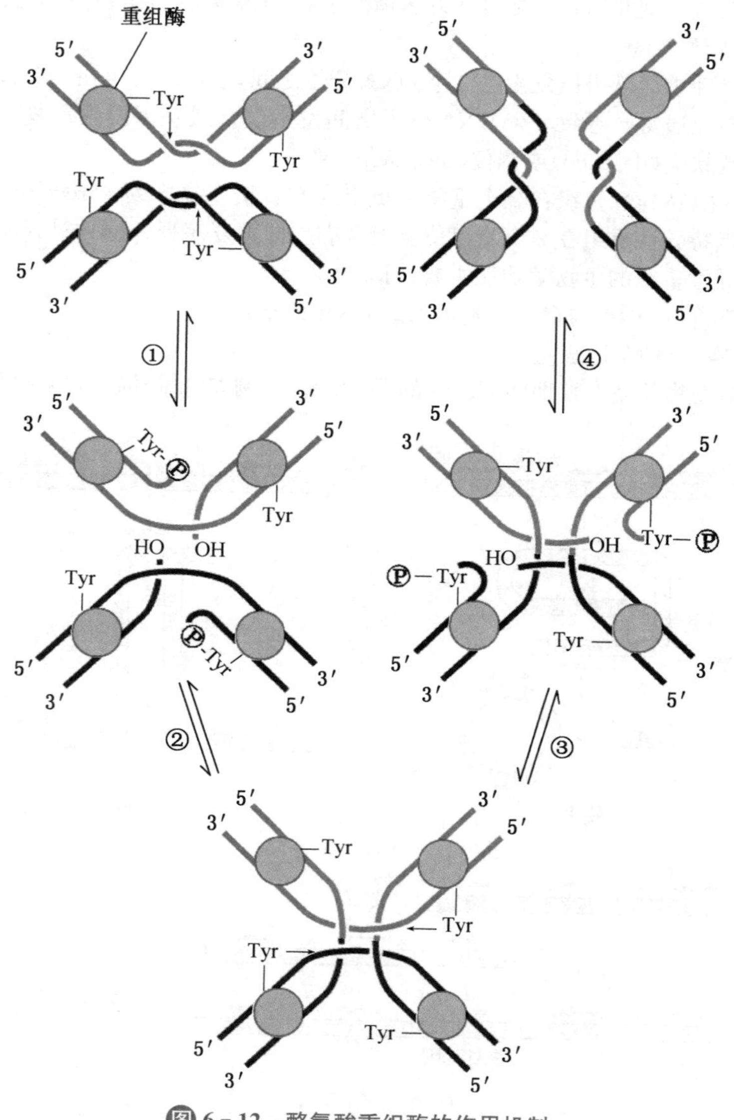

图 6 - 12　酪氨酸重组酶的作用机制

(1) 4个相同的重组酶亚基识别并结合重组位点，形成联会复合物。

(2) 有2个酶分子各通过活性中心的Tyr-OH，亲核进攻识别序列上1个特定的磷酸二酯键，导致2个DNA分子各有1条链在识别序列内被切开，形成5′-磷酸和3′-OH，其中5′-磷酸与Tyr残基以磷酸酯键相连。

(3) 两个切点之间发生转酯反应，即一个切点上的3′-OH亲核进攻另一个切点上的5′-磷酸-酪氨酸酯键，重新形成3′,5′-磷酸二酯键，从而形成Holliday连接。

(4) 在短暂的分叉迁移后，另外2个酶分子在2个DNA分子上的另一条链上产生切口，反应同(2)。

(5) 反应同(3)。

丝氨酸重组酶的催化机制与酪氨酸重组酶具有两个明显的区别，一是开始作亲核进攻的羟基来自活性中心的丝氨酸残基，而不是酪氨酸残基；二是在催化链交换和重新连接之前，一次切开所有的4条链。具体反应是(图6-13)：

(1) 4个重组酶亚基识别并结合重组位点，形成联会复合物。

(2) 重组酶的活性被激活，进攻重组位点。在每个亚基的活性中心上，有1个丝氨酸残基的羟基对重组点的磷酸二酯键展开亲核进攻，导致四条链的同时断裂，形成5′-磷酸丝氨酸酯键和3′-OH，切开的磷酸所占的空间使得裂口的3′-端有2个碱基以单链状态存在。

(3) 断裂的末端发生重排，需要交换的双方发生180度的旋转，从而进入重组的构象状态。

(4) 进行链交换。

(5) 链交换以后，游离的3′-OH进攻5′-磷酸丝氨酸酯键，完成重新连接，同时释放出重组酶。在重新连接的时候，以单链形式存在的2个突出碱基十分重要，因为可以和另一个DNA分子上的2个互补碱基配对，这有助于确定重组的方向。

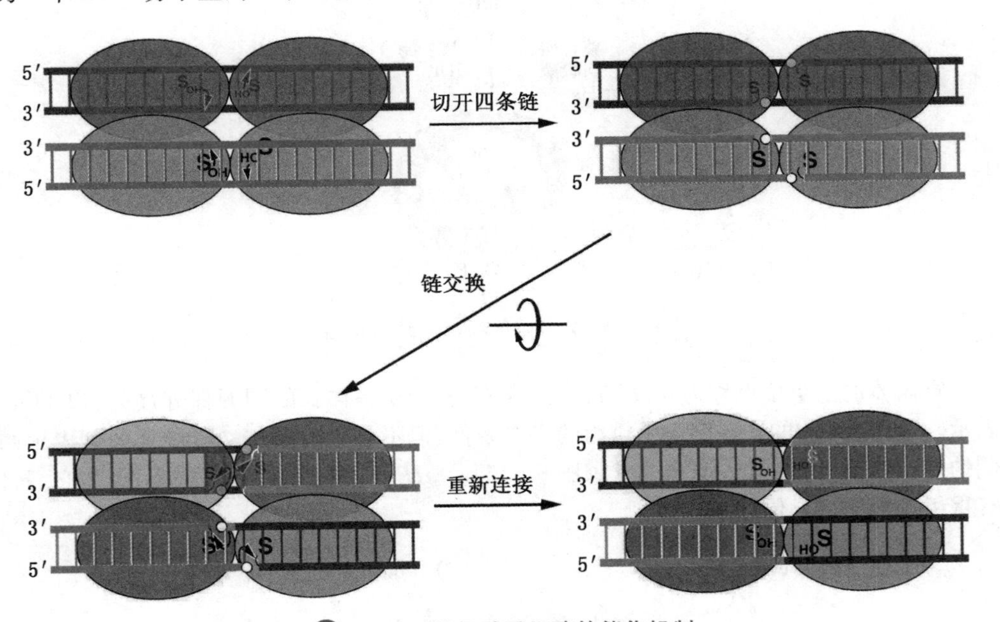

图6-13　丝氨酸重组酶的催化机制

Quiz5 你认为为什么没有类似丝氨酸重组酶的DNA拓扑异构酶?

使用酪氨酸重组酶的典型例子是λ或P1噬菌体在大肠杆菌基因组DNA上的位点特异性整合，而使用丝氨酸重组酶的典型例子是鼠伤寒沙门氏菌在鞭毛抗原转换时发生的倒位。下面分别介绍λ噬菌体的位点特异性整合和鼠伤寒沙门氏菌的倒位。

一、λ噬菌体的位点特异性整合

这是第一例被发现的位点特异性重组，发生在λ噬菌体DNA和大肠杆菌基因组

DNA之间。λ噬菌体感染大肠杆菌以后，其DNA通过两端的粘性位点(cohesive site, *cos*位点)自我环化，并在DNA连接酶的催化下实现共价闭环。随后，噬菌体必须在裂解途径(*lytic pathway*)和溶源途径(*lysogenic pathway*)中做出选择。若是裂解途径，噬菌体会在较短的时间内通过滚环复制大量增殖，而导致宿主菌裂解；若是溶源途径，噬菌体DNA就以位点特异性重组整合到宿主染色体DNA上，进入到原噬菌体(*prophage*)状态。在这期间，噬菌体几乎所有的基因都不表达。

大肠杆菌基因组有高度特异性的位点供λ噬菌体DNA整合，它位于*gal*操纵子和*bio*操纵子之间，被称作附着位点(the attachment site)，简称为*attB*。*attB*只有30 bp长，中央含有15 bp的保守区域，重组就发生在该区域，该区域简称为BOB′。B和B′分别表示大肠杆菌DNA在这段保守序列两侧的臂(图6-14)。

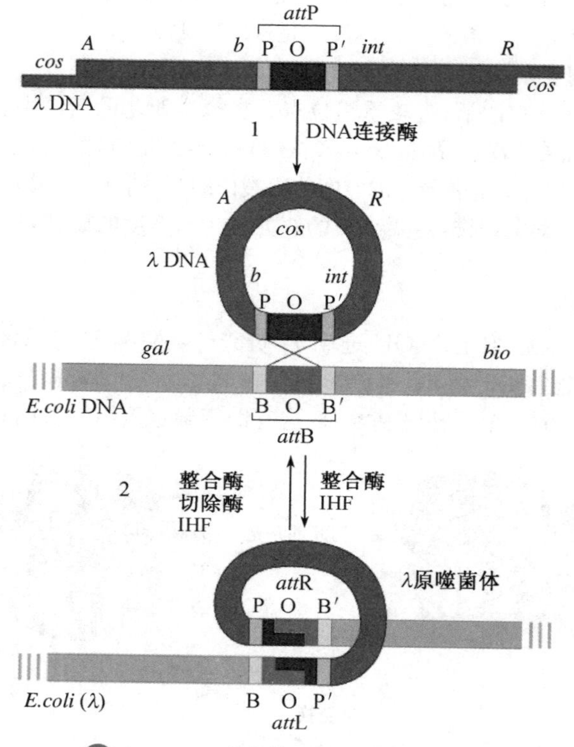

图6-14 λ噬菌体的位点特异性整合

噬菌体的重组位点称为*attP*，其中央含有与*attB*一样长的同源保守序列，以POP′表示。这段15 bp的同源序列是重组的必要条件，但不是充分条件。P和P′分别表示两侧的臂，臂长分别是150 bp和90 bp(图6-15)。*attP*两翼的序列非常重要，因为它们含有重组蛋白的结合位点。

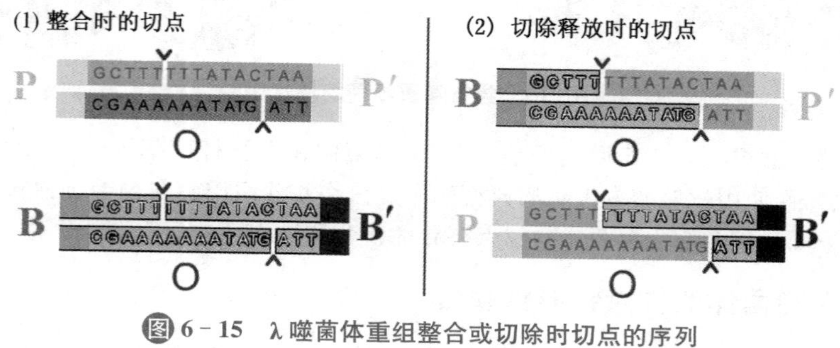

图6-15 λ噬菌体重组整合或切除时切点的序列

参与λ噬菌体整合的重组蛋白包括:1种由噬菌体编码的整合酶(integrase, Int)和1种宿主蛋白——整合宿主因子(integration host factor, IHF),但不需要RecA蛋白。这两种蛋白质结合在P臂和P′上,促使*attP*和*attB*的15 bp保守序列能正确地排列。其中IHF结合以后可让DNA弯曲达160度,这使得Int能更好地催化链的交换(图6-16)。

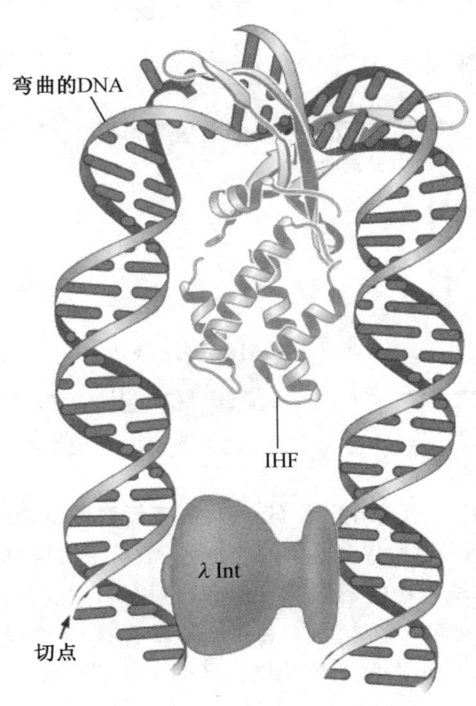

图6-16 IHF与DNA结合引起的弯曲

与同源重组一样,这类位点特异性重组也有链交换、形成Holliday连接、分叉迁移和Holliday连接解离等过程,但链交换没有RecA或者其类似物的参与,而且分叉迁移的距离较短。Int催化了重组过程的所有反应,包括一段7 bp长的分叉迁移。重组的结果导致了整合的原噬菌体两侧各成为1个附着点,但结构稍有不同,左边的*attL*结构为BOP′,右边的*attR*结构是POB′。

整合的λ噬菌体DNA从大肠杆菌基因组中的切除,除了需要Int和IHF以外,还需要Xis和倒位刺激因子(factor for inversion stimulation, Fis)。Xis是一种切除酶(excisionase),由噬菌体编码,Fis由细菌编码。这四种蛋白质都是与*attL*和*attR*上的P臂和P′臂结合,促进*attL*和*attR*的15 bp保守序列正确地排列,从而有助于原噬菌体的释放。

λ噬菌体的整合和切除受到严格的调控。当其侵入大肠杆菌以后,整合能否发生主要取决于Int的合成。*int*基因的转录调控和*cI*基因的调控是一致的(参看第十一章原核生物的基因表达调控)。

Quiz6 逆转录病毒基因组在宿主细胞内经逆转录产生的双链DNA整合到宿主核DNA的过程属于位点特异性重组吗?

二、鼠伤寒沙门氏菌鞭毛抗原的转换

鼠伤寒沙门氏菌的鞭毛抗原由H1或H2鞭毛蛋白(flagellin)组成,但在一个特定的细胞内只有一种鞭毛蛋白表达。表达一种鞭毛蛋白的细胞偶然会转变为表达另外一种鞭毛蛋白的细胞(1/1 000),这种现象称为相变(phase variation)。由于鞭毛蛋白是宿主动物的免疫系统最先使用抗体攻击的对象,所以相变让一些沙门氏菌能生存下来。

相变的发生由倒位性位点特异性重组控制(图6-17),并无遗传信息的丢弃,仅仅是通过倒位改变基因的方向,致使H1和H2只能表达一种。在一种方向下,H2操纵子同时转录H2和*rh1*,但*rh1*基因编码的是一种抑制H1转录的阻遏蛋白Rh1。于是,当H2

表达的时候，H1 就不能表达。然而，*hin* 基因编码的是 Hin 倒位酶(invertase)，属于丝氨酸重组酶，它每隔一定时间便催化位点特异性倒位，导致 H2 启动子离开 H2 操纵子。结果，H2 和 Rh1 均不能表达，这时 H1 反而能够表达。

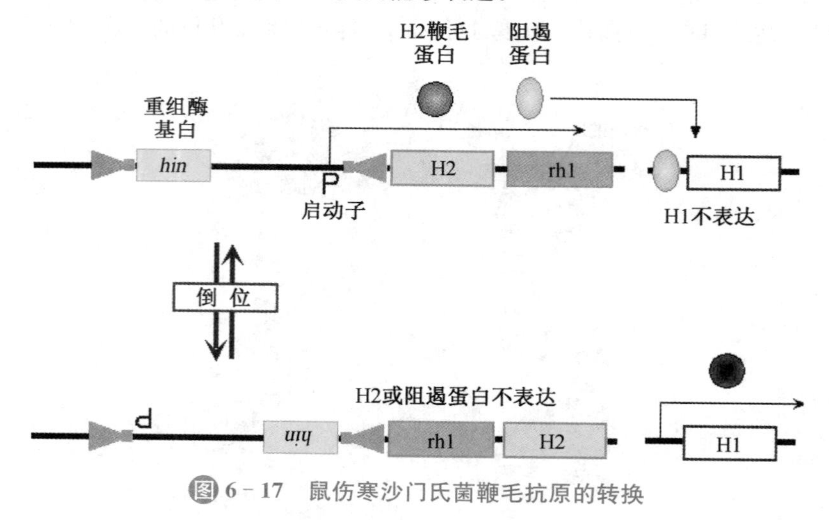

图 6-17 鼠伤寒沙门氏菌鞭毛抗原的转换

这里的倒位性位点特异性重组除了 Hin 以外，还需要倒位刺激因子 Fis，以及远处一段 60 bp 的特殊碱基序列。这段序列含有 2 个相隔 48 bp 的 Fis 结合位点，其位置和方向不影响它的作用，这与真核生物的增强子(enhancer)相似，它的存在可将重组机会提高到约 1 000 倍。Fis 是一种同源二聚体蛋白，每一个亚基含有 98 个氨基酸残基，在结合上述特殊序列以后，直接作用 Hin，刺激它催化倒位区的链断裂反应。

Box 6-1　Cre-*LoxP* 重组系统及其改造和应用

在 20 世纪 90 年代，一项定向切除特定 DNA 的技术开始流行起来，该技术是根据大肠杆菌 P1 噬菌体所使用的位点特异性重组系统发展起来的。P1 噬菌体所使用的重组系统仅有两个成分：一是由它编码的位点特异性重组酶 Cre，二是可以被 Cre 特异性识别、结合和切割的 *LoxP* 位点。Cre 是一种酪氨酸重组酶，1 个 *LoxP* 位点由一段 8 bp 的核心序列及其两侧的一对 13 bp 反向重复序列组成(ATAACTTCGTATA-NNNTANNN-TATACGAAGTTAT)。成对的反向重复序列是 Cre 识别并结合的地方，它的中央只要维持 8 bp 的序列一致就可以发生有效的重组。

Cre 重组酶和它识别的碱基序列位点 *LoxP* 已组成一对"黄金搭档"，被广泛用于多种转基因生物和基因修饰生物的基因定时、定点和定向敲除或激活。在进行这种基因操作时，先要将 *LoxP* 位点通过传统的合子注射或者同源重组的方法，引入到全能干细胞的基因组中需要将其切除的序列的两侧。这样得到的转基因生物将来一旦表达 Cre 蛋白，高度保守且高效的位点特异性重组立即发生，两个 *LoxP* 位点之间不需要的序列即被切除。由于重组只在能表达 Cre 的细胞中发生，因此通过控制 Cre 的表达可以实现对目标基因的定时、定点和定向敲除。控制 Cre 基因表达的方法可以用可诱导的启动子，如激素反应元件(HRE)和热休克元件(HSE)，或者使用组织性特异性启动子。

当一种基因组上被引入了 *LoxP* 位点的细胞表达 Cre 以后，在两个 *LoxP* 位点之间可以发生重组。2 个 Cre 结合在一个 *LoxP* 位点两端 13 bp 的重复序列上，形成二聚体。这个二聚体再与另一个 *LoxP* 位点上的二聚体形成四聚体。*LoxP* 位点是有方向的，被 Cre 四聚体连在一起的两个 *LoxP* 位点在方向上是平行的。Cre 切开双链 DNA 上的两个 *LoxP* 位点，重组的结果取决于 *LoxP* 位点之间的相对方向。对于在同一条染色体 DNA 分子上的两个 *LoxP* 位点来说，如果两个 *LoxP* 位点是反向重复，将导致

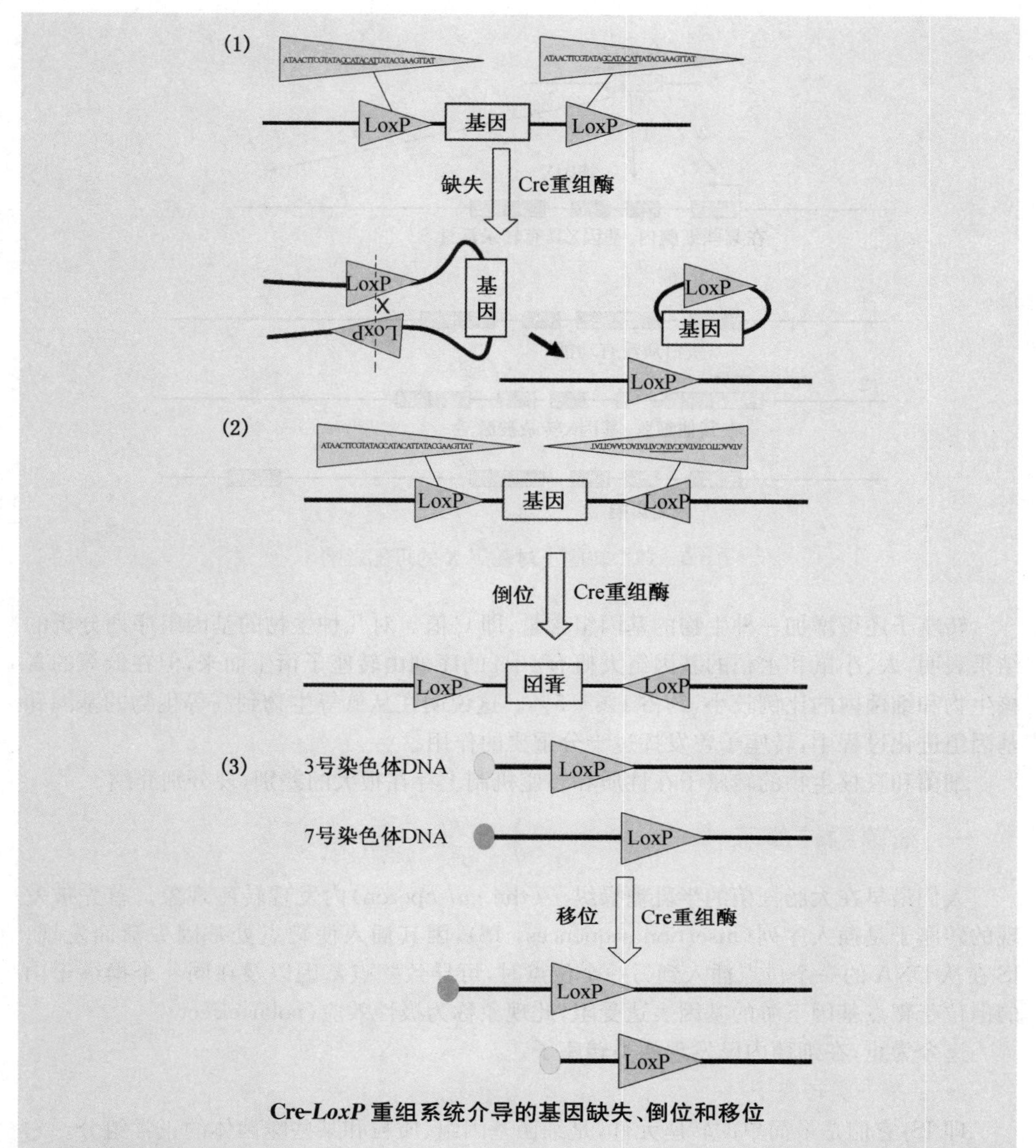

Cre-*LoxP* 重组系统介导的基因缺失、倒位和移位

内部的基因发生倒位。如果两个 *LoxP* 位点是直接重复，将导致内部的基因缺失；如果两个 *LoxP* 位点位于不同的染色体上，可导致移位。

第三节　转座重组

转座重组是指 DNA 分子上的碱基序列从一个位置转移到另外一个位置的现象。发生转位的 DNA 片段被称为转座子(transposon)或可移位的元件(transposable element, TE)，有时还称为跳跃基因(jumping gene)。

与前两种重组不同的是，转座子的靶点与转座子之间不需要序列的同源性。接受转座子的靶点绝大多数是随机的，但也可能具有一定的倾向性(如存在一致序列或热点)，具体是哪一种与转座子本身的性质有关。

转座子的插入可改变附近基因的活性。如果插入到一个基因的内部，很可能导致基因的失活；如果插入到一个基因的上游，又可能导致基因的激活(图 6-18)。此外，转座子本身还可能充当同源重组系统的底物，因为在一个基因组内，双拷贝的同一种转座子提供了同源重组所必需的同源序列。

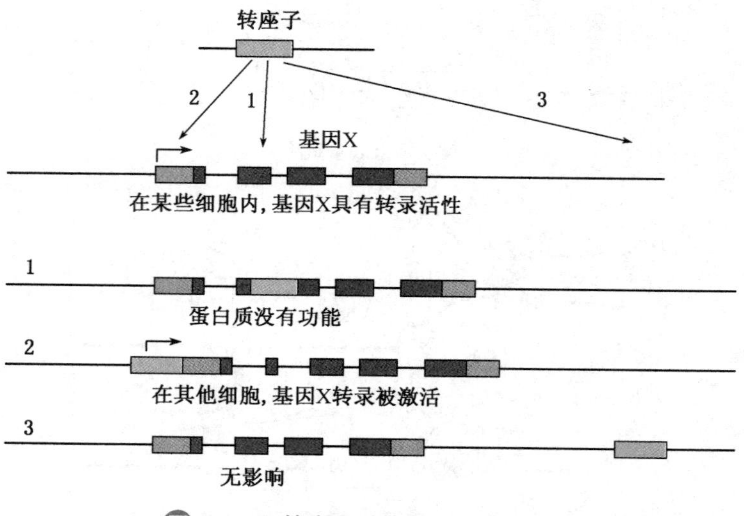

图 6-18 转座子对基因 X 的可能影响

转座子还可增加一种生物的基因组含量，即 C 值。对几种生物的基因组序列分析的结果表明，人、小鼠和水稻的基因组大概有 40%的序列由转座子衍生而来，但在低等的真核生物和细菌内的比例较小，约占 1%～5%。这说明在从低等生物到高等生物的基因和基因组进化过程中，转座子曾发挥过十分重要的作用。

细菌和真核生物的转座子在性质和转座机制上存在很大的差别，现分别介绍。

一、细菌的转座子

人们最早在大肠杆菌的半乳糖操纵子(the *gal* operon)内发现转座现象。首先被发现的转座子是插入序列(insertion sequences, IS)，因其插入使靶点处基因失活而发现。IS 在从 DNA 的一个位点插入到另一个位点时，可导致靶点基因以及在同一个操纵子内的但位于靶点基因下游的基因表达受阻，此现象称为极性效应(polar effect)。

迄今为止，在细菌内已发现四类转座子。

(一) 第一类转座子

即 IS，它们是最简单的转座元件，是细菌基因组、质粒和某些噬菌体的正常组分。它们具有以下特征(图 6-19 和表 6-2)：(1) 长度较小，大概在 700～1 800 bp 之间；(2) 两端一般含有 10～40 bp 长的 IR 序列(左边是 *IRL*，右边是 *IRR*)。*IRL* 和 *IRR* 非常相似，但不一定完全相同；(3) 内部通常只有一个基因，其表达产物只与插入事件有关，是专门催化转位反应的转座酶(transposase，*tnp*A)，缺乏抗生素或其他毒性抗性基因。转座酶的量受到严格的调控，它是决定转座频率的主要因素；(4) 通过剪切和插入的方式进行

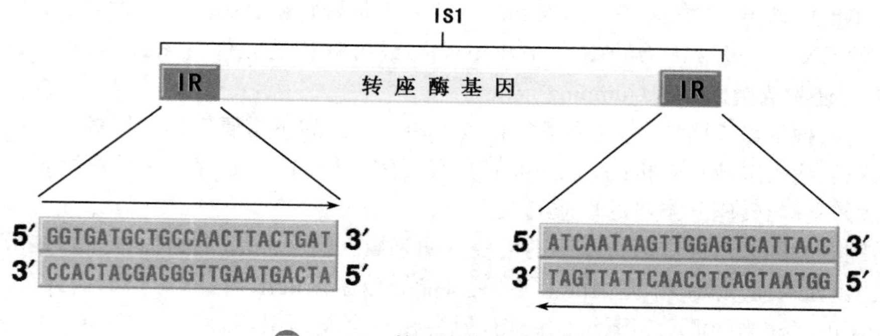

图 6-19 第一类转座子的结构

转座，转座结束后可导致靶点序列倍增(图 6-20)。(5) 有少数(如 IS91)没有明显的 IR 序列，通过滚环复制和插入的方式进行转座。

表 6-2　大肠杆菌中的几种插入序列

IS 类别	长度	IR 长度	靶点长度	染色体上的拷贝数	F 质粒上的拷贝数
IS1	768	20/23	9	5～8	
IS2	1 327	32/41	5	5	1
IS3	1 258	39/39	3	5	2
IS4	1 426	16/18	11,12 或 14	1 或 2	
IS5	1 195	15/16	4	丰富	
IS10R	1 329	17/22	9		

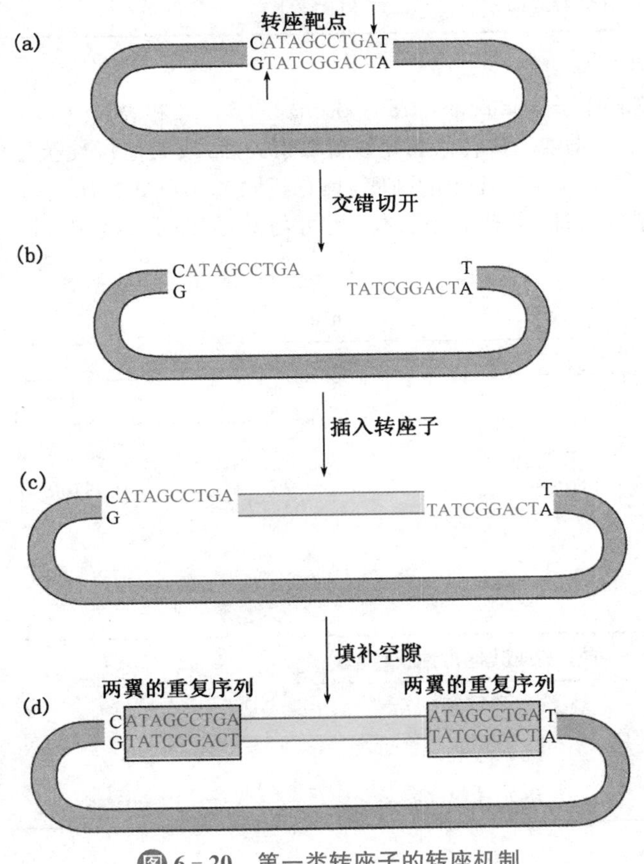

图 6-20　第一类转座子的转座机制

(二) 第二类转座子

又称为复杂型转座子(complex transposon)，它们具有以下特征(图 6-21 和

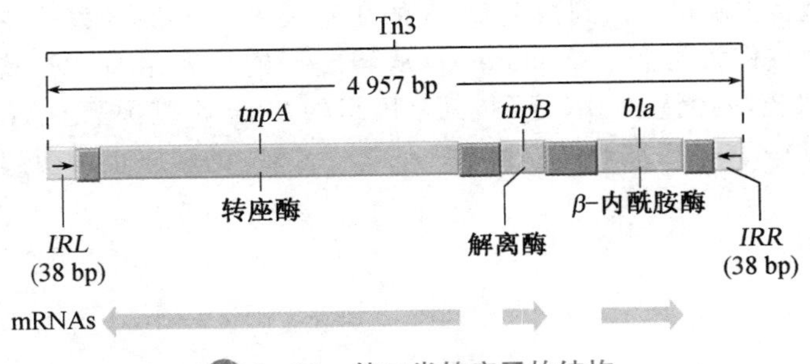

图 6-21　第二类转座子的结构

表 6-3):(1) 较长,长度在 2.5～20 kb 之间;(2) 两侧含有 35～40 bp 长的 IR 序列;(3) 内部结构基因通常不止一个。常见的结构基因包括 *tnp*A——编码转座酶,*tnp*R——编码拆分酶,一个或几个特定的抗生素抗性基因(resistance,*res*);(4) 转座以后导致约 5 bp 长的靶点序列发生倍增,由此在转座子两侧产生直接重复序列。

表 6-3　几种第二类转座子的特征

转座子	抗生素或其他抗性标记	长度(bp)	IR 长度(bp)
Tn1	青霉素	4 957	38
Tn3	青霉素	4 957	38
Tn501	Hg 抗性	8 200	38
Tn7	甲氧苄氨嘧啶、壮观霉素、链霉素	14 000	35

(三) 第三类转座子

又名复合型转座子(composite transposon)(图 6-22 和表 6-4),由 2 个 IS 和一段带有抗生素抗性(如新霉素磷酸转移酶导致新霉素失活)或其他毒性抗性的间插序列组合而成,其中的 2 个 IS 位于转座子的两侧,具有相同或相反的方向。每一个 IS 具有典型的第一类转座子的特征,可独立地转位,也可与间插序列一道作为一个整体进行集体转移。

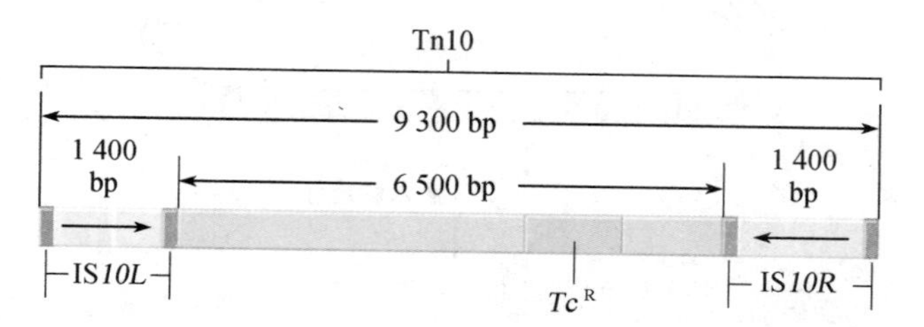

图 6-22　第三类转座子的结构

表 6-4　几种第三类转座子的特征

转座子	抗生素或其他毒性抗性基因	长度(bp)	插入序列
Tn5	抗卡那霉素(kan^R)	5 700	IS50
Tn9	抗氯霉素(cm^R)	2 638	IS1
Tn10	抗四环素(tet^R)	9 300	IS10

(四) 第四类转座子

这一类转座子最为典型的是 Mu 噬菌体(Bacteriophage Mu),它是大肠杆菌的一种温和性噬菌体,具有裂解和溶源循环生长周期。在溶源期,其 DNA 整合到宿主基因组 DNA 之中,但不是通过位点特异性重组而是通过转座的方式随机地整合。它在复制以后,通过复制型转位随机插入到宿主 DNA 的任何区域,很容易诱发宿主细胞的各种突变,因此它有时被称为诱变子(mutator)。从转座子的角度来看,Mu 噬菌体 DNA 为 38 kb 的线性双链,两侧缺少 IR 序列,其基因组的 20 多个基因只有 A 基因和 B 基因与转座有关,其中 A 基因编码转座酶(图 6-23)。Mu 的转座也可引起靶点序列产生倍增。

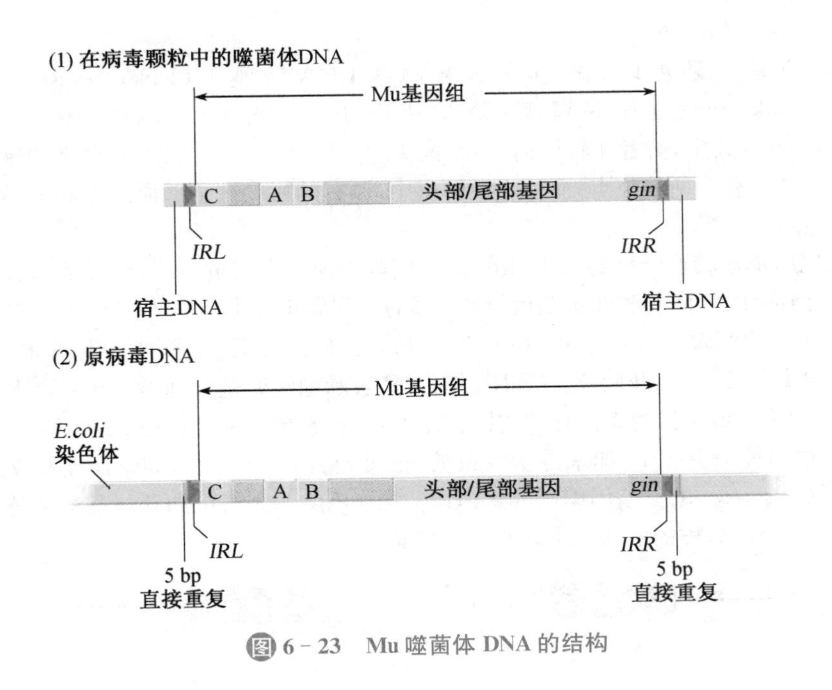

图 6－23　Mu 噬菌体 DNA 的结构

二、真核生物的转座子

真核生物的转座现象最初由 Barbara McClintock 于 20 世纪 50 年代初在玉米中发现。随后，又有人在果蝇体内发现。但在当时并没有引起足够的重视，从 McClintock 在 1951 年发表她的发现，到 1983 年获得诺贝尔奖，竟然相隔 32 年之久就足以说明其曾经受到的冷落程度。现已证明转座事件是真核生物极为普遍的现象，已有多种形式的转座子被发现。真核转座子与原核转座子的差别主要反映在转座的机制上，集中在两个方面：(1) 真核转座子在转座过程中的剪切和插入是分开进行的；(2) 真核转座子的复制很多需要经过逆转录即 RNA 中间物来进行(详见转座机制)。

一般可以根据转座的机理将真核转座子分为两类：第一类是无 RNA 中间体的 DNA 转座子，其转座过程是 DNA→DNA；第二类是需要 RNA 中间体的逆转座子(retrotransposons)，其转座过程是 DNA→RNA→DNA，中间有一环节是逆转录反应(图 6－24)。

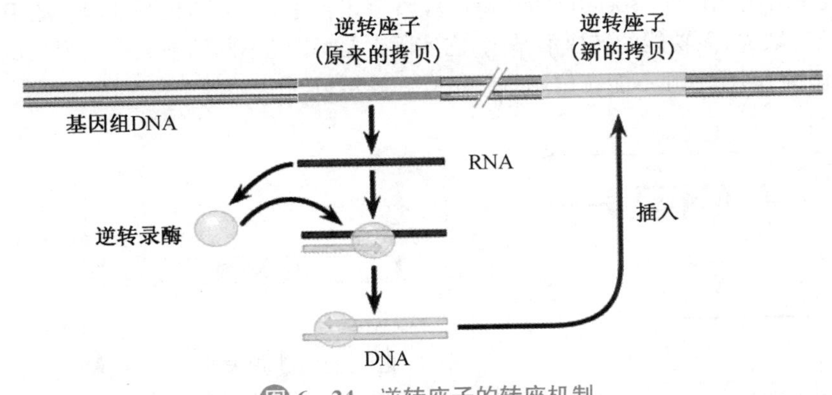

图 6－24　逆转座子的转座机制

每一类转座子都有自主型(autonomous)和非自主型(non-autonomous)。自主型含有 1～2 个可读框，编码转座所必需的酶或蛋白质，因此能独立地进行转座；非自主型编码能力不足，不能独立地进行转座，但保留了转座所必需的顺式元件，所以在合适的自主型转座子编码的转座酶的帮助下，也可以进行转座。

（一）DNA 转座子

DNA 转座子还可以进一步分为复制型 DNA 转座子(DNA transposons that transpose replicatively)和保留型 DNA 转座子(DNA transposons that transpose conservatively)，其中，前者在转位前后，原位置上的拷贝并没有消失，只是将转座子序列复制一份，并转移到新的位点；而后者在转座中，原有的拷贝被全部原封不动地转移保留到新的位点。

复制型 DNA 转座子统称为 Helitron，它们以滚环的方式进行复制，然后再插入到新的位点。据估计，拟南芥和线虫基因组约 2%的序列属于此类转座子。

Helitron 的两端无 IR 序列，在转座以后，也不会使靶点序列发生倍增。然而，Helitron 总是以 5′- TC 开始，3′- CTRR 结束(R 表示嘌呤碱基)。此外，在 CTRR 序列上游，有一段 16～20 nt 长的无保守性的回文序列，可折叠成发夹结构(图 6 - 25)。Helitron 内部的基因可能只有 1 个，如来源于线虫的，也可能含有 2～3 个，如来源于拟南芥和亚洲栽培稻(*O. sativa*)的。基因编码的蛋白质一般含有 5′→3′解链酶和核酸酶或连接酶的结构域，Helitron 名称的前四个字母来自于解链酶。

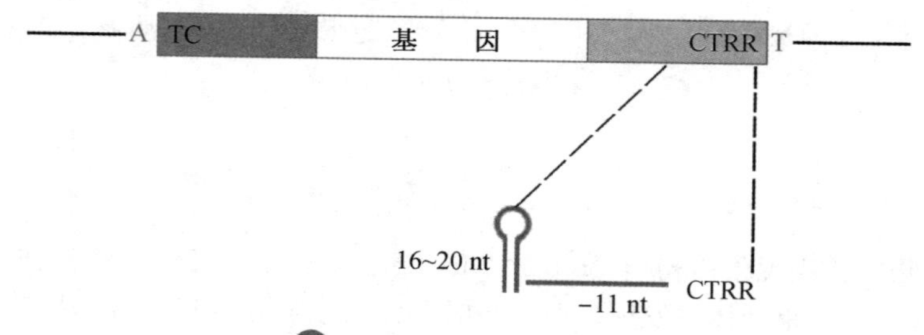

图 6 - 25　Helitron 的结构

真核生物绝大多数 DNA 转座子属于保留型 DNA 转座子。例如，玉米的 *Ac* - *Ds* 系统，果蝇的 P 元件(P element)，广泛存在于多种生物(原生动物、果蝇、蚊子和鱼类等)体内的“水手”元件(mariner elements)，以及在水稻和线虫体内发现的微型反向重复转座元件(miniature inverted-repeat transposable elements, MITE)。

1. 玉米的 *Ac* - *Ds* 系统

Ac - *Ds* 系统是由 McClintock 最先发现的(图 6 - 26)。*Ac* 表示激活子元件(activator element)，约有 4 563 bp，属于自主型，带有全功能的转座酶基因，两端是 11 bp 的 IR 序列；*Ds* 表示解离元件(dissociation element)，属于非自主型，两端也是 11 bp 的 IR 序列，但中间只有缺失、无功能的转座酶基因，它实际上是 *Ac* 经不同的缺失突变形成的。由于 *Ds* 无转座酶，因此单独不能转位，只有 *Ac* 存在才可以。

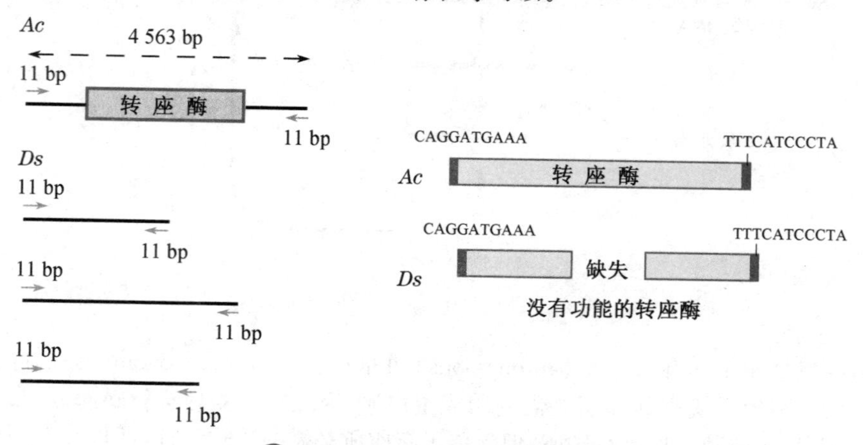

图 6 - 26　*Ac* 和 *Ds* 的结构比较

玉米种子的颜色由紫色色素基因C决定(图6-27)。如果*Ac*或*Ds*插入到C基因(color gene)内部,则C基因失活,于是玉米籽粒不能产生紫色色素,而成为黄色;如果*Ds*从C跳开,C基因就能正常表达,玉米籽粒又变成紫色;如果*Ds*远离*Ac*,或者*Ac*本身跳开,位于C基因内的*Ds*则不再受*Ac*的控制,可以持续发挥对C基因的抑制作用,使玉米籽粒成为黄色。*Ac*和*Ds*在染色体上的跳动十分活跃,使得受它们控制的颜色基因时开时关,于是玉米籽粒便出现了斑斑点点。

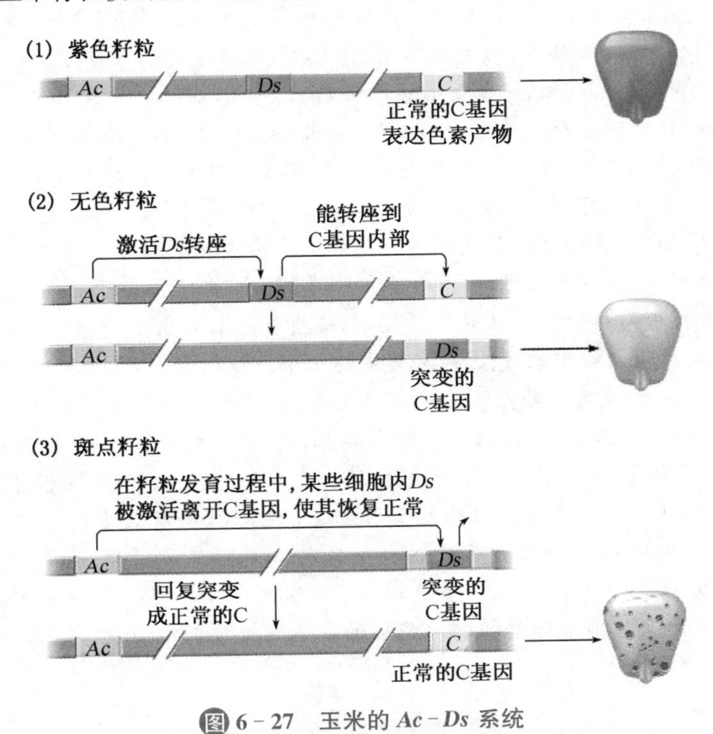

图6-27　玉米的*Ac*-*Ds*系统

2. 果蝇的P元件

完整的P元件长度约为2.9 kb,两端含有31 bp的IR序列,内部有一个可读框,由4个外显子和3个内含子组成,编码转座酶。P元件的转座可引起染色体的断裂和基因突变,因此可导致细胞的死亡。但它只能在生殖细胞内发生,这是因为只有在生殖细胞内转座酶的RNA才能被正确地剪接(3个内含子完全切除),从而翻译出具有活性的转座酶,而在体细胞内,第3个内含子不能被除掉,由这种RNA翻译出来的产物是转座的阻遏物。上述阻遏物也存在于含有P元件的卵细胞的细胞质,因此含有P元件的雌果蝇与缺乏P元件的雄果蝇交配不会产生不育后代,而含有P元件的雄果蝇与缺乏P元件的雌果蝇交配,则产生许多不育后代。

3. "水手"元件

水手元件也叫水手类元件(mariner-like element, MLE)最早发现在一种源于印度洋的果蝇(*Drosophila maurintiana*)。其长约为1.3 kb,两端为一段短IR序列,内部只有1个转座酶基因。

MLE很特别,具有水平传播的能力,即能够在不同的物种之间进行水平转移。已在很多原生动物、400多种节肢动物和鱼的基因组内发现其踪迹。

4. MITE

MITE是在秀丽隐杆线虫(*C. elegans*)基因组和水稻基因组序列测定完成以后发现的,这两种生物的基因组中含有大量的MITE,人、爪蟾和苹果的基因组中也发现有MITE。

MITE非常小，仅有50 bp～500 bp，不能编码任何蛋白质，两端含有15 bp的IR序列，属于非自主型转座子，因此，转座需要借用其他自主型转座子编码的转座酶。例如，在野生的水稻基因组中发现一种叫*mPing*的转座子就属于此类，它的转座需要自主型转座子*Ping*编码的转座酶的帮忙。

Box 6－2　睡美人转座子的复活

2009年，国际分子、细胞生物学及生物技术方案和研究协会(ISMCBBPR)将睡美人(sleeping beauty，SB)转座子/转座酶SB100X评为当年的年度分子。此转座系统已经失活了一千多万年。1997年，美国明尼苏达大学的Zoltan Ivics等人根据已积累的多种同家族转座子的系统发生数据，利用生物信息学的方法，对其进行基因重建，终于"唤醒"了它的转座活性，故有个这么美丽的名字。人们之所以选择它，是因为它能够在脊椎动物内实现可靠、稳定的基因转移。

我们已经知道，真核生物基因组序列的很大部分是由转座子衍生而来。以人类基因组为例，约45%的序列来源于转座子。但是，绝大多数转座子已经丧失活性。例如，从脊椎动物基因组分离出来的Tc1/水手转座子超家族由于积累了大量突变，已经没有活性。鱼类基因组中的TcE就是其中的一个亚族代表。

Ivics等人复活睡美人转座子的基本思路是：先重新激活转座酶，再重建能被激活的转座酶识别的顺式元件。他们从8种鱼类基因组中，共得到了12种鲑鱼类TcE的部分序列，然后从中确定可能具有功能的保守性蛋白质和DNA序列模体。在对其中突变了的转座酶的可读框进行概念翻译分析后，他们发现有五个区域在所有的TcE转座酶中是高度保守的：一个是靠近N端肽段的二元核定位信号，另一个是功能不详靠近肽链中央的富含Gly模体，还有三段位于C端肽段，组成含有DDE的催化转位的结构域。多重序列比对显示转位酶编码区的突变随机型相当高。

亚特兰大三文鱼

他们在重新激活转座酶的过程中，先根据两个失活的亚特兰大三文鱼(Atlantic salmon)的TcEs和一段彩虹鳟鱼(rainbow trout)的转座酶的序列，去除提前出现的翻译终止密码子和移框位置，一段段地拼凑出一个全长的可读框——SB3，然后进行活性测定，但发现没有活性。究其原因，是由于发生了非同义的核苷酸取代突变，SB3多肽与转座酶的一致序列有24个位置不一样，其中9个在假定的功能结构域内。于是，他们在这个功能区进行了系统的逐一替换，最后终于得到了具有活性的转座酶。这种被复活的睡美人转座酶能在鱼类、小鼠和人类细胞中，以底物特异性的方式，结合在鲑鱼类转座子(salmonid transposon)两侧的IR上，通过"剪切—粘贴"的方式催化其转位。

（二）逆转座子

逆转座子在真核生物基因组中所占的比例很高。根据两端的结构，可将它们分为LTR逆转座子(LTR-containing retrotransposon)和非LTR逆转座子(Non-LTR retrotransposon)(图6－28)：在LTR逆转座子的两端，含有类似于逆转录病毒基因组

RNA经逆转录产生的LTR序列；非LTR逆转座子没有LTR序列，但在一端含有1小段重复序列(通常是poly A)。无论是哪一种逆转座子，同样有自主型和非自主型之分。如果是自主型的，其内部含有 *gag* 基因和 *pol* 基因，但缺乏编码逆转录病毒外壳蛋白的 *env* 基因。*pol* 基因编码蛋白酶、逆转录酶、核糖核酸酶H和整合酶；如果是非自主型的，则内部序列大小变化很大，已丧失大多数或全部编码功能。

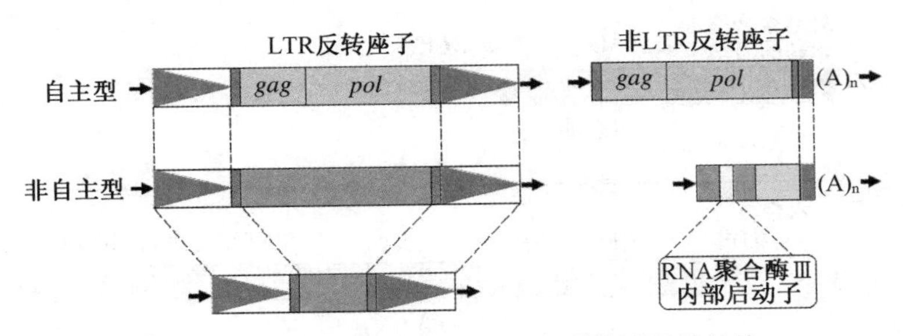

图6-28　LTR逆转座子和非LTR逆转座子的结构

属于LTR逆转座子的有果蝇基因组上的 *Copia* 元件和酵母基因组上的 *Ty* 元件，属于非LTR逆转座子的有LINE、SINE和SVG等。

1. 酵母的 *Ty* 元件

Ty 元件在酵母单倍体细胞中约有35个拷贝，散布在各染色体DNA上，一般位于基因组DNA基因贫乏的区域或异染色质所在的地方，这样可以降低对宿主可能造成的危害。其LTR称为δ序列，长度大概为330 bp。*Ty* 元件的转座效率很低，平均10^4世代才会发生1次。

1985年，Gerald Fink及其同事设计了一个巧妙实验，证明 *Ty* 元件是通过RNA中间物转座的。他们将这类转座子的一种 *Ty*1 受控于半乳糖启动子，于是它的转录受到培养基中的半乳糖的诱导。结果表明，如果培养基中没有半乳糖，则几乎观测不到转座现象；反之，如果培养基中有半乳糖，则有转座发生。此外，他们还将一个内含子人为插入到 *Ty*1 内部，当使用半乳糖诱导转录以后，发现在新位置上出现的转座子拷贝已丢掉了内含子。上述实验说明，*Ty*1 的确通过RNA转录物为中间体进行转座的，否则它的转座不可能受到半乳糖的诱导，更不可能丢掉内含子序列。

Ty 元件可分为五大家族(*Ty*1～*Ty*5)，但并不是都具有转录的活性。具有转录活性的 *Ty* 元件属于自主型逆转座子，其转录产物最多可占到细胞总mRNA的5%以上。内部含有活性的 *tyA* 基因和 *tyB* 基因，分别相当于逆转录病毒的 *gag* 和 *pol*。*tyA* 编码一种DNA结合蛋白，*tyB* 编码逆转录酶。但由于缺乏编码逆转录病毒外壳蛋白的 *env* 基因，因此，它们在细胞内并不能装配成感染性的病毒颗粒，但可以形成类似于病毒的颗粒(virus-like particle, VLP)(图6-29)。

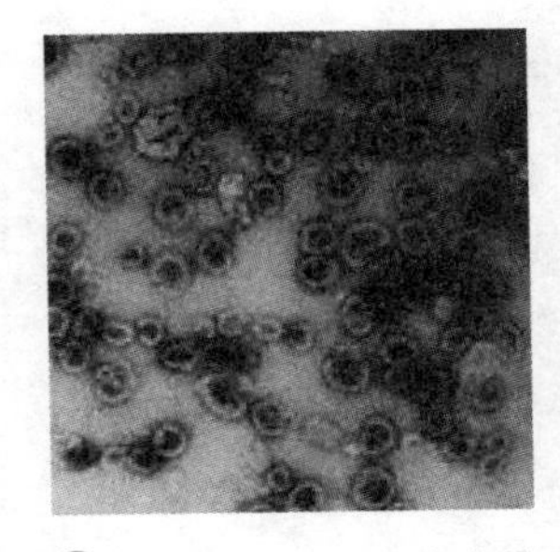

图6-29　类似于病毒的 *Ty* 元件颗粒

2. 果蝇的 *Copia* 元件

Copia 元件长度约为5.1 kb，每一个果蝇基因组大概有20～60个拷贝，散布在各染色体上，其LTR的长度约为276 bp。每一个 *Copia* 的内部含有一个长可读框，编码的是由整合酶、逆转录酶和一种DNA结合蛋白组成的多聚蛋白质。在果蝇细胞中，也含有无传染性的类似于病毒的颗粒。

Copia 元件在结构上与酵母的 *Ty* 相似，但转座效率略高于 *Ty*，约10^3～10^4世代发生一次，它的转座可导致靶点上5 bp序列发生倍增。

3. LINE、SINE和SVA

灵长类基因组含有的非LTR逆转座子包括LINE、SINE和SVA(图6-30)，其中LINE和SINE的结构特征已在第三章基因、基因组和基因组学中做过介绍。它们都缺乏LTR，其中LINE分为LINE-1(简称为L1)和LINE-2(简称为L2)两种形式。

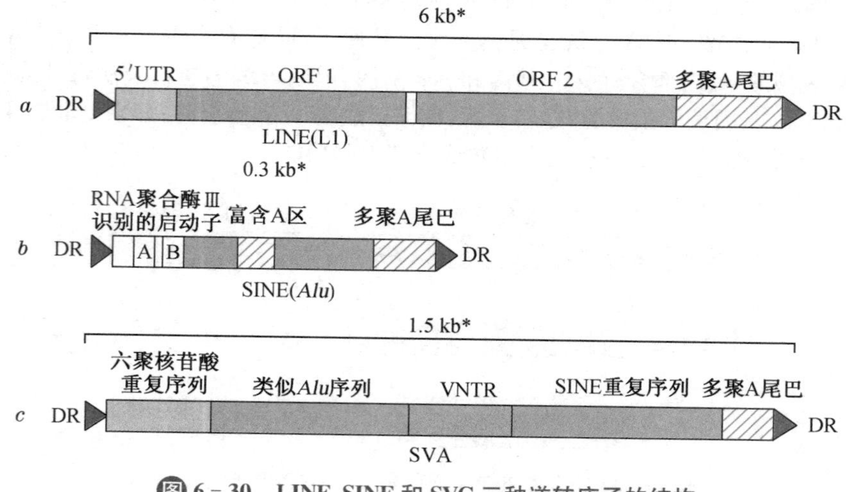

图 6-30 LINE、SINE 和 SVG 三种逆转座子的结构

人 LINE 的主要形式是 L1,在人类基因组上的拷贝数超过 50 万,其长度在 1 kb~6 kb。完整的 L1 的全长为 6.5 kb,含有 2 个可读框,一个相当于 *gag* 基因,编码一种 DNA 结合蛋白,另一个编码具有逆转录酶活性的内切核酸酶。然而,人类基因组中具有转录和翻译活性的完整的 L1 大概有 100 个,绝大多数都是长度不等的缺失性突变体,丧失了有功能的基因。

LINE 转座的基本过程见后,由于 L1 - DNA 的转录终止并不总是精确的,有时通读,有时提前结束,结果导致一些转录产物要么被加长,要么被截短,这就是 L1 序列不均一的原因,那些被截短的 L1 很可能就丧失了某些功能。

有时,由 L1 - RNA 翻译出来的逆转录酶偶尔会误以细胞内其他基因的 mRNA 为底物,并将逆转录成的 cDNA 整合到基因组 DNA 上,从而产生假基因。通过这种手段产生的假基因,既少掉了正常基因所具有的内含子,也少了真基因转录所必需的全套启动子和其他调控序列,因此一般没有转录活性。

人类基因组含有大量的 SINE,其约占基因组总量的 10%,它们散布在各染色体 DNA 上,在靠近 5′-端含有 RNA 聚合酶Ⅲ所识别的内部启动子序列(A 盒和 B 盒)。绝大多数 SINE 属于 *Alu* 家族或 *Alu* 序列,其主要特征参看第三章基因、基因组和基因组学。

已发现 *Alu* 序列至少与人类的一种遗传病——神经纤维瘤(neurofibromatosis)有关,在这种病人体内,*Alu* 序列插入到一种抑癌基因——*NF*1 的内部,导致该基因的失活。*NF*1 编码的是神经纤维瘤蛋白(neurofibromin),其功能是通过干扰原癌基因 *ras* 编码的 Ras 蛋白的作用而抑制细胞的生长和分裂。

SVA 元件是存在于灵长类动物基因组内的一类非自主逆转座子,最初被命名为 SINE - R 元件,其中 R 表示它起源于逆转录病毒。SVA 以它的三个主要成分来命名:SINE - R、VNTR 和 *Alu* 序列。在灵长类基因组内超过一半以上的 SVG 是全长的,能够利用 L1 编码的内切酶和逆转录酶进行转座。SVA 一端为多聚 A 尾巴序列,在两侧有靶点倍增产生的重复序列。单独的 SVA 的大小会有变化,主要是因为内部的 VNTR 有多态性。

相对于 LINE 和 SINE,SVA 是灵长类基因组的"新兵",但"实力"却在不断壮大。已发现一些新的 SVA 是人类一些疾病的病因。与 L1 相似,SVA 在转座的时候,有可能带走其两端的基因组序列,从而导致外显子洗牌(exon shuffling),进而产生新的基因家族,因此,它对宿主有利有弊。

三、古菌的转座子

古菌体内的转座子主要是 IS 和 MITE,仅有少量复合型转座子,迄今为止还没有发现任何逆转座子的存在。其 IS 在结构上类似于细菌，与真核生物差别较大。两端是短的 IR，内部带有 1～2 个可读框，编码转座酶，在转座以后，一般会导致插入点序列的倍增。其 MITE 为非自主的已缺失了转座酶部分或全部序列的 IS。

Quiz7 你认为古菌基因组中会有逆转座子吗？为什么？

古菌与细菌在转座子结构上的相似性说明了在它们之间发生过转座元件的水平转移(lateral transfer)，而这种转移在真核生物和古菌之间却没曾发生过。

四、转座的分子机制

转座机制一般分为两种类型：一种是简单转座(simple transposition)，也称为直接转座或保留型转座(conservative transposition)或非复制型转座(non-replicative transposition)，另外一种是复制型转座(replicative transposition)。无论是哪一种机制，起主导作用的都是转座酶。

迄今为止，已发现五类转座酶。这五类酶在转座中使用不同的催化机制，调节 DNA 链的断裂和重新连接。

(1) DDE-转座酶：含有高度保守的三联体氨基酸残基，即 Asp(D)、Asp(D)和 Glu(E)，它们是参与催化的 2 价金属离子(主要是 Mg^{2+})与酶配位结合所必需的。

(2) Y2-转座酶：活性中心有 2 个 Tyr 残基参与催化。

(3) Y-转座酶：活性中心的 1 个 Tyr 残基参与催化。

(4) S-转座酶：活性中心的 Ser 残基参与催化。

(5) RT/En 转座酶：由逆转录酶和内切酶组合而成。

(一) 简单转座

这种机制只是将起始位点上的转座子剪切下来，然后再粘贴到新的靶点上去。显然，在转座完成以后，起始位点上的转座子序列已消失，因此转座子的拷贝数维持不变。参与此种转座机制的转座酶主要是 DDE-转座酶，也有的使用 Y-转座酶或 S-转座酶。利用此机制的转座子有：IS10、IS50、P 元件、*Ac*/*Ds* 元件和水手元件等。

由 DDE 转座酶催化的转座子的剪切有三种方式(图 6-31)：第一种方式是转座子的

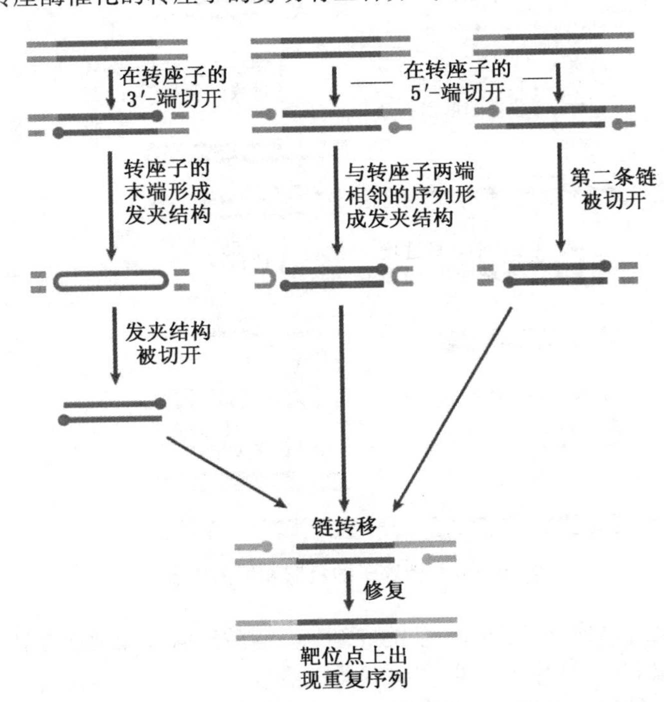

图 6-31　由 DDE 转座酶介导的转座子剪切和插入机制

3′-端被切开,形成3′-OH和5′-磷酸。随后,3′-OH亲核进攻另一条链上转座子5′-端的磷酸二酯键,导致形成两端带有发夹结构的游离转座子。当发夹结构被切开以后,就被转移到靶点上;第二种方式是转座子的5′-端被切开,形成3′-OH和5′-磷酸。随后,3′-OH亲核进攻另一条链上转座子3′-端的磷酸二酯键,使转座子直接游离出来,但转座子两侧的DNA则形成发夹结构;最后一种方式是转座子的5′-端和3′-端先后被切开,无发夹结构的形成。

（二）复制型转座

这种机制需要将起始位点上的转座子复制一份,然后再粘贴到新位点上。显然,每转座一次,拷贝数就增加一份。有的转座子的复制不需要RNA中间物,有的需要RNA中间物,现分别加以讨论。

1. 不需要RNA中间物的转座子复制

不使用RNA中间物的复制一般使用滚环复制,由Y2-转座酶催化,使用此机制进行复制的转座子有IS91和Helitron。

有一种模型认为复制和插入分开进行(图6-32左列),具体步骤是:

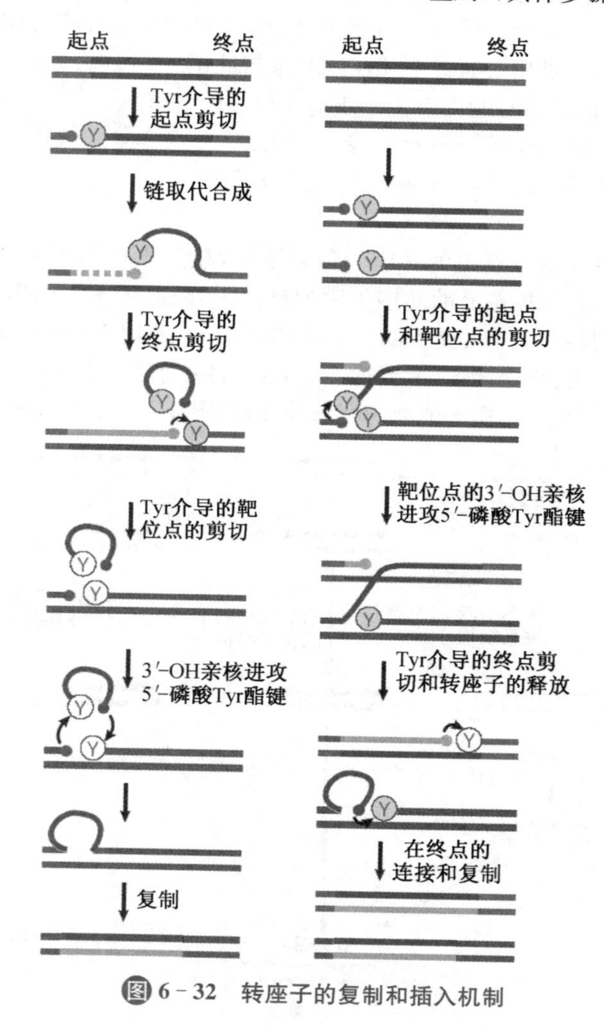

图6-32　转座子的复制和插入机制

(1) 转座酶切开转座子起点的一条链,产生5′-磷酸酪氨酸酯键连接和3′-OH。

(2) 聚合酶以3′-OH作为引物,开始链取代合成。

(3) 转座酶在转座子的终点以同样的方式切开同一条链,从而游离出单链转座子。

(4) 新合成的DNA链的3′-OH亲核进攻位于转座子终点的5′-磷酸酪氨酸酯键,

形成 3′,5′-磷酸二酯键,并释放出转座酶。

(5) 转座酶在靶点上切开 DNA 的一条链,同样产生 5′-磷酸酪氨酸酯键连接和 3′-OH。

(6) 前面被游离出来的单链转座子通过其 3′-OH,亲核进攻靶点上 5′-磷酸酪氨酸酯键,致使单链转座子插入到靶点。

(7) 靶点上 3′-OH 亲核进攻单链转座子上的 5′-磷酸酪氨酸酯键,靶点的切口被缝合,转座酶得到释放。

(8) 在靶点的另一条链上进行 DNA 的修复合成,产生转座子的互补链。

还有一种模型认为复制与插入同时进行,具体步骤是(图 6-32 右列):

(1) 转座子的起点和靶点同时被转座酶切开,产生 5′-磷酸酪氨酸酯键连接和 3′-OH。

(2) 靶点上的 3′-OH 进攻转座子起点上的 5′-磷酸酪氨酸酯键,形成新的 3′,5′-磷酸二酯键,致使转座子的一端插入到靶点。

(3) 在转座子起点的 3′-OH 开始 DNA 链取代合成,导致转座子的一条链被取代。

(4) 转座酶在终点的剪切导致转座子的一条链完全插入到靶点上。

(5) 在转座子和靶点上分别进行 3′-OH 亲核进攻 5′-磷酸酪氨酸酯键的反应,致使两个位点上的切口被缝合。

(6) 在靶点的另一条链上进行 DNA 的修复合成,产生转座子的互补链。

2. 需要 RNA 中间物的转座子复制

逆转座子都需要 RNA 中间物,但 LTR-逆转座子和非 LTR-逆转座子在转座的具体步骤上有很大的差别,其中 LTR-逆转座子的转座机制类似于逆转录病毒,这里以 L1 为例,只介绍非 LTR-逆转座子的转座过程。

L1 转座主要依赖靶点引发的逆转录反应(target-primed reverse transcription, TPRT),其详细过程是(图 6-33):

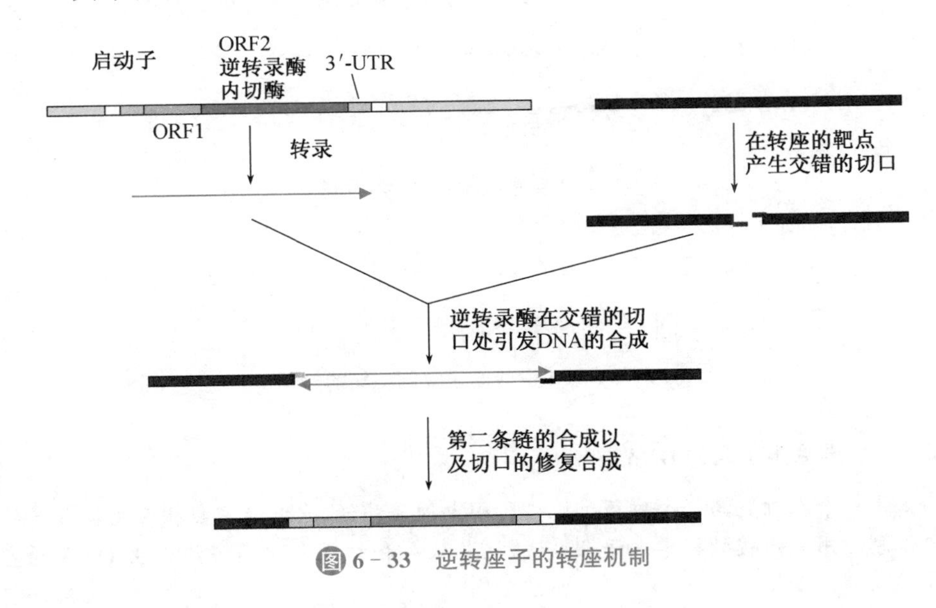

图 6-33　逆转座子的转座机制

(1) L1-DNA 在 RNA 聚合酶Ⅱ的催化下转录为 L1-RNA。

(2) L1-RNA 进入细胞质,被翻译成 RT 和内切酶。

(3) L1-RNA 与翻译产物一起返回到细胞核。

(4) 内切酶在靶点上切开 DNA 的一条链,产生 3′-OH 和 5′-磷酸。

(5) RT 在靶点的 3′-OH 上,以 L1-RNA 为模板,启动逆转录,开始合成 cDNA 的

第一条链。

(6) 靶点上的第二条链被内切酶或宿主细胞的核酸酶切开，产生 3′- OH 和 5′-磷酸。

(7) 新合成的 cDNA 第一条链与靶点上的另一条链通过微同源性而配对，使得靶点上第二切点上的 3′- OH 能够作为引物，以启动 cDNA 第二条链的合成。

(8) 靶点上的缺口被宿主 DNA 聚合酶填补。有时，逆转录酶可能切换模板，以靶点上的另一条链为模板，继续 cDNA 第一条链的合成，然后再由逆转录酶或宿主细胞内的 DNA 聚合酶合成 cDNA 的第二条链，并填补缺口。

L1 内切酶在底部的这条链的 A 和 T 之间切开，暴露出一个 3′- OH，作为引物，以含有多聚 A 尾巴的 L1 - RNA 为模板，合成 cDNA。上面的一条链交错切开，再进行修补合成、连接，最后可导致靶点序列(TACT)倍增(target-site duplication, TSD)(图 6 - 34)。

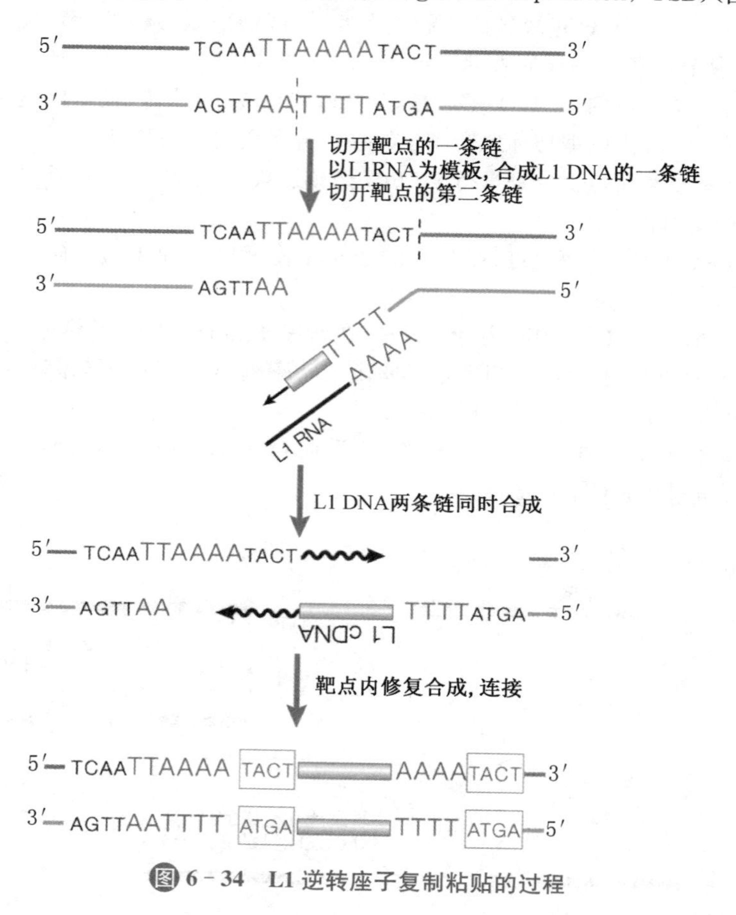

图 6 - 34　L1 逆转座子复制粘贴的过程

Box 6 - 3　谁偷走了人的 DNA?

如果一个人细胞与一个细菌细胞进行闪电约会的话，它们绝不会相互交换各自的遗传信息。用更严峻的科学术语来描述，就是从人和细菌之间不可能发生 DNA 的直接转移。

然而，到了 2011 年 2 月，这种禁忌似乎已被打破。来自美国西北大学的研究人员首次发现，人类的一段 DNA 序列竟然已经跑到一些淋球菌(*Neisseria gonorrhoeae*)的基因组里了。

淋球菌是导致人性病——淋病的罪魁祸首，其主要的宿主是生殖器官。这种人类历史上最古老的疾病之一在圣经中就有记载。据估计，全球有五千多万人染有淋病，治疗的方法是使用抗生素，但在过去的四十多年中，许多抗生素已经失效。

Mark T. Anderson在对临床上分离出来的淋球菌进行基因组序列分析的时候，在15例中分离到3例中含有一段与人类L1-DNA相同的序列。含有这种L1-DNA的淋球菌约占淋球菌分离物的11%。在与淋球菌亲缘关系十分密切的脑膜炎球菌（*Neisseria meningitidis*）中，并没有发现人类的DNA。这说明，人类DNA转移到淋球菌是近期发生的事件。

一种细菌能从宿主中获取遗传信息，这在进化上的意义非同寻常。那些得到类人DNA的淋球菌可能会变成新的菌株。但这是否会给这些细菌提供某种好处尚不得而知。众所周知，不同的细菌之间，以及细菌和酵母直接发生基因转移并不陌生。现在发现人类的DNA被转移到细菌内，这听起来有点让人匪夷所思。至于其中的机制还不清楚。

五、转座作用的调节

转座子这类自私的DNA序列，像计算机病毒一样，可以自我复制、粘贴。新的转座子的插入可导致有害的突变，或者影响整个基因组的稳定，还可能带有增强子或绝缘子序列，从而改变临近基因的表达。已发现人类的一些疾病与转座子有关，如L1插入到凝血因子Ⅷ基因或结肠腺瘤性息肉（adenomatous polyposis coli，APC）基因的内部，可分别导致血友病和结肠癌。然而，转座子也有好的一面。例如，它们可以增加一种生物的C值，也可能对基因的调节和适应有好处。转座子对它们的宿主不管是好是坏，都是相互依赖的。在长期的进化过程中，宿主已在多个水平发展了多种抑制转座子活性的机制，特别是在生殖细胞内，以实现由转座事件产生的利弊的平衡，防止有害的突变传给后代。

(1) 染色质和DNA水平

许多真核转座子位于转录活性差的异染色质内，或者内部含有抑制转录活性的5-甲基胞嘧啶，这实际上是利用复杂的表观遗传沉默机制来抑制转座子活性。这类方式被植物普遍使用，它们对包括在CG、CHG和CHH（H代表A、T或C）序列上进行高水平的甲基化，对H3组蛋白的Lys9进行甲基化修饰（H3K9me2），使用24 nt长的小干扰RNA（siRNA）进行RNA指导的DNA甲基化（RNA-directed DNA methylation，RdDM）。若DNA甲基化样式受到破坏，可激活转座子。例如，拟南芥有一种甲基转移酶MET1，其失活突变可直接导致拟南芥的一个逆转座子*EVADE*（EVD）的激活。

(2) 转录水平

一般说来，驱动转座酶基因转录的启动子天生是弱启动子，因此，转座酶的转录效率本来就低；其次，它的启动子通常有部分序列位于末端重复序列之中，这使得转座酶能够与自身的启动子序列结合而进行自体调控，从而使转录的活性降低。此外，某些转座酶基因的转录还受到阻遏蛋白的负调控。

(3) 转录后水平

在大多数动物体内（从线虫到哺乳动物），存在着一类非编码的小RNA，叫PIWI作用的RNA（PIWI-interacting RNA，piRNA），它们时刻监视着基因组，防止有害的转座事件的发生。这里的PIWI蛋白和参与干扰RNA作用的Ago蛋白同属一大家族。piRNA主要分布在动物的生殖细胞，一般长度为20 nt～35 nt，其3′-端的核苷酸在2′-羟基被甲基化修饰，5′-端的核苷酸一般是尿苷酸。piRNA在与PIWI蛋白结合以后，通过碱基互补配对锁定目标RNA。与大多数Ago蛋白一样，PIWI也具有内切核酸酶活性，它通过切割与piRNA互补的RNA，诱导转录后的转座子的沉默。此外，还有一些PIWI蛋白（如果蝇的Piwi和小鼠的Miwi2）可进入细胞核，通过异染色质组蛋白标记H3K9me3或DNA甲基化在转录水平上诱导转座子沉默。

piRNA在基因组DNA上成簇排列，最先转录的是一个长的前体，随后被加工成成熟的piRNA，再通过一种乒乓循环(ping pong cycle)机制得以扩增。在这种循环机制中，先成熟的piRNA(初级piRNA)与PIWI蛋白结合，在遇到含有互补序列的由逆转座子转录产生的RNA以后，PIWI将转座子RNA切成小的片段，使其成为次级piRNA。次级piRNA与PIWI蛋白结合，再去回头作用初级piRNA的前体，产生更多的成熟的piRNA去对付逆转座子转录产生的RNA(图6-35)。

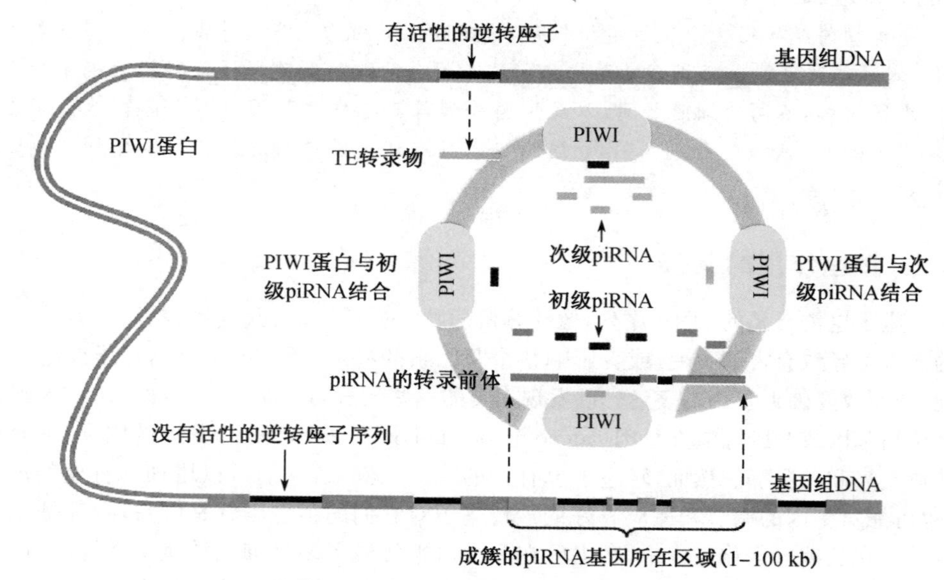

图6-35 piRNA介导的转座子沉默

(4) 翻译水平

某些转座子mRNA翻译的起始信号隐蔽在特殊的二级结构之中，这使得它的起始密码子难以被核糖体识别，从而降低了它的翻译效率。此外，还可以通过翻译水平上的移框或反义RNA(anti-sense RNA)来减弱或抑制转座酶的翻译。

(5) 转座酶本身的稳定性

许多转座酶的稳定性很差，很容易被宿主细胞内的蛋白酶降解，这在一定程度上降低了转座酶的活性。

(6) 转座酶活性的顺式调节

已发现某些转座酶对表达它的转座子或邻近的转座子的活性高，而对其他位点上的同一种转座子的活性很低，这就限制了它对其他位点转座事件的影响。

(7) 宿主因素的影响

转座酶的活性经常受到宿主细胞内多种因子的调节，如DNA伴侣蛋白(DNA chaperone)、IHF、HU和DnaA蛋白等。

科学故事——“跳跃基因”的发现

1983年的诺贝尔生理学或医学奖被授予美国遗传学家Barbara McClintock。McClintock得奖的时候已81岁高龄，离她提出“跳跃基因”假说的时间已近32年。她的假说长时间遭到冷遇甚至奚落，其前期境遇并不比遗传学的开山鼻祖Mendel好多少。Mendel在修道院中孤独地进行豌豆杂交实验，通过数学的方法，整理出遗传的基本定律。在1865年,他就完成了这些实验,但一直等到1900年,他的研究结果同时被3位科学家在3个不同的国度再度发现后才被肯定。而McClintock花了近50年的时光在其狭窄的研究圈里,陪伴着她的是玉米。在那时候很多研究小组都以众取胜,更有大笔经费。但她却连一个研究助理也请不起。她的研究一直很少受到人们的注意。就在这种背景下,她发现了玉米有跳跃基因(Ac和Ds),它们在染色体上可随情况不同跳来跳去,来去自如。这些基因可以控制或调节某些结构基因的活性。当她在1951年发表她的研究成果时,全世界大约只有5名遗传学家能了解她的研究报告。

其实在20世纪30年代,McClintock对现代生物学就有了卓越贡献,她是第1个将观察及鉴别玉米染色体所需的细胞学技术发展成功的学者,从而证明了生物在形成配子时在染色体的互换中的确有遗传物质交换,为现代细胞遗传学的发展奠定了基础,而跳跃基因则是她后半生的另一高峰。

美国时代杂志曾经报道,McClintock自幼就很有主见。她在17岁时进入Cornell大学就读,她本来想主修植物育种,但是由于该专业不收女生而改读植物系。1927年她获得植物遗传学博士学位,由此与玉米开始发生漫长的罗曼史。在20世纪30年代,女性科学家是没有地位的,因此她毕业以后像一个皮球一样,由一个机构滚到另一个机构,在1942年甚至失业。好在新成立的华盛顿卡内基研究所(Carnegie Institution of Washington)接受了她,并在冷泉港(Cold Spring Harbor)遗传实验室给她一个研究员的职位。为了报答知遇之恩,她在那里工作一直到1992年病逝。

20世纪40年代,McClintock在Cold Spring Harbor发现了玉米基因中有一群控制玉米粒糊粉层颜色的突变基因,能从突变型回复成自然状态的野生型,而使子粒呈现红色斑点。这个结果跟她的同事M. Rhoades的发现十分类似,Rhoades发现玉米粒的基因中有一对黑色的纯合子亲代在应该繁殖出都是黑色子代时,居然得到不同颜色的子代,其比率为全黑∶黑点∶无色=12∶3∶1。

McClintock(1902—1992)
和她的玉米

对于同样的结果,Rhoades想到,玉米应有两个影响玉米粒颜色的基因,一个管颜色,另一管斑纹。当"斑点基因"出现时,无色的突变基因恢复成有颜色的形态,因此玉米粒的种皮显现斑纹。但他的学说必须有两个重要的前提,一是无色回复突变成有颜色的频率要很高,二是这种回复突变必须在有斑纹基因时方能发生。但是McClintock则不以为然,她假设除了颜色基因外另有两个基因,其一非常靠近颜色基因,可以直接控制其开或关;另一位于染色体上距离稍远处,而可以控制第一个基因开关的速率。McClintock将此二基因命名为控制元件,以别于结构基因。她的远见比发现细菌中有启动子和阻遏蛋白基因的Jacob和Monod足足早了十多年。

1956年,McClintock将有关的跳跃基因作了简要的阐述,她认为,她的实验结果已确定这些元件都存在于玉米的染色体上,她对这些控制元件的共同特征进行了总结:(1) 可使特定的基因表达受到严格的调控,可开可关;(2) 它们可在染色体上移动,也可在不同染色体间转位;(3) 它们可以自动离去,使受控基因又回到本来面目;(4) 它们可使染色体断裂,甚至引起染色体之移位、重复、缺失与倒位。

由于McClintock所持的"跳跃基因"观点并不被当时的科学界认可,因此她甚至放弃发表她的很多研究成果。她说:"无人要读它,发表何用?"然而,时间是科学真理的试金石,到了20世纪60年代,分子遗传学家开始利用新的方法印证了她的发现。后来发展出来的基因克隆技术将McClintock在30年前发现的跳跃基因进行了详细的分析。这些都导致她的假说最终被学术界接纳。

Ac－*Ds* 系统被研究较为详细。*Ac* 是一种自主调节的基因，当它转移到某一基因附近就可调节该基因的活性。同时 *Ac* 也可使另一种被称为 *Ds* 的基因转移，结果引起染色体之断裂及异常。*Ds* 可插入玉米的 *shrunken*(*Sh*)基因座次而引起 *Sh*→*sh* 之突变。位于 *Sh* 基因座次的基因编码的是蔗糖合成酶。1982 年，B. Burr 与 F. A. Burr 利用野生型玉米所制造的蔗糖合成酶 mRNA 以制备 cDNA，作为 *Sh* 基因座次的探针以寻找 *Ds* 插入的位置。再利用各种限制性内切酶将 *Ds* 元件切下来，并就较大的 DNA 加以分析。其结果显示，*sh* 突变型内的 *Ds* 基因长度为 20 Kb～22 Kb。这些 *Ds* 元件插入 *Sh* 基因后就可引起突变。由此推论，若能移走此元件，就可以使突变型(*sh*)→野生型(*Sh*)。McClintock 曾分离出四种 *Ds* 诱发的突变型。经分析，两个突变型是在 *Sh* 基因座次靠近转录区插入了约 20kb 的外源 DNA，而另外两种突变型则在 *Sh* 基因的 5′-端插入。还有一种回复突变型在插入的 DNA 分子上发生了很大的重排，导致 *Sh* 基因恢复活性。

漫漫长夜后灿烂的黎明终于来临。在 1980 年后，名利如雪片飞来，让 McClintock 应接不暇。1981 年，她荣获拉斯可基础医学研究奖(Albert Lasker Basic Medical Research Award)和以色列颁发的 Wolf Foundation 奖。同年被推选为芝加哥 Mac Arthur Foundation 的研究员，终其一生，每年可获免税薪俸 6 万美元，而最高的奖项应该是 1983 年的诺贝尔奖。

McClintock 的事迹犹如一个科学界的神话故事，这位孤独的科学家长久在退隐中追寻真理，她的发现一向受到蔑视，直到新的技术和手段验证了她的发现。而诺贝尔奖不过再度肯定罢了，虽然来得太迟了一些。

为什么 McClintock 的成就要经过如此漫长的岁月才被科学界肯定呢？原因是这个观念对当时的遗传学家而言是完全新颖的，而当她发表时，根本无人相信。英国爱丁堡大学遗传学教授芬肯说："有两个理由可以说明她的遭遇，第一，她触犯了当时生物学中"染色体是稳定的"信条。第二，她太急于将如此复杂的证据表现给同行，以致他们完全无法吸收。"芬肯记得，在 1948 年当他还是研究生时第一次遇见 McClintock，她立刻非常热切地向他解释这个发现，而且似乎逢人便如此。受到大家的漠视而得不到认同，McClintock 失望极了，从此她退隐且沉默，仿佛缩到蜗壳中，但仍不放弃研究。

本章小结

思考题:

1. 根据 Holliday 重组模型，什么因素决定重组中间物中异源双链的长度？

2. 如果 DNAP Ⅰ的 5′-外切核酸酶的活性发生了改变，其切割的产物是 5′- OH 和 3′-磷酸，而不是 3′- OH 和 5′-磷酸，那么会有什么后果？为什么？

3. 上述变化并不导致突变，但能增加同源重组的机会，为什么？

4. 大肠杆菌的同源重组导致 DNA 异源双链区的形成，显然，这些异源双链区含有错配的碱基对，为什么错配修复系统不会将它们修复？

5. 许多体外分析方法被用来测定 RecA 催化的链交换活性。预测以下每一对底物与 RecA、ATP 和 SSB 保温以后，预期的产物是什么？

底物(1)：单链的环形 DNA 和双链线形 DNA。它们具有相同的长度，完全同源；

底物(2)：短的单链线形 DNA 和双链环形 DNA。短的片段与环形 DNA 同源；

底物(3)：单链线形 DNA 和双链线形 DNA。它们具有相同的长度，完全同源；

底物(4)：还有缺口的环形 DNA 和双链线形 DNA。环形 DNA 完整的那一条链与线形 DNA 具有相同的长度，完全同源。具有缺口的一条链与完整的那一条链互补配对，只是短一些。

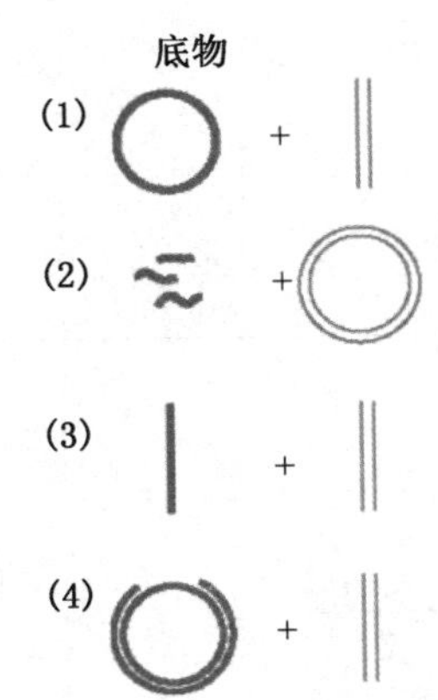

6. 当 RecA 与 DNA 结合的时候，结合能被用来驱动 DNA 形成特定的结构。在 RecA 蛋白丝上的 DNA 结构发生了何种变化？为什么这种变化有利于链交换？RecA 蛋白与 DNA 结合具有协同性。解释什么是结合的协同性？为什么 RecA 蛋白质的这种性质能促进链交换？如果要交换 50 nt，那么最少需要多少个 RecA 蛋白分子装配到 DNA 上？

7. 真核细胞的 RAD51 所具有的某些性质类似于大肠杆菌的 RecA。然而，RAD51 装配到 DNA 上需要其他的一些蛋白质的帮助。首先，双链 DNA 需要变成单链；其次，它与单链 DNA 的结合需要 BRCA2 蛋白的帮助。

(1) 单链 DNA 是如何产生的？BRCA2 的功能是什么？

(2) RAD51 对单链 DNA 具有什么特殊的要求？

8. 如何设计一个实验确定一个转座子为逆转座子？

9. HO 内切酶启动酵母交配型的转换。此酶识别一段 12 bp 的序列，该序列仅在酵母基因组中出现 3 次：一个在 *Mat* 座次，另外两个在 *HM* 座次。

(1) HO 表达以后只切 *Mat* 座次，为什么不切 *HM* 座次？

(2) 一旦 HO 在 *Mat* 座次产生一个双链裂口，位于 *Mat* 的信息如何被 *HM* 座次上的信息取代？

(3) 假定设计一个带有 HO 识别序列、在酵母中有活性的转座子。如果 HO 在带有许多这种拷贝的转座子的二倍体细胞中人工表达，你认为将会发生什么？如果是在单倍体细胞中，结果会有什么不同？

10. 试预测图中所示的 DNA 分子被所列的蛋白质处理以后得到的产物的结构(假定蛋白质的作用需要 ATP 的话，就同时提供 ATP)。

(1) (1) A B C D χ E	+RecBCD 和 RecA	
(2) A B 3′ (2) A B A′ B′ D′ C′ D C	+Rad51	
(3) A B D (3) A′ B′ D′ a′ b′ d′ a b d	+RuvAB 和 RuvC	

推荐网站:

1. http://en. wikipedia. org/wiki/Homologous_recombination(维基百科有关同源重组的内容)
2. http://en. wikipedia. org/wiki/Site-specific_recombination(维基百科有关位点特异性重组的内容)
3. http://www. nature. com/scitable/topicpage/Transposons-or-Jumping-Genes-Not-Junk-DNA-1211(英国自然杂志在线有关转座子的内容)
4. https://en. wikipedia. org/wiki/Transposable_element(维基百科有关转座重组的内容)
5. http://www. ncbi. nlm. nih. gov/books/NBK26845/(NCBI 提供的在线细胞分子生物学教材有关重组部分的内容)

参考文献:

1. Fugger K, West S C. Keeping homologous recombination in check[J]. *Cell research*, 2016, 26(4): 397~398.
2. Matos J, West S C. Holliday junction resolution: regulation in space and time[J]. *DNA repair*, 2014, 19: 176~181.
3. Anderson M T, Seifert H S. Opportunity and means: horizontal gene transfer from the human host to a bacterial pathogen[J]. *MBio*, 2011, 2(1): e00005 - 11.
4. Liberi G, Foiani M. The double life of Holliday junctions[J]. *Cell research*, 2010, 20(6): 611.
5. Schlacher K, Pham P, Cox M M, et al. Roles of DNA polymerase V and RecA protein in SOS damage-induced mutation[J]. *Chemical reviews*, 2006, 106(2):

406～419.
6. Lusetti S L, Cox M M. The bacterial RecA protein and the recombinational DNA repair of stalled replication forks[J]. *Annual review of biochemistry*, 2002, 71(1): 71～100.
7. Pâques F, Haber J E. Multiple pathways of recombination induced by double-strand breaks in Saccharomyces cerevisiae[J]. *Microbiology and molecular biology reviews*, 1999, 63(2): 349～404.
8. Ivics Z, Hackett P B, Plasterk R H, et al. Molecular reconstruction of Sleeping Beauty, a Tc1-like transposon from fish, and its transposition in human cells[J]. *Cell*, 1997, 91(4): 501～510.
9. Kogoma T. Recombination by replication[J]. *Cell*, 1996, 85(5): 625～627.
10. Sauer B. Functional expression of the cre-lox site-specific recombination system in the yeast Saccharomyces cerevisiae[J]. *Molecular and cellular biology*, 1987, 7(6): 2087～2096.
11. McClintock B. Induction of instability at selected loci in maize[J]. *Genetics*, 1953, 38(6): 579.

数字资源:

第七章 RNA 的生物合成

DNA 是生物主要的遗传物质，其贮存遗传信息的方式是它的一级结构；蛋白质是生物体功能的主要执行者，其功能由特定的三维结构决定。然而，任何蛋白质的三维结构都是由它的一级结构决定的，而它的一级结构归根到底又是由编码它的基因的一级结构决定的。根据“中心法则”，要将一种蛋白质基因的一级结构转化成这种蛋白质的一级结构，首先需要按照碱基互补配对的原则，以 DNA 为模板，合成 RNA，然后再以 RNA 为模板，合成蛋白质。这种以 DNA 为模板合成 RNA 的过程称为转录（transcription），以 RNA 为模板合成蛋白质的过程称为翻译（translation）或转译。转录和翻译统称为基因表达（gene expression）。

RNA 除了可以通过 DNA 转录产生以外，对于许多 RNA 病毒来说，还可以通过 RNA 复制或 RNA 转录产生。

本章将重点介绍 DNA 转录的一般特征、催化转录的 RNA 聚合酶的结构与功能以及转录的详细机制，同时还会简单介绍一些 RNA 病毒所进行的 RNA 复制的一般原理和基本过程。

第一节 DNA 转录

DNA 转录发生在细菌和古菌的细胞质基质，以及真核细胞的细胞核及其线粒体或叶绿体的基质。转录的过程十分复杂，不同的生物体和不同的基因在转录的具体细节上不尽相同，但仍然有许多共同的特征适合于所有的转录系统。

一、转录的一般特征

转录的一般特征主要包括：

（1）需要 DNA 模板，但并非一个 DNA 分子上所有的碱基序列都可以作为转录的模板。

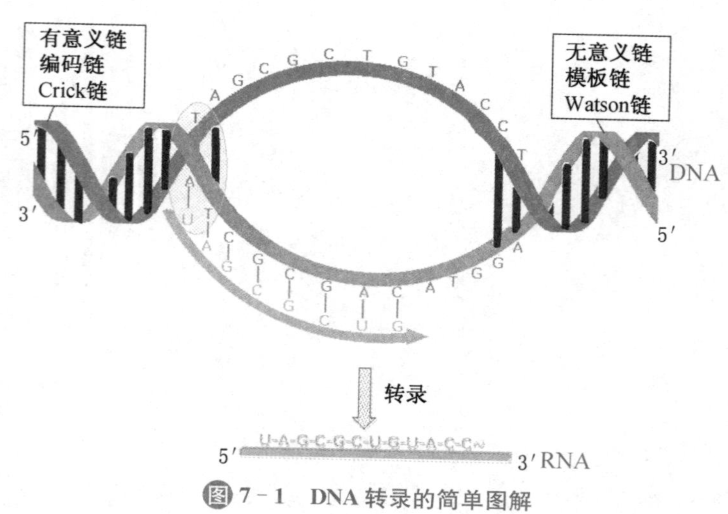

图 7－1 DNA 转录的简单图解

与 DNA 复制不同的是，转录只发生在 DNA 分子上具有转录活性的区域。对于一个 DNA 分子来说，并不是所有的序列都能转录，即使能转录的序列也不是每时每刻都在转录。此外，DNA 两条链也并不是都被转录。在转录的时候，不同的基因所使用的模版链不尽相同。对某一特定的基因来说，DNA 分子上作为转录模板的那一条链称为模板链（template strand），与模板链互补的那一条链称为编码链（coding strand）。模板链也称作无意义链（nonsense strand）或 Watson 链，编码链也称作有意义链（sense strand）或 Crick 链（图 7－1）。

（2）以四种 NTPs 即 ATP、GTP、CTP 和 UTP 作为底物，并需要 Mg^{2+}。但在细胞中并无 TTP，所以转录时不可能有 T 的直接参入。

Quiz1 虽然基因转录的时候不可能直接转录出 T，但某些 RNA 分子中的确含有 T，如 tRNA。你认为这些 RNA 分子中的 T 是如何产生的？

（3）需要 DNA 的解链。

与 DNA 复制一样，转录时作为模板的 DNA 必须发生解链，才能暴露隐藏在双螺旋内部的碱基序列，并游离出指导碱基配对的氢键供体或受体，然后以其中的一条链作为模板，在碱基互补配对原则的指导下进行转录反应。假如某一个基因的模板链的序列是 5′- AGGGTTCCGC - 3′，则该基因的编码链序列应为 5′- GCGGAACCCT - 3′，而被转录的 RNA 分子的碱基序列就是 5′- GCGGAACCCU - 3′。请注意，一个基因的编码链与转录产生的 RNA 分子其实是同义的，只不过是在 RNA 分子中由 U 代替了 DNA 分子中的 T。

（4）不需要引物，即能够从头进行。这是不同于 DNA 复制的一个十分重要的差别。

（5）第一个被转录的核苷酸通常是嘌呤核苷酸，约占 90%左右，特别是腺苷酸。

（6）与 DNA 复制一样，转录的方向总是从 5′→3′。

转录的这一特征可以被虫草素（cordycepin）在体内能抑制转录延伸的现象来证明：虫草素就是 3′-脱氧腺苷，在细胞内经过核苷酸合成的补救途径，可转变为 3′-脱氧腺苷三磷酸。因为它能够抑制转录的延伸，就说明了转录的方向是 5′→3′。这类似于 ddNTP 对 DNA 复制造成的末端终止，否则它绝不可能参入到 RNA 链上，也就无法导致末端终止。

（7）转录具有高度的忠实性。

转录的忠实性是指一个特定基因的转录具有相对固定的起点和终点，而且转录过程严格遵守碱基互补配对规则。然而，转录的忠实性要明显低于 DNA 复制。这是因为机体在一定程度上能够容忍转录的低忠实性：首先转录产生的 RNA 通常不是遗传物质，因而即使转录错了，也不会传给后代；其次，遗传密码的简并性（参看第九章 蛋白质的生物合成），使得 RNA 序列的变化并不意味着所编码的氨基酸序列就一定发生变化；此外，转录出的 RNA 分子一般比较短，出现错误的机会就低；最后，一个基因的转录物是多拷贝的，其中转录错误的毕竟占少数，何况细胞有专门的质量控制系统，会将错误的转录物水解掉。

（8）转录受到严格调控。调控的位点主要发生在转录的起始阶段（详见第十一章 原核生物基因表达的调控和第十二章 真核生物基因表达的调控）。

二、催化 DNA 转录的 RNA 聚合酶

转录是一种很复杂的酶促反应，主要由 RNA 聚合酶催化。RNA 聚合酶全名是 DNA 依赖性的 RNA 聚合酶（DNA-dependent RNA polymerase，RNAP）。然而，最先从大肠杆菌得到的能催化 RNA 合成的酶是多聚核苷酸磷酸化酶（polynucleotide phosphorylase，PNP），该酶是在 1955 年由 Severo Ochoa 和 Marianne Grunberg-Manago 发现的。PNP 催化的反应式为：

$$(NMP)_n + NDP \xrightleftharpoons{PNP} (NMP)_{n+1} + P_i$$

此反应式表明，PNP 不可能是人们期待已久的那种细胞用来催化转录的酶，因为它不需要模板，使用 NDP 代替 NTP，合成的 RNA 序列由 NDP 的种类和相对浓度来决定。后来发现，PNP 的实际功能是降解而不是合成 RNA。真正催化转录的酶直到 1960 年，

才由 Charles Loe、Audrey Stevens 和 Jerard Hurwit 这三位科学家各自独立地从大肠杆菌中分离得到。

RNAP 是高度保守的,特别表现在三维结构上。细菌、古菌、真核生物细胞核和叶绿体两种 RNAP 中的一种都是由多个亚基组成,而叶绿体中的另一种 RNAP 以及噬菌体和线粒体基因组编码的 RNAP 一般由单个亚基组成。

所有的多亚基 RNAP 都有 5 个核心亚基,细菌还有一个专门识别启动子的 σ 因子,真核生物的三种细胞核 RNAP 除了具有 5 个不同的核心亚基之外,还有另外 5 个共同的亚基。

RNAP 所催化的反应通式为:

$$n(ATP+GTP+CTP+UTP)\xleftrightarrow{DNA/Mg^{2+}}(NMP)_n+nPP_i$$

它催化磷酸二酯键形成的反应机制与 DNAP 几乎相同(参看第四章 DNA 的生物合成),反应产物是与 DNA 模板链序列互补的 RNA 以及 PP_i。此反应在过量的 PP_i 存在下是可逆的,但由于 PP_i 在细胞内很快地被含量丰富的焦磷酸酶水解,因此反应实际上是不可逆的。

尽管 RNAP 与 DNAP 都是以 DNA 为模板,并从 $5'\rightarrow3'$ 方向催化多聚核苷酸的合成,但是这两类聚合酶的差别显而易见,概括起来包括:

(1) RNAP 只有 $5'\rightarrow3'$ 的聚合酶活性,无 $5'$-外切核酸酶和 $3'$-外切核酸酶的活性。缺乏 $3'$-外切核酸酶的活性让它在催化转录的时候,不能实时进行自我校对。然而,已有强烈的实验证据表明,几乎所有的 RNAP 都具有潜在的内切核酸酶活性。有的 RNAP 不需要其他蛋白质的激活就有此活性,如真核生物的 RNAPⅢ;有的 RNAP 则需要在一些转录因子的刺激下才有此活性,如细菌的 RNAP 需要 GreA 或 GreB 蛋白的激活,古菌的 RNAP 需要 TFS 的激活,真核生物的 RNAPⅡ需要 TFⅡS 的激活。RNAP 的内切酶活性一方面可以用来解除某些因素造成的转录暂停状态,另一方面还可以对错配的核苷酸进行校对。

(2) 细菌的 RNAP 本身就具有解链酶的活性,故能在转录的时候直接促进 DNA 双链的解链。

(3) 进入活性中心的 NTP 在 $2'$-OH 上与 RNAP 有多重接触位点,而进入 DNAP 活性中心的 dNTP 无 $2'$-OH。这使得 RNAP 很容易辨认出 NTP 和 dNTP。

(4) 在转录的起始阶段,RNAP 会在原地多次催化无效转录(abortive transcription)(图 7-2)。无效转录是指 RNAP 在离开启动子进入转录延伸阶段之前,会多次重复启动转录并释放出短的无用转录物的现象。目前对于无效转录的生物学意义还不清楚,但有研究表明,一些基因无效转录的次数似乎可影响到转录的终止。

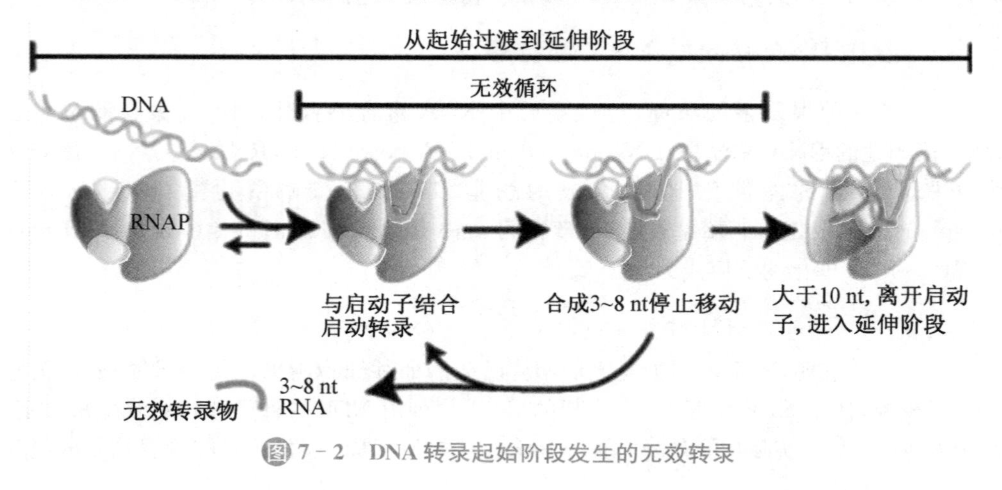

图 7-2 DNA 转录起始阶段发生的无效转录

(5) RNAP 能直接催化 RNA 的从头合成，不需要引物。

与 DNAP 形成鲜明对比的是，RNAP 不需要引物，即可以直接利用 NTP 从头合成 RNA。在一个磷酸二酯键形成时，RNAP 对两个核苷酸的几何限制是非常严格的：只有在第一个 NTP 底物的 3′-OH 与第二个底物 NTP 完美地排列在一起的时候，活性中心的双镁离子才能行使催化。而对于 DNAP 来说，催化类似的反应要容易得多！因为引物的 3′-OH 已经被固定在 RNA-DNA 杂交双链上。因此，看起来似乎浪费能量的无效起始是 RNAP 不使用引物而必须付出的代价。这也可能是许多 RNAP 需要起始转录因子来补充它的活性中心从而实现有效启动的原因。有趣的是，一些延伸因子也有相似的行为，可像穿线般深入到酶的活性中心，调节酶的催化。

(6) 在 RNAP 催化转录的过程中，转录物不断地与模板“剥离”，而在复制过程中，DNAP 上开放的裂缝允许 DNA 双链从酶分子上伸展出来。

(7) RNAP 在转录的起始阶段可受到多种调节蛋白的调节。

(8) RNAP 的底物是 NTP，而不是 dNTP，而细胞中的 NTP 有 UTP，没有 TTP。

(9) RNAP 启动转录需要识别启动子。

(10) RNAP 催化反应的速率低，平均只有 50 nt/s。

(11) RNAP 催化产生的 RNA 与 DNA 形成的杂交双螺旋长度有限，而且存在的时间很短，很快会被 DNA 双螺旋取代。

(一) 细菌的 **RNAP**

以大肠杆菌为例，细菌的 RNAP 有核心酶(core enzyme)和全酶(holoenzyme)两种形式：核心酶由 2 个 α 亚基、1 个 β 亚基、1 个 β′ 亚基和 1 个 ω 亚基组成($\alpha_2\beta\beta'\omega$)。其中，β′ 亚基含有 2 个 Zn^{2+}，是一种碱性亚基，多阴离子化合物肝素(heparin)能够与它结合而抑制聚合酶的活性；全酶由核心酶和 σ 因子组装而成($\alpha_2\beta\beta'\omega\sigma$)。它们在体外的组装次序是：$2\alpha \rightarrow \alpha_2 \rightarrow \alpha_2\beta \rightarrow \alpha_2\beta\beta' \rightarrow \alpha_2\beta\beta'\omega \rightarrow \alpha_2\beta\beta'\omega\sigma$。σ 因子至少有 7 种不同的形式，但最重要的是 σ^{70}，它参与绝大多数基因的转录，由于这些基因一般属于管家基因，因此通常被称为管家 σ 因子(house-keeping sigma factor)。除此以外，还有 σ^{54}、σ^{32}、σ^{28}、σ^{38}、σ^{24} 和 σ^{19} 等形式，它们参与其他几类基因的转录(表 7-2)。

表 7-1　大肠杆菌 RNAP 全酶的组成及其功能分工

亚基	基因	大小(kDa)	每一个酶分子中的数目	功能
α	*RopA*	36	2	N 端结构域参与聚合酶的组装；C 端结构域参与和调节蛋白相互作用以及和增强元件结合
β	*RopB*	151	1	与 β′ 亚基一起构成催化中心
β′	*RopC*	155	1	带正电荷，与 DNA 静电结合；与 β 亚基一起构成催化中心
ω	*RopZ*	11	1	促进 RNAP 的组装以及稳定已组装好的 RNAP
σ^{70}	*RopD*	70	1	启动子的识别

RNAP 的各个亚基在功能上是有所分工的(表 7-1)，其中 ω 亚基曾长期被忽略，甚至许多人不把它作为聚合酶的组分。然而，现在已经十分肯定，ω 亚基的功能是促进 RNAP 的组装，以及稳定已经组装好的 RNAP。

细菌的 RNAP 可受到利福霉素(rifamycin)和利链霉素(streptolydigin)的特异性抑制。这两种抗生素作用的对象都是 β 亚基，但前者抑制转录的起始，可阻止前 4 个核苷酸的参入，后者则抑制延伸。它们并不抑制真核细胞的核 RNAP，但对线粒体或叶绿体内的 RNAP 却有明显的抑制作用。

表 7－2　四种不同 σ 因子的性质与功能比较

	基因	用途	－35 区	间隔长度	－10 区
σ^{70}	*rpoD*	绝大多数基因的转录	TTGACA	16～19 bp	TATAAT
σ^{32}	*rpoH*	热休克反应	CCCTTGAA	13～15 bp	CCCGATNT
σ^{28}	*fliA*	鞭毛	CTAAA	15 bp	GCCGATAA
σ^{54}	*rpoN*	N 饥饿	CTGGNA	6 bp	TTGCA

（二）古菌的 RNAP

在结构和组成上，古菌的 RNAP 更像真核生物的细胞核 RNAP，而不是细菌的 RNAP。产甲烷古菌和嗜盐古菌的 RNAP 由 8 个亚基组成，极度嗜热菌的 RNAP 则由 11 个亚基组成。迄今为止，还没有发现哪一种古菌的 RNAP 受到利福霉素或利链霉素的抑制。

（三）真核细胞的 RNAP

真核细胞内的 RNAP 不止一种，在功能上已有了分工。不同性质的 RNA 合成由不同的 RNAP 催化，其中细胞核至少具有三种 RNAP，即 RNAP Ⅰ(A)、Ⅱ(B)和Ⅲ(C)。RNAP Ⅰ 负责催化细胞质核糖体上的 rRNA(5S rRNA 除外)合成，但在锥体虫(*Trypanosoma brucei*)体内还催化可变的表面糖蛋白(variable surface glycoprotein，VSG)和前环素(procyclin)的基因转录；RNAP Ⅱ 负责催化 mRNA 和绝大多数 miRNA 的合成，同时也催化细胞内含有帽子结构的 snRNA 和 snoRNA 的合成；RNAP Ⅲ 负责催化细胞内各种较为稳定的小 RNA 的合成，例如 tRNA、端粒酶的 RNA、核糖核酸酶 P 的 RNA、5S rRNA、7SL RNA 和无帽子结构的 snRNA 或 snoRNA 以及少数 miRNA 等(表 7－3)。

表 7－3　真核细胞核三种 RNAP 结构与功能的比较

名称	细胞定位	组成	对 α 鹅膏蕈碱的敏感性	对放线菌素 D 的敏感性	转录因子	负责转录的 RNA
RNAP Ⅰ	核仁	多个亚基	不敏感	非常敏感	1～3 种	rRNA 的合成(除了 5S rRNA)，锥体虫的 VSG 和前环素
RNAP Ⅱ	核质	多个亚基	高度敏感(10^{-9}～10^{-8} mol/L)	轻度敏感	>8 种	mRNA、绝大多数 microRNA、具有帽子结构的 snRNA 和 snoRNA，XistRNA
RNAP Ⅲ	核质	多个亚基	中度敏感	轻度敏感	>4 种	tRNA，5S rRNA，7SL RNA，无帽子的 snRNA 和 snoRNA，端粒酶 RNA，核糖核酸酶 P 的 RNA，某些病毒的 RNA 等

Quiz2 为什么真核生物和古菌的 RNAP 缺乏与细菌 RNAP 的 σ 因子同源的亚基？

真核细胞的核 RNAP 在组成上十分复杂(表 7－4)，每一种都是庞大的多亚基蛋白，有 2 个大亚基，再加 12～15 个小亚基，总大小在 500 kDa～700 kDa 之间，其中 2 个大亚基的一级结构与细菌 RNAP 的 β、β′ 亚基相似，这意味着 RNAP 活性中心的结构可能是保守的。此外，它们都还含有细菌 RNAPα 亚基的同源物，但没有任何亚基与它的 σ 因子相似。

表 7-4 多亚基 RNAP 的亚基组成

	RNAPⅠ	RNAPⅡ	RNAPⅢ	古菌	细菌
核心亚基	A190	Rbp1	C160	A′+″	β′
核心亚基	A135	Rbp2	C128	B	β
核心亚基	AC40	Rbp3	AC40	D	α
核心亚基	AC19	Rbp11	AC19	L	α
共同的核心亚基	Rbp6(ABC23)	Rbp6	Rbp6	K	ω
共同的亚基	Rbp5(ABC27)	Rbp5	Rbp5	H	
共同的亚基	Rbp8(ABC14.5)	Rbp8	Rbp8	G	
共同的亚基	Rbp10(ABC10β)	Rbp10	Rbp10	N	
共同的亚基	Rbp12(ABC10α)	Rbp12	Rbp12	P	
	A12.2	Rbp9	C11		
	A14	Rbp4	C17	F	
	143	Rbp7	C25	E	
	A49	(Tfg1/Rap74)	C37		
	A34.5	(Tfg2/Rap30)	C53		
	A12.2		C82		
			C34		
			C31		

以 RNAPⅡ为例，其 Rpb1 亚基对应于细菌的 β′亚基，Rpb2 对应于 β 亚基，Rpb3 对应于与 β 亚基发生作用的 α 亚基，Rpb11 对应于与 β′亚基发生作用的另外一个 α 亚基，Rpb6 对应于 ω 亚基。

值得特别注意的是，所有真核生物的 RNAPⅡ在最大亚基的 C 端，都含有一段 7 肽重复序列，其一致序列为 YSPTSPS，富含羟基氨基酸残基。羧基端的这些重复序列构成了很特别的羧基端结构域(carboxyl-terminal domain，CTD)。在酵母和哺乳动物细胞的 RNAPⅡ中，该序列分别重复了 26 和 52 次！该重复序列是 RNAPⅡ的活性所必需的，但缺失突变实验表明，酵母只需要 CTD 有 13 段重复序列就能生存。体外实验表明，CTD 没被磷酸化的 RNAPⅡ参与转录的起始，而一旦 CTD 发生磷酸化，转录就从起始进入延伸阶段。

真核细胞与细菌 RNAP 又一重要的差别是它本身不能直接识别启动子，必须借助于转录因子(transcription factor，TF)才能结合到启动子上。

此外，细菌 RNAP 的抑制剂利福霉素和利链霉素并不能抑制真核细胞的核 RNAP 的活性。但是，核中的三种 RNAP 对来源于毒蘑菇体内的一种环状八肽毒素——α 鹅膏蕈碱(α-amanitin)(图 7-3)，如白毒伞(*Amantia phalloides*)，表现出不同程度的敏感性，其中 RNAPⅡ最敏感，10^{-9} mol/L～10^{-8} mol/L 的 α 鹅膏蕈碱就能完全抑制它的活性，其次是 RNAPⅢ，而 RNAPⅠ对该毒素则不敏感。利用 α 鹅膏蕈碱对三种 RNAP 的选择性抑制，可以判断细胞内的一种 RNA 究竟由谁来催化转录。α 鹅膏蕈碱的作用机制是通过与 RNAP 分子上一段特殊的桥螺旋(bridge helix)的结合，阻止 RNAP 的移位，致使转录延伸受阻。由于 α 鹅膏蕈碱与三种 RNAP 的亲和力不同，与 RNAPⅡ的亲和力最高(Kd = 10^{-9} mol/L)，与 RNAPⅢ的亲和力相对要弱(Kd = 10^{-6} mol/L)，而与 RNAPⅠ基本不结合，因此这三种 RNAP 对它的敏感性才会各不相同。

Quiz3 你认为毒蘑菇体内的 RNAPⅡ和 RNAPⅢ为什么不受它自己产生的 α 鹅膏蕈碱的抑制?

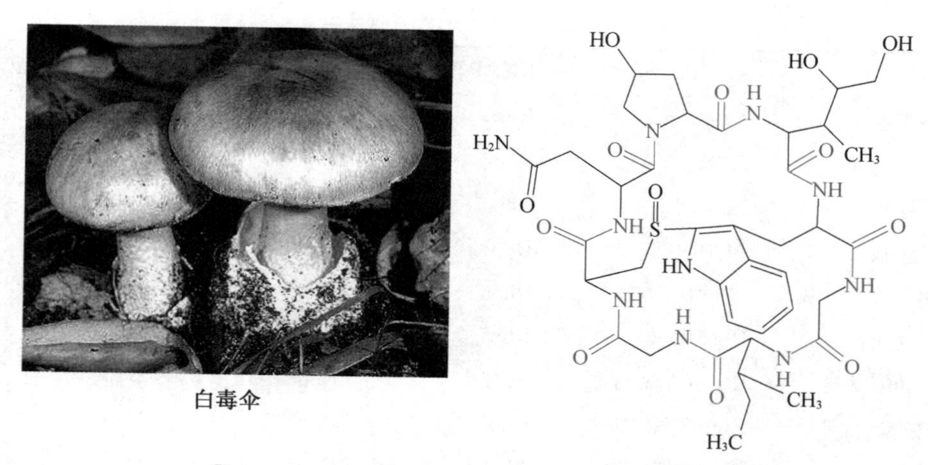

图 7-3　白毒伞及其体内的α鹅膏蕈碱的化学结构

放线菌素 D(Actinomycin D)又称更生霉素(图 7-4),其分子内含有一个苯氧环结构,而将两个对称的环状肽链连在一起。这种对称的肽链结构可插入到 DNA 分子上的 GC 碱基对之间,导致 DNA 双螺旋小沟变宽和扭曲,从而阻止转录的延伸。但由于不同核基因的 GC 含量不同,以 rDNA 上的 GC 含量最高,因此,RNAP Ⅰ对放线菌素 D 的作用最敏感。

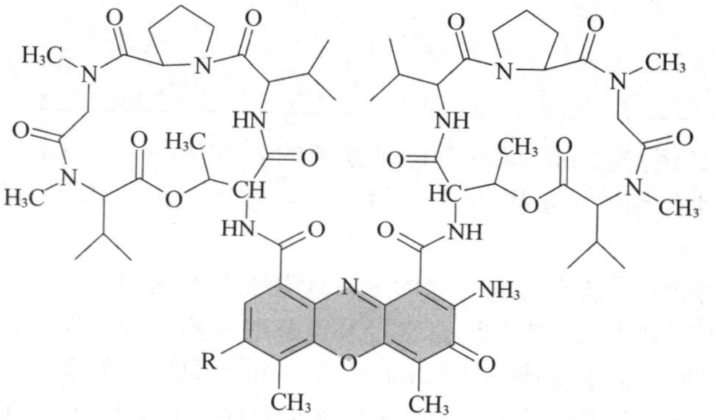

图 7-4　放线菌素 D 的化学结构

除了上述三种 RNAP 以外,植物细胞核还有另外两种 RNAP,即 RNAPⅣ和 RNAP Ⅴ,它们都是由 12 个亚基组成,可视为两种特化的 RNAPⅡ,但最大的亚基缺乏 RNAP Ⅱ所具有的七肽重复序列。这两种 RNAP 在植物细胞内的功能是转录长的非编码 RNA,参与 RNA 引导的 DNA 甲基化(RNA-directed DNA methylation,RdDM),从而抑制特定基因的转录活性,如逆转座子。此外,线粒体和叶绿体也含有 RNAP,其中线粒体内的 RNAP 由核基因编码,只由一个亚基组成,负责线粒体 DNA 上所有基因的转录,而叶绿体含有两种不同的 RNAP,一种由核基因组编码,另外一种由叶绿体自身的基因组编码。前者在结构上类似于线粒体内的 RNAP,负责催化叶绿体内 rRNA 或 tRNA 等管家基因的转录,后者类似于细菌的 RNAP,由多个亚基组成,但对利福霉素和利链霉素不敏感,负责催化参与光合作用的各类复合体上由叶绿体 DNA 编码的各亚基的基因转录。

(四) 由病毒编码的 RNAP

许多病毒直接使用宿主细胞基因组编码的 RNAP 来转录自身的基因,某些病毒则对宿主 RNAP 进行一定的改造,使其能更好地催化它们自己的基因转录,而有的病毒则主要使用自身基因组编码的 RNAP，这些 RNAP 具有高度的特异性，通常只由一条肽链组成，例如 T7、T3 和 SP6 噬菌体。

Box 7－1　植物细胞 RNAPⅣ的发现故事

长期以来，人们认为在真核生物的细胞核内，只有三种 RNA 聚合酶。这三种 RNAP 在细胞核内负责催化不同类型的基因转录。然而，2005 年 2 月，由当时还在美国华盛顿大学 St. Louis 分校工作的 Craig Pikaard 等人发表在 *Cell* 上的一篇题为"Plant Nuclear RNA polymerase Ⅳ mediates siRNA and DNA methylation-dependent heterochromatin formation"论文告诉我们，一种全新的 RNA 聚合酶在拟南芥中被发现了。这种全新的 RNA 聚合酶后来被命名为 RNA 聚合酶Ⅳ(RNAPⅣ)。

拟南芥是一种重要的模式植物，被很多人称为植物世界里的小白鼠，不少重要的发现都与它有关。在 2001 年拟南芥全基因组序列发布以后不久，Pikaard 等人首次注意到 RNAPⅣ存在的证据：他们分析了与 RNA 聚合酶有关的基因，发现了两个基因，与编码三种已知的 RNA 聚合酶两个最大亚基的基因同源。一开始以为编码的是一种 RNAP 的变体，但在使用基因敲除的方法将这两个基因敲除以后，他们却发现植物照样生存下来，可是开花期却推迟了，而且最后开出来的花朵出现一些奇怪的缺陷。例如，有的被敲除的植物在器官身份识别上发生错乱，雄蕊竟然变成了花瓣。于是，他们提出第一种假设，认为这种 RNA 聚合酶参与调节花发育的某些微 RNA 的形成，但很快证明这种假说是错了。

Craig Pikaard

在随后进行的一系列遗传和生化实验以后，Pikaard 等人发现，RNAPⅣ并不与其他三种 RNA 聚合酶共同行使某项功能。在 RNAPⅣ特有的亚基被敲除以后，只是发现细胞核内原来紧密浓缩的染色质区域变得松散了，对应于高度重复的 5S rRNA 基因的 siRNA 和逆转座子完全没有了，同时 5S rRNA 基因和逆转座子上的甲基化修饰也不见了。

众所周知，甲基化是一个重要的过程，涉及 DNA 四个碱基中的胞嘧啶所发生的甲基化修饰。如果没有适当的 DNA 甲基化，无论植物还是人类在发育中都会出现问题，从植物的矮化，到人类肿瘤的形成，甚至导致小鼠的死亡。因此 Pikaard 认为，RNAPⅣ的功能是促进特定 siRNA 的合成，由合成出来的 siRNA 指导与其匹配的 DNA 甲基化。

Pikaard 进一步的研究发现 RNAPⅣ只存在于植物体内，并推测其在植物体内存在已超过 2 亿多年的历史。后来，他们在植物细胞核里又发现了第五种 RNA 聚合酶，即 RNAPⅤ。这种聚合酶催化更长的非编码 RNA 的合成，再由这些长的非编码 RNA 与受到作用的染色体上的 siRNA 配对。

三、RNAP 的三维结构与功能

真核生物与古菌和细菌的 RNAP 在三维结构上十分相似，不仅是分子的整个形状相似，而且各同源的亚基在空间上总的排布也惊人地相似(图 7－5)。

来自水生嗜热菌(*Thermus aquaticus*)的 RNAP 的晶体结构显示(图 7－6)：RNAP 具有一个长达 15 nm 的钳状结构(clamp)，钳子之间是很大的裂缝。这是聚合酶的主要通道(primary channel)，能够容纳一个双螺旋 DNA，还含有 Mg^{2+}。裂缝的直径约为 2.7 nm，由 β′亚基构成钳子的一个臂和裂缝的一部分底座，β 亚基构成钳子的另一个臂和裂缝的另一部分底座。总之，钳状结构使聚合酶能锚定在 DNA 模板上。

细菌(水生嗜热菌)　　古菌(硫矿硫化叶菌)　　真核生物(酵母RNAPⅡ)

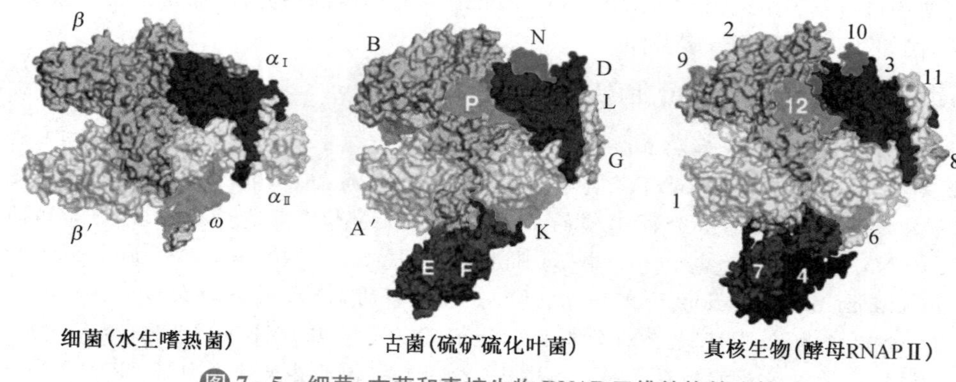

图 7-5　细菌、古菌和真核生物 RNAP 三维结构的比较

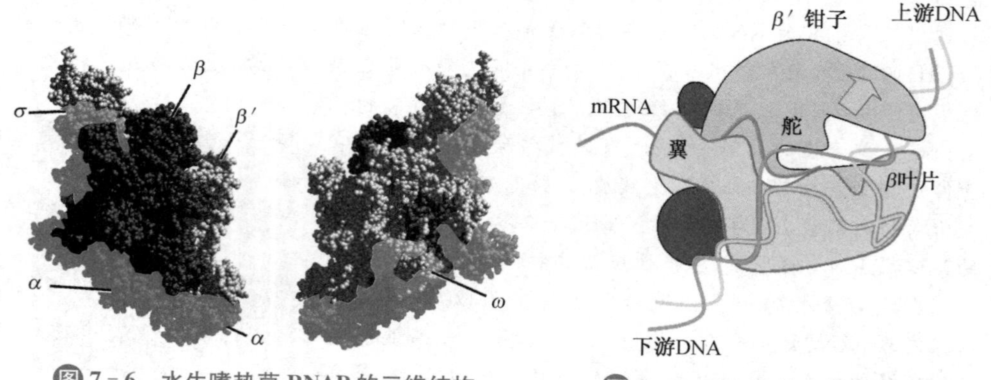

图 7-6　水生嗜热菌 RNAP 的三维结构

图 7-7　RNAP 的三维结构模型

RNAP 除了钳状结构以外,还具有翼状结构(flap)、舵状结构(rudder)、拉链状结构(zipper)、次级通道(secondary channel)和 RNA 离开通道(RNA-exit channel)(图 7-7)。翼的功能是防止在转录延伸阶段转录物掉下来;舵状结构的功能是阻止 DNA/RNA 杂交双链持续存在;拉链状结构靠近舵,它的功能是有助于解链的区域重新形成 DNA 双链;DNA 通过主要通道从侧面进入酶的活性中心,在 DNA 离开酶的地方有一个陡的弯曲,NTP 通过 β 叶片上的次级通道进入酶的活性中心,正在延伸的转录物通过位于聚合酶背部的离开通道出来。

四、细菌的 DNA 转录

与 DNA 复制一样,转录也可以划分为起始、延伸和终止三个阶段。

(一) 转录的起始

1. 转录起点的确定

(1) 启动子

启动子(promoter)是 DNA 分子上一个基因转录精确和特异性启动所必需的碱基序列。不论是哪一个基因的转录,都是从特定的位置开始的,即转录具有相对固定的起点。那么 RNAP 是如何发现正确的起点而启动基因转录的呢? 通过分析比较多种基因转录起点附近的碱基序列后发现:一般在转录起点的周围存在着启动子序列,它们具有高度的保守性。实验证明,启动子在转录的起始阶段充当一种序列标记,RNAP 能够直接或间接识别这种标记,从而开始从特定的位点启动基因的转录。在细菌转录系统中,RNAP 全酶能够直接识别启动子并与之结合。但古菌和真核生物的 RNAP 并不能直接识别启动子,识别启动子的是特殊的转录因子。

启动子与转录起点的距离和方向都有严格的要求,一般位于一个基因的上游,但也

有一些基因的启动子位于基因的内部。

(2) 确定启动子的方法

可使用经典的遗传学和生化方法来确定启动子序列，前者主要借助于对转录起点周围的碱基序列进行突变和一致性比对，后者包括电泳泳动变化分析（electrophoretic mobility shift assay，EMSA）和 DNA 酶Ⅰ-足印分析（DNase Ⅰ footprinting assay）。

EMSA 的原理是：与 RNAP 特异性结合和没有结合的 DNA 在凝胶电泳时泳动的速度不同，利用这种差别可将含有启动子的和没有启动子的 DNA 片段分开，再利用足印法进行鉴定；足印分析法的基本原理则是：启动子序列因 RNAP 的特异性结合受到保护，从而能抵抗 DNA 酶Ⅰ的消化，在此基础上结合 DNA 序列分析，可以确定受到 RNAP 保护的启动子序列（图 7-8）。

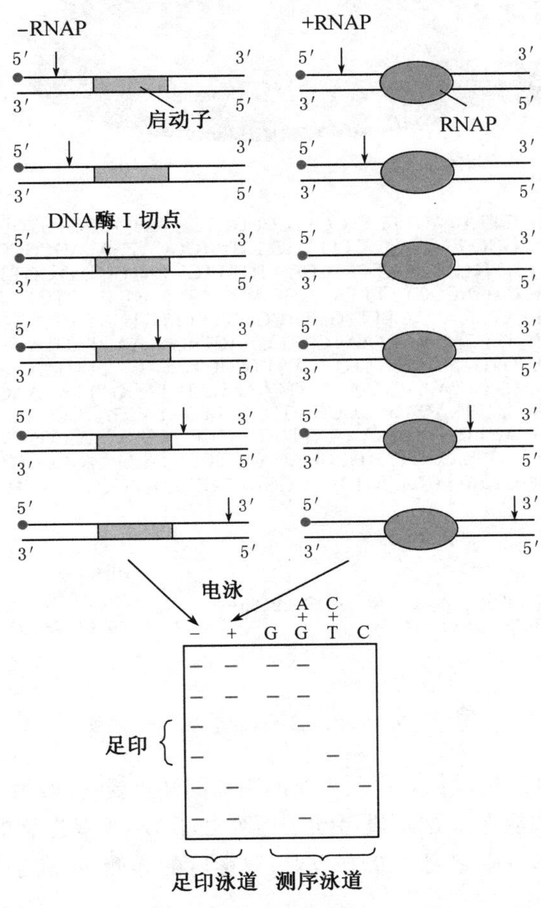

图 7-8　DNA 酶Ⅰ足印法测定细菌基因的启动子序列

1975 年，David Pribnow 比较了由他本人和其他几位研究者测出的 5 个基因结合 RNAP 的 DNA 片段的序列，发现在－10 区存在一段富含 AT 碱基对的保守序列。但他们使用的方法并不是足印法，而是一种更简单的方法：先使用 DNA 酶Ⅰ完全消化与 RNAP 结合的双链 DNA（dsDNA）；然后，将消化过的样品通过硝酸纤维素滤膜，RNAP 及其结合的 DNA 会与滤膜结合；最后，将吸附在滤膜上与 RNAP 结合的 DNA 复合物释放出来，使用化学断裂法直接进行序列分析。

Pribnow 在确定了－10 区序列以后不久又发现，受到 RNAP 保护而抵抗 DNA 酶Ⅰ消化的片段一旦与聚合酶解离，就无法重新结合。这说明光有－10 区尚不能保证聚合酶的特异性结合，肯定还有其他的启动子序列。后来进一步的序列分析发现了在－35

区,还有一段属于启动子的保守序列。需要注意的是,在以上描述启动子的位置时,按照惯例,以编码链序列和位置为准,碱基的位置以转录的起点(start point)为参照,转录起点本身的位置定为+1,位于它上游的序列为负数,位于它下游的碱基为正数,没有0。−10区序列因与Pribnow有关,也称为Pribnow盒(Pribnow box)。

(3) 细菌启动子的特征

细菌的启动子序列位于转录起点5′-端(图7-9),覆盖约40 bp长的区域,包含两段高度保守的序列,即−35区和−10区,其中−35区的一致序列为TTGACA,−10区的一致序列是TATAAT。

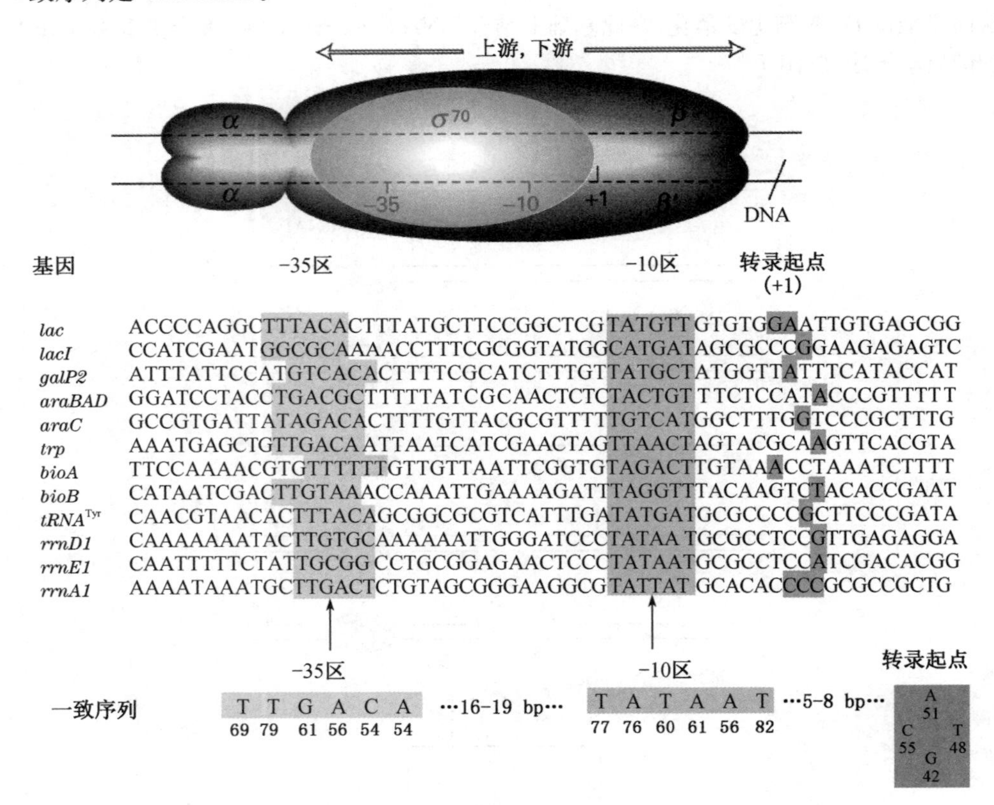

图7-9 细菌几种基因的启动子序列

−35区和−10区这两段保守序列之间的距离同样重要,一般为(17±1)bp。这是因为只有这样的距离,才能保证这两段启动子序列处于DNA双螺旋的同一侧,而有利于RNAP的识别和结合,否则它们会处于DNA双螺旋的异侧,不利于RNAP的识别和结合(图7-10)。

此外,某些转录活性超强的基因(如rRNA基因)除了−35区和−10区的序列以外,在−40和−60之间还有一种富含AT(AAAATTATTTT)的启动子序列,称为增效元件(up element)。该序列可将转录活性提高30倍。实验证明,RNAP通过α亚基的C端结构域(α-C-terminal domain, α-CTD)作用于此元件,来促进与启动子的结合(图7-11)。

Quiz4 为什么没有任何编码蛋白质的基因含有这样的增效元件序列?

必须指出,启动子的一致序列是综合了多种基因的启动子序列以后的统计结果。迄今为止,在大肠杆菌中,还没有发现哪一个基因的启动子序列与一致序列完全一致。显然,一个基因的启动子与一致序列越相近,则启动的效率就越高,为强启动子;相反,一个基因的启动子与一致序列相差越大,则启动的效率就越低,为弱启动子。不同基因在启动子序列上的差异,实际上也构成了调节基因表达的一种天然手段。

(1)-35区与-10区之间合适的距离将两段启动子序列置于DNA双螺旋的同一侧，有利于聚合酶的识别和结合

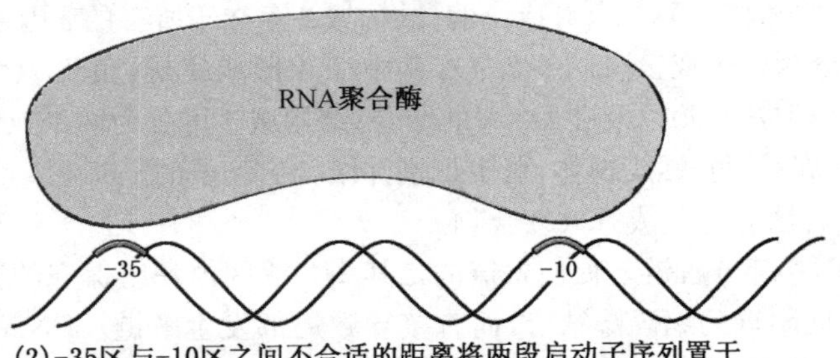

(2)-35区与-10区之间不合适的距离将两段启动子序列置于DNA双螺旋的异侧，不利于RNA聚合酶的识别和结合

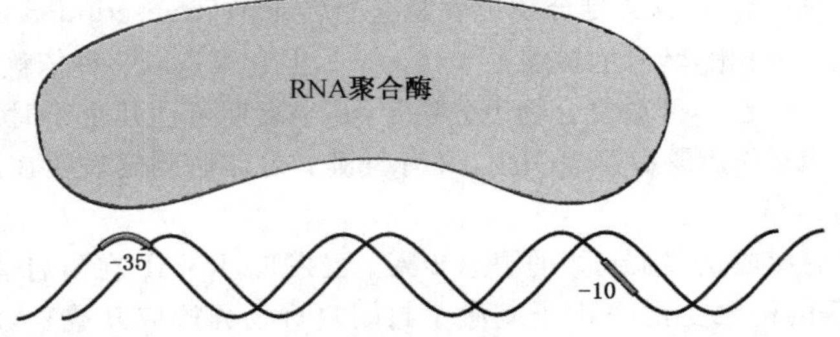

图 7-10　细菌启动子－35 区和－10 区之间的距离对 RNA 聚合酶识别和结合的影响

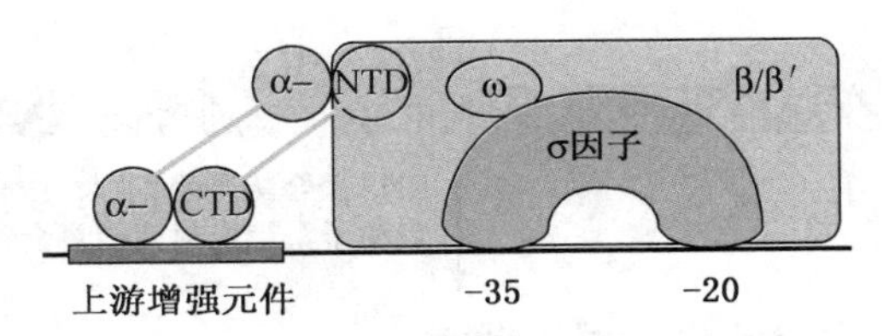

图 7-11　细菌 RNAP 全酶与启动子的结合

2. 转录起始复合物的形成

起始复合物的形成 DNA 转录的限速步骤，起始频率主要由启动子强度决定：强启动子平均每秒钟启动一次，弱启动子每启动一次大概需要一分钟或更长的时间。但一旦启动，RNA 链延伸的速度与启动子强度无关。

一个转录起始复合物的形成可分为以下几步(图 7-12)：

(1) RNAP 全酶与双链 DNA 非特异性结合

核心酶与 σ 结合组装成全酶以后，与非特异性 DNA 序列具有一定的亲和性，但亲和性较低，因此，全酶只能和 DNA 随机地结合，而一旦与 DNA 结合，便可以沿着 DNA 向一个方向滑动、扫描，直到发现启动子序列。全酶与启动子的结合则是特异性的，具有较高的亲和性。

(2) RNAP 全酶与启动子形成封闭复合物

在扫描中，全酶首先遇到－35 区，形成封闭复合物(closed complex)。在此阶段，DNA 并没有解链，这时聚合酶主要以静电引力与 DNA 结合。这种复合物并不十分稳定，半衰期为 15～20 分钟。足印法表明，在此阶段全酶覆盖－55 到＋5 区域。

目前，已有两种不同形式的封闭复合物被确定：在全酶刚刚结合的时候，启动子区域发生弯曲，形成的是封闭复合物 1，这时候的足印长度为 60 bp。随着全酶与启动子区域的进一步结合以及其构象的变化，封闭复合物 1 异构化成为封闭复合物 2，足印长度随之增加到 90 bp。

1988 年，Helmann 和 Chamberlin 对于只参与转录起始的 σ 因子的结构与功能作了

详细的研究,发现σ因子具有4个保守的结构域,每一个结构域又可分为更小的保守区。

结构域1只存在于σ^{70}因子,它可分为两个亚区(1.1和1.2),1.1阻止σ因子单独与DNA结合,除非它与核心酶结合形成全酶;结构域2存在于所有的σ因子,为σ因子最保守的部分,它又分为四个亚区(2.1～2.4),其中2.4形成螺旋,负责识别启动子的－10区;结构域3参与和核心酶以及和DNA的结合;结构域4可分为两个亚区(4.1和4.2)。其中4.2含有螺旋-转角-螺旋模体,负责识别并结合启动子的－35区。

(3) 封闭复合物异构化成开放复合物

Quiz5 你认为为什么是一组保守的芳香族氨基酸残基有利于启动子序列的解链?

σ因子使DNA部分解链。促使解链的是其2.3亚区内一组保守的芳香族氨基酸残基,它们与－10区附近的编码链结合,而直接导致局部发生解链。DNA一旦解链,就产生一个小的发夹环,从而让DNA模板链进入活性中心,封闭复合物2即转变成开放复合物(the open complex)。开放的复合物也就是起始转录泡(transcription bubble),其大小为12 bp～17 bp。一开始,转录泡覆盖了－10～－1,但它很快以一种依赖于Mg^{2+}的方式从－12延伸到＋2。此后,开放复合物十分稳定,其半衰期可达几个小时以上,此时的聚合酶与启动子的相互作用既有静电引力,又有氢键。足印法测定表明在此阶段,聚合酶覆盖－55～＋20区域。

开放复合物的形成是转录起始的限速步骤。已发现,RNAP在与启动子形成复合物期间,经历了显著的构象变化,σ因子刺激了封闭复合物异构成开放复合物。开放复合物的形成不仅要DNA两条链解链,而且DNA的模板链还必须进入全酶的内部,以便靠近酶的活性中心。

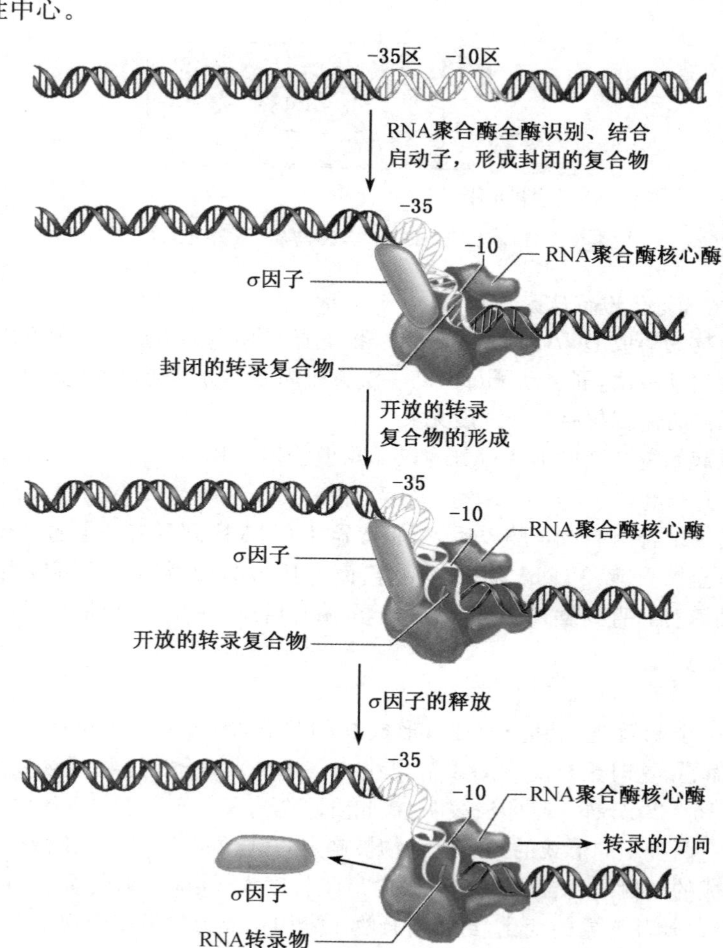

图7-12 细菌基因转录起始过程中开放复合物的形成

3. 第一个磷酸二酯键形成

在前两个与模板链互补的 NTP 从 RNAP 的次级通道进入活性中心以后，由活性中心催化第一个 NTP 的 3′- OH 亲核进攻第二个 NTP 的 5′- α - P，而形成第一个磷酸二酯键。一旦有了第一个磷酸二酯键，由 RNA、DNA 和 RNAP 构成的三元复合物（the ternary complex）便形成了。

与 DNAP 相似，RNAP 使用的是由两个 Mg^{2+} 参与的双金属离子催化机制（图 7 - 13）。已发现，位于 β′亚基 458～466 之间的"NADFDGDQM"序列在所有 RNAP 中都是高度保守的，其中的 3 个 Asp(D)残基最为重要，是酶活性所必需的。

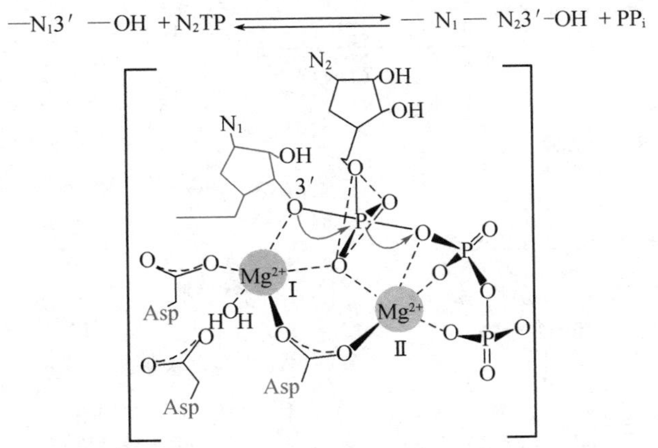

$$—N_1 3'—OH + N_2TP \rightleftharpoons —N_1—N_2 3'—OH + PP_i$$

图 7 - 13　基因转录起始过程中第一个磷酸二酯键的形成

按照上述方式，RNAP 全酶可催化形成更多的磷酸二酯键。但一般在形成 10 个磷酸二酯键以后，与核心酶结合的 σ 因子即释放出来，从此转录进入延伸阶段。

第一个参入的核苷酸几乎总是嘌呤核苷酸，这是因为聚合酶的第一个 NTP 结合位点与嘌呤核苷三磷酸的亲和力高，而第二个 NTP 结合位点与 4 种 NTP 结合的亲和力相同。此外，新合成的初级转录物含有 5′-三磷酸，这与加工后的成熟 RNA 分子不同。

4. 起始阶段的无效转录

在开放复合物内，RNAP 往往会重复催化短 RNA 分子的合成并将它们释放出去，进行所谓的无效转录（图 7 - 2）。无效转录物的长度一般为 3～8 nt。在真正意义上的转录延伸发生之前，这种无效转录可能会重复几百次。研究表明，RNAP 的活性中心最多能容纳 8 nt，这差不多等于无效转录物的最大长度。在每合成一个无效转录物的时候，聚合酶必须做出抉择：是离开启动子，进入延伸阶段，还是仍然结合在启动子上，重新启动 RNA 的从头合成。DNA 分子会在 RNAP 的活性中心形成皱褶（DNA scrunching），其编码链形成环，以使在无效转录时，RNAP 仍然保持与启动子的结合。

无效转录总有结束的时候，一般终止于长约 6 nt 的新生 RNA 结合到酶的第二个 RNA 结合位点，即 RNA 离开通道上。因为一旦 RNA 结合到这个地方，酶的催化中心会被"重新设定"，从而催化更长的 RNA（大于 10 nt）的合成。

5. 启动子清空

启动子清空（promoter clearance）是指聚合酶离开启动子以实现转录从起始进入延伸的过程。此过程需要解决的最大问题是全酶如何离开具有高亲和性的启动子，"抛弃"开放复合物，进入低亲和性的非特异性 DNA。

在细菌启动子清空的时候，RNAP 与启动子的高亲和力结合反而成了一种障碍，但前几轮磷酸二酯键形成释放出的能量被作为动能贮存在扭曲的 DNA 皱褶之中，这有点像受外力作用而被压缩的弹簧贮存着外来的能量一样。一旦无效转录物释放以及启动子皱褶的部分离开 RNAP 的 DNA 结合通道，贮存的能量即被释放出来，这也解释了为什么要产生大量的无效转录物。

事实上,RNAP 在合成前 9 个核苷酸的时候并没有在 DNA 分子上移位。当转录物长度达到形成一种稳定的 RNA - DNA 杂交双链的时候,启动子清空才开始发生。

可以说,真正的启动子清空发生在 σ 因子与核心酶解离以后,因为正是 σ 因子赋予了细菌聚合酶对启动子的特异性。一旦 σ 因子解离,聚合酶通过钳子和翼锁住核酸,而处于合适的位置。核心酶就与非特异性 DNA 以一般的亲和性结合,这非常适合转录延伸阶段的反应。为了防止 σ 因子与延伸复合物中的核心酶重新结合,一种新的蛋白质——NusA 作为延伸因子代替 σ 因子与核心酶结合。

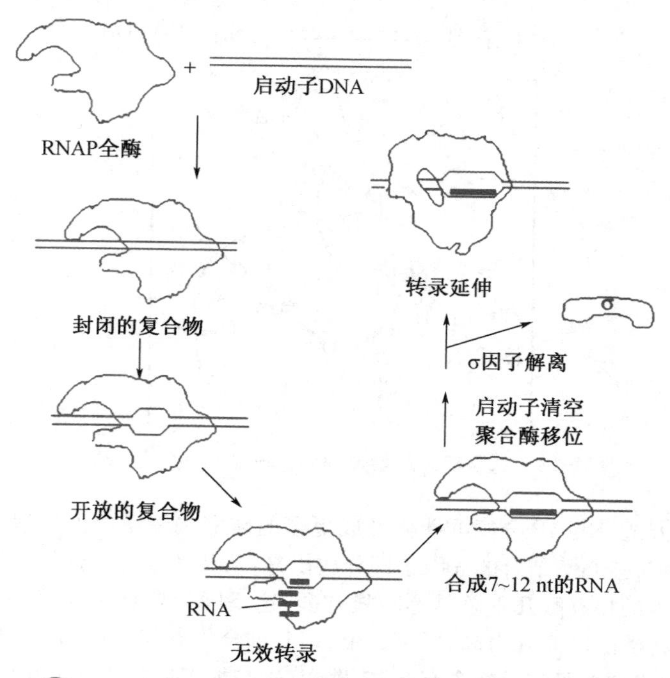

图 7 - 14　细菌基因转录从起始阶段向延伸阶段的转变

（二）转录的延伸

1. RNAP 的移位和转录的延伸

当 RNAP 合成了大约 10 nt 的时候,延伸便开始了。这时转录物的长度足以让 RNA 取代 σ 因子,并在翼状结构之后弯曲。然后,RNAP 与 σ 因子解离,钳子合上,夹住 DNA,维持延伸反应的高度进行性。翼也随后关闭,夹住 RNA。一段临时的 RNA/DNA 杂交双链形成,由于舵的作用,杂交双螺旋不能维持很久,它会撑开新生的杂交双链,使单链 DNA 重新与互补链配对。

释放出来的 σ 因子可以重新与核心酶结合,再次启动新一轮 DNA 的转录,此过程称为 RNAP 的循环(图 7 - 15)。

Quiz6 根据 σ 因子的作用特征,你认为它与大肠杆菌 RNAP 其他几个亚基在细胞内是等量的关系吗?

与起始阶段相比,延伸阶段的反应要简单得多(图 7 - 16):在失去 σ 因子以后,核心酶通过封闭的钳子构象握住 DNA,这样可以更快的速度沿着 DNA 模板链向前移动。与此同时,转录泡也随着聚合酶一道向前移动。转录泡的大小维持在 17 bp 左右,这就需要聚合酶在转录泡前面解链以暴露新的模板链序列,同时在转录泡后面让 DNA 重新形成双链。DNA 在解链时会形成正超螺旋,但这很容易被拓扑异构酶及时破坏掉。由于 RNA 链延伸的方向始终是从 5′→3′,所以新参入的核苷酸被添加在 RNA 链的 3′- OH 端。每添加一个核苷酸,RNA - DNA 杂交双链必须发生旋转。

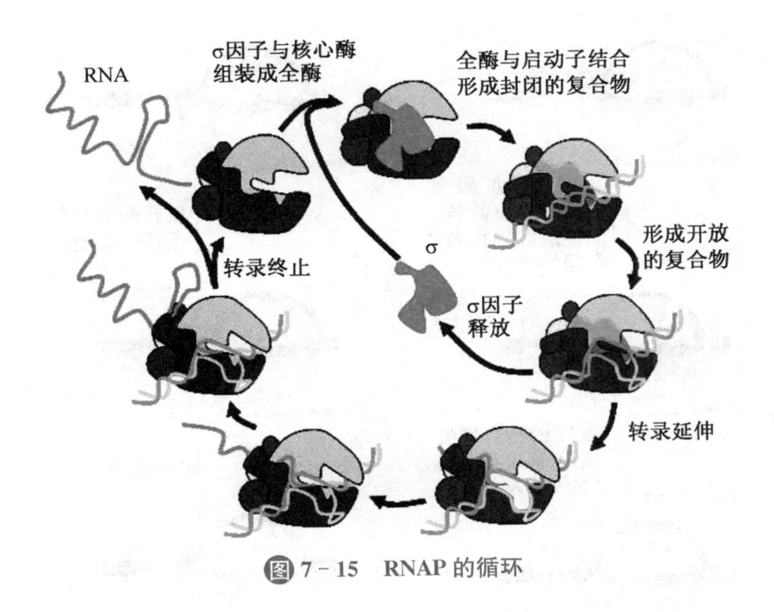

图 7-15　RNAP 的循环

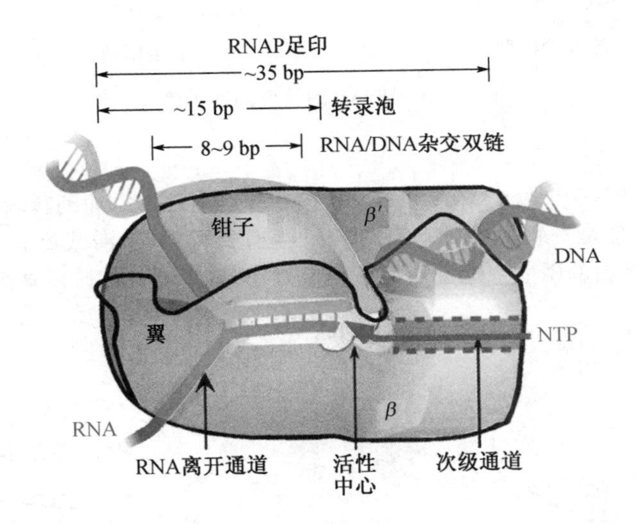

图 7-16　转录的延伸和转录泡的结构

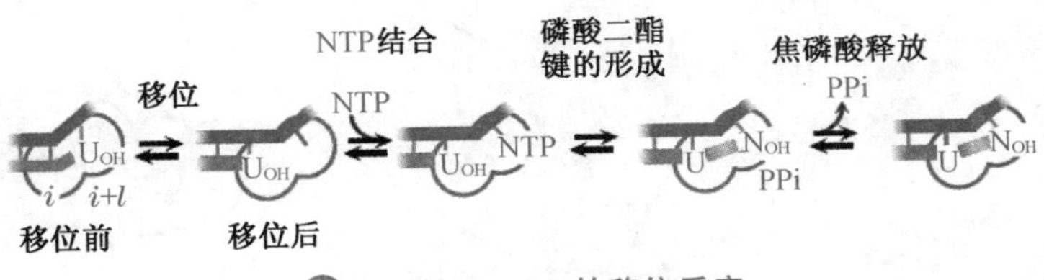

图 7-17　RNAP 的移位反应

在延伸过程中，RNAP 不断地移位(图 7-17)，以转录新的模板链序列。有两种模型可用来解释 RNAP 的移位机制(图 7-18)：一种是热棘轮模型(the thermal ratchet model)。此模型认为，在没有结合 NTP 之前，RNAP 受热的驱动在移位前和移位后两种构象状态之间波动，而一旦 NTP 结合和参入，便陷入移位后构象状态，从而发生移位；另外一种为能击模型(the powerstroke model)。此模型认为，转录的化学能与移位偶联，由它提供移位的机械能。在后一种机制中，RNAP 的一部分既可以在 PP_i 形成的时候移位，也可以在 PP_i 释放的时候移位。

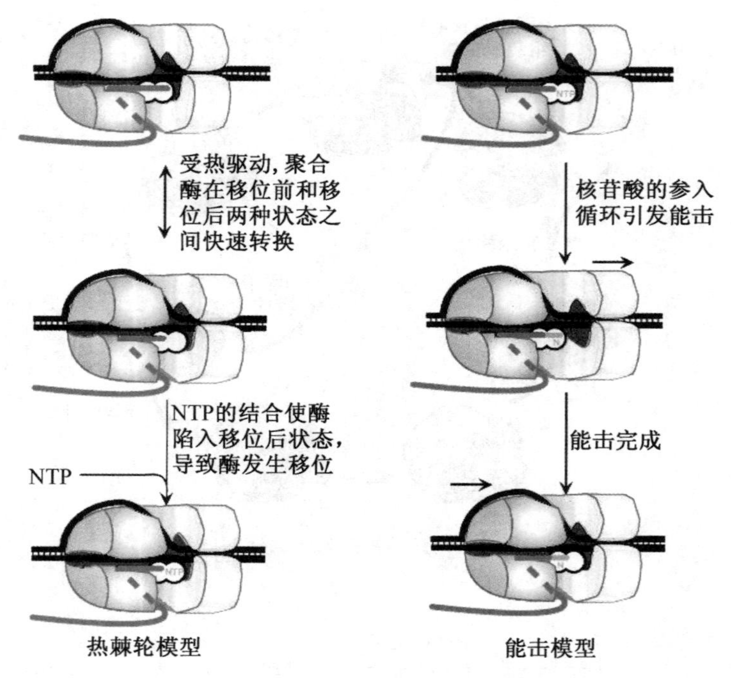

图 7－18　RNAP 的移位的两种模型

2. 延伸的暂停和阻滞

在延伸阶段，RNAP 紧握 DNA 和 RNA，核苷酸迅速地被添加到转录物的 3′-端。然而，延伸的过程不总是一帆风顺的。有时转录会遇到暂停、阻滞或终止位点。实际上，RNAP 每催化 1 个新的磷酸二酯键形成就面临 3 种选择(图 7－19)：是继续延伸——合

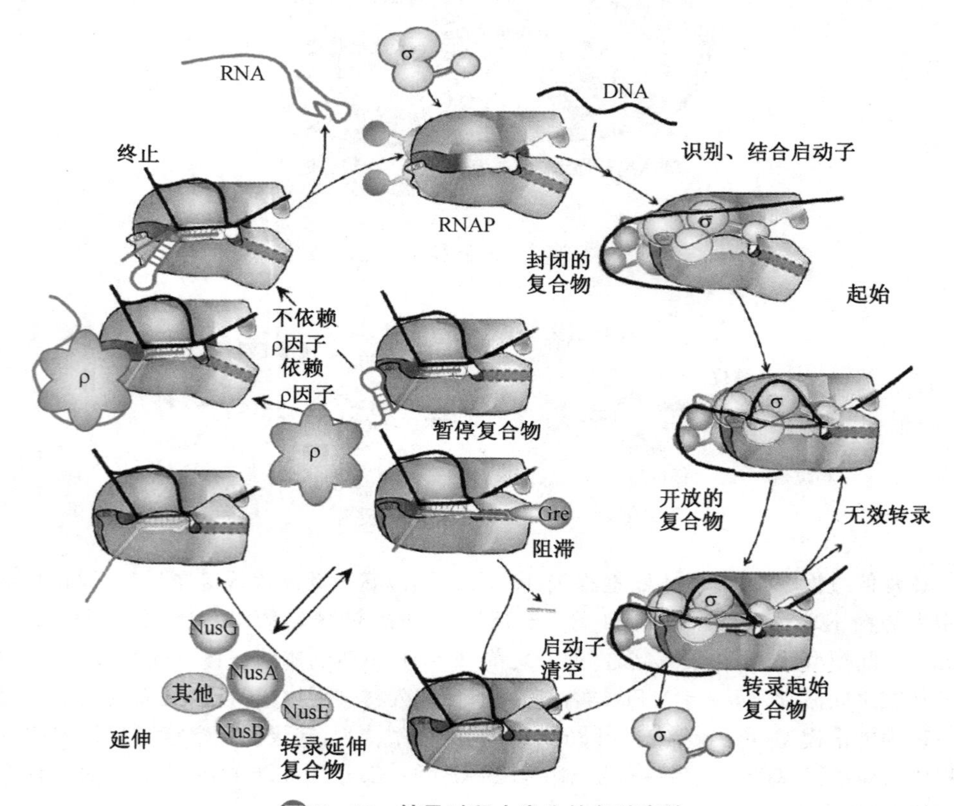

图 7－19　转录过程中发生的各种事件

成新的磷酸二酯键？还是倒退——向后滑动，致使新生RNA的3′-端一部分序列与DNA模板链解离？还是终止——转录延伸复合物的完全解体？

(1) 暂停

暂停是延伸临时停止。其原因可能是RNAP遇到了强度和持续时间不同的暂停信号，如富含U的序列或发夹结构，或遇到了DNA的损伤，也可能是遇到了跟DNA结合的蛋白质。但就功能而言，暂停可能是转录的一种策略或机制：它可以同步细菌转录和翻译的偶联，可以让减慢RNAP速度的调节蛋白能及时发挥作用，也可以作为转录完全终止的前奏。

有时候，互补的NTP暂时短缺也可导致RNAP的暂停。如果发生这种情形，RNA合成的重新启动需要GreA和GreB蛋白来解除暂停状态：先是RNAP倒退，然后，GreA和GreB激活RNAP的内切酶活性，切除3′-端几个核苷酸，以便让RNA的3′-OH能重新回到活性中心。

GreA在与RNAP相作用的时候，其C端的球状结构域结合在RNAP的次级通道旁，而N端的卷曲螺旋结构域(N-terminal coiled-coil domain，NTD)突出到这个通道的内部，其顶端紧靠RNAP的活性中心，其中的两个酸性氨基酸残基——D41和E44通过与Mg^{2+}和水分子的结合，协助RNAP作为内切酶的催化。

(2) 倒退

倒退可能是一种校对新合成RNA的一种手段。当聚合酶向后滑动以后，新生RNA的3′-端便暴露出来。如果合成中正好出现了错误，在GreA或GreB的刺激下，含有错误的寡聚核苷酸被RNAP的内源核酸酶活性切除。GreA和GreB很相似，它们的氨基酸序列有35%是相同的。然而，它们的作用机制略有不同，其中GreA刺激切除2 nt～3 nt长的寡聚核苷酸，GreB刺激切除2 nt～9 nt长的寡聚核苷酸。

倒退可导致RNA合成的暂停，这很容易发生在RNA-DNA杂交双链结合比较弱的时候(富含AU碱基对)。而当暂停的RNAP倒退到RNA堵在次级通道上的时候，转录就完全被阻滞了。解除RNAP的阻滞状态，同样需要GreA或GreB。由GreA或GreB刺激RNAP对突出的RNA剪切是恢复其前进所必需的。

(三) 转录的终止

细菌转录的终止有两种方式：一种依赖于名为ρ因子(rho factor)的蛋白质；另一种则不需要ρ因子，但需要位于转录物3′-端的一段被称为终止子(terminator)的结构。

(1) 依赖ρ因子的转录终止

ρ因子是一个同源六聚体蛋白，大小为60 kDa。该因子具有ATP酶和解链酶的活性。其中，解链酶活性能催化RNA/DNA和RNA/RNA双螺旋的解链。有证据表明，ρ因子的作用需要识别和结合位于转录物5′-端的一段特殊的碱基序列，但ρ因子喜欢结合不形成二级结构、富含CA的区域，并需要在转录延伸复合物上游至少有50 nt～70 nt才能起作用。

ρ因子优先结合的位点现在被称为Rho因子利用位点(*Rho-utilization site*，*rut*位点)。一般而言，ρ因子与新生转录物的结合需要一个*rut*位点，以及30 nt～40 nt长的自由RNA。如果没有*rut*位点，ρ因子结合则需要约100 nt长的自由RNA。鉴于此，有人提出了ρ因子作用模型(图7-20)：ρ因子在识别并结合转录物5′-端的*rut*位点以后，受ATP水解的驱动，沿着5′→3′方向朝转录物的3′-端前进，直至遇到暂停在终止点位置的RNAP。暂停的原因是因为转录物的3′-端形成了发夹结构。随后，ρ因子通过解链酶的活性，解开转录泡上的RNA/DNA杂交双螺旋，使转录物从离开通道解离，从而导致转录终止。

ρ因子的晶体结构显示(图7-21)，它的每一个亚基由两个结构域组成，其N端结构域结合RNA，C端结构域结合ATP，在结构上和参与氧化磷酸化的F_1F_0-ATP合酶的α

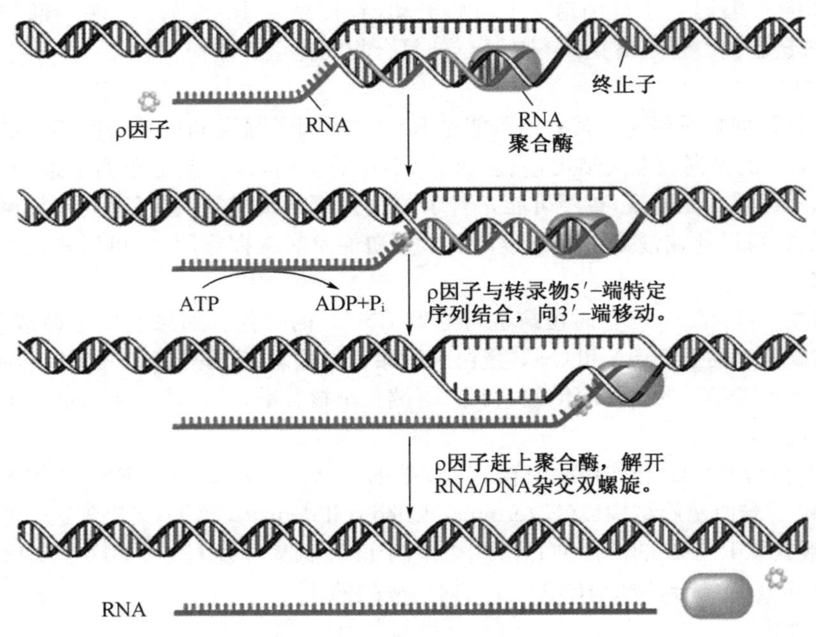

图 7-20　依赖 ρ 因子的转录终止

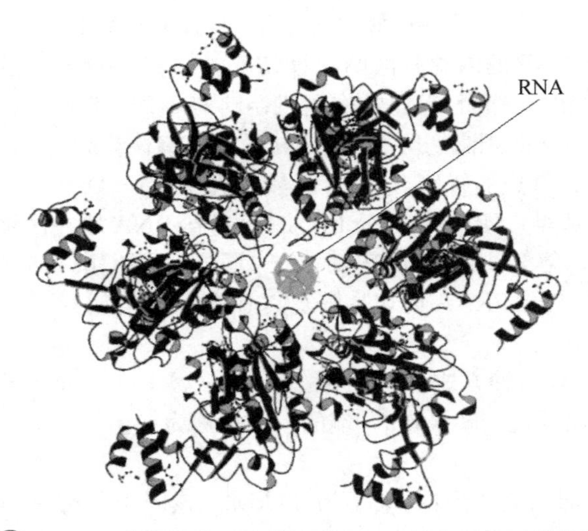

图 7-21　大肠杆菌 Rho 因子与 RNA 结合时的三维结构

和β亚基同源。整个ρ因子的三维结构呈锁紧垫圈状的螺旋。螺旋的直径为12 nm，沿着螺旋轴约上升 4.5 nm，内部有一个直径约为 3 nm 的孔。首尾两个亚基在没有结合 RNA 的时候有 1.2 nm 的空隙，但一旦结合 RNA，空隙立刻消失，这时候的ρ因子就像一个密闭的环套在 RNA 链上。每 2 个亚基构成一个单位，因此 1 个ρ因子共有三个单位。ρ因子在作用的时候，三个单位在某一个瞬间的构象并不相同，而是通过结合和水解 ATP 使构象交替发生改变，这类似于参与氧化磷酸化的 F_1F_0- ATP 合酶在合成 ATP 时所使用的"结合变构"(binding change)机制。于是，ρ因子在作用的时候，就像一个分子马达一样，沿着 mRNA 轨道，朝着 3′-端进发。

依赖于ρ因子的终止在监视翻译失败(如无义突变)的 mRNA 过程中也起十分重要的作用。当核糖体因无义突变提前与 mRNA 解离的时候，ρ因子能够与 mRNA 结合并到达 RNAP，不仅阻止突变的 mRNA 继续合成，而且还能阻止同一个操纵子内下游基因的表达。

某些蛋白质能够干扰 ρ 因子的终止作用，并以此作为调节基因表达的一种手段，如 λ 噬菌体表达的 N 蛋白就有这样的功能（参看第十一章 原核生物基因表达的调控）。

（2）不需要 ρ 因子的终止机制

这是细菌转录终止的主要方式，也称为简单终止（simple termination）（图 7－22）。该机制具有两个特征：一是依赖于位于 RNA 转录物 3′-端的一串 U 序列，至少含有 3 个 U；另一是需要位于紧靠 U 序列上游的一个富含 GC 碱基对的发夹结构。这两个特征的重要性得到突变实验的证明：凡是影响到富含 GC 茎稳定的突变就会影响到终止子的效率；凡是改变 dA：rU 杂交长度的突变也会影响到终止子的效率。

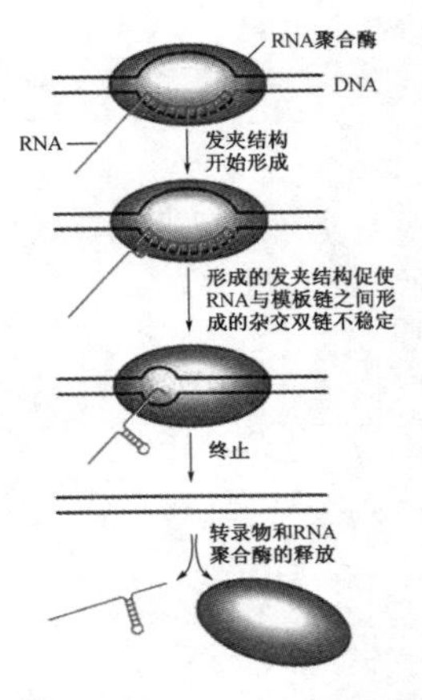

图 7－22　不需要 ρ 因子的终止机制

当转录物在 3′-端自发地形成富含 GC 碱基对的发夹结构（图 7－23）后，RNAP 因此会在终止子位置停顿约几秒钟，其构象受发夹结构的诱导而发生变化。RNAP 构象的变化使得被转录基因的编码链，能取代与模板链以熔点较低的 AU 碱基对结合的转录物，最终导致转录物从 3′-端的释放以及转录的完全终止。

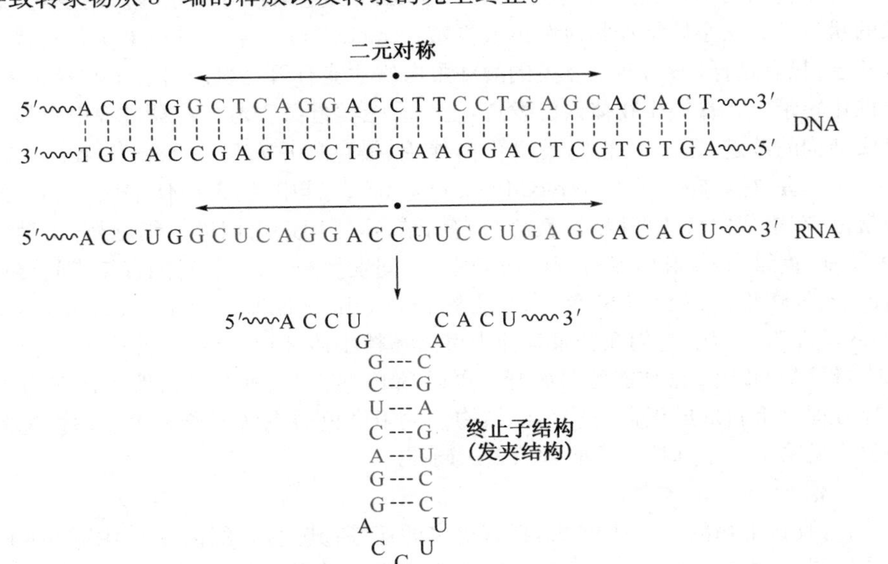

图 7－23　不依赖 ρ 因子的转录终止子结构

终止子发夹结构影响到 RNAP 环绕在 RNA/DNA 杂交双链上游的一段肽链，要么将 RNA 从杂交双链之中拉开，要么打开 RNAP 的主要通道。有两个模型被用来解释终止子是如何导致终止的（图 7－24）：一种是发夹入侵模型（the hairpin-invasion model），一种是 RNA 拉离模型（RNA pull-out）。两种模型都解释了发夹结构如何破坏 RNA/DNA

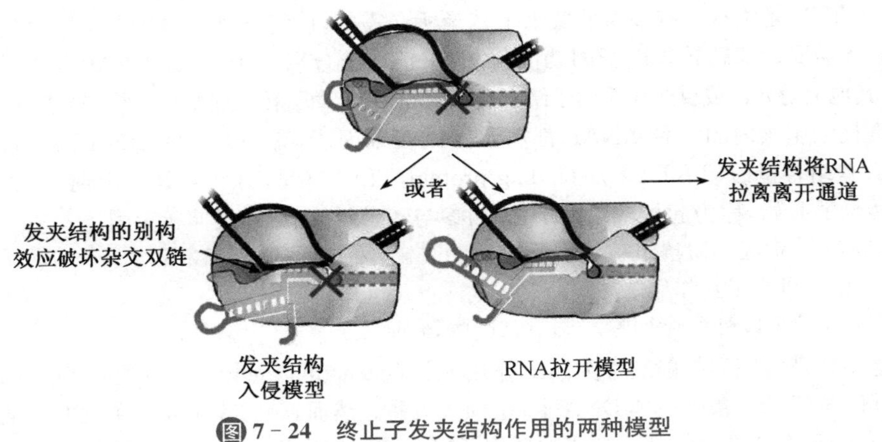

图 7－24　终止子发夹结构作用的两种模型

双链上游的3个碱基对。入侵模型认为,发夹结构的茎对RNA离开通道的上游部分施加的是别构效应,而拉离模型认为,在茎不能深入到离开通道的时候,RNA移位,从离开通道出去。

五、真核生物的核基因转录

(一) 真核生物细胞核基因转录与细菌基因转录的主要差别

尽管真核生物的细胞核基因转录与细菌的基因转录在基本机制上非常相似,但也有许多差别。相对于细菌来说,真核生物的核基因转录的不同之处反映在以下几个方面:

(1) 需要克服核小体和染色质结构对转录构成的不利障碍

细菌没有核小体和染色质的结构,因此不存在这样的障碍,而真核细胞的核基因是处于核小体和染色质结构之中的。可以预见,就像DNA复制一样,真核细胞核DNA在转录之前或转录之中,染色质和核小体的结构必须发生某种有利于转录的变化,进入能转录的状态。如核小体结构临时解体或重塑(remodelling),染色质构象从紧密状态变为松散状态,只有这样,参与转录有关的酶和蛋白质才能有效地识别启动子和模板等,并顺利地催化转录。在真核生物体内已发现,至少有三类蛋白质参与转录过程中对核小体和染色质结构的改造或重塑,它们是组蛋白伴侣、染色质重塑因子(chromatin remodeling factor)和组蛋白修饰酶(histone modifying enzyme)。其中,组蛋白伴侣属于一类组蛋白结合蛋白,在组蛋白合成好以后,就会与它们结合,并护送它们进入细胞核,帮助它们在DNA复制、重组、修复和转录过程中与DNA之间发生相互作用,还能直接或间接调节组蛋白的化学修饰。以促进染色质转录复合物(the facilitates chromatin transcription complex,FACT)为例,它们在转录延伸中可破坏核小体结构的稳定,使得RNAP在经过的地方,H2A/H2B二聚体能暂时离开。再以Spt6为例,这种组蛋白伴侣在RNAP延伸过的地方促进重新形成正常的核小体结构。关于染色质重塑因子和组蛋白修饰酶与转录的关系见第十二章真核生物的基因表达调控。

(2) 不一样的RNA聚合酶

首先,真核生物的RNAP更大,拥有更多的亚基;其次,与细菌α亚基相当的两个亚基不是相同的;再次,缺乏相当于σ因子的亚基,因此真核RNAP不能直接识别启动子;还有,真核生物基因转录需要解链酶,细菌的RNAP本身就具有解链酶活性;最后,真核生物细胞核里面的RNAP至少有三种,它们在功能上高度分工,不同性质的RNA由不同的RNAP负责催化转录。

(3) 转录除了需要RNAP以外,还需要许多称为转录因子的蛋白质的参与

转录因子分为基础转录因子(basal transcription factor)和特异性转录因子(specific transcription factor)。其中,基础转录因子也称为一般转录因子(general transcription factor,GTF),是维持所有基因最低水平转录所必需的,而特异性转录因子只是特定的基因转录才需要。基础转录因子的功能包括:识别和结合启动子,招募RNAP与启动子结合;与其他上游元件或反式作用因子结合或相互作用,有助于转录起始复合物的装配和稳定。

真核细胞核内的三种RNAP都需要基础转录因子,有的是三种RNAP共有的,如TATA盒结合蛋白(TATA box binding protein,TBP),有的则是各RNAP特有的;有的参与转录的起始,称为起始转录因子,有的参与转录延伸,称为延伸转录因子。

(4) 在转录起始阶段进行启动子清空的时候,需要打破结合在启动子上的转录因子和RNAP之间的相互作用

(5) 启动子以外的序列参与调节基因的转录

这些特殊的序列一般统称为顺式作用元件(cis-acting element),这是因为它们与受控的基因位于同一条染色体DNA上,呈顺式关系。然而,顺式作用元件单独并不能发挥作用,它们只有在结合了特殊的蛋白质因子以后才能起作用。由于这些特殊的蛋白质因

子本身的基因通常位于其他的染色体 DNA 分子之上，与被调节的基因呈反式关系，因此它们被称为反式作用因子（trans-acting factor）。

（6）转录与翻译不存在偶联关系

细菌的蛋白质基因一旦转录开始，核糖体就能与转录物的 5′-端结合，并启动翻译，即转录与翻译在时间和空间上存在偶联关系。而在真核细胞内，转录发生在细胞核，翻译则发生在细胞质，之间还有转录后加工，因此不存在任何偶联。

（7）转录物多为单顺反子（mono-cistron），而细菌的转录物大多数为多顺反子（polycistron）

出现这种结果的原因是在细菌转录系统中，功能相关的基因共享一个启动子，在转录时以一个共同的转录单位进行转录。而在真核转录系统之中，每一个蛋白质的基因都有自己独立的启动子。

（二）真核细胞核 DNA 转录的基本过程

1. RNAP Ⅰ所负责的基因转录

RNAP Ⅰ主要负责催化 18S rRNA、5.8S rRNA 和 28S rRNA 的转录，转录场所为核仁。这三种 rRNA 共享一个启动子，含有多个拷贝，首尾相连（图 7－25）。相邻拷贝之间是非转录间隔区（nontranscribed spacer，NTS）。在 18S rRNA 和 5.8S rRNA 以及 5.8S rRNA 和 28S rRNA 之间，各有一段内转录间隔区（internal transcribed spacer，ITS），而在 18S rRNA 的 5′-端和 28S rRNA3′-端，各有一段外转录间隔区（external transcribed spacer，ETS）。45S rRNA 是它们的共同前体，通过转录后加工可分别得到各自的终产物。此外，锥体虫表面的 VSG 和前环素是少数由 RNAP Ⅰ催化转录的蛋白质。

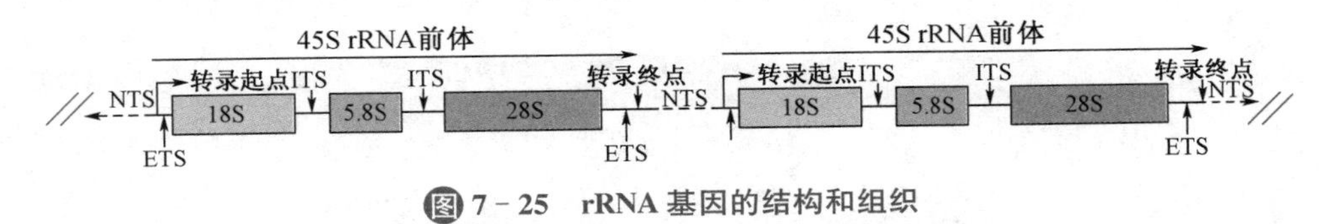

图 7－25　rRNA 基因的结构和组织

（1）启动子

RNAP Ⅰ所负责转录的基因的启动子由两个部分组成：一个是核心启动子（core promoter，CP），位于－31 到＋6 之间，与基因的基础转录有关，因此是必需的；另一个是上游控制元件（upstream control element，UCE），位于－187 到－107 之间，是基因的有效转录所必需的。这类启动子具有物种特异性（species specific），即某一物种的启动子只对本物种的基因转录有效，对其他物种无效。

核心启动子和 UCE 的序列高度一致，约有 85％的序列相同。它们都富含 GC，但在转录起点附近却倾向于富含 AT，这显然可使启动子在启动转录时更容易解链。

在某些生物体内，类似增强子的序列元件以重复序列的形式存在可进一步提高转录的效率。

（2）基础转录因子

在哺乳动物细胞内，RNAP Ⅰ至少需要 2 种转录因子：一种是 UCE 结合因子（UCE binding factor，UBF）。它为单一的多肽，在识别 UCE 和核心启动子上富含 GC 的序列后，与启动子结合；另一种是选择因子 1（selectivity factor，SL1）或转录起始因子-ⅠB（transcriptional initiation factor ⅠB，TIF-IB），由 TATA 盒结合蛋白（TBP）和 3 个 TBP 相关因子（TBP associated factor，TAF）组成，其中 TBP 是三种 RNAP 催化基因转录都需要的蛋白质。此外，还可能需要另外两个转录起始因子——TIF-ⅠA 和 TIF-ⅠC。

在酵母细胞中，RNAPⅠ至少需要三种转录因子：第一种是上游激活因子（upstream activation factor，UAF），第二种是 SL1/TIF－IB 的同源物，第三种是 RNAPⅠ相关因子 Rrn3。

(3) 转录的起始

以哺乳动物细胞为例,在转录起始阶段,UBF 作为组装因子(assembly factor),与核心启动子和 UCE 结合启动了转录起始复合物的装配。主要的反应包括(图 7-26):首先,UBF 二聚体同时与 CP 和 UCE 结合,导致 DNA 局部成环,进而让 CP 与 UCE 发生接触。随后,SL1 被招募到启动子上,其中的 TBP 刚好结合在转录起点周围,这里没有序列特异性。与一般的 DNA 结合蛋白不同,TBP 结合在小沟上,可诱导 DNA 局部变形,从而影响到大沟的结构,最终导致 DNA 模板约有 6 bp~8 bp 序列发生解链,这是 RNAP Ⅰ启动转录所必需的。SL1 的结合一方面稳定了 UBF 和启动子的结合,另一方面它作为定位因子(positional factor)引导 RNAPⅠ正确定位到启动子上,但 RNAPⅠ需要先与磷酸化的 Rrn3/TIF-ⅠA 结合。RNAPⅠ再通过 Rrn3/TIF-ⅠA 与 UBF/SL1 复合物结合。一旦 RNAPⅠ结合到复合物上,便处在预定的位置,精确启动转录的起始。尽管没有 UBF,rRNA 也能被转录,但转录的效率会大大降低。

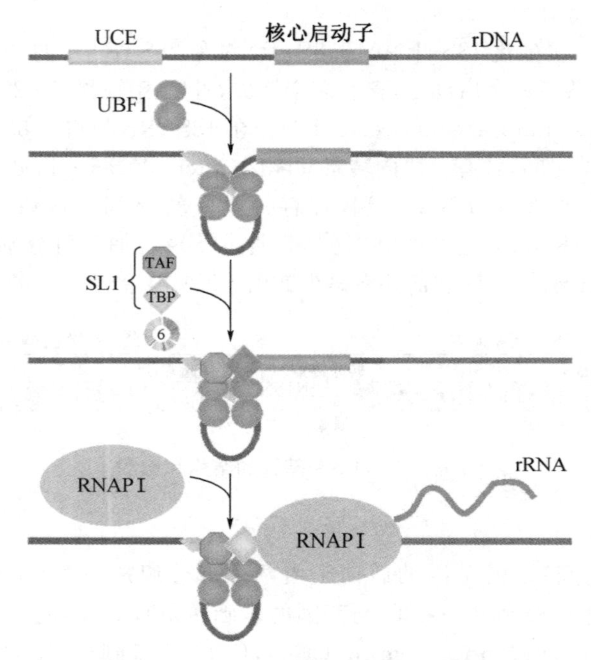

图 7-26 RNAPⅠ所负责的基因的转录

(4) 转录的延伸

在 RNAPⅠ离开启动子以后,UBF/SL1 复合物仍然结合在启动子上,从而可招募另外一个 RNAPⅠ到启动子上。这种情况可连续发生多次。在延伸的时候,RNAPⅠ需要染色质重塑因子的帮助,以克服核小体结构对 DNA 转录构成的障碍。此外,TIF-ⅠC 也可以刺激转录的效率,并解除 RNAPⅠ在转录途中可能发生的暂停。在转录的时候,转录泡前面形成正超螺旋,后面形成负超螺旋,这与 RNAPⅡ催化的转录相似。转录过程如果遇到模板链的损伤,可激发转录偶联修复系统。由于 RNAPⅠ催化的基因转录系统相对简洁,因此它是细胞核里作用最快的,其催化的转录活性占到对数生长期细胞转录总活性的 60%。

(5) 转录的终止

RNAPⅠ所催化的基因转录终止于一段特殊序列组成的终止子区域。哺乳动物的终止子长约 18 bp,因内部含有限制性内切酶 *Sal Ⅰ* 的切点,所以有时称为 Sal 盒(Sal box)。该终止子序列位于 28S rRNA 序列下游约 500 bp 处,可以被转录终止因子识别并结合,然后把两种 RNA 酶——Rnt1 和 Ran1 招募过来。小鼠的终止因子为 TTF-1,酵母为 Reb1 或它的同源物 Nsi1。有一种"鱼雷"模型(The torpedo model)是这样解释

RNAPⅠ的转录终止的：正在延伸的 RNAPⅠ暂停在 Reb1 或 Nsi1 结合位点附近，内切酶 Rnt1 切开新生 rRNA 的前体，被切开的转录物成为外切酶 Rat1 的底物，于是 Rat1 从与 RNAPⅠ结合的转录物的 5′-端开始边切边赶 RNAPⅠ，最终赶上并与它发生碰撞，在解链酶 Sen1 的协助下，将 RNAPⅠ从模板链上释放出来(图 7-27)。

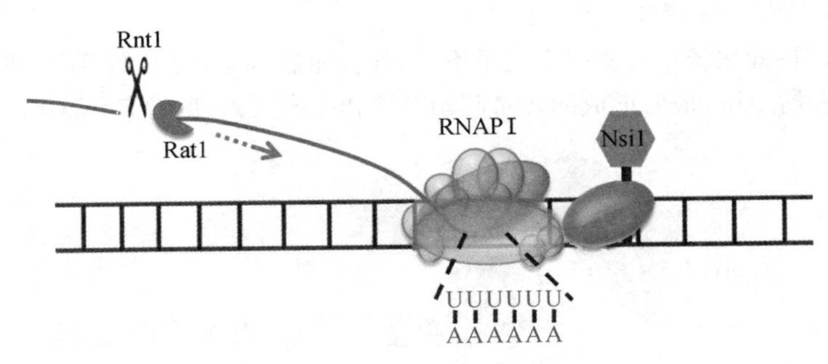

图 7-27　RNAPⅠ催化的 DNA 转录的终止

2. RNAPⅢ所负责的基因转录

RNAPⅢ负责转录的是结构上比较稳定的小 RNA，包括 tRNA、5S rRNA、7SL RNA、7SK RNA、端粒酶和核糖核酸酶 P 所含有的 RNA、无帽子结构的 snoRNA 和 snRNA(如 U6 snRNA)以及某些病毒的 mRNA 和少数 miRNA 等。

(1) 启动子

RNAPⅢ负责转录的基因的启动子分为两种类型(图 7-28)：一类与 RNAPⅡ相似，主要位于基因的上游，属于外部启动子，含有 TATA 盒、近序列元件(proximal sequence element，PSE)和远端序列元件(distal sequence element，DSE)，如 7SK RNA、7SL RNA 和 U6 snRNA 等；另一类位于基因内部，因此为内部启动子(internal promoter)，如 tRNA、5S rRNA 和腺病毒的 VA RNA 等。就 5S rRNA 而言，它的内部启动子由 A 盒(A Box)、C 盒(C box)和中间元件(intermediate element)三个部分组成。而 tRNA 的启动子分为 A 盒和 B 盒(B box)，分别对应于 tRNA 的 D 环和 TψC 环。tRNA 的 A 盒和 B 盒的保守序列是 TGGCNNAGTGG(N 为任何核苷酸)和 GGTTCGANNCC。由于它们位于基因内部，因此本身也被转录。

Quiz7 如何设计实验确定真核生物 tRNA 基因的启动子属于内部启动子？

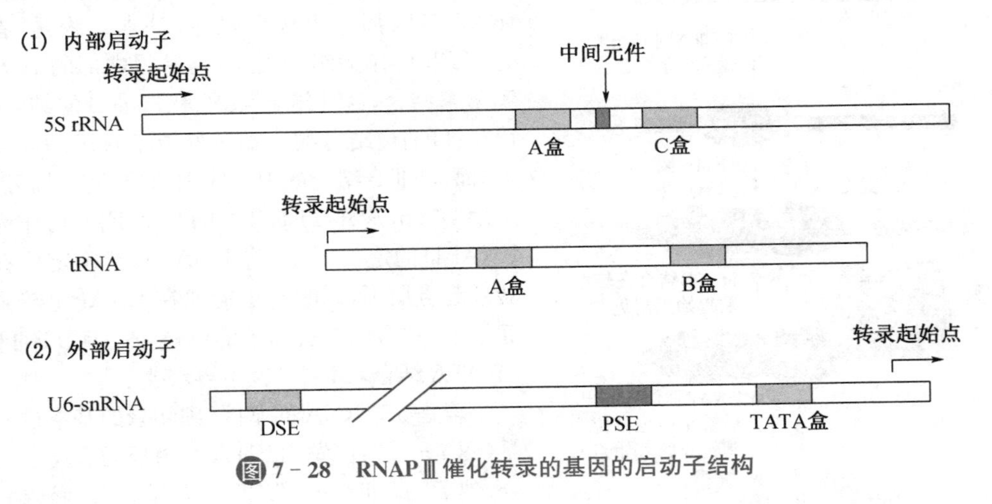

图 7-28　RNAPⅢ催化转录的基因的启动子结构

(2) 基础转录因子

RNAPⅢ所需要的基础转录因子(TFⅢ)有三种，即 TFⅢA、B 和 C。其中 TFⅢC 为组装因子，由 6 个亚基组成，负责与第二类启动子的 A 盒和 B 盒结合。TFⅢB 是一种定位因子，结合于 A 盒的上游约 50 bp 的位置，但与它结合的序列无特异性，这说明 TFⅢB

结合的位置是由 TFⅢC 决定的。结构分析表明 TFⅢB 由三个亚基组成，分别是 TBP、TFⅢB 相关因子(TFⅢB-related factor，BRF)和 TFⅢB″，其中 BRF 有 BRF1(由外部启动子转录的基因使用较小的 BRF2)和 BDP1。TFⅢA 由一条肽链组成，含有锌指结构，但仅为 5S rRNA 基因的转录所必需。

(3) 转录的起始和延伸

由 RNAPⅢ催化转录的基因启动子不尽相同，而启动子不同，招募 TFⅢB 和 RNAPⅢ的途径就有所不同，最后形成的转录起始复合物也有所差别(图 7-29)。

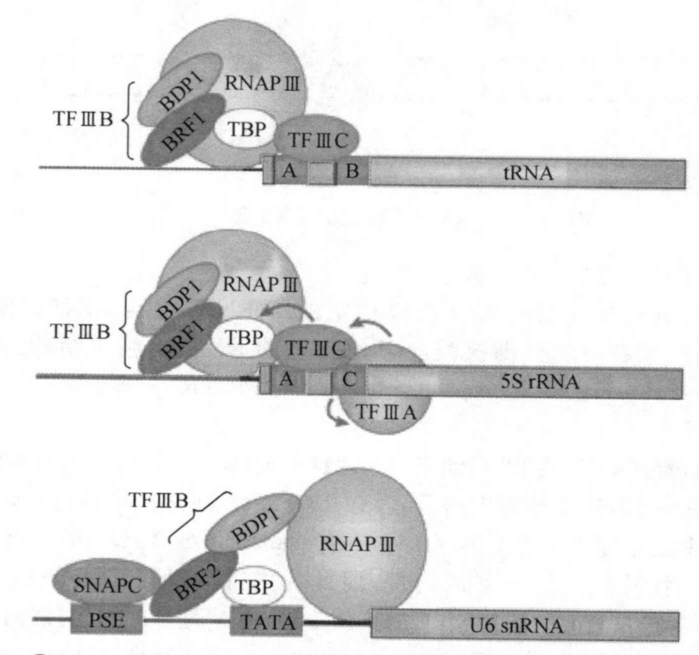

图 7-29 RNAPⅢ催化的不同类型基因形成的转录起始复合物

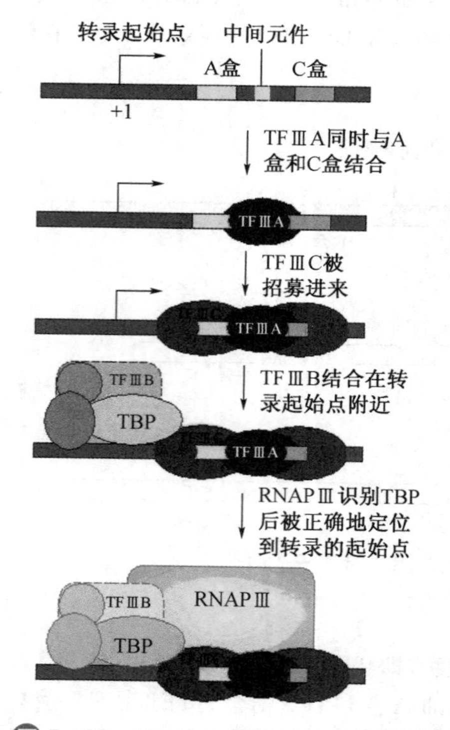

图 7-30 5S rRNA 基因转录的起始和延伸

若是 tRNA 的基因，则每一个 tRNA 的基因作为一个独立的转录单位，进行转录。所有 tRNA 基因都呈组成型表达，基本过程是：首先，TFⅢC 作为组装因子，与基因内部的 A 盒和 B 盒结合，这种结合可促进 TFⅢB 的结合。由于 TFⅢC 结合的一端正好位于转录的起点上，而 TFⅢB 结合的中央区则约位于转录起点上游 26 bp，这样 TFⅢB 中的 TBP 刚好可作为 RNAPⅢ的定位因子，将 RNAPⅢ精确定位在转录起点周围，同时它也能像在 RNAPⅠ转录起始中一样，促进启动子的解链。一旦 TFⅢB 与 DNA 结合，TFⅢC 就不再需要了。

若是 5S rRNA 的基因，则转录的基本过程是(图 7-30)：首先，TFⅢA 与内部的启动子结合；然后，TFⅢC 被 TFⅢA 招募上来，形成一种稳定的复合物，TFⅢC 几乎覆盖整个基因；随后，TFⅢB 被 TFⅢC 招募到转录起点附近；最后，RNAPⅢ通过与 TBP 的作用再被招募到转录的起始复合物中，开始转录。

若是由基因外启动子驱动的基因转录，首先需要 snRNA 激活蛋白复合物（snRNA activating protein complex，SNAPC）（也称为 PBP 或 PTF）结合 PSE，其结合的中央区位于转录起点上游 55 bp 的地方。这种结合受到 RNAPⅡ的转录因子 Octa1 和 STAF 与位于起点上游的 DSE 结合的刺激。这两个转录因子和 DSE 也是 RNAPⅡ催化含有帽子结构的 snRNA 转录所必需的。SNAPC 将 TFⅢB 组装到 TATA 盒上，正是 TFⅢB 中的 TBP 与 TATA 盒的结合，让 U6 snRNA 的转录由 RNAPⅢ而不是 RNAPⅡ催化。

TFⅢB 在 RNAPⅢ催化转录起始以后，仍然结合在启动子上。这可以再将一个 RNAPⅢ定位到转录的起点上，再次启动转录，因此 RNAPⅢ转录的水平较高。

（4）转录的终止

RNAPⅢ催化的基因转录的终止不同于 RNAPⅠ和 RNAPⅡ，但与细菌不需要 ρ 因子的终止机制有点相似，需要 1 段富含 GC 的序列和 1 小串 U，但 U 的长度短于细菌，4 个 U 就够了，而且富含 GC 区域也不需要形成茎环结构。通常模板链上的一段寡聚 A 就足以启动并完成整个终止反应。

3. RNAPⅡ所负责的基因转录

该酶负责催化 mRNA、绝大多数 miRNA、具有帽子结构的 snRNA（如 U1、U2、U4 和 U5 snRNA）和 snoRNA、XistRNA 以及某些病毒 RNA 的转录。算此类基因的转录最为复杂。

（1）控制 RNAPⅡ所催化的基因转录的顺式元件

受 RNAPⅡ催化转录的基因特别是蛋白质的基因受到多种顺式作用元件的控制，它们包括核心启动子、调控元件（regulatory element）、增强子和沉默子等。

① 核心启动子

核心启动子也称为基础启动子（basal promoter 或 minimal promoter），其功能相当于细菌的启动子，它们参与招募和定位 RNAPⅡ到转录起点，从而正确地起动基因的转录，也可能通过促进参与转录复合物装配或稳定转录因子的结合而提升转录的效率。

属于核心启动子的元件有（图 7-31）：TATA 盒、起始子（initiator，*Inr*）、TFⅡB 识别元件（TFⅡB recognition element，BRE）和下游启动子元件（downstream promoter element，DPE）。

TATA 盒为一段富含 AT 碱基对的碱基序列，位于－25 到－30 区域，与细菌启动子的 Pribnow 盒相似，但位置不同；*Inr* 覆盖转录的起点，多数在－1 位的碱基为 C，＋1 碱基为 A。TATA 盒和 *Inr* 属于招募和定位元件，由两者共同决定转录的起点。

BRE 可视为 TATA 盒向上游的延伸，它位于－37 到－32 区域，为转录因子 TFⅡB 的识别序列；DPE 位于 *Inr* 下游，它总是在＋28 到＋32 之间，其作用需要 *Inr* 的存在。

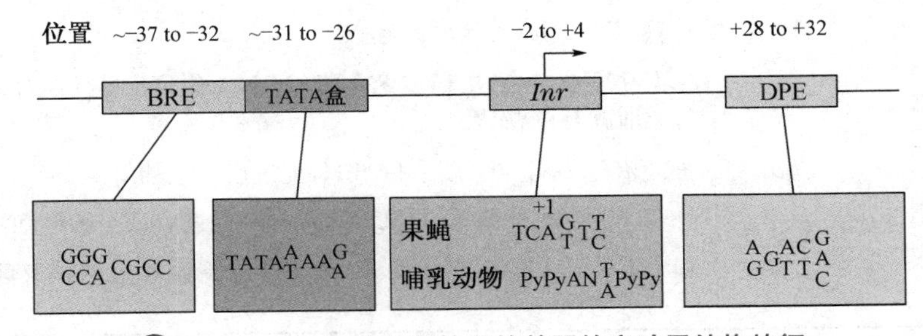

图 7-31 RNAPⅡ负责转录的基因的启动子结构特征

上述几种核心启动子元件并不是所有的蛋白质基因都有，一个特定的基因可能含有其中的某些元件，也可能含有所有元件，也可能都缺乏。属于既无 TATA 盒、又无 *Inr* 的基因非常少，这一类基因的转录效率较低，而且转录的起点位置也不固定。

② 调控元件

调控元件包括上游临近元件（upstream proximal element，UPE）和上游诱导元件

(upstream inducible element,UIE),它们的作用都需要特殊的反式作用因子的结合。

UPE为一段短的核苷酸序列,长度约为6 nt～20 nt,位于核心启动子上游的近侧,其功能是调节转录起始的效率,但不影响转录起点的特异性。属于UPE的有:GC盒、CCAAT盒、Sp1盒、AP2盒和OCT等。其中GC盒富含GC碱基对,通常存在于大多数蛋白质基因(特别是管家基因)的上游,而且往往不止一个拷贝。

UIE存在于那些受细胞内外各种信号诱导才表达的基因核心启动子的上游,典型的例子有:激素反应元件——(hormone-response element,HRE)、热休克反应元件——(heat-shock response element,HSE)、cAMP反应元件——(cAMP-response element,CRE)、金属反应元件——(metal-response element,MRE)和血清反应元件——(serum-response element,SRE)等。

③ 增强子和沉默子

增强子(enhancer)是一种能够大幅度增强基因转录效率的顺式作用元件,而沉默子(silencer)则是一种抑制基因表达的顺式作用元件。增强子可能通过提高启动子利用的效率起作用,也可能提高一个启动子处于染色质中的转录活性区而起作用。这两类顺式作用元件的结构特征和作用机制参见第十二章真核生物基因表达调控。

(2) 基础转录因子

RNAPⅡ所需要的基础转录因子有TFⅡA、B、D、E、F、H、J和S等(表7-5)。

① TFⅡD

TFⅡD是一种多蛋白质复合物,由TBP和TAF组成。TBP就是RNAPⅠ和Ⅲ也需要的TATA盒结合蛋白,共有180个氨基酸残基,有2个非常相似的由66个氨基酸残基组成的马镫状结构域。这2个结构域被一个短的碱性肽段分开,仿佛马鞍横跨在DNA分子上,通过接触小沟与DNA结合。由于碱基序列在小沟中暴露的不好,TBP在结合的时候,需要撕开小沟,以识别其中的序列。如此作用可导致DNA出现近90°的弯曲。

TFⅡD的功能包括:识别和结合核心启动子;结合和招募其他基础转录因子;为多种调节蛋白的作用目标;具有激酶(磷酸化TFⅡF)、组蛋白乙酰基转移酶和泛素激活酶/结合酶活性。不同的酶活性由不同的TAF承担。

表7-5 RNAPⅡ的基础转录因子

转录因子	亚基数目	功能
TFⅡD	1TBP 12TAFs	与TATA盒结合 调节功能,有1个与*Inr*结合
TFⅡA	3	稳定TBP与启动子的结合
TFⅡB	1	招募RNAPⅡ,确定转录起点
TFⅡF	2	与RNAPⅡ结合,去稳定聚合酶与DNA的非特异性结合,确定转录起始时模板的位置。
TFⅡE	2	协助招募TFⅡH,激活TFⅡH,促进启动子的解链。
TFⅡH	9	具有ATP酶、解链酶、CTD激酶活性,促进启动子解链和清空。
TFⅡS	1	刺激RNAPⅡ的剪切活性,因此可切除错误参入的核苷酸,提高转录的忠实性。

② TFⅡA

TFⅡA由3个亚基组成,其功能包括:与TBP在N端的马镫状结构域结合;取代与TBP结合的负调控因子(如NC1和NC2/DR1);稳定TBP与TATA盒的结合。

③ TFⅡB

TFⅡB为单一肽链,其功能包括:与TBP在C端的马镫状结构域结合;与TFⅡF的RAP30亚基结合,从而将RNAPⅡ和TFⅡF形成的复合物招募到启动子;稳定TBP与

DNA的结合;充当多种激活蛋白的作用靶点。

④ TFⅡF

TFⅡF由RAP38和RAP74亚基组成,其功能包括:与TFⅡB和RNAPⅡ结合,降低聚合酶与非特异性DNA的相互作用,促进聚合酶与启动子的结合;参与转录的起始和延伸,降低延伸过程中的暂停,保护延伸复合物免受阻滞;RAP74具有解链酶活性,可能参与启动子的"熔化"以暴露模板链。在无TFⅡB的情况下,刺激磷酸酶的活性,导致CTD的去磷酸化。

⑤ TFⅡE

TFⅡE由34 kDa亚基和57 kDa亚基组成,其功能包括:与RNAPⅡ结合,招募TFⅡH;调节TFⅡH的解链酶、ATP酶和蛋白质激酶活性;参与启动子的"熔化"。

⑥ TFⅡH

TFⅡH有9个亚基,同时具有解链酶、ATP酶和蛋白质激酶的活性,它的1个亚基是周期蛋白H(cyclin H)。其功能包括:与TFⅡE紧密相连,相互结合和相互调节;其2个最大的亚基(XPB和XPD)所具有的解链酶活性促进转录过程中DNA模板的解链;为第一个磷酸二酯键的形成所必需;激酶的活性可导致RNAPⅡ的CTD发生磷酸化修饰,从而促进启动子的清空。

Quiz8 有研究发现TFⅡH的突变也可以导致着色性干皮病。对此你如何解释?

⑦ NELF、DSIF、P-TEFb和TFⅡS

这几种转录因子只参与转录的延伸,因此属于转录延伸因子。NELF是一种负作用延伸因子(negative-acting elongation factor),由A、B、C/D和E四个亚基组成;DSIF则是DRB敏感性诱导因子(DRB-sensitivity inducing complex)(DRB为5,6-二氯-1-β-D-呋喃核糖基苯并咪唑的英文缩写),由Spt4和Spt5两个亚基组成。NELF和DRB通过结合CTD,共同诱导转录暂停;P-TEFb是由周期蛋白T和CDK9形成的蛋白质激酶,可催化RNAPⅡ最大亚基CTD和Spt5的磷酸化,进而解除DSIF和NELF诱导造成的转录暂停;TFⅡS由约300个氨基酸组成,其功能相当于细菌的GreB蛋白。与细菌一样,真核生物在转录延伸过程中,RNAPⅡ也可能发生阻滞。阻滞的解除需要TFⅡS的帮助。TFⅡS含有两个保守的结构域,一个中央结构域——与结合RNAPⅡ所必需,一个具有锌指模体的C端结构域——刺激RNAPⅡ从3′-端剪切下几个核苷酸。X-射线衍射研究表明,其锌指结构上突出一个β发夹结构(β-hairpin),正好与聚合酶活性中心互补,从而刺激RNAPⅡ内在的内切核酸酶活性,此活性不仅可以解除转录的阻滞状态,而且也可能被用来切除错误参入的核苷酸,因此可用来转录校对。

(3) 介导蛋白

介导蛋白(mediator)是在纯化RNAPⅡ时得到的与CTD结合的一类蛋白质复合物,约由25～36种甚至更多的蛋白质组成,是转录预起始复合物的成分。它们在体外能够促进基础转录5～10倍,还能刺激CTD依赖于TFⅡH的磷酸化反应达30～50倍。

介导蛋白可以与激活基因转录的激活蛋白或辅激活蛋白相作用,充当它们作用预转录起始复合物的桥梁,使它们能够刺激基础转录。介导蛋白中有一类为SRB蛋白,它们直接与CTD结合,可校正CTD的突变。

(4) 转录的起始

RNAPⅡ催化的基因转录的起始一直是人们关注的重点,这是因为它可受到多种调节机制的调控。不管是阻遏蛋白(repressor)还是激活蛋白(activator),一般都是在此阶段起作用。转录的起始是各转录因子和RNAPⅡ按照一定的次序,通过招募的方式形成预转录起始复合物(pre-initiation complex,PIC)的过程。转录因子和RNAPⅡ与启动子结合的次序可能是:TFⅡD→TFⅡA→TFⅡB→(TFⅡF+RNAPⅡ)→TFⅡE→TFⅡH(图7-32)。需要特别注意的是,RNAPⅡ在转录起始被招募到启动子的时候,其最大亚基的CTD处在低磷酸化或脱磷酸化状态。

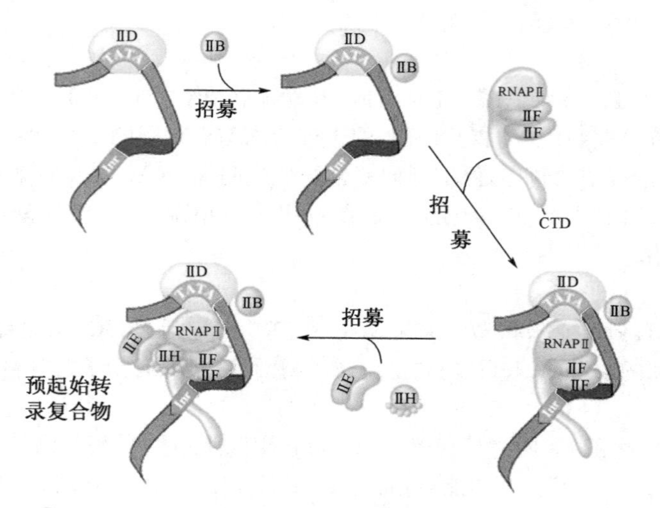

图 7-32　RNAPⅡ催化的基因转录预起始复合物的形成

以含有 TATA 盒和 *Inr* 的启动子为例，PIC 形成的基本过程为：先是 TFⅡD 中的 TBP 识别并结合 TATA 盒；随后是 TFⅡA 和 TFⅡB 结合上来；然后是 TFⅡF/RNAPⅡ与介导蛋白结合；最后是 TFⅡE 和 TFⅡH 结合，形成完整的 PIC。TBP 结合引起的 DNA 弯曲使得 DNA 绕在 RNAPⅡ上。这可能是缺乏 TATA 盒的基因以及由 RNAPⅠ和 RNAPⅢ催化转录的基因也需要 TBP 的原因。在这种封闭的复合物中，位于 TATA 盒下游的转录起点正好落在 RNAPⅡ活性中心裂缝的上方(图 7-33)。

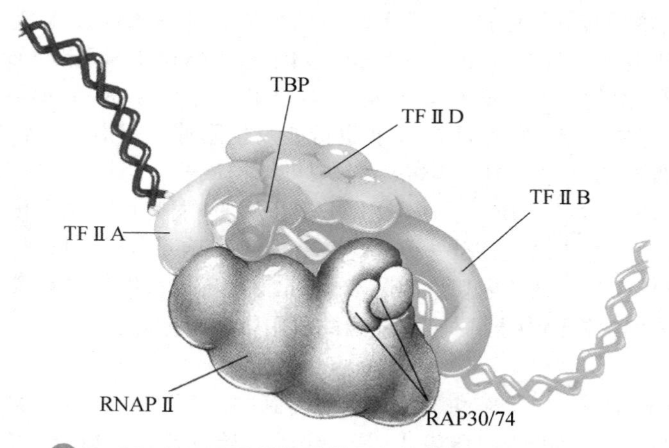

图 7-33　RNAPⅡ催化的转录起始复合物的结构模型

随着新生 RNA 链的延伸，PIC 会经历一系列的构象变化，其间也进行无效的转录循环。PIC 所发生的最重要的变化是其中的 DNA 模板从封闭的双链状态，转变成局部解链的开放状态。BRE 的上游和 TATA 盒的下游至少部分决定了转录的方向性。PIC 从封闭状态进入开放状态，确保了双链的解链，以及让解开的模板链从一开始在 RNAPⅡ活性中心上方向下直降了 3 nm，进入活性中心裂缝的底部。与 RNAPⅠ、RNAPⅢ、古菌 RNAP 和细菌 RNAP 不同的是，RNAPⅡ催化的基因转录起始阶段的启动子解链，需要 TFⅡH 具有的 ATP 依赖性解链酶活性。TFⅡH 不仅具有解链酶活性，还具有蛋白质激酶活性。一旦 TFⅡH 的激酶活性催化了 RNAPⅡ最大亚基 CTD 的 Ser5 磷酸化，启动子清空即可发生。这时 CTD 与 TBP“脱钩”，介导蛋白也与 CTD 解离，RNAPⅡ离开启动子，转录由此走向延伸。但 TFⅡE、TFⅡH、TFⅡA、TFⅡD 和介导蛋白仍然结合在启动子上。

Box 7-2　细胞的记忆机制

转录因子作为一类序列特异性DNA结合蛋白，是维持一种细胞个性特征所必需的。正是它们的作用，确保了子代细胞能够行使与亲代细胞相同的功能，例如肌肉细胞能够收缩，胰岛的β细胞能够制造和分泌胰岛素。然而，每一次细胞分裂，原来的转录因子结合DNA的特定样式都会被抹掉。但一旦分裂结束，被抹掉的转录因子与DNA结合的样式又完全恢复。细胞的这种记忆机制一直吸引着人们的关注，但直到2013年8月，一篇由荷兰赫尔辛基大学Jussi Taipale发表在*Cell*上题为"Transcription Factor Binding in Human Cells Occurs in Dense Clusters Formed around Cohesin Anchor Sites"的论文让我们对此有所了解。

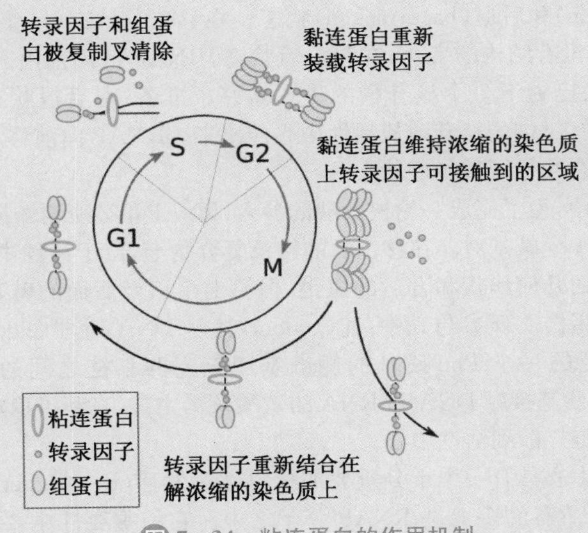

图7-34　粘连蛋白的作用机制

众所周知，细胞的各项功能主要是由蛋白质完成的。但一种蛋白质的基因表达受到特定的碱基序列以及跟碱基序列特异性结合的转录因子控制的。不同类型的细胞含有的转录因子不尽相同，有时一种细胞仅仅通过改变一种和几种转录因子的表达而变成另一种细胞。因此，对于一种特定的细胞来说，维持其基因组DNA上独特的转录因子结合样式十分重要的

然而，在细胞分裂期间，原来结合在DNA上的转录因子都离开了DNA。而一旦分裂结束，它们必须回到原来的地方。一个细胞有很多DNA序列，很难想象，一种转录因子自己还能在一定的时间内找到回归之路。Jussi Taipale的这篇论文似乎为细胞如何记住分裂之前的状态而让转录因子回到原来的位置提供了一种可能的解释。

根据这篇论文，在他们得到一个细胞的完整的转录因子图谱以后，发现原来一类叫粘连蛋白(cohesin)的大型复合物，形成环状结构，在细胞分裂的时候，环绕在DNA两条链上，将DNA分子上所有结合转录因子的部位打上标记。催化DNA复制的蛋白质复合物在催化DNA复制的时候，并没有将其取代，而是可以直接通过。由于复制产生的DNA两条链陷在环里，只需要一个粘连蛋白分子就可以标记出两条链。既然转录因子作用的异常与许多疾病的发生有关，包括一些癌症和遗传性疾病，而几乎所有调节基因表达的序列结合有粘连蛋白，因此这对相关癌症和遗传疾病的发生有直接的影响，粘连蛋白也就可作为转录因子结合位点序列发生突变的指示剂。

目前，他们分析了那些直接位于基因内的序列，这些基因约占整个基因组的3%。然而，多数导致癌症的突变位于基因的外边。

(5) 转录的延伸

RNAPⅡ位于最大亚基的CTD在转录延伸开始的时候,Ser2发生磷酸化修饰,这由延伸因子P-TEFb催化。此外,Ser7也可以发生磷酸化修饰,但这个位点的修饰是用来控制snRNA的基因表达的。如果没有P-TEFb,Ser5磷酸化修饰的RNAPⅡ复合物会堆积在转录起点下游20 nt~40 nt的位置,这部分是因为NELF和DSIF复合物的作用。解除RNAPⅡ的暂停需要P-TEFb,其间伴随mRNA的加帽和NELF的释放。P-TEFb是大多数基因转录所必需的,如热休克基因和细胞原癌基因c-*Myc*,虽然P-TEFb会随着延伸复合物同行,但一旦延伸复合物从暂停状态解除,它的CTD激酶活性就不再需要了。

延伸阶段的酶会在三种不同的构象状态之间摆动:移位前(pre-translocation)、移位后(post-translocation)和后退(backtracked)状态。在移位前状态,一个新的核苷酸已参入到RNA链上,但没有结构的变化;在移位后状态,RNAP已向前沿着模板链前进了1个核苷酸,活性中心已为下一个核苷酸的进入做好了准备;在后退状态,RNAP向后移动,致使刚刚添加在3′-端的核苷酸从活性中心伸出来。RNAP向前移动受NTP结合的驱动,因为NTP结合稳住了移位后状态。

在移位的过程中,为了完成一轮核苷酸的参入,RNAPⅡ必须破坏掉RNA-DNA杂交双链上游一端的1个碱基对。在移位后的转录复合物上,位于活性中心的前6个杂交的碱基对具有正常的几何形状和合适的氢键,但第七个以及后面的碱基对不再共平面,并逐步张开。三个蛋白质环参与其中:舵(rudder)接触DNA,盖子(lid)接触RNA,以保持链的分开,盖子上的一个Phe残基的侧链基团充当两条链之间的楔子,叉环(fork loop)上的一个Lys残基接触DNA和RNA的磷酸核糖主链,有利于稳定第六对碱基对,防止杂交双螺旋解链扩散到活性中心。

RNAP在活性中心具有一个十分重要的标志性触发环(the trigger loop)结构,此结构高度保守,存在于所有的多亚基RNAP分子之中。它的重要性主要表现在对转录的忠实性,这可通过缺失突变得以证明:带有正常触发环的野生型RNAPⅡ催化的转录错误率在10^{-6}数量级,若将水生嗜热菌RNAP的触发环缺失,可导致错误率上升6×10^{4}倍,这说明它对转录忠实性的贡献约为10^{-4}。触发环的重要性还可以通过α-鹅膏蕈碱的作用得到验证,这种毒素可紧密结合在RNAPⅡ触发环的下面,限制它的移动,从而阻止酶采取碱基识别和催化所需要的闭合的构象状态。相反,有利于触发环处于闭合状态的突变可以让RNAP处于超活性的状态。

触发环对转录忠实性的贡献是因为它在RNAP的活性中心可与进来的NTP发生作用。在没有NTP时,触发环距离活性中心约3 nm,这时酶处于开放的构象状态;而一旦有与模板链上正确配对的核苷酸进入,触发环即靠近活性中心,这时酶处于闭合的构象状态。显然,触发环就像一个可移动的元件能在活性中心的一个核苷酸下面摆动,此时触发环上的His1085残基位置恰到好处,可作为广义酸催化剂将质子交给NTP的β-磷酸基团,催化磷酸二酯键的形成。触发环对NTP的选择主要是根据几何形状。虽然触发环与NTP上的碱基有接触,但接触的目的是让进入的NTP相对于催化的His残基能排列好。如果一个正确的RNA-DNA杂交碱基对形成,排列的就精准无误,催化即会发生。

触发环在活性中心对RNAP区分dNTP和NTP也很重要,这样才可以有效防止脱氧核苷酸在转录的时候错误参入到RNA分子之中!但触发环与单个羟基的相互作用并不能将特异性提高多个数量级,但一个DNA-DNA碱基对比一个RNA-DNA碱基对,拥有更小的直径(约小0.2 nm),这将导致前者与触发环上的His残基排列错误,因此就少了His的催化。

在延伸过程中,若RNAPⅡ发生了阻滞,则阻滞的解除需要TFⅡS的作用:首先,TF

ⅡS与RNAPⅡ结合。在结合的时候，TFⅡS刚好将其C端含有锌指模体的结构域，通过NTP进入的小孔插入到酶的活性中心，从而刺激RNAPⅡ从转录物的3′-端剪切下几个核苷酸。在这个锌指模体结构域的顶端有两个羧基，由DE提供。这两个羧基与活性中心第二个Mg^{2+}(MgB)的结合，对稳定水解过程中形成的磷五价过渡态十分重要。随后，TFⅡS与RNAPⅡ解离，被切下的短RNA产物与MgB则通过NTP进入位点离开RNAP的活性中心，而新产生的RNAMg 3′-端刚好位于酶的活性中心，适合下一轮的磷酸二酯键的形成。序列比对发现，在真核生物的三种转录系统中，对转录物剪切至关重要的羧基氨基酸是高度保守的：RNAPⅠ是A12中的DE，RNAPⅡ是RPB9中的DT，RNAPⅢ是C11中的DE。尽管这三种RNAP的活性中心几乎是相同的，但RNAPⅢ在中性pH下就可以在没有外来因子协助下完成转录物的切割，不过需要C11亚基，而RNAPⅡ不仅依赖RPB9，还依赖TFⅡS。将RPB9的C端结构域与C11相应的部分互换，可以让RNAPⅡ像RNAPⅢ一样，不需要TFⅡS也能进行切割。

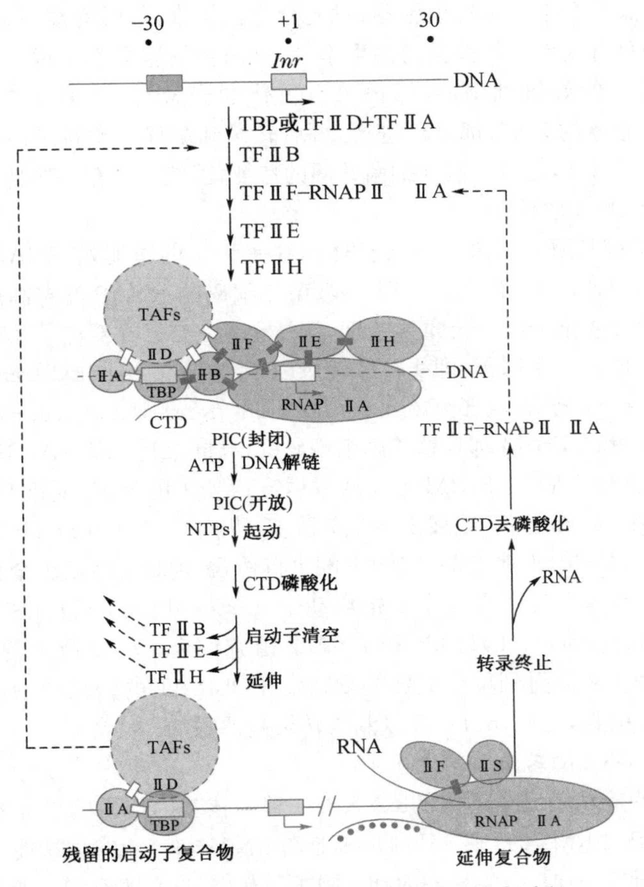

图7-35 RNAPⅡ催化的基因转录的全过程

在转录过程中，RNAPⅡ若遇到了DNA损伤，转录偶联修复系统即被激活，这时细胞会集中精力对损伤进行修复，不过在修复的过程中，原来的转录延伸复合物便解体了。

(6) 转录的终止

RNAPⅡ催化的基因转录的终止并非发生在什么保守的位置，转录终点与最后成熟的RNA3′-端的距离也不固定。在哺乳动物体内，转录终点可能在最后成熟的RNA3′-端下游几个到几千个碱基的任何位置。对于有多聚A尾巴的转录物来说，转录的终止与其mRNA前体在3′-端的后加工是紧密相关的。一个完整的加尾信号AAUAAA是含有多聚A尾巴的蛋白质基因的转录终止所必需的。对于这些mRNA来说，加尾信号可将一系列参与后加工的各种蛋白质因子招募到它们靠近 3′-端的位置,其中包括参与剪切的内切酶。当内切酶切开新生的 mRNA 的前体,被切开的转录物成为外切酶 Rat1/Xrn2 的底物。于是,Ran1/Xrn2 从还与 RNAPⅡ结合的那一部分的 5′-端开始边切边赶 RNAPⅡ,最终赶上并与它发生碰撞,在解链酶 Sen1 的协助下,将 RNAPⅡ从模板链上释放出来。对于没有多聚 A 尾巴的 RNAPⅡ的转录物来说,转录终止主要依赖于带有 DNA/RNA 解链酶活性的蛋白质因子,它们可能使用类似于细菌 Rho 因子依赖性的终止机制。

在一轮转录结束以后,受 TFⅡF 的刺激,一种蛋白质磷酸酶将刚刚结束转录反应的 RNAPⅡ在 CTD 上的磷酸基团水解掉。此后,恢复脱磷酸状态的 RNAPⅡ/TFⅡF 复合物可与介导蛋白再形成复合物,从而重新启动下一轮的转录循环(图 7-35)。

六、真核生物细胞器 DNA 的转录

真核生物含有两个半自主的细胞器,对光合有机体来说,既有线粒体,还有叶绿体,而其他真核生物只有线粒体。根据内共生学说,这两种细胞器都来源于古代的细菌,其中线粒体来自古代的好氧细菌,叶绿体来自古代的光合细菌,因此它们都有自己的 DNA。这两种细胞器的 DNA 都可以进行复制、转录和翻译。就转录而言,它们除了拥有转录的一般特征以外,还有一些与细菌共同的特征,当然还具有一些特有的性质。

(一) 线粒体 DNA 的转录

mtDNA 上所有基因的转录均由线粒体内独一无二的单亚基 RNAP——POLRMT 催化。在序列上,POLRMT 与 T3 和 T7 等噬菌体编码的 RNAP 具有高度的同源性,但 POLRMT 与它们在功能上有一个重要差别,就是它无法自己在双链 DNA 上启动特异性的基因转录,需要两种转录因子,即线粒体转录因子 A(mitochondrial transcription factor A,TFAM)和线粒体转录因子 B2(mitochondrial transcription factor B2,TFB2M)。POLRMT、TFAM 和 TFB2M 都是核基因组编码的,共同维持 mtDNA 的基础转录,但详细作用过程还不十分清楚。TFB2M 主要通过诱导启动子的解链、促进开放转录复合物的形成。mtDNA 转录还需要线粒体转录延伸因子(mitochondrial transcription elongation factor,TEFM)来促进 POLRMT 的进行性,否则难于转录出全长的转录物。

mtDNA 通常有 3 个启动子:1 个 L 链启动子(L-strand promoter,LSP),2 个 H 链启动子(H-strand promoter,HSP)HSP1 和 HSP2。由它们启动转录产生的都是多顺反子 RNA,需经过后加工才能得到单个成熟的 RNA。POLRMT 的转录产物还包括 mtDNA 复制需要的 RNA 引物,因此,mtDNA 复制与转录是偶联的。

(二) 叶绿体 DNA 的转录

植物叶绿体内有两种完全不同的 RNAP:一种为核基因编码的单亚基 RNAP,其结构和功能类似于 POLRMT;另外一种则是多亚基 RNAP,其亚基组成、性质、结构和功能与细菌的 RNAP 非常相似,分为核心酶和 σ 因子。其中,核心酶有四个亚基,都由叶绿体基因组编码,但 σ 因子却由核基因编码。多亚基 RNAP 有两个亚基完全可以代替大肠杆菌的 β 和 β′亚基起作用,而且也可以受到利福霉素的抑制。此外,由它的 σ 因子识别的启动子也与细菌相似。

多数基因同时含有两种 RNAP 识别的启动子,一些管家基因只有单亚基 RNAP 识别的启动子,还有一些与光合作用有关的基因只含有多亚基 RNAP 识别的启动子。有趣的是,编码多亚基 RNAP 核心酶四个亚基的基因由单亚基 RNAP 转录。这意味着单亚基 RNAP 的活性可以影响到多亚基 RNAP 的水平。事实上,这两种 RNAP 的水平此消彼长:在叶子发育的早期,单亚基 RNAP 的转录活性较强,但在叶绿体成熟期间,多亚基 RNAP 的转录活性则明显提高。

七、古菌DNA的转录

在基因的组织和表达调控方面，古菌与细菌接近。然而，在转录这个机器的结构和功能上，古菌与真核生物核基因转录(特别是由RNAPⅡ催化的)核心部分惊人的相似！无论是从DNA的模板状态、催化或参与转录的RNAP和转录因子的结构和性质，还是启动子的结构以及转录的基本过程，都与真核生物极为相似。可以毫不夸张地说，古菌似乎拥有简版的真核生物的核基因转录系统。

从转录模板的状态上来看，古菌转录的模板也是以核小体的形式存在的，只不过要比真核生物简单一些，但核小体结构对总的转录多少会有抑制的效果，因为它阻止了转录因子识别启动子以及对转录延伸构成了一种物理障碍，因此需要某种修饰系统来调节模板的可得性。

从催化转录的RNAP来看，古菌虽然与细菌一样，只有一种，但在结构和功能上表现出与真核生物RNAP(特别是RNAPⅡ)的高度同源性，无论是四级结构层次的组织，还是各自同源亚基的一级结构，或者活性中心的精细结构都是神似！古菌RNAP共有11～12个亚基，而不像细菌只有5个亚基，但古菌的RNAP最大的亚基在C端没有七肽重复序列构成的CTD。利福霉素抑制细菌的RNAP，但不抑制古菌和真核生物的RNAP。与真核生物的一样，古菌的RNAP也不能直接识别启动子，只有在特殊的起始转录因子的帮助下才能识别和结合启动子。

从参与转录的转录因子来看，古菌需要的转录因子有TBP、TFB、TFE、TFS和Spt4/5，分别对应于真核生物的TBP、TFⅡB、TFⅡE、TFⅡS和Spt4/5，其中TBP、TFB/TFⅡB、TFE/TFⅡE为起始转录因子，TFS/TFⅡS和Spt4/5为延伸转录因子。这些转录因子在结构、性质和功能上两两相似，具有高度的同源性。例如，在古菌体外转录系统中，真核生物的TBP完全可以取代古菌的TBP来使用。不过古菌需要的转录因子数目要少！例如，古菌缺乏任何与真核生物TBP相关因子的同源蛋白。

从启动子的结构上来看，古菌类似于真核生物由RNAPⅡ所负责转录的基因，一般由三个部分组成：一是位于转录起点上游的TATA盒，它由TBP识别；二是位于TATA盒上游的BRE，它由TFB识别；三是位于转录起点的*Inr*。

从转录起始过程来看，古菌与真核生物也很相似。古菌转录起始阶段的反应是(图7-36)：首先是TBP结合TATA盒，然后是TFB结合BRE，随后RNAP被招募到启动子上，启动基因的转录。古菌TBP与TATA盒的结合可立刻诱导启动子发生约90°的弯曲，从而导致TFB和RNAP的招募，先形成DNA-TBP-TFB-RNAP封闭复合物，后变成开放的复合物。DNA的解链伴随着RNAP构象的剧烈变化。在其间，RNAP的钳子将DNA结合通道闭合，于是TFB和RNAP之间的相互作用被重塑。TFB将它的一个弹性连接区“献给”RNAP的活性中心，而有助于稳定模板链在开放的复合物内处于易被催化的构象。古菌的封闭复合物变成开发的复

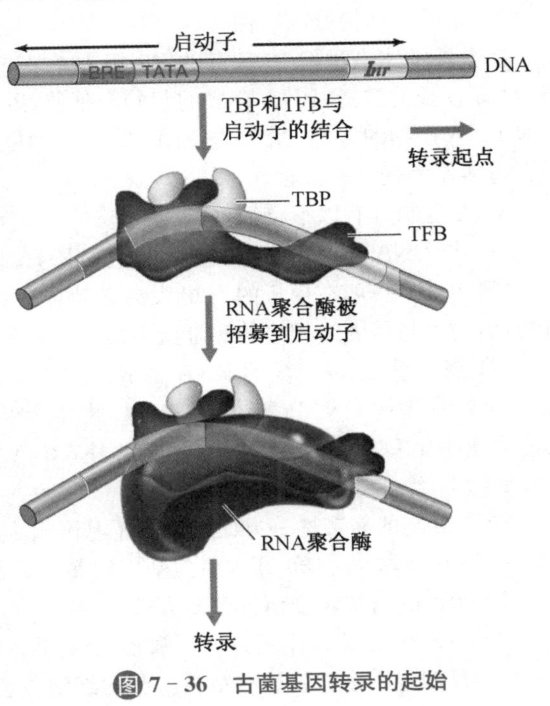

图7-36　古菌基因转录的起始

合物是自发的,但受到另一个起始因子 TFE(与真核生物的 TFⅡE 的 α 亚基同源)的促进。TFE 与 RNAP 的结合以别构调节的方式改变 RNAP 钳子的位置,促进 DNA 的解链。这不同于真核生物的 RNAPⅡ(需要 TFⅡH 和消耗 ATP),但相似于 RNAPⅠ和 RNAPⅢ。在形成开放的转录复合物以后,也进行无效的转录循环。

最后从转录延伸过程来看,古菌转录延伸复合物的结构与真核生物十分相似。古菌的延伸因子 Spt4/5 复合物很容易与古菌的 RNAP 结合,但它的作用是刺激转录的进行性,这与真核生物有所不同。其中的机理在于,Spt4/5 复合物结合在 RNAP 钳子结构卷曲螺旋的尖端,这种蛋白质的大部分横跨在 DNA 结合通道的上方,将 DNA 模板锁在 RNAP 上,防止 RNAP - DNA - RNA 延伸复合物的解离,从而提高转录的进行性。古菌的起始因子 TFE 和 Spt5 与 RNAP 的结合位点有重叠,都涉及它的钳子结构,因此 RNAP 无法同时与它们结合。这种竞争性结合的性质就保证了 TFE 只结合在转录起始复合物上,而 Spt5 只结合在延伸复合物上,这对于转录从起始过渡到延伸是非常重要的。此外,古菌的 TFS 和真核生物的 TFⅡS 是高度同源的,所起的作用也一样,就是可以激活 RNAP 内在的核酸酶活性,从而有助于解除转录延伸复合物的暂停、阻滞或倒退,同时还有校对转录错误的功能。

关于古菌的转录终止机制还知道的不多,有些古菌可能使用类似于细菌的不依赖于 ρ 因子的终止机制,还没有发现任何与细菌的 ρ 因子相似的终止蛋白。

第二节 RNA 复制

RNA 复制是以 RNA 为模板合成 RNA 的过程,它主要发生在许多 RNA 病毒的生活史之中,由 RNA 依赖性 RNA 聚合酶(RNA - dependent RNA polymerase, RdRP)催化。RdRP 又名为 RNA 复制酶(replicase),一般由病毒基因组编码,但有可能还需要宿主细胞编码的辅助蛋白。例如,大肠杆菌 Qβ 噬菌体的复制酶由 4 个亚基组成,然而只有 1 个亚基由自身基因组编码,其他 3 个亚基分别是宿主细胞的 S1 核糖体蛋白、翻译延伸因子 EF - Tu 和 EF - Ts。所有的 RdRP 都具有保守的结构模体,它们不仅彼此相似,而且与 DNAP、RNAP 和逆转录酶也有相似的结构,即类似右手的结构——手掌、拇指和手指,特别是手掌结构域高度保守。

在自然的感染过程中,病毒的 RdRP 与病毒或宿主细胞的其他蛋白质因子一起,参与 RNA 模板的选择、RNA 合成的起始和延伸,以及区分基因组 RNA 的复制和转录,还有对 RNA 产物的修饰,如 5′-端加帽和 3′-端加尾等,同时还要防止病毒 RNA 的降解和不合适地作为翻译的模板。

RNA 复制具有以下特征:

(1) 与 DNA 复制、转录和逆转录一样,RNA 复制的方向始终为 5′→3′。

Quiz9 如何设计实验确定 RNA 复制的方向也是 5′→3′端?

(2) RdRP 一般在模板的一端从头启动合成,原料是 NTP,也需要 Mg^{2+},少数需要引物,引物为与基因组相连的病毒蛋白质。

(3) 属于易错、高突变的 RNA 合成。这主要是因为 RdRP 缺乏核酸酶提供的校对能力,其错误率比 DNAP 高约 10^4 倍。如此高的错误率导致 RNA 病毒很容易发生突变,其进化速率比 DNA 病毒快达 10^6 倍!此外,RNA 复制还可能伴随着共价重排:缺失、倍增和重组。

RNA 复制的易错性一方面既限制了基因组大小(绝大多数 RNA 病毒基因组大小在 5 kb~15 kb,少数大于 30 kb),因为基因组越大,复制出错的机会越大,另一方面使得治疗 RNA 病毒的药物和疫苗很容易失效。

(4) 对放线菌素 D 作用一般不敏感,但对核糖核酸酶敏感。

(5) 复制绝大多数发生在宿主细胞的细胞质基质,少数在细胞核。

Box 7-3 RNA 重组

除了 DNA 可以发生重组以外，RNA 也可以发生重组。RNA 重组可发生在两个病毒 RNA 分子之间，在 RNA 病毒的变异中起着特殊的作用。已发现，重组可发生在大多数动物、植物和微生物的 RNA 病毒基因组上，但重组率彼此差别较大。根据复制模板切换模型(the model of replicative template switching)：一开始，以一个 RNA 分子(供体 RNA)作为模板，合成互补链。但中途切换到另一个 RNA 分子(受体 RNA)，在新的模板指导下完成互补链的合成，最终得到重组的互补链 RNA(图 7-37)。

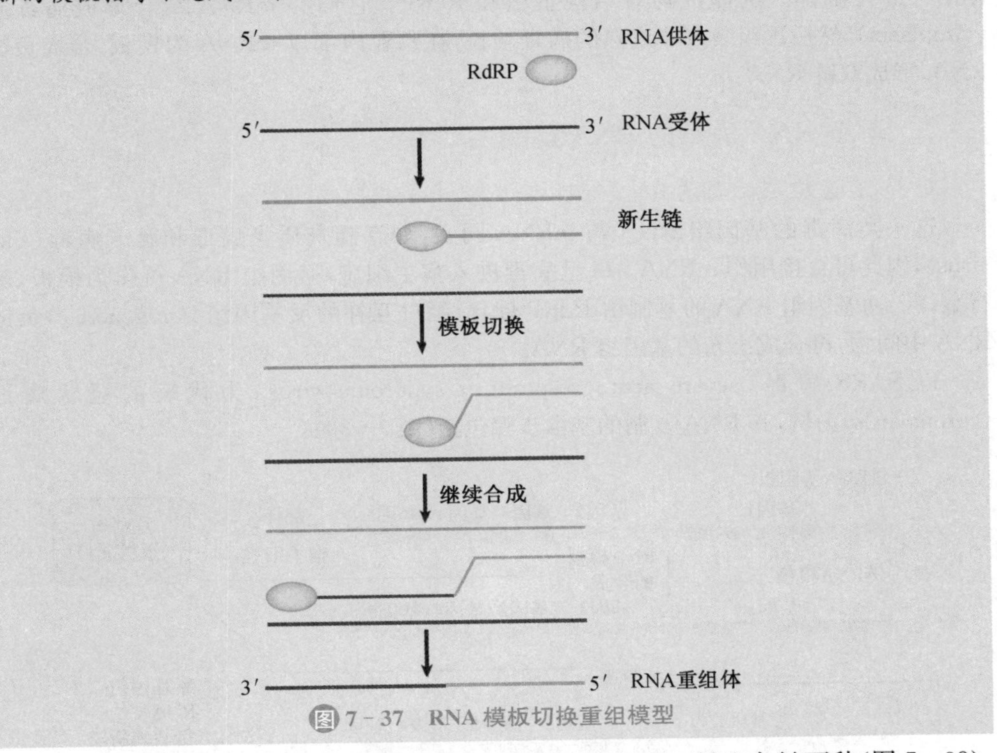

图 7-37 RNA 模板切换重组模型

由于基因组 RNA 有单链和双链之分，而单链 RNA 又有正链和负链两种(图 7-38)，所以具体的 RNA 病毒在各自基因组 RNA 复制的细节上会有所不同。

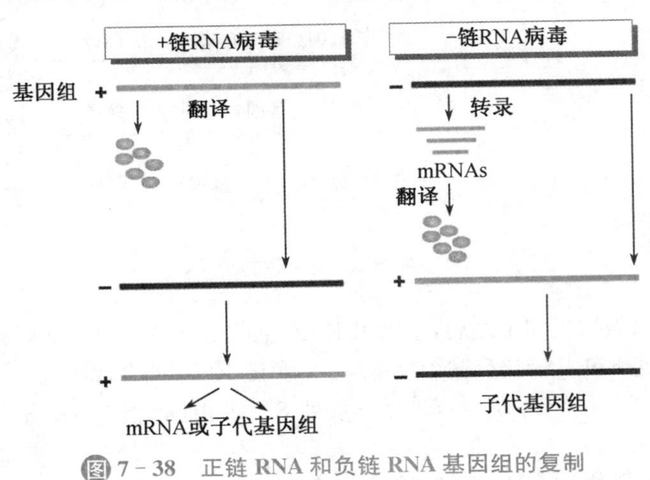

图 7-38 正链 RNA 和负链 RNA 基因组的复制

一、双链 RNA 病毒的 RNA 复制

双链 RNA 病毒在感染宿主细胞之后，其基因组 RNA 不能用作 mRNA，因此在前一

轮新病毒包装时就将 RdRP 包装到病毒颗粒之中，以便在病毒进入宿主细胞之后能够通过转录合成 mRNA。

目前对于这一类病毒的基因组复制的机理知道的并不多，研究较多的是轮状病毒(Rotavirus)。轮状病毒都有双层的衣壳结构，在进入宿主细胞以后，外层衣壳因为蛋白酶的水解而脱去，于是在宿主细胞的细胞质基质留下裸露的核心颗粒。在颗粒内部的 RdRP 催化下，双链基因组 RNA 的负链作为模板，转录出带有帽子结构但没有多聚 A 尾巴的单顺反子 mRNA，其大小与正链相同。在转录中，mRNA 伸入到细胞质之中与核糖体结合进行翻译。翻译产物有结构蛋白和 RdRP。它们与 mRNA 结合形成病毒质(viroplasm)，然后再组装成非成熟的病毒颗粒，在颗粒内部以 mRNA 为模板，合成负链 RNA，形成双链 RNA。

二、单链 RNA 病毒的 RNA 复制

(一) 正链 RNA 病毒的 RNA 复制

这一类病毒的基因组 RNA 与 mRNA 同义，如脊髓灰质炎病毒和寨卡病毒(zika virus)，因此可直接用作 mRNA。一旦病毒进入宿主细胞，基因组 RNA 可作为模板，进行翻译。而基因组 RNA 的复制由 RdRP 催化，经过互补的反基因组(antigenomic)负链 RNA 中间物，再合成出新的基因组 RNA。

以 SARS 病毒(severe acute respiratory syndrome virus)为代表的冠状病毒(coronavirus)为例，其 RNA 复制的基本步骤包括(图 7-39)：

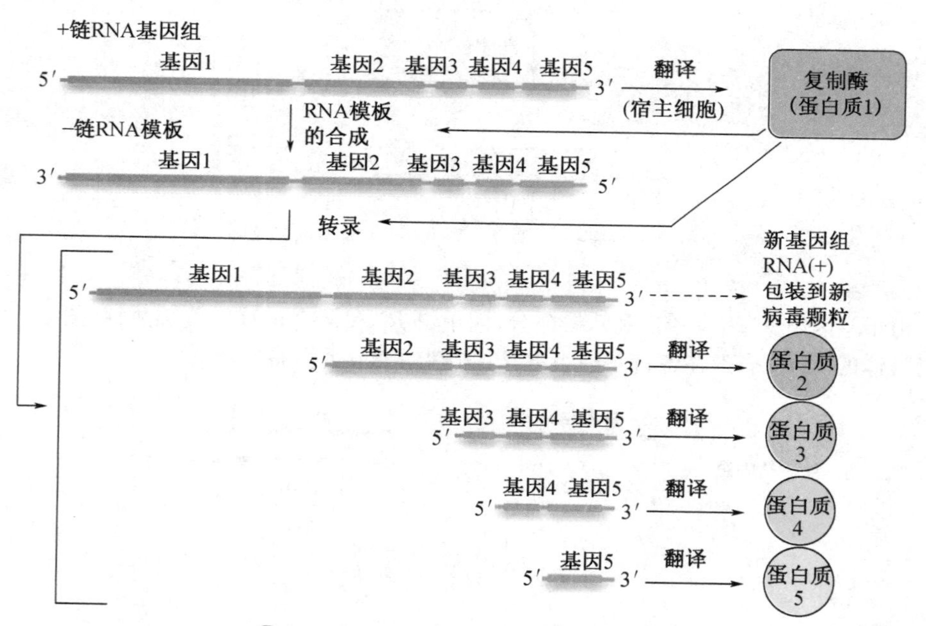

图 7-39 正链 RNA 病毒的 RNA 复制

(1) 在病毒感染宿主细胞之后，基因组 RNA 上的 RdRP 基因立即被翻译。

(2) 翻译好的 RdRP 催化反基因组 RNA 即负链 RNA 的合成。

(3) 以负链 RNA 作为模板，转录一系列 3′-端相同、但 5′-端不同的亚基因组 mRNA。

(4) 每一个亚基因组 mRNA 只有第一个基因被翻译成蛋白质。

(5) 全长 mRNA 并不与核糖体结合进行翻译，而是作为基因组 RNA 被包装到新病毒颗粒之中。

Box 7-4　蝙蝠抵抗病毒和长寿的秘密

提到蝙蝠，多数人很可能立刻想到它那有点可怕的长相，还有些人可能想到吸血和它能传播一些高度致病性病毒的事情，当然也会有人想到回声定位和蝙蝠侠。但无论如何，不会有多少人会把它视为自己最喜欢的哺乳动物，而分子生物学家对它的研究也鲜有报道。然而，这一切可能正在改变！

蝙蝠是唯一能够持续飞行的哺乳动物，且它们身上时常还带着一些在世界范围内有着最高致病性的病毒——其中包括埃博拉病毒（Ebola virus）和SARS病毒。已有越来越多的科学家和研究者，不但对它们长时间的飞行能力，而且对它们能抵抗多种致命病毒的特性产生了兴趣。例如，由来自我国北京基因组研究所（Beijing Genome Institute）和澳洲动物健康实验室（Australian Animal Health Laboratory）的研究人员联合发表在2013年1月25日*Science*题为“Comparative Analysis of Bat Genomes Provides Insight into the Evolution of Flight and Immunity”的论文，通过高通量全基因组测序和比较基因组的研究让我们对这两个问题有了一定的认识。

他们选择了两种亲缘关系较远的蝙蝠，一种是主吃果实的体型相对较大的黑狐蝠（Black flying fox），另一种是主吃昆虫体型较小的大卫鼠耳蝠（David's Myotis），首先使用高通量测序的方法测定了它们的全基因组序列，然后将测定出的序列与其他八种哺乳动物的全基因组进行比较，特别是与DNA损伤检测和修复、先天免疫、分泌到消化道的RNA酶以及与有氧代谢有关的基因，结果发现：这两种蝙蝠都缺失了由感染引起的叫作细胞因子风暴（cytokine storm）的不适免疫反应的关键基因，包括编码AIM2和IFI16的PYHIN基因家族，它们在体内参与监测微生物的DNA和发炎体（inflammasome）的形成。细胞因子风暴又称为高细胞因子血症，是一种由细胞因子和免疫细胞间的正反馈而导致的致命性的免疫反应，其特征是各种细胞因子浓度的显著升高，后果可杀死宿主，而不是病毒。研究者想搞清楚蝙蝠是如何抑制这种免疫反应的，这样可以在此基础上研发出新型药物，或者对特定基因进行靶向基因治疗，以降低这种免疫反应。

然而，蝙蝠并不是对每一次感染都是免疫的！已发现某些真菌感染却对它们是致命的！事实上，每年全球都有许多蝙蝠死于真菌感染。感染可让正在冬眠的蝙蝠苏醒，而冬眠期间，它们的免疫系统是受到抑制的，这样可以保存能量，而一旦醒过来，就会反应过度，发生免疫重建炎性综合征（immune reconstitution inflammatory syndrome，IRIS）。希望将来的研究能够解开蝙蝠可抵抗病毒，但却对真菌敏感之谜。

他们在大卫鼠耳蝠基因组上还鉴定到了7个完整和2个部分的*RNASE4*基因，此类基因编码的是分泌到消化道内专门水解RNA的核糖核酸酶，因此可能帮助机体对付从消化道浸入的RNA病毒。但黑狐蝠有一个*RNASE4*基因发生了移框突变而导致编码的酶失去活性。

除了能抵抗病毒感染，蝙蝠似乎不得与衰老相关的疾病或者癌症。与身体大小差不多的大鼠相比，蝙蝠能活20～40年，而大鼠只能活2～3年。这可能是因为蝙蝠的长时间飞行需要消耗大量的能量储备，其体内的氧化磷酸化活性因此变强。但氧化分解能力的加强又不可避免地会产生更多的有毒副产物即自由基。自由基可损伤DNA、蛋白质和脂质等生物分子，进而导致衰老和疾病如肿瘤的发生。在这种正向选择压力下，两种蝙蝠的体内出现了更多地参与DNA损伤修复的基因，包括p53等，这些额外的修复基因既有利于修复在较强的代谢活动下产生的自由基对DNA造成的损伤，也有利于对抗癌症和衰老。

（二）负链 RNA 病毒的 RNA 复制

这一类病毒的基因组 RNA 与 mRNA 正好反义，例如埃博拉病毒(Ebola virus)和流感病毒(influenza virus)，此类病毒进入宿主细胞之后，必须拷贝成与其互补的正链 RNA 以后，才能制造出病毒蛋白。于是，在新病毒颗粒装配的时候，需要将 RdRP 包装到病毒颗粒中，以便在病毒进入新的宿主细胞之后能够迅速转录出 mRNA。

埃博拉病毒是一类可引起人类和灵长类动物发生埃博拉出血热的烈性病毒，以非洲的埃博拉河(Ebola river)命名。感染者症状包括恶心、呕吐、腹泻、肤色改变、全身酸痛、体内出血、体外出血和发烧等，具有 50%～90%的致死率。致死原因主要为中风、心肌梗塞、低血容量性休克或多发性器官衰竭。2014 年，埃博拉病毒肆虐了西非好几个国家，蔓延速度惊人。2014 年 7 月 28 日，世界卫生组织(WHO)发表声明称，全球已有 1 200 多人染上该病毒。

埃博拉病毒属于丝状病毒科埃博拉病毒属。病毒最外面是一层叫衣被的脂膜，上面插有病毒糖蛋白(GP)，内有核衣被包裹的单链线状负链 RNA 基因组。组成核衣壳(nucleocapsid)的蛋白质复合物包括 NP、VP35、VP30 和 L。VP40 和 VP24 则位于外被和核衣壳之间的空间内。基因组结构为 3′- UTR - NP - VP35 - VP40 - GP - VP30 - VP24 - L - 5′- UTR，共有 7 个基因(图 7 - 40)。病毒基因组的复制只需要 NP、VP35 和 L。

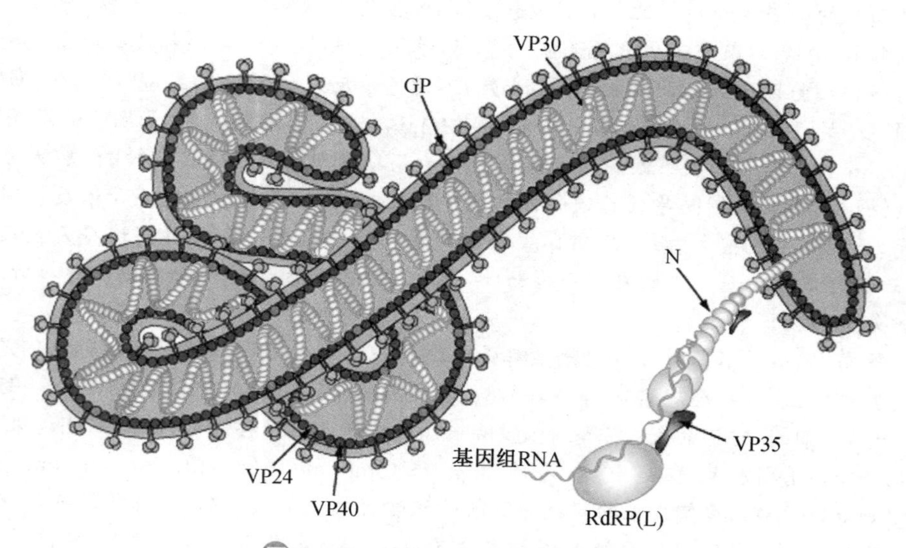

图 7 - 40 埃博拉病毒的结构模式图

埃博拉病毒的生活史始于病毒颗粒附着在宿主细胞表面的特殊受体上，随后病毒外被与宿主细胞膜融合，与此同时，病毒核衣壳释放到宿主细胞的细胞质基质。在基因 L 编码的 RdRP 的作用下，核衣壳部分解开。然后，RdRP 结合在基因组 3′-端的启动子上，VP30 则通过锌指结构与 RNA 直接作用。受 VP30 的激活，RdRP 催化转录产生正链 mRNA，再经翻译得到结构或非结构蛋白。转录可终止在任何基因的末端，由此可产生 7 种不同的 mRNA。这意味着离负链基因组 RNA3′-端越近的基因，转录的机会就越多。于是，基因次序成为一种简单有效的调控转录的手段：核衣壳蛋白基因离基因组 3′-端最近，因此它表达的量最丰富；RdRP 基因离基因组 3′-端最远，因此它表达的量最少。而它在细胞内的浓度决定了 RdRP 何时启动全基因组的复制。一旦全长的正链反基因组 RNA 被转录出来，就可以反过来作为模板，指导全长的负链全基因组 RNA 的复制。新合成的结构蛋白和基因组 RNA 发生自组装，积累在宿主细胞膜一侧，通过出芽的方式，“窃”得宿主细胞的质膜作为外被，离开老的宿主细胞，去寻找新的宿主细胞。

流感病毒基因组由8股RNA节段构成，分别编码不同的蛋白质。其生活史共由7个阶段组成(图7-41)：(1) 病毒通过受体介导的内吞方式进入宿主细胞；(2) 进入宿主

Quiz10 流感病毒里不同株系里面的H和N分别是什么意思？

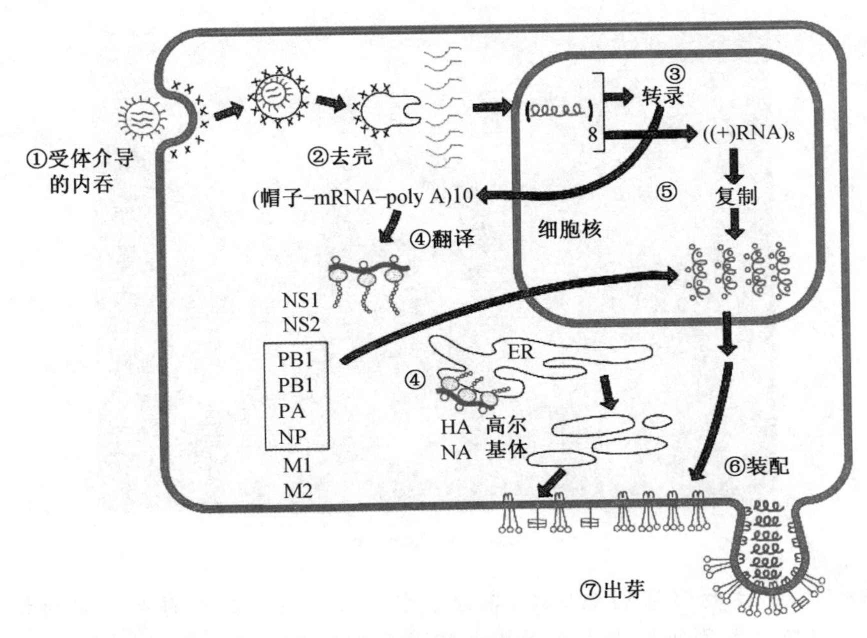

图7-41　流感病毒的生活史

细胞的病毒颗粒脱去外面的衣壳，释放出8股基因组RNA；(3) 基因组RNA进入细胞核，被转录成mRNA；(4) 一部分mRNA从宿主细胞mRNA中，"窃"得帽子结构以后进入细胞质进行翻译，得到各种蛋白质产物——非结构蛋白1(non-structural，NS1)、非结构蛋白2(NS2)、碱性聚合酶1(polymerase basic 1，PB1)、碱性聚合酶2(polymerase basic 2，PB2)、酸性聚合酶(polymerase acidic，PA)、核蛋白(nucleoprotein，NP)、基质蛋白1(matrix protein1，M1)、基质蛋白2(M2)、血凝素(hemagglutinin，HA)和神经氨酸苷酶(neuraminidase，NA)，其中HA和NA在粗面内质网上翻译，经过高尔基体转运到细胞膜；(5) 一部分mRNA作为模板，复制出8股基因组RNA；(6) 8股基因组RNA先与进入细胞核的病毒蛋白PB1、PB2、PA和NP形成复合物，然后离开细胞核进入细胞质，被含有HA和NA的质膜包被，装配成新的病毒颗粒；(7) 新的病毒颗粒通过出芽的方式释放出来。

科学故事——人类和酵母居然如此相似！

人类与酵母早已经结下了不解之缘，如平时我们喝的各种酒类饮品就是借助酵母，通过发酵产生的，我们制作面包同样离不开它们。但是，从进化的距离来看，人类和酵母已经在不同的道路上进化了十亿年，两者的亲缘关系距离甚远！众所周知，我们人类是高等的多细胞灵长类动物，而酵母仅仅是低等的单细胞真菌。因此，一般人很难想象我们和酵母之间会有多少相似之处。

然而在2015年5月25日，由美国德克萨斯大学系统生物学家Edward Marcotte等人发表*Science*上的一篇题为"Systematic humanization of yeast genes reveals conserved functions and genetic modularity"的论文告诉我们，人类与酵母之

间的相似之处非常多。当他们将400多个人类基因分别插入到酵母细胞中,发现大约有一半的基因能够行使功能,并让这种真菌存活下来。

Edward Marcotte

在此之前,生物学家们就知道,在分子水平上人类和酵母存在一定的相似性。三分之一的酵母基因可以在人类基因组中找到同源的版本。酵母和人类的同源蛋白,在氨基酸序列上平均重叠32%。

对于那些人类和酵母的共享基因,一直在吸引着很多科学家的兴趣,其中就包括Marcotte。要知道,酵母是没有血液的单细胞生物,但它们却携带着负责脊椎动物新血管生长的基因,这些基因在帮助酵母应答压力。Marcotte想知道酵母和人类基因在功能上的相似程度。

他和他的研究小组系统分析了人类基因能否在酵母中起作用。他们选择了414个决定酵母存活的基因,例如控制代谢和处理废物的基因。在实验中,这些酵母基因要么被关闭,要么被敲除,然后被相应的人类基因取代。如果酵母能够在培养基上生长,就说明人类基因成功行使了酵母基因的功能。

结果表明,有176个人类基因可以让酵母存活下来。这400多个酵母基因中,相当于大约一半能被人类基因代替,这些人类基因在酵母中仍旧能够行使功能,应该是酵母和人类的共同祖先留下的遗产。

那么这些基因具有什么特点呢?研究人员评估了100多种可能的影响,从基因长度到蛋白质丰度。结果发现,人类基因能否替代酵母基因,并不取决于DNA序列的相似程度。在一组紧密相关的人类基因中,要么大多数都能替代酵母基因,要么大多数都不能替代。例如,在促进DNA复制的一条通路中,任何基因都不能替代。但在胆固醇合成的通路中,几乎所有的基因都能够替代。

这项研究只说明了配备人类基因的酵母可以生存,但并未展示这些酵母能否与野生酵母竞争。不过这项研究有力地证明了一个曾经饱受质疑的观点:不同生物的对应基因具有类似的功能。印第安纳大学的进化生物学家Matthew Hahn对此评论道:“这很神奇。这意味着,即使经过十亿年的分歧,同样的基因仍旧行使同样的功能”。

Marcotte认为,人们应当进一步利用酵母进行研究。过去研究者们一般是在酵母细胞中插入单个基因,其实可以引入一组自己感兴趣的基因,这将有助于开发新药物或者研究疾病中出现问题的分子回路。不过就在这篇论文发表3个月以后,

Nature 子刊 *Chemical Biology* 报道了，斯坦福大学 Christina Smolke 教授为首的研究小组，经过多年的努力，成功将多个基因引入酵母，并在发酵缸内“制造”出鸦片类物质。

本章小结

思考题：

1. 与 DNA 复制复合物不同的是，RNA 聚合酶并不使用滑动钳来保证它的进行性。为什么？

2. 与 RNAPⅡ相比，为什么 RNAPⅠ转录的终止发生在精确的位点特别重要？

3. 你在分离、鉴定许多蛋白质基因的基因库克隆中，发现在转录起始点上游约 55 bp 的区域有一段 GGAAGGTC 序列。你认为这段序列属于何种元件？你如何验证你的观点？

4. 在一种生物体 20% 的基因中发现，在起始点 150 bp 以内的位置有一段 TTTAAATT 序列，尽管它的位置变化很大，而且有时候方向相反。这种序列属于何种元件？

5. σ 因子本身并不能结合启动子。如果一种突变导致 σ 因子单独就能与启动子的 −10 区域结合，那么这种突变对基因的转录有何影响？

6. 有人在一种奇特的真菌的细胞抽取物中发现一种新的 RNA 聚合酶。该聚合酶只能从单一的高度特异性的启动子起始基因的转录。随着此酶的纯化，其活力开始下降。完全纯化的酶完全没有活性，除非加入粗抽取物到反应混合液之中。试提出几种可能的解释。

7. 细菌启动子的 −10 区和 −35 区大概由 2 圈双螺旋分开。如果在启动子区引入一个突变，将 −35 区移到 −29 的位置，那么你预测这样的突变对转录会有何影响？为什么？

8. 为什么正链单链 RNA 病毒并不需要在成熟的病毒颗粒里带有病毒的 RNA 聚合酶，而负链单链 RNA 病毒正好相反？

9. 使用放线菌素 D 处理真核细胞可阻止细胞有丝分裂后核仁的形成，但使用 α-鹅膏蕈碱处理则无类似的效果，为什么？

10. 大肠杆菌 RNAP 全酶在 37 ℃ 与启动子结合的亲和力比在 25 ℃时高，而它在 37 ℃ 与无启动子的 DNA 的结合的亲和力比在 25 ℃时弱。对此现象，试给以合理的解释。

推荐网站：

1. http://themedicalbiochemistrypage.org/rna.php#process（完全免费的医学生物化学课程网站有关 DNA 转录的内容）
2. http://en.wikipedia.org/wiki/Transcription_(genetics)（维基百科有关 DNA 转录的内容）

3. https://www. dnalc. org/resources/3d/13-transcription-advanced. html((美国冷泉港实验室下属的DNA学习中心提供的有关DNA转录的动画等资料))
4. http://www. hhmi. org/biointeractive/dna-transcription-advanced-detail(美国霍华德·休斯医学研究所下属的生物互动网页,内有DNA复制、转录和翻译等过程的动画显示链接)
5. http://mol-biol4masters. masters. grkraj. org/Molecular_Biology_Table_Of_Contents. html(印度班加罗尔大学G. R. Kantharaj教授提供的免费的面向硕士研究生的分子生物学课,内有许多关于DNA转录的内容和资料)
6. http://www. nature. com/scitable/topicpage/dna-transcription-426(自然杂志图书馆提供的有关DNA转录的内容)
7. http://www. microbiologybook. org/mhunt/rna-ho. htm(美国南卡罗莱纳大学医学院一部在线微生物学课程有关转录的内容)

参考文献:

1. Kachroo A H, Laurent J M, Yellman C M, et al. Systematic humanization of yeast genes reveals conserved functions and genetic modularity[J]. *Science*, 2015, 348(6237): 921~925.
2. Yan J, Enge M, Whitington T, et al. Transcription factor binding in human cells occurs in dense clusters formed around cohesin anchor sites[J]. *Cell*, 2013, 154(4): 801~813.
3. Ringel R, Sologub M, Morozov Y I, et al. Structure of human mitochondrial RNA polymerase[J]. *Nature*, 2011, 478(7368): 269.
4. Svetlov V, Nudler E. Clamping the clamp of RNA polymerase[J]. *The EMBO journal*, 2011, 30(7): 1190~1191.
5. Cheung A C M, Sainsbury S, Cramer P. Structural basis of initial RNA polymerase II transcription[J]. *The EMBO journal*, 2011, 30(23): 4755~4763.
6. Werner F, Grohmann D. Evolution of multisubunit RNA polymerases in the three domains of life. [J]. *Nature Reviews Microbiology*, 2011, 9(2): 85.
7. Lane W J, Darst S A. Molecular Evolution of Multisubunit RNA Polymerases: Structural Analysis [J]. *Journal of Molecular Biology*, 2010, 395(4): 686~704.
8. Kusser A G, Bertero M G, Naji S, et al. Structure of an archaeal RNA polymerase. [J]. *Journal of Molecular Biology*, 2008, 376(2): 303~307.
9. Kuhn C, Geiger S R, Baumli S, et al. Functional Architecture of RNA Polymerase I[J]. *Cell*, 2007, 131(7):1260~1272.
10. Allers T, Mevarech M. Archaeal genetics—the third way. [J]. *Nature Reviews Genetics*, 2005, 6(6): 58~73.
11. Haag J R, Onodera Y, Ream T, et al. Plant nuclear RNA polymerase IV mediates siRNA and DNA methylation-dependent heterochromatin formation. [J]. *Cell*, 2005, 120(5):613.
12. Woychik N A, Hampsey M. The RNA polymerase II machinery: structure illuminates function. [J]. *Cell*, 2002, 108(4): 453~463.
13. Young B A, Gruber T M, Gross A C A. Views of Transcription Initiation[J]. *Cell*, 2002, 109(4): 417~420.
14. Gnatt A L, Cramer P, Fu J, et al. Structural basis of transcription: an RNA

polymerase II elongation complex at 3. 3 Å resolution[J]. *Science*, 2001, 292 (5523): 1876～1882.

15. Yu X, Horiguchi T, Shigesada K, et al. Three-dimensional reconstruction of transcription termination factor rho: orientation of the N-terminal domain and visualization of an RNA-binding site[J]. *Journal of molecular biology*, 2000, 299(5): 1279～1287.
16. Ochoa S. The pursuit of a hobby[J]. *Annual Review of Biochemistry*, 1980, 49 (49): 1.
17. Pribnow D. Nucleotide sequence of an RNA polymerase binding site at an early T7 promoter[J]. *Proc. Natl. Acad. Sci*, 1975, 72(3): 784.

数字资源：

第八章　转录后加工

基因转录的直接产物即初级转录物(primary transcript)通常是没有功能的,它们在细胞内必须经历一些特异性的改变,即所谓的转录后加工(post-transcriptional processing),才会转变为成熟、有功能的RNA分子。总的说来,RNA经历的后加工反应主要包括增减一些核苷酸序列,以及对某些特核苷酸进行特殊的化学修饰。

三种主要的RNA即mRNA、rRNA和tRNA,在细菌、真核细胞和古菌中所经历的后加工反应并不完全相同,而且同一种RNA前体(一般是mRNA前体)也可能有不同的加工路线,后一种情形可导致一个基因产生几种终产物,这种选择性的后加工已成为基因表达调控的一种很重要的手段。

本章将分别介绍mRNA、rRNA和tRNA前体在细菌、真核生物和古菌细胞中所经历的各种后加工反应。

第一节　细菌RNA前体的后加工

一、mRNA前体的后加工

细菌细胞的mRNA很少经历后加工。事实上,它们绝大多数一旦被转录,就有核糖体结合到5′-端对其进行翻译,并形成多聚核糖体的结构(参看第九章　蛋白质的生物合成)。但近来在极少数细菌和某些噬菌体中,发现有的mRNA也含有内含子,需要经过剪接反应才能成熟,如一种叫红海束毛藻(*Trichodesmium erythraeum*)的蓝细菌,其编码DNAPⅢβ亚基的*dnaN*基因就有4个内含子。再如,大肠杆菌T4噬菌体编码的胸苷酸合酶也有1个内含子。另外,已发现不少细菌的mRNA和一些非编码RNA在3′-端,可被加上多聚A尾巴。同时,两种催化多聚A尾巴形成的多聚A聚合酶也在大肠杆菌细胞内被发现。然而,细菌mRNA的多聚A尾巴一般比较短,长度仅为15 nt～60 nt,而且通常是mRNA降解的信号,可促进由多聚核苷酸磷酸化酶(PNP)和核糖核酸酶E组成的降解体(degradosome)对mRNA的降解,这与真核细胞mRNA尾巴的长度和功能完全不同。

二、rRNA前体的后加工

在详细介绍细菌rRNA前体的后加工之前,有必要了解一下其rRNA的基因组织。如图8-1所示:细菌的三种rRNA和两个tRNA是作为一个多顺反子一起被转录的,像这样的转录单位在大肠杆菌基因组中有7个拷贝。由此转录产生的前体的沉降系数为30S。显然,要得到三种rRNA,首先需要剪切(cleavage),才能将它们从共转录物中释放出来;然后,还要进行修剪(trimming),以切除多余的核苷酸序列;此外,三种rRNA还需要进行某些特定的修饰反应。因此细菌rRNA前体的后加工反应主要包括剪切、修剪和核苷酸的修饰(modification)。

(一)剪切和修剪

由特定的核糖核酸酶催化,它们主要包括核酸酶Ⅲ、D、P、F、E、M16、M23和M5等。其中内切酶行使“粗加工”,从内部催化剪切反应,负责从共转录物的内部将各rRNA两

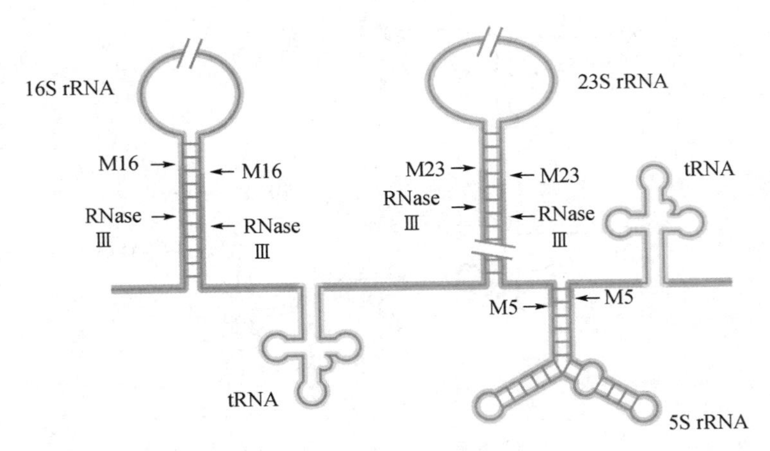

图 8-1　细菌 rRNA 前体的后加工

侧多数不需要的核苷酸切除；外切酶进行“细加工”，从 3′-端或 5′-端催化修剪反应，负责从 RNA 两端水解掉剩余的无用核苷酸序列，这是在 rRNA 与核糖体蛋白结合以后发生的。

Quiz1 如何判断一个 RNA 分子在 5′-经历了剪切或者修剪这样的后加工？

在 rRNA 前体中，16S rRNA 和 23S rRNA 在两侧都是反向重复序列。这些反向重复序列能自发形成茎环结构，而核糖核酸酶Ⅲ可识别其中的茎，对其进行剪切。随后发生的反应由核糖核酸酶 M16 和 M23 催化，分别剪切产生成熟的 16S rRNA 和 23S rRNA。

5S rRNA 由核糖核酸酶 E 和 M5 释放出来，而里面的 tRNA 由核糖核酸酶 P 和 F 释放出来。

（二）核苷酸的修饰

修饰的主要形式为核糖 2′- OH 的甲基化和形成假尿苷，一般发生在剪切和修剪反应之前。甲基供体是 S-腺苷甲硫氨酸(SAM)。修饰的功能可能有助于 rRNA 的折叠和与核糖体蛋白的结合，还可能保护 rRNA，使其能抵抗某些核酸酶的消化。

三、tRNA 前体的后加工

一个典型的成熟 tRNA 大概有 80 nt，内有很多修饰的核苷酸。此外，所有的 tRNA 在 3′-端都有 CCA 序列，此序列是 tRNA 携带氨基酸和翻译过程中肽键形成所必需的。从基因的组织来看，以大肠杆菌为例，其基因组约有 60 个 tRNA 基因，其中某些与 rRNA 基因共享启动子，但多数散布在整个基因组 DNA 上。无论属于哪一种情形，初级转录物的两侧都会有多余的核苷酸序列，需要切除。因此，tRNA 前体的后加工方式包括剪切、修剪和核苷酸的修饰。少数 tRNA 的基因先天缺乏 CCA 序列，还需要在 3′-端专门添加 CCA。还有少数 tRNA 有内含子，就需要通过剪接除去。

Quiz2 在 Altman 刚刚公布核糖核酸酶 P 是核酶的研究成果的时候，就遭到了很多人的怀疑。其中，就有人认为他在分离这种酶的 RNA 和蛋白质的时候不彻底，有少量的蛋白质仍然与 RNA 结合，正是残留的蛋白质进行了催化。对此，你如何设计一个实验加以反驳？

（一）剪切和修剪

参与大肠杆菌的 tRNA 前体剪切和修剪的酶有核糖核酸酶 P、F 和 D 等(图 8-2)。

其中，核糖核酸酶 P 是一种内切酶，负责 5′-端剪切，产生成熟的 5′-端。它在化学组成上各有 1 分子 RNA(M1 RNA)和 1 分子蛋白质。Sidney Altman 的研究表明，M1 RNA 在高盐浓度下能独立地催化反应，但蛋白质不行。因此有理由认为，核糖核酸酶 P 的催化亚基是它的 RNA，或者说核糖核酸酶 P 是一种核酶。

核糖核酸酶 F 也是一种内切酶，它的切点在 tRNA3′-端，作用后在 tRNA 的 3′-端还留下 3 个核苷酸。这 3 个多余的核苷酸随后被一种外切酶，即核酸酶 D 从 3′→5′方向切除，从而产生成熟的 3′-端。

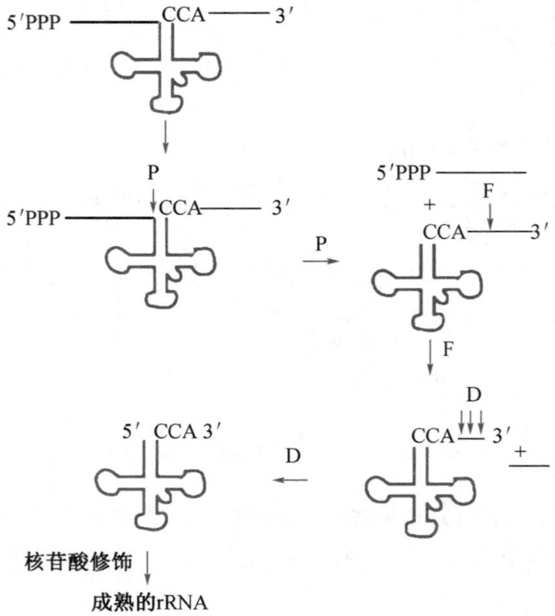

5′PPP CCA 3′
P
P
F
D
核苷酸修饰
成熟的rRNA

图 8-2 大肠杆菌 tRNA 前体的后加工

（二）核苷酸的修饰

tRNA 可谓是细胞内修饰最多的 RNA,已在 tRNA 分子上发现了约 120 种不同形式的化学修饰,这些不同的化学修饰都是在特定的修饰酶催化下完成的。但与 rRNA 不同的是,tRNA 上的核苷酸修饰主要集中在碱基上,如碱基的甲基化、脱氨和还原等。被修饰的碱基主要集中在最后折叠好的三维结构的核心和反密码子附近,特别是在摇摆的位置。这些化学修饰的功能包括:降低 tRNA 构象的可变性、提高稳定性、改善氨酰化的速率和特异性以及翻译时解码的精确性等。

（三）添加 CCA

细菌绝大多数 tRNA 基因已自带了 CCA 序列,因而就免除了这种后加工,但也有少数 tRNA 先天缺乏,就需要"后天"添加。添加 CCA 是在 3′-端多余的核苷酸被切除后进行的,由 tRNA 核苷酸转移酶(tRNA nucleotidyltransferase)或 CCA 添加酶(CCA-adding enzyme)催化。此酶不需要模板,只以 CTP 和 ATP 为底物,先后将 2 个 C 和 1 个 A 添加在 tRNA 的 3′-端。但有意思的是,一种叫超嗜热菌(*Aquifex aeolicus*)的细菌带有两个独立的酶,各自带有部分活性,但协调一致起作用,共同催化 CCA 的添加:第一种酶先催化添加 2 个 C,第二种再接着催化 A 的添加。

CCA 非常重要,这是因为 tRNA 的主要功能是在翻译的时候携带氨基酸到核糖体,但它在加载氨基酸之前,必须先被 CCA 添加酶连上 CCA 序列,只有这样,tRNA 才能成为功能完全的分子。已有研究表明,如果 tRNA 发生突变,CCA 添加酶就会加倍地工作,给它连上"CCACCA"序列。这里多出的 CCA 便成了一个信号,意味着这种 tRNA 有缺陷,于是细胞会把这些 tRNA 快速降解,防止其在细胞内积累及运载错误的氨基酸。

那么 CCA 添加酶是如何区分正常和突变的 tRNA 的呢?美国冷泉港实验室的 Leemor Joshua - Tor 等人对此进行了研究。他们发现,这种酶根本不能进行分辨,实际上是 RNA 自己在负责校读。CCA 添加酶通过一种螺旋运动在 tRNA 末端一个个地添加 CCA 序列,在正常情况下,添上最后一个 A 之后会继续尝试"弯折"tRNA 分子,但这种尝试并不成功。因为压力增加会使 RNA 与酶解离,结果是 RNA 只连了一个 CCA 序列。然而,当 tRNA 发生突变时,它的结构会变得更加灵活,在添上一个 CCA 序列之后

RNA还能继续弯曲。于是,酶就能添加第二段CCA序列,然后RNA才脱离与酶的结合。这是一种非常特别的校对机制。在"酶眼"里,两种RNA并没有什么差异,它只管通过螺旋运动添加CCA,是RNA本身的突变防止了发生进一步的错误,确保蛋白质的正确合成。

（四）剪接

少数细菌的tRNA含有内含子,如许多蓝细菌体内的起始tRNA和$tRNA^{Leu}$,这就需要进行剪接。但细菌tRNA的内含子一般属于第一类内含子,由内含子自己充当核酶催化。

第二节　真核细胞RNA前体的后加工

真核细胞RNA前体的后加工反应远比细菌复杂,特别是mRNA前体更是如此。在真核系统中,某些后加工反应的性质与细菌系统很相似,而另一些后加工反应则是特有的。

一、mRNA前体的后加工

与细菌和古菌的mRNA很少经历后加工的事实形成鲜明对比的是,真核细胞的细胞核mRNA必须经历多种形式的后加工,才能成为成熟、有功能的分子。所经历的后加工反应主要包括:5′-端"加帽"(capping)、3′-端"加尾"(tailing)、内部甲基化(internal methylation)、剪接(splicing)和编辑(editing)。

Quiz3 真核生物mRNA这些后加工反应最先发生的是哪一种?如何设计一个实验进行证明?

（一）5′-端"加帽"

1. 帽子的本质和类型

几乎所有真核生物的细胞核mRNA和某些snRNA或snoRNA的5′-端含有帽子结构(图8-3):其本质上是与第一个被转录的核苷酸通过5′,5′三磷酸酯键相连的7-甲基鸟苷酸。帽子有0型、1型和2型三种形式。就"戴"0型帽子的mRNA而言,前两个被

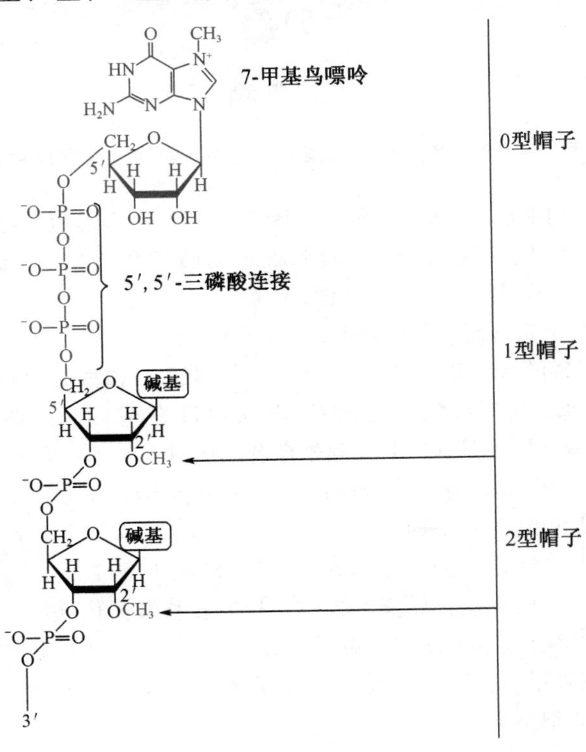

图8-3　真核细胞mRNA的三种形式的帽子结构

转录的核苷酸在2′-核糖羟基上都没有被甲基化;而1型mRNA第一个被转录的核苷酸在2′-核糖羟基上被甲基化了;2型mRNA前两个被转录的核苷酸在2′-核糖羟基上都被甲基化了。

2. 加帽反应的历程

加帽反应是一种共转录反应,在转录了约25 nt后就开始。之所以mRNA和某些snRNA或snoRNA才被加帽,是因为它们都由RNAPⅡ催化。一旦RNAPⅡ最大亚基的CTD七肽重复序列中的Ser5被TFⅡH磷酸化(Ser5P),即可以将转录延伸因子DSIF招募到转录复合物,而加入到复合物之中的DSIF随后又将转录延伸因子NELF招募进来,导致转录暂停。上述暂停允许加帽酶(capping enzyme)加入,从而对转录物的5′-端进行修饰(图8-4)。在酵母细胞内,首先是RNA三磷酸酶(RNA triphosphatase)Cet1结合磷酸化的CTD,催化起始核苷酸5′-端γ磷酸基团的水解。然后是RNA鸟苷酸转移酶(RNA guanylyl transferase)Ceg1催化鸟苷酸转移到起始核苷酸5′-端β磷酸基团上。在哺乳动物细胞内,有一种双功能酶,同时带有RNA三磷酸酶和鸟苷酸转移酶活性,可识别并结合CTD上的Ser5P,催化加帽反应。

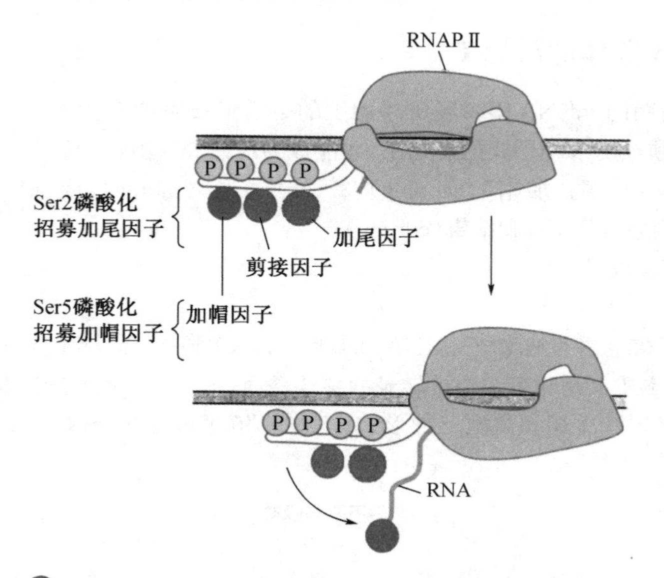

图8-4 RNAPⅡ CTD的磷酸化与加尾和加帽反应的关系

然而,在帽子结构形成不久,又一种转录因子——P-TEFb也被招募到复合物。P-TEFb是一种激酶,催化CTD的Ser2和NELF的磷酸化。NELF因磷酸化而失活,RNAPⅡ则恢复前进,继续催化转录的延伸。

0型帽子添加共由三步反应组成(图8-5):

(1) 在RNA三磷酸酶催化下,新生mRNA 5′-端的γ-磷酸被水解下来。

(2) 在mRNA鸟苷酸转移酶催化下,GMP从GTP转移到起始核苷酸的磷酸上,同时释放出1分子焦磷酸。于是,GMP与起始核苷酸通过5′-ppp-5′相连。

(3) 在鸟嘌呤-7-甲基转移酶(guanine-7-methyl transferase)催化下,GMP的N7发生甲基化反应,甲基供体为SAM。

以上三步反应只能生成0型帽子,如果要"升级"成1型或2型帽子,还需要进行额外的甲基化反应。这时的甲基化反应由2′-O-甲基转移酶催化,甲基共体仍然是SAM。酵母不会再进行甲基化反应,因此它的帽子只有0型,但在高等生物体内,被转录的第一个核苷酸的2′-羟基被甲基化形成1型帽子,而脊椎动物被转录的第二个核苷酸的2′-羟基也被甲基化形成2型帽子。

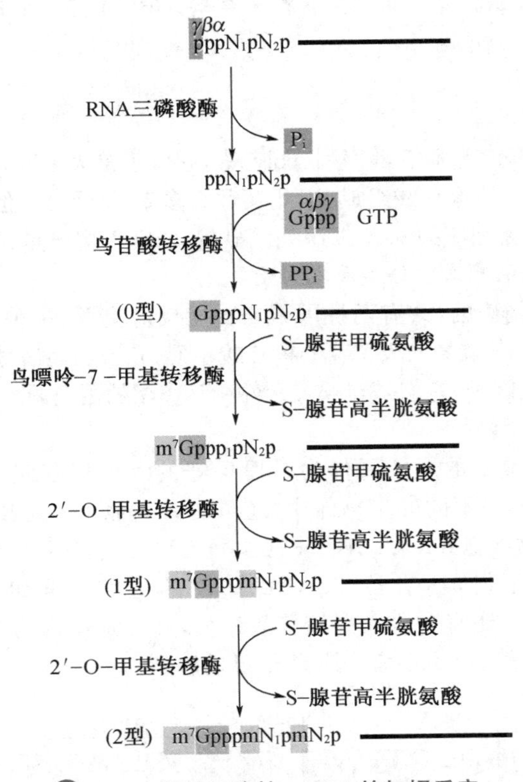

图 8-5　真核细胞核 mRNA 的加帽反应

尽管由 RNAPⅡ转录的 snRNA 也有帽子结构，但构成 snRNA 帽子结构的鸟苷酸前后发生三次甲基化修饰，形成的是 2,2,7-三甲基-鸟苷酸帽子，其中后两次甲基化反应发生在细胞质，是在 snRNA 运输到细胞质并与特定的蛋白质组装成复合物以后发生的。Jorg Hamm 和 Iain Matta 对 snRNA 的研究发现，大多数 snRNA 基因，包括 U1 snRNA 基因，由 RNAPⅡ转录，并在细胞核内形成帽子结构，然后转运到细胞质基质中，与蛋白质结合形成 snRNP，帽子结构被进一步修饰，很快又回到细胞核内参与 mRNA 的剪接。U6 snRNA 是个例外，它由 RNAPⅢ转录，而且不形成帽子结构，U6 snRNA 一直留在细胞核中。将 U6 snRNA 的启动子与 U1 snRNA 基因相连，则该重组基因由 RNAPⅢ转录，不能形成帽子结构，而保留在细胞核内，说明帽子结构对 snRNA 从细胞核转运到细胞质基质十分重要。

3. 帽子的功能

帽子结构至少有四个方面的功能：

(1) 有助于 mRNA 前体的剪接。

有证据表明，mRNA 第一个内含子的剪接依赖帽子结构，帽子结合复合物(cap-binding complex，CBC)参与了剪接体的形成。CBC 由两种帽子结合蛋白(cap-binding protein，CBP)组成，大小分别为 20 kDa 和 80 kDa。帽子结构促进第一个内含子的剪接与内含子本身的序列以及周围的外显子序列无关，而与内含子到帽子结构的距离有关。

(2) 有助于成熟 mRNA 转运出细胞核，这与 U1 snRNA 上的帽子功能是相似的。

(3) 保护 mRNA，避免核酸酶降解。

帽子结构通过一个三磷酸酯键与 mRNA 相连，这种特殊的连接方式可保护 mRNA，防止 5′-外切核酸酶从 5′-端降解 mRNA。

(4) 有助于翻译起始阶段起始密码子的识别，增强 mRNA 的可翻译性。

真核生物细胞质中的翻译系统通过 CBP，识别帽子结构，帮助核糖体与 mRNA 结合并识别起始密码子,起始翻译。如果没有帽子结构,CBP 不能与 mRNA 结合,则 mRNA 的翻译效率极低。

Quiz4 有人认为真核生物的 mRNA 有两个 3′-端。对此观点你觉得正确吗?

(二) 3′-端"加尾"

1. "尾巴"的本质

尾巴的本质是一段多聚腺苷酸序列(poly A),它位于绝大多数真核细胞核 mRNA 的 3′-端,约由 250 个左右的腺苷酸组成,因此又称为多聚 A 尾巴。但含有多聚 A 尾巴的 mRNA 在编码链上并无相应的 poly A 序列。显然,poly A 尾巴是在转录后添加上去的。

2. 参与加尾反应的顺式元件和反式因子

加尾反应是十分精确的,共有两种因素与加尾反应有关:一种为顺式元件,是位于 mRNA 前体内部靠近 3′-端的一段特殊的核苷酸序列,充当加尾信号,可视为加尾反应的"内因";另一种是反式因子,它们是与顺式元件相互作用的蛋白质或催化加尾反应的酶,可视为加尾反应的"外因"。

与加尾有关的最重要的顺式元件为一段保守的六聚核苷酸序列,其一致序列为 AAUAAA。除此以外,在不同的生物体中,还可能有其他与加尾反应有关的顺式元件(图 8-6)。例如,动物细胞 mRNA 有一段富含 U/GU 序列,还可能有一段富含 U 序列,前者位于加尾点的下游,后者位于 AAUAAA 的上游。再如,酵母的 mRNA 在 AAUAAA 序列的上游,还有一段六聚核苷酸序列,其一致序列为 UAUAUA。而植物 mRNA 在 AAUAAA 信号的上游有一段富含 U 的序列。

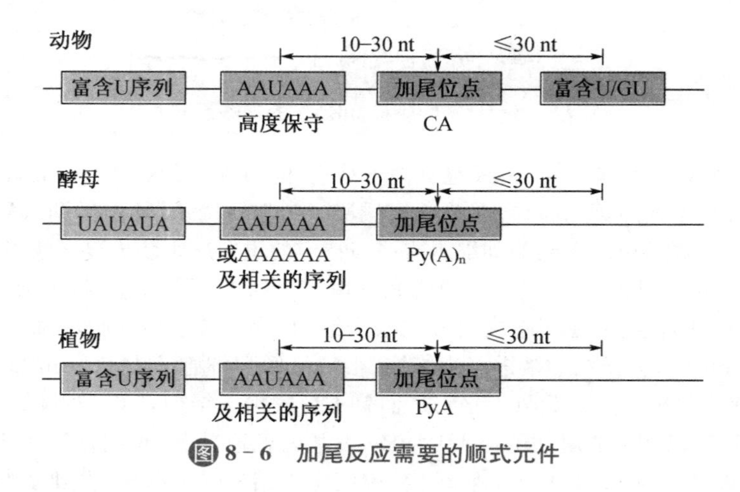

图 8-6 加尾反应需要的顺式元件

参与加尾反应的反式因子包括:

(1) 剪切/多聚腺苷酸化特异性因子(cleavage and polyadenylation specificity factor, CPSF)

CPSF 是加尾反应所必需的成分,由 3 个亚基组成。各亚基都能与 RNA 结合,但单独存在时与 RNA 非特异性结合,结合在一起则特异性识别和结合 AAUAAA 序列,并参与和 poly A 聚合酶以及剪切刺激因子的相互作用。

(2) 剪切刺激因子(cleavage stimulation factor, CStF)

CStF 也是一种 RNA 结合蛋白,为剪切反应所必需,它的功能是识别 GU/U 序列并与 CPSF 结合。

(3) 剪切因子Ⅰ和Ⅱ(cleavage factor Ⅰ/Ⅱ, CF Ⅰ/Ⅱ)

CFⅠ和 CFⅡ为内切核酸酶,负责剪切反应。

(4) Poly A 聚合酶(poly A polymerase, PAP)

PAP 是一种特殊的 RNAP,但它不需要任何 DNA 模板,而且只对 ATP 有亲和性。此酶负责催化在切开的 mRNA 的 3′-端连续添加多聚 A 序列。

PAP属于B类聚合酶，与DNAPβ同属一类。来自酵母和牛体内的PAP的晶体结构显示(图8-7)，PAP由3个球状结构域组成，由它们环绕的中央裂缝构成酶的活性中心。其N端结构域与B类聚合酶的手掌结构域同源，中央结构域在功能上相当于需要模板的聚合酶的手指，C端结构域与参与剪切/多聚腺苷酸化的蛋白质因子相互作用。这三个结构域之间由铰链相连，使得结构域之间很容易发生相对移动，从而产生“诱导契合”。在没有底物结合之前，PAP的活性中心处于开放的构象状态，一旦Mg^{2+}-ATP与活性中心结合，三个结构域之间会发生较大的移动，此时酶因受到诱导，导致活性中心收紧，进入紧密而稳定的构象状态。其活性中心3个永远不变的Asp残基结合着2个Mg^{2+}，其中有一个Mg^{2+}也与腺嘌呤的环N7发生接触，还有其他对催化有贡献的保守氨基酸残基也与腺苷酸有接触。这些接触连同与ATP结合的Mg^{2+}构成了有效识别ATP的机制。

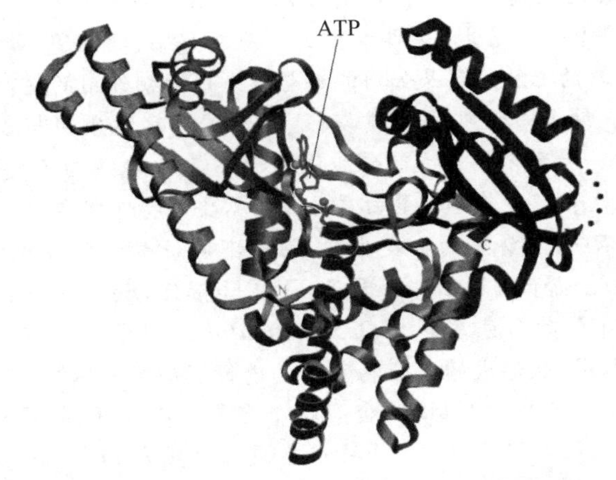

图8-7　牛的PAP与Mg^{2+}-ATP形成的复合物的三维结构

(5) 多聚A结合蛋白(poly A binding protein，PABP)

PABP有PABPN1和PABPC两类，其中PABPN1存在于细胞核，PABPC存在于细胞质。PAP一开始以“散漫”的形式催化A的添加，直至长到够核里面的PABPN1结合，这时PAP受到刺激，进行性大增。而一旦多聚A尾巴长度达到一临界值以后，PABPN1又通过形成多聚体的结构，终止加尾反应，并对尾巴具有保护作用。在mRNA进入细胞质以后，PABPC开始与多聚A稳定结合，并参与翻译的起始。

3. *加尾反应的历程*

只有mRNA才会加尾，这除了与加尾反应的顺式元件和反式因子有关以外，还与RNAPⅡ最大亚基在CTD上的七肽重复序列Ser2的磷酸化(Ser2P)有关(图8-4)。Ser2P有助于将各种与加尾有关的反式因子招募到mRNA前体上。

加尾涉及的主要反应包括(图8-8)：首先是CPSF识别和结合AAUAAA序列；随后是CFⅠ、CFⅡ、CStF和PAP依次被招募进来。在CFⅠ和CFⅡ的催化下，mRNA前体在AAUAAA序列的下游某一位置被切开，PAP则在新暴露的3′-端催化多聚腺苷酸化反应。一开始多聚腺苷酸化的反应进行得很慢，但在CFⅠ、CFⅡ、CStF和mRNA前体被切开的3′-端序列解离下来以后，PABPN1与已形成的多聚A结合，导致多聚腺苷酸化反应加快，使polyA尾巴进一步延伸到合适的长度。

Quiz5 如果真核细胞中被引入大量的虫草素，你认为加尾反应会受到影响吗？加帽反应呢？

Box 8-1　CTD密码

真核生物细胞核中的RNAPⅡ除了催化蛋白质基因和绝大多数miRNA基因的转录以外,在转录的过程中还能扫描出现在DNA模板上的损伤和修饰周围的染色质。此外,通过蛋白质与蛋白质之间的相互作用,RNAPⅡ还可将对正在转录的mRNA进行各种后加工的蛋白质因子招募过来。RNAPⅡ的这些功能与其最大亚基的CTD所起作用是分不开的。正是CTD将转录与组蛋白的甲基化、mRNA加帽、mRNA剪接和mRNA加尾偶联起来。

CTD只存在于RNAPⅡ,并不存在于RNAPⅠ和Ⅲ,其本质就是一段七肽重复序列,而七肽重复序列的一致序列是YSPTSPS,重复次数对于不同的真核生物来说不尽相同,一般为27～52。CTD并不是RNAPⅡ催化转录反应所必需的,但在一轮转录循环中处于高度的磷酸化状态。许多蛋白质可以与磷酸化的CTD相互作用,它们包括调节转录起始的介导蛋白复合物、某些组蛋白甲基转移酶、加帽酶、加尾因子和剪辑因子等。然而,这种简单的七肽序列是如何能够与多个目标相作用的呢?显然,CTD不可能在转录循环中一直结合着这些蛋白质,而是在合适的时候分别与各类蛋白质结合。在其中,CTD会发生一系列不同形式的磷酸化和构象变化,从而为各类蛋白质创造特异性结合位点,似乎在这里隐藏着各类蛋白质结合所需要的特殊化学信息,即CTD密码。

在一轮转录循环中,主要有两次发生在CTD不同位置的磷酸化修饰。第一次是发生在Ser5,由靠近启动子的基础转录因子TFⅡH催化,Ser5的磷酸化(Ser5P)可将加帽酶招募过来。有人对白色念珠菌(*Candida albicans*)参与加帽的鸟苷酸转移酶(Cgt1)与磷酸化的CTD肽形成的复合物的结构进行了研究,以破译其中的CTD密码是如何被阅读的。他们使用的CTD肽含有四个重复的七肽序列,每一个重复序列中的Ser5均发生了磷酸化。但只看到两个七肽重复序列参与结合。磷酸化的肽结合在Cgt1活性中心的裂缝中,其中相邻七肽重复序列中的2个Ser-P结合在裂缝两侧两个带正电荷的口袋中,此外,每一个重复序列中的Tyr和2个Pro也参与结合。第二次磷酸化发生在转录延伸阶段,受到磷酸化的是Ser 2(Ser2P),可由不同的蛋白质激酶催化。Ser2P充当了招募加尾因子的密码。于是,上述两次主要的磷酸化有助于区分转录的早期和后期的后加工反应。

CTD密码除了与磷酸化有关以外,还可能与紧随两个磷酸化的Ser与其后的Pro3和Pro6形成的肽键顺反异构有关系。已发现,催化与Pro亚氨基有关的肽键顺反异构的Pin1/Ess1可作用磷酸化残基之后的Pro,从而参与mRNA在3′-端的后加工。

如果将Ser2P和Ser5P与Pro3和Pro6相关肽键的顺反异构结合起来,在一段七肽重复序列之中,共有16种不同的组合(见下表)

4个磷酸化样式	4种与Pro亚氨基有关肽键的顺反异构
Ser2,Ser5	反Pro3和反Pro6
Ser2P	反Pro3和顺Pro6
Ser5P	顺Pro3和反Pro6
Ser2P和Ser5P	顺Pro3和顺Pro6

4. "尾巴"的功能

多聚A尾巴至少有五个功能:

(1) 提高mRNA的稳定性

这是因为多聚A尾巴在与PABP结合以后可保护mRNA,使其抵抗3′-外切核酸酶的消化。已有证据表明,尾巴的长度可能是受到调控的。当一种mRNA的尾巴长度降到一个临界值(酵母<10～15 A)以后,常常充当mRNA的降解信号。实际上,某些生物

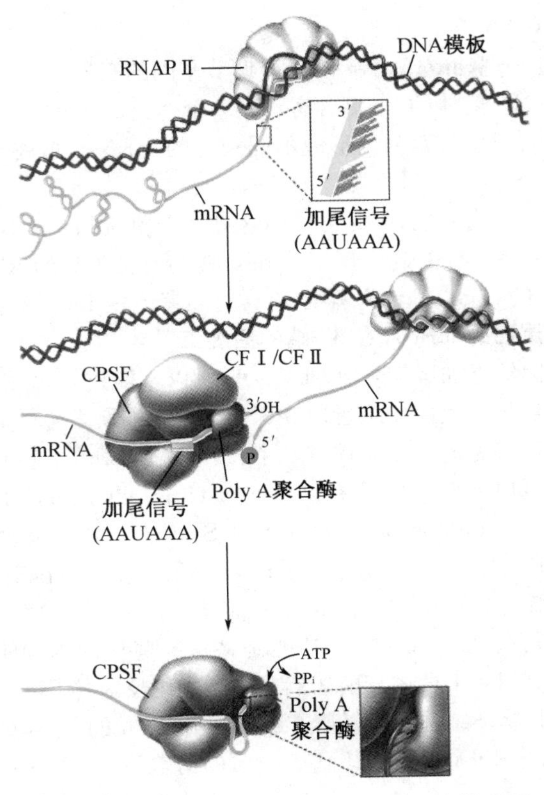

图 8－8　真核细胞 mRNA 前体加尾反应模式图

在发育早期阶段，可以通过控制 mRNA 尾巴的长度而调节某些基因的表达。

Daniel Gallie 通过实验证明，5′-端的帽子和 3′-端的尾巴可以协同作用，促进 mRNA 的稳定，增强 mRNA 的翻译效率。多聚 A 可以使带有帽子结构的 mRNA 翻译效率提高 21 倍，而帽子结构可以使多聚腺苷酸化的 mRNA 翻译效率放大 297 倍。

（2）提高 mRNA 翻译的效率

Michel Revel 等人利用卵母细胞所做的体内实验发现，不带多聚 A 的 mRNA（poly A^- mRNA）与带多聚 A 的 mRNA（poly A^+ mRNA）开始时翻译速度没有什么差别，但在 6 小时后，前者已经不能翻译了，而后者仍然有很高的翻译活性。David Munroe 等人则利用兔网织红细胞抽提液，比较了 poly A^+ mRNA 和 poly A^- mRNA 的翻译速度，结果不管是否有帽子结构，poly A^+ mRNA 的翻译效率都高于 poly A^- mRNA。

多聚 A 尾巴之所以能提高 mRNA 的翻译，一方面是因为 poly A^+ mRNA 半衰期比 poly A^- mRNA 长，另一方面更重要的是因为 PABPC 与多聚 A 结合。与多聚 A 结合的 PABPC 在翻译起始阶段，可与起始因子 eIF－4G 相互作用，促进 mRNA 的环化，有利于多聚核糖体（polysome）的形成，从而增强 mRNA 的可翻译性。有人将过量的多聚 A 加入到真核生物体外翻译系统之中，使其竞争结合 PABPC，结果发现可以抑制带有帽子的 poly A^+ mRNA 的翻译。

然而，多聚 A 尾巴并不是 mRNA 翻译必不可少的，因为某些 mRNA 虽然没有尾巴，但仍然能够被有效地翻译，比如组蛋白的 mRNA。

（3）影响最后一个内含子的切除

多聚 A 和帽子结构都参与了 mRNA 的剪接。多聚 A 也只参与距它最近的内含子的剪接，而不作用相距较远的内含子。

（4）创造终止密码子

某些 mRNA 先天缺乏终止密码子，但通过加尾反应，可在 UG 序列后产生 UGA，或在 UA 序列后产生 UAA。

(5) 通过选择性加尾(alternative tailing)调节基因的表达

已发现许多 mRNA 前体的 3′-端含有不止一个拷贝的 AAUAAA 序列,细胞可利用不同的加尾信号进行加尾反应,从而形成不同长度的 mRNA,最终导致一个基因编码出不同的蛋白质。

由于只有 mRNA 才有尾巴,因此可使用含有寡聚脱氧胸苷酸(oligo dT)或寡聚尿苷酸(oligo U)的亲和柱,将带有多聚 A 尾巴的 mRNA 与其他类型的 RNA 分离开来。此外,还可以使用人工合成的 oligo dT 作为引物,将含有多聚 A 的 mRNA 逆转录成 cDNA。

(三) 无多聚 A 尾巴的 mRNA 在 3′-端的后加工

组蛋白 mRNA 因缺乏加尾信号 AAUAAA,所以不能进行加尾反应,但这并不意味着它的 3′-端就没有后加工反应。组蛋白 mRNA 在 3′-端所发生的后加工仅仅是一次位点特异性剪切,与剪切有关的顺式元件有 2 个:一个是由 6 bp 的茎和 4 nt 环组成的茎环结构,另外一个是组蛋白下游元件(histone downstream element,HDE)。茎环结构可结合一个茎环结合蛋白(stem-loop binding protein,SLBP)。HDE 富含嘌呤,是 U7 snRNP 结合的地方。U7 snRNP 是通过 snRNA 与 HDE 内的碱基互补配对结合的。SLBP 可作用 U7 snRNP,从而稳定 U7snRNP 与 HDE 的结合。剪切总是发生在这两个元件之间距离茎环结构 5 nt 的地方。U7 snRNP 的功能是将参与剪切的内切酶招募进来。已有证据表明,被 U7 snRNP 招募来的内切酶居然是参与加尾反应的 CPSF 的 CPSF - 73 亚基。通过位点特异性剪切,茎环结构得以暴露在组蛋白 mRNA 的 3′-端(图 8 - 9)。这种茎环结构参与调节组蛋白 mRNA 从细胞核到细胞质的运输,以及在细胞质中的稳定性和翻译效率。

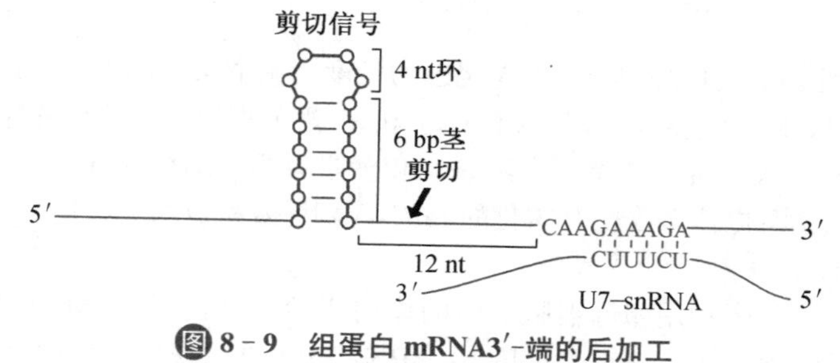

图 8 - 9 组蛋白 mRNA3′-端的后加工

(四) 内部甲基化

mRNA 的内部甲基化主要是指 mRNA 分子上的某些腺嘌呤(通常在 GAC 序列之中)N6 经历甲基化修饰,形成 N6 -甲基腺嘌呤(N6 - methyladenosine,m^6A)的过程。内含子和外显子上都可能发生这种修饰。已经发现这种化学修饰是可逆的(图 8 - 10),催化甲基化的酶是受肾母细胞瘤 1 相关蛋白(Wilms' tumor 1 associating protein,WTAP)协助的由 METTL3 - METTL14 两个甲基转移酶构成的异源复合体,催化去甲基化的酶有 α-酮戊二酸依赖性双加氧酶 FTO(α - ketoglutarate-dependent dioxygenases FTO)和 ALKBH5。其中,FTO 催化的反应分两步:第一步是催化 m^6A 转变成 N6 -羟甲基 A(hm^6A),第二步是催化 hm^6A 转变为 N6 -甲酰化 A(f^6A)。f^6A 一旦形成,可自发地转变为 A。细胞内一些特殊的蛋白质可识别并结合甲基化的 A,从而调节 mRNA 的功能。有多种细胞过程受到甲基化 A 的影响:在细胞核 m^6A 可影响到 RNA 的输出、核滞留和剪接;在细胞质,YTHDF2 可与含 m^6A 的 RNA 结合,引导其进入加工小体(processing bodies,P 小体),从而加速其衰变。P 小体可形成动态的胁迫颗粒,贮存和释放特定的 mRNA,从而影响到它们的翻译。

(五) 剪接

剪接这种后加工方式是在发现基因断裂的现象后确定的。1977 年,分别由 Phillip

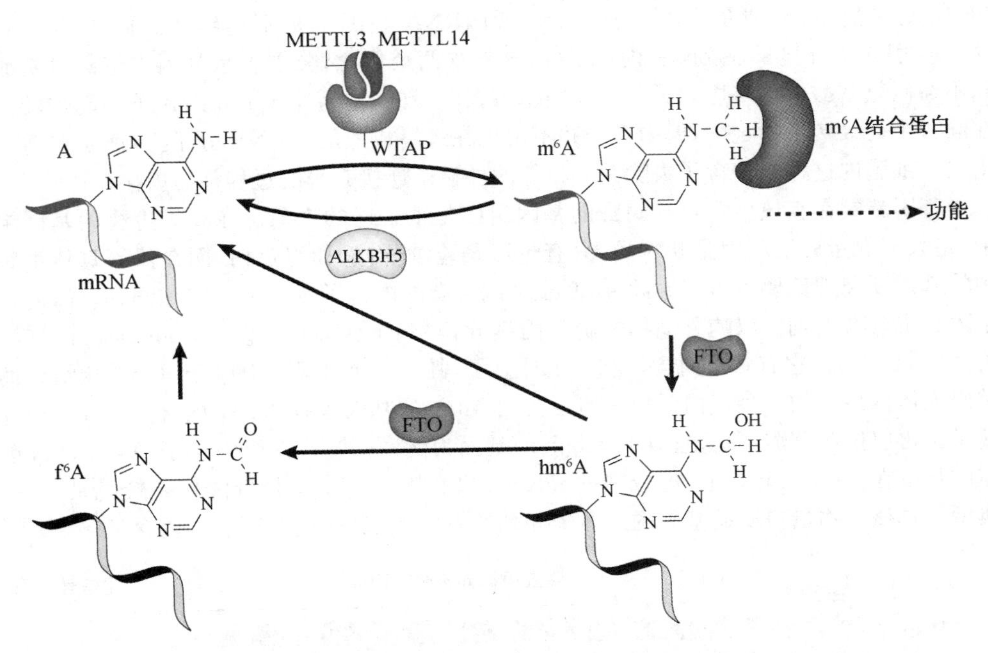

图 8-10　可逆的 mRNA 内部甲基化

Sharp 和 Richard Roberts 领导的两个研究小组，几乎同时在腺病毒晚期表达的蛋白质基因中发现了基因断裂现象。

他们使用的是 R-环技术，其操作流程是(图 8-11)：将一种蛋白质的 mRNA 与变性的基因组 DNA 进行杂交，如果其基因是连续的，那 mRNA 的编码区序列与其基因模板链序列呈连续互补，就不可能有非互补序列以环的形式突出来；反之，如果基因是断裂的，那在杂交以后，由于基因编码链上的部分序列已不存在于成熟的 mRNA 分子上，就会以 R-环的形式凸出来，这在电镜下可以观测到。由于 mRNA 容易水解，也可以先将它逆转录成为稳定的 cDNA 后，代替 mRNA 进行杂交实验。

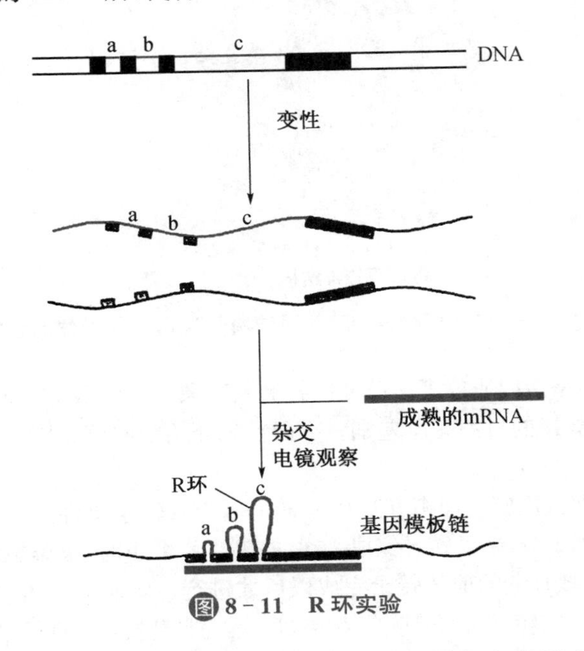

图 8-11　R 环实验

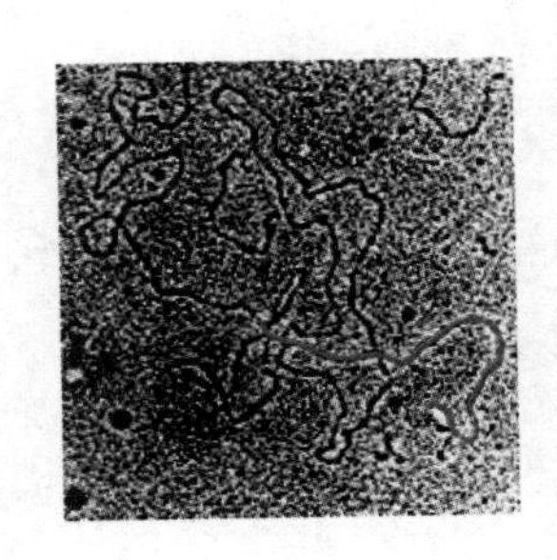

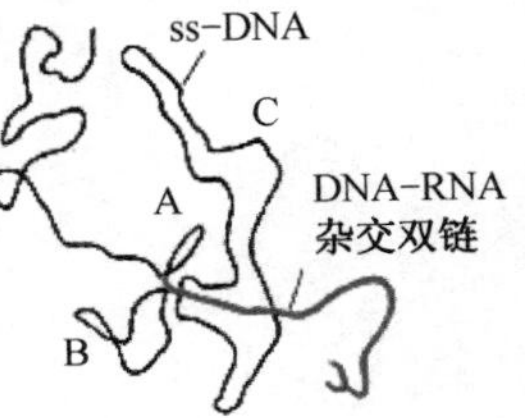

图 8-12　R 环实验的结果及其对结果的解释

Sharp 和 Roberts 当时的实验结果如图 8-12 所示，图中出现了 3 个 R 环，这表明他们研究的基因断裂了 3 次。到了 1978 年上半年，人们使用 R 环技术相继发现 β-珠蛋白、免疫球蛋白、卵清蛋白和某些 tRNA 和 rRNA 基因也是不连续的。同年，Walter Gilbert 引入了外显子(exon)和内含子(intron)这两个概念，分别表示基因中编码氨基酸和不编码氨基酸的碱基序列。一个断裂基因在转录的时候，外显子和内含子一起被转录在同一个初级转录物之中，但内含子并不出现在最终成熟的 mRNA 分子上，而是被剪切出去。细胞内这种将内含子去除并将相邻的外显子连接起来的过程称为剪接。

基因断裂在真核生物及其病毒的基因组中是很普遍的现象。在高等生物的基因组中，绝大多数蛋白质基因是断裂的，只有少数是连续的，例如组蛋白，而在低等真核生物中的基因断裂现象要少得多。此外，断裂基因含有的内含子数目不一定相同，同样，内含子大小也会有差别。以哺乳动物的磷酸丙糖异构酶(triose phosphate isomerase)的基因为例(图 8－13)，它有 8 个内含子和 9 个外显子，其每一个外显子对应于一个结构域。而编码人体内最大的一种蛋白质——肌巨蛋白(titin)的基因含有 362 个内含子和 363 个外显子。再以抗肌营养不良蛋白(dystrophin)基因为例，它共有 78 个内含子，其 mRNA 前体的长度在 2×10^6 nt 以上，但成熟的 mRNA 只有 1.4×10^4 个核苷酸！一般说来，一个典型的真核生物蛋白质的基因的外显子序列约占 10%，其余的序列属于内含子。

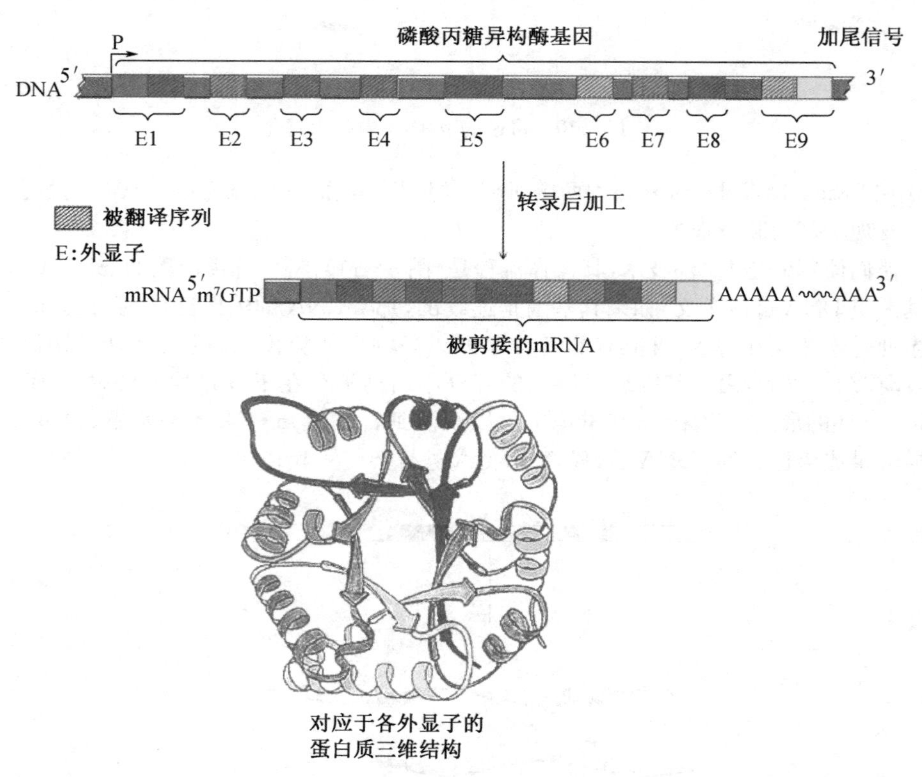

图 8－13　磷酸丙糖异构酶基因结构及其 mRNA 前体的后加工

基因断裂并不是蛋白质或者多肽基因特有的现象，许多 rRNA 和 tRNA 的基因也是断裂的，只不过是剪接的机制有所差别。下面首先介绍细胞核 mRNA 前体的剪接机制。

1. 剪接反应是共转录事件

严格地说来，剪接反应与加帽和加尾一样都属于共转录事件。以人抗肌营养不良基因为例，其基因序列十分庞大，转录完成一次约需要 16 个小时，很难想象它的剪接反应要等到长达 2×10^6 个核苷酸的前体转录完成以后才进行。此外，有人使用电镜，直接观测到果蝇的早期胚胎新生的转录物的剪接是共转录反应，而且剪接点的选择早于加尾点的选择。

2. 细胞核 mRNA 前体剪接的机理

mRNA 前体的剪接是高度精确的。其精确性同样取决于顺式元件和反式因子：最重要的顺式元件位于外显子和内含子交界处，而反式因子主要是五种核小核糖核酸蛋白颗粒（small nuclear ribonucleoprotein particle，snRNP）以及一些游离的蛋白质因子（图 8-14）。

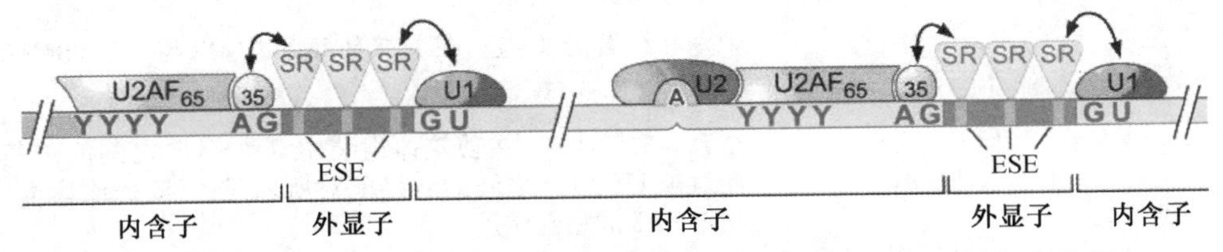

图 8-14 参与及调节剪接反应的各种顺式元件和反式因子之间的相互作用

（1）剪接反应的顺式元件

通过分析、比较多种内含子剪接点附近的核苷酸序列，已找出了控制剪接反应的几种顺式元件（图 8-15）。它们主要有三种：一是存在于外显子和内含子交界处的一段高度保守的序列，其一致序列是位于 5′-剪接点（5′-splicing site，5′-SS）、属于内含子的前两个 GU 和位于 3′-剪接点（3′-splicing site，3′-SS）最后两个 AG，这样的序列有时称为 GU-AG 规则（the GU-AG rule）；二是在 3′-SS 上游不远处存在一段主要由 11 个嘧啶碱基组成的序列；最后是存在于内含子内部的一段被称为分支点（branch point）的保守序列。在酵母细胞中，这一段一致序列几乎是不变的，总是 UACUAAC，该序列对于剪接反应的发生至关重要。除了以上三种剪接信号以外，在很多外显子内还发现了外显子剪接增强子（exonic splicing enhancer，ESE）。不言而喻，ESE 所起的作用是增强剪接的效率。

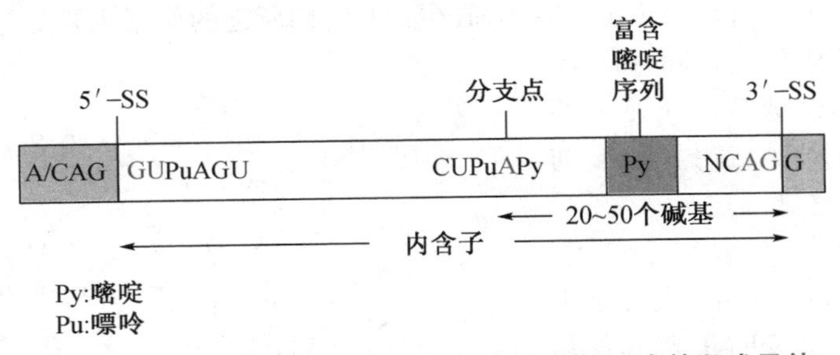

图 8-15 参与真核细胞核 mRNA 前体剪接反应的顺式元件

（2）剪接反应的反式因子

在剪接反应中，顺式元件的识别以及相邻外显子的相互靠近是最重要的环节。snRNP 在这两个环节都起着十分重要的作用。snRNP 由 snRNA 和蛋白质组成的复合物，而 snRNA 是细胞核内一些序列高度保守的小 RNA。snRNA 一般由 60 nt～300 nt 组成，在细胞中含量极为丰富，可达 10^5～10^6 分子/细胞。由于富含 U，所以用 U 加上数字来表示不同的 snRNA。

有一类蛋白质是许多 snRNP 共有的，这一类蛋白质是 Sm 蛋白，它们是剪接反应必需的，针对 Sm 蛋白的抗体可抑制体外的剪接反应。共有 7 种 Sm 蛋白，它们被称为 B/B′、D1、D2、D3、E、F 和 G。每一种 Sm 蛋白具有相似的三维结构，由一段 α 螺旋和紧随其后的 5 个 β-股组成。Sm 蛋白之间通过 β-股相互作用，可形成一个环绕 RNA 的环。而许多 snRNA 上含有一个能被 Sm 蛋白识别的特殊序列，该序列称为 Sm RNA 模体（Sm RNA motif）。

Quiz6 你知道 U3-snRNP 在真核细胞内的功能吗？

参与剪接反应的 snRNP 有 U1-snRNP、U2-snRNP、U4-snRNP、U5-snRNP 和 U6-snRNP（表 8-1）。其中，U1-snRNA 含有与 mRNA 前体 5′-SS 互补的序列，因此它的功能是负责识别 5′-SS 的信号；U2-snRNA 含有与分支点互补的序列，因此它的主要功能是识别分支点。此外，U2 与 U6 之间也存在互补的碱基对，这两种 snRNA 通过

表 8-1　参与剪接反应的 5 种 snRNA

snRNA	互补性	功能
U1	内含子的 5′-端	识别和结合 5′-SS。
U2	分支点	识别和结合分支点。在剪接体组装中，也与 U6 snRNA 配对。
U4	U6snRNA	结合并失活 U6。在剪接体组装中，U4～U6 之间的碱基配对被 U2～U6 之间的剪接配对所取代。U6 也取代 U1 与 5′-SS 的相互作用。
U5	上游外显子和下游外显子	与相邻的 2 个外显子结合，以防止它们离开剪接体。
U6	U4(和 U2)	在剪接体中与 U2 结合，与 U2 一起催化剪接反应。

配对形成两段双螺旋。已有证据表明，这两段双螺旋对于剪接反应非常重要；U5-snRNP 并没有任何与剪接信号互补的序列，但它能够与前一个外显子的最后一个核苷酸以及下一个外显子的第一个核苷酸结合，这种结合有助于将两个相邻的外显子拉到一起；U6-snRNP 除了能与 U2 配对以外，还能与内含子的 5′-端序列互补配对，也能与 U4-snRNP 之间配对。U4 和 U6 之间的配对导致两者形成紧密的复合物。

除了五种 snRNP 以外，还有几种重要的蛋白质复合物、一些游离的酶和辅助性的蛋白质因子。例如，Prp19 复合物或 19 复合物(nineteen complex)、NTC 以及 NTC 相关蛋白(NTC-related，NTC)。在许多非 snRNP 组分的蛋白质中，有一类是富含丝氨酸和精氨酸的蛋白质(serine/arginine-rich protein，SR 蛋白)，它们所起的作用主要是与 ESE 结合，招募其他的剪接因子(splicing factor，SF)，调节选择性剪接。还有一些蛋白质作为 RNA 解链酶参与 snRNP 结构的重排。

(3) 剪接反应的场所——剪接体

剪接体(spliceosome)主要是由 mRNA 前体、5 种 snRNP 和其他参与剪接的蛋白质(如 NTC 和 NTR)在细胞核内按照一定的次序组装起来的超分子复合物(图 8-17)，其中含有的蛋白质上百种，沉降系数在50 S～60 S之间，略小于核糖体。剪接反应就发生在剪接体内。就剪接反应本身来说，并不复杂，仅仅是 2 次连续的转酯反应(transesterification)(图 8-16)：第一次转酯反应发生在 5′-SS，首先由分支点内的一个腺苷酸残基，利用它的 2′-羟基作为亲核基团，对 5′-SS 处的磷酸二酯键作亲核进攻，而导致该位点的 3′，5′-磷酸二酯键的断裂。在 5′-SS 上的磷酸二酯键断裂的同时，分支点腺苷酸 2′-羟基与内含子 5′-磷酸形成 2P′，5′-

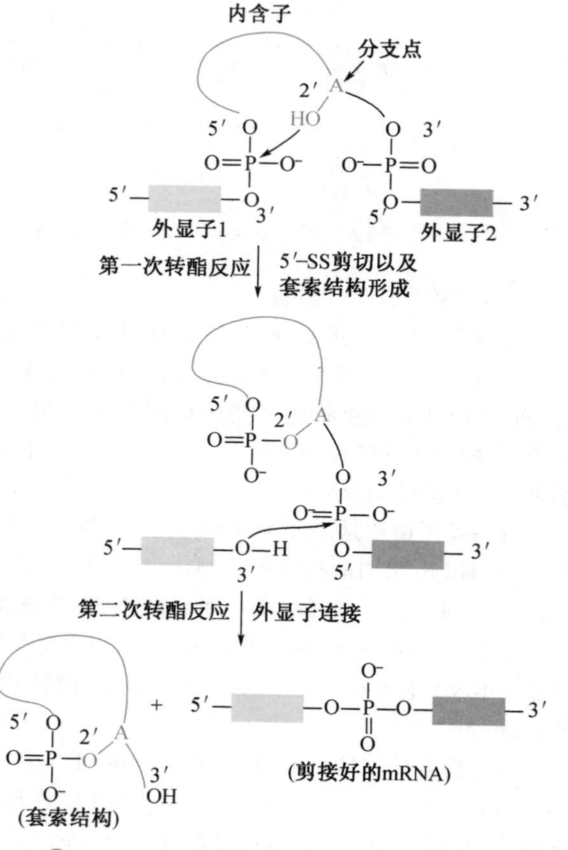

图 8-16　mRNA 前体剪接的两次转酯反应

磷酸二酯键；第二次转酯反应发生在 3′- SS，由刚刚释放出来的 5′-外显子，利用它 3′-羟基作亲核基团，对 3′- SS 上的磷酸二酯键作亲核进攻，从而使得内含子以套索（lariat）结构的形式被释放，同时，两个相邻的外显子通过新的磷酸二酯键连接起来。

Quiz7 细胞内还有哪些重要的过程涉及转酯反应？

（4）剪接体的组装及剪接反应的基本过程

剪接体的组装是一个高度有序的过程，许多步骤需要消耗 ATP，而且剪接体本身又处在动态变化中，这主要表现在成分和构象上。随着剪接反应的进行，某些成分可能离开剪接体，某些成分也可能进入剪接体。一旦剪接反应完成，剪接体即解体，而里面的许多成分可循环利用。

剪接体组装以及剪接反应的基本步骤包括（图 8-17）：首先是 U1 - snRNP 和 U2 - snRNP 分别识别并结合 5′- SS 和分支点，形成剪辑体 A 复合物（spliceosomal A complex）。在这之前，分支点结合蛋白（branch point binding protein，BBP）结合在分支点上，因此 U2 - snRNP 在结合时需要取代 BBP，并与分支点上的一致序列发生碱基配对，形成一段短的 RNA - RNA 双螺旋。这又需要 U2 辅助因子（U2 auxiliary factor，U2AF）的帮助和 ATP 的水解。然而，U2 - snRNA 与分支点一致序列之间的配对并不完美，这里的不完美表现在分支点内有一个 A 刚好无互补配对的 U，因此就突出在双螺旋之外被激活（图 8-18 和图 8-19），为随后的第一次转酯反应提供了便利；很快，U4/U6 - U5 - snRNP 三聚体被招募到剪接体 A 复合物上，导致预催化 B 复合物（pre-catalytic B complex）的形成；此后，snRNP 发生重排，U6 一方面代替 U1 - snRNP 与 5′- SS 的一致序列结合，另一方面与 U4 脱离，转而与 U2 结合，这时 NTC 和 NTR 也被招募进来，产生激活的 B 复合物。此时 U6 的“脚踩两只船”，将分支点突出的腺苷酸上的 2′-羟基拉近到 5′- SS，为第一次转酯反应创造了条件。因此，激活的 B 复合物很快转变为能够催化的构象状态，催化第一次转酯反应。形成的产物称为 C 复合物或催化步骤 Ⅰ 剪接体（catalytic step Ⅰ spliceosome）。

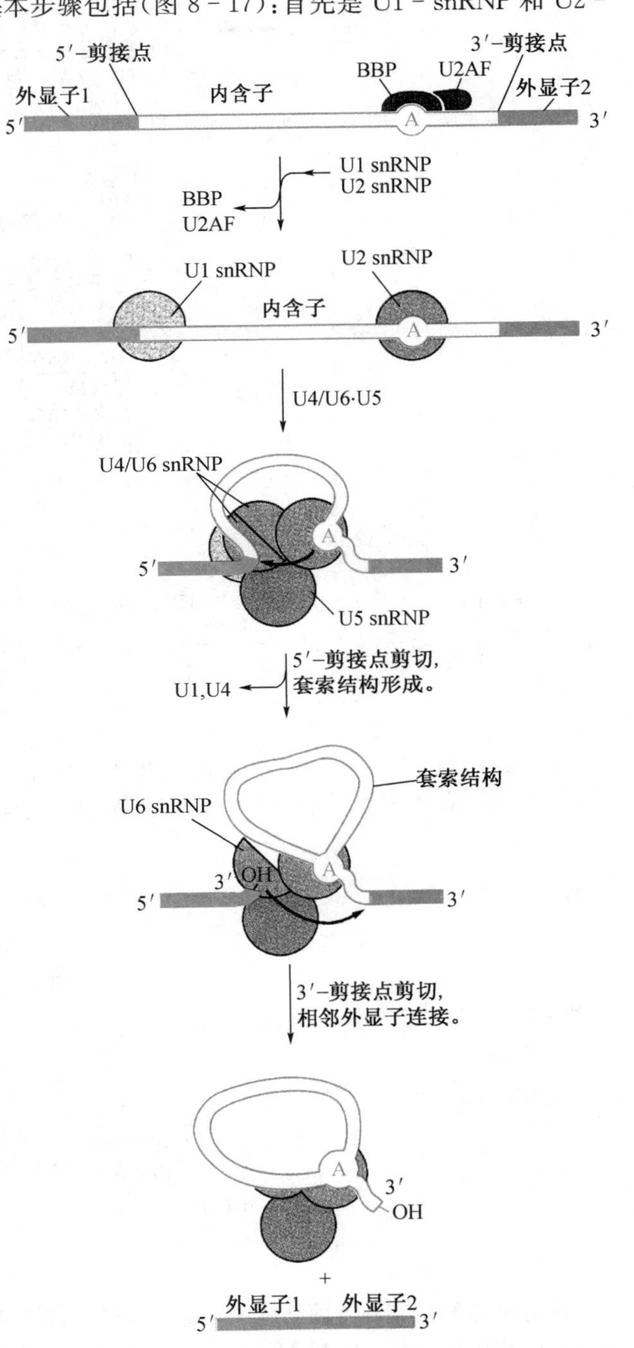

图 8-17　剪接体的组装和去组装

此复合物中含有被切出的5′-外显子以及内含子与3′-外显子相连的套索状中间物；在进行第一次转酯反应以后，紧接着U5-snRNP经历了依赖于ATP的重排，将相邻的外显子拉到一起，为第二次转酯反应创造了条件。第一次转酯反应中游离出来的外显子以其3′-羟基作亲核试剂，亲核进攻3′-SS上的磷酸二酯键，导致外显子连接而形成催化后P复合物(post-catalytic P complex)。随后，已连接好的外显子释放出来，而内含子仍然与内含子套索剪接体复合体(intron-lariat spliceosomal complex，ILS)相连，但最终会释放出来并被水解。到此阶段，剪接反应已经完成。于是，剪接体发生解体，释放出snRNP、NTC和NTR。它们可循环利用，重新参与下一轮剪接反应。

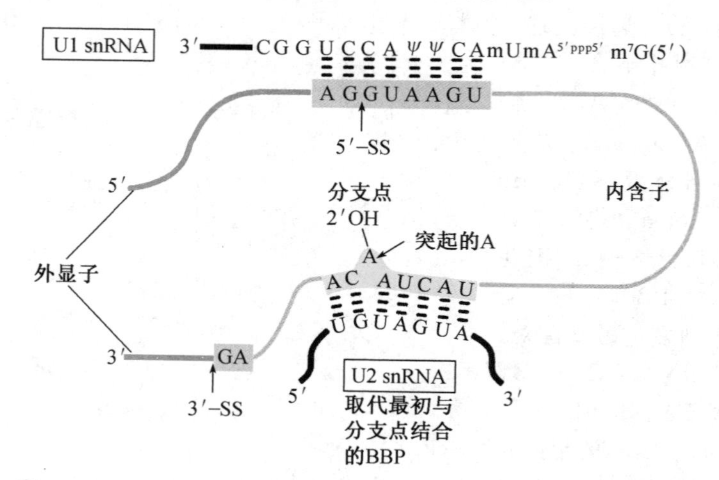

图8-18 分支点腺苷酸2′-OH的突出以及5′-SS和3′-SS的结构

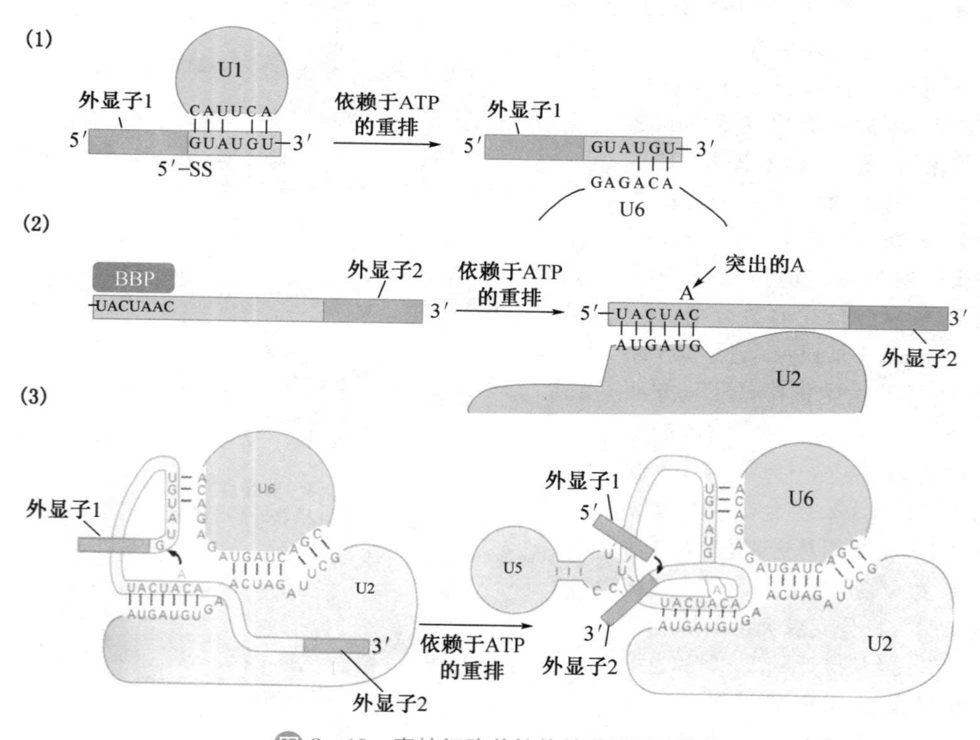

图8-19 真核细胞剪接体的装配示意图

在剪接体的组装和行使功能中，几种snRNP需要不断经历结构上的重排，这由8种在进化上高度保守的DExD/H类RNA依赖性的ATP酶和解链酶驱动。此外，尽管所有的外显子/内含子连接处的序列几乎都是相同的，但对于含有多个内含子的mRNA前体来说，各个内含子的去除始终是按照一定的次序进行的，前一个外显子的3′-端总是与后一个外显子的5′-端忠实地连接。

Box 8-2　剪接体是核酶吗？

长期以来，对于剪接体三维结构的精细解析，特别是对催化剪接反应的活性中心的结构与功能的研究一直是吸引着结构生物学家的注意。虽然已有一些间接证据显示，剪接体的催化中心由 Mg^{2+} 和3种snRNA，即U2 snRNA、U5 snRNA、U6 snRNA和内含子的分支点组成，并无任何蛋白质参与催化，但是缺乏直接的证据，直至2015年8月21日，*Science* 同时在线发表了清华大学施一公教授研究小组的两篇具有里程碑意义的论文，从而让人们基本上认识了剪接体的"庐山真面目"。这两篇论文的题目分别为"Structure of a Yeast Spliceosome at 3.6 Angstrom Resolution"和"Structural Basis of Pre-mRNA Splicing"。第一篇论文报道了通过单颗粒冷冻电镜方法解析出的高分辨率的酵母剪接体的三维结构(图8-20)；第二篇论文则是在此结构的基础上，进行了详细的功能分析，阐述了剪接体对mRNA前体进行剪接的基本机理。

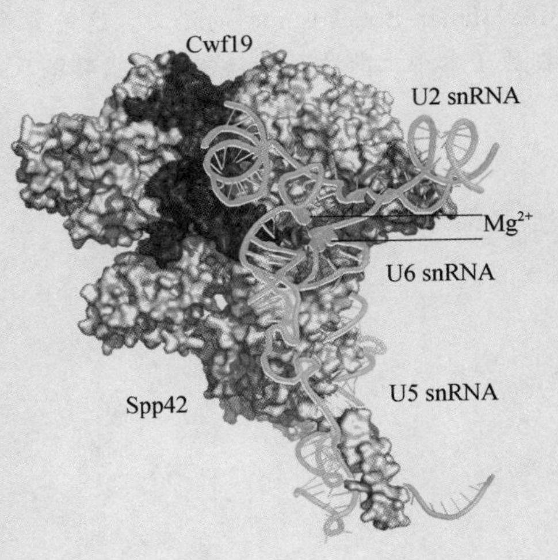

图8-20　酵母剪接体的三维结构

他们的结果显示，U5 snRNP作为剪接体的核心成分，由U5 snRNA、Spp42蛋白、Cwf10蛋白、Cwf17蛋白和七聚Sm蛋白单体组成的环组成，其中U5 snRNA高度保守的环Ⅰ和茎Ⅰ主要与Spp42的N端结构域上的二级结构元件结合。Cwf10则识别并结合U5 snRNA的环Ⅱ和茎Ⅲ，而环Ⅲ与暴露在剪接体表面洞穴的溶剂接触，Cwf17紧靠茎Ⅱ和茎Ⅲ。U5 snRNP充当了中央框架结构，其他snRNP围绕它进行组装，例如U6和U2 snRNA就缠绕其上。在靠近U5 snRNA的一个环的地方，形成了一个催化中心，它锚定在Spp42蛋白表面的催化洞穴内。需要注意的是，Spp42在N端结构域的一个环沿着U6 snRNA在其分子内茎环(intramolecular stem loop, ISL)表面的沟，将其中Arg681、Arg686、Lys693和Lys699几个碱性氨基酸的侧链插入到沟中，可能也有助于稳定ISL的构象。在催化中心，至少有2个 Mg^{2+} 与U6 snRNA上几个高度保守的核苷酸结合。以套索结构存在的内含子，正好通过碱基互补配对与U2和U6 snRNA结合。这种结合可谓恰到好处，让内含子中间长度可变的部分处于催化中心能接触到溶剂的表面。剪接体中的蛋白质将U2、U6 snRNA的5′-端及3′-端锚定在离开活性中心的位置，并引导RNA序列，使其在催化中心和两端之间有足够的柔性。因此，剪接体的本质是一个需要蛋白质作引导的核酶，其中的蛋白质成分负责让与剪接有关的RNA分子在正确的时间相互靠近，组装出活性中心，催化剪接反应。

活性中心的两个 Mg^{2+} 可编号为Mg1和Mg2。其中，Mg1与U6 snRNA的1个U和1个G配位结合，这两个碱基位于ISL内的UAG模体中，而Mg2只与一个U结合。它们在两次转酯反应中起不同的作用：在第一次转酯反应中，Mg2激活分支点腺苷酸上的亲核基团，即它的2′-OH，而Mg1则稳定5′-外显子在3′-端核苷酸的离去基团，即它的3′-OH；在第二次转酯反应中，Mg1和Mg2的角色刚好颠倒，这时由Mg1激活亲核基团，即5′-外显子在3′-端核苷酸上的3′-OH，Mg2则稳定内含子在3′-端核苷酸上的离去基团，即它的3′-OH。除了Mg1和Mg2以外，在靠近活性中心的位置，还有至少另外 2 个 Mg^{2+}，它们的功能可能是通过中和几个靠得比较近的磷酸基团的负电荷，稳定活性中心的构象(图 8-21)。

2016 年 12 月 16 日，清华大学施一公教授研究小组在 *Science* 上就剪接体的结构与机理研究再发题为"Structure of a Yeast Step Ⅱ Catalytically Activated Spliceosome"等研究论文，报道了酵母剪接体在即进行第二步剪接反应前的三维结构，阐明了剪接体在第一步剪接反应完成后通过构象变化起始第二步反应的激活机制，从而进一步揭示了 RNA 前体剪接反应的分子机理。

2017 年 5 月 11 日，施一公教授又在 *Cell* 上发表了题为"An Atomic Structure of the Human Spliceosome"的论文。这是首个人源剪接体的原子分辨率结构，并进一步在原子水平上解释了剪接体第二步转酯反应的机理。

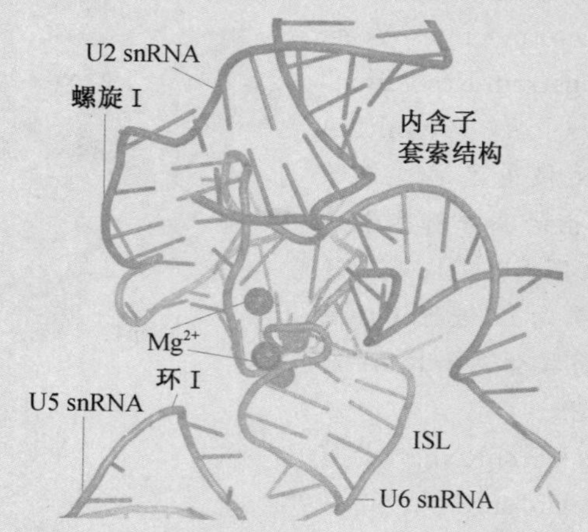

图 8-21　酵母剪接体主要由 snRNA 组成的催化中心的三维结构

3. 次要剪接途径

GU-AG 规则适用于绝大多数断裂基因，遵守此规则的剪接途径为主要剪接途径。但对某些断裂基因来说，其内部少数内含子的剪接信号(低于 1%)并不遵守 GU-AG 规则。例如，人 PCNA 基因的第 6 个内含子、人软骨基质蛋白(cartilage matrix protein)的第 7 个内含子、一种 DNA 修复蛋白 Rep3 的第 6 个内含子和果蝇的一种同源异形盒转录因子的内含子，均以 AU 开头、AC 结尾。除此以外，这一类不遵守 GU-AG 规则的内含子在 5′-SS 和分支点上也具有高度保守的序列，但不同于主要剪接途径，它们分别是 AUAUCCUY 和 UCCUURAY。根据这些序列特征，有人提出含有与这两段保守序列互补序列的 U11 和 U12-snRNA 参与这些内含子的剪接。这种预测很快得到证实，而另外两种 snRNA——U4atac 和 U6atac 也被发现分别代替 U4 和 U6 参与这种剪接途径，只有 U5 同时参与两条剪接途径(图 8-22)。

Box 8-3　次要剪辑途径也重要

真核生物超过 99%的内含子使用主要剪接途径，只有区区几百个内含子使用次要剪接途径。例如，在人类基因组中，大约仅 700 个内含子使用次要剪接途径。而且，次要剪接的效率一般要比主要剪接途径低，这可能对含有此类内含子基因的表达产生某种限制。既然次要剪接途径如此罕见又效率不高，那为什么会存在呢？它究竟有多么重要？二十多年来，这两个问题一直困扰着分子生物学家。

直到 2014 年 2 月，根据来自澳大利亚墨尔本的 J. K. Heath 等人发表在 *Proc. Natl. Acad. Sci.* 上一篇题为"Minor class splicing shapes the zebrafish transcriptome during development"论文的研究成果，让人们对次要剪接路径存在的意义和重要性有

所了解。他们以模式动物斑马鱼为对象，筛选到一种 Rnpc3 蛋白发生点突变的突变体，通过基因芯片和 RNA 测序分析，研究了次要剪接途径的异常对斑马鱼转录组和形态学的影响，从而获得了这种剪接途径对于动物发育十分重要的信息。他们之所以选择 Rnpc3 蛋白的突变体，是因为此蛋白为次要剪接途径 7 种特有的蛋白质中的一种。

他们的研究结果显示，次要剪接途径的削弱对基因表达产生广泛的影响，破坏了多个参与 mRNA 后加工、转录和核输出等基因的功能，在表型上特别反映在快速生长的小肠、肝脏、胰脏和眼等发育异常，体积上都偏小，鱼鳔无法充气扩张，最终产生的是多效应的早期致死性表型。这些发生在斑马鱼上的发育异常与以前发现在人类因次要剪接缺陷引起的一些疾病的症状是一致的。例如，一种严重的发育障碍——泰-林氏综合征(Taybi-Linder syndrome)、Ⅰ型家族性侏儒和一种遗传性肠息肉病。这些疾病的患者表现有小头畸形、精神发育不全、出生时体重不足、骨的异常，特别是手足的长短骨。这一方面说明次要剪接途径在不同的真核生物体内是高度保守，另一方面也说明它对于调节基因的正确表达至关重要。次要剪接过程中出现的缺陷，可能会对打开哪个基因有广泛的影响。在发育期间这尤其重要，因为在这期间，快速变化是基因表达和蛋白质合成所必需的。

至于为什么次要剪接途径的异常对发育中快速生长的影响最大，可能是这类内含子也存在于一些细胞生长、分裂相关的基因内，例如原癌基因 BRAF 和 C-RAF，以及与细胞生长、分裂有关的 RAS-MAPK 信号通路中的某些成分。

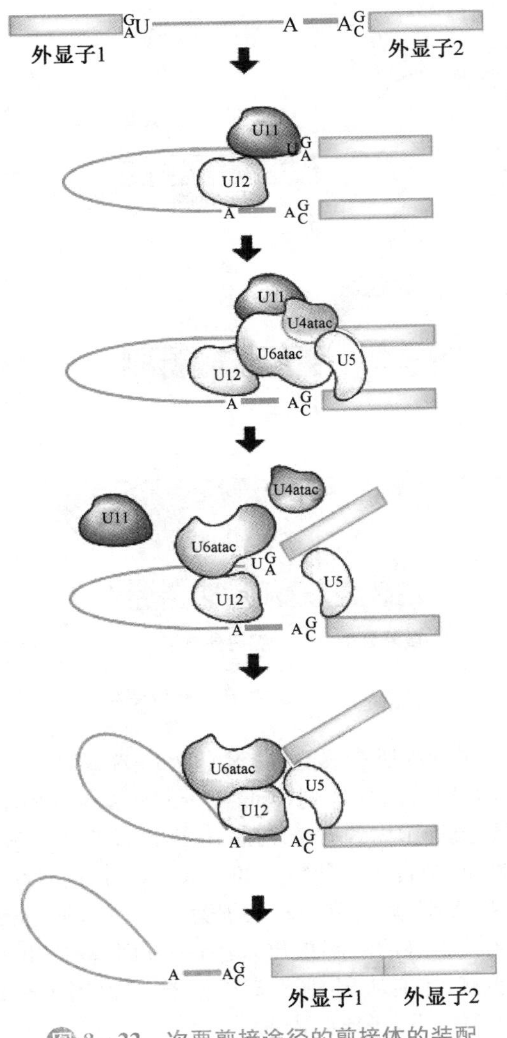

图 8-22 次要剪接途径的剪接体的装配

4. 选择性剪接

已经发现,许多真核细胞 mRNA 前体在不同类型的细胞或组织之中或者在不同的生理条件下,可以不同的方式进行剪接。例如,在 B 淋巴细胞分化的早期,其抗体 mRNA 的前体在剪接过程中会保留编码跨膜结构域的外显子,结果产生的抗体合成好以后就定位在膜上。但在分化的后期,B 细胞使用另外的外显子,原来编码跨膜结构域的外显子被当作内含子切除,因而产生的抗体就分泌到胞外。同一种 mRNA 前体的不同剪接方式称为选择性剪接(alternative splicing)或可变剪接。

mRNA 前体的选择性剪接可导致少量的基因编码出更多的蛋白质。人类基因组计划的研究结果表明,我们只有 2 万多个蛋白质基因,但却能制造出几十万种蛋白质,这主要归功于选择性剪接。

mRNA 前体之所以能够发生选择性剪接,一方面是因为它含有多重剪接信号,另一方面是因为细胞中存在一些调节剪接反应的蛋白质(详见第十二章 真核生物基因表达调控)。

5. 反式剪接(trans-splicing)

前面介绍的剪接反应都发生在同一个 mRNA 前体分子上,因此称为顺式剪接(cis-splicing)。实际上,在某些生物体内,如锥体虫和线虫,还有一些植物的叶绿体内,剪接可发生在两种不同的 mRNA 分子之间,这种剪接称为反式剪接。通过反式剪接,一种 mRNA 前体上的外显子可以与另一种 mRNA 前体上的外显子进行连接,从而形成一种杂合的 mRNA(图 8-23)。

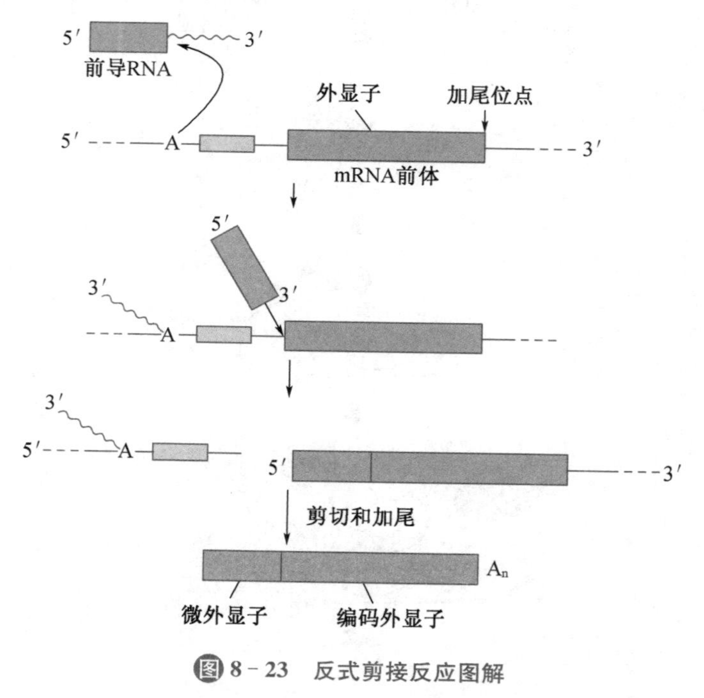

图 8-23 反式剪接反应图解

以锥体虫为例,在其细胞内所有成熟 mRNA 的 5′-端,都带有一段由 39 nt 组成的微外显子(mini-exon)或被剪接的前导序列(spliced leader sequence,SL),此序列来自于另外一种 RNA 分子。而线虫细胞内约有 70% 的 mRNA 是反式剪接的产物,其位于 5′-端的微外显子序列含有 22 nt,来自于一种特殊的 snRNA。这两种生物之所以要进行反式剪接,是因为涉及的 mRNA 都是以多顺反子的形式产生的,通过反式剪接,一方面可以与加尾反应一起,将各可读框(ORF)释放出来;另一方面,释放出来的 ORF 本来缺乏帽子结构,只有通过反式剪接,才能从 SL 那里获得帽子结构(图 8-24),而帽子结构是它们将来在翻译的时候识别起始密码子所必需的。

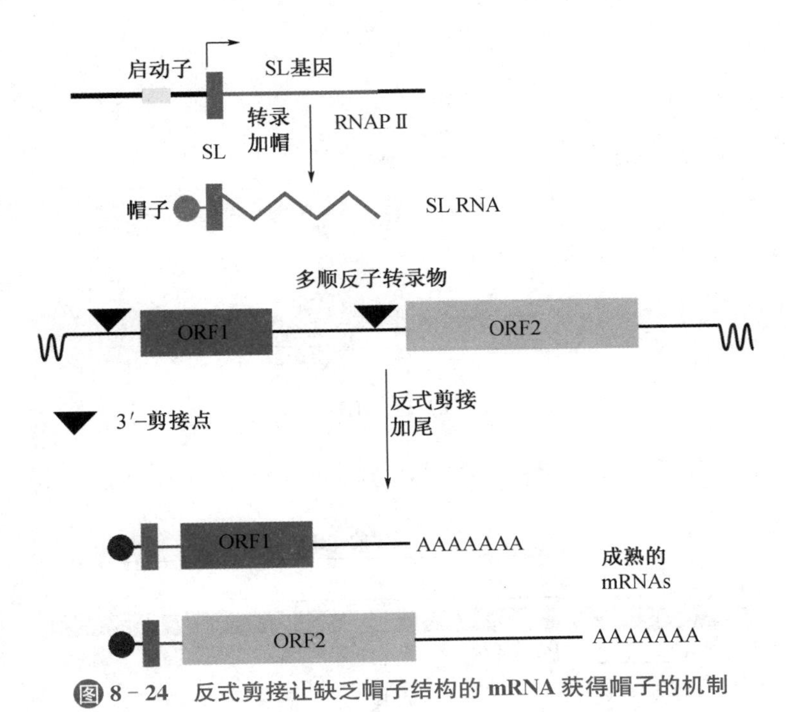

图 8-24 反式剪接让缺乏帽子结构的 mRNA 获得帽子的机制

6. 第二类内含子(group Ⅱ intron)的剪接

发生剪接并不是真核细胞核 mRNA 前体的“特权”,已发现某些来自叶绿体、某些真菌的线粒体和原核生物的 mRNA 前体也能进行剪接,另外,一些 rRNA 和 tRNA 的前体也能进行剪接。不过,各种类型剪接反应的机制并不完全相同。现在一般根据剪接反应的机制将内含子分为四类:(1) 第一类内含子(group Ⅰ intron)——需要鸟苷或鸟苷酸为辅助因子,实行自催化;(2) 第二类内含子——与细胞核 mRNA 前体的剪接机制相似,也是依靠内含子内的分支点腺苷酸 2′-OH 对 5′-SS 上的磷酸二酯键作亲核进攻而引发的,然而并不需要 snRNP 的帮助,也属于自催化(图 8-26);(3) 第三类内含子——细胞核 mRNA 前体所具有的内含子,剪接反应需要 snRNP;(4) 真核生物非细胞器和古菌的 tRNA 内含子——依赖多种蛋白质的催化。下面将介绍第二类内含子的特征和剪接机制,至于第一类内含子和 tRNA 内含子将在后面再加介绍(参见四膜虫 rRNA 前体的后加工和真核细胞 tRNA 前体的后加工)。

第二类内含子在植物和低等真核生物的细胞器基因组里含量丰富,还没有在高等动物或细胞核基因组中发现。在细胞器基因组之中,第二类内含子主要存在于一些高度保守的基因之中,而且通常还不止一个,例如细胞色素氧化酶和 1,5-二磷酸核酮糖羧化酶大亚基的基因。

就原核生物而言,大概 25%细菌的基因组含有第二类内含子,但它们并不存在于保守的基因之中,而是存在于一些转座子内,而且内含子经常插入到 ORF 之外。另外,几乎所有细菌的第二类内含子都编码逆转录酶(RT),并且是活性的转座子,这样它们可高频地插入到固定的区域,也可能低频地插入到无关的区域。它们要么本身就是逆转座子,要么是逆转座子的衍生物。第二类内含子也存在于某些古菌之中。迄今为止,至少在三种古菌里发现有第二类内含子。这些内含子与细菌类的第二类内含子关系密切,但插入的方式不同。它们并不插入到基因的外显子之中,而是插入到其他的内含子之中,形成双内含子(twintron),而且许多内含子并不编码逆转录酶,但也能发生转座。

在三维结构上,第二类内含子折叠成由六个结构域(结构域Ⅰ～Ⅵ)组成的保守的二级结构(图 8-25),这六个结构域环绕中央的轮。结构域Ⅰ最大,而结构域Ⅴ在序列上最保守,活性中心位于其中。

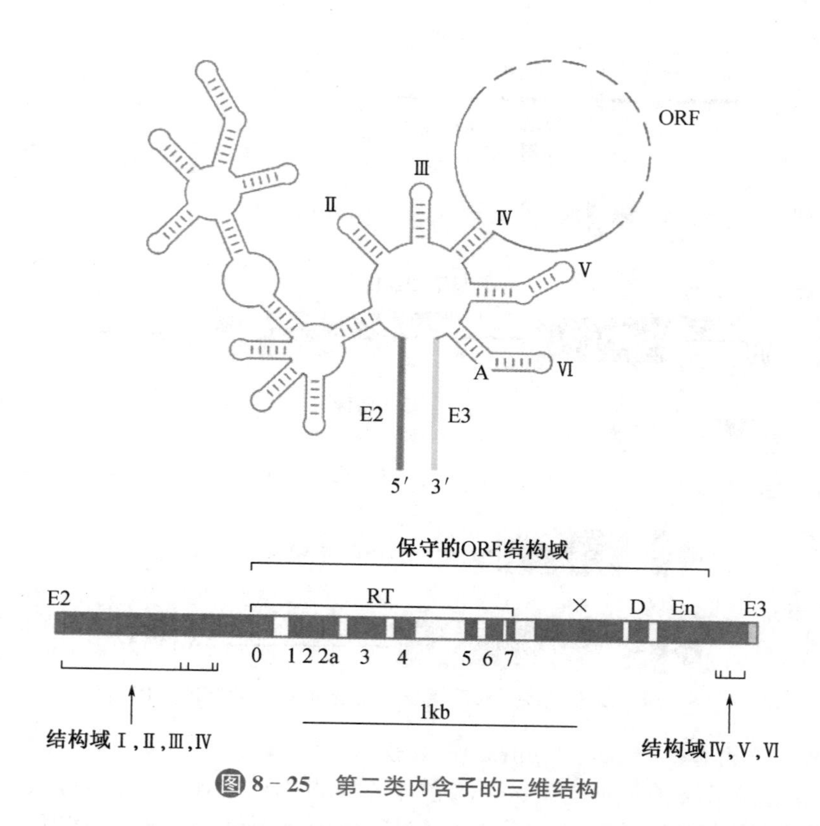

图 8-25 第二类内含子的三维结构

对于含有 ORF 的第二类内含子而言,ORF 位于结构域Ⅳ的环上,编码的是逆转录酶或者与逆转录酶相关的蛋白质。ORF 编码的蛋白质含有 9 个与其他所有的逆转录酶都共同的结构域,此外还含有结构域 X 和 En 结构域。其中结构域 X 可能与其他聚合酶的拇指状结构域相似,它与成熟酶(maturase)活性相关联。结构域 D 负责与 DNA 结合,结构域 En 具有核酸酶活性,与转座有关。

含有第二类内含子的 RNA 的剪接反应仍然是两步转酯反应(图 8-26):第一步是结构域Ⅵ的一个凸起的腺苷酸 2′-OH 进攻 5′-SS,导致 5′-外显子的剪切和套索结构的形成;随后,受到 IBS1-EBS1 和 IBS2-EBS2 碱基配对的作用,游离出来的 5′-外显子的 3′-OH 被拉到 3′-外显子的 5′-端,进攻 3′-SS,导致外显子之间的连接和内含子的释放。

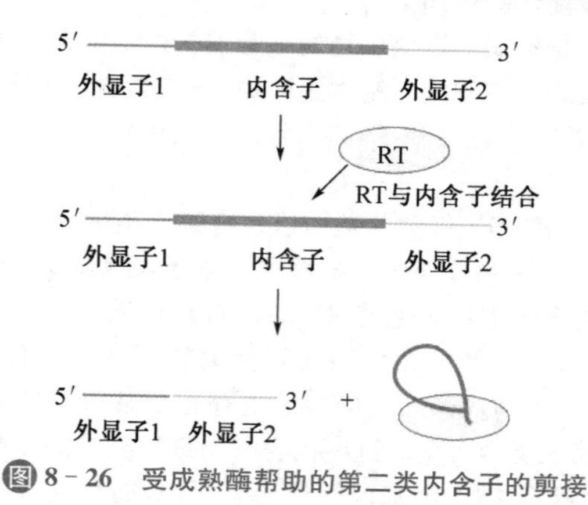

图 8-26 受成熟酶帮助的第二类内含子的剪接

尽管某些第二类内含子在体外就能够完成自我剪接,不需要任何蛋白质的帮助。但在体内,确需要一种剪接因子即成熟酶的帮助,这种剪接因子是由内含子编码的 RT。RT 与其中的内含子在结构域ⅣA 高亲和结合,还与结构域Ⅰ、Ⅱ和Ⅵ有接触。总之,这种蛋白质-RNA的相互作用导致内含子构象发生变化，有利于自我剪接的发生。在剪接结束以后，RT仍然与释放的内含子结合，参与随后的转座反应。

第二类内含子涉及的主要转座事件是“归巢”(homing)或逆归巢(retrohoming)，此时的内含子以位点特异性的方式插入到无内含子的位置。归巢的机制为靶位点引发的逆转录(target-primed reverse transcription)，由RNA内含子作为模板，与RNA内含子结合的蛋白质提供酶活性。

“归巢”反应开始于双链DNA外显子连接点上RNA内含子进行的逆性剪接(reverse splicing)，这一步由RNA催化，RT协助，相当于是由成熟酶协助的剪接反应的逆反应，不过是发生在DNA外显子(E_1 和 E_2)上；随后，RT先用En结构域在下游9 bp～10 bp的位置切开反义链，再以被切开的DNA链作为引物进行逆转录反应；最后，通过DNA的修复合成和连接反应完成内含子的插入过程(图8-27)。

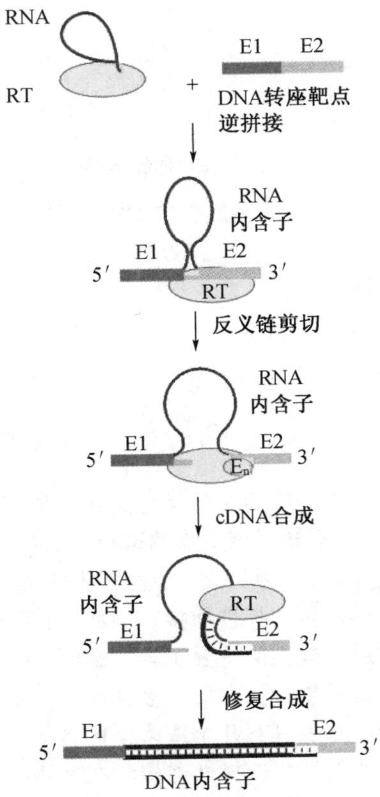

图8-27　第二类内含子的“归巢”

7. 剪接的生物学意义

在剪接现象最初被发现的时候，科学家感到十分困惑。因为切除内含子并连接外显子是一个高度耗能的过程：首先在转录内含子序列的时候，就消耗了许多能量；其次在组装剪接体、进行剪接反应的时候也耗去了不少能量。因此，单从能量的角度，剪接似乎是一种浪费能量的过程，而从生物进化的角度，自然选择应该尽可能淘汰浪费的过程，除非剪接具有某种或某些特别重要的生物学功能。现在已很清楚，剪接至少具有两项重要的生物学功能：

(1) 提高基因的编码能力，创造蛋白质的多样性。

这与选择性剪接有关。通过选择性剪接，一个基因可以产生几种或多种不同的mRNA，再经过翻译，可得到几种或多种在一级结构上有别的多肽或蛋白质。在大多数情况下，通过选择性剪接产生的蛋白质具有相似的功能，因为它们的氨基酸序列多数是相同的。但是，选择性剪接也能赋予一种蛋白质具有特别的性质或功能，因为它毕竟也带来了序列的变化。例如，血管内皮生长因子(vascular endothelial growth factor, VEGF)的mRNA前体通过选择性剪接可产生三种蛋白质变体。每一种变体单独存在都能够促进血管生成，但形成的血管都有缺陷，这主要表现为血管容易发生泄漏。只有三种变体同时存在的时候，生成的血管在形态学和功能上才是正常的。究其原因是因为三种变体具有互补的性质：其中最大的变体具有两个肝素结合位点，倾向于留在合成点附近与胞外基质结合；而最小变体的两个肝素结合位点都丢失了，所以很容易从合成的地方扩散出去；而大小居中的变体只有一个肝素结合位点，这使其能够以中等的速率扩散离开合成位点。综合的结果是这三种变体同时存在能够在体内建立一种稳定的VEGF梯度，而有利于组织新血管的健康生长。再如，参与控制细胞凋亡的蛋白质Fas，经选择性剪接产生的两种变体具有相反的功能：一种剪接形式保留了第6个外显子，这样剪接出来的mRNA经翻译得到的Fas蛋白会整合到细胞膜上，作为死亡受体(death receptor)，一旦结合了肿瘤坏死因子(tumor necrosis factor, TNF)等配体以后，可促进细胞凋亡，另外一种剪接形式切除了第6个外显子，这样剪接出来的mRNA经翻译得到的Fas蛋白无法整合到膜上，只能分泌到胞外，保护细胞不让其凋亡(图8-28)。

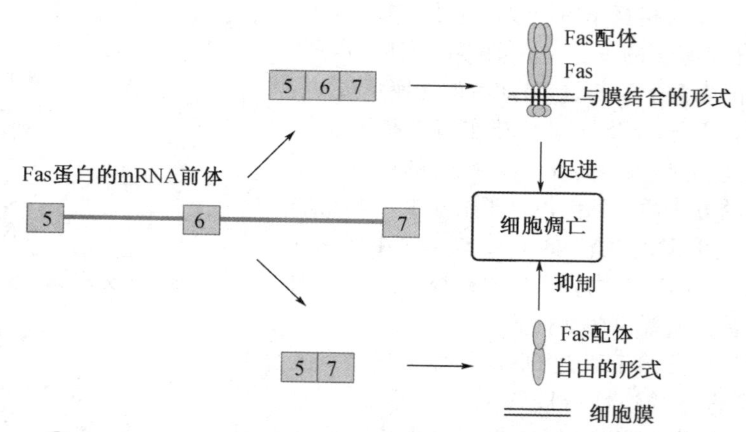

图 8-28 Fas 通过选择性剪接产生的两种变体具有相反的功能

选择性剪接的优势是让一种生物用较少的基因仍然能够编码出很多不同的蛋白质。当然,不同真核生物的选择性剪接的潜力是不同的,像低等的真核生物,如面包酵母,在其 6 300 个基因之中,大约只有 5%的基因有内含子。而含有内含子的基因也只有少数能够发生选择性剪接。因此,对于单细胞真核生物而言,选择性剪接并非是它们产生蛋白质多样性的主要手段。然而,对于复杂得多细胞生物来说,在很大程度上依赖于选择性剪接创造蛋白质的多样性。例如,人类只有 2 万几百个蛋白质的基因,但绝大多数蛋白质基因具有几个或多个内含子。据最新的基因组分析的数据,人类约 90%的 mRNA 前体能发生选择性剪接。在某些生物体内,某些基因的选择性剪接"潜能"被发挥到了极限,其 mRNA 前体能产生成百上千种不同的 mRNA 变体,而如果将其他产生多样性的手段,如不同启动子的选择性使用、选择性加尾和编辑等结合起来,就可进一步扩大蛋白质的多样性。例如,果蝇体内的一种叫唐氏综合征相关细胞粘着分子(Down syndrome-associated cell adhesion molecule,Dscam)共有 24 个外显子,其中外显子 4 有 12 个变体,外显子 6 有 48 个变体,外显子 9 有 33 个变体,外显子 17 具有 2 个变体。如果进行选择性剪接,它就能产生 12×48×33×2=38 016 个 mRNA 变体,这差不多是果蝇整个基因组基因数目的 3 倍!人体也有类似的蛋白质。事实上,有研究表明其中的大多数变体的确是存在的。已在果蝇的血淋巴(hemolymph)里发现 18 000 种以上的 Dscam 蛋白。这些不同的 Dscam 蛋白参与指导神经元到达合适的位置,还可能参与识别和吞噬入侵的细菌。

(2) 与外显子混编(exon shuffling)有关。

外显子混编这个概念最早由 Walter Gilbert 于 1977 年提出,它是指源自一个或几个基因的若干个外显子像"洗牌"一样地进行重排。基于一个外显子通常对应于一个结构域,这样很容易将不同的蛋白质分子上现成的结构域通过混编,集中到一个新的蛋白质分子上,因此这也是生物产生新基因和基因进化多样性的一种重要机制。一个典型的由外显子混编产生的新基因是在三种非洲果蝇的基因组中发现的 *jgw* 基因,它由美国芝加哥大学龙漫远教授于 2000 年发现并命名,该基因在发现时的年龄只有 2~5 岁。它产生的具体过程是:位于果蝇第 2 号染色体上的编码乙醇脱氢酶基因 *adh*,经逆转录作用插入位于果蝇第 3 号染色体的 *yande* 基因的第 3 个内含子内,从而产生 5′-端由来自 *yande* 基因的 3 个外显子和 3′-端由 *adh* 基因的 4 个外显子组成的融合基因。对 *jgw* 基因的功能研究表明,其表达产物是一种融合蛋白,其中 N 端来自 *yande* 基因,C 端则来自 *adh* 基因。*jgw* 基因只在雄性睾丸中表达,其蛋白质产物 JGW 可能参与雄性果蝇的激素和外激素的代谢过程。与原来的乙醇脱氢酶相比,JGW 更喜欢以长链的一级脂肪醇作为底物,如金合欢醇(farnesol)和香叶醇(geraniol)。龙漫远教授认为,真核生物至少有一半以上的基因，起源曾经经历了类似于 *jgw* 基因的混排过程，从而证明了外显子混编以及基因重复在新基因起源过程中的普遍意义。

除了上述两项重要的生物学功能以外，许多蛋白质的内含子经剪接释放出来以后，并非毫无用处，而是有其他的功能：有的可以被加工成 miRNA，去抑制其他蛋白质基因的翻译；有的被加工成 snoRNA，参与 rRNA 的后加工，像多细胞动物的大多数 snoRNA 和酵母有 7 种 snoRNA 就来自编码蛋白质基因的内含子，如 U18 snoRNA 和 U21 snoRNA；还有就是充当其他蛋白质的嵌套基因（nested gene）。如Ⅰ型神经纤维瘤基因（neurofibromatosis type I gene，*NF*1）的内含子含有 3 个嵌套基因，它们转录的方向与 *NF*1 刚好相反。再如，位于人类 X 染色体上编码凝血因子Ⅷ的基因有两个内含子，充当嵌套基因，而它们转录的方向正好相反。

（六）编辑

RNA 编辑现象最早在锥体虫中发现。锥体虫的线粒体称为动基体（kinetoplast），含有两种类型的环形 DNA，交联在一起形成大的网状结构。其中有 25～50 个相同的大环（maxicircle），大小为 20 kb～40 kb，含有线粒体基因；另有 10 000 个 1 kb～3 kb 的小环，在线粒体基因表达调控中起作用。

1986 年 Rob Benne 等人发现，锥体虫的细胞色素氧化酶亚基 2（COXⅡ）mRNA 的序列与 COXⅡ基因序列不吻合，mRNA 中含有 4 个在基因中缺失的核苷酸（图 8－29）。基因中缺失这 4 个核苷酸会产生移码突变，导致基因失活，但是 mRNA 通过某种方式补上了这 4 个核苷酸，纠正了移码突变。这种方式称为 RNA 编辑（RNA editing）。

COXⅡ DNA：... GTATAAAAG TAGAGAACCTGG ...
COXⅡ RNA：... GUAUAAAAGUAGAuuGuAuACCTGG ...

图 8－29　锥体虫 COXⅡ－mRNA 编辑（小写的 u 表示插入的尿苷酸）

在另外两种锥体虫中，COXⅡ基因也有同样的核苷酸缺失，而且不管 Benne 等人如何努力，在动基体或者核内都没有找到其他的 COXⅡ基因，这说明带有 4 个核苷酸缺失的基因不是假基因，而是转录产生的 mRNA 通过 RNA 编辑插入了缺失的核苷酸，这些核苷酸都是 UMP。

随着更多的锥体虫动基体基因以及相应的 mRNA 序列被测定，人们发现 RNA 编辑是这些有机体存在的普遍现象。有些 RNA 甚至是高度编辑的，称为泛编辑（panediting）。例如，锥体虫细胞色素氧化酶亚基 8（COXⅧ）基因的 mRNA，它的 731 个核苷酸有 407 个 UMP 是通过编辑插入的。

迄今为止，已有更多的编辑现象被发现，但主要出现在一些生物的细胞器基因组编码的 mRNA 分子上，特别是原生动物的线粒体和植物的叶绿体，还有的发生在细胞核基因组编码的 mRNA 以及一些病毒的转录物上。此外，编辑还可能发生在一些非编码 RNA 分子上，如 tRNA。

目前对编辑的定义一般是指发生在一个 RNA 转录物内部的任何核苷酸序列的变化。这种变化导致 RNA 最后的序列与编码它的基因组序列有所不同。如果是 mRNA 编辑，则专指在 mRNA 的编码区内引入或丢失任何与其基因编码链序列不同信息的过程。它主要有两种方式：一种是在编码区内增减一定数目的核苷酸，主要是尿苷酸；另外一种是编码区内的碱基在 RNA 水平上发生转换或颠换。例如，哺乳动物体内发生的 C→U、A→I，以及麻疹病毒的转录物发生的 A→G、U→C 的编辑。

1. 编辑的机理

编辑的机理因编辑方式的不同而不同，核苷酸的插入或缺失一般需要一种特殊的 RNA 即指导 RNA（guide RNA，gRNA）的介入，而碱基的转换或颠换则需要特殊的核苷脱氨酶的催化。无论是哪一种编辑，都需要一系列蛋白质的参与，形成所谓的编辑体

(editosome),以识别、结合和加工编辑点,保证编辑的忠实性。

(1) 依赖于 gRNA 的编辑机制

RNA 编辑起初被认为是对“中心法则”的巨大挑战,因为它在转录后添加序列信息。然而,不久就发现添加的遗传信息来自 DNA 另外一条链转录出来的一类小 RNA。这些小 RNA 称为 gRNA。gRNA 在 5′-端约有 10 nt 的序列,能在特定的位置与需要编辑的 mRNA 前体杂交配对,而在其相邻的核苷酸序列之中突出来的嘌呤核苷酸可作为模板,指导一定数目的 U 的插入,在 mRNA 前体上突出的尿苷酸序列则可以被缺失。这两种情形都扩大了在 gRNA 和 mRNA 前体之间最初形成的杂交双螺旋的互补性。于是,RNA 编辑实际上是遗传信息从一种 RNA 转移到另一种 RNA。

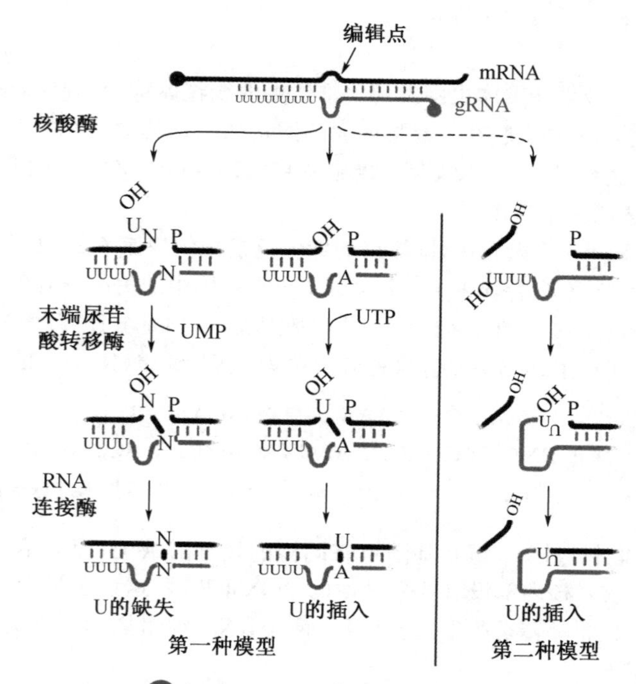

图 8-30 gRNA 指导的编辑过程

gRNA 的发现解决了编辑对“中心法则”带来的窘境,但在编辑过程之中序列信息究竟如何在两种 RNA 之间进行转移呢?目前主要有两种模型对此进行了解释(图 8-30):第一种模型认为,gRNA 所起的作用一方面是锚定编辑点,另一方面是提供模板序列。在编辑过程中,G-U 配对应该视为正常的碱基对。G-U 配对比 Watson-Crick 配对弱,一个新的 gRNA 的 5′-端与 mRNA 新的编辑区形成 Watson-Crick 碱基配对,可以取代老的 gRNA 的 3′-端与 mRNA 形成的包含 G-U 的配对。大致过程为,首先 gRNA 与起始编辑点附近的序列杂交。然后由内切酶切开错配的碱基,随后在末端尿苷酸转移酶(terminal uridylyl transferase,TUT)的催化下,切点 5′-片段的 3′-羟基上被添加 U,添加上的 U 与 gRNA 的引导核苷酸序列配对,而不配对的 U 被 5′-外切酶去除。最后在 RNA 连接酶催化下编辑点被连接;第二种模型认为,RNA 编辑的机制与内含子的自我剪接反应相关联。首先也是 gRNA 与 mRNA 杂交配对,随后是 gRNA3′-端非编码的 U 在两次偶联的转酯反应中,作为 mRNA 前体插入或缺失 U 的仓库。目前,后一种模型越来越被看好,因为有人发现了一种嵌合体分子(chimerical molecule),它由 gRNA5′-端序列和同源的 mRNA 前体 3′-端序列通过共价键相连。

(2) 依赖于特定的核苷脱氨酶的编辑

以这种方式进行编辑最典型的例子是发生在哺乳动物小肠上皮细胞内 C→U 的编

辑，它与一种脱辅基脂蛋白(apolipoprotein)有关。哺乳动物血液中的乳糜微粒和低密度脂蛋白分别含有两种脱辅基脂蛋白——大小为 250 kDa 的 ApoB-48 和 513 kDa 的 ApoB-100。ApoB-48 和 ApoB-100 分别在小肠上皮细胞和肝细胞内合成。分析它们的氨基酸序列发现：ApoB-100 包含了 ApoB-48 全部的氨基酸序列，而且这两种蛋白质的基因完全一样，含有 29 个外显子，初级转录物也是一样的。但是，同样的 mRNA 前体在小肠上皮细胞内经历了编辑，编辑的对象是第 26 个外显子中的 CAA_{2153}。CAA_{2153} 中的 C 发生脱氨基反应变成了 U，导致提前出现终止密码子，而在肝细胞内却省去了编辑(图 8-31)。

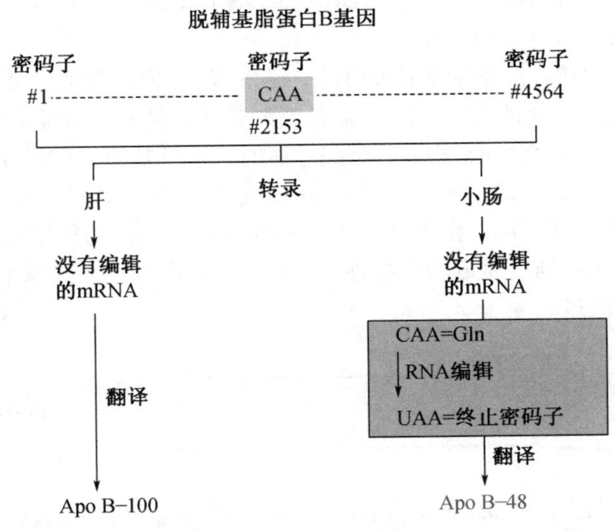

图 8-31　发生在小肠上皮细胞内的 ApoB-mRNA 的编辑

ApoB mRNA 在小肠上皮细胞内的编辑发生在细胞核，在剪接以后、加尾之时被启动，最后在装配好的编辑体上进行(图 8-32)。这里的编辑体由 mRNA 前体和几种蛋白质组装而成。后者就是参与编辑的反式因子，包括具有胞苷脱氨酶活性的催化亚基 1 (apoB mRNA editing catalytic subunit 1，APOBEC-1)、1 种 RNA 结合蛋白 ASP 和 APOBEC-1 互补因子(APOBEC-1 complementation factor，ACF)。

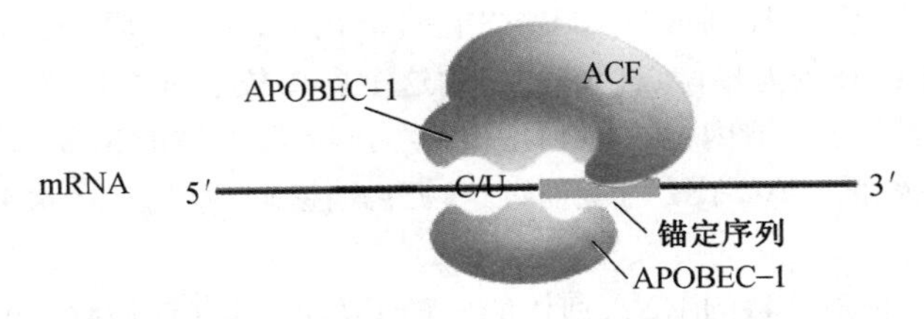

图 8-32　参与 ApoB-48 mRNA 编辑的编辑体结构

与 ApoB mRNA 编辑有关的顺式元件有两种：一种是紧靠编辑点附近(通常是上游)的由 11 nt 组成的锚定序列(mooring sequence)，另一种是一段富含 AU 的序列。

APOBEC-1 由 229 个氨基酸残基组成，在体外单独不能催化编辑，必须形成二聚体并与 ACF/ASP 组装成大小为 125 kDa 的全酶后才行。ACF/ASP 所起的作用是与 mRNA 前体上的锚定序列结合，从而将 APOBEC-1 带到编辑点。

哺乳动物进行 mRNA 编辑的另外一个例子是 A→G，这种形式应该是发生在动物体内最常见的编辑，由一种作用 RNA 的腺苷脱氨酶(adenosine deaminase acting on RNA，ADAR)催化。ADAR 有 ADAR1 和 ADAR2，它们的差别主要表现在对底物作用的专一性上。ADAR 已被发现参与动物细胞内多种 RNA 的编辑，它可特异性识别一个

RNA分子双链区内的A,将其脱氨而转变成Ⅰ。Ⅰ会被细胞内的翻译系统和剪接系统视为G,因此这种编辑相当于是在RNA水平上发生的A→G的碱基转换。已发现这种编辑可在许多方面影响到基因的表达和功能:例如,通过改变编码区的密码子性质而改变蛋白质的氨基酸序列,或者通过改变剪接点的序列而改变剪接的样式,或者通过改变核糖核酸酶的识别序列而改变RNA的稳定性,或者在RNA病毒复制时通过改变序列而影响RNA基因组的稳定性,还可以通过改变细胞内一些非编码RNA(如miRNA)而影响到这些RNA与其他RNA的作用。哺乳动物体内发生这种编辑的蛋白质包括:膀胱癌相关蛋白(bladder cancer-associated protein,BLCAP)、谷氨酸受体、5-羟色胺受体、γ-氨基丁酸受体和ADAR2自身等。ADAR基因缺陷可导致遗传性对称性色素异常症(Dyschromatosis symmetrica hereditaria)。

以谷氨酸受体为例,它是一种离子通道。已发现,体内这类离子通道某些通透Na^+和Ca^{2+},而某些通道只通透Na^+。同样是谷氨酸受体在通道功能上的差异对神经细胞功能有巨大的影响。研究表明,构成谷氨酸受体的一个亚基的mRNA前体会发生编辑。在ADAR催化下,其mRNA前体某一处的A变成了Ⅰ,致使编码Gln的密码子CAG变成了编码Arg的密码子CIG。由于这个被编辑的密码子编码的氨基酸残基正好在离子通道的壁上,因此影响到了通道的选择性,当带正电荷的Arg代替原来不带电荷的Gln以后,Ca^{2+}便无法通过。

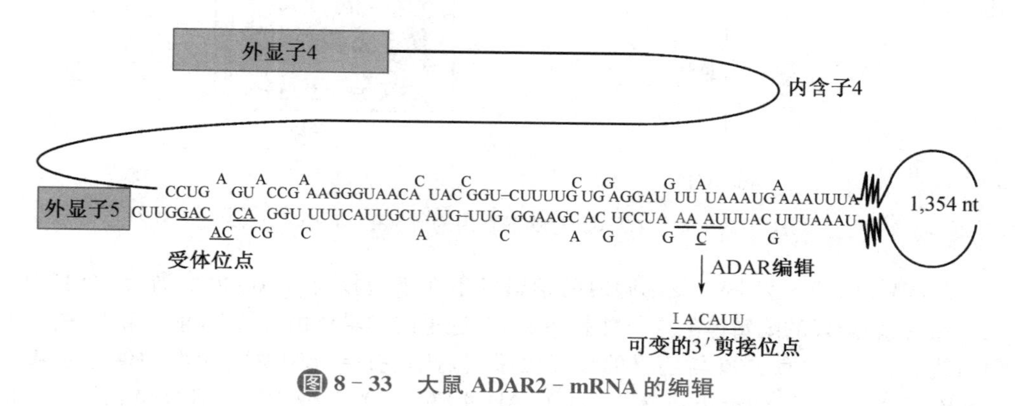

图8-33 大鼠ADAR2-mRNA的编辑

再以大鼠的ADAR2为例(图8-33),其第4个内含子可形成一个茎环结构。茎环结构双链区内的一个AA序列可在ADAR2自身催化下,通过编辑变成AI,而AI可模拟AG序列成为一个潜在的剪接位点。如果使用这个剪接位点进行选择性剪接,将保留其中的47 nt在最后的可读框内,由此可让一个终止密码子提前出现,这样翻译出来的ADAR2是没有活性的。ADAR2可能通过这种方式控制自身的表达水平。

2. 编辑的意义

编辑可视为一种最奇特的RNA前体的后加工方式,其存在的意义可能包括:

(1) 就像选择性剪接和选择性加尾一样,编辑可以在不增加基因组基因数目的前提下,提高不同种类蛋白质的数目。像人和果蝇都能借助于编辑,创造在性质上有细微差别的一些电位门控的离子通道(voltage-gated ion channel)和位于脑不同部位的神经递质受体。

(2) 纠正在DNA水平所发生的某些突变。

(3) 为某些mRNA创造起始密码子或终止密码子。创造起始密码子的实例是玉米和烟草叶绿体各自的*rp*12和*psbL*的转录物以及小麦线粒体*nadl*转录物,通过编辑将一个ACG密码子转换成AUG起始密码子;创造终止密码子的例子就是小肠细胞内的Apo B-48 mRNA所发生的编辑。

二、rRNA 前体的后加工

典型的真核生物的基因组中含有上百个拷贝的 rRNA 基因，它们成簇排列。其中最小的 5S rRNA 单独作为一个转录单位由 RNAPⅢ催化转录，其转录产物以 UUUUU 结尾，仅仅由 3′-外切核酸酶做简单的后加工就行了，而 18S、5.8S 和 28S rRNA 则是作为同一个多顺反子在 RNAPⅠ催化下转录的，需要经历相对复杂的剪切和修剪（图 8－34），才能释放出各个 rRNA。此外，成熟的 rRNA 不仅含有大量的甲基化核苷酸，其中 80% 为 2′-O 甲基化核糖，其余为甲基化的碱基——A 或 G，而且还有许多假尿苷 ψ，例如人 rRNA 含有 95 个假尿苷，因此，真核生物 rRNA 的后加工方式还包括核苷酸的修饰。而某些生物，如四膜虫（*Tetrahymena*）和绒泡菌（*Physarum*）的 rRNA 前体还有内含子，因而，这些 rRNA 前体的后加工方式还有剪接。

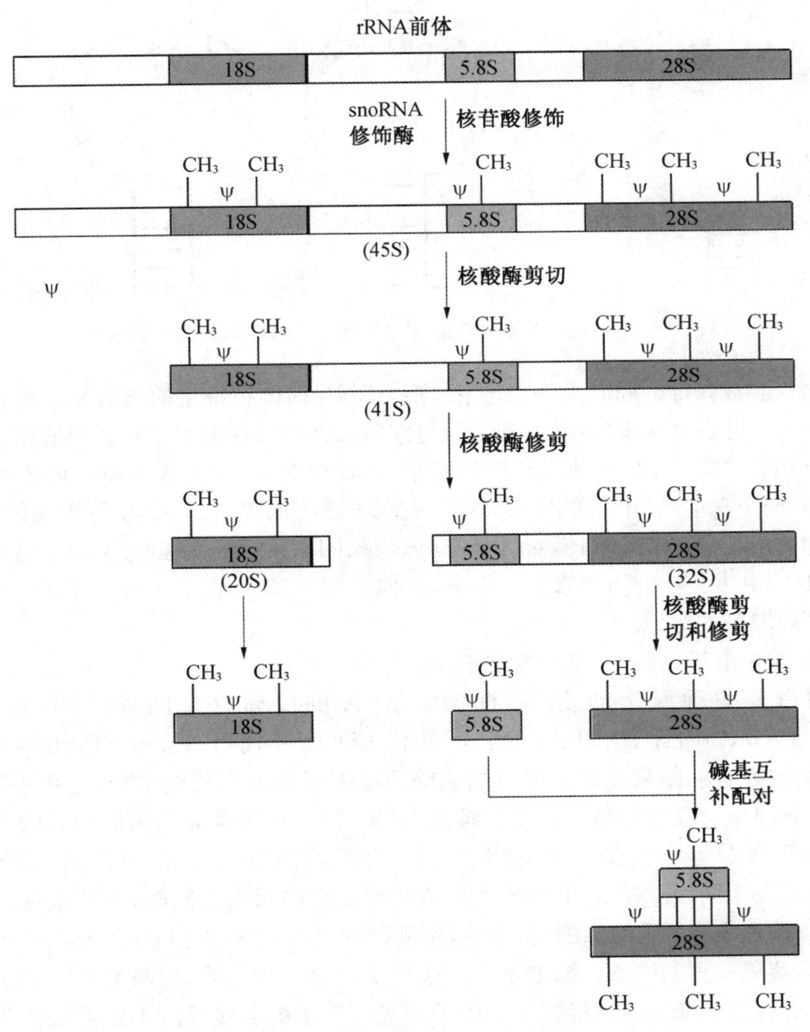

图 8－34　真核细胞核 rRNA 前体的后加工

（一）剪切、修剪和修饰

与细菌不同的是，真核生物 rRNA 前体的后加工需要一大群 snoRNA。某些 snoRNA 在将 rRNA 初级转录物剪切成个别 rRNA 中起作用，但绝大多数 snoRNA 所起的作用是通过与 rRNA 前体特定序列的互补配对来引导修饰酶确定修饰位点。与 snRNA 一样，snoRNA 需要和特定的蛋白质组装成 snoRNP（small nucleolar ribonucleoprotein)才能起作用。一般而言,一种 snoRNP 约含有 6～10 个蛋白质亚基。

真正的修饰反应是由专门的修饰酶在识别特定的 snoRNA - rRNA 复合物后进行。snoRNA 通常含有两个保守的结构元件(图 8 - 35),基于此可将它们分成两类:一类含有 C/D 盒(box C/D),另一类含有 H/ACA 盒(H/ACA box)。所有指导核糖 2′- OH 甲基化的 snoRNA 属于 C/D 盒类,而指导假尿苷形成的 snoRNA 均属于 H/ACA 盒类。

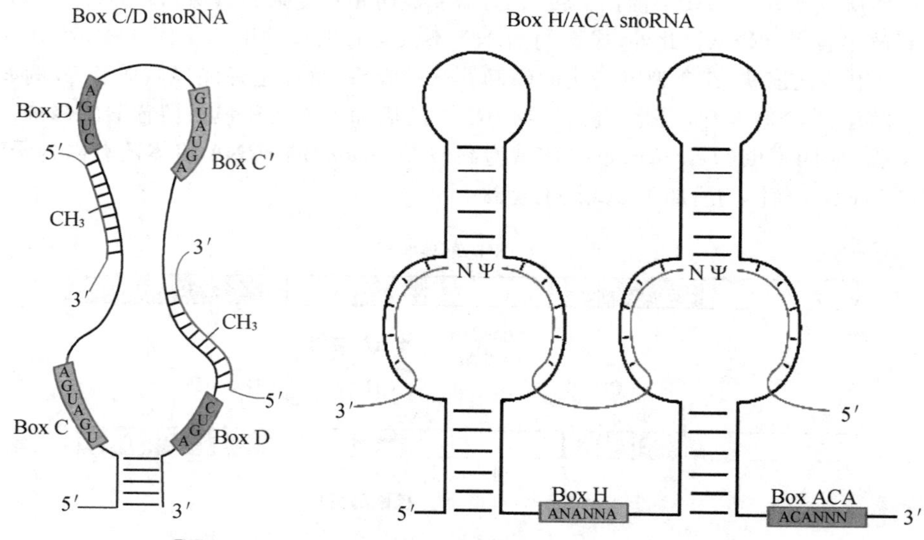

图 8 - 35　snoRNA 指导的 2′- O 甲基化核糖和假尿苷形成

在核苷酸被修饰的同时或修饰结束以后,rRNA 前体在特定的核酸酶的催化下进行剪切和修剪。已在真核细胞中,发现了参与细菌 rRNA 前体剪切和修剪的核糖核酸酶Ⅲ和 P 的类似物。其中,有一种叫核糖核酸酶 MRP(RMRP),也是一种核糖核酸蛋白颗粒,它具有两个功能:一个是参与 5. 8S rRNA 5′-端的加工,另一个参与线粒体 DNA 复制中引物的加工,这项功能(RNase for mitochondrial RNA processing)实际上就是此酶名称 RMRP 的由来。在剪切和修剪反应中,机体使用甲基化作为 rRNA 前体后加工过程中碱基序列取舍的标记。

(二) 四膜虫 26S rRNA 前体的自剪接

四膜虫是一种原生动物,它的 26S rRNA 的前体含有间插序列(intervening sequence,IVS),即内含子。从 20 世纪 70 年代末到 80 年代初,Thomas Cech 等人一直在研究它的剪接机制,结果发现其 IVS 的切除不需要任何蛋白质的参与,也不需要 ATP,完全是一种自催化反应。整个剪接过程为(图 8 - 36):首先是充当辅助因子的鸟苷或鸟苷酸上的 3′- OH 亲核进攻 5′- SS 上的磷酸二酯键,结果导致外显子(E_1)和 IVS 之间的磷酸二酯键发生断裂。在 E_1 和 IVS 之间的磷酸二酯键断裂的同时,鸟苷或鸟苷酸即与 IVS 的 5′-端形成新的磷酸二酯键;随后,刚刚暴露出的 E_1 的 3′- OH 进攻 3′- SS 上的磷酸二酯键,造成这里的磷酸二酯键断裂。这时,IVS 随之被切除,而两个外显子(E_1 和 E_2)则通过新的磷酸二酯键而连接起来。由于这里所发生的剪接反应不需要任何蛋白质的帮助,也不需要提供能量,完全是 rRNA 前体自催化的结果,因此 Cech 把这种具有催化性质的 RNA 称为核酶,以区别于传统的由蛋白质提供催化活性的酶。四膜虫 rRNA 前体中的 IVS 属于第一类内含子,可是这里起催化作用的究竟是 IVS 还是其外显子部分呢?

Cech 随后所做的一系列定点突变实验,证明了起催化作用的部分是由 414 nt 组成的 IVS。更深入的研究还表明,四膜虫的 IVS 和其他第一类内含子一样,与传统的酶具有许多共同的性质:(1) 能提高反应速率;(2) 催化活性依赖于它的三维结构。如果三维结构受热或其他因素的作用被破坏,其活性也随之丧失;(3) 催化的剪接反应具有高度

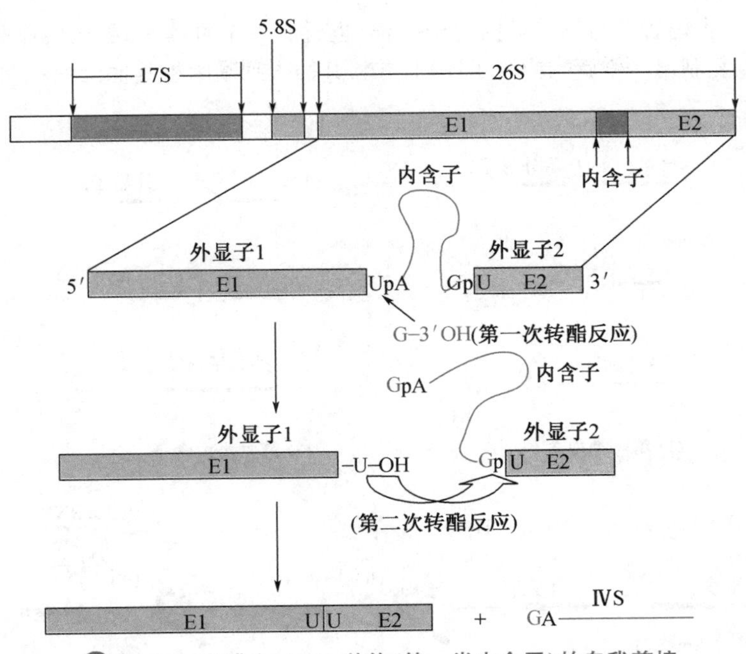

图 8-36　四膜虫 rRNA 前体(第一类内含子)的自我剪接

的专一性,即剪接的位置和被切除的内含子的大小是一定的;(4) 与辅助因子 G 的结合具有饱和性,K_m约为 30 μmol/L;(5) 剪接反应能被竞争性抑制剂 3′-脱氧鸟苷抑制。然而,严格地说,第一类内含子还不能算得上真正的酶,因为在反应中,自身也被消耗了。但如果继续追踪 IVS 的去向,就会发现它还能再进行一次自剪切,丢掉了 19 nt,留下的由 395 nt 组成的片段称为 L-19 IVS。在体外,L-19 IVS 能将五聚胞苷酸(C_5)催化转变成六聚胞苷酸(C_6)(图 8-37),此反应完全遵守米氏动力学。尽管 k_{cat}/K_m 值不高,但比非酶促反应要提高了 10^{10} 个数量级。由此可见,IVS-19 完全是一种名副其实的酶。

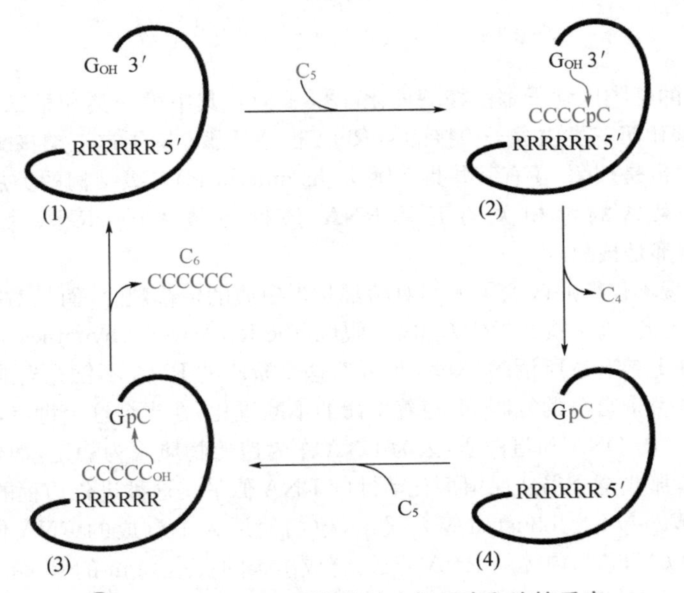

图 8-37　IVS-19 所催化的水解反应和连接反应

第一类内含子除了四膜虫 rRNA 前体的 IVS 以外,还有某些细菌的 tRNA 内含子、真菌叶绿体基因组和某些植物的叶绿体基因组,以及某些低等生物细胞核基因组编码的内含子。

Quiz8 为什么真核生物mRNA的剪接反应需要消耗ATP,而第一类和第二类内含子的剪接却不需要?

少数第一类内含子与第二类内含子一样,也含有一个可读框,编码转座酶类的蛋白质,从而可以复制出一个新的内含子序列,并将其插入到基因组其他位置。

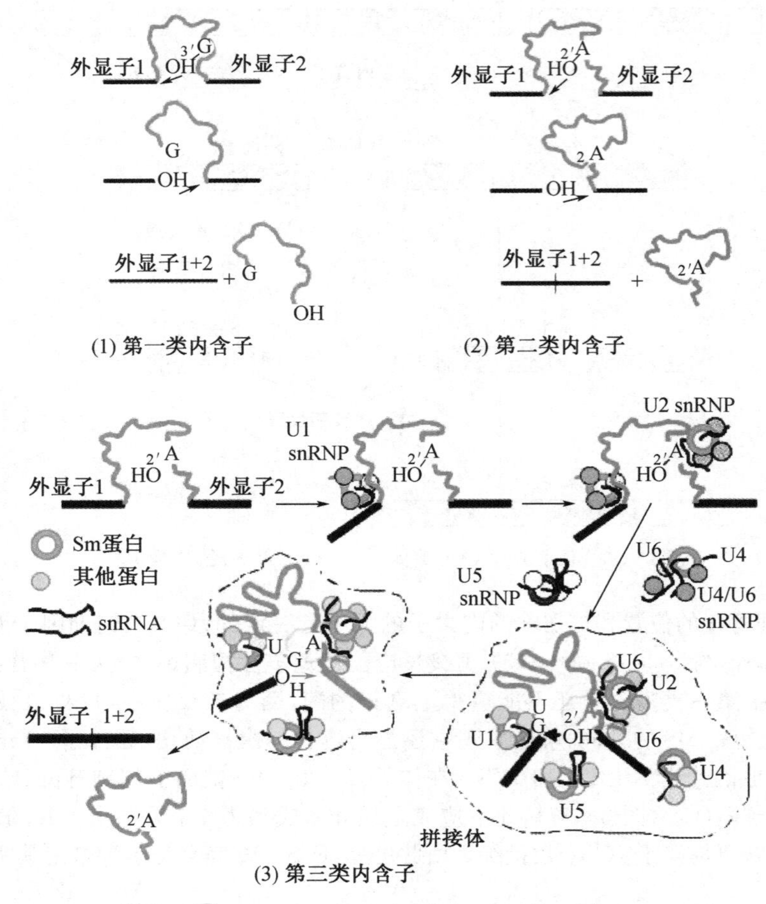

图8-38　三类内含子切除机制的比较

以上介绍的三类内含子都由核酶催化(图8-38),其中第一类和第二类内含子本身就是核酶,而催化第三类内含子剪接的snRNA也是核酶。除了这三类核酶以外,前面提到的M1 RNA也是核酶,还有某些具有锤头(hammerhead)二级结构的类病毒(viroid)的基因组RNA、某些病毒相关的卫星RNA、核糖体最大的rRNA和某些核开关(riboswitch)等都是核酶。

核酶的发现不仅彻底改变了人们对酶都是蛋白质的传统观念,而且对探究生命的起源很有帮助。为此,有人提出"RNA世界"假说(the RNA world hypothesis),认为在细胞出现之前,地球上曾有过所谓的"RNA世界",这个阶段的RNA不仅充当遗传物质,而且具有催化功能,负责自身的复制;但随着生命的不断进化,在当今这个世界,原始RNA的两个功能分别交给DNA和蛋白质,因为DNA作为遗传物质更为稳定,而蛋白质作为酶更加灵活多样,那些至今仍然保留催化活性的RNA似乎是这种进化历程的"活化石"。

2001年,Wendy K. Johnston等人报道,他们使用人工合成的RNA催化了以单链RNA为模板、以NTP为前体的RNA合成,合成出来的长达14 nt的RNA与模板完全互补。2016年8月15日,David P. Horning等人在*Proc. Natl. Acad. Sci.*上发表了题为"Amplification of RNA by an RNA polymerase ribozyme"的论文,报道获得了一种改进过的聚合酶核酶,这种核酶能够合成多种功能性的RNA和扩增短的RNA模板。这些研究成果都为"RNA世界"假说提供了十分有力的证据。

Box 8-4 “RNA世界”的探索之旅

有关地球上生命起源的问题一直是众多科学之谜中极为重要的一个，而在生命进化过程中，究竟是先有DNA，还是先有蛋白质？这个类似“先有鸡，还是先有蛋”的问题，曾长期在生命科学界争论不休。直至核酶被发现以后，再加上细胞内多种具有不同结构和功能的RNA的相继发现，人们终于意识到在生命的进化过程中，RNA占据了十分特殊的位置。于是，有人提出在地球上曾经出现过一个奇特的“RNA世界”，在那个世界里，RNA既充当遗传物质，又行使酶的功能，催化自身的复制和提供原始生命所需要的其他催化活性。显然，它的产生先于蛋白质和DNA。然而，随着生命的进化，生物体内的代谢越来越复杂，对生物催化剂和遗传物质的要求就越来越高，RNA作为生物催化剂和遗传物质固有的不足已不能满足需要。这种选择性压力要求出现更快、更强、更好的催化剂以及更加稳定的遗传物质，于是，原始RNA的两项功能分别“让位”给了后来出现的蛋白质和DNA。

目前已积累了大量支持RNA世界学说的证据，事实上，许多重要的证据就隐藏在现代的活细胞之中。它们主要包括：(1) RNA也可以充当遗传物质，很多病毒(如HIV和流感病毒)以RNA为遗传物质；(2) RNA可以充当酶，而且可以催化多种不同的反应。现代细胞里，还残留的天然核酶能够催化蛋白质的合成(核糖体)、催化转录后加工(核糖核酸酶P、第Ⅰ类和第Ⅱ类内含子、剪接体)、参与RNA的复制(锤头状核酶、发夹状核酶和HDV核酶)、参与基因表达的调控(GlmS核开关)。而通过SELEX技术制备筛选出来的核酶催化的反应种类就更多了，如2010年2月科罗拉多大学的研究团队创造了一个最小的RNA分子。它仅含5个核苷酸，能够独立催化对蛋白质合成至关重要的反应。此发现证明了核酶的长度可以远远比人们想象中小，也可以更容易地在原始条件下被合成。这些人工核酶也许曾经在RNA世界中出现过，只不过因为后来跟不上生物进化的步伐而被淘汰了；(3) 现代的细胞里，有各种不同的RNA，它们具有多项不同的功能。除了作为酶和某些病毒的遗传物质以外，还有其他多个重要的功能；(4) RNA也能参与转录校对，这对于当初“RNA世界”的RNA复制的忠实性极为重要，就像现代的细胞的DNA复制需要通过DNA聚合酶的自我校对来提高忠实性一样；(5) 细胞在合成核苷酸的时候，先合成RNA的组成单位核糖核苷酸，然后再合成DNA的组成单位脱氧核苷酸，即脱氧核苷酸是由核糖核苷酸还原而来。此外，细胞是先合成一般被认为是RNA特有的碱基U，然后再合成DNA特有的碱基T；(6) 许多基于蛋白质的酶所需要的辅助因子含有腺苷或腺苷酸，如FAD、NAD^+、$NADP^+$和CoA。

然而，拥有了以上条件的RNA是否就能构成一个原始生命体了呢？显然答案是否定的！这因为涉及区室化(compartmentalization)这个重大的问题了，如果没有一个类似细胞膜的物质将RNA包裹起来，RNA则会因扩散定律而分崩离析，又如何构成一个有机体呢？为此宾夕法尼亚州立大学构建了一个可能的模型。Keating的团队使用了聚乙二醇(polyethylene glycol，PEG)和右旋糖酐(dextran)两种聚合物来包裹RNA，实验发现一旦RNA被包裹起来，分子间就可以相互联系进而催化化学反应。有趣的是，RNA链越长，被包裹的RNA就越密集，反应的速率也越快。虽然我们无法证明这两种聚合物就是原始生命体的“膜”，但是至少说明了在地球原始阶段，有可能存在类似物，它可以驱动RNA的区室化。

三、tRNA前体的后加工

tRNA前体除了在5′-端和3′-端含有多余的核苷酸序列以外，某些还有小的内含子。内含子的位置一般是固定的，都位于反密码子的3′-端。此外，真核生物成熟的

tRNA也是被高度修饰的,而且3′-端的CCA序列本来并不存在。因此,真核生物tRNA前体的后加工方式应包括剪切、修剪、碱基修饰、添加CCA和剪接(图8-39)。其中剪切、修剪和碱基修饰与细菌系统相似。此外,大多数真核生物tRNA^{His}5′-端缺乏一个必需的鸟苷酸,这也需要通过后加工给补上。

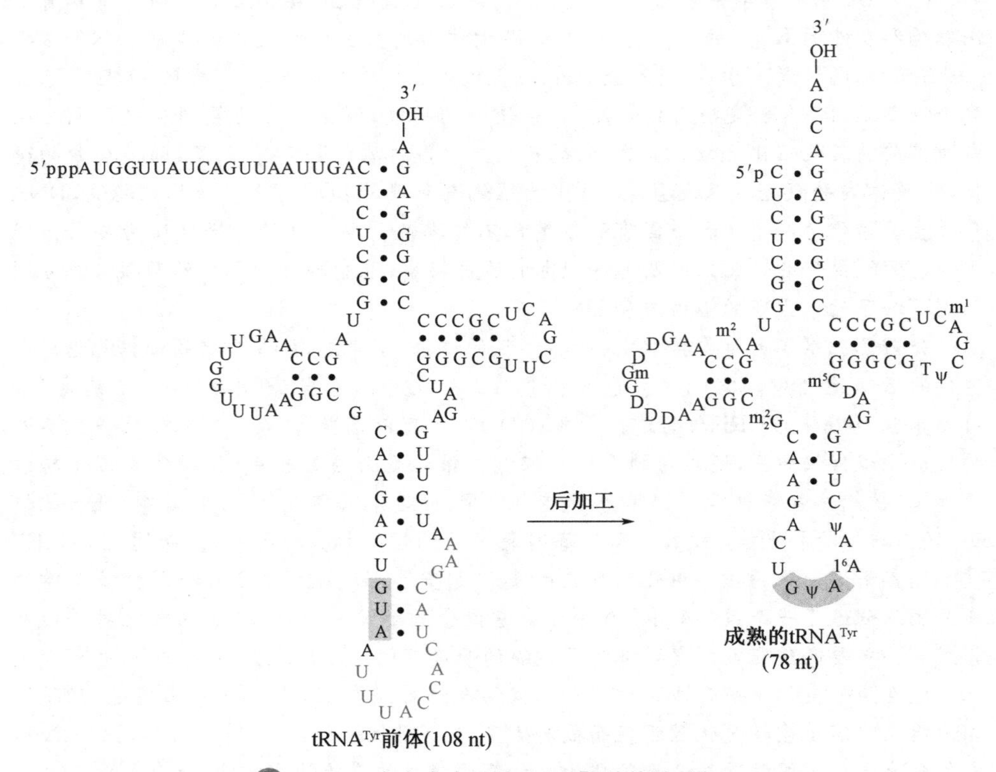

图8-39 含有内含子的tRNA^{Tyr}前体的后加工

在真核细胞,也发现了核糖核酸酶P。例如,酵母和人的核糖核酸酶P由1个非编码RNA和9个蛋白质组成,其RNA与细菌以及某些古菌体内的核糖核酸酶P一样,也有催化活性。在多细胞生物的线粒体和叶绿体,还没有发现有核糖核酸酶P,这似乎与这两种细胞器的内共生学说不利,但在某些单细胞藻类的原始质体中却发现了它的踪影。尽管这些细胞器内的核糖核酸酶P的RNA单独并无核酶活性,但若将其与蓝细菌核糖核酸酶P中的蛋白质重组以后则具有完整的酶活性,这表明这些核糖核酸酶P的酶活性仍然与RNA有关。

添加CCA是在3′-端多余的核苷酸被切除后进行的,催化反应的tRNA核苷酸转移酶在结构和功能上与细菌相似。

tRNA中的内含子都很短,通常为10 nt～20 nt,无一致序列。对于细菌,其tRNA内含子要么属于第一类,要么属于第二类,因此剪接属于自催化。但真核生物核基因组编码的tRNA和古菌的tRNA内含子既不属于第一类,也不属于第二类,其剪接由一系列专门的蛋白质组成的酶按照一定的次序进行催化。酵母细胞的tRNA剪接由3步反应组成(图8-40):

(1) 底物识别和内含子切除

这一步不需要ATP,由特定的内切酶催化,产物是分别具有2′,3′-环磷酸和5′-OH的2个半tRNA分子,以及具有5′-OH和3′-磷酸的线状内含子序列。由于tRNA前体已形成了三叶草二级结构,所以失去内含子的2个半分子tRNA仍然通过受体茎的碱基配对结合在一起。

（2）2个半分子tRNA的连接

这一步需要ATP，主要由RNA连接酶催化。但第一步反应产生的2个半分子tRNA不是连接酶的正常底物，因此需要进行加工。加工需要两种酶，一种是环磷酸二酯酶（cyclic phosphodiesterase），它负责打开5′-tRNA半分子3′-端的2′，3′-环磷酸，以游离出3′-OH。另一种是GTP-激酶，负责将另一个半分子的tRNA的5′-OH转变成5′-磷酸。一旦2个半分子tRNA被加工好，tRNA连接酶并将其连接起来，使其成为一个完整的tRNA分子。脊椎动物使用反应机制完全不同的连接酶，直接将第一步反应产生的2个半分子tRNA连接起来，而不产生多余的2′-磷酸，因此最后一步就不需要了。

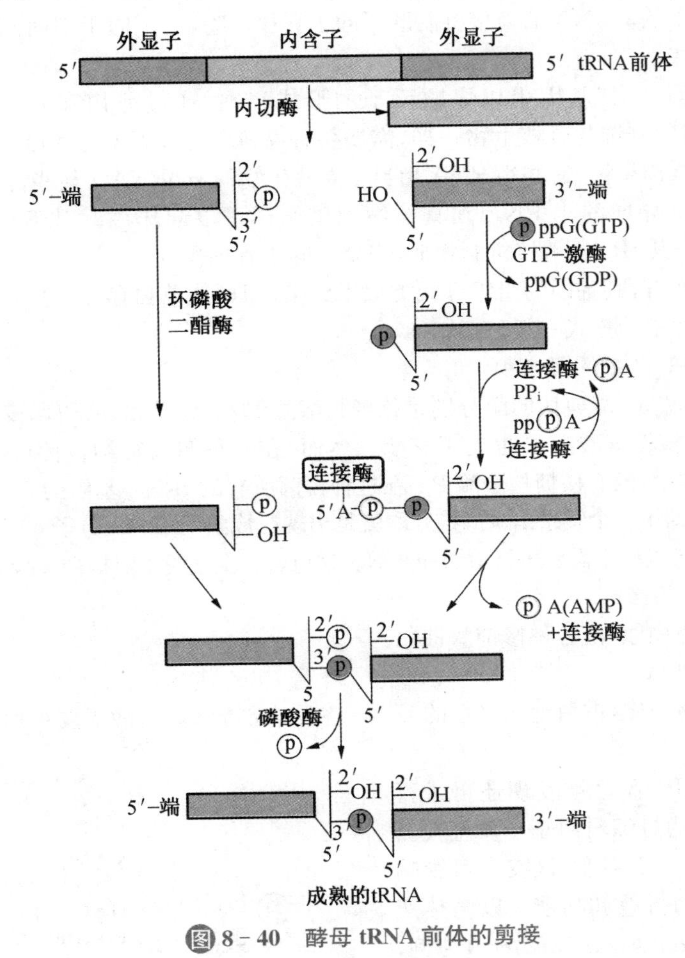

图8-40　酵母tRNA前体的剪接

（3）2′-磷酸的去除

剪接好的tRNA分子还有一个多余的2′-磷酸，这需要磷酸酶将其水解下来。一种依赖于NAD^+的2′-磷酸转移酶可将2′-磷酸转移给NAD^+，产生成熟的tRNA、ADP-核糖-1′-2′-环磷酸和尼克酰胺。

所有生物体内成熟的$tRNA^{His}$的5′-端核苷酸总是G，它与73号位的C配对，形成G1∶C73碱基对。该碱基对是组氨酰-tRNA合成酶识别$tRNA^{His}$的个性或“身份”所在。但对大多数真核生物而言，其$tRNA^{His}$的5′-端在被核糖核酸酶P加工以后，并无G的存在，这就需要在$tRNA^{His}$鸟苷酸转移酶（$tRNA^{His}$-guanylyltransferase，Thg1）的催化下进行增补。

第三节 古菌的转录后加工

古菌的转录后加工在某些方面与细菌和真核生物一样,在某些方面仅类似于细菌或真核生物,还有少数是古菌特有的。

就mRNA而言,其功能相关的基因一般以操纵子的形式组织在一起。其后加工类似于细菌,没有帽子结构,通常也没有多聚A尾巴。对于少数具有多聚A尾巴的mRNA而言,其加尾的机制和功能完全不同于真核生物,倒与含有多聚A尾巴的细菌mRNA相似。含有内含子的mRNA的剪接机制既不同于真核生物,也不同于细菌,而是类似于它的tRNA的剪接。

就rRNA而言,其基因也以多顺反子的形式存在,通过剪切和修剪释放出三种rRNA。核苷酸的修饰与真核生物一样,需要各种特殊的小RNA与蛋白质形成的RNP去识别和锁定修饰目标,这些小RNA相当于真核生物的snoRNA。某些古菌参与rRNA核糖甲基化修饰导向的小RNA在真核细胞里照样可以起作用。对于含有内含子的rRNA的剪接与其tRNA剪接机制相似,完全不同于真核生物。

就tRNA而言,其基因的组织方式类似于细菌,即可能单独存在,也可能夹在rRNA基因之中。后加工的方式一般包括:

(1) 5′-端和3′-端的剪切和修剪

参与5′-端和3′-端剪切的酶分别是核糖核酸酶P和Z。与细菌和真核生物一样,参与5′-端剪切的核糖核酸酶P也属于核酶。然而,在一种叫骑行纳古菌(*Nanoarchaeum equitans*)的细胞中,没有核糖核酸酶P。在这种古菌所有的tRNA基因的5′-端,均没有多余的前导系列,即第一个转录出来的核苷酸就是出现在成熟的tRNA分子5′-端的第一个核苷酸,因此在转录以后不需要进行剪切和修剪。这也就完全摆脱了对核糖核酸酶P的需要。

(2) 核苷酸的修饰

与真核生物相似,由各种修饰酶催化。

(3) 添加CCA

与真核生物一样,古菌绝大多数的tRNA基因内部无CCA,故需要添加CCA。

(4) 编辑

某些古菌tRNA已被发现还可进行编辑,这些古菌通过编辑纠正了发生在其tRNA基因上的一个突变,该突变可影响到tRNA正常的折叠和功能。以嗜热产甲烷古菌(*Methanopyrus kandleri*)为例,这种古菌共有34个tRNA基因,其中有30个在8号位并不是通常编码U的T,而是C,但在成熟的tRNA分子上却是U8,并不是C8。于是,这些成熟的tRNA像其他tRNA一样,照样在8号和14号之间形成对tRNA三级结构极其重要的U8-A14配对。经过进一步的研究发现,有一种高度特异性的胞苷酸脱氨酶催化了C8→U8的编辑。这种酶被命名为作用tRNA8号碱基的胞苷脱氨酶(cytidine deaminase acting on tRNA base 8,CDAT8)(图8-41)。

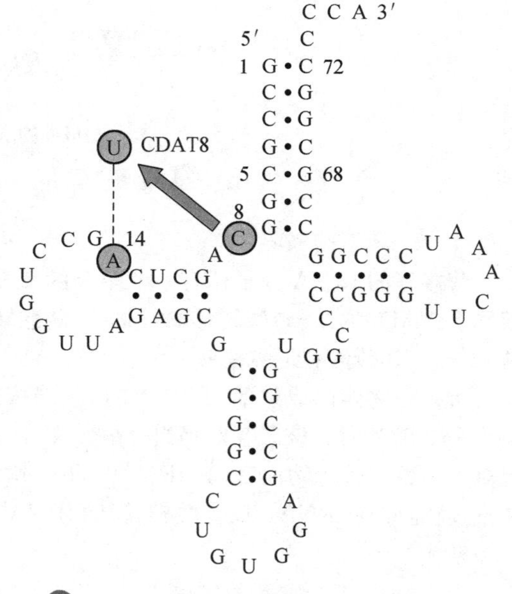

图8-41 嗜热产甲烷古菌tRNA的编辑

(5) 剪接

与细菌和真核生物相比，古菌有更多的 tRNA 含有内含子。据估计，大约 15%的古菌 tRNA 具有内含子，少数古菌的比例可高达 70%。这些内含子的大小在 16 nt－44 nt 之间，还有少数 tRNA 的内含子不止一个。细菌的 tRNA 内含子属于第一类或第二类内含子，因此进行自剪接。但古菌的 tRNA 剪接与真核生物一样，是由一系列专门的蛋白质组成的酶按照一定的次序催化完成的。古菌催化剪接的内切酶识别 tRNA 分子前体上的一种模体结构，即突起－螺旋－突起(bulge-helix-bulge，BHB)。所有参与剪接的 tRNA 内切酶都形成相似的由 4 个亚基组成的四级结构，共有 2 个活性中心，相距 2.7 nm，这个距离正好对应于 BHB 在 RNA 底物上两个切点之间的距离。突起内的 3 个核苷酸从通常的堆积处翻转出来，其中第一个凸起核苷酸被夹在两个保守的 Lys 残基之间(图 8－42)。内切酶的活性中心含有由三个保守的氨基酸残基——Tyr、His 和 Lys 组成的催化三元体，切割产生 2′,3′-环磷酸和 5′-OH。

Quiz9 古菌的内含子很少有第一类和第二类。你认为其中可能的原因是什么？

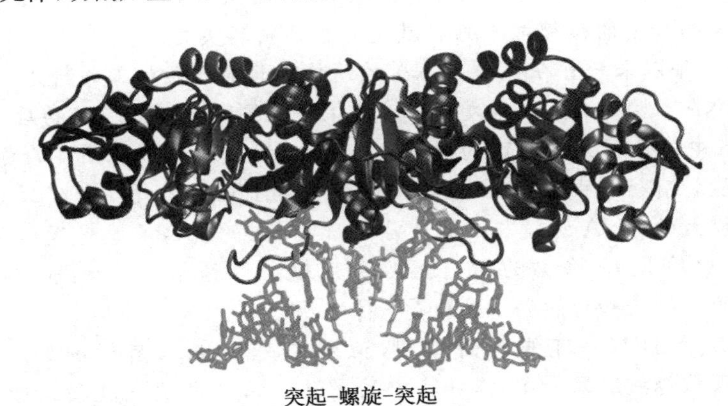

图 8－42　古菌 tRNA 内切酶与其底物结合时的三维结构

骑行纳古菌的 $tRNA^{Glu}$ 基因由 2 个半基因组成。每个半基因含有一段内含子，其中 5′-半 tRNA 内含子位于它的 3′-端，3′-半 tRNA 内含子位于它的 5′-端。这 2 个半 tRNA 独立地转录，在转录以后通过互补碱基对自发组装在一起，然后通过反式剪接合二为一，而断裂的内含子同时被切除(图 8－43)。

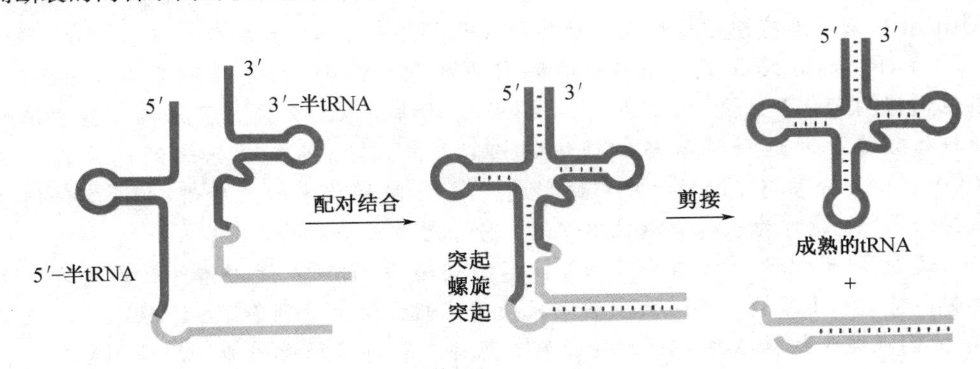

图 8－43　骑行纳古菌 $tRNA^{Glu}$ 前体的反式剪接

科学故事——第一例真正的核酶的发现

1978 年,美国 Colorado 大学的 T. Cech 发现,四膜虫 rRNA 的前体在成熟过程中的剪接不需要任何蛋白质的存在就可以进行。Cech 等认为此催化作用来自于 rRNA 前体的本身,并将其命名为核酶。这个发现在学术界带来了极大的震撼,因为在此之前,大家都以为只有蛋白质才能充当生物催化剂。

严格地说,四膜虫的 rRNA 前体算不上真正的酶,因为它只催化本身的反应,不像真正的酶可以催化其他分子的反应。另外,真正的酶在反应中自身不会被消耗,而 rRNA 前体则在反应中被水解掉。

Sydney Altman

尽管如此,Cech 的发现使许多生物学家相信,迟早有一天会发现真正的 RNA 催化剂。很快这个预言就成为现实。1978 年,Yale 大学的 Sydney Altman 及其同事就发现了大肠杆菌的核糖核酸酶 P 就是一种名副其实的酶。

Sydney 多年以来一直在从事 tRNA 的结构及其前体后加工的研究,他在研究大肠杆菌的 $tRNA^{Tyr}$ 后加工反应中发现了参与 tRNA 前体分子 5′-端的后加工的核糖核酸酶 P。在电泳分离大肠杆菌的核糖核酸酶 P 时,发现其带有高度的负电荷,当时他们猜测可能带有核酸成分。几年后,他的研究生 Benjamin Stark 发现正是一种相对分子质量较大的 RNA 片段与一种大小为 14 kDa 的蛋白质总是同时被纯化。后来,他们将其中的 RNA 命名为 M1RNA,并发现它与 Ikemura 和 Dahlberg 在 1973 年曾报道过的一种未知功能的 RNA 是一种东西。

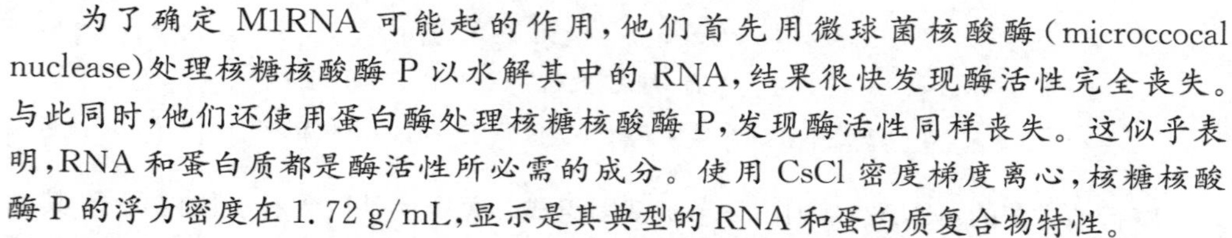

为了确定 M1RNA 可能起的作用,他们首先用微球菌核酸酶(micrococcal nuclease)处理核糖核酸酶 P 以水解其中的 RNA,结果很快发现酶活性完全丧失。与此同时,他们还使用蛋白酶处理核糖核酸酶 P,发现酶活性同样丧失。这似乎表明,RNA 和蛋白质都是酶活性所必需的成分。使用 CsCl 密度梯度离心,核糖核酸酶 P 的浮力密度在 1.72 g/mL,显示是其典型的 RNA 和蛋白质复合物特性。

就在 Altman 实验室在忙于分离、纯化核糖核酸酶 P 的时候,Schedl 和 Primakoff 等在对大肠杆菌进行一系列的突变研究,结果也证明核糖核酸酶 P 中的蛋白质成分和 RNA 都是体内 tRNA 前体后加工所必需的。然而到这个阶段,Altman 从来还没有想过或怀疑过核糖核酸酶 P 中的 RNA 可能单独充当催化功能。1979 年,Ryszard Kole 发现核糖核酸酶 P 中的 RNA 和蛋白质并不是共价结合的。当他们将两者分开来之后,都没有活性,而重新结合以后又恢复了活性。当意识到核糖核酸酶 P 的这种性质与核糖体的相似之处以后,他们开始想到也许其中的 RNA 至少部分参与了酶活性中心的形成。而且,从纯化学的角度讲,也没有任何理由排除 RNA 能作为一种酶活性中心的成分或者就是一种酶。

随着 20 世纪 80 年代重组 DNA 技术的兴起,人们可以使用体外转录的方法大量制备特定的 RNA。Altman 实验室就使用了此方法大量制备了 M1RNA。与此同时,他们在纯化核糖核酸酶 P 的蛋白质亚基的也取得了很大进展。M1RNA 亚基和蛋白质亚基的大量制备使得随后的一系列实验的展开提供了便利。

1982 年夏天,Altman 与 Denver 的国家犹太医院的 Norman Pace 开始合作,共同研究核糖核酸酶 P 的结构与功能。与 Altman 不同,Pace 研究的对象是枯草杆菌的核糖核酸酶 P。他们想试试看来自不同菌种的核糖核酸 P 可否交换其 RNA 或蛋白质成分,而仍旧具有活性。答案结果是肯定的。例如,由大肠杆菌的 RNA 亚基与枯草杆菌的蛋白质亚基重组成的杂交酶,照样可以正常地剪切 tRNA 前体。

在合作计划进行时,Pace 实验室的 Gardiner 偶然地发现,当镁离子浓度提高时

(高于 20 mM),不但正常反应增强,连对照组中不带蛋白质的 RNA 也可以单独产生催化活性。Altman 的实验室中另一位叫 Cecilia Guerrier-Takada 得知此事后,也放下本来计划好的一系列其他的实验,集中全力研究这个有趣的现象。进一步研究表明,蛋白质亚基能增强酶的 k_{cat}(10～20),但对 K_m 没有什么影响。由此可见,细菌中的核糖核酸 P 的催化作用是来自其 RNA,而不是蛋白质。接着 Altman 实验室对 M1RNA 进行了全面的研究,以确定它是否具备一种酶所应该具有的各种性质。结果也是肯定的。

Altman 的发现是对 Cech 的自我剪切 RNA 的发现一个很好的补充,自此以后,人们意识到在生命进化史上还有一个古老而神秘的 RNA 世界。

本章小结

思考题:

1. 在 α、β 或 γ 磷酸带有[^{32}P]标记的 NTP 经常被用来观察转录各个方面。以下三个方面各适合哪一个磷酸被同位素标记的 NTP? 为什么?

(1) 大肠杆菌基因转录的起始;

(2) 真核 mRNA5′-端的形成;

(3) 真核生物 RNAPⅡ催化的转录延伸。

2. 四膜虫 rRNA 前体的拼接机制和真菌线粒体第二类内含子的拼接机制有哪些共同点?

3. 如果你制备了一种专门识别人 mRNA 5′-帽子的高亲和性抗体,在你使用这种抗体对细胞的裂解物进行免疫沉淀以后,预计沉淀物里会有哪些分子?

4. 组蛋白 mRNA 前体的后加工方式既没有拼接,也没有加尾,你认为这两个性质对于组蛋白来说为什么很重要?

5. 以下是真核生物 RNAPⅡ发生在 CTD 上面的一系列突变,预测这些突变对转录起始、mRNA 稳定性、拼接和输出到细胞质有何影响?

(1) 某些 S/T 氨基酸的突变阻断了加帽因子的结合;

(2) 某些 S/T 氨基酸的突变阻断了加尾因子的结合;

(3) 某些 S/T 氨基酸的突变阻断了拼接因子的结合;

(4) 所有的 S/T 氨基酸都发生了突变。

6. 在化学上,mRNA 前体的剪接涉及两步转酯反应,应该是可逆的过程,然而细胞内的剪接并不是可逆的,为什么?

7. 如果将 tRNA 或 rRNA 的基因置于 RNAPⅡ所负责识别的启动子之后,那么在细胞内合成的 tRNA 和 rRNA 会不会具有帽子和尾巴结构? 为什么?

8. 有人分离到一种对冷敏感的酵母突变株:它在 30 ℃下生长得很好,但在 14 ℃不能生长。进一步研究表明,导致冷敏感的原因是编码 U6 RNA 的基因发生了突变,其 47 和 48 号位的碱基分别突变成了 U 和 C。根据 U6 与 U4 之间的相互作用,解释这种突变是如何导致酵母对冷敏感的。

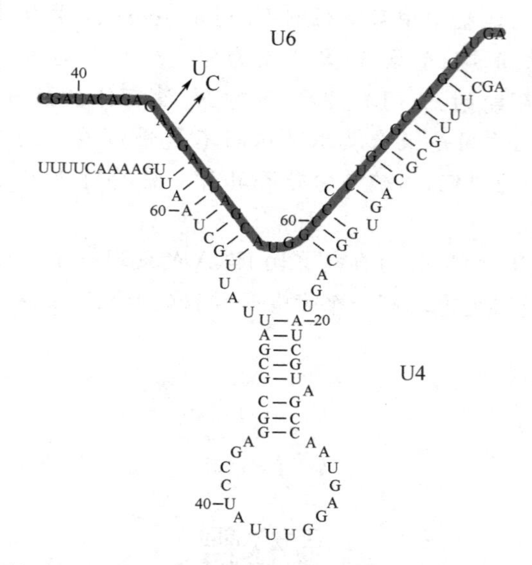

9. 发生在哺乳动物磷酸己糖激酶基因一个内含子的缺失突变将它的分支点移到一个新的位点,新位点距离 3′-剪接点 7 nt。你认为这样的突变对于磷酸己糖激酶 mRNA 的剪接有无任何影响?为什么?如果缺失突变将分支点移到距离 5′-剪接点 7 nt 的位置,结果又会如何?

10. 真核生物的不同蛋白质基因的内含子在大小上变化很大,但几乎没有一个内含子短于 65 nt,为什么?

推荐网站:

1. https://en. wikipedia. org/wiki/Post-transcriptional_modification(维基百科有关转录后加工的内容)
2. http://www. biology-pages. info/T/Transcription. html # rna_processing(John W. Kimball 所著生物学配套在线课程有关转录后加工的内容)
3. http://en. wikipedia. org/wiki/RNA_splicing(维基百科有关 RNA 剪接的内容)
4. http://dna. kdna. ucla. edu/rna/index. aspx(美国加州大学洛杉矶分校提供的各种 RNA 编辑信息)
5. http://mol-biol4masters. masters. grkraj. org/Molecular_Biology_Table_Of_Contents. html(印度班加罗尔大学 G. R. Kantharaj 教授提供的免费的面向硕士研究生的分子生物学课,内有许多关于转录后加工的内容和资料)
6. http://themedicalbiochemistrypage. org/rna. html # processing(完全免费的医学生物化学课程网站有关 RNA 后加工的内容)

参考文献:

1. Yan C, Wan R, Bai R, et al. Structure of a yeast step II catalytically activated spliceosome[J]. *Science*, 2017, 355(6321): 149.
2. Horning D P, Joyce G F. Amplification of RNA by an RNA polymerase ribozyme [J]. *Proc. Natl. Acad. Sci*, 2016, 113(35):201610103.
3. Yan C, Hang J, Wan R, et al. Structure of a yeast spliceosome at 3. 6-angstrom resolution[J]. *Science*, 2015, 349(6253): 1182～1191.
4. Hang J, Wan R, Yan C, et al. Structural basis of pre-mRNA splicing[J].

Science, 2015, 349(6253): 1191～1198.

5. Markmiller S, Cloonan N, Lardelli R M, et al. Minor class splicing shapes the zebrafish transcriptome during development[J]. *Proc. Natl. Acad. Sci*, 2014, 111(8): 3062.
6. Bentley D L. Coupling mRNA processing with transcription in time and space. [J]. *Nature Reviews Genetics*, 2014, 15(3): 163～75.
7. Garrett S, Rosenthal J J. RNA editing underlies temperature adaptation in K+ channels from polar octopuses. [J]. *Science*, 2012, 335(6070): 848.
8. Tocchinivalentini G D, Fruscoloni P, Tocchinivalentini G P. Evolution of introns in the archaeal world. [J]. *Proc. Natl. Acad. Sci*, 2011, 108(12): 4782.
9. Valadkhan S, Mohammadi A, Jaladat Y, et al. Protein-Free Small Nuclear RNAs Catalyze a Two-Step Splicing Reaction[J]. *Proc. Natl. Acad. Sci*, 2009, 106(29): 11901～11906.
10. Meng Q, Wang Y, Liu X. An intron-encoded protein assists RNA splicing of multiple similar introns of different bacterial genes[J]. *Journal of Biological Chemistry*, 2005, 280(42): 35085.
11. Makarov E M, Makarova O V, Urlaub H, et al. Small nuclear ribonucleoprotein remodeling during catalytic activation of the spliceosome[J]. *Science*, 2002, 298(5601): 2205～2208.
12. Maniatis T, Tasic B. Alternative pre-mRNA splicing and proteome expansion in metazoans. [J]. *Nature*, 2002, 418(6894): 236～243.
13. Martin G, Keller W, Doublié S. Crystal structure of mammalian poly(A) polymerase in complex with an analog of ATP[J]. *Embo Journal*, 2000, 19(16): 4193～4203.
14. Bird G, Zorio D A, Bentley D L. RNA polymerase II carboxy-terminal domain phosphorylation is required for cotranscriptional pre-mRNA splicing and 3′-end formation[J]. *Molecular & Cellular Biology*, 2004, 24(20): 8963～8969.
15. And D N F, Pace N R. RIBONUCLEASE P: Unity and Diversity in a tRNA Processing Ribozyme[J]. *Annual Review of Biochemistry*, 1998, 67(67): 153.

数字资源：

第九章　蛋白质的生物合成

蛋白质的生物合成即翻译是基因表达的最后一步，通过这一步，核酸分子中由 4 个字母即 4 种核苷酸编码的信息语言，被翻译成了蛋白质分子中主要由 20 个字母即 20 种常见的蛋白质氨基酸编码的功能语言。没有翻译，贮存在 DNA 分子一级结构之中的遗传信息没有任何意义。与复制、转录相比，翻译过程更加复杂，整个过程牵涉到几百多种不同的生物大分子，这些分子共同组成了一个高效而精确的翻译机器。

本章将重点介绍参与翻译的各种生物大分子的结构与功能、翻译的基本特征，以及细菌、真核生物和古菌翻译的详细机制，此外还会一般介绍细胞针对异常的 mRNA 所进行的质量控制，以及在一些特殊情况下所进行的再次程序化的遗传解码。

第一节　参与翻译的各种生物大分子的结构与功能

参与蛋白质生物合成的主要成分有核糖体、mRNA、各种氨酰- tRNA(aminoacylated tRNA)、氨酰- tRNA 合成酶和若干辅助性蛋白质因子(ancillary protein factor)等。下面分别介绍它们的结构与功能。

一、核糖体

核糖体作为翻译的分子机器，在翻译过程中与 mRNA 可逆地结合，并按照 mRNA 的指令，合成具有特定一级结构的多肽链。既然生物体的功能主要是由蛋白质承担的，因此细胞含有许多核糖体以保证能合成出足够的蛋白质。据估计，一个细菌细胞约含有 10 000 个核糖体，一个真核细胞约含有 50 000 个以上的核糖体。两栖动物的一个卵细胞约含有上百万个核糖体，因为一旦受精以后，需要合成大量的蛋白质。

对于细菌和古菌而言，只有一种核糖体，而对真核生物来说，不仅在细胞质中有核糖体，在线粒体和叶绿体中也有核糖体。无论是何种核糖体，在化学组成上都很相似，都是由几种 rRNA 和几十种蛋白质组成。这些 rRNA 和蛋白质组装成两个大小不同的亚基。

（一）小亚基

细菌和真核生物细胞质核糖体小亚基的沉降系数分别是 30S 和 40S，都只含有 1 种 rRNA，前者为 16S rRNA，后者为 18S rRNA。蛋白质却不止一种，以 S 表示，前者有 21 种，后者约有 33 种。

细菌 16S rRNA 的一级结构是高度保守的，这一特征常被用来研究物种的进化关系。在它的 3′-端含有反 SD 序列，能够与 mRNA 5′-端的 SD 序列互补配对，这对于 mRNA 在核糖体上的正确定位和可读框内起始密码子的识别十分重要。16S rRNA 具有特征性的二级结构(图 9 - 1)，共有四个结构域——5′-结构域、中央结构域(central domain，C)、3′-大结构域(3′- major domain，3′- M)和 3′-小结构域(3′- minor domain，3′- m)，约有一半核苷酸发生碱基配对，蛋白质一般正好填在两段 RNA 螺旋之间。在亚基界面的表面，是一段长的裸露的 rRNA 螺旋。真核生物细胞质核糖体小亚基的 18S rRNA 也是高度保守的，但在 3′-端无反 SD 序列，这是因为真核细胞细胞质翻译系统识别起始密码子的机制与细菌完全不同。

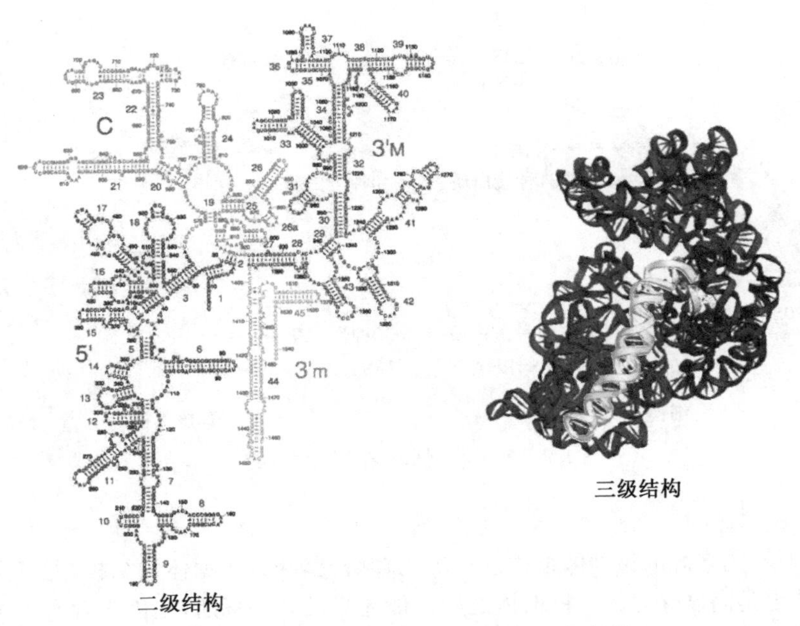

图 9－1　16S rRNA 的二级结构和三级结构

（二）大亚基

大肠杆菌的大亚基沉降系数为 50S，共有 34 种蛋白质，以 L 表示。此外，还有 2 种 rRNA：一种为较小的 5S rRNA，含有约 120 nt；另一种是 23S rRNA。2 种 rRNA 分子都有致密的碱基配对结构，其中 23S rRNA 为催化肽键形成的核酶。大亚基中有一种蛋白质有四个拷贝，其他蛋白质均为单拷贝，而且 L26 与小亚基的 S20 完全一样。

真核细胞细胞质核糖体大亚基的沉降系数为 60S，含有 50 种左右的蛋白质和 3 种 rRNA——28S rRNA、5.8S rRNA 和 5S rRNA，比细菌和古菌多一种 5.8S rRNA。28S 和 5.8S rRNA 与细菌的 23S rRNA 关系密切，其中 5.8S rRNA 与 23S rRNA 的 5′-端序列相似，这暗示真核生物这两种 rRNA 可能起源于 1 个共同的远古基因，后经断裂而来。

表 9－1　核糖体的分类与组成

核糖体来源	大小	亚基	
		小亚基	大亚基
真核生物细胞质	80S	40S：34 种蛋白质，18S rRNA	60S：50 种蛋白质，28S，5.8S，5S rRNA
哺乳动物线粒体	55S～60S	30S～35S：12S rRNA	40S～45S：16S rRNA 70～100 种蛋白质
高等植物细胞质	77S～80S	40S：19S rRNA，	60S：25S，5S rRNA 70～75 种蛋白质
植物叶绿体	70S	30S：20～24 种蛋白质，16S rRNA	50S：34～38 种蛋白质，23S，5S，4.5S rRNA
细菌	70S	30S：21 种蛋白质，16S rRNA	50S：34 种蛋白质，23S，5S rRNA

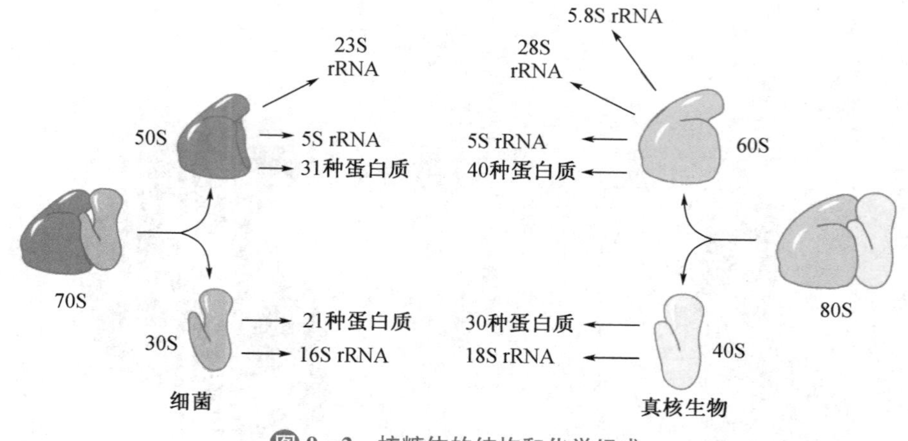

图 9-2　核糖体的结构和化学组成

(三) 核糖体的三维结构及其功能定位

通过对不同来源的核糖体结构进行的比较研究表明,核糖体的结构,尤其是三维结构,在进化上是高度保守的。核糖体之所以能充当翻译的场所,是因为含有多个功能部位,这些功能部位主要包括:(1) 受体部位或 A 部位(acceptor site,A site),即氨酰 tRNA 最初结合核糖体的部位,但起始氨酰 tRNA 除外;(2) 肽酰 tRNA 结合部位或 P 部位(peptidyl site,P site),也称为供体部位(donor site);(3) 离开部位或 E 部位(exit site,E site),即空载 tRNA 在离开核糖体之前与核糖体临时结合的部位;(4) 肽酰转移酶(peptidyl transferase)或活性部位,该部位催化肽键的形成,由 rRNA 组成;(5) mRNA 结合部位;(6) 多肽链离开通道(exit channel);(7) 一些可溶性辅助蛋白质因子(起始因子、延伸因子和终止因子)的结合部位。

在 1999 年,有人得到了 7.8 Å 分辨率的来自嗜热栖热菌(*Thermus thermophilus*)的核糖体晶体结构。这使得人们对核糖体三维结构的认识大大前进了一步。后来,又有人得到了 2.4 Å 高分辨率的 23S 和 5S rRNA 晶体结构,其结果与从一种死海嗜盐古菌(*Haloarcula marismortui*)中获得的大亚基的结构是一致的。核糖体总的三维结构在各种生物体内是高度保守的,因此细菌和古菌的核糖体便成了理解核糖体结构与功能最好的模型。

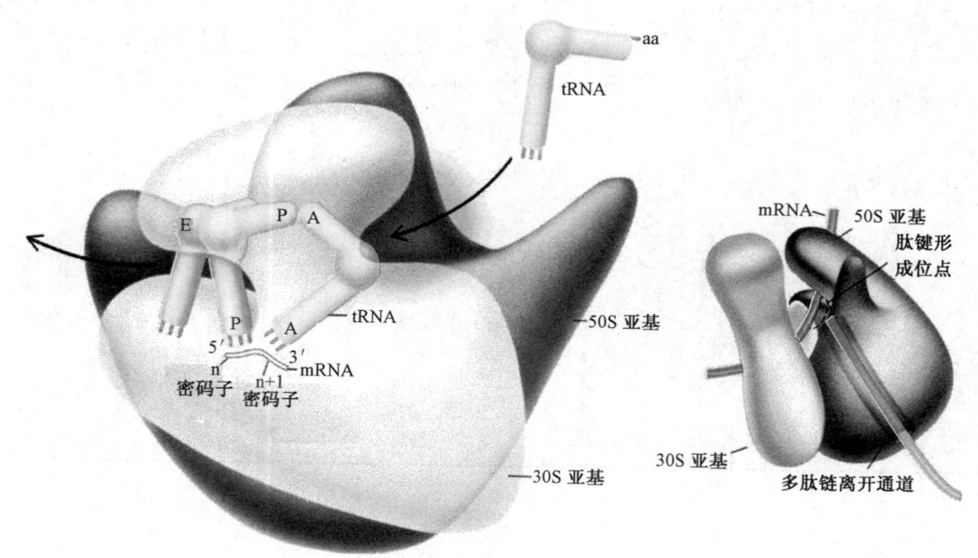

图 9-3　核糖体的三维结构模型和主要的功能部位

图 9-3 和图 9-4 显示了一个细菌 70S 核糖体大致的三维结构：其小亚基在外形上略为细长，与细线般的 mRNA 结合。大亚基更像一个球，覆盖在小亚基之上。正如人们期待已久的那样，是 rRNA 而不是蛋白质提供了核糖体最基本的结构框架和功能性，蛋白质在核糖体内“见缝插针”，有助于填充结构上的空隙以及增强蛋白质合成的活性。1 个 tRNA 分子因反密码子和密码子的配对而与 30S 亚基结合在一起，同时通过被运载的氨基酸又与 50S 亚基相作用。新生的肽链必须通过离开通道离开核糖体，这与转录时新生的 RNA 链从 RNAP 离开通道离开的情形相似。在肽酰转移酶的入口周边为 RNA 双螺旋，而多肽链离开通道始于活性中心裂缝的底部，从 23S rRNA 的手掌部延伸到它的背部，长达 10 nm，直径仅为 2 nm。

图 9-3 和 9-4 还显示了一个完整的 70S 核糖体几个重要的功能单位，图中的 3 个 tRNA 结合位点显而易见，很容易想象 1 个 tRNA 分子从 A 部位→P 部位→E 部位通过核糖体移动，以及结合在 tRNA 上的氨基酸在 A 部位紧靠与 P 部位结合的肽酰 tRNA 上的肽酰基，特别适合新肽键的形成。

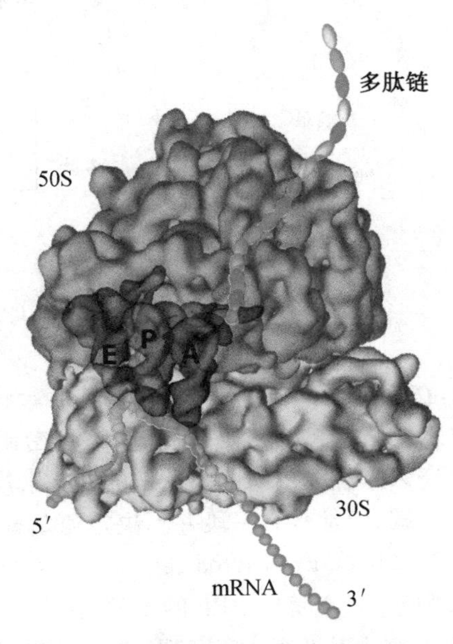

图 9-4　细菌核糖体的各种功能部位

核糖体蛋白不仅作为核糖体的组分参与翻译，还参与 DNA 复制、修复、转录、转录后加工、基因表达的自体调控（autoregulation）和发育调节等。例如：大肠杆菌的 S12 促进 T4 噬菌体 mRNA 前体的剪接；S1 充当一些噬菌体 RNA 复制酶的一个亚基；某些核糖体蛋白（L1、L10 和 S7）在过量的情况下，能与各自 mRNA 的 5′-端结合，以自体调控的方式阻断自身的翻译（参看第十一章　原核生物的基因表达调控）。

（四）核糖体组装和循环

正如前述，核糖体是一个由几种 rRNA 和多种蛋白质组成的超分子复合物，rRNA 和蛋白质先自组装（self-assemble）成大小两个亚基，再由两个亚基缔合成一个完整的核糖体，而完整的核糖体在一定的条件下可解离成亚基。事实上，在翻译的起始阶段，核糖体首先必须解离成单独的亚基。

核糖体还能以多聚核糖体（polysome）形式存在（图 9-5），即一个 mRNA 分子上同时结合几个核糖体，这可以在电子显微镜下直接观测到。形成多聚核糖体可以提高翻译的效率。此外，在真核细胞的细胞质中，核糖体还存在一种与内质网膜结合的形式，以这种形式存在的核糖体与内质网蛋白、高尔基体蛋白、溶酶体蛋白、细胞膜蛋白和分泌蛋白的合成后定向、分拣有关(参看第十章 蛋白质的翻译后加工、分拣、定向和水解)。

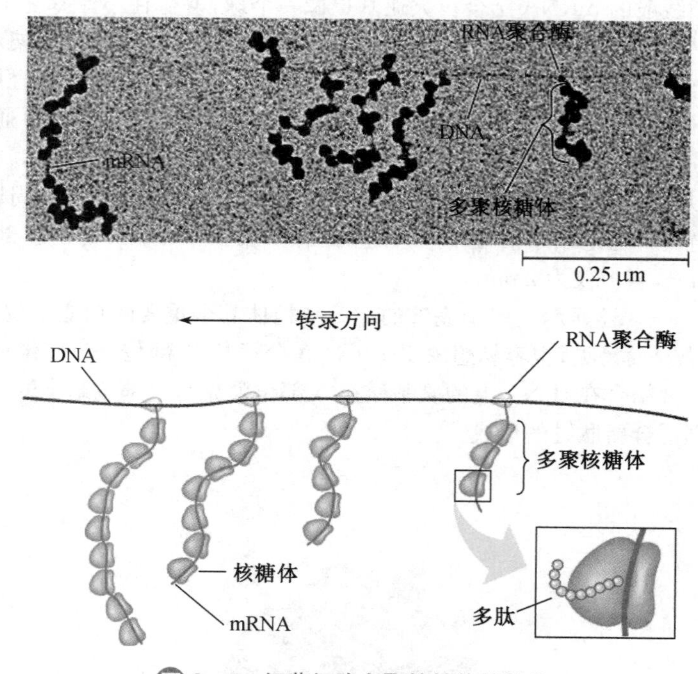

图9-5 细菌细胞多聚核糖体的结构

二、mRNA

mRNA是翻译的模板,在内部至少含有一个可读框(open reading frame,ORF),由它直接指导蛋白质的合成。ORF是由起始密码子开始、终止密码子结束的一段连续的核苷酸序列组成,由它直接决定未来翻译出来的多肽链的氨基酸序列。

在mRNA的5′-端和3′-端,通常含有一段并不决定氨基酸序列的非编码序列(non-coding sequence,NCS)或非翻译区(untranslated region,UTR)(图9-6)。细菌的mRNA一般是含有多个ORF的多顺反子。在每个ORF的5′-端有一个核糖体结合位点(ribosome binding site,RBS)。RBS含有富含嘌呤的SD序列(Shine-Dalgarno sequence),能被核糖

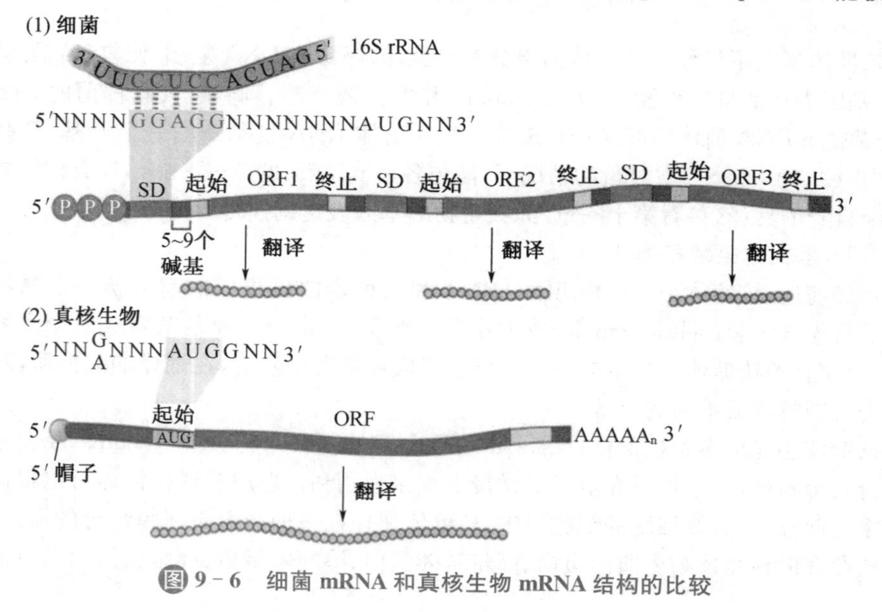

图9-6 细菌mRNA和真核生物mRNA结构的比较

体识别、结合，并起始翻译。每一个 ORF 编码一种多肽或蛋白质；古菌的 mRNA 一般也是多顺反子，但有的 ORF 有 SD 序列，有的没有。而且，有的古菌 mRNA 的起始密码子就是 5′-端前三个核苷酸或者紧靠 5′-端。真核生物 mRNA 通常是只有一个 ORF 的单顺反子(mono-cistron)，因此一般只编码一种多肽或蛋白质，但是整个 mRNA 序列比编码蛋白质所需的序列要长得多，其中 5′- UTR 一般较短，小于 500 nt，而 3′- UTR 一般较长，有的甚至超过 1 000 nt。

三、tRNA

tRNA 是一种双功能分子，在翻译中的功能有两项：一是将氨基酸运载到核糖体，二是通过其反密码子与 mRNA 上密码子之间的相互作用，对遗传密码进行解码，并最终将其转化成多肽链上的氨基酸序列。不同种生物体内的 tRNA 的基因数目和种类并不一定相同，以真核生物为例，其核基因编码的 tRNA 基因数目一般为 120～570，而 tRNA 的种类为 41～55。细菌和古菌不管是 tRNA 的基因数目还是种类，通常都要低于真核生物。由于 tRNA 的种类明显多于蛋白质氨基酸的种类，这就意味着多数蛋白质氨基酸不止一种 tRNA。能携带同一种氨基酸的几种不同 tRNA 分子称为同工受体 tRNA(tRNA isoacceptor)。

Quiz1 tRNA 除了参与翻译，还有什么重要的功能？

tRNA 所具有的上述功能是与其结构特别是三维结构分不开的，下面就详细讨论它的结构与其功能之间的关系。

(一) tRNA 的一级结构

tRNA 的一级结构的主要特征包括：(1) 是一类小 RNA，长度通常在 73 nt～93 nt；(2) 所有的 tRNA 在 3′-端带有 CCA 序列，氨基酸就是通过酯键连接在末端腺苷酸的 3′-羟基上的；(3) 含有大量的修饰碱基。已发现有上百种不同的共价修饰形式，例如二氢尿嘧啶(dihydrouridine，D)和假尿苷(pseudouridine，ψ)。这些修饰碱基在二级结构之中的环里面特别多。

(二) tRNA 的二级结构

tRNA 的二级结构是所谓的三叶草(cloverleaf)结构，由 4 个茎和 3 个环(loop)组成(图 9－7)。其中，氨基酸的受体茎(acceptor stem)由 tRNA5′-端的前几个核苷酸和紧靠 3′-端的一小段核苷酸序列互补配对而成；D 茎止于 D 环，D 环中含有几个二氢尿嘧啶；

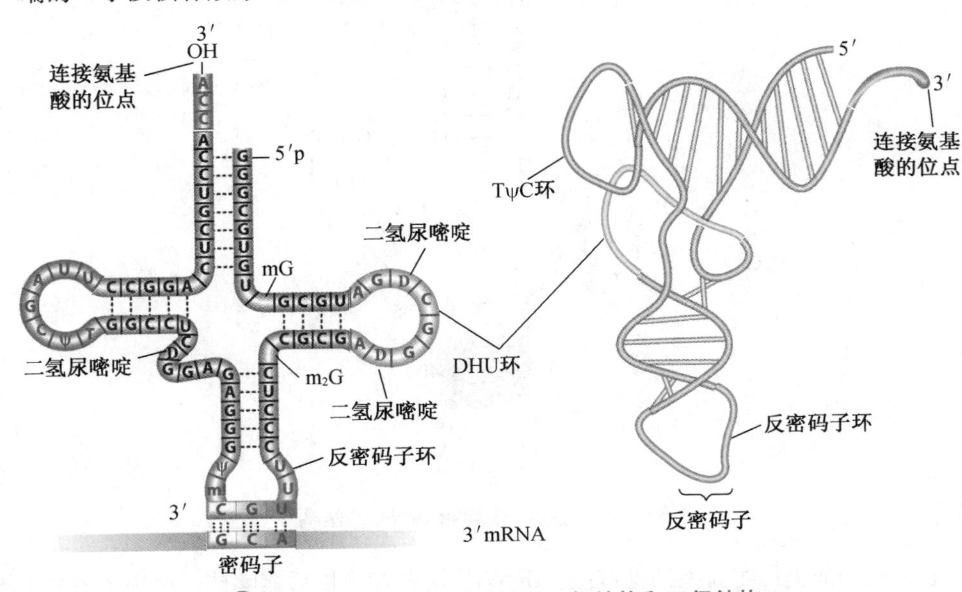

图 9－7　$tRNA^{Ala}$的一级结构、二级结构和三级结构

反密码子茎(the anticodon arm)止于反密码子环(anticodon loop),此环的中央是反密码子;可变环(the variable loop)因大小可变而得名,它在不同的 tRNA 分子上大小不尽相同;TψC 茎止于 TψC 环,而 TψC 环因含有高度保守的 TψC 序列而得名。

Quiz2 tRNA 分子中的 TψC 序列是如何产生的?

（三）**tRNA 的三级结构**

tRNA 的三级结构呈胖的倒 L 型。在这种结构之中,D 环与 TψC 环上的一些核苷酸形成氢键,正是这些以及其他相互作用将三叶草二级结构进一步折叠成倒 L 型。

在倒 L 型结构之中,两段 RNA 双螺旋之间呈垂直的关系,其中的一段双螺旋由 TψC 茎和氨基酸受体茎串联而成,另外一段双螺旋由 D 茎和反密码子茎串联而成。如此结构排布导致 tRNA 两个功能端在空间上分开,即接受氨基酸的位点尽可能与反密码子隔离。

在每一种翻译系统之中,都有一种特别的 tRNA,它就是起始 tRNA(initiator tRNA)。起始 tRNA 的功能是识别起始密码子,参与翻译的起始。在细菌细胞和多数线粒体内,它携带甲酰甲硫氨酸(formylmethonine),因此可简写成 $tRNA_f^{Met}$,而在古菌和真核细胞内则携带 Met,通常简写为 $tRNA_i^{Met}$(i 为 initial 的首字母)。$tRNA_f^{Met}$ 与解码非起始密码子 AUG 的 $tRNA_m^{Met}$ 在结构和功能上都有差异。它们在结构上的差别主要有:(1) $tRNA_f^{Met}$ 受体茎上的第 1 位和第 72 位之间的碱基不配对,而其他所有的 tRNA 这一对碱基都是配对的。如果人为地将这对碱基突变成正常的碱基对,则原来的起始 tRNA 可参与肽链合成的延伸;(2) 在反密码子茎上有 3 个连续的 GC 碱基对。GC 碱基对使反密码子环弹性降低(相对于 $tRNA_m^{Met}$),这一点对于其进入核糖体的 P 部位非常重要。如果这三个连续的 GC 碱基对发生突变,则 $tRNA_f^{Met}$ 不能再进入核糖体的 P 部位;(3) 在第 11 位和第 24 位之间是嘌呤对嘧啶碱基对,而不是其他 tRNA 分子上的嘧啶对嘌呤碱基对(图 9-8)。

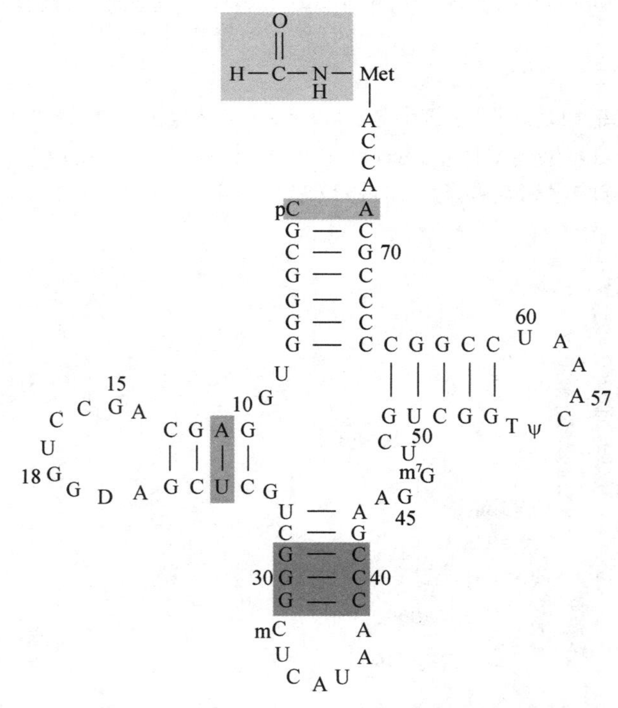

图 9-8 大肠杆菌起始 tRNA 的结构

它们在功能上的主要差别是:首先,$tRNA_f^{Met}$ 携带 Met 以后能够被一种特殊的甲酰基转移酶识别催化,形成甲酰甲硫氨酰- tRNA(fMet - $tRNA_f^{Met}$);其次,细菌起始因子 IF2

能够识别、结合 fMet - $tRNA_f^{Met}$,并在翻译的起始阶段将其带到核糖体的 P 部位。Met - $tRNA_f^{Met}$的甲酰化有两个功能:一是保证这种特殊的实载 tRNA 只有在 P 部位才能启动翻译,因为它的氨基被封闭了;二是确保它不会去解码内部的 Met 密码子。

四、氨酰- tRNA 合成酶

氨基酸在参入到多肽链之前必须被活化,而氨酰- tRNA 是它的活化形式。通过活化,游离氨基酸分子上的 α -羧基通过高能酯键,与其同源的 tRNA 分子在 3′-端腺苷酸的羟基相连。高能酯键在翻译的延伸阶段被用来驱动肽键的形成。

活化反应由特定的氨酰 tRNA 合成酶(aminoacyl-tRNA synthetase,aaRS)催化,每活化 1 分子氨基酸,需要消耗 2 个 ATP。活化反应分为两步(图 9 - 9):

(1) 氨基酸被活化成氨酰-腺苷酸。这一步反应形成的焦磷酸可被细胞内的焦磷酸酶迅速水解,导致活化反应在热力学上是极为有利的。

(2) 氨酰基从氨酰-腺苷酸转移到 tRNA 分子上。

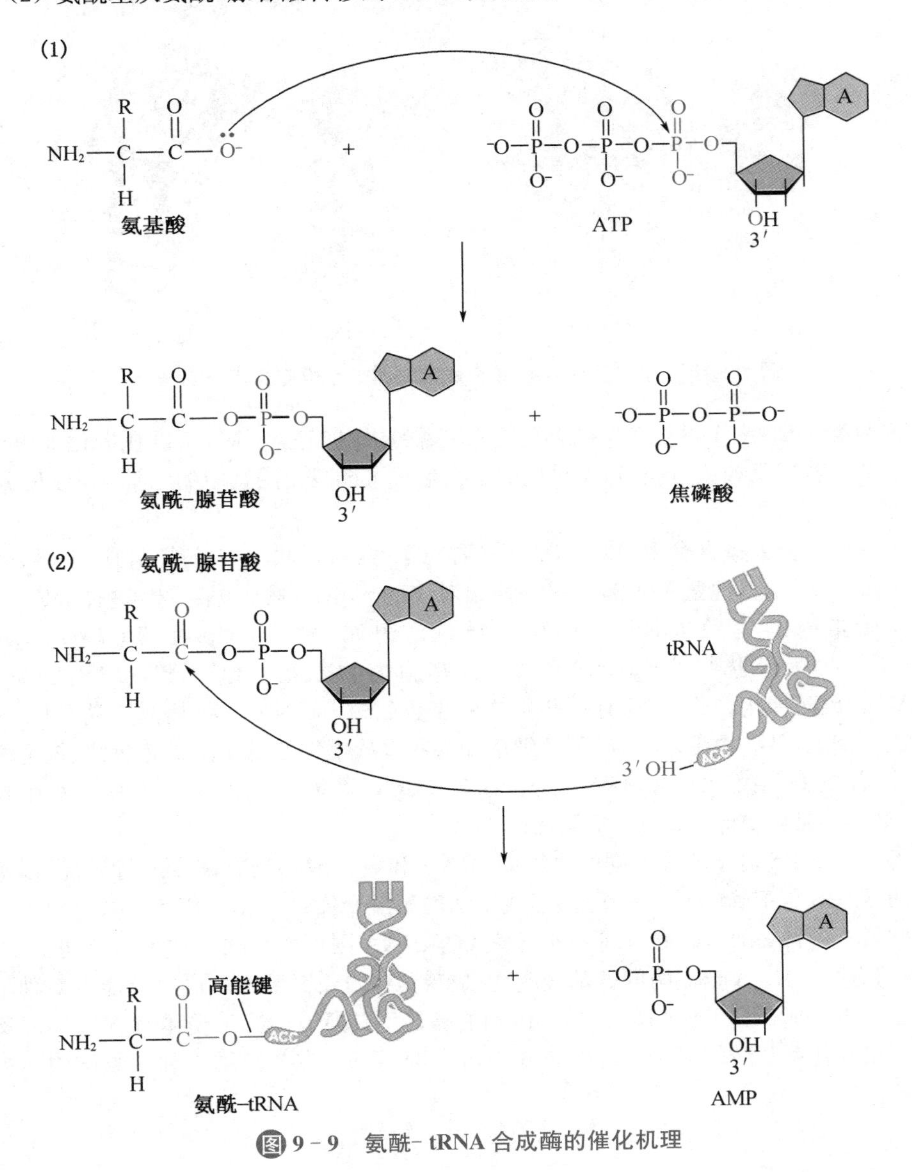

图 9 - 9 氨酰- tRNA 合成酶的催化机理

根据结合 tRNA 区域的结构特征,细胞内的 aaRS 分为两类,这两类 aaRS 正好从

tRNA 两个相反的面靠近和结合 tRNA(图 9 - 10):(1) 第一类与 tRNA 在受体茎和反密码子茎的小沟结合,在 N 端含有 ATP 结合结构域、C 端含有反密码子臂结合结构域,通常在受体茎小沟一侧与 tRNA 结合,紧握反密码子环,将 tRNA 接受氨基酸的一端置于活性中心,总是先将氨基酸转移到 tRNA 3′-端腺苷酸的 2′- OH 上,然后再切换到 3′-OH,因为只有 3′-氨酰- tRNA 才能作为翻译的底物。在结构上,这一类 aaRS 一般是单体酶,其结合 ATP 的结构模体为 Rossman 折叠(Rossman fold),此外,还含有两段高度保守的序列模体——HIGH 和 KMSKS。属于此类酶的氨基酸有 Arg、Cys、Gln、Glu、Ile、Leu、Met、Trp、Tyr 和 Val;(2) 第二类 aaRS 以 N 端的结构域与受体茎和反密码子茎的大沟结合,其结合 ATP 的结构域主要位于 C 端,它们总是将氨基酸直接转移到 tRNA3′-端腺苷酸的 3′- OH 上,但苯丙氨酰- tRNA 除外。在结构上,总是寡聚酶,通常为同源二聚体,缺乏 Rossman 折叠,但具有另外的结构模体。属于此类酶的氨基酸有 Ala、Asn、Asp、Gly、His、Lys、Phe、Pro、Ser 和 Thr。

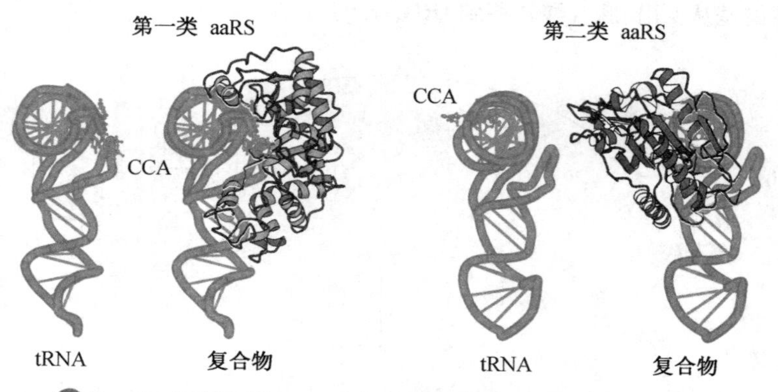

图 9 - 10　两类氨酰- tRNA 合成酶与 tRNA 相反的两个面结合

这两类 aaRS 由于不论在序列上还是在三维结构上完全不同,所以在进化上很可能是独立的。若果真如此,这意味着早期的生命形式可能只使用其中的一类 aaRS 和 10 种氨基酸。

每一种生物大概含有 20 种 aaRS,每一种对于一种氨基酸。大肠杆菌有 21 种 aaRS,因为 Lys 有 2 种,其他氨基酸都只有一种相对应的 aaRS。然而,某些生物的 aaRS 不到 20 种,其体内的少数 aaRS 具有双特异性。例如,嗜热产甲烷菌(*Thermophilic methanogens*)无半胱氨酰- tRNA 合成酶,其胞内的半胱氨酰- $tRNA^{Cys}$ 由脯氨酰-$tRNA^{Pro}$ 合成酶催化。此外,还有一些生物的少数氨酰- tRNA 是由其他氨酰- tRNA 加工而成。例如,某些古菌、革兰氏阳性细菌和某些真核生物的线粒体或叶绿体,缺乏 Gln-$tRNA^{Gln}$ 合成酶,它们的 Gln-$tRNA^{Gln}$ 是由 Glu-$tRNA^{Gln}$ 酰胺化而来。还有一些生物的 Asn-$tRNA^{Asn}$ 是由 Asp-$tRNA^{Asn}$ 酰胺化而来。

每一种 aaRS 对于两种不同的底物即 tRNA 和氨基酸都具有高度的特异性,以确保正确的氨基酸与正确的 tRNA 相连,形成正确的氨酰- tRNA。由于细胞一般每对应一种氨基酸只有一种 aaRS,而针对同一种氨基酸的 tRNA 则可能存在几种不同的同工受体。例如,精氨酰- tRNA 合成酶的氨基酸底物只有精氨酸,而其 tRNA 底物可能有 6 种不同的同工受体。那么,一种 aaRS 是如何做到能够识别其所有的同工受体 tRNA,同时又不会识别错其他氨基酸的 tRNA 呢?要知道所有的 tRNA 在二级结构和三级结构上都惊人的相似!

表 9-2　常见的 tRNA 的个性(大肠杆菌)

tRNA	个性
Ala	受体茎中的 G3∶U70 碱基对
Ser	受体茎中 G1∶C72、G2∶C71、A3∶U70 碱基对,D 茎中的 C11∶G24 碱基对
Val	反密码子
Gln	反密码子,特别是其中的 U
Phe	反密码子,D 环中的 G20,3′-端的 A73
Ile	U35
Met	反密码子

通过对 tRNA 序列进行的一系列突变研究发现,决定一种 aaRS 识别正确 tRNA 的主要因素是 tRNA 分子上由几个核苷酸甚至一个核苷酸组成的元件(element),这些元件通常称为 tRNA 的个性(identity),也被称为另一种形式的第二套遗传密码(the second genetic code)。这些元件分布在 tRNA 分子内的很多区域,并没有一套通用的规则指导 aaRS 识别同源的 tRNA。令人吃惊的是,tRNA 的个性不限于反密码子,而且对于某些 aaRS 而言,还不包括反密码子。对于大多数 tRNA 而言,受特定 aaRS 识别的是一套序列元件,而不是单个核苷酸或单个碱基对。这些元件通常包括以下一个或几个方面(表 9-2):(1) 反密码子中至少有一个碱基;(2) 受体茎之中三个碱基对中的一个或几个;(3) 73 号位的碱基,属于在 CCA 之前没有配对的碱基。这一个碱基被称为区别碱基(the discriminator base),因为它对于一种 tRNA 分子来说是固定不变的。有趣的是,某些 aaRS 用来决定结合何种 tRNA 的正元件,可能被其他 aaRS 用来充当阻止与特定 tRNA 结合的负元件。

以反密码子作为个性的例子是 $tRNA^{Met}$。如果将 $tRNA^{Trp}$ 或 $tRNA^{Val}$ 的反密码子突变成 $tRNA^{Met}$ 的反密码子,即 CAU,则这两种 tRNA 即被甲硫氨酰-tRNA 合成酶识别,转而携带 Met;相反,如果将 $tRNA^{Met}$ 的反密码子突变成 $tRNA^{Val}$ 的反密码子,即 UAC,则它转而携带 Val。由此可见,甲硫氨酰-tRNA 合成酶和缬氨酰-tRNA 合成酶识别各自 tRNA 的个性都在于反密码子。

酵母 $tRNA^{Phe}$ 的个性在于 5 个不同的碱基。其中 3 个碱基是反密码子,另外二个分别是 D 环中的 G20 和 3′-端的 A73。如果将酵母的 $tRNA^{Arg}$、$tRNA^{Met}$ 或 $tRNA^{Tyr}$ 突变,使它们含有这 5 个碱基组成的个性,则它们都会成为酵母苯丙氨酰-tRNA 合成酶非常好的底物。

$tRNA^{Ser}$ 家族的个性在于 12 个共同的核苷酸。Ser 有 6 个密码子,同时在大肠杆菌细胞内它有 6 个同工受体。这 6 个同工受体 tRNA 被同一种丝氨酰-tRNA 合成酶识别。5 个 $tRNA^{Ser}$ 由大肠杆菌基因组编码,1 个由 T4 噬菌体基因组编码。比较 6 种 $tRNA^{Ser}$ 的核苷酸序列发现,只有 12 个核苷酸是共同的,它们包括:受体茎中的 G1、G2、A3 或 U3、U70 或 A70、C71、C72 和 G73,D 茎中的 C11 和 G24。所有这些核苷酸除 G73 之外都参与形成链内氢键。若将 $tRNA^{Leu}$ 突变成也含有这 12 个核苷酸以后,则它转而携带 Ser。

$tRNA^{Ala}$ 的个性最为鲜明,仅仅是一个非常规的 G3∶U70 碱基对。迄今为止,所有序列已被测定过的细胞质基质中的 $tRNA^{Ala}$(细菌、古菌和真核生物)都含有 G3∶U70。如果将含有 G3∶C70 碱基对的 $tRNA^{Lys}$、$tRNA^{Cys}$ 或 $tRNA^{Phe}$ 突变成 G3∶U70,结果都使它们转而携带 Ala;相反,如果将 $tRNA^{Ala}$ 的 G3∶U70 碱基对变成 G∶C、A∶U 或 U∶G 碱基对,都会使之不能再携带 Ala。有趣的是,如果能保证 G3∶U70 碱基对的存在,即使仅有 24 nt 组成的 $tRNA^{Ala}$ 微螺旋(microhelix)(图 9-11),照样能被丙氨酰-tRNA 合成酶识别,携带 Ala。

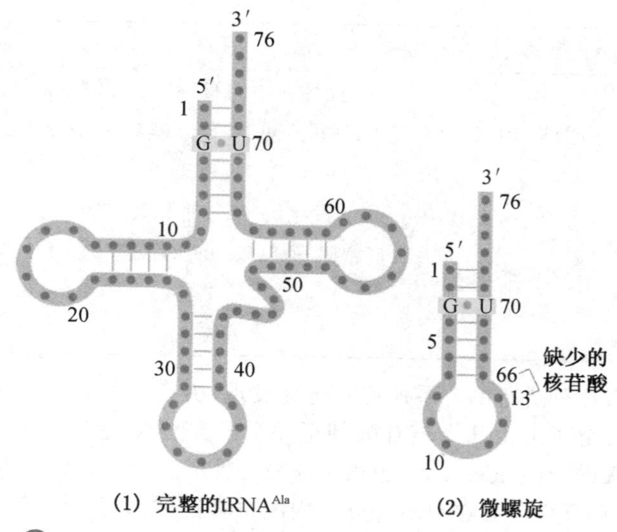

图 9-11 完整的 $tRNA^{Ala}$ 和微螺旋 $tRNA^{Ala}$ 的结构比较

实验证明，一种 aaRS 在选择 tRNA 的时候，若遇到正确的 tRNA，结合得快，但解离得慢，从而有时间诱导酶的构象发生合适的变化；如果酶遇到错误的 tRNA，则结合得快，解离得也快！

然而，酶又如何去选择正确的氨基酸呢？原来有两种手段：

(1) 先通过酶活性中心，优先结合正确的同源氨基酸，体积比同源氨基酸大的会被完全排除在活性中心之外。

(2) 再通过酶的校对中心(editing site)，选择性编辑错误的非同源氨基酸，能进入活性中心小的氨基酸在形成误载的氨酰- AMP 或氨酰- tRNA 以后，被送入校对中心。在那里，误载的氨基酸被水解以后离开酶分子。这两种机制结合起来被称为"双筛"机制("double sieve"mechanism)(图 9-12)。以异亮氨酰- tRNA 合成酶为例，如果 Val 误入它的活性中心，并发生第一步反应，生成了 Val-AMP，但 Val-AMP 在被送入校对中心之后，会被水解掉误载的 Val。万一第一次校对失败，形成的误载氨酰- tRNA，还可以进行

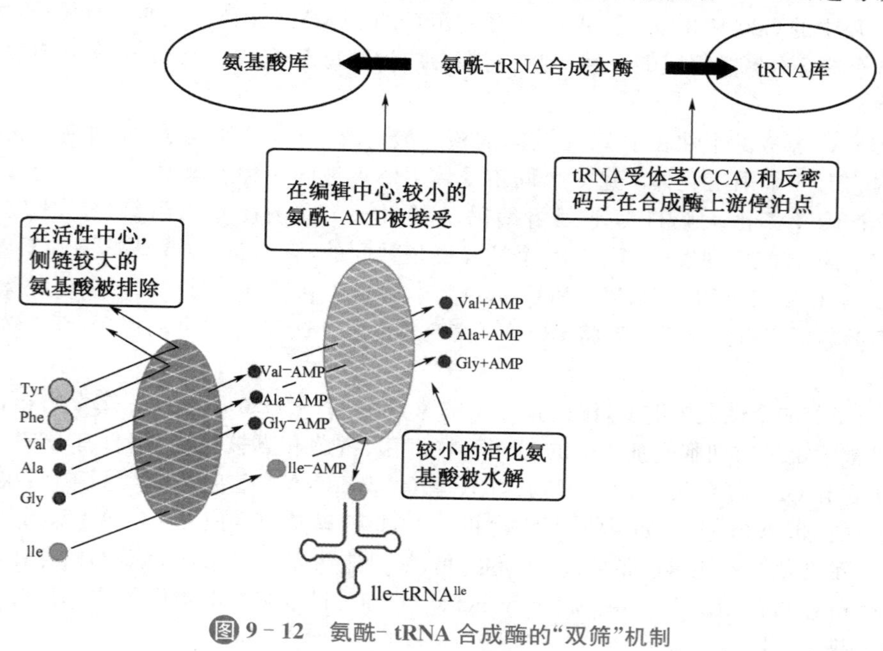

图 9-12 氨酰- tRNA 合成酶的"双筛"机制

第二次校对，将错误的氨酰-tRNA水解。由于"双筛"机制的存在，细胞内形成误载氨酰-tRNA的可能性极低，错误率小于10^{-5}。

但是，并不是所有的aaRS都需要有校对中心。如果一种氨基酸很容易跟其他氨基酸在侧链基团上区分开来，那么针对这种氨基酸的aaRS的校对机制就变得多余了。

Quiz3 根据此标准，你认为哪些aaRS不需要有校对机制？

Box 9-1　tRNA的新功能——衍生于tRNA的促癌小RNA的发现

自20世纪50年代tRNA被发现以来，其主要功能被认为是作为氨基酸的载体，利用所带的反密码子识别mRNA上的密码子，参与蛋白质的生物合成，后来又被发现在逆转录病毒感染宿主细胞以后，可作为引物参与逆转录病毒基因组所进行的逆转录反应。然而，已有一些研究结果显示，tRNA并不总是终产物，还是一些小RNA的来源。

根据发表在2015年6月29日的*Proc. Natl. Acad. Sci.*上题为"Sex hormone-dependent tRNA halves enhance cell proliferation in breast and prostate cancers"的研究论文，科学家们发现了一种只在激素驱动的乳腺癌和前列腺癌中生成的新的tRNA衍生小RNA，并证实其促进了细胞增殖。

美国托马斯杰斐逊大学的Yohei Kirino参与了这项研究。他认为，在一些早期的RNA测序研究中，可观察到在细胞的转录组中具有丰富的tRNA片段，但这些片段因常常被视为无功能的降解产物而遭到忽视。这项研究揭示了tRNA的一个新角色，即衍生成功能性的小RNA，在这里是功能性的tRNA半分子(tRNA halves)。

尽管以前曾有人描述过，在细胞应激过程中也有tRNA半分子产生，但Kirino的研究发现揭示出了一种新型的tRNA半分子，它被命名为性激素依赖性的tRNA衍生RNA(sex hormone-dependent，SHOT-RNA)。

Kirino等人是在检测蚕细胞中的生殖细胞特异性小RNA时，发现这些tRNA半分子的。在一些细胞中，他们意外检测到了这些tRNA半分子，其表达与细胞增殖有关联。由于增殖是癌细胞的一个标志，他们调查了这些tRNA半分子是否参与了肿瘤发生。

利用一种新型的TaqMan PCR技术，他们筛查了来自各种不同组织的一些癌细胞系，发现这些tRNA半分子特异性地大量表达于性激素依赖的肿瘤细胞中，例如由雌激素和睾酮驱动的雌激素受体阳性的乳腺癌和雄激素受体阳性的前列腺癌细胞中。

SHOT-RNA有一个末端修饰，使得采用标准的RNA测序方法无法检测到它们。Kirino等人建立了一种新的RNA测序方法来全面测序SHOT-RNA，发现只有8种tRNA生成SHOT-RNA。他们还追踪了这一类分子在细胞中的功能，梳理分析了与其相互作用的其他细胞作用因子。结果发现，SHOT-RNA是通过一种属于核糖核酸酶A超家族的血管生成素(angiogenin)切割氨酰化-tRNA而成。性激素信号通路可以促进血管生成素的活性。他们还证实，SHOT-RNA参与促进了细胞增殖。

在最后的一项实验中，Kirino等人还检测了来自乳腺癌患者的临床样本，发现在雌激素受体阳性管腔型乳腺癌中SHOT-RNA水平升高，雌激素受体表达阴性的管腔型乳腺癌则无此效应。SHOT-RNA特异性的高度表达表明，它们有潜力作为一种新的生物标志物。

尽管内分泌疗法可以抑制激素受体的活性或激素暴露，许多激素依赖性的癌症患者会遭遇原发性耐药或获得性耐药，因此需要更积极的治疗。Kirino认为，通过进一步的研究来了解SHOT-RNA促进细胞增殖的机制，或许可促成利用SHOT-RNA来作为乳腺癌和前列腺癌未来治疗应用中有潜力的候选靶目标。

五、辅助蛋白因子

翻译的每一步都需要一些特殊的可溶性蛋白质因子的参与，这些辅助因子只是在翻译的某一个阶段与核糖体临时结合，它们包括：参与肽链合成起始的起始因子(initiation factor, IF)；参与肽链延伸的延伸因子(elongation factor, EF)；参与多肽链释放的释放因子(release factor, RF)和促进核糖体循环的核糖体循环因子(ribosome recycling factor, RRF)。其中，某些蛋白质因子属于能够与鸟苷酸结合的小G蛋白。细菌和真核生物的此类因子的结构与功能分别参看后面的翻译机制(表9-8和表9-9)。

第二节 翻译的一般性质

自然界存在四类体内翻译系统——细菌翻译系统、古菌翻译系统、真核生物细胞质翻译系统、细胞器(叶绿体和线粒体)翻译系统。这四类翻译系统具有以下几点共同的性质：

一、均可分为氨基酸的活化、起始、延伸和终止四个阶段

二、翻译具有极性

翻译的极性(polarity)有两层意思：一是指阅读模板时的方向性。翻译时阅读mRNA的方向都是从5′-端→3′-端；二是指多肽链延伸的方向总是从N端→C端。1961年，Howard Dintzis设计了一个巧妙的实验证明了这一点(图9-13)：他将在珠蛋白分子中参入频率较高的Leu用^{3}H标记以后，加到兔网织红细胞翻译系统进行脉冲标记，然后在不同的时段终止反应，再从网织红细胞中分离出完整的α珠蛋白，通过分析放射性在多肽链上的分布，来确定肽链延伸的方向。当时得到的结果是，在保温1个小时以后分离到的α珠蛋白几乎所有的Leu残基都带放射性，而在保温仅几分钟后分离到的α珠蛋白，放射性则集中在肽链的C端。由此可以肯定，肽链合成的方向的确是从N端→C端。

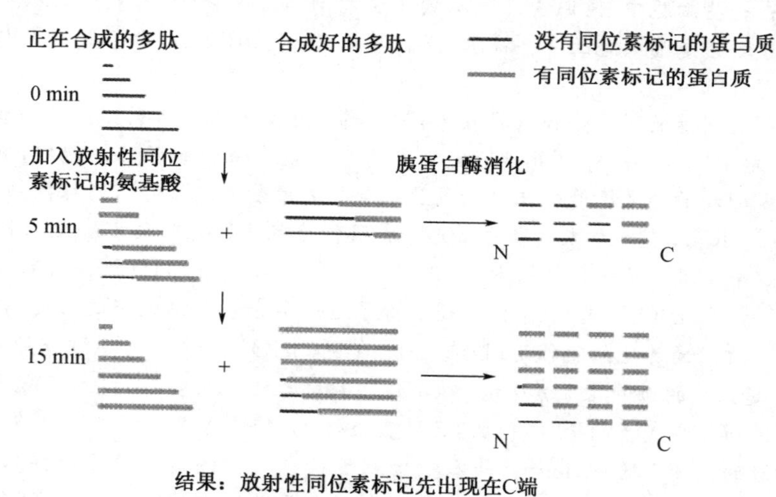

图9-13 Howard Dintzis的实验流程及结果

三、三联体密码

既然mRNA是翻译的模板，由它的核苷酸序列决定蛋白质的氨基酸序列，那么mRNA的核苷酸序列如何决定蛋白质的氨基酸序列呢？结合简单的数学推理、经典的遗传学突变实验，以及比对1种蛋白质的氨基酸数目和编码它的mRNA的核苷酸数目，很容易确定是3个核苷酸决定1种氨基酸。这种由3个核苷酸决定1种氨基酸的编码形式称为三联体密码(triplet codon)。

首先，按照Crick“自然将是简单的(nature will be simple)”的说法进行推导，遗传密

码可能是最为简单的形式。因为组成核酸的核苷酸只有4种，而组成蛋白质的常见蛋白质氨基酸有20种，显然如果1个核苷酸决定1种氨基酸，那么4种核苷酸仅能决定4种氨基酸；而2个核苷酸只能组合成4×4=16种不同的二核苷酸序列序列，也决定不了20种氨基酸；然而，如果是3个核苷酸，则可组合成4×4×4=64种不同的三核苷酸序列。这是最简单的，由它决定20种氨基酸已绰绰有余。

其次，如果的确是3个核苷酸决定1种氨基酸，那么一种蛋白质基因发生插入或缺失3个核苷酸的突变，与插入或缺失1、2个核苷酸的突变带来的后果肯定是不一样的。后一类突变的危害应该最大，因为它能够造成ORF的错位。T4噬菌体的突变实验验证了3个核苷酸决定1种氨基酸，因为当它的一个基因插入或缺失1～2个核苷酸时，它将失去感染大肠杆菌的能力，相反当插入或缺失3个核苷酸时，它所表达的蛋白质仍具活性，这时T4噬菌体仍然能感染大肠杆菌。

最后，如果能够同时得到一种蛋白质含有的氨基酸数目和其对应的mRNA模板的核苷酸数目，那么通过简单的除法也能得到几个核苷酸决定一种氨基酸的信息。但这种方法在很多情况下并不准确，因为许多蛋白质在翻译以后经历了复杂的后加工，而丢失了一些氨基酸序列。早期有人研究了烟草坏死卫星病毒，比较了其外壳蛋白亚基的氨基酸数目和相应mRNA模板的核苷酸数目，结果是400/1 200=1/3的比例，由此得出了3个核苷酸决定1种氨基酸。

在确定了遗传信息是以三联体密码的形式编码的以后，剩下来最富挑战性的工作就是弄清一个特定的三联体密码子决定的是哪一种氨基酸。

（一）遗传密码的破译

从1961年到1966年，遗传密码的破译前后差不多花了近7年的时间，Ochoa、Khorana和Nirenberg是最主要的功臣。其中Ochoa和Khorana发明了人工合成核酸的技术，通过此项技术可以得到一特定序列的RNA分子作为翻译的模板。Nirenberg等人建立了无细胞翻译系统(cell-free translation system)，为使用人工合成的RNA模板进行翻译提供了可能。

Ochoa发明了酶学合成，他使用多核苷酸磷酸化酶(PNP)，在体外催化核苷二磷酸聚合成多聚核苷酸。如果在反应中注意控制NDP的种类和比例，可得到同聚物(homopolymer)与异聚物(heteropolymer)两类多聚核苷酸。同聚物核苷酸仅由一种核苷酸组成，里面只有一种密码子，如poly U(密码子是UUU)、poly A(密码子是AAA)、poly C(密码子是CCC)和poly G(密码子是GGG)；异聚物核苷酸则由两种以上的核苷酸组成，含有多种密码子，例如将CDP和ADP按照5∶1的比例混合，在PNP的催化下，可得到含有CCC、CCA、CAC、ACC、CAA、ACA、AAC和AAA等八种密码子的异聚物核苷酸。这八种密码子出现的机会并不完全相同，CCC出现的概率最高，应为$(5/6)^3=57.9\%$，CCA、CAC和ACC出现的概率其次，为$(1/6)(5/6)^2=11.6\%$，CAA、ACA和AAC出现的概率为$(1/6)^2(5/6)=2.3\%$，AAA出现的概率最低，仅为$(1/6)^3=0.4\%$。

Khorana发明了化学合成法，他使用有机合成得到了一系列有序的多聚核苷酸(如UCUCUCUC)和仅有3个核苷酸组成的三聚核苷酸(如CUG)。

无细胞翻译系统是指保留翻译能力的活细胞提取物，通常由翻译活性高、分裂旺盛的活细胞经温和匀浆处理制备而成，如大肠杆菌、酵母细胞、麦胚细胞、兔网织红细胞和某些癌细胞等。Nirenberg和Matthaei建立和完善了大肠杆菌无细胞翻译系统。在1961年，Nirenberg和Matthaei使用大肠杆菌无细胞翻译系统研究病毒蛋白质的合成，他们使用烟草花叶病毒(*Tobacco Mosaic Virus*，TMV)的基因组RNA作为实验模板，而使用poly U作为对照模板。他们并没有指望对照模板能编码或指导蛋白质的合成。然而，出乎意料的是，他们发现poly U居然能作为模板指导了唯一的一种氨基酸——Phe的参入，得到了多聚苯丙氨酸。这就意味着他们破译了第一个密码子UUU！它编码

Phe。于是,破译遗传密码的大门打开了。很快,他们利用同样的方法又破译了 AAA(编码 Lys)和 CCC(编码 Pro)。当使用某些简单有序的异多聚核苷酸(如 ACAACAACA)作为模板时,他们又破译出其他一些相对简单的密码子(如 ACA、CAA 和 AAC)。但是,要使用以上方法去破译更为复杂的密码子(如 ACG)时,就很困难了。直至 1964 年,Leder 和 Nirenberg 发明了核糖体结合技术(ribosome-binding technique),终使所有遗传密码得到破译(图 9-14)。

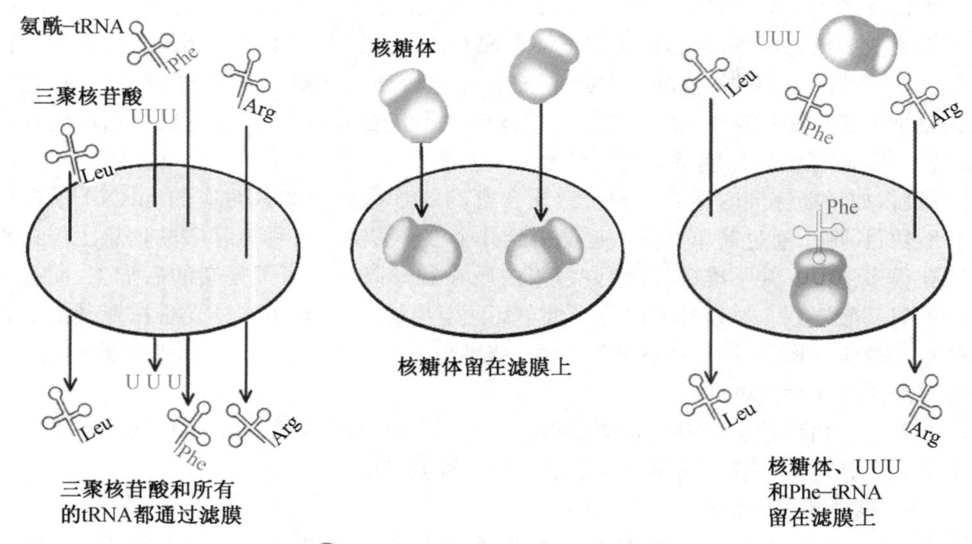

图 9-14 核糖体结合技术的原理

核糖体结合技术的基本原理是:人工合成的三聚核苷酸在无 GTP 的条件下,能与核糖体保温结合。而结合的三聚核苷酸将促进同源的氨酰-tRNA 结合到核糖体上,形成能被硝酸纤维素滤膜吸附的核糖体、三聚核苷酸和氨酰-tRNA 的三元复合物。利用此性质,可将结合的被同位素标记的氨酰-tRNA 与其他没有结合的氨酰-tRNA 分开。通过鉴定结合在硝酸纤维素滤膜上氨酰-tRNA 中的氨基酸性质,就可以确定原来的三聚核苷酸决定何种氨基酸,进而弄清一种氨基酸的密码子。例如,如果使用 UUU 作为模板,则放射性标记的苯丙氨酰-tRNA 能够结合到核糖体上,这样就破译出 UUU 是 Phe 的密码子。同样,利用其他已知序列的三聚核苷酸作为模板,可以破译出更多的遗传密码。使用这项技术,Nirenberg 花了将近 8 年的时间,最终完全破译出 20 种氨基酸所有的三联体密码(表 9-3)。由于 Nirenberg 和 Khorana 在遗传密码的破译所作出的杰出贡献,他们与第一个测定出酵母 $tRNA^{Ala}$ 一级结构的科学家 Holley 分享了 1968 年度的诺贝尔化学奖。

(二) 遗传密码的主要性质

1. 简并与兼职

在总共 64 个密码子中,除了 UGA、UAA 和 UAG 为无义密码子,即在翻译中作为终止密码子以外,余下的 61 个为有义密码子,编码已知的蛋白质氨基酸。但是常见的蛋白质氨基酸只有 20 余种,这就意味着许多氨基酸的密码子不止一个。遗传密码的这种特性被称为简并性(degeneracy),而决定同一种氨基酸的不同密码子称为同义密码子。事实上,只有 Trp 和 Met 各有一个密码子,其他 18 种氨基酸都有 2 种以上的密码子。此外,在 61 个氨基酸密码子之中,还有三个是兼职的,它们除了代表特定的氨基酸以外,还兼作起始密码子,这三个密码子是 AUG、GUG 和 UUG。其中 AUG 为使用最多的起始密码子(在细菌基因组中 90%以 AUG 为起始密码子),其次是 GUG(占 8%),少数使用 UUG(占 1%),更为罕见的是 AUU。这些密码子在作为起始密码子的时候,都是编码

表 9-3　标准遗传密码表

第一个碱基	第二个碱基				第三个碱基
	U	C	A	G	
U	Phe	Ser	Tyr	Cys	U
	Phe	Ser	Tyr	Cys	C
	Leu	Ser	赭石型密码子 (ochre codon)	Sec,乳白型密码子 (opal codon)	A
	Leu	Ser	Pyl,琥珀型密码子 (amber codon)	Trp	G
C	Leu	Pro	His	Arg	U
	Leu	Pro	His	Arg	C
	Leu	Pro	Gln	Arg	A
	Leu	Pro	Gln	Arg	G
A	Ile	Thr	Asn	Ser	U
	Ile	Thr	Asn	Ser	C
	Ile	Thr	Lys	Arg	A
	Met	Thr	Lys	Arg	G
G	Val	Ala	Asp	Gly	U
	Val	Ala	Asp	Gly	C
	Val	Ala	Glu	Gly	A
	Val	Ala	Glu	Gly	G

Quiz5 你知道琥珀型密码子这个名字是怎么来的吗?

Met。三个终止密码子有两个也可作兼职,UGA 和 UAG 可分别兼作硒代半胱氨酸和吡咯赖氨酸的密码子。

2. 明确的(unambiguous)而不含糊

61 个有义密码子每一个只编码一种氨基酸,没有"一码两用"或"一码多用"的情况。

3. 密码子的选定不是随机的,编码相同或相似的氨基酸的密码子在序列上倾向于相似

仔细研究遗传密码表,会发现许多有趣的规律:规律之一是大多数氨基酸同义密码子的差别在第三位核苷酸,如 GGX(X 为四种碱基中的任何一种)编码 Gly,UCX 编码 Ser,这种性质有时被称为第三碱基简并性(third-base degeneracy);规律之二是第二位为嘌呤核苷酸的密码子大多数编码亲水氨基酸,如 CGX(X 表示任何核苷酸)编码 Arg,而第二位为嘧啶核苷酸的密码子大多数编码疏水氨基酸,如 CUX 编码 Leu。显然密码子进化成这种样式可降低突变造成的危害。

Quiz6 如果你先得到一种蛋白质的某段氨基酸序列,现在想克隆出编码这种蛋白质的全基因序列,可根据已知的氨基酸序列来设计核酸探针序列。在设计探针序列的时候,你应该选择富含哪些氨基酸的区域?

4. 通用和例外

密码子的另一个重要性质是通用性,无论是细菌、古菌,还是真核生物,使用的都是同一套密码子表。基于这种性质,人们才可以使用细菌表达真核生物的基因,或低等生物表达高等生物的基因,如使用大肠杆菌或酵母表达人胰岛素。然而,密码子的通用性不是绝对的,已在人、牛和酵母等生物的线粒体基因组和某些生物的细胞核基因序列中发现了例外(表 9-4)。例外主要被发现在非植物线粒体基因组中。例如,在哺乳动物线粒体翻译系统中,AUA 与 AUG 一样都是 Met 或起始密码子,UGA 是 Trp 的密码子而不是终止密码子,AGA 和 AGG 则变成了终止密码子。再如,新月鱼(*platyhelminth*)和

棘皮类动物(*echinoderm*)线粒体的 AAA 编码 Asn,酵母线粒体的 UGA 编码 Trp。植物中的例外目前仅在玉米线粒体中发现,CGG 是 Trp 而不是 Arg 的密码子;非线粒体翻译系统中的例外有:脉孢霉(*Neurospora*)中的 CUN 编码 Leu;螺旋原体(*Spiroplasma*)和支原体内的 UGA 编码 Trp,CGG 为终止密码子;微球菌(*Micrococcus*)的 AGA 为终止密码子;某些纤毛虫(如草履虫)体内,UAG 是 Gln 的密码子而不是终止密码子;某些非孢子生的酵母菌使用 CUG 编码 Ser,而不是 Leu。

表 9-4 线粒体内遗传密码的例外

生物来源	密码子				
	UGA	AUA	AGA、AGG	CUN	CCG
标准遗传密码	终止	Ile	Arg	Leu	Arg
脊椎动物	Trp	Met	终止	Leu	Arg
果蝇	Trp	Met	Ser	Leu	Arg
啤酒酵母	Trp	Met	Arg	Thr	Arg
圆酵母	Trp	Met	Arg	Thr	无
裂殖酵母	Trp	Ile	Arg	Leu	Arg
线状真菌	Trp	Ile	Arg	Leu	Arg
锥体虫	Trp	Ile	Arg	Leu	Arg
高等植物	终止	Ile	Arg	Leu	Trp

4. 不重叠

密码子不重叠是指在阅读同一个 ORF 时,前后两个密码子没有重叠的核苷酸。但是,极少数基因在翻译的时候,可发生核糖体移框,这可导致一个或几个核苷酸被重复使用。

5. 无标点

无标点是指在阅读密码子时从 ORF 的 5′-端向 3′-端逐个阅读,中间无停顿,直至终止密码子为止。但有的 mRNA 被翻译的时候,遇到第一个终止密码子时,会发生通读(readthrough)即将其读作某一种氨基酸;还有某些 mRNA 在翻译到某一密码子处,核糖体会跳过一整段核苷酸序列,然后再以后面的核苷酸作为模板继续翻译。例如,T4 噬菌体基因 60 在翻译时会自动跳跃 50 nt,而大肠杆菌的色氨酸阻遏蛋白(TrpR)在翻译时共跳过 55 nt。

6. 同一种氨基酸的同义密码子使用的频率不尽相同

尽管大多数氨基酸有同义密码子,但各同义密码子被使用的频率并不相同,而且使用频率还可能因物种的不同而不同,频率出现比较低的密码子可称为稀有密码子。例如,Thr 有 4 个同义密码子——ACU、ACC、ACA 和 ACG,但在大肠杆菌核糖体蛋白质基因所使用的 1 209 个密码子中,ACU 被使用 36 次,ACC 为 26 次,ACA 只有 3 次,而 ACG 则完全没有被使用。再如,嗜热微生物喜欢使用含有 G 和 C 的密码子,以维持较高的 GC 含量。

一种密码子的使用频率与其相对应的同工受体 tRNA 在细胞内的丰度有关。一般说来,使用频率越低的密码子,其对应的同工受体 tRNA 的含量越低。

某一种生物密码子使用的样式可以用来预测某一个基因表达水平的高低。一般而言,表达水平越高的基因倾向利用使用频率高的密码子。于是,在分析一种生物的全套基因组的时候,对于先前表达情况未知的基因,如果它倾向使用高频的密码子,则该基因很有可能是高表达的基因。

如果一个基因使用密码子的样式与该生物基因组其他基因差别太大，则可能预示着这个基因可能是通过水平转移从其他物种进入它的基因组的。

7. 三个终止密码子使用的频率也不相同，而且对紧靠终止密码子之后的第一个核苷酸的选择也不是随机的

以大肠杆菌为例，UAA被使用的频率最高，其次是UGA，而UAG的使用频率最低。位于终止密码子后的第一个核苷酸使用的频率也是不一样的：细菌更喜欢使用U，而真核生物更偏爱用G。

表9-5　几种生物的高表达基因终止密码子后面的第一个核苷酸使用的频率

细菌		真核生物	
E. coli(116)	枯草杆菌(40)	酵母(78)	果蝇(40)
UAAU 50.0	UAAU 50.0	UAAG 35.9	UAAG 50.0
UAAG 19.0	UAAG 20.0	UAAA 33.3	UAAA 25.0
UGAU 14.7	UGAU 10.0	UAAU 16.7	UAAU 7.5，UAGA 7.5
其余 16.3	其余 20.0	其余 14.1	其余 10.0

四、反密码子决定特异性

在肽链延伸过程中，正确的氨基酸的参入取决于密码子与反密码子之间的相互作用，与tRNA所携带的氨基酸无关。这一特性可用一个简单的实验加以证明：在体外使用无机催化剂镍——Ni(H)x，将^{14}C标记的[^{14}C]-Cys-tRNA^{Cys}还原成误载的[^{14}C]-Ala-tRNA^{Cys}，然后将[^{14}C]-Ala-tRNA^{Cys}加入到无细胞翻译系统中，则发现[^{14}C]-Ala代替原来Cys的位置而参入多肽链之中。

五、摆动规则

蛋白质的合成取决于密码子和反密码子之间的相互作用。然而考虑到密码子很高的简并性，密码子与反密码子之间的相互作用是高度特异性的，即严格按照A∶U和G∶C配对规则，还是允许有一对的自由度？如果是前一种情形，那么每一个密码子就需要有一个完全互补的反密码子去解码；如果是后一种情形，那么就不需要那么多(61种)反密码子，即允许某些反密码子可识别几个密码子。早在1965年，Nirenberg发现苯丙氨酰-tRNA^{Phe}既可以结合UUU，还可以结合UUC，这说明同一个反密码子既能识别UUU，还能识别UUC。同年，Holley显示，他分离到的酵母tRNA^{Ala}能结合三个密码子——GCU、GCC和GCA。

Crick考虑到这些结果，通过模型建立测试了其他碱基配对的可能性，在此基础上提出了摆动假说(the wobble hypothesis)(表9-6)。按此假说，密码子在与反密码子之间相互识别的时候，前两对碱基严格遵守标准的碱基配对规则，即A与U配对，G与C配对，最后一对碱基具有一定的自由度。但并非任何碱基之间都能配对，如果反密码子第一位碱基是A或C，则只能识别一种密码子；如果第一位碱基是G或U，则能识别两种密码子；如果第一位碱基是I，则能识别三种密码子。

上述摆动规则并没有被严格地遵守，因为若是严格遵守，一个细胞只需要31种tRNA就可以识别所有61个密码子了。事实上，一个细胞内的tRNA往往超过31种。以大肠杆菌K12菌株为例，它的基因组共含有84个tRNA的基因，只有三种氨基酸——His、Trp和Sec具有单一的tRNA，而Arg和Val各具有7种tRNA，Leu具有8种tRNA。此外，上述摆动规则也不适用于线粒体翻译系统。因为在线粒体翻译系统中，仅

有21种左右的tRNA,如果要求它们识别60多个密码子,必须遵守另外一种更宽松的摆动规则。

表9-6 摆动规则

反密码子第一个碱基	密码子第三个碱基
A	U
C	G
G	C、U
U	A、G
I	A、C、U

摆动规则的意义在于使得在翻译的时候,tRNA和mRNA因为有一对碱基不是严格配对,氢键较弱而更容易分离,从而可加快翻译的速率。

第三节 翻译的详细机制

以上介绍了翻译的一般特征,下面就分步详细介绍氨基酸的活化、起始、延伸、终止和释放及折叠与后加工。以大肠杆菌为例,这几个阶段所必需的成分见表9-7。

表9-7 大肠杆菌在翻译的五个阶段所必需的主要成分

阶段	必需成分
氨基酸的活化	20种氨基酸,20种氨酰tRNA合成酶,20种或更多的tRNA,ATP/Mg^{2+}
起始	mRNA,N-甲酰甲硫氨酰-tRNA(fMet-$tRNA_f^{Met}$),起始密码子(AUG),30S亚基,50S亚基,起始因子——IF1、IF2、IF3,GTP/Mg^{2+}
延伸	有功能的70S核糖体(起始复合物),与特定密码子对应的各种氨酰-tRNA,延伸因子——EF-Tu、EF-Ts、EF-G,肽酰转移酶,GTP/Mg^{2+}
终止与释放	终止密码子——UAG,UAA,UGA,多肽释放因子——RF1,RF2,RF3,核糖体循环因子——RRF,GTP/Mg^{2+}
多肽链的折叠与后加工	各种修饰酶,特定的剪切酶,分子伴侣等

一、细菌的翻译

细菌的翻译比真核生物要简单,以大肠杆菌为例,其各个阶段的反应如下:

(一)氨基酸的活化

这个阶段的反应已在前面有所介绍,这里仅介绍N-甲酰甲硫氨酰-$tRNA_f^{Met}$的形成。N-甲酰甲硫氨酸是细菌翻译系统第一个被参入的氨基酸,它由起始tRNA携带,由2步反应产生:

(1) 在甲硫氨酰-tRNA合成酶的催化下,Met与起始tRNA形成甲硫氨酰-起始tRNA。

$$Met + tRNA_f^{Met} + ATP \rightarrow Met - tRNA_f^{Met} + AMP + PP_i$$

该酶也能催化Met-$tRNA_m^{Met}$的形成,但形成的Met-$tRNA_m^{Met}$只参与肽链延伸阶段的甲硫氨酸参入。

(2) 在甲硫氨酰tRNA转甲酰基酶(methionyl tRNA transformylase,MTF)的催化下形成N-甲酰甲硫氨酰-$tRNA_f^{Met}$。

$$N^{10}\text{-甲酰四氢叶酸} + Met - tRNA_f^{Met} \rightarrow \text{四氢叶酸} + fMet - tRNA_f^{Met}$$

决定起始 tRNA 能发生甲酰化反应的主要因素是其缺乏 1：72 碱基对，这使得起始 tRNA 在受体茎 3′-端有长达 5 nt 的单链片段，刚好能够到达 MTF 的活性中心。

在大多数情况下，甲酰基和 N 端甲硫氨酸在翻译后加工中被切除，少数甚至在新生肽链刚刚从核糖体多肽链离开通道“探出头来”就被切除了。

Met－$tRNA_f^{Met}$的甲酰化对于大肠杆菌的蛋白质合成是非常重要的。不能进行甲酰化的突变体难以启动翻译，表现出很严重的生长缺陷。当然，甲酰化并不是所有细菌蛋白质合成起始所必需的，例如铜绿假单胞菌（*Pseudosomonas aeruginosa*）就有这样的蛋白质。

（二）翻译的起始

翻译起始是整个翻译过程四个阶段反应的限速步骤。参与起始阶段的有核糖体、fMet－$tRNA_f^{Met}$、mRNA 和三种起始因子。

这个阶段发生的主要反应是识别起始密码子 AUG，以及形成起始复合物。细菌有时也使用 GUG 或 UUG 为起始密码子，使用 AUU 或 CUG 的情况也有，但比较罕见。根据大肠杆菌 4 288 个基因使用的起始密码子的统计情况，有 3 542 个基因使用 AUG，612 个基因使用 GUG，130 个基因使用 UUG，1 个基因使用 AUU，还有 1 个基因可能使用 CUG 为起始密码子。但不管使用哪一个为起始密码子，都是被细胞内统一的 fMet－$tRNA_f^{Met}$解码，故第一个被参入的氨基酸总是甲酰甲硫氨酸。

起始因子（表 9－8）的作用只限于在这一步，它们并不是核糖体的永久成分，在进入延伸阶段之前离开核糖体。

1. 起始密码子的识别

细菌起始密码子的识别主要是依赖于 SD 序列与反 SD 序列之间的互补配对，这两段序列分别位于 mRNA 的 5′-端和 16S rRNA 的 3′-端。其中，SD 序列由 4～5 个富含嘌呤的碱基组成，一般位于起始密码子上游约 7 个碱基的位置，它由 John Shine 和 Lynn Dalgarno 在比较大肠杆菌多种 mRNA 的 5′-端碱基序列后总结而来，其一致序列是 UAAGGAGG。巧合的是在 16S rRNA 的 3′-端，有一段富含嘧啶的序列，由于可以和 SD 序列互补配对，因而被称为反 SD 序列（图 9－15）。实验证明，正是 SD 序列与反 SD 序列的互补配对，才使得 mRNA 上位于 SD 序列下游的第一个 AUG（有时是 GUG 或 UUG）用作起始密码子。有人将 16S rRNA 的反 SD 序列 CCUCC 突变成 GGAGG 或 CACAC，然后将在起始密码子上游含有 CCUCC 或 GUGUG 的人生长激素（human growth

(a)

脂蛋白	～AUCUAGAGGGUAUUAAUAAUGAAAGCUACU～
RecA	～GGCAUGACAGGAGUAAAAAUGGCUAUCG～
GalE	～AGCCUAAUGGAGCGAAUUAUGAGAGUUCUG～
GalT	～CCCGAUUAAGGAACGACCAUGACGCAAUUU～
Lac I	～CAAUUCAGGGUGGUGAAUGUGAAACCAGUA～
LacZ	～UUCACACAGGAAACAGCUAUGACCAUGAUU～
核糖体蛋白质L10	～CAUCAAGGAGCAAAGCUAAUGGCUUUAAAU～
核糖体蛋白质L7/L12	～UAUUCAGGAACAAUUUAAAUGUCUAUCACU～

(b)

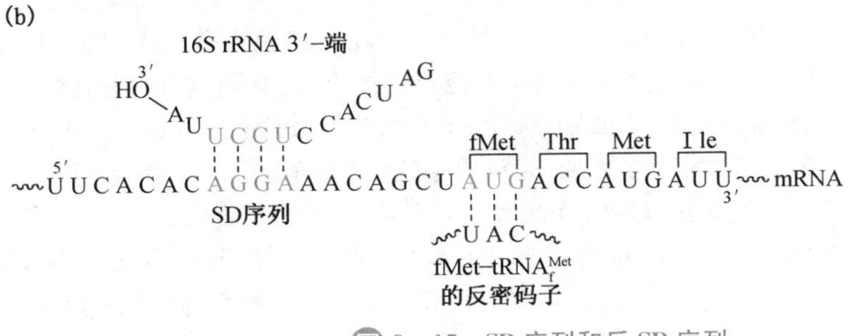

图 9－15　SD 序列和反 SD 序列

hormone,hGH)mRNA 引入到带有这两种 16S rRNA 突变的大肠杆菌细胞内,结果发现人生长激素照样可以被正常的翻译。这说明 SD 序列与反 SD 序列之间的互补关系是细菌识别起始密码子的关键。另外,大肠杆菌素(colicin)E3 抑制翻译的机理也能说明 SD 序列与反 SD 序列互补配对的重要性。这种毒素由带有 E3 质粒的大肠杆菌分泌,能抑制细菌翻译的起始,但并不能抑制翻译的延伸。研究发现,它能够切掉敏感型菌株 16S rRNA3′-端一段长约 49 nt 的片段,反 SD 序列正好位于其中。被处理后的 16S rRNA 丧失了反 SD 序列,必然导致翻译不能正常起始。

Quiz7 你认 E3 为什么不会作用产生它的大肠杆菌菌株?

2. 起始复合物的形成

起始复合物的形成与起始密码子的识别紧密偶联在一起,起始阶段的总反应式可写成:

$$30S + 50S + mRNA + fMet-tRNA_f^{Met} + IF1 + IF2 + IF3 + GTP \rightarrow [70S \cdot mRNA \cdot fMet-tRNA_f^{Met}] + GDP + P_i + IF1 + IF2 + IF3$$

表 9-8 细菌参与翻译的起始因子、延伸因子和终止因子的结构与功能

因子	大小(KDa)	细胞中与核糖体的比例	功能
IF1	9	1/7	协助 IF3 的作用 DW
IF2(GTP)	97	1/7	促进起始 tRNA 的结合和 GTP 的水解
IF3	23	1/7	促进核糖体的解离和 mRNA 的结合
EF-Tu(GTP)	43	约为 10	促进氨酰-tRNA 的进位,具 GTP 酶活性
EF-Ts	74	1	与 EF-Tu 结合,催化 GTP 取代与 EF-Tu 结合的 GDP
EF-G(GTP)	77	1	促进核糖体移位,具 GTP 酶活性
RF1	36	1/20	识别终止密码子 UAA 或 UAG
RF2	41	1/20	识别终止密码子 UAA 或 UGA
RF3(GTP)	46	不明	促进 RF1 和 RF2 的作用,结合 GTP,具有 GTP 酶活性
RRF	21		促进 mRNA、空载的 tRNA 与核糖体的解离

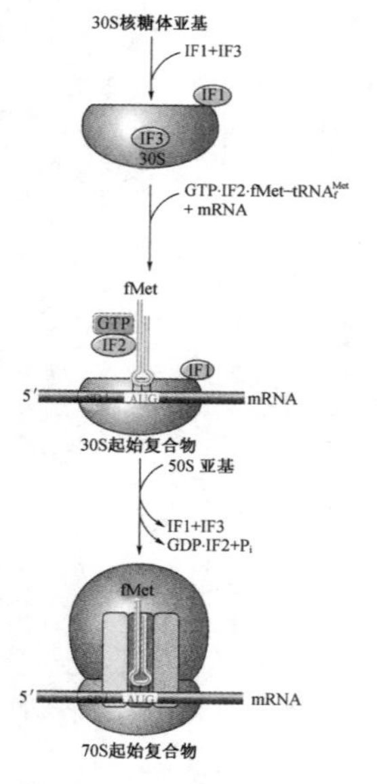

图 9-16 细菌蛋白质合成的起始

三元起始复合物形成的具体过程包括:(1) 在 IF1 的刺激下,IF3 与 30S 亚基结合,致使 30S 亚基与 50S 亚基解离。于是,IF1、IF3 与 30S 小亚基结合在一起。IF1 结合在 30S 核糖体亚基 A 部位的底部,封闭了 A 部位,从而迫使后面的起始 tRNA 只能与 P 部位结合。(2) 一旦亚基解离,IF2 · GTP、mRNA 和 fMet-tRNA$_f^{Met}$就与 30S 亚基结合,结合的次序还不清楚,可能是随机的。(3) mRNA 通过 SD 序列与 16S rRNA 反 SD 序列的相互作用,而使起始密码子刚好定位到核糖体的 P 部位,起始因子(特别是 IF3)在其中可能也起一定的作用。(4) 起始 tRNA 先后经历不依赖于密码子的结合(codon-independent binding)、依赖于密码子的结合(codon-dependent binding)和 fMet-tRNA$_f^{Met}$的调整(fMet-tRNA$_f^{Met}$ adjustment)这三步反应,最后定位到 30S 亚基的 P 部位。所有这三步可能都受到 IF2 · GTP 的促进。IF2 是一种小 G 蛋白,其活性形式为 IF2 · GTP。IF3 也起作用,它不仅能稳定 fMet-tRNA$_f^{Met}$与 P 位点的结合,而且通过破坏错配的密码子-反密码子的相互作用而行使校对的功能。(5) 在 3 个起始因子、mRNA 和 fMet-tRNA$_f^{Met}$ 结合到 30S 亚基以后,先形成 30S 预起始复合物(The 30S preinitiation complex),再经过一定的构象变化以后转变成较稳定的 30S 起始复合物。(6) 在 IF2 的刺激下,50S 亚基与 30S 起始复合物结合,与此同时,IF1 和 IF3 被释放,fMet-tRNA$_f^{Met}$则被调整到 P 部位正确的位置。随后,50S 亚基作为 GTP 酶活化蛋白(GTPase activating protein,GAP)激活 IF2 的 GTP 酶活性。一旦 IF2 的 GTP 酶被激活,与它结合的 GTP 立刻被水解成 GDP 和 P_i,由此引发 IF2 的释放,最终导致有活性的 70S 三元起始复合物的形成。

在最后形成的 70S 起始复合物中,起始密码子正好处于 P 部位,而 fMet - $tRNA_f^{Met}$ 依靠反密码子与起始密码子的互补配对定位在 P 部位上,成为肽酰转移酶活性中心有效的底物。A 部位是空着的。mRNA 像一根细线一样,与核糖体结合。

(三) 翻译的延伸

在起始复合物形成以后,翻译即进入延伸阶段。与起始阶段不同的是,翻译的延伸机制在各翻译系统之中是高度保守的,其间会多次发生由进位(entry)、转肽(transpeptidation)和移位反应(translocation)构成的循环,大概平均每秒钟参入 12 个氨基酸,直至终止密码子进入 A 部位。

1. 进位

进位是指正确的氨酰- tRNA 进入 A 部位,它是在 EF - Tu · GTP 的催化下完成的,尽管没有 EF - Tu,氨酰- tRNA 也能进入 A 部位,但是效率很低。

进位的具体步骤是:(1) 氨酰- tRNA(fMet - $tRNA_f^{Met}$ 除外)与 EF - Tu · GTP 形成三元复合物后进入 A 部位;(2) mRNA 上的密码子与 tRNA 上的反密码子在 A 部位发生相互作用,以识别进入的氨酰- tRNA 是否正确;(3) 正确的氨酰- tRNA 被保留并进入转肽反应,误入的氨酰- tRNA 离开核糖体。

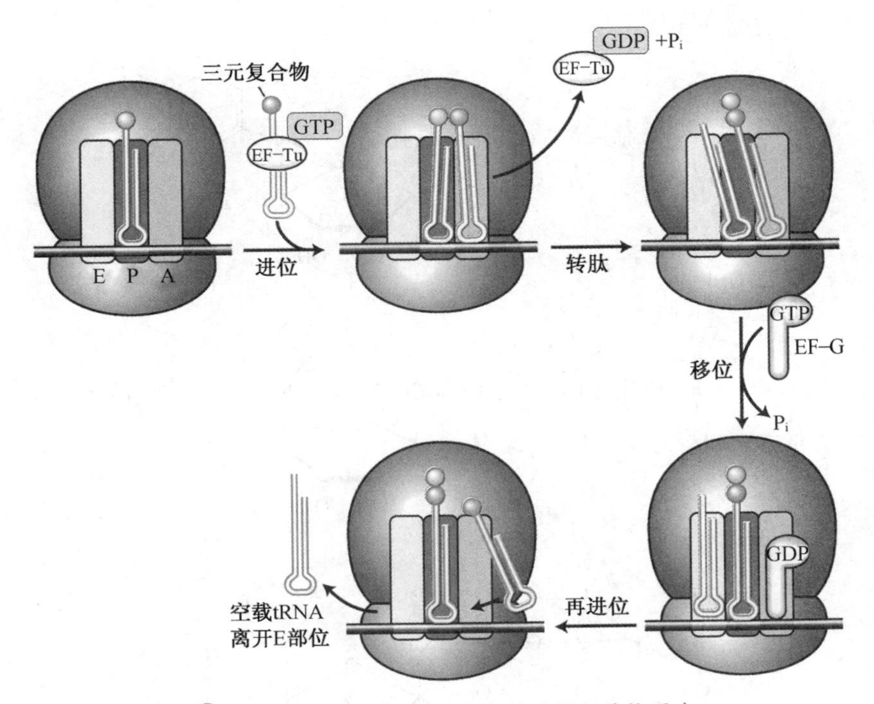

图 9 - 17 多肽链延伸过程中的进位和移位反应

与 IF2 一样,EF - Tu 也是一种小 G 蛋白。在 EF - Tu · GTP · 氨酰- tRNA 进入 A 部位以后,核糖体大亚基上的一个特殊结构域充当 EF - Tu 的 GAP,此结构域与起始阶段激活 IF2 GTP 酶活性的结构域相同。如果正确的氨酰- tRNA 进入 A 部位,EF - Tu 所具有的 GTP 酶活性很快被激活,从而导致与它结合的 GTP 被水解成 GDP 和 P_i。EF - Tu 的构象因为 GTP 的水解而发生较大的变化,进而导致了 EF - Tu 与核糖体的解离。而 EF - Tu 的解离又引起氨酰- tRNA 在核糖体上的重新排布,有利于后面的转肽反应。释放出来的 EF - Tu 与 GDP 结合在一起,没有活性,需要在 EF - Ts 的催化下,重新转变成为有活性 EF－Tu·GTP。因此，EF－Ts 的功能是作为鸟苷酸交换因子(guanine nucleotide exchange factor，GEF)，催化与 EF－Tu 上的 GDP 与细胞质中的 GTP 进行交换，使有活性的 EF－Tu·GTP 不断得以再生。

EF－Tu 通过两种机制来保证正确的氨酰－tRNA 进入 A 部位，以提高翻译的忠实性：(1) 阻止氨酰－tRNA 带有氨酰基的一端进入核糖体的 A 部位，从而确保了氨酰－tRNA 的反密码子和 mRNA 上的密码子之间配对和校对在先，防止误载的氨酰－tRNA 与 A 部位不可逆地结合以及随后形成错误的肽键。此外，mRNA 在 P 部位的密码子和 A 部位的密码子之间有一个明显的弯曲，这也有利于 A 部位的密码子和进入 A 部位的氨酰－tRNA 上的反密码子进行校对；(2) 较低的内在 GTP 酶活性，可提供足够的时间让反密码子与密码子之间进行相互校对。反密码子与密码子之间的相互校对，发生在与 EF－Tu 结合的 GTP 还没有水解之前的一段时间内。一旦 GTP 水解，EF－Tu 即与核糖体解离，而留下氨酰－tRNA。因此 EF－Tu 的 GTP 酶活性越低，密码子与反密码子相互校对的时间越长，错误的氨酰－tRNA 被 A 部位容纳的可能性就越小，但是肽链延伸的速率也会降低。因此，EF－Tu 的 GTP 酶活性相当于受时间控制的分子开关，由它决定翻译速度与忠实性的平衡。有人使用不能水解的 GTP 类似物——GDPCP 或者 GDPNP(图 9－18)代替 GTP，发现氨酰－tRNA 照样能够进入 A 部位，但翻译因为 EF－Tu 不能与核糖体解离而停止；如果使用水解速度极为缓慢的 GTP－γ－S 代替 GTP，则反应的速度降低，但忠实性提高，这是因为水解速度减慢延长了校对的时间。

(1) GDPCP

(2) GDPNP

(3) GTPγS

图 9－18　3 种 GTP 类似物的化学结构

Quiz8 如何解释翻译唯独转肽这一步没有 ATP 或者 GTP 的消耗？

2. 转肽

转肽反应发生在 EF－Tu·GDP 离开核糖体之后，由 A 部位上的氨基 N 亲核进攻位于 P 部位的氨酰基或肽酰基，从而形成肽键(图 9－19)。显然，第一次转肽反应发生在 fMet－$tRNA_f^{Met}$ 与氨酰－tRNA 之间，以后的转肽反应则发生在肽酰－tRNA 和氨酰－tRNA 之间。

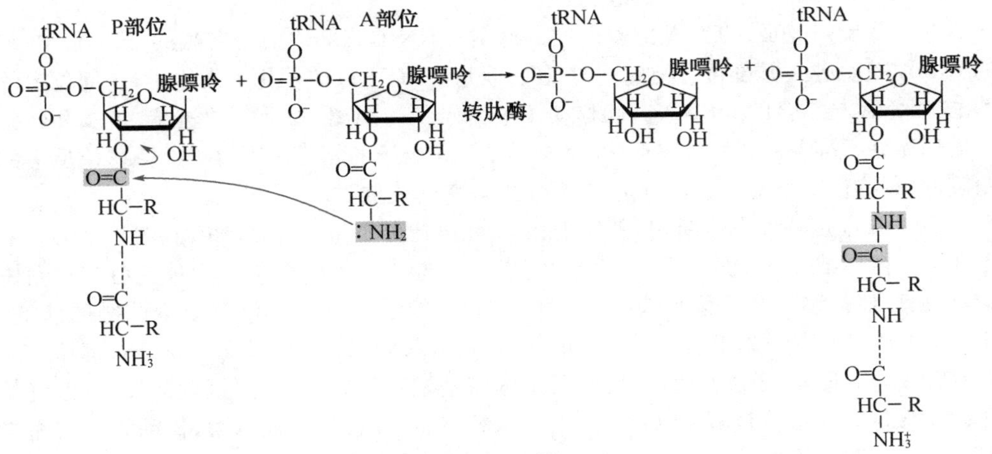

图 9-19　蛋白质合成过程中的转肽反应

反应由肽酰转移酶或转肽酶催化。该酶是一种核酶，主要证据包括：

(1) 还没有发现一种蛋白质单独或者与其他蛋白质一起催化肽键的形成。

(2) 肽酰转移酶中心(peptidyl transferase center，PTC)是环绕 23S rRNA 的结构域Ⅴ形成的，在翻译的时候，2 个 tRNA 的 3′-端 CCA 与其相互作用。

(3) 氯霉素可抑制肽酰转移酶的活性，但某些 23S rRNA 序列发生突变的菌株对这种抗生素具有抗性。

(4) 核糖体的三维结构显示，肽酰转移酶的活性中心仅由 rRNA 组成，最近的蛋白质离活性中心还有 2 nm，距离太远，因此不可能参与催化。在晶体状态下，肽键可在活性中心形成，那时没有任何蛋白质存在或进入其中。

(5) 人工筛选到的核酶能催化肽键的形成。

在这个实验中，有人从一个由各种随机序列组成的 RNA 库中，筛选出 9 种 RNA，能催化一个被生物素标记的氨基酸(模拟 P 部位的肽酰-tRNA)与一个连在 RNA 上的氨基酸(模拟 A 部位的氨酰-tRNA)起反应，形成肽键。催化的速率比非催化反应快 10^6 倍。

(6) 碎片反应。

证明肽酰转移酶属于核酶的最有力证据来自 Harry F. Noller 设计的“碎片”反应(fragment reaction)，Noller 利用它来测定肽酰转移酶活性，即：

$$\text{CAACCA-fMet} + \text{嘌呤霉素} \rightarrow \text{CAACCA-OH} + \text{fMet-嘌呤霉素}$$

其中 CAACCA-fMet 为 fMet-$tRNA_f^{Met}$ 3′-端的片段，fMet 被 ^{35}S 标记。在合适的条件下，碎片反应可由大肠杆菌的 50S 亚基单独催化。Noller 发现，在使用蛋白酶 K 消化和 SDS 抽提后，50S 亚基仍然保留 20%～40%的肽酰转移酶活性，而从一种嗜热菌得到的 50S 亚基使用同样的方法处理后能保留 80%的肽酰转移酶活性。然而，如果使用核糖核酸酶 T1(它只水解 G 后面的磷酸二酯键，所以不会水解 CAACCA)处理，则 50 亚基的肽酰转移酶活性完全丧失。

进一步研究还表明，在 23S rRNA 上有 1 个高度保守的 A_{2451}，其周围没有蛋白质，它可能直接参与催化。已发现，A_{2451} 在所有已知的 23S rRNA 中是绝对保守的。A_{2451} 所起的作用可能在一开始的时候，充当广义的碱催化剂抽取氨酰-tRNA 在氨基上的一个质子，而提高它对羰基氧的亲核性，随后再将这个质子传给从 P 部位离开的空载 tRNA 的羟基，从而促进转肽反应。

此外，肽键的形成与 A 部位上 tRNA 受体茎的旋转是偶联的，这样可使得新生肽链能通过 P 部位进入 50 亚基上的离开通道。

3. 移位

在转肽反应完成以后,A 部位上便是肽酰- tRNA,P 部位上是空载的 tRNA。空载的 tRNA 随后进入 E 部位。与此同时,移位反应在 EF-G 的催化下发生了,A 部位上的肽酰- tRNA 与结合的 mRNA 一起移动 1 个密码子的距离,为下一轮进位、转肽和转位的循环做好了准备。在移位反应中,反密码子与密码子的相互作用对于保持移位反应的精确性(只移位 1 个密码子)、防止 ORF 发生偏移至关重要。

EF-G 也是一种小 G 蛋白,其大小、形状和电荷分布与 EF-Tu 相似(图 9-20)。两者在与核糖体结合部位的部分重叠导致它们无法同时与核糖体结合,只能交替与核糖体结合,循环催化移位和进位反应。EF-G・GTP 的结合可能将带有新生肽链的肽酰-tRNA 从 A 部位"推"到 P 部位,与此同时,空载的 tRNA 则从 P 部位移进入 E 部位。因为 tRNA 与 mRNA 通过密码子-反密码子的碱基配对结合在一起,因此 mRNA 也就随之发生移位。在移位过程中,GTP 并没有水解,只是在移位完成以后,核糖体再次充当 EF-G 的 GAP,导致与 EF-G 结合的 GTP 水解成为 GDP 和 P_i。一旦 GTP 水解,EF-G 立刻释放。EF-G 的释放是下一轮肽链的延伸反应所必需的,这是因为 EF-G 和 EF-Tu 不能同时与核糖体结合(图 9-21)。

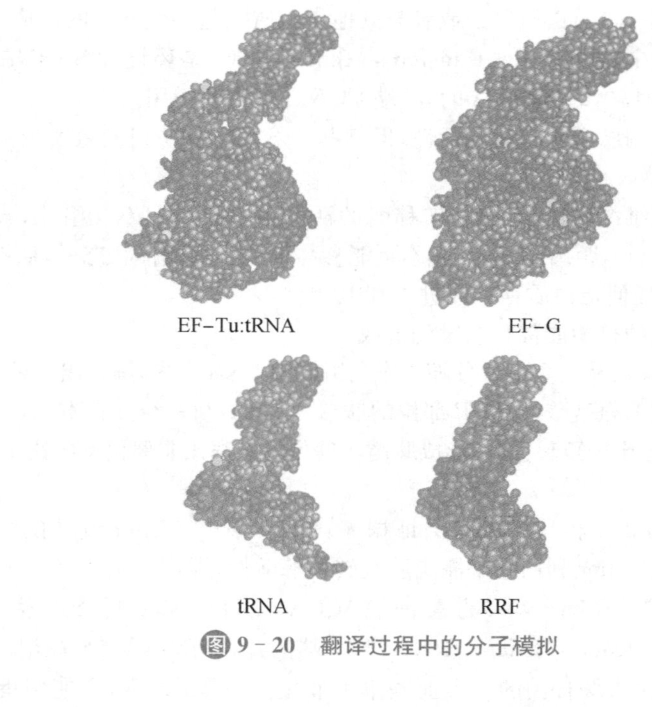

图 9-20 翻译过程中的分子模拟

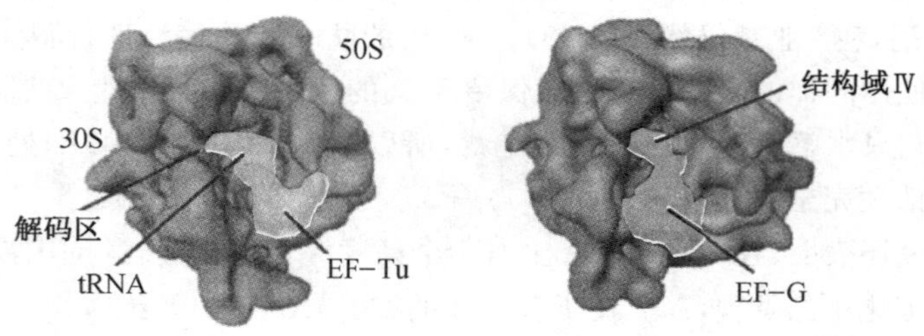

图 9-21 EF-Tu 和 EF-G 各自与核糖体结合的相互排斥

在 EF-G・GDP 与核糖体解离以后,同样需要重新转变成 EF-G・GTP 以后,才能进入下一轮进位反应。对于 EF-G 而言,这是一个简单的反应,因为与 GDP 相比,GTP 与 EF-G 的亲和性更高,而且细胞内 GTP 浓度一般比 GDP 高,所以一旦 GTP 水解,

GDP便迅速释放。游离的EF-G可迅速地结合另一个GTP分子。

每个细胞约含有20 000个EF-G分子,这与核糖体的数目相近。EF-G阻止氨酰-tRNA以及释放因子与A部位的结合,从而保证了只有在移位反应结束后才可以进入下一轮循环。

在延伸阶段,多肽链从离开通道离开核糖体。离开通道十分狭窄,多肽链在里面很难发生折叠。

（四）翻译的终止与核糖体的循环

翻译的终止是在释放因子的帮助下完成的。大多数细菌含有3种释放因子,即RF1、RF2和RF3,RF1识别UAA和UAG,RF2识别UAA和UGA。RF3的作用是在与GTP形成复合物(RF3·GTP)以后,促进RF1和RF2的作用(图9-22),因此RF3的缺失突变并不是致死性的,只会造成对三个终止密码子的误读。但是,支原体无RF2,它使用UGA编码Trp。

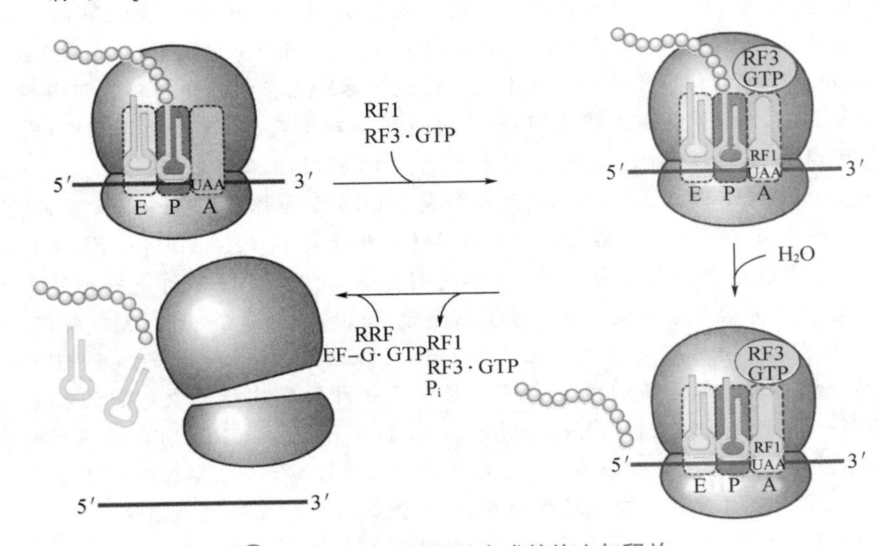

图9-22　细菌多肽链合成的终止与释放

随着延伸反应的不断进行,位于ORF末端的终止密码子迟早会进入A部位,由于缺乏相应的氨酰-tRNA的结合,RF1或RF2便“有机可乘”,RF的作用方式是将自己“扮成”氨酰-tRNA,在核糖体的协助下,促进H_2O进攻酯键,导致肽链的释放。

RF1、RF2与古菌和真核生物的RF在结构上并不同源,但都有一个序列模体,就是Gly-Gly-Gln (GGQ)三肽序列。这种模体对于细菌、古菌和真核生物来说,都是必不可少的。大肠杆菌RF2的晶体结构和冷冻电镜观察结果表明,RF2在与核糖体结合的时候,与核糖体上肽酰转移酶的活性中心一起形成一个紧凑的催化口袋。其中,23S rRNA内高度保守的A2602很可能参与稳定GGQ模体,一个作为底物的水分子与肽酰-tRNA末端A76的2′-OH和Q配合,对肽酰-tRNA中的羰基C展开亲核进攻,导致酯键的水解和肽链的释放。一般认为,正是RF的GGQ模体进入了肽酰转移酶的活性中心,才诱发了肽酰-tRNA的水解。已发现,细菌RF在GGQ模体内的Q可发生甲基化修饰,抑制Q的甲基化可降低RF终止释放的活性。

多肽链释放以后,mRNA和空载tRNA还短暂地结合在70S核糖体上,但在RRF和EF-G·GTP的作用下,它们最终与核糖体解离。RRF是细菌翻译必需的蛋白质因子,其作用方式与EF-Tu和EF-G一样,通过模拟tRNA形状与核糖体上的tRNA结合位点结合。

Box 9-2 改造大肠杆菌的编码系统

不少人质疑基因工程的安全性，原因之一就是一些经过人工改造的基因可能会逃逸到自然环境中去，造成生态危机，或者威胁人类健康。这一问题存在的根本原因是遗传密码的通用性，几乎所有生物都使用相同的编码系统，使得同一个基因可以在不同物种中表达，这也是人类能够用大肠杆菌生产人的胰岛素，或是在烟草中合成对抗埃博拉病毒的抗体的基石。

以往的应对手段往往是让转基因生物具有某种营养缺陷，只能在人为添加必要营养成分的环境下生存。然而，这种应对措施是极易被攻破的，生物可以通过从外界获取营养、回复突变或横向的基因转移(horizontal gene transfer)来克服障碍。哈佛大学的George Church和耶鲁大学的Farren Isaacs则致力于改造转基因生物的编码系统，使得自然界通用的编码系统无法兼容它们的遗传信息，有效控制了人造基因的逃逸。

2013年10月，他们在*Science*上发表两篇题为“Genomically recoded organisms expand biological functions”和“Probing the limits of genetic recoding in essential genes”的论文，介绍了一种初步改造的编码系统。改造的落脚点在于遗传密码的冗余性。例如，UAA、UAG和UGA都是终止密码子，并且不编码氨基酸，既然功能相同，它们之间就是可以替代的。因此，首先利用多重自动化基因组工程(multiplex automated genome engineering，MAGE)技术，将大肠杆菌MG1655菌株基因组中的321处UAG密码子全部换成了UAA，然后再将识别UAG密码子的翻译终止因子RF1从系统中删去，这样，原来需要终止翻译的位点并不受到影响，同时UAG不再是一种终止密码子，而可以被人为地赋予新的含义。研究者通过引入特殊的氨酰-tRNA合成酶，编码含AUC反密码子并且携带非标准氨基酸(nonstandard amino acid)的氨酰tRNA，将UAG从一种不编码氨基酸的无义密码子变成了一种编码非标准氨基酸的有义密码子。这样一种重编码的生物(genomically recoded organisms，GRO)可以在基因的层面与其他自然界的生物隔离开来，即使发生了横向的基因转移，这些基因也不能被正确的翻译，无法产生具有相应功能的蛋白质，因而能够有效控制基因的逃逸。

2015年1月21日，Church和Isaacs又分别在*Nature*上发表了题为“Biocontainment of genetically modified organisms by synthetic protein design”和“Recoded organisms engineered to depend on synthetic amino acids”的论文，报道了这一安全系统的升级。他们通过计算和预测将改造过的TAG编码的非自然氨基酸，引入一些在转录或翻译过程中具有重要功能的基因的特定位点上，最后筛选出了一种必须人工添加自然界所没有的合成氨基酸才能存活的营养缺陷型菌株。这种菌株在MurG、DnaA和SerS三种重要蛋白质基因的保守位点上含有TAG，在人工添加非标准氨基酸的环境下长可以正常生长，并且繁殖到1 011个细胞后仍检测不到逃逸，这是目前美国NIH所建议限制的微生物逃逸概率的万分之一，安全性得到了显著的提升。

事实上，这种技术的意义远不止于转基因安全。不兼容的编码系统还能够让病毒的基因无法在细菌体内正常表达，从而显著提高了基因工程菌对病毒的抵抗力。更重要的是，人们开始尝试重新认识和设计生物的遗传编码系统，更多全新的蛋白质将被合成，这也许预示着人工生命时代的到来。

二、真核生物的细胞质翻译系统

真核生物的细胞质翻译系统与细菌具有许多共同的特征，但也有以下几个重要的差别：

(1) 核糖体的沉降系数为80S，比细菌大。

(2) mRNA模板的结构差别很大，通常是单顺反子，有帽子和多聚A尾巴，但没有也不需要SD序列。

(3) 转录和翻译在时空上分离，分别发生在细胞核和细胞质，两者不存在偶联关系。

(4) 起始 tRNA 不进行甲酰化，也不能进行甲酰化。

(5) 只能使用 AUG 为起始密码子，而且识别起始密码子的机制也完全不同。

(6) 起始阶段不仅消耗 GTP，还消耗 ATP。

(7) 起始因子的种类繁多、结构更为复杂。

(8) 肽链延伸的速度低于细菌，大概是每秒钟参入 2 个氨基酸。

(9) 只有 2 种释放因子。

(10) 对抑制剂的敏感性不同。

(一) 氨基酸的活化

此阶段的反应与细菌翻译系统没有什么差别，所不同的是起始氨酰- tRNA(Met - $tRNA_I^{Met}$)并不进行甲酰化。

(二) 翻译的起始

真核生物翻译的起始可分为四个阶段的反应(图 9 - 23)，每一个阶段都需要特定的起始因子(表 9 - 9)。

Quiz9 你认为表中哪一种蛋白质的特异性抑制剂有可能成为一种新的抗真菌药物?

表 9 - 9　真核生物参与翻译的起始因子、延伸因子和终止因子(大小单位是 kDa)

辅助因子	亚基	大小	功能
eIF1		15	促进起始复合物的形成
eIF1A		17	稳定 Met - $tRNA_i$ 与 40S 核糖体的结合
eIF2		125	依赖于 GTP 的 Met - $tRNA_i$ 与 40S 亚基的结合
	α	36	受到磷酸化的调节
	β	38	结合 Met - $tRNA_i$
	γ	55	结合 GTP 和 Met - $tRNA_i$
eIF2B		270	促进 eIF2 分子上鸟苷酸的交换
	α	26	
	β	39	结合 GTP
	γ	58	结合 ATP
	δ	67	结合 ATP
	ε	82	受到磷酸化的调节
eIF2C		94	稳定 eIF2 · GTP · Met - $tRNA_i$ 三元复合物
eIF3		550	促进核糖体的解离，促进 Met - $tRNA_i$ 和 mRNA 与 40S 亚基的结合
	p35	35	
	p36	36	
	p40	40	
	p44	44	
	p47	47	
	p66	66	
	p115	115	结合 RNA
	p170	170	主要的磷酸化亚基
eIF3A		24	促进 80S 核糖体的解离，结合 60S 亚基
eIF4A		46	结合 RNA；ATP 酶；RNA 解链酶；促进 mRNA 结合 40S 亚基
eIF4B		80	结合 mRNA；促进 RNA 解链酶活性和 mRNA 与 40S 亚基的结合
eIF4E		25	结合 mRNA 的帽子结构
eIF4G		153.4	结合 eIF4A、eIF4E 和 eIF3
eIF4F			结合 mRNA 帽子结构；RNA 解链酶；促进 mRNA

（续表）

辅助因子	亚基	大小	功能
eIF4E+eIF4A+eIF4G			结合 40S 亚基
eIF5		48.9	促进 eIF2 的 GTP 酶活性
eEF1	α	51	结合氨酰－tRNA，促进氨酰－tRNA 的进位
	β/γ	48/30	
eEF2		95	促进移位
eEF3		～120	只存在于真菌，能结合并水解 ATP，促进空载的 tRNA 从 E 部位释放，从而刺激氨酰- tRNA 进入 A 部位
eRF1			识别三个终止密码子
eRF3			具有 GTP 酶活性
PABP			结合 polyA 尾巴，与 eIF－4G 相互作用

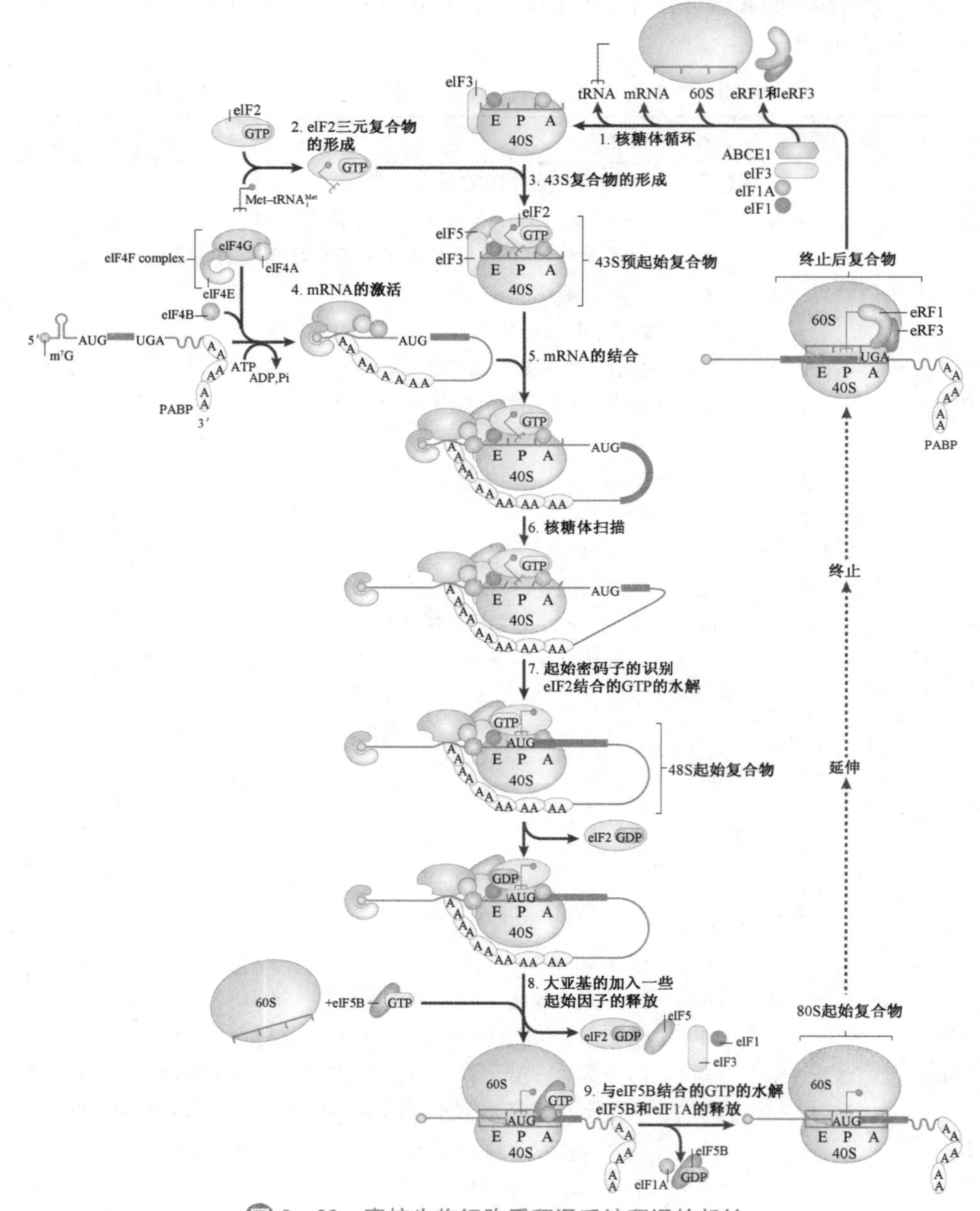

图 9－23　真核生物细胞质翻译系统翻译的起始

1. mRNA 的准备和检查

由于真核系统的 mRNA 要经历复杂的后加工，所以翻译系统首先需要对 mRNA 进行检查，以确保只有加工完好的 mRNA 才能被用作模板。参与这一步反应的起始因子为 eIF4 系列，其中 eIF4E 为帽子结合蛋白，专门与 mRNA5′-端的帽子结合。eIF4G 则是一种接头分子（adapter molecule），既能与 eIF4E 结合，又能与结合在 3′-端尾巴上的 PABPC 结合，还能结合 eIF3，使 mRNA 的两端在空间上相互靠近而成环（图 9－24）。mRNA 的环化能很好地解释为什么多聚 A 尾巴可提高翻译的效率：一旦核糖体完成翻译通过成环的 mRNA，新释放的核糖体亚基所处的位置恰到好处，可在同一个 mRNA 分子上重新启动翻译。在哺乳动物中，PABPC 结合到一种可以与 eIF4A 结合的 mRNA 结合蛋白——PAIP－1 上，这可加强 mRNA 5′-端和 3′-端的相互作用，有助于核糖体识别并结合到 mRNA 的 5′-端。一些翻译调控因子可以直接结合到 mRNA 的 3′- UTR，与其他翻译起始因子或者 40S 核糖体亚基相互作用，干扰 mRNA 5′-端和 3′-端的相互作用，从而减缓或者阻止 mRNA 的翻译。

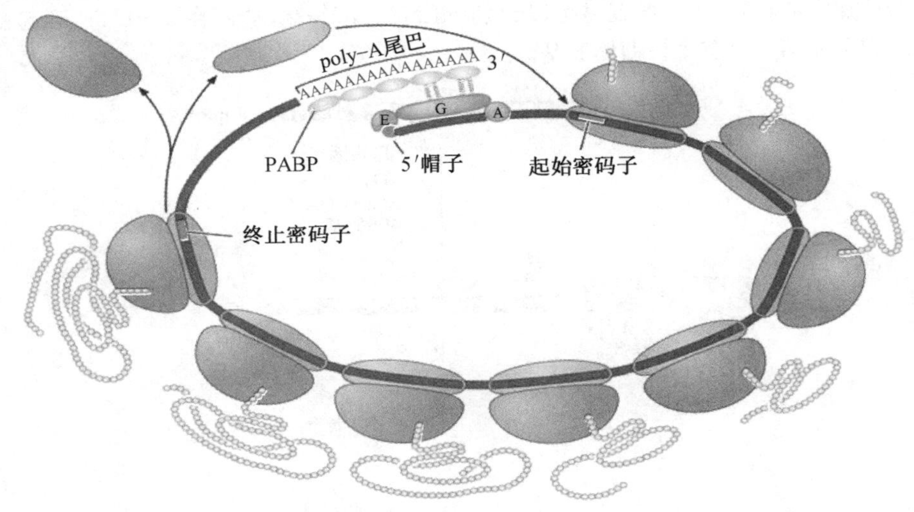

图 9－24　真核生物 mRNA 成环模型

eIF－4G 与 PABPC 的结合不仅保证了只有成熟完整的 mRNA 才被翻译，还将其他起始因子招募进来。例如，eIF4A 和 eIF4B。eIF4A 是一种依赖于 ATP 的 RNA 解链酶，负责破坏 mRNA 在 5′-端的二级结构，以暴露出起始密码子，为核糖体的扫描清除障碍，而 eIF4B 是一种 RNA 结合蛋白，其功能是刺激 eIF4A 的解链酶活性。eIF4F 实际上是帽子结合蛋白 eIF4E、依赖于 ATP 的解链酶 eIF4A 和 eIF4G 的复合物，这三种蛋白之间的相互作用加强了 eIF4E 与 mRNA 帽子结构的结合。

2. Met－$tRNA_i^{Met}$ 与核糖体 40S 小亚基的结合

参与这一步反应的起始因子有 eIF1、eIF2、eIF3、eIF1A 和 eIF5。其中，eIF1 相当于细菌的 IF1；eIF2 相当于细菌的 IF2，负责识别和结合 Met－$tRNA_i^{Met}$；eIF3 与 40S 小亚基结合，可阻止它与 60S 大亚基的结合；eIF5 激活 eIF2 的 GTP 酶活性。eIF1A 与 40S 小亚基结合，封闭 A 部位，防止起始 tRNA 与核糖体不正确的结合，迫使 eIF2 · GTP 招募 Met－$tRNA_i^{Met}$ 以后只能与 P 部位结合（图 9－25）。eIF2 · GTP 与 Met－$tRNA_i^{Met}$ 结合以后，再与 eIF1 · eIF3 · eIF5 结合，最后一起与 40S 亚基结合形成 43S 预起始复合物。

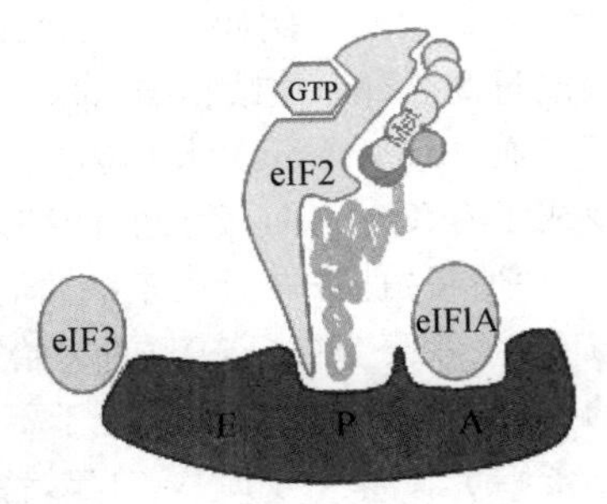

图 9－25　Met－$tRNA_i^{Met}$ 与核糖体 40S 小亚基的结合

3. 43S 预起始复合物与 mRNA 复合物结合通过扫描发现起始密码子

在翻译起始阶段，真核生物的核糖体小亚基识别起始密码子的机制与细菌完全不同：细菌的 30S 小亚基通过 16S rRNA3′-端的反 SD 序列与 mRNA 上 SD 序列的互补配对，直接识别起始密码子，而真核生物需要通过"扫描机制"发现起始密码子(图 9-26)。根据"扫描模型"(the scanning model)，真核生物的 40S 小亚基在结合起始 tRNA 以后，首先识别 mRNA 在 5′-端的帽子结构，然后向另一端进行扫描。mRNA 在 5′-端的每一个密码子都会受到来自起始 tRNA 上反密码子的扫描，直至发现起始密码子。在扫描的过程中，核糖体可以解开稳定性小于 126 kJ 的二级结构，但是稳定性更高的发夹结构则能阻止核糖体的移动。当核糖体移动到起始密码子 AUG 的地方就停下来，通常以遇到的第一个 AUG 为起始密码子，但是 AUG 本身并不足以阻止移动，AUG 必须在一个适当的环境中才能被有效识别，其中涉及的一致序列为(gcc)gccRccAUGG，这段序列也称为 Kozak 序列。这里大写的碱基为高度保守的，小写的为常见的碱基，括号里碱基的重要性并不确定，R 代表可以是嘌呤或嘧啶。如果 5′- UTR 比较长，在第一个 40S 亚基离开起始位点之前，另一个 40S 亚基可以识别 mRNA 的 5′-端，从而在 5′- UTR 到起始密码子之间可能结合有多个核糖体亚基。

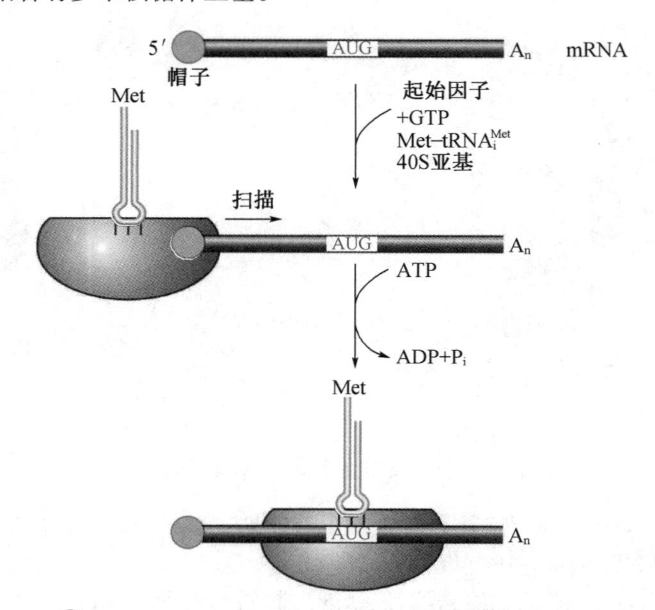

图 9-26　真核翻译系统发现起始密码子的扫描机制

如果第一个 AUG 所处的环境不好，即与一致序列差别较大，40S 核糖体会漏过它，而选用下游处于更好环境中的 AUG，这样的扫描被称为"遗漏扫描"(the leaky scanning)(图 9-27(1))。例如，如果嘧啶碱基占据 −3 或 +4，则 Met - tRNA$_i^{Met}$ · 40S 复合物通常会漏过此 AUG，继续扫描，直到发现新的 AUG。1985 年，Morle 等人报道了一种 α-地中海贫血(thalassemia)，其病因是 α-珠蛋白基因在起始密码子周围的序列从 ACCAUGG 变成了 CCCAUGG，致使它的翻译效率大为降低。

"遗漏扫描"广泛用于病毒，这可能有助于它们更经济地利用其编码空间。例如，HIV-1 衣壳蛋白(ENV)的起始密码子的识别就是通过"遗漏扫描"发现的。尽管在它的上游还有一个 AUG，但处于不好的环境之中，这一个 AUG 是一种辅助蛋白 Vpu 的起始密码子。Vpu 与 ENV 的起始密码子不在同一个 ORF。于是，正常扫描发现的是 Vpu 的起始密码子，而"遗漏扫描"发现的是 ENV 的起始密码子。但由于 ENV 的起始密码子处于更好的环境之中，所以"遗漏扫描"的机会更多，这样就可以翻译出需要量多的衣壳蛋白，相反，Vpu 需要的不多，这刚好与其起始密码子识别效率不高相一致。

扫描模型还认为，如果 40S 亚基遇到 5′- UTR 内的发夹结构，不是跳过去，而是通过特定起始因子的解链酶活性将其“熔解”。然而，已发现某些病毒(如 CaMV)mRNA 在翻译的时候，40S 亚基若遇到阻止扫描过程的强二级结构即发生跳跃，跳过一大段包括 AUG 在内的序列，然后在其下游继续扫描，直至找到合适的起始密码子(图 9 - 27(2))。

扫描模型还有一种情形，就是一个 mRNA 含有大小两个 ORF：小的在前，其起始密码子离 5′-端最近，能通过正常的扫描机制发现；大的在后，其起始密码子在小 ORF 终止密码子之后。这时就需要通过重启机制(the reinitiation mechanism)启动下游 ORF 的翻译。该机制认为，当第一个 ORF 翻译完成以后，40S 亚基并没有离开 mRNA，而是恢复扫描，直至发现第二个 ORF 的起始密码子，然后重新启动第二个 ORF 的翻译(图 9 - 27(3))。

在扫描中，起始 tRNA 通过反密码子/密码子的碱基配对进行校对以发现 AUG，eIF2 的 GTP 酶活性充当计时器，允许校对有足够的时间。少数情况下，核糖体可以识别位于 5′- UTR 的 AUG，并起始翻译，但会在真正的起始密码子之前终止翻译，然后核糖体继续扫描。

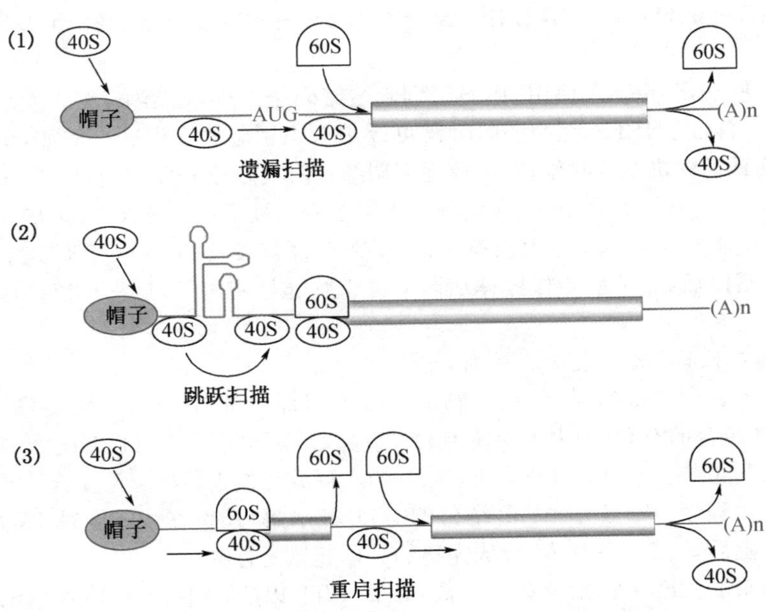

图 9 - 27　真核生物翻译系统几种变化的扫描模型

几乎所有的细胞质 mRNA 和病毒 mRNA 都有 5′-帽子结构，这是扫描机制发现起始密码子的必需条件。但是少数病毒 mRNA(如脊髓灰质炎病毒)，没有帽子结构，就需要通过其他途径识别起始位点。对于这些病毒 mRNA 来讲，40S 亚基直接与其内在的核糖体进入位点(internal ribosome entry site，IRES)结合，完全避开 5′- UTR 的任何 AUG 密码子。

IRES 序列最早在细小 RNA 病毒中发现，这类病毒感染宿主细胞后，可以破坏帽子结构，抑制起始因子与帽子的结合，从而抑制宿主细胞的蛋白质合成，而病毒本身的 mRNA 依赖于 IRES 仍然可以起始翻译，因此 IRES 对于细小 RNA 病毒而言十分重要(图 9 - 28)。

有的 IRES 在其上游边界包含了 AUG 起始密码子，40S 亚基直接与起始密码子结合；有的 IRES 位于 AUG 上游 100 个核苷酸位置，也需要 40S 亚基通过扫描识别起始密码子。

通过内部进入的翻译起始需要除 eIF4E 以外的所有起始因子，其中的 eIF4G 可以直接作用于 IRES，也可能通过细胞内的 IRES 结合蛋白或 IRES 反式作用因子(IRES

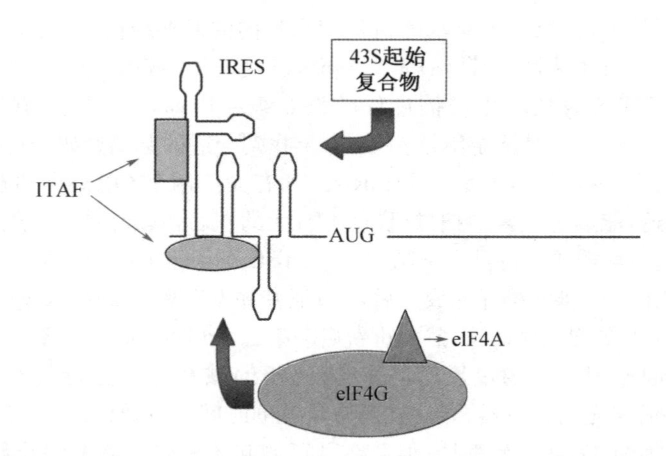

图 9－28　细小 RNA 病毒所使用的 IRES 介导的起始密码子的识别

transacting factors,ITAF)间接作用。结合在 IRES 的 eIF4G 再将 eIF3 和 40S 亚基招募上去。

除了一些病毒 mRNA 使用 IRES 识别起始密码子以外,近年来,有人发现真核生物一些 mRNA 自带了 IRES,在需要的时候可以用来识别起始密码子。例如,单倍体酵母细胞在遇到葡萄糖饥饿的时候,会大幅度下调细胞内大多数 mRNA 的翻译,但参与侵袭性生长(invasive-growth)的 mRNA 则翻译水平上升。被下调的 mRNA 因脱帽难于识别起始密码子,但许多与侵袭性生长有关的 mRNA 含有较长的 5′- UTR,其中有潜在的 IRES,在脱帽以后,还可引导核糖体从内部去识别起始密码子,这样可以摆脱对帽子结构的依赖。

4. 60S 亚基的结合与起始因子的释放

一旦起始密码子被识别,在 eIF5 帮助下与 eIF2 结合的 GTP 被水解成 GDP 和 P_i。

与 eIF2 结合的 GTP 的水解促使绝大多数起始因子的释放,同时促成 eIF5B 的 GTP 酶活性中心的组装。于是,GTP 受到 eIF5B 的水解成为检查翻译起始复合物是否正确装配的最后一道程序。一旦与 eIF5B 结合的 GTP 被水解,还留在 40S 亚基上的起始因子立刻释放。随后,60S 亚基加入,形成完整的翻译起始复合物。

释放出来的 eIF2・GDP 必须再生成 eIF2・GTP 以后,才能进入下一轮翻译的起始。eIF2B 充当 eIF2 的 GEF,促进细胞质中的 GTP 取代和 eIF2 结合的 GDP。

(三) 肽链的延伸

真核翻译系统在第三个阶段的反应也是不断地经历进位、转肽和移位的循环(图 9－29),只是由 eEF1 代替了细菌系统中的 EF－Tu 和 EF－Ts,eEF1α 和 eEF1βγ 分别相当于 EF－Tu 和 EF－Ts,eEF2 代替了 EF－G,肽酰转移酶仍然属于核酶,即它的活性由大亚基上的 rRNA 提供。真菌还需要第三种延伸因子——eEF3,eEF3 的功能是促进空载的 tRNA 从 E 部位释放,从而刺激氨酰- tRNA 进入 A 部位,这种功能依赖于它的 ATP 酶活性水解 ATP。

(四) 翻译的终止和核糖体的循环

真核细胞质翻译系统第四个阶段的反应与细菌也很相似,但只有 2 个释放因子参与。eRF1 能识别 3 种终止密码子,其作用机制与细菌的 RF1、RF2 一样,通过模拟 tRNA 的结构来起作用。eRF1 由三个不同的结构域组成:N 端结构域。此结构域在远端有一个环,环上有一段高度保守的 NIKS 模体,可通过类似于密码子-反密码子的相互作用识别终止密码子,另外还有一段 YxCxxxF 模体对终止密码子的识别也有所贡献;中央结构域在功能上类似于 tRNA 的受体茎,可深入到肽酰转移酶活性中心内促进肽链的释放。与细菌 RF1 和 RF2 相似,这个结构域含有通用保守的 GGQ 模体,为肽酰 tRNA 的水解

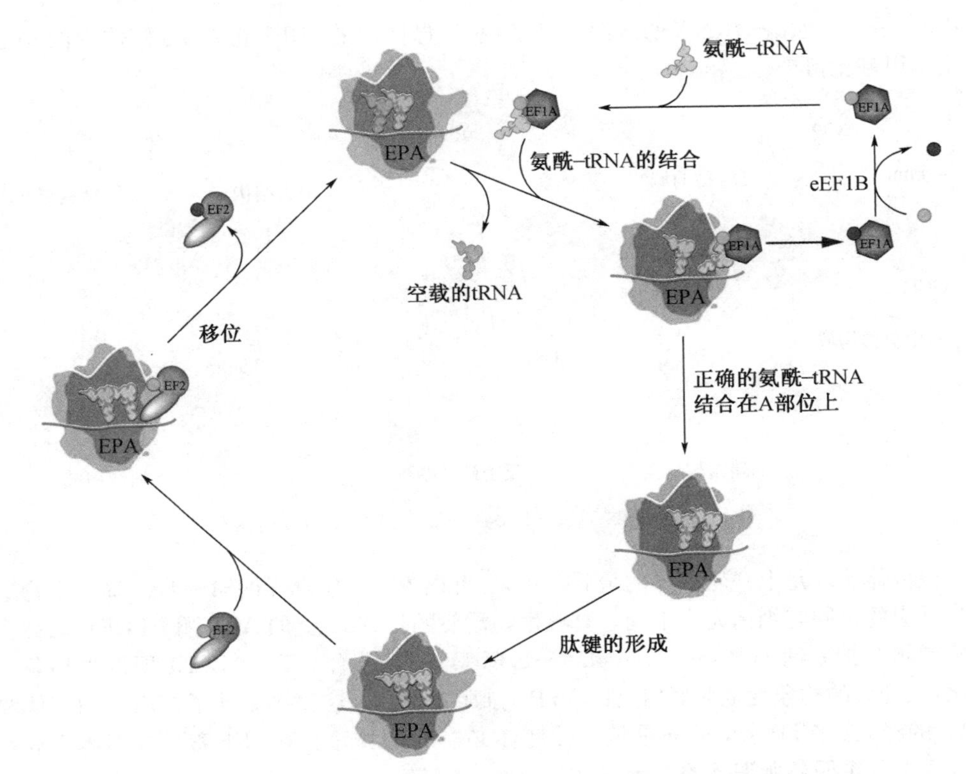

图 9－29　真核生物细胞质翻译系统翻译的延伸

所必需。此外，在 eRF1 与 eRF3 结合的时候，此结构域还与 eRF3 的 GTP 酶活性结构域有接触；C 端结构域。此结构域负责与 eRF3 的结合，因为 eRF1 单独不能作用，需要和 eRF3 形成异源二聚体。eRF3 也是一种小 G 蛋白，其功能相当于细菌中的 RF3。

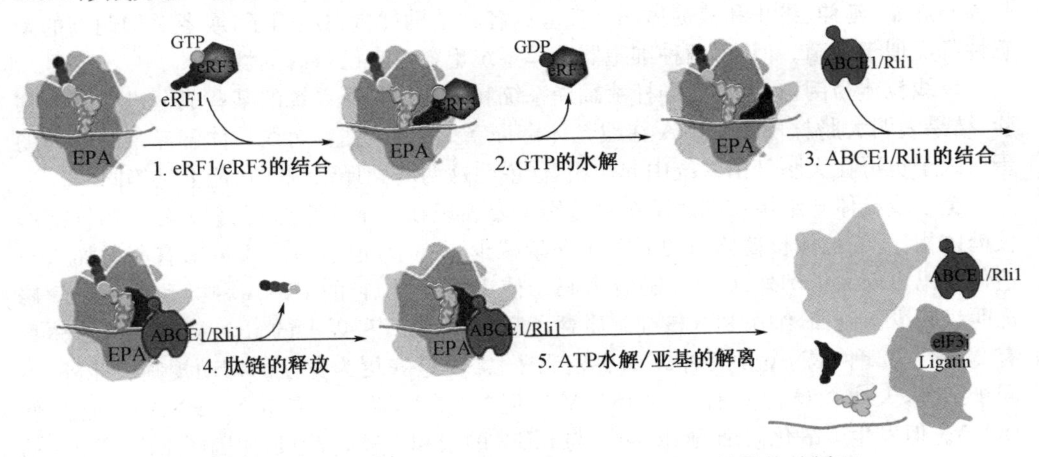

图 9－30　真核生物细胞质翻译系统翻译的终止和核糖体的循环

在翻译的终止阶段(图 9－30)，eRF1 和 eRF3 的作用协调一致，以保证终止密码子的有效识别和肽链的快速释放。对人和酵母全长的 eRF1 与缺少 GTP 酶结构域的 eRF3 形成的复合物晶体结构的研究显示(图 9－31)，它们在结合以后，eRF1 的构象会发生显著的变化，致使 eRF1 在外形上更像一个 tRNA 分子，同时，eRF1 与 eRF3 有接触的中央结构域可刺激 eRF3 的 GTP 酶活性。尽管真核生物 eRF1 在折叠的样式与细菌的 RF1 和 RF2 并不相同，但在功能上是相同的，因此在与核糖体结合的时候，其 GGQ 模体在核糖体上的定位与细菌 RF 1 和 RF2 相似。eRF1 也是通过这个部分进入肽酰转移酶的活性中心,诱发了肽酰-tRNA 的水解。已发现,酵母体内的 eRF1 在 GGQ 模体内的 Q 也发生了甲基化修饰。

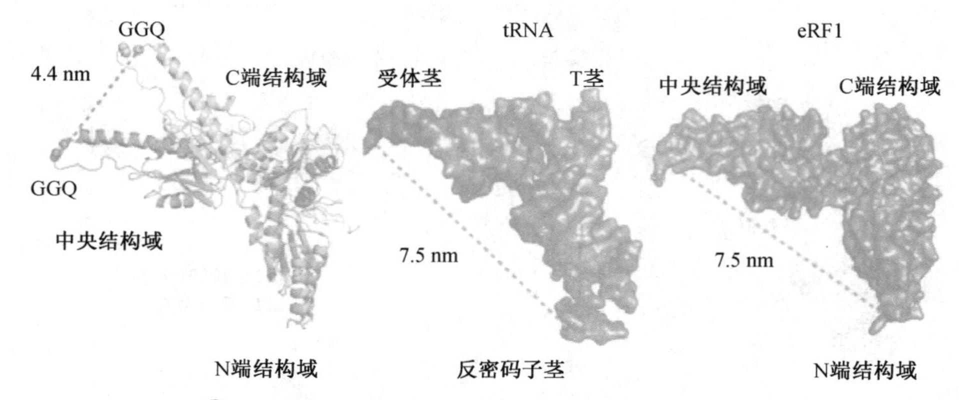

图 9-31　eRF1 与 eRF3 结合前后在三维结构上的变化

核糖体循环是上一轮翻译的最后一步,也可视为下一轮翻译的第一步。真核生物这一步反应的机制与细菌完全不同。真核生物需要的是 ABC 类的 ATP 酶 ABCE1,旧称核糖核酸酶 L 抑制剂 1(RNase L inhibitor 1,Rli1):一旦结合 ATP,ABCE1 即发生构象的变化,从开放的构象变成紧紧"抱住"ATP 的封闭的构象,这直接驱动了核糖体的解体和 eRF1 的释放。ATP 水解并非是核糖体解体必需的,但却是 ABCE1 离开核糖体小亚基并进入下一轮循环所需要的。

三、细胞器翻译系统

线粒体和叶绿体属于两种半自主细胞器,在它们的基质内不仅发生 DNA 复制、转录,还进行翻译。细胞器翻译系统似乎与细菌更为相似,无论是核糖体的组成和结构,还是参与起始、延伸、终止和核糖体循环反应的各种辅助性蛋白质因子,或者对抑制剂的敏感性都类似于细菌。但是,两种细胞器翻译系统也各有自己特有的性质。

以线粒体为例,有人对大肠杆菌翻译系统和线粒体翻译系统的某些成分进行互换实验,结果表明大肠杆菌的 tRNA 在线粒体翻译系统仍有功能,而线粒体翻译系统的辅助蛋白因子也可在大肠杆菌系统中起作用,这说明这两套翻译系统在功能上是等同的。

至于线粒体与细菌在翻译系统的差别主要表现在以下几个方面:(1) 与大肠杆菌的核糖体相比,线粒体核糖体内的 rRNA 含量减少了一半,但蛋白质含量却有所增加;(2) 遗传密码出现大量例外;(3) 伴随着密码子使用的差异,它的 tRNA 种类和发生化学修饰明显减少。例如,细菌和真核细胞质翻译系统含有 50 种以上的 tRNA,动物线粒体只有 22 种。22 种 tRNA 要识别 60 多种密码子,需要遵守更为宽松的摆动规则。此外,不同于细菌,人线粒体内只有一种 $tRNA^{Met}$,但"身兼两职",一是起始 tRNA,二是延伸 tRNA。但发生甲酰化修饰的 $tRNA^{Met}$ 与 mIF2 的亲和力较高,与延伸因子 EF-Tumt 的亲和力较低,这就可以保证它只参与翻译的起始。许多真核生物的线粒体基因组缺失一定数目的 tRNA 基因,这种缺失可通过从细胞核那里进口来弥补。像锥体虫线粒体内的 tRNA 全部是从细胞核"进口"的,它也是利用甲酰化的 $tRNA^{Met}$ 来起始翻译。至于外来 tRNA 进入线粒体的机制,可能通过与线粒体蛋白前体共转移,也可能独自转移;(4) 线粒体翻译系统缺少相当于 IF1 的起始因子,只有相当于 IF2 和 IF3 的起始因子 mIF2 和 mIF3;(5) 酵母细胞线粒体内的翻译还依赖于由细胞核基因编码的某些蛋白质因子的激活。

就叶绿体翻译系统而言,首先由它编码的 mRNA 只有三分之一在 5′-UTR 含有 SD 序列,而且该序列对翻译的起始并不是绝对必需的。已有证据表明,叶绿体翻译系统可能存在多种翻译起始机制；其次，叶绿体翻译系统中许多 mRNA 的翻译也需要细胞核编码的蛋白质的激活；此外，叶绿体翻译系统中的 tRNA 虽然略比线粒体多，但也只有 30 种；最后，在某些叶绿体内，mRNA 通过编辑（主要形式是 C 脱氨转换成 U）创造起始密码子、终止密码子，或者改变密码子以维持保守的氨基酸残基不变。

四、古菌的翻译系统

在基因表达的翻译这一步，古菌与真核生物也十分相似。这表现在以下几个方面：

(1) 虽然核糖体的大小与细菌一样，但是构成核糖体的 rRNA 和蛋白质与真核生物的亲缘关系更密切。

例如，真核生物的核糖体含有 78 种蛋白质和 4 种 rRNA。其中有 34 种蛋白质同时存在于细菌和古菌，还有 33 种也存在于古菌，剩下的 11 种为真核生物特有，没有任何一种只存在于真核生物和细菌。

(2) 参与翻译各个阶段的辅助蛋白质因子的数目以及结构的同源性接近真核生物，但各种因子的组成倾向于由单个亚基组成，而不像真核生物由多个亚基组成。

例如，来自嗜热硫矿硫化叶菌（*Sulfolobus solfataricus*）的 aIF2 能够代替哺乳动物体内的 eIF2，帮助起始 tRNA 正确地进入 P 部位。还有，真核生物起始因子 eIF－5A 和古菌起始因子 aIF－5A 都有一种特殊的化学修饰，即脱氧羟基腐胺化（hypusination）。这种修饰是 eIF－5A 和 aIF－5A 的功能所必需的。再如，在翻译终止阶段，古菌 aRF1 与 eRF1 高度同源，与真核生物一样，"通吃"三个终止密码子。此外，古菌和真核生物的核糖体循环机制十分相似，完全不同于细菌。

(3) 第一个参入的氨基酸也是甲硫氨酸，而不是细菌所使用的甲酰甲硫氨酸。

(4) 对抑制剂，特别是对抗生素的敏感性相似。例如，与真核生物的细胞质翻译系统一样，古菌翻译系统的移位因子也受白喉毒素的抑制，但都不受氯霉素、链霉素和卡拉霉素的抑制。

然而，古菌的翻译系统与细菌也有某些特征很相似。例如：没有 5.8S rRNA，mRNA 无帽子结构，多为多顺反子，有的有 SD 序列，翻译与转录是偶联的。

Quiz10 如果将来有一种突变的古菌能够生存在人体环境中并导致疾病，你认为当今用来治疗疾病的各种抗生素还有用吗？

第四节　翻译的质量控制

细胞内的 mRNA 并不总是正常的，基因突变、转录错误、后加工异常或受 RNA 酶意外降解等因素都会导致出现一些异常的 mRNA。例如，一个 mRNA 分子因基因突变在原来的 ORF 内，提前出现终止密码子（premature stop codon，PTC）或者没有终止密码子（nonstop），这些异常的 mRNA 翻译出来的蛋白质可能无功能，甚至是有害的。另外，核糖体在翻译 mRNA 的时候，受到某些因素的影响，有时会出现暂停且无法回到原来正常的翻译状态。此外，细胞内的 rRNA 也可能出现异常，异常的 rRNA 可直接影响到核糖体的结构与功能。为了及时清除这些意外对机体可能产生的危害，保证翻译的质量，细菌、真核生物和古菌已经进化和发展出各种翻译质量控制（quality control）机制。

一、细菌的翻译质量控制

细菌的 mRNA 因为没有帽子和尾巴结构的保护一般很容易水解，其半衰期特别短，因此在翻译的时候，1 个 mRNA 分子很有可能因为降解而丢失了靠近 3′-端的终止密码子。此外，基因突变或转录错误也可能导致 1 个 mRNA 丧失终止密码子。还有一种可能，就是细胞内无义校正 tRNA 意外地通读了正常的终止密码子。不难设想，如果 1 个 mRNA 分子没有了终止密码子，那么核糖体翻译到最后将因无终止信号可用而困在它的 3′-端"不能自拔"。

面对上述情形，细菌以及一些真核生物(如卵菌)的线粒体已发展了一套专门的机制，来处理这些有缺陷的无终止密码子mRNA，这种机制为反式翻译(trans-translation)。反式翻译不同于一般的顺式翻译，它将两个不同的mRNA翻译成一条融合的肽链，其中一个mRNA无终止密码子，另一个是带有终止密码子并兼有tRNA功能的tmRNA。除了反式翻译系统以外，细菌还有其他的翻译质量控制系统。

(一) 由tmRNA介导的翻译质量控制

1. tmRNA的结构与功能

tmRNA是一种天然的RNA嵌合体，含有349 nt～411 nt，兼有tRNA和mRNA的功能。大肠杆菌的tmRNA又称为10Sa RNA，由363 nt组成。tmRNA在结构上可分成两个部分(图9-32)：第一部分包括5′-端(约50 nt)和3′-端(约70 nt)的核苷酸，两者之间形成一段长的配对区域；第二部分由内部的核苷酸组成，包括两个发夹结构和四个假节结构。在各种tmRNA分子之中，第二部分的结构差别较大，但都有一个潜在的ORF。

第一部分的结构非常相似，都折叠成类似tRNA的结构，包括：(1) 一个7 bp的茎，其类似于tRNA的氨基酸受体茎。受体茎上的第3个碱基对是GU碱基对，这正是$tRNA^{Ala}$的个性。在体外，tmRNA可以被来源于大肠杆菌或枯草杆菌的丙氨酰-tRNA合成酶催化，形成丙氨酰-tmRNA；(2) 一个茎环结构，分别对应于tRNA上的TψC茎和环，茎上具有所有tRNA的一致序列GTψCRA(R代表嘌呤碱基)；(3) 位于3′-端的CCA序列。

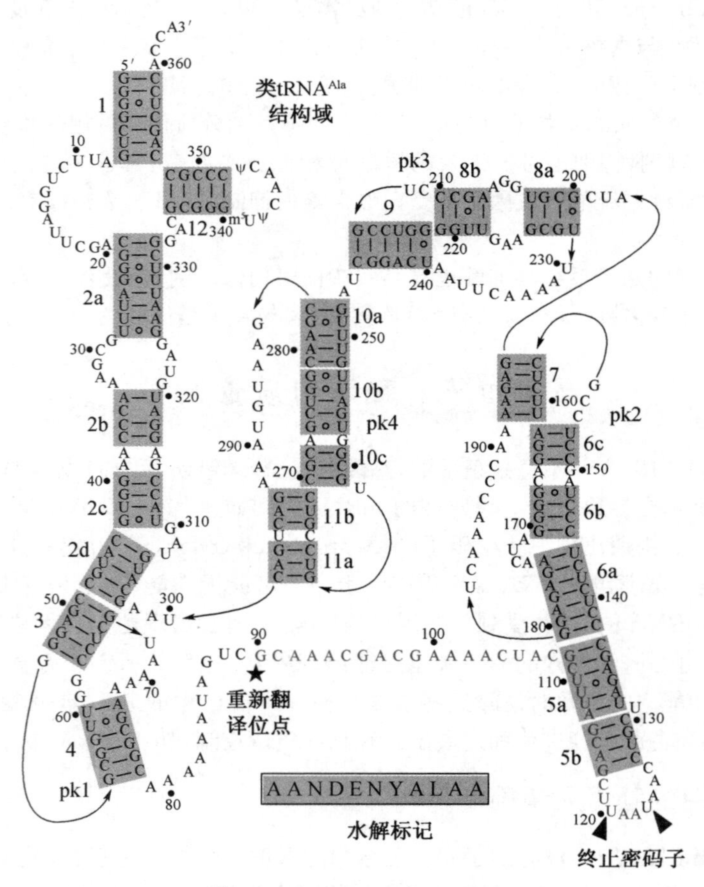

图9-32 10Sa RNA的结构

2. 反式翻译的模型

如图9-33所示，失去终止密码子的mRNA仍然有起始密码子和SD序列，因此核糖体照样能够结合上去，并启动翻译。但由于无终止密码子，翻译会一直持续到mRNA

3′-端最后一个密码子。由于RF不能进入A部位，肽酰-tRNA得不到释放，会继续占据P部位。这时，在小蛋白B(small protein B，SmpB)的帮助下，丙氨酰-tmRNA进入A部位。随后，在肽酰转移酶的催化下，肽酰-tRNA与丙氨酰-tmRNA之间发生转肽反应。随即，核糖体在tmRNA上新的ORF内继续翻译，共翻译了10个密码子后遇到了由tmRNA提供的终止密码子而得以正常终止，并释放出一种融合蛋白。这种融合蛋白在C端含有一段11肽序列——AANDENYALAA。此序列被称为SsrA，实际上是一种天然的降解标签。带有此标签的融合蛋白很快被胞内一些依赖于ATP的蛋白酶(ClpAP、ClpXP、FtsH和Tsp)识别并水解，而不至于在胞内堆积而危害细胞。此外，停在mRNA末端的核糖体还能将胞内的核糖核酸酶R招募过来，对无终止密码子的mRNA进行降解，防止其继续误导核糖体进入下一轮无效的翻译循环。

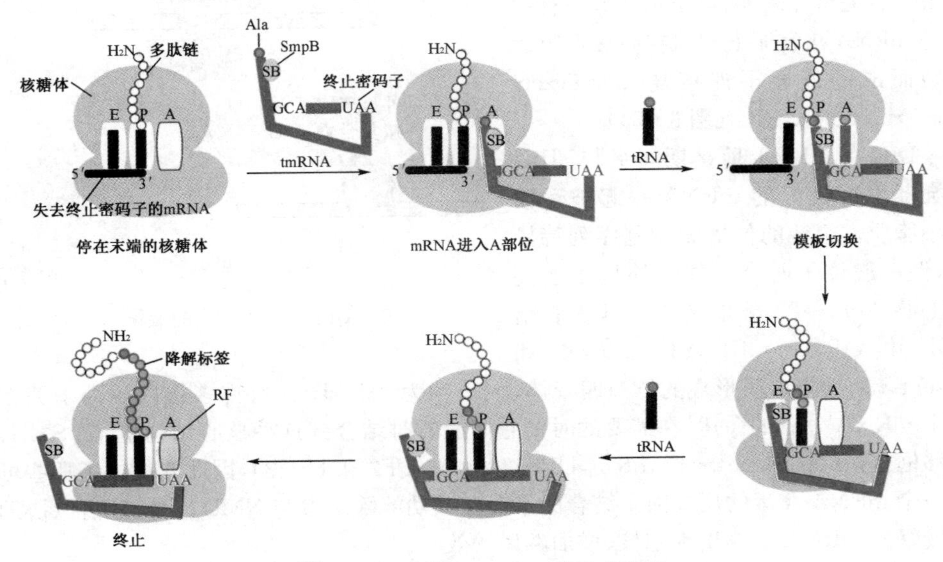

图9-33　使用tmRNA的反式翻译

对于tmRNA上的ORF来说，既没有起始密码子，又缺乏SD序列，核糖体是如何能够直接利用其中的第一个密码子的呢？对此还不清楚，但突变实验已经显示，ORF中的第一个密码子GCA以及在它上游只有2个核苷酸距离的UAG序列都是必不可少的！

（二）不依赖tmRNA的翻译质量控制

由tmRNA介导的反式翻译系统固然重要，但它的缺失突变对于许多细菌来说并非是致死性的，这就表明了细菌还可能存在其他替代的质量控制系统。现已发现，在细菌体内的确至少还有两种替代的途径，它们分别依赖替代的核糖体抢救因子A和B(alternative ribosome rescue factor A and B，ArfA和ArfB)。

在缺乏反式翻译系统的时候，ArfA需要和RF2"联手"，共同承担抢救因暂停而困在mRNA上的核糖体的任务。ArfA之所以需要和RF2结合，是因为需要利用RF2分子上的GGQ模体，并将此模体带到肽酰转移酶的活性中心，催化肽酰-tRNA的水解。

与ArfA不同的是，ArfB在序列和结构上与RF1相似，自带了GGQ序列模体，它的C端结合在核糖体小亚基让mRNA进入的通道上，这方便识别活性的核糖体与暂停的核糖体。其GGQ模体结合在肽酰转移酶的活性中心以后，就可以催化肽酰-tRNA的水解了。

二、真核生物的翻译质量控制

对于异常的mRNA和其他影响到翻译质量的意外，真核细胞已经进化和发展出四套高度保守的翻译质量控制(quality control)系统:一是无义介导的mRNA降解(nonsense-mediated mRNA decay,NMD)——专门处理含有PTC的mRNA;二是无终止mRNA降解(nonstop mRNA decay,NSD)——专门处理无终止密码子的mRNA;三是翻译不下去的mRNA降解(no go mRNA decay,NGD)——专门处理核糖体停在途中无法继续翻译的mRNA;四是无功能rRNA的降解(non-functional rRNA decay,NRD)——专门降解由无功能的rRNA组成的无活性核糖体。

1. NMD

NMD负责识别、水解带有PTC的mRNA。其作用首先必须保证能够将mRNA上正常的终止密码子和PTC区分开来。有关研究表明,与NMD识别有关的是mRNA在后加工期间在剪接点附近组装而成的外显子连接复合物(exon-junction complex,EJC)(图9-34)。

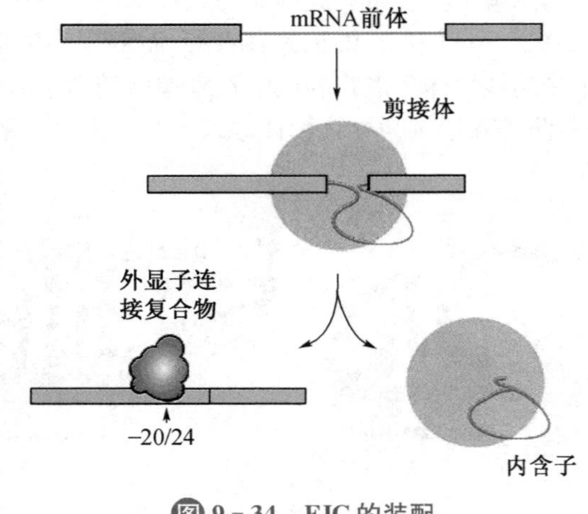

图9-34 EJC的装配

EJC在mRNA剪接期间组装,但后来会随着剪接好的mRNA一起被运输到细胞质。组装的位置无碱基序列特异性,但一般位于两个相邻的外显子连接点上游20 nt~24 nt的地方。其核心结构是由eIF4A-III、Y14、Magoh和Barentsz四种蛋白质形成的异源四聚体,大小约为335 kDa。有许多蛋白质因子关系到一个mRNA分子的命运,在需要的时候它们能暂时结合到这种核心结构上,如SMG、上位移框蛋白(up-frameshift protein,UPF)2和3(UPF2和UPF3),因此它提供了那些可决定一个mRNA命运的反式因子结合的平台。其功能除了参与NMD以外,还可以协助将剪接好的mRNA运输出细胞核、增加翻译的效率。

对于脊椎动物而言,相对于终止密码子的最后一个EJC的位置通常决定转录物是否进入NMD(图9-35)。如果终止密码子在最后一个EJC的下游或者在上游约50 nt之内,转录物就会正常地翻译。然而,如果终止密码子在任何EJC的上游超过50 nt左右的距离,NMD将对这种转录物进行降解。

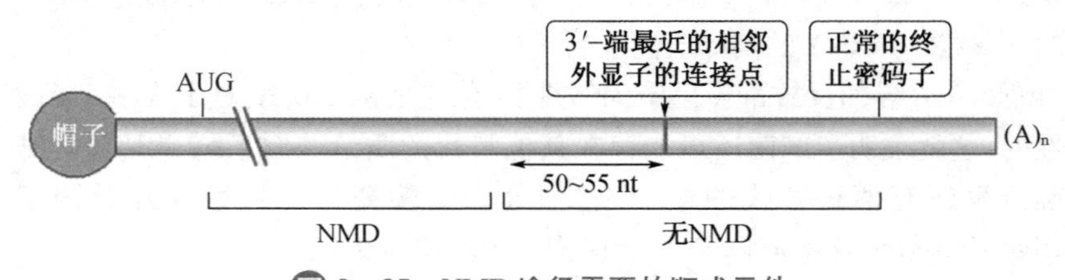

图9-35 NMD途径需要的顺式元件

在细胞质基质中,对于一个正常的mRNA来说,核糖体在对它进行首次翻译的时候,从起始密码子翻译到正常的终止密码子,途中一定会遇到EJC。EJC在碰到核糖体的时候,即被“替换下场”。然而,对于含有PTC的mRNA来说,核糖体会提前遇到PTC。如果PTC位于EJC的上游,那么下游的EJC就难于被替换,会待在原地。这被参与NMD的蛋白质因子视为有问题的信号。于是,EJC作为一种mRNA曾经被剪接过的位置特异性印记,它是否存在及其存在位置直接决定了一个mRNA是否异常。支持EJC作用的主要证据有:(1) NMD对缺乏内含子的转录物一般不起作用;(2) 将EJC的任何成分固定到一个终止密码子的下游可诱发NMD;(3) 阻止有效翻译的顺式元件或化学试剂可激活NMD。

EJC可将UPF1、UPF2和UPF3招募到它的周围来参与NMD。在这里，UPF3首先与EJC的核心结构结合，再将UPF2招募过去，从而形成UPF3-UPF2-EJC三元复合物。与此同时，暂停在PTC的核糖体通过与eRF1和eRF3的相互作用对UPF1进行招募，由此形成由SMG1、eRF1、eRF3和UPF1组成的多元复合体。在这个复合体中，UPF1因受到结合在EJC上的UPF2-UPF3的招募，便成了核糖体和下游EJC之间相互作用的纽带。这种相互作用触发了SMG1对UPF1的磷酸化修饰，从而导致eRF1和eRF3的解离。在两种释放因子解离后，留下了由EJC、UPF3、UPF2、磷酸化的UPF1和SMG1组成的复合物，这种复合物转而激发NMD。NMD被激活以后，无义的mRNA在两端同时被降解：在5′-端，先"脱帽"，然后5′-外切酶Xrn1对其降解，而在3′-端，先"去尾"，然后是3′-外切酶对其降解。无义mRNA由于迅速被水解，因而不能再作为模板翻译出对细胞可能有害的异常蛋白。

已有证据表明，NMD不仅参与清除真核细胞内含有PTC的异常mRNA，有时还可以对一些正常的mRNA进行定向清除，从而调节它们在细胞内的相对丰度。

2. NSD

真核生物处理无终止密码子mRNA的机制与细菌完全不同，由于没有tmRNA，无法进行反式翻译，只能使用NSD将其降解。

mRNA缺乏终止密码子通常不影响到翻译的起始，故翻译照常可以在这些mRNA上起动、延伸。但由于无终止密码子，翻译无法终止。核糖体会沿着mRNA模板持续翻译，直到mRNA的3′-端。当核糖体进入多聚A尾巴以后，与其结合的PABP被取代，多聚A尾巴也会作为模板被翻译，产生多聚赖氨酸。一旦mRNA的3′-端进入核糖体的A部位，核糖体就进入暂停状态，这时候的A部位被Ski7p蛋白的C端识别和结合。Ski7p含有与eIF1α和eRF3同源的GTP酶结构域，它与A部位的结合可将一种叫外体(exosome)的核糖核酸酶复合体招募到mRNA的3′-端，同时导致核糖体的解离。随后，外体从3′-端降解mRNA，而C端含有多聚赖氨酸的多肽也被特定的蛋白酶降解(图9-36)。

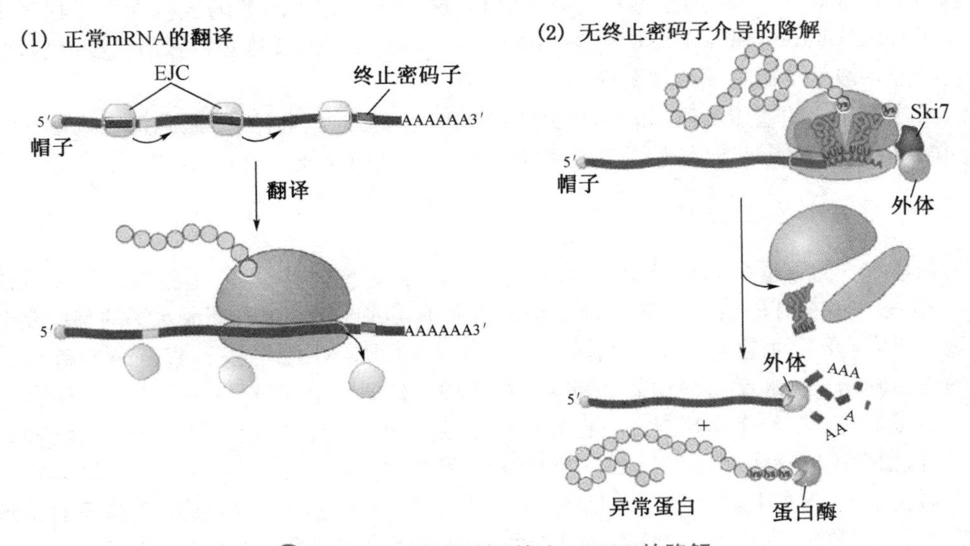

图9-36　真核细胞无终止mRNA的降解

在酵母细胞内，已发现一种没有Ski7p参加的NSD途径。该途径的基本过程是：(1) 核糖体在翻译到多聚A尾巴的时候，导致PABP的脱落。(2) PABP的脱落又诱发了5′-端脱帽反应。(3) 一旦帽子脱落，外切核酸酶XrnI从5′-端降解mRNA。

3. NGD

NGD主要用来处理细胞内有核糖体在上停留但已翻译不下去的mRNA。导致核糖体在mRNA上"熄火"的原因有多种:可能是它遇到了mRNA上强劲的二级或三级结构,如茎环结构或假节结构,也可能遇到了稀有密码子,或者遇到了发生脱嘌呤的无碱基位点等。当核糖体因此"裹足不前"的时候,细胞内一对分别与eRF1和eRF3高度同源的Pelota(酵母为Dom34)/Hbs1蛋白复合物,便结合在熄火的核糖体A部位附近。而一旦它们与核糖体结合,便破坏mRNA-tRNA的相互作用,随后一些参与降解的RNA酶被招募过来,先是内切酶在核糖体暂停的地方切开mRNA,然后外体和Xrn1分别从3′→5′和5′→3′方向继续水解已断开的mRNA。

4. NRD

NRD分为18S NRD和25S NRD。其中18S NRD专门处理有缺陷的40S小亚基核糖体,负责招募Pelota/Dom34、Hbs1和Ski7p,导致18S rRNA的降解;25S NRD专门处理有缺陷的60S大亚基核糖体,涉及泛素和蛋白酶体系统。

三、古菌翻译系统的质量控制

古菌的翻译质量控制系统与真核生物相似:根据生物信息学数据以及晶体结构的分析,发现古菌具有真核生物相似的NGD系统,但没有细菌的tmRNA系统,其参与NGD的aPelota与酵母Dom34有20%的一致性和40%的相似性,不过还没有发现Hbs1的同源物,那可能是因为古菌aEF1α行使了Hbs1的功能。

第五节 再次程序化的遗传解码

绝大多数蛋白质的生物合成都是以一条mRNA作为模板,从起始密码子开始翻译,到终止密码子结束,肽链在延伸的时候,每参入一个氨基酸,核糖体只移位一个密码子。但是,已发现有少数蛋白质在翻译的过程中,当核糖体前进到mRNA某些区段的时候,却偏离上述常规,以一些特殊的方式进行解码,这些特殊方式的解码统称为再次程序化的遗传解码(reprogrammed genetic decoding)。一旦核糖体通过这些特殊的区段以后,就重新按照一般的解码方式继续翻译。

再次程序化的遗传解码形式一般包括:翻译水平的移框、通读、跳跃翻译以及硒代半胱氨酸(selenocysteine,Sec或U)和吡咯赖氨酸(pyrrolysine,Pyl或O)的参入。

一、翻译水平的移框

翻译水平的移框(translational frameshift)也称为核糖体移框,它是指核糖体在移位时,一次移动的核苷酸数目不是3,而是小于或大于3的现象。这种翻译水平的移框完全打破了原来ORF的连续性,迫使翻译在一个全新的ORF内继续进行,直至遇到新ORF内的终止密码子。通常将移动2个和4个核苷酸的移框分别称为-1移框和+1移框。

翻译中的移框经常出现在一些逆转录病毒翻译POL蛋白(含有逆转录酶和整合酶)的时候,如劳氏肉瘤病毒(RSV)和HIV-1等。RSV的*pol*、*gag*以及*env*基因同处在一个多顺反子mRNA上,但由于真核生物mRNA在翻译起始的时候,起始密码子的识别依赖于5′-端的帽子,因此只有靠近5′-端的*gag*基因才能被翻译,而在后面的*pol*基因则无法正常地启动翻译。那么,如何让*pol*基因也能够翻译呢?这里有一种方法,就是让*pol*基因借用*gag*基因的起始密码子,乘*gag*"翻译的东风",接着翻译*pol*基因。然而如果借用,当翻译遇到*gag*的终止密码子,又怎么办?研究表明,核糖体在翻译到*gag*的终止密码子UAG前一个密码子处,进行了-1移框。该终止密码子周围的碱基序列是-ACA AAU UUA [UAG] GGA GGG CCA-,对应的氨基酸序列是Thr-Asn-Leu。但经过一1移框以后，可读框变为- ACA AAU UUAUA GGG AGG GCC A -，对应于的氨基酸序列是 Thr - Asn - Leu - Ile - Gly - Arg - Ala。于是，原来的 UAG 不能再作为终止密码子起作用了，核糖体继续翻译直到遇到 *pol* 基因的终止密码子。通过这种方式合成出来的先是 GAG 和 POL 的融合蛋白，然后通过特殊的蛋白酶的剪切，可释放出 POL 蛋白。以上发生移框的效率约为 5%，这意味着 95%的翻译在遇到 *gag* 基因的终止密码子时会正常终止，合成出来的产物为单独的 GAG 蛋白。这样一来，通过翻译移框，不但解决了 *pol* 基因不能正常翻译的问题，而且可以很好地满足病毒对 GAG 蛋白和 POL 蛋白的不同需求，因为病毒对 GAG 蛋白的需求远远大于对 POL 蛋白的需求。

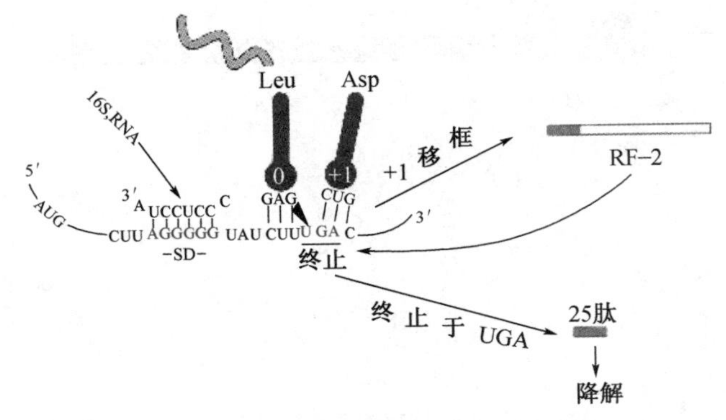

图 9-37　大肠杆菌的 RF2 在翻译水平的移框

大肠杆菌 RF2 是通过+1 移框得以翻译的例子(图 9-37)。通过这种方式，大肠杆菌可以很好地控制自身的水平。已知 RF2 能识别 UAA 或 UGA 这两种终止密码子，它本身的第 26 个密码子为 UGA。如果细胞内 RF2 的浓度较高，核糖体在翻译到这个密码子时就会终止。这时得到的产物并不是 RF2，而是一个无功能的二十五肽；但若细胞内 RF2 的浓度较低，翻译就不能有效地终止。这时核糖体发生+1 移框，翻译得以在一个新的 ORF 中继续进行，直至翻译出完整的 RF2。

进一步的研究表明，发生移框的效率还是颇高的：30%的核糖体会发生移框，得到全长的 RF2。在移框位点，RF2 - mRNA 原来在核糖体 P 部位上的密码子(CUU)与肽酰- tRNA 之间的反密码子(GAG)的配对被打破，然后在新的框架内，依赖与 CUU 重叠的密码子 UUU 和 GAG 之间的配对，使核糖体向前滑移了一个核苷酸的距离，从而使原来的 UGA 偏离了 ORF，不再起终止作用。

实际上，在终止和移框之间始终存在着竞争，哪一种势力取胜，一是取决于 RF2 在细胞内的浓度，二是取决于移框位点的序列特征。RF2 作为再解码的产物，其本身却促进核糖体终止于 UGA 或 UAA，因此，当 RF2 量很多时，竞争倾向于终止而不是移框；反之，如果 RF2 的量供应不足，移框就在竞争中获胜，RF2 的浓度恢复。移框位点本身的序列是有利于移框的：首先，UGA 的后面是一个 C，这是一个弱终止环境；其次，CUU 本身是一个容易“打滑”的密码子。

更深入的研究还发现，在移框位点上游 3 个核苷酸的区域有一段刺激移框发生的序列。该序列与 SD 序列一样，能够与 16S rRNA 配对。于是，RF2 - mRNA 有两个 SD 序列：一个用于翻译的起始，另一个促进移框。移框位点与第二个 SD 之间的间隔序列长度也非常关键，对于 RF2 来说，必须是 3 个碱基。第二个 SD 序列的作用可能是因为它与 rRNA 之间的配对，扭曲了翻译复合物，致使核糖体要么向前滑动发生正移框，要么向后滑动发生负移框。

鸟氨酸脱羧酶的抗酶(ornithine decarboxylase antizyme，ODC - AZ)是第一例在真核生物体内发现的发生+1 移框的蛋白质。ODC - AZ 是鸟氨酸脱羧酶(ornithine decarboxylase,ODC)天然的抑制蛋白,在与ODC结合以后,可降低ODC的稳定性,使其很快发生降解。ODC是多胺(polyamine)合成途径中的限速酶。通过分析ODA的cDNA的碱基序列发现,其mRNA具有ORF1和ORF2的两个可读框,ORF2与ORF1重叠,并相差+1个核苷酸。但是,ORF1的碱基序列太短,不可能编码ODA,而ORF2的起始密码子无法识别,故也不可能编码ODA(图9-38)。ODA的翻译是以ORF1的起始密码子开始的,再通过移框进入ORF2继续翻译,最终得到全长的目标产物。实验证明,ORF2的移框需要UGA下游的假节结构,并受到细胞内高水平的多胺的诱导。

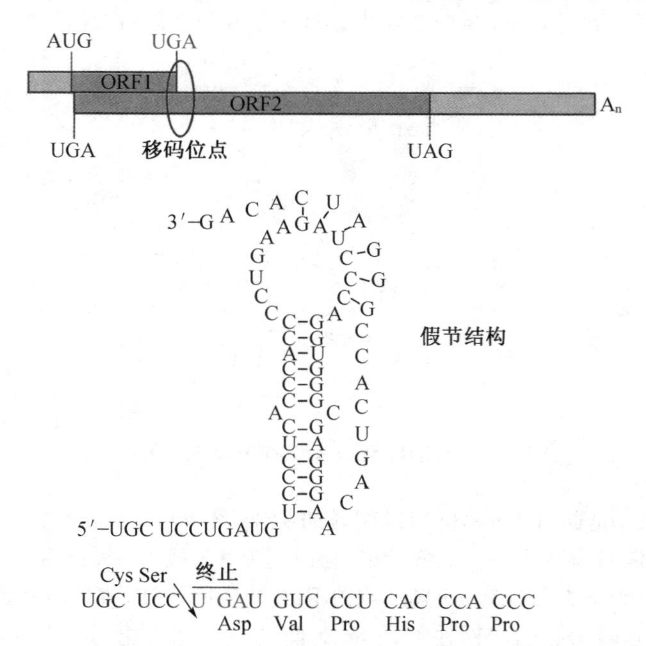

图9-38 哺乳动物ODC-AZ基因的结构及影响其翻译水平移框的顺式元件

二、通读

通读(read-through)是指一个ORF在翻译中其内的1个终止密码子编码了一个正常的氨基酸,从而得到一个加长的多肽链的过程。发现有这种现象的也主要是一些病毒,如烟草花叶病毒(tobacco mosaic virus,TMV)和鼠类白血病病毒(MMLV)。MMLV是一种逆转录病毒,其POL蛋白也是与GAG蛋白一起作为融合蛋白被表达的,但并不是通过翻译移框方式实现的,而是在翻译GAG蛋白的时候,经历了通读,将它的终止密码子UAG当作Gln的密码子。这里通读的效率也只有5%左右。

三、跳跃翻译

跳跃翻译(jumping translation或bypass translation)是指核糖体在翻译的过程中,直接跳过ORF中的一段核苷酸序列,再接着翻译下游序列的现象。这段漏读的序列并不决定任何氨基酸序列,因此被称为翻译水平的内含子(translational intron),以区别于分别在转录后加工和翻译后加工中除去的内含子和内含肽。对跳跃翻译了解得最深入的例子有两个:一是T4噬菌体的基因60蛋白,二是大肠杆菌色氨酸阻遏蛋白(TrpR)。其中前者是美籍华裔学者黄惠敏和当时在美访问的中国学者敖世洲于1988年共同发现的。基因60编码的是DNA拓扑异构酶的一个亚基。通过比较这个亚基的氨基酸序列和基因60的核苷酸序列发现,其ORF中有一段50 nt组成的序列没有翻译,这段序列将前46个密码子(GGA)和后114个密码子(GGA)分开。没有证据证明基因转录后经历过剪接反应,唯一可能的解释是核糖体在翻译到第46个密码子后,发生了跳跃,跳过了这

50 nt 序列组成的间隙(效率近 100%),继续翻译下游的 114 个密码子(图 9-39)。若将基因 60 中长为 258 nt 的片段与大肠杆菌的β-半乳糖苷酶(*lacZ*)基因构建成的融合质粒在大肠杆菌里表达,也出现跳跃现象。此外,将基因 60 导入酵母细胞也发生跳跃。

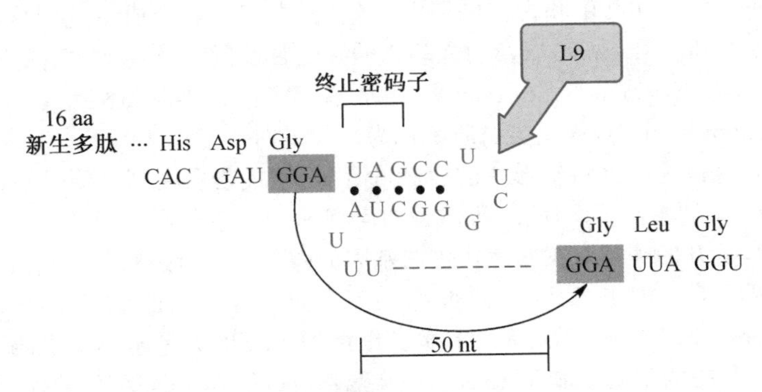

图 9-39　T4 噬菌体的基因 60 蛋白的跳跃翻译

TrpR 是跳跃翻译的又一个例子,该基因编码两种蛋白质,它们的大小分别是 12 kDa 和 10 kDa。这两种蛋白质 N 端氨基酸的序列完全是一样的,但 C 端的序列完全不同。经研究发现,10 kDa 是核糖体翻译 12 kDa 的 ORF 中发生了跳跃的结果,共跳跃 55 个核苷酸。由于 55 非 3 的整数倍,因此跳跃同时导致核糖体发生了移框,移框应属于 55－3×18＝＋1 移框。移框必然使得 10 kDa 蛋白质的 C 端氨基酸序列不同于 12 kDa 蛋白质。将含有 *trpR-lacZ* 融合基因的质粒在大肠杆菌中表达,也发生了跳跃。

除了上述两个经典的跳跃翻译的例子以外,Lang B. F. 等人于 2014 年在一种酵母(*Magnusiomyces capitatus*)的线粒体内,发现了大规模的跳跃翻译现象:其 15 种必需的蛋白质有 12 种会在翻译中发生跳跃,而且跳跃的次数多数还不止一次。在翻译中被跳过的序列共有 81 种,长度为 27 nt～55 nt。如果这些序列在翻译的时候不被跳过,就会造成移框、提前终止等,从而使翻译出来的蛋白质失去功能。例如,参与呼吸链的 NADH∶辅酶 Q 脱氢酶(NADH∶ubiquinone dehydrogenase)的亚基 2 和亚基 5 的 mRNA 在翻译的时候,分别发生了 11 和 12 次跳跃(图 9-40)。

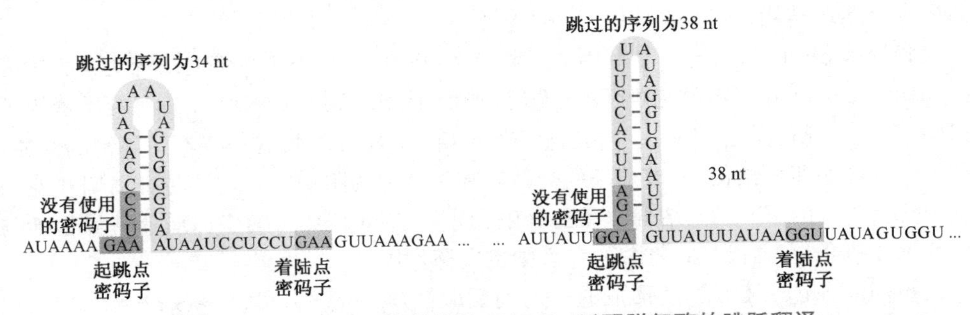

图 9-40　一种酵母线粒体的 NADH∶泛醌脱氢酶的跳跃翻译

关于跳跃翻译的机制,一般认为是:首先,核糖体暂停在一个不能翻译的密码子上游;然后,与肽酰-tRNA 一道起跳,从而与 mRNA 短暂解离;最后,再在下游一个相同或者同义密码子处"着陆",重新与 mRNA 结合并继续翻译。

至于核糖体为什么在特殊的位点发生跳跃,至今还没有一个令人信服的解释。在分析跳跃位点周围的碱基序列以及对这些序列进行点突变实验后,发现基因 60 核糖体的起跳点和着陆点处的密码子必须满足能被同一种 tRNA 识别的条件。此外,被跳过的序列长度、其中的终止密码子和茎环结构、L9 对茎环结构稳定性的调节以及上游被翻译出来的 16 肽对跳跃均有影响,但是以上这些特征并不适用于 *TrpR* 基因。

四、硒代半胱氨酸和吡咯赖氨酸的参入

硒代半胱氨酸作为第21种蛋白质氨基酸,存在于细菌、古菌和真核生物体内一些特殊的蛋白质分子之中,如细菌和古菌的甲酸脱氢酶、古菌参与合成甲烷的异二硫化物还原酶(heterodisulfide reductase)以及哺乳动物的谷胱甘肽过氧化物酶、四碘甲状腺素5′-去碘酶(tetraikiodothyronine 5′- deiodinase)和含有多个硒代半胱氨酸残基(7～10个)的硒蛋白P(Selenoprotein-P),这些蛋白质统称为硒代蛋白。

Sec的参入可视为一种特殊形式的通读,原因是硒代蛋白在翻译的时候,将UGA终止密码子作为Sec的密码子。那么,机体是如何将Sec的密码子——UGA与正常的终止密码子UGA区分开的呢?对某些硒代蛋白基因的碱基序列所进行的分析以及点突变得到的结果表明:UGA的通读与一种被称为硒代半胱氨酸插入序列(Selenocysteine insertion sequence,SECIS)的顺式元件有关。细菌的SECIS是紧靠Sec密码子下游处的一个茎环结构,其中的茎由于非Watson-Crick碱基对(UGAC/UGAU)的存在而发生90°的弯曲(图9-41)。在大肠杆菌甲酸脱氢酶的mRNA分子上,位于UGA下游40 bp的区域也是Sec参入所必需的。

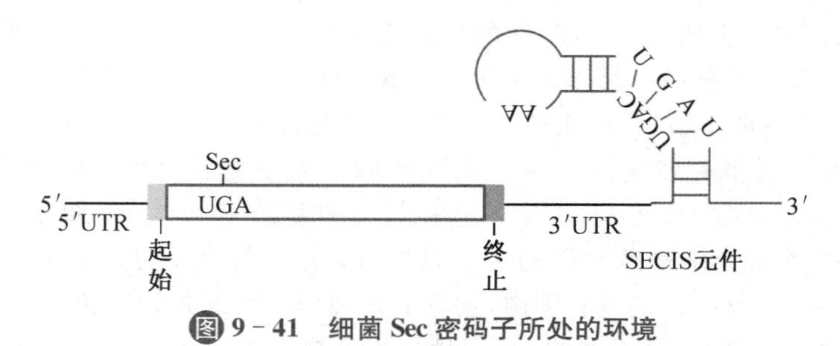

图9-41 细菌Sec密码子所处的环境

真核生物的SECIS则存在于3′-UTR,在一级结构上无一致序列,但二级结构也需要一个茎环结构,而且一个非常规的碱基对AG对SECIS的功能也非常重要。在四碘甲状腺素5′-去碘酶mRNA的3′-UTR中,有一段距离UGA约1 Kb的250 bp区域也是必需的。

古菌的SECIS一般也存在于3′-UTR,但极少数古菌却在5′-UTR,在二级结构上也需要一个茎环结构。

大肠杆菌Sec的参入与4个基因的产物有关(图9-42):Sel A将Ser转变成脱氢丙氨酸(dehydroalanine);Sel B为类EF-Tu延伸因子;Sel C为$tRNA^{Sec}$,其上的反密码子能识别UGA;Sel D激活HSe^-。与其他tRNA相比,$tRNA^{Sec}$具有一些不同寻常的性质:含有1个特殊的茎环结构、一个加长的受体茎和一个大的附加臂。这些特征可阻止它与细胞中含量丰富的EF-Tu结合。在真核生物中,一种叫SBP2的蛋白质能特异性地与SECIS元件结合,在硒代半胱氨酸的参入中也发挥作用。

大肠杆菌Sec-$tRNA^{Sec}$的形成通过下列反应:(1) Ser＋$tRNA^{Sec}$→Ser-$tRNA^{Sec}$,该反应由丝氨酰-tRNA合成酶催化;(2) Selenide(硒化物)＋ATP→磷酸硒化物＋AMP＋Pi,该反应由磷酸硒化物合成酶(Selenophosphate synthetase,SelD)催化;(3) 磷酸硒化物＋Ser-$tRNA^{Sec}$→Sec-$tRNA^{Sec}$＋H_2O,该反应由硒代半胱氨酸合成酶(Sel A)催化。

当翻译到Sec的UGA的时候,下游位置的SECIS与Sec-$tRNA^{Sec}$、Sel B和GTP形成四元复合物,Sec-$tRNA^{Sec}$进入A部位,肽酰转移酶催化Sec的参入(图9-43)。硒代半胱氨酸参入的效率并不总是100%,例如在缺硒的条件下,哺乳动物的1型去碘酶在翻译到UGA时会提前终止。

吡咯赖氨酸是于2002年才发现的第22种蛋白质氨基酸,在自然界十分罕见,目前只发现存在于一些产甲烷古菌,以及某些属于革兰氏阳性细菌的厚壁细菌(*Firmicutes*)

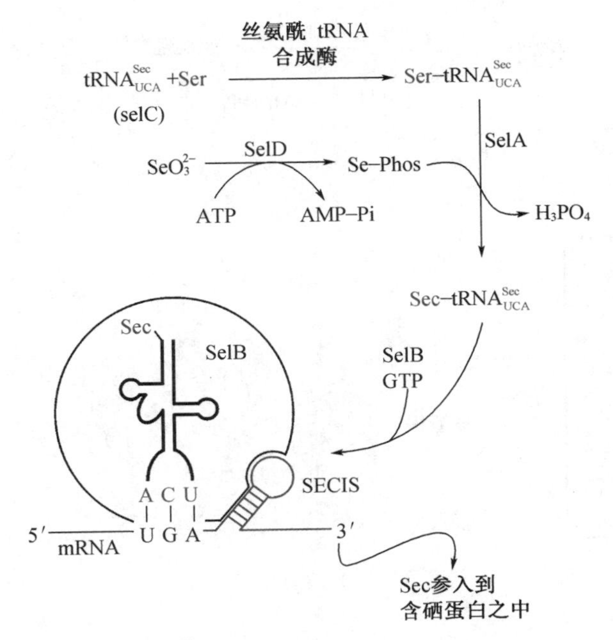

图 9-42　细菌 Sec 的参入

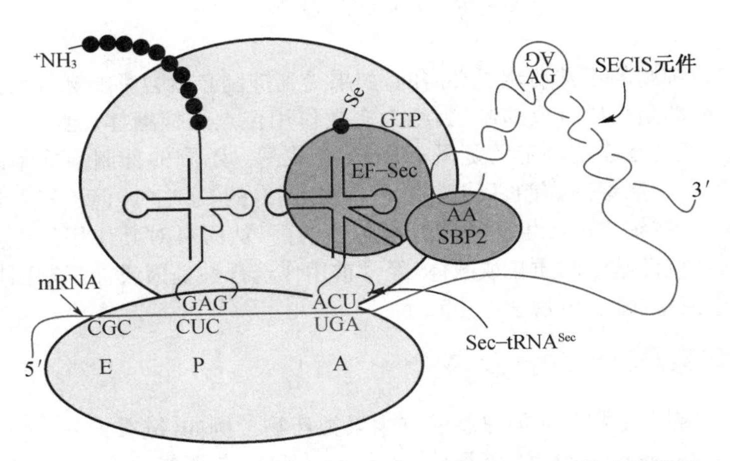

图 9-43　SECIS 元件在帮助 Sec-$tRNA^{Sec}$ 进入 A 部位中的作用

和 δ-变形细菌(*Deltaproteobacteria*)体内。在产生甲烷的古菌体内,那些催化甲烷合成的酶分子中就有 Pyl 残基。Pyl 的参入也是一种特殊的通读事件,发生通读的终止密码子为 UAG,由一种特殊的 $tRNA^{Pyl}$ 进行解码(*pyl*T 基因编码)。这种 tRNA 有几个性质跟其他 tRNA 有所不同:例如反密码子茎要长(其他 tRNA 为 5 bp,它为 6 bp),其他部分则偏短;再如,其 D 环没有 G18G19,T 环上也没有标志性的 TψC 序列。$tRNA^{Pyl}$ 带有的反密码子为 CUA,个性为受体茎上的第一个碱基对 G1∶C72 和 G73。

催化 Pyl-$tRNA^{Pyl}$ 合成的酶由 *pyl*S 基因编码,属于第二类氨酰-tRNA 合成酶,该酶直接催化游离的 Pyl 与 $tRNA^{Pyl}$ 形成 Pyl-$tRNA^{Pyl}$。游离的 Pyl 由 2 个 Lys 在 *pylBCD* 基因编码的三个酶——赖氨酸变位酶-脯氨酸-甲基化酶(lysine mutase-proline-2 methylase)、吡咯赖氨酸合成酶(pyrrolysine synthetase)和脯氨酸还原酶(proline reductase)催化产生的。

Quiz11 你认为将来有可能发现由 UAA 编码的第 23 种蛋白质氨基酸吗?

与 Sec 的参入一样,UAG 被通读成 Pyl 需要其下游的一段称为 Pyl 插入序列(pyrrolysine insertion sequence,PYLIS)的元件,PYLIS 形成茎环结构,促进 Pyl 的参入(图 9-44)。

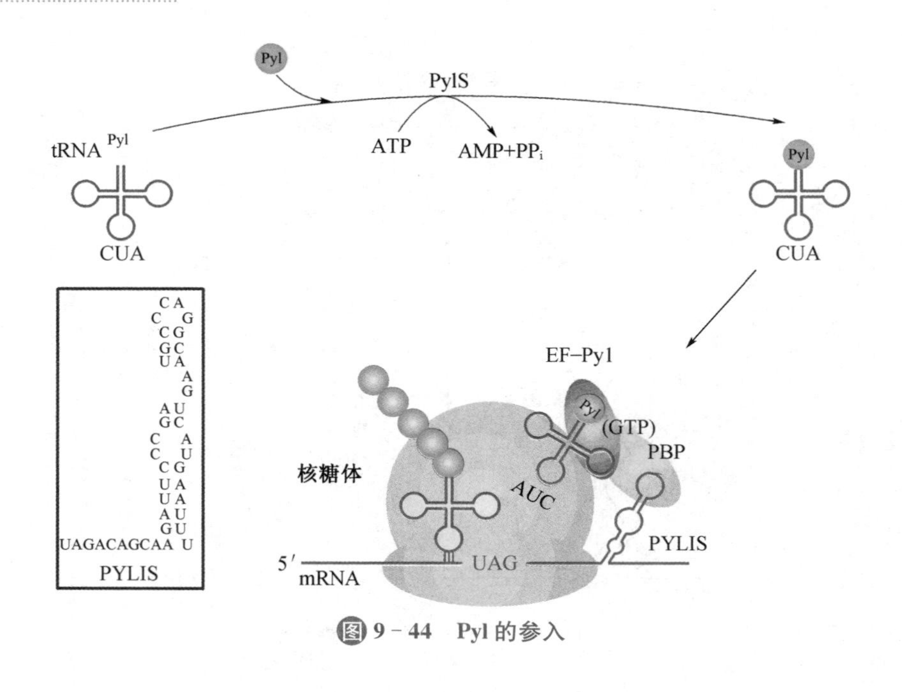

图 9-44 Pyl 的参入

第六节 翻译的抑制剂

翻译是维持细胞的正常功能所必需的,如果受到抑制必然会影响到细胞的生存。自然界有各种各样的蛋白质合成抑制剂,绝大多数作用位点是核糖体,也有作用起始因子或延伸因子,还有的是作用特定的氨酰-tRNA 合成酶。不同的抑制剂抑制的生物种类不尽相同,有的只抑制细菌,有的只抑制真核生物,还有的"通吃"。但不管是何种翻译抑制剂,自然界有一些细胞可产生一种将其破坏掉的酶,从而可对其作用产生抗性。带有某种翻译抑制剂抗性基因的质粒或载体,经常被用作选择性基因或标记基因用于分子克隆中(参看第十三章 分子生物学方法)。

一、细菌翻译系统的抑制剂

这一类抑制剂大多数是人们熟悉的抗生素类药物。例如,链霉素(streptomycin)、氯霉素、林可霉素(lincomycin)、稀疏霉素(sparsomycin)、卡那霉素(kanamycin)、红霉素(erythromycin)、四环素(tetracycline)、梭链孢酸(fusidic acid)和黄色霉素(kirromycin)等,作用对象是细菌,真核生物和古菌一般则不敏感,但如果用量过大并进入了线粒体或叶绿体,细胞器翻译系统也会受到抑制,在这种情况下,真核细胞的功能同样受到影响,这是许多抗生素产生副作用的主要原因。

链霉素是一种氨基糖苷(aminoglycoside)类抗生素,在低浓度下,能导致核糖体误读 mRNA,这时它只会抑制敏感菌的生长,不会杀死敏感菌。但在高浓度下,链霉素则完全抑制了翻译起始,敏感菌会被杀死。某些对链霉素有抗性的菌株是因为它们的核糖体 S12 蛋白发生了突变,也有的仅仅是 16S rRNA 的 C912 发生了突变。奇怪的是,某些突变株不仅抗链霉素,而且缺乏它反而不能生长。

氯霉素、林可霉素和稀疏霉素的作用机制相似,它们都是与核糖体 50S 亚基结合,抑制细菌大亚基的肽酰转移酶活性。

卡那霉素的作用机制是通过与 30S 核糖体小亚基结合,致使 mRNA 密码误读。

四环素的作用机制是通过与小亚基结合而抑制氨酰-tRNA 的结合,此外,它还能抑制 ppGpp 的合成而解除严谨反应(参看第十一章 原核生物基因表达的调控)。

红霉素作用位点是 50S 亚基上的多肽链离开通道,可阻止正在延伸的肽链的离开,从而抑制翻译。

与大多数翻译抑制剂不同，黄色霉素和梭链孢酸这两种抗生素的作用对象不是核糖体，而是参与翻译的延伸因子。其中，黄色霉素作用的是 EF－Tu，通过与 EF－Tu 的特异性结合，形成氨酰-tRNA·EF－Tu·GTP·黄色霉素复合物。此复合物在与核糖体结合以后，EF－Tu 很难再从核糖体解离，因而最后细胞无游离的 EF－Tu 催化氨酰-tRNA 进入 A 部位结合；梭链孢酸作用的是 EF－G，通过与核糖体-EF－G·GDP 结合，阻止 EF－G·GDP 与核糖体的解离，从而使得 EF－G 无法循环利用而抑制翻译。

二、真核生物翻译系统的抑制剂

这类抑制剂可抑制真核翻译系统，有的还抑制古菌翻译系统，但不抑制细菌翻译系统，例如白喉毒素(diphtheria toxin, DT)、蓖麻毒素(ricin)、a-帚曲霉素(a-sarcin)、茴香霉素(anisomycin)和放线菌酮(cycloheximide)。

DT 是由白喉杆菌(*Corynebacterium diphtheria*)的一种溶原性噬菌体产生的外毒素，在进入真核细胞后，可催化 NAD^+ 上的 ADP-核糖基转移到 eEF2 分子上使其失活，从而抑制移位反应。eEF2 分子接受 ADP-核糖基的是一个带有特殊化学修饰的 His 残基——白喉酰胺(diphthamide)。古菌的 aEF2 也可受到此方式的抑制，但细菌相当于 eEF2 的 EF－G 不存在这样的 His 残基，所以不会发生 ADP-核糖体基化修饰，也就不会受到它的抑制。

蓖麻毒素是存在于蓖麻籽之中的一种毒蛋白，其毒性是氰化钾的 100 倍。在真核细胞内，它作为一种特异性的 N-糖苷酶，可切下 28S rRNA 上的一个 A，而导致核糖体失活。该 A 编号为 A_{4324}，位于真核生物 28S rRNA 一段高度保守的十二聚核苷酸序列——$AGUACGA_{4324}GAGGA$ 之中。此段序列也称为帚曲霉素-蓖麻毒素环(sarcin-ricin loop, SRL)。一旦 SRL 中的 A_{4324} 被切除，将导致参与翻译的延伸因子无法与核糖体结合，从而使翻译受阻。

α-帚曲霉素是由一种真菌产生的毒素，其作用机制与蓖麻毒素类似，在真核细胞内也是作为一种特异性的内切核糖核酸酶可切断 28S rRNA，从而导致延伸因子与核糖体的结合受到抑制。不过它也可以作用细菌细胞内的 23S rRNA，而导致细菌的翻译受阻。

茴香霉素和放线菌酮的抑制原理相似，都是与真核生物核糖体大亚基结合，阻止翻译过程中核糖体的移位，从而抑制翻译的延伸。

三、既抑制细菌又抑制真核生物翻译系统的抑制剂

少数抑制剂既能抑制细菌又能抑制真核生物的蛋白质合成，如嘌呤霉素。嘌呤霉素之所以能够"通吃"，是因为它在分子结构上与氨酰-tRNA 非常相似(图 9－45)，因此在

Quiz12 与其他抑制剂相比，嘌呤霉素需要更高的剂量才能达到同样的抑制效果。你认为其中的原因是什么？

嘌呤霉素　　酪氨酰-tRNA

图 9－45 嘌呤霉素的化学结构

翻译时也能够进入A部位,并在肽酰转移酶催化下,其氨基接受来自P部位的肽酰-tRNA分子上的肽酰基,形成肽酰嘌呤霉素。然而,形成的肽酰嘌呤霉素并不能进行移位反应,而是不久与核糖体解离,一旦解离下来,肽链的合成便提前结束。嘌呤霉素通过这种作用方式显然也可以抑制古菌的蛋白质生物合成。再如,一种由吸水链霉菌(*Streptomyces hygroscopicus*)产生的抗生素潮霉素B(hygromycin B),可稳定氨酰-tRNA与A部位的结合从而阻止其移位到P部位,致使翻译受到抑制。

科学故事——RNA领带俱乐部与遗传密码的破译

1953年2月的最后一天,Francis Crick面对剑桥老鹰酒吧的顾客向世人宣布:"我们发现了生命的秘密"。历史证明,他们发现的DNA双螺旋结构的的确确几乎蕴藏着生命的全部秘密,但将其一一揭示出来并非易事。

1953年,还没有一个人读过任何一种DNA分子的碱基序列,即便是其中的一个基因。而人们对蛋白质的认识要好一些。当时,Frederick Sanger快要完成胰岛素的全氨基酸序列的测定,其他一些蛋白质片段的氨基酸序列也有发表。但是,关于每一个蛋白质都有精确的特定序列的观点还没有完全被世人接受,即使构成蛋白质的氨基酸种类也存在争议。mRNA和tRNA还没有被发现,核糖体虽然被人们在电镜下看到过,但它的功能也是一无所知。看来,细胞中将DNA上面的遗传信息转化成蛋白质的所有生化机制都等待着人类去认识、阐明。

关于DNA的复制的秘密,人们似乎更容易找到答案,事实上Watson和Crick在他们提出的DNA双螺旋结构中已有预测,其中的原因是因为探测复制机器并不需要先搞清楚碱基序列的含义,就好像操作复印机的人并不需要明白复印文本的内容。

与此相比,揭示翻译的秘密要困难得多。其中牵涉到很多问题,例如,DNA直接充当蛋白质合成的模板吗?DNA双螺旋的两条链都贮存遗传信息吗?如果是一条链,那么如何确定是哪一条链呢?

第一个提出DNA编码机制的科学家是George Gamow,他既不是生物学家,也不是化学家,而是一位赞同"宇宙大爆炸"理论的物理学家。在他最初称为"钻石密码"(The Diamond Code)的想法中,认为双链DNA直接充当将氨基酸装配成蛋白质的模板。沿着DNA双螺旋上沟中的不同碱基组合能形成不同形状的空洞,它们以碱基为界,就像钻石的四个面,以容纳侧链不同的氨基酸。每一个空洞吸引一个特定的氨基酸,当所有的氨基酸沿着沟按照正确的次序排列好以后,一种酶从头至尾将它们聚合在一起。

几年后,Crick写道:"Gamow工作的重要性在于它是一个很抽象的编码理论,没有塞进许多不必要的化学细节"。然而,Gamow的"钻石密码论"很快就被证明是错误的,取而代之的是新发现的mRNA充当翻译的模板,但弄清楚mRNA上的核苷酸序列如何编码蛋白质分子上的氨基酸序列在当时的条件下是十分困难的。

在当时,许多研究者像"独行侠"一样在进行研究,而Gamow认为,取得进展的最好途径是集体的力量和智慧,这样来自不同领域的科学家可以一起分享他们的想法和成果。于是,在1954年,他提议建立了"RNA领带俱乐部"(RNA Tie Club)。其宗旨是解决RNA结构之谜,揭示其如何建造蛋白质的。他们的口号是"要么实干,要么死亡,要么放弃"(Do or die, or don't try)。

俱乐部有20个常委,每一个代表一个氨基酸,4个名誉委员,每一个代表一种核

图 9-46 1955 年,RNA 俱乐部的四巨头在英国剑桥会议的一次合影

Crick(后左),Leslie Orgel(后右),Alexander Rich(前左)和 Watson(前右)

苷酸(图 9-46)。所有的成员都带有羊毛领带,其上绣有绿黄螺旋代表 RNA 的化学结构,而特制的领带夹上刻有一种氨基酸的三字母缩写。例如,Gamow 代表的是 ALA,Watson 是 PRO,Crick 是 TYR,Sydney Brenner 是 VAL。在成员中,不乏许多有名的科学家,其中有 8 个已经是或者后来成为诺贝尔奖得主。像 Brenner 获得 2002 年的诺贝尔生理学或医学奖,因为他发现了器官发育和细胞凋亡的基因控制机制。俱乐部的成员每年碰头两次,平时经常通信保持联系,以及时分享那些还没有成熟到在专业杂志上发表的一些奇想。1955 年,Crick 在成员内部提出了它的"适应体假说"(Adapter Hypothesis),该假说从来没有在合适的刊物上正式发表。该学说的主要内容是:细胞内有一种未知的结构携带着氨基酸将它们按照核酸链上的对应的核苷酸序列排列,每一种氨基酸需要一种适应体分子,以及一种特定的酶。于是共有二十种酶,分别催化每一种氨基酸与其相应的适应体分子的结合。而每一个适应体分子通过必需的氢键结合在核酸模板特定的位置,在需要的时候,提供结合的氨基酸。后来,Crick 出版了一个很短的评论,概述了它的适应体假说,并猜想适应体可能是一种很小的核酸。

与此同时,Gamow 使用数学的方法推理几个核苷酸决定一个氨基酸,他提出三个核苷酸决定一个氨基酸,就能够让四种核苷酸决定 20 种不同的氨基酸。

然而破译遗传密码的主要功臣 Marshall Nirenberg 并不是领带俱乐部的成员。1961 年,他在莫斯科的一次生化会议上介绍了他破译的第一个遗传密码 UUU。

在 RNA 领带俱乐部在尝试破译遗传密码的时候,在 NIH 工作的 Nirenberg 与他的同事 Johann H. Matthaei 在做同样的事情。他们建立了无细胞翻译系统,在试管里研究由多聚核苷酸磷酸化酶催化合成的简单 RNA 模板如何决定合成出来的多肽的氨基酸序列。第一个被破译的密码是 UUU,它决定 Phe,因为在他们建立的体外翻译系统中,多聚 U 指导了多聚 Phe 的合成。就在 Nirenberg 还在莫斯科出席会议的时候,他接到了 Matthaei 的电话,被告知 CCC 可能是 Pro 的密码。

后来 Wisconsin 大学的 Gobind Khorana 建立了有机合成核酸的方法,再加上不久建立的核糖体结合技术,导致所有的遗传密码得以破译。而 Cornell 大学的化学家在其在 Caltech 学习蛋白质合成研究的时候发现了 tRNA。在 1965 年,Holley 得到了这种 tRNA 精确的结构。他所发现的 tRNA 就是十年前 Crick 提出的适应体分子。

1968 年,Nirenberg、Khorana 和 Holley 一道分享了当年的诺贝尔生理学或医学奖。

本章小结

思考题:

1. 一段来自细菌的 mRNA5′-端序列如下：

5′- AGCUUCUAUCAUGGGGUAUCGUCUAUGUACGGCUCAUGGUCGGCGGAUUAGUCACGUA - 3′

请写出由它翻译出来的最可能的氨基酸序列。

2. 哪些密码子只要改变一个碱基就会变成终止密码子？哪些密码子只要突变一个碱基就可以突变成编码带电荷的氨基酸残基？哪些密码子只要突变一个碱基就可以变成编码带相反电荷的氨基酸残基？

3. Ile - tRNA 合成酶具有校对中心专门处理可能误载的 Val(Ile 与 Val 在结构上很像)。而 Tyr - tRNA 合成酶就不需要这样的校对中心,即使 Tyr 在结构上与 Phe 十分相似,为什么?

4. 列举氨基酸被氨酰- tRNA 活化的反应机制。指出区分第一类和第二类氨酰-tRNA 合成酶的三个不同的性质。

5. EF - G - GTP 的三维结构与 EF - Tu · GTP · 氨酰- tRNA 三元复合物相似。这有什么意义?

6. 根据通用遗传密码和摆动规则,估算识别 Arg 和 Val 密码子的 tRNA 的最低数目。

7. 一种大肠杆菌致死型突变株被发现它的 EF - Tu 丧失了 GTP 酶的活性。如果将这种突变型的 EF - Tu 在正常的大肠杆菌细胞内过量表达,也会导致细胞死亡。对此请给以合理的解释。

8. 在培养中国仓鼠(CHO)细胞或者其他哺乳动物细胞的时候,培养基中要含有氨基酸、维生素、离子、激素和 5 mmol/L 葡萄糖(唯一的碳水化合物)。早在 20 多年前,就有发现,当 CHO 细胞在转移到培养基中的葡萄糖浓度为 0.1 mmol/L 的条件下培养 30 min,细胞被诱导大量合成通常浓度很低的 5 种特异性的蛋白质。这 5 种蛋白质被称为葡萄糖饥饿诱导蛋白(glucose starvation-induced proteins),它们位于粗面内质网腔内。(注意在 0.1 mmol/L 葡萄糖的条件下培养的细胞中的 ATP 水平在 30 分钟以后相当于在 5 mmol/L 葡萄糖下培养的 ATP 水平)。

(1) 这 5 种定位于内质网腔的蛋白质属于一类具有相似序列和功能的蛋白质大家族。你认为它们是什么?

(2) 为什么葡萄糖的饥饿会导致这些蛋白质的大量表达?

(3) 有人使用一种新的叫 thiosin 的药物(抑制蛋白质二硫键异构酶的活性)处理细胞,结果也发现类似于葡萄糖饥饿诱发的反应。为什么?

9. 下列事件或分子对细菌的翻译过程有何影响?为什么?

(1) 突变使甲硫氨酰 tRNA 合成酶的活性中心结合 Cys,而不再结合 Met。

(2) 抑制剂结合大亚基的 E 部位。

(3) 嘌呤霉素的一种衍生物,其 N6,N6 -二甲基腺嘌呤部分被 $tRNA^{tyr}$ 的 3′- OH 取代。

(4) 一个 mRNA 分子内部的 CAA(Gln)密码子中的 C 脱氨基转变成 U。

10. 一种 mRNA 的 5′- UTR 特别地长,其 AUG 处于不佳的翻译起始环境。然而令人吃惊的是,当细胞受到细小核酸病毒感染以后,其翻译水平大增。为什么?

推荐网站:

1. http://en. wikipedia. org/wiki/Translation_(biology)(维基百科有关翻译的内容)
2. http://www. biology-pages. info/T/Translation. html(一个免费的生物学网站有关翻译的内容)
3. http://www. rpi. edu/dept/bcbp/molbiochem/MBWeb/mb2/part1/translate. htm(美国伦斯勒理工学院的一个分子生物化学课程网站有关蛋白质结构的概述)
4. http://themedicalbiochemistrypage. org/protein-synthesis. html(完全免费的医学生物化学课程网站有关翻译的内容)
5. http://en. wikipedia. org/wiki/Translational_frameshift(维基百科有关翻译水平移框的内容)
6. http://vcell. ndsu. nodak. edu/animations/translation/first. htm(美国北达科他州立大学下属的虚拟细胞动画集锦内有关翻译的三维动画)
7. http://bioinformatics. sandia. gov/tmrna/(美国 Sandia 国家实验室下属生物信息学有关 tmRNA 的网站,内有各种生物来源的 tmRNA 的信息和资料)

参考文献:

1. Honda S, Loher P, Shigematsu M, et al. Sex hormone-dependent tRNA halves enhance cell proliferation in breast and prostate cancers[J]. *Proc. Natl. Acad. Sci*, 2015, 112(29): E3816～E3825.
2. Lang B F, Jakubkova M, Hegedusova E, et al. Massive programmed translational jumping in mitochondria[J]. *Proc. Natl. Acad. Sci*, 2014, 111(16): 5926～5931.
3. Lajoie M J, Isaacs F J. Genomically recoded organisms expand biological functions. [J]. *Science*, 2013, 342(6156): 357.
4. Gaston M A, Jiang R, Krzycki J A. Functional context, biosynthesis, and genetic encoding of pyrrolysine[J]. *Current Opinion in Microbiology*, 2011, 14(3): 342～349.
5. Dinman J D. The eukaryotic ribosome: current status and challenges. [J]. *Journal of Biological Chemistry*, 2009, 284(18): 11761～11765.
6. Steitz T A. A structural understanding of the dynamic ribosome machine. [J]. *Nature Reviews Molecular Cell Biology*, 2008, 9(3): 242～253.
7. Cech T R. The Ribosome Is a Ribozyme[J]. *Science*, 2000, 289(5481): 878～879.
8. Alkalaeva E, Eliseev B, Ambrogelly A, et al. Translation termination in pyrrolysine-utilizing archaea. [J]. *Febs Letters*, 2009, 583(21): 3455～3460.
9. Zhang Y, Baranov P V, Atkins J F, et al. Pyrrolysine and selenocysteine use dissimilar decoding strategies. [J]. *Journal of Biological Chemistry*, 2005, 280(21): 20740.
10. Srinivasan G, James C M, Krzycki J A. Pyrrolysine encoded by UAG in Archaea: charging of a UAG-decoding specialized tRNA[J]. *Science*, 2002, 296(5572): 1459～1462.

11. Das P, Mukhopadhyay S. Universal rules and idiosyncratic features in tRNA identity.[J]. *Nucleic Acids Research*, 1998, 26(22): 5017.
12. Ray B K, Apirion D. Characterization of 10S RNA: a new stable rna molecule from Escherichia coli[J]. *Molecular & General Genetics Mgg*, 1979, 174(1): 25.
13. Dintzis H M. Assembly of the Peptide Chains of Hemoglobin[J]. *Proc. Natl. Acad. Sci*, 1961, 47(3): 247～261.

数字资源:

第十章 蛋白质的翻译后加工、分拣、定向和水解

不论是细菌和古菌，还是真核生物，在细胞中直接翻译出来的产物通常是没有功能的，必须经历适当的后加工反应并进行折叠以后，才能最终成为有特定三维结构的功能分子；此外，不同的蛋白质在细胞中最后的定位也并非相同，需要通过共翻译或翻译后定向(targeting)与分拣(sorting)，才能各就各位、各尽其职；还有，细胞内的蛋白质都有一定的半衰期，在一定的条件下可发生选择性降解。

本章将主要介绍细胞内各种形式的翻译后加工反应、多肽链的折叠和蛋白质定向与分拣机制，以及真核生物细胞内依赖于泛素和蛋白酶体的选择性降解机制。

第一节 翻译后加工

翻译后加工并不是一定要等到翻译结束以后才可以进行。事实上，很多后加工反应在多肽链还没有从核糖体上释放出来的时候就已经开始。在翻译期间，位于多肽离开通道的多肽片段由于受到核糖体的保护，一般不会受到后加工。一旦它们从离开通道"探出头来"，就可以经历各种形式的翻译后加工。

翻译后加工的主要方式有：多肽链的剪切、修剪或剪接、N端添加氨基酸、氨基酸残基的修饰、二硫键的形成、添加辅助因子(金属离子、辅酶或辅基)、多肽链的折叠和四级结构的形成。

一、多肽链的剪切和修剪

绝大多数蛋白质必须经过特定的修剪或/和剪切反应，以去除一些多余的氨基酸序列，最后才能成为有功能的分子。对多肽链的切割是在特定的蛋白酶催化下进行的，例如位于分泌蛋白N端信号序列的切除由专门的信号肽酶催化，N端氨基酸的切除由专门的甲硫氨酸-氨肽酶(Met-aminopeptidase)催化。

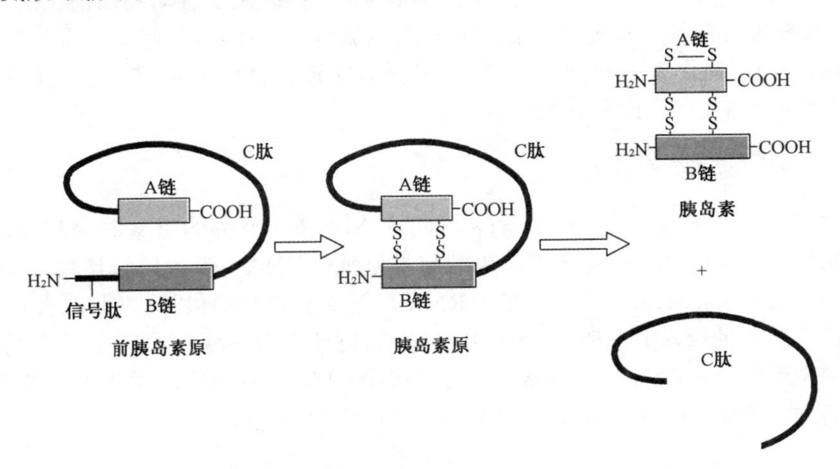

图 10-1 前胰岛素原的后加工

以胰岛素(insulin)为例，其最初的前体是由单一肽链组成的前胰岛素原(preproinsulin)，需要先后在内质网和高尔基体经历两次剪切反应，分别去除N端信号序列和内部的连接肽(connecting peptide，C-肽)序列之后，才能最终成为由A链和B链组成的有活性产物(图10-1)；再如，胰高血糖素的前体为180氨基酸残基组成的前胰高血糖素原，也需要经过两次剪切，最后才得到由29个氨基酸残基组成的活性胰高血糖素；还有，脑垂体前叶分泌的促肾上腺皮质激素(adrenocorticotropin，ACTH)来自一种多聚蛋白质前体——促阿黑皮素原(pro-opiomelanocortin，POMC)。POMC通过不同形式的剪切可产生ACTH、促黑激素(melanocyte-stimulating hormone，MSH)、促脂解素(lipotropin)以及阿片肽(opioid peptide)等9种产物(图10-2)；此外，许多逆转录病毒的*gag*基因和*pol*基因的翻译产物是GAG-POL多聚蛋白(polyprotein)，需要在病毒编码的蛋白酶催化下，经过剪切才能释放出单个蛋白质。

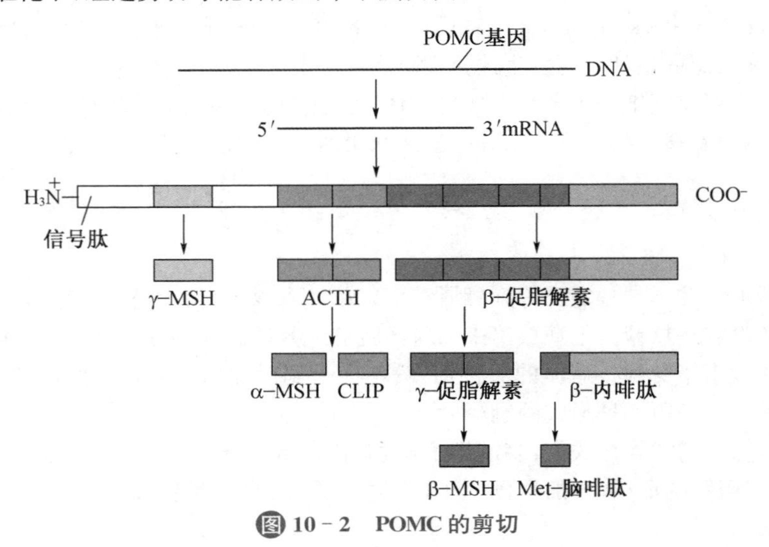

图10-2　POMC的剪切

多肽链的水解切割似乎很奇怪：既然不需要，又为什么要合成？也许有三个理由可以对此进行解释：首先，可以引进多样性。例如，对多肽链N端的切割可在N端引入多样性，否则所有蛋白质在N端的氨基酸都是甲硫氨酸。由于一种蛋白质的半衰期在很大程度上与N端氨基酸残基的性质有关(见第三节　细胞内蛋白质的选择性降解)，故这样的切割直接改变和“内定”了各种蛋白质的半衰期；其次，水解切割可以作为控制一种蛋白质生物活性的重要手段。例如，酶原的水解激活，具体的例子有动物的消化酶、凝血系统、补体系统和细胞凋亡等，还有前激素原转变为激素等。而且，某些蛋白质N段前序列(pro-sequence)可能作为一种分子内的分子伴侣，保证活性中心能进行正确的折叠；最后，剪切参与蛋白质的定向和分拣过程。

二、N端添加氨基酸

某些翻译好的蛋白质在特定的条件下，可在N端添上额外的氨基酸残基，但添加氨基酸的场所并非核糖体。催化此类反应的酶是氨酰-tRNA：蛋白质转移酶(aminoacyl-tRNA protein transferases)，其中氨酰-tRNA是氨基酸残基的供体。例如，在一些真核细胞内已发现一种精氨酰-tRNA：蛋白质转移酶，可催化精氨酰-tRNA分子中的Arg残基转移到靶蛋白分子的N端。既然N端氨基酸的性质与一种蛋白质的半衰期有关，那么N端添加一种新的氨基酸以后可改变原来蛋白质的稳定性。

三、蛋白质剪接

蛋白质剪接是指将构成蛋白质多肽链内部的一段氨基酸序列切除，同时将两端的序列连接在一起的后加工方式(图 10－3)。被切除的肽段称为内含肽(intein),被保留并连接在一起的肽段称为外显肽(extein)。

1990 年,Kane P. M. 首先发现,酵母液泡膜上的 H^{+}－ATP 酶的催化亚基能发生蛋白质剪接,此亚基由 *tfp1* 基因编码,大小为 69 kDa,但根据 *tfp1* 基因的 ORF 推导出来的结果应该是 119 kDa。在测定它的一级结构以后发现,其 N 端序列和 C 端序列与基因的 ORF 推断出来的结果完全一致,但缺乏 ORF 中间的一段序列,那么中间近 50 kDa 的序列到哪里去了呢?在使用 Northern 印迹和定点突变技术分别排除了发生 mRNA 前体剪接和跳跃翻译的可能性以后,于是最有可能的解释是它在蛋白质水平发生了剪接。

已在细菌、古菌和单细胞真核生物中,发现了 150 多种内含肽。这些内含肽存在于几十种蛋白质分子中,长度不等。有的蛋白质的内含肽还不止一个。

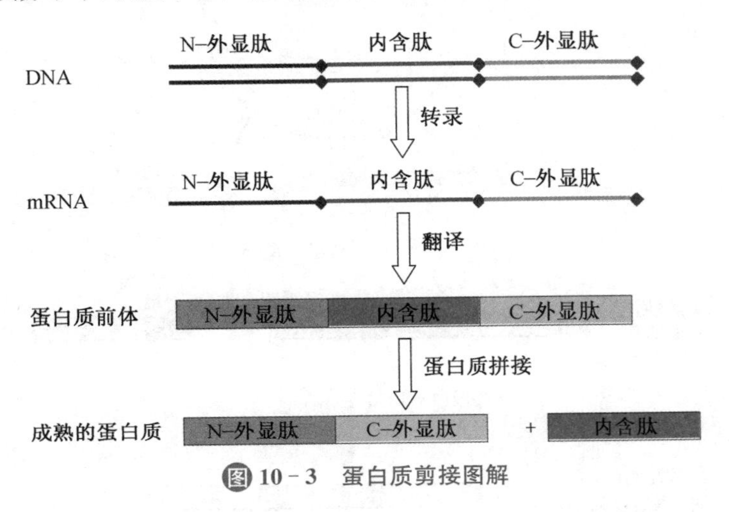

图 10－3　蛋白质剪接图解

有的蛋白质不仅发生蛋白质剪接,其 mRNA 前体也发生剪接,例如,有一种生活在海洋里的蓝细菌——红海束毛藻(*Trichodesmium erythraeum*),其由 *RIR* 基因编码的核苷酸还原酶(ribonucleotide reductase)就是一例。此酶 mRNA 前体含有 3 个内含子,而蛋白质前体含有 4 个内含肽(图 10－4)。

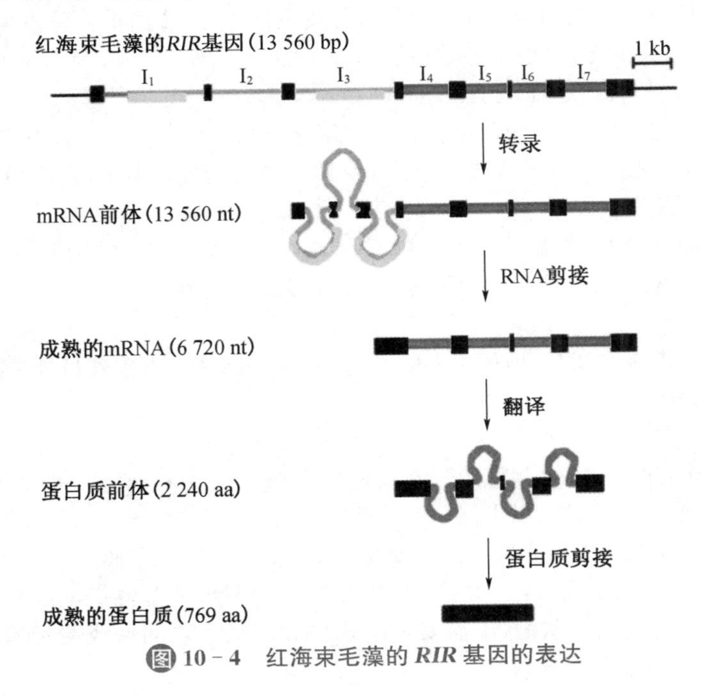

图 10－4　红海束毛藻的 *RIR* 基因的表达

还有一些蛋白质的内含肽是断裂的,需要通过反式剪接才能将其两侧的外显肽连接起来,形成有功能的蛋白质。例如,来源于一种蓝细菌——集胞藻(*Synechocystis sp.*)的DNA聚合酶α亚基,它的基因(*dnaE*)在基因组之中断裂成2个部分(*dnaE-n*和*dnaE-c*)。这两个部分相距745 kb,各自独立转录和翻译,但翻译的多肽前体分别在C端和N端含有断裂的内含肽,通过反式剪接,让位于两条肽链上的外显肽被连接在一起,成为有功能的DNA聚合酶α亚基(图10-5)。

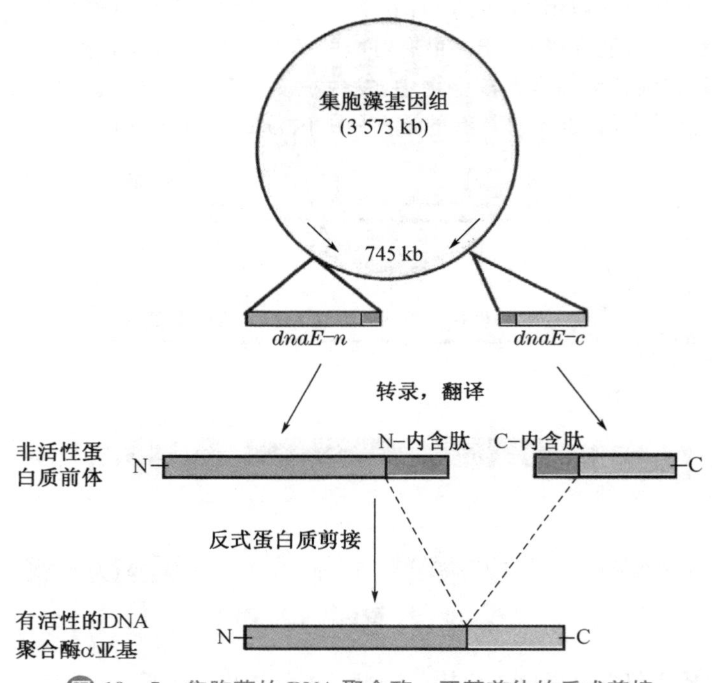

图10-5　集胞藻的DNA聚合酶α亚基前体的反式剪接

关于蛋白质剪接的分子机制,一般认为属于自催化反应(图10-6),自我剪接必需的顺式元件位于内含肽的两端。

Quiz1 如何设计一个实验,证明蛋白质剪接是一种自催化反应?

蛋白质剪接前后发生四步相互独立的分子内反应,前三步由单一位点上的内含肽催化,最后一步是自发的形成肽键的重排反应。

(1) N→X的脂酰基重排(acyl rearrangement)

这是蛋白质剪接的第一步反应,由内含肽第一个保守的Cys/Ser残基侧链的巯基或羟基亲核进攻N-剪接点的羰基碳。此反应导致蛋白质变成阴离子,形成酯键或硫酯键。

(2) 转酯反应

这一步反应涉及C-外显肽的保守性Cys/Ser/Thr残基侧链的巯基或羟基,亲核进攻在N端剪接点刚形成的酯键或硫酯键,导致外显肽的连接。

(3) Asn的环化

此步反应由内含肽在C-剪接点上的Asn的酰胺氮,亲核进攻其自身主链上的羰基,导致发生环化,并释放出内含肽。

(4) X→N的脂酰基重排

在这一步中,由C-内含肽在第三步反应中游离出来的α-氨基,进攻N-外显肽在C端的羰基,导致两个外显肽以更加稳定的肽键相连。

以上四步反应构成蛋白质剪接的主要途径,但某些蛋白质的剪接与此途径不完全相同,这主要表现在前两步反应,是由C-外显肽N端的Cys残基侧链的巯基作为亲核试剂,直接进攻N-剪接点的肽键,不需要在内含肽和剪接点之间形成酯键或硫酯键中间物,于是就省去了一步转酯反应。

内含肽可进一步分为小内含肽(mini-intein)和大内含肽，其中前者只有自我剪接结构域，后者还有一种位点特异性内切酶结构域。自我剪接必需的顺式元件位于内含肽的N端和C端区域。一类名为位点特异性的归巢核酸酶(site-specific homing endonuclease，HO)与大内含肽的核酸内切酶结构域有高度的同源性，特别是在活性中心一段十二肽(dodecapeptide)序列上。已知HO由第一类内含子编码，功能是调节第一类内含子基因的转位，即内含子从含有它的基因单向地转移到缺乏它的基因，这种转位称为内含子归巢(intron homing)。内切核酸酶活性可以使编码大内含肽的基因片段，水平转移到无内含肽的蛋白质基因的内部：内含肽一旦被释放，即可作为一种特殊的内切核酸酶，催化自身的DNA转移到其他基因的内部，因此内含肽可视为最原始的一类传染性分子。但是，内含肽并不危害宿主基因，因为它一旦表达就被切除，而留下一个有功能的蛋白质。从进化的角度来看，内含肽不仅是自私的，而且能够控制蛋白质的激活，因为内含肽能够保证一种蛋白质先合成没有活性的形式，在经过自我剪接以后才会有活性。

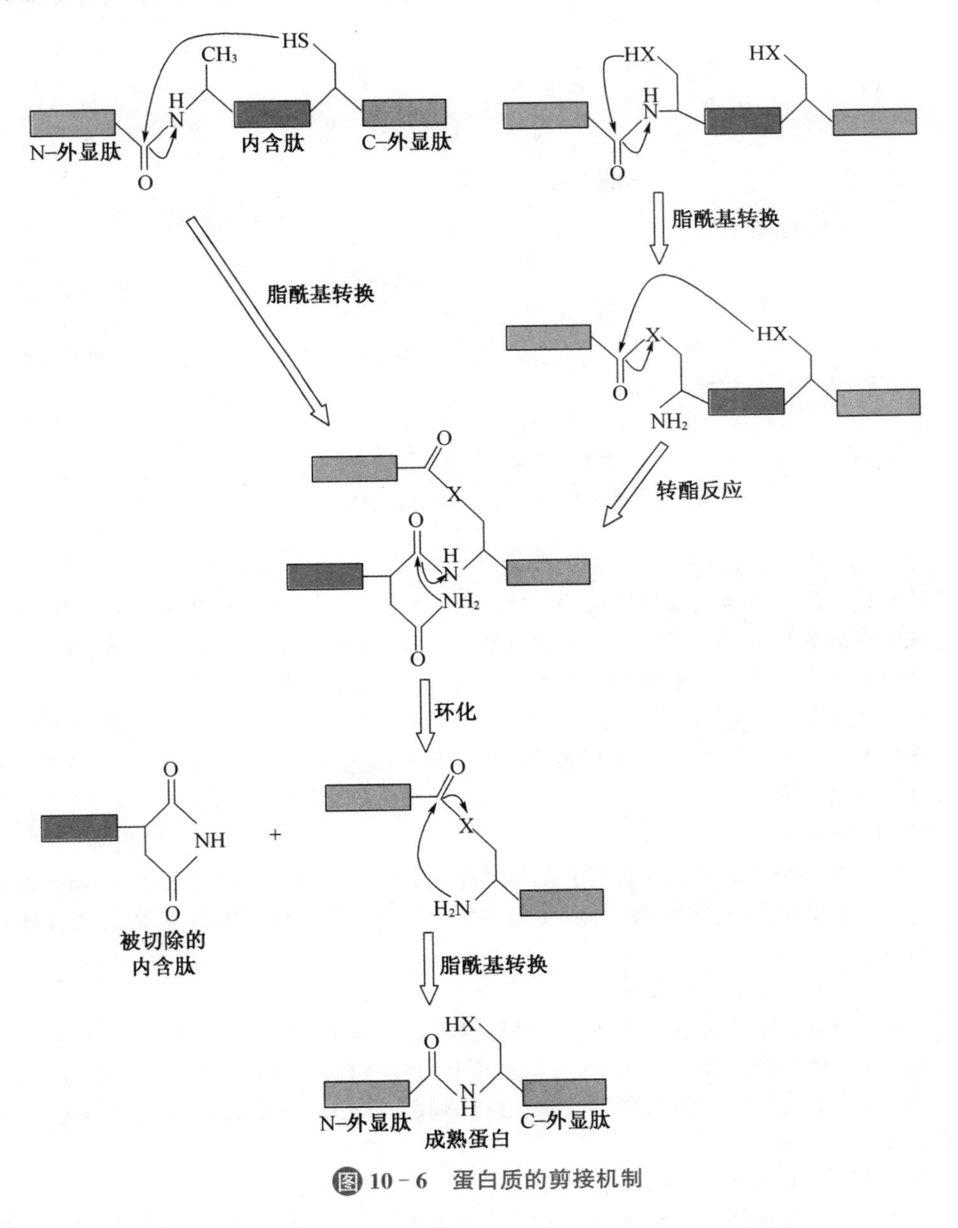

图10-6　蛋白质的剪接机制

四、个别氨基酸残基的修饰

氨基酸残基的修饰主要发生在各种氨基酸残基侧链上，有时也发生在N端的氨基或C端的羧基上。对氨基酸残基的修饰不仅可以改变蛋白质的理化性质，更重要的是还可以用来调节许多酶或蛋白质的活性。

(1) 磷酸化

磷酸化是一种最常见的化学修饰，由蛋白质激酶催化，主要发生在Ser、Thr和Tyr这三种羟基氨基酸上(图10-7)，对于细菌和古菌而言，被修饰的氨基酸主要是His。真核生物主要借助于磷酸化来调节一系列蛋白质或酶的活性，而细菌和古菌能通过His的磷酸化感应环境中的信号并对信号刺激做出反应。

蛋白质的磷酸化是可逆的，催化磷酸基团水解的是磷蛋白磷酸酶。

图 10-7　蛋白质的磷酸化

(2) 乙酰化(acetylation)

某些蛋白质可发生乙酰化修饰，被修饰的位点可能是多肽链N端游离的氨基，也可能是肽链内部的某个Lys残基侧链上的氨基，其中乙酰基来自乙酰-CoA。例如，真核生物通过对组蛋白的乙酰化来改变核小体的结构，以此来激活基因的表达。

(3) 甲基化(methylation)

某些蛋白质通过甲基化修饰来改变活性。例如，组蛋白H4的Lys20可以被单甲基化或双甲基化修饰。

Quiz2 有哪些生物大分子可以发生甲基化修饰？甲基化的供体和最终的受体有哪些？

(4) 羧基化(carboxylation)

大多数参与凝血过程的凝血因子含有这种化学修饰。例如，凝血酶原(prothrombin)在N端32个氨基酸序列中，含有多个羧基化的Glu，这些修饰的残基是其活性所必需的。

(5) 羟基化(hydroxylation)

胶原蛋白分子中的脯氨酸残基变成羟脯氨酸是羟基化修饰最典型的例子，此羟基化反应由脯氨酸羟基化酶(prolyl hydroxylase)催化，该酶由两个α和两个β亚基组成，其中β亚基还有蛋白质二硫键异构酶的活性。此外，胶原蛋白的赖氨酸也可以羟基化，变成羟赖氨酸。

(6) 糖基化(glycosylation)

真核生物许多胞外蛋白和定位在质膜上的膜蛋白以及溶酶体蛋白是糖蛋白，如抗体、红细胞生成素和锥体虫表面糖蛋白以及溶酶体相关膜糖蛋白(lysome-associated membrane glycoproteins，LAMP)，正是糖基化修饰才使这些蛋白质变成糖蛋白。糖基通常修饰在Ser/Thr(O型连接)或Asn(N型连接)残基上。糖基化不仅能改变蛋白质的理化性质，还能通过空间位阻保护蛋白质，防止蛋白酶的水解。此外，它在细胞识别过程也起重要作用。

寡糖基是在内质网或高尔基体引入的。糖蛋白合成中的糖基供体为活化的单糖单位，由单糖与核苷酸偶联在一起，如UDP-葡糖、UDP-N-乙酰葡糖胺、GDP-甘露糖和CMP-N-乙酰神经氨酸。

O-连接的糖蛋白先是在游离的核糖体上合成，然后在信号肽的引导下进入内质网，但糖基化修饰完全在翻译后水平进行，而且只发生在高尔基体。在这里，糖基是一个个依次直接连到多肽链上的，反应由高尔基体内一系列的特异性糖蛋白糖基转移酶(glycoprotein glycosyltransferase)催化的。每一种特定的寡糖基序列是由不同的糖基转移酶按照一定次序作用的结果。

N-连接的糖蛋白也先在游离的核糖体上合成，然后在信号肽的引导下进入内质网，但以共翻译的形式在内质网腔内进行糖基化修饰，然后再转移到高尔基体进行进一步修饰。

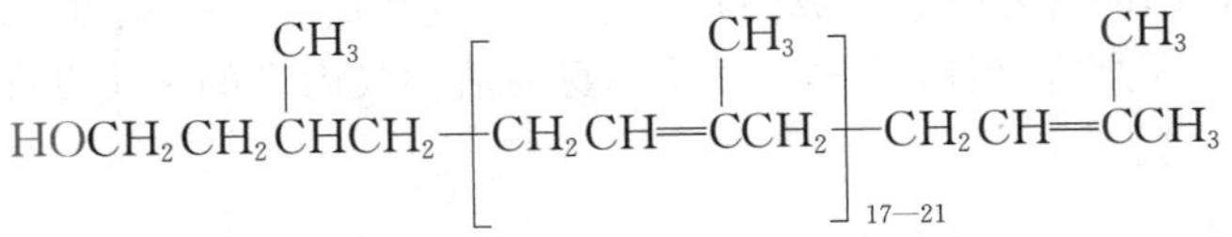

$$HOCH_2CH_2\overset{\displaystyle CH_3}{\overset{|}{C}}HCH_2\left[CH_2CH{=}\overset{\displaystyle CH_3}{\overset{|}{C}}CH_2\right]_{17-21}CH_2CH{=}\overset{\displaystyle CH_3}{\overset{|}{C}}CH_3$$

多萜醇

$$^{-}O-\overset{\displaystyle O}{\overset{\|}{\underset{\displaystyle O^-}{\underset{|}{P}}}}-O-\overset{\displaystyle O}{\overset{\|}{\underset{\displaystyle O^-}{\underset{|}{P}}}}-OCH_2CH_2\overset{\displaystyle CH_3}{\overset{|}{C}}HCH_2\left[CH_2CH{=}\overset{\displaystyle CH_3}{\overset{|}{C}}CH_2\right]_{17-21}CH_2CH{=}\overset{\displaystyle CH_3}{\overset{|}{C}}CH_3$$

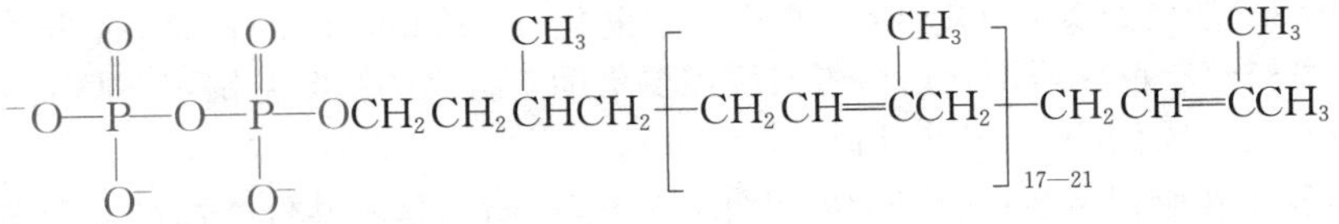

二磷酸多萜醇

图10-8　多萜醇和二磷酸多萜醇的化学结构

N-连接的糖蛋白分子上的糖基并非在多肽链上一个个直接添加的，而是先预装配到一种萜类中间物——磷酸多萜醇(dolichol phosphate)(图10-8)上，然后再集体转移到靶蛋白分子特定的Asn残基上，这里的Asn一般位于Asn-X-Ser/Thr序列之中。具体步骤如下(图10-9)：首先，在内质网膜上的二磷酸多萜醇的磷酸基团上依次添加糖

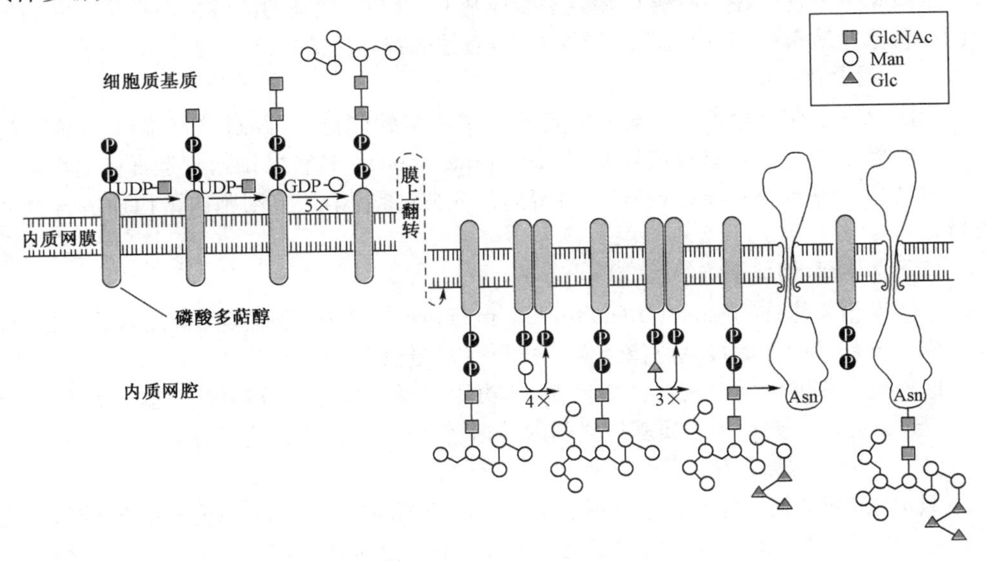

图10-9　N-连接的寡糖基的添加

基,预装一段寡糖序列,形成多萜醇-磷酸-磷酸-寡糖中间物。最初的糖基转移反应在内质网细胞质基质一侧进行,后来磷酸多萜醇在膜上发生了翻转,于是反应场所就变更到了内质网腔。当预装的寡糖序列合成好以后,就在内质网上的寡糖基转移酶(oligosaccharyltransferase)催化下,被作为一个整体一齐转移到靶肽链上。

预装的寡糖基被转移到蛋白质分子上以后,随着蛋白质从内质网向高尔基体的转移,寡糖基的组成会发生改变,某些糖基被特定的糖苷酶切除,而某些糖基又被特定的糖基转移酶添加上来,最终形成成熟的寡糖链。一开始,末端的葡糖残基被膜上对 α-1,2-糖苷键特异的葡糖苷酶Ⅰ(glucosidase Ⅰ,GⅠ)切除。随后,剩下的 2 个葡糖残基再被可溶性的对 α-1,3-糖苷键特异的葡糖苷酶Ⅱ(glucosidase Ⅱ,GⅡ)切除。在葡糖残基被切除以后,α-甘露糖苷酶(α-mannosidases)再切除几个甘露糖残基。于是,在受到不同的葡糖苷酶和甘露糖苷酶作用以后,一段含有 3 个甘露糖和 2 个 GlcNAc 残基的核心寡糖序列留在多肽链上。再经过一系列的糖基转移酶和糖苷酶的作用,其他糖基被添加到核心寡糖链上,最后形成特定的 N-连接糖蛋白。

(7) 核苷酸化(nucleotidylation)

细菌很少使用磷酸化来调节蛋白质或酶的活性,但它们可使用核苷酸化来调节酶活性。例如,大肠杆菌的谷氨酰胺合成酶在一个 Tyr 残基被腺苷酸化以后就无活性了,催化这种修饰的是一种调节蛋白 PⅡ,而 PⅡ本身的活性又由它的一个 Tyr 残基的尿苷酸化控制。

(8) 脂酰基化(lipidation)

这是发生在脂锚定蛋白分子上的一种化学修饰,这些蛋白质含有共价修饰的脂酰基。例如,Src 蛋白的 N 端 Gly 残基可被豆蔻酰化(myristoylation)修饰,视蛋白的一个 Cys 残基可被软脂酰化修饰。这些蛋白质需要借助于疏水的脂酰基锚定在膜上。

(9) 异戊二烯化(isoprenylation)

这是发生在脂锚定蛋白分子上的另外一种化学修饰,这种共价修饰可在蛋白质的表面引入若干个聚合在一起的疏水异戊二烯基团,从而使蛋白质能够锚定在生物膜上。异戊二烯基团被添加到蛋白质 C 端的 Cys 残基上,通过硫酯键相连。例如,参与多种生长因子介导的信号转导的 Ras 蛋白就是通过这种方式,锚定在细胞膜内层的。一些可以抑制异戊二烯化的试剂已被发现具有抑制肿瘤生长的效果,这显然是它们抑制了 Ras 蛋白的功能。

(10) 酰胺化(amidation)

酰胺化主要发生在多肽链 C 端氨基酸残基上,以 Gly 残基的酰胺化最常见。动物体内的一些寡肽激素(如促甲状腺素释放因子)通过酰胺化保护自己,延长其半衰期。

(11) 泛酰化(ubiquitinylation)

泛酰化发生在目标蛋白内某一特定的 Lys 残基的侧链上,经过该修饰,Lys 残基的 ε-氨基与泛素的 C 端羧基形成异肽键(isopeptide bond)。这种修饰通常是真核生物胞内蛋白质被蛋白酶体(proteasome)选择性降解的先兆(参看第三节细胞内蛋白质的选择性降解)。

Quiz3 赖氨酸残基究竟可以发生哪些化学修饰?

(12) 小泛素相关修饰物修饰(sumoylation)

小泛素相关修饰物(small ubiquitin-like modifier,SUMO)是一类类似泛素的小蛋白,其 C 端 Gly 残基的游离羧基可像泛素一样与目标蛋白分子上的某个 Lys 残基形成异肽键。这种化学修饰也是真核生物特有的,其功能主要是参与调节基因表达、蛋白质的稳定性、蛋白质在细胞核-细胞质基质之间的转运、细胞凋亡以及胁迫反应等。

(13) ADP-核糖基化修饰(ADP ribosylation)

ADP-核糖基化修饰是指来自辅酶Ⅰ分子中的 ADP-核糖基被转移到特定的蛋白质分子上的过程,被修饰的氨基酸残基是 Arg 或 Lys。这种化学修饰分为单 ADP-核糖基化和多聚 ADP-核糖基化。细胞内有很多重要过程与此种修饰有关,如信号转导、DNA 修复、基因表达调控和细胞凋亡等。此外,一些细菌外毒素的作用机制也与此修饰有关,例如在小肠上皮细胞内,霍乱毒素可催化 Gs 蛋白的 ADP-核糖基化,而导致 Gs 蛋白丧失 GTP 酶的活性。再如,在呼吸道上皮细胞内,百日咳毒素可催化 Gi 蛋白的 ADP-核糖基化修饰,而导致其无法被激活。还有,在真核细胞和古菌细胞内,白喉毒素可催化翻译延伸因子 2 的 ADP-核糖基化,而导致它们失活。

(14) 脱氧羟基腐胺化(hypusination)

这种修饰存在于所有真核生物参与翻译起始的起始因子 eIF-5A 和古菌的起始因子 aIF-5A 上,目前还没有在其他的蛋白质分子上发现有这种修饰。被修饰的氨基酸残基位于高度保守环境中的 K50 上(图 10-10)。它是 eIF-5A 和 aIF-5A 的功能所必需的。

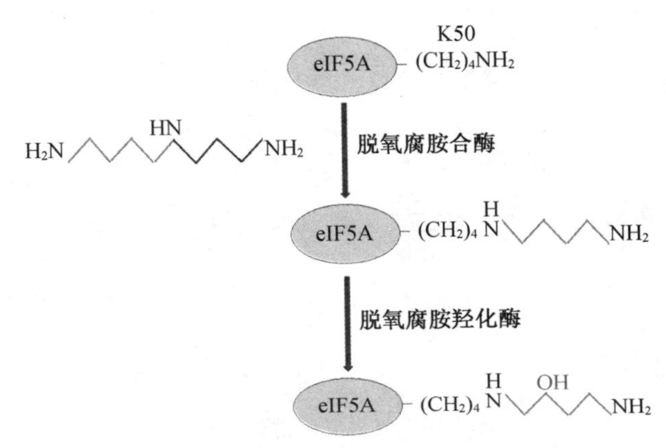

图 10-10　真核生物 eIF5A 的化学修饰

(15) 碘基化(iodination)

这种修饰较为罕见,比较熟悉的例子是甲状腺球蛋白(thyroglobin)在释放出内部的甲状腺素之前,分子内的多数 Tyr 残基进行了碘基化修饰。

(16) 亚硝基化(nitrosylation)

这种修饰是气体信号分子 NO 在细胞内与蛋白质分子上的一个 Cys 残基发生反应的产物,它与 NO 的作用有一定的关系,其功能与 DNA 修复、基因表达调控和细胞凋亡等有一定的关系。

(17) 硫酸化

硫酸化修饰发生在纤维蛋白原和其他一些分泌蛋白(如胃泌素)分子上,被修饰的是 Tyr 残基。通用的硫酸基团的供体为 3′-磷酸腺苷-5′-磷酸硫酸(3′-phosphoadenosyl-5′-phosphosulfate,PAPS)。

(18) 瓜氨酸化(citrullination)

这种化学修饰是指蛋白质分子中某一个 Arg 残基转变为瓜氨酸的过程,它是在钙离子依赖性的肽酰精氨酸脱亚氨基酶(peptidylarginine deiminase,PAD)的催化下完成的,这是一种不可逆的化学修饰。已发现,这种修饰与机体内的一些异常病理特征有关,如某些神经性退化性疾病和炎症反应等。此外,组蛋白可因为这种化学修饰而影响到基因的表达。

(19) 消旋化(racemization)

核糖体在翻译的时候,直接参入到肽链之中具有手性的氨基酸只能是 L 型,因此在核糖体上合成的肽和蛋白质似乎是不可能含有 D 型氨基酸的。然而,已在许多革兰氏阳性细菌产生的羊毛硫抗生素(lantibiotics)和海蜗牛(marine cone snail)毒液中存在的芋螺毒素(conotoxin)中,发现了D型氨基酸。羊毛硫抗生素和芋螺毒素都是在核糖体上合成的肽,显然它们带有的D型氨基酸是由相应的L型氨基酸在特定的异构酶催化下发生消旋化而成。

Quiz4 如何确定一种活性肽分子中含有D型氨基酸?

五、形成二硫键

对于细菌和真核生物来说,许多胞外蛋白质含有二硫键,但对古菌而言,许多胞内蛋白质也含有二硫键,这显然有利于古菌蛋白抵抗极端环境。这种连接只有在蛋白质折叠成正确的构象以后才能最终建立起来(图10-11)。正确的二硫键的形成需要蛋白质二硫键异构酶(protein disulfide isomerase,PDI)的帮助。细菌催化二硫键形成的酶是DsbA蛋白。

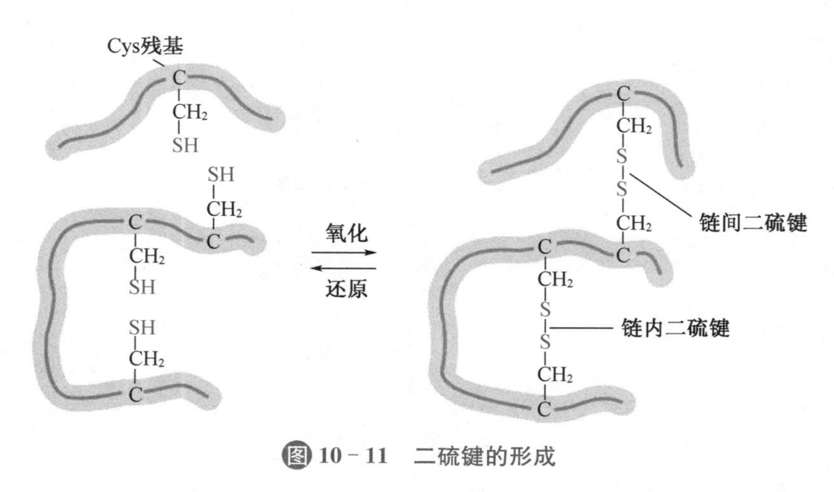

图10-11 二硫键的形成

六、添加辅助因子

许多蛋白质或酶在合成以后必须与相应的辅助因子结合以后才有生物活性,例如绝大多数羧化酶需要与生物素结合,血红素蛋白需要与血红素辅基结合,金属蛋白需要与特殊的金属离子结合,黄素蛋白要与FAD或FMN结合。

七、多肽链的折叠

任何蛋白质的功能与其正确的三维构象是分不开的。1953年,Anfinsen所做的核糖核酸酶体外三维结构破坏与恢复实验已表明,蛋白质的一级结构决定其高级结构,即一种多肽链正确折叠的信息包含在其一级结构之中。然而,细胞内的蛋白质浓度、温度和离子强度等条件与体外的人工条件差别很大,例如,线粒体基质内的蛋白质浓度非常高,其自由水的含量相当于一个蛋白质晶体内的水含量。体内这样的条件显然不适于蛋白质折叠反应,倒更适合于蛋白质的聚合。正因为如此,细胞内绝大多数蛋白质的折叠需要一些特殊的蛋白质"帮手"(the helper protein)的帮助。这些特殊的蛋白质统称为分子伴侣(molecular chaperon)。

分子伴侣是体内绝大多数蛋白质的成功折叠、组装、运输和降解所必需的。其主要功能包括两方面:一方面是防止新生肽链错误的折叠和聚合。分子伴侣能够与不完全折叠或组装的蛋白质结合,通过与多肽链上还在暴露的疏水区域结合,防止不完全折叠蛋白质之间非特异性的聚合;另一方面则是帮助或促进这些肽链快速地折叠成正确的三维构象,并成为具有完整结构和功能的多肽或蛋白质。有时,它们则是暂时阻止多肽链的折叠,以维持多肽链一种伸展的构象,这种伸展的构象对于蛋白质的跨膜转移十分重要。然而,分子伴侣并不是"终身伴侣",在它们帮助其他蛋白质形成正确的构象以后,自身并不作为最终结构的一部分。

根据折叠是否需要分子伴侣以及需要何种分子伴侣，细胞内的蛋白质折叠一般可分为四条途径（图 10 - 12）：(1) 在合成好以后，并不折叠或仅仅部分折叠，因此缺乏特定的二级和三级结构，处于完全无折叠或部分无折叠状态。走这条折叠路径的蛋白质属于天然的无折叠蛋白；(2) 不依赖于分子伴侣的折叠；(3) 受热激蛋白 70（heat shock protein 70，HSP70）帮助的折叠；(4) 受 HSP70 和伴侣蛋白（chaperonin）复合物帮助的折叠。

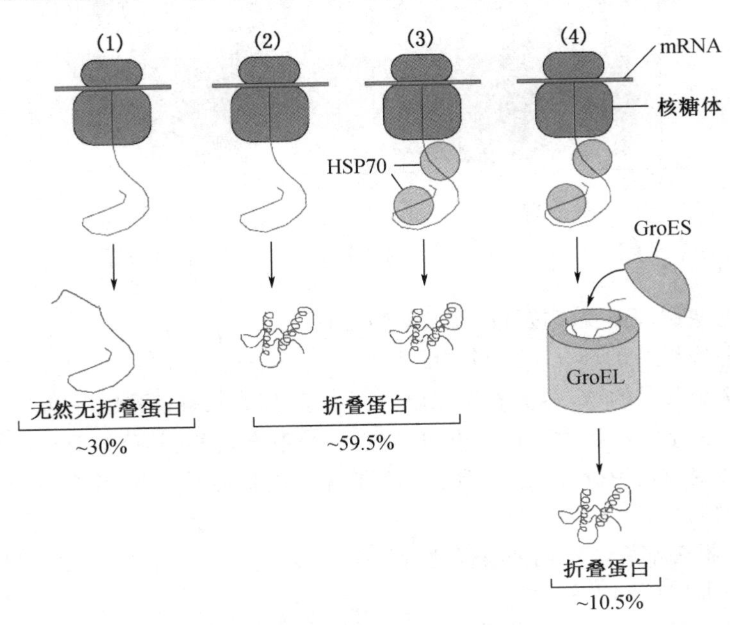

图 10 - 12　蛋白质折叠的不同途径

分子伴侣所起的作用主要是在正确的时间和正确的地点促进新生肽链的正确折叠，同时防止没有折叠的蛋白质聚合并发生沉淀，有时还能“拨乱反正”，帮助错误折叠的蛋白质有机会重新折叠成正确的构象。一旦蛋白质折叠好，分子伴侣就被释放，然后再参与另一个新生肽链的折叠。

细胞内的分子伴侣主要包括 HSP70 家族和伴侣蛋白家族，它们都具有 ATP 酶的活性。HSP70 为单体蛋白，大小为 70 kDa，在由 HSP70 帮助的折叠途径中，HSP70 类蛋白（大肠杆菌为 DnaK 蛋白）与还在核糖体上的新生肽链结合，识别并结合肽链上暴露在外的富含疏水氨基酸残基的区域，阻止疏水区域的非法聚合，维持多肽链的去折叠或部分折叠的状态，直到正确的相互作用能够发生。折叠的完成需要蛋白质从 HSP70 释放出来，而释放需要能量，这由 ATP 的水解来驱动。

伴侣蛋白为大得多亚基蛋白，对于细菌和真核生物的线粒体及叶绿体而言，由 HSP10 和 HSP60 组装而成。与 HSP70 不同的是，伴侣蛋白形成笼状结构，将部分折叠的蛋白质彼此隔离开来，提供了一种理想的折叠环境，使它们各自进行折叠，而不会“非法”聚合在一起。

大肠杆菌的伴侣蛋白是 GroES - GroEL 复合物。在结构上，GroEL 由两个垛叠在一起的 7 元环组成（每一个亚基的大小为 60 kDa，为 HSP60），两个 7 元环形成高 15 nm、宽 14 nm 的圆柱体。GroEL 上下各有 1 个中央空洞（the central cavity），它们是依赖于 ATP 的蛋白质折叠的场所。GroES 为单个的 7 元环（每一个亚基大小为 10 kDa，为 HSP10），它与 GroES 结合的时候，就像一层屋顶（dome）（图 10 - 13）。一个没有折叠或部分折叠的蛋白质分子与中央空洞结合以后，进行依赖于 ATP 的折叠。在中央空洞内经过多轮与空洞表面的结合、ATP 水解、蛋白质释放、再结合的循环，直至折叠成功。但折叠仅发

Quiz5 你认为这类分子伴侣是如何识别还没有折叠的蛋白质分子的？

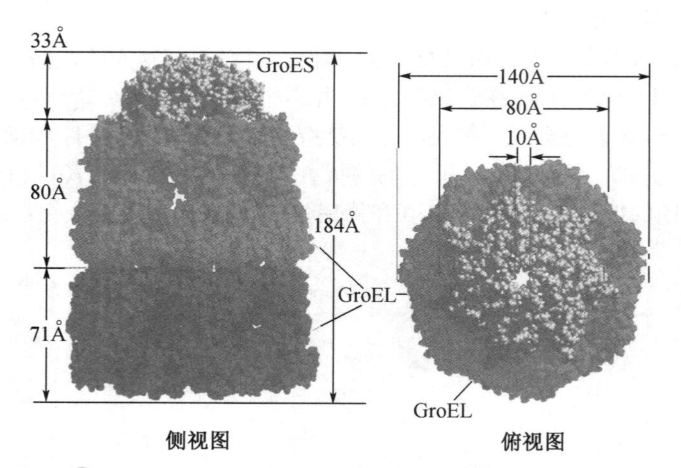

图 10-13　GroEL/GroES 复合物的三维结构模式图

生在蛋白质与空洞表面脱离接触的短暂间隙。

GroEL 具有顺式的环(cis ring)和反式的环(trans ring),各与一个中央空洞相连。顺式环能结合 7 个分子的 ATP,并将其水解。而一旦 ATP 水解,顺式环的构象发生变化而导致环内的中央空洞的扩大。在中央空洞内,一个没有折叠、部分折叠或甚至折叠不好的蛋白质可转变成正确折叠的蛋白质。以折叠不好的蛋白质为例,其“转正”的具体步骤如下(图 10-14):

(1) 一个折叠不好的蛋白质分子在中央空洞通过疏水作用与 GroEL 结合,与此同时,ATP 分子也与 GroEL 结合。

(2) GroES 与 GroEL 结合导致 GroEL 顺式环构象发生变化,改变了折叠不好的蛋白质与空洞之间的相互作用。

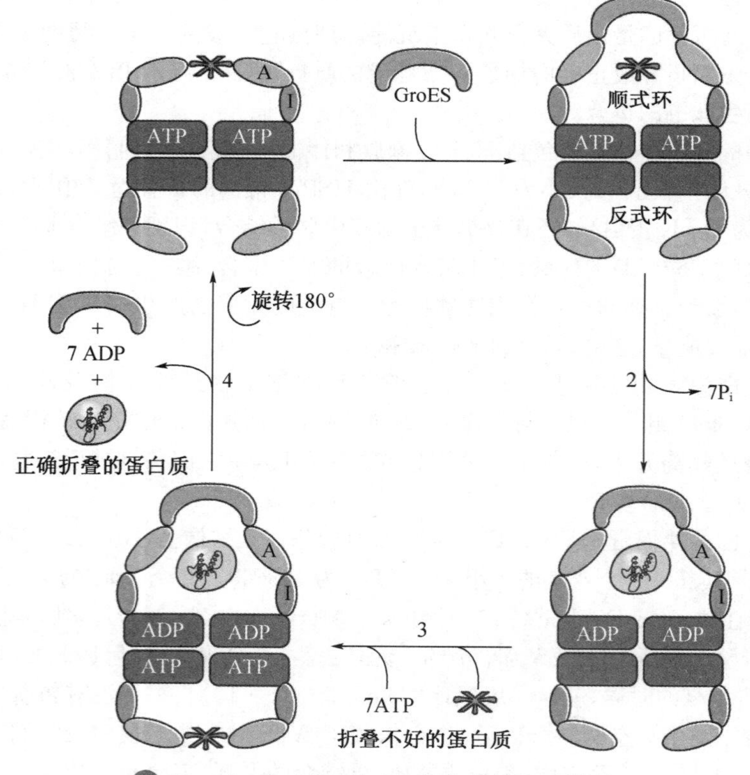

图 10-14　GroES-GroEL 复合物的作用模型

(3) 与 GroEL 结合的 7 个 ATP 分子被水解,中央空洞内折叠不好的蛋白质“转正”。

(4) 7 个 ATP 和另一个折叠不好的蛋白质在另一端与反式环结合,与此同时,ADP、GroES 和已正确折叠的蛋白质从顺式环的释放。

(5) 顺式环变成反式环,进入下一轮循环。

真核细胞的伴侣蛋白是 TCP - 1 环复合物(TCP - 1 ring complex,TRiC)或细胞质基质含有 TCP - 1 的伴侣蛋白(cytosolic chaperonin containing TCP - 1,CCT)。TRiC 是由 8 元环或 9 元环组成的双环结构,每一个亚基的大小为 55 kDa,没有 GroES 的等价物。

此外,有一种与核糖体相关联的分子伴侣叫触发因子(trigger factor),它参与共翻译水平上的蛋白质折叠。触发因子采取的构象十分独特,像一条卧龙,N 端结构域是与核糖体结合的“尾巴”,“头部”是肽酰脯氨酰异构酶(peptidyl-prolyl isomerase,PPI),C 端是“臂”,各结构域相连的区域组成了“背”。它把守在核糖体上的肽链离开通道,“拥抱”新合成的蛋白质,防止它们降解和聚合(图 10 - 15)。

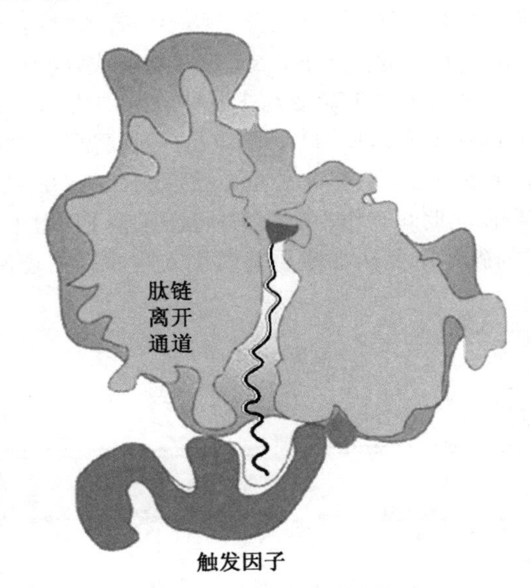

图 10 - 15　核糖体相关联的分子伴侣的作用模型

除了分子伴侣之外,体内还有一些蛋白质的折叠需要 PPI 或 PDI 的帮助。

在翻译过程中由肽酰转移酶催化形成的肽键均为反式,但在已折叠好的蛋白质分子中有可能存在顺式的肽键。蛋白质分子中出现的顺式肽键一定与 Pro 的亚氨基有关(X - Pro),它是 PPI 作用的产物。已发现,顺式与反式之间的转换是许多蛋白质折叠的限速步骤,PPI 的作用是催化多肽链中 X - Pro 之间的肽键进行顺式与反式的转换(图 10 - 16),以推动肽链快速地折叠。对于某一个蛋白质来说,只有一种形式才是活性形式,PPI 的功能似乎是催化某一种蛋白质较快地转变成有活性的形式。

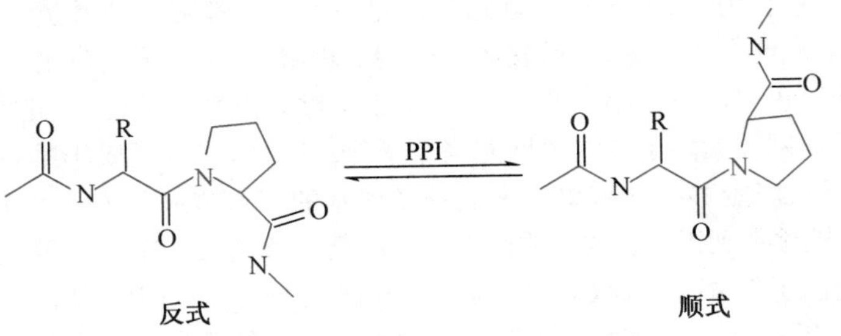

反式　⇌(PPI)　顺式

图 10 - 16　PPI 催化的反应

Quiz6 你知道内质网内的钙离子从何而来的?

PDI的功能是催化含有二硫键的蛋白质形成正确的二硫键。含有二硫键的蛋白质一般是分泌蛋白和细胞膜蛋白。对于真核生物来说,形成二硫键的场所是内质网。对一个刚刚通过Sec61移位子进入内质网的蛋白质分子来说,它会与内质网腔中的几种分子伴侣结合在一起。这几种分子伴侣包括:结合免疫球蛋白蛋白(binding immunoglobulin protein,BiP)、钙凝素(calnexin,CNX)和钙网质素(calreticulin,CRT)。它们的作用表现在:一方面是与新生肽链上的疏水区暂时结合,防止它们聚合,维持多肽链保持一个能够折叠或进行亚基组装的构象;另一方面,那些错误折叠或不能折叠和组装的新生蛋白质通常也与分子伴侣结合,但被截留在内质网,并最终通过与内质网关联的蛋白质降解途径(ER-associated degradation pathway,ERAD)进行降解。ERAD使蛋白质逆向经过Sec61移位子返回到细胞质基质,再被打上泛素标签以后进入蛋白酶体降解。上述处理错误折叠和不能折叠及组装的蛋白质的方式是细胞对蛋白质进行"质量控制"(quality control)的一种重要手段。

一个需要形成二硫键的蛋白质分子在与分子伴侣结合的时候,其肽链处于伸展和完全还原的状态。但在氧化型PDI的催化下,二硫键开始形成,同时,PDI本身被还原成还原型。还原型PDI被再生为氧化型则需要另外一种酶的催化。该酶是位于内质网的内质网氧还蛋白1(ER oxidoreducin 1,Ero1)。Ero1是一种高度保守的糖蛋白,在内质网腔一侧与内质网膜紧密结合在一起。它是一种蛋白质形成二硫键所必需的,因为二硫键的形成是一个氧化的过程,在此期间它作为氧化剂,将还原型PDI上的电子传给氧气,产生活性氧(ROS),而ROS的破坏需要从细胞质基质进入内质网的还原型谷胱甘肽(GSH)(图10-17)。

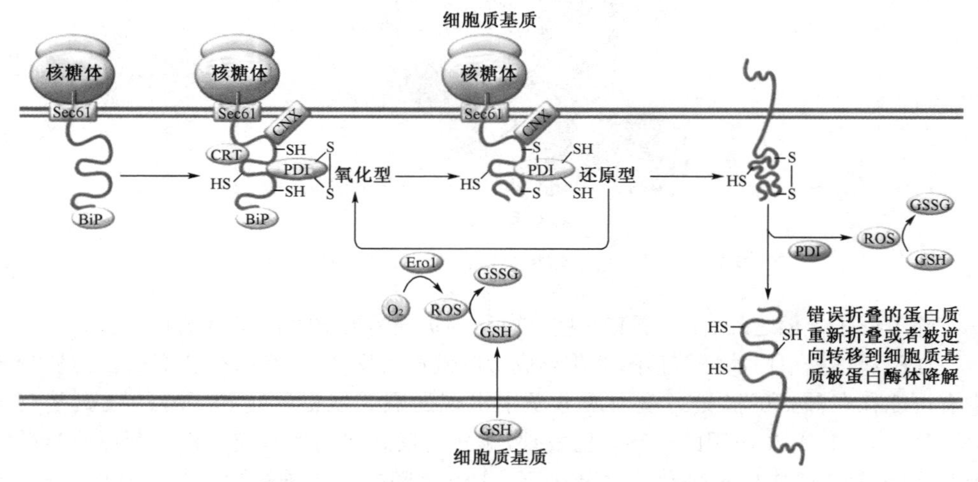

图10-17 PDI和Ero1参与的二硫键的形成

如果形成的二硫键不正确,这时还原型的PDI可以重新催化,但这次催化的是二硫键的重排,具体过程为(图10-18):首先是它的一个反应性强的巯基进攻暴露在外的错误的二硫键,形成混合二硫键,随后发生二硫键的重组,直至形成正确的二硫键。由于正确的二硫键处于正确的三维结构之中,PDI很难再对其作亲核进攻,因此被保留下来。

钙凝素和钙网质素除了在内质网充当分子伴侣以外,本身还属于凝集素。具有的凝集素性质,使得它们能够与含有单一末端葡糖残基的寡糖链(Glc3Man9GlcNAc2-)结合,这样的寡糖链被添加到正在粗面内质网上翻译的新生肽链的一个Asn残基上。接受寡糖链的Asn一般位于NXS/T(X代表Pro除外的任何氨基酸)序列中。如果接受寡糖链的蛋白质还含有二硫键的话,它们除了与寡糖链结合以外,还能够促进新生肽链的折叠和组装过程,以及结合一种PDI——ERp57,促进与它们结合的糖蛋白分子形成正确的二硫键。

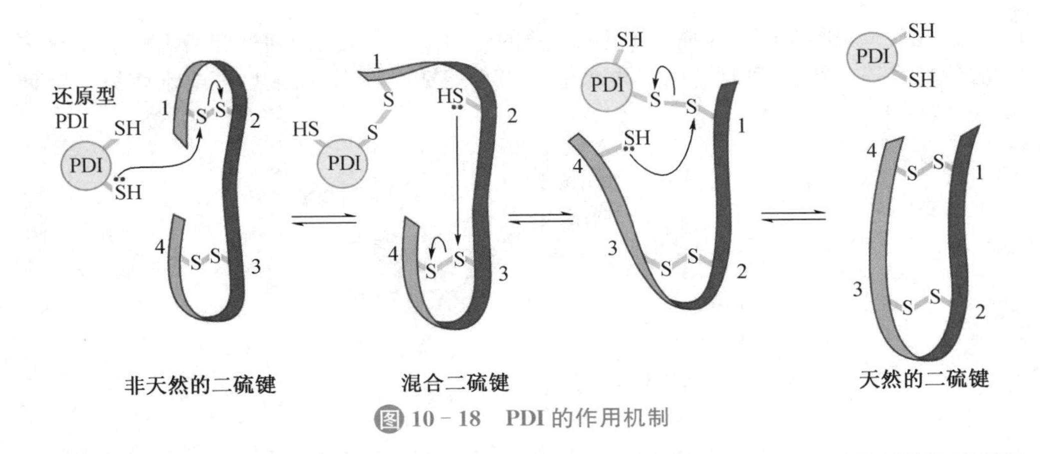

图 10－18　PDI 的作用机制

Box 10－1　霍乱毒素的胞内之乱

一些外来的蛋白质，例如来自某些细菌的外毒素需要通过 ERAD 这种方式在细胞内被激活。以霍乱毒素(cholera toxin，CT)为例，它本来是一种寡聚体蛋白，由 1 个 A 亚基和 5 个 B 亚基组成(图 10－19)。其中 A 亚基由 A1 和 A2 两个部分组成，之间通过一个二硫键相连，A1 具有 ADP－核糖基转移酶活性。

Quiz7 有研究表明，囊性纤维变性患者是不会得霍乱的。对此你如何解释？

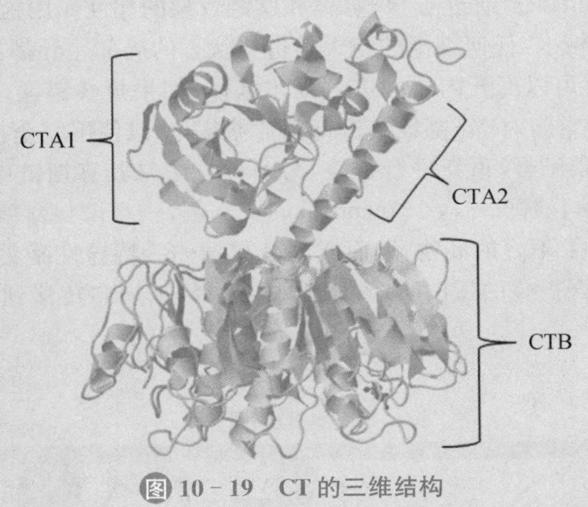

图 10－19　CT 的三维结构

CT 作用的大致过程如下：首先，B 亚基在消化道内与小肠上皮细胞膜上的受体(一种神经节苷脂 GM1)结合，诱发整个毒素蛋白被内吞到内体之中。随后，内体与高尔基体融合。由于 A2 含有内质网滞留信号序列 KDEL，因此在高尔基体，CT 很快就被逆向转移到内质网。一旦到达内质网，A1 与 A2 之间的二硫键被还原，于是 A1 得以释放。释放出来的 A1 因处在没有折叠的状态，而触发 ERAD 后离开内质网，进入细胞质基质。在细胞质基质，A1 迅速重新折叠，使其逃过了发生泛素化修饰被送入蛋白酶体降解的命运。在遇到并结合了细胞质基质中的 ADP－核糖基化因子 6(ADP-ribosylation factor 6，Arf6)以后，A1 的 ADP－核糖基转移酶活性被激活，便催化细胞内的 Gs 蛋白发生 ADP－核糖基化修饰。发生 ADP－核糖基化的 Gs 蛋白因此丧失 GTP 酶活性，一旦被激活，永远被激活。激活后的 Gs 再去持续激活腺苷酸环化酶，致使 cAMP 不断产生。cAMP 再激活蛋白质激酶 A(PKA)。PKA 再催化靶细胞膜上的囊性纤维变性跨膜转导调节蛋白(cystic fibrosis transmembrane conductance regulator，CFTR)磷酸化修饰。CFTR 是一种 Cl^- 通道，一旦发生磷酸化修饰，就被激活。于是胞内的 Cl^- 离开小肠上皮细胞，与此同时，水分子、Na^+ 和 K^+ 也会涌出，使机体大量失水和电解质失去平衡，引发急性腹泻，严重可致死。

一旦 N-寡糖链被添加到一个正在折叠的蛋白质分子之后，葡糖苷酶Ⅰ就会水解末端的葡糖残基。然后，葡糖苷酶Ⅱ再水解第二个葡糖残基，并在最后还会水解第三个葡糖残基(图 10-20)。

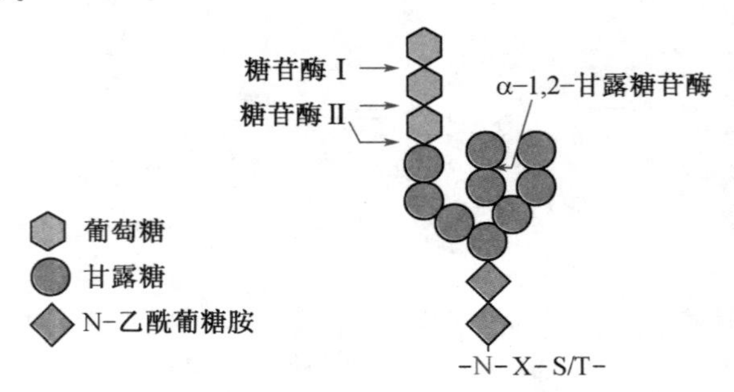

图 10-20　葡糖苷酶Ⅰ和Ⅱ的作用位点

在葡糖苷酶Ⅰ和Ⅱ分别切除 N-寡糖链上的前 2 个葡糖残基以后，钙凝素和钙网质素能够与余下的 N-寡糖链结合，维持折叠中间物处于折叠能状态(folding-competent state)(图 10-21)。在葡糖苷酶Ⅱ去除最后一个葡糖残基以后，内质网上的 UDP-葡萄糖:糖蛋白糖基转移酶(UDP-glucose: glycoprotein glucosyltransferase，UGGT)充当折叠的感应器(folding sensor)，通过与 N-寡糖和肽链骨架的相互作用检查底物的折叠状态。UGGT 具有严格的标准:任何细微的与天然折叠状态的局部差异都被它视为失败。如果折叠正确，蛋白质就可以离开内质网进入高尔基体;如果折叠错误，就有两种处理方法:一种方法是 UGGT 重新对 N-寡糖链进行葡萄糖基化，以使不完全折叠的底物再次与钙凝素和(或)钙网质素结合，重新进行折叠，另一种方法是其寡糖链中间分支的末端甘露糖被 α-1,2-甘露糖苷酶(α-1,2-mannosidase)水解，一旦该甘露糖残基被切除，原来的蛋白质就成为 UGGT 不好的底物，反而成为甘露糖-8-特异性凝集素 EDEM 很好的底物。EDEM 帮助错误折叠的蛋白质经过 ERAD 途径，被逆向转移到细胞质基质，最后进入蛋白酶体水解。

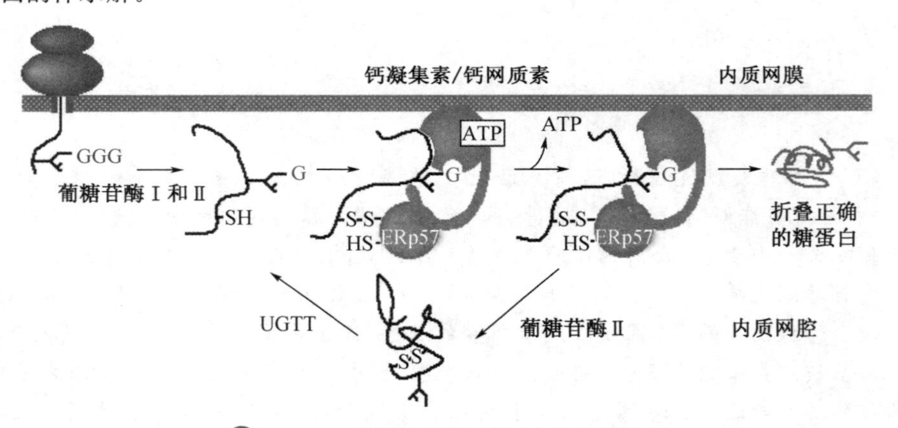

图 10-21　蛋白质折叠过程中的质量控制

有时，非折叠蛋白会诱发内质网的过载反应(overload response)。此反应受到细胞核内膜上的跨膜蛋白 IRE1 的激活，IRE1 受到非折叠蛋白质的作用形成二聚体，然后激活分子伴侣转录所需要的转录因子，以增强分子伴侣和其他促进折叠的蛋白质分子的基因表达，最终促进折叠反应。

八、四级结构的形成

四级结构的形成是一种自组装过程，通常也需要分子伴侣的帮助。分子伴侣所起的作用是暂时与亚基结合，保护亚基的疏水表面，防止它们“非法”聚集，直至各亚基有机会接触，因为亚基可能由不同的基因编码，而且表达的速率也可能有差别。

第二节　蛋白质翻译后的定向与分拣

一个活细胞在每时每刻都在同时合成多种不同的蛋白质，合成它们的主要场所是细胞质。然而，不同的蛋白质在合成好以后最后在细胞中的定位不一定相同，例如，组蛋白进入细胞核，细胞色素c进入线粒体，而蛋白类激素则被分泌到细胞外。蛋白质合成以后所经历的这种转移和定位的过程被称为定向与分拣(图10-22)。任何蛋白质的定向与分拣都应该是精确无误的，否则会影响到细胞的正常功能，严重的可导致细胞的死亡。例如，囊性纤维变性(cystic fibrosis)的某些病因是囊性纤维变性跨膜传导调节蛋白(CFTR)基因发生了突变，导致其不能定位到细胞膜上，而是滞留在内质网膜上，虽然有功能，却用错了地方，无法把胞内的氯离子运出细胞。

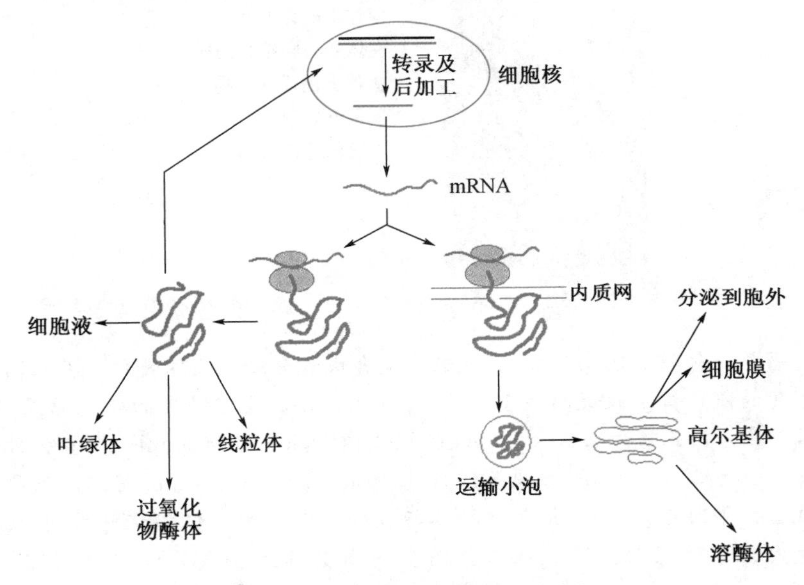

图10-22　蛋白质的不同分拣路径

1975年，Blobel和Dobberstein提出的信号学说(signal hypothesis)可解释蛋白质的定向和分拣。其主要内容是：各种蛋白质在细胞中的最终定位由多肽链本身所具有的特定氨基酸序列决定。这些特殊的氨基酸序列起着一种信号向导的作用，因此被称为信号序列。在某种意义上，一个蛋白质分子上的信号序列相当于它特有的“分子邮政编码”。如果一个蛋白质缺乏任何一种信号序列，则会留在其“默认”的位置——细胞质基质，如参与糖酵解和磷酸戊糖途径的酶以及细胞骨架蛋白(微管和微丝)等。

Box 10-2　“分子邮政编码”的发现

1999年的诺贝尔生理学或医学奖被授予美国洛克菲勒大学的Günter Blobel，因为他发现了蛋白质具有内在的信号以控制它们在细胞中的转运和定位(proteins have intrinsic signals that govern their transport and localization in the cell)。那Blobel是如何取得这一发现的呢？

生物化学家曾一直想搞清楚：细胞内一个特定的多肽链是如何横跨生物膜，进入属于自己的亚细胞空间或被分泌到细胞外的？20世纪50～60年代的一些研究结果表明，分泌蛋白是在与膜结合的核糖体上合成并同时完成跨膜转移的，但没能解释为什么分泌蛋白需要在与膜结合的核糖体上合成而细胞液蛋白不需要的现象。

直到1971年，Blobel及其同事提出了一种假说，对上述现象提出了他们的解释：(1) 在与膜结合的核糖体上翻译的mRNA5′-端紧跟起始密码子之后含有一段特殊的密码子；(2) 这些密码子编码特殊的氨基酸序列；(3) 这种特殊的氨基酸序列诱发了多肽链的跨膜转移。

1975年，Blobel和Dobberstein相继获得一系列实验证据支持他们最初的假说，在此基础上，他们对原来的学说做了一些修改，并正式命名为信号假说(the signal hypothesis)。

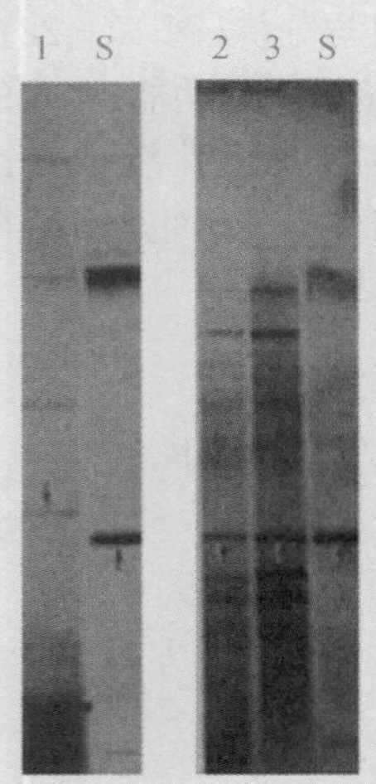

图10-23 骨髓瘤细胞IgG轻链在不同条件下被翻译后产物的电泳图谱

骨髓瘤是一种B淋巴细胞瘤，它能旺盛地合成和分泌免疫球蛋白(IgG)，因此是一种非常理想的研究信号假说的模型。Cesar Milstein实验室早期的研究结果显示(图10-23)，与在体内正常分泌出来的IgG的轻链相比，IgG轻链的mRNA在体外翻译出来的多肽链在N端多出约20个氨基酸残基。Blobel和Dobberstein认为，正是这些多出来的氨基酸序列充当信号，指导核糖体与膜的结合。为了证实这种设想，Blobel和Dobberstein继续研究IgG轻链在与膜结合的核糖体上合成的过程，他们既重复出Cesar Milstein实验室的结果，又进一步发现在与微粒体膜结合的核糖体上合成的IgG轻链对加入的蛋白酶水解有抗性，这说明IgG轻链在合成中被转移到微粒体的腔中，随后充当信号的序列被微粒体上的酶切除了。根据上述结果，Blobel和Dobberstein提出了更为详细和准确的信号肽假说。

1980年，Blobel根据对细胞内其他的一些膜蛋白和细胞器蛋白跨膜转移的研究结果，认为定向并输送到不同细胞器的新生蛋白也含有内在的信号序列。这些特殊的信号序列相当于分子邮政编码，就像现实世界之中真正的邮政编码决定了所邮寄的信件最终的目的地一样，这些由原来的蛋白质基因编码的分子邮政编码决定了一种蛋白质在细胞中最后的归宿。不过，它们可能位于多肽链的两端，也可能在多肽链的内部，而不像真正的邮政编码需要写在固定的地方。

蛋白质高度选择性的跨膜定位和分拣对于细胞，特别是对真核细胞的功能至关重要。为了维持各种不同细胞器的个性，相关的蛋白质必须准确地到达属于自己的"领地"。信号假说不仅正确地解释了分泌蛋白是如何通过内质网最后被分泌出细胞，还为探索其他需要跨膜转移的蛋白质的定向转运机理提供了正确的方向。

目前至少已发现两类指导蛋白质分拣的信号(图10-24)：(1) 信号肽(signal peptide)。为一段在一级结构上连续的氨基酸序列，通常由15～60个氨基酸残基组成，它们有的在N端，有的在C端，有的在多肽链的内部，还有的蛋白质不止一种信号序列(表10－1和表10－2)。这些信号肽序列引导蛋白质从细胞质基质进入内质网、高尔基体、细胞核、线粒体、叶绿体、过氧化物酶体和胞外；(2) 信号斑(signal patch)。存在于已折叠的蛋白质中，是蛋白质在完成折叠以后，在表面形成的由来自不同区域的氨基酸序列组合在一起的三维分拣信号。例如，引导蛋白质定向运输到溶酶体的就是信号斑，它是溶酶体酸性水解酶被高尔基体选择性糖基化的标识。

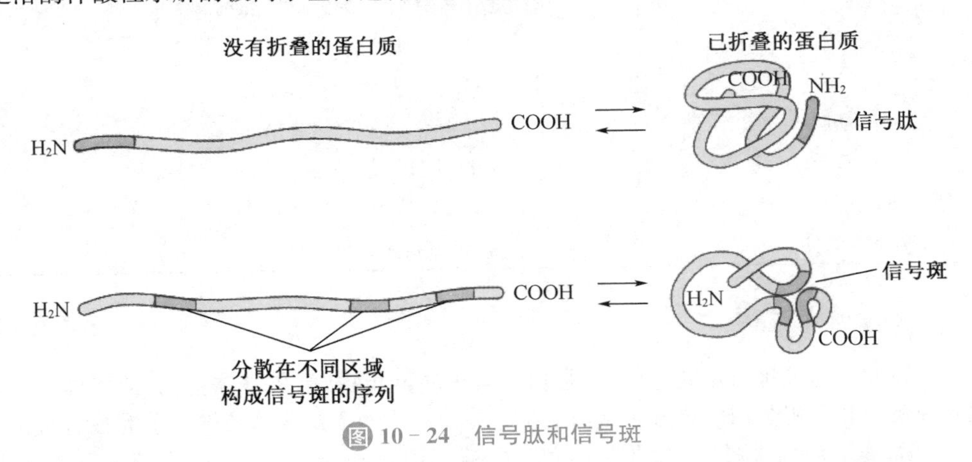

图10－24　信号肽和信号斑

表10－1　常见的信号肽序列

信号类型	基本特征
SRP信号	位于进入内质网、高尔基体、溶酶体、细胞膜和胞外的蛋白质的N端，一般由20个氨基酸残基组成，多数为疏水氨基酸，能被SRP识别。
内质网滞留信号	位于C端，一致序列为-KDEL。
高尔基体滞留信号	一段由20个疏水氨基酸组成的肽段，两侧是带正电荷的碱性氨基酸。
溶酶体分拣信号	由一级结构并不相邻的若干氨基酸残基构成三维信号(信号斑)，其中的带正电荷的氨基酸残基十分重要，这段序列可发生6-磷酸甘露糖化修饰。
线粒体分拣信号(导肽)	位于大多数线粒体蛋白的N端，由15～70个氨基酸残基组成，内有一组带正电荷的碱性氨基酸残基，几乎无酸性氨基酸，其中穿插一些亲水氨基酸残基，在水溶液中很少形成二级结构，但是一旦插入线粒体膜则会自动形成两亲螺旋。
叶绿体分拣信号(输送肽)	位于大多数叶绿体蛋白的N端，由50个左右的氨基酸残基组成，一般富含Ser、Thr和一些小的亲水氨基酸残基，很少有酸性氨基酸。
核定位信号(NLS)	位于肽链的内部，由4～8个氨基酸残基组成，富含碱性氨基酸，还常含有一个或几个Pro。
核输出信号(NES)	位于可以进入又可以离开细胞核的蛋白质，一致序列为LXXXLXXLXL，L为疏水氨基酸，通常是Leu，X代表任何氨基酸。
过氧化物酶体分拣信号(PTS)	有两种，一种位于肽链的C端(PTS1)，其一致序列为-S/A-K/R-L/M，其中以-SKL最常见，另一种位于N端(PTS2)，是一段九肽序列。

光凭上述分拣信号本身并不能保证一种蛋白质能到达最后的目的地，细胞内必须存在一种识别和利用分拣信号的机制。根据识别和利用分拣信号的时间点，细胞内蛋白质定向、分拣的途径分为两条：一条为共翻译途径，它在翻译延伸还没有结束的时候就被启动；另一条为翻译后途径，只有在翻译结束以后才被启动。

Quiz8 很容易通过在 GFP 分子中引入特定的信号肽，让其进入细胞核、内质网、线粒体、过氧化物酶体和叶绿体等细胞器，但很难将其引入到溶酶体。为什么？

表 10-2 不同的蛋白质所具有的信号序列的数目和种类

最后的目的地	信号数目和种类
细胞质基质	无
内质网	SRP 信号和内质网滞留信号
高尔基体	SRP 信号和高尔基体滞留信号
溶酶体	SRP 信号和溶酶体分拣信号(信号斑)
分泌小泡	SRP 信号
质膜	SRP 信号和停止转移信号
线粒体基质	线粒体分拣信号(导肽)
叶绿体基质	叶绿体分拣信号(输送肽)
细胞核	核定位信号(NLS)
过氧化物酶体	过氧化物酶体分拣信号(PTS)

一、共翻译途径

通过此条途径进行定向、分拣的蛋白质有内质网蛋白、高尔基体蛋白、溶酶体蛋白、细胞膜蛋白和分泌蛋白。这五类蛋白质都是在与内质网膜结合的核糖体上完成合成的，在 N 端都有一段信号序列：由约 20 个氨基酸残基组成，中部由 12～14 个疏水氨基酸残基组成的疏水片段，前端为带正电荷的碱性氨基酸残基，末端则富含 Ala。由于这段信号序列位于 N 端，所以总是先被翻译。当翻译达到约 80 个氨基酸残基的时候，信号序列便从肽链离开通道里伸出，突出在核糖体的表面，被细胞内的信号识别颗粒(signal recognition particle，SRP)识别和结合，由此启动共翻译分拣途径。这种被 SRP 识别的信号肽就是 SRP 信号。

SRP 是一种特殊的核糖核酸蛋白颗粒，在叶绿体和细菌中也有发现。哺乳动物的 SRP 含有 1 分子长约 300 nt 的 7SL RNA 和 6 种不同的多肽(SRP54、SRP19、SRP68、SRP72、SRP14 和 SRP9)。其中的 7SL RNA 折叠成略像 Y 形的双链二级结构；SRP9 与 SRP14 形成异源二聚体，参与翻译的阻滞；SRP68 与 SRP72 也形成异源二聚体；SRP19 参与 SRP 的组装；SRP54 负责识别信号序列，具有潜在的 GTP 酶活性，调节与 SRP 受体的结合。

在微球菌限制性内切酶 *Alu*-1 的作用下，哺乳动物的 SRP 可被分割成两个功能结构域：一是 Alu 结构域，由 SRP14/SRP9 异源二聚体与 7SL RNA 的一端结合形成；二是 S 结构域，由其他四种蛋白质和 7SL RNA 的 Y 形的分叉区域形成。

在共翻译分拣途径之中，SRP 作为一种双功能接头分子，一方面通过 SRP54 上一个大的疏水口袋与信号序列结合，另一方面还能与内质网膜上的 SRP 受体(SRP receptor，SR)结合。SR 属于膜内在蛋白，位于内质网膜，由外在的 α 亚基(SR-α)和整合在膜内的 β 亚基(SR-β)组成，这两个亚基都具有潜在的 GTP 酶活性。

由 SRP 介导的共翻译分拣途径的主要过程是(图 10-25)：(1) 带有 SRP 信号肽的蛋白质一开始在细胞质中游离的核糖体上翻译，但一旦信号序列得到翻译并从核糖体暴露出来，SRP 即通过 SRP54 的 M 结构域与其结合，形成核糖体-新生肽链-SRP 复合物(ribosome-nascent chain-SRP complex，RNC-SRP)；(2) SRP54 与信号序列的结合诱发 SRP 的构象发生变化，特别是在一处形成弯曲，结果使 SRP 与核糖体发生作用。这种作用从肽链离开通道覆盖到延伸因子在核糖体上的结合位点，从而导致翻译暂停。(3) 暂停使得核糖体在翻译继续之前有足够的时间与内质网膜结合，很快 RNC-SRP 复合物扩散到内质网膜，主要通过 SRP54 和 SR-α 之间(都是以结合 GTP 的形式)的相互作用而停靠到 SRP 受体上；(4) 以 GTP 结合的 SR-β 作用 RNC-SRP 复合物，诱导信号肽转移到移位子(translocon);(5) SRP54 和 SR-α 相互激活对方的 GTP 酶活性,导致结合的 GTP 水解。而一旦 GTP 水解,SRP 与 SR 便解离,翻译延伸得以继续。信号序列通过膜上的移位子开始内质网腔内转移。

Quiz9 如果将 7SL RNA 的基因敲除,真核细胞还有粗面内质网吗?

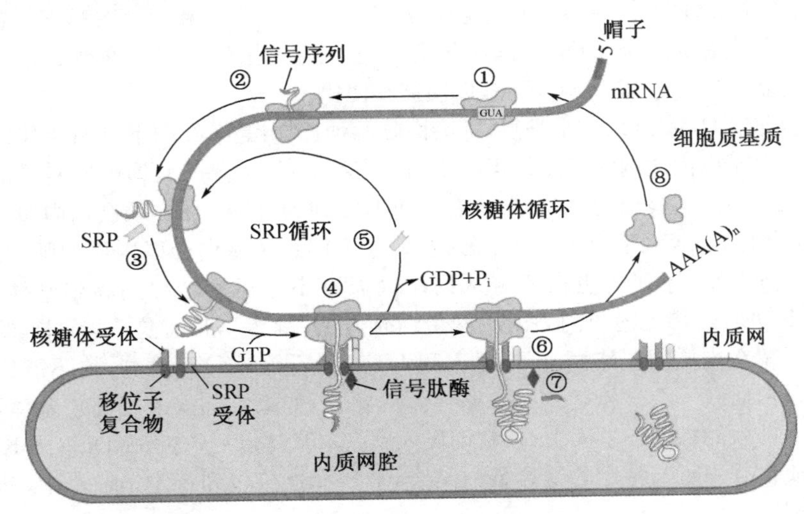

图 10-25　SRP 介导的蛋白质定向、分拣过程

允许蛋白质穿过内质网膜运输的移位子为 Sec61 复合物。在内质网膜上,Sec61 形成的是直径约 8.5 nm 的圆柱状寡聚体,其中央孔直径为约 2 nm,与核糖体离开通道直径十分接近。移位子形成的是一种水溶性通道,因此通过它的新生肽链是在水溶性环境中穿行的。此外,移位子还是一种动态的结构,在核糖体结合其上的时候,其中央孔可扩大到 4～6 nm。内质网内的分子伴侣 BiP 作为移位子在内质网腔一侧的"把门人",以依赖 ATP 的方式,结合并紧紧封住移位子的内端。Sec61 复合物在与核糖体结合以后,其中央孔道与大亚基上肽链离开通道实行无缝对接,一旦 30～50 个氨基酸长的新生肽链从移位子的外端进入,BiP 立刻打开内端。于是,从核糖体上伸出来的肽链进入移位子的中央孔道进行转移。蛋白质像细线一样以环的形式连续地通过膜,当信号序列穿过膜后,就被潜伏在内质网膜内侧的信号肽酶(signal peptidase)切下,新生肽链则继续延伸,进入内质网的部分有可能进行糖基化修饰,同时在 HSP70 和 PDI 帮助下,折叠成正确的构象。若无其他信号序列,一旦 C 端通过移位子,蛋白质即被释放到内质网腔。

膜蛋白的移位过程与可溶性蛋白有所差别,因为膜蛋白还可能含有另外一种信号序列——停止转移序列(stop-transfer sequence),该序列由 20 个左右的疏水氨基酸组成,其作用是阻止肽链的 C 端通过移位子,使肽链最后能够锚定在膜上。

对于绝大多数通过共翻译途径转移的蛋白质而言,内质网并非是它们的终点站,它们在进入内质网以后,还要向下游(如高尔基体、溶酶体、细胞膜和细胞外)继续转移,相邻站点之间的转移通过小泡运输的方式进行。

运输小泡以出芽的方式产生,表面带有细胞质基质的外被蛋白(coat protein),在到达下一站点之前,会脱去"外衣",并与目的地的膜融合、卸下货物,将自己的膜蛋白插入到目的地的膜上。有三类小泡外被蛋白:(1) COPⅡ。由它包被的小泡从内质网出芽,运输的方向是内质网→内质网高尔基体中间区(ERGIC)→高尔基体。(2) COPⅠ。由它包被的小泡从 ERGIC 或高尔基体出芽,将货物逆向运输回"故居"。(3) 网格蛋白(clathrin)。由它包被的小泡往返于高尔基体、内体(endosome)、溶酶体和质膜。

小泡的融合机制可用 SNARE 假说来解释,即小泡融合由成对的 SNARE 蛋白质之间的相互作用介导,小泡膜上的是 v-SNARE,目标膜上的是 t-SNARE。SNARE-SNARE 配对提供能量将两个脂双层膜拉近,导致它们不稳定,然后发生融合。

另外,一类叫 Rab 的小 G 蛋白在小泡的出芽和融合中起作用,它的作用是分布在正确的膜上,标记不同的细胞器和运输小泡,以促进特异性融合的发生。运输小泡在 Rab/GTP 的作用下,与效应蛋白和 v-SNARE 作用,组装预融合复合物(pre-fusion complex)。不同的 Rab 作用不同的目标膜,组织其他效应蛋白和 t-SNARE。效应蛋白通过蛋白质与蛋白质之间的相互作用将需要融合的膜拉到一起。在融合以后,NSF/SNAP 蛋白复合物促进 SNARE 解体,以便循环使用。

实际上,蛋白质每进入一个站点,都会面临两种选择:是继续向下一站转移还是以此为终点站?对于以内质网为终点的蛋白质因带有第二种信号序列,即内质网滞留信号而得以留在内质网。实验证明,在 C 端含有 KDEL 序列的可溶性蛋白质会以内质网腔为终点,在 C 端含有 KKXX(X 为任何氨基酸残基)序列的跨膜蛋白会以内质网膜为终点,没有 KDEL 或 KKXX 序列的蛋白质将从内质网通过小泡运输转移到高尔基体。因此,KKXX 和 KDEL 仿佛是内质网为内质网蛋白预发的“绿卡”,带有这张“绿卡”的蛋白质会最终永远留在内质网。然而,不论是 KDEL 序列,还是 KKXX 序列,均不能保证含有该序列的蛋白质就不会被错运到高尔基体。问题是,如果它们误入了高尔基体,细胞还有没有什么补救的措施?事实上,在它们误入到高尔基体以后,含有 KDEL 或 KKXX 序列的蛋白质在其中可与特定的受体蛋白结合,被选择性打包到特定运输小泡,然后再返回到内质网。

在内质网蛋白留在内质网以后,高尔基体蛋白、溶酶体蛋白、细胞膜蛋白和分泌蛋白会通过小泡运输到它们的第二站点,即高尔基体。在这里,高尔基体蛋白因为还带有高尔基体滞留信号便永远留在高尔基体,而以溶酶体为终点的各种水解酶,依赖于其上的信号斑会在其共价相连的 N 寡糖链上,加上一个或多个 6-磷酸甘露糖(mannose 6-phosphate,M6P)。M6P 是它们进入溶酶体的信号,位于远离细胞核一侧即高尔基体反面(trans side)膜上的 M6P 受体蛋白能够识别并结合这种信号。6-磷酸甘露糖受体横跨高尔基体膜,在细胞质基质一侧有接头蛋白(adaptor protein)的结合位点,网格蛋白再与接头蛋白结合。于是,在网格蛋白、接头蛋白以及一种小 G 蛋白 ARF1 的帮助下,该区域的高尔基体膜以出芽的形式,被打包成由网格蛋白包被的小泡。其中网格蛋白在膜表面组装成篮筐状网格结构,从而导致膜扭曲,进而出芽。由网格蛋白包被的小泡有不同的目的地,这由接头蛋白的性质决定。这里涉及的接头蛋白可让小泡与次级内体(late endosome)融合,并最终转变为溶酶体。内体内更低的 pH 引起受体与水解酶解离,同时位于 M6P 上的磷酸基团被水解下来,以确保已进入的水解酶不会再离开溶酶体。而与水解酶解离的受体重新回到高尔基体循环使用。

分泌蛋白和细胞膜蛋白由于无 M6P,就集中在高尔基体其他的区域,同样以出芽的方式形成与细胞膜融合的分泌小泡。分泌小泡在与质膜融合以后,分泌蛋白被释放到胞外,而整合在小泡膜上的蛋白变成了细胞膜蛋白。

二、翻译后途径

通过此条途径进行定向、分拣的蛋白质由细胞核基因编码、定位于线粒体、叶绿体、细胞核和过氧化物酶体等细胞器。

(一)线粒体蛋白的定向与分拣

线粒体蛋白质组大概含有 1 500 种不同的蛋白质,但只有 10 多种由线粒体基因组编码,绝大多数蛋白质由核基因编码。这些由核基因编码的蛋白质始终在细胞质基质游离的核糖体上翻译,经过翻译后定向和分拣进入线粒体。构成它们的肽链含有线粒体分拣信号,其中最重要的信号位于 N 端,这种信号序列有时称为导肽序列(leader peptide sequence)。导肽的序列特征包括:由 15～70 个氨基酸残基组成,内有一组带正电荷的碱性氨基酸残基,一些像 Ser、Thr 一样的亲水氨基酸残基穿插在其中,几乎无酸性氨基酸。

这种信号序列不会被 SRP 识别，在水溶液中很少形成二级结构，但是一旦插入线粒体膜则会自动形成两亲螺旋。

为了便于后面的跨膜转运，细胞质基质中的分子伴侣会与待分拣的线粒体蛋白质前体结合，以防止其提前折叠或相互间“非法”聚集，维持蛋白质处于一种细长、容易跨膜的伸展状态。在线粒体基质一侧，也有分子伴侣与正在入内的肽链结合（图 10－26）。

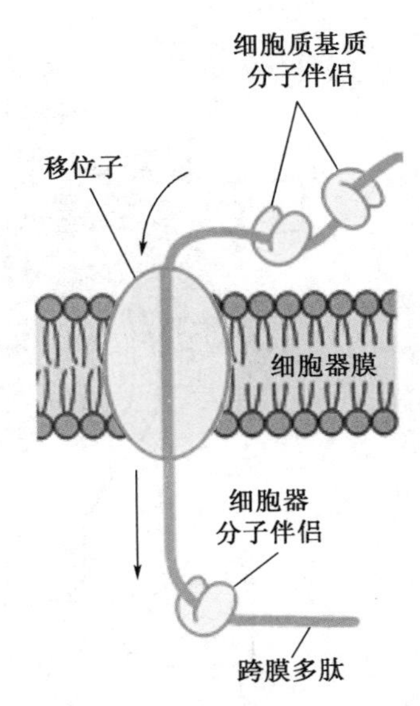

图 10－26　分子伴侣在翻译后的蛋白质定向转移中的作用

线粒体的亚空间包括基质、膜间隙（外室）、内膜和外膜。进入线粒体的蛋白质又如何被分拣到最后的亚空间呢？一般认为，不同的蛋白质还可能带有不同的次级信号序列，指导它们定位到最后的位置。以定位在膜间隙的蛋白质为例，含有的次级信号序列要么阻止一种蛋白质通过内膜，使之截留在膜间隙（如细胞色素 b_2），要么与内膜上不同的移位复合物结合，从内膜返回膜间隙（如细胞色素 c_1）。缺乏次级信号序列的蛋白质则留在基质。如果人为从细胞色素 c_1 中去除膜间隙定位序列，那它就不能够回到膜间隙，而始终留在基质；相反，如果在一种基质蛋白分子上插入膜间隙定位序列，它就会误入膜间隙。

1. 线粒体基质蛋白的定向与分拣

在细胞质基质，线粒体输入刺激因子（mitochondrial-import stimulating factor，MSF）或分子伴侣 HSP70 与在游离的核糖体上正在延伸的肽链结合，通过水解 ATP 以阻止其提前折叠。以线粒体为目的地的蛋白质多数在 N 端含有特殊的导肽序列，这种导肽序列使其能够与横跨外膜的转运蛋白（Transport across the Outer Membrane，TOM）复合体上的受体蛋白结合，以方便蛋白质与移位子之间的相互作用。为了让蛋白质能够顺利跨膜，细胞质基质内的 HSP70 必须与结合的肽链解离，此过程也需要 ATP 的水解。

TOM 复合体与导肽结合的部分由 Tom70 和 Tom37 组成，这两种蛋白质随后会将蛋白质转交给另外两种蛋白质——Tom 22 和 Tom20，而 Tom22 和 Tom20 再将蛋白质转移到由 Tom40 组成的通道上（图 10－27）。在内膜上还有一种叫横跨内膜的转运蛋白（Transport across the Inner Membrane，TIM）复合体，由它构成蛋白质穿过内膜的通道。蛋白质进入基质只发生在内外膜的接触点，而形成两亲螺旋则有利于蛋白质的跨膜转运。TOM 和 TIM 通过静电作用结合在一起。Tim 23 和 Tim 17 形成移位子。蛋白质从 Tom 插入到 Tim23 形成的通道中需要呼吸链创造的质子梯度（$\Delta\Psi$）。此外，在基质一侧，受 ATP 驱动的前导序列转位酶相关联的分子马达（the presequence translocase-associated motor，PAM）也是蛋白质完成跨膜转运、进入基质所必需的。PAM 的主要成分是线粒体内的 HSP70（mtHSP70），一旦肽链跨入基质一侧，mtHSP70 就与其结合，通过水解 ATP 阻止其折叠，并驱动它的跨膜转运。导肽在进入基质以后，被基质内的信号肽酶切下。丢掉导肽的基质蛋白进入 mtHSP60 和 mtHSP10 形成的桶装折叠体的内部，受 ATP 水解的驱动进行折叠，最后得到其特有的三维结构。

2. 线粒体非基质蛋白的定向与分拣

蛋白质进入基质以外的地方也是从 TOM 复合体开始的，对定位到内膜的蛋白质而言，至少有三种不同的方式：(1) 有的像基质蛋白一样，具有导肽序列。这些蛋白质也需要 TOM/TIM 复合物，但由于在导肽序列之后是一段疏水的停止转移信号序列，所以不

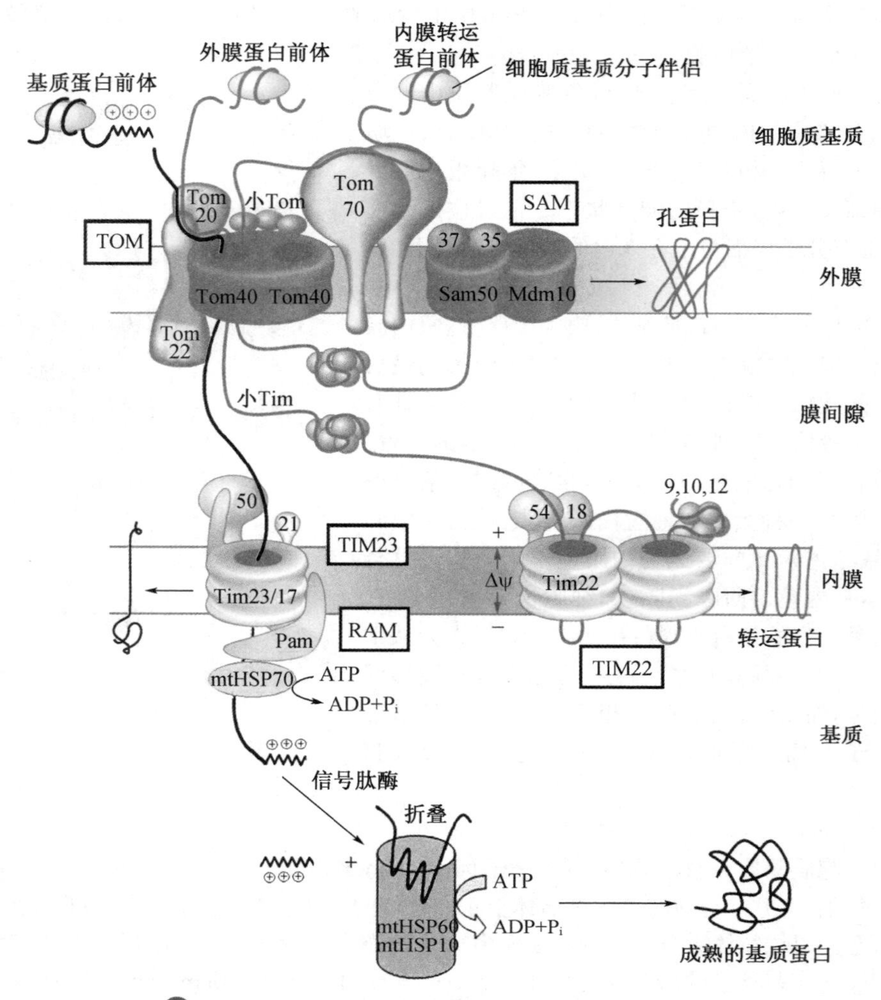

图 10-27　细胞核编码的线粒体基质蛋白的定向转移

需要 PAM,最后直接留在内膜上就行了;(2) 有的为内膜上的多次跨膜蛋白(如载体蛋白),这些蛋白质没有导肽序列,但内部含有多重线粒体输入信号。这些蛋白质起初由外膜上另外一种受体蛋白——Tom70 识别,然后再通过 Tom40 转运,但在膜间隙,会被一些小的可溶性 Tim(Tim9/Tim10)蛋白质复合体识别。随后,在内膜上的 Tim22 复合物作用下,受内膜内外电化学势能的驱动,插入到内膜上;(3) 还有一些最初像基质蛋白一样,被输送到基质,但导肽序列在基质被切掉以后,会暴露出一种新的次级信号序列。这种信号序列被氧化酶组装蛋白 1(oxidase assembly protein1,Oxa1)识别。于是在 Oxa1 的作用下,这些蛋白质也被插入到线粒体内膜上。需要特别指出的是,Oxa1 也是那些由 mtDNA 编码的内膜蛋白的转运蛋白。

对外膜蛋白而言,主要有三种情况:具有简单拓扑学结构(如单跨膜)的外膜蛋白只需要 TOM 复合物,就可以插入到外膜上;具有多次跨膜 α-螺旋的外膜蛋白不通过 TOM 复合物,而是通过线粒体输入机器(mitochondrial import machinery,MIM)进行的;拓扑学结构较复杂的蛋白质(如具有 β-桶结构的孔蛋白和 Tom40)首先需要通过 TOM 复合体进入膜间隙,然后在膜间隙中较小的 Tim 蛋白的帮助下,通过分拣与组装(sorting and assembly,SAM)复合物插入到外膜。

某些线粒体的膜间隙蛋白所使用的机制与上述所有的机制都不同,例如细胞色素 c。它是一种与内膜外侧相结合的蛋白质,它的 N 端没有可切除的信号肽序列。在细胞质合成以后，以无血红素结合的形成存在，这时的细胞色素 c 称为脱辅基细胞色素 c (apocytochrome c)。脱辅基细胞色素 c 直接通过外膜，进入膜间隙，驱动力由细胞色素 c 血红素裂合酶(cytochrome c heme lyase，CCHL)提供，CCHL 催化血红素辅基共价连接到脱辅基细胞色素 c 上，以产生跨膜的脱辅基细胞色素 c 的梯度。

3. 蛋白质输入线粒体的调控

蛋白质进入线粒体是受到调控的，受到调控的对象主要是 TOM 复合物，而调控的手段主要是磷酸化修饰。在细胞质基质内，一些蛋白质激酶随着细胞生长条件和细胞周期的变化被激活或失活，从而影响到 TOM 复合物内某些亚基的磷酸化水平。而 TOM 复合物各亚基的磷酸化可影响到 TOM 复合物的组装，从而影响到有功能的 TOM 复合物的可得性。此外，磷酸化还可以直接减弱细胞质基质中 HSP70 与 Tom70 的结合，从而影响到 HSP70 依赖性的线粒体蛋白的输入。

(二) 叶绿体蛋白的定向与分拣

与线粒体相比，叶绿体含有更多的蛋白质，而许多蛋白质由核基因编码，它们包括 DNA 聚合酶、氨酰- tRNA 合成酶、约 2/3 的核糖体蛋白质、参与光反应的部分蛋白质和参与卡尔文循环的 1,5 -二磷酸核酮糖羧化酶和加氧酶(rubisco)的小亚基等。由核基因编码的蛋白质进入叶绿体的过程(图 10 - 28)与进入线粒体很相似，但至少有 3 个重要差别：(1) 线粒体比它少一层膜(类囊体膜)和一种可溶性腔(类囊体腔)，因此，在叶绿体基

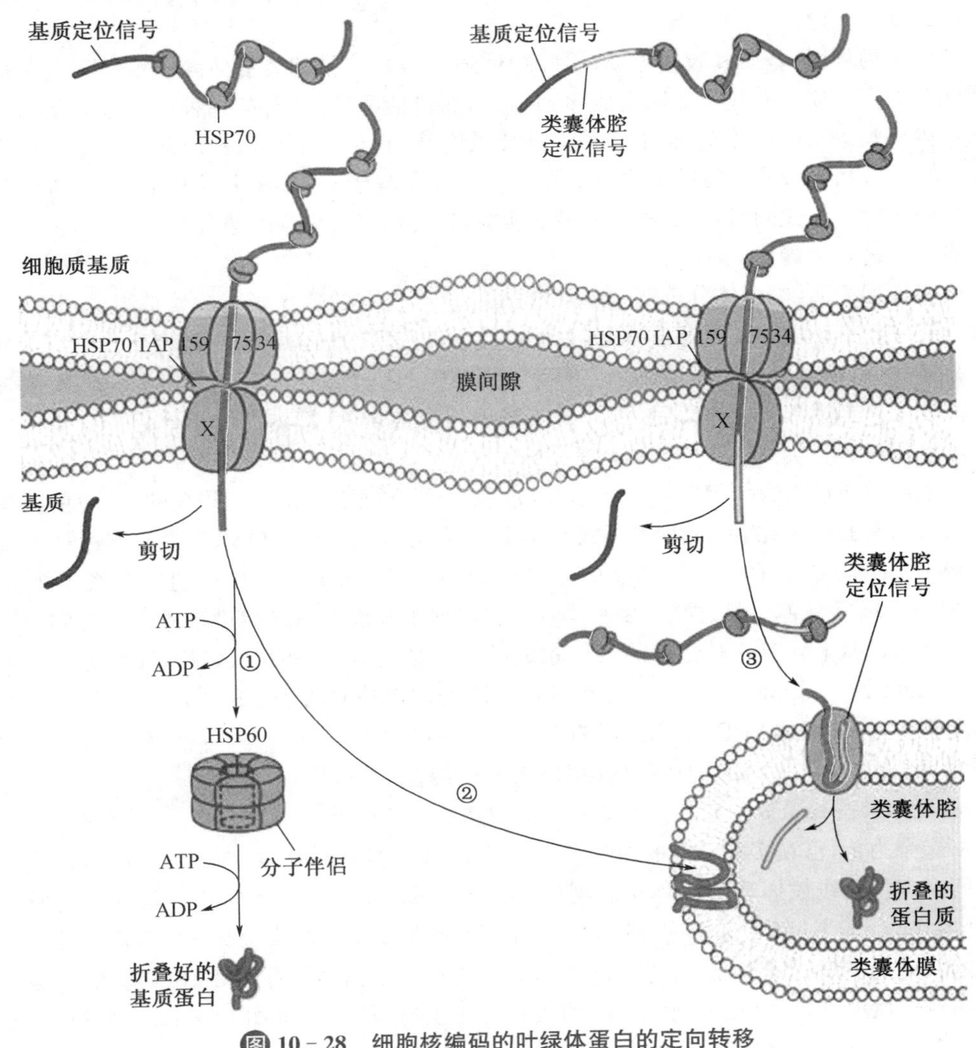

图 10 - 28　细胞核编码的叶绿体蛋白的定向转移

质,还需要进一步分拣和定位,才能将相关的蛋白质运送到类囊体;(2) 参与叶绿体膜转运的TOC或TIC与参与线粒体膜转运的蛋白质TOM或TIM在结构上无同源性;(3) 输入到线粒体基质的蛋白质不仅需要消耗ATP,还需要消耗跨线粒体内膜的质子梯度。

1. 定位于基质

进入叶绿体的蛋白质带有叶绿体分拣信号,其中最重要的在N端。这段信号序列通常称为输送肽(transit peptide),由50个左右的氨基酸残基组成,一般富含Ser、Thr和一些小的亲水氨基酸残基,很少有酸性氨基酸残基。含有输送肽序列的蛋白质通过受体介导的转运方式,进入叶绿体的基质。在基质内被特殊的蛋白酶切掉N端20～25个氨基酸残基,余下的次级信号序列可继续指导蛋白质进入类囊体膜或类囊体腔。分子伴侣HSP70在细胞质基质与前体蛋白结合维持其处于伸展状态,同时,细胞器内的分子伴侣HSP60和HSP10则促进折叠。在跨膜转移中,需要消耗ATP和GTP。

转运受体和移位子复合体在内外膜接触点组装。位于外膜的称为横跨叶绿体外膜的转运蛋白(transport across the outer chloroplast membrane,TOC)复合体,由大小分别为159 kDa、75 kDa和34 kDa蛋白组成,其中159 kDa和34 kDa蛋白结合GTP。位于内膜的称为横跨叶绿体内膜的转运蛋白(transport across the inner chloroplast membrane,TIC)复合体。TOC和TIC之间还有HSP70输入中间物关联蛋白(import intermediate associated protein,IAP)。

2. 定位于类囊体膜和腔

除了内外膜、基质和膜间隙以外,叶绿体还有类囊体膜和类囊体腔。定位于类囊体膜和腔的蛋白质具有较长的输送肽序列,其内部包括两种信号:第一种信号指导蛋白质通过内外膜进入叶绿体基质,第二种信号比较隐蔽,它负责指导蛋白质从基质进入类囊体。这两种信号按照一定的次序被切除。在蛋白质进入叶绿体的基质以后,第一种信号序列被切除。与此同时,第二种信号随之暴露,这种信号序列为类囊体分拣信号,由它指导蛋白质进入类囊体。

有证据表明,类囊体分拣信号序列由一段25个左右的疏水氨基酸残基组成,其前方常常有一些带正电荷的氨基酸残基,以便和类囊体膜上的移位子复合体相互作用。正如线粒体一样,由光合作用光反应产生的跨类囊体膜的质子梯度是某些蛋白质进入类囊体所需要的。当进入类囊体以后,额外的信号序列会被切除,其内的分子伴侣协助蛋白质正确地折叠。

蛋白质通过类囊体膜共有三条途径,这三条途径的部分成分是共享的,其中前两条途径与细菌的两条路径相似(见后):(1) SecA蛋白依赖型,如质体蓝素。该途径需要SecA蛋白,消耗ATP,受pH梯度的刺激;(2) pH梯度依赖型,如PSⅡ产氧复合物的OE24和OE17亚基。该途径需要跨类囊体膜的质子梯度。通过此途径进入类囊体的蛋白质在输送肽上含有一对必需的Arg构成的模体结构;(3) SRP依赖型,如聚光叶绿素蛋白(light-harvesting chlorophyll protein,LHCP)。该途径涉及SRP,需要GTP,受pH梯度刺激,但叶绿体SRP(cpSRP)没有RNA,只有蛋白质,其中有一种叶绿体特有的蛋白质为cpSRP43,它在SRP中通过模拟RNA起作用。

Quiz10 如果将GFP最终定位到植物细胞的类囊体膜上,你认为需要引入哪几种信号肽序列?

(三) 某些线粒体蛋白和叶绿体蛋白的双重定向与分拣

迄今为止,已在多种不同的植物中,发现约有50种不同的由核基因编码的蛋白质可以同时定位到线粒体和叶绿体中。例如,豌豆(*Pisum sativum*)体内的谷胱甘肽还原酶(glutathione reductase)和拟南芥体内至少18种氨酰-tRNA合成酶。这些蛋白质使用模糊的双重定位信号序列:总的特征既像标准的线粒体蛋白导肽序列,又像典型的叶绿体蛋白输送肽序列,只是在个别氨基酸的量和分布上有所差别,例如Phe、Leu和Ser的含量上升,而酸性氨基酸和Gly的含量降低。

（四）核蛋白的定向与分拣

指导蛋白质进入细胞核的信号序列称为细胞核定位序列（nuclear localization sequence，NLS）（表 10－1）。核蛋白是以完全折叠的状态通过核孔复合物（nuclear pore complex，NPC）转运的。一旦它们翻译好，即发生折叠。核蛋白通过 NPC 需要 Ran 蛋白。Ran 属于小 G 蛋白，其功能是调节货物（主要是被运输的核蛋白）受体复合体的组装和解体。

NLS 经常以环的形式突出在核蛋白分子的表面，以方便与细胞核输入受体结合。核蛋白进入细胞核的详细步骤是（图 10－29）：（1）核蛋白与由输入素或输入蛋白（importin）α 和 β 组成的核输入受体结合；（2）核蛋白-受体复合物与 NPC 胞质环上的纤维结合；（3）纤维向核内弯曲，移位子构象发生改变，形成亲水通道，货物通过；（4）核蛋白-受体复合体与核质内的 Ran－GTP 结合，随后复合体解体，核蛋白释放到细胞核；（5）与 Ran－GTP 结合的输入素 β 进入细胞质，Ran－GTP 在 GTP 酶激活蛋白（GAP）的作用下，其潜在的 GTP 酶活性被激活，将与它结合的 GTP 水解成 GDP 后，Ran－GDP 返回细胞核在鸟苷酸交换因子 RCC1 的催化下，重新转换为 Ran－GTP；（6）在核内输出素（exportin）的帮助下，输入素 α 返回细胞质基质与输入素 β 重新组装成细胞核输入受体，参与下一轮的转运。由于 RCC1 在细胞核、Ran 的 GAP 在细胞质的不对称分布，核蛋白质进入细胞核的过程可持续不断地进行。

Quiz11 细胞核蛋白在到达目的地以后，其中的 NLS 并没有被切除。为什么？如果被切除，对细胞会产生什么后果？

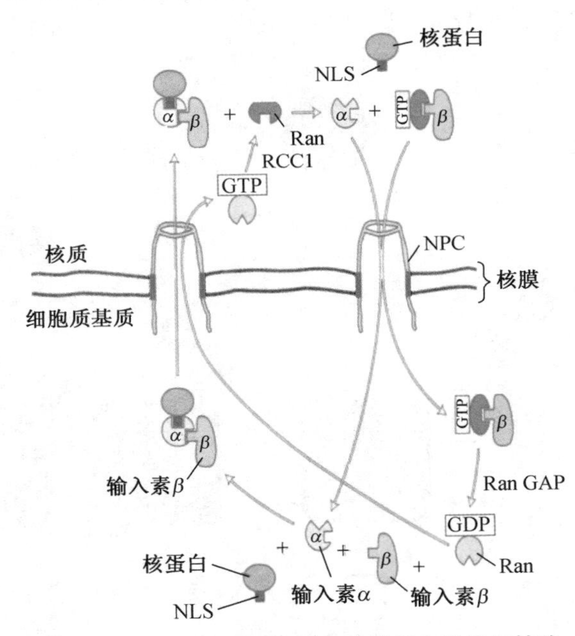

图 10－29　由 NLS 介导的细胞核蛋白的定向转移

某些调节基因表达的转录因子在需要它们之前，被隔离在细胞核之外。隔离它们的手段是控制它们的 NLS：有的是对 NLS 进行磷酸化修饰，使其丧失活性；有的是与特殊的抑制蛋白结合，将 NLS 隐藏起来。一旦受到刺激，这些转录因子经历去磷酸化反应，或者抑制蛋白释放，于是转录因子可以进入细胞核，调节特定基因的表达。

（五）过氧化物酶体蛋白的定向与分拣

过氧化物酶体是由单层膜包被的小细胞器，大概含有 50 种左右的蛋白质，这些蛋白质完全由细胞核基因编码，并在细胞质游离的核糖体上翻译的，有膜蛋白和基质蛋白。这两类蛋白的定向和分拣机制是不同的，目前对基质蛋白的定向和分拣机制了解得比较清楚。

与进入线粒体和叶绿体的蛋白质不同的是，过氧化物酶体基质蛋白在细胞质基质中已完全折叠成有功能的形式,如果它们有辅助因子,会和辅助因子结合好,如有四级结构,就会组装好四级结构再进入过氧化物酶体。例如,过氧化氢酶刚从核糖体上释放出来的时候,是没有折叠的,也没有辅助因子结合,但很快会进行折叠,并与血红素辅基结合成亚基。然后,4 个相同的亚基组装成有活性的过氧化氢酶。另外,在细胞质基质中参与分拣过程的受体在与它们结合以后,会整合或横跨在膜上,让其通过。

指导蛋白质进入过氧化物酶体基质的信号序列是过氧化物酶体定向序列(peroxisome targeting sequence,PTS)。PTS 通常位于多肽链的 C 端(PTS1),如过氧化氢酶,其一致序列为 SKL 或 SKF,也有少数蛋白质的 PTS 位于 N 端,是一段九肽序列(PTS2)。PTS1 在蛋白质进入过氧化物酶体以后并不被切除,而是成为成熟蛋白的一部分,但 PTS2 则被切除。

以酵母细胞为例,其带有 PTS1 的过氧化物酶体基质蛋白入内的基本过程是:(1) 新合成并折叠好的蛋白质作为被运输的货物,与细胞质基质中的受体蛋白 Pex5 结合。(2) 装载到货物的受体停泊到过氧化物酶体膜上由 Pex13、Pex14 和 Pex17 组成的停泊区。(3) 受体插入到膜上,并与 Pex14 结合形成通道,货物由此释放到腔内。(4)在由 Pex2、Pex10 和 Pex12 组成的泛素连接酶(ubiquitin ligase)复合物以及由 Pex4 和 Pex22 组成的泛素结合复合物(the ubiquitin conjugation complex)催化下,Pex5 的一个 Cys 残基上发生单泛酰化修饰。(5) 在由 Pex1、Pex6 和 Pex15 组成的抽取复合物(the extraction complex)的作用下,泛酰化的 Pex5 抽身离开膜,再脱泛酰化进入下一轮运输(图 10-30)。

Quiz12 你认为同时在 N 端、内部和 C 端分别带有 SRP 信号肽、NLS 和 PTS 的 GFP 在真核细胞内合成以后,最后会定位到哪里?

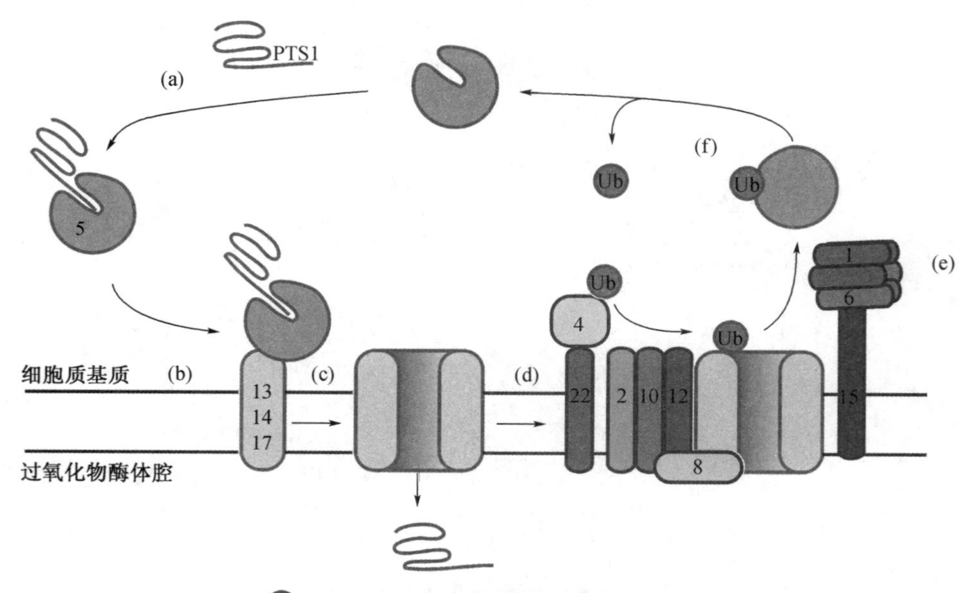

图 10-30 过氧化物酶体蛋白的定向转移

(六) 细菌蛋白的定向与分拣

细菌蛋白包括细胞质基质蛋白、细胞膜蛋白和分泌到胞外的蛋白。与真核生物一样,其细胞质基质蛋白不含任何信号肽,在核糖体上合成好以后会直接留在细胞质基质。至于细胞膜蛋白和分泌蛋白,则需要信号肽的指引。其中,插入到细胞膜上的膜内在蛋白的定向和分拣一般属于共翻译水平的,其他蛋白质则属于翻译后水平(图 10-31)。

(1) 共翻译水平的定向与分拣

细菌蛋白质的共翻译水平的定向与分拣与真核生物相似,只是细菌 SRP 的组分要简单得多!其中的 RNA 要小,沉降系数为 4.5S 或 6S。以大肠杆菌为例,其 SRP 中的 RNA 为 4.5S,仅有 7SL RNA 的 2/3,缺乏 Alu 结构域。里面的蛋白质只有一种,为 Ffh,它是真核生物 SRP54 的同源物,也具有 GTP 酶的活性。实验证明,缺失 SRP 的细菌是

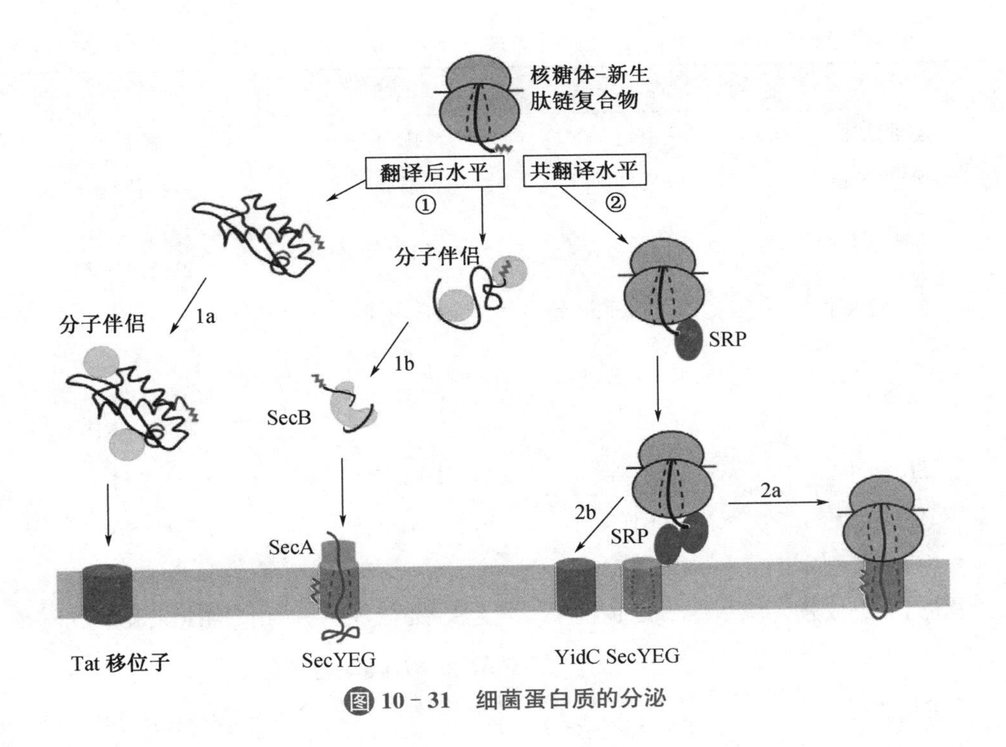

图 10-31　细菌蛋白质的分泌

不能生存的。

膜内在蛋白插入到细胞膜通常还涉及 SecYEG 移位子，以及辅助蛋白 SecDF 和 YidC。在大多数情况下，通过这种基质定位的膜蛋白所带的信号肽并不会切除，而是最终成为成熟蛋白跨膜的部分。这种疏水的信号序列在从核糖体离开通道中伸出来以后，即被 SRP 识别并紧密结合。这种结合降低或暂停肽链延伸，让 SRP 有时间可以和膜上的受体 FtsY 结合。FtsY 本与 SecYEG 移位子中的 SecY 亚基结合。一旦 SRP 与 FtsY 结合，即相互刺激对方的 GTP 酶活性，使各自结合的 GTP 发生水解，从而导致核糖体-新生肽链复合物从 SRP 直接释放到 SecY 亚基上。随后，翻译继续进行，这为肽链的插入提供了驱动力。在插入膜期间，新生膜蛋白新合成的跨膜片段与 YidC 接触。YidC 起辅助作用，可能促进疏水片段进入脂双层，或协助折叠，还可能直接充当一些小膜蛋白的插入酶。运输通道由两个异源三聚体 SecYEG 组装而成，每一个 SecYEG 异源三聚体单位含有 15 个跨膜的 α-螺旋。二聚体形成的中央孔的直径约 2.5 nm，与真核生物内质网上的 Sec61 移位子复合物相近。

(2) 翻译后水平的定向与分拣

细菌蛋白质翻译后水平的定向与分拣有两种机制：一是与共翻译水平相似，也需要 SecYEG 移位子，但没有 SRP 的参与，还需要一种分子伴侣 SecB。分子伴侣 SecB 所起作用是与新生肽链结合，阻止其提前折叠，以方便肽链随后通过 SecYEG 移位子。移位过程依赖于 ATP，受 SecA 驱动。一旦蛋白质通过通道，信号序列就被细胞外与膜结合的蛋白酶切除；二是一种叫双精氨酸转位酶(twin-arginine translocase，Tat)的系统。通过此系统的蛋白质事先已折叠好。Tat 系统由 TatA、TatB 和 TatC 三种蛋白质组成，其中 TatBC 负责识别目标蛋白，所识别的信号序列是目标蛋白分子上含有一对 Arg 的小肽段，其一致序列是 S/TRRXFLK。TatA 则横跨在质膜上形成一个转运通道。当 TatBC 将识别的蛋白质转移给 TatA 以后，跨膜转运就开始了，转运的动力来自跨膜的质子梯度。

(七) 古菌蛋白的定向和分拣

古菌蛋白的定向和分拣系统在某些方面与细菌相似，又在某些方面与真核生物相似(表 10-3)。

表 10－3　古菌、细菌和真核生物 Sec 移位子介导的蛋白质定向和分拣系统的比较

	古菌	细菌	真核生物
膜脂结构	醚键	酯键	酯键
涉及的膜	质膜	质膜	内质网膜
共翻译水平	蛋白质分泌	蛋白质分泌	蛋白质分泌和膜蛋白插入
翻译后水平	膜蛋白插入	膜蛋白插入	一般无
SRP	7SL RNA，SRP19，SRP54	4.5S RNA，Ffh	7SL RNA，SRP9，SRP14，SRP54，SRP68，SRP72
SRP 受体	FtsY	FtsY	SRα，SRβ
分子伴侣	不详	SecB	HSP70
移位子核心成分	SecYEβ	SecYEG	Sec61αβγ
移位子辅助成分	SecDF	SecDF，YidC	TRAM，Sec62/63
移位的动力	分泌不详，膜蛋白插入为新生肽链的延伸	分泌为 SecA 的 ATP 酶活性，膜蛋白插入为质子驱动力和多肽链的延伸	新生肽链的延伸
信号肽酶	单体，催化氨基酸残基为 Ser－His 或 Ser－His－Asp	单体，催化氨基酸残基为 Ser－Lys	多聚体，催化氨基酸残基为 Ser－His 或 Ser－His－Asp

就其共翻译水平的机制而言，其 SRP 含有的 RNA 为 7SL RNA。这种 RNA 与真核生物的 7SL RNA 相比，尽管在一级结构上差别较大，但在二级结构上十分相似(图 10－32)，

(1) 真核生物

(2) 古菌

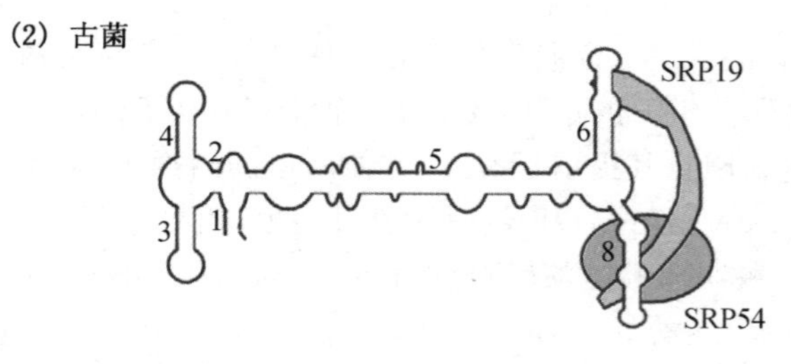

(3) 细菌(大肠杆菌)

图 10－32　真核生物、古菌和细菌的 SRP 在结构上的比较

含有的蛋白质 SRP54 和 SRP19 与真核生物同样相似，其 SRP19 的功能是促进古菌 SRP 的组装，其 SRP54 的功能是识别信号序列，甚至可以识别哺乳动物的信号序列。其信号肽酶与细菌一样，以单体的形式存在，而不是真核生物的多聚体，但负责催化的氨基酸残基与真核生物一样是 Ser－His 或 Ser－His－Asp，而不是细菌的 Ser－Lys。然而，古菌的 SRP 受体也是 FtsY。它的移位子的核心成分是 YEGβ，辅助成分是 DF。

就其翻译后水平的机制而言，古菌也有 Tat 系统，特别是在嗜盐古菌中更加普遍，这样让蛋白质折叠好再进入高盐的环境，可能有助于防止错误的折叠。目前对古菌 Tat 系统的了解，主要是基于对一些古菌全基因组序列结果的预测。就古菌 Tat 系统的组成来说，它们有 TatA 和 TatC，但似乎没有 TatB。而且，嗜盐古菌驱动蛋白质通过 Tat 系统的动力不是细菌和叶绿体所使用的质子梯度，而是钠离子梯度。

第三节　细胞内蛋白质的选择性降解

细胞内的蛋白质在不断地合成，同时也在不断地分解。这样的过程看似浪费，其实可以为细胞清除一些不正常或者一些不再需要的酶和蛋白质，从而使细胞代谢井然有序。然而，不同性质的蛋白质的半衰期差别很大，从几分钟到几百个小时不等。通常承担重要调节作用的蛋白质，如一条代谢途径中的限速酶、原癌基因的产物和细胞周期蛋白的半衰期最短，而由管家基因编码的管家蛋白的半衰期最长。

与蛋白质在细胞外（如动物消化道）进行的不受控制、也完全不需要 ATP 的水解途径相比，细胞内发生的蛋白质水解是受到严格调控的，其中有的水解过程依赖于 ATP，有的不依赖于 ATP。

一、真核生物细胞内的蛋白质降解系统

在真核细胞中，主要存在两套蛋白质降解系统：一套是溶酶体或液泡（植物与真菌）系统，另一套是蛋白酶体（proteasome）系统，其中溶酶体降解系统不依赖于 ATP。

溶酶体或液泡降解系统主要负责处理由胞外摄入到胞内的蛋白质、在受体介导的内吞中进入内吞小体的细胞膜蛋白，以及被自噬体（autophagosome）吞噬的胞内蛋白质。

真核细胞内的蛋白酶体降解系统不仅需要消耗 ATP，还需要一种叫泛素（ubiquitin，Ub）的蛋白质，而降解的真正场所是在蛋白酶体内。蛋白酶体完全是一种由蛋白质组成的细胞器，存在于细胞质和细胞核，负责处理内源的蛋白质，它们包括转录因子、周期蛋白、病毒编码的蛋白质、基因突变或翻译异常产生的错误折叠的蛋白质，以及细胞质基质受到损伤的蛋白质。故这种降解系统对于基因表达和细胞周期的调控，以及细胞对付各种胁迫条件等方面都具有重要意义。

（一）泛素的结构与功能

泛素广泛存在于真核生物，由 76 个氨基酸残基组成，在一级结构上高度保守，例如酵母与人的泛素在氨基酸序列上只差 3 个氨基酸。在三维结构上，泛素具有两个高度保守的部分：一部分是由 4～5 股混合型 β－折叠和一段 α－螺旋构成的球状结构域。这个结构域十分稳定，通常能够抵抗环境因素（如热）的影响；另一部分是带有 LRGG 序列模体呈高度柔性的 C 端尾巴。该尾巴离开致密的球状结构域向外伸出，有助于 C 端羧基与其他蛋白质分子上的 Lys 残基的侧链形成异肽键（图 10－33）。

泛素本身并不降解蛋白质，它仅仅是给降解的靶蛋白打上“死亡标签”，降解过程由 26S 蛋白酶体执行。

（二）泛酰化反应及其功能

泛素的功能是参与蛋白质的泛酰化修饰反应。泛酰化由三步反应组成（图 10－34），依次由泛素活化酶（ubiquitin-activating，E1）、泛素结合酶（ubiquitin-conjugating，E2）和泛

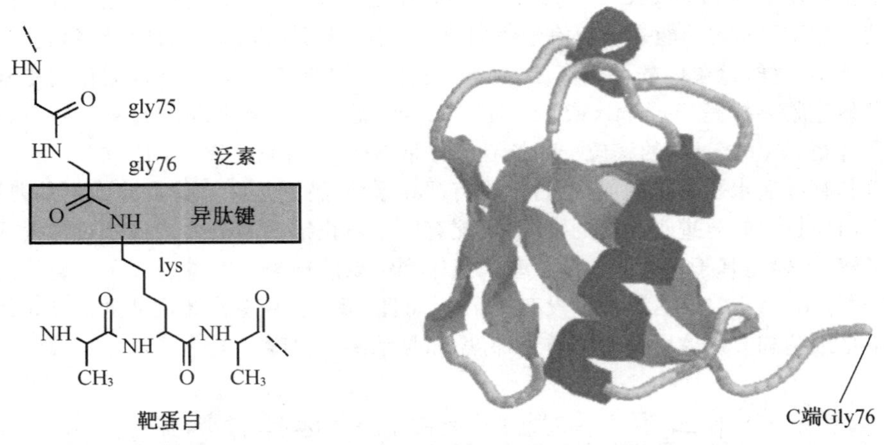

图 10-33　泛素的三维结构及其与靶蛋白形成的异肽键

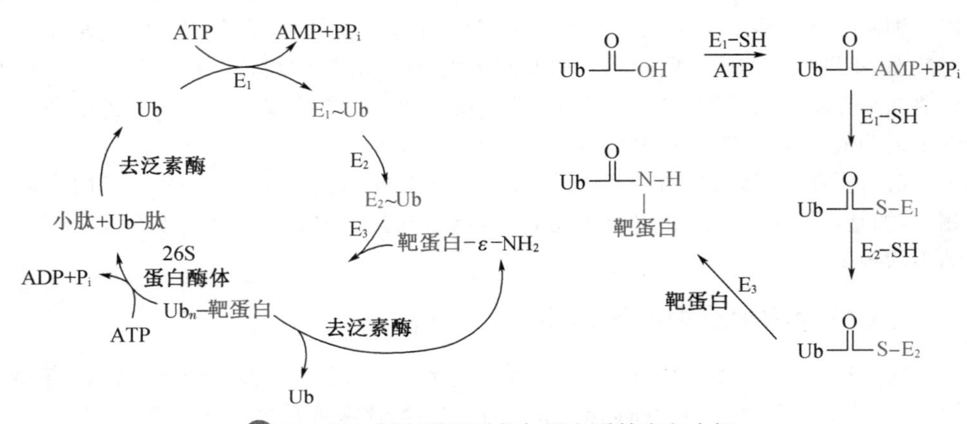

图 10-34　蛋白质泛酰化与蛋白质的定向水解

素连接酶(ubiquitin ligase,E3)催化。首先,Ub 以依赖于 ATP 的方式被 E1 激活;然后,E2 和 E3 一起识别靶蛋白,并催化泛素的 C 端羧基与靶蛋白分子上一个 Lys 残基的 ε-NH_2形成异肽键,从而导致靶蛋白的泛酰化。

细胞有多种类型的 E2,但不同的 E2 行使不同的功能。例如,同属于 E2 的 Ubc2 和 Ubc3 分别参与 DNA 修复和降解周期蛋白。同样,也发现多种类型的 E3,它们具有不同的底物特异性,其中有一类专门识别 N 端规则(见后),还有的针对特定的底物蛋白。

蛋白质的泛酰化修饰有单泛酰化(monoubiquitylation)、多重单泛酰化(multiple monoubiquitination)和多聚泛酰化(polyubiquitination)三种形式。如果靶蛋白上仅连接 1 个泛素分子,就称为单泛酰化;如果同一个靶蛋白分子上有几个 Lys 残基连接上单个泛素分子,就称为多重单泛酰化;如果连接到靶蛋白上的泛素分子本身的 Lys 残基(Lys48、Lys63 或 Lys29)又发生泛酰化,以致多个泛素分子以异肽键连接在一起,就称为多聚泛酰化。由于泛素的 Lys48 残基的侧链从球状结构域伸出到水相,因此,它最适合与另一个泛素分子的 Gly76 形成异肽键。

现在已经很明确,不同形式的泛酰化具有不同的功能:单泛酰化的功能是调节细胞内吞后的运输、炎症、DNA 修复和病毒出芽等过程;多重泛酰化的功能是对要从膜上除去的蛋白质进行标记,带有这种标记的膜蛋白的亚细胞定位会发生改变,一般会进入溶酶体降解,此外还参与一些信号转导过程;通过泛素 Lys48 残基建立的多聚泛酰化参与蛋白酶体介导的蛋白质降解,而通过 Lys63 或 Lys29 的多聚泛酰化参与细胞其他功能,包括 DNA 修复和细胞内吞。

（三）泛酰化反应的信号

蛋白质在降解之前，细胞应该具有某种识别机制，以区分需要水解和不需要水解的蛋白质。对于通过泛酰化介导的蛋白酶体降解的蛋白质来说，首先需要被打上泛素标记，那么是什么因素决定一个蛋白质是否该打上“该死”的泛素标记呢？已有证据表明，在蛋白质分子上，有一些特殊的信号可供泛素-蛋白酶体降解系统识别，这些信号有：

（1）N端规则

1986年，Alexander Varshavsky发现，决定一个蛋白质半衰期(half-time)的重要因素是其N端氨基酸的性质。某些氨基酸在N端能延长蛋白质的半衰期，而某些氨基酸则刚好相反(表10-4)。一个蛋白质半衰期与其N端氨基酸性质之间的这种关系被称为N端规则(N-end rule)，这个规则适用于原核生物和真核生物。

表10-4　N端氨基酸与蛋白质半衰期之间的关系

	N端残基	半衰期
稳定性氨基酸残基：	Met、Gly、Ala、Ser、Thr、Val	>20个小时
	Ile、Gln	约30分钟
去稳定的	Tyr、Glu	约10分钟
氨基酸残基	Pro	约7分钟
	Leu、Phe、Asp、Lys、Arg	约2～3分钟

（2）某些特殊的氨基酸序列被用作降解信号

例如，一种叫PEST的序列存在于一段由约8个氨基酸残基组成的肽段中，该肽段富含P、E、S和T四种氨基酸残基。酵母的转录因子GCN4p含有PEST序列，正常的GCN4p的半衰期约为5分钟，但若丢掉PEST序列，半衰期就提高到50分钟。再如，一些蛋白质(如许多细胞周期蛋白)在N端含有“破坏盒”(destruction box)序列，该序列也能被一种特殊的泛素连接酶识别。

（3）信号可能隐藏在疏水核心之中

这可能就是部分折叠、变性或者异常的突变蛋白易被水解的原因。当这些蛋白质处于天然的折叠状态时，信号隐藏在疏水核心，难以被识别。一旦信号得以暴露，就容易被识别而打上泛素标记。由于分子伴侣能够与疏水区域结合，因而可阻止泛素的结合。

某些蛋白质的泛酰化信号可能暂时处于隐蔽状态，一方面信号由于其他蛋白质的结合而被屏蔽，另一方面磷酸化修饰可影响到信号的可得性。

近年来，有人发现了去泛酰化酶，这为泛酰化信号的利用又增加了一层更为神秘的面纱。这一类酶的功能似乎是将已被泛素标记的靶蛋白进行去泛酰化，将它们在与蛋白酶体结合之前“抢救”过来，避免了它们被降解的厄运，从而让细胞能对一种蛋白质的量进行更为精细的调节。于是，一种蛋白质的降解除了需要特殊的泛酰化信号以外，还需要“逃脱”去泛酰化酶的“抢救”。

（四）蛋白酶体的结构与功能

蛋白酶体是一种由多个蛋白质组成的中空的圆柱状蛋白酶复合体(图10-35)，可选择性水解带有特殊标记的蛋白质。真核生物的蛋白酶体为26S蛋白酶体，位于细胞质基质和细胞核之中，专门水解带有多聚泛酰化标签的蛋白质，在结构上由两个部分组成：中央是20S的核心颗粒(core particle，CP)，两端各有1个19S的帽状调节颗粒(regulatory particle，RP)。其中CP由多个亚基组成，含有双拷贝的14个不同的蛋白质，每7个一组组装成环，4个环就像4个面包圈一样垛叠在一起，上下两个环由7个不同的α亚基组成，内部两个环由7个不同的β亚基组成，蛋白酶活性中心被隔离；位于CP两端的每一个RP分为底座和顶盖，至少由17个不同的亚基组成，有6个具有ATP酶活性，某些亚

Quiz13 你还记得细胞内另外一种完全由蛋白质组成的桶装结构?

基含有泛素识别位点。这个部分的功能是识别泛酰化的蛋白质,并将它们去折叠以及输送到 CP 的蛋白酶活性中心。

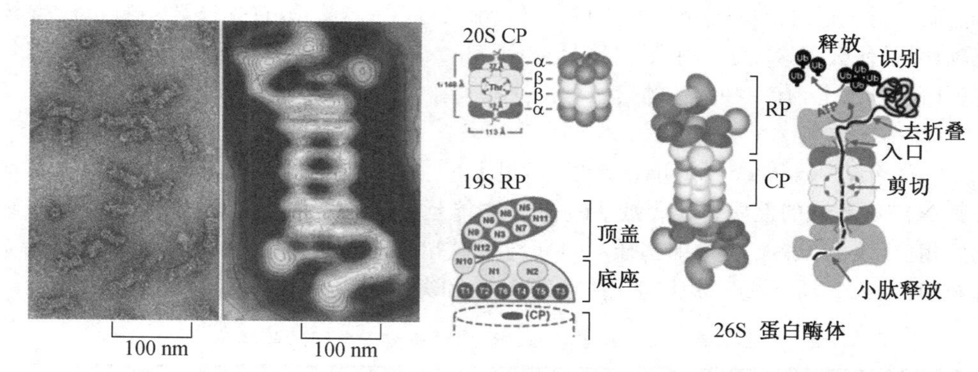

图 10-35 蛋白酶体的电镜结构以及靶蛋白进入蛋白酶体的水解过程

蛋白酶体具有三种不同的蛋白酶活性,各活性中心位于三个不同的 β 亚基上,其中 Thr 或 Ser 残基在催化中起关键作用。

泛素标记的靶蛋白进入蛋白酶体降解的大致步骤是:(1) RP 中的 Rpn10 和 Rpn13 作为多聚泛素的受体,以依赖于 ATP 的方式,识别并结合 Lys48 连接达到临界长度(4 个或更多的泛素分子)的多聚泛酰化蛋白质;(2) RP 的类分子伴侣活性对靶蛋白进行解折叠,这一步需要 ATP 的水解;(3) 去折叠的靶蛋白通过入口进入 CP 活性中心被切成若干小肽;(4)在 Rpn11 的催化下,多聚泛素链离开靶蛋白残体,再在异肽酶 T(isopeptidase T)催化下,各个泛素分子得以释放。同时,被切成的小肽也从酶体中释放出来,在胞内的其他蛋白酶作用下进一步水解。

二、细菌细胞内的蛋白质降解系统

细菌细胞内也有依赖于 ATP 的蛋白酶降解系统。这些降解系统可有选择地降解细胞内一些异常的蛋白质,或者通过改变一种酶的浓度而调节它的活性。例如,细菌细胞内的 HslV 蛋白在结构上与蛋白酶体的核心颗粒相近,HslU 相当于它的调节颗粒。HslVU 在依赖于 ATP 的条件下,可选择性降解细胞分裂抑制剂——SulA。

La 蛋白酶和 FtsH 是另外两种依赖于 ATP 的蛋白酶,但两者都是集调节活性和水解活性于一身,其中 La 蛋白酶也存在于真核生物的线粒体中。以 La 蛋白酶为例,它也叫 Lon,共含有一个活性中心和一个调节中心。当调节中心结合一个蛋白质的变性片段以后,ATP 便结合到酶分子上,活性中心的蛋白酶活性因此受到激活,被结合的蛋白质开始水解。在酶解的过程中,ATP 水解成 ADP 和 P_i,这时活性中心被抑制,与调节中心结合的肽链得到释放,继续被胞内的其他蛋白酶完全水解。

除了 La 蛋白酶以外,在大肠杆菌细胞内还发现另一种依赖于 ATP 的 Clp 蛋白酶系统,由 ClpAP 和 ClpXP 两种依赖于 ATP 的蛋白酶组成,底物为可溶性的异常蛋白。ClpAP 和 ClpXP 也能降解在 C 端带有 SsrA(由 tmRNA 引入的十一肽序列)的蛋白质,其中 ClpAP 直接识别带有 SsrA 的异常多肽,但招募 ClpXP 受到一种叫 SspB 的接头蛋白调节,因为 SspB 可提高带有 SsrA 标签的多肽与 ClpXP 的亲和力。除此以外,细菌还可以根据 N 端规则,识别 N 端为芳香族氨基酸或 Leu 且 Arg 或 Lys 紧随其后的蛋白质,相反,ClpA 根据 N 端规则识别底物蛋白则受到另一种叫 ClpS 的接头蛋白的调节。

在放线菌(*Actinobacteria*)细胞内,有一种泛素的类似物,叫原核拟泛素蛋白(prokaryotic ubiquitin-like protein,Pup)。这种蛋白质可以像真核细胞内的泛素一样,对胞内一些不需要的蛋白质打上原核拟泛酰化(pupylation)标签,被修饰的氨基酸残基也是 Lys。然而，Pup 与泛素在一级结构上没有什么相似之处，其 C 端氨基酸为 Glu 或 Gln。另外，与 Lys 残基侧链相连的并不是 Pup 在 C 端游离的羧基，而是 Glu 在侧链上的 γ-羧基。因此，如果 Gln 出现在 Pup 的 C 端，则需要在 Pup 脱酰胺酶（deamidase）的催化下转变成 Glu，然后才能在 PafA 的催化下，通过 Glu 的 γ-羧基与靶蛋白分子上 Lys 残基侧链上的氨基缩合，形成异肽键。打上此标签的蛋白质可被细菌体内的 Mpa 蛋白解除折叠，再转移到类似蛋白酶体的地方发生水解。

三、古菌细胞内的蛋白质降解系统

可以说，古菌体内存在着简版的泛素-蛋白酶体系统：相当于泛素的蛋白质叫古菌小修饰物蛋白（small archaeal modifier protein，Samp）；蛋白酶体的 CP 仅由一种 α 亚基和一种 β 亚基组成。其 20S 蛋白酶体与 AAA^{+} ATP 酶相连，该酶的亚基组成比较简单。催化靶蛋白 Lys 侧链氨基与 Samp 的 C 端羧基缩合反应即 Samp 化（sampylation）的酶仅有 E1 的同源物 UbaA，没有 E2 和 E3。此外，已在古菌体内发现脱 Samp 化的异肽酶，可以催化多种已发生 Samp 化的蛋白质脱 Samp 化，这说明古菌蛋白质的 Samp 化是可逆的。至于古菌蛋白质的 Samp 化的功能，可能参与靶蛋白进入蛋白酶体的降解、酶活性的调控和调节蛋白质与 DNA 以及蛋白质与蛋白质之间的相互作用。

科学故事——7SL RNA 的发现

细胞就像一个大的“翻译作坊”，每天按照贮存在 DNA 分子上的遗传指令合成出各种不同的蛋白质。这些由细胞翻译出来的蛋白质，不仅在功能上有差异，而且往往在翻译好以后，被运往不同的地方。像分泌蛋白（如抗体和多种多肽或蛋白质激素）最终被分泌到细胞外，核蛋白进入细胞核，参与糖酵解的酶则留在细胞质基质。那么细胞是如何决定同样都是在核糖体上合成的蛋白质最终能够达到不同的位置而各就各位的呢？1971 年，美国洛克菲勒大学的 B. Blobel 提出了信号学说来解释上述现象，该学说得到了一系列实验证据的支持，早已普遍为人所接受。Blobel 因此荣获 1999 年的诺贝尔生理学或医学奖。

Blobel 在确定信号学说的早期，其研究的对象集中在分泌蛋白。他发现，如果分泌蛋白的 mRNA 完全翻译出来，所得到的蛋白质分子要比由细胞分泌出的成品略大一些。比较二者的一级结构，可发现多出的一段位于正常分泌蛋白的 N 端，长度约在 15 到 30 个氨基酸之间，他认为这段序列就是分泌蛋白的信号序列。蛋白质有了这段信号序列便会进入细胞分泌机制的第一站——内质网。在内质网内这段信号再被切除，以后就进入下一站——高尔基体，最后通过分泌小泡从细胞膜释放到胞外。由于分泌蛋白与内质网之间的关系很密切，因此 Blobel 认为在内质网膜上必定存有特定的受体，可与信号肽或核糖体结合。另一方面，在细胞质里也必定有一些蛋白质能帮助信号肽结合到内质网膜上。

B. Blobel

1980 年，Bobel 和 Peter Walter 等在细胞质里纯化出一个蛋白质复合体，这个复合体包含 6 种不同大小的多肽，它们紧密地结合在一起，能与信号肽结合，所以将其命名为信号识别颗粒（SRP）。SRP 在结合信号肽序列以后可导致翻译的暂停，并将正在合成中的分泌蛋白带到内质网膜上。翻译的暂停直到 SRP 与信号肽的复合体找到内质网膜上的受体后才结束。在研究 SRP 的结构与功能的过程中，Walter 在一个偶然的机会将 SRP 的溶液放在 260 nm 波长下，发现 SRP 有很强的吸收，这个偶然的发现将对分泌蛋白的研究带入了一个全新的领域。

一般说来,蛋白质的主要光吸收带在 280 nm 左右,核酸的主要光吸收带才是 260 nm,因此 260 nm 有强吸收完全是个意外。这表示 Walter 过去宣称已经完全纯化的 SRP 实际上还并不纯,其中很可能有核酸成分混杂在其中,没有被检测到。这个意外的发现使得 Walter 全力再去纯化 SRP 中的核酸成分,很快就真相大白了!原来在纯化的 SRP 中紧紧地结合了一个小的 RNA。这个幸运的发现引发了一连串的问题:这个小 RNA 的结构如何?在 SRP 中扮演什么角色?与细胞中其他许多小 RNA 之间有什么关系?Blobel 及 Walter 当时都不太熟悉有关细胞内小 RNA 的研究工作,但无论如何他们还是决定去测定一下它的碱基序列,他们花了两个月时间测定出了这个 RNA 分子 3′-端约 40 个碱基的序列。但大家对这个小 RNA 都一无所知,直到 1982 年五月,Walter 博士应邀到耶鲁大学做学术报告,在报告中,他提到了这个有趣的发现。在台下,有一位叫 Ullu 的听众发觉,Walter 所描述的这个 RNA 的序列与他的研究结果十分相似。Ullu 过去一直在欧洲分子生物学研究所从事人类细胞小 RNA 的结构研究,刚刚才完成了一个 7S 大小 RNA 分子(7SL RNA)的结构研究,写成的论文还没有发表,而正是在 Walter 演讲前数周才从欧洲转到 Yale 大学继续这一方面的研究。Walter 讲完后,Ullu 便把自己的结果与 Walter 进行了交流,两人的结果不谋而合。几乎在同时,Baylor 医学院的一个研究小组也完成了大鼠细胞里 7SL RNA 的结构研究,三个人的结果完全相同。Ullu 同时还比较了从人到海胆细胞内 7SL RNA 的结构,发现这些在进化过程中相差很远的生物,其 7SL RNA 序列则十分保守,显示出 7SL RNA 的重要性。

另一件有趣的事是,7SL RNA 的结构与高等动物基因组中一类叫 *Alu* 家族的重复序列十分相似,其与 *Alu* 之间的关系有两个可能性,一是 7SL RNA 的基因是由 *Alu* 衍生出来的,另一个可能性是 7SL RNA 的基因在演化过程中插入一个 *Alu* 片断而来。目前的证据显示后者的可能性比较大。根据粗略的估计,细胞内决定 7SL RNA 的基因数目约在 500~1 000 个,但具有转录活性的不过 10 个左右。

7SL RNA 与负责分泌蛋白合成的信号识别蛋白紧密结合在一起,使人们对长久以来就困惑不已的 7SL RNA 的生物功能有了进一步的认识,同时也为研究细胞内小分子 RNA 的研究者提供了一个新的方向。

7SL RNA 的发现给我们两点重要的启示:一是不要忽略科学研究中意外的发现;二是进行学术交流十分重要。

本章小结

思考题:

1. 设计一个最简单的实验证明蛋白质剪接是一种自催化反应。
2. 内质网和高尔基体对蛋白质进行何种形式的修饰?这些修饰的目的是什么?

3. 比较蛋白质进入过氧化物酶体和细胞核的过程有什么异同?

4. 为什么细胞核输入信号在蛋白质进入细胞核以后不被切除?

5. 为什么进入粗面内质网的信号序列在 N 端?

6. 为什么过氧化物酶体蛋白在进入过氧化物酶体之前要事先折叠好?

7. 真核细胞的由泛素介导的蛋白酶体降解系统只有一个 E1 酶(泛素激活酶)、几个 E2 酶(泛素结合酶)和许多 E3 酶(泛素-蛋白质连接酶),但只有一种蛋白酶体。

(1) 上述事实说明蛋白酶体使用何种机制识别需要降解的蛋白质?

(2) 生物体使用如此 E1→E2→E3 级联系统有何益处?

8. 真核生物使用 SRP 和 SRP 受体将蛋白质定向到内质网。

(1) 简述 SRP 如何识别进入 ER 的蛋白质?

(2) 为什么一旦 SRP 与新生肽链结合以后抑制翻译非常重要?

(3) 有人突变 SRP 受体,使其不能结合 SRP,结果发现细胞液里积累长度为 70～90 个氨基酸残基的多肽,为什么?

(4) 假定将与起始 tRNA 结合的 Met 用放射性同位素标记,然后将它们加入到翻译系统中,结果发现在大约 120 个延伸循环之后,同位素标记的、相对分子质量小的多肽链(<～3 kDa)进入内质网。对此请给以解释。

9. 预测具有以下特定信号序列的蛋白质在哺乳动物细胞最后的定位,并作简单解释。

(1) 同时具有 SRP 信号序列和线粒体基质定向信号的蛋白质。

(2) 同时具有细胞核定位信号和 ER 滞留信号(KDEL)的蛋白质。

(3) 具有几次内部锚定信号和停止转移信号的蛋白质。

(4) 同时具有 SRP 信号序列和过氧化物酶体定位信号(SKL)。

10. 细菌的周质蛋白(periplasmic protein)要比根据其基因序列预测出来的肽链长度短了许多,为什么?

推荐网站:

1. http://themedicalbiochemistrypage.org/protein-modifications.html(完全免费的医学生物化学课程网站有关翻译的内容)
2. http://en.wikipedia.org/wiki/Signal_peptide(维基百科有关信号肽的内容)
3. http://www.rpi.edu/dept/bcbp/molbiochem/MBWeb/mb2/part1/protease.html(美国伦斯勒理工学院的一个分子生物化学课程网站有关蛋白酶的内容)
4. http://www.cbs.dtu.dk/services/SignalP/(丹麦技术大学生物序列分析中心提供的一个在线分析信号肽的程序)
5. http://www.cryst.bbk.ac.uk/pps97/assignments/projects/dulai/signal.html(英国伦敦大学提供的各种信号肽有关的信息)

参考文献:

1. Komander D, Rape M. The ubiquitin code.[J]. *Annual Review of Biochemistry*, 2012, 81(7): 203～229.
2. Saleh L, Perler F B. Protein splicing in cis and in trans[J]. *Chemical Record*, 2006, 6(4): 183～193.
3. Wilkinson K D. The Discovery of Ubiquitin－Dependent Proteolysis[J]. *Proc. Natl. Acad. Sci*, 2005, 102(43): 15280～15282.
4. Rapoport T A, Jungnickel B, Kutay U. Protein transport across the eukaryotic endoplasmic reticulum and bacterial inner membranes.[J]. *Annual Review of*

Biochemistry, 1996, 65(1): 271.
5. Schatz G, Dobberstein B. Common principles of protein translocation across membranes. [J]. *Science*, 1996, 271(5255): 1519.
6. Swaminathan S, Melchior A F. Nucleocytoplasmic Transport[J]. *Science*, 1996, 271(5255): 1513.
7. Voges D, Zwickl P, Baumeister W. The 26S proteasome: a molecular machine designed for controlled proteolysis[J]. *Annual Review of Biochemistry*, 1999, 68(68): 1015.
8. Varshavsky A. The N-end rule pathway of protein degradation[J]. *Genes to Cells Devoted to Molecular & Cellular Mechanisms*, 2010, 2(1): 13~28.
9. Blobel G, Dobberstein B. Transfer of proteins across membranes. I. Presence of proteolytically processed and unprocessed nascent immunoglobulin light chains on membrane—bound ribosomes of murine myeloma. [J]. *Journal of Cell Biology*, 1975, 67(3): 835.
10. Blobel G, Dobberstein B. Transfer of proteins across membranes. II. Reconstitution of functional rough microsomes from heterologous components [J]. *Journal of Cell Biology*, 1975, 67(3): 852~862.

数字资源:

第十一章　原核生物的基因表达调控

任何一种生物的基因表达都受到严格的调控。无论是细菌、古菌，还是真核生物，基因组内的各基因在某一时刻并不都在表达，即使表达的基因，其强度也不一样。例如，大肠杆菌基因组约有 4 000 个基因，但一般情况下只有 5%～10%处于高表达状态，其他基因有的处于低表达状态，有的暂时不表达。实际上，所有生物体内的基因根据表达的状态可分为两组，一组是“组成型”基因（constitutive gene）或“管家”基因（house-keeping gene），这一组基因是维持细胞的基本活动所必需的，它们在所有的细胞都自始至终处于表达状态，如编码参与糖酵解这条代谢途径各种酶以及核糖体蛋白的基因；另一组是“诱导型”基因（inducible gene）或“奢侈”基因（luxury gene），它们仅仅在特定的细胞内、特定的生长或发育阶段或在特殊的条件下才会表达。不论管家基因，还是奢侈基因，它们的表达都受到调控，只是调控的机制和幅度有所差别。

古菌尽管在 DNA 复制、转录和翻译等方面与真核生物更加相似，但在基因表达调控方面与细菌较为接近，因此就将两者的基因表达调控机制放在一起加以讨论。基因的表达模式都可简单地分为正调控（positive control）和负调控（negative control），其中细菌和古菌主要使用负调控，而真核生物主要使用正调控。

细菌和古菌通常生活在多变的环境之中，环境中的营养、温度、渗透压和 pH 等条件很容易发生变化，为了能够更好地生存和繁衍，需要随时改变自身基因的表达状况，通过选择性激活或抑制某些基因的活性，以调整体内执行相应功能的蛋白质或酶的种类和数量，从而改变细胞的代谢和活动。

细菌和古菌的基因表达调控可以在几种不同的水平上进行，但最重要的是在转录水平，尤其是在转录起始阶段。此外，基因表达调控也可以在 DNA 水平和翻译水平上进行。

本章将从几个不同的层次介绍细菌和古菌的基因表达调控机制，会重点介绍操纵子、弱化子、反义 RNA、核开关和 CRISPR 系统等重要概念。

第一节　正调控与负调控

无论是细菌和古菌，还是真核生物，基因的表达模式都可根据控制的方式和效果分为正调控和负调控（图 11－1）（表 11－1）。如果是在转录水平的调控，这两种调控模式通常都涉及特定的调节蛋白（regulatory protein）与 DNA 特定序列之间的相互作用。一般将与调节蛋白结合的特定 DNA 序列称为顺式作用元件，而对于细菌和古菌来说，这样的顺式作用元件经常被称为操纵基因或操作子（operator）。

如果是负调控，则在没有调节蛋白或者调节蛋白失活的情况下，基因正常表达。一旦存在调节蛋白或者调节蛋白被激活，基因则不能表达，即基因的表达受到阻遏。因此，负调控中的调节蛋白称为阻遏蛋白（repressor）；如果是正调控，则在没有调节蛋白或者调节蛋白失活的情况下，基因不表达或者表达水平低。一旦有调节蛋白或者调节蛋白被激活，基因才能表达或者大量表达。因此，正调控中的调节蛋白称为激活蛋白（activator）。显然，负调控通过阻遏蛋白阻止基因的表达，正调控则通过激活蛋白激活基因的表达。

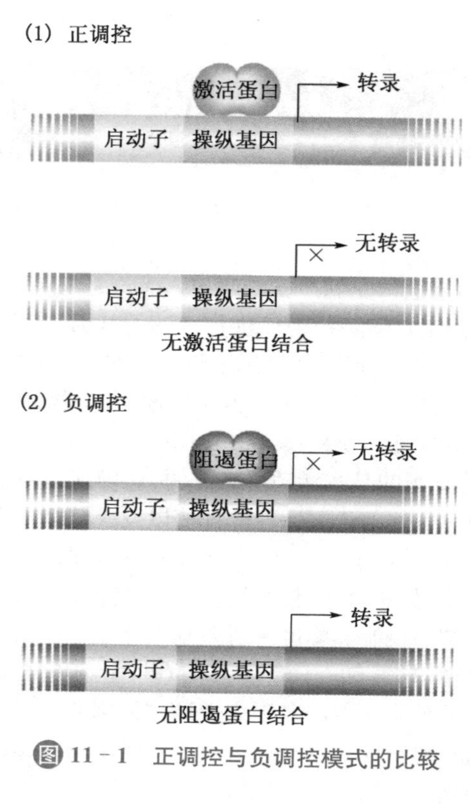

图 11－1 正调控与负调控模式的比较

表 11－1 正调控与负调控的比较

	正调控	负调控
目的	主要用于调节利用最佳 C 源、N 源的酶,电子供体和电子受体等。	主要用于调节合成可以从环境中获取的物质
调控蛋白	激活蛋白	阻遏蛋白
效应物	激活蛋白与诱导物结合被激活	阻遏蛋白与辅阻遏物结合被激活,与诱导物结合被灭活
相关的DNA 序列	特定的激活蛋白结合位点,有时也称为操纵基因	操纵基因
实例	(1) 大肠杆菌的降解物激活蛋白与 cAMP 结合后被激活,然后与一系列有关碳源利用的酶基因上游的特定序列结合,刺激这些基因的表达,从而使细胞在无葡萄糖时能利用其他碳源; (2) 根癌农杆菌的激活蛋白 virG 在受伤植物释放一些特定物质以后,因磷酸化激活,随后促进参与感染植物有关的基因表达。	(1) 色氨酸操纵子的阻遏蛋白与 Trp 结合以后被激活,阻断编码色氨酸合成有关酶的基因表达; (2) 在没有乳糖的条件下,乳糖操纵子的阻遏蛋白阻断与利用乳糖有关酶的基因表达。如果有乳糖,乳糖与阻遏蛋白结合,使其失活,解除对利用乳糖有关酶基因表达的抑制。

不同的阻遏蛋白可在转录起始的不同阶段发挥作用:有的是阻止 RNAP 与启动子的结合,有的是阻止转录起始复合物的异构化或从启动子的清空。许多需要正调控的基因的带有弱启动子,它们的活性受到 RNAP 识别和结合能力的限制。激活蛋白通常通过招募,有助于 RNAP 识别和结合启动子,而招募是蛋白质之间与 DNA 的一种协同结合。还有一些启动子的作用受限在较迟的阶段,如从封闭复合物向开放复合物的转变,而激活蛋白可能通过别构效应促进它们的转变,使之尽快地转变成转录的延伸复合物。

许多调节蛋白属于别构蛋白(allosteric protein),需要与细胞内的别构效应物(allosteric effector)结合,来改变构象,进而改变与操纵基因结合的活性,影响到基因转录的活性。不论是激活蛋白,还是阻遏蛋白,其活性都可能受到别构效应物的影响。

还有的调节蛋白可通过其他方式改变本身的活性,如根癌农杆菌(*Agrobacterium tumefaciens*)的激活蛋白 virG 活性受磷酸化控制。再如,大肠杆菌一种调节抗氧化反应基因表达的激活蛋白——OxyR 的活性,直接受其分子内部的一个二硫键是否形成而控制:二硫键形成激活它,二硫键被还原则灭活它。细胞内的过氧化氢水平提高促进二硫键的形成,从而激活 OxyR,有利于提升细胞的抗氧化防护能力;如果二硫键被细胞内的谷氧还蛋白(glutaredoxin)还原,则活性丧失。

尽管细菌、古菌和真核生物都使用正调控和负调控这两种调控方式,但细菌和古菌更偏向于使用负调控,真核生物更偏向使用正调控。出现这样局面的原因与各自 DNA 在细胞内所处的状态有关:细菌 DNA 不形成核小体结构,其上面的基因几乎是无遮掩的,催化基因转录的 RNAP 很容易发现启动子,并启动基因的转录,因此可以认为它们基因表达的默认状态是开放,而调节基因表达的主要方式是改变原来的默认状态,这通过阻遏蛋白很容易实现。虽然绝大多数古菌也有核小体结构,但参与形成核小体的组蛋白要小,而且形成的组蛋白核心仅为四聚体,环绕在外的 DNA 只有约 80 bp,其与组蛋白核心结合的亲和力要大大低于真核生物 DNA 与组蛋白八聚体的亲和力。而且,所有的古菌组蛋白缺少可发生乙酰化、磷酸化和甲基化等化学修饰的 N 端和 C 端尾巴。此外,古菌缺乏 H1 组蛋白,这意味着古菌不需要形成高于核小体的结构层次。无论如何,这里的关键问题是核小体结构对古菌的生理功能,特别是对古菌的基因表达是不是有明显的影响。2004 年,Heinicke 等人将沃氏甲烷球菌(*Methanococcus voltae*)体内编码两种组蛋白(HstA 和 HstB)以及一个具有较长 C 端尾巴的组蛋白变体(HmvA)和 Alba 的基因缺失,结果发现这些基因的缺失对该古菌的生长只有很小或者没有影响。在使用双向电泳和质谱对表达的蛋白质组作部分鉴定以后,只发现有少数蛋白质的表达有变化,且发生变化的蛋白质也不一定是上调。这说明古菌体内的核小体结构对其基因表达的影响甚小,基本上可以忽略不计。相反,真核生物的 DNA 与组蛋白形成核小体的结构,在此基础上还形成染色质。核小体的结构使得 RNAP 和转录因子难以发现启动子序列,倒成了基因表达的一种天然障碍。因此,可以认为真核生物细胞核基因表达的默认状态是关闭。解除一个基因关闭状态最好的手段是通过激活蛋白,作用该基因所在位置的染色质,促进染色质结构的重塑,使 RNAP 和转录因子能够接近启动子序列,启动基因的表达(详见第十二章　真核生物基因表达的调控)。

第二节　在 DNA 水平上的调控

DNA 水平上的调控主要是通过基因的拷贝数、启动子的强弱和 DNA 重排来进行。

一、基因的拷贝数

一个基因的拷贝数直接影响到转录的效率,显然拷贝数越多,被转录的机会就越大。然而,原核生物基因组 DNA 上的绝大多数基因为单拷贝,只有少数基因有多个拷贝,如细菌 rRNA 的基因。rRNA 基因为多拷贝以及启动子是超强启动子,这两个性质可满足细胞对 rRNA 的大量需求。

Quiz1 研究表明,转座酶和原癌基因的启动子一般属于弱启动子。对此你如何解释?

二、启动子的强弱

这是调控管家基因表达的主要方式。管家基因需要每时每刻都表达,但不同的管家基因表达的效率并非一样,主要原因是不同的管家基因在启动子序列上不完全相同。在

DNA 转录一章已强调过，一个基因的启动子序列与启动子的一致序列越接近，表达效率就越高，这样的启动子属于强启动子；反之，表达效率就越低，属于弱启动子。对于某一种生物来说，其基因组内各个管家基因的启动子是强是弱早已"命中注定"，它们的差异是在生物的进化过程中，按照机体的需要决定的(表 11-2)。

Quiz2 你认为还有哪些机制让一个基因的表达"先天不足"?

表 11-2　不同类型启动子与基因表达之间的关系

组成型启动子	弱启动子	强启动子
一般与一致序列相同或相近	缺乏一个或多个一致序列元件	与一致序列相同或接近
恒定的转录速率	低转录速率	高转录速率
可能不受其他形式的调控	经常需要激活蛋白	经常受到阻遏

三、DNA 重排

DNA 重排属于 DNA 重组的一种形式。通过重排，可以改变一个基因与其控制元件之间的关系，也可以缩短基因之间或基因片段之间的距离，从而实现对某些基因表达的调控。

以蓝细菌 PCC 7120 为例，它属于一种丝状固氮菌，若生活在含有复合氮(铵盐或硝酸盐)的培养基上，就会聚集在一起，形成一种仅由营养性细胞(vegetative cell)组成的长链状结构，若没有复合氮，就将空气中的 N_2 固定成氨再加以利用。由于催化固氮反应的固氮酶遇到 O_2 就失活，因此，固氮反应只能发生在无氧的细胞中。

在没有复合氮的条件下，蓝细菌 PCC7120 能够分化出叫异胞体(heterocyst)的无氧细胞，以克服 O_2 对固氮反应的抑制。参与固氮反应的主要基因有 *nifH*、*nifD* 和 *nifK*，它们编码固氮酶的不同亚基。在营养性细胞的 DNA 分子上，这三个基因彼此之间相距甚远，特别是 *nifD* 和 *nifK* 相距约 11 Kb。但在异胞体内，*nifD* 和 *nifK* 之间的间插序列已不见了。*nifD* 和 *nifK* 之间间插序列的消失，使 *nifD* 和 *nifK* 受控于同一个操纵子，从而能够等量协同表达(图 11-2)。

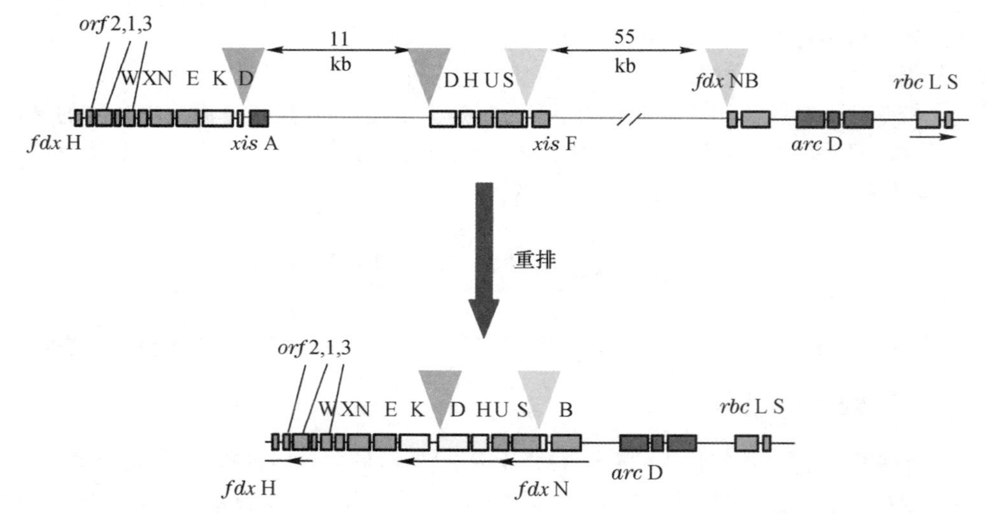

图 11-2　蓝细菌 PCC7120 异胞体内发生的基因重排对固氮基因表达的影响

那 *nifD* 和 *nifK* 之间的间插序列是如何被切除的呢？原来是异胞体在分化时，经历了位点特异性重组，由 XisA 重组酶催化。XisA 重组酶利用了 *nifD* 和两侧由 11 bp 组成的直接重复序列。

第三节　在转录水平上的调控

原核生物的基因表达调控主要发生在转录水平。绝大多数原核细胞的 mRNA 半衰期很短,因此,大多数蛋白质的翻译速率直接与基因的转录活性相关联。一旦基因转录关闭,mRNA 就会迅速被降解掉。

转录水平的调控既可以在转录的起始阶段,又可以在终止阶段进行。

一、转录起始阶段的调控

(一) 细菌对不同 σ 因子的选择性使用

细菌识别启动子的是 σ 因子。不同的 σ 因子可识别不同的启动子序列,大肠杆菌主要使用 σ^{70}。在特殊的条件下,其他类型的 σ 因子可被表达或被激活。这些新的 σ 因子识别其他类型的启动子,其一致序列不同于 σ^{70} 所识别的启动子,从而指导 RNAP 启动一些新基因的表达。在某些条件下,细菌使用这种调控系统可对多个基因的表达进行统一的调控。下面以大肠杆菌的热休克反应(heat shock response)为例,说明该系统的运作机制。

热休克反应也称为热激反应,它是生物体对高温和其他一些逆境条件做出的各种保护性反应。其中涉及一项最重要的生理、生化反应就是启动或者提高细胞内 HSP 的表达。大肠杆菌或其他类型的细菌启动 HSP 表达的机制如下(图 11-3):(1)热休克条件使 σ^{70} 失活,同时增强 *rpoH* 基因的表达;(2)*rpoH* 基因的产物——σ^{32} 与 RNAP 核心酶组装成全酶以后,与热休克基因的启动子结合,启动 HSP 的表达。据估计,大肠杆菌有 30 个以上的热休克基因的表达受 σ^{32} 的控制。

在 30 ℃下,σ^{32} 在细胞内的水平非常低,而温度一旦升高,其含量瞬间提高。σ^{32} 浓度共受到 *rpoH* 基因的转录、翻译、RpoH 蛋白活性和 RpoH 蛋白稳定性的调控。σ^{32} 的热诱导主要在转录后水平。在相对低的温度下,*rpoH*-mRNA 的一个特殊二级结构封闭了 RBS,导致翻译难以进行。然而,温度升高导致上述二级结构发生热变性,从而使翻译得以启动。σ^{32} 一旦产生,其命运取决于它与其他一些蛋白质的相互作用:在正常的条件下,分子伴侣 DnaJ/DnaK 与 σ^{32} 结合,抑制它的活性。这两种分子伴侣与 σ^{32} 的结合,一方面使其不能与 RNAP 核心酶结合,另一方面使其更容易受到由 FtsH 介导的蛋白质降解;在逆境条件下,DnaK/DnaJ 系统被吸引去处理细胞内积累的变性蛋白质,而"放过"了构象因受热发生变化的 σ^{32}。自由的 σ^{32} 与 RNAP 核心酶结合,转而启动热休克基因的转录。

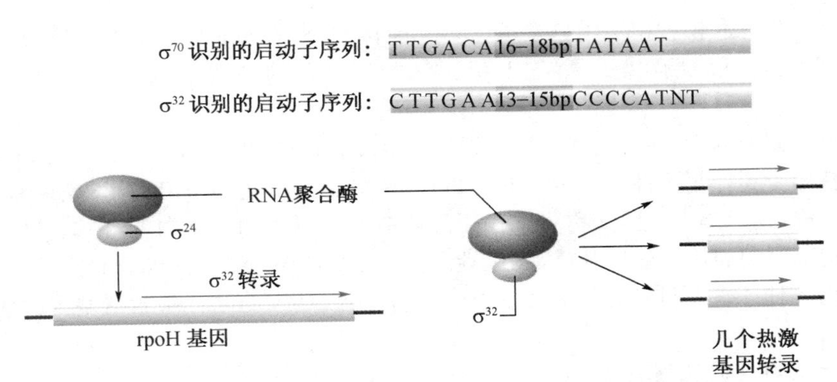

图 11-3　σ 因子的选择性使用与热休克基因的表达调控

如果温度升得过高,如超过 45 ℃,热休克蛋白基本上会成为细胞内唯一被表达的蛋白质。这时就需要 σ^{32} 的持续合成以维持热休克基因的持续转录。已发现,*rpoH* 基因的转录至少受 4 个不同的启动子(*P*1、*P*3、*P*4 和 *P*5)的驱动。其中 *P*1、*P*4 和 *P*5 受 σ^{70} 的识别。在正常的温度下,*rpoH* 基因的启动子为 σ^{70} 特异性的启动子,因此 σ^{32} 可以正常地表达;在非常高的温度下,如 50 ℃,只有 *P*3 有转录活性,这时候另外一种 σ 因子——σ^{24} 与 RNAP 核心酶结合,启动受 *P*3 控制的 *rpoH* 基因的转录。

某些噬菌体通过不同 σ 因子之间构成的级联(cascade)网络,来控制不同层次的基因表达:即由一个起始 σ 因子启动第二种 σ 因子及其附带基因的表达,再由第二种 σ 因子启动第三种 σ 因子及其附带基因的表达,以此类推。例如,SPO1 噬菌体在大肠杆菌细胞内不同时期基因表达的转换,就是借助不同 σ 因子之间的级联关系而实现的(图 11-4):首先使用宿主细胞的 σ^{70} 表达其早期基因和 σ^{28};再由 σ^{28} 表达中期基因和 σ^{34};最后由 σ^{34} 表达晚期基因。

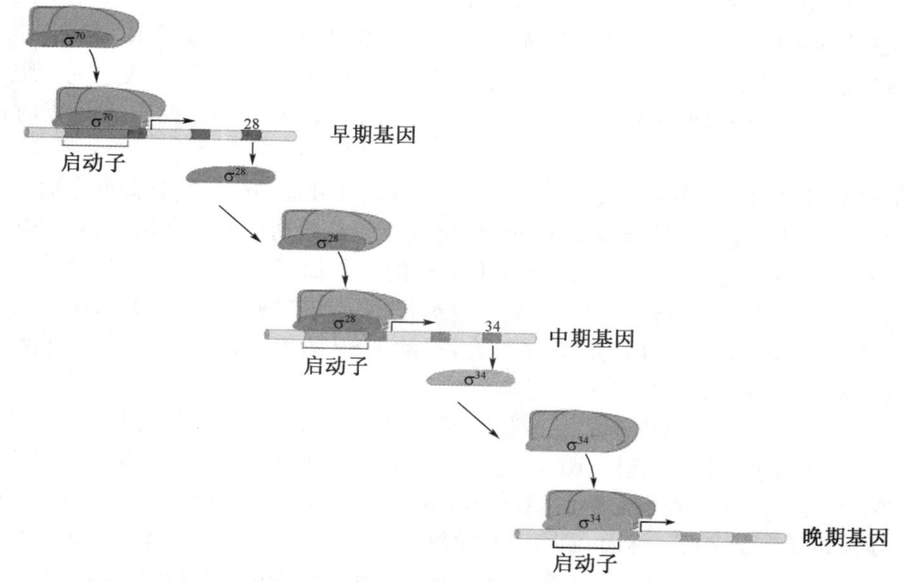

图 11-4　σ 因子的级联与 SPO1 噬菌体不同时期基因表达之间的关系

(二) 操纵子调控模型

操纵子(operon)是原核生物基因表达调控最重要的形式,原核生物的基因多数以操纵子的形式组成基因表达调控的单元。例如,大肠杆菌基因组共有 4 289 个基因,但绝大多数基因都被组织在约 578 个操纵子之中。

操纵子概念和模型由法国科学家 Francois Jacob 和 Jacques Monod 于 1962 年提出。虽然真核生物一般没有操纵子结构,但操纵子所涉及的一些基本原理也适用于真核生物。

操纵子模型认为:一些功能相关的结构基因成簇存在,构成多顺反子,它们的表达作为一个整体受到控制元件(control element)的调节。控制元件由启动子、操纵基因和调节基因组成,其中操纵基因又称为操作子。调节基因编码调节蛋白,与操纵基因结合而控制结构基因的表达。如果调节蛋白是阻遏蛋白,则与操纵基因的结合是阻遏基因的表达,就为负调控;如果调节蛋白是激活蛋白,则与操纵基因的结合是激活基因的表达,就为正调控。

1. 大肠杆菌的乳糖操纵子(*lac* operon)

大肠杆菌的乳糖操纵子是第一个被阐明的操纵子。早在 20 世纪 50 年代,Jacob 和 Monod 就开始研究大肠杆菌对乳糖的分解代谢,集中研究乳糖对乳糖代谢酶的诱导(induction)现象(图 11-5):若大肠杆菌生长在没有乳糖的培养基中,那细胞内参与乳糖分解代谢的三种酶，即β-半乳糖苷酶、乳糖透过酶(lactose permease)和巯基半乳糖苷转乙酰酶(thiogalactoside transacetylase)就很少，这时每个细胞平均只有0.5～5个β-半乳糖苷酶分子。可是一旦在培养基中加入乳糖或乳糖类似物，在几分钟内，每个细胞中的β-半乳糖苷酶分子数量骤增，可高达5 000个，有时甚至可占细菌可溶性蛋白的5%～10%。与此同时，其他两种酶的分子数也迅速提高。由此可见，新合成的β-半乳糖苷酶、透过酶和转乙酰酶是由底物乳糖或其类似物直接诱导产生，乳糖及其相关类似物因此被称为诱导物(inducer)。

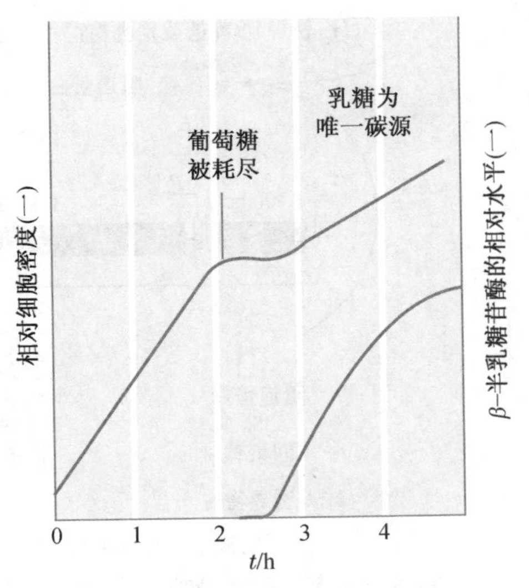

图11-5　葡萄糖效应和乳糖诱导

β-半乳糖苷酶是由*lacZ*基因编码，主要作用是催化乳糖分子内β-糖苷键的水解，还催化少量乳糖变成别乳糖(allolactose)；透过酶由*lacY*基因编码，是一种跨膜转运蛋白，负责将培养基中的乳糖运输到胞内；乙酰化酶或转乙酰酶由*lacA*基因编码，可催化乙酰基从乙酰辅酶A转移到β-半乳糖苷上，但其功能至今仍不明朗。

Quiz3 你认为这里的乳糖的跨膜运输属于被动还是主动运输？为什么？

为了搞清楚乳糖诱导现象的分子机制，Jacob和Monod筛选出了一系列大肠杆菌乳糖代谢的突变体，并对各种突变体进行了详尽的遗传学研究，在取得翔实的实验数据的基础上，进行了严密的逻辑推理，最终提出了操纵子假说。

首先，他们注意到参与乳糖代谢的三个结构基因的调控是协调一致的，三种酶合成的时间和速率几乎相同，这就意味着它们可能有一个共同的控制元件或启动子；其次，遗传作图分析表明，三种酶的基因紧密连锁在一起，这为三种酶以多顺反子的形式存在提供了证据；随后的极性突变实验，为多顺反子的存在提供了进一步的证据。他们的实验结果是：*lacZ*的突变可降低*lacY*和*lacA*的表达；*lacY*的突变只降低*lacA*的表达，但不影响*lacZ*的表达；*lacA*的突变不影响*lacZ*和*lacY*的表达。

Jacob和Monod还得到了其他一些很特别的突变体，在综合各种突变体的研究成果之后，终于提出了野生型大肠杆菌乳糖操纵子的模型(图11-6)。再经过多年不断的补充和改进，现代的乳糖操纵子模型已日臻完善，其主要内容是：(1) 乳糖操纵子由调节基因(*lacI*)、启动子、操纵基因(*lacO*)和三个结构基因组成，其中调节基因、启动子和操纵基因构成控制元件，共同控制结构基因的表达。操纵基因位于启动子和结构基因之间，其核心结构是一段长为21 bp的回文序列；(2) 调节基因独立地表达，编码阻遏蛋白，但由于受弱启动子的控制，阻遏蛋白在细胞内总是维持在较低的水平；(3) 阻遏蛋白为四聚体蛋白，在无乳糖的情况下，与操纵基因结合，而阻断RNAP启动结构基因的转录，但这种结合并不完全，因此，会有微量的β-半乳糖苷酶、乳糖透过酶和乙酰化酶的合成；(4) 一旦高浓度的乳糖进入细胞，在细胞内残留的β-半乳糖苷酶催化下，一部分乳糖发生异构化，变成别乳糖。而别乳糖作为别构效应物与阻遏蛋白结合，改变阻遏蛋白的构象，使其不能再与操纵基因结合，操纵子因此被打开；(5) 在阻遏蛋白与操纵基因解离以后，RNAP与启动子结合，启动三个结构基因的转录，产生*lacZ*、*lacY*和*lacA*的共转录物，但翻译却是独立地进行，从而产生三种不同的酶；(6)由于阻遏蛋白与操纵基因的结合阻断了结构基因的表达，因此，乳糖操纵子受到它的负调控；(7)发生在控制元件内的突变可影响到结构基因的表达。

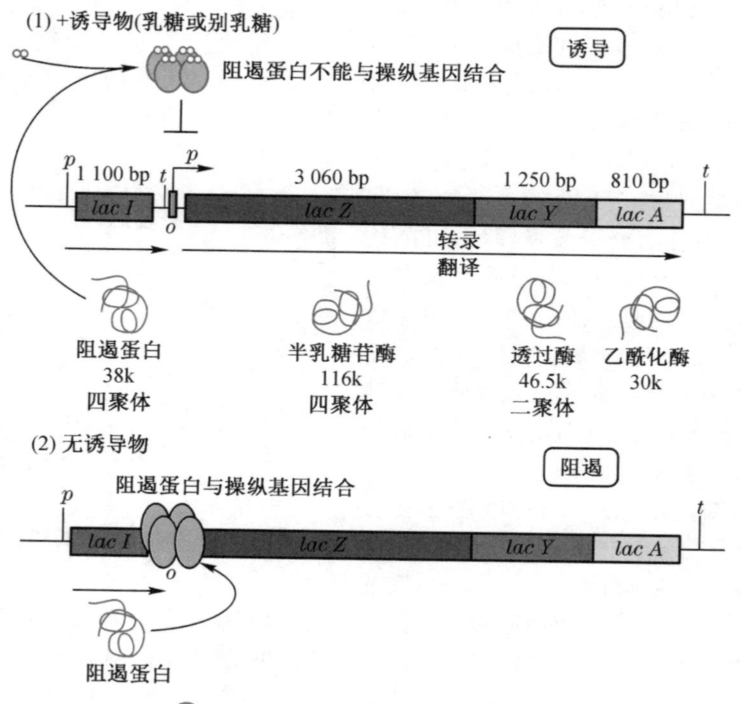

图 11-6 大肠杆菌乳糖操纵子模型

异丙基硫代-β-D-半乳糖苷(isopropyl-D-thiogalacto-pyranoside,IPTG),是一种人工合成的乳糖类似物(图 11-7),能迅速进入大肠杆菌细胞,但本身并不能被β-半乳糖苷酶降解,因此在其与阻遏蛋白结合以后,可持续地刺激乳糖操纵子结构基因的表达。相对于乳糖或别乳糖,IPTG 可视为乳糖操纵子的一种安慰诱导物(gratuitous inducer)。

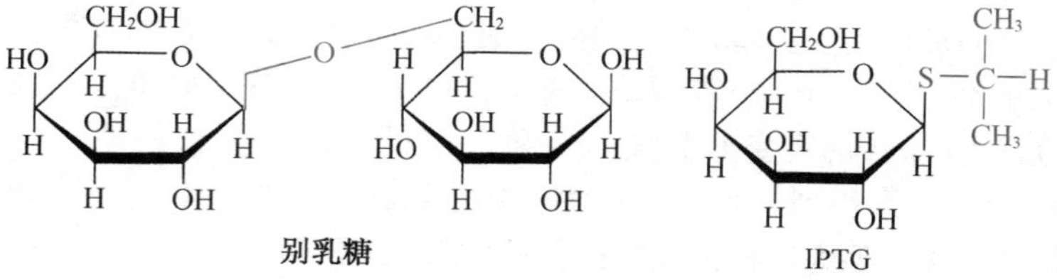

别乳糖　　IPTG

图 11-7 别乳糖和 IPTG 的化学结构

X 射线衍射数据表明,构成乳糖操纵子阻遏蛋白的每一个亚基上共有 3 个结构域:N 端结构域(1～62)、核心结构域(63～340)和 C 端结构域(341～357)。N 端结构域还可以分为 2 个功能区,1 个与 DNA 上特殊的碱基序列结合(1～45),另 1 个为铰链区(46～62)。与 DNA 结合的区域含有一种典型的 DNA 结合模体——螺旋-转角-螺旋,它主要在大沟上与 DNA 结合。铰链区将阻遏蛋白的 DNA 结合区域与核心结构域联系起来,使得两个结构域可以独立地移动。此外,铰链区也参与阻遏蛋白与操纵子的结合,其内部的一段无规则卷曲(50～58)在与 DNA 结合以后转变成α-螺旋,这有助于 DNA 结合区域采取更好的取向,从而稳定阻遏蛋白与操纵基因的结合;核心结构域为诱导物结合区域,由两个结构相似的亚结构域组成。每一个亚结构域含有一个 6 股β折叠和环绕在外的 4 段α-螺旋;C 端结构域与四聚体的形成有关。

进一步研究表明,乳糖操纵子实际上有三个阻遏蛋白结合位点——O_1、O_2和O_3(图 11-8)。这三个位点是实现最大限度的阻遏所必需的。O_1就是最早发现的操纵基因序列,它与启动子部分重叠;O_3位于 *lacI* 的内部,在O_1上游 93 bp 的区域;O_2位于 *lacZ* 的内部，在 O_1 下游 401 bp 的区域。这三个位点都具有接近二重对称的结构，其中 O_1 要比 O_2、O_3 对称，因此与阻遏蛋白结合最牢。在阻遏蛋白-DNA 复合物之中，每一个阻遏蛋白四聚体与两个独立的结合位点结合，即每一个二聚体与一个结合位点结合。

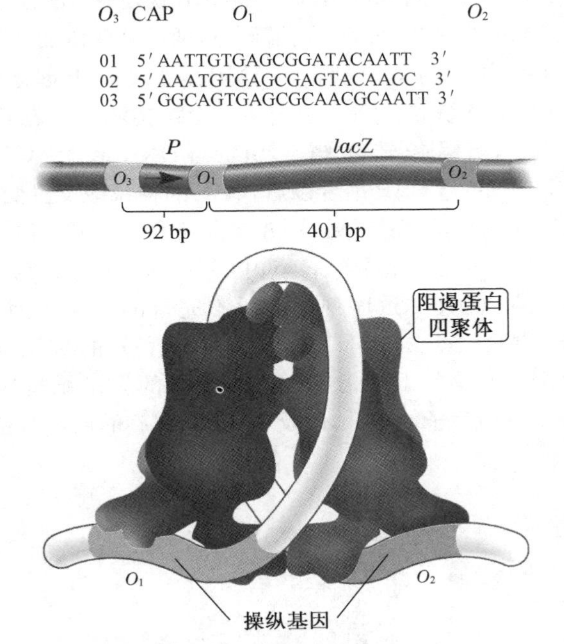

图 11-8　乳糖操纵子阻遏蛋白与三个结合位点的结合以及 DNA 环结构的形成

当三个位点都存在的时候，阻遏蛋白抑制转录起始的幅度可达近 1 000 倍；如果缺乏 O_2 或 O_3，阻遏效果就只有约 500 倍；如果 O_2 和 O_3 都缺乏，阻遏效果就只有 20 倍。若阻遏蛋白结合到 O_1 和 O_3 上，O_1 和 O_3 之间的 DNA 就弯曲成环，从而进一步降低 RNAP 与启动子的结合。若阻遏蛋白结合到 O_1 和 O_2 上，O_1 和 O_2 之间的 DNA 就弯曲成环。这可直接干扰 mRNA 的合成或延伸。

一旦诱导物在核心结构域与阻遏蛋白结合，阻遏蛋白的构象即发生变化，并迅速通过铰链区传播到 DNA 结合区域，而导致铰链区内的 α 螺旋结构被破坏，进而降低阻遏蛋白与操纵基因之间的亲和力，致使 DNA 被释放出来。

乳糖操纵子除受到阻遏蛋白的负调控以外，还受到分解物激活蛋白（catabolite activator protein，CAP）的正调控。

正调控是在对大肠杆菌的另外一种代谢现象，即葡萄糖效应（glucose effect）的研究中发现的。人们很早就知道，葡萄糖的存在能够阻止大肠杆菌对其他糖类的利用，这种现象就是葡萄糖效应。例如，大肠杆菌在同时含有葡萄糖和乳糖的培养基中生长的时候，并不能利用乳糖，只有在葡萄糖被耗尽以后，才能够代谢乳糖。那么，葡萄糖是如何抑制大肠杆菌利用乳糖的呢？

1965 年，B. Magasonik 等人发现，在大肠杆菌中也有 cAMP，而且它的浓度与葡萄糖浓度呈负相关。cAMP 浓度的变化与腺苷酸环化酶（AC）的活性直接相关联，即高浓度的葡萄糖因抑制 AC 的活性而导致 cAMP 浓度的下降。那么，是不是细胞内 cAMP 浓度的下降才使乳糖不能利用的呢？

为了弄清 cAMP 浓度的变化与乳糖利用之间的关系，有人将易于通过大肠杆菌细胞膜的 cAMP 类似物——双丁酰-cAMP 加入到含有葡萄糖和乳糖的培养基中，结果发现乳糖操纵子受到激活，乳糖能够被利用了。这就说明 cAMP 浓度的升高的确是大肠杆菌细胞能够利用乳糖的前提。然而,cAMP 浓度的升高又是如何打开乳糖操纵子的呢?

当人们得到两种很特殊的大肠杆菌突变体以后,上面的问题才有了答案。这两种突变体都只能利用葡萄糖,不能利用其他糖类,其中一种突变体的 AC 基因有缺陷,因此在任何情况下,都不能合成 cAMP;另一种突变体缺乏一种能与 cAMP 结合的蛋白质,即 cAMP 受体蛋白(cAMP receptor protein,CRP)。CRP 就是分解物激活蛋白 CAP,这种突变体在加入外源的 cAMP 以后也不能利用乳糖。这两类突变体的存在,不仅进一步确定了 cAMP 与乳糖代谢之间的关系,还说明了 cAMP 是通过 CAP 起作用的。

CAP 由 2 个相同的亚基组成,每 1 个亚基有 2 个结构域,1 个在 N 端,含有 cAMP 结合位点,另 1 个在 C 端,含有螺旋-转角-螺旋,负责与 DNA 结合。CAP 必须与 cAMP 结合以后才有活性。当 cAMP 与 CAP 结合以后,CAP 的构象即发生变化,其 C 端的螺旋-转角-螺旋可采取合适的取向,从而能够识别并结合到 DNA 的特异性位点上。

CAP-cAMP 与 DNA 结合的特异性位点由 26 bp 的碱基序列组成,位于乳糖操纵子启动子的上游,紧靠-35 区,其一致序列是一段不完善的回文序列——TGTGA-N_6-TCACA,该位点称为 CAP 位点。CAP-cAMP 与 CAP 位点的结合,可导致周围的 DNA 产生小的弯曲,CAP 因此能够与 RNAP 全酶在 α 亚基的 C 端结构域(α-CTD)相互作用,从而有利于 RNAP 与启动子的结合,以及 DNA 双螺旋的局部解链,最终激活了下游基因的转录(图 11-9)。

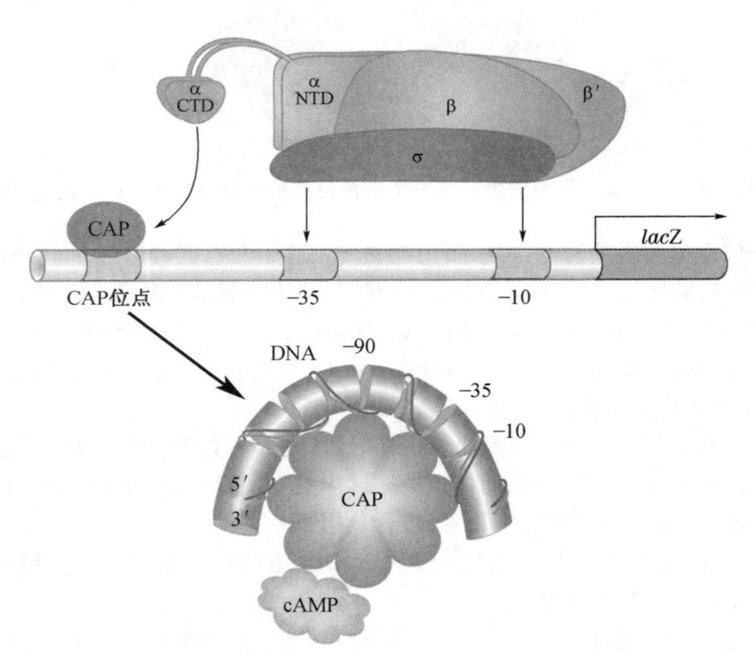

图 11-9 CAP-cAMP 与 RNA 聚合酶以及乳糖操纵子的相互作用

CAP 位点不仅存在于乳糖操纵子的附近,还存在于其他一些与碳源分解代谢有关的操纵子的周围,如半乳糖操纵子和阿拉伯糖操纵子等,这也说明了 CAP-cAMP 能激活多个操纵子的活性。

那么,环境中有无葡萄糖是如何影响到大肠杆菌细胞 AC 的活性呢? 这是因为 AC 受到磷酸转移系统(PTS)中ⅡA^{Glu}酶的调节。磷酸化的ⅡA^{Glu}酶是 AC 的激活物,能够使 cAMP 的水平升高。但去磷酸化的ⅡA^{Glu}酶则会抑制 AC 的活性,使 cAMP 的水平下降。当有葡萄糖存在时,葡萄糖通过 PTS 进入细胞,这样造成磷酸化的ⅡA^{Glu}含量降低,当葡萄糖消耗完后,其含量又会上升。

乳糖操纵子之所以要受到双重调控,有两个原因:一是使细胞能够优先利用葡萄糖,

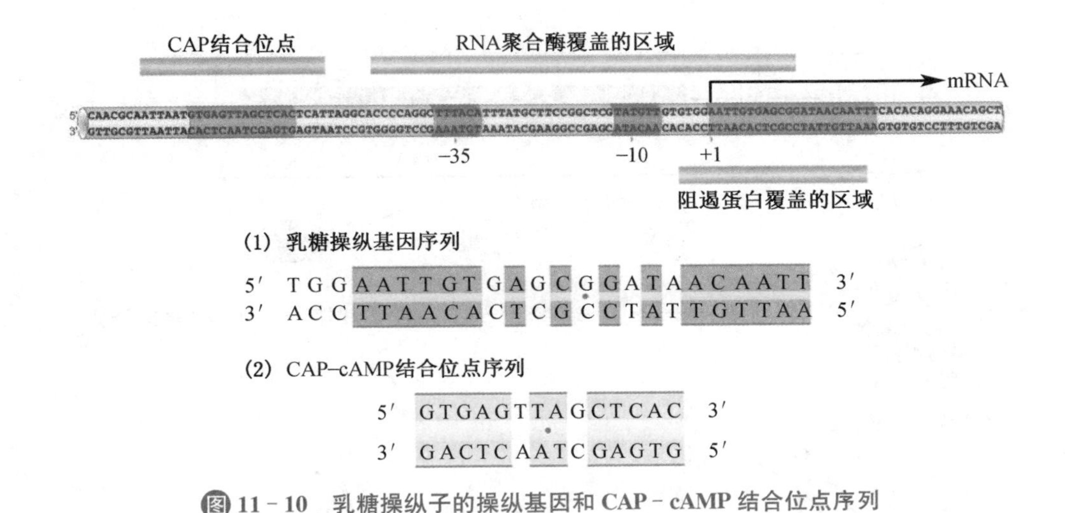

图 11－10 乳糖操纵子的操纵基因和 CAP－cAMP 结合位点序列

而优先利用葡萄糖对细胞来说是有益的，因为参与葡萄糖分解的即编码糖酵解的各个酶的基因均是管家基因，这样一来葡萄糖可以迅速地被分解，为细胞提供能量；二是 *lac* 启动子天生是一个弱启动子，CAP－cAMP 的激活就弥补了其启动子活性的“先天不足”。

Quiz4 如果将大肠杆菌的乳糖操纵子的启动子改造成强启动子，那么在同时有葡萄糖和乳糖的条件下，三个结构基因的表达如何？

2. 大肠杆菌的阿拉伯糖操纵子

乳糖操纵子模型的巨大成功曾使 Monod 一度认为，大肠杆菌内所有基因表达的调控都是负调控。然而，就在他与 Jacob 一起建立乳糖操纵子模型的时候，Ellis Englesberg 却在研究大肠杆菌对阿拉伯糖的代谢。Englrsberg 在进行了一系列遗传学分析以后，认为阿拉伯糖操纵子受到正调控。他的正调控假说在相当长的一段时间以后才被接受。

阿拉伯糖操纵子编码 3 个与阿拉伯糖代谢有关的酶(图 11－11)：由 *araA* 基因编码的阿拉伯糖异构酶；由 *araB* 基因编码的核酮糖激酶；由 *araD* 基因编码的 5－磷酸核酮糖差向异构酶。这 3 个结构基因按照 *araB*、*araA* 和 *araD* 的顺序排列，可简称为 *araBAD*，共同受 *araC* 基因的产物 AraC 蛋白和 CAP－cAMP 控制。

与乳糖操纵子不同的是，阿拉伯糖操纵子的调节蛋白既是一种激活蛋白，又是一种阻遏蛋白。那 AraC 是如何做到这一点的呢？仔细观察阿拉伯糖操纵子在调节区域的结构，就能找到答案。

AraC 有 3 个不同的结合位点：$araO_2$、$araO_1$ 和 *araI*，其中 *araI* 又可分为 $araI_1$ 和 $araI_2$。*araI* 位于 CAP 位点和 *araBAD* 的启动子之间；$araO_1$ 位于 *araC* 启动子的上游；$araO_2$ 位于 *araC* 基因的内部，远离 $araO_1$。AraC 与 3 个结合位点的亲和力依次是 $araI \gg araO_2 \gg araO_1$。紧靠 *araI* 上游的 CAP 结合位点用来激活 *araBAD* 启动子，但对 *araC* 启动子无效。

在无阿拉伯糖的时候，AraC 作为阻遏蛋白与 I_1 和 O_2 结合。与 I_1 和 O_2 结合的 AraC 蛋白分子相互作用形成二聚体，导致它们之间的 DNA 片段形成环，从而阻止 RNAP 与 *araC* 启动子和 *araBAD* 启动子的结合，同时抑制阿拉伯糖操纵子和 *araC* 基因的转录。此外，过量的 AraC 还可以和 O_1 结合，而进一步抑制自身的合成。

在有阿拉伯糖的时候，阿拉伯糖与 AraC 结合，与阿拉伯糖结合的 AraC 作为激活蛋白与 I_1 和 I_2 结合，原来在 I_1 和 O_2 之间的 DNA 环消失，如果这时也无葡萄糖，那细胞内的 cAMP 浓度就会升高，cAMP－CAP 结合在 I_1 附近的 CAP 位点，与 AraC 一起激活 AraBAD 的表达。

3. 大肠杆菌的色氨酸操纵子

乳糖操纵子和阿拉伯糖操纵子都属于诱导型操纵子(inducible operon)，这是因为乳糖和阿拉伯糖都是作为诱导物来诱导各自操纵子发生转录的。下面要介绍的色氨酸操

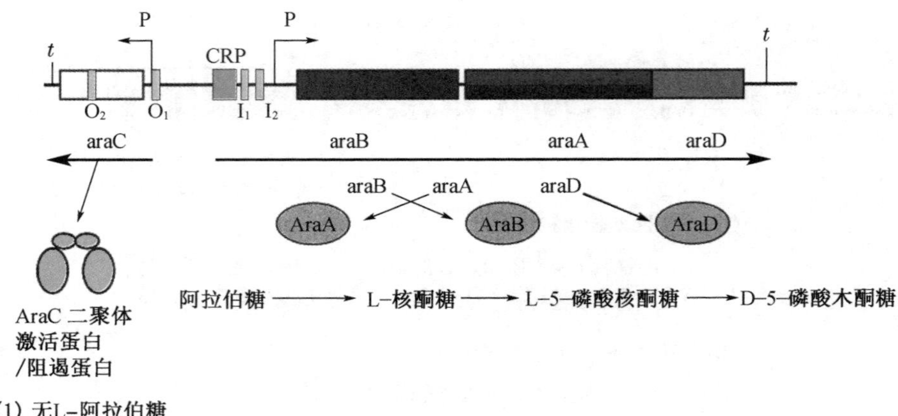

(1) 无L-阿拉伯糖

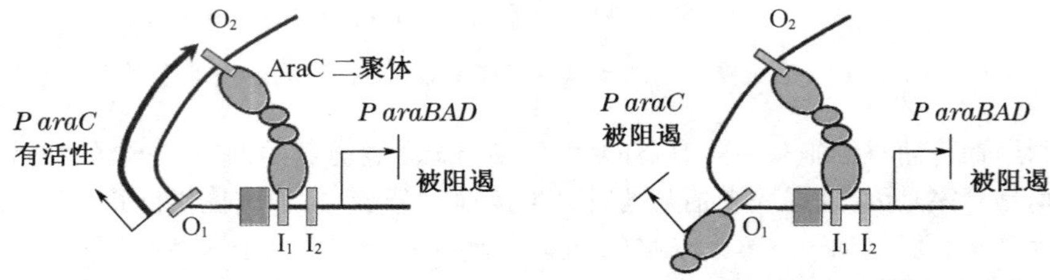

AraC 与O_2和I_1结合阻遏araBAD表达　　过量AraC结合O_1调节细胞内AraC的浓度

(2) +L-阿拉伯糖

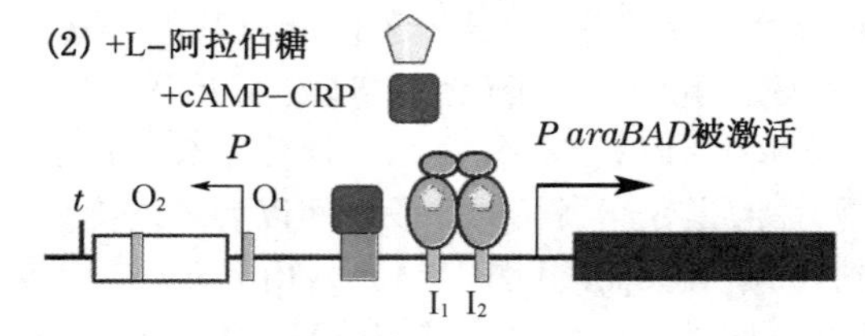

AraC与I_1和I_2结合激活araBAD表达

图 11-11　大肠杆菌阿拉伯糖操纵子模型及其作用机制

纵子是一种阻遏型操纵子(repressible operon),它控制 5 种参与色氨酸合成的酶的基因的表达。之所以说它是阻遏型操纵子,是因为色氨酸作为辅阻遏物(co-repressor),与阻遏蛋白结合而阻止色氨酸操纵子的表达。

除了色氨酸操纵子是阻遏型以外,其他与合成代谢有关的操纵子也属于阻遏型操纵子。一般说来,控制分解代谢的操纵子为诱导型,控制合成代谢的操纵子属于阻遏型。操纵子如此的分工,使得细胞能够对环境或胞内的代谢变化迅速做出反应。

以色氨酸操纵子为例,如果培养基中含有 Trp,那大肠杆菌就只需将其运输到胞内直接利用,而不必浪费能量自己去合成,因此,这时候色氨酸操纵子会被关闭;相反,如果培养基中没有 Trp,大肠杆菌就必须“自力更生”,自己去合成,以满足细胞对它的需求,这时候色氨酸操纵子应该被打开。

色氨酸操纵子(图 11-12)的结构基因包括 *trpE*、*trpD*、*trpC*、*trpB* 和 *trpA*,这些结构基因编码的酶都与色氨酸的合成代谢有关。除了这 5 个结构基因以外,在 *trpE* 的上游还有一段前导序列(*trpL*),编码一个小肽,其内部含有弱化子序列;操纵基因序列在启动子和 *trpL* 之间,无 CAP 位点;调节基因 *trpR* 远离操纵子,受自身启动子的控制,持续低水平表达阻遏蛋白 TrpR。与乳糖操纵子的阻遏蛋白和 CAP 一样,TrpR 也含有可与 DNA 结合的模体结构——螺旋-转角-螺旋。然而,单独的 TrpR 并不能与色氨酸操纵基因结合,因此,如果细胞内的色氨酸浓度很低,TrpR 就无活性,这时色氨酸操纵子会处于开放的状态,参与色氨酸合成的酶就会表达,为细胞合成必需的 Trp。当细胞内的 Trp

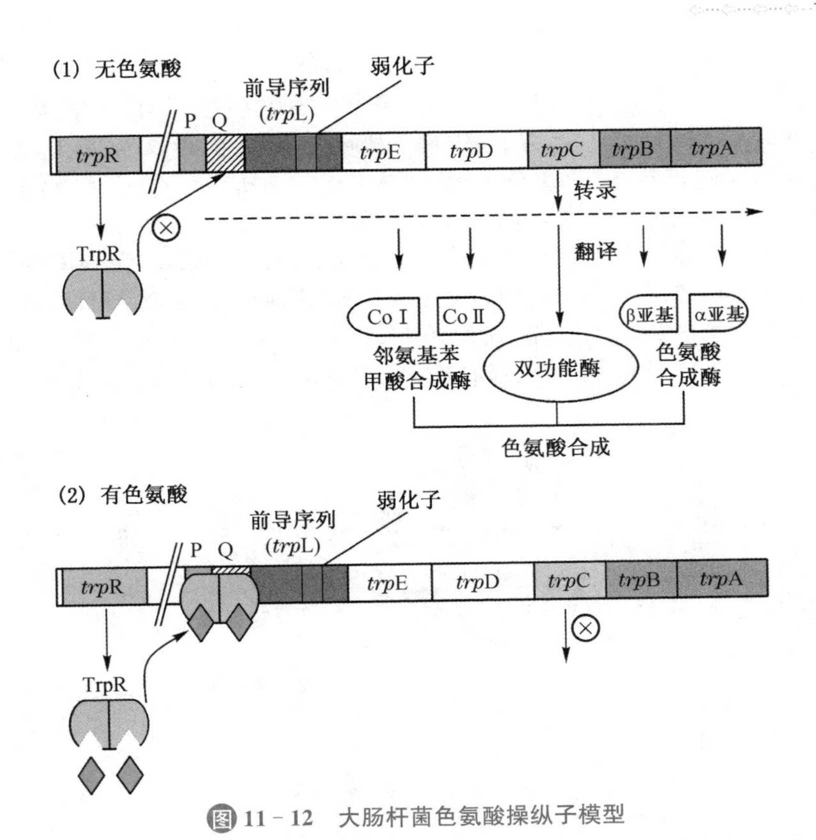

图 11－12　大肠杆菌色氨酸操纵子模型

积累到一定水平以后，色氨酸作为辅阻遏物与 TrpR 结合，诱导其构象变化而使之激活，随后 TrpR－Trp 就与操纵基因结合，从而阻遏结构基因的转录。

参与色氨酸合成的 5 个基因除受到操纵子调控以外，还受到一种更为精细的调节方式即弱化子的调控，详情参看弱化子。

Box 11－1　古菌的色氨酸操纵子

古菌也有与色氨酸合成有关的操纵子，以一种产甲烷古菌(*Methanothermobacter marburgensis*)为例，其结构基因包括 *trpE*、*G*、*C*、*F*、*B*、*A* 和 *D*。这种古菌的一种突变体在色氨酸类似物 5－甲基色氨酸(5－methyltryptophan)存在下，仍然能组成型表达它的色氨酸操纵子(图 11－13)。经鉴定发现，原来位于色氨酸操纵子和 *trpY* 基因之间的序列发生了突变。随后的生物信息学分析预测了 TrpY 可能是色氨酸结合的调节蛋白，可以结合一段和几段 TGTACA 相关序列。该序列称为 TRP 盒，刚好位于色氨酸操纵子和 *trpY* 基因之间。TrpY 与 TRP 盒的结合，可阻止古菌转录因子 TFB 和 TBP 分别结合 BRE 和 TATA 盒这两段启动子序列，从而抑制色氨酸操纵子转录的启动。在缺乏色氨酸的时候，TrpY 可自体抑制自身的转录；在有色氨酸的时候，可抑制 trpY 和 *trpEGCFBAD* 的转录。由于 TrpY 只含有一个色氨酸残基，以及整个 *trpEGCFBAD* 操纵子也只有一个色氨酸密码子，翻译 trpY－mRNA 的能力在调节这种古菌的色氨酸操纵子表达中也可能起重要作用。

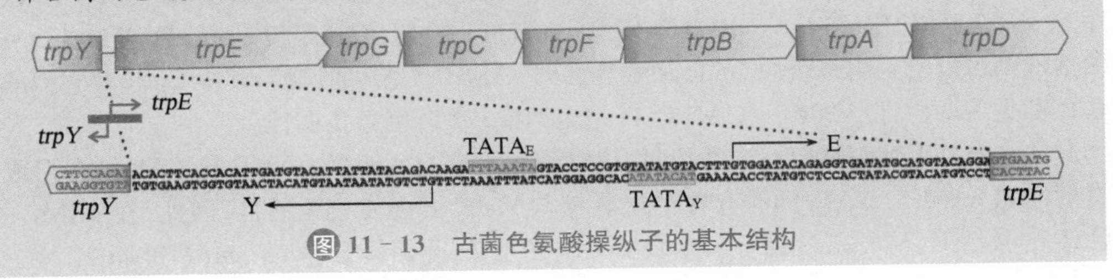

图 11－13　古菌色氨酸操纵子的基本结构

4. 大肠杆菌的麦芽糖操纵子(the maltose operon)

麦芽糖操纵子(图 11-14)控制的是几个与麦芽糖吸收和分解有关的酶基因的表达。受到调控的结构基因一个是 *malP*——编码麦芽糊精磷酸化酶(maltodextrin phosphorylase),促进麦芽糖运输到细胞内,另一个是 *malQ*——编码麦芽糖酶(amylomaltase),将进入细胞的麦芽糖水解成葡萄糖。

与乳糖操纵子相似的是,它也属于诱导型操纵子,也受到 CAP-cAMP 的激活。但与乳糖操纵子不同的是,作为诱导物的麦芽糖不是与阻遏蛋白结合,导致阻遏蛋白的失活,而是与激活蛋白——MalT 结合,激活 MalT。在没有葡萄糖的条件下,被激活的 MalT 与 CAP-cAMP 一道打开麦芽糖操纵子,使 *malP* 和 *malQ* 得以表达。

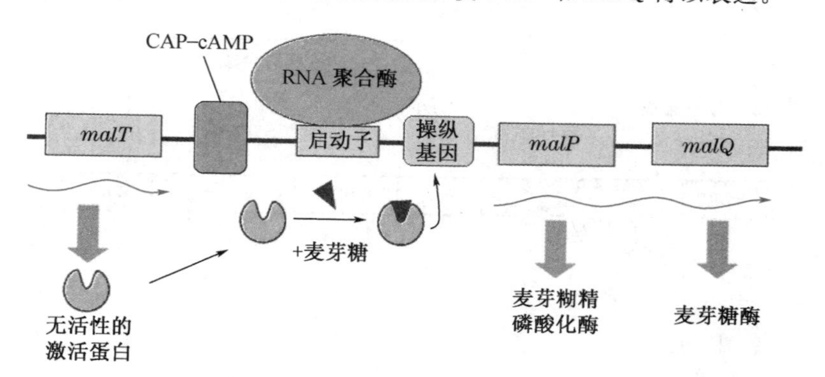

图 11-14 大肠杆菌的麦芽糖操纵子

5. 大肠杆菌的半乳糖操纵子(the *gal* operon)

大肠杆菌 *gal* 操纵子(图 11-15)的基本结构包括:(1) 3 个结构基因。*galE*——编码 UDP-半乳糖-4-差向异构酶(UDP-galactose-4-epimerase),*galT*——编码半乳糖-磷酸尿嘧啶核苷转移酶(galactose-1-phosphate uridyl transferase),*galK*——编码半乳糖激酶(galactose kinase)。这 3 个酶的作用是使半乳糖变成 1-磷酸葡萄糖;(2) 1 个调节基因——*galR* 编码阻遏蛋白;(3)操纵基因——*galO*。*galR* 距离 *galETK* 及 *galO* 很远,但 *galR* 产物对 *galO* 的作用与 *lacI* 产物对 *lacO* 的作用相似。

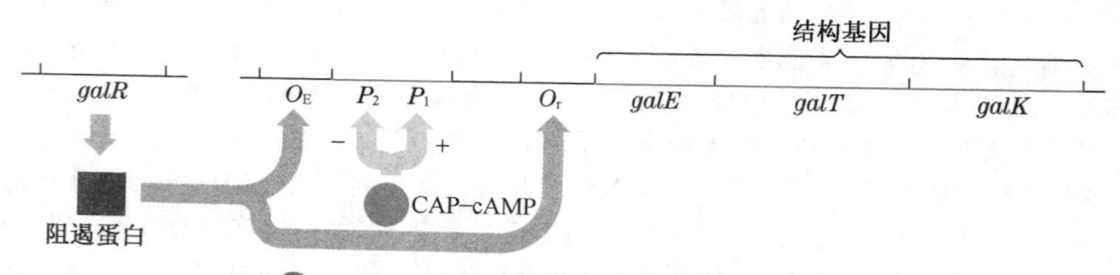

图 11-15 半乳糖操纵子的结构及其调控机制

gal 操纵子与 *lac* 操纵子主要有两个差别:(1) 有两个操纵基因区,一个是在启动子区上游−67 bp～−53 bp 的外操纵基因(external operon,O_E),另一个是在结构基因 *galE* 内部约+55 bp 的内操纵基因(internal operon,O_I);(2) 具有两个启动子,即 P_1(−10 区序列为 TATGGTT)和 P_2(−10 区序列为 TATGCTA),它们相距仅 5 bp。这两个启动子的活性都可以受到阻遏蛋白 GalR 和激活蛋白 cAMP-CAP 的调控,其中 GalR 对它们的调控都是负调控,但 cAMP-CAP 对 P_1 是正调控,对 P_2 则是负调控。

在培养基无葡萄糖但有半乳糖时,这时细胞里有高水平的 cAMP 与 CAP 结合形成有活性的 cAMP-CAP,同时存在的半乳糖与 GalR 结合使其无活性,因此,在 cAMP-CAP 的激活下(与−35 区结合),半乳糖操纵子从 P_1 开始转录 *galE*、*galT* 和 *galK* 这三个结构基因。这时 P_2反而受到 cAMP - CAP 的抑制，并没有活性；而在培养基有葡萄糖无半乳糖时，一方面细胞无 cAMP - CAP 激活 P_1，另一方面 GalR 主要以二聚体的形式与 O_E结合抑制 P_1，因此这时 P_1是没有活性的，相反 P_2没有 cAMP - CAP 的抑制则是有活性的，这时转录从 P_2开始，但只转录 *galE*，而不转录另外 2 个基因 *galT* 和 *galK*；在培养基既无葡萄糖又无半乳糖时，这时 GalR 主要以四聚体的形式存在，可同时与两个操纵基因 O_E和 O_I结合，导致它们之间的 DNA 成环，而阻止 RNAP 与启动子的结合，或者抑制开放的转录起始复合物的形成，从而导致操纵子几乎完全关闭。

为什么 *gal* 操纵子需要两个启动子？这主要与半乳糖的生理功能有关。半乳糖不仅可以作为唯一碳源供细胞生长，而且与之相关的物质——尿苷二磷酸半乳糖（UDP-Gal）是大肠杆菌细胞壁合成的前体。在没有外源半乳糖的情况下，UDP - Gal 是通过半乳糖差向异构酶的作用由 UDP -葡萄糖合成的，该酶是 *galE* 基因的产物。在任何情况下，差向异构酶必须始终能够合成，细菌才能正常生长。如果只有 P_1一个启动子，那么由于这个启动子的活性依赖于 cAMP - CAP，当培养基中有葡萄糖存在时就不能合成差向异构酶。假如唯一的启动子是 P_2，那么，即使在葡萄糖存在的情况下，半乳糖也将使操纵子处于充分诱导状态，这无疑是一种浪费。无论从必要性或经济性考虑，都需要一个不依赖于 cAMP - CAP 激活的启动子（P_2）对高水平合成进行调节。

Quiz5 迄今为止，还没有在任何细菌中发现有葡萄糖操纵子。对此你如何解释？

6. 大肠杆菌的 *glnALG* 操纵子

该操纵子控制的基因编码的是与氨同化即谷氨酰胺合成有关的酶，其中最重要的是谷氨酰胺合成酶 A（Glutamine Synthetase-A，GSA）。

GSA 是一种非常重要的别构酶，在细胞内催化氨与谷氨酸结合，形成氨的储备，即谷氨酰胺。这个酶的合成受氮调节蛋白 C（Nitrogen regulator protein-C，Ntr-C）的激活。Ntr - C 本身的活性又受到磷酸化的调节，催化它磷酸化修饰的酶是 Ntr - B。Ntr - C 只有磷酸化（Ntr - C - p）以后才有活性。

被激活的 Ntr - Cp 除了可激活 GSA 的基因表达以外，还可以激活其他许多参与氮代谢以及相关基因的表达。受其激活的操纵子有 25 个以上，共涉及 75 个以上的基因。这些操纵子在启动子上游都含有 Ntr - C - p 的结合位点，而识别这些操纵子启动子的 σ 因子为 σ^{54}。

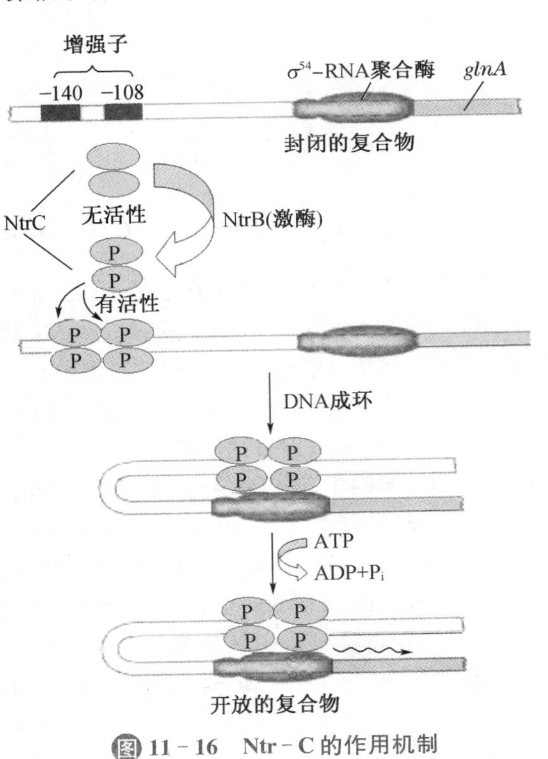

图 11 - 16　Ntr - C 的作用机制

在氮饥饿的时候，细胞内的 σ^{54} 取代 σ^{70} 与核心酶结合，这时全酶识别的是另外的启动子序列，但这种形式的全酶只是跟识别的启动子结合，形成封闭的复合物，很难形成有功能的开放复合物。只有在 Ntr - C - p 以二聚体的形式结合在启动子上游的位点以后，通过蛋白质与蛋白质的相互作用，Ntr - C - p 与在远处结合 σ^{54} 的 RNAP 发生接触，导致其中的 DNA 成环，并通过自带的 ATP 酶活性，促进转录起点附近解链（图 11 - 16）。成环对于 Ntr - C 的作用是非常重要的，因为它结合的两段碱基序列位于 *glnA* 转录起点上游 −140 和 −108 bp 的位置，正是成环拉近了它与 RNAP 的距离。已有人用实验的手段在电镜下,直接观察到了环出的结构(图 11-17)。Ntr-C 的这种作用方式,与真核生物体内广泛存在的激活蛋白与增强子结合激活蛋白质基因表达的方式相似,因此也有人将结合 Ntr-C 的碱基序列称为增强子。

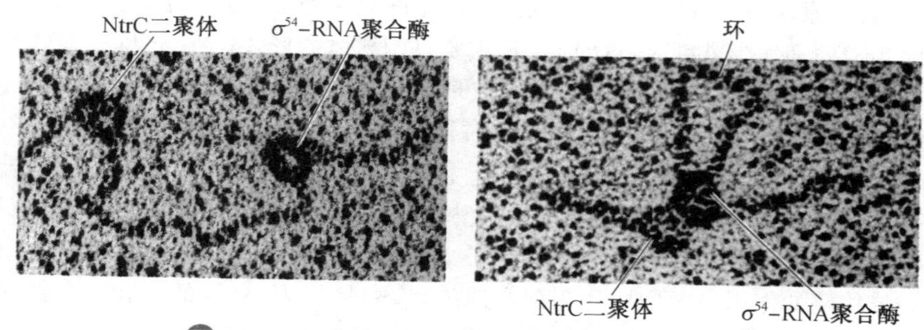

图 11-17 电镜下 Ntr-C 作用时形成的环出结构

7. 抗汞离子操纵子(the mercuric ion resistance operon, the *mer* operon)

汞对于生物来说是有毒的,不同的生物用来解除汞毒危害的机制不一定相同。许多细菌利用 *mer* 操纵子编码的几种蛋白质来中和汞毒。*mer* 操纵子主要存在于一些转座子元件之中,同样由启动子、操纵基因、若干结构基因和调节基因组成。以存在于 Tn501 之中的 *mer* 操纵子为例(图 11-18),其结构基因包括 *merT*、*merP*、*merA* 和 *merD*,其中 *merT* 和 *merP* 编码跨膜转运蛋白,*merA* 编码汞离子还原酶,将 Hg^{2+} 还原成低毒、易挥发的 Hg^{+},*merD* 编码一种调节蛋白;操纵基因位于启动子内部,在−35 区和−10 区之间;调节基因为 *merR*,编码调节蛋白 MerR。MerR 与操纵基因结合以后,既可能是激活蛋白,也可能是阻遏蛋白,同时还是抑制自身表达的阻遏蛋白。

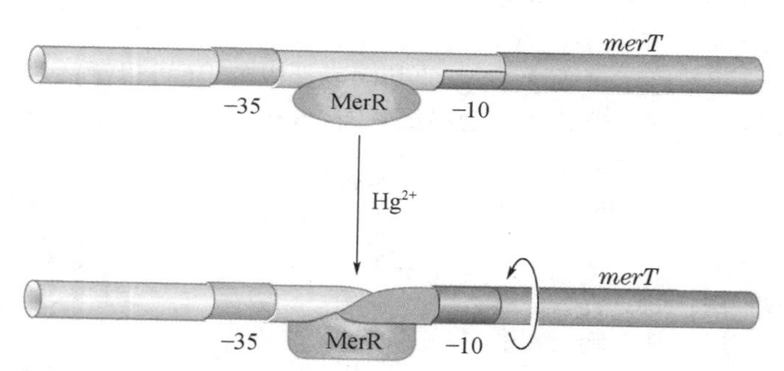

图 11-18 在有 Hg^{2+} 的条件下,MerR 激活抗汞基因表达的机制

如果存在 Hg^{2+},单个汞离子与 MerR 的结合就足以激活它,使其作为激活蛋白强烈诱导抗汞离子的基因表达;如果没有 Hg^{2+},MerR 就作为阻遏蛋白阻止抗汞离子基因的表达。与结构基因共转录的 *merD*,其产物也是一种调节蛋白,也能与 MerR 的结合位点以很弱的亲和力结合,下调 *mer* 操纵子的活性。

MerR 激活抗汞基因表达的机制非常特别,它作为激活蛋白与操纵基因结合以后,能够改变启动子的构象,对启动子 DNA 施加别构效应,使其更容易被 RNAP 识别、结合。之所以需要通过这种方式激活,是因为 *mer* 操纵子的启动子结构比较特别:其−35 区和−10 区之间的间隔序列不是通常的(17±1) bp,而是 19 bp,比正常的间隔序列长,这样的结构使得 RNAP 识别的两个元件(−35 区和−10 区)错误地位于 DNA 双螺旋的两边(图 11-19),很难被 RNAP 识别和结合。即便被 RNAP 识别、结合,也不能形成开放的转录起始复合物。而一旦 MerR-Hg^{2+} 与操纵基因结合,就扭曲−35 区和−10 区之间的间隔序列,使−35 区和−10 区处于合适的位置,容易被 RNAP 能够识别、结合,从而启动 *mer* 启动子的转录。

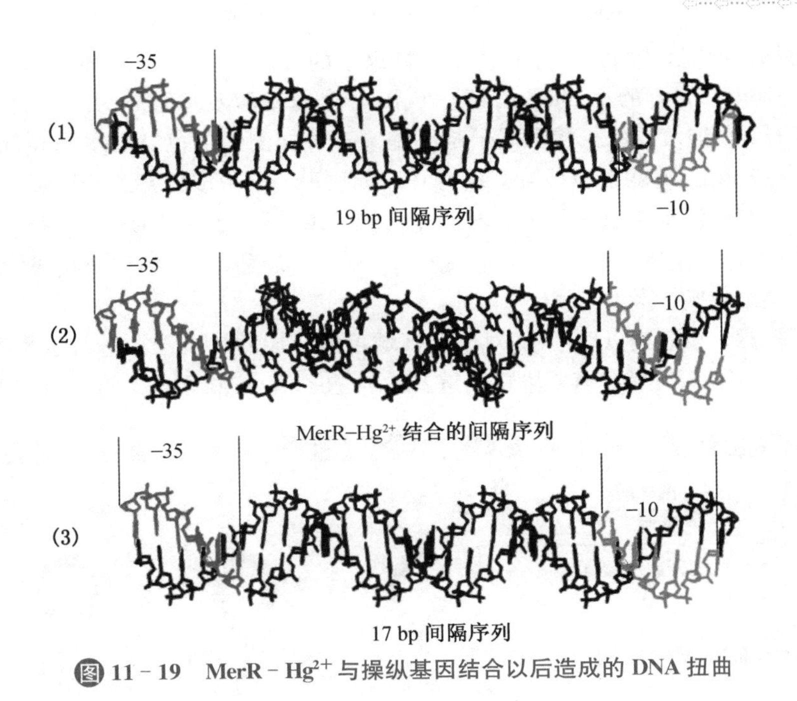

图 11－19　MerR－Hg^{2+} 与操纵基因结合以后造成的 DNA 扭曲

二、转录终止水平上的调控——终止与抗终止

与转录的起始相比，转录的终止具有较大的灵活性。通过改变基因转录的终止，不仅可以调节一个终止子下游的基因是否表达，还可以影响到一种转录物 3′- UTR 的结构，从而进一步在转录后水平对基因表达实行调控。

有三种调节转录终止的手段：一是弱化(attenuation)；二是核开关；三是抗终止。

(一) 弱化

此手段是建立在原核生物的转录与翻译偶联的基础上，通过调节特殊的终止子活性来进行的。

1. 大肠杆菌色氨酸操纵子内的弱化子

1981 年，Charles Yanofsky 首先在大肠杆菌的 *trp* 操纵子中发现了弱化现象。他的发现基于两个独立的科学事实：(1) *trp* 操纵子不会因为 *trpR* 基因的缺失完全丧失调控功能。*trp* 操纵子调控的“总调幅”约为 700 倍(开/关)，但 *trpR* 基因被敲除的突变体仍然表现 10 倍幅度的调控(无 Trp/有 Trp)；(2) 序列测定表明，*trp* 操纵子在结构基因的 5′-端含有一个不同寻常的 ORF，但这个 ORF 并不编码与 Trp 合成有关的酶，却有两个连续的 Trp 密码子，约占总密码子数目的 10%。经进一步研究发现，此 ORF 可能编码一种前导肽(the leader peptide)。此外，对应此 ORF 的 mRNA 含有二重对称的结构，能形成两种相互排斥的二级结构。其中有一种二级结构与不依赖于 ρ 因子的转录终止子结构十分相似。

如果 *trp* 操纵子是控制 Trp 合成有关酶基因表达的唯一手段，就不难设想，TrpR 的缺失将导致 *trp* 操纵子对培养基中加入的 Trp 不再敏感，因为细胞内已没有感应色氨酸浓度变化的装置。然而，事实却大大出乎人们的意料，加入的 Trp 仍然能够降低 *trpEDCBA* 基因的表达，这就表明了细胞内一定还有其他调节 *trpEDCBA* 基因表达的机制。

进一步的研究显示，第二种调节机制就是参与弱化的弱化子(attenuator)，它与 tRNA(特别是色氨酰- $tRNA^{Trp}$)和 *trpL* 基因有关。

弱化子是一种更为精细的调节基因表达的模式，它建立在翻译和转录之间偶联的基础上，因此为原核细胞所特有。弱化子一般存在于参与生物合成的操纵子之中，与操纵基因一起，共同调节参与生物合成的酶的基因表达。

大肠杆菌的色氨酸弱化子序列位于其操纵子的 *trpL* 之中。*trpL* 位于操纵基因和 *trpE* 之间,其内部含有的小 ORF 编码一个由 14 个氨基酸残基组成的前导肽。这个小 ORF 含有的 2 个连续的色氨酸密码子是细胞又一种探测内部色氨酸水平高低的装置。色氨酸若供应充足,那就很容易被运载到 $tRNA^{Trp}$ 分子上,形成色氨酰- $tRNA^{Trp}$,前导肽的翻译就不成问题;但色氨酸若供应不足,色氨酰- $tRNA^{Trp}$ 就难以形成,这时前导肽的翻译就会停顿在色氨酸密码子处。然而,"前导肽能否正常翻译"又如何转化成"基因能否继续转录"的结果呢?

在获得 *trpL* 全序列以后,人们对整个区域可能形成的二级结构进行了预测。结果表明(图 11-20),该区域含有 4 段特别重要的碱基序列,按照 5′→3′的方向依次编号为

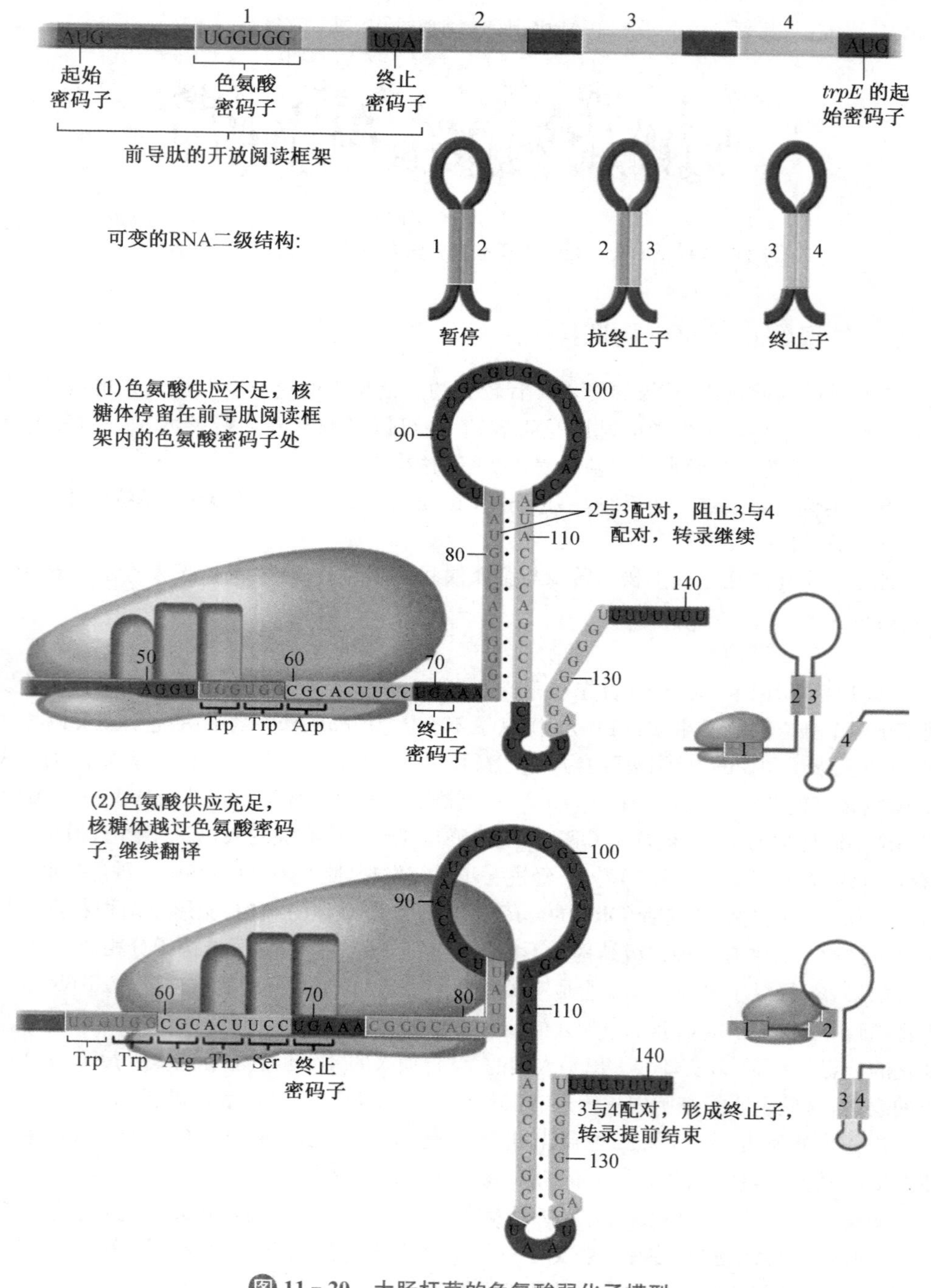

图 11-20　大肠杆菌的色氨酸弱化子模型

1、2、3 和 4，这 4 段序列有 2 种配对方式，一种是 1 与 2、3 与 4 之间配对，另一种是 2 与 3 之间配对，不同的配对就形成不同性质的茎环结构。如果是 3 与 4 配对，形成的小茎环结构就是转录的终止子；如果是 2 与 3 配对，形成的大茎环结构就不是终止子。因此，当将前导肽 mRNA 可能形成的二级结构与细胞内 Trp 水平的高低联系在一起时，就不难理解弱化子作用的妙处了。

由于细菌的转录和翻译是偶联的，因此 *trpL* 一旦开始转录，就会有核糖体结合上来，并翻译其中的 ORF。如果细胞内有充足的色氨酸，翻译就会一直持续下去，直至遇到终止密码子。前导肽的顺利翻译致使 2 和 3 之间不能配对，但 3 和 4 之间可以配对而形成终止子结构。终止子结构一旦出现，*trpEDCBA* 基因的转录提前结束；相反，如果细胞内的色氨酸供应不足，核糖体就会暂停在 ORF 内色氨酸密码子之处，等待色氨酰-$tRNA^{Trp}$的进入。前导肽的翻译不畅致使 2 和 3 之间配对形成大的茎环结构(非终止子)，但 3 和 4 之间却不能配对，由于没有终止子，*trpEDCBA* 基因可继续转录下去。

Quiz6 如果将大肠杆菌色氨酸操纵子前导肽之中的两个色氨酸密码子后面的精氨酸密码子也换成色氨酸的密码子，你认为这将使弱化子对色氨酸浓度变化的敏感性有何影响？

弱化子的存在，使得“逃过”阻遏这一关的多余转录能及时“刹车”，这对操纵子的阻遏效应是一个很好的补充。据估计，色氨酸操纵子的阻遏可实现 80 倍的调控，而弱化子可将调控再提高 6～8 倍，综合起来调控的幅度可达 500 倍。

与色氨酸操纵子一样，与其他氨基酸生物合成有关的操纵子在 5′-端都具有类似的小 ORF，编码前导肽，而在每一个小 ORF 的内部，总会有几个连续的编码相应氨基酸的密码子。这说明它们也有类似的弱化调控机制。例如，在组氨酸和苯丙氨酸操纵子的起始区，分别含有多个 His 或多个 Phe 的前导肽编码序列(表 11－3)，能对氨基酸的合成起更精细的调节作用。而对于某些氨基酸的操纵子来说，因为无阻遏蛋白，弱化子便成为控制它们结构基因表达的唯一手段。例如，组氨酸操纵子没有阻遏蛋白，其前导序列中一共有 7 个连续的 His 密码子，这大大提高了弱化的效率。

表 11－3　其他氨基酸操纵子前导肽的氨基酸序列

氨基酸	前导肽序列
His	MTRVQFKHHHHHHHPD
Thr	MKRISTTITTTITITTGNGAG
Ile－Val	MTALLRVISLVVISVVVIIIPPCGAALGRGKA
Leu	MSHIVRFTGLLLLNAFIVRGRPVGGIQH
Phe	MKHIPFFFAFFFTFP
Ile－Val	MTTSMLNAKLLPTAPSAAVVVVRVVVVVGNAP

弱化也能控制其他合成代谢有关的操纵子，例如大肠杆菌的 β－内酰胺酶(β－lactamase)。此酶的基因表达受到细胞生长速率调节：细胞生长得越快，胞内 β－内酰胺酶浓度就越高。

调节 β－内酰胺酶基因表达的弱化机制是：在快速生长的大肠杆菌细胞里，含有丰富的核糖体，这导致编码前导序列内的 AUG(单下划线上的)不断地被核糖体占据并尝试启动翻译(图 11－21)，但立即终止于相邻的 UAA 终止密码子。这使得下游潜在的不依

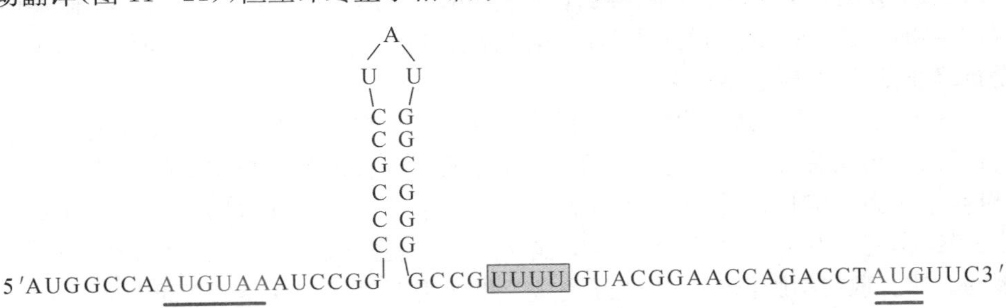

图 11－21　大肠杆菌的 β－内酰胺酶的弱化子结构

赖于ρ因子的终止子结构不能形成，于是β-内酰胺酶基因得以表达；相反，在生长速率低下的大肠杆菌细胞里，核糖体数目受限，核糖体与上述AUG结合的可能性极低，于是前导序列中的终止子结构能够形成，这必然导致转录提前结束，而得不到β-内酰胺酶的mRNA。

（二）核开关

每一个细胞必须对其内外环境的变化迅速做出反应，从而改变一系列基因的表达。然而，在细胞对内外环境变化做出任何反应之前，都需要存在一种机制来检测发生的变化。在操纵子那里，我们已经看到阻遏蛋白或激活蛋白具有这样的功能，如乳糖操纵子的阻遏蛋白能够监测到细胞内乳糖水平的变化，CAP能够监测到细胞内cAMP浓度的变化。那么，细胞内还有没有其他非蛋白质类的探测装置呢？

在20世纪80年代核酶被发现以后，科学家认为：生命进化过程中在DNA或蛋白质出现之前，有一个RNA世界！到了90年代后期，耶鲁大学的Ronald Breaker设想，如果确实有过RNA世界，那过去就一定存在过RNA开关用于检测代谢状态，以便在瞬间打开和关闭某些代谢过程。而且，在现在的活细胞内很可能还残留有天然的核开关。随后，他在体外作了一些实验，结果很容易地得到了几种人造的核开关。

在2000年夏天的实验室一次晨会上，Breaker中途停止了会议，对自己的学生说，既然在试管里很容易制造出核开关，而且运作得很好，它们一定也存在于现代的细胞里。于是，他和他的弟子打了两个赌，第一个赌是现代细胞里若有核开关，它们就一定位于mRNA，因为mRNA是蛋白质合成的模板；第二个赌是生物学家一定曾经遇到过核开关，只是没有意识到，因为每一个人都期待感应代谢物水平变化的因子应该是蛋白质。假如一个研究小组发现一个基因的表达受代谢物X控制，代谢物X含量升高，基因就会关闭，但是，研究者却苦于找不到那种结合X并关闭基因表达的蛋白质。

就在那次会议的第二天，他的一个博士后在图书馆里，好不容易翻阅到一篇有关维生素B_{12}生物感应器的论文，似乎那想象中的、神秘的、没有找到的感应器蛋白事实上就是一种核开关。随后，Breaker的研究小组进行了大量的实验，证明了大肠杆菌细胞内存在维生素B_{12}的核开关，并且发现这个核开关在结合B_{12}以后会改变形状，而且与B_{12}结合也是高度特异性的，即便是它的类似物存在也不会引起类似的反应。

自2000年以来，在许多细菌和某些真核生物(如真菌和拟南芥)中，已发现一些特殊的双功能mRNA具有类似的功能，这些特别的mRNA在非编码区含有特定代谢物或者金属离子(如Mg^{2+})的特异性结合位点，这些特异性的结合位点有时被称为适体(aptamer)。在这里，适体充当一种基因表达的开关，代谢物与其结合可改变mRNA的构象，结果要么提高转录的终止效率，要么降低翻译的效率，要么影响到mRNA后加工的样式，从而改变一个基因的表达。核开关(riboswitch)或RNA开关(RNA switch)就是指这一类特殊的mRNA。

以枯草杆菌胞内参与硫胺素合成和运输的蛋白质为例(图11-22)，其mRNA在5′-UTR含有一段高度保守的Thi盒(Thi box)元件，该元件是TPP的结合位点。如果胞内的TPP水平较高，TPP就与Thi盒结合，诱使mRNA提前形成终止子结构，从而迫使转录提前结束；反之，如果胞内的TPP不足，就没有TPP与Thi盒结合，这时mRNA形成的是抗终止子结构，转录会继续进行。

核开关能直接检测到细胞内一些重要的小分子代谢物的水平，并根据细胞的生理需要，打开或关闭相关基因的表达。迄今为止，发现的所有核开关都使用高度特异性的适体结构，来作为特定目标分子的感应器。一旦目标分子结合，mRNA在5′-UTR的二级、三级结构就会发生变化，从而通过影响转录终止、翻译起始或mRNA后加工来改变基因的表达。现代细胞仍然存在核开关这个事实表明，RNA也能形成可与蛋白质相媲美的复杂结构。而且，核开关省去了使用调节蛋白来调节基因表达，因此更为经济。

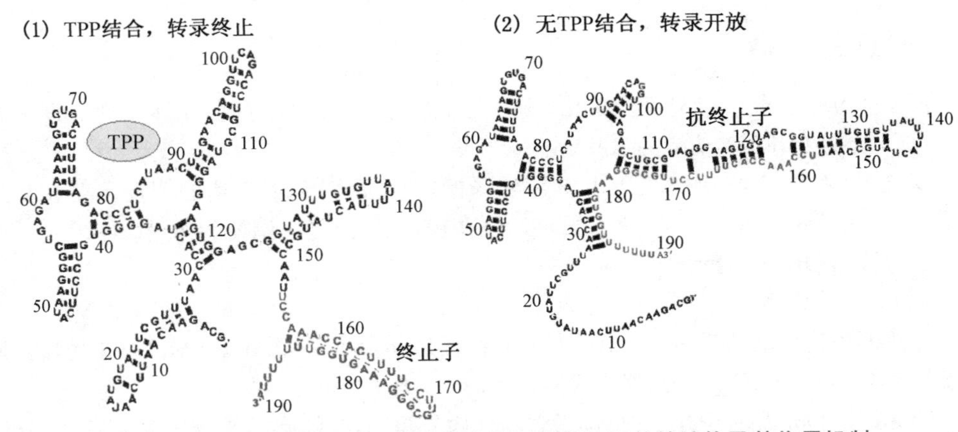

图 11－22　枯草杆菌控制 TPP 合成和运输的核开关的结构及其作用机制

（三）抗终止作用

这种手段可通过特殊的抗终止蛋白修饰 RNAP，使之忽略终止子结构，从而导致转录发生“通读”，例如 λ 噬菌体表达的 N 蛋白和 Q 蛋白（见本章第六节有关 λ 噬菌体基因表达有关的内容）。此外，在某些细菌细胞内，还可以利用一种特殊的蛋白质来阻止不依赖 Rho 因子的终止子结构的形成，从而产生抗终止作用。以大肠杆菌为例，其 *Bgl* 操纵子编码的蛋白质都与 β－葡糖苷的吸收和代谢有关。该操纵子受到 β－葡糖苷的诱导，并受到 BglG 蛋白的正调控。BglG 是作为一种抗终止蛋白起作用的，其作用的机制是与 RNA 转录物上一段特殊的序列结合，阻止终止子结构的形成（图 11－23）。

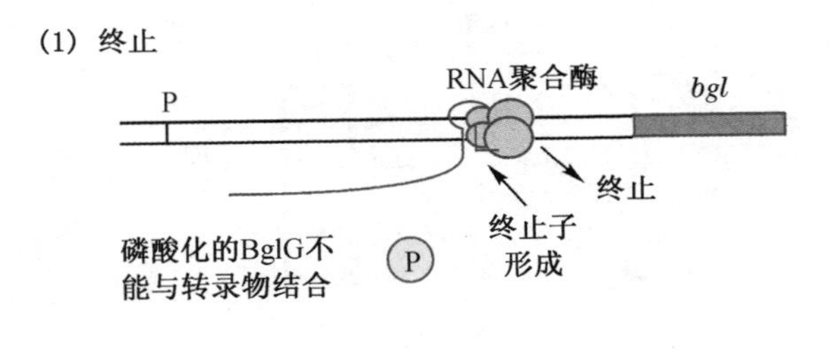

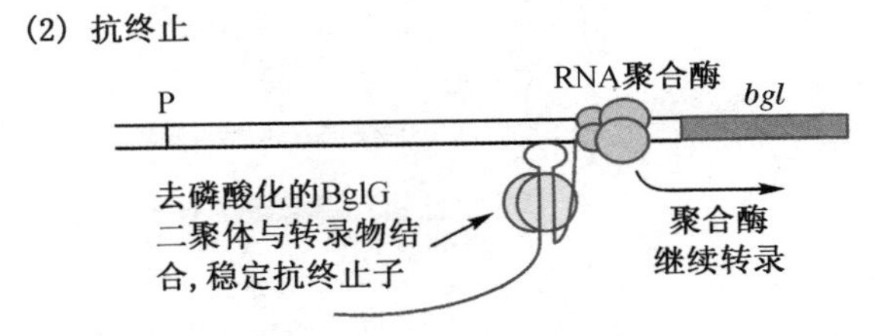

图 11－23　BglG 蛋白的抗终止作用

BglG 有磷酸化和去磷酸化两种形式，但只有去磷酸化形式才具有抗终止作用。BglG 的磷酸化由膜上的 BglF 决定。在没有 β－葡萄糖苷的时候，BglF 通过二元基因表达调控系统（见本章第四节）使 BglG 磷酸化，这时 BglG 无活性；在有诱导物 β－葡萄糖苷的时候，BglG 以去磷酸化的形式存在而形成二聚体，在与 *bgl* 操纵子的 RNA 转录物上的一段特殊序列结合，可稳定抗终止子结构，同时阻止终止子形成，从而使转录得以继续下去。

第四节　在翻译水平上的调控

翻译水平的调控手段主要有：反义 RNA(antisense RNA)、核开关、自体调控、mRNA 的降解和 mRNA 的二级结构，现分别加以介绍。

一、反义 RNA

反义 RNA 是指与特定目标 RNA 分子(通常是 mRNA)因存在互补序列而发生配对,从而调节目标 RNA 功能的 RNA 分子。

反义 RNA 可参与 DNA 复制和基因转录的调控,而对基因表达的调控主要在翻译水平,少数在转录水平。反义 RNA 可能起负调控,也可能起正调控的作用。

(一) 反义 RNA 的负调控作用

1. micF - RNA

起负调控作用的反义 RNA 中最典型的代表是 micF - RNA,它由 *micF* 基因编码,是大肠杆菌 OmpF - mRNA 的反义 RNA,由 Mizuno T. 在 1983 年发现。

OmpC 和 OmpF 属于孔蛋白,位于大肠杆菌外膜上,与细胞的渗透压调节有关,分别由分属不同操纵子的 *ompC* 和 *ompF* 基因编码。这两种孔蛋白在外膜上形成的小孔构成了溶质进入细胞的通道,但 OmpF 形成的孔道要大于由 OmpC 形成的孔道。

当环境中的渗透压变化时,位于内膜上的 EnvZ 蛋白能够监测到所发生的变化,并通过 OmpR 蛋白调节 OmpC 和 OmpF 的翻译,使得大肠杆菌能够适应环境中的渗透"冲击"。

OmpR 是一种调节蛋白,它有磷酸化和去磷酸化两种形式,但只有磷酸化的形式(OmpR - P)才能与调节位点结合。OmpR - P 能激活或阻遏一个基因的表达,具体情况与它的结合位点与启动子的相对位置有关(图 11 - 24)。*ompF* 基因是被激活还是被阻遏,分别受其启动子上游的高亲和位点和低亲和位点控制,而 *ompC* 基因和 *micF* 基因的激活由其低亲和位点控制。在高渗的环境中,EnvZ 的 1 个 His 残基自我磷酸化,随后,

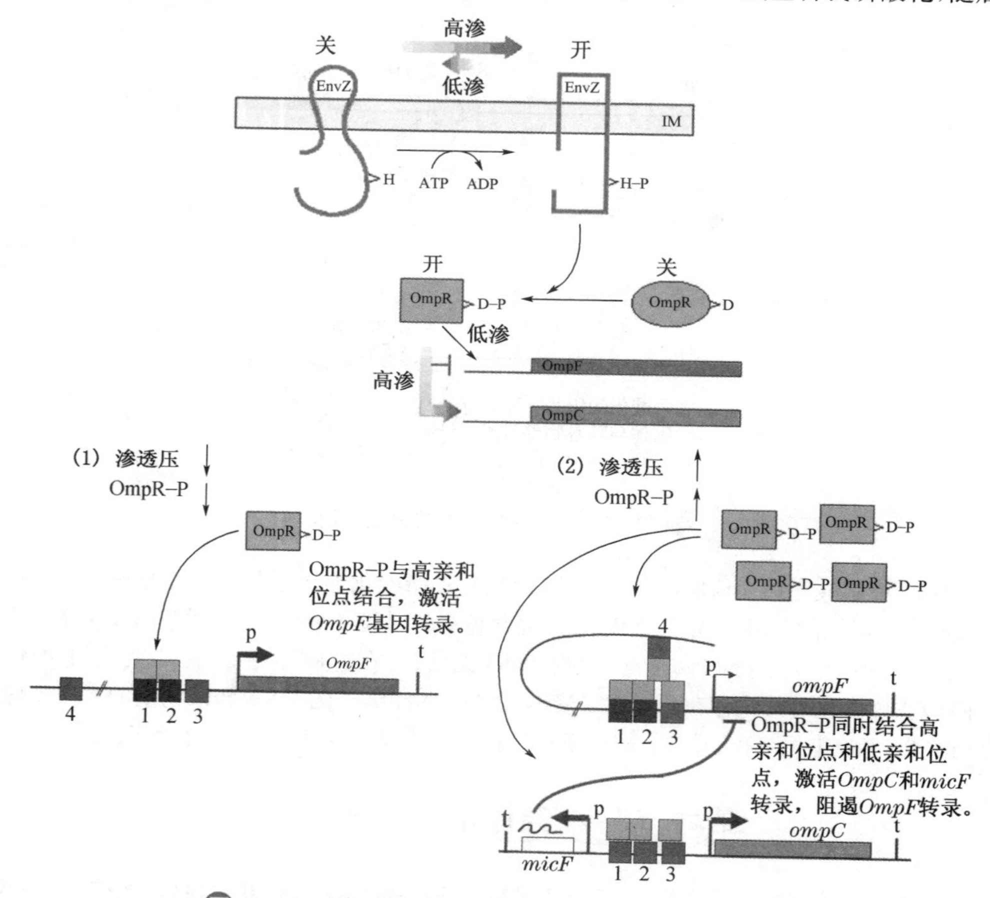

图 11 - 24 渗透压变化改变 OmpF 和 OmpC 表达的机理

它将磷酸基团转移给 OmpR 的 1 个 Asp 残基上，致使胞内 OmpR－P 的水平提高，这时低亲和位点和高亲和位点都能结合到 OmpR－P，而最终导致 OmpC 表达增加和 OmpF 表达降低。

为了进一步阻止 OmpF 的合成，有一种叫 micF－RNA 的反义 RNA 与 OmpC 同时转录。巧合的是，micF－RNA 与 OmpF－mRNA 的 5′-端有部分序列是互补的，因此可以配对形成双链，从而阻断 OmpF 的翻译(图 11－25)；在低渗环境中，去磷酸化的 OmpR 水平提高，而 OmpR－P 水平降低，低水平的 OmpR－P 只能与其高亲和位点结合，这最终导致了 OmpF 表达被激活，OmpC 表达则受阻。

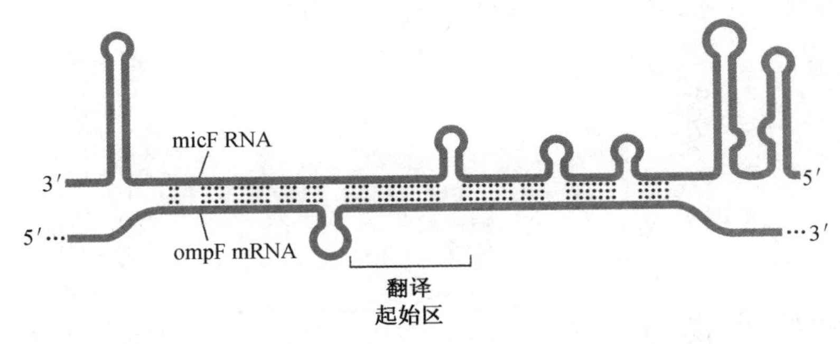

图 11－25　micF－RNA 与 ompF mRNA 之间的碱基配对

2. 其他小 RNA 的负调控作用

已在大肠杆菌细胞内发现了其他一些小 RNA，它们也含有与目标 mRNA 互补的序列，但是当它们与目标 mRNA 互补配对以后，可将一种叫宿主因子 q 蛋白(host factor q protein，Hfq)招募过来，促进互补序列的杂交配对以及与核糖核酸酶 E 的作用。核糖核酸酶 E 随后可将目标 mRNA 降解。

（二）反义 RNA 的正调控作用

DrsA 是在大肠杆菌中发现的又一种反义 RNA，它既可以和 *hns*－mRNA 互补配对，又可以和 *rpoS*－mRNA 互补配对，但对这两种 mRNA 翻译的影响正好相反，前一种配对掩盖了 *hns*－mRNA 在 5′-端的 RBS，而导致翻译受阻，后一种配对则暴露出 *rpoS*－mRNA 上的 RBS，从而激活翻译(图 11－26)。

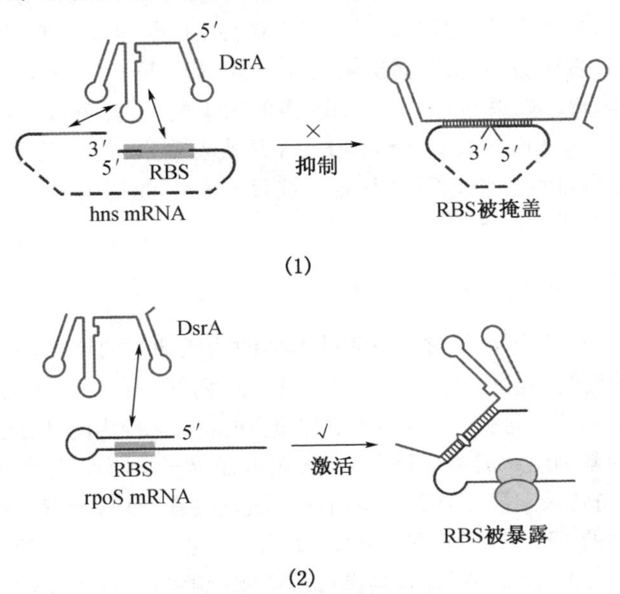

图 11－26　反义 RNA 的负调控和正调控作用

二、核开关

除了可以在转录水平,核开关还可以在翻译水平上控制一个基因的表达。以粪肠球菌(*Enterococcus faecalis*)体内控制 SAM 合成的核开关为例,催化 SAM 合成的酶在 mRNA 的 5′-UTR 中,除了含有 SD 序列以外,还有一段反 SD 序列。

如果细胞内的 SAM 不足,就不会有 SAM 的结合,这时 SD 序列不会与反 SD 序列配对,因此催化 SAM 合成的酶照常进行翻译;相反,如果细胞内的 SAM 足够,就会有 SAM 结合,这时 mRNA 的构象受到诱导而发生变化,SD 序列与反 SD 序列会发生配对,因此将无法被核糖体识别而导致翻译无法启动(图 11-27)。

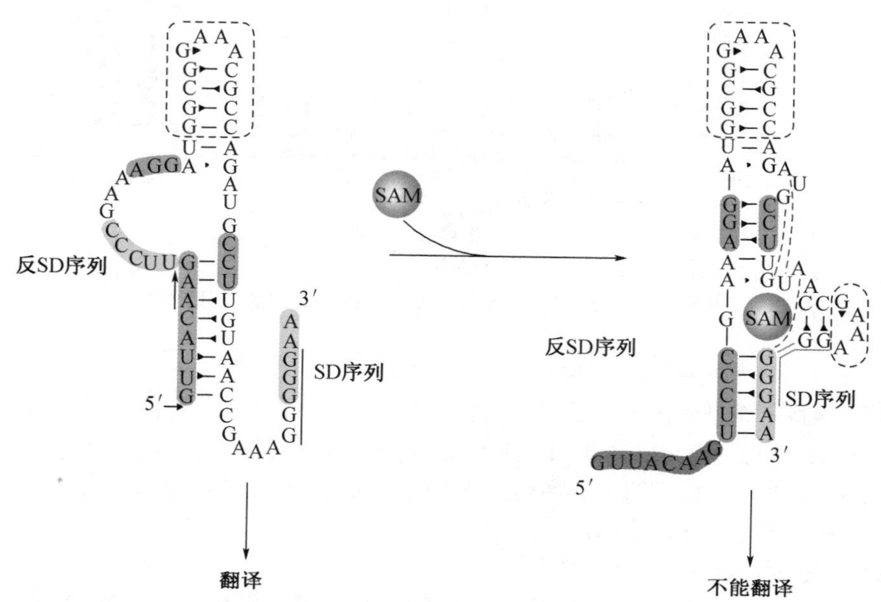

图 11-27 粪肠球菌控制 SAM 合成的核开关的结构及其作用机制

再以枯草杆菌体内控制基因 *glmS* 翻译的核开关为例,该基因编码 6-磷酸葡糖胺(glucosamine 6-phosphate,GlcN6P)合成酶。此开关位于 GlmS-mRNA 的 5′-UTR,具有潜在的核酶活性,受激活以后能催化 5′-UTR 在特定的位置发生剪切。而一旦 GlmS-mRNA 在 5′-UTR 发生剪切,新暴露出来的 5′-OH 让 GlmS-mRNA 很容易受到胞内 5′-外切酶的快速降解。如果 GlcN6P 在细胞内的水平较高,就可以与核开关结合,并激活核开关的核酶活性,从而导致 GlmS-mRNA 很快发生水解,于是 *glmS* 的翻译受阻;如果 GlcN6P 在细胞内的水平较低,就很难与核开关结合,这时 GlmS-mRNA 可以正常作为模板进行翻译(图 11-28)。

三、自体调控(autogenous control)

自体调控是指一个基因产物对自身表达产生激活或抑制的现象,这实际上是一种在基因表达水平上的反馈。它既可以在转录水平上,如阿拉伯糖操纵子的 AraC 抑制自身的转录,也可以在翻译水平上进行。这里以核糖体蛋白的自体调控为例,只介绍后一种情形。

核糖体蛋白的基因组织成多个操纵子,大多数操纵子含有组成大、小亚基的核糖体蛋白的基因,某些与转录和翻译有关的蛋白质基因也夹在其中,如 RNAP 的 β 和 β′ 亚基以及参与翻译延伸的 EF-Tu 和 EF-G(图 11-29)。在每一个与核糖体蛋白有关的操纵子上,都有一个基因兼做调节基因,其蛋白质产物能够与自身 mRNA 5′-端结合,从而抑制自身的翻译。

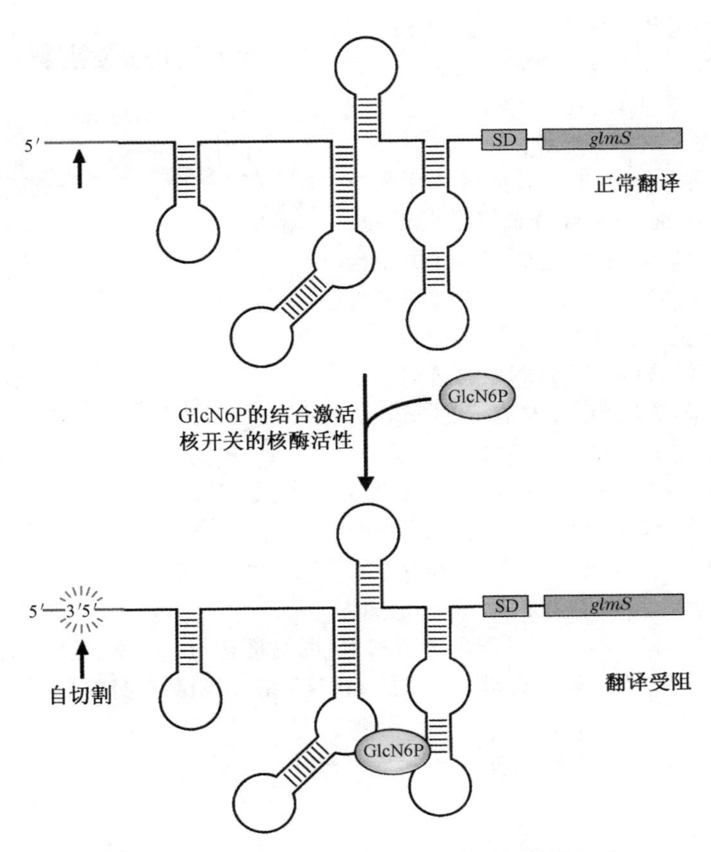

图 11－28　枯草杆菌具有潜在核酶活性的核开关

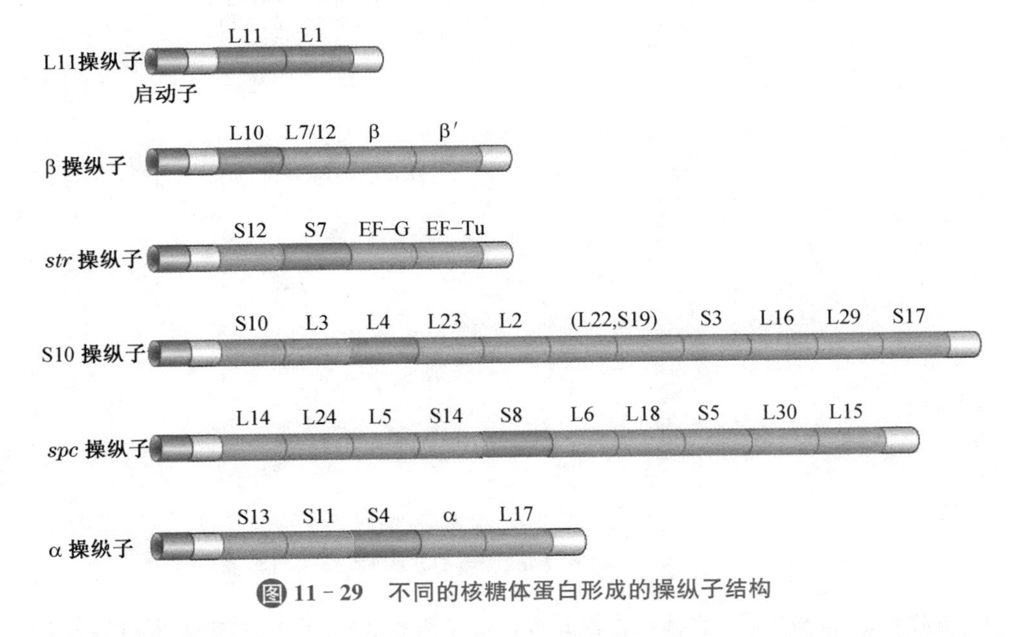

图 11－29　不同的核糖体蛋白形成的操纵子结构

核糖体蛋白与 rRNA 同属构成核糖体的组分，协调两者的合成十分重要。合成过多的核糖体蛋白质或者过多的 rRNA 对于细胞来说都是一种浪费，而通过自体调控可以很好地保证核糖体蛋白与 rRNA 之间量的平衡。

以 *s15* 操纵子为例(图 11－30)，它含有 2 个结构基因，一是编码核糖体蛋白的 *s15* 基因，二是编码多聚核苷酸磷酸化酶的 *pnp* 基因。与其他核糖体蛋白一样，S15 在翻译以后就与 rRNA 组装成核糖体。但如果 S15 量多于 16S rRNA，就会与自己的 mRNA 5′-端结合，抑制自身的翻译，这样就可以让它的合成与 rRNA 的合成协调同步。

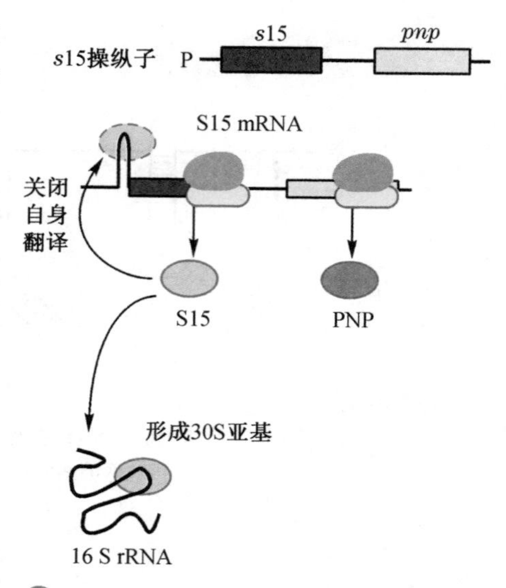

图 11－30　核糖体蛋白(S15)的自体调控

然而，一种核糖体蛋白如何既能作为核糖体的组分，又能作为自身翻译的调节物？若将与这种核糖体蛋白结合的 rRNA 的结构与它的 mRNA 结构进行比较，也许能找到答案：对于 S8 来说，其 mRNA 在 RBS 周围的二级结构与和它结合的 16S rRNA 的结构十分相似。这种相似为 S8 还能与自身的 mRNA 结合提供了结构基础(图 11－31)。

不难想象，如果 S8 与它自身的 mRNA 在 RBS 周围结合，必然导致自身翻译的受阻。但是，细胞又如何能保证 S8 与 rRNA 的正常结合不会受到影响呢？原来 S8 与其 mRNA 结合的亲和力不及与 rRNA 的亲和力，也就是它与 rRNA 优先结合，因此，只有在 S8 的量过剩的时候，S8 才有机会与它的 mRNA 结合，阻断自身的翻译。

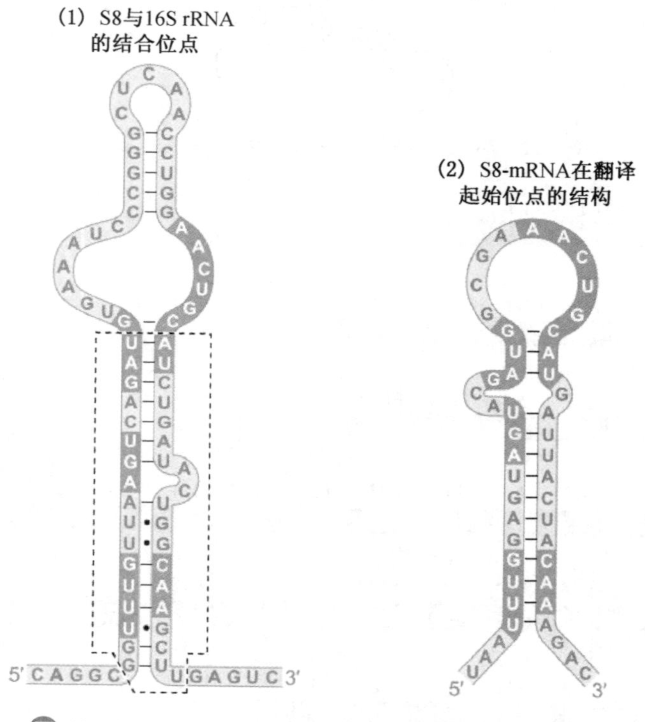

图 11－31　S8－mRNA 的结构与 16S rRNA 结构的比较

由此可见，核糖体蛋白自体调控模式可以实现两个目标：首先，核糖体蛋白的水平受细胞生长条件影响，通过对 rRNA 水平的控制，细胞可以实现对核糖体所有成分合成的控制。其次，由这些操纵子编码的其他蛋白质有自己的 SD 序列，因此不受核糖体蛋白的影响。

四、mRNA 的降解

原核生物的 mRNA 因为缺乏帽子和尾巴结构的保护，半衰期比真核生物由核基因组编码的 mRNA 一般要短，且对于某一种原核生物来说，其胞内不同的 mRNA 的半衰期又不尽相同，即使同一种 mRNA 在不同的条件下，半衰期也可以发生变化。显然，一种 mRNA 越难降解，即半衰期越长，被表达的机会就越多。于是，mRNA 的半衰期，即 mRNA 降解的过程也可以成为控制基因表达的手段。

影响到细菌 mRNA 半衰期的主要因素包括其 5′-端或 3′-端的结构，以及内部可能的二级结构。已有研究表明，一个 mRNA 分子如果 5′-端丢掉两个磷酸基团，即只有一个磷酸基团的话，就更容易被核糖核酸酶 E 识别和切割。催化 5′-端失去两个磷酸基团的酶是一种焦磷酸水解酶(pyrophosphohydrolase)。已发现，若 5′-端核苷酸隐藏在一个发夹结构之中，就可以有效阻止焦磷酸水解酶的作用，从而有助于 mRNA 的稳定。至于 3′-端的结构主要与多聚 A 尾巴有关。已发现，许多细菌 mRNA 也可以通过后加工带上多聚 A 尾巴，但与真核 mRNA 的尾巴不同，细菌 mRNA 的尾巴可促进降解体(degradosome)对 mRNA 的降解。降解体是细菌体内存在的一种与膜结合的专门降解 RNA 的超分子复合体，其主要成分包括：核糖核酸酶 E、多聚核苷酸磷酸化酶(PNP)、RhlB RNA 解链酶和一种来自糖酵解的烯醇化酶(enolase)。如图 11-32 所示，有一个在 3′-端和内部各有一个发夹结构的 mRNA 分子，被核糖核酸酶 E 切成两个片段，5′-片段的 3′-端序列以单链结构存在，很容易在 PNP 或其他 3′-外切酶的催化下发生降解，但很快遇到原来位于内部的发夹结构，至于 3′-片段在 3′-端一开始就是发夹结构。发夹结构的存在或出现会阻止 mRNA 的进一步水解，这时多聚 A 聚合酶在发夹结构的 3′-端添加多聚 A 尾巴。这里尾巴的功能是重新激活 PNP 从 3′-端降解 mRNA，直至发夹结构也被降解。

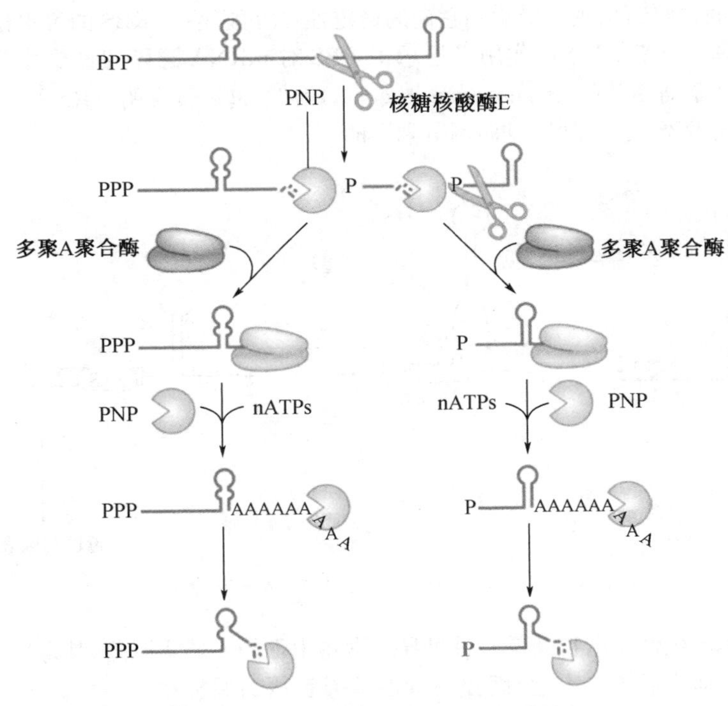

图 11-32　细菌降解体对 mRNA 的降解

因此，mRNA 内部的二级结构能影响到一种 mRNA 对各种核酸酶作用的敏感性，从而影响到基因的表达。

在大肠杆菌许多 mRNA 分子中，有一种高度保守的反向重复顺序(IR)，对 mRNA 的稳定性起着重要的作用。在大肠杆菌中，这种 IR 大约有 500～1 000 拷贝，它们有的位于 3′- UTR，有的在基因间的间隔区。IR 的存在利于形成茎环结构，可以防止 3′-外切酶的降解作用,从而增加 mRNA 上游部分的半衰期,但对下游部分影响不大。因此在多顺反子的操纵子中,基因间的 IR 可以特异性地使某些基因上游的 mRNA 得到保护。例如,在大肠杆菌的麦芽糖操纵子中,*malE* 和 *malF* 基因之间存在 2 个 IR 序列。*malE* 和 *malF* 虽然同在一个操纵子中,而且紧密连锁,但 *malE* 的产物要比 *malF* 的产物的含量高 20～40 倍。究其原因,那是因为在 *malE* 3′-端有 2 个 IR 存在,可以形成茎环保护其不被外切酶所降解,造成 *malG* 和 *malF* 的 mRNA 区域不如 *malE* 的区域稳定。

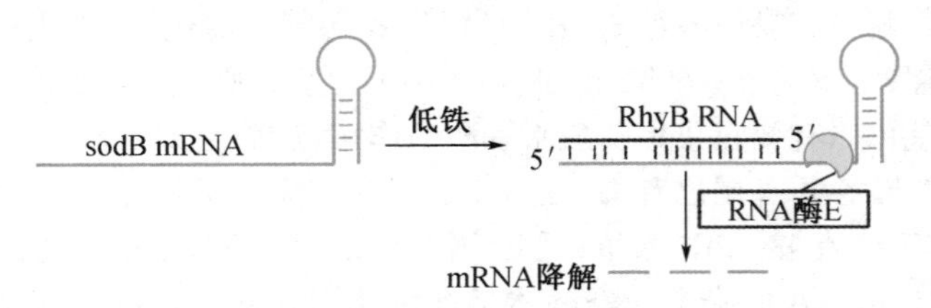

图 11－33　sodB－mRNA 稳定性与基因表达的调控

再如,RyhB－RNA 是大肠杆菌的一种小 RNA,仅在铁饥饿时表达。若铁供应不足,这种 RNA 便与胞内六种铁储存蛋白的 mRNA 配对结合,包括含铁的超氧化物歧化酶(SOD)的 mRNA(sodB－mRNA),形成双链区域,致使被结合的 mRNA 更容易被核糖核酸酶 E 水解(图 11－33);但在高铁的时候,RyhB－RNA 的表达受阻,铁储存蛋白的 mRNA 稳定性提高,翻译效率因此提升。

五、mRNA 的二级结构与基因表达的调控

mRNA 的二级结构既可影响到它们的稳定性,还可影响到 RBS 的可得性,从而影响到它们的翻译。反义 RNA 的作用已显示了 RBS 对 mRNA 翻译的重要性,下面再以单核细胞增生性李斯特菌(*Listeria monocytogenes*)为例,进一步说明 mRNA 二级结构的变化是如何影响 RBS 的可得性,进而调节翻译的。

Quiz7 一些来自嗜热古菌的蛋白质基因在大肠杆菌体内表达效率很低,对此你如何解释?

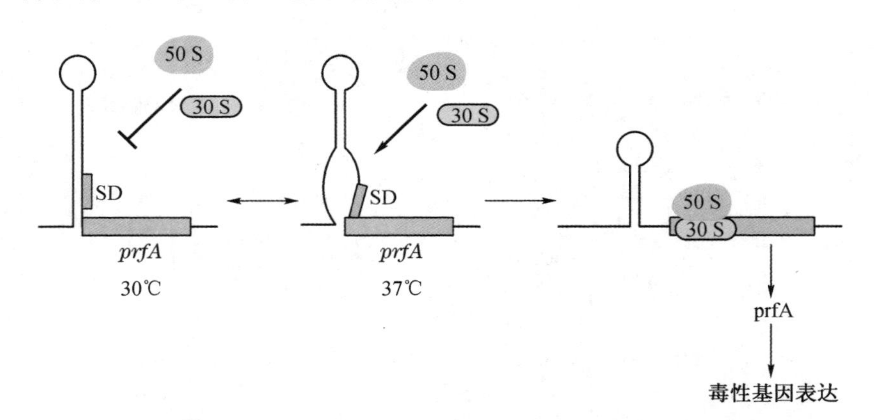

图 11－34　温度对李斯特菌 PrfA 蛋白的表达调控

单核细胞增生性李斯特菌是一种可导致食物中毒的人类病原菌,其毒性基因只有在菌体进入宿主体内后才会表达,而控制毒性基因表达的源头在于温度。PrfA 是一种激活蛋白,负责激活与毒性有关的基因表达。有趣的是,PrfA 在 37 ℃能表达,在 30 ℃则不表达,可是它的转录在两种温度下都能进行,看来控制的位点只能是在翻译水平上了。究其原因,原来是在 30 ℃或更低的温度下,PrfA－mRNA 上的 SD 序列与其他区域配对形成链内双链,致使 RBS 被掩盖,翻译因此受到抑制;而在 37 ℃下,配对区域热变性,SD 序列暴露,核糖体可以与之结合,翻译便可以进行了(图 11－34)。

Box 11-2　RNA 温度计

对于许多细菌而言，温度是其判断是否已进入脊椎动物宿主体内一种比较可靠的信号。很多病原菌可以探测到温度的上升(37 ℃)，然后打开适合其在宿主体内生存和生长的毒性和代谢基因，例如痢疾志贺氏菌(*Shigella dysenteriae*)。细菌用来探测温度的装置在本质上是存在于某些 mRNA 分子上特殊的二级结构，这种二级结构能否稳定存在受到环境温度的影响，可将其形象地称为“RNA 温度计”(RNA thermometer)。

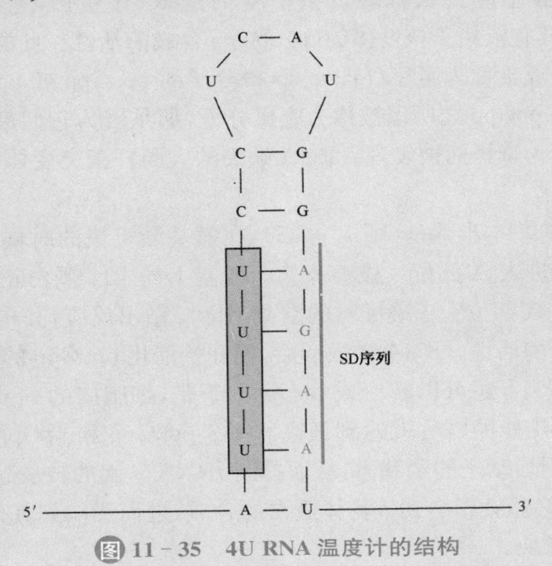

图 11-35　4U RNA 温度计的结构

痢疾志贺氏菌是致死性痢疾的罪魁祸首，每年可导致世界范围内上百万人死亡。这类病原菌外膜上有一种叫 ShuA 的蛋白质，它是血红素受体蛋白。这种蛋白质可帮助痢疾志贺氏菌从宿主体内获得血红素，然后再从血红素中获取铁。没有铁元素，痢疾志贺氏菌是无法生存的。

然而，ShuA 蛋白的 mRNA 只有在痢疾志贺氏菌进入人体以后才会翻译，而在 25 ℃ 下，其翻译则受到抑制。究其原因，就是因为 ShuA 蛋白- mRNA 分子上含有一种“RNA 温度计”。这种温度计属于 4U RNA 温度计(Four U RNA thermometer)(图 11-35)，其本质是一个茎环结构，在此茎环结构的茎内有 4 个连续的 U 刚好与 SD 序列配对。在温度低的时候，茎结构十分稳定，SD 序列因此受到屏蔽，从而导致 ShuA 蛋白- mRNA 因起始密码子无法识别而翻译不了；然而一旦温度上升到 37 ℃，茎将发生熔化，这时 SD 序列得以暴露出来，于是 ShuA 蛋白就可以翻译了。

这种温度依赖性基因表达显然是一种进化上的适应，因为这样可让细菌在没有进入宿主体内的时候不会浪费能量去合成不需要的蛋白质。

已发现类似的分子温度计还出现在其他的一些病原菌类，如沙门氏菌、致病性大肠杆菌和结肠炎耶尔森杆菌(*Yersinia enterocolitica*)等。这为设计对付这些病原菌的新型药物提供了方向。

第五节　环境信号诱发的基因表达调控

原核生物所生活的环境变幻莫测，因此需要实时根据环境的变化，及时调整特定基因的表达状况，以做出对自己生存有利的反应。例如，严紧反应(stringent response)、毒素-抗毒素(toxin-antitoxin, TA)系统、二元基因表达调控系统(Two-component system of gene regulation)、CRISPR-Cas 系统和群体感应(quorum sensing)。

一、严紧反应

严紧反应专指细菌和叶绿体在氨基酸饥饿、脂肪酸缺乏、铁元素受限等胁迫条件下，胞内所发生的各种代谢变化。它们主要包括：rRNA 和 tRNA 合成量急剧下降，约降低 10～20 倍；mRNA 合成下降，约降 3 倍；蛋白质降解加强；核苷酸、糖类和脂类的合成下降；新一轮 DNA 复制受阻。严紧反应的意义在于使细胞“勒紧裤带”，节省能量，以渡过难关。

大肠杆菌内能够感应到氨基酸饥饿信号的是 RelA 蛋白，它又被称为严紧因子(stringent factor)，具有依赖于核糖体的(p)ppGpp 合成酶活性。此酶活性在氨基酸饥饿的时候被激活，以合成被称为魔斑(magic spot)分子的 pppGpp 或 ppGpp，从而诱导出严紧反应。pppGpp 或 ppGpp 之所以被称为魔斑分子，那是因为它们最初在进行纸层析分析的时候，因层析行为奇怪而被发现。RelA 缺失的大肠杆菌突变体对于氨基酸的饥饿，无严紧反应。

严紧反应发生的基本步骤是(图 11-36)：在氨基酸饥饿的时候，细胞内空载 tRNA 开始积累，并有机会进入 A 部位。核糖体 50S 亚基上的 L11 蛋白正好位于 A 部位和 P 部位的附近，能够对 A 部位上正确配对的空载 tRNA 做出反应，其构象变化可激活与核糖体结合的 RelA 的酶活性。RelA 受激活后，便开始催化 pppGpp 的合成。pppGpp 在一特殊的磷酸酶的催化下，还可以转变成 ppGpp。于是，细胞内的 pppGpp 和 ppGpp 迅速积累，在氨基酸饥饿几秒钟以后就达到最高水平。pppGpp 和 ppGpp 可与 RNAP 结合，降低其对 rRNA 基因启动子的亲和力，从而抑制 rRNA 基因的转录起始和延伸。而一旦 rRNA 的合成受阻，必然会影响到核糖体蛋白的合成，进而影响到其他蛋白质的合成，并最终带来各种后继效应。

然而，一旦氨基酸供应正常，严紧反应便迅速消退，pppGpp 和 ppGpp 被水解。先由 *gpp* 基因的产物将 pppGpp 降解为 ppGpp，再由 SpoT 蛋白将 ppGpp 降解成 GDP。随着 pppGpp 和 ppGpp 的水解，RNAP 开始转录原来在严紧反应中受到抑制的基因。

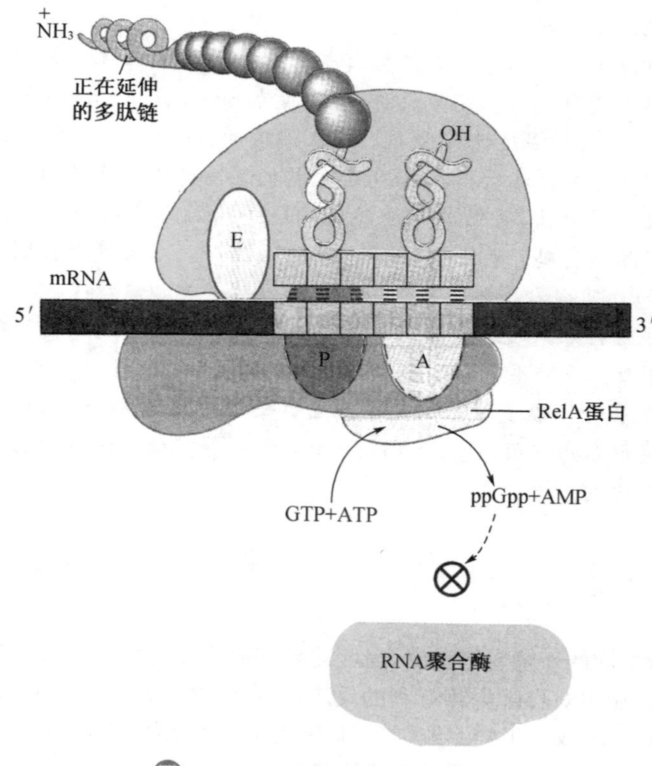

图 11-36　严紧反应的分子机制

ppGpp除了通过上述方式起作用以外，还可以通过促进核糖体调节因子(ribosome modulation factor，RMF)起作用。RMF是一种小的碱性蛋白，一般在细菌从对数生长期过渡到静止期的时候水平显著上升。它可以通过屏蔽肽酰转移酶的活性中心以及多肽链离开通道，促进70S核糖体二聚化，形成无活性的100S二聚核糖体，从而关闭翻译活性。

除了细菌可以产生严紧反应以外，已在植物细胞的叶绿体中发现了类似的反应。植物细胞在各种胁迫条件下，如重金属、干旱、热休克和紫外辐射等，核基因组中的*RelA*基因开始表达，并在信号肽指导下，进入叶绿体抑制叶绿体RNAP的活性，从而产生最终的反应。

Quiz8 有两种突变，一种在氨基酸没有饥饿的情况下也能产生严紧反应，另一种即使氨基酸发生饥饿也不发生严紧反应。你认为这两种突变是什么？

Box 11-3　TA系统的威力

除了严紧反应以外，细菌在应对逆境的时候，还会做出其他形式的保护性反应。TA系统由毒素和抗毒素两种主要的成分构成。以大肠杆菌为例(图11-37)，毒素是RelE蛋白，抗毒素是RelB蛋白，它们分别由*relE*和*relB*这两个基因编码。*relE*和*relB*受同一个操纵子控制，其中*relB*在前，*relE*在后，因此它们一般是等量表达。在表达以后，两者紧密地结合在一起，形成无毒的RelBE复合物。这种二元复合物还可以与控制它们的基因表达的启动子结合，对自身的转录进行自体调控。除了毒素和抗毒素以外，TA系统还需要Lon蛋白酶，其底物就包括RelB。在大肠杆菌遇到不适刺激(如营养受限)的时候，Lon蛋白酶被激活。被激活的Lon蛋白酶催化RelB的降解，从而导致RelE的激活。RelE本质上是一种核酸内切酶，被激活以后便在核糖体的A部位切开正在被翻译的mRNA，于是胞内翻译受到了抑制，这可以为细胞节约宝贵的能量，为其在逆境中生存提高了机会。至于mRNA在A部位被切断以后，留下来的残局会由tmRNA介导的反式翻译来处理。

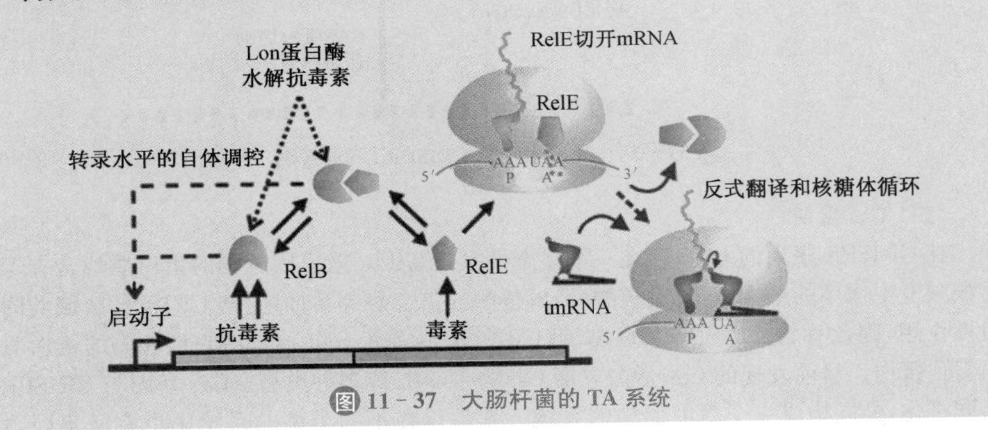

图11-37　大肠杆菌的TA系统

二、CRISPR-Cas系统

除了由限制性内切酶和甲基化酶构成的限制和修饰系统以外，原核生物还可以用另外一个系统对付外来入侵的核酸，它叫成簇有规律间插短回文重复序列相关(the clustered regularly interspaced short palindromic repeat-associated，CRISPR-Cas)系统。该系统广泛分布于绝大多数细菌和古菌体内，专门用来对付外来并带有入侵性质的核酸，大约90%基因组序列已测过的古菌和70%基因组序列已测过的细菌都带有这个系统。正如该系统的名称所显示的一样，它由两大核心组分构成(图11-38)：

(一) CRISPR序列

该段序列实际上是原核生物基因组上一种存储外来核酸序列的记忆库，主要包括多个大小为21 bp～48 bp的直接重复序列，以及将这些短重复序列隔开的大小为26 bp～

72 bp 的间隔序列(spacer)。这些重复序列和间隔序列在某个给定的 CRISPR 序列中是高度保守的,同时总数惊人,可占细菌或古菌基因组的 1%。每一个重复序列通常以 GTTTg/c 开头,以 GAAAC 结尾,含有回文序列,可形成发夹结构。每一个间隔序列则是彼此不同的,它们由俘获的外源 DNA 组成,类似免疫记忆,当含有同样序列的外源 DNA 入侵时,可被机体识别,并进行剪切使之被破坏,达到保护自身的目的。每一种原核生物的 CRISPR 序列所包含的重复序列以及间隔序列的数目也不尽相同,为 2~375。CRISPR 没有可读框,即不编码任何蛋白质,但可以转录。在其上游有一个前导序列(the leader sequence),长度为 20 bp~534 bp,富含 AT,其中包含有 CRISPR 序列转录所需要的启动子。

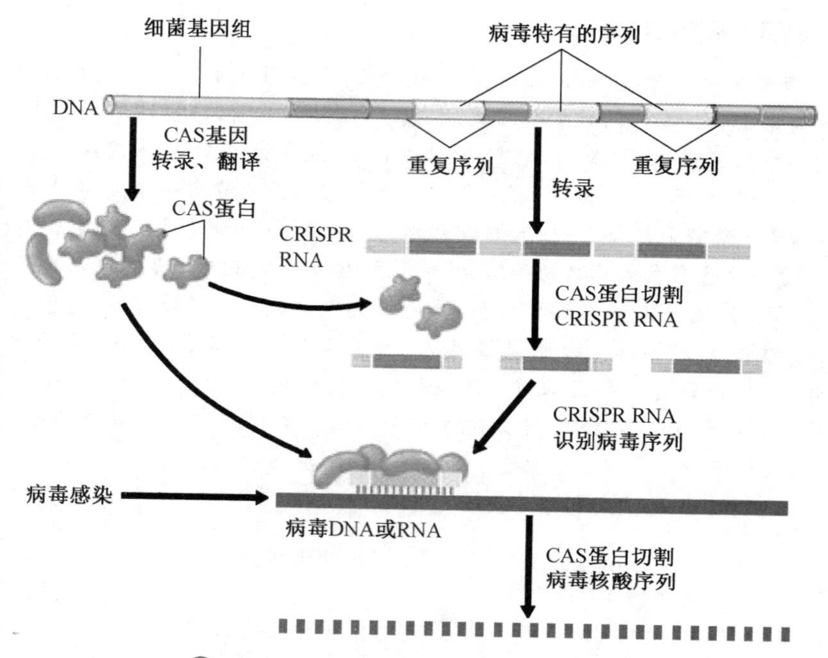

图 11-38　原核生物的 CRISPR-Cas 系统

（二）Cas 蛋白

在 CRISPR 序列的上游,存在一个多态性家族基因。该家族编码的蛋白质均含有可与核酸发生作用的结构域,具有核酸酶、解链酶或整合酶等活性,它与 CRISPR 区域共同发挥作用,因此称为 CRISPR 关联基因(CRISPR associated,*Cas*),由它们编码的蛋白质叫 Cas 蛋白。目前发现的 Cas 蛋白包括 Cas1~Cas10 等多种类型。*Cas* 基因与 CRISPR 共同进化,共同构成一个高度保守的系统。其数量在不同类型的系统中也有所不同,4 到 20 不等。核心的 Cas 蛋白是 Cas1-Cas6,功能各有不同。Cas1 是最保守的,因此可作为 CRISPR/Cas 系统的标记,具有结合核酸以及内切核酸酶的活性;Cas2 也具有核酸酶活性,也可作为 CRISPR/Cas 系统的标记;Cas3 蛋白具有解链酶活性,与核酸酶一同行使功能;Cas4 与 RecB 蛋白很相似,具有内切核酸酶的活性;Cas5 用来区分各个类型的 CRISPR/Cas 系统;Cas6 也具有内切酶的活性;Cas9 则是一种多功能蛋白。

CRISPR/Cas 系统可分为三类,即Ⅰ类、Ⅱ类和Ⅲ类。每一个系统的作用均可分为三步,即内化作用(adaptation)、CRISPR RNA(crRNA)的表达及加工、外来核酸的识别及降解。由于后两步的作用类似于真核生物的干扰 RNA 系统,因此也可统称为干扰作用(interference)。

1. 内化作用

内化作用就是宿主细胞(细菌或古菌)获取用来识别入侵核酸(噬菌体或者质粒的

DNA片段)的过程。这部分片段称为原间隔序列(protospacer),是噬菌体或者质粒序列的一部分。该过程大致如下:(1) 间隔序列的选择。一段包含由原间隔序列邻位模体(proto-spacer-adjacent motif,PAM)构成的序列充当DNA序列标记被识别,Cas1和Cas2蛋白因此被招募过来,并对DNA片段进行剪切,生成一段只包含PAM和原间隔序列的DNA片段,可以是单链或双链。(2) 间隔序列的插入。Cas1和/或Cas2蛋白识别CRISPR序列上游的前导序列,间隔序列一般插入到第一个重复序列的5′-端或者3′-端。插入到哪一端取决于双链CRISPR序列中哪一条链是开放的。(3) 短重复序列的合成。由DNAP催化,进行修复合成,完成缺口填补,即以空出来的单链重复序列为模板,合成互补链。(4) 连接。由DNA连接酶将每条链连接起来。

2. crRNA的表达及加工

在前导序列内的启动子驱动下,整个系统涉及的重复序列/间隔序列发生转录,形成较长的crRNA前体(pre-crRNA)。随后,在特定的内切核酸酶作用下,crRNA前体被切割成许多小的RNA片段。对于Ⅰ类和Ⅲ类CRISPR-Cas系统来说,负责加工的是Cas6蛋白。再在Cas3蛋白的作用下,这些小的RNA被进一步切割成成熟的crRNA。每一个成熟的crRNA含有一段完整间隔序列,此外在它们的一端或两端,带有部分重复序列。然而,对于Ⅱ类CRISPR-Cas系统来说,由于缺乏Cas6基因,因此该系统负责加工的是核糖核酸酶Ⅲ。核糖核酸酶Ⅲ的作用还需要另一种小RNA,该RNA与重复序列互补,被称为反式作用crRNA(trans-activating crRNA,tracrRNA)。在tracrRNA转录并与crRNA前体互补配对形成双链RNA以后,即被核糖核酸酶Ⅲ识别并加工成crRNA。注意此系统与其他两个系统有一个重要的差别,就是产生的crRNA并不含有完整的间隔序列,而是在一端丢掉了约10个核苷酸。

3. 外来核酸的识别及降解

crRNA被加工好以后,便与特定的Cas蛋白形成复合物,去识别并剪切外来的核酸。外来的核酸可以是外源DNA,或者是由外源DNA转录出来的mRNA。在识别的过程中,可以是编码链,也可以是非编码链,只要满足碱基互补即可。对于Ⅰ类和Ⅲ类CRISPR-Cas系统来说,需要多种Cas蛋白与单个crRNA结合。crRNA与外源核酸前间隔序列之间的正确配对是一个重要的信号,这可以将Cas3招募过来,对目标核酸进行降解。Ⅱ类CRISPR-Cas系统只需要一种多功能蛋白,即Cas9。Cas9的作用需要crRNA和tracrRNA,在crRNA与目标核酸正确配对以后,通过它的内切核酸酶结构域,对外源核酸进行切割。

由于所有的crRNA既含有一个间隔序列,又在其一端或者两端还有一部分重复序列。正是其中的重复序列阻止了CRISPR-Cas系统以自己的染色体DNA作为降解的对象。

综上所述,CRISPR-Cas系统是一套能够实现对外来核酸抗原进行"识别、备份、响应和免疫"的防护系统,且这套系统是高度特异性的,威力更强大,只要作为靶标的入侵核酸特异性识别序列作为间隔序列位于CRISPR之中,该系统就能够对前者进行干扰和酶切,从而保护自身免受病毒等的侵害,堪称原核生物的"特异性免疫系统"。

现在,一方面人们可以在一种细菌的CRISPR序列库中人为地添加其他核酸序列,从而让这种增容过的细菌能对付以前不能对付的外源核酸。例如,在记忆库中添加与水解青霉素的内酰胺酶基因同源的序列,可让一种细菌降解外来带有内酰胺酶基因的质粒DNA;另一方面还可以将CRISPR-Cas系统导入到真核生物体内,使其在真核生物体内表达和发挥功能,并作为一项工具,对真核生物的基因组进行编辑。

Quiz9 如何将CRISPR-Cas系统引入到酵母细胞之中?

三、二元基因表达调控系统

该系统可让一种生物能对环境中的各种信号刺激做出有利的反应,故广泛存在于原核生物,但也存在于单细胞真核生物、真菌和高等植物中。

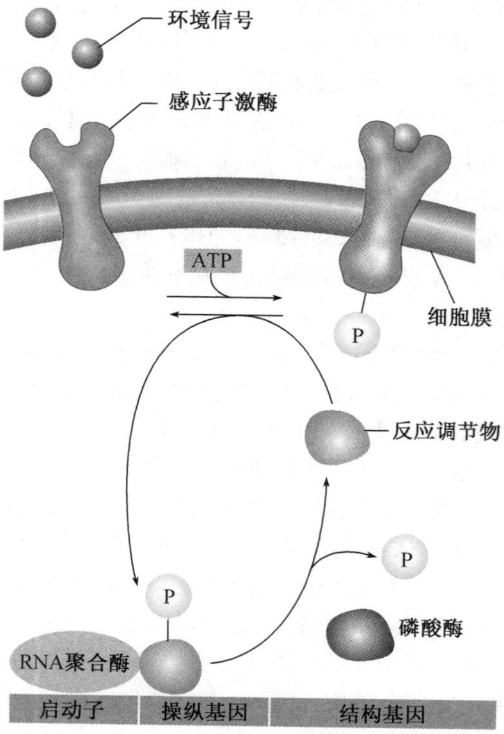

图 11-39　二元基因表达调控系统图解

该系统主要由两种成分构成(图 11-39 和图 11-40):第一种负责感应环境中的信号,称为感应子激酶(sensor kinase)。它有两个结构域,一个直接感应信号,称为感应子(sensor),另一个为自激酶(autokinase),在感应子接受信号以后,它的 1 个 His 残基发生磷酸化;第二种负责调节细胞做出什么样的反应,也有两个结构域,一个称为接受子(receiver),其内的 1 个 Asp 残基可以从第一种成分中的 His 残基接过磷酸基团,另一个结构域负责与 DNA 结合。当第二种成分从第一种成分接受磷酸基团以后,就与 DNA 结合,从而调节一系列基因的表达。

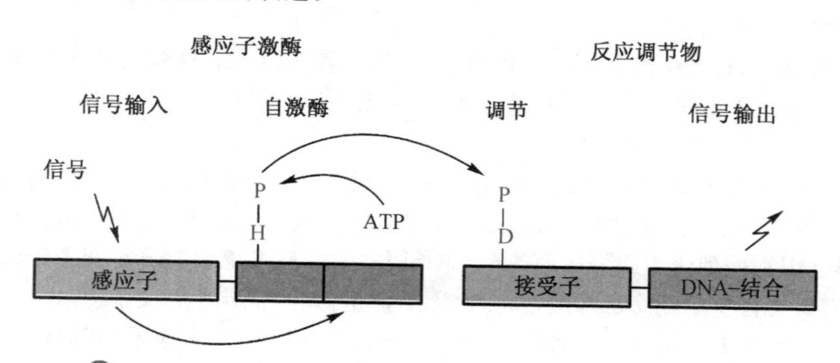

图 11-40　二元基因表达调控系统中的两种成分的结构与功能

前面提到的 BglF/BglG、Ntr-B/Ntr-C 和 EnvZ/OmpR 就都分别属于二元基因表达调控系统中的第一、二种成分。

四、群体感应

在茫茫海洋中有一种鱿鱼,夜晚时在海洋上部觅食。但是,处于上部的鱿鱼在月光的照射下会显出黑影，这样很容易被海洋深处的捕食者发现。为了解决这个问题，这种鱿鱼进化出一种发光器官。在该发光器官的内部，生长着一种密度很高的单一细菌——费氏发光弧菌（*Vibrio fluvialis*）。这种细菌能产生荧光素酶，发出和月光强度相同的荧光，从而消除了黑影，使鱿鱼难以被海底的捕食者发现。

当费氏发光弧菌不在鱿鱼的发光器官中时，就不需要产生荧光素酶，因为发光对其本身不起任何作用。但它们在发光器官中时，发光对细菌本身却是有好处的，因为这可以利用鱿鱼得到充足的养分，在同其他细菌的竞争中处于优势。但细菌又是怎样知道它是否在发光器官中，从而合成荧光素酶呢？

这个答案就是群体感应（quorum sensing）现象，它是细菌根据细胞密度变化进行基因表达调控的一种生理行为。单细胞的细菌可以产生并释放小的自体诱导物（autoinducer）信号分子调节细菌的基因表达，用于细胞间通讯，使单细胞的细菌具有群体的特性。这些信号分子随着细胞密度增加而同步增加，当积累到一定浓度时会改变细菌特定基因的表达，从而改变细菌的一系列生理活性。

对费氏发光弧菌而言，当其密度很高时，细菌就会知道它们是处于发光器官中，而不是自由地漂浮在海洋中。每个细菌都组成型地分泌一种小分子自诱导物，透过细胞膜。这样，当细菌浓度达到一定量时，这种小分子的局部浓度就会非常高，从而诱导荧光素酶基因表达，发出荧光。

群体感应中使用最多的自诱导物属于 N-脂酰高丝氨酸内酯类（N-acyl-homoserine lactone，AHL）分子。由 AHL 介导的基因表达调节包括一个转录调节物（如 R 蛋白）和一个 AHL 合成酶（如 I 蛋白）。R 蛋白只有当与 AHL 信号分子结合后，才能识别特殊的启动子序列并激活基因的表达。一般情况下，AHL 合成酶只是低水平表达，这样在细胞密度低时，细胞内没有足够的 AHL 去激活 R 蛋白。当细菌群体增长时，AHL 会随之积累，直到细胞内的浓度高到足与 R 蛋白结合，R 蛋白与 AHL 结合成复合物后会与靶基因启动子序列结合，同时 I 蛋白的表达同时得到促进。LuxI 蛋白负责催化 AHL 信号分子的合成（图 11-41）。

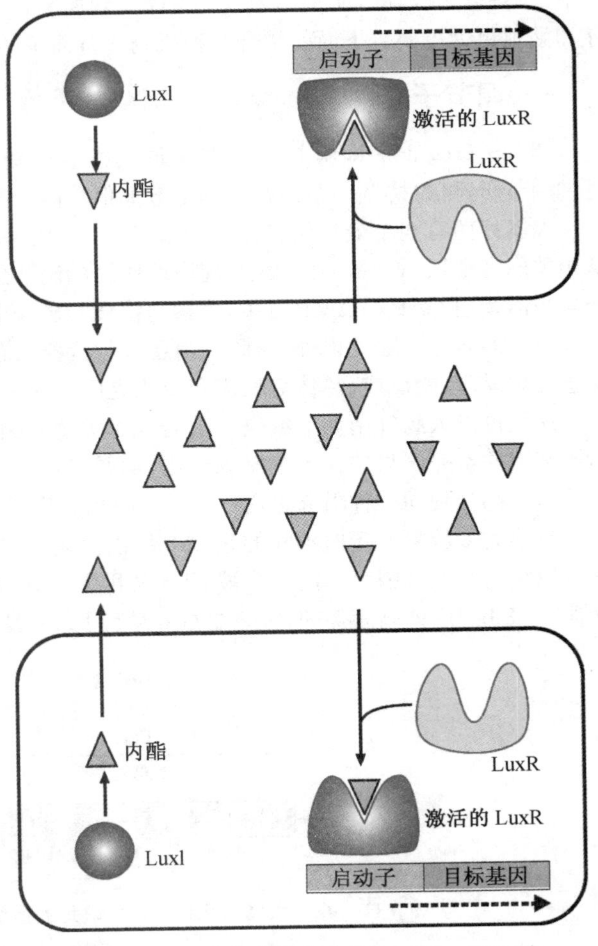

图 11-41　细菌群体感应的 LuxI/LuxR 系统

费氏发光弧菌中的荧光素酶由 *luxCDABE* 基因编码，LuxI 及 LuxR 蛋白构成群体感应的调节蛋白，其中 LuxI 为自体诱导物合成酶，合成的就是 AHL。LuxR 与自体诱导物结合后被激活，对 *luxCDABE* 基因表达起正调节作用。在细胞密度低时，细胞通过 *LuxI* 基因产生低浓度的自体诱导物，因为 *luxCDABE*

基因在 *LuxI* 基因下游,此时只能在本底水平上进行转录。自体诱导物能自由通过细胞膜,从而使胞内外自体诱导物的浓度相同。随着细胞生长,细菌密度增加,自体诱导物积累到一阈值(1～10 μg/mL)时,就能和细胞质中的 LuxR 蛋白充分结合,结合自体诱导物后,LuxR 蛋白的 DNA 结合区域暴露,此时 LuxR 蛋白能与 *luxCDABE* 基因的启动子结合,从而激活该基因的转录。自体诱导物在与 LuxR 蛋白结合以后,会导致自体诱导物合成酶及荧光的释放强度呈指数增加。

群体感应调节使单细胞和多细胞生物之间的界限变得模糊,所以该信号系统倍受关注。其中一些调控系统能调节病原细菌的侵染特性,因而对人体健康至关重要。例如,有一种病菌叫铜绿假单胞菌(*Pseudomonas. aeruginasa*),能通过类似 LuxR 和 LuxI 蛋白的 LasR 和 LasI 蛋白,调控引起化脓的毒性基因的表达。此外,在人和动物的多种病原菌(如艾尔森氏菌和气单胞菌)、植物病原菌(如假单胞菌、欧文氏菌和罗尔斯通菌)及植物共生菌(如根瘤菌和橘黄假单胞菌)中,均存在类似 LuxR/LuxI 的调控系统。

第六节　在基因组水平上的全局调控

以上集中介绍了单个基因或者一组基因(操纵子)的局部表达调控机制,并没有涉及整个基因组的全局表达调控。然而,对任何一种生物来说,其基因组内各个基因的表达并不是“各自为政”的,而是作为一个整体受到控制。这种全局性的调控对一种生物的生存和繁殖更为重要。下面就结合几种机制进行简单的介绍。

一、调节子

调节子(regulon)即调谐子,是指不同的操纵子受同一种调节蛋白调节的网络结构,通过调节子,可以协调一系列在空间上分离但功能上相关的操纵子的转录活动。

大肠杆菌有两个最具代表性的调节子,一个是 *sos* 调节子,它负责协调参与 SOS 修复相关的多个操纵子基因的表达,起协调作用的调节蛋白是阻遏蛋白 LexA;第二个调节子与激活蛋白 CAP - cAMP 有关,它参与协调与碳源分解代谢有关的多个操纵子近 200 多个基因的表达。除此以外,大肠杆菌还有与营养状态变化反应、氧饥饿反应、氧化还原状态变化反应、酸反应、热休克反应和冷休克反应等有关的各种调节子结构。

这里再以大肠杆菌调节编码 Arg 合成有关酶基因表达的调谐子为例,受到调节的各结构基因并不完全集中在一个操纵子内,而是分散在整个染色体的多个操纵子上,但所有的基因都受到同一种阻遏蛋白——ArgR 的调节。

与绝大多数阻遏蛋白不同的是,ArgR 以六聚体的形式起作用,Arg 是其辅阻遏物,它所识别的操纵基因序列由 2 个被 3 bp 隔开的 ARG 盒(ARG box)构成,而每一个 ARG 盒含有 18 bp,序列高度保守,也呈二重对称(图 11 - 42)。

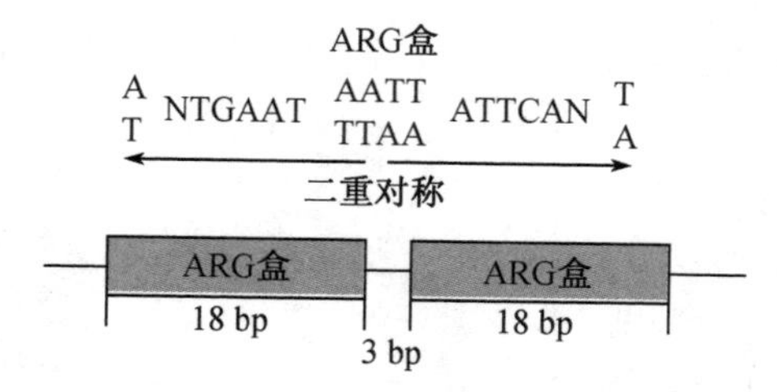

图 11 - 42　大肠杆菌的 ArgR 识别的操纵基因的序列特征

调节子仅仅是一种在整体上协调一个基因组内多个操纵子或多个基因表达的相对简单的方式。下面主要以 λ 噬菌体为例,从基因组的高度介绍机体如何同时对一组基因进行有序的时空调控的。

二、噬菌体基因表达的时序控制

噬菌体有两类，一类是烈性噬菌体(lytic phage)，如T2噬菌体。它们感染寄主细胞后，会产生大量的子代噬菌体颗粒，使寄主细胞裂解，形成透明的噬菌斑；另一类是温和噬菌体(temperate phage)，如λ噬菌体，它们形成的噬菌斑是模糊不清的。λ噬菌体在感染大肠杆菌后，可以通过溶原方式和裂解方式进行繁殖。两种途径中涉及的基因表达样式具有很大的差别。如果进入裂解途径(lytic pathway)，则病毒所有的基因表达活动是导致新病毒颗粒的形成以及宿主细胞的裂解；如果是溶原途径(lysogenic pathway)，则是病毒基因组通过位点特异性重组，整合到大肠杆菌基因组DNA之中，随着宿主DNA复制而复制，不会对宿主细胞产生危害。不管是走哪一条途径，都涉及一系列基因的表达调控。

一种噬菌体在感染宿主细胞以后，其基因组内的基因表达具有明确的顺序，某些基因一旦噬菌体进入宿主细胞就开始表达，属于早期表达基因，然后是中期表达基因和晚期表达基因依次表达，那么基因表达的时序性是如何实现的呢？对于这个问题很难给出一个明确而统一的答案，这是因为不同的基因组使用的控制策略并不总是相同的。有的比较简单，像前面提到的SPO1噬菌体，使用σ因子的级联来表达不同时期的基因。而T7噬菌体使用的策略是基于不同RNAP之间的转换，其早期基因转录使用宿主细胞的RNAP，但在转录的早期基因中，有一个是噬菌体自己编码的高度特异性的RNAP。由这一种RNAP催化中期和晚期基因的转录，而中期表达的一种基因的产物能够中和宿主RNAP的活性，以保证在晚期胞内的转录活动完全是噬菌体特有的；有的则比较复杂，如λ噬菌体。

λ噬菌体的生长不仅涉及在溶原期和裂解期的选择，还涉及在溶原期或裂解期内不同的生长阶段，即从早期、早前期、中期到晚期的过渡。在每一个阶段，λ噬菌体所表达的基因不尽相同。

为了保证基因表达的高度时序性，λ噬菌体一共使用了5种手段来调控基因的表达。

λ噬菌体基因组长48 502 bp，共有61个基因，这些基因受到不同的启动子的控制(图11-43和表11-4)，按照表达的时间顺序可分为早早期基因(immediate early gene)、晚

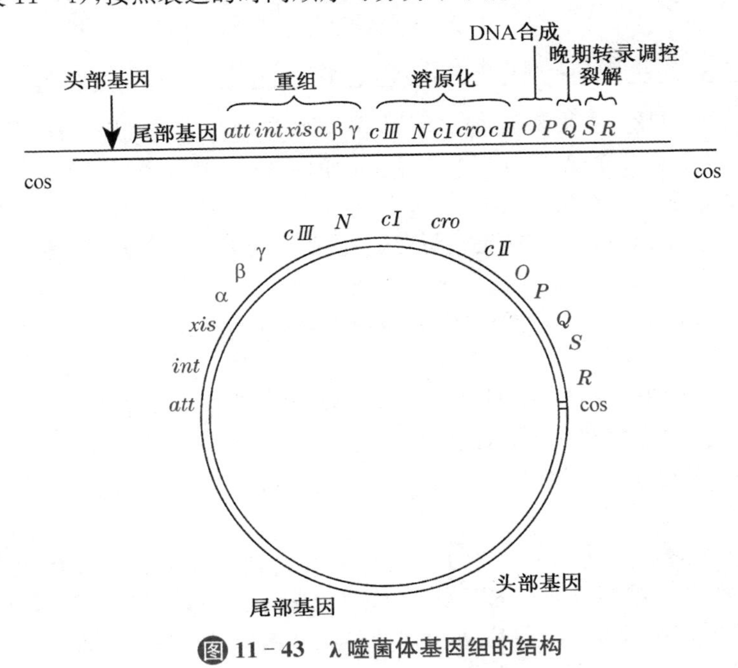

图11-43　λ噬菌体基因组的结构

早期基因(delayed early gene)和晚期基因(late gene)(图 11-44)。λ噬菌体基因组 DNA 本来是线状的,但带有粘性末端(cohesive site,*cos*),在λ噬菌体感染宿主细胞以后,其基因组 DNA 末端在 *cos* 位点相互配对,再在 DNA 连接酶的催化下,连接形成一个环状的 DNA。λ噬菌体是进入溶原期还是裂解期受不同时期基因的表达控制,在表达调控中涉及多个调控蛋白(表 11-5)。

表 11-4 λ噬菌体基因组之中的主要的启动子

启动子	负责转录的基因
P_R	右侧主要基因转录
P_R'	晚期基因的转录
P_L	左侧主要基因转录
P_{RM}	阻遏蛋白维持(repressor maintenance,RM)基因转录
P_{RE}	阻遏蛋白建立(repressor establishment,RE)基因转录
P_{int}	整合基因转录

cro 和 *N* 是λ噬菌体的两个早早期基因,由宿主的 RNAP 转录。它们编码的都是调节其他基因转录的调节蛋白,其中 *N* 从 P_L 启动子向左转录,*cro* 从 P_R 启动子向右转录。Cro(control of repressor and other things)蛋白具有双重功能:它既可阻止 CⅠ蛋白的合成,又可以关闭早期基因的表达(在裂解周期的晚期是不需要早期基因的产物)。*N* 是抗终止蛋白,它作用于 *nut*(N-utilization)位点,使早早期基因转录不会在 t_{R1} 和 t_{L1} 处终止,而是持续向前,向左就进入重组基因区,向右则进入复制基因区;向右进入复制基因区,从而可以转录晚早期的一些基因。

Quiz10 大多数大肠杆菌的 RecA 突变体并不阻止λ噬菌体进入溶原期。然而,有一种大肠杆菌的 RecA 突变体在 30 ℃下,λ噬菌体可进入溶原期,而 40 ℃下不行。对此你如何解释?

表 11-5 参与λ噬菌体基因表达的调控蛋白

调控蛋白	功能
CⅠ	启动子 P_R 和 P_L 的阻遏蛋白,P_{RM} 的激活蛋白。高浓度抑制 P_{RM}
CⅡ	启动子 P_{RE} 和 P_{int} 的激活蛋白
Cro	P_{RM} 的阻遏蛋白,高浓度也抑制 P_L 和 P_R
N	t_{L1}、t_{R1} 和 t_{R2} 以及其他终止子的抗终止蛋白
Q	晚期基因转录终止子的抗终止蛋白

晚早期基因包括 2 个复制基因(裂解感染所需的),7 个重组基因(有的和裂解感染中的重组有关,其中有 2 个是λ-DNA 整合到细菌染色体中所必需的)及 3 个调节基因(*c Ⅱ*,*c Ⅲ*,*Q*)。它们有着相反的功能。CⅡ和 CⅢ的复合物可启动 P_E 启动子,合成阻遏蛋白 CⅠ。而 Q 蛋白也是一个抗终止蛋白,它使宿主的 RNAP 越过 t_{R3} 终止子,继续合成晚期基因。

晚期基因可以分为两类,一类是噬菌体进入溶原化途径所必须的,而另一类是控制进入裂解周期的。

晚期基因从位于 *Q* 和 *S* 之间的启动子 P_R' 开始,作为单个转录单位表达,P_R' 启动子是连续使用的。当 Q 蛋白缺乏时,晚期转录终止在 t_{R3} 位点,产生长 194 nt 的转录产物,称为 6S RNA;当 Q 蛋白存在时,它阻遏了 t_{R3} 的终止和 6S RNA 的表达,结果晚期基因得以表达。

Q 蛋白的抗终止作用与 N 蛋白的抗终止作用是相似的。Q 蛋白作用的位点 *qut*(Q-utilization)正好位于晚期启动子的下游,RNAP 通过此处时,Q 与其作用消除了终止作用,使 RNAP 能转录所有的晚期基因,并进入这些基因以外的区域。左边的晚早期转录与此相似,RNAP 持续穿过重组基因区。

λ噬菌体通过抗终止作用对基因的表达进行时序调节。抗终止对于噬菌体从早期基因转换到下一个阶段基因的表达提供了一个完全不同的调控机制。早期基因与下一个阶段的基因是相连的，但二者之间有一个终止子位点。若终止作用在这个位点被阻止，那么 RNAP 就可以通读进入下一位点。这样在抗终止作用中，相同的启动子可以继续被 RNAP 所识别。因此新的基因是通过 RNA 的延续，形成一个长的 RNA 链而得到表达的。在这种 RNA 中，5′-端是早期基因的序列，3′-端是新基因的序列。由于这两种序列彼此连接在一起，早期基因必然连续表达。下面对λ噬菌体通过抗终止作用进行基因表达的时序调控及其机制作详细介绍。

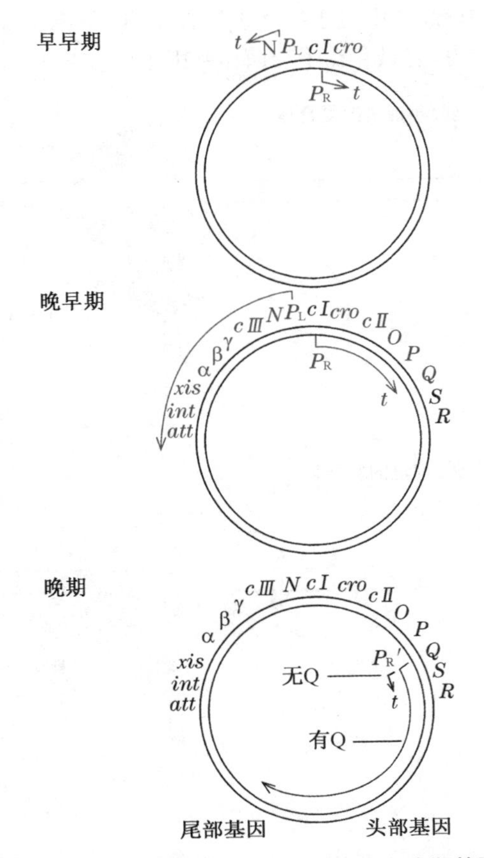

图 11-44　λ噬菌体早早期、晚早期和晚期基因

λ噬菌体侵入宿主细胞后，宿主的 RNAP 起始转录两个早早期基因，下一阶段基因的转录表达是由早期基因末端的终止子控制的。控制从早早期基因转换为晚早期基因表达的调节基因是 *N*，这是通过 *N* 基因的突变鉴别出来的。大肠杆菌的 RNAP 进行的转录在 *N* 和 *cro* 基因的末端 t_{L1} 和 t_{R1} 两个终止子位点分别停下来。但 *N* 基因的表达致使这种情况发生了改变。*N* 基因的产物 N 蛋白是一种抗终止蛋白，它使 RNAP 通读 t_{L1} 和 t_{R1} 而进入了两侧的晚早期基因区，结果晚早期基因也得到了表达。由于 N 蛋白是高度不稳定的，其半衰期仅有 5 分钟，*N* 基因的持续表达是维持晚早期基因的转录所需要的。因为 *N* 基因也是晚早期转录单位的一部分，而且它的转录必然在其他晚早期基因的前面，所以能维持其持续表达。

就像其他的噬菌体一样，对于晚期基因(编码噬菌体颗粒成分)的表达还需要另外的一些调控。作为晚早期基因之一的 *Q* 基因就可以参与调节。其产物 Q 蛋白是另一种抗终止蛋白，它可以特异地使 RNAP 起始晚期启动子 P_R'，通读它和晚期基因之间的终止子，通过抗终止蛋白的不同特异性可以构成基因表达的级联调节。

由此可见，N 蛋白和 Q 蛋白作用具有不同的特异性，RNAP 与转录单位相互作用，通过辅助性蛋白质因子能在某些终止子位点特异地发生抗终止作用，从而在终止阶段控制基因的表达。那么哪些位点和终止的特异性有关呢？

N 蛋白作用位点为 *nut* 位点，负责左右两个方向抗终止位点的分别是 nut_L 和 nut_R。N 蛋白在识别并结合 *nut* 位点以后，作用 RNAP，使其对于终止子较长时间不产生反应，而是直接通读到下一个基因。*nut* 位置的可变性表明抗终止和起始及终止无关，但通过 *nut* 位点可使 RNAP 延伸 RNA 链，对终止信号"毫不理睬"并持续穿过。这个反应涉及在依赖 ρ 因子的终止子上产生抗终止作用，但 N 蛋白也能作用于不依赖 ρ 因子的终止子。

终止与抗终止是密切相关的，它涉及细菌和噬菌体的一些蛋白，这些蛋白和 RNAP 相互作用，对一些转录单位的 DNA 序列做出反应。λ噬菌体的 *nut* 位点含有两个序列元件，称为 A 盒(boxA)和 B 盒(boxB)。A 盒在细菌的操纵子中也有存在，它在噬菌体和细菌的操纵子中对于抗终止是必需的。B盒的序列发生突变就会消除N蛋白产生的抗终止能力,它只存在于噬菌体基因组中(图11-45)。

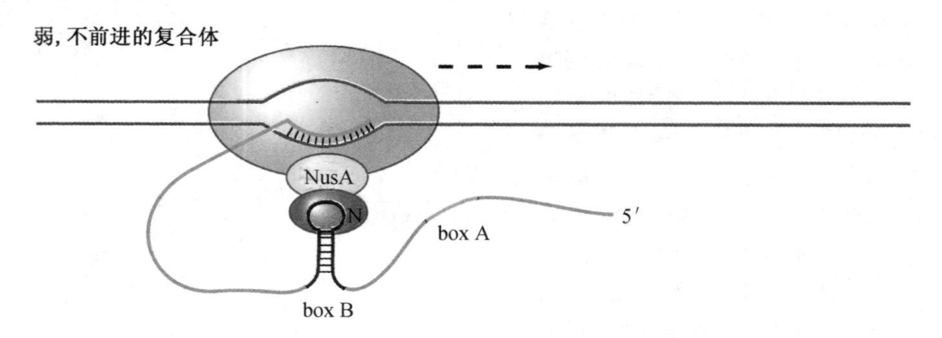

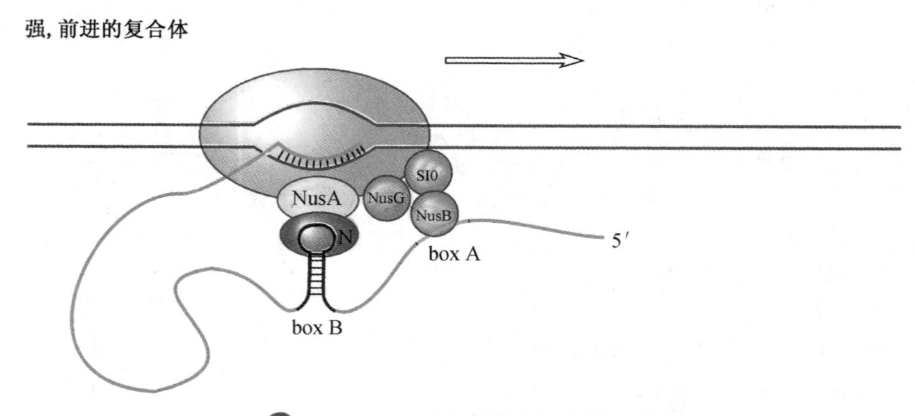

图11-45 N蛋白的抗终止作用机制

通过一种阻止N蛋白功能的大肠杆菌突变鉴别出四个*nus*位点:*nusA*,*nusB*,*nusE*和*nusG*。这些*nus*位点编码的蛋白形成了转录装置的一部分,但却不能从RNAP中分离出来。*nusA*、*nusB*和*nusG*编码的蛋白质单独的功能均与转录终止相关联。*nusE*编码核糖体蛋白S10,它在核糖体30S亚基中的位置与它在终止中的功能之间没有什么明显的关系。NusA是一个普通的转录因子,它可增加终止的效率,可能是通过增强RNAP在终止子上停下来的趋势(实际上是在二级结构的另一区域)来实现。NusB和S10形成一个二聚体,特异地和RNA的*boxA*序列相结合。NusG可能和所有的Nus因子与RNAP聚集成一个复合体有关。Nus功能的差别是NusA足以使N蛋白在内部终止子上阻止终止;N蛋白在ρ依赖性终止子上的抗终止需要所有4种Nus因子的功能。

λ-RNA的A盒序列不能和NusB-S10相结合,可能需要NusA和N蛋白的存在;B盒序列可能是提高反应稳定性所需要的。在A盒序列中的变异可以被确定,它需要一套特殊的因子进行终止。结果是相同的:RNAP通过*nut*位点后,当它被上述辅助性蛋白质因子修饰后到达此类终止子时,便可顺利通过,不再终止。

抗终止需要N蛋白结合到RNAP上,这种结合在一定程度上取决于转录单位的序列。N蛋白识别DNA上还是RNA转录产物上的B盒位点呢?它并不能直接和这两种类型的序列结合,但是当核心酶通过B盒位点时,它和转录复合体上的B盒结合,很可能它需要同RNAP结合后才能识别B盒序列。N蛋白结合在核心酶上,实际上已成为了一种附加的亚基,来改变RNAP对终止子的识别。

λ噬菌体裂解周期的建立是有时序性的,阻遏蛋白可以通过阻遏RNAP与噬菌体基因组的结合,从而阻止λ噬菌体进入裂解周期,而进入溶原周期。这些阻遏蛋白又是如何作用使λ噬菌体进入溶原周期的呢?

阻遏蛋白CⅠ的表达受两个启动子P_{RM}和P_{RE}的调控(图11－46)，转录在该基因的左向结束。由P_{RM}转录出的mRNA没有核糖体结合位点，是以AUG起始密码子开始的，所以只能翻译出低水平的阻遏蛋白。*cro*转录的方向是右向，所以P_{RE}的左向转录会产生*cro*的反义RNA和CⅠ。CⅠ可以翻译产生阻遏蛋白，但*cro*的反义RNA可以同*cro*的mRNA结合，干扰其翻译。因为Cro对溶原周期的建立起反作用，所以阻遏其功能有助于建立溶原周期。同时，CⅡ蛋白激发了Q反义RNA的转录，阻止了Q蛋白的合成。因为Q蛋白是裂解周期里晚期基因转录所必需的，所以阻碍它的合成也有助于建立溶原周期。

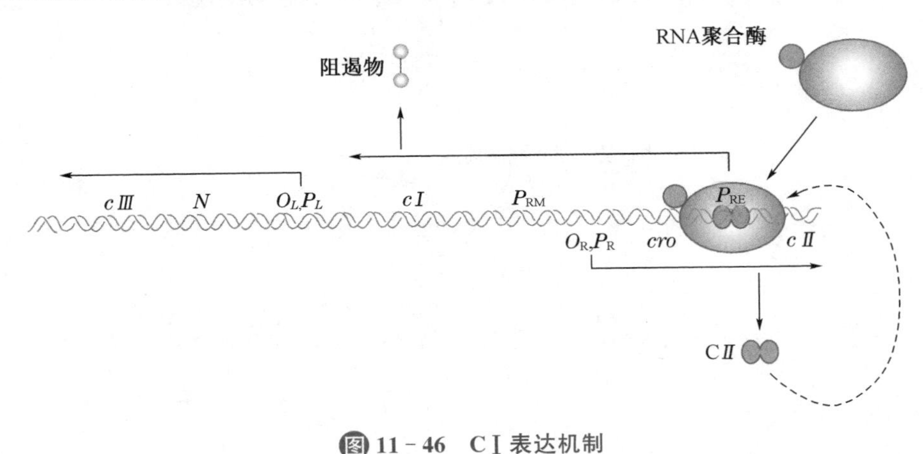

图11－46　CⅠ表达机制

当λ噬菌体进入宿主细胞时，因为没有阻遏蛋白的结合，RNAP并不能转录*c Ⅰ*。但是因为没有阻遏蛋白，从P_R和P_L的转录可以进行，所以λ噬菌体首先转录了*N*和*cro*基因。由于N蛋白的抗终止作用，使*c Ⅲ*和*c Ⅱ*得以转录。在宿主细胞中，由于蛋白酶HflA的存在，CⅡ会很快被水解，而CⅢ的作用是保护CⅡ不被水解。*c Ⅰ*的转录启动子P_{RE}的－10和－35区同大肠杆菌的RNAP识别区域并不非常类似，而在CⅡ蛋白的协助下，RNAP与该启动子区域结合，转录出CⅠ－mRNA。从P_{RE}转录的CⅠ－mRNA由于有RBS的存在，可以被有效地翻译。CⅠ被大量合成后，会很快结合到O_L和O_R上，直接抑制了从P_L和P_R的转录的进行，这样，就改变了整个噬菌体基因的表达情况。

除起始*c Ⅰ*的表达外，CⅡ还有另外一个作用，即可以协助RNAP同P_{int}启动子的结合。P_{int}是编码整合酶的*int*基因的启动子，在λ噬菌体整合入宿主基因组中发挥作用。

但λ噬菌体如何决定是进入溶原周期还是进入裂解周期呢？这主要依靠CⅠ和Cro这两种调节蛋白对左右两个操纵子O_L和O_R结合的竞争。λ噬菌体的操纵子实际上是分为三个区域，CⅠ和Cro对操纵子的亲和能力不同。对CⅠ蛋白来说，$O_{L1}>O_{L2}>O_{L3}$，$O_{R1}>O_{R2}>O_{R3}$；但对Cro蛋白来说，$O_{L3}>O_{L2}>O_{L1}$，$O_{R3}>O_{R2}>O_{R1}$。在CⅠ和Cro竞争操纵子的过程中，CⅠ和Cro蛋白的数量决定了二者胜负的主要因素(图11－44)。

由于*cro*基因的表达先于*c Ⅰ*基因的表达，并且，如果没有CⅡ蛋白的协助，*c* Ⅰ基因根本得不到表达。在正常情况下，CⅡ容易被宿主体内的蛋白酶水解。因此，如果宿主细胞处于营养丰富、活性较高的状态，细胞内水解酶的活性很高，细胞内没有大量的CⅡ蛋白的存在，就不可能协助*c Ⅰ*基因的表达。这时，Cro蛋白占据左右两个操纵子，λ噬菌体进入裂解周期。然而，如果宿主细胞处于营养贫乏、活性较低的状态，水解CⅡ的蛋白酶大大减少，而CⅢ蛋白又能抑制水解CⅡ的蛋白酶活性，于是，宿主细胞很快能积累足够的CⅡ蛋白协助建立*c Ⅰ*从PRE的表达，同时关闭Cro蛋白的表达。由于CⅠ在竞争中处于优势，λ噬菌体进入溶原周期。当宿主细胞的噬菌体感染复数较高时，由于有多个噬菌体基因组的表达，会产生较多量的CⅡ和CⅢ，这时，CⅡ蛋白也能协助建立*c Ⅰ*从PRE的表达，进入溶原周期。

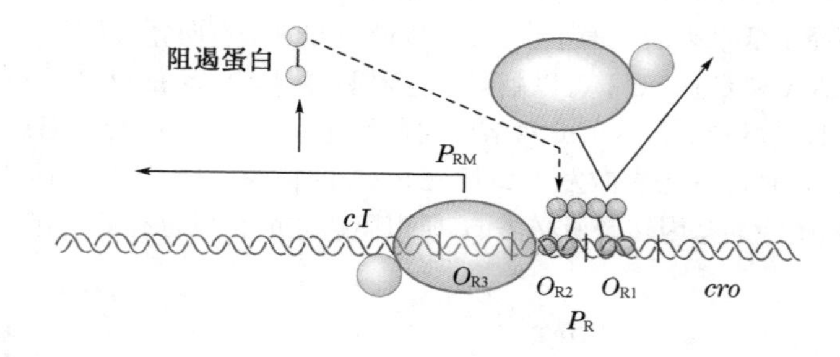

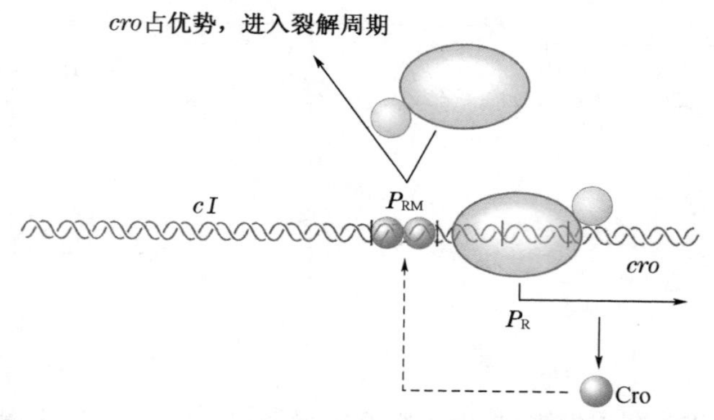

图 11－47　cⅠ和 Cro 竞争决定 λ 噬菌体进入溶原或裂解周期

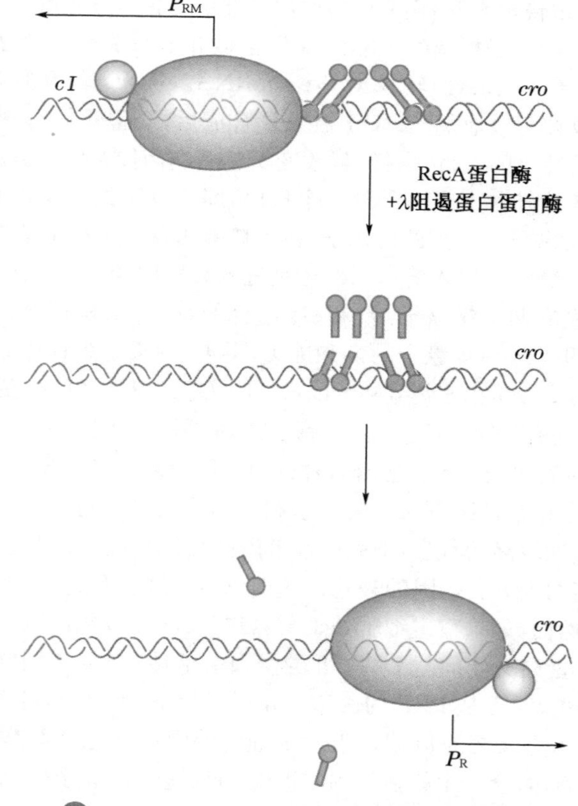

图 11－48　由溶原状态进入裂解周期的机制

当宿主细胞受到诱变剂处理或 UV 辐射时，处于溶原状态的噬菌体的裂解周期被类似于 SOS 反应的机制所激化，同样是 RecA 在同单链 DNA 结合以后，刺激了 λ 阻遏蛋白 CⅠ潜在的蛋白酶活性，使其发生自水解，噬菌体由此进入裂解周期(图 11 - 48)。

Quiz11 学完本节内容以后，说出 λ 噬菌体共使用了哪五种调节基因表达的手段？

科学故事——乳糖操纵子发现历程

1940 年，在法国巴斯德研究所工作的 Jacques Monod 开始研究大肠杆菌的乳糖代谢，发现了诱导现象——乳糖和其他半乳糖苷可以诱导 β-半乳糖苷酶的产生。他和 Melvin Cohn 用抗 β-半乳糖苷酶的抗体检测该酶蛋白，发现经乳糖或乳糖类似物诱导后，β-半乳糖苷酶的表达量增加。然而，进一步的研究让他们发现了一些神秘的突变株(cryptic mutant)，这些突变株能产生 β-半乳糖苷酶，但是却不能在以乳糖为碳源的培养基中生长。这是什么原因呢？

为了搞清楚这个问题，他们用放射性同位素标记的半乳糖苷进行研究，发现野生型菌在乳糖诱导后会摄入半乳糖苷，而这种突变型菌不能。对此他们认为，在野生型菌中，有一种蛋白质与 β-半乳糖苷酶一起被诱导，它负责输送半乳糖苷进入细胞。而在突变株中，这种蛋白质的基因因突变而失活。Monod 将这种蛋白质命名为半乳糖苷透过酶。但为此他遭到了同事们的批评，因为他在这种蛋白质未分离到之前就进行命名。不过，Monod 和同事努力不久分离纯化得到了半乳糖苷透过酶。同时，他们还分离到了另外一种蛋白质，即半乳糖苷转乙酰酶，该酶与 β-半乳糖苷酶和半乳糖苷透过酶一起被诱导。这样，到了 20 世纪 50 年代末，Monod 已经知道有三种酶的表达共同受到半乳糖苷的诱导。他们还发现了一些组成型突变株(constitutive mutant)，这些突变株根本不需要诱导就可以产生这三种酶。Monod 认识到，用经典的遗传学分析可以加快实验进展，所以与同在巴斯德研究所工作的 Francois Jacob 开展了合作研究。在 Arthur Pardee 的协作下，Jacob 和 Monod 构建了局部二倍体(merodiploid)——带有野生型和组成型的等位基因，发现野生型等位基因是显性的。野生型大肠杆菌细胞可以产生某种物质使乳糖代谢基因(*lac*)关闭。这种物质也可以使组成型基因表达关闭，从而使局部二倍体也是诱导型的。他们将这种物质命名为阻遏蛋白(repressor)。组成型菌株的阻遏蛋白基因有缺陷性突变，即 $lacI^-$。Jacob 和 Monod 推测，阻遏蛋白和某段特定 DNA 序列结合。这种结合是特异的，基因突变会影响这种结合。他们又将这段 DNA 序列称为操作子(operator, *O*)。操作子的某些突变可以破坏它和阻遏蛋白之间的结合。这样也会导致组成型表达。那么，如何区别这两种组成型突变呢？他们认为，如果上述假设是正确的话，那么就可以通过构建局部二倍体，然后根据突变是显性还是隐性来进行区别。

Jacob 打了一个很形象的比喻。他把局部二倍体中的两个操作子比作两个无线电接收器，分别控制进入一个房间的两扇门中的一扇。两个阻遏蛋白象无线电发射器，发射同样的信号使门关闭。如果一个阻遏蛋白基因发生突变不表达或无活性，就像一个发射器坏了，另一个发射器仍会工作，两扇门仍然是关闭的。换句话，二倍体中的两个乳糖操纵子(*lac* operon)仍然是阻遏的。这种突变是隐性的。如果是一个操作子发生了突变，就像一个接收器发生了故障，所控制的门是开的。另一扇门的接收器是正常的，门仍然关闭。这样，突变的乳糖操纵子仍然是去阻遏的，表现为显性。这种突变叫顺式显性(cis-dominant)。操作子组成型突变用 O^c 表示。在实验中，Monod 等还发现了另外两个突变株，这两个突变株无论有无诱导物存在都不表达乳糖代谢基因,而且,在将该突变基因和野生型基因构成局部二倍体时,也表现出不表达乳糖代谢基因。显然,这两种突变也是显性的。他们认为这是调节基因(*lacI*)的一种突变结果($lacI^{s}$),其产物可以与操作子结合,但不能与乳糖结合。另外,还有一种显性负性(dominant negative)突变 $lacI^{-d}$,不能与操作子结合。要想更好地了解其中的机制,需要分离纯化到阻遏蛋白。于是,20 世纪 60 年代,Walter Gilbert 和 Benno Muller - Hill 开始尝试分离纯化工作。但阻遏蛋白-操作子结合实验表明,纯化阻遏蛋白在当时的条件下是非常困难的。这是因为阻遏蛋白在大肠杆菌细胞内含量很低,而且没有简易的方法可以鉴定。当时最敏感的是用放射性同位素标记的人工诱导物 IPTG。但是,即使应用这种方法在野生型细胞的抽提液中也难以检测到阻遏蛋白。为了解决这个问题,Gilbert 等人应用了阻遏蛋白的突变株 $lacI^{t}$,其与 IPTG 结合更紧密。这种突变的阻遏蛋白可以结合足够的 IPTG,从而有利于检测,即使在很不纯的抽提物中也能够被检测到。于是,Gilbert 就可以纯化该蛋白质了。在此基础上,Melvin Cohn 等用硝酸纤维素滤膜结合实验,研究了阻遏蛋白与操作子的相互作用。由于单链 DNA(ssDNA)和蛋白质- DNA 复合物可以与硝酸纤维素膜结合,而双链 DNA(dsDNA)不能。他们用 ^{32}P 标记操作子,结果证实阻遏蛋白可以和操作子结合,而且 IPTG 可以抑制它们结合。组成型突变的 O^{c} 与阻遏蛋白的结合能力大大降低。这个实验证明了,Jacob 和 Monod 用遗传学方法确定的操作子确实是阻遏蛋白的结合位点。

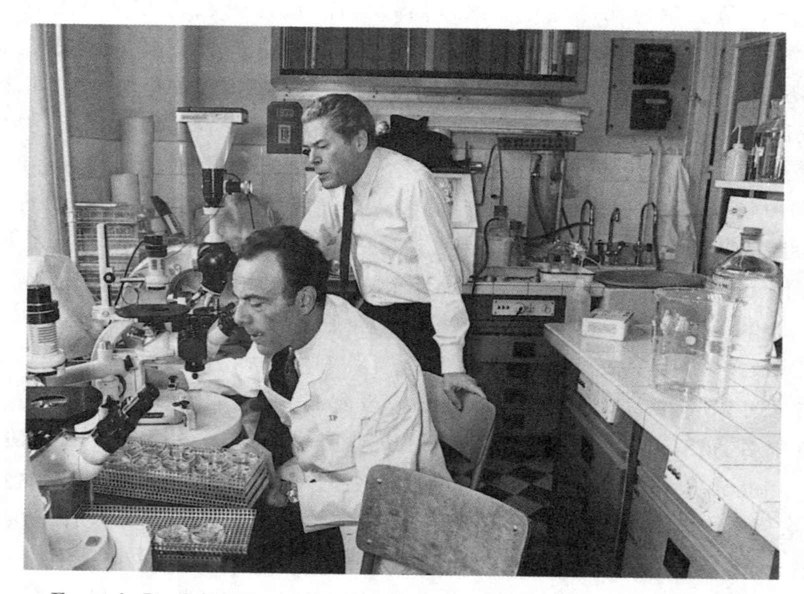

Francois Jacob(1920 - 2013)(前)和 Jacques Monod(1910 - 1976)(后)

有关阻遏的机制,起初人们认为,阻遏蛋白可以阻止 RNAP 与启动子(*lacP*)结合。但在 1971 年,Ira Pastan 等人用实验证明即使有阻遏蛋白存在,RNAP 也可以与启动子 *lac P* 紧密结合。他们的实验过程是:先将 RNAP 与含有 *lacP* 和 *lacO* 的 DNA 片段以及阻遏蛋白一起保温,然后加诱导物 IPTG 和利福霉素(rifampicin)。如果没有形成开放的启动子转录复合物,利福霉素就会抑制转录。但转录确实是发生了。这说明阻遏蛋白并没有阻止开放的启动子转录复合物的形成。所以,阻遏蛋白并不能阻止 RNAP 与 *lacP* 结合。实际上,RNAP 与阻遏蛋白可以同时与启动子结合。那么,阻遏蛋白的阻遏机制究竟是什么呢?为此 Barbara Krummel 和 Michael Chamberlin 提出一种解释:阻遏蛋白阻断了起始转录复合物向延伸状态的转变。换句话说,阻遏蛋白将 RNAP 困在起始状态,只能合成很短的转录物。Jookyung Lee 和 Alex Goldfarb 为这一解释提供了实验证据:他们应用了一种体外转录的方法,以一段 123 bp 含 lac 控制区和 *lacZ* 基因起始部分的 DNA 作为模板。先将阻遏蛋白与这段 DNA 一起保温 10 min,让阻遏蛋白与操作子 O 结合。再加 RNAP,20min 后(让开放启动子复合物形成)加肝素(heparin)。已知肝素能与游离的 RNAP 或与 DNA 结合不紧密的 RNAP 结合,抑制 RNAP 与启动子结合。然后,加入转录反应需要的其他成分,但不包括 CTP。5min 后,加入 $\alpha-^{32}P$ - CTP 及 IPTG,并设立不加 IPTG 对照。反应 10min 后,通过电泳观察是否发生延续(run-off)转录发生。实验结果显示,确实观察到了转录物。因此,阻遏蛋白不能抑制 RNAP 与 *laP* 之间的紧密结合。实际上 lac 操纵子有 3 个操作子序列。除了主要的 O_1,还有两个辅助的操作子(O_2 和 O_3),一个在上游,一个在下游,都与阻遏作用有关,但 O_1 起主要作用。两个 *O* 之间可以通过阻遏蛋白形成四聚体而相互作用。

大肠杆菌对乳糖的代谢除了表现有诱导效应,还有葡萄糖效应:当大肠杆菌在含葡萄糖和乳糖的混合碳源培养基中生长时,菌体首先利用葡萄糖,仅当葡萄糖消耗完后才利用乳糖。在葡萄糖存在时,即使无阻遏物存在($lacI^-$),*lac* 基因也不表达。进一步研究表明,葡萄糖对 lac 基因表达的抑制是间接的,是葡萄糖的某些代谢产物抑制了 *lac* 基因表达,因此这种效应被称为分解代谢物阻遏效应(catabolite repression)。无论真核生物还是原核生物,cAMP 对基因表达的控制都具有普遍作用。1958 年,E. Sutherland 在研究动物激素作用的过程中发现了 cAMP,可以作为第二信使激活糖原磷酸化酶(因此获 1971 年的诺贝尔生理学或医学奖),cAMP 由腺苷酸环化酶产生。一些激素,如肾上腺素,可以激活腺苷酸环化酶。Monod 和 Jacob 有句名言:适合大肠杆菌的也适合大象(what is true for *E. coli* is true for the elephant)。一些生化学家开始用细菌系统来阐明 cAMP 的功能。Mackman 和 Sutherland 发现在葡萄糖饥饿的大肠杆菌细胞内 cAMP 含量上升,加入葡萄糖后 cAMP 含量下降。后来,Ira Pastan 等证明加入 cAMP 可以解除代谢物阻遏效应,这还包括 *lac*、*gal* 和 *ara* 等参与多种糖分解代谢的操纵子。那么 cAMP 是正调控因子吗?

这个 Pastan 1961 年在 NIH 和 Jim Field 一起研究促甲状腺激素(TSH)的功能。在 Earl Stadtman 实验室做了一段博士后,然后又转向研究 TSH。当时 Earl Sutherland 已发现很多激素可以激活腺苷酸环化酶,从而增加胞内 cAMP 水平。这也启发 Pastan 研究起甲状腺中的 cAMP 水平的变化。他发现 TSH 也能激活腺苷酸环化酶,使组织内 cAMP 水平增加;而且,在组织内加入 cAMP 的类似物也能产生 TSH 的许多作用。指出 cAMP 是 TSH 作用的中介。那么 cAMP 是怎样起作用的呢?他想也许通过对大肠杆菌的研究更容易找到答案。他和 Robert Perlman 就开始一起研究。受 Sutherland 工作的启发,做了上述实验。Geoffrey Zubay 和 Pastan 两个小组几乎同时发现与 cAMP 结合的蛋白。Zubay 称为降解物激活蛋白(catabolite activator protein, CAP),Pastan 则称之为 cAMP 受体蛋白(cAMP receptor protein,CRP),其编码基因名称为 *crp*。Pastan 还测定了 cAMP - CAP 的解离常数,为 $1-2\times10^{-6}$ mol/L。在研究 CAP 作用机制中,Zubay 等发现一系列突变株,CAP 和 cAMP 均不能促进其 *lac* 基因转录。突变位点在 *lac* 启动子内,后来分子生物学家确定了 cap 的结合位点就在 lac 启动子的上游。Pastan 等人证明 CAP - cAMP 与 A 位点结合后,可帮助 RNAP 形成开放性启动子复合物。首先将 RNAP 和 lac 启动子结合,加或不加 CAP - cAMP。然后同时加入核苷酸和利福平。看是否已形成开放性复合物。如果没有,利福平就会抑制转录的进行。如果已形成开放性复合物,利福平则不能抑制转录进行。结果,加入 CAP - cAMP 转录可以进行,不加则转录不能进行。CAP - cAMP 可使 DNA 弯曲,或与 RNAP 发生作用,或者两者皆有,使 RNAP 与启动子形成一个开放性启动子复合物。其中的证据是 CAP - cAMP 可与 RNAP 共沉淀,CAP - DNA 晶体结构显示 DNA 发生弯曲。

本章小结

思考题:

1. 如果将大肠杆菌乳糖操纵子的启动子突变成强启动子,那么这种变体对于乳糖的代谢会发生什么样的变化?

2. N 蛋白对 t_{L1} 的抗终止作用使得转录能够通读到编码整合酶的基因 *int*,然而,在裂解期并没有大量的 Int 蛋白的产生,这是因为转录物通过依赖于 ρ 因子的终止子 t_{int},随后在 3′-端形成能被 RNA 酶识别的降解信号。为什么在溶原阶段可以形成大量的 Int?

3. 大肠杆菌在 Trp 处于"饥饿"状态下以下哪些事件会发生?

(1) 没有 Trp - tRNA 的合成;

(2) 核糖体完成前导肽的合成;

(3) 新生的 RNA 在弱化子位点形成富含 G+C 的茎环结构(3 区和 4 区);

(4) 新生的 RNA 在 2 区和 3 区形成茎环结构,阻止了 3 区和 4 区在弱化子位点形成富含 G+C 的茎环结构;

(5) 转录越过弱化子位点,进入结构基因 *trp EDCBA*。

4. 一种大肠杆菌的突变株,其乳糖操纵子的 Pribnow 序列从 TATGTT 突变成 TATAAT。这种突变株的乳糖操纵子的转录被发现不再依赖于 CAP - cAMP 复合物的激活,对此现象试提出一种合理的解释。

5. 如果讲大肠杆菌 *trp* 操纵子前导肽内的 2 个连续的 Trp 密码子突变成 2 个 CUU,你认为带有这种突变的细胞能够在无 Trp 但含有大量的其他各种氨基酸的培养基中能够生长,形成正常的菌落吗?

6. 预测以下突变对大肠杆菌的乳糖操纵子的转录有何影响?

(1) *lac*O_1 的 1 个突变改变 *lac* 阻遏蛋白对其中一个碱基的识别。

(2) *lacI* 的 1 个突变使其不能结合别乳糖,但不影响 DNA 的结合。

(3) *lacI* 的 1 个突变改善其 SD 序列与 16S rRNA 3′-反 SD 序列的互补性。

(4) 1 个突变使 *lacA* 基因出现无义密码子。

7. 为什么负调控系统之中的组成型突变比正调控系统中的组成型突变常见?

8. 一种 *trp* 前导序列区的突变导致突变体在营养丰富的培养基上 *trp* 操纵子表达水平的下降。然而,当突变体在缺乏 Gly 的培养基上,*trp* 操纵子的表达则受到刺激。对于上述现象请给以解释,并预测突变体在既无 Gly 又无 Trp 的培养基上结果会是如何?

9. 下表中的数据是通过不同的分析方法研究 Ile 生物合成的一个新的操纵子的而

得到的。基因包括 *ABCDEF*。

(1) 确定哪些基因编码酶、启动子和调节蛋白?

(2) 简述该操纵子可能的调控机制。

突变基因	能否自己制造 Ile	调控
A	是	部分
B	否	否
C	是	部分
D	否	是
E	是	部分
F	否	是
$A^- B^+ C^+ D^- E^+ F^+ / A^+ B^+ C^+ D^+ E^+ F^-$	是	是
$A^+ B^+ C^- D^+ E^- F^+ / A^+ B^+ C^- D^+ E^+ F^+$	是	否

10. 细菌的核苷酸还原酶由两个不同的亚基组成(RR－A 和 RR－B)。在生长的细菌细胞内,RR－A 和 RR－B 通常一直表达,两者的表达水平相同。然而,如果 DNA 复制受阻,dTTP 浓度升高,那么这两个亚基的表达开始下降。

(1) 提出一种可能的机制解释细菌细胞内的 RR－A 和 RR－B 的表达是如何协调一致的?

(2) 细菌的核苷酸还原酶基因表达的最高水平相对就低,即使在 dTTP 浓度不高的时候。根据细胞内 RNA 表达的量,哪一个基因表达的水平最高?什么原因导致它表达最高?

(3) 你如何解释细菌核苷酸还原酶基因的基础转录水平先天不高这一现象(不考虑 dTTP 浓度对基因表达的影响)。

推荐网站:

1. http://en.wikipedia.org/wiki/Regulation_of_gene_expression(维基百科有关基因表达调控的内容)
2. https://en.wikipedia.org/wiki/Bacteriophage(维基百科有关噬菌体的内容)
3. http://mol-biol4masters.masters.grkraj.org/Molecular_Biology_Table_Of_Contents.html(印度班加罗尔大学 G. R. Kantharaj 教授提供的免费的面向硕士研究生的分子生物学课,内有许多关于原核生物基因表达调控的内容和资料)
4. http://themedicalbiochemistrypage.org/gene-regulation.html(完全免费的医学生物化学课程网站有关基因表达调控的内容)
5. http://www.tamu.edu/faculty/magill/gene310/gene%20regulation/Gene_RegulationLac.html(美国德克萨斯农工大学一门在线遗传原理课程有关 lambda 噬菌体基因表达调控的内容)

参考文献:

1. Majumdar S, Mondal S. Conversation game: talking bacteria[J]. *Journal of Cell Communication & Signaling*, 2016(4): 1～5.
2. Jones B. Gene expression: layers of gene regulation. [J]. *Nature Reviews Genetics*, 2015, 16(3): 128～129.
3. Mavrianos J, Berkow E L, Desai C, et al. Mitochondrial Two-Component Signaling Systems in Candida albicans[J]. *Eukaryotic Cell*, 2013, 12(6): 913.

4. Terns M P, Terns R M. CRISPR-based adaptive immune systems[J]. *Current Opinion in Microbiology*, 2011, 14(3): 321～327.
5. Karginov F V, Hannon G J. The CRISPR System: Small RNA-Guided Defense in Bacteria and Archaea[J]. *Molecular Cell*, 2010, 37(1): 7.
6. Horvath P, Barrangou R. CRISPR/Cas, the immune system of bacteria and archaea. [J]. *Science*, 2010, 327(5962): 167～170.
7. Tinsley R A, Furchak J R, Walter N G. Trans-acting glmS catalytic riboswitch: locked and loaded[J]. *Rna-a Publication of the Rna Society*, 2007, 13(4): 468～477.
8. Torsten W, Nadja H, Sabine B, et al. FourU: a novel type of RNA thermometer in Salmonella. [J]. *Molecular Microbiology*, 2007, 65(2): 413.
9. Xie Y, Reeve J N. Regulation of Tryptophan Operon Expression in the Archaeon Methanothermobacter thermautotrophicus[J]. *Journal of Bacteriology*, 2005, 187(18): 6419～6429.
10. Mandal M, Breaker R R. Gene regulation by riboswitches. [J]. *Nature Reviews Molecular Cell Biology*, 2004, 5(6): 451.
11. Kolb A, Busby S, Buc H, et al. Transcriptional regulation by cAMP and its receptor protein. [J]. *Annual Review of Biochemistry*, 1993, 62(1): 749～795.
12. Johnson R C. Mechanism of site-specific DNA inversion in bacteria[J]. *Current Opinion in Genetics & Development*, 1991, 1(3): 404～411.
13. Nealson K H, Platt T, Hastings J W. Cellular Control of the Synthesis and Activity of the Bacterial Luminescent System[J]. *Journal of Bacteriology*, 1970, 104(1): 313.
14. Jacob F, Monod J. Genetic regulatory mechanisms in the synthesis of proteins [J]. *Journal of Molecular Biology*, 1961, 3(3): 318～356.

数字资源:

第十二章　真核生物的基因表达调控

与细菌和古菌一样，真核生物的基因表达也受到严格的调控。例如，构成血红蛋白的珠蛋白的基因只在红细胞内表达，不可能在肝细胞内表达。再如，人肝细胞在胚胎时期合成甲胎蛋白（α-fetoprotein，AFP），成年后就很少合成了。然而，当肝细胞癌变以后，编码甲胎蛋白的基因会重新表达。就一个典型的高等真核生物细胞而言，其表达的基因通常只占其基因总数的10%～20%。

与细菌和古菌相比，真核生物在基因表达的调控机制方面有几个显著的差别，这些差别主要反映在以下三个方面：

（1）调控的原因。对于细菌和古菌来说，基因表达调控的主要目的是为了更有效和更经济地对环境的变化做出反应，而对于多细胞真核生物而言，基因表达调控的主要目的是细胞分化，这就需要在不同的生长时期和不同的发育阶段具有不同的基因表达样式。

（2）调控的层次。细菌和古菌的基因表达调控主要集中在转录水平，但真核生物的基因表达在转录后水平的调节也很重要。此外，某些调控层次是真核生物特有的，比如染色质水平、RNA后加工水平和RNA干扰等。

（3）调控的手段。真核生物主要使用正调控，而细菌和古菌主要使用负调控。另外，细菌和古菌绝大多数的基因组织成操纵子，但真核生物一般无操纵子结构。虽然线虫的基因组约有15%的基因组成了操纵子结构，但与细菌和古菌不同的是，线虫操纵子转录出来的共转录物需要被切割成单独的mRNA，并在5′-端通过反式剪接"扣"上帽子，然后才能被翻译。

Quiz1 为什么真核生物细胞核基因组很少使用操纵子来控制基因的表达？

真核生物基因表达调控不仅可以使机体能更好地适应内外环境的变化，避免资源和能源的浪费，还可以提高基因的编码能力，让一个基因编码出多种蛋白质，此外也是真核生物细胞分裂、分化、癌变、衰老和死亡的分子基础。例如，原癌基因过量表达或抑癌基因表达不足可导致细胞癌变。

相比于细菌和古菌，真核生物的基因表达调控机制更为复杂，但所有的调控都可以归为两类：一是短期调控（short-term regulation）——见效快，持续时间短。通过这种机制，基因可根据环境的变化和细胞的需要迅速地开放或关闭；二是长期调控（long-term regulation）——见效慢，持续的时间久。这种机制主要应用于多细胞生物的发育和细胞分化。

本章将从几个不同的层次分别介绍真核生物的基因表达的调控机制，并将重点介绍真核生物几种特有的调控模式。

第一节　在染色质水平上的基因表达调控

真核生物与细菌、古菌在DNA转录方面有一个显著的差别，就是DNA模板的状态不同：细菌无组蛋白，其基因组DNA绝大多数处于几乎完全裸露的状态，而真核生物的细胞核DNA大部分被结合的组蛋白遮挡。虽然大多数古菌也含有组蛋白，并形成核小体结构，但已有研究表明，古菌的核小体结构对其基因表达几乎没有什么影响。因此，细菌和古菌的基因表达的"默认状态"是开放，其调控机制主要是通过阻遏蛋白进行的负调控，而真核生物基因表达的"默认状态"是关闭，其调控机制主要是通过激活蛋白进行的正调控。

真核生物的细胞核DNA与组蛋白和一些非组蛋白构成染色质结构,染色质又可以分为真染色质和异染色质,其中前者在结构上较为松散,对DNA酶的消化比较敏感,而后者在结构上更为紧密,能够抵抗DNA酶的消化。实验证明,具有转录活性的区域属于真染色质。

染色质是一种动态可变的结构,其结构的变化能直接影响到基因的表达,由此可以产生表观遗传(epigenetic)。而影响染色质结构的主要因素有四个:一是组蛋白的共价修饰;二是染色质重塑因子(chromatin remodeling factor);三是组蛋白变体(histone variant);四是非编码RNA,特别是lncRNA。这四个因素都会影响到基因的表达,而且它们之间也有关联。此外,前面提到的组蛋白伴侣也有作用。

一、组蛋白的化学修饰对基因表达的影响

已有众多证据表明,一个基因在表达前后,其所在位置的染色质结构一般会发生重塑。由于染色质的组成单位是核小体,因此,染色质结构的改变是从核小体的变化开始的,而核小体的变化又是从组蛋白的共价修饰或去修饰开始的。

组蛋白能够经历的共价修饰有乙酰化、(单、双或三)甲基化、泛酰化、小泛素相关修饰物修饰(sumoylation)、磷酸化、瓜氨酸化(citrullination)、生物素化(biotinylation)和ADP-核糖基化等,其中乙酰化和甲基化修饰对染色质结构和基因表达的影响最大(表12-1)。就一个特定基因而言,其附近的组蛋白分子上发生什么样的共价修饰,决定了它能否表达以及表达的强度。于是,一种特定的修饰样式相当于是一个控制特定基因表达的密码,即组蛋白密码(histone code)。那些能够改变组蛋白共价修饰模式的酶均是组蛋白密码的调节者。

表12-1 组蛋白的不同化学修饰对基因表达的影响

修饰形式	修饰位点实例	功能
乙酰化	H3K9,H3K14,H2BK5,H2BK20	转录激活
单甲基化	H3K4,H3K5,H3K27,H3K79,H3R17,H4R3、H4K20或H2BK5	转录激活
	H3R8	转录阻遏
双甲基化	H1K26,H3K5,H3K27	转录阻遏
	H3K79	转录激活
三甲基化	H3K4	转录激活
	H3K9,H3K27,H2BK5	转录阻遏
磷酸化	H1S27	转录激活
	H3T3,H3S10,H4S1	转录激活
小泛素相关修饰物修饰	酵母的H2BK6或H2BK7	转录阻遏
泛酰化	酵母H2BK123	转录激活

除了瓜氨酸化以外,其他共价修饰都是可逆的。一个组蛋白密码从写入、到阅读、再到擦除,共涉及三类不同的蛋白质:第一类是将乙酰基、甲基或其他化学标识写入组蛋白分子上的"写入器"(writer),即修饰酶;第二类是识别并结合一种组蛋白分子上被写入的化学标识的"阅读器"(reader);第三类是去除组蛋白上被写入的各种化学标识的"擦除器"(eraser),即去修饰酶。构成核小体组蛋白八聚体核心的每一个组蛋白分子都有一个柔性的N端尾巴,此尾巴从核小体的表面伸出,成为各种写入器写入的主要位点。此外,组蛋白位于核小体内部的结构域也可能发生某种化学修饰。

组蛋白乙酰化修饰的对象是Lys残基。催化组蛋白发生乙酰化和去乙酰化反应的

酶分别是组蛋白乙酰转移酶（histone acetyltransferase，HAT）和组蛋白去乙酰酶（histone deacetylase，HDAC）（图 12－1）。组蛋白的乙酰化修饰至少具有三个功能（图 12－2）：(1) 中和 Lys 残基侧链上的正电荷而减弱组蛋白与 DNA 的亲和力；(2) 招募其他刺激转录的激活蛋白和辅激活蛋白；(3) 启动染色质重塑。以上三个方面均有利于基因转录的发生。

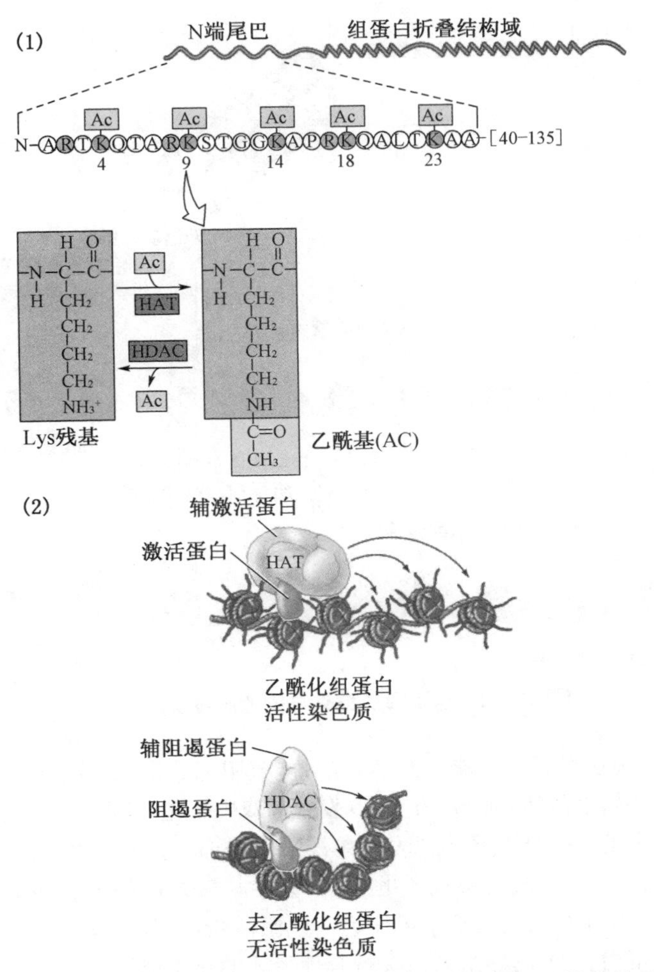

图 12－1　组蛋白乙酰化或去乙酰化与染色质转录活性的关系

已发现多种癌细胞内的组蛋白表现为乙酰化不足（hypoacetylation），这些癌细胞内的 HDAC 水平过高。在癌细胞内，过量的 HDAC 可能阻止了控制细胞正常活性的基因的表达，因此，HDAC 的抑制剂是有可能用来治疗癌症的。事实上，2006 年 10 月 26 日，美国食品和药品监督管理局（FDA）批准了一种治疗皮肤 T 细胞淋巴瘤（cutaneous T-cell lymphoma，CTCL）的药物——伏立诺他（vorinostat），它就是 HDAC 的抑制剂。

组蛋白甲基化修饰的对象是 Lys 和 Arg 残基。与乙酰化修饰不同的是，Lys 的甲基化修饰有单甲基化、双甲基化和三甲基化三种形式，另外，Lys 甲基化修饰并不影响原来侧链基团所带的正电荷。与乙酰化相似的是，组蛋白所发生的甲基化修饰也是可逆的：催化甲基化修饰的酶是组蛋白甲基转移酶（histone methyltransferase，HMT），甲基化供体与 DNA 和 RNA 甲基化的供体一样，都是 SAM；催化去甲基化修饰的酶是组蛋白去甲基转移酶（histone demethyltransferase，HDMT）。不同位置的 Lys 或 Arg 所发生的不同形式的甲基化修饰可作为特别的信息标记，被一些含有特殊结构域的蛋白质识别、结合，从而影响到修饰点附近的染色质构象，进而影响到基因的表达。与乙酰化修饰不同的

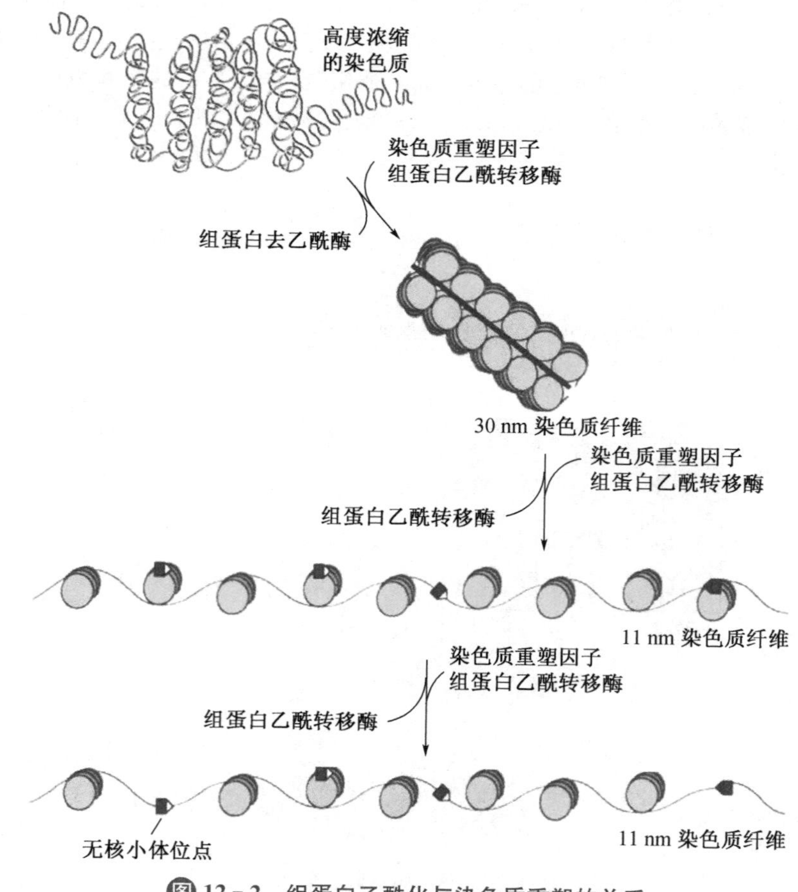

图 12-2 组蛋白乙酰化与染色质重塑的关系

是,甲基化对基因表达对影响可能是激活,也可能是阻遏。例如,H3 在 Lys4 发生的三甲基化(H3K4me3)为转录激活,而 H3 在 Lys9 发生的双甲基化(H3K9me2)则是转录阻遏。

组蛋白分子上的 Lys 残基还可以发生单泛酰化修饰,这种化学修饰主要从三个方面影响到基因表达:(1) 直接改变染色质的结构,让参与转录的酶或转录因子能够接触到 DNA 模板;(2) 结合在组蛋白的泛素可作为一些激活蛋白或阻遏蛋白的结合位点,从而有利于招募调节蛋白;(3) 诱导组蛋白进行其他形式的化学修饰。

组蛋白的小泛素相关修饰物修饰与泛酰化相近,也是发生在 Lys 残基上。这种化学修饰可将 HDAC 和异染色质结合蛋白 1(heterochromatin protein 1,HP1)招募过来,从而阻遏基因的表达。

组蛋白在多种蛋白质激酶的催化下可发生磷酸化修饰,能被修饰的残基就是三种羟基氨基酸。磷酸化修饰可直接将负电荷引入到组蛋白分子之中,因此一般可降低组蛋白与 DNA 之间的亲和力,有利于染色质采取开放的构象状态,从而激活一些基因的表达。例如,哺乳动物体内的 H3 在 Ser10 和 Ser28 发生磷酸化修饰(H3S10 和 H3S28)就可以激活一些基因的表达。此外,组蛋白的磷酸化修饰还参与 DNA 修复、细胞凋亡和染色质的浓缩或去浓缩。

在 ADP-核糖基转移酶(ADP-ribosyltransferase)的催化下,组蛋白还可发生 ADP-核糖基化修饰,被修饰的氨基酸残基是 Arg 或 Lys,ADP-核糖基的供体是 NAD^+。ADP-核糖基化修饰有单 ADP-核糖基化和多聚 ADP-核糖基化。这种化学修饰特别是多聚 ADP-核糖基化修饰,可将大量的负电荷引入到组蛋白分子之中,而不利于核小体结构的稳定,但却有利于基因的转录。

组蛋白的瓜氨酸化是指组蛋白分子中某一个 Arg 残基转变为瓜氨酸的过程，它是在肽酰精氨酸脱亚氨基酶(peptidylarginine deiminase，PAD)的催化下完成的。这种修饰就像 Lys 的乙酰化一样，可导致组蛋白丢掉 1 个正电荷，从而可以减弱组蛋白与 DNA 的亲和力，有利于激活某些基因的表达。但这种修饰可能影响到 Arg 发生的甲基化修饰，这样反而不利于基因的表达。

组蛋白的生物素化是发生在组蛋白分子上比较少见的化学修饰，被修饰的氨基酸残基也是 Lys，如 H4 在 Lys12 可发生这种化学修饰(H4K12Bio)。已发现，生物素化也可影响到核小体的结构，从而导致一些基因表达受到阻遏。

Quiz2 组蛋白的各种化学修饰哪一种是不可逆的？

二、染色质重塑因子对基因表达的影响

染色质重塑是指在依赖于 ATP 的核小体重塑复合物的调节下，组蛋白受到 ATP 水解的驱动，沿着 DNA 发生移位而导致核小体之间的间距发生改变，甚至产生无核小体染色质或浓缩染色质的过程。通过重塑，染色质结构可以朝两个相反的方向转变，一个有利于基因的转录，一个则抑制基因的转录。

无论是向哪一个方向转变，都需要两类蛋白质复合物的参与。如果是朝有利于转录的方向进行重塑，就需要 HAT 复合物和促进染色质采取松散构象的重塑因子。前一类复合物包括 CBP/p300 复合物和 SAGA 复合物等，其中 CBP/p300 可能是最重要的，因为它可以和一系列参与转录的转录因子相互作用，后一类复合物包括 Swi/Snf 因子和 RSC 复合物。

CBP/p300 复合物由 CBP 和 p300 组成，两者具有相似的结构，其中 CBP 就是 cAMP 反应元件结合蛋白的结合蛋白(cAMP response element binding protein binding protein，CREBBP)。CBP/p300 以三种方式提高基因的表达水平：(1) 通过自带的 HAT 活性，改变染色质的构象，使其变得松散；(2) 有助于 RNAPⅡ和基础转录因子招募到启动子上；(3) 充当其他调节转录的蛋白质与基础转录复合物作用的接头分子。已发现，CBP 参与调控多种基因的表达，特别是与细胞生长和分裂的基因。CBP 基因的突变可导致 Rubinstein-Taybi 综合征(Rubinstein-Taybi syndrome)或阔拇指巨趾综合征。该综合征的症状表现为短粗拇指(趾)、精神发育障碍和高口盖等特异面貌。

SAGA 复合物也是一类带有 HAT 活性的多亚基复合物，同时还具有脱泛酰酶的活性，它主要催化 H3 的乙酰化。

Swi/Snf 因子和 RSC 复合物都由多个亚基组成，具有依赖于 DNA 的 ATP 酶活性，通过水解 ATP 提供的能量，导致核小体 DNA 在核小体的表面形成突环结构，或者让核小体发生滑移，或者让组蛋白八聚体转移出去，而使染色质的结构得以重塑。经过重塑，染色质内与各种基因转录有关的顺式元件得以暴露，这有利于相应的反式作用因子的识别和结合，从而启动转录。参与重塑过程的重塑因子通常有所谓的“溴”结构域(bromodomain)，此结构域在进化上高度保守，由约 110 个氨基酸残基折叠成的四螺旋束(four-helix bundle)组成，负责与组蛋白分子上乙酰化的 Lys 残基结合。

如果是朝不利于转录的方向进行重塑，就需要 HDAC 复合物和促进染色质浓缩的重塑因子。已发现的 Sin3-Rpd3 复合物就是一种 HDAC 复合物，其中 Sin3 是辅阻遏蛋白，Rpd3 具有 HDAC 的活性。

在一个细胞内，会同时存在多个不同的染色质重塑复合物：某些用来松散染色质，使异染色质变成真染色质，从而启动一个基因的表达；相反，某些用来浓缩染色质，使真染色质变成异染色质，从而关闭一个基因的表达(图 12－3)。总之，若要激活一个基因的表达，首先就需要一种激活蛋白与该基因附近的增强子结合。而一旦激活蛋白结合上去，它一方面将 HAT 复合物(CBP/p300 复合物或 SAGA 复合物等)招募进来，另一方面它又通过辅激活蛋白和介导蛋白，与基础转录因子和 RNAPⅡ相互作用。招募进来的

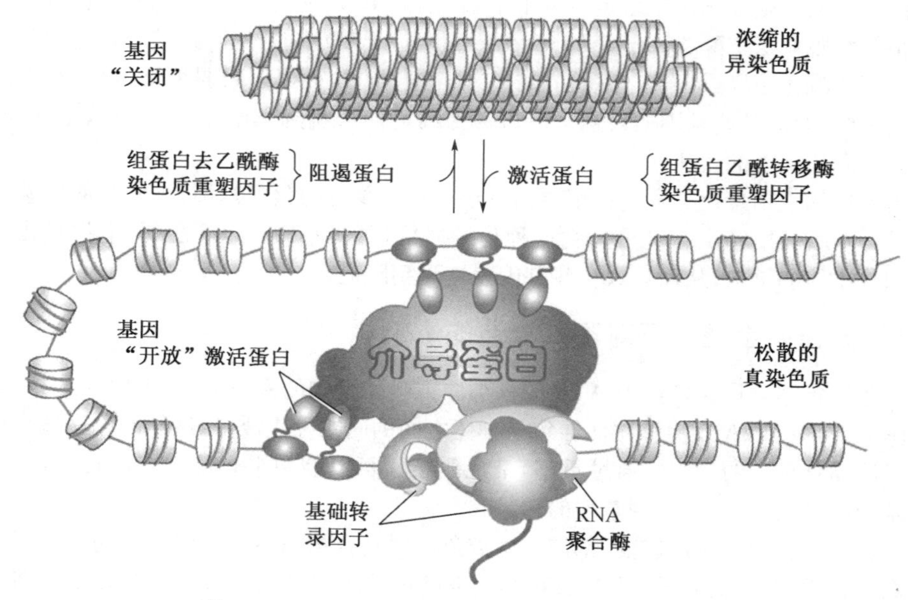

图 12-3 组蛋白的修饰与染色质构象变化的关系

HAT 复合物催化附近的组蛋白发生乙酰化修饰，而被修饰的组蛋白又将染色质重塑因子(Swi/Snf 因子或和 RSC 复合物)招募进来。新"入盟"的重塑因子以水解 ATP 为动力，促使染色质的构象变得更加松散，以暴露启动子和其他顺式作用元件，方便基础转录因子和 RNAPⅡ的识别和结合。一旦基础转录因子和 RNAP Ⅱ结合上来，一种庞大的预起始转录复合物便形成了；反之，如果要阻遏一个基因的表达，首先就需要一种阻遏蛋白与该基因附近的沉默子结合。而一旦阻遏蛋白结合上去，它即将 HDAC 复合物(Sin3/Rpd3 复合物)招募进来。招募进来的 HDAC 复合物催化附近的组蛋白发生脱乙酰化反应，而丢掉乙酰基的组蛋白再将促进染色质浓缩的重塑因子招募进来，促使染色质的浓缩，使启动子和其他顺式作用元件难以识别，于是基因表达之门被关闭了。

以酵母细胞参与交配的 HO 内切酶的基因的转录激活为例(图 12-4)：首先需要一种激活蛋白 SWI5P 与其增强子结合，然后再通过 HAT(SAGA 复合物)、染色质重塑因子(Swi/Snf 复合物)、激活蛋白 SBP 和介导蛋白的依次作用，最后将基础转录因子和 RNAPⅡ招募到 HO 基因的核心启动子上，由此启动它的转录。

三、组蛋白变体对基因表达的影响

所有真核细胞内的组蛋白都具有五种标准的形式——H1、H2A、H2B、H3 和 H4。这五种标准的形式由多个拷贝的基因编码，在进化上高度保守。与此同时，细胞内还存在与这五种标准形式相对应的不同变体。这些变体的氨基酸序列与相应的标准组蛋白在一级结构上差别可能很小，也可能很大，表达的方式可能是组成型，也可能具有组织特异性。编码这些变体的基因与相应的标准组蛋白的基因并不呈等位基因的关系，而且通常是单拷贝。有些变体与相应的标准组蛋白相比，在与 DNA 结合的性质上差别很大，故在取代相应的标准组蛋白以后，会改变核小体和染色质的结构，进而有可能影响到基因的表达。

如果一种变体代替了相应的标准组蛋白参入到一个或多个核小体结构之中，就等于在染色质上创造了一些"特区"，或者打上了特殊的标记。这些特化的区域或者特殊的标记可能具有多种不同的功能，但最重要的功能可能是调节特定的基因表达。例如，H2A 有一种最常见的变体叫 H2A. Z，它在 C 端的序列和长度明显不同于标准的 H2A。已发

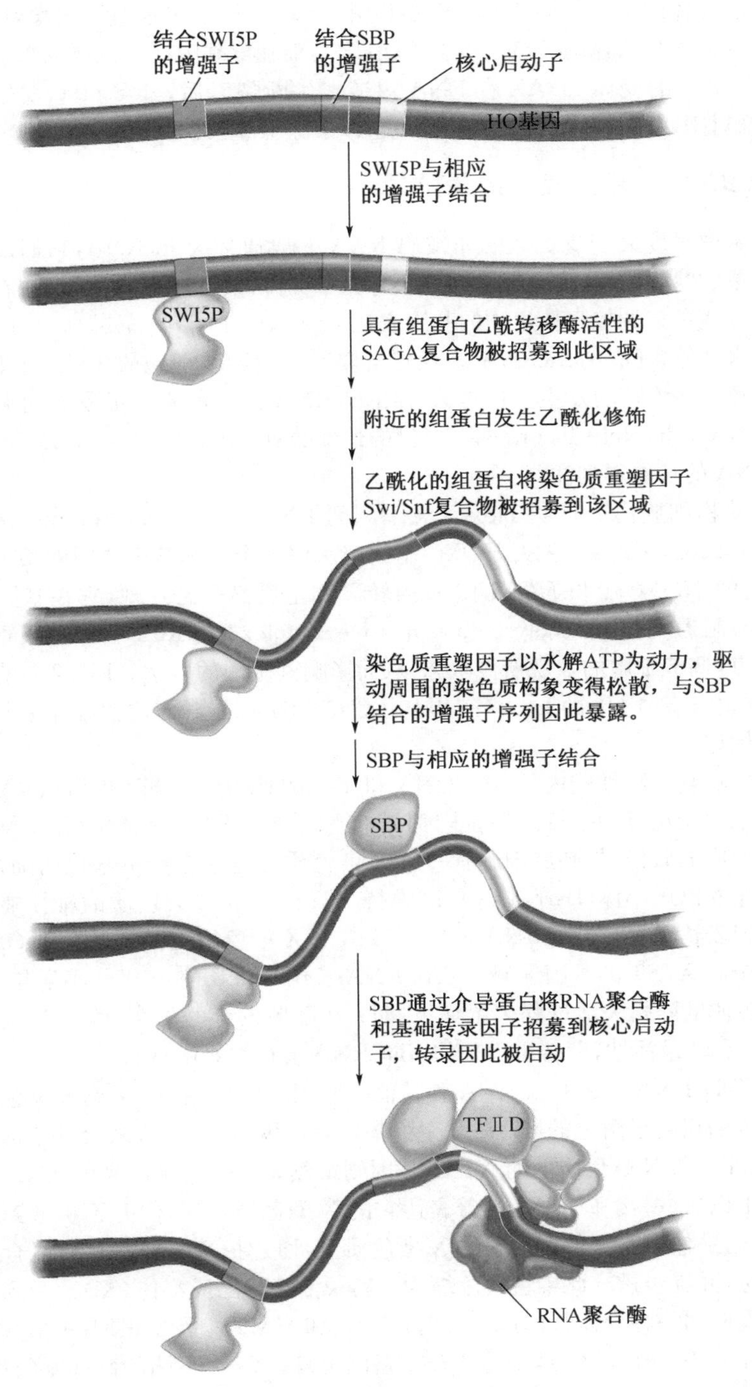

图 12-4　酵母 HO 基因的转录激活

现它可在染色质许多区域取代 H2A，而这种取代是目前所有测试动物的发育和生存所必需的。

组蛋白变体对基因表达的影响是多方面的。以最早在四膜虫细胞内发现的 H2A. Z 为例，它的参入与具有转录活性的染色质相偶联；后来在酵母细胞中发现，H2A. Z 位于异染色质的两侧，其存在能阻止异染色质向周围真染色质区域扩散；另外，在酵母的真染色质区，几乎所有基因的启动子区都存在带有 H2A. Z 的核小体，它经常出现在无核小体的启动子两侧的 2 个核小体内。但这种核小体的存在，可能激活也可能阻遏基因的表达。

组蛋白的变体除了参与调节基因表达以外，还能参与维护基因组的稳定。例如，在所有研究过的真核生物体内，H3 的变体 CenH3 是细胞分裂中期染色体的精确分离所必需的。再如，H2A 的变体 H2AX 在 DNA 双链发生断裂以后，其 Ser190 发生磷酸化修饰，这种修饰对于双链修复系统及时修复双链断裂十分重要。

四、lncRNA 对基因表达的影响

真核细胞内长度大于 200 nt 的非编码 RNA 一般通称为 lncRNA，它们以前曾被认为是基因转录的“噪音”，一度还因为功能不详被称为基因组的“暗物质”。现在已发现它们可以多种方式参与调控真核生物的基因表达，如在染色质水平、转录水平、转录后加工水平和翻译水平等，还有的 lncRNA 甚至充当抑癌基因调节细胞的生长，因此它们的表达异常可导致一些疾病的发生。这里只介绍 lncRNA 在染色质水平是如何调节基因表达的。根据 www. lncRNAdb. org 网页提供的最新数据，到 2016 年 4 月 25 日为止，已有 296 种 lncRNA 的功能得到注释。

以哺乳动物细胞内一种叫 Hox 反义基因间 RNA(Hox antisense intergenic RNA, HOTAIR)的 lncRNA 为例，它从 *HOXC* 基因座次内两个相邻基因之间的某个位置开始转录，与旁边的 *HOXC*11 和 *HOXC*12 基因转录物呈反义。已发现，它在基因组的多个位点可将多梭阻遏复合物 2(polycomb repressive complex 2, PRC2)等染色质重塑因子招募到作用位点，调节细胞的表观遗传状态，从而影响到基因的表达。PRC2 具有 HMT 的活性，主要催化组蛋白 H3 的 Lys27 三甲基化(H3K27me3)修饰，这种修饰是转录沉默染色质的一个标记。

再以雌性哺乳动物细胞内的 Xist RNA 和 TsixRNA 为例，这两种 lncRNA 对于调节性染色质构象的变化进而维持两性基因剂量的平衡非常重要。雌性哺乳动物在胚胎发育到原肠胚形成的时候，外胚层细胞有一条 X 染色质经过浓缩和甲基化而随机地灭活，变成高度浓缩的巴氏小体(Barr body)，以维持与只含一条 X 染色质的雄性哺乳动物具有相同的基因表达水平。Xist RNA 长约 17 kb，由 X 染色质上的灭活中心(inactivation center)内一个叫 *XIST* 的基因编码。Tsix RNA 长约 50 kb，它有部分序列与 Xist RNA 互补。X 染色质的随机失活过程大致如下：(1) 在胚胎发育的早期，两个 X 染色质上的 *XIST* 基因都有转录活性，但转录出来的 Xist RNA 会很快水解；(2) 其中有一条 X 染色质开始表达 Tsix RNA。受 Tsix RNA 和其他一些因素的作用，这一条 X 染色质因为在其 *XIST* 基因的启动子附近的 CG 岛发生甲基化而不再表达，它将来会处于活性的状态(Xa)；(3) 另外一条 X 染色质上的 *XIST* 基因则继续转录。转录出来的 Xist RNA 的前体经过后加工以后(剪接和加尾)，沿着表达它的 X 染色质积累，但并不扩散到另外一条 X 染色质上，而是包被在这条表达它的 X 染色质上，通过招募一些蛋白质复合物阻断其他基因的表达，并逐步诱导此染色质浓缩为无转录活性的巴氏小体(Xi)。受到招募的蛋白质包括组蛋白的一种变体——H2A1. 2、HDAC 和 HMT。受 Xist RNA 招募的复合物在 X 染色体上只有一个进入点，就是 *XIST* 基因本身；(4) 在不同的修饰酶的作用下，Xi 上的组蛋白处于高度的脱乙酰化，其上的 H3 组蛋白在 Lys9 残基上发生三甲基化修饰(H3K9me3)，而 Xa 上的组蛋白处于高度的乙酰化，其上的 H3 组蛋白则在 Lys4 残基上发生三甲基化修饰(H3K4me3)。催化 Lys 三甲基化修饰的为 PRC2。此外，Xi 在基因的启动子上发生高度的甲基化修饰，而 Xa 在基因的内部即基因本体(gene body)上则有更多的甲基化修饰；(5) 经过随机失活的细胞将来分裂的时候，形成的子细胞内的 X 染色质将维持原来的失活样式。

Quiz3 如果一种猫的花色由X染色体上的等位基因控制，那么由这个品种的雄猫或者雌猫克隆出来的猫与原来的猫在花色上会有差别吗？

最后以雄果蝇细胞内的两种 lncRNA——roX1(3 700 nt)和 roX2(600 nt)为例，它们在雄性果蝇细胞内，参与单个 X 染色质转录活性加倍的过程，以维持与雌性果蝇相同的基因表达水平。这两种 RNA 在雄果蝇体内的功能是负责雄性特异性致死(male specific lethal，MSL)蛋白质复合物的组装。MSL复合物组装好以后，与X染色质结合，促进X染色质上的H4组蛋白的Lys16发生乙酰化修饰(H4K16ac)，从而提高X染色质上的基因转录水平。MSL复合物在果蝇基因组上约有35个进入点(entry site)，其中有2个为编码roX1/rox2基因的位点。

第二节　在DNA水平上的基因表达调控

真核生物在DNA水平上调控基因表达的手段有：DNA扩增(DNA amplification)、DNA重排、基因丢失(gene loss)、DNA甲基化、DNA印记(DNA imprinting)和启动子的可变使用等。

一、DNA扩增

这是通过增加特定基因的拷贝数来提高基因表达效率的一种手段。一般而言，使用这种手段来进行调控的基因产物是细胞在较短时间内或在特定的发育阶段大量需要的。当其他提高基因表达的调控手段已到达极限的时候，DNA扩增就显得尤为重要。

例如，果蝇的绒毛膜(chorion)基因编码的卵壳蛋白用来包被卵母细胞，该基因只是在卵子形成(oogenesis)的晚期阶段由环绕卵母细胞的卵泡细胞表达，这种细胞已丧失分裂能力，但通过特定的基因扩增，可大大增加绒毛膜基因的拷贝数，再加上每一个基因拷贝的高效转录和翻译，导致绒毛膜蛋白的产量能在短时间内剧增，从而保证了卵壳能够在5个小时左右形成。已发现，果蝇基因组含有两簇绒毛膜基因，每一簇绒毛膜基因在转录之前进行扩增。扩增是通过在一个基因簇内进行多轮DNA复制起动和复制叉向两边持续移动而完成的，得到的扩增产物一层套一层，有点像洋葱皮结构，因此这种局部复制DNA的方式称为"洋葱皮复制"(onion skin replication)(图12-5)。

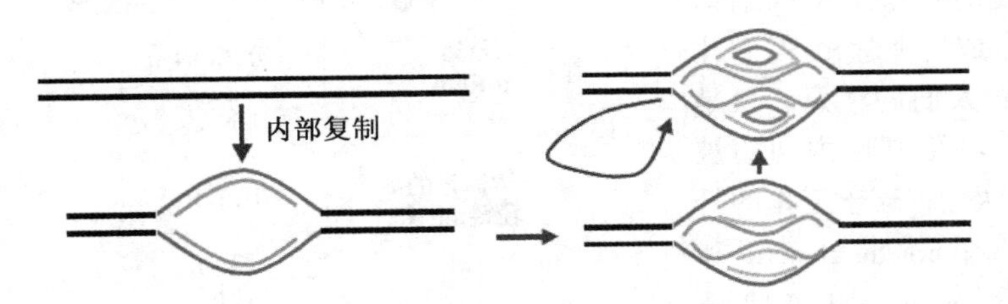

图12-5　果蝇的绒毛膜基因DNA的"洋葱皮复制"

再如，两栖动物的成熟卵细胞在受精后，其编码rRNA的基因(5S rRNA基因除外)即rDNA使用滚环复制大量扩增，拷贝数可增加2 000倍。很显然，这是为受精卵在随后分裂和分化过程中需要有大量核糖体来合成大量的蛋白质而准备的。

Quiz4　你认为为什么5S rRNA基因没有使用滚环复制进行扩增？

此外，氨甲基喋呤是哺乳动物细胞二氢叶酸还原酶(DHFR)的抑制剂，若将哺乳动物细胞放在含有这种抑制剂的培养基上培养，绝大多数细胞就会死亡，但少数细胞却能幸运地生存下来。这些存活下来的细胞在包含*DHFR*基因的DNA区段，通过局部的滚环复制扩增了近4 000倍，使DHFR的表达量显著增加，从而对氨甲基喋呤的抑制作用产生了抗性。

DNA扩增并不总是一件好事，某些基因的不适当扩增可导致机体的病变。已发现，一些癌症就是因为某些原癌基因(如c-*myc*)不正常的扩增引起的。

二、DNA重排

真核生物使用DNA重排进行基因表达调控的典型例子有三个，一是B淋巴细胞在成熟过程中其编码抗体轻链和重链的基因分别经历的程序性重排(programmed rearrangement),二是锥体虫在宿主体内其主要表面抗原基因发生的重排,三是酿酒酵母在交配型转换过程中发生的基因重排。此外,T 淋巴细胞表达的 T 细胞受体(T-cell receptor, TCR)具有与 B 淋巴细胞表达的抗体相似的多样性,而多样性产生的机理类似于抗体重链基因的重排。

(一) 高等动物抗体基因的程序性重排

抗体是高等动物体液免疫的基础,其近乎天文数字的多样性曾叫人百思不得其解,以人类为例,估计 1 个人至少可产生 10^9 种特异性不同的抗体,但人类基因组编码蛋白质的基因总数在 2 万多个。那么这么少的基因如何能够编码出如此繁多的蛋白质呢?

为了解释抗体的多样性,先后有人提出了生殖细胞学说(the germ line theory)和体细胞突变学说(the somatic mutation theory)。前一种学说认为,一个物种的每一个个体本来就有编码所有抗体的基因,它们都是从亲代遗传而来的;后一种学说则认为,生殖细胞含有有限的抗体基因。然而,在 B 细胞成熟的过程中,抗体基因发生了突变,而不同的 B 细胞带有不同的突变,从而产生不同的抗体。这两种学说虽然都带有某些正确的成分,但都无法从根本上解释抗体多样性产生的机制。

1965 年,就在发现构成抗体的 H 链和 L 链都是由 V 区和 C 区组成以后不久,William J. Dryer 和 Joe Claude Bennett 提出了一种能节省抗体基因空间的双基因学说(The two-gene theory)。该学说认为,一种生物只有一个编码 H 链或 L 链 C 区的基因,但含有多个编码 V 区的基因,既然 C 区至少占据了整个抗体的一半,那么通过这样的组织,首先减少了至少 50%的抗体基因。随后,在 B 细胞成熟过程中,可能是 V 区基因和 C 区基因,或者 V 区 mRNA 和 C 区 mRNA,或者 V 区肽段和 C 区肽段再连接起来。由于这种学说与当时传统的基因结构和蛋白质合成的观念相悖,因此并没有受到人们的注意。只是过了 11 年,在限制性内切酶被发现以后,两位在瑞士工作的日本科学家 Nobumichi Hozumi 和 Susumu Tonegawa 用实验证明,Dryer 和 Bennett 的观点基本是正确的。

在实验中(图 12-6),Hozumi 和 Tonegawa 首先使用一种限制性内切酶,分别消化从骨髓瘤(myeloma)细胞和生殖细胞中抽取的基因组 DNA。然后,将消化过的酶切片段进行电泳分离,并与从骨髓瘤细胞中分离到的用 ^{32}P 标记的 κ 抗体轻链 mRNA 进行杂交。最后,使用放射自显影技术进行鉴定。结果表明,与骨髓瘤细胞的一条带相比,生殖细胞是两条带。这说明生殖细胞内

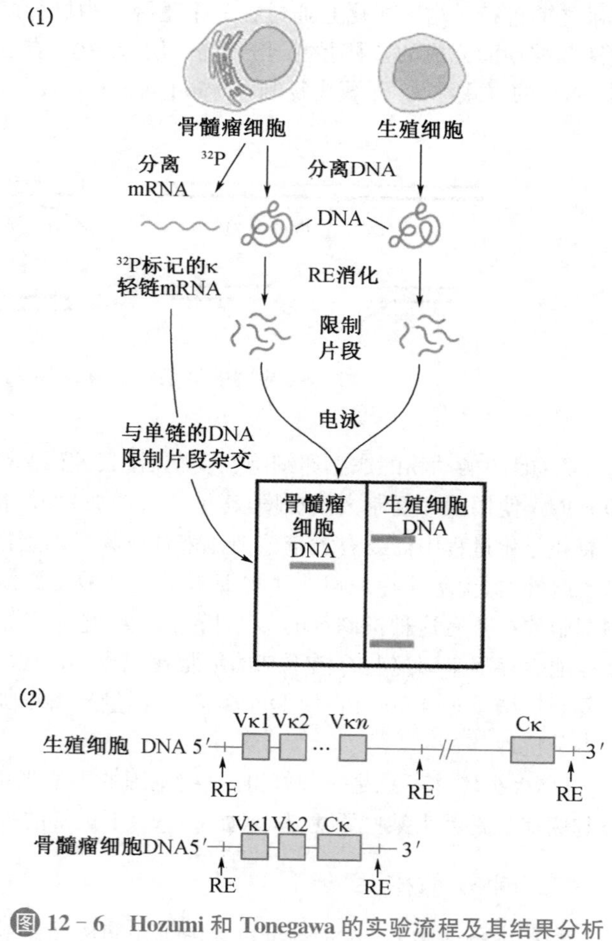

图 12-6 Hozumi 和 Tonegawa 的实验流程及其结果分析

的抗体轻链基因的确由两个独立的片段组成，而在成熟的B细胞中，原来分开的基因片段经过重排连接到了一起，中间的间隔序列已被切除。

为了进一步验证他们的实验结果，Tonegawa 和 Walter Gilbert 一起将小鼠生殖细胞编码骨髓瘤λ轻链V区的DNA序列进行了克隆，并测定了序列。他们本来预期的结果是得到的克隆应该包括编码V区1～107位氨基酸残基的序列。然而，出乎预料的是得到的只包括编码V区内1到95位氨基酸残基的序列，其后的序列与λ轻链的序列无任何相似性。这样的结果不仅肯定了抗体轻链的V区和C区分别由独立的基因片段编码，还导致发现了第三个基因片段 V_J，此片段负责将 V_L 与C区连接起来，Tonegawa 因此荣获1987年的诺贝尔生理学或医学奖。

至于重链基因的结构，可使用类似的方法进行确定。但与轻链的基因结构不同的是，重链的基因多了一个多样性片段(diversity，D_H)。

Quiz5 在抗体多样性产生的基因重排机制提出之前，Linus Pauling 曾提出另外一种模型，此模型认为具有不同特异性的抗体具有相同的氨基酸序列，但折叠的途径不一样，因而形成识别不同抗原的不同的构象。试设计一个实验验证这种模型的真伪。

图12-7为生殖细胞轻链基因的结构，以及在B细胞成熟过程中经历的重排反应。从图中可以看出：轻链基因共分为三个部分，以κ轻链为例，分别是LκVκ、Jκ和Cκ。Jκ紧靠Cκ，但远离于LκVκ。Lκ编码的是轻链的信号肽序列，它与Vκ之间有内含子。LκVκ和Jκ具有多个不同的拷贝，以LκVκ变化最大。

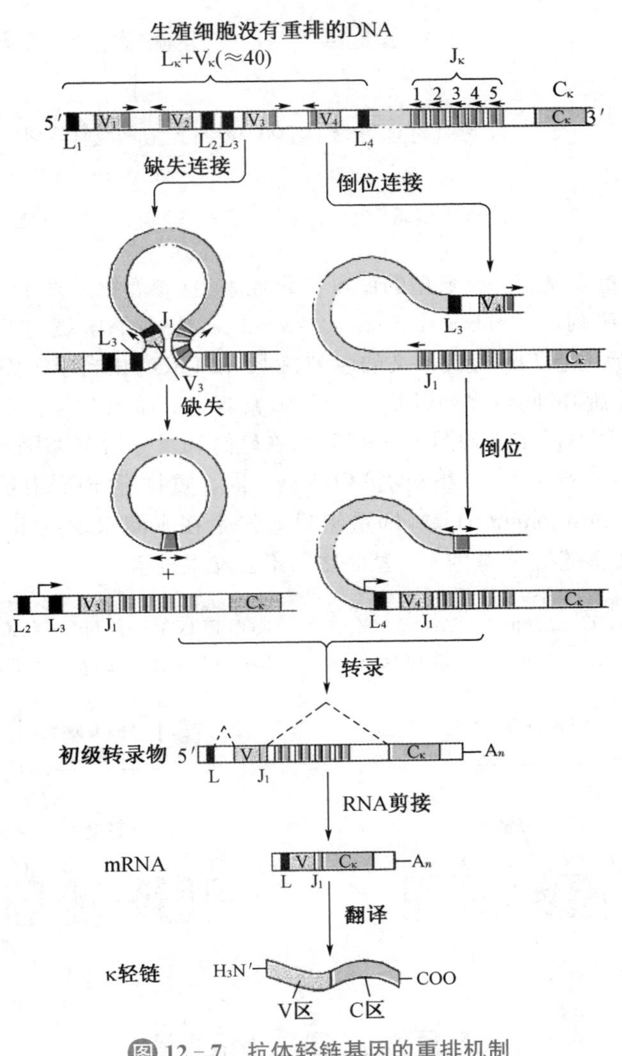

图12-7　抗体轻链基因的重排机制

以人的κ轻链为例，其基因位于第2号染色体上，有40个V区基因(编码N端95个氨基酸残基)和 5 个 J 基因(编码另外 13 个氨基酸残基)和 1 个 C 基因组成。在 J 基因和 C 基因之间,有 1 个大的内含子。每一个区的基因片段串联在一起。

人的重链基因则位于第 14 号染色体上,约有 50 个 V 区基因、20 个 D 基因,6 个 J 基因和若干个含有内含子的 C 区基因(图 12 - 8)。每一个区的基因片段也是串联在一起。由于多了 D 基因,故能产生更多的多样性。

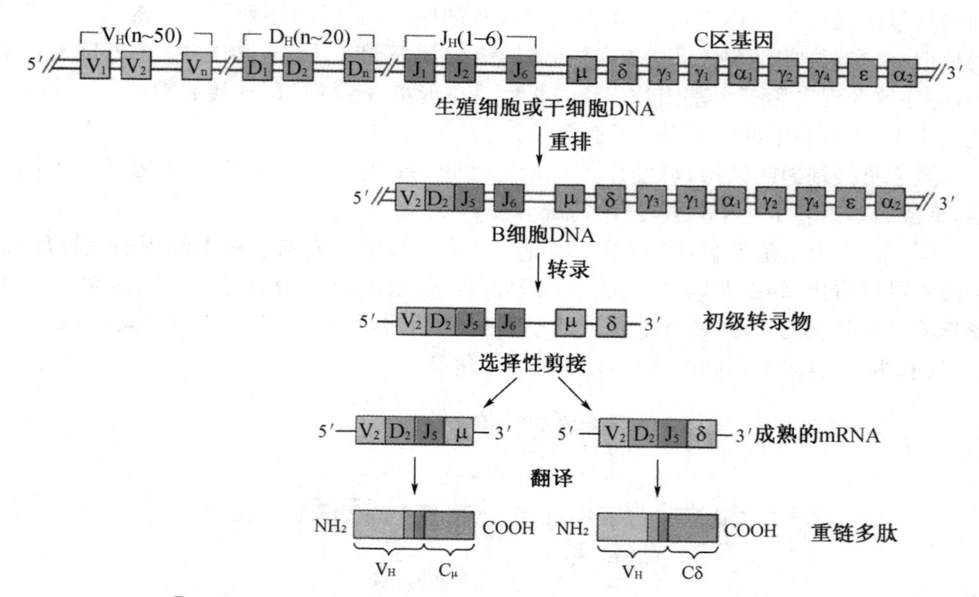

图 12 - 8 抗体重链基因的结构及其重排、转录、后加工和翻译

抗体基因的重排属于一种典型的位点特异性重组(参看第六章 DNA 重组),它发生在含有重组信号序列(recombination signal sequence, RSS)的区域,需要重组酶 RAG1/RAG2。RSS 包括一个 7 bp 近似回文的序列、1 段 12 bp(约相当于 1 圈双螺旋)或 23 bp(相当于 2 圈双螺旋)的间隔序列以及一个 9 bp 富含 AT 序列。含有 1 圈双螺旋的 RSS 和 2 圈双螺旋的 RSS 的结构如图 12 - 9 所示,在轻链和重链的 V 基因和 J 基因以及重链的 D 基因上均含有 RSS,不过 RSS 的排列略有不同。重排遵守所谓的 1 圈/2 圈连接规则(one turn/two turn joining rule),即重组只能发生在 1 圈双螺旋 RSS 和 2 圈双螺旋 RSS 之间,因此在重链的 V 基因和 J 基因之间不会发生重组。

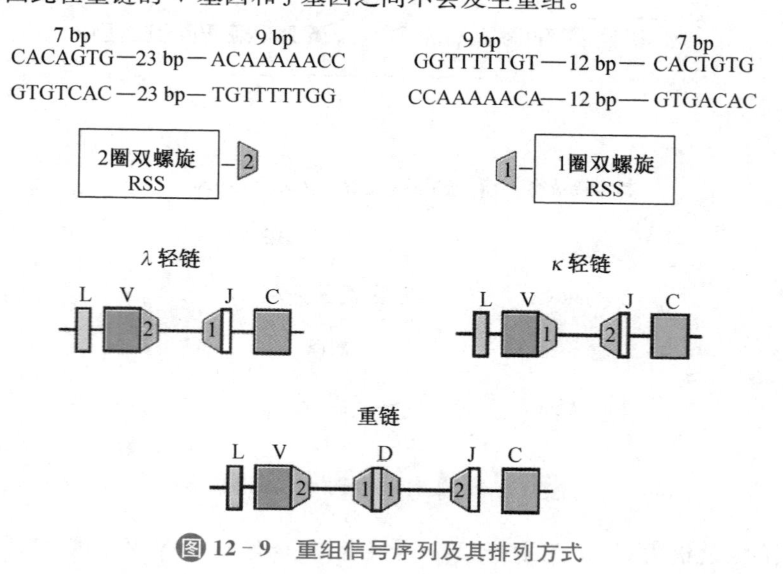

图 12 - 9 重组信号序列及其排列方式

RAG 本意是重组激活基因（recombination-activating gene，RAG）编码的重组酶，由它启动淋巴细胞前体内的抗体基因或 T 细胞受体基因的重排。其催化的反应本质与其他重组酶一样，也是转酯反应（图 12 - 10）。实验表明，RAG 被敲除的小鼠在 B 细胞和 T 细胞上均有缺陷。

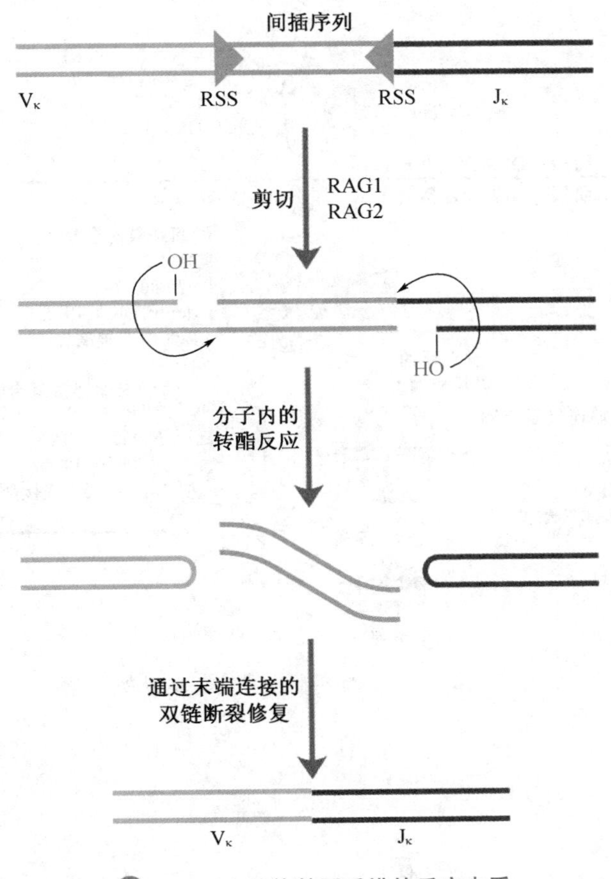

图 12 - 10　抗体基因重排的反应本质

以轻链为例，抗体基因重排的基本步骤是（图 12 - 11）：(1) RAG1 识别、结合 RSS 的 9 bp 序列，随后 RAG2 被招募进来，并与 RSS 的 7 bp 序列结合；(2) 在 RSS 与编码区连接处，RAG1/RAG2 复合物切开 RSS 之间的 1 条 DNA 链，产生 3′-羟基和 5′-磷酸。紧接着，3′-羟基作为亲核试剂进攻另外 1 条链上的磷酸二酯键，从而导致双链断裂。于是，在 V 基因和 J 基因的一端形成发夹结构；(3) RAG 蛋白或者 MRE11 切开发夹结构；(4) 细胞内参与双链断裂修复的蛋白质复合物，如 XRCC4、DNA-PK^{CS}、Ku70-Ku80 和 DNA 连接酶Ⅳ等，将 V 基因和 J 基因连接起来。

如果是重链，就需要发生 2 次重排反应，第 1 次是在 D-J 之间，第 2 次在 V-DJ 之间。与轻链重排反应不同的是：在 V 基因、D 基因或 J 基因被切开以后，细胞内的末端脱氧核苷酸转移酶（terminal deoxynucleotidyl transferase, TdT）会在被切开的 3′-端，“乘机”随机添加若干个脱氧核苷酸，最多可达 15 个（图 12 - 12），从而进一步扩大了抗体基因的多样性。

一个 B 细胞一旦经过位点特异性 DNA 重组，只产生一种有功能的抗体基因，其他组合的抗体基因是无法产生和表达的，此过程称为等位基因排斥（allelic exclusion）。正是等位基因排斥，保证了每一个 B 淋巴细胞只产生一种抗体。

抗体基因的重排不仅产生了抗体的多样性，还将抗体基因的启动子（与 V 基因相邻）带到增强子（位于 J 基因和 C 基因之间）附近，从而使抗体基因能够有效地转录。此外，

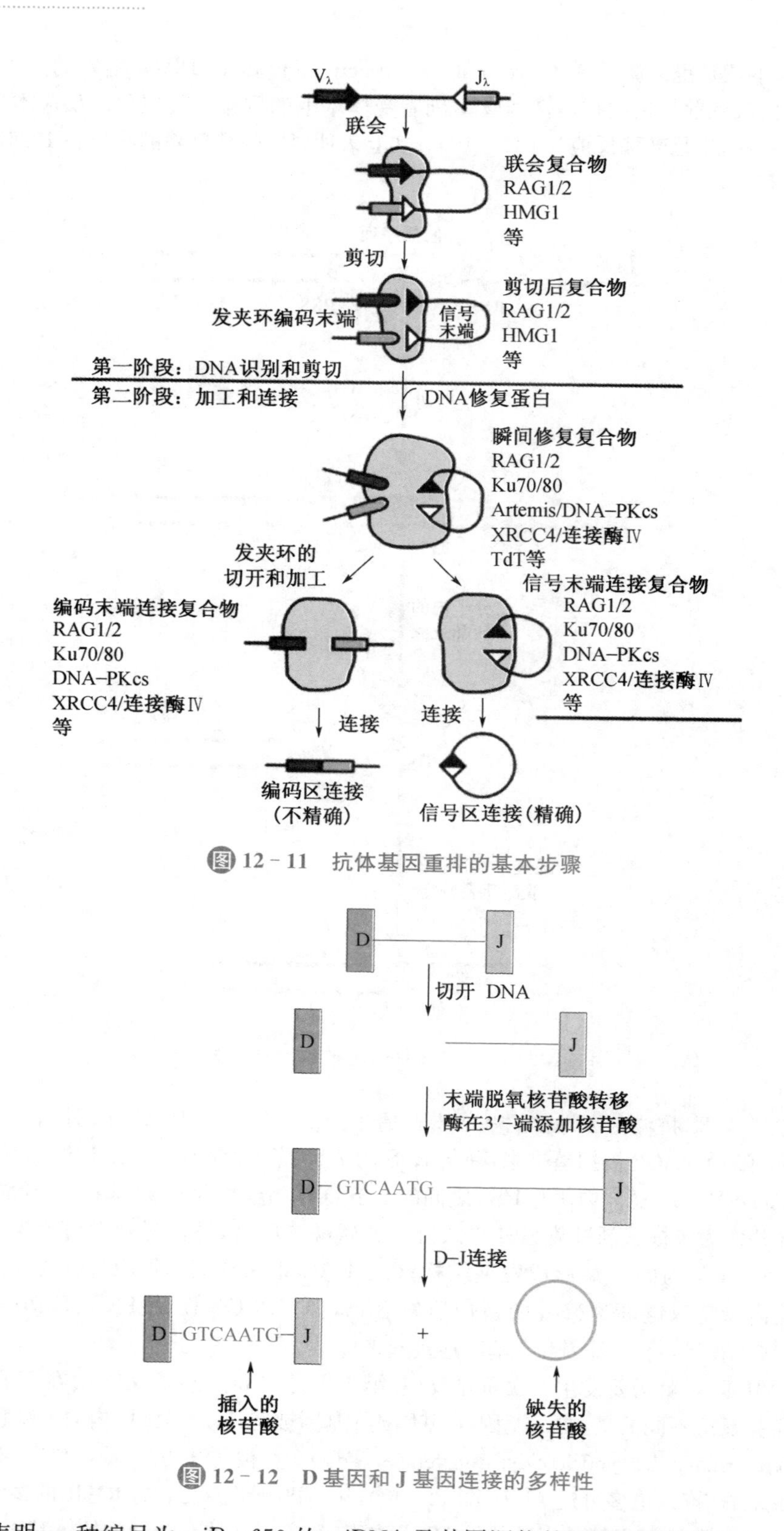

图 12-11　抗体基因重排的基本步骤

图 12-12　D 基因和 J 基因连接的多样性

有研究表明，一种编号为 miR-650 的 miRNA 及其同源物的基因，刚好寄宿在 λ 轻链的第一个外显子内，因此，此 miRNA 在 B 细胞的表达也可能受到抗体基因重排的影响。由于 miR-650 作用的对象是与细胞的增殖和存活有关的蛋白质，如周期蛋白依赖性蛋白质激酶 1(cyclin-dependent kinase 1, CDK1)和早期 B 细胞因子 3(early B-cell factor 3, EBF3)，故抗体基因的重排也会影响到 B 细胞本身的分裂和存活。

抗体基因的多样性除了通过 DNA 重排和 TdT 的作用创造以外，还可以通过体细胞超突变、类别转换、mRNA 前体的选择性剪接或加尾等手段来加强，概括起来如下：

(1) VJ 和 VDJ 的重组连接，包括 κ 轻链的 40 个 V 基因和 5 个 J 基因的组合，共有 200 种可能；λ 轻链的 40 个 V 基因和 4 个 J 基因，共有 160 种可能；重链的 50 个 V 基因、20 个 D 基因和 6 个 J 基因，共有 6 000 种可能。经轻链和重链的随机组合，可形成含 κ 轻链和 λ 轻链的抗体分别是 $200\times6\,000=1.2\times10^6$ 种和 $160\times6\,000=0.96\times10^6$ 种，总共是 2.16×10^6 种可能性。

(2) 连接的多样性(junctional diversity)，重排过程中的连接是不精确的，这种“故意”的不精确连接可导致氨基酸的变化或缺失，从而影响到抗原结合位点的结构，实际上这是抗体上出现高变区的一个原因。

(3) 插入的多样性(insertional diversity)，TdT 作用导致 DJ 连接或 V-DJ 连接中随机插入若干个核苷酸到 V 基因、D 基因或 J 基因的末端。

(4) 体细胞超突变(somatic hypermutation, SHM)，主要发生在 V 基因。其突变率比通常的突变率至少要高 $10^5\sim10^6$ 倍。突变的形式主要是单核苷酸取代，一般集中在抗体的高变区，即互补性决定区(complementarity determining regions, CDR)。该区参与抗体对抗原的识别。突变的机制涉及一种激活诱导的胞苷脱氨酶(activation-induced cytidine deaminase, AID)。在 AID 的催化下，高变区内的 C 脱氨基变成了 U，于是原来的 GC 碱基对变成了错配的 GU 碱基对。很快 U 被碱基切除修复系统视为损伤，在尿嘧啶- DNA 糖苷酶的催化被切除。随后，参与跨损伤修复的易错 DNAP(如 θ、ζ 或 η)被招募过来，重新合成被切除的核苷酸，由这些易错的 DNAP 直接将突变引入到高变区。

(5) 类别转换(class switching)。类别转换是指在 B 细胞被激活以后，产生不同类型抗体(IgA、IgG 和 IgE)的过程。B 细胞一共可以产生 5 类不同类型的抗体，即 IgM、IgD、IgA、IgG 和 IgE。这 5 类抗体的分布和最后产生的效应是有所差别的。B 细胞在被激活之前，只表达两类细胞表面抗体 IgM 和 IgD。一旦被激活，被激活的同种 B 细胞的子细胞在不同环境中，表达不同类型的抗体。这些类型不同的抗体 V 区是相同的，C 区却不一样。C 区变化的原因是被激活的 B 细胞又进行了一次重组，这次重组称为类别转换重组(class switch recombination, CSR)。CSR 让抗体重链的 V 区可以与 α、γ 或 ε 不变区相连，从而分别得到 IgA、IgG 和 IgE。

(6) 选择性剪接和选择性加尾(参看转录水平后调控)。

Quiz6 如果克隆羊多莉是由 B 淋巴细胞或 T 淋巴细胞克隆出来的，你认为它会有什么异常？

(二) 锥体虫主要表面抗原基因的重排

锥体虫是由一种叫采采蝇(tsetse fly)的吸血蝇传播的血液寄生性原生动物，它是非洲昏睡病(African sleeping sickness)的病原体。在应付宿主的免疫反应方面，锥体虫可谓是“魔高一丈”，它会不断而有序地改变其表面抗原，以逃脱宿主免疫系统对它的攻击，因此，一旦被感染上锥体虫，患者极容易进入慢性感染状态，最后可能发展到严重的神经损伤、昏迷或死亡。

锥体虫的表面抗原性质与其细胞膜上的一种糖基磷脂酰肌醇锚定(glycosylphosphatidyl inositol-anchored, GPI-anchored)蛋白有关，该蛋白质称为可变的表面糖蛋白(variabl surface glycoprotein, VSG)，由它形成一种保护性的外被。锥体虫基因组约有 1 000 个拷贝的 VSG 基因，但并非都能表达。只有处于表达偶联位点的拷贝(expression-linked copy, ELC)才能转录，其他位点上的 VSG 基因称为基本拷贝(basic copy, BC)，无转录活性。

ELC 位于各染色体靠近端粒的位置，它与多个表达位点相关基因受控于同一个启动子(图 12 - 13)。整个基因组约有 20 个 ELC，但一次只有一个处于表达状态。催化 VSG 转录的酶是 RNAP Ⅰ，转录产生的是带有 VSG 转录物的多顺反子 mRNA。锥体虫通过在不同的 ELC 位点表达的切换来改变抗原的性质，BC 只有通过重排先成为无活性的 ELC 以后才有可能表达。

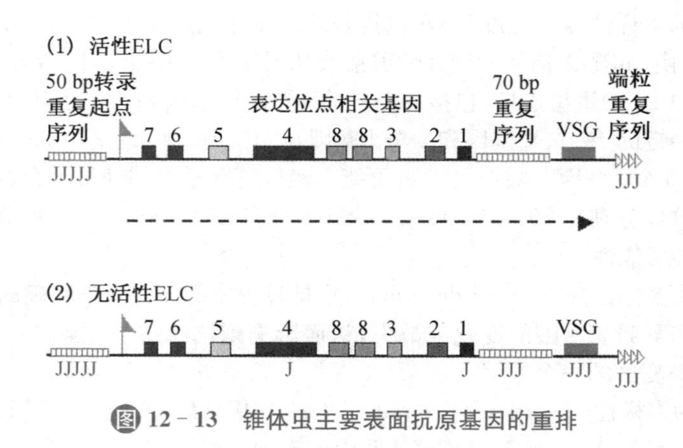

图 12－13　锥体虫主要表面抗原基因的重排

已有几种不同的模型被用来解释 VSG 基因表达在不同 ELC 之间进行切换的机制，但还没有一个模型能解释所有的现象。有证据表明，ELC 处于非活性状态与一种特殊的修饰碱基，即葡萄糖基羟甲基尿嘧啶(glucosyl hydroxymethyl uracil，称为 J 碱基)有关。没有活性的 ELC 的内部，出现多个 J 碱基(图 12－13(2))。

由于 VSG-mRNA 是由 RNAP Ⅰ 催化转录的，所以必须在转录以后，通过与细胞内的一种前导肽 mRNA 进行反式剪接，才能获得帽子结构而具有翻译的活性。

（三）酿酒酵母在交配类型转换过程中发生的基因重排

酿酒酵母能进行出芽生殖，并产生两个不同的细胞：母细胞来源于原来的细胞，子细胞来自于"芽"。只有母细胞才能够切换交配型。

单倍体酿酒酵母细胞的 3 号染色体含有 3 个基因座次，即 *HMLα*、*HMRa* 和 *MAT*，与交配型有关。其中位于染色体左臂的 *HMLα* 和右臂的 *HMRa* 座次上分别含有完整的 α 交配型和 a 交配型基因，但这两个座次上的基因因受到一个沉默子和几种蛋白质的作用并不表达。涉及的蛋白质包括 RAP1 和几种沉默信息调节蛋白(silent information regulator，SiR)，如 SiR2、SiR3 和 SiR4。其中 SiR2 是一种 HDAC。在这些蛋白质的作用下，这两个座次上的染色质处于高度浓缩的异染色质状态，里面的组蛋白几乎没有乙酰化修饰。一个细胞实际的交配类型由 *MAT* 座次上的等位基因决定。如果 *MAT* 座次上的基因是 α 型，细胞就属于 α 交配型；如果 *MAT* 座次上的基因是 a 型，细胞就属于 a 交配型。当一个细胞转换交配类型的时刻，*MAT* 座次上原来的交配型基因(α 或 a)通过 DNA 重排被另外一种交配型基因(a 或 α)取代(图 12－14)。

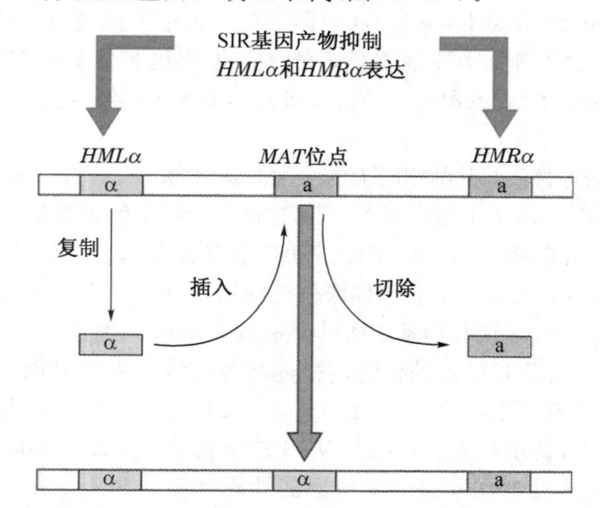

图 12－14　酿酒酵母在交配类型转换过程中发生的基因重排

交配型的转换首先需要一种 HO 内切酶在 *MAT* 座次上切开 DNA 双链，通过这种方式产生的双链断裂被细胞内的 DNA 修复系统视为一种损伤，在细胞内类似于同源双链断裂修复系统的作用下，*HMLα* 或 *HMRa* 作为修复的模板，但模板的选择并不是随机的，选中的模板总是与 *MAT* 座次上原有的交配型基因相反。

三、基因丢失

某些生物在细胞分化时，可以通过基因丢失将不需要表达的基因选择性地抛弃，而留下表达的基因。例如，马蛔虫的一个变种，当个体发育到一定阶段，在那些将要分化为体细胞的细胞中，染色体破裂为碎片，其中含有着丝粒的部分在细胞分裂中保留，不具有着丝粒的部分连同所带的基因则在分裂中丢失，而那些形成生殖细胞的细胞不会发生染色体的断裂和丢失现象。

四、DNA 甲基化

DNA 甲基化是一种复制后加工反应。细菌、古菌和真核生物的 DNA 都能进行甲基化修饰，但真核生物的甲基化位点和甲基化的功能与细菌和古菌完全不同。

真核生物的 DNA 甲基化主要发生在哺乳动物和植物体内，酵母、线虫和果蝇几乎不发生甲基化。甲基化位点主要是 CpG 二核苷酸（少数是 CpNpG 三核苷酸序列）中的 C，甲基供体为 SAM，由 DNA 甲基化酶（DNA methylase）或 DNA 甲基转移酶（DNA methyltransferase，DNMT）催化。C 被甲基化后成为 5-甲基胞嘧啶。

CpG 序列在基因组中的分布并不均一，它们通常成簇存在，形成所谓的 CpG 岛（CpG island）。每一个 CpG 岛长度在 1 kb～2 kb 左右，内有多个 CG 序列，通常位于基因的启动子附近或内部，并有可能延伸到基因的第一个外显子。据估计，哺乳动物的基因组 CpG 序列的 60%～90%可发生甲基化。

甲基化与基因表达有关，这是产生表观遗传的另外一种方式：活性基因的 CpG 岛一般处于去甲基化状态，非活性基因的 CpG 岛处于甲基化状态。管家基因的 CpG 岛在所有的细胞都呈去甲基化状态，而组织特异性基因的 CpG 岛只是在表达它的细胞才处于去甲基化状态。

甲基化导致基因转录活性的丧失有三种可能的机制（图 12-15）：(1) 甲基化直接阻止了对甲基化敏感的转录因子（如 Ap-2、E2F 和 NF-kB）和 RNAPⅡ与启动子的结合，从而导致转录不能进行。(2) 甲基化 CpG 结合蛋白（methyl CpG binding protein，MBD）与甲基化位点结合，致使转录无法进行。已发现的 MBD 主要包括 MBD1、MBD2、MBD3、MBD4 和 MeCP2。这些 MBD 在与甲基化位点结合以后的作用方式主要有两种，一是通过阻止转录因子和 RNAPⅡ的结合而使转录无法起动；二是通过将其他转录阻遏蛋白（如 Sin3 和 HDAC）招募到启动子周围而阻止基因的转录。在这几种 MBD 中，研究得最深入的要算是 MeCP2。已发现，MeCP2 是神经细胞正常功能所必需的，对于中枢神经系统的成熟和突触形成十分重要，因为它在神经细胞内可影响到多个与神经突触功能相关基因的表达，从而间接地对神经突触功能产生重要影响。研究表明，当 MeCP2 基因因缺失突变而丧失功能时，可导致瑞特综合征（Rett syndrome）；而当 MeCP2 的基因拷贝数异常增多时，却又会导致男性患上 MeCP2 倍增综合征（MeCP2 duplication syndrome）。由此可见，体内 MeCP2 的表达量如同一座天平，必须保持着精妙的平衡，无论过多或者过少，都会导致神经系统功能的异常。瑞特综合征是一种神经系统发育异常性疾病，主要累及女孩。其临床主要特征表现为：出生后 6～18 个月生长发育基本正常，但随后会出现神经发育停滞或倒退，丧失已获得的技能（如手的功能、语言等），头围增长缓慢，呼吸异常，出现手的刻板动作，伴有孤独症样行为。MeCP2 倍增综合征（MeCP2 duplication syndrome）患者具有严重自闭症症状。2016 年 1 月 26 日，中科院上海生命科学研究院神

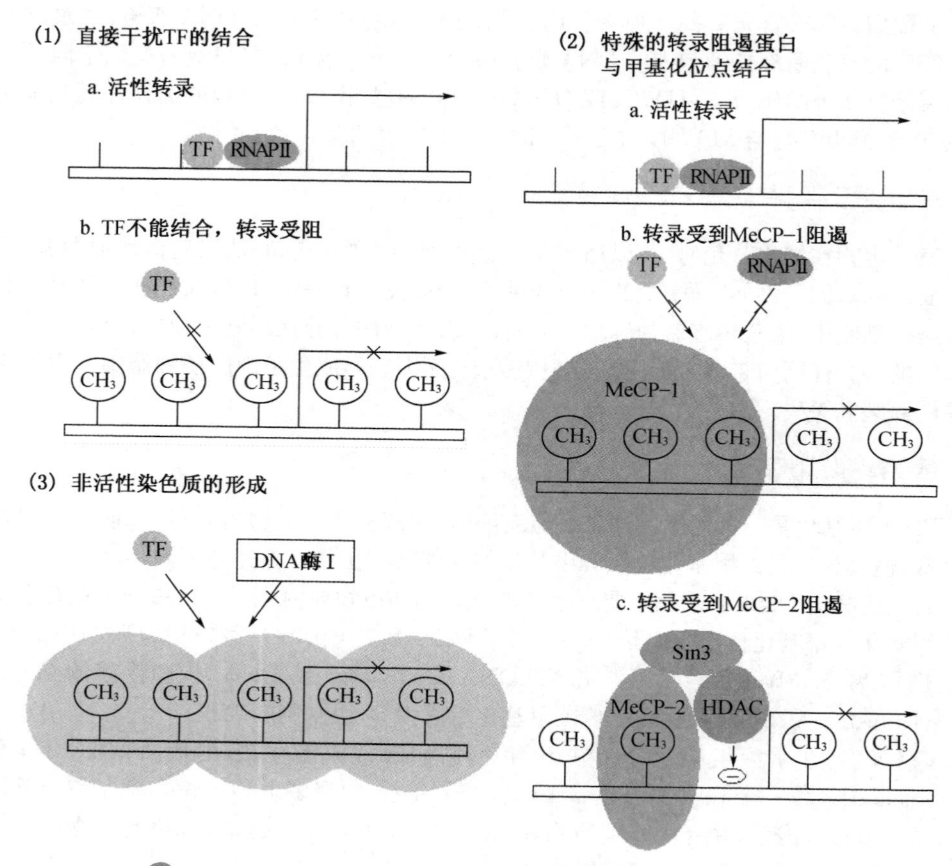

图 12-15 DNA 甲基化导致基因转录活性丧失的三种可能机制

经科学研究所仇子龙等人，在 *Nature* 上发表题为"Autism-like behaviors and germline transmission in transgenic monkeys overexpressing MeCP2"的论文，报道了他们成功培育出过量表达人类 MeCP2 的转基因猴，并且通过分子生物学与动物行为学分析，发现这种转基因猴表现出类似人类自闭症的刻板与社交障碍等行为。(3) DNA 甲基化改变了染色质结构，致使甲基化周围的染色质成为无转录活性的异染色质。这可能是 MBD 将 HDAC 和促进染色质浓缩的重塑因子招募到修饰位点附近引起的。

5-氮杂胞苷(5-azacytidine)是胞苷的类似物，在细胞内可经补救途径转变成 5-氮杂脱氧胞苷三磷酸(5-aza-dCTP)，后者可代替脱氧胞苷酸参入到新合成的 DNA 链上，但却不能被甲基化修饰。经过 5-氮杂胞苷处理的成纤维细胞可转化成肌细胞，这可能是因为参入到 DNA 分子中的 5-氮杂胞苷酸不能被甲基化，从而导致以前因甲基化不能表达的基因现在表达了，而表达的基因产物足以驱动成纤维细胞向肌细胞的分化。

甲基化样式是可遗传的，它关系到某一物种一些特殊表型的产生(参看 DNA 印记)。此外，甲基化样式具有组织特异性，这与组织特异性去甲基化酶有关系。

已发现多种疾病与 CpG 岛甲基化异常有关。例如脆性 X 综合征(Fragile X syndrome)，此类病人的 *FMR1* 基因不但启动子序列发生甲基化，而且 5′-UTR 也发生甲基化。

癌症的发生经常涉及 CpG 岛甲基化水平提高，从而导致某些重要基因(如抑癌基因和 DNA 修复基因)的失活。例如，参与错配修复的 *MLH1* 基因在启动子过度甲基化，而不能表达。*MLH1* 的失活似乎能够解释子宫内膜癌在微卫星 DNA 上不稳定的表型。再如，还有证据表明，DAP 激酶基因的甲基化与非小细胞肺癌(non-small-cell lung carcinoma)的发生有紧密的关系。

有时候，CpG 岛甲基化程度下降可能让原癌基因表达提高，甚至能够导致染色体的不稳定和反转位子的激活。这两种情况均可以导致癌症的发生。因此，DNA 甲基化样式的变化已作为癌症发生的一种早期信号。

Quiz7 与其他二聚核苷酸序列相比，真核生物基因组上的 CG 序列更容易发生突变。为什么？

DNA 甲基化除了可以发生在 CpG 岛上以外，近几年来在许多基因转录起始点的下游，即在基因的内部或基因的本体上也发现有 DNA 甲基化修饰。但与发生在基因启动子上的甲基化不同的是，发生在拟南芥和哺乳动物基因本体内的甲基化水平跟基因转录活性呈正相关。事实上，人体细胞内的 DNA 甲基化更多地被发现在基因的本体，而不是在启动子上。这样的发现似乎表明 DNA 甲基化有新的通用的功能。而且，基因转录延伸的一大标记 H3K36me3 通常被发现与基因本体的高度甲基化修饰有关联。这种组蛋白修饰主要是由 SETD2 组蛋白甲基转移酶催化的。此组蛋白甲基转移酶在转录延伸的时候，与高度磷酸化的 RNAPⅡ形成复合物。基因本体内发生的甲基化修饰的功能目前还不清楚，可能在于抑制异常的转录起始。

Box 12－1　DNA 的第六个碱基

众所周知，DNA 含有四个标准的碱基，即 G、A、T 和 C。虽然有时 U 也可能出现在 DNA 分子之中，但它一般被视为 DNA 的一种损伤，很容易被细胞内的 BER 系统修复。

然而，在 20 世纪 80 年代，衍生于 C 的 5－甲基胞嘧啶(m^5C)被发现，并在十多年后被确认为产生表观遗传的主要原因，即根据机体每一个组织的生理需要，打开或关闭基因的表达。基于此，很多分子生物学家将这种甲基化的 C 称为 DNA 的第五个碱基。

近几年以来，已发现甲基化 C 的异常可导致许多疾病包括癌症的发生，这激发了人们对 DNA 的这第五个碱基的兴趣。

图 12－16　m^6A 的结构式

然而，根据 2015 年 5 月 7 日由巴塞罗那大学 Manel Esteller 等人发表在 *Cell* 上一篇题为“An Adenine Code forh DNA: A Second Life for N6－Methyladenine”综述论文，以及三篇题目分别是“N6－methyldeoxyadenosine marks active transcription start sites in Chlamydomonas”、“DNA Methylation on N6－Adenine in C. elegans”和“N6－Methyladenine DNA Modification in Drosophila”的研究论文，DNA 分子中还可能存在第六个碱基，这第六个碱基就是 N－6 甲基腺嘌呤(m^6A)(图 12－16)。

长期以来，人们一直认为，这种甲基化的 A 存在于真核生物许多 mRNA 分子之中，作为一种转录后加工的产物，同时还存在于离我们亲缘关系较远的细菌基因组内，在由限制性内切酶和甲基化酶构成的限制—修饰系统中起着保护外来遗传物质的插入作用，以及参与调节细菌 DNA 复制的起始、细菌错配修复系统新老链的识别和细菌基因转录的启动。

Cell 发表的这三篇研究论文的结果显示，在使用高度敏感的甲基化序列分析手段以后，确定了真核细胞包括藻类、线虫和果蝇等的 DNA 也有这种甲基化的 A，不过它的作用是调节某些基因的表达，特别是在干细胞内和早期发育时基因的表达，于是构成了新的表观遗传标记。

Fu 和他的团队以一种单细胞绿藻——衣藻(Chlamydomonas)作为研究对象，发现 84% 的基因在转录起点周围的 ApT 序列中的 A 发生了甲基化，标记为活性基因与核小体相联系；Greer 等人则在秀丽隐杆线虫基因组 DNA 上发现有 6－甲基 A，并发现了分别催化 A 甲基化和去甲基化的甲基转移酶和去甲基化酶。甲基化的 A 与组蛋白 H3 的一种甲基化修饰——H3K4me 在功能上有交叉，并在跨代遗传上有一定作用；张等人研究对象则是果蝇,发现在果蝇胚胎发育过程中,其基因组上A的甲基化呈动态的变化,其受到一种DNA甲基化A去甲基化酶(DNA Methyl Adenosine Demethylase,DMAD)的调节。此酶是果蝇发育必需的,它主要是去除转座子内甲基化的A,可能用来抑制其在卵巢细胞中的活性。

这种甲基化的A从简单的单细胞生物到差别很大的多细胞生物线虫和果蝇的基因组中都有分布,这说明了它在真核生物基因组中存在的普遍性以及在真核生物的基因组DNA上可能作为一种新的潜在的表观遗传标记,这为分子生物学和化学生物学开拓了新的领域。

五、DNA 印记

就许多真核生物的某些基因而言,在一个发育的个体之中,两个等位基因中只有一个表达,而哪一个被表达是由亲代决定的:有的是来自父本的基因才能表达,如类胰岛素生长因子2(insulin-like growth factor 2, IGF-2)基因,有的是来自母本的基因才表达。这种由亲代决定的等位基因选择性表达的现象称为印记。印记的手段是甲基化,不表达的等位基因的CpG岛上的C被甲基化,表达的等位基因的CpG岛上的C没有发生甲基化(见后面绝缘子部分的内容)。

在配子形成(gametogenesis)时期,许多基因就开始以性别特异性的方式进行甲基化反应,性别特异性的甲基化导致胚胎内来自不同亲本的等位基因的区别表达。

虽然在胚胎发育的早期,生殖细胞内的甲基化样式需要重新设定,其间会经历一波又一波的去甲基化和再甲基化反应,但这并不影响到印记基因的甲基化。有关去甲基化的反应机制还不完全清楚,但此过程似乎受到DNA脱氨酶(DNA deaminase)催化的脱氨基反应的调节。在甲基化的C脱氨基变成U以后,原来的GC碱基对变成了GT碱基对。此错配的碱基对可被修复系统修复,重新合成的C是没有甲基化的。

在个体发育的整个阶段,由于组织特异性甲基化酶的作用,不同类型的细胞其甲基化样式会发生改变,但被印记的基因始终得到维持,这要归功于细胞内一种维持甲基化酶(maintenance methylasse)的作用(图12-17)。

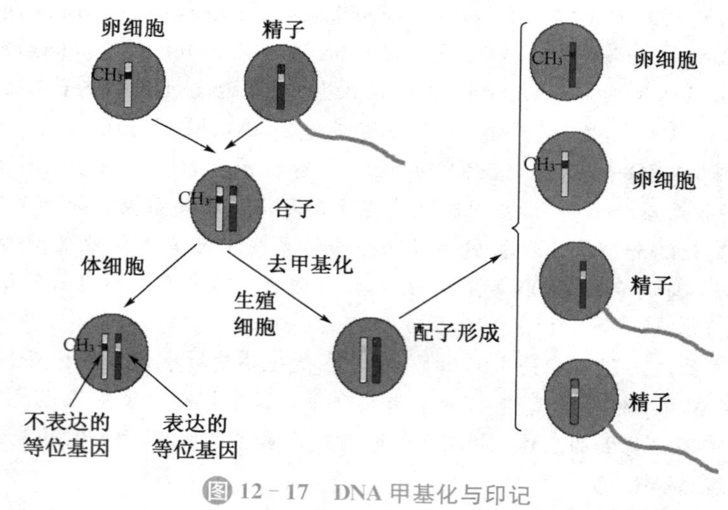

图12-17 DNA甲基化与印记

Box 12-2 父亲吃啥可通过DNA甲基化影响到你!

心理学家弗洛伊德把一切都归于母亲,这显然有点夸大其词,但早期的表观遗传学研究似乎提供了某些证据。现在又有证据表明,父亲的饮食习惯也能影响到后代的健康。

根据2013年12月由加拿大McGill大学的Sarah Kimmins等人发布在*Nature Communications*的研究报告，父亲不健康的饮食习惯可对后代的发育和成长带来不利的影响。他们以小鼠作为实验的对象，将两组雄性小鼠分别喂食富含叶酸和缺乏叶酸的食物，结果发现：对于食用缺乏叶酸食物的雄性小鼠而言，它们的后代在出生的时候更可能表现有缺陷，如颅面和肌肉骨骼等方面的异常，出生缺陷率增加超过30%。全基因组水平的DNA甲基化分析，显示了两组小鼠的在精子的表观基因组(epigenome)上的差别，包括许多参与发育的基因，如中枢神经系统发育、生殖系统发育、脾脏发育、消化道形态发生和肌肉组织形成的调节等，以及与多种疾病发生有关的基因，如癌症、糖尿病、自身免疫性疾病、自闭症和精神分裂等，这些基因的甲基化程度在两组小鼠的精子内是有差别的。

为了确定有多少个表观遗传标记从父本传给了子代，他们比较了这两组雄性小鼠子代的胎盘组织内的基因表达，发现有380个基因呈差异表达。从中，他们选择了39个表达差异最大的基因做进一步的分析鉴定，发现有21个参与基因表达和细胞信号转导的调节，但只有2个基因的表达差异与甲基化的不同有关，而且这种甲基化的差别可追溯到两组小鼠精子的表观基因组上。这两个基因一个是与细胞周期调控有关的*Cav1*，另一个是在胎盘组织中高表达的与细胞内环境稳定有关的*Txndc16*。这就说明了，父亲因为饮食习惯引起的表观基因组变化可传给后代，并对后代的健康带来影响。

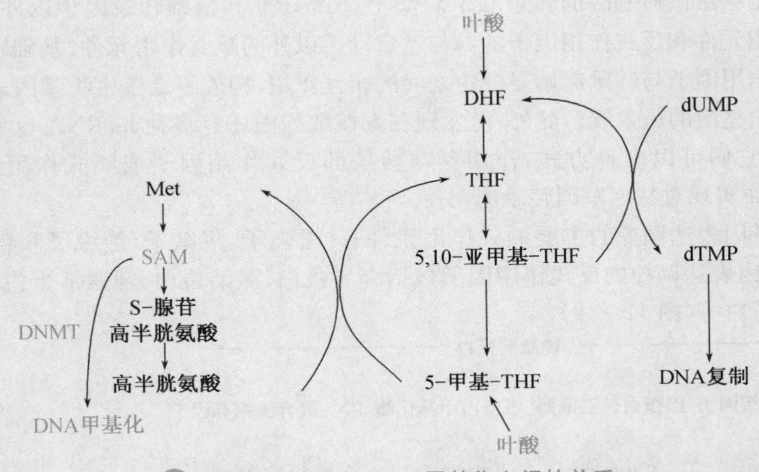

图12-18　叶酸与DNA甲基化之间的关系

食物中叶酸的含量之所以能够影响到基因组的甲基化水平，是因为叶酸作为一种动物不能自己合成的维生素，在体内充当一碳单位的载体，不仅参与到DNA复制的原料核苷酸的从头合成，而且对于维持DNA甲基化的供体的循环供应十分重要(图12-18)。尽管叶酸已被广泛添加到各种食物中，但高脂肪和垃圾食品的摄入会影响到机体对叶酸的利用，从而影响到精子形成过程中表观印记的形成，进而对后代造成影响。因此，还没有生育的男人们小心了：为了你们后代的健康，早日养成健康的饮食习惯吧！

六、多个启动子的选择性使用

真核生物的很多基因不止一个启动子，在转录的时刻可选用不同的启动子。启动子的可变使用一般具有不同发育阶段的特异性或组织特异性，即在不同的发育阶段或者在不同类型的组织细胞中使用不同的启动子，从而导致一个基因可以编码出不同的mRNA。据估计，人和小鼠超过一半以上的基因具有选择性启动子。例如，哺乳动物编码翻译延伸因子eEF1A和编码血红蛋白γA的基因，在胚胎发育期间和在胚胎发育之后分别使用无TATA盒和含有TATA盒的启动子来驱动转录。再如，编码羟色胺3型受体B亚基的基因有两个不同的启动子，分别在外周神经系统和中枢神经系统中使用。

同一个基因受不同启动子驱动而转录出来的 mRNA 可能具有不同的 5′- UTR,也可能具有不同的 ORF,它们经过翻译可产生不同性质或功能的蛋白质产物。真核生物通过这种方式可以提高一个基因的编码能力,以此增加蛋白质的多样性。例如,人谷胱甘肽还原酶的基因具有两个启动子,这两个启动子分别指导定位于细胞质基质和线粒体的谷胱甘肽还原酶的合成。后者的启动子在前者的上游。显然,上游启动子转录出来的 mRNA 要比下游启动子转录出来的 mRNA 要长。分析它们的核苷酸序列以后发现,长 mRNA 的起始密码子位置前移,因而会多翻译一段指导进入线粒体的导肽序列。有时,两个启动子一个驱动转录出来的 mRNA 是有功能的,另一个是没有功能的。例如,哺乳动物细胞内二氢叶酸还原酶(DHFR)就有 2 个启动子。在细胞不断分裂的时候,位于后面的启动子负责转录 99%以上的 mRNA,这些 mRNA 可翻译出有活性的 DHFR;若细胞停止分裂,前一个启动子便负责驱动大多数 mRNA 的转录,但这样转录出来的 mRNA 非全长的 mRNA,往往转录出后面的启动子序列以后就停止了,显然这样转录出来的 mRNA 是翻译不出有功能的 DHFR 的。

Quiz8 迄今为止,你掌握了哪些让一个基因编码不止一种多肽或者蛋白质的机制?

第三节　在转录水平上的基因表达调控

真核生物蛋白质基因的转录除了启动子、RNAPⅡ和基础转录因子以外,还需要其他顺式作用元件和反式作用因子的参与。启动子以外的顺式作用元件、基础转录因子以外的反式作用因子与转录起始复合物之间的相互作用,构成了真核生物基因表达调控的一道复杂而亮丽的风景线。此外,已发现在真核细胞内还有多种 lncRNA 也参与转录水平的调控,它们可以多种方式,作用参与转录的反式作用因子或顺式作用元件,甚至 RNAP,从而实现对特定基因转录的调控。

参与基因表达调控的主要顺式作用元件有:增强子、沉默子、绝缘子和各种反应元件;参与基因表达调控的反式作用因子包括介导蛋白、激活蛋白、辅激活蛋白、阻遏蛋白和辅阻遏蛋白等(图 12-19)。

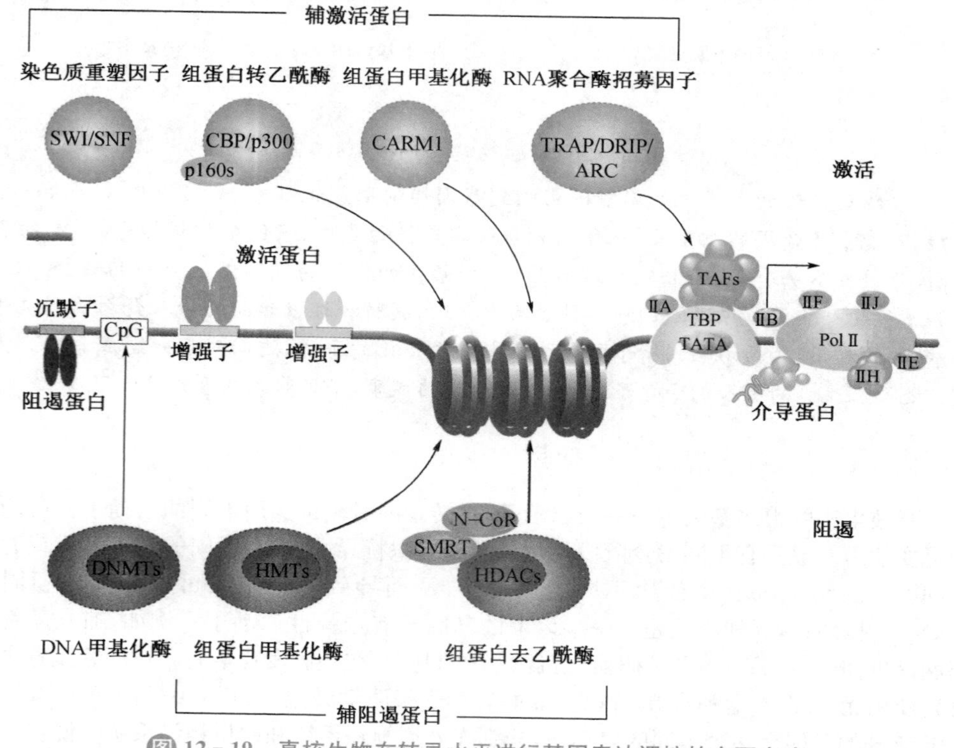

图 12-19　真核生物在转录水平进行基因表达调控的主要方式

激活蛋白与增强子结合激活基因的表达，但可能需要辅激活蛋白才能起作用。介导蛋白则是激活蛋白和辅激活蛋白作用预转录起始复合物的“跳板”或“纽带”；阻遏蛋白与沉默子结合，抑制基因的表达，但可能需要辅阻遏蛋白才能起作用。某些转录因子既可以作为激活蛋白也可以作为阻遏蛋白起作用，究竟是起何种作用取决于被调节的基因。辅激活蛋白缺乏 DNA 结合位点，但它们能够通过蛋白质与蛋白质的相互作用而行使功能，作用方式包括：招募其他激活蛋白、组蛋白修饰酶（如 HAT）和染色质重塑因子（如 Swi/Snf）到转录复合物而协助激活蛋白激活基因的转录；辅阻遏蛋白也缺乏 DNA 结合位点，但同样通过蛋白质与蛋白质的相互作用而起作用，作用机理包括：掩盖激活蛋白的激活位点、作为负别构效应物和携带去修饰酶（如 HDAC）去中和修饰酶的活性。

一、顺式作用元件

（一）增强子

增强子可视为真核生物最重要的顺式调控元件，它作为激活蛋白的结合位点，在激活基因表达过程中起着不可替代的作用。因为核小体的存在，体积庞大的 TFⅡD 和 RNAPⅡ很难与启动子结合。然而，激活蛋白具有简单、有限的 DNA 结合位点，通过这些结合位点与增强子的结合，可“扰乱”局部的染色质结构，从而暴露出一个基因的启动子或一个基因的调节位点，为基因表达铺平道路。

与启动子不同的是，增强子的作用具有以下特性：① 与距离无关——既可以在距离基因很近的地方，也可以在很远的地方发挥作用；② 与方向无关——相对于基因的方向可随意改变而不影响其作用效率；③ 与位置无关——既可以在基因的上游也可以在基因的下游，甚至可以在基因的内部发挥作用；④ 一般对临近的基因作用最强；⑤ 有的增强子或沉默子具有组织特异性。

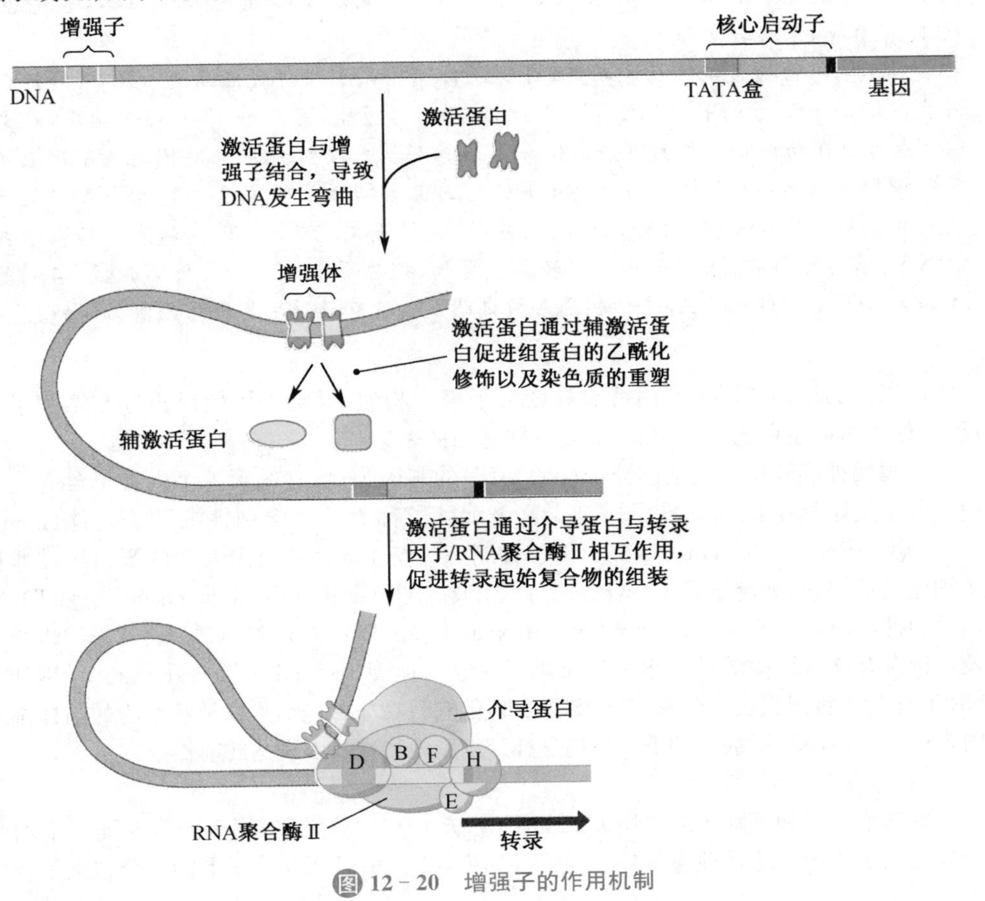

图 12－20　增强子的作用机制

为了解释增强子如何能够在距离启动子很远的地方起作用,有人提出了环出模型(looping-out model)。该模型认为,增强子在作用的时候,位于启动子与增强子之间的碱基序列会以环的形式突出来,而与增强子结合的激活蛋白就通过辅激活蛋白,与基础转录因子和RNAPⅡ相互作用,促进RNAPⅡ、转录因子与启动子的结合,从而促进基因的转录(图12-20)。

在一个基因的表达受激活的时候,一系列的激活蛋白和辅激活蛋白被招募到它的增强子上,形成一种高度有序的增强子与蛋白质的三维复合物,此复合物称为增强体(enhanceosome)。增强体的组装具有协同性,它通过激活蛋白与增强子的结合,将组蛋白修饰酶、染色质重塑因子和基础转录因子有序地招募到启动子的周围,从而激活基因的表达。

Box 12-3 增强子RNA

RNA总是不断地给人们带来惊喜!下面要介绍的是一类与增强子有关的RNA,就是增强子RNA(enhancer RNA, eRNA)。它们是在真核生物的增强子区域转录产生的一类非编码RNA,早在2010年就被人发现。以小鼠为例,根据基因组范围的RNA测序(RNA-seq)和染色质免疫沉淀测序(ChIP-seq)的结果,其神经元中约12 000个增强子有近25%可在RNAPⅡ的催化下,产生eRNA。

根据大小、有无多聚A尾巴和转录的方向,eRNA可分为单向转录的1D eRNA和双向转录的2D eRNA。其中2D eRNA较短,长度为500 nt~2 000 nt,缺乏多聚A尾巴,而1D eRNA较长,长度>4 000 nt,一般有多聚A尾巴。在转录以后,大多数eRNA会留在细胞核,由于非常不稳定,很快会被水解。

eRNA的转录可能是因为增强子在作用的时候,直接将RNAPⅡ和基础转录因子招募到它的附近,形成了转录预起始复合物。产生1D eRNA的增强子所在的染色质的H3K4me1/me3比率较低;相反,产生2D eRNA的增强子所在的染色质的H3K4me1/me3比率较高。

对于eRNA可能的生物学功能,目前还存在争议。一种观点认为,eRNA是随机发生在增强子附近的转录"噪音",因此没有任何功能;另外一种观点却相反,认为eRNA可以在局部将一些调节蛋白招募到eRNA合成的地方,从而对附近的基因表达举行调控。例如,周期蛋白D1(cyclin D1)基因上游增强子转录产生的eRNA可能充当一种接头分子,将组蛋白转乙酰酶招募过来,促进周期蛋白D1的转录。如果这些eRNA缺乏,则周期蛋白D1就不能转录。再如,抑癌蛋白p53在作用的时候,与增强子结合可产生一种eRNA,这种eRNA被证明是p53有效作用其靶基因所必需的。

(二)沉默子

沉默子的结构特征和作用特点与增强子极为相似,只是作用效果正好与增强子相反,它作为阻遏蛋白的结合位点,抑制特殊基因的表达。

以鸡的神经胶质细胞粘连分子(NgCAM)的基因为例,它的第一个内含子含有一个由5段重复序列组成的沉默子序列。这个沉默子称为神经限制性沉默子元件(neural restrictive silencer element, NRSE),能够抑制一些仅在神经系统内表达的蛋白质在非神经细胞内的表达,如突触素Ⅰ(synapsin Ⅰ)、Ⅱ型钠离子通道(sodium ion channel type Ⅱ)、脑衍生的神经营养因子(brain derived neurotrophic factor, BDNF)和Ng-CAM。其作用机制涉及一种含有锌指结构的神经限制性沉默子因子(neural restrictive silencer factor, NRSF)。NRSF作为一种阻遏蛋白能够与NRSE结合,但它只在非神经细胞或神经细胞的前体细胞内表达。于是,NRSF表达的下调可能是神经细胞内特殊基因表达的前提。

(三)绝缘子

既然增强子和沉默子的作用方式与距离、方向和位置无关,那么如何保证一个增强子或沉默子作用的选择性或特异性呢?要知道在同一个DNA分子上的一个增强子或沉默子的前后有多个不同的基因！因此，真核生物的基因组必须具备某种机制，能对一个增强子或沉默子的作用产生一定的限制。

实际上，在绝大多数真核生物的基因组 DNA 上，无论是酵母还是人类，都散布着一类叫绝缘子的顺式作用元件，该元件在被特定的蛋白质识别并结合以后，就可以对一个增强子或沉默子所能作用的基因产生限制。绝缘子对基因表达的影响可通过两种方式进行：(1) 在与特定的蛋白质结合以后，再与细胞核内其他的一些蛋白质一起，如粘连蛋白(cohesin)，将整个基因组 DNA 组装成多个相对独立的结构域，每一个结构域中的 DNA 以环的形式突出在外，从而在基因组上产生一个个相对独立的转录活性区或无活性区，进而对全局的基因转录产生影响。绝缘子作用的这种方式，还可以在基因组上转录活性区和非活性区之间产生边界，以防止激活或阻遏扩散到相邻的基因；(2) 直接参与某一个基因的转录调控，赋予一个增强子或沉默子作用的特异性(图 12－21)。就这种方式而言，绝缘子刚好位于启动子与增强子或沉默子之间，其作用只是不让其他调控元件对特定基因的表达产生影响。如果位于一个启动子与一个增强子或沉默子之间，绝缘子就可阻断增强子或沉默子对其下游基因转录的激活或抑制，但它并不干扰启动子的功能。如果它位于一个增强子或沉默子的上游，对这个增强子或沉默子的作用就无影响。绝缘子作用的这种方式也与形成环结构有关，不过绝缘子作用形成的环可阻止增强子或沉默子与特定基因作用时所需要形成的环，这样也就保障了增强子和沉默子作用的特异性。

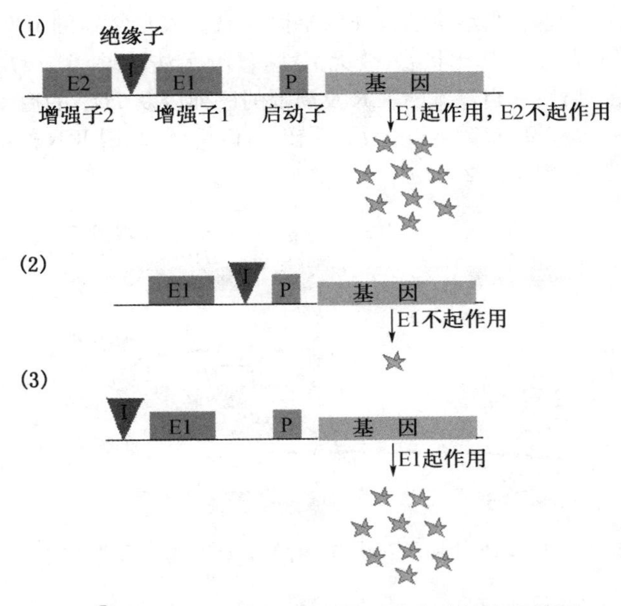

图 12－21　绝缘子作用的一种方式的分子模型

以广泛存在于脊椎动物基因组上的一个绝缘子为例，其一致序列是 CCGCGNGGNGGCAG，识别并结合它的是 CCCTC 结合因子(CCCTC-binding factor，CTCF)，但若里面的 CpG 序列中的 C 发生甲基化修饰，将会阻止 CTCF 的识别和结合。据估计，人类基因组含有 15 000～40 000 个有活性的 CTCF 结合位点，不同类型的细胞会有差别。CTCF 是一种含有锌指模体结构的蛋白质，两个 CTCF 分子可以形成同源二聚体。若结合在两个不同位点上的 CTCF 之间形成二聚体，就会导致两个结合位点之间的 DNA 成环(图 12－22)。已发现，在人类胚胎干细胞的基因组 DNA 上，由 CTCF 组装了约 13 000 个相对独立的环结构。这些环结构的形成使得与 CTCF 相关的绝缘子能够以上述两种方式作用。

CTCF 在与绝缘子结合以后主要以第一种方式起作用，即通过两个 CTCF 形成二聚体

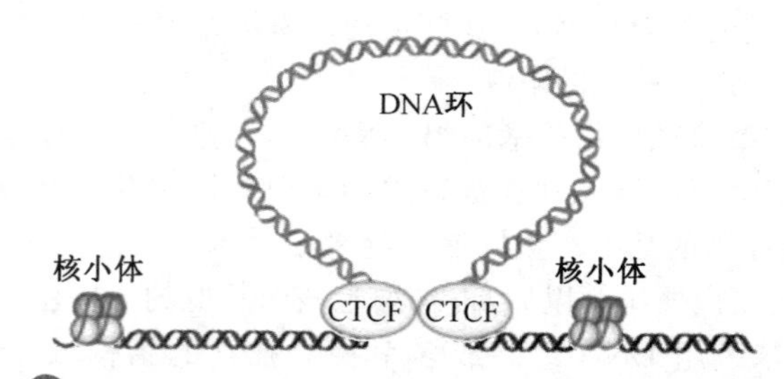

图 12-22　CTCF 形成二聚体导致基因组 DNA 成环

构建多个相对独立的染色质环结构，确定有活性染色质和无活性染色质的边界，从而在整个基因组水平上调节基因的表达。此外，CTCF 还可以在与某些区域的绝缘子结合以后，影响到一个增强子或沉默子作用的特异性，从而直接调节该区域的某一个基因的表达。

以小鼠为例，其基因组上的印记控制区域(imprinting control region, ICR)含有一个被 CTCF 识别的绝缘子，它参与调节 *Igf*2 和 *H*19 基因的转录。*Igf*2 编码的是 IGF2，*H*19 编码的是一种对体重和细胞分裂有负调节作用的 lnc RNA。这两个基因的转录受到 *H*19 下游的同一个增强子的激活。*Igf*2 和 *H*19 相距约 90 kb，但只有来自父本的 *Igf*2 和来自母本的 *H*19 才具有转录的活性。这是为什么呢？原来是因为：ICR 位于 *Igf*2 和 *H*19 之间，靠近 *H*19，但只有非甲基化的 ICR 才能与 CTCF 结合，而结合 CTCF 的 ICR 才能阻断增强子去刺激绝缘子以外的基因转录。来自父本的 ICR 及周围的序列以及 *H*19 的启动子均处于甲基化状态，故无活性，*H*19 无法转录，但 *Igf*2 却受到增强子的激活而具有转录的活性；来自母本的 ICR 及周围的序列以及 *H*19 的启动子处于去甲基化状态，因而有活性，*H*19 受到增强子的激活而转录，但 *Igf*2 却因 ICR 的绝缘得不到增强子的激活而无转录活性(图 12-23)。

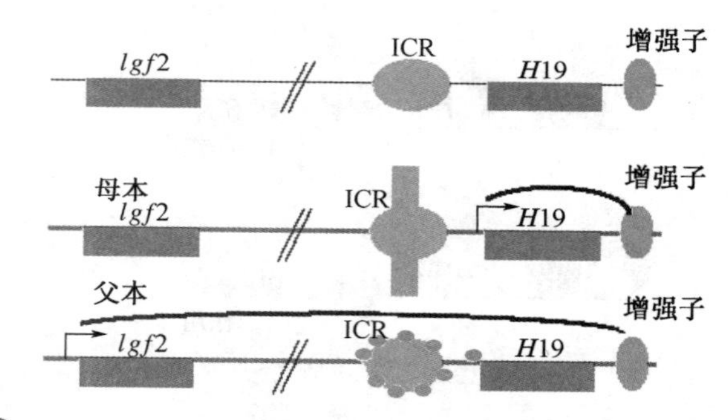

图 12-23　ICR 绝缘子对小鼠 *Igf*2 和 *H*19 基因表达的控制

由此可见，绝缘子还可参与 DNA 印记：来自父本和母本的绝缘子一个甲基化，一个非甲基化，只有非甲基化的绝缘子才能够与特定的蛋白质结合，产生"绝缘"的效果。

Quiz9 你能利用 DNA 印记来解释哺乳动物为什么不能进行孤雌生殖？

(四) 反应元件

反应元件(response element)是细胞为了应对各种信号刺激做出反应而存在于 DNA 分子上特殊的碱基序列。这些特殊的序列存在于某些基因的上游，与增强子、沉默子和启动子一起调节它下游基因的表达。常见的反应元件有：激素反应元件(HRE)、热休克反应元件(heat shock response element, HSE)、金属反应元件(metal response element, MRE)、血清反应元件(serum-response element, SRE)和 cAMP 反应元件(CRE)等，其中激素反应元件实际上是脂溶性激素反应元件，它又有各种不同类型，分别对不同的脂溶性激素做出反应，如糖皮质激素反应元件(GRE)、雌激素反应元件(ERE)和甲状腺素反应元件(TRE)等。某些水溶性激素通过 CRE 起作用。

反应元件的存在可以使细胞能够协同调节一些在空间上分离的基因的表达。

二、转录因子

转录因子是泛指除 RNAP 以外的一系列参与 DNA 转录和转录调节的蛋白质因子，分为基础转录因子和调节性转录因子，其中基础转录因子专指从核心启动子开始进行精确转录所必需的一组最低数量的蛋白质的总称，其他转录因子参与转录的调节，因此属于调节性转录因子。

需要注意的是，并不是所有的转录因子都能够与 DNA 结合，也不是所有的转录因子都是激活基因的转录。

（一）转录因子的鉴别、分离和活性测定

使用 DNA 重组、测序和突变等技术可以确定一种新的顺式作用元件，而分离与一种新的顺式元件结合的转录因子最有效的方法之一是序列特异性 DNA 亲和层析(sequence-specific DNA affinity chromatography)，其主要步骤包括：(1) 人工合成含有多个拷贝特异性顺式作用元件的长链 DNA；(2) 将合成的 DNA 分子偶联到合适的固相载体上；(3) 在低盐(100 mmol/L KCl)条件下，将部分纯化的含有目标转录因子的核抽取物上柱，然后让数倍体积的低盐缓冲溶液流过层析柱，以洗脱不能结合的蛋白；(4) 再用含有 300 mmol/L KCl 的缓冲溶液洗柱，以洗脱与顺式作用元件呈低亲和性结合的蛋白质；(5) 最后用高盐(1 mol/L KCl)缓冲溶液洗脱想要的转录因子。

除上述方法以外，电泳迁移滞后分析(electrophoretic mobility shift assay, EMSA)、DNA 酶Ⅰ足印法和染色质免疫沉淀(ChIP)，也可用来鉴别和分析与特定序列结合的转录因子。其中前一种方法的原理是转录因子与特定序列的结合，可减缓凝胶上结合有蛋白质的 DNA 片段的泳动速度，而导致相应电泳条带的滞后，后两种方法参分别参看第七章 RNA 生物合成有关细菌基因启动子的鉴定，以及第十三章分子生物学方法。

为了测定得到的转录因子的活性，可使用含有已知顺式作用元件和报告基因(reporter gene)的共转录系统或酵母双杂交系统(详见第十三章　分子生物学方法)。

（二）转录因子的结构与分类

到目前为止，已在不同的真核生物中发现 2 800 多种转录因子，编码它们的基因约占哺乳动物基因总数的 10%。大多数转录因子通常含有以下几种不同的结构域：(1) DNA 结合结构域(DNA-binding domain, DBD 或 BD)，直接与顺式作用元件结合的转录因子都有此结构域。转录因子一般使用此结构域之中的特殊 α-螺旋与顺式作用元件内的大沟接触，通过螺旋上由特殊氨基酸残基侧链基团提供的氢键供体或受体，与暴露在大沟中由特殊碱基对提供的氢键受体或供体之间形成的氢键，进行相互识别而产生特异性。许多转录因子在此结构域上还富含碱性氨基酸，这可能有利于它与 DNA 主链上带负电荷的磷酸基团发生作用；(2) 效应器结构域(effector domain)，这是转录因子调节转录效率(激活或阻遏)、产生效应的结构域；(3) 多聚化结构域(multimerization domain)，此结构域的存在使得转录因子之间能够组装成二聚体或多聚体(同源或异源)；(4) 还有的转录因子含有第四种所谓的信号感应结构域(signal sensing domain)，通过这种结构域，转录因子能够探测到外部特殊的信号，并将这种信号传递给转录复合物，从而改变特定基因的表达。例如，固醇类激素的受体就是具有这种结构域的转录因子。下面将集中介绍前两种结构域。

1. DNA 结合结构域

DNA 结合结构域一般会含有以下几种结构模体中的一种(图 12-24)：

(1) α-螺旋-转角-α-螺旋(helix-turn-helix, HTH)

这是第一个被确定的 DNA 结合模体。它最初发现在 λ 噬菌体的 Cro 蛋白，后来又在大肠杆菌的乳糖操纵子和色氨酸操纵子的阻遏蛋白以及 CAP 激活蛋白中发现。参与真核生物发育的同源异形结构域蛋白质(homeodomain protein)也有这种模体。

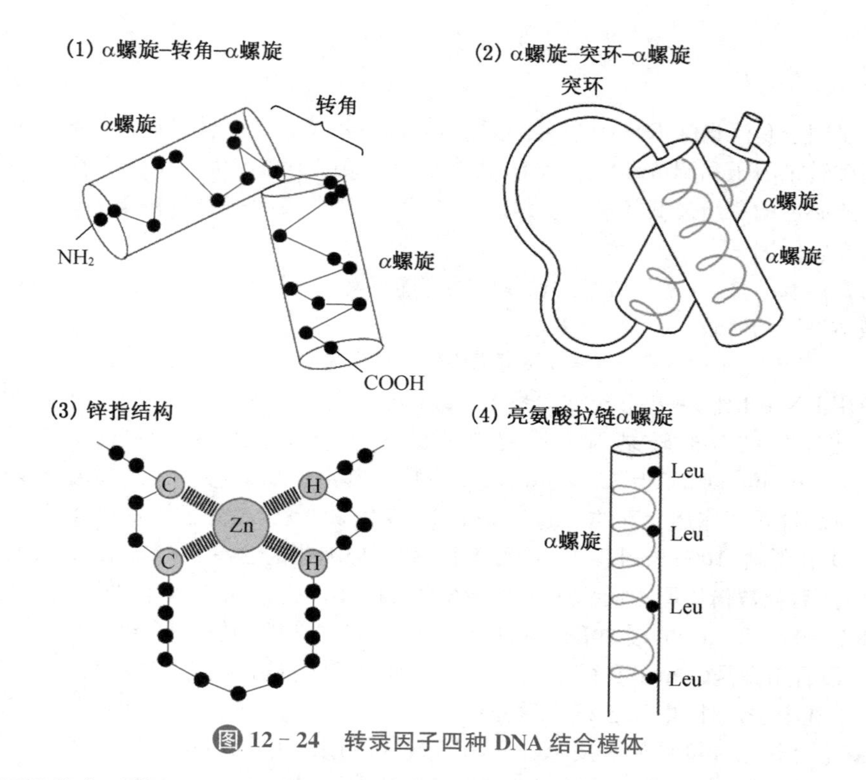

图 12-24 转录因子四种 DNA 结合模体

HTH 的主要特征包括:① 由约 20 个氨基酸残基组成。这些氨基酸残基形成两个短的 α-螺旋,以及一个位于螺旋之间的转角结构。螺旋长约 7～ 9 个氨基酸,转角由 4 个氨基酸残基组成,通常起始于 Gly 残基;② 两个 α-螺旋近乎垂直,其中有一个称为 DNA 识别螺旋(DNA recognition helix);③ 识别螺旋直接与 DNA 双螺旋的大沟接触,以识别和结合特异性的顺式作用元件,另外一个螺旋有助于识别螺旋在空间上采取合适的取向,从而有利于转录因子与 DNA 的结合。

(2) 碱性 α-螺旋-环- α-螺旋(basic helix-loop-helix,bHLH)

该模体由 2 段 α-螺旋和之间的突环构成,突环长度不等,含有 12～28 个氨基酸残基。两段 α-螺旋一小一大。小的具有两亲的性质,有利于两条肽链之间形成二聚体,大的位于 N 端,一般含有一簇碱性的氨基酸残基,由它负责识别并结合特殊的 DNA 序列。被结合的碱基序列称为 E 盒,其一致序列为具有回文性质的 CACGTG。含有这种模体的转录因子可通过两亲的小 α-螺旋在疏水面之间的相互作用,组装成同源或异源二聚体蛋白,而每个单体再通过大的 α-螺旋与 E 盒结合(图 12-25)。

许多 b-HLH 类转录因子参与真核生物的个体发育,它们通常分为两类:一类广泛表达,无组织特异性,如哺乳动物的 E12/E47,另一类具有组织特异性,如 MyoD、Myf5、肌细胞生成素(myogenin)和 MRF4 仅在肌细胞中表达。

(3) 锌指结构(Zinc finger)

该模体最初是在真核生物 RNAPⅢ的基础转录因子 TFⅢA 之中发现的。据估计,真核生物含有这种结构的转录因子最多,约占哺乳动物基因总数的 1%。

锌指结构的主要特征是:① 含有 Zn^{2+}。Zn^{2+} 与肽链上若干个含有孤对电子的氨基酸残基的侧链(His 或 Cys)有规律地配位结合。这种结合致使多肽链上一段相对短的序列以 Zn^{2+} 为中心,折叠成一种致密的指状结构;② 每一个锌指在 N 端部分形成 β-折叠,而在 C 端部分形成 α-螺旋,螺旋内的氨基酸序列缺乏保守性。Zn^{2+} 并不与 DNA 结合,但可稳固模体中的 α-螺旋结构,从而使其能伸入到 DNA 双螺旋的大沟内,以识别和结合特异性的顺式作用元件;③ 锌指的数目是可变的,例如 TFⅢA 有 9 个锌指,而 Sp1 有 3 个锌指。

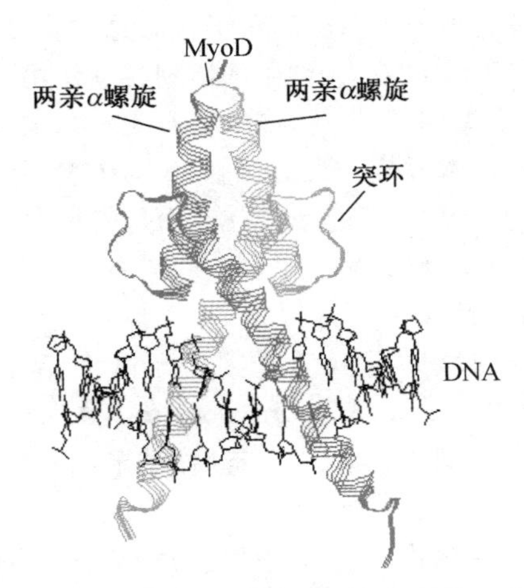

图 12-25　含有 α-螺旋-突环-α-螺旋结构域的 MyoD 与 DNA 的结合

到目前为止，已发现多种类型的锌指结构。但若仅根据 His 和 Cys 的数目和排序，主要有三类：第一类为 C_2H_2 锌指结构，以 TFⅢA 为代表。与 Zn^{2+} 配位结合的是 2 个 Cys 残基和 2 个 His 残基。这 4 个残基在空间上形成一个洞穴，恰好可容纳 1 个 Zn^{2+}，形似手指。由 α-螺旋与 DNA 结合，其一致序列为 $CX_{2-4}CX_3FX_5LX_2HX_{3-4}H$（X 为任何一种氨基酸残基）；第二类为 C_4 锌指结构，它以脂溶性激素的胞内受体为代表，与 Zn^{2+} 配位结合的是 4 个 Cys 残基，其一致序列为 $CX_2CX_{13}CX_2CX_{14-15}CX_5CX_9CX_2C$，前四个和后四个 Cys 残基各结合 1 个 Zn^{2+}。被识别的顺式元件许多带有回文序列；第三类为 C_6 锌指结构，以酵母细胞的 GAL4 蛋白为代表，由 2 个 α-螺旋和 1 个 Pro 相关的环组成，环位于 α-螺旋之间。它含有 6 个保守的 Cys 残基，与 2 个 Zn^{2+} 配位结合，形成一种三叶草状的结构，其一致序列是 $CX_2CX_6CX_{5-6}CX_2CX_6C$。DNA 结合位点由保守的三核苷酸序列构成，通常形成对称的结构。

需要特别指出的是，并不是含有锌指结构的蛋白质就一定能与 DNA 结合，如含有锌指结构的蛋白质激酶 C(PKC)就不能与 DNA 结合。此外，某些含有锌指结构的蛋白质能够与 RNA 结合。

(4) 碱性拉链(basic Zipper，B-Zip)

该模体由一段富含碱性氨基酸的 DNA 结合片段和相邻的亮氨酸拉链(leucine zipper)结构组成，其中亮氨酸拉链由 2 条多肽链上的 2 段两亲 α-螺旋，通过集中在每个螺旋一侧疏水的 Leu 残基之间的疏水作用而结合在一起，每隔 6 个氨基酸残基出现 1 个 Leu 残基。

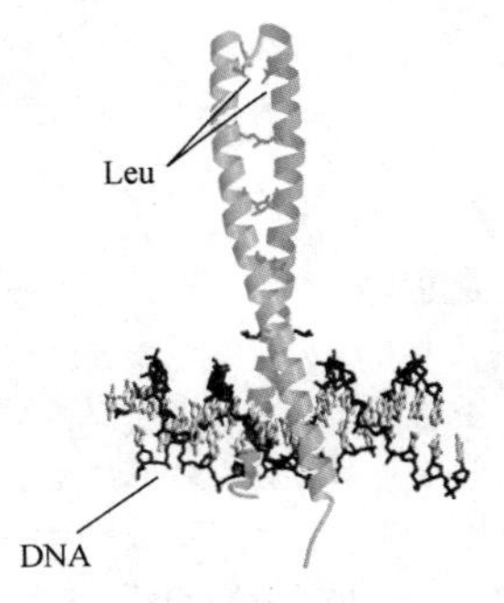

图 12-26　碱性拉链结构域与 DNA 的结合

亮氨酸拉链的功能在于使转录因子能以二聚体的形式起作用，即让两条肽链上带正电荷的富含碱性氨基酸残基的 DNA 结合片段采取合适的取向，能同时与 DNA 结合(图 12-26)。

具有 B-Zip 模体的蛋白质主要存在于真核生物，例如 AP-1、ATF-CREB 家族和 GCN4。其中，AP-1 是由 Jun 和 Fos 两种不同的蛋白质组成的异源二聚体；GCN4 为同源二聚体，参与调节酵母细胞内的与氨基酸合成有关的基因表达；ATF-CREB 家族含有 13 个不同的单体，可形成 78 种不同的异源二聚体。

(5) 翼式螺旋(winged helix)

这是一种由 α 螺旋和 β 折叠组成的模体结构，其中 α 螺旋有三段，位于 N 端，β 折叠由 3 个反平行的 β 股组成。β 折叠结构使得 α 螺旋呈翼状(图 12-27)。这种模体结构最初发现于哺乳动物肝细胞的转录因子 HNF-3γ，后来在其他与 HNF-3γ 同属一族的转录因子中也有发现。此外，真核生物参与激活热休克蛋白基因表达的热休克因子 1(heat

图 12-27　翼式螺旋

shock factor, HSF1)也含有这种模体结构。对于含有这种模体结构的 DNA 结合蛋白来说,依赖于其中的两个 α 螺旋与 DNA 大沟中的序列相互作用。

(6) 与小沟接触的 β-支架因子(beta-scaffold factors with minor groove contacts)

大多数转录因子与 DNA 双螺旋的大沟接触,但含有这一种模体的蛋白质却在小沟与 DNA 结合,而且识别碱基序列的不是 α-螺旋,而是突出在外的 β-折叠。具有这种模体的蛋白质有 STAT、TBP、p53 和 HMG 等。

2. 激活蛋白的效应器结构域

激活蛋白的效应器结构域即是激活基因转录的激活结构域(activation domain, AD),也称为反式激活结构域(trans-activating domain, TAD)。转录因子上的 BD 只能让转录因子与特定的顺式作用元件结合,以"锁定"被调节的目标基因,激活基因表达的功能由转录因子上专门的 AD 承担。

转录因子通过其 AD 与转录机器上特定的组分或者其他调节蛋白结合,从而影响到转录的效率。例如,疱疹病毒编码的激活蛋白 VP16 在作用的时候,其 AD 被发现直接与 TBP、TFⅡB 和 SAGA 复合物等结合。

虽然许多真核生物的转录因子上的 BD 的三维结构已被确定,但还没有得到一种转录因子在 AD 上相应的结构。事实上,AD 一般并没有固定的三维结构,然而一旦与特定的蛋白质发生相互作用以后可形成一定的三维结构。通过突变分析,发现了一些转录因子的激活结构域在氨基酸组成上具有共同的特征,这已成为区分激活结构域的标准。

根据氨基酸的组成,已发现的 AD 主要分为四类:(1) 酸性结构域(acidic domain)。该激活结构域在一级结构上并无序列的同源性,但富含酸性氨基酸残基(Asp 和 Glu),且常有若干个疏水的氨基酸残基镶嵌在其中。例如,糖皮质激素受体、酵母细胞的 GAL4 和 GCN4 蛋白。氨基酸替换实验显示,增加酸性结构域的负电荷数,能提高激活效率。(2) 富含 Gln 结构域(glutamine-rich domain),如 Sp1、Oct-1 和 GAL11 等;(3) 富含 Pro 结构域(proline-rich domain),如 Oct-2、CTF/NF-1 家族和 AP2;(4) 富含 Ile 的结构域(isoleucine-rich domain),如 NTF-1。

AD 在功能上是独立的,因此如果一种 AD 被人为地与不同的 BD 融合在一起,可照样激活含有相应 BD 所能识别的顺式元件的报告基因的表达。

已发现许多酵母转录因子的 AD 在哺乳动物细胞内也能刺激转录,但是,一些哺乳动物的 AD 在酵母细胞内并不起作用。这说明某些激活的机制是所有的真核细胞所共有的,某些激活机制是随着生物的进化而发展起来的。

Quiz10 有时一种激活蛋白过量表达反而能导致其激活基因表达的功能受阻,甚至还能抑制细胞内其他激活蛋白的作用。对此你如何解释?

3. 转录因子的分类

转录因子划分的主要标准是 DNA 结合结构域,但那些无此结构域的转录因子就不能包括在内。

根据 DNA 结合结构域的特征,转录因子可分为五大类(superclass):第一大类为碱性结构域(basic domain)类转录因子,含有 b-HLH、b-Zip 或 bHLH-Zip 模体的转录因子以及 NF-2、RF-X 和 b-HSH 类转录因子都属于此大类;第二大类为锌配位 DNA 结合结构域(Zinc-coordinating DNA-binding domain)类转录因子,含有锌指结构的转录因子均属于此类;第三大类为 HTH 类转录因子,含有 HTH 模体的转录因子均属于此类;第四大类为与小沟接触的 β-支架因子;第五大类称为零大类,不属于上述四大类的转录因子原则上可被归入此类,如 AP2/EREBP 相关因子和 HMGⅠ。

4. 转录因子本身的激活机制

大多数转录因子本身的活性也是受到调节的,这些转录因子在调节其他基因转录之前自己首先要被激活,激活的途径以下几种:(1) 转录激活。某些转录因子本身的基因通常处于关闭的状态,只有在特定的条件下才被诱导表达,如转录因子 Fos 的表达受到磷酸化的血清反应因子(serum response factor, SRF)的诱导才会表达。当 SRF 磷酸化以

后与 *fos* 基因上游的 SRE 结合才会起动 Fos 的表达；(2) 磷酸化。许多转录因子只有在受到蛋白质激酶的作用才有活性，如 HSF 和 CREB 等；(3) 去磷酸化。某些转录因子只有在磷酸酶作用下，从磷酸化状态转变为去磷酸化状态才有活性；(4) 配体结合。脂溶性激素的受体只有在与充当配体的脂溶性激素结合以后，才能够作为转录因子调节某些基因的表达。(5) 对象交换(partner exchange)。一个二聚体转录因子可能有不同的聚合对象，与不同的聚合对象组装成的二聚体活性会有变化，其中有的二聚体有活性，有的没有活性，无活性的二聚体只有在其聚合的对象被交换以后才被激活。例如，转录因子 Myc、MAD 和 MAX，MAX-MAX 同源二聚体的活性很低，MAD-MAX 能够与相应的顺式作用元件结合，但却不能激活基因的转录，只能阻断 Myc-MAX 的结合，只有 Myc-MAX 才有活性；(6) 抑制剂释放。某些转录因子本来与细胞内内源的抑制剂结合而无活性，只有在它与抑制剂解离以后才有活性。例如，转录因子 NF_kB 是由 p65 和 p50 组成的异源二聚体，它存在于很多类型的细胞中。但是，抑制剂 I_kB 与它的结合掩盖了位于 p65 的细胞核定位信号，导致 NF_kB 被隔离在细胞质，只有在 B 淋巴细胞内，p65 因磷酸化促使 I_kB 的释放。随后，NF_kB 才能进入细胞核，激活抗体 κ 轻链基因的表达。

5. 阻遏蛋白的抑制机制

阻遏蛋白与沉默子结合以后可以通过三种方式来抑制基因的表达(图 12－28)：(1) 与激活蛋白竞争结合增强子的部分序列，这是因为增强子有部分序列与沉默子重叠，因此，阻遏蛋白与沉默子的结合将会干扰激活蛋白与增强子的结合。例如，Wilm 氏肿瘤(Wilm's tumor)是一种肾母细胞瘤，通常发生在儿童身上。它与一种抑癌基因 *WT*1 的突变有关。正常的 *WT*1 基因倾向于在发育的肾脏细胞中表达。WT1 蛋白是一种具有 C_2H_2 锌指结构的阻遏蛋白，与另一种叫早期生长反应基因(the early growth response 1，EGR－1)的产物具有相同的 DNA 结合位点。但是，EGR－1 蛋白是一种激活蛋白，它能促进细胞的分裂。Wilm 氏肿瘤患者从其父母那里继承了突变的 *WT*1 基因，因而表达的是一种没有功能的 WT1 蛋白。由于没有 WT1 对 EGR－1 的干扰，致使肾母细胞分裂失去控制，这样的小孩很早就会患上肾癌；(2) 与激活蛋白的激活结构域结合，使激活蛋白不能起作用；(3) 直接作用于基础转录因子或 RNAPⅡ；(4) 招募 Sin3-Rpd3，促进组蛋白的去乙酰化，如酵母细胞的 UME6 蛋白。

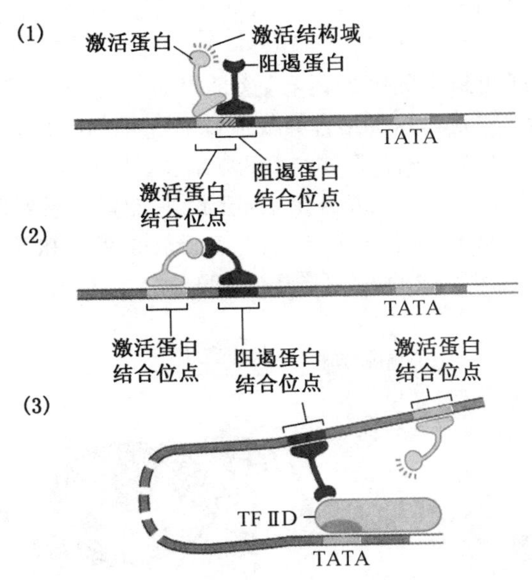

图 12－28　阻遏蛋白与沉默子结合以后抑制基因表达的三种可能方式

与激活蛋白相似，许多阻遏蛋白也有两个结构域，一个为 DNA 结合结构域，另一个则是阻遏结构域(repression domain)。由于 DNA 结合结构域和效应器结构域在结构和功能上是相对独立的,所以可以利用重组 DNA 技术,对不同转录因子的这两个结构域进行互换,得到嵌合体。嵌合体是激活还是阻遏基因表达,取决于效应器结构域的性质。例如,有人将果蝇体内一种叫 Kruepple 的阻遏蛋白的阻遏结构域,与大肠杆菌乳糖操纵子阻遏蛋白的 DNA 结合结构域融合在一起,结果发现这种融合蛋白也能够抑制与乳糖操纵基因偶联的报告基因的转录。虽然已在某些阻遏蛋白的阻遏结构域上发现一些特殊的氨基酸序列,但对于阻遏结构域具体的作用机制还了解得甚少。

三、参与转录水平调节的 lncRNA

lncRNA 除了在染色质水平还可以在转录水平上直接调节真核基因的表达,这种调节可以通过不同的方式进行:(1) 作为辅调节物去修饰转录因子的活性,或者调节其他辅调节物的结合和活性。例如,一种叫 Evf - 2 的 lncRNA 作为同源盒转录因子 Dlx2 的辅激活物,可招募 Dlx2,诱导 Dlx5 的表达,从而在哺乳动物前脑的发育和神经形成中起重要作用。再如,一种叫 TLS 的 RNA 结合蛋白,可结合并抑制 CBP/p300 复合物的 HAT 的活性,从而定向阻遏周期蛋白 D1 的表达。TLS 作用的特异性是由局部表达的低水平 lncRNA 将其引到周期蛋白 D1 的启动子上造成的。作为 DNA 损伤的反应,这些局部表达的 lncRNA 系在 5′-调控区,以协同的方式调节 TLS 的活性。(2) 直接作用 RNAPⅡ所需要的基础转录因子。例如,从二氢叶酸还原酶(DHFR)上游一个次要的启动子转录产生的一种 lncRNA,可以与其主要启动子内的 DNA 形成一种稳定的 RNA-DNA 三螺旋,从而阻止 TFⅡB 的结合,进而抑制 DHFR 基因的转录。

四、转录水平调控的实例

(一) 酵母细胞半乳糖代谢相关基因的表达调控

酵母细胞共有 3 个基因——*Gal*1、*Gal*7 和 *Gal*10,它们分别编码半乳糖激酶、半乳糖转移酶和半乳糖差向异构酶参与半乳糖的分解代谢。这 3 个基因在基因组上虽然靠得很近,但并不像原核生物那样组成操纵子。

在 *Gal*1 和 *Gal*10 之间有一段上游激活子序列(upstream activator sequence, UAS),其一致序列是 CGG - N11 - CCG(N 表示 GATC 中的任何一种),为转录因子 Gal4 蛋白的结合位点。

Gal 基因的表达都受到半乳糖的诱导,这是因为:在没有半乳糖时,Gal80 蛋白与 Gal4 蛋白二聚体结合在一起。这种结合屏蔽了 Gal4 上的 AD,使其无法激活 *Gal* 基因的转录;而在有半乳糖时,半乳糖的代谢物与 Gal80 结合,诱使 Gal80 与 Gal4 解离并与细胞质中的 Gal3 结合,Gal4 的 AD 因此暴露出来,于是,它能将一系列促进和参与转录的蛋白质,包括 SAGA(具有 HAT 活性)、介导蛋白、基础转录因子和 RNAPⅡ招募到 *Gal* 基因的启动子周围,激活 Gal 基因的表达(图 12 - 29)。

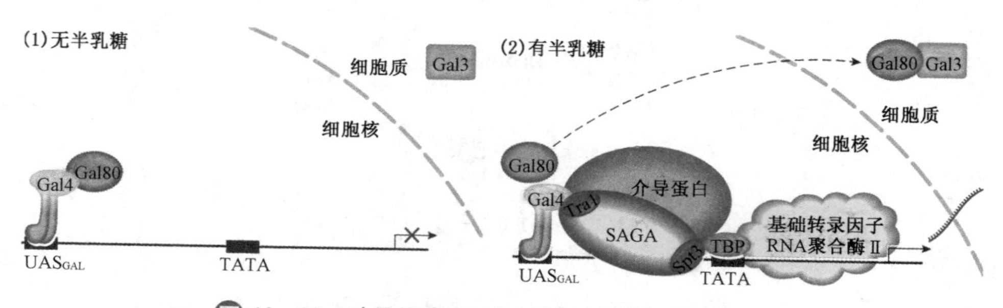

图 12 - 29　酵母细胞半乳糖代谢相关基因的表达调控

与大肠杆菌类似，酵母也有葡萄糖效应。这是因为在有葡萄糖的时候，一种叫 Mig1 的阻遏蛋白与 UAS 和启动子之间的上游调节位点（upstream regulatory site，URS）结合。然后，Mig1 可将 Tup1 招募过来，Tup1 再招募 HDAC，从而阻止 *Gal* 基因的转录。

有人使用重组 DNA 技术，将 Gal4 的酸性激活结构域和大肠杆菌阻遏蛋白的 DNA 结合结构域融合起来，产生 LexA－Gal4 嵌合蛋白，结果发现这样的融合蛋白能够与含有 LexA 结合位点的 DNA 结合，并像原来的 Gal4 一样激活下游报告基因（*lacZ*）的表达（图 12－30）。这再次说明，一种转录因子是激活还是抑制基因转录与其 DNA 结合结构域无关，只与它的效应器结构域的性质有关。

Quiz11 试比较酵母与大肠杆菌对半乳糖代谢有关酶基因表达的异同。

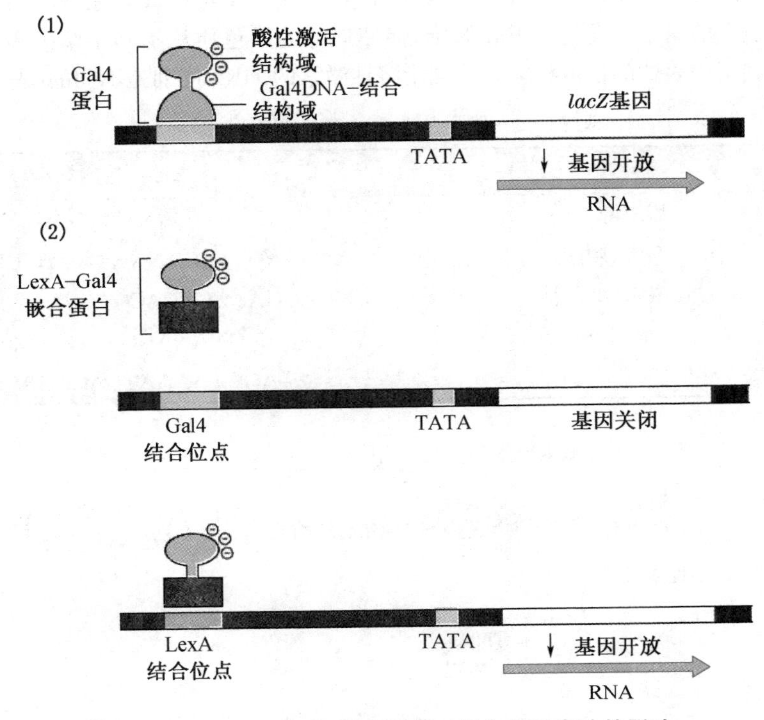

图 12－30　LexA－Gal4 嵌合蛋白对报告基因表达的影响

（二）热休克蛋白的基因表达调控

与细菌一样，真核生物在温度骤然升高或其他不良因素的刺激下，体内热休克蛋白基因被诱导表达以帮助细胞渡过难关。

主要的热休克蛋白有：HSP104、HSP 90、HSP 70、HSP 60 和 HSP 20。这些热休克蛋白的基因表达除了启动子以外，还受到 HSE 和 HSF 的控制，其中 HSE 位于热休克蛋白基因的上游，其一致序列是 GAANNTTCNNGAA（N 表示 GATC 中的任何一种）。HSF 是与 HSE 结合的转录因子，其主要的形式是 HSF－1。HSF－1 的 BD 含有的模体结构是翼式螺旋。

就哺乳动物而言，在正常条件下，其胞内的 HSF－1 以单体的形式存在，并与 HSP 结合在一起，缺乏结合 DNA 的活性，因为这时 NLS 被屏蔽了；但在受热或者其他胁迫条件下，细胞内的错误折叠的蛋白质增加，这时 HSP 被吸引去了与错误折叠的蛋白质结合，而与 HSF－1 解离。于是，HSF 从单体变成三聚体，并在暴露出来的 NLS 指导下进入细胞核，在与 RPA 形成复合物以后再与 HSE 结合，通过其 AD 招募组蛋白伴侣——促进染色质转录复合物（FACT）和 Swi/Snf 复合物，最终上调热休克蛋白基因的表达。然而，HSF 的三聚体化和与 DNA 结合还不足以诱导转录，因为在酵母细胞内，HSF 一直以三聚体的形式存在并始终与 DNA 结合，因此，HSF 在与 DNA 结合以后还应该有第二步激活步骤。已有实验证据证明,酵母和果蝇 HSF 的第二步激活由超氧阴离子负责。

（三）脂溶性激素诱导的基因表达调控

脂溶性激素的受体通常位于细胞内,因此脂溶性激素一般必须进入细胞内才能起作用。而那些受体位于细胞质的脂溶性激素很容易通过自由扩散的方式,到达细胞质,并与其中的受体结合。这种结合可改变受体的构象,使原本与受体结合的 HSP90、HSP56 和 IP 被释放(图 12-31)。一旦 HSP90、HSP56 和 IP 得到释放,原先在受体上被隐藏的细胞核定位信号(NLS)以及负责与 HRE 结合的结构域就暴露出来。在 NLS 的指导下,激素与受体的二元复合物(HR)从核孔进入细胞核,在形成二聚体——$(HR)_2$ 以后,通过受体上的锌指结构与 DNA 分子上高度特异性的 HRE 结合,再将 HAT 招募进来,催化 HRE 周围染色质上的组蛋白发生乙酰化修饰,促使局部的染色质从不利于基因表达的紧密构象变成有利基因表达的松散构象。不同脂溶性激素的 HRE 序列是不同的(表 12-2)。

表 12-2　常见的脂溶性激素 HRE 一致序列

激素	HRE 一致序列
雌二醇	5′GGTCANNNTGACC3′
糖皮质激素(刺激性)	5′GNACANNNTGTYCT3′
糖皮质激素(抑制性)	5′CAGGAAGGTCACGTCCAAGGGCTC3′
孕酮	5′GNANANGNTGTYC3′
甲状腺素(T3)	5′AGGTAAGATCAGGGACG3′

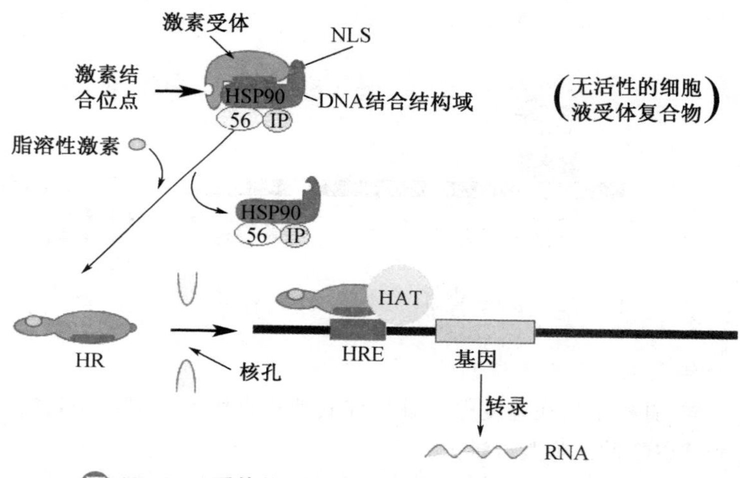

图 12-31　受体位于细胞质的脂溶性激素的作用机制

对于受体位于细胞核的脂溶性激素来说,需要先后跨过靶细胞的质膜和核膜,才能到达核内与相应的受体结合。在没有激素的时候,这些“闲置”的细胞核受体有的也与 HSP90 结合(如雌激素的受体),但以单体形式存在。然而,一旦有激素与之结合,HSP90 即解离下来。此时受体形成二聚体,并与 HRE 结合,再通过招募 HAT 激活特定的基因表达。

还有一些细胞核受体在没有激素的时候,就已结合在相应的 HRE 上(如甲状腺素的受体),同时还与 HDAC 结合。与 HAT 正好相反,HDAC 保持局部的染色质处在浓缩的构象,而阻止附近的基因的表达。一旦有激素结合,HDAC 立刻被释放。与此同时,HAT 则被招募进来催化组蛋白的乙酰化修饰,促使局部的染色质从紧密构象变成松散开放的构象,这有利于催化基因转录的 RNAPⅡ 和转录因子结合到启动子上,从而激活 HRE 下游基因的表达。

Quiz12 如何根据脂溶性激素的作用机理,设计一个分子装置,可以用来检测环境中雄激素或者雌激素的水平?

（四）金属硫蛋白的基因表达调控

金属硫蛋白（metallothionein，MT）是一种富含 Cys 残基（约占氨基酸残基总数的 30%）小蛋白，在细胞内能够与重金属离子（如铬）结合，以清除细胞内过量的重金属，从而保护细胞免受重金属毒害。此外，还发现它参与细胞防护活性氧以及调节体内锌离子水平的稳定。

MT 基因平常以较低的水平表达，但遇到过量的重金属离子或在糖皮质激素的作用下，可大量表达。重金属离子可诱导 MT 的表达是因为 MT 的上游存在 MRE，但 MRE 需要金属应答性转录因子－1（metal-responsive transcription factor 1，MTF－1）的结合。MRE 的一致序列是 TGCRCNC（R 代表是两种嘌呤碱基，N 为 GATC 中的任何一种）。

MTF－1 的 N 端一半为 BD，具有 C_2H_2 锌指结构，而它的 C 端一半同时含有三种 AD，即酸性结构域、富含 Pro 结构域和富含 Ser/Thr 结构域。在正常的条件下，MTF－1 来回穿梭于细胞质基质和细胞核，因为它同时带有 NLS 和 NES 信号序列。然而，一旦细胞内的锌离子过量，便与 MTF－1 结合，MTF－1 因此被激活并进入细胞核与 MRE 结合，然后通过它的 AD 将 CBP/p300 复合物、介导蛋白、TFⅡ、RNAPⅡ招募到 MT 的启动子周围，激活 MT 的表达。此外，MTF－1 可发生磷酸化修饰，而磷酸化修饰对它也有激活的效果（图 12－32）。

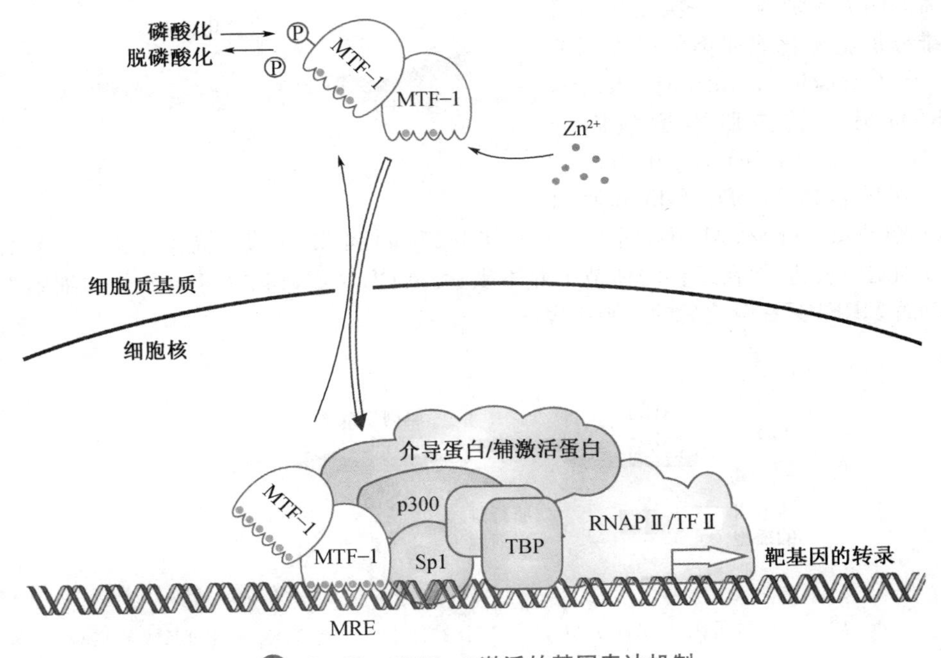

图 12－32　MTF－1 激活的基因表达机制

酵母细胞与 MTF－1 相当的是 ACE－1，该转录因子调节依赖于铜的 MT 基因的表达。ACE－1 在 N 端一半含有与 MT 相似的成簇的 Cys 残基。铜与成簇的 Cys 残基结合改变了 ACE－1 的构象，ACE－1 因此被激活而与 MRE 结合，从而上调 MT 基因的表达。

（五）生物发育过程中的组织特异性基因表达

组织特异性基因表达与组织特异性转录因子和组织特异性顺式作用元件（如组织特异性增强子）有关，其主要特征反映在以下几个方面：(1) 组织特异性转录因子只在特定类型的细胞内表达，通常呈时空特异性的表达；(2) 组织特异性的转录因子与组织特异性的顺式作用元件（主要是组织特异性的增强子）结合，与普遍表达的基础转录因子一起调节基因的表达；(3) 某些转录因子专门在细胞分化的早期阶段表达，作用于受阻遏的染色质上的启动子，并招募其他蛋白质，促进染色质的重塑，以形成具有转录活性的染色质结构；(4) 转录激活通常还受到其他信号的调节；(5) 在整个个体发育阶段，一种转录因子的表达往往受到另一种转录因子的调节，不同的转录因子会构成一种复杂的级联调节网络。

下面分别以肌肉细胞的分化和果蝇的发育为例，详细介绍组织特异性的基因表达调控。

1. 肌肉形成(myogenesis)

肌肉形成分为三个阶段：第一个阶段为决定阶段。在此阶段，胚胎上的体节(somite)转变为肌纤维母细胞；第二个阶段为分裂和迁移阶段。在此阶段，肌纤维母细胞迁移、排列并停止分裂，发育成肢芽(limb bud)；第三个阶段为分化阶段。在此阶段，肌纤维母细胞(myoblast)融合成多核的类肌细胞(myocyte)，并最终分化而成肌肉(图 12－33)。这三个阶段共需要两类转录因子：一类是调节肌纤维母细胞分化成肌肉的肌肉调节因子(muscle regulatory factor，MRF)；另一类是肌肉增强因子(muscle enhancer factor，MEF)。

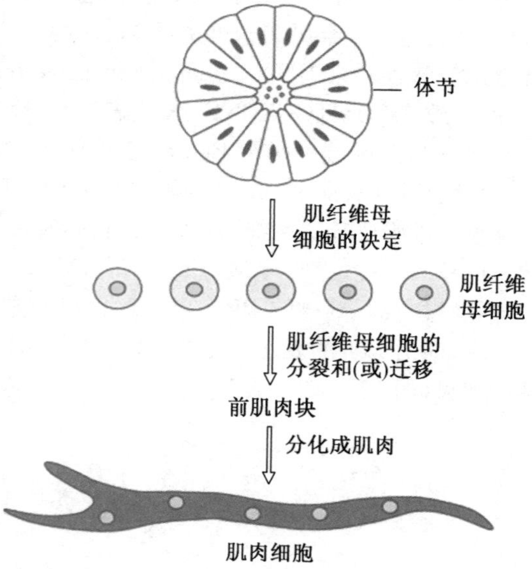

图 12－33　肌肉形成的三个阶段

MRF 包括 MyoD、Myf5 和肌肉生成素(myogenin)和 MRF4(图 12－34)，其中 MyoD 和 Myf5 只在尚未分化的分裂肌纤维母细胞中表达，但在迁移的体节中并不表达。肌肉生成素只在开始分化的细胞中表达。而 MRF4 只在分化后的细胞中表达。

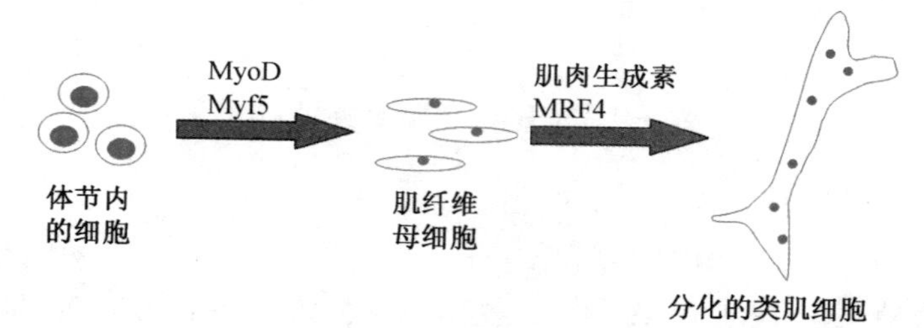

图 12－34　转录因子 MyoD、Myf5、MRF4 和肌肉生成素对肌肉细胞形成的影响

这些转录因子都具有 b-HLH DNA 结合结构域，以同源二聚体(如 MyoD/MyoD)或异源二聚体(如 MyoD/E2A)的形式与顺式作用元件 E 盒(一致序列是 CANNTG)结合。

位于 MyoD 碱性结构域和铰链区的 Ala114、Thr115 和 Lys124 最为重要，它们的突变可导致 MyoD 功能的丧失。如果将无促肌肉形成活性的 E12 蛋白相应位置上的氨基酸残基突变成上述氨基酸残基，E12 就转变成促肌肉生成的激活蛋白。

MEF 属于与小沟接触的 β－支架因子类转录因子，含有 MADS 结构域，它与 MRF/E2A 形成复合物，其中的 MEF2 与其他 MEF2 蛋白以同源二聚体或异源二聚体的形式，与肌肉特异性基因上游一段富含 A/T 的保守序列结合，MEF2 蛋白还能起动肌肉的分化，因此，MEF2 蛋白属于肌肉产生的共调节物(co-regulator)。许多肌肉特异性基因在 E 盒附近含有 MEF2 结合位点。MRF 和 MEF2 的共表达能够导致肌肉特异性基因的增效激活(synergistic activation)。增效效应是由 MEF2 上的 MADS 结构域和 MRF 上的

bHLH 结构域的直接作用引起的(图 12-35)。

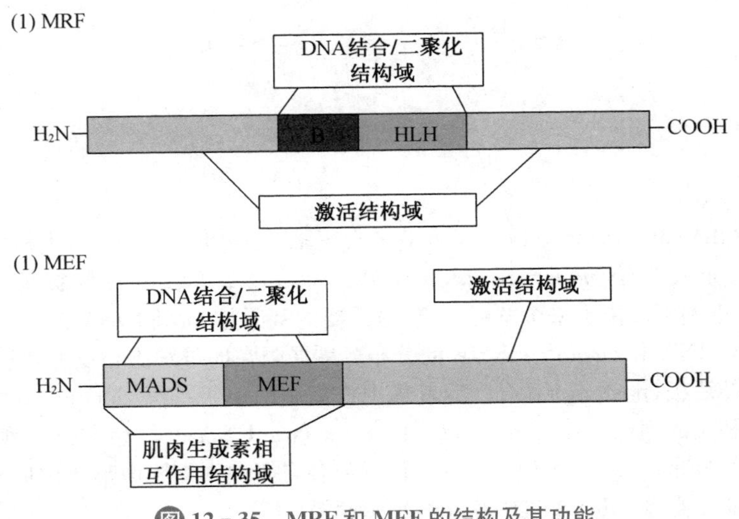

图 12-35 MRF 和 MEF 的结构及其功能

2. 果蝇的发育

在受精卵形成以后,任何一种真核生物随后的生长和发育都将涉及复杂而又精妙的基因表达调控。

在生物学上,一个受精卵的生长发育可分为卵裂(cleavage)、原肠胚(gastrula)、器官发生(organogenesis)和成熟与生长(maturation & growth)四个阶段。

在每一个阶段,都有一个固定的基因表达调控程序。这种程序是高度可重复的,对每一个胚胎都是相同的。总之,一个受精卵一次又一次地发育成具有正确大小、正确形状和位于正确位置的完全分化器官的成体。

所有的发育都开始于一个单一的受精卵,但必须意识到合子和卵细胞的细胞质并不是均一的。事实上,一个卵细胞的内部具有非常确定的 mRNA 和蛋白质的分布,这种分布是一个正在发育的卵母细胞在受到它周围的滋养细胞(nurse cell)和卵泡细胞的作用下形成的。于是,母系基因通过这些 mRNA 和蛋白质,对后面的发育进程产生极为重要的影响(图 12-36)。

在果蝇的发育过程中,有三类基因控制或调节整个发育进程。

(1) 母系基因(maternal gene)

这些基因编码的是贮存在卵细胞内的 mRNA 和蛋白质,由它们决定一个正在发育的胚胎形成前后轴和背腹轴(图 12-37)。

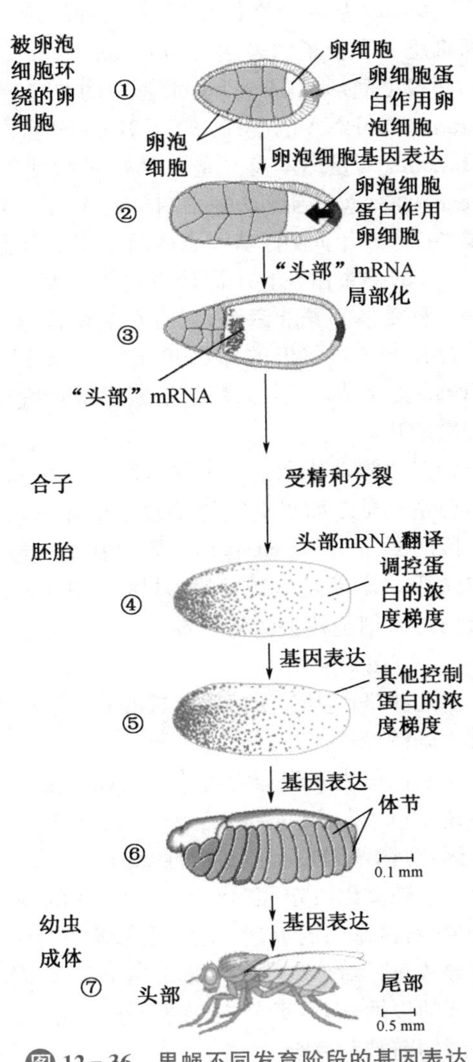

图 12-36 果蝇不同发育阶段的基因表达

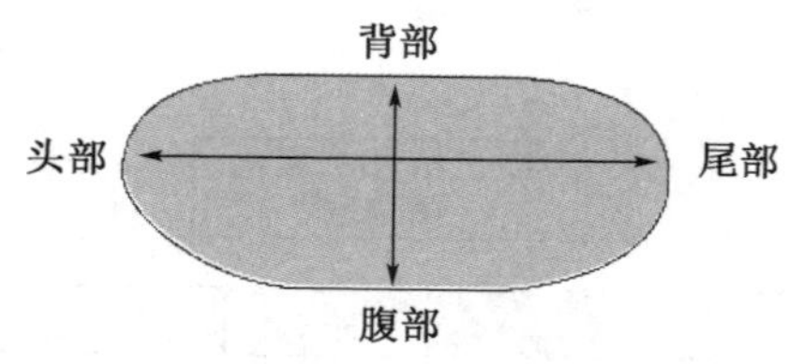

图 12-37 果蝇的前后轴和背腹轴

前后轴(the anterior-posterior axis)又名头尾轴(head-to-tail axis),大概由十几个基因决定,比较重要的有 *nanos*、*bicoid*、*hunchback.*、*caudal* 和 *torso*;背腹轴(the dorsal-ventral axis)也差不多由十来个基因决定,最重要的基因是 *toll* 和 *dorsal*。

nanos-mRNA 和 *bicoid*-mRNA 的分布分别局限在卵母细胞相反的两极,其中前者集中在细胞的后极(posterior pole),后者集中在细胞的前极(anterior pole),由这两个基因决定未来胚胎的两极。而 *hunchback* 和 *caudal* 的 mRNA 也贮存在卵细胞内,但在细胞质内呈均匀分布。*nanos* 和 *bicoid* 的翻译导致各自蛋白在细胞内形成浓度梯度。浓度最高的区域应该是各 mRNA 集中存在的细胞两极。

bicoid 基因产物是激活合子的 *hunchback* 基因的表达,而 *nanos* 基因产物则抑制既在卵细胞又在合子内表达的 *hunchback*-mRNA 的翻译。两种基因作用的净效果是在细胞的两极之间形成 Hunchback 蛋白的浓度梯度。Bicoid 蛋白还能阻遏贮存在细胞前端的 *caudal*-mRNA 的翻译。于是,Caudal 蛋白只存在于细胞的后端,从而决定该端的形成;Hunchback 蛋白本身又是一种转录激活因子,它能激活一系列分节基因(segmentation gene)的表达。因此,*bicoid* 和 *hunchback* 编码的产物调节其他发育基因的表达。换句话说,它们是启动发育基因表达的主要激活蛋白。

Torso 蛋白在整个卵母细胞的质膜上呈环形均匀分布,但它只在两端有活性。Torso 是一种受体酪氨酸激酶,只有在与配体结合以后才有活性。Torso 的胚胎仅少量合成,贮存在卵细胞两极的卵周间隙(perivitelline space)中。在受精以后,配体被释放,并与 Torso 受体结合,后者的酪氨酸激酶活性被激活而导致其他激活合子基因转录的蛋白质的磷酸化。

对背腹轴建立起决定性作用的母系基因产物是 Toll 蛋白受体。此种蛋白像 Torso 蛋白也在整个卵母细胞的质膜上呈环形均匀分布。在受精以后,Toll 受到 Spätzle 蛋白片段的激活。Spätzle 蛋白片段仅在于卵母细胞/合子的腹部区域相反的卵周间隙产生。被激活的 Toll 蛋白转导的信号是促使 Cactus 蛋白的降解。Cactus 蛋白通常阻止 Dorsal 蛋白进入细胞核去激活转录。

(2) 分节基因

这些基因为在受精后被激活的合子活性基因,它们决定体节的数目以及每个体节具有正确的极性。

它们可进一步分为间隙基因(gap gene),对律基因(pair-rule gene)和体节极性基因(segment polarity gene)三组(图 12-38)。这三组基因也是等级关系,间隙基因控制对律基因,对律基因控制体节极性基因。

间隙基因决定胚胎沿前后轴大概的分节计划,这一亚类基因的缺失可导致体节数目减少;对律基因的表达产物将胚胎限定为七条带,共有 8 个基因组成。这些基因的突变会导致每一对体节中的一部分区域缺失;体节极性基因(segment polarity gene)决定各个体节的极性,即使每个体节的前端不同于后端,这一亚类基因的缺失可导致各体节具有相似的前端和后端。

需要注意的是果蝇发育的分子单位是泛体节(parasegment),它在空间上稍微不同于身体上的体节。在这里,这两种体节被视为同一种单位。

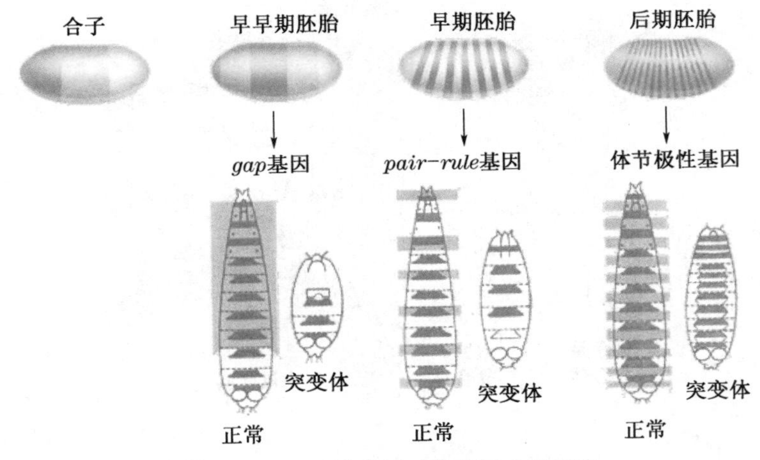

图 12-38　分节基因对体节形成的影响

间隙基因是在合子内首先被激活转录的基因，例如前面提到的 *hunchback* 基因。Hunchback 有助于调节其他间隙基因的表达，包括 *krüppel*、*knirps* 和 *giant*。这种调节的净效应是相应的基因产物呈受限的表达样式，即不同的基因产物形成局部的表达条带。于是，就不难看出体节是如何开始形成的。

对律基因在发育的胚胎中呈高度局部性表达。最重要的三种初级对律基因是 *hairy*、*even-skipped* 和 *runt*。而被深入研究的次级对律基因是 *fushi tarazu*。初级对律基因的基因表达受间隙基因产物的激活，次级对律基因表达则受到初级对律基因产物的激活。

体节极性基因负责确定各泛体节的界限，其中两种重要的是 *engrailed* 和 *wingless*，前者仅在泛体节前面的分界有活性，后者只在泛体节后面的分界有活性。

(3) 同源异形基因(homeotic gene)

这一类基因通过控制在体节内发育的器官的性质来决定每一体节的性质。一个同源异形基因的突变通常表现在一个身体的器官出现在错误的地方。

在果蝇基因组上有两类主要的同源异形基因簇：一是双胸复合体(bithorax complex，BX-C)，另一类是触角足复合体(antennapedia complex，ANT-C)。*BX-C* 位于染色体上的 5′-端，包含了三个基因，主要是控制身体后端的发育；而 *ANT-C* 则是位于染色体的 3′-端，包含了五个基因，主要控制身体前端的发生。当簇内的某个同源异形基因发生缺失时，会使得该基因控制的部位发生异常，例如，当果蝇的 *bx* 基因突变时，会使得果蝇的第三胸节 T3 发育成第二胸节。

Edward B. Lewis 在研究双胸复合体中发现了“共线性”(co-linearity)原则，即双胸复合体基因在时空上的组织与它们在体节上的效应区域呈共线关系，换句话说，是指在 DNA 上的基因按照与它们沿着前后轴各自表达的样式一样的顺序组织(图 12-39 和图 12-40)。同时，他还发现了各基因表达区域重叠，复合体内前面的基因比紧接在它后面的基因先有活性。后来的研究表明，果蝇的同源异形基因与其他动物(包括人类)的同源异形基因高度同源。这意味着胚胎发育过程中的遗传控制机制在 6.5 亿年的进化长河中被基本保留。

早在 20 世纪 80 年代，William McGinnis 和 Scott Matthew P. 在两篇相互独立的研究论文中证实，在果蝇体内所有的同源异形基因内，皆含有一段高度保守的 DNA 序列，称为同源异形盒(homeobox)。此序列的发现最早是由于当时在分析 *ANT-C* 时，研究人员检测出 *antp* 及 *ftz* 两基因有一相似的区域，之后以此段 DNA 作为一探针，进行 Southern 杂交反应，确定 *BX-C* 及 *ANT-C* 皆含有此段序列。同源异形盒序列一共有

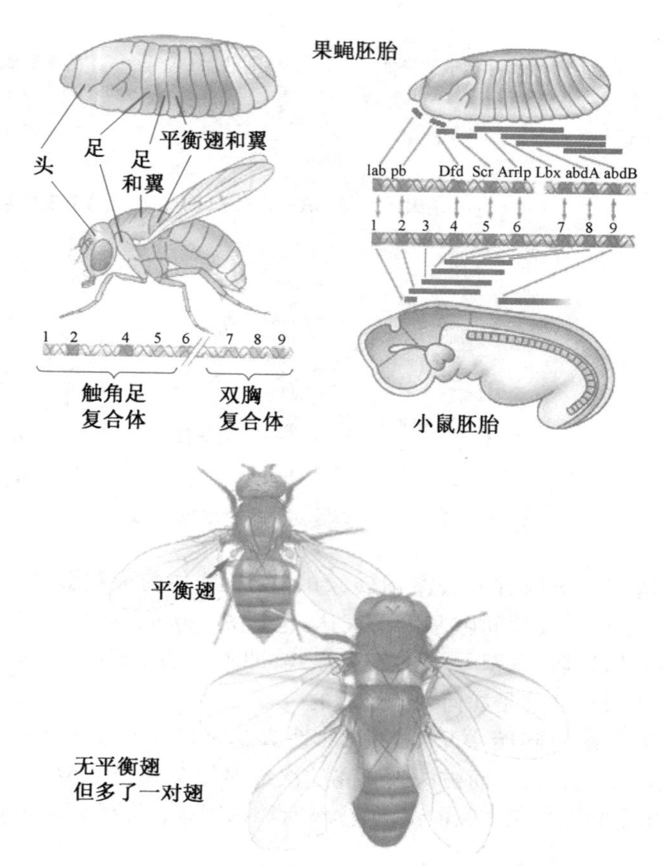

图 12-39 果蝇的同源异形基因的对器官形成的影响以及小鼠同源异形基因的排列

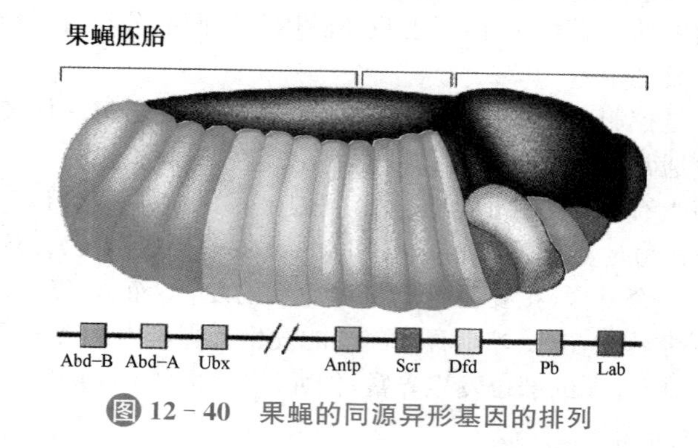

图 12-40 果蝇的同源异形基因的排列

180 bp,可以翻译出 60 个氨基酸并且形成特殊的结构域,称为同源异形结构域(homeodomain)。同源异形结构域属于 b-HTH 家族转录因子中的 DNA 结合结构域。

从酵母到人类,皆含有一段高度保守性的同源异形盒序列。这种现象显示,这些物种中所含有的同源异形盒序列基因皆是从同一原始基因通过串联基因倍增(tandem gene duplication)的方式演化而来的。现在,凡是含有同源异形盒序列的基因,皆称为同源异形盒基因(homeobox gene)或同源异形基因(homeogene)。这类基因表达出来的蛋白质则称为同源异形蛋白(homeodomain protein)。在机体内,同源异形蛋白扮演的是转录因子的角色,有的作为激活蛋白,有的作为阻遏蛋白。

在脊椎动物体内,同源异形盒序列基因的簇群很大,大约有 170 个不同的同源异形盒序列基因已被克隆。脊椎动物的同源异形基因有一类为串群性的同源异形盒序列基因,如同果蝇的 *HOM-C*。在脊椎动物方面,是以 *Hox* 基因表示,其中人类的基因是以大写斜体代表,如 *HOXA4*。老鼠的基因则以第一字母大写为代表,如 *Hoxa*-4。以人为例，共有 4 个 *HOX* 基因簇群，即 *HOXA*、*HOXB*、*HOXC* 及 *HOXD*，它们分别位于第 7、17、12 及 2 号染色体上。至少包含了 39 个 *HOX* 基因，每一簇群由 9～11 个基因组成。而这些基因又可进一步分成 13 个种内同源物，每一个种内同源物中的基因成员在 DNA 序列及蛋白质序列两方面非常相似，例如，*HOXA4*，*HOXB4*，*HOXC4* 及 *HOXD4* 四者属于同一种内同源物。

Box 12－4　能将老鼠变成蛇吗?

2016 年 10 月 20 日，来自美国劳伦斯伯克利国家实验室(Lawrence Berkeley National Laboratory)的 Evgeny Z. Kvon 等人在 *Cell* 上发表了一篇题为“Progressive Loss of Function in a Limb Enhancer during Snake Evolution”的论文。论文的研究结果十分有趣:在他们将一段来自于蛇的 DNA 片段取代了小鼠基因组 DNA 上相应的同源序列以后，发现小鼠像蛇一样不长腿了!

蛇类绝对是生命进化史上的一个奇迹，这是因为它们和地球上大多数脊椎动物不同:它们没有腿!然而，虽然没有腿，细长的蛇类却是地球上最成功的生物之一，无论是富饶的热带雨林，还是贫瘠的沙漠荒野，到处都能找到它们的踪影。

无人知道当初大自然如何选择了这类没有腿的爬行动物。至少蛇以前是有腿的，这一点可以在蟒和蚺身上看得到，因为它们还保留着退化了的腿的残体。

已有研究表明，音猬因子(Sonic Hedgehog, SHH)是一种从果蝇到人体内都普遍存在的蛋白质，由 *Shh* 基因编码。它有一个很重要的作用，就是控制动物四肢的生长与发育。至于细胞中是否能表达这种蛋白质，则受到一段称为分极活性区调控序列(zone of polarizing activity regulatory sequence, ZRS)的控制。已在小鼠和人的细胞中，证明 ZRS 能激活细胞内 SHH 蛋白的表达。

ZRS 是一种肢特异性的增强子，与受其控制的 *Shh* 基因的启动子相距 1 Mb 的距离。在小鼠腿部发育过程中，ZRS 在后肢芽间质(the posterior limb bud mesenchyme)细胞内有活性，是小鼠肢正常发育所必需的。ZRS 内发生的单个核苷酸突变可导致肢发育异常，如发生在包括人在内的多种脊椎动物的前轴多指症(preaxial polydactyly)。Evgeny Z. Kvon 等人想知道 ZRS 在蛇体内的分布状况，于是他们将蟒、蚺、毒蛇、玉米蛇等多种蛇的 ZRS 进行了序列测定和比对，结果发现 ZRS 在所有他们鉴定过的蛇类中是高度保守的，特别是在还保留着腿残体的低等蛇类，但在肢已完全消失的蛇类中则经历了快速的取代变异。与上述结果一致的是，随着蛇类从低级向高级进化，体内的 ZRS 逐渐丧失了功能。例如，所有蛇的 ZRS 在 E1 区域都有 17 bp 的缺失，而玉米蛇更是称奇，其基因组里完全没有 ZRS 序列!此外，他们还鉴定出发生在 ZRS 内的一些类型的核苷酸取代与蛇类的肢退化有关。

为了证明 ZRS 的突变的确是导致蛇类腿部退化甚至完全消失的原因，他们想到:若是把其他动物(包括蛇)的 ZRS 替换掉小鼠的 ZRS，后果会是如何呢?于是，他们运用了基于 CRISPR-Cas9 的基因组编辑技术，将人、牛、海豚、马、蝙蝠、树懒、鸭嘴兽和蛇等各种来源的 ZRS 分别转入到小鼠的受精卵内，并使其发育。结果显示，当将蛇的 ZRS 转入小鼠受精卵内，可以看到在胚胎时期肢的发育就不正常了。原位杂交技术显示，这样的小鼠细胞不再表达 SHH 蛋白。当发育长大以后，是没有腿的。接下来，他们往已经转入缅甸蟒 ZRS 的小鼠体内补回原有的 17 bp，结果腿又长回来了!

除了这 17 bp 之外，ZRS 还有很多其他区域是蛇特有的。在进化相对保守的蟒和蚺的 ZRS 区域里，有部分序列和其他动物的序列是相近的，而在进化更为极端的蛇里，ZRS 的突变和缺失变得越来越严重。最终我们看到的这些蛇连残肢都没有。

曾有研究报道，蛇之所以长得那么长，是因为其胸腔特别的长。这是因为 *Hox* 基因家族在蛇的基因组里多次重复且在胸腔发育的阶段大量表达。

迄今为止,除了已知 *HOX* 基因和前后向发育有关之外,也陆陆续续发现其他同源异形基因在发育中扮演的各种角色,如在脑及神经系统的发育、骨骼发育与畸形的发生、小肠发育和血液生成及血液细胞之分化中起的作用。

总之,在发育过程中参与基因表达调控的任何一种调控基因的表达是复杂的,并取决于正在发育的胚胎之内各种调控蛋白的局部浓度。这些蛋白质与 DNA 上特殊的顺式作用元件结合。图 12-38 显示了 *even-skipped* 基因上游存在的能够与 Giant、Krüppel、Bicoid 和 Hunchback 蛋白的结合位点。显然,*even-skipped* 的净基因表达状况由那些调控蛋白与哪些结合位点结合有关。整个发育是各种调节信号发生级联关系的过程,即上一级调节信号影响到下一级调节信号的表达,通过层层的级联关系逐步打开了从受精卵到成体的发育之路。

Quiz13 如果有一天你在野外发现一只蚱蜢具有正常的头,但在胸部多长出了一对触角(正常的蚱蜢只有在头部才有一对触角)。你认为造成多出一对触角的突变基因是哪一种?

(六) 转录终止阶段的调控

真核细胞蛋白质基因转录的终止机制尚不清楚,但已发现某些蛋白质基因的转录会发生提前终止(如 *c-myc* 基因)或抗终止现象(HIV 的 Tat 蛋白基因)。

RNAPⅡ 在转录延伸阶段,经常发生暂停现象,只有受到特殊的信号作用后才会继续转录。以 HIV 的 Tat 蛋白为例,Tat 与 HIV 转录物 5′-端的 *TAR* 序列(一个茎环结构的一部分)结合,同时,细胞内其他转录因子与转录物上的另一个茎环结构结合,结合在两个茎环结构上的蛋白质协同作用于细胞内的其他蛋白质,包括一种周期蛋白依赖性的蛋白质激酶 9 (CDK9)。CDK9 催化暂停的 RNAPⅡ 的 CTD 发生磷酸化,让转录继续,从而发生抗终止。

五、转录后加工水平上的基因表达调控

转录后加工水平上的基因表达调控对于真核生物具有非同寻常的意义,它是一个基因产生多种多肽或蛋白质产物的主要机制。

(一) 选择性剪接

选择性剪接是指一种 mRNA 前体在剪接反应中某些区段的序列可能被保留,也可能被排除,从而得到几种不同成熟 mRNA 产物的过程,它是高等真核生物蛋白质多样性产生的重要来源。据估计,人类基因组中的基因至少有 90%经历选择性剪接,平均每个基因有 3~4 个剪接变体。

选择性剪接可能是组成型的,也可能是受到调控的。前者是指一种 mRNA 的不同剪接方式发生在所有的组织细胞内,而后者是指某种剪接方式的发生是有条件的,即具有组织特异性、发育阶段的特异性或生理状态的特异性。受到调控的选择性剪接,可产生组织特异性或发育阶段特异性的不同蛋白质的同工异体。

选择性剪接主要有四种方式(图 12-41):(1) 外显子跳过(exon skipping)——剪接反应中跳过一个或几个外显子,从而导致成熟的 mRNA 上缺失相应的外显子;(2) 内含子保留(intron retention)——一个或几个内含子被保留下来而出现在成熟的 mRNA 之中;(3) 可变的 3′-剪接点的使用——3′-剪接点不止一个,使用不同的剪接点产生不同的剪接产物;(4) 可变的 5′-剪接点的使用——5′-剪接位点不止一个,使用不同的剪接点产生不同的剪接产物。

选择性剪接反应中剪接点的选择,受到多种反式作用因子和位于 mRNA 前体上特殊的顺式作用元件的调控。顺式作用元件通常是一段较短的核苷酸序列(8 nt~10 nt),根据对剪接反应的不同影响,可分为能增强对某个剪接位点使用的剪接增强子,以及能抑制对某个剪接位点使用的剪接沉默子。剪接增强子和沉默子可能位于外显子或内含子之中,反式作用因子通过与它们的结合而参与对不同剪接位点的选择。

调控选择性剪接的反式作用因子又可分为基础剪接因子和特异性剪接因子。基础剪接因子间的协同作用和拮抗作用以及相对浓度的改变,可以影响到剪接位点的选择;特异性剪接因子可以调控特异的剪接过程。剪接增强子多位于它们所调节的剪接位点

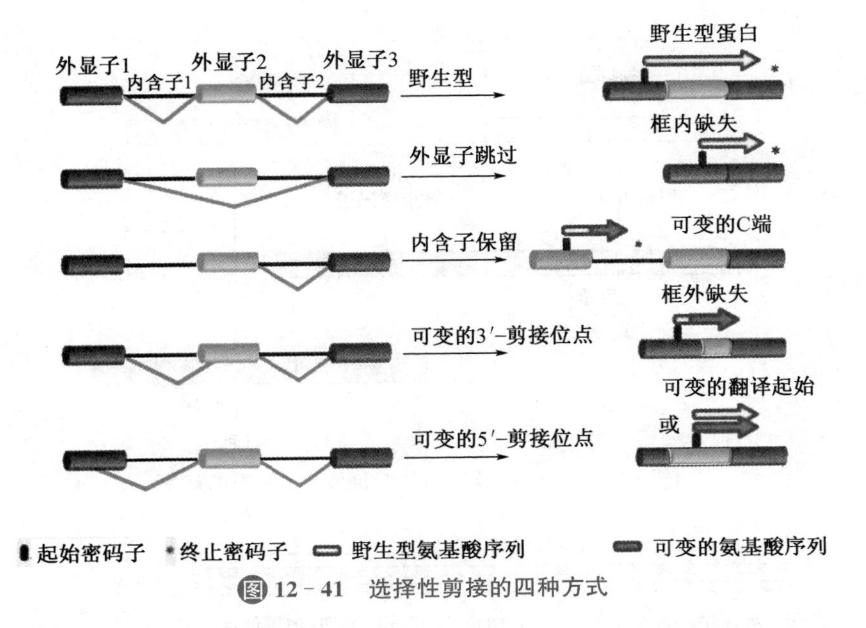

图 12-41　选择性剪接的四种方式

附近，有助于吸引剪接因子到剪接位点上，若改变它们的位置，可使剪接活性发生很大改变，甚至使它们转变成负调控元件。一类富含嘌呤核苷酸的外显子剪接增强子是最常见的一种剪接增强子(exon splicing enchancer, ESE)。例如，果蝇的 *dsx* 基因的第四个外显子中就有这么一个 ESE，通过促进对较弱的 3′-剪接点的作用而促进上游内含子的切除。反式作用因子 Tra、Tra2 和两个富含丝氨酸的剪接因子(serine-rich protein, SR 蛋白)结合其上，从而促进了 U2AF 结合到前面的 3′-剪接点完成剪接；在雄性个体中没有 Tra 的表达，因此第四个外显子被跳过。

选择性剪接可导致一个基因编码出不同的 mRNA。那些影响到 mRNA 编码氨基酸序列的选择性剪接，将会产生序列不同和活性不同的蛋白质变体，而发生在 mRNA 非编码区域的选择性剪接可能影响到成熟的 mRNA 稳定性或翻译的效率，具体表现在以下五个方面：(1) 产生细胞定位不同的蛋白质。如神经细胞黏附分子(neural cell adhesion molecule, NCAM)的胞内型和胞间型、抗体和退化加速因子(decay-accelerating factor, DAF)的分泌型和膜结合型、纤粘蛋白(fibronectin)的胞内型和血浆型都是与选择性剪接有关；(2) 改变 ORF，导致蛋白质活性的缺失。例如，决定果蝇性别的 Sxl(sex-lethal)的有活性型和无活性型的产生就与此有关；(3) 改变蛋白质的活性。有的是细调某些蛋白质的活性，如原肌球蛋白和具有不同电生理活性的离子通道；(4) 产生具有全新活性的蛋白质。例如，海兔(Aplysia) R15 神经元内的不同活性的神经肽的产生；(5) 影响 mRNA 的稳定性和翻译的效率。如集落刺激因子-1(CSF-1)mRNA 的 3′-UTR 去稳定元件是否保留。

下面再举几例，进一步说明选择性剪接如何导致一个基因产生几种或多种不同结构和功能的蛋白质的。

1. SV40 病毒大 T 抗原和小 t 抗原的产生

SV40 病毒的大小 T 抗原由同一个基因编码的 mRNA 前体通过选择性剪接产生(图 12-42)，其中产生小 t 抗原的剪接方式是在细胞中出现高浓度的选择性剪接因子——ASF 蛋白(alternative splicing factor)时发生。ASF 蛋白作为 snRNA 中富含 Ser/Arg 的蛋白，有利于下游剪接位点的选择。

2. 原肌球蛋白 mRNA 前体的组织特异性选择性剪接

原肌球蛋白(tropomyosin) mRNA 前体通过选择性剪接，可产生约 20 种不同的 mRNA，它们在不同的细胞中被翻译出不同的蛋白质变体(图 12-43)。

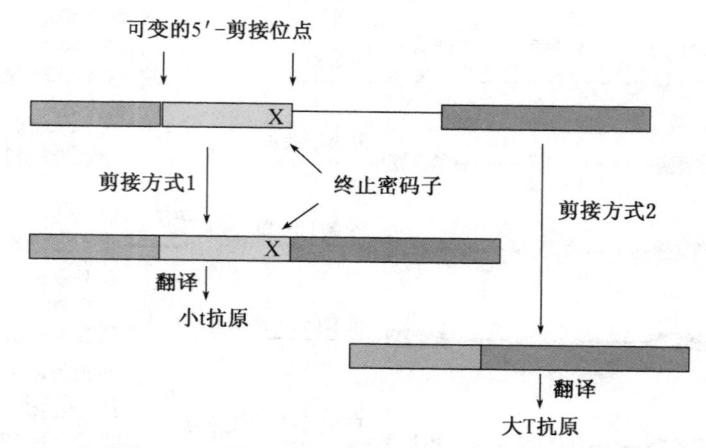

图 12-42 SV40 病毒大 T 抗原和小 t 抗原的产生

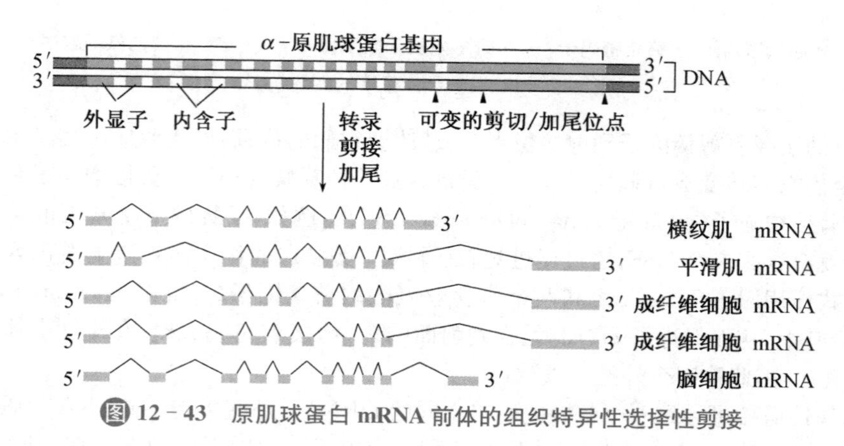

图 12-43 原肌球蛋白 mRNA 前体的组织特异性选择性剪接

3. 降钙素 mRNA 前体的组织特异性选择性剪接

在甲状腺细胞和神经细胞内,降钙素 mRNA 前体经过选择性加尾、选择性剪接、翻译及翻译后加工,可分别产生降钙素和降钙素基因相关肽(calcitonin gene-related peptide,CGRP)(图 12-44)。

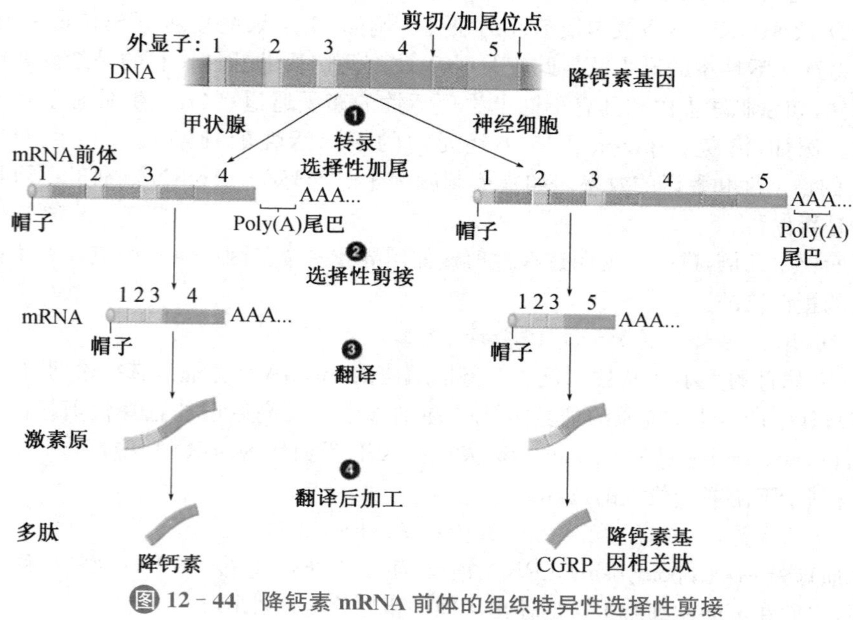

图 12-44 降钙素 mRNA 前体的组织特异性选择性剪接

4. 内耳内毛细胞内钾离子通道蛋白 mRNA 前体的选择性剪接

内耳上的不同内毛细胞(inner hair cell)能够接受不同的声波频率，这种特性与不同的内毛细胞通过选择性剪接产生不同的 cSlo－mRNA 有关，约有 576 种不同的组合(图 12－45)。cSlo－mRNA 编码的是一种受 Ca^{2+} 门控的钾离子通道(Ca^{2+}－gated K^{+} channel)。因选择性剪接产生的不同的钾离子通道对 Ca^{2+} 敏感性不一样，它们在不同的 Ca^{2+} 浓度下开放。而不同的声波频率引起内毛细胞细胞质基质 Ca^{2+} 浓度的不同，从而导致不同性质的钾离子通道的开放。

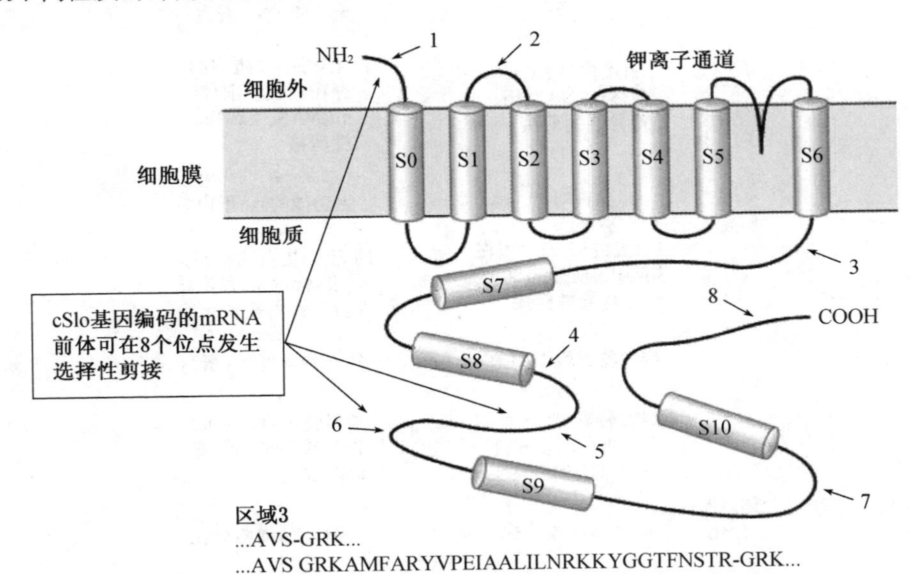

图 12－45　内耳内毛细胞内钾离子通道蛋白 **mRNA** 前体的选择性剪接

5. 果蝇性别决定过程中的选择性剪接

Sxl 基因的选择性剪接决定了果蝇的性别形成之路，而 *sxl* 基因的选择性剪接由 X 染色体(X)和常染色体(autosome，A)即 X∶A 比率决定(图 12－46)。

如果 X∶A＝1，那 *sxl* 基因内所有内含子和第三个外显子(含有一个终止密码子)就被切除，这种剪接方式产生的 mRNA 翻译出来的蛋白质才有功能；如果 X∶A＝0.5，第三个外显子就被保留，这种剪接方式产生的 mRNA 翻译出来的蛋白质就没有功能。

(二) 选择性加尾

很多真核生物基因的 3′-端含有的加尾信号不止一个，使用不同的加尾信号将导致产生不同长度或不同性质的 mRNA。同一种 mRNA 前体在加尾反应中，对不同加尾信号的选择而可产生不一样的成熟 mRNA，此现象称为选择性加尾或可变加尾。

选择性加尾可能会改变编码区的长度，也可能会保留或去除位于 3′－UTR 内影响 mRNA 稳定性的特定信号。前一种情形是导致一个基因编码不同多肽产物的另外一种途径，有时它与选择性剪接组合使用可进一步扩大蛋白质的多样性。生物信息学研究表明，高等生物约 25％的基因可能发生选择性加尾。

以抗体的 μ 型重链为例，它有分泌型和膜结合型(图 12－47)，其 mRNA 前体共有四个加尾信号。分泌型使用的是位于最前端的加尾信号，而膜结合型使用的是第二个加尾信号(图 12－48)。使用第二个加尾信号的结果是保留了位于 3′-端的 M1 和 M2 两个外显子，而 M1 和 M2 编码的氨基酸序列为跨膜的 α-螺旋。

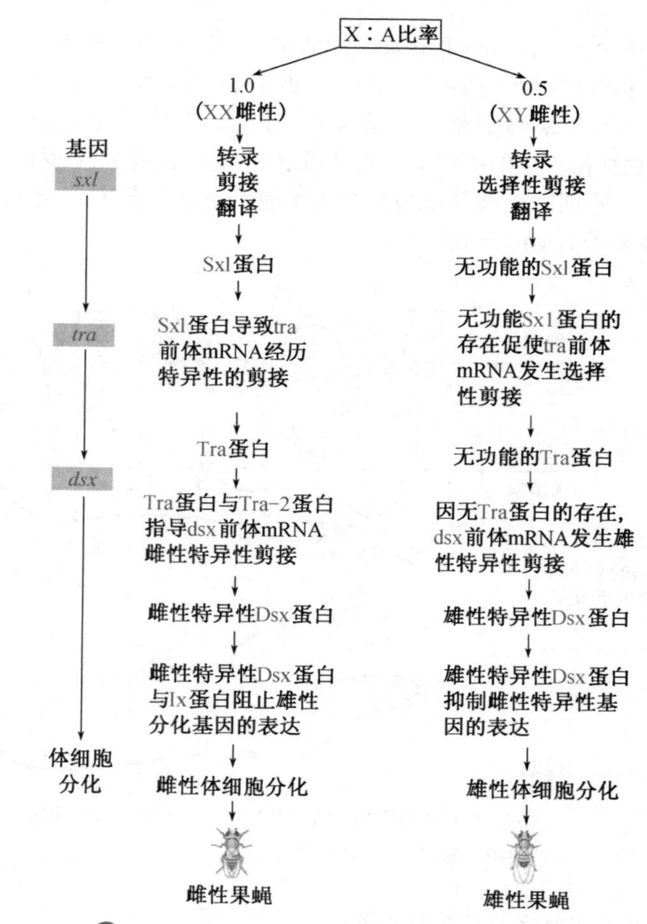

图 12-46 果蝇性别决定过程中的选择性剪接

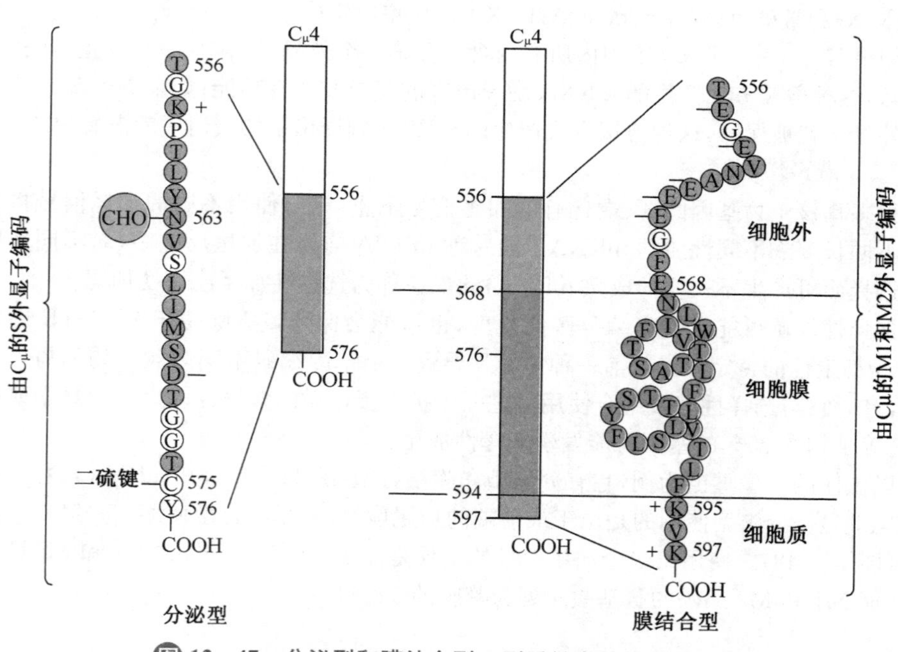

图 12-47 分泌型和膜结合型 μ 型重链在结构上的差别

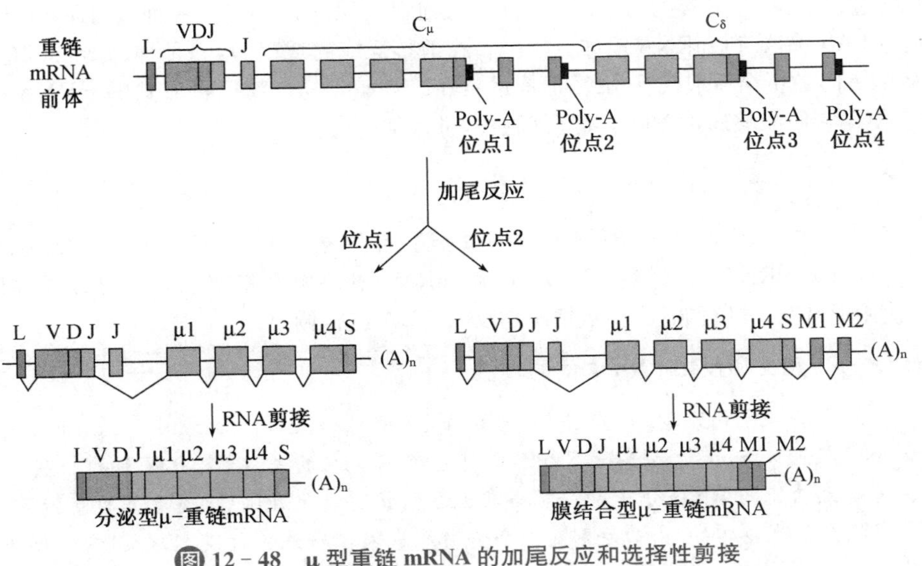

图 12-48　μ 型重链 mRNA 的加尾反应和选择性剪接

（三）组织特异性 RNA 编辑

组织特异性 RNA 编辑(tissue-specific RNA editing)是导致一个基因产生多种多肽产物的又一条途径。例如，Apo B 基因在小肠上皮细胞因为经历了编辑最终产生的是 Apo B-48，这与同一个基因在肝细胞中没有编辑产生的 Apo B-100 是两种不同的蛋白质(参看第八章　转录后加工)。

（四）lncRNA 在转录后加工水平的调控

lncRNA 在这个水平的调控主要是通过与目标 mRNA 之间的碱基互补配对而实现的。当一种 mRNA 与 lncRNA 通过碱基配对结合在一起的时候，原来 mRNA 上结合各种反式作用因子的位点就被屏蔽了，从而影响到 mRNA 的后加工和运输等。

以参与间质(mesenchymal)发育的 Zeb2 mRNA 为例，它有一个特别长的 5′-UTR，其有效的翻译依赖于在 5′-UTR 内保留一个含有核糖体内部进入位点(IRES)的内含子。然而，这个内含子的保留又依赖于一个反义的 lncRNA 的转录，因为 lncRNA 与这个内含子的碱基配对可将其 5′-剪接点隐藏起来。

六、在 mRNA 运输水平上的调控

真核生物基因的转录和翻译分别发生在细胞核和细胞质。mRNA 首先在细胞核内进行转录和后加工，然后再运输到细胞质作为蛋白质合成的模板。RNA 从细胞核运输到细胞质的过程受到严格的调控。一方面只有加工好的 RNA 分子，而不是 RNA 前体或部分加工的 RNA，才被运输出细胞核。对于 mRNA 而言，必须加上帽子方可离开，但如果还有 snRNP 结合在剪接点，就不行了，除非在剪接点附近形成了外显子连接复合物(EJC)。显然，这种对 mRNA 离开细胞核的严格调控可防止异常的或具有潜在毒性的蛋白质被合成；另一方面，一个 RNA 分子一旦离开细胞核，通常是一去不复返，但有少数 RNA 需要先离开细胞核，然后再回到细胞核行使其功能。例如，U1、U2、U4 和 U5 这几种 snRNA 是由 RNAPⅡ催化转录的，因此也具有帽子结构。在它们转录完成以后，便离开细胞核，进入细胞质基质，在原有的帽子上再引入甲基，同时跟细胞质基质中的 SM 蛋白结合，组装成 snRNP 后再回归到细胞核参与剪接反应。

所有的 mRNA 都需要跟特定的蛋白质形成复合物以后才能离开细胞核。已分别在酵母和人细胞内，发现将 RNA 剪接和 RNA 运输偶联在一起的蛋白质。这些蛋白质的功能是与剪接过的 RNA 结合，并将它们引向核孔复合物(nuclear pore complex，NPC)。

大概的过程是:参与剪接的剪接因子 Sub2(人细胞为 hUAP56)将另一种蛋白质 Yra1(人细胞为 hAly)招募到 mRNA 前体分子上。在剪接反应完成以后,一种称为 Mex67(人细胞为 hTAP)的蛋白质取代 Sub2。形成的 Yra1/Mex67 复合物再将成熟的 mRNA 引向 NPC,使得它们能够通过 NPC,离开细胞核,进入细胞质。

七、翻译水平上的调控

真核生物基因表达在翻译水平上的调控主要有自体调控、mRNA 区域化(localization)、mRNA 的“屏蔽”、RNA 干扰、mRNA 的降解和稳定性以及对翻译过程本身或使用 lncRNA 进行调控,少数情况用反义 RNA 进行调控。

Box 12-5　正义和反义 RNA 之间的较量

2006 年 9 月 17 日,在 *Cell* 上有一篇题为“Antisense Transcription Controls Cell Fate in *Saccharomyces cerevisiae*”的论文引起了不少人的关注,文中提到的一种以前被认为是无功能的 RNA 分子却可能事实上在保护酵母生殖细胞,避免其自我毁灭。

根据分子生物学的“中心法则”,一个蛋白质基因在转录的时候,只会以它的模板链作为模板,产生有意义的 mRNA,然后再以 mRNA 作为模板,翻译出蛋白质。但已发现少数蛋白质的基因偶尔能够以它的编码链作为模板,得到与 mRNA 互补的反义 RNA。这些转录产生的反义 RNA 一般被视为转录异常而产生的基因“怪胎”,没有什么功能。

然而,来自 MIT 的 Gerald R. Fink 等人在研究面包酵母的减数分裂起始蛋白 4(initiator of meiosis, IME4)的基因表达的时候,发现它也可以转录产生反义 RNA,但转录产生的反义 RNA 并不是没有功能,而是能够与模板链转录产生的 mRNA 互补配对,阻止 IME4 的翻译。对此发现,Fink 表示:这是第一例在较高等的细胞中发现的反义 RNA,这把我们指向了另外一条对于真核生物来说是全新的基因表达调控的过程。

这种正义和反义之间的较量具有明显阴阳相克的味道:酵母细胞在营养丰富的条件下,进行有丝分裂,由此产生的子细胞与母细胞具有相同数目的染色体;然而,一旦酵母处在饥饿的状态,IME4 被打开并启动减数分裂,这时细胞分裂成以孢子形式存在的生殖细胞,就像哺乳动物的生殖细胞精子或卵细胞一样,只有一半数目的染色体。酵母形成孢子可更好地抵抗恶劣的环境。

但是,在某些情形下,切换到减数分裂可能是灾难性的!一个单倍体细胞强行进入减数分裂,其后代是不可能生存的。幸运的是,这种破坏性的减数分裂不会发生在单倍体细胞,这是因为细胞会不断产生 IME4 的反义 RNA,阻止了 IME4 的翻译。于是,*IME4* 基因转录产生的反义 RNA 保护了单倍体酵母细胞,避免了其进入无法收拾的境地。

这种抑制特定 mRNA 翻译的机制与真核细胞普遍流行的干扰 RNA 系统是完全不同的,这实际上是一种自我调控的机制。考虑真核细胞内到能产生反义 RNA 的基因不止是 *IME4*,以前一些被发现的反义 RNA 一般都被视为没有什么功能的,现在也许是我们需要重新审视它们的时候了!

(一) 自体调控

自体调控通常被用来控制一种大分子复合体内某一成分的合成,以实现各成分在量上的协调。以构成微管的前体——微管蛋白(tubulin)为例,自由的微管蛋白能够抑制自己的翻译。当微管装配受阻的时候,游离的微管蛋白亚基积累,这时可与自身的 mRNA 结合,或与新生的肽段结合,从而导致位于多聚核糖体上的微管蛋白 mRNA 的降解,以抑制多余的微管蛋白不必要的合成。再如,哺乳动物细胞内的多聚 A 结合蛋白(PABP)也受到自体调控:在其 mRNA5′-UTR 中含有一段富含 A 的序列,如果它在细胞内过量的话,就可以结合在自己的 mRNA 的 5′-UTR 上,而阻止自身的翻译。

（二）mRNA 区域化

在很多细胞，特别是卵母细胞，其内的 mRNA 被导入到特定的区域，一个典型的例子已在果蝇的胚胎发育中讨论过。其他的例子包括：正在迁移的成纤维细胞内的肌动蛋白 mRNA 被限定在细胞的前端；神经元内的 Tau－mRNA 定位于轴突，MAP2－mRNA 定位于胞体及树突，于是 Tau 的表达限制在轴突内，而 MAP2 只在胞体和树突表达。由于 Tau 和 MAP2 在细胞内的功能是决定微管的行为，因此这两种蛋白质 mRNA 的差异分布控制了神经元内细胞骨架的布局。

在其他情形下，mRNA 区域化的目的是将某种蛋白质产物排除在细胞内不适合它存在的位置。例如，髓鞘碱性蛋白（myelin basic protein，MBP）的功能是与轴突膜结合，促进环绕神经轴突起绝缘作用的髓鞘的形成和压缩。如果 MBP 错误地出现在核膜、内质网膜或高尔基体膜，就会对神经元的功能产生不利的影响，于是，MBP－mRNA 在轴突区的区域化分布可防止它在胞体内的表达。

在酵母母细胞进行出芽生殖时，新产生的两个细胞具有相反的交配型。而子细胞进行出芽生殖时，产生的两个细胞却具有相同的交配型。Ash1－mRNA 仅在出芽的细胞内转录，因而，它只分布在胞芽内。于是，随后的子细胞便翻译出阻止 HO 内切酶表达的 Ash 1 蛋白。但随后的母细胞因没有 ash1－mRNA 而不会合成 Ash1 蛋白，于是 HO 内切酶能够表达，这就导致了母细胞的后代发生交配型的转换。

mRNA 区域化有三种可能的机制：(1) mRNA 的一般性扩散受到事先区域化的锚定物（localized anchor）的捕获而受到限制；(2) 受肌动蛋白或微管的调节；(3) 局部降解。在每一种情况下，细胞结构的不对称已经存在于细胞，mRNA 的区域化是建立在此基础上。而存在于 mRNA 上决定区域化效果的信号序列主要位于终止密码子和 Poly A 尾巴之间的 3′－UTR 内。这些信号序列形成标志性的茎环结构，充当特定的 RNA 结合蛋白的靶点。当将两种分布不同的 mRNA 上的区域化信号序列进行交换的时候，将导致相应蛋白质在细胞中位置发生置换。

仍然以 ash1－mRNA 为例，参与 ash1－mRNA 区域化定位的蛋白质包括：(1) She2——是主要的 mRNA 结合蛋白，负责识别 ash1－mRNA 上的区域化信号序列；(2) She1——与一种并不常见的肌球蛋白 Myo4 一样，和 ash1－mRNA 一起共定位在子细胞内，但 Myo4 本身并不结合 RNA；(3) She3——与 Myo4 和 She2 相互作用；(4) She4——稳定由肌动蛋白组成的细胞骨架；(5) She5——维持肌动蛋白细胞骨架的极性。

Ash1 在一个有丝分裂前的细胞核中转录以后，She2 与其 3′-端的区域化信号序列结

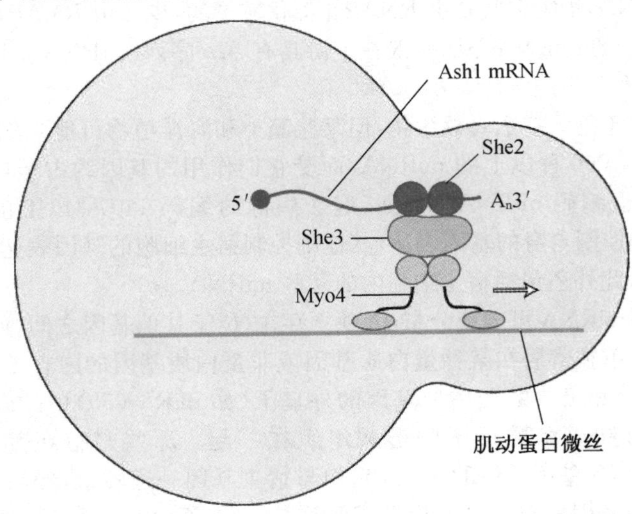

图 12－49　Ash1－mRNA 区域化定位与其表达之间的关系

合，而 She3 充当分子接头，将形成的复合物与肌球蛋白马达相连。在此阶段，肌动蛋白骨架向出芽的方向延伸，于是，肌球蛋白马达携带 ash1 - mRNA 和 She2 的复合物向肌动蛋白纤维远端(distal end)移动，将 mRNA 定位到芽端(图 12 - 49)。

已有证据表明，新翻译的 Ash1 可作为自身 mRNA 的锚定物，有利于维持 ash1 - mRNA 的区域化分布。

（三）**mRNA 的“屏蔽”**

某些基因的表达调控可通过对其 mRNA 的暂时屏蔽而实现。以雌性两栖动物为例，它们任意一个成熟的卵细胞已基本停止新 mRNA 的合成，但已贮备了所有将来用于早期发育的各种 mRNA。这些提前合成好的 mRNA 与特殊的蛋白质结合在一起而被暂时“屏蔽”，因此无法作为模板进行翻译。

在屏蔽之前，这些 mRNA 在 3′-端发生选择性脱腺苷酸化反应，多聚 A 尾巴因此变短，从几百个 A 变成了几十个 A。脱腺苷酸化的信号是位于 3′- UTR 内一段富含 AU 的序列。这段序列称为细胞质多聚 A 元件(cytoplasmic polyadenylation element，CPE)。参与屏蔽的蛋白质有细胞质多聚 A 元件结合蛋白(CPEB)和屏蔽蛋白(maskin)。其中 CPEB 识别并结合 CPE，屏蔽蛋白再与 CPEB 结合。受到这两种蛋白质屏蔽的 mRNA 难以作为模板进行翻译。然而，一旦卵细胞受精并分裂，CPEB 即发生磷酸化修饰。而磷酸化修饰导致 CPEB、屏蔽蛋白与贮存的 mRNA 分离，mRNA 的屏蔽因此被解除。受多聚 A 聚合酶的催化，解除屏蔽的 mRNA 重新被添上全长的多聚 A 尾巴。随后，PABP 与多聚 A 尾巴结合，再通过招募 eIF4G 促进翻译的起始。

（四）**RNA 干扰**

RNA 干扰(RNA interference，RNAi)是指通过特定双链 RNA 使目标 mRNA 降解或者翻译受到阻遏，从而特异性地抑制目标基因在翻译水平上表达的现象。这也是产生表观遗传的又一种重要方式。

1. RNAi 的两种形式

RNAi 的发现可算得上是近十多年来生命科学领域最重要的进展之一。有关它的发现历程详见本章科学故事。事实上，有两种类型的干扰 RNA，即 miRNA 和 siRNA。这两类干扰 RNA 成熟的形式都是短的双链 RNA，每条链的长度通常为 21 nt～25 nt。它们的来源不同，但作用机制基本相同，许多作用成分是共享的，最后的作用效果也是一致的。其中，siRNA 一般为外源的，可能来自病毒，也可能是人为导入产生的，其天然前体本来就是双链 RNA；而 miRNA 则由内源基因编码，其前体是转录出来的内部带有发夹结构的单链 RNA，绝大多数是由 RNAPⅡ催化转录的，少数由 RNAPⅢ催化转录。受 RNAPⅢ催化转录的 miRNA 基因一般在上游具有 *Alu* 序列或 tRNA 基因。

2. miRNA 的分布和基因结构及组织

miRNA 存在于绝大多数真核生物，但某些藻类和海洋植物可能是例外。据估计，人类基因组编码约 1 000 种以上的 miRNA，而受它们作用的基因约占蛋白质基因总数的 60%。某些病毒也编码 miRNA。例如，疱疹病毒约编码 140 种以上的 miRNA，这些 miRNA 约 2/3 是控制自身的基因表达，其他则控制宿主细胞的基因表达，特别是与宿主免疫有关的基因，此外还包括宿主细胞内的某些 miRNA。

在基因组上，miRNA 可成簇分布，或独立存在，位于其他基因之间，或者在其他基因的反义区，也可能单独寄居在某种蛋白质基因或非蛋白质基因的内含子内，甚至在非蛋白质基因的外显子和极少数蛋白质基因的外显子(如 miR - 650)中。成簇存在的多个 miRNA 基因有可能以多顺反子的形式组织在一起。那些寄宿在其他基因内部的 miRNA 约占 miRNA 基因总量的 40%，它们与宿主基因一道转录，经后加工释放出来。而其他 miRNA 的基因拥有自己的启动子和调控元件，独立进行转录，然后再进行后加工。某些 miRNA 在后加工的时候，会发生位点特异性的编辑。RNA 的编辑可阻止 pri -

miRNA 的进一步加工，或者改变下游的加工方式，从而增加 miRNA 的多样性。

3. miRNA 的命名

随着越来越多的 miRNA 被鉴定，建立一种标准的系统命名方法就显得十分必要。现在，miRNA 的命名一般用 mir - X 或 miR - X 来表示，前者表示的是一种 miRNA 的前体，后者表示的是成熟的 miRNA，X 为数字编号，其大小通常表示发现的先后次序。有时还在一种 miRNA 前面加上代表某物种的前缀，如 hsa 代表人，所以 hsa - miR - 194 代表的是来源于人细胞的一种 miRNA。一个成熟的 miRNA 由两条链组成（miRNA：miRNA*），但一般只有一条链去作用目标 mRNA，这一条链称为引导链（the guide strand），另外一条链不起作用，在细胞内容易水解，因此含量较低，就像“过客”一样，所以称为“过客链”（the passenger strand）。过客链可用带有星号的 miRNA 即 miRNA* 表示。有时，两条链都可以单独作为有功能的 miRNA，去作用不同的靶 mRNA。

4. miRNA 的转录、加工和成熟

由 RNAP 催化转录出来的首先是 miRNA 前体，即前 miRNA（pri - miRNA）。Pri - miRNA 一般有几千个 nt，内部含有局部的发夹结构，如果是后生动物（metazoan），就需要先经过核加工、核输出、细胞质再加工，然后参入到 RNA 诱导的沉默复合体（RNA-induced silencing complex，RISC）之中，最后通过 RISC 锁定目标 mRNA，并抑制其在翻译水平上的基因表达（图 12 - 50）。

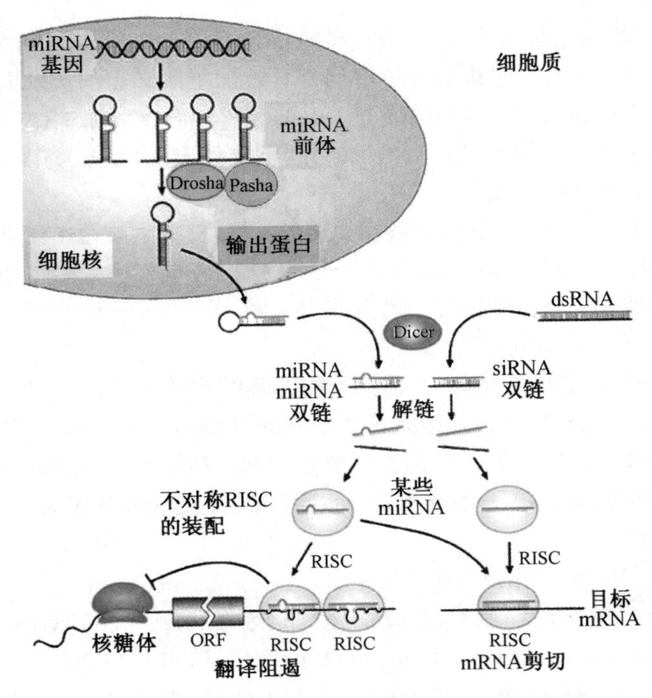

图 12 - 50　miRNA 和 siRNA 的产生和作用机制

(1) pri - miRNA 的核加工

pri - miRNA 是一个大的前体，在细胞核首先被加工成 70 nt～80 nt 小的前体。这个小的前体称为 miRNA 原（pre - miRNA），其二级结构实际上是一个大的发夹结构。催化此步后加工反应的是一种约为 500 kDa 的蛋白质复合物。在果蝇体内，该复合物由 Drosha 和 Pasha 蛋白组成。脊椎动物体内的 Pasha 蛋白也称为 DGCR8，它含有两个双链 RNA 结合结构域，其作用是对 pri - miRNA 上的剪切点进行精确定位，但真正进行剪切的是 Drosha 蛋白。Drosha 有两个核糖核酸酶Ⅲ结构域，可分别在发夹结构的茎底部离单链/双链 RNA 交界处 5′和 3′ -臂部 11 bp 的位置切开 RNA（图 12 - 51）。

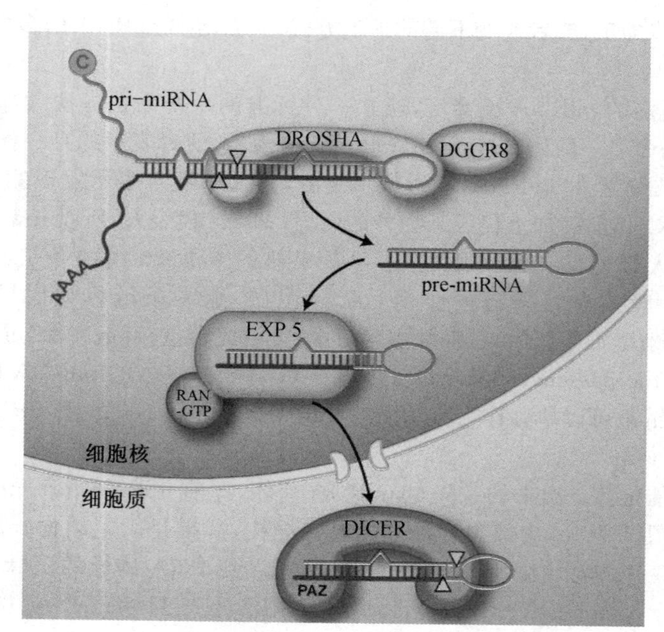

图 12-51　后生动物体内 Pri-miRNA 的两步后加工

一个 pri-miRNA 可能含有 1～6 个不同的 miRNA，但每一个 miRNA 都来自其中的一个发夹结构。每一个发夹结构的两翼序列是有效加工所必需的。发夹结构的双链区被 DGCR8 或 Pasha 蛋白识别。DGCR8 与 Drosha 结合，形成微加工体(microprocessor)复合物。在微加工体的作用下，每一个发夹结构被释放出来，在 3′-端有双核苷酸突起。这时的产物就是 pre-miRNA。

Drosha 对 pri-miRNA 的剪切一般在 mRNA 剪接反应之前在还没有剪接的内含子区进行。然而，某些 miRNA 所在的内含子区自身折叠成发夹结构。在这种情况下，Drosha 的作用被跳过。直接从内含子里剪接出来的 pre-miRNA 省掉了微加工体的加工，被称为微内含子(mirtron)。

Quiz14 若是果蝇体内 Drosha 和 Pasha 蛋白缺失，那会影响 siRNA 的作用吗？

与后生动物相比，植物的 miRNA 前体上的茎环结构较大，可变性也大。而且，植物体 miRNA 前体的加工只受一种在细胞核类似切酶的酶(Dicer-like1，DL1)的剪切，直接产生成熟的 miRNA，而不像后生动物，需要在细胞核和细胞质分别由两种不同的酶进行剪切。植物成熟的 miRNA 一般含有 21 nt，而且 5′-端的核苷酸多为 U，而动物则通常含有 22 nt～23 nt。

(2) pre-miRNA 从细胞核到细胞质的运输

一旦 pri-miRNA 在细胞核完成加工，形成的 pre-miRNA 即在输出蛋白 5(exportin5，EXP5)和小 G 蛋白——Ran-GTP 的作用下，离开细胞核。EXP5 能够识别 pre-miRNA 上在 3′-端有突出(1～8 nt)的长于 14 bp 的茎结构，这种识别保证了只有加工正确的 pre-miRNA 才能被输出。此外，EXP5 还能保护 pre-miRNA，防止它们的水解。

在植物 miRNA：miRNA* 双链核输出之前，其 3′-端突出序列受一种叫 HEN1 的 RNA 甲基转移酶的催化，发生甲基化修饰，然后再在 EXP5 的同源物 HST 的帮助下，从细胞核进入细胞质。

(3) pre-miRNA 在细胞质中的进一步加工和成熟 miRNA 的产生

在细胞质，pre-miRNA 在靠近末端环的位置受切酶(dicer)的切割，释放出在 3′-端有双核苷酸突起的长约 22 nt 的 miRNA：miRNA* 双链。切酶具有多个结构域，属于依赖于 ATP 的核糖核酸酶Ⅲ家族，参与小双链 RNA 的剪切加工。有两种切酶，即切酶 1 和切酶 2，它们分别参与 miRNA 和 siRNA 的加工成熟。

Pre-miRNA 发夹结构总的长度和环的大小能影响到切酶加工的效率，miRNA：miRNA* 配对的不完善性质也会影响到剪切。

5. miRNA 的功能及其作用机制

miRNA 的功能最终表现在它对特定目标基因表达的影响。miRNA 的作用首先需要它和通常位于目标 mRNA 在 3′-UTR 内的互补位点结合，在此基础上再导致目标 mRNA 的降解或翻译阻遏。与其抑制效应相反，少数 miRNA 也能通过上调翻译而刺激目标基因的表达。而且，miRNA 还能与不均一核糖核酸蛋白（heterogeneous ribonucleoprotein）结合，解除目标 mRNA 的翻译阻遏，从而控制细胞的命运。这时的 miRNA 实际上充当一种诱饵，干扰调节蛋白的活性。

如果是抑制翻译，miRNA 的作用就是从结合淘金者蛋白（argonaute，Ago）并参入到 RISC 之中开始的。

Ago 蛋白是一个大的家族，可分为 Piwi 和 Ago 两个亚族。其中前者参与转座子沉默（transposon silencing），在生殖细胞内特别丰富；后者通过作用 miRNA 和 siRNA，在转录后基因表达调控中起作用。Ago 蛋白对于 RISC 的功能十分关键，它是 miRNA 诱导的基因沉默必需的。研究表明，它含有两个保守的 RNA 结合结构域：一个为 PAZ 结构域，可与成熟的 miRNA 的 3′-端单链区结合，另一个为 PIWI 结构域，其在结构上类似于核糖核酸酶 H，作用引导链的 5′-端。某些 Ago 蛋白，如人的 Ago2，能够直接切割目标 mRNA。Ago 也可能将其他蛋白招募进来，实现翻译阻遏。

在切酶 1 剪切 pre-miRNA 的时候，miRNA 双链开始解链。结果成熟的 miRNA 只有引导链参入到 RISC 之中，与 RISC 中的 Ago-1 蛋白结合，形成 miRISC，同时过客链得以释放。在这里，Ago 蛋白不仅在 RISC 形成中起关键作用，还决定哪一条链作为引导链参入到 RISC 之中。究竟选择哪一条，是根据它的热力学不稳定性和内部茎环的位置。在人体细胞，在 pre-miRNA 发夹茎上具有错配碱基对的 miRNA 首先受 Ago-2 的剪切，这种剪切在中央发夹的 3′-臂（属于 miRNA*）上，产生有缺口的发夹。在这种情况下，Ago-2 先于切酶 1 起作用，促进 miRNA 双链的解链、具有缺口链的去除和 RISC 的激活。

与 Ago-1 的结合可大大提高 miRNA 的稳定性。在果蝇细胞，miRNA* 链可以和 Ago-2 结合。miRNA* 是结合 Ago-1 还是 Ago-2 取决于 miRNA 双链的结构、热力学的稳定性和 5′-端第一个核苷酸的性质。如果第一个核苷酸是 C，就与 Ago-2 结合；如果是 U，就与 Ago-1 结合。有些 miRNA* 在基团表达调控中也起作用。

其他属于 RISC 的成分包括 TRBP（HIV TAR binding protein）、干扰素诱导的蛋白质激酶激活蛋白（protein activator of the interferon induced protein kinase，PACT）、SMN 复合物、脆性 X 智力低下蛋白和 Tudor-SN 蛋白。

在 RISC 形成后的第一步是识别目标 mRNA（图 12-52）。其中的 Ago-1 使 miRNA 能够采取合适的方向与目标 mRNA 作用。而目标 mRNA 的确定取决于 miRNA 的引导链与目标 mRNA 上的目标序列的互补性，而互补的程度决定目标 mRNA 是水解、去稳定还是翻译阻遏。如果 miRNA 与目标 mRNA 呈现完全的互补，或者近乎完全的互补，Ago2 就直接切割 mRNA，导致 mRNA 直接降解。如果互补并不完善，就通过翻译阻遏进行。

识别主要通过种子序列（the seed sequence）进行。种子序列是一段保守序列，多数位于 miRNA 5′-端 2 nt～7 nt 的位置。即使 miRNA 与其目标序列不完全互补，但种子序列必须与靶 mRNA 上的一段序列完全互补。许多研究表明，在 RISC 与目标 mRNA 作用的时候，不仅种子序列，miRNA 整个 5′-区也很重要。miRNA 通过与 mRNA 的结合调节基因的表达，而种子序列是 miRNA 与目标 mRNA 结合必需的。

植物与原生动物的 miRNA 在识别目标 mRNA 上具有三个显著的差别：(1) 植物

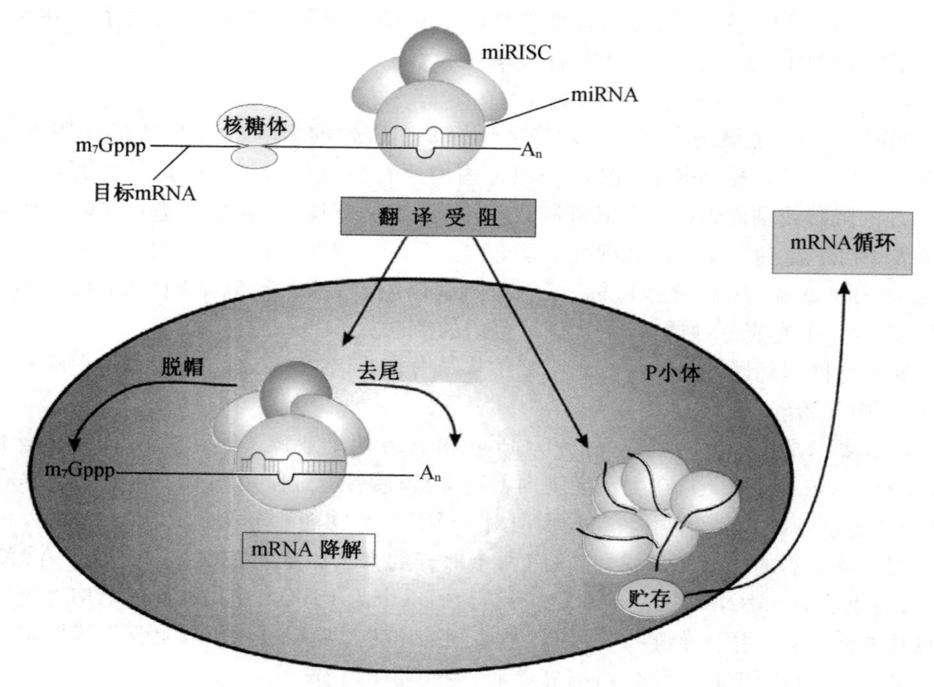

图 12-52 miRNA 作用的基本过程和结果

miRNA 多以转录因子的 mRNA 作为作用的对象。(2) 植物的 miRNA 与其目标 mRNA 的序列几乎完美互补,没有或者只有很少的错配碱基,因此作用的结果是导致目标 mRNA 降解。而后生动物的 miRNA 的与目标 mRNA 的互补区横跨 5′-端 2 nt～7 nt 和种子序列,故对于后生动物而言,一种 miRNA 可对准同一个目标 mRNA 分子上多个位点,或者对准不同的目标 mRNA,作用的结果一般是导致翻译受阻。(3) 原生动物的 miRNA 作用的靶点位于目标 mRNA 在 3′- UTR 三个主要的非翻译区,而植物的 miRNA 作用的靶点经常位于编码区。但不管如何,miRNA 的作用机制在各种真核生物体内是高度保守的,它对于真核生物基因表达调控十分重要。

RISC 对目标 mRNA 的作用可通过不同的机制进行(图 12-53),可能抑制翻译的延伸、诱导核糖体的脱落和促进新生肽链的水解等,甚至去作用染色质,通过组蛋白的甲基化促进局部染色质的浓缩而导致转录受阻。RISC 还可以加快 mRNA 的去稳定,一方面

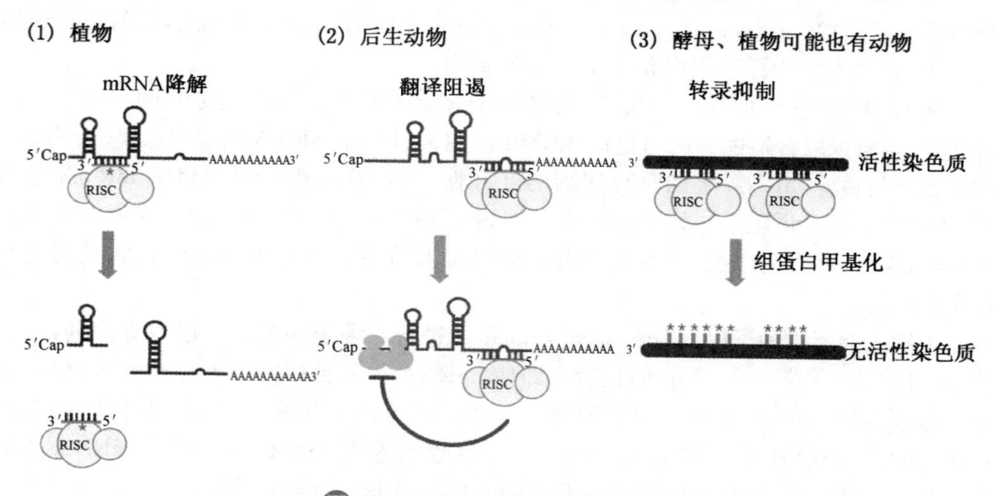

图 12-53 RISC 作用的可能机制

是促进目标 mRNA 的脱帽，另一方面是促进目标 mRNA 的去尾。在果蝇细胞，去尾和脱帽都需要 GW182 蛋白、CCR4：NOT 去腺苷酸酶和 DCP1：DCP2 脱帽复合物。

在很多情况下，miRNA 作用的最后一步涉及加工小体（processing bodies，P 小体）（图 12－54）。P 小体是细胞质中与 mRNA 衰变有关的酶的复合物，例如 CCR4：NOT 复合物（去腺苷酸酶）、DCP1：DCP2 复合物（脱帽酶）、RCK/p54 和 eIF4ET（一种翻译阻遏蛋白）。此外，GW182 是完整的 P 小体所必需的成分。显然，P 小体是 RISC 将目标 mRNA 送去降解或贮存的场所。例如，在人细胞，受 miR－122 阻遏的 mRNA 贮存在 P 小体内，遇到胁迫条件，即释放出来，再与核糖体结合形成多聚核糖体。

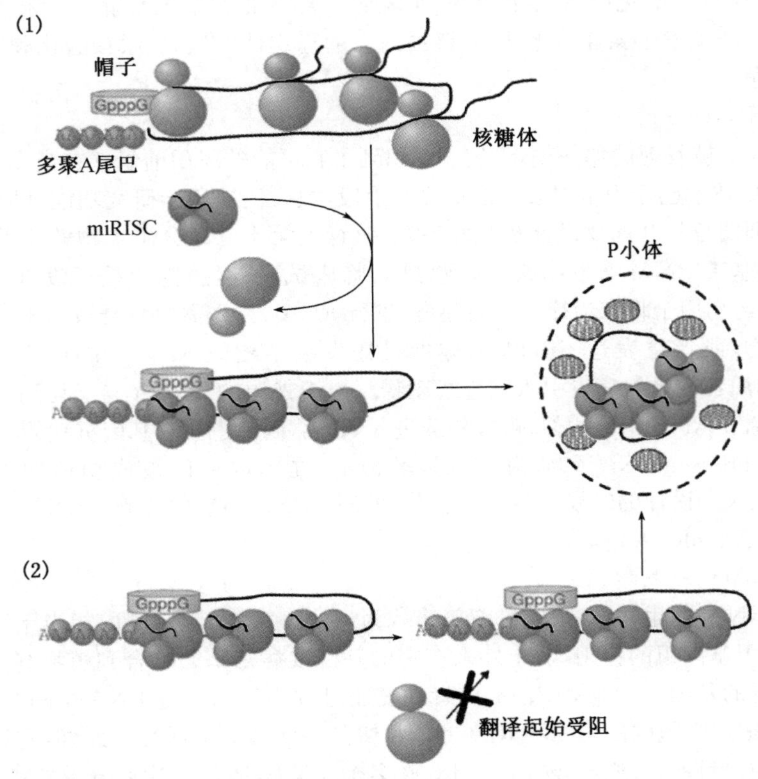

图 12－54　RISC 作用后 P 小体的形成及其作用

一种 miRNA 的作用不一定局限在产生它的细胞，可能会扩散到其他的细胞，有时甚至在很远的地方。对于植物来说，miRNA 可以通过胞间连丝和筛管进行远距离作用。动物可能通过脂肪体进行运输，借此运输可以将一种 miRNA 特异输送到某个靶目标。有时，一种 miRNA 可在两个物种直接进行转移，甚至发生跨界转移。例如，有人将一个针对棉铃虫基因的 miRNA 转到棉花，棉铃虫吃了棉花，miRNA 被吸收进体内起作用。

6. miRNA 的周转和代谢

成熟的 miRNA 周转使用的是“用之或废之”策略。miRNA 的引导链与 Ago 蛋白的结合得到了稳定，而过客链被优先降解。成熟 miRNA 的衰变由 5′-外切酶 XRN2（也叫 Rat1p）调节。在植物，则是一种小 RNA 降解核酸酶（small RNA degrading nuclease，SDN）家族的成员从相反的方向降解 miRNA。

7. miRNA 形成的调控

编码 miRNA 的基因一般由 RNAPⅡ催化转录，那些能够作用 RNAPⅡ的转录因子当然能够影响到 miRNA 的转录。而对 miRNA 特异性的调节是编辑，通过编辑，RNA 序列上的 A 在作用 RNA 的腺苷脱氨酶（adenosine deaminase acting on RNA，ADAR）的催化下变成 I，这种碱基转换可改变 pri－miRNA 上面的碱基配对，从而可能阻止 Drosha

和切酶的作用。而且,编辑过的成熟 miRNA 可能识别其他的目标 RNA 分子。

miRNA 形成的调节也涉及反馈机制。例如,Drosha 和 Pasha 以负反馈的环路相互调节对方。Drosha 可以切开 Pasha 位于 5′- UTR 的一个发夹结构,如果 Drosha 过量,就可以通过这种方式,降低 Pasha - mRNA 的水平。再如,人的切酶受到 let - 7 这种 miRNA 的调节。在切酶的编码区有 let - 7 作用的靶序列,因此,可以受到 let - 7 的下调。而 let - 7 和一种叫 let - 28 的 RNA 结合蛋白之间有交互调控:一方面,let - 7 能够抑制 let - 28 的翻译,另一方面,let - 28 又阻止 let - 7 的成熟。let - 28 能够阻断 Drosha 和切酶介导的切割。let - 28 通过诱导 let - 7 前体发生尿苷酸化而起作用,因为 let - 7 前体在 3′-端发生尿苷酸化以后,切酶无法对其加工,结果很快发生水解。与尿苷酸化不同,miRNA 在 3′-端发生腺苷酸化,则能够提高它的稳定性。显然,尿苷酸化和腺苷酸化之间存在竞争。

8. RNAi 的应用

自 RNAi 被发现的那一刻,人们就意识到了它可能的应用前景。在当今的后基因组时代,RNAi 技术已作为基因敲减最重要的手段,被广泛地用于研究功能基因分析、细胞信号转导通路分析和药物设计及开发等领域(详见第十三章分子生物学技术)。迄今为止,有许多基于 RNAi 开发出来的药物进入临床试验,但遗憾的是还没有一种真正的 RNA 干扰药物用于临床治疗。一般而言,进行 RNAi,首先需要将合成的 siRNA 转染至细胞或动物,或者将表达 siRNA 前体即具短发夹结构的 RNA(short - hairpin RNA, shRNA)的质粒或重组病毒引入细胞或动物。由于外源的 siRNA 与经切酶/TRBP 剪切得来的内源 miRNA 十分相似,可被装载进入 RISC,因此也具有基因沉默的功能。同样,shRNA 和 pre - miRNA 在结构上也是类似的,在体内可以被成功地加工成成熟的 siRNA。在人工设计的时候,很容易实现让外源 siRNA 与它们的靶 mRNA 完全互补,从而直接导致靶 mRNA 的降解。

9. RNAi 的生物学意义

关于 RNAi 的生物学意义,目前普遍认为,它在植物和昆虫体内相当于一种免疫系统,起着保卫基因组的作用,防止外来有害的基因或病毒基因整合到植物基因组中。因为许多病毒的基因组为双链 RNA,或者在复制过程中经历双链 RNA 中间体,这些双链 RNA 可被宿主细胞内的切酶和 RISC 识别、切割而使其失去活性。此外,它还参与基因表达的调控。目前,人们已经鉴别出 1 000 多个人类 miRNA。这些 miRNA 参与细胞分化、增殖、凋亡、胰岛素分泌以及心脏、大脑和骨骼肌等的发育过程。其中,某些 miRNA 在一些生物胚胎发育的特定时段起作用,参与调控发育时钟,因此被称为时钟小 RNA (stRNA, small temporal RNA)。

(五) mRNA 的降解和稳定性与基因表达调控

细胞质中所有的 RNA 都会水解,但是不同类型的 RNA 在细胞内的半衰期不尽相同。例如,tRNA 和 rRNA 通常很稳定,难以被水解,而 mRNA 变化很大,其半衰期短到几分钟,长到几个月。显然一种 mRNA 半衰期越高,其被翻译的机会就越大。

当一种 mRNA 的稳定性能够受到特定的调节信号作用而发生变化的时刻,mRNA 的稳定性和降解便成为调节基因表达的一项重要手段。

影响到 mRNA 稳定性的因素除了两端固有的帽子和尾巴结构以外,还有其他一些特殊的序列和二级结构元件。有研究表明,在许多"短命"mRNA(如某些细胞因子和原癌基因编码的蛋白质)3′- UTR 中,有一段富含 AU 序列的元件(AU-rich element, ARE)就是一种去稳定元件。ARE 的作用一方面可提高 mRNA 尾巴的脱腺苷酸作用而降低 mRNA 的稳定性,另一方面还能够直接参与翻译阻遏。已发现,细胞内一些蛋白质能够与 ARE 结合,而影响到 ARE 的功能。例如,AUF1/hnRNP 与 ARE 的结合,可减弱 PABP 与 Poly A 尾巴的亲和力,从而降低 mRNA 的稳定性;相反,HuR/HuA 与 ARE 的结合，可增强 PABP 与 Poly A 尾巴的亲和力，因此会提高 mRNA 的稳定性。

Box 12－6　类病毒的致病机制

类病毒并不是真正的病毒，而是一种仅由 RNA 组成的植物致病因子，其基因组 RNA 是一种共价闭环单链 RNA，长度为 246 nt～401 nt，没有编码任何蛋白质的功能。由于它仅由 RNA 组成，而且一般具有酶活性，因此现在一般认为，类病毒是地球上曾经出现过的 RNA 世界的遗迹。

类病毒的宿主细胞只能是植物细胞，由于它不能编码任何蛋白质，故它的复制完全是由宿主细胞内的 RNA 聚合酶催化的，复制的场所通常是细胞核，少数在叶绿体。

类病毒的感染可引起多种症状，从轻微的生长阻滞，到严重畸形、坏死（necrosis）、萎黄（chlorosis）或矮化（stunting），但是它既然不编码任何蛋白质，那又是如何导致植物发病的呢？对于这个问题，长期以来一直是一个谜。

直到 RNA 干扰被发现以后，人们开始想到，也许类病毒利用其基因组 RNA 诱导的基因沉默，即 RNA 干扰作用宿主细胞，并最终致病。

已有证据表明，类病毒在感染宿主细胞以后，其基因组 RNA 可在细胞质中的 RNA 依赖性 RNA 聚合酶（RNA-dependent RNA polymerase）（如 RDR6）的催化下，变成双链 DNA，再在切酶类（Dicer-like，DCL）蛋白质的作用下，被加工成小干扰 RNA（siRNA），这些由 21～25 bp 组成的 siRNA 可在受到类病毒感染的组织中检测到。

尽管在 siRNA 和类病毒的致病性之间还没有发现存在直接的关系，但已有很多证据支持这种依赖 siRNA 的作用模型（图 12－55）。例如，将缺乏感染能力的被截短的马铃薯纺锤形块茎类病毒（potato spindle tuber viroid，PSTVd），通过转基因手段整合到番茄中，并让其表达，结果发现可产生 PSTVd 特异性的 siRNA，同时这种转基因番茄表现有类似全长 PSTVd 引起的病理症状。再如，受啤酒花矮化类病毒（hop stunt viroid，HSVd）感染的植物病症并不依赖于类病毒的积累，而是依赖于 RDR6 的酶活性。

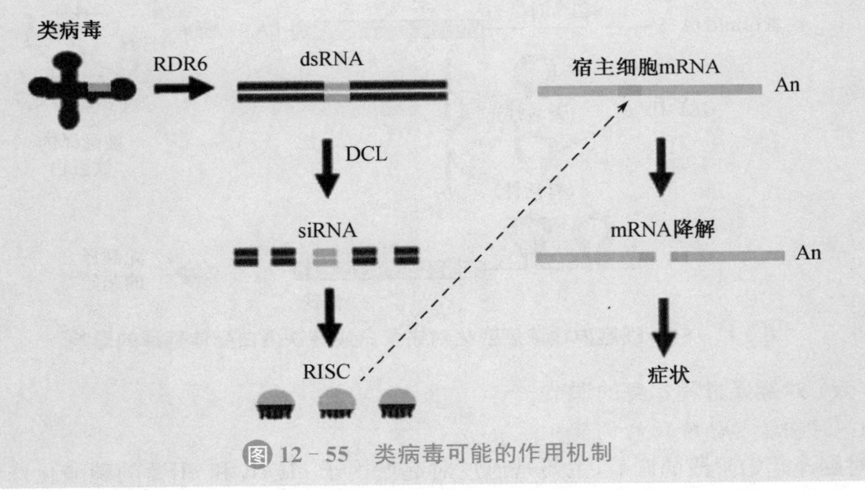

图 12－55　类病毒可能的作用机制

铁是一种细胞必需的元素，它作为细胞色素、血红蛋白和许多其他酶的组分，参与细胞多个重要的过程，但细胞内过量的铁会诱发有害的自由基反应，导致脂类、蛋白质和核酸的损伤。因此，细胞内铁的浓度是受到严格调控的。

细胞内对铁浓度的控制是通过对两种参与铁代谢的蛋白质——转铁蛋白受体（transferrin receptor，TfR）和铁蛋白（ferritin）的翻译而实现的。铁蛋白的功能是细胞内贮存铁的场所，而转铁蛋白受体的功能是通过与血液内运输铁的蛋白质——转铁蛋白的相互作用，调节进入细胞铁的量。若细胞内铁浓度较高，铁蛋白的翻译就上调，而 TfR 的翻译就下调,以防止细胞因摄入过多的铁而中毒;反之,若细胞内铁浓度较低,铁蛋白的翻译就下调,而 TfR 的翻译就上调,以满足细胞对铁的需要。

在 TfR - mRNA 的 3′- UTR 和铁蛋白- mRNA 的 5′- UTR 中,有一种由茎环结构组成的铁反应元件(iron-response element,IRE),其中 TfR 上的 IRE 含有去稳定的 ARE。在细胞质基质中,有一种 IRE 结合蛋白(IRE-binding protein,IREBP)可与 IRE 结合:当细胞处于低铁状态下,IREBP 有活性,便可以与 IRE 结合,但结合以后,对 TfR - mRNA 和铁蛋白- mRNA 的稳定性和可翻译性会产生不同的影响。由于铁蛋白- mRNA 上的 IRE 位于 5′- UTR,因此在结合 IREBP 以后会阻止翻译。相反,TfR - mRNA 上的 IRE 位于 3′- UTR,所以 IREBP 与其结合会提高它的稳定性;当细胞处于高铁状态下,IREBP 无活性,因而无法结合 IRE。于是,TfR - mRNA 因失去 IREBP 的保护被水解,铁蛋白- mRNA 的 IRE 则因没有结合 IREBP 反而被翻译(图 12 - 56)。

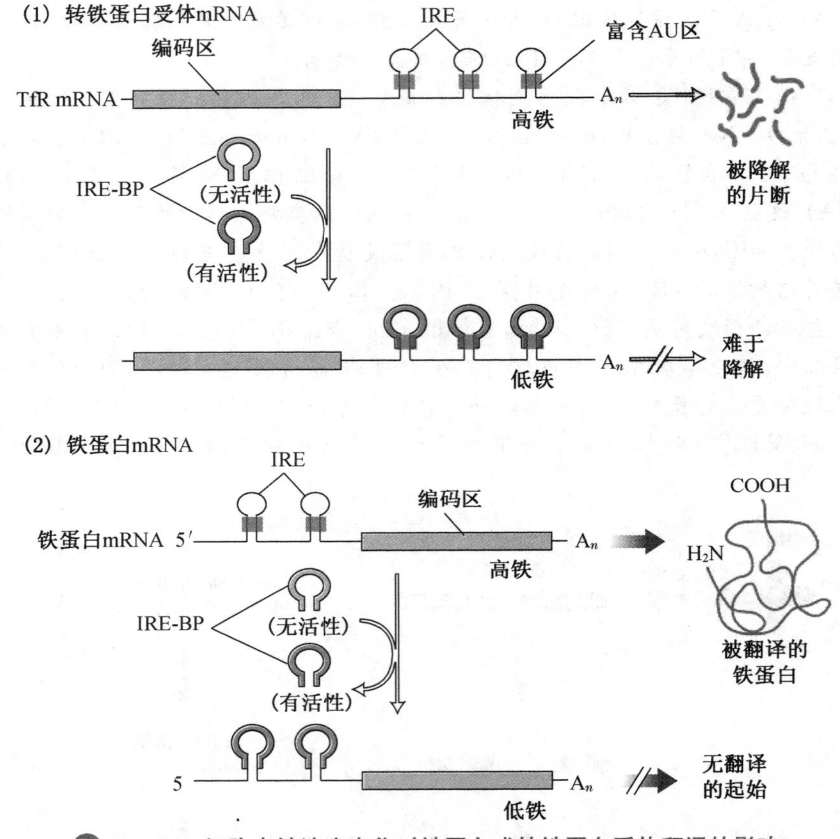

图 12 - 56 细胞内铁浓度变化对铁蛋白或转铁蛋白受体翻译的影响

(六)对翻译过程本身的调节

1. 对翻译起始阶段的调节

对翻译起始阶段的调节,主要是通过对起始因子 eIF4E 和 eIF2 的磷酸化修饰而实现的。细胞内某些信号(生长因子、受热、病毒感染、有丝分裂和血红素浓度变化等)能够诱发这两种起始因子的磷酸化或去磷酸化,从而改变翻译的效率。

eIF4E 和 eIF2 的磷酸化对翻译的影响正好相反,前者的磷酸化是刺激翻译,后者则是抑制翻译。例如,人体细胞在受到某些病毒感染以后,可产生并分泌干扰素,来作用其他还没有受到病毒感染的细胞,让它们采取行动,防止病毒的感染。干扰素作用的主要过程是在结合靶细胞膜上的受体以后(图 12 - 57),最终激活胞内三种酶基因的表达。这三种酶包括:2′,5′-寡聚 A 合成酶、核糖核酸酶 L 和蛋白质激酶 R(PKR)。2′,5′-寡聚 A

合成酶可催化以2′,5′-磷酸二酯键相连的寡聚A的合成,合成的2′,5′-寡聚A可激活表达出来的核糖核酸酶L的活性。被激活的核糖核酸酶L可水解由病毒转录产生的mRNA。PKR表达并激活后,可催化eIF2的α亚基在Ser51的磷酸化修饰。eIF2在磷酸化以后,eIF2B会始终与其结合而无法完成GDP-GTP的循环,导致其活性的丧失,从而使翻译的起始受到抑制。再如,网织红细胞内血红素浓度对珠蛋白合成的控制,也是通过对eIF2的磷酸化来进行的。当细胞内缺乏血红素时,细胞内的PKA被激活。被激活的PKA催化eIF2激酶的磷酸化而使其激活,eIF2激酶被激活后再催化eIF2的磷酸化。eIF2的磷酸化必然导致珠蛋白翻译起始受到抑制,从而协调了血红素水平与珠蛋白的合成。

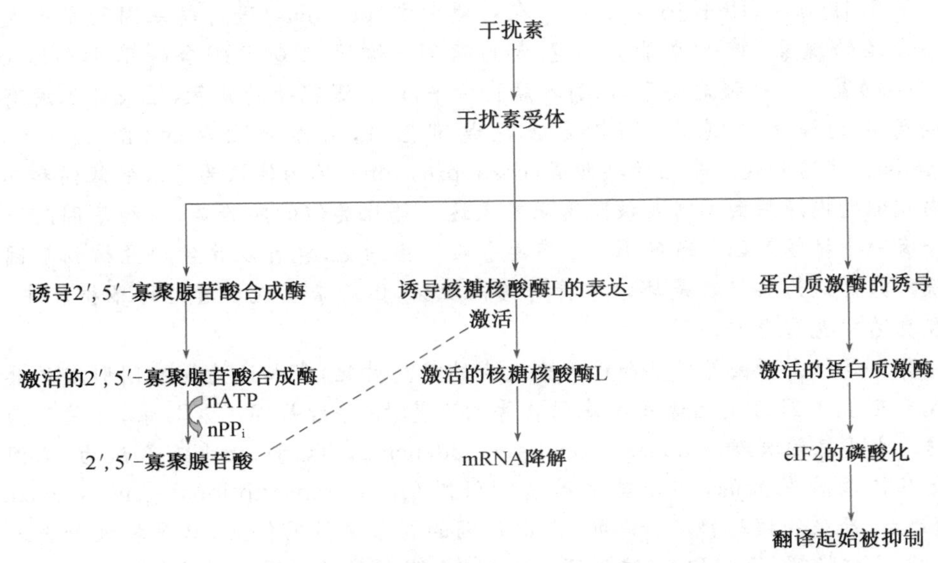

图 12-57　干扰素在翻译水平调节基因表达的作用机制

受热条件或生长因子可通过不同的信号转导途径激活另一种蛋白质激酶——MNK1,被激活的MNK1再催化eIF4E的磷酸化,而eIF4E的磷酸化有利于翻译的起始。

此外,细胞内的某些抑制因子能够与特定的起始因子结合,而抑制翻译的起始。例如,一种eIF4E的结合蛋白——eIF4E结合蛋白1(eIF4E binding protein1,eIF4EBP1)可与eIF4E结合,而导致翻译起始受阻。然而,一旦这种结合蛋白发生磷酸化修饰,即与eIF4E解离,于是抑制又得以解除。紫外辐射和胰岛素能够促进eIF4EBP1与起始因子的解离从而提高翻译的效率。

2. 对翻译终止阶段的调节

对翻译终止阶段的调节是通过再次程序化的遗传解码而进行的(参看第九章 蛋白质的生物合成)。

(七) lncRNA在翻译水平的调节

lncRNA还可以在翻译水平上对基因表达实行调控。以小鼠中枢神经系统神经元内的BC1 lncRNA为例(人体内有BC200),它由RNAPⅢ转录产生,其表达受到突触活动和突触形成(synaptogenesis)诱导。序列分析表明,BC1与多种神经元特有的mRNA存在碱基互补,因此一旦发生碱基配对,可阻遏这些mRNA的翻译。已有证据表明,BC1在树突内通过这种方式产生翻译阻遏,可控制纹状体(striatum)内多巴胺D2受体介导的神经传导的效率。缺失BC1的小鼠行为有异常的变化,如探索能力降低、容易出现焦虑。

八、翻译后水平的调节

基因表达在翻译后水平的调节实际上是各种形式的翻译后加工(参看第十章 蛋白质的翻译后加工、分拣、定向和水解)。

科学故事——RNAi 的发现

早在 1990 年,Rich Jorgensen 等在对矮牵牛(petunias)进行转基因研究中发现一个奇怪的现象:将一个能产生色素的基因—蝴蝶兰查尔酮合酶基因(chalone synthase)置于一个强启动子后,引入矮脚牵牛,以加深花朵的紫色,结果非但没有看到期待中的深紫色花朵,倒是多数花成了花斑,甚至是白色的(图 12-58)。Jorgensen 将这种现象命名为共阻遏(cosuppression),因为他认为导入的基因和其机体内相似的内源基因同时都被阻遏而不表达。与此类似的实验是,将经基因改造过的含有一个植物基因片段的 RNA 病毒感染植物细胞,也可以导致内源植物基因的沉默。开始认为共阻遏是矮牵牛特有的怪现象,但后来发现在其他许多植物中,甚至在真菌中也有类似的现象。

那么是什么原因导致共阻遏现象发生的呢?对此,有人认为转基因引发的共阻遏现象可能是因为发生诱发了基因特异的甲基化,导致基因不能转录,这种阻遏称为转录水平基因沉默(transcriptional gene silencing, TGS),但也有人认为,基因沉默是在转录后发生的,称为转录后基因沉默(post transcriptional gene silencing, PTGS)。后来的核转移实验表明,内源基因的转录并没有停止,只是转录物进入胞浆后很快被降解,没有积累,这说明 Jorgensen 发现的共阻遏属于 PTGS。后来进一步证实,在植物中,将出现转基因导致基因沉默的植物嫁接到另一没有基因沉默的植物中,同样可以诱发 PTGS。

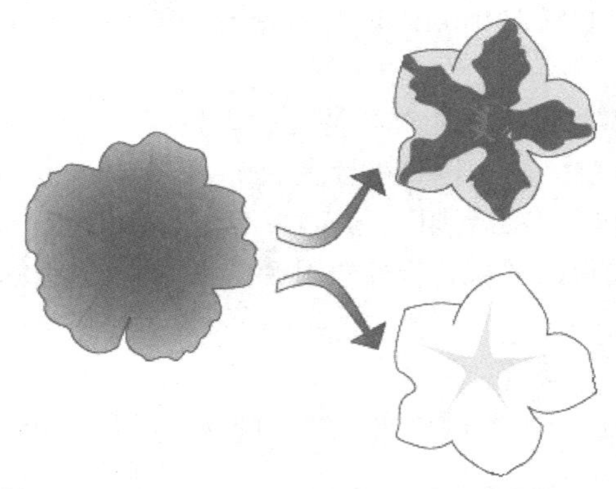

图 12-58 Jorgensen 的矮牵牛转基因实验结果

到了 1995 年,康乃尔大学 Su Guo 和 Kemphues,在将 *par-1* 基因的反义 RNA 链注射到线虫的生殖腺后,也发现了一个非常奇怪的现象:她们本来想利用反义 RNA 技术,特异性阻断 *par-1* 基因的表达,同时亦在其对照组实验中,给线虫注射正义 RNA(sense RNA)以期观察到 *par-1* 基因表达的增强。但得到的结果竟是,二者以同样的高频率诱导 *par-1* 的缺失表现型(null phenotypes)的出现。这与传统上对反义 RNA 技术的解释竟是正好相反。研究小组一直没能对这个意外结果予以合理的解释。

Guo 和 Kemphues 实验留下来的谜团直到 1998 年由 Andrew Fire 等人解开：通过大量艰苦的工作，他们证实，Su Guo 和 Kemphues 遇到的正义 RNA 抑制基因表达的现象，以及过去的反义 RNA 技术对基因表达的阻断，都是由于体外转录所得 RNA 中污染了微量双链 RNA 而引起。如果仅仅注射经高度纯化后的目标基因的单链 RNA，抑制效应就变得十分微弱；此外，使用与目标基因无关的双链 RNA 无任何影响。Fire 随后的研究表明，双链 RNA 对目标基因表达所产生的效应是因为它们影响到了 mRNA 的稳定性，而且，双链 RNA 似乎能够越过细胞间的障碍，在注射点以外的地方起作用，更让人吃惊的是，每个细胞只要有几个分子的双链 RNA 就可以起作用，这一点意味着在其中有催化或放大机制。进一步研究还表明，只有对应于目标基因外显子序列的双链 RNA 才有上述效应，与内含子序列对应的双链 RNA 无效。后来的实验表明在线虫中注入双链 RNA 不但可以阻断整个线虫的同源基因表达，还会导致其子一代的同源基因沉默，该小组将这一现象称为 RNA 干扰(RNA interference，RNAi)。

到目前为止，RNAi 现象被广泛地发现在真菌、拟南芥、水螅、涡虫、锥虫、果蝇、斑马鱼等许多真核生物中。这说明 RNAi 很可能出现在生命进化的早期阶段。随着研究的不断深入，RNAi 的机制正逐步地被阐明，同时亦成为功能基因组研究领域中的有力工具，用于鉴定功能缺失表型。RNAi 也越来越为人们所重视。

在哺乳动物细胞中，发现 RNAi 通过诱导依赖于 dsRNA 的蛋白质激酶(dsRNA-dependent protein kinase，PKR)、RNA 酶 L 和 2′,5′-寡聚腺苷酸合成酶(oligoadenylate synthetase)起作用，这几种酶也能够受到干扰素的诱导。最后的反应包括蛋白质合成的抑制和细胞凋亡。此外，也发现小于 30 bp 的 dsRNA 能够阻断基因的表达，而不诱导其他效应。还有人发现，一种叫 EB 病毒(Epstein-Barr virus)的 DNA 病毒在感染人体细胞以后，表达几种特定的 miRNA，其作用的目标包括细胞分裂和细胞凋亡的调节物、B 细胞特异性的趋化因子、细胞因子、转录因子和细胞信号传导通路中的特定成分。

由此看来，RNA 干扰是真核生物体内的一种相当普遍的现象。难怪，*Science* 将 2002 年的年度分子授予小 RNA 和 RNAi。

本章小结

思考题：

1. 为什么弱化不能用来调节真核生物基因的表达？

2. 在真核生物，转录经常受到以二聚体的形式协同结合到顺式作用元件上的转录因子调控。这样的策略有什么优势？为什么真核生物不编码较大的、能够直接识别结合位点的转录因子而省掉二聚化的过程？

3. RNA 聚合酶Ⅰ和Ⅱ能使用少到两个普通转录因子启动相关基因的转录，而聚合酶Ⅱ至少使用 6 个普通转录因子。而且，聚合酶Ⅱ的普通转录因子与启动子结合比聚合酶Ⅰ和Ⅱ与相应的普通转录因子的结合要弱得多。试解释上述特征的重要性。

4. 一种酵母突变株带有细胞质 polyA 结合蛋白的温度敏感性突变。当将突变细胞放到非允许温度(37 ℃)培养的时候,polyA 结合蛋白迅速发生水解。你预测这样的突变对基因的表达有何影响?

5. Trapoxin 是组蛋白去乙酰化酶的抑制剂,你认为它对第二类基因的转录总的有什么影响?为什么?

6. 人的雌激素受体 DNA 结合结构域和非洲爪蟾雌激素受体的 DNA 结合结构域的氨基酸差别很小(88 个氨基酸中只差 1 个)。有人制成了 siRNA,其序列与两种生物雌激素受体 DNA 结合结构域相同氨基酸序列的区域相对应。然而,在将制备好的 siRNA 转染给培养的人细胞,发现人雌激素受体 mRNA 和蛋白质被敲除了。如果用同样的 siRNA 转染给非洲爪蟾细胞,则发现非洲爪蟾细胞内的雌激素受体 mRNA 和蛋白质水平没有变化。对照实验表明,在转染以后,人细胞和非洲爪蟾细胞内的 siRNA 的量差不多。为什么敲除非洲爪蟾雌激素受体的努力以失败告终?

7. HAT 和 HDAC 复合物的主要差别是什么?它们各自在转录中的作用是什么?一家制药公司一直在尝试合成 HAC 或 HDAC 的抑制剂,以便将来用于癌症治疗。你认为这样的尝试值得吗?如果一种癌症是因为抑癌基因表达不足造成的,你认为应该使用 HAC 还是 HDAC 的抑制剂来治疗?

8. 区分 GAL4、NtcC 和 MerR 这三种激活蛋白的激活机制有何不同?

9. 真核细胞的转录激活蛋白通常具有几个相对独立的结构域组成——1 个 DNA 结合结构域、一个寡聚化结构域和一个激活结构域。突变这些结构域的任何一个都可能导致激活功能的丧失。许多丧失功能的突变是隐性的,但也有一些是显性的。

(1) 给出两种机制让一种激活蛋白的突变具有显性效应,即解释突变蛋白是如何抑制野生型蛋白的功能的。

(2) 有时,一种激活蛋白的过量表达能导致激化功能的丧失,而且还能抑制其他的激活蛋白的作用,为什么?

10. 有人设计一个实验,将两个质粒相互连接在一起如下图。其中一个质粒含有一个报告基因和一个驱动其表达的核心启动子,另一个质粒含有酵母 Gal4 转录激活蛋白结合位点。你认为 Gal4 蛋白能激活报告基因的表达吗?

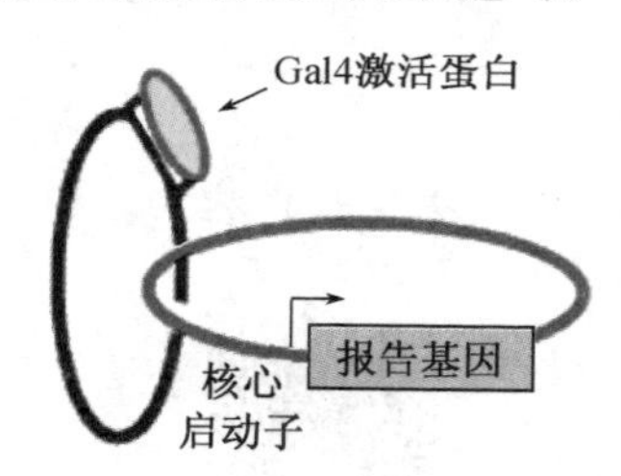

推荐网站:

1. https://en.wikipedia.org/wiki/Regulation_of_gene_expression(维基百科有关基因表达调控的内容)
2. http://bio1510.biology.gatech.edu/module-4-genes-and-genomes/4 - 7-gene-regulation(美国乔治亚理工学院提供的生物学原理有关基因表达调控的内容)
3. http://www.nature.com/scitable/topicpage/Regulation-of-Transcription-and-Gene-Expression-in - 1086(英国自然杂志提供的有关基因表达调控的在线课程)
4. https://www.ncbi.nlm.nih.gov/books/NBK22479/(美国国立生物技术信息中心主页提供的 Lubert Stryer 主编的生物化学第五版教科书有关基因表达调控的

内容）

5. http://www. bio. miami. edu/dana/250/250SS11_12. html（美国迈阿密大学提供的有关基因表达调控的在线课程内容）
6. http://en. wikipedia. org/wiki/RNA_interference（维基百科有关 RNA 干扰的内容）
7. http://www. lncRNAdb. org（提供最新有关 lncRNA 的信息）
8. http://epigenie. com（内有各种有关表观遗传的最新研究报道）

参考文献：

1. Liu Z，Li X，Zhang J T，et al. Autism-like behaviours and germline transmission in transgenic monkeys overexpressing MeCP2[J]. *Nature*，2016，530(7588)：98～102.
2. Liu S J，Nowakowski T J，Pollen A A，et al. Single-cell analysis of long non-coding RNAs in the developing human neocortex[J]. *Genome Biology*，2016，17(1)：67.
3. Elhamamsy A R. DNA methylation dynamics in plants and mammals：overview of regulation and dysregulation[J]. *Cell Biochemistry & Function*，2016，34(5)：289～298.
4. Heyn H，Esteller M. An Adenine Code for DNA：A Second Life for N6-Methyladenine[J]. *Cell*，2015，161(4)：710.
5. Trcek T，Larson D R，Moldón A，et al. Single-molecule mRNA decay measurements reveal promoter regulated mRNA stability in yeast[J]. *Cell*，2011，147(7)：1484～1497.
6. Hale C R，Zhao P，Olson S，et al. RNA-guided RNA cleavage by a CRISPR RNA-Cas protein complex[J]. *Cell*，2009，139(5)：945～956.
7. Barski A，Cuddapah S，Cui K，et al. High-resolution profiling of histone methylations in the human genome[J]. *Cell*，2007，129(4)：823～837.
8. Hongay C F，Grisafi P L，Galitski T，et al. Antisense Transcription Controls Cell Fate in Saccharomyces cerevisiae[J]. *Cell*，2006，127(4)：735～745.
9. Kamakaka R T，Biggins S. Histone variants：deviants? [J]. *Genes & Development*，2005，19(3)：295.
10. Raisner R M，Hartley P D，Meneghini M D，et al. Histone Variant H2A. Z Marks the 5′ Ends of Both Active and Inactive Genes in Euchromatin[J]. *Cell*，2005，123(2)：233.
11. Landry J R，Mager D L，Wilhelm B T. Complex controls：the role of alternative promoters in mammalian genomes[J]. *Trends in Genetics Tig*，2003，19(11)：640～648.
12. Martens J A，Winston F. Recent advances in understanding chromatin remodeling by Swi/Snf complexes[J]. *Current Opinion in Genetics & Devolopment*，2003，13(2)：136～142.
13. Jenuwein T，Allis C D. Translating the histone code[J]. *Science*，2001，293(5532)：1074.
14. Fire A，Xu S，Montgomery M K，et al. Potent and specific genetic interference by double-stranded RNA in Caenorhabditis elegans[J]. *Nature*，1998，391(6669)：806.

15. Li E, Beard C, Jaenisch R. Role for DNA methylation in genomic imprinting [J]. *Nature*, 1993, 366(6453): 362~5.
16. Hozumi N, Tonegawa S. Evidence for somatic rearrangement of immunoglobulin genes coding for variable and constant regions[J]. *Journal of Immunology*, 1976, 73(10): 3628~3632.

数字资源:

第十三章　分子生物学方法

在 20 世纪 70 年代以前，以核酸为对象的研究者面对一堆并不均一的 DNA 样品往往束手无策，这是因为在当时无法从中大量制备一种单一序列的 DNA 片段。由于大多数基因在基因组 DNA 分子中为单拷贝，因此，想从一种生物的基因组中直接分离得到一个基因几乎是不可能的事情。然而，诞生于 20 世纪 70 年代的重组 DNA 技术不但使分离一个目的基因不再困难，而且借助这项技术还可以在不同的系统中对其进行表达和改造。

如今，重组 DNA 技术和后来由它派生出来的其他技术已成为生命科学研究不可缺少的利器，可以说没有分子生物学技术的不断创新和发展，就不会有现在分子生物学研究欣欣向荣的局面。因此，每一个从事生命科学研究的人都应该对它们有所了解，故本章就集中介绍一些重要的分子生物学方法的原理和应用。

第一节　重组 DNA 技术简介

重组 DNA 顾名思义就是通过某种手段将不同来源的 DNA 片段连接起来，并进行扩增和纯化以供进一步研究的技术。

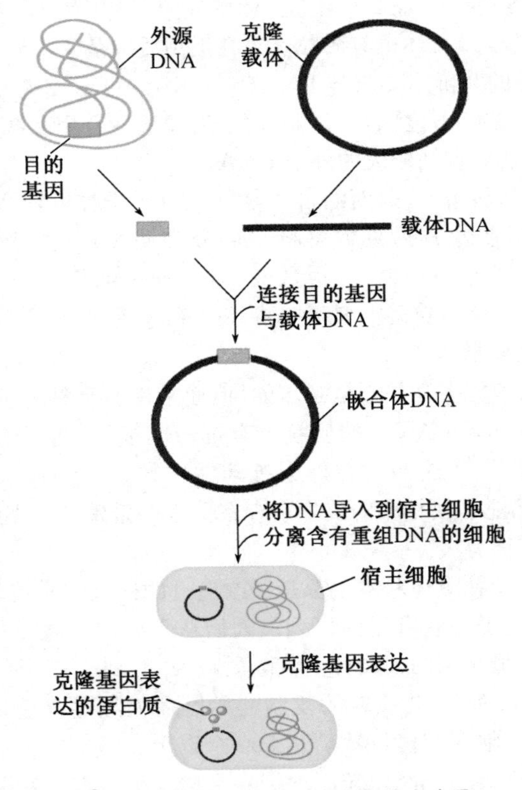

图 13－1　重组 DNA 技术的基本步骤

当克隆即无性繁殖这一名词被借用到同一种重组 DNA 分子的大量扩增和纯化的时候，基因克隆或分子克隆等术语便应运而生，因此重组 DNA 又称为基因克隆（gene cloning）或分子克隆（molecular cloning）。

有效的基因克隆至少需要满足五个条件:(1) 具有容纳外源基因或序列的载体(vector);(2) 具有将外源基因或序列导入到载体的工具;(3) 具有合适的宿主细胞或受体细胞;(4) 具有将重组DNA引入到宿主细胞的有效途径;(5) 具有选择和筛选重组体的方法。

一、基因克隆的载体

载体的作用是容纳被克隆的目的基因,以便将它们带入到特定的宿主细胞进行扩增或表达。一种理想的载体一般需要满足以下几个条件:

(1) 大多数载体含有细菌DNA复制起始区,以便于在细菌细胞中的扩增。

(2) 某些载体还含有真核细胞DNA复制起始区,以方便在真核细胞内的自主复制。

(3) 含有集中了多种常用的限制性内切酶切点的多克隆位点(multiple cloning site, MCS),以方便各种克隆片段的插入和建立DNA文库。

(4) 带有抗生素抗性基因或其他选择性标记,有利于克隆的筛选和鉴别。

(5) 某些载体含有可诱导的或组织特异性的启动子或增强子序列,有利于控制被插入的基因在宿主细胞内的表达。

(6) 现代的载体一般含有多功能的结构元件,同时兼顾到克隆、测序、体外突变、转录和自主复制等。

目前使用的载体多衍生于质粒、噬菌体和病毒。市场上有各式各样的商业化载体提供,而选择哪一种载体取决于实验系统的设计和如何筛选以及如何利用克隆的基因。

(一) 质粒载体

质粒(plasmid)主要是指细菌或古菌染色体以外的、能自主复制并与细菌共生的遗传成分。少数真核生物甚至线粒体也有质粒。来自细菌质粒的主要特点如下:

(1) 是染色体以外的共价闭环双链DNA(cccDNA),可形成天然的超螺旋结构。不同质粒的大小在2 kb~300 kb之间,<15 kb的小质粒最适合用做载体,这是因为它们比较容易分离纯化,而且能够容纳较大的外源DNA。

(2) 含有DNA复制起始区,因而能自主复制。一般质粒可随宿主细胞分裂而传给后代。按复制的调控机制及其拷贝数可将它们分为两类:一类为严紧控制(stringent control)型,其复制受到严格的控制,拷贝数较少,只有一到几十个;另一类是松弛控制(relaxed control)型,其复制不受宿主细胞控制,每个细胞有几十到几百个拷贝。显然,松弛型质粒更适合作为克隆载体。

Quiz1 你认为什么时刻会用到严紧控制型质粒载体?

(3) 质粒对宿主细胞的生存并不是必需的,但通常带有某种有利于宿主细胞在特定条件下生存的基因。例如,许多天然的质粒带有抗药性基因,能编码某种酶分解或破坏四环素、氯霉素或青霉素等,这些质粒称为抗药性质粒(drug-resistance plasmids, R质粒),带有R质粒的细菌能够在相应的抗生素存在下生存繁殖。许多细菌的耐药性,常与R质粒在细菌之间的传播有关。

基因克隆中使用的质粒载体基本上都是经改造过的松弛型质粒,其内部一些无用的序列已被去除,同时引进了一些有用的序列。人们从不同的实验目的出发,设计了各种不同类型的质粒载体。最常用的大肠杆菌克隆质粒为pUC18/19(图13-2),它们都是由天然的pBR322质粒改造而来,此质粒的复制起始区序列经过改造,能高频启动自身的复制,使其在一个细菌细胞内的拷贝数高达500个以上。pUC18和pUC19的差别仅仅是MCS的方向正好相反;此外,此质粒还携带一个抗氨苄青霉素基因(amp^R),由它编码一种内酰胺酶(β-lactamase),能打开青霉素分子内的β-内酰胺环,使氨苄青霉素失效。因此,当细菌用pUC18/19转化后,放在含氨苄青霉素的培养基中,凡不含pUC18/19者都不能生长,而长出的细菌都带有pUC18/19。pUC18/19还携带细菌乳糖操纵子的*lacI*和*lacZ'*,但与野生的*lacZ*基因不同的是,*lacZ'*仅仅编码β-半乳糖苷酶N端的146个氨

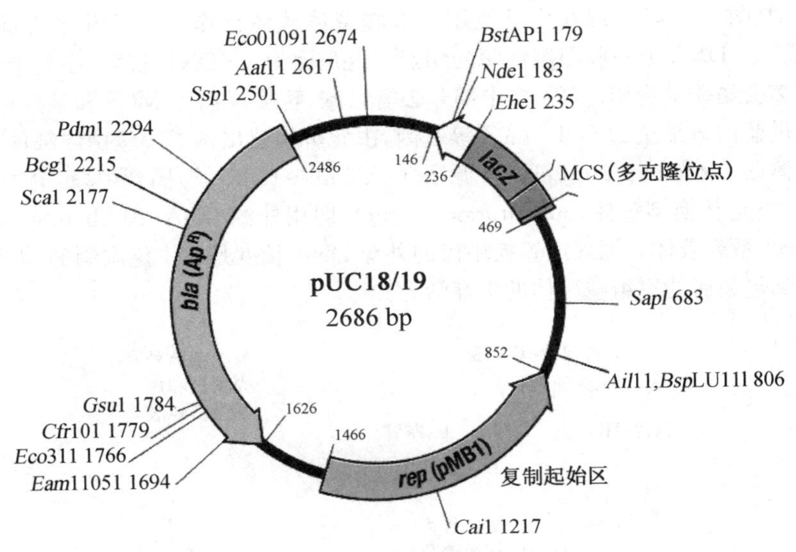

图 13－2　pUC18/19 质粒的基本结构

基酸残基。当培养基中含有诱导物 IPTG 和显色底物 X－gal 时，*lacZ'* 被诱导表达产生的 β-半乳糖苷酶 N 端肽段能与宿主菌表达的 C 端肽互补，并组装成有活性的 β-半乳糖苷酶，此现象称为 α-互补（α－complementation）。X－gal 受到半乳糖苷酶水解后产生有颜色的产物，从而使菌落呈现蓝色。通常在不改变 ORF 的前提下，在 *lacZ'* 中间插入 MCS，以便外来序列的插入。当外来序列插入后，可打破 *lacZ'* 原来的 ORF，致使半乳糖苷酶活性丧失，这种现象称为插入失活（insertional inactivation）。含有重组体质粒的菌落因无法水解 X－gal 就呈白色，这种颜色的变化经常用来区分和挑选含有重组质粒的转化菌落，此法称为蓝白筛选法（blue/white screening）（图 13－3）。

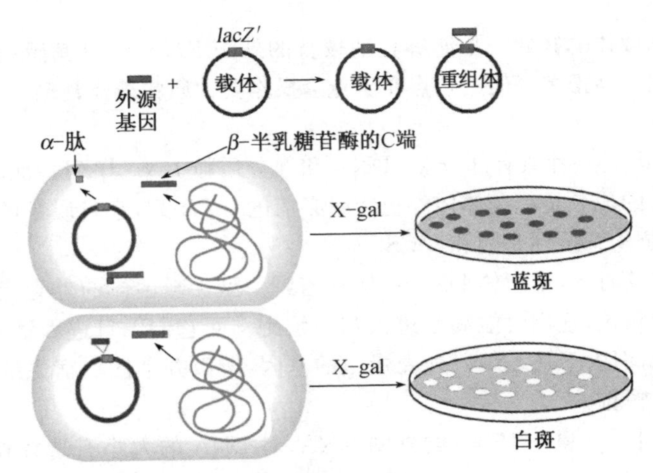

图 13－3　阳性克隆细菌的蓝白筛选法图解

（二）噬菌体载体

噬菌体是专门感染细菌的病毒，由感染大肠杆菌的 λ 噬菌体改造成的载体应用得最广，它们常用来克隆较大的 DNA 片段，特别适合用来构建真核生物的 cDNA 文库（cDNA library）或基因组文库（genomic library）。

利用 λ 噬菌体载体，首先需要用外源 DNA 替代噬菌体 DNA 中段的非必需序列，或者将其插入到噬菌体 DNA 的中段，然后让重组的 DNA 随噬菌体的左右臂一起在体外包装成噬菌体，再让噬菌体去感染大肠杆菌，以使外源 DNA 在宿主细胞内能随噬菌体的繁殖而扩增(图 13－4)。现在广泛使用的 λ 噬菌体载体已作了以下几个方面的改造：(1) 去除了 λ－DNA 上一些限制性酶的切点。这是因为 λ－DNA 较大,序列中的限制性酶切点过多会妨碍其应用。(2) 在中部非必需区域,替换或插入 MCS 和某些标记基因,如上述可供蓝白斑筛选的 *lac*I－*lac*Z′等基因,由此可构建出两类 λ 噬菌体载体。一类是插入型载体(insertion vector),可将外源序列(0.2 kb～10 kb 长)插到中段,例如 λgt 系列载体;另一类是替换型载体(substitution vector),即用外源 DNA(10 kb～20 kb)替代中段,如 IMBL 系列载体。插入或置换中段的外源 DNA 长度是有一定限制的,太长或太短都会影响到包装后的重组噬菌体的生存活力。

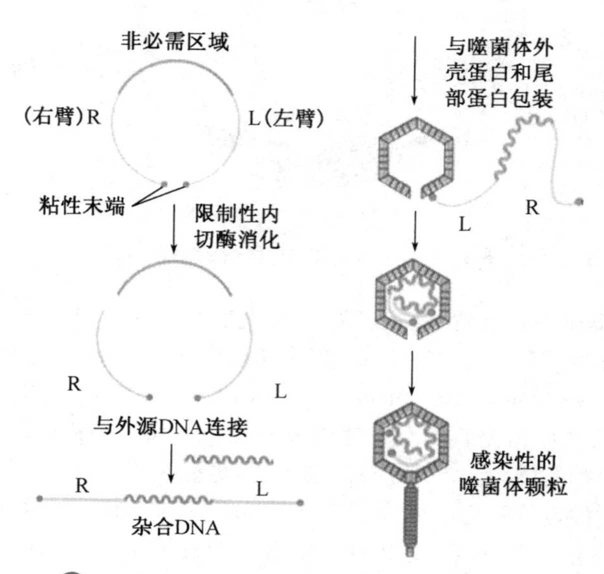

图 13－4　λ 噬菌体载体的构建、重组和包装

使用噬菌体载体的好处一是能够容纳较长的外源 DNA,二是其感染宿主菌的效率要比质粒转化细菌高得多。但其缺点在于克隆操作要比质粒载体繁琐。

(三) 黏粒

黏粒(cosmid)是一种兼有部分 λ－DNA 和部分质粒 DNA 序列特征的杂合载体,其中来自 λ－DNA 的成分是噬菌体体外包装所必需的 *cos* 序列,来自质粒的成分包括复制起始区、特定的抗生素抗性基因和 MCS。

在使用黏粒的时候,重组体 DNA 在体外与野生型 λ 噬菌体的外壳蛋白和尾部蛋白包装成感染性的颗粒,这样就能高效进入宿主细胞。而它们一旦进入宿主细胞,就像质粒一样进行复制,但由于缺乏编码外壳蛋白的基因,所以并不能在宿主细胞内进行包装形成新的噬菌体颗粒。

黏粒可插入长 30 kb～45 kb 的外源 DNA,对 DNA 的大小有选择作用,主要用于 DNA 文库的构建。

(四) **PAC 和 BAC**

PAC 即是 P1 噬菌体人工染色体(P1 phage artificial chromosome),能容纳 100 kb～300 kb 的外源 DNA。与 λ 噬菌体相似,P1 噬菌体在大肠杆菌内以原噬菌体的形式存在,但与 λ 噬菌体不同的是,它并不整合到大肠杆菌染色体上。

BAC 是指细菌人工染色体(bacterial artificial chromosome),它是一种非常稳定的质粒载体,能容纳 100 kb～250 kb 的外源 DNA,最长的可达 1Mb。BAC 含有严紧型质粒(F 因子)的复制起始区(*oriF*),因此其拷贝数受到严格的控制(1～2 个拷贝/细胞)。此外,它还含有 MCS 和选择性标记基因 cam^R 或 *sacB* Ⅱ,以及能驱动基因转录的启动子。

cam^R 为氯霉素抗性基因。*sacB* Ⅱ编码的是果聚糖蔗糖酶(levansucrase)，该酶能将蔗糖转化成果聚糖(levan)。由于果聚糖对细菌是有毒的，因此，如果 *sacB* Ⅱ有活性，细菌就无法生存。当外源DNA插入到 *sacB* Ⅱ的上游以后，*sacB* Ⅱ就无法正常转录。利用此性质，可用来正选择重组体。而启动子的存在方便了外源基因的转录。转录出来的RNA可作为探针用于杂交实验，也可用作体外翻译的模板(图13-5)。

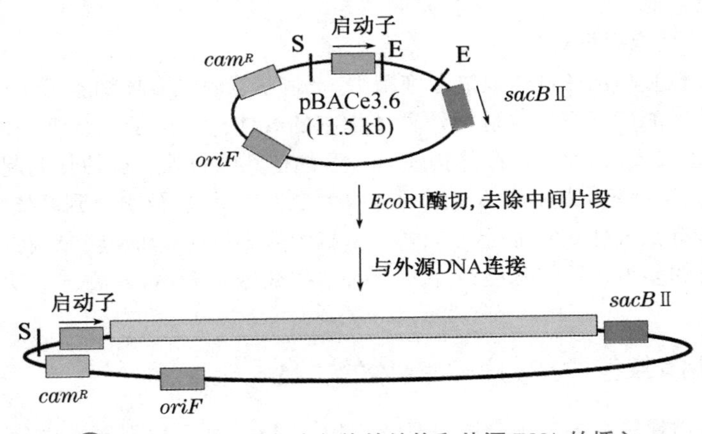

图 13-5　细菌人工染色体的结构和外源 DNA 的插入

（五）**YAC和HAC**

YAC是指酵母人工染色体(yeast artificial chromosome)，它是由酵母、原生动物和细菌质粒DNA组建成的杂合载体，能够容纳>1 Mb的外源DNA。其中的自主复制序列、选择性标记基因和着丝点都来自酵母，端粒序列一般来自原生动物四膜虫，MCS来自细菌质粒。在酵母细胞内，YAC像酵母染色体一样行使功能，而在大肠杆菌内，又能像质粒一样复制，这是因为YAC还带有来自细菌pMB1质粒的复制起始区。

YAC上的标记基因有：青霉素抗性基因(*bla*)——用于转化大肠杆菌时的选择；*TRP*1——一个野生型的参与色氨酸合成的关键酶的基因，为色氨酸营养缺陷型酵母细胞提供选择性标记；*SUP*4——赭石型校正tRNA(ochre suppressor tRNA)基因，赋予酵母细胞的无义突变株具有野生表型。但是，如果外源DNA插入到 *SUP*4 内部导致其失活，那宿主酵母就能够维持突变表型，此性质用来筛选重组体。

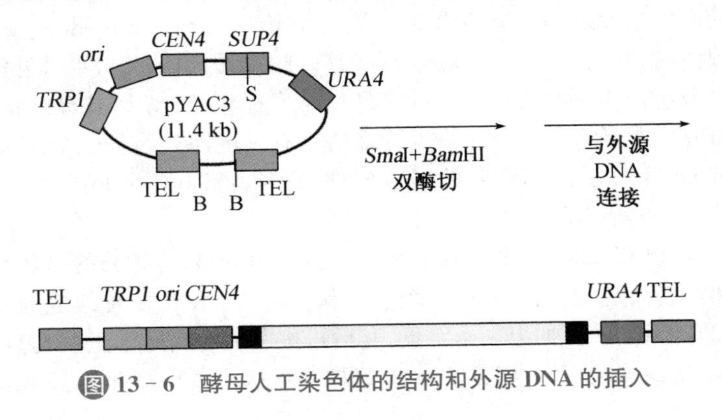

图 13-6　酵母人工染色体的结构和外源 DNA 的插入

YAC克隆的基本策略是(图13-6)：首先使用限制性内切酶 *Bam*HⅠ(图中的B为它的切点)消化载体，以便游离出端粒，产生线形染色体结构；然后，使用限制性内切酶 *Sma*Ⅰ(图中的S)分别消化外源DNA和载体；最后，使用连接酶将目标DNA插入到 *SUP*4 内部，再转化宿主细胞，并进行筛选。

HAC是指人人工染色体(Human artificial chromosomes)，其大小约为正常染色体的

1/10,衍生于 BAC、YAC 或 PAC,含有自主复制序列、端粒和 α-卫星 DNA(构成着丝点的重复 DNA),能够容纳约 100 kb 的外源 DNA,组蛋白由宿主细胞提供,在宿主细胞内不发生整合,能够在有丝分裂期间稳定地传给子细胞。

已有人成功地将鸟苷三磷酸环化水解酶 1(guanosine triphosphate cyclohydrolase 1, GCH-1)的基因导入到 HAC 中,被导入的 GCH-1 基因可在人成纤维细胞系中表达,且像真正的染色体一样受到 γ-干扰素的诱导。

(六) 真核细胞病毒载体

单纯的质粒和噬菌体载体只能在细菌中繁殖,不能满足真核细胞 DNA 的重组需要。感染动物或植物的病毒可被改造用作真核细胞的载体。但由于动物细胞的培养和操作较复杂、花费也较大,因而病毒载体构建时一般都在其中引入质粒的复制起始区,形成穿梭载体(shuttle vector),以便能够在细菌体内大量扩增,然后再引入到真核细胞。目前常用的病毒载体有昆虫杆状病毒(Baculovirus)、猴肾病毒 SV40 和逆转录病毒等,使用这些病毒载体的目的多为将目的基因或序列引入动物细胞中表达,或测试其功能,或作为基因治疗的载体。

二、将外源基因或序列导入载体的工具

将外源基因或序列导入到载体需要特殊的工具酶,其中以限制性内切酶(restriction endonuclease,RE)和 DNA 连接酶最为重要,此外,有时还需要 DNA 聚合酶、逆转录酶、核糖核酸酶 H、多聚核苷酸激酶和 S1 核酸酶等,这里主要介绍 RE。

(一) **RE**

重组 DNA 首先需要对特定的 DNA 进行精确的定向切割,而 RE 的发现才使得这种精确定向切割成为可能。

RE 是在研究细菌对噬菌体 DNA 的限制和对自身 DNA 进行修饰的现象中发现的。很早就知道,许多细菌能识别入侵的噬菌体 DNA 并将其水解,此现象被称为限制。1962 年,Werner Arber、Daniel Nathans 和 Hamilton O. Smith 证明,限制现象产生的原因是细菌中含有特异的内切核酸酶,能识别噬菌体 DNA 上特定的碱基序列而将其切断。同时,他们还证明,细菌自己的 DNA 能够抵抗上述内切核酸酶的水解,则是因为细菌同时表达特定的核酸修饰酶即甲基化酶,将自身 DNA 事先进行了甲基化修饰而获得了保护。由于外源 DNA 缺乏这种特异性的甲基化修饰,一旦进入胞内,就会被细菌的内切酶水解。这种由特定的内切核酸酶和修饰酶构成的限制/修饰(restriction-modification, RM)系统也存在于古菌体内,其功能是保护细菌和古菌自身的基因组 DNA,水解外源 DNA,从而保护和维持自身遗传物质的稳定。这对细菌和古菌的生存和繁衍具有重要意义。

进一步研究表明,RE 实际上是一类特殊的具有高度序列特异性的 DNA 内切酶,它们能识别双链 DNA 分子内部特殊的碱基序列(通常为 4 bp~6 bp 的回文序列),切开 DNA 的两条链,产生特定的末端。

到目前为止,已有 3 000 多种 RE 从细菌和古菌中分离,各种酶的命名是按照酶的来源菌的属名和种名而定,由属名的第一个字母和种名的头两个字母组成的三个斜体字母缩写而成。如有菌株名,再加上一个字母,其后再按发现的次序添上罗马数字。例如,第一种限制性内切酶是在大肠杆菌 RY13 菌株内被发现的,按照上述规则,它被命名为 *Eco*RI。

根据亚基组成、与甲基化酶活性的关系和切割性质上的差别,RE 可分为四类:(1) Ⅰ类限制性内切酶。由 3 种不同的亚基组成,兼有甲基化酶和 ATP 依赖性的内切酶活性,它能识别和结合于特定的 DNA 序列位点,但随机切断在识别位点以外的 DNA 序列,通常离识别位点 400 bp~700 bp 的距离。这类酶的作用需要 Mg^{2+}、SAM 及 ATP;(2) Ⅱ类限制性内切酶。不具有修饰酶活性,只由一条肽链组成,需要 Mg^{2+},不需要

SAM和ATP，其切割DNA特异性最强，且在识别位点内部切断DNA，93%的限制性内切酶属于此类；(3) Ⅲ类限制性内切酶。与Ⅰ类酶相似，需要Mg^{2+}和ATP，但切点在识别序列周围25 bp～30 bp范围内；(4) Ⅳ类限制性内切酶。能切割甲基化位点，例如，*Msp* Ⅰ识别的序列是CCGG，但不管里面的C是否甲基化都能够切割。再如，*Dpn* Ⅰ识别的序列是Gm^6A↓TC，里面的A必须甲基化。显然，Ⅱ类限制性内切酶最适合于基因克隆，通常在重组DNA技术中提到的限制性内切酶都属于此类，而在遇到甲基化序列的时候，就可能用到Ⅳ类。

Quiz2 如果你想要将某种生物的基因组DNA切割成较大的片段，你如何选择限制性内切酶？

所有RE切割DNA后在切点产生的总是5′-磷酸和3′-OH，这对于后面的连接反应十分重要，这是因为DNA连接酶要求连接点必须是5′-磷酸和3′-OH。然而，不同的RE在切割DNA的时候，切割的方式不尽相同。根据在识别位点上的切割方式，Ⅱ类限制性内切酶又分为两个亚类(图13-7)：第一亚类交错切开DNA的两条链，产生突出的互补末端。有的产生5′-突出，如*EcoR* Ⅰ。有的产生3′-突出，如*Pst* Ⅰ，这样的末端在特定的条件下，能够重新缔合在一起，因此被称为黏端(cohesive end)；第二亚类在DNA两条链相同的位置切开DNA，产生无突出的平端(blunt end)，如*Hae* Ⅲ。在基因克隆中，使用最多的是产生黏端的RE，因为不同的DNA分子经过同一种RE处理后，产生相同的黏端，经退火后很容易"粘"在一起，从而大大方便了后面的连接反应(图13-8)。

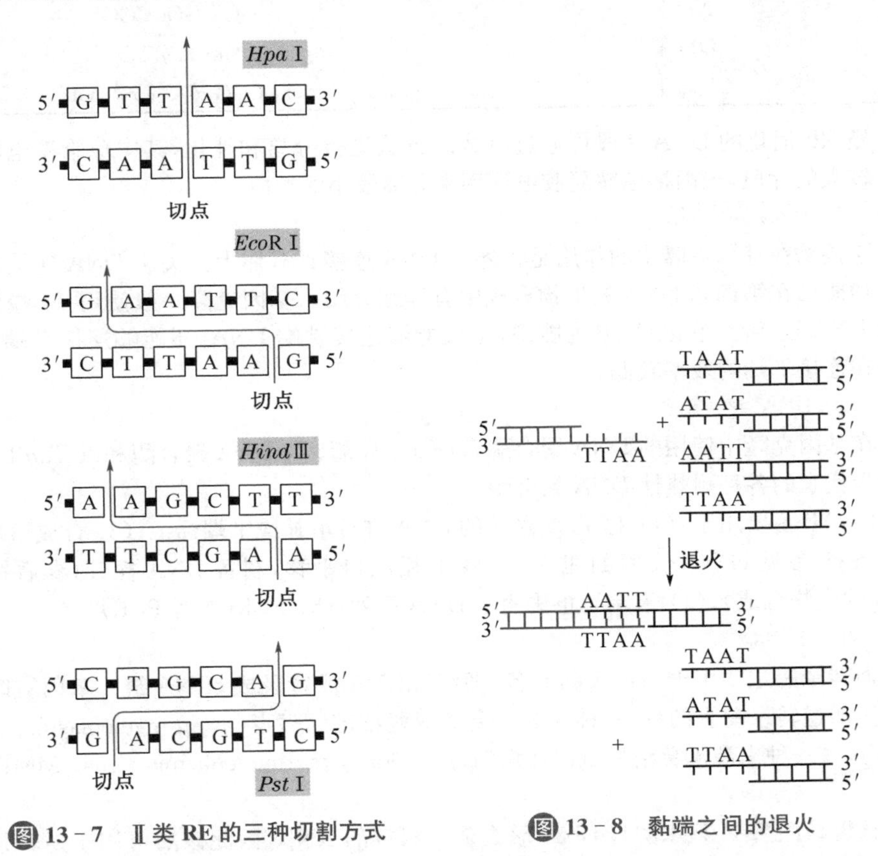

图13-7　Ⅱ类RE的三种切割方式

图13-8　黏端之间的退火

有些RE来源和性质不同，但可识别同样的序列，只是切割位置不同，它们被称为同裂酶(isoschizomer)。也有一些RE来源不同，识别序列也不同，但切割后产生相同的游离单链黏端，这样一组RE酶称为同尾酶(isocandamer)。同尾产物可以通过黏端互补配对再连接，但连接后产生新的序列不一定能被原来的RE识别和切割。

不同的RE识别的DNA序列长度也不尽相同，识别序列有4 bp、6 bp或8 bp，其中以识别6 bp的最常见(表13-1)。显然一个由随机碱基序列组成的DNA，如果受到识别4 bp、6 bp或8 bp的RE的消化，那大概分别平均每隔256 bp(4^4)、4 096 bp(4^6)和65 536

bp(4^8)就产生一个切点。当需要对一个已知长度的长 DNA 分子进行切割的时候,若按此计算,就可以粗略估计出它对不同 RE 可能的切点频率,以便选择合适的内切酶。

表 13-1 常见的几种 RE 识别的碱基序列和切点性质

RE	识别序列和切点
Alu Ⅰ	AG↓CT
*Bam*H Ⅰ	G↓GATCC
Bgl Ⅱ	A↓GATCT
*Eco*R Ⅰ	G↓AATTC
Hae Ⅲ	GG↓CC
Hind Ⅲ	A↓AGCTT
Hpa Ⅱ	CC↓GG
Kpn Ⅰ	GGTAC↓C
Mbo Ⅰ	↓GATC
Pst Ⅰ	CTGCA↓G
Sma Ⅰ	CCC↓GGG
Not Ⅰ	GC↓GGCCGC
Dpn Ⅰ	Gm^{6}A↓TC
Msp Ⅰ	C↓CGG 或 C↓m^{5}CGG

经 RE 消化的 DNA 片段可通过电泳的方法进行分离和纯化,其中琼脂糖电泳用来分离较大的片段,聚丙烯酰胺凝胶电泳用来分离较小的片段。

(二) **DNA 连接酶**

连接酶在基因克隆中的作用是将外源 DNA 连接到载体上。关于 DNA 连接酶的结构与功能已在第四章 DNA 的生物合成中有详细介绍。基因克隆一般使用 T4 噬菌体编码的 DNA 连接酶,它以 ATP 为能源,不仅能够连接黏端 DNA,还能够连接平端 DNA,只是在连接平端的效率较低。

(三) **DNA 聚合酶**

在基因克隆中使用的 DNA 聚合酶有:Klenow 酶、T4 DNA 聚合酶和以 *Taq* DNA 聚合酶为代表的各种耐热性 DNA 聚合酶。

DNAP 主要用于:(1) 对 3′-端隐缩的 DNA 进行填补或末端标记;(2) 合成 cDNA 的第二条链(参见 cDNA 文库的建立);(3) 利用缺口平移,制备 DNA 探针(参看第四章 DNA 的生物合成);(4) 末端终止法测定 DNA 序列;(5) PCR(参看 PCR)。

Quiz3 如何利用大肠杆菌的 DNAP Ⅰ 将由 *EcoR Ⅰ* 和 *Kpn Ⅰ* 切割产生的 DNA 片段加工成平端 DNA?

(四) **逆转录酶**

逆转录酶主要用于 cDNA 的制备,即将 mRNA 反转录成 cDNA 链。基因克隆中经常使用的逆转录酶有两种,一种来源于禽类成髓细胞瘤病毒(avian myeloblastosis virus, AMV),另一种来源于莫洛尼鼠白血病病毒(moloney murine leukemia virus, MMLV)。

(五) **核糖核酸酶 H**

核糖核酸酶 H 只水解与 DNA 形成杂交双链的 RNA,因此该酶可用于逆转录反应后 RNA 模板的切除,以及由特定 DNA 序列介导的目标 RNA 的定向水解。

(六) **多聚核苷酸激酶**

多聚核苷酸激酶催化的反应是将 ATP 分子上的 γ-磷酸基团转移到核酸一端游离的 5′-羟基上,因此可借助此反应对目标核酸进行同位素标记。

(七) **S1 核酸酶**

S1 核酸酶只水解单链的核酸,不管是 DNA 还是 RNA,因此在基因克隆的时候,凡是涉及水解单链核酸片段都可以考虑使用这种核酸酶。

三、宿主细胞

宿主细胞也称为受体细胞，它是接受、扩增和表达重组 DNA 的场所。理论上，任何活细胞都可以作为宿主细胞，但最常用的有大肠杆菌、酵母、草地贪夜蛾(*Spodoptera frugiperda*)的培养细胞和哺乳动物的培养细胞等。

大肠杆菌是最常用的宿主细菌，原因是对它比较了解，操作起来也特别容易；酵母是最常用的真核宿主细胞，其很多性质与大肠杆菌相似；草地贪夜蛾的培养细胞专门用来接受改造过的昆虫杆状病毒载体。

四、将重组 DNA 引入到宿主细胞的途径

目的基因序列与载体连接后，要导入细胞中进行复制、扩增，再经过筛选，才能获得重组 DNA 分子克隆。

将重组体引入到宿主细胞的主要方法包括：转化、转染(transfection)、电穿孔(electroporation)、脂质体介导和弹道基因转移等。

（一）转化

转化本来的含义是指细胞因外源 DNA 的进入其遗传性发生改变的现象，后来用它表示基因克隆中质粒进入宿主细胞的过程。为了提高转化效率，通常需要采取一些特殊方法处理细胞，经处理后的细胞就更容易接受外源 DNA，因此称为感受态细胞(competent cell)。例如，大肠杆菌经冰冷 $CaCl_2$ 的处理，其表面通透性增加，就成为感受态细菌。此时加入重组质粒，并突然由 4 ℃转入 42 ℃作短时间热休克处理，质粒 DNA 就很容易进入细菌。上述方法的转化率一般可达 10^6～10^7 转化子/μg 超螺旋质粒 DNA。除了氯化钙以外，在转化体系中加入 Mn^{2+}、高价 Co 离子、KCl、二甲基亚砜(DMSO)等可使转化率提高 10^2～10^3 倍。另外，转化率高低还与转化的质粒 DNA 自身的特性有关，DNA 越小转化率越高；不同结构状态质粒的转化率依次为：超螺旋环状＞带缺刻的开环结构＞线性结构。

（二）转染

重组的噬菌体 DNA 也可像质粒 DNA 一样进入宿主菌，即宿主菌先经过 $CaCl_2$ 或电穿孔等处理，成感受态细菌再接受 DNA，进入感受态细菌的噬菌体 DNA 同样可以复制和繁殖，这种方式称为转染。

重组 DNA 进入哺乳动物细胞也称为转染。最经典的转染方法是 DNA-磷酸钙共沉淀法，其原理是：DNA 在以磷酸钙-DNA 共沉淀物形式出现时，培养细胞摄取 DNA 的效率会显著提高。

（三）电穿孔

用高压脉冲短暂作用于细菌也能显著提高转化效率，这种方法称为电穿孔。用电穿孔法处理培养的哺乳动物细胞可使细胞膜瞬间出现可逆性穿孔，外源 DNA 可顺势从孔入内，但外加电场强度和电脉冲的长度等条件与处理细菌有较大差别。用高压脉冲电场发生仪电击细胞的电穿孔法可以使转化率达到 10^9～10^{10} 转化子/μg DNA，而且不需要制备感受态细胞。

Quiz4 你认为这种导入外源 DNA 的方法适用于酵母、植物细胞和原核细胞吗？

（四）脂质体介导

近年来用人工脂质体包埋 DNA，形成的脂质体通过与宿主细胞的细胞膜融合而将 DNA 导入细胞，此方法简单而有效。现有各种商业化的脂质体试剂可供使用。

（五）弹道基因转移

弹道基因转移(ballistic gene transfer)使用细小的由 DNA 包被的特制子弹(DNA-coated projectile)作为载体，在基因枪(gene gun)的帮助下，将重组 DNA 直接“射入”到宿主细胞。这里基因枪所起的作用是高压加速由 DNA 包被的特制子弹(通常是包被 DNA

的金属微粒,如金、钨等),使其穿过细胞壁和细胞膜而进入胞内,将外源 DNA 分子直接送进细胞核或细胞器中,从而实现外源 DNA 的转移。

五、重组体的选择和筛选

外源 DNA 与载体正确连接的效率以及重组体导入宿主细胞的效率都是有限的,因此,最后生长繁殖出来的细胞不可能都带有外源 DNA。一般情况下,一个载体只携带某一段外源 DNA,一个细胞也只接受一个重组 DNA 分子。在最后培养出来的细胞群中,只有小部分是含有外源 DNA 的重组体。只有把含有目的重组体的宿主细胞从各种无关的细胞中筛选出来,这才等于成功获得了目的 DNA 的克隆,因此筛选是基因克隆不可缺少的一步。在选择和构建载体、选择宿主细胞和设计基因克隆方案时,都必须充分考虑到筛选的问题。

筛选方法一般可分为直接筛选和间接筛选,前者根据宿主细胞接受外源基因以后直接引起的表型变化而进行筛选。然而,多数外源 DNA 没有可利用的表型,于是需要使用后一种方法通过对重组体 DNA 序列和表达产物的分析进行鉴定。

(一) 直接筛选

1. 根据抗生素敏感性和抗性变化进行的筛选

许多载体带有抗生素抗性基因,例如,抗氨苄青霉素(amp^R)、抗四环素(ter^R)和抗卡那霉素(kan^R)等基因,利用这些抗性基因可在细菌细胞克隆系统中对重组体进行筛选。在培养基中含有抗生素时,只有携带相应抗性基因载体的细胞才能生存繁殖,那些未能接受载体的宿主细胞则被统统排除;如果外源基因是插入在载体的抗性基因内部,就可使此抗性基因失活,原来的抗药性标志也就随之消失。例如,质粒 pBR322 含有 amp^R 和 ter^R 两个抗药基因,若将外源基因插入 amp^R 内部,转化大肠杆菌,将细菌放在含氨苄青霉素或四环素培养基中培养,则凡未接受载体的细胞都不能生长。凡在含氨苄青霉素和四环素中都能生长的细菌一定含有无外源基因的质粒 pBR322,而在四环素中能生长、在氨苄青霉素中不能生长的细菌很可能含有外源基因的重组质粒(图 13-9)。

Quiz5 如果宿主细胞是古菌,这些抗生素抗性基因还能用吗?为什么?

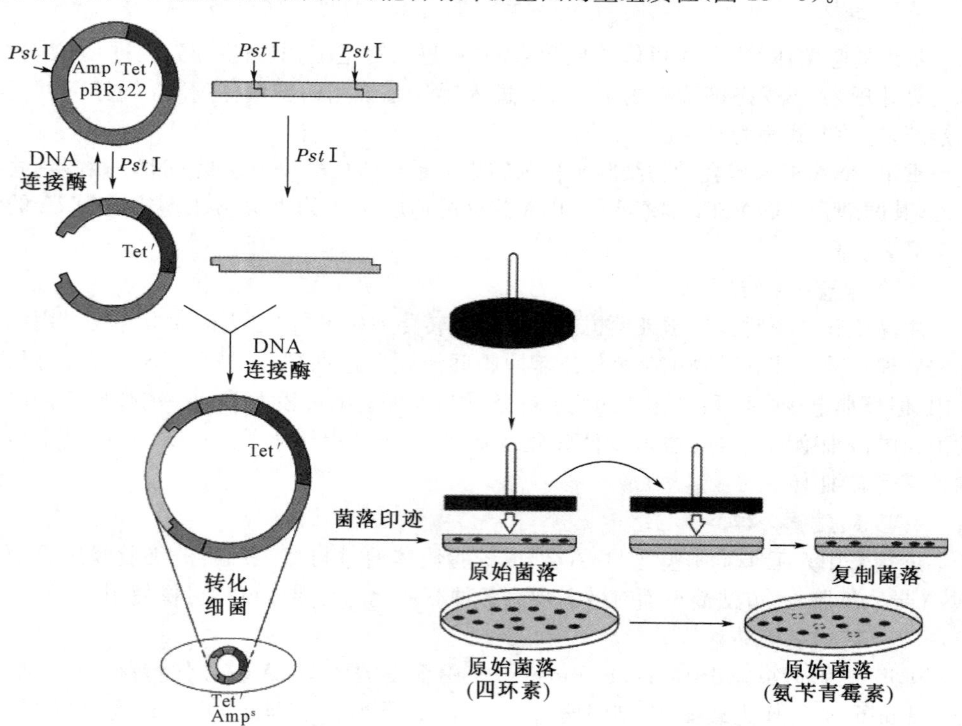

图 13-9 使用抗生素对阳性克隆的直接筛选

2. 根据营养缺陷型的恢复的筛选

利用抗生素抗性基因筛选重组体一般适用于细菌克隆系统，古菌和真核克隆系统(主要是酵母克隆系统)通常使用营养缺陷型的恢复来进行。

不同营养缺陷型的宿主细胞因为在某一条合成代谢途径上某个酶基因的缺陷，需要在培养基中补充缺乏的营养成分(如某种氨基酸)以后才能生存繁殖。但是，如果有一种载体带有宿主细胞所缺乏的那个酶的基因，当用它去转化宿主细胞，那获得载体的宿主细胞就能在缺乏相应营养成分的条件培养基上生存和繁殖。一种双营养缺陷型细胞，只能在补充有两种缺乏的必需营养成分的培养基中才能生存繁殖。如果用宿主细胞缺失的含有与这两种营养成分合成有关的酶基因去转化宿主细胞，那获得载体的宿主细胞就能在同时缺乏两种营养成分的条件培养基中生存和繁殖。但是，如果外源 DNA 插入到其中一种营养合成基因的内部导致其失活，那获得重组体的宿主细胞就不能像原来一样生存和繁殖了，利用此差别可将带有重组体的宿主细胞筛选出来。

3. 根据噬菌斑类型进行的筛选

噬菌体类载体在感染宿主细胞以后形成噬菌斑的能力和类型也可作为直接筛选的一种方法。例如衍生于λ噬菌体的载体，只有在插入外源 DNA 以后的长度在其野生型 DNA 的 75%～105%的范围内，才能在体外和体内有效地包装成感染性的病毒颗粒，并形成噬菌斑，因此，形成噬菌斑的菌落才可能含有重组体。

4. 蓝白斑选择

含有 *lacZ'* 载体的蓝白斑筛选法，参看本章第一节有关载体的内容。

直接筛选可以排除大量的非目的重组体，但还只是粗筛。有时，细菌可能发生变异而引起抗药性的改变，这并不代表外源序列的插入，所以仍需要做进一步细致的筛选。

(二) 间接筛选

1. 核酸杂交法

利用标记的核酸(RNA 或 DNA)做探针，与转化细胞的 DNA 或 RNA 进行杂交，可以筛选和鉴定含有目的序列的克隆，其中以 DNA 为杂交对象的方法称为 Southern 杂交或印迹，而以 RNA 为杂交对象的方法称为 Northern 杂交或印迹。此方法并不依赖于目的基因表达出来的蛋白质活性，而是依赖于探针与目的基因之间在序列上的互补性，即形成异源双螺旋的能力。常用的方法是将转化后生长的菌落或者噬菌斑复印到硝酸纤维膜上，用碱裂解法释放出来的 DNA 就吸附在膜上，再与标记的核酸探针保温杂交，核酸探针就结合在含有目的序列的菌落 DNA 上而不被洗脱。核酸探针可以用放射性同位素标记，也可以荧光标记，前者用放射性自显影显示出阳性克隆，后者借助于荧光显示阳性克隆。

2. PCR 法

PCR 技术的出现给克隆的筛选增加了一个十分方便的手段。如果已知目的序列的长度和两端的序列，就可以设计合成一对引物，以转化细胞所得的 DNA 为模板进行扩增，若能得到预期长度的 PCR 产物，则该转化细胞就可能含有目的序列。

3. 免疫化学法

这是利用特定抗体与目的基因表达产物特异性结合的性质进行筛选。此法不是直接筛选目的基因，而是通过与基因表达产物的反应指示含有目的基因的转化细胞，因而要求在实验设计的时候，必须要让目的基因进入受体细胞后能表达出其编码的产物。抗体可用特定的酶(如过氧化物酶或碱性磷酸酶)进行标记，酶可催化特定的底物分解而呈现颜色，从而指示出含有目的基因的细胞。免疫学方法特异性强、灵敏度高，适用于从大量转化细胞群中筛选少数含有目的基因的阳性克隆。

4. 受体与配体的结合性质

与免疫化学法相似，此方法不是直接筛选目的基因，而是利用标记的配体或受体与目的基因表达出来的蛋白质(作为受体或配体)之间的相互作用来进行筛选。例如,利用酶的过渡态类似物或竞争性抑制剂来筛选目的基因为酶的阳性克隆。

利用此法成功的例子有:用^{125}I-标记的钙调蛋白筛选含有与钙调蛋白/Ca^{2+}结合的蛋白质基因的阳性克隆,^{32}P-标记的cAMP筛选含有蛋白质激酶A(PKA)基因的阳性克隆。

5. Southwestern/Northwestern印迹法

这种方法专门用来筛选含有核酸结合蛋白基因的克隆,其中以获得DNA结合蛋白基因为目的的筛选方法称为Southwestern印迹,而以获得RNA结合蛋白基因为目的的筛选的方法称为Northwestern印迹。此方法以标记的具有特定序列的DNA或RNA作为"诱饵",筛选含有能够与此序列结合的蛋白质基因的克隆。已有人使用此法得到了含有锌指结构、亮氨酸拉链或HTH等结构域的DNA结合蛋白的基因克隆。

6. DNA限制性内切酶图谱分析法

外源DNA插入载体会使载体DNA的RE酶切图谱发生变化,如果出现新的RE切点,就将转化细胞内的载体DNA抽取后酶切,进行琼脂糖电泳,然后观察其酶切图谱并与预期的酶切图谱相比较,从而判断转化细胞是否含有目的基因。

7. DNA序列分析法

无论是哪一种方法筛选得到的阳性克隆,都需要使用序列分析来作最后的鉴定。已知序列的基因克隆要经序列分析确认所得克隆准确无误;未知序列的克隆只有在测定序列后才能了解其结构、推测其功能,以做进一步的研究。因此,核酸序列分析是基因克隆中必不可少的一环。

第二节 重组DNA技术的详细步骤

一般基因克隆的基本步骤包括:获得外源DNA序列和目的基因;将目的基因与载体相连;将重组DNA导入特定的宿主细胞;含有目的基因序列的克隆的筛选与鉴定。

一、外源DNA序列和目的基因的获得

任何形式的基因克隆的第一步都是想方设法获取所需要的外源DNA,或者特定的目的基因。克隆目的不同,其获取外源DNA或目的基因的手段也不尽相同。如果克隆的目的是建立某种基因组文库,就先从目标生物细胞中抽取基因组DNA,然后使用一定的方法,将得到的DNA随机地切割成小的片段以后即可进入下一步;如果是建立cDNA文库,就需要从想要建立文库的细胞中抽取总mRNA,然后将其逆转录成cDNA后进入下一步;如果是要表达一个已知的基因,首先就需要分离纯化得到那个基因。

获取目的基因的手段概括起来有以下几种:(1) 人工合成。如果一种基因较小而且碱基序列已知,就可直接进行人工合成。如果基因较长,就需要分成几段合成,然后再连接起来,这是因为人工合成DNA的长度有限,片段越长产率越低。对于一级结构已知的蛋白质,可通过遗传密码表反推出其基因的核苷酸序列,然后再进行人工合成;(2) 使用酶切将目的基因直接从另一种克隆载体中释放出来;(3) 逆转录。可先使用核糖体免疫沉淀法,获得某种多肽或蛋白质的mRNA,然后通过逆转录得到以cDNA形式存在的基因。核糖体免疫沉淀法的原理是,正在翻译的一种mRNA可通过其编码的多肽制备得到的抗体,与刚翻译出来的肽段、核糖体一起被免疫沉淀下来,从而与其他mRNA分离开来;(4)PCR(参看本章第四节聚合酶链式反应)。

二、目的基因与载体的连接

将外源序列或目的基因插入载体,主要是靠DNA连接酶和其他工具酶的配合使用。

根据末端的性质，它们的连接方式主要有三种：(1) 载体和目的基因具有相同的黏端；(2) 载体和目的基因均为平端；(3) 载体和目的基因各有一个黏端和一个平端。选择哪一种连接方式主要取决于载体内 MCS 的性质和目的基因的来源。

(一) 黏端连接

黏端的连接是最有效的连接方式。如果载体上的 MCS 含有与目的基因两端相同的 RE 切点，就可使用同一种 RE 分别消化载体和目的基因，从而在载体和目的基因上产生相同的黏端；经分离纯化后，将它们按一定的比例进行混合；低温退火后，载体和目的基因被黏端"粘"在一起；最后，在 DNA 连接酶催化下，目的基因就与载体最终以共价键相连。

有时，目的基因的两端和载体的 MCS 虽然具有不同的 RE 切点，但若能找到能产生相同黏端的同尾酶，就同样可用此法连接。例如，识别 GGATCC 序列的 *Bam*H Ⅰ 和识别 GATC 序列的 *Sau3a* Ⅰ 虽然识别不同的序列，但是，切割 DNA 后产生的 5′-突出黏端都是 GATC。

如果找不到合适的 RE 产生互补的黏端，就可用一些特殊的方法引入黏端。例如，使用末端核苷酸转移酶，在目的基因 3′-端和被切开的载体的 3′-端，分别添加寡聚 G 和寡聚 C，产生所谓的共核苷酸多聚物黏端，通过上述处理后的载体和目的基因也能黏合在一起；再如，可在目的基因两端，添加含有特定 RE 切点的人工接头序列，也可以使用 PCR，借助事先设计好的引物，在扩增的时候将含有特定 RE 切点的序列直接引入到目的基因的两端，然后，再使用相应的 RE 消化产生黏端。

(二) 平端连接

T4 DNA 连接酶可直接将含有平端的载体和目的基因连接在一起，但平端连接效率要比黏端连接低得多，因此，一般尽量不用这种连接方法。然而，如果目的基因和载体上的确没有相同的 RE 切点，可先用不同的 RE 消化，再用适当的酶将 DNA 突出的末端削平，如核酸酶 S1，或将其补齐成平末端，如 Klenow 酶，也可以直接使用产生平端的 RE 进行消化，再用 T4 DNA 连接酶进行平端连接。

(三) 含有平端和黏端的目的基因与载体之间的连接

进行这种方式的连接最为少见，因为产生上述末端的可供选择的 RE 很少，但通过这种连接，目的基因只能以一种方向插入到载体之中，从而可以实现定向克隆。

三、重组 DNA 导入特定的宿主细胞

参看第一节相关内容

四、含有目的基因序列的克隆的筛选与鉴定

参看第一节相关内容

第三节　重组 DNA 技术的应用

目前，基因克隆主要应用在文库(library)建立、序列分析、表达外源蛋白、制备转基因动物和植物、基因治疗、基因敲除以及寻找未知基因等。

一、文库的建立

基因克隆中的文库是指克隆到某种载体上能够代表所有可能序列并且可以稳定维持和使用的 DNA 片段的集合。根据序列的来源，文库可分为基因组文库(genomic DNA library)和 cDNA 文库(cDNA library)(表 13-2)。

建立文库的主要目的在于，可以使用合适的方法，从文库中获得特定的目的序列，并

进行扩增分离,此过程称为文库筛选(the library screening);也可以在鸟枪法序列分析(shotgun sequencing)中,随机选择一个克隆对其进行鉴定。

表 13-2　基因组文库和 cDNA 文库的比较

文库类型	基因组文库	cDNA 文库
来源	基因组 DNA	mRNA
变化	物种	物种、组织、不同的发育阶段
插入大小	12 kb～20 kb	0.2 kb～6 kb
代表性	均等	与表达水平有关
类型	只有一种	两种(表达型和非表达型)
探针	DNA	DNA、蛋白质或抗体
用途	基因结构,推断蛋白质性质	表达的蛋白质,推断蛋白质性质

一个好的文库应该具备以下条件:(1) 完整性,不遗漏任何序列;(2) 准确性;(3) 稳定性;(4) 满足筛选一个重组体所需要的最低克隆数目;(5) 容易筛选、贮存和扩增。

(一) 基因组 **DNA** 文库

基因组 DNA 文库可简称为基因组文库,它由一种生物的基因组 DNA 制备而来,覆盖了一个基因组所有的序列,这些序列应该是精确无误的。

制备基因组文库的基本步骤包括(图 13-10):(1) 分离基因组 DNA。一般情况下,多细胞生物的基因组文库可以从任何细胞中抽取基因组 DNA,但高等动物的淋巴细胞由于在成熟过程中经历了 DNA 重排,不主张使用;(2) 插入序列的制备。使用酶法(RE 完全消化或部分消化)或物理方法(超声波处理或搅拌剪力),将基因组 DNA 切成预期的片段;(3) 根据插入序列的大小,选择合适的载体进行克隆。选择载体与插入序列大小的大致原则是:质粒载体约 10 kb;λ 噬菌体载体为 9 kb～23 kb;P1 噬菌体载体为 100 kb;黏粒约为 40 kb;BAC 约 100 kb～300 kb;YAC 约 500 kb～3 Mb。如果基因组文库专门为基因组序列测定而建,就需要有克隆重叠(overlapping clone),以便通过片段重叠法对

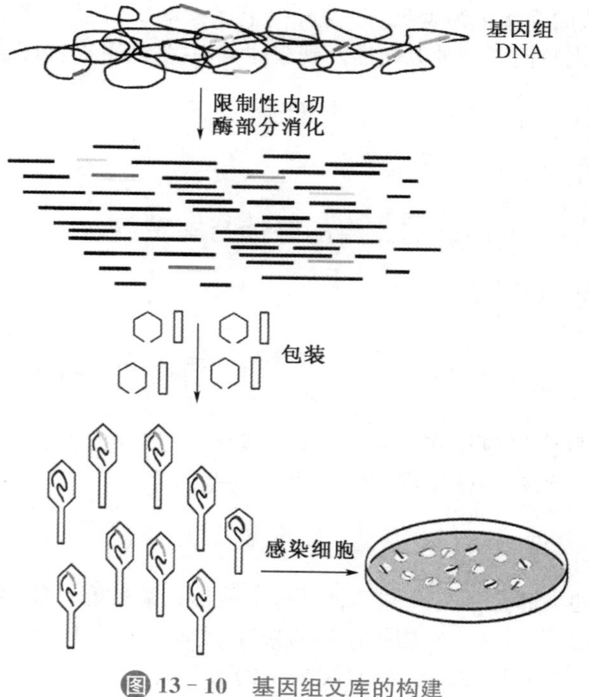

图 13-10　基因组文库的构建

序列进行拼装，防止或最大限度地降低非临近序列片段(non-contiguous fragment)连接在一起形成嵌合体克隆。用于基因组文库建立的典型载体有质粒、λ噬菌体载体和BAC。

一个好的基因组文库，应有助于从一个染色体上分离一个完整的基因或一段序列，有助于基因组序列分析，有助于了解和确定基因的组织和基因组的结构以及疾病与基因突变之间的关系，有助于对可能的基因序列、启动子、编码的蛋白质和其他性质进行预测和分析。

在建立文库的时候，可以根据一个单倍体基因组的大小除以文库中插入序列的平均大小，粗略地估计出包含一个完整的基因组序列所需要的独立克隆的数目。例如，一个以质粒为载体的人类基因组文库，插入序列的平均长度为2 000 bp，单倍体人类基因组大小为3×10^9 bp，按照上面的公式，至少含有1.5×10^6独立的克隆才能够代表一个完整的人基因组序列。与此相比，一个基因组大小为4×10^6 bp的细菌，只需要2 000个独立的克隆；如果以λ噬菌体为载体，插入序列的平均大小为17 000 bp，那代表一个完整的人基因组序列就需要1.8×10^5个独立的克隆，基因组大小为4×10^6 bp的细菌就只需要176个独立的克隆；如果以BAC为载体，插入序列的平均大小为200 000 bp，那代表一个完整的人基因组序列就需要1.5×10^4个独立的克隆，基因组大小为4×10^6 bp的细菌就只需要20个独立的克隆。

若需要更准确地计算出包含一个完整基因组序列所需要的独立克隆数，就可使用公式：$N=\ln(1-p)/\ln(1-f)$。式中N表示达到预期概率的基因组文库中所需要的独立克隆数；p代表所需片段在基因组文库中出现的概率；f代表插入到载体中序列平均大小占基因组大小的分数。

以人类基因组文库为例，如果需要一个目的基因在库中出现的概率大于99%，就以λ噬菌体为载体，插入序列的平均大小为17 000 bp，按照上面的公式可计算出，代表一个完整的人基因组序列需要8.1×10^5个独立的克隆。

如果要制备一个克隆重叠的基因组文库，那需要的克隆数就是上面计算结果的5倍。

构建基因组文库，再用分子杂交等技术可从库中钓取特定基因的克隆。当生物基因组比较小时，较易成功；当生物基因组很大时，构建其完整的基因组文库就非易事，而从庞大的文库中去克隆目的基因更是难上加难。

（二）cDNA文库

与基因组文库不同，cDNA文库代表的是一种单细胞生物或者一种多细胞生物某种细胞、组织内表达的所有的mRNA序列，这种代表也应该是完整和准确无误的。基因组含有的奢侈基因呈组织特异性表达，而且在不同环境条件、不同发育阶段的细胞表达的种类和强度也不尽相同，所以cDNA文库具有明显的组织细胞特异性。显然，cDNA文库比基因组DNA文库小得多，因此从中比较容易地筛选出阳性克隆，并得到细胞特异性表达的基因。但对真核细胞来说，从基因组文库获得的基因往往与从cDNA文库获得的不同，前者一般有内含子序列，而从cDNA文库中获得的是已剪接过、去除了内含子的基因。此外，从基因组文库中，还可以获得调节一个基因表达的各种顺式作用元件，如启动子和增强子等，这些元件在cDNA文库中一般是缺乏的。

cDNA合成和cDNA文库构建的基本步骤包括(图13-11)：(1) 抽取总mRNA；(2) 将mRNA逆转录成cDNA；(3) 将cDNA导入到特定的载体。

利用cDNA文库，可以进行以下工作：(1) 确定一个基因的转录产物和翻译产物。因为许多真核基因含有内含子，直接在基因组文库中分析难度很大，而在cDNA文库中进行分析可直接确定一个基因的编码区；(2) 如果是表达文库，就可用来表达不同的蛋白质以满足各种需要。很少从原核生物构建cDNA文库，这一是因为原核生物的mRNA

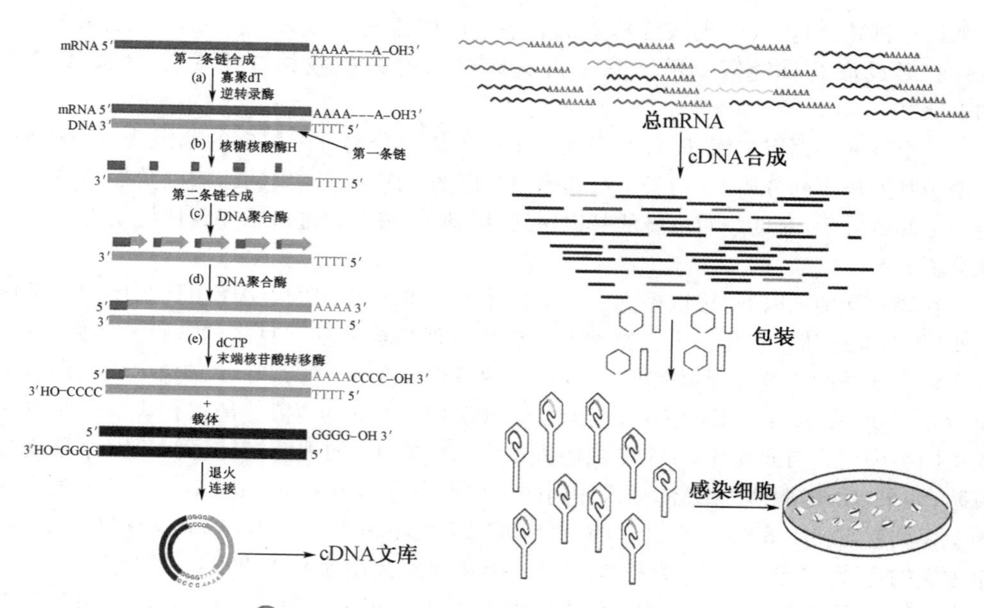

图 13-11　cDNA 的合成和 cDNA 文库的构建

太不稳定,二是原核生物的蛋白质基因基本无内含子,可直接构建基因组表达文库取而代之;(3) 从库中获得无内含子的基因,以便在原核系统中进行表达;(4) 体外转录 mRNA;(5) 合成探针;(6) 简化与疾病有关的基因突变分析;(7) 有助于确定和预测基因组序列中的基因;(8) 从中获得为建立基因组的物理图谱所需要的表达序列标签(EST)。

Quiz6 如果你要得到控制一个基因表达的启动子和其他调控序列,应该选择哪一种文库?

(三) 文库的筛选

无论是质粒文库还是噬菌体文库,文库筛选的基本原理和步骤是相同的,主要由 6 大步组成:(1) 将菌落(质粒文库)或噬菌斑(噬菌体文库)复制到滤膜上;(2) 用裂解细菌细胞壁的溶液处理滤膜,使 DNA 变性;(3) 加热、烘干滤膜,以使单链 DNA 与滤膜永久性结合;(4) 将制备好的探针与滤膜保温;(5) 洗掉没有结合的探针;(6) 使用放射自显影技术或其他检测系统作最后的鉴定。

如果是表达文库,就可使用特定的抗体对表达出的蛋白质产物进行检测,也可以使用基因芯片技术对基因产物的差异表达(differential expression)进行测定;如果是非表达的基因组文库,就可使用染色体步移(chromosome walking)法进行确定。步移法的原理是:如果一段邻近的序列已知,就可以以此段序列为起始点,分离相邻的基因,每获得一段新的序列,都可以用新得到的序列为探针,进行新一轮的筛选。

探针的来源包括:(1) 异源探针(heterologous probe)。如果目的基因是高度保守的,就可以使用另外一个已知物种的基因序列制备探针;(2) cDNA 探针。使用此类探针,可从基因组文库中获取一个基因的内含子和启动子序列;(3) 根据蛋白质的氨基酸序列,制备探针。如果一个蛋白质的氨基酸序列已知,就可以根据遗传密码表,人工合成简并的寡聚核苷酸探针。核苷酸长度 18~21,对应于 6~7 个氨基酸残基;(4) 人工合成寡聚核苷酸;(5) 通过体外转录系统合成的 RNA 探针;(6) 单克隆抗体。这是针对表达的多肽或蛋白质产物抗原而设计的。

二、DNA 序列分析

基因克隆的另一个主要目的是 DNA 序列分析,分析的对象可以是一个基因片段、一个基因、基因表达的调控序列乃至一个基因组。DNA 序列分析的具体方法除了传统的第一代测序技术,即末端终止法和化学断裂法以外,还有新一代的测序技术(参看第二章遗传物质的分子本质)。

通过序列分析可以反推出一个蛋白质基因所编码的氨基酸序列，这有助于对一个蛋白质的性质、结构和功能进行预测；序列分析还有助于对基因和基因组的组织以及它们进化过程的理解；此外，通过序列分析，可以确定控制一个基因表达的各种顺式元件以及导致疾病发生的基因突变。

至于如何分析序列，确定其代表的生物学涵义，任务属于生物信息学(Bioinformatics)和计算生物学(Computational Biology)的研究内容，分析流程参考图 13 - 12。

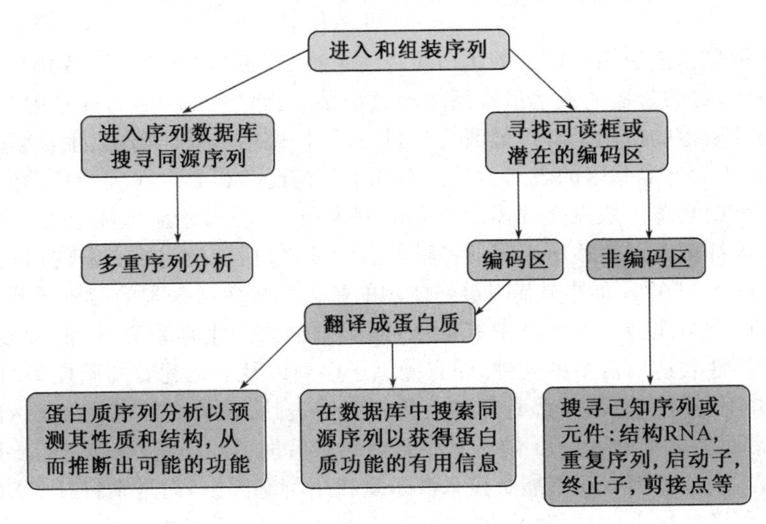

图 13 - 12　DNA 序列分析的基本流程

三、表达外源蛋白

使克隆的基因在特定的宿主细胞中表达，对于研究一个基因的功能及其表达调控的机理十分重要，其表达出的蛋白质可供作结构与功能的研究。许多具有特定生物活性的蛋白质(如胰岛素和干扰素)或酶具有广泛的医学或工业应用价值，将相关基因克隆之后再让其在特定宿主细胞中大量表达，可满足医学或工业等领域的应用需要。

要使克隆基因在宿主细胞中表达，首先需要将目的基因亚克隆到带有基因表达所必需的各种顺式元件的载体之中，这些载体通称为表达载体(expression vector)。目的基因可以放在不同的宿主细胞中表达，例如，大肠杆菌、枯草杆菌、酵母、昆虫细胞和培养的哺乳类动物细胞等。针对不同的表达系统，需要构建不同的表达载体。

表达载体可分为融合载体(fusion vector)和非融合载体(non-fusion vector)两类，前者在插入位点上“预装”了另外一个蛋白质或多肽的基因，因此，插入的外源基因将会与它发生融合，表达出来的是一种融合蛋白。例如，*lacZ* 融合序列载体(图 13 - 13 中胰岛素的 A 链和 B 链表达载体)、融合有蛋白质 A 的 pGEX 系列(protein A series)、融合有 GFP 的

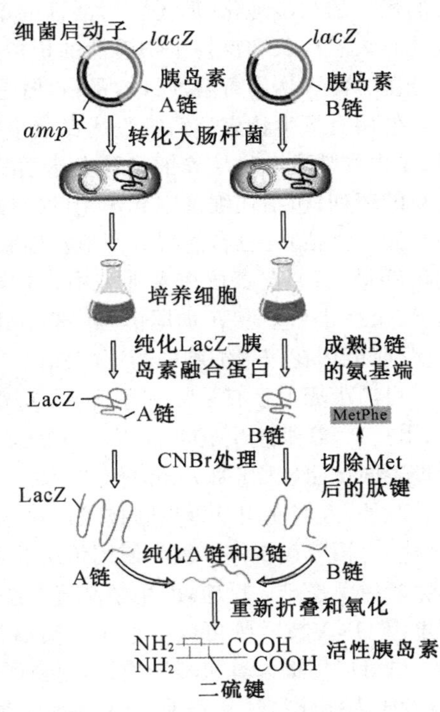

图 13 - 13　胰岛素在大肠杆菌体内的表达

pGFP 系列、融合有多聚组氨酸标签(His - tag)的 pGEM2T 系列等。使用融合载体的主要好处是方便了目标蛋白的鉴定和纯化。

理想的表达系统应该满足以下条件:(1) 表达载体具有合适的 MCS,以方便外源基因能插入到正确的表达位置,或者至少是含有 3 个以上 ORF 的系列;(2) 能形成正确的翻译后修饰和三维结构,以形成有活性或有功能的分子;(3) 为可诱导的表达系统,允许细胞生长和诱导表达,防止毒性蛋白质的积累;(4) 易于分离和纯化;(5) 最好能分泌到胞外。

大肠杆菌是目前应用最广泛的蛋白质表达系统,其表达外源基因产物的水平远高于其他表达系统,目的蛋白的表达量最高能超过细菌总蛋白量的 80%,这是因为人类对其基因表达及其调控的机制了解得最清楚,而且大肠杆菌培养操作简单、生长繁殖快、价格低廉,使用它作为外源基因的表达工具已有几十年的经验积累。在大肠杆菌中使用的表达载体除了需要具备一般克隆载体所具有的基本要素以外,还应该注意"入乡随俗",使载体带有大肠杆菌基因表达所必需的各种顺式元件,包括转录起始必需的启动子和翻译起始所必需的 SD 序列,而外源基因最好使用的是大肠杆菌所偏爱的密码子等;由于外源基因表达的产物可能会对大肠杆菌有毒性,而影响细菌的生存繁殖,因而大多数表达载体都带有诱导性表达所需要的元件,即有操纵子序列以及与之配套的调控基因等。

然而,并不是所有的基因都适合在大肠杆菌中表达,在将真核基因放入细菌细胞中表达时,通常面临以下问题:(1) 缺乏真核基因转录后加工的功能,不能进行 mRNA 前体的剪接,所以,表达基因一般不能直接来源于真核生物基因组,而是来自其 cDNA;(2) 缺乏真核生物翻译后加工的功能,导致表达产生的蛋白质,不能进行糖基化、磷酸化等修饰,或难以形成正确的二硫键和三维结构,因而产生的蛋白质经常没有活性或者活性不高;(3) 表达的蛋白质经常是不溶的,会在细菌内聚集成不溶性的包涵体(inclusion body),尤其当目的蛋白表达量超过菌体总蛋白量 10%时,就很容易形成包涵体。形成包涵体的原因可能是蛋白质合成速度太快,多肽链来不及折叠,于是暴露在外的疏水侧链之间的疏水作用让蛋白质聚合在一起。细菌裂解后,包涵体经离心沉淀,这虽然有利于目的蛋白的初步纯化,但无生物活性的不溶性蛋白,要经过复性,使其分散开、重新折叠成具有天然构象和良好生物活性的蛋白质一般是很困难的。虽然也可以设计载体使大肠杆菌分泌表达出可溶性目的蛋白,但是表达量往往不高。

Quiz7 你如何利用蛋白质折叠的知识,尝试对包涵体中的蛋白质进行复性?

使用真核生物表达系统表达真核生物的蛋白质,自然比细菌系统优越,常用的有酵母、昆虫和哺乳动物培养细胞等表达系统。真核表达载体至少具备两类元件:(1) 细菌质粒的序列,包括在细菌中起作用的复制起始区以及筛选克隆的抗药性标记基因等,以便在插入真核基因后,能很方便地在细菌系统中,筛选获得目的重组 DNA 克隆,并扩增到足够量;(2) 在真核宿主细胞中表达重组基因所需要的各式元件,包括启动子、增强子、转录终止和多聚 A 加尾信号序列、mRNA 前体剪接信号序列、能在宿主细胞中复制的序列、能用在宿主细胞中筛选的标记基因以及供外源基因插入的 MCS 等。

目前市场上已有多种利用 DNA 重组技术生产的多肽药物和疫苗销售,例如,胰岛素、干扰素、红细胞生成素(EPO)、生长激素、集落刺激因子(CSF)、表皮生长因子和乙型肝炎表面抗原(HBSAg)疫苗等。

Quiz8 一直有人试图用大肠杆菌表达有生物学活性的 EPO,但都以失败告终,所以现在使用的都是培养的哺乳动物细胞表达制备的。对此你认为其中的原因是什么?

此外,人们使用基因克隆技术还可以改造和生产人源化单抗,通过这种方式产生的抗体称为第三代抗体。因为使用传统的杂交瘤技术制备的单抗多为鼠源性抗体,用于人体会产生免疫排斥反应,而用杂交瘤方法制备人源性抗体又遇到难以克服的困难。借助于重组 DNA 技术既可以不经过杂交瘤技术而直接获得针对特定抗原的人抗体基因克隆。也可以借助计算机辅助设计,对鼠源性抗体基因进行人源化改造,然后,放入表达载体,产生人源化抗体。目前,已有多种人源化的抗肿瘤、抗病毒、抗细胞因子、抗细胞受体的单抗被成功表达。

四、转基因动物、植物及转基因食品

克隆的基因不仅可以被导入细菌或培养的细胞，还能被转移到动物或植物体内，并整合到基因组中，使其所有的细胞都带有特定的外源基因，从而根本上改变了一种生物的遗传特性。转基因动物或转基因植物就是指在其基因组内稳定地整合有外源基因、并能遗传给后代的动物或植物。

（一）转基因动物

1979年，Beatrice Mintz等人将SV40的DNA导入小鼠早期胚胎的囊胚腔，第一次得到带有外源基因的嵌合型小鼠（chimeric mouse）。1982年，Palmiter等人将克隆的生长激素基因用显微注射的方法直接导入小鼠受精卵细胞核，所得的转基因小鼠在肝、肌、心等组织都能表达生长激素，致使小鼠比原个体大几倍，成为“巨鼠”。除受精卵外，从胚胎中分离的多能胚胎干细胞（embryonic stem cell, ES cell）也能接受外源基因发育成个体。外源基因的导入还可以采取逆转录病毒载体感染等方法。

以转基因小鼠为例，如果以受精卵为起点，那培育转基因动物的基本步骤就是：(1) 从供体动物中，分离受精卵；(2) 将转基因DNA显微注射到一个受精卵的雌性原核（female pronucleus）之中，进入的DNA通过非同源重组插入到基因组之中；(3) 将受精卵移植到代孕母鼠（surrogate mother）的子宫之中；(4) 对出生的小鼠进行筛选，挑出转基因小鼠。

如果是以ES细胞为起点，基本步骤就包括：(1) 分离ES细胞，并进行培养；(2) 使用常规的转染技术，将含有转基因和标记基因的载体导入到ES细胞之中，所用的抗性基因通常是新霉素抗性基因（Neo^R）；(3) 使用新霉素（neomycin）对ES细胞进行选择，并使用PCR进行确认；(4) 将转化的ES细胞注射到处于囊胚期的胚胎之中；(5) 将胚胎移植到代孕的母鼠之中；(6) 将新出生的嵌合型动物与非转基因动物进行交配，再从后代中筛选出转基因动物。

转基因动物的筛选可使用Southern印迹、Northern印迹和Western印迹分别在DNA水平、RNA水平和蛋白质水平上进行。

转基因技术不但为遗传育种提供了新的途径，而且利用转基因动物可以获得治疗人类疾病的一些重要的蛋白质。例如，在导入了凝血因子Ⅸ基因的转基因绵羊分泌的乳汁中，含有丰富的凝血因子Ⅸ，能有效地治疗血友病。此外，可以利用转基因动物建立人类疾病的动物模型，为研究人类疾病病因，以及测试新的治疗方法提供有效手段。例如，利用带有特定癌基因、病毒癌基因或其调控序列等的转基因小鼠，可以观察肿瘤发生的过程和影响因素。

（二）转基因植物

在转基因植物的培育过程中，基因导入通常以根癌农杆菌（*Agrobacterium tumifaciens*）内的肿瘤诱导（tumor-inducing, Ti）质粒介导。根癌农杆菌可感染植物细胞，产生“肿瘤”。

Ti质粒由转化基因T、毒性基因*vir*和复制起始区*ori*等组成。*vir*基因编码的酶可在LB和RB处切开T基因，并将它们转移到植物基因组之中。

目前多用二元质粒系统（the binary plasmid system）（图13－14），具体步骤是：(1) 将外源目的基因插入到质粒1的MCS之中；(2) 将质粒1和2共转化根癌农杆菌；(3) 将含有质粒1和2的根癌农杆菌感染培养的植物细胞；(4) 在宿主细胞内，*vir*基因表达的产物切出LB和RB之间的DNA，然后将其转移到植物基因组；(5) 利用卡拉霉素选择细胞，并使用PCR进行确认；(6) 诱导单个细胞分裂分化成植株；(7) 筛选出转基因植物。

上述操作步骤适合双子叶植物，由于多数单子叶植物对根癌农杆菌有抗性，因此需要使用基因枪或者其他手段导入外源基因。

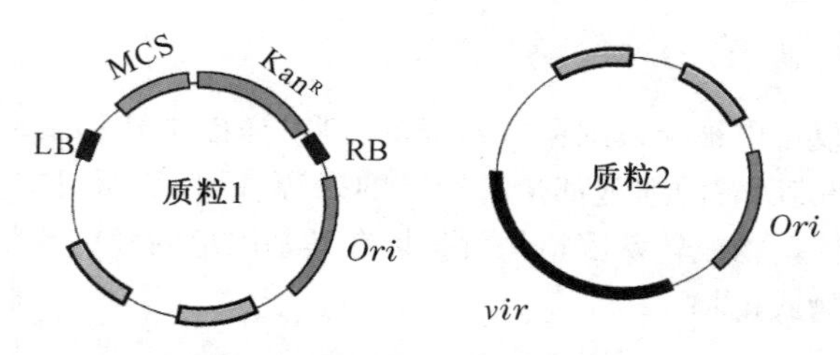

图 13-14　二元质粒系统

使用转基因技术，赋予植物新的农艺性状，如抗虫、抗病、抗旱、抗逆、高产和优质等，这在植物育种方面具有特别的意义。自从 1983 年首次获得转基因植物——一种对抗生素具有抗性的转基因烟草以来，至今已有几十个科的几百种植物转基因获得成功。1986 年，首批转基因植物被批准进入田间试验。1992 年，中国成为世界上允许种植商业化转基因植物的第一个国家，当年批准的是一种抗病毒的转基因烟草。1994 年，美国 Calgene 公司研制的转基因延熟番茄首次进入商业化生产。1996 年，转基因玉米、转基因大豆相继投入商品生产。美国最早研制得抗虫棉花，但我国科学家将苏云金芽孢杆菌 Bt 晶体毒素蛋白基因和胰蛋白酶抑制剂基因(*CPTI*)导入棉花，最先获得一系列转双价基因抗虫棉品系并获准进行商业化生产。此外，将人的基因转入植物还可能获得医学上的治疗用途的药物。例如，2012 年，美国 FDA 批准全球首例转基因植物生产的用于治疗戈谢病(Gaucher's disease)即葡萄糖脑苷脂沉积症的药物。

根据 2013 年的数据，已有 36 个国家批准数千例转基因植物进入田间试验，涉及的植物种类有 40 多种，有 27 个国家在种植转基因农作物，其中 19 个是发展中国家。

(三) 转基因食品

以转基因生物为原料加工生产的食品就是转基因食品或基因修饰食品(genetically modified food, GM food)。根据转基因食品来源的不同，可分为植物性转基因食品、动物性转基因食品和微生物性转基因食品，其中以植物性转基因食品更常见。例如，1994 年和 2015 年分别在美国批准上市的转基因延熟保鲜西红柿和不容易生锈的转基因苹果，都属于植物性转基因食品，这里的转基因苹果使用了基因沉默技术，降低了导致苹果生锈的多酚氧化酶(polyphenol oxidase, PPO)的表达。

转基因食品的研发迅猛发展，产品品种及产量也成倍增长，但这么多年来，其安全性一直是人们关注的焦点。对于转基因食品的安全性，目前学术界还没有统一说法，争论的焦点在转基因食物是否会产生毒素、是否可通过 DNA 或蛋白质诱发过敏反应、是否影响抗生素耐药性等方面。然而，根据美国科学院于 2016 年 5 月发布的一份名叫"基因工程作物：经验与展望"(Genetically Engineered Crops：Experiences and Prospects)的研究报告，并没有证据表明转基因农作物对人类或环境有害。例如，肥胖或 2 型糖尿病与转基因食物之间没有任何相关性。该报告指出，与传统方式种植的作物相比，转基因作物并不会为人体健康带来更高的风险。从总体上来看，转基因作物减少了农民的劳作时间，降低了杂草和害虫带来的损失，因此为农民节省了不少费用。但对于害虫控制、农耕活动和农业基础设施而言，转基因既有积极影响，也有一些消极影响。此外，采用转基因作物并没有让农业产量明显增加。报告还提出，目前商业化种植的转基因作物主要是转入了抗虫或抵抗除草剂的基因。但在未来，利用这种技术可以给农作物增加抗旱以及抵抗高温或低温的能力，从而帮助农作物应对气候变化问题。

Quiz9 你在学习分子生物学之前和之后对转基因食品的态度有没有任何变化?

五、基因治疗

人类疾病的基因治疗(gene therapy)是指将人的正常基因或有治疗作用的基因通过

一定方式导入人体靶细胞，表达有功能的蛋白质，以纠正目的基因的缺陷或者发挥治疗作用，从而达到治病目的的一种治疗方法。

根据治疗的细胞对象，基因治疗分为性细胞基因治疗(germ-line gene therapy)和体细胞基因治疗(somatic gene therapy)。性细胞基因治疗是在患者的性细胞中进行操作，用来彻底根除并使其后代从此再也不会得这种遗传疾病。以前由于技术水平有限，难以解决关键的基因定点整合问题，加之相关的伦理学问题，使得性细胞基因治疗几乎无人问津。然而，随着近几年来基因组编辑技术的发展和成熟，技术难题已不复存在，而伦理学的禁忌也终被人打破，所以开始有关于性细胞基因治疗的报道。例如，2017 年 8 月 2 日，*Nature* 在线发表了一篇题为"Correction of apathogenic gene mutation in human embryos"的论文，该论文首次报道了美国科学家运用基因组编辑的方法，在单细胞胚胎内，成功地将可导致心肌肥大征(hypertrophic cardiomyopathy, HCM)的缺陷基因 *MYBPC3* 成功的进行了纠正。不过体细胞基因治疗仍然是当今基因治疗研究的主流。迄今为止，世界上接受这一疗法的患者已有数千例，说明它具有较好的可操作性。但其不足之处在于，它无法改变病人已有的单个或多个基因缺陷的遗传背景，以致在其子孙后代中必然还会有人患病。

根据治疗途径，基因治疗可分为体内(in vivo)基因治疗和回体(ex vivo)基因治疗。前一种途径是直接往人体组织细胞中转移基因。例如，1994 年美国科学家以经过修饰的腺病毒为载体，成功地将治疗遗传性囊性纤维变性的正常基因 *CFTR* 导入到患者肺组织中。而后一种途径需要先从病人体内获得某种细胞，进行培养，在体外完成基因转移后，将成功转移的细胞扩增培养，然后重新输入患者体内。例如，1990 年 9 月 14 日，美国 NIH 的 Michael Blaese 和 W. French Anderson 使用此途径，用正常的腺苷脱氨酶(adenosine deaminase, ADA)基因，成功治愈一位因 ADA 基因缺陷导致重度复合型免疫缺乏征(severe combined immunodeficiency, SCID)的名叫 Ashanti De Silva 的 4 岁女孩。现在大部分基因治疗临床试验都属于回体基因治疗，这种方法虽然操作复杂，但效果较为可靠。De Silva 今天仍然健在，但仍然要定期接受基因治疗，以维持她血液中正常的 ADA 水平。另外，她还有服用一种经聚乙二醇修饰过的 ADA 的药物，这让基因治疗真正的效果难以判断。

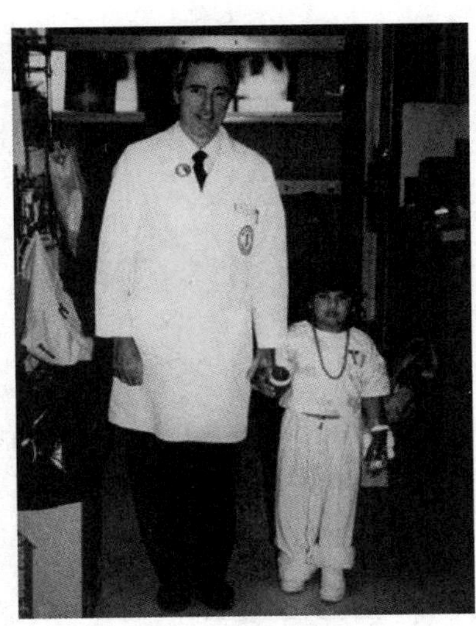

图 13-15　1990 年 Dr. W. French Anderson 和 Ashanti De Silva 的合影

无论是体内还是体外基因转移，都需要一种安全、高效和无毒的载体将外源基因带入病变细胞，从而进入细胞核与染色体 DNA 整合，并获得表达。目前使用的载体有两类：一类由腺病毒改造而成，它们主要用于体内基因治疗；另一类由逆转录病毒改造而成，它们主要用于回体基因治疗。

六、研究基因的功能

研究基因的功能，除了可以对基因的表达产物直接进行研究以外，还可以通过观察和分析破坏目标基因或抑制目标基因的表达而造成的表型变化来研究。

目前广泛用于基因功能研究的方法有基因敲除(gene knockout)、基因敲减(gene knockdown)和显性负性突变(dominant negative mutation)

1. 基因敲除

基因敲除是20世纪80年代后半期随DNA同源重组原理发展起来的一门技术，它是指在分子水平上，使用特定的手段，将一个结构已知但功能不详的基因去除，或用其他顺序相近的基因取代，使原基因功能丧失，然后从整体观察实验生物的表型变化，进而推断相应基因的功能。这与早期生理学研究中常用的切除部分—观察整体—推测功能的思路相似。

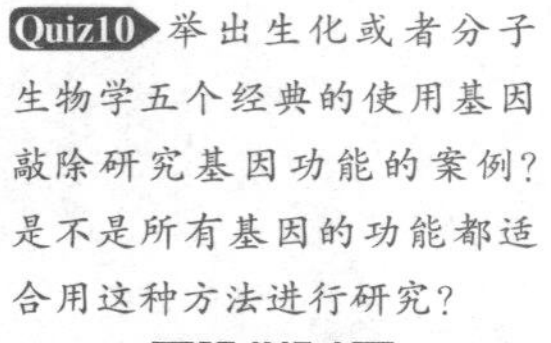

Quiz10 举出生化或者分子生物学五个经典的使用基因敲除研究基因功能的案例？是不是所有基因的功能都适合用这种方法进行研究？

现在基因敲除的手段除了经典的同源重组以外，还有转座子插入，以及近几年发展起来的基因组编辑技术(参看本章第十节 基因组编辑技术)。

基因敲除的对象若是动物的话，目前最常用的是小鼠ES细胞，它与转基因动物技术很相似，其基本步骤如下(图13-16)：(1) 构建重组基因载体；(2) 用电穿孔或显微注射等方法把重组DNA转入受体细胞核内；(3) 用选择培养基筛选出重组体细胞；(4) 将重

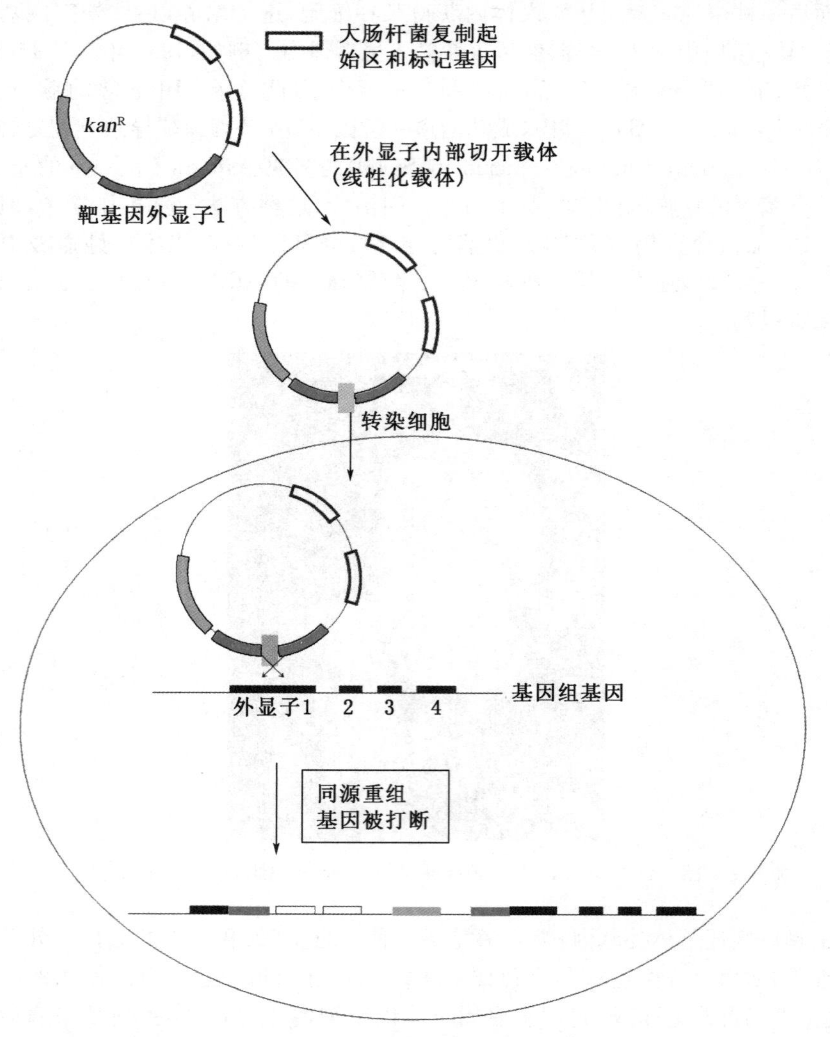

图13-16 使用同源重组进行基因敲除的基本步骤

组体细胞转入胚胎使其生长成为转基因动物；(5) 对转基因动物进行分子生物学检测及形态观察。

同源重组进行基因敲除使用的载体有两类，一类是整合型载体(integration vector)，另一类是取代型载体(replacement vector)。前者含有一段靶基因的片段和选择性标记(通常是新霉素抗性基因 Neo^R)，它在进入靶细胞后，将自身插入到目的基因的内部(是否插入可用 PCR 确认)，导致目的基因被破坏，并带入 Neo^R，因此可使用新霉素进行选择筛选；后者也含有 Neo^R 基因，并在此基因的两侧各插入了靶基因的片段和单纯疱疹病毒胸苷激酶基因(herpes simplex virus thymidine kinase，*HSVtk*)，它在进入靶细胞以后，Neo^R 会取代目的基因的一部分，而 *HSVtk* 则被游离出来，因此也可以使用新霉素进行选择和筛选。

使用取代型载体有一个好处，就是可以使用含有新霉素和丙氧鸟苷(gancyclovir，GCV)的培养基将载体发生随机整合的细胞剔除，因为随机整合的细胞既表达 Neo^R，又表达 *HSVtk*，HSVTK 可将 GCV 转化为有毒的药物，从而杀死细胞。

目前，基因敲除的应用领域主要有：(1) 建立人类疾病的转基因动物模型，为医学研究提供材料。现在，各种基因敲除小鼠已成为研究不同疾病的发生机理及诊断治疗的重要实验材料。例如，在 1989 年囊性纤维变性的致病基因(CFTR)被成功克隆以后，1992 年成功建立了 *CFTR* 基因被敲除的小鼠，为囊性纤维化变性的基因治疗提供了良好的动物模型，在顺利通过了基因治疗的动物试验后，于 1993 年开始临床试验，并获得成功。(2) 改造动物基因型，鉴定新基因和/或其新功能，这在发育生物学研究中特别有用。深入研究基因敲除小鼠在胚胎发育及生命各时期的表现，可以得到有关基因在生长发育中的作用的详细信息，进而搞清楚它的功能。例如，目前人类基因组研究多由新基因序列的筛选检测入手，进而用基因敲除法在小鼠上观察该基因缺失引起的表型变化。目前已报道了多种学习或记忆等有缺陷的基因敲除动物，从而发现了多种在学习、记忆的形成过程中必需的基因。

2. 基因敲减

基因敲减也称为基因抑制，它是一项降低或者抑制一种生物的某个或某些基因表达的技术，以区别传统的"基因敲除"。敲减的手段可以在 DNA 水平上通过对 DNA 的修饰来抑制基因的转录，也可以使用人工设计的核酶(主要是锤头核酶)定向切割特定的目标基因转录出来的 mRNA，或者在翻译水平上通过 RNAi 技术或依赖于核糖核酸酶 H 的反义核酸技术来抑制特定 mRNA 的翻译。如果是在 DNA 水平上进行基因敲减，就可以将其与转基因技术结合起来，得到转基因敲减生物，这种生物以及它的后代个体内的某个基因或者某些基因与正常的生物相比，表达量大大减少。如果是在翻译水平上的敲减，那引起基因表达抑制的效应通常是暂时的，这一般称为瞬间敲减(transient knockdown)。

传统的基因敲除的方法是让一个 DNA 片段从染色体完全剔除，或者让一个基因在某个生物体内完全灭活，这等于是让这个生物完全丧失了原来的基因，与缺失这个基因是一样的。而与基因敲除不同的是，基因敲减却保留了原来的基因，只是抑制原来基因的表达。但无论是基因敲除，还是基因敲减，都影响到基因的表达，所以都会导致被敲除的或者敲减的生物在表型上发生改变，借此可以用来研究一个基因的功能。

现在用得最多的是基于 RNAi 的基因敲减。这种敲减策略几乎适用于所有动物和植物，经过改进后可使特异组织中的基因表达沉默，而且可以设计特定的 RNAi 在生物的发育期或成年期的任何时间打开或关闭。如果将这些特点与药物开发技术和其他方法结合起来，就可以发现大量关于基因如何影响一种生物体正常生理和病理过程的信息。

3. 显性负性突变

此方法是通过基因转移将突变的目标蛋白基因引入到体内，使其在特定细胞内过量表达,以阻断正常蛋白质的功能,造成生物表型的变化,从而推断野生蛋白质的功能。

七、寻找未知基因

基因克隆不仅可以使人类对已知的基因进行各式各样的研究,还为我们寻找和鉴定新基因提供了一种十分有效的途径。寻找新基因的途径可以从基因的终产物着手,也可以直接在核酸水平上进行。

(一) 从基因的终产物开始鉴定新基因

这种途径是在得到一个基因产物的基础上进行的,以一个未知的蛋白质基因为例,如果先分离、纯化到这种新的蛋白质或者它的降解片段,就可确定它的部分氨基酸序列,然后根据遗传密码子表,反推出编码它的核苷酸序列并进行人工合成,作为探针从cDNA文库或基因库中挑出原始的基因。然而,许多蛋白质(如控制发育的基因编码的蛋白质)在细胞内的量微乎其微,想得到它的纯品极为困难,因此,这条鉴定新基因的途径难成气候。

(二) 从核酸水平上寻找新基因

随着基因组学的兴起和发展,人们得到各种生物基因组的全部序列和部分序列,从这些已知DNA序列中得到新基因成为研究人员的一大目标。但是,由于基因结构的复杂性和多样性,很难建立一种通用的捷径或法则来鉴别新基因,只能是八仙过海,各显神通,总结起来主要有以下几种方法:

(1) 根据同源序列搜索和寻找。不同物种之间功能相同或相近的基因其序列往往有一定程度的相似性,物种的亲缘关系越近,相似度越高,因此,如果某一物种的某一种蛋白质的基因已知,就可以以它的核苷酸序列为探针,在其他物种的基因组文库和cDNA文库中调出同源的基因。如果得到一段新的核苷酸序列,就可以使用专门的软件(如Blast或Bioedit)在世界上共享的基因库(如Genbank)中寻找同源的序列,以初步判断它是不是属于一种新基因的序列。

(2) 基因标签法。此方法的原理是通过插入一段外源DNA作为标签,到一个基因内部或靠近这个基因的位置,由于基因的结构被破坏或表达受到干扰,即可能引起某种表型变化,由此从突变体中可能分离到目的基因。基于玉米的Ac/Ds转座系统的转座子标签法及T-DNA插入突变是两种常用的标签法,Witham等就利用Ac转座子插入突变成功地分离到抗烟草花叶病毒的N基因。

(3) 消减杂交和抑制性消减杂交技术。消减杂交(subtractive hybridization)最早用于寻找因缺失而导致遗传性疾病的相关基因。其后,有人将其应用于两个不同的cDNA文库(分别来自健康和病变的细胞),让两者变性后再进行杂交。然后,采用亲和素-生物素结合或羟基磷灰石层析分离未杂交的部分,由此获得呈差异表达的基因片段。该技术的主要缺陷在于无法对低丰度表达的基因进行克隆。

(4) 差异显示PCR技术(differential display PCR, DD-PCR)。该技术的原理和主要流程是:首先抽取组织样品中的mRNA,然后,以3′-端的12对带有寡聚dT的锚定引物进行逆转录反应;再以锚定引物和5′-端的20种随机引物进行PCR扩增,并在反应体系中加入同位素标记的dATP以标记扩增产物;在对PCR扩增产物作电泳分析后回收差异条带,再以之为模板进行第二轮扩增;最后,对第二轮扩增产物进行杂交鉴定、测序,获得差异显示表达序列标签(EST),以获得新基因。

DD-PCR技术可快速地对多个样本进行比较,非常适合用于对处于疾病不同发展阶段或处于不同发育阶段的生物样本进行比较研究。

(5) RNA随机引物聚合酶链式反应(RNA arbitrarily primed PCR, RAP-PCR)。该技术与DD-PCR十分相似,但只使用随机引物,因此,能够将不含有多聚A尾巴的mRNA也能逆转录出来。

(6) 外显子捕获(exon trapping)。此项技术专门用来鉴定一段基因组DNA内属于一个表达基因部分的外显子区域。其原理是:将基因组序列克隆到专门的载体上,插入位点在一个内含子内部,而这个内含子两侧是外显子,此重组载体在一个强启动子驱动下表达。如果被克隆的基因组片段含有外显子,那外显子就会在随后的转录物剪接反应中被保留,使原来mRNA的大小发生改变,从而被检测出来。

(7) 与CpG岛有关的技术。CpG岛广泛存在于真核生物的基因组中,许多存在于管家基因的周围,有的一直延伸到基因的第一个外显子内。利用这个性质,可以以CpG岛周围的序列作为探针,从基因组文库中获得新基因。也可以CpG岛周围序列和其他标记序列设计引物(如*Alu*序列),使用PCR调出可能的新基因。

(8) 噬菌体展示(phage display)。该技术诞生于20世纪的80年代中期,是一种将基因表达和表达产物亲和选择相结合的技术。其基本原理是将外源DNA片段插入丝状噬菌体编码外壳蛋白的基因PⅢ或PⅥ中,从而使外源基因编码的多肽或蛋白质与外壳蛋白以融合蛋白的形式展示在噬菌体表面,被展示的多肽或蛋白质可保持相对独立的空间结构和生物活性。该技术将蛋白质分子的表型和基因型巧妙地结合于丝状噬菌体这样一个便于对其进行一系列生化和遗传操作的载体平台上,从而大大简化了蛋白质分子表达文库的筛选和鉴定。

(9) 酵母双杂交系统。该技术可用来筛选和已知蛋白相互作用的未知蛋白的基因(原理见后)。

第四节　聚合酶链式反应

聚合酶链式反应(PCR)是一种在体外特异性扩增特定DNA序列或片段的方法,由美国科学家Kary Mullis于1984年所发明。

PCR的原理并不复杂:理论上,DNA分子数目经复制呈指数增长,如果提供足够的引物和dNTP,1分子DNA复制n次后,就可产生2^n个DNA分子。但与体内DNA复制不一样的是:PCR的解链反应使用的是热变性,而不是解链酶;PCR使用的引物是人工合成寡聚DNA,而不是像体内由引发酶合成的RNA;为了提高DNA聚合酶的稳定性,PCR使用的是耐热的DNA聚合酶。

整个PCR反应由多个循环组成,循环次数为30～40次。每循环一次,DNA复制一次。每一个循环由三步反应组成(图13-17):(1) DNA变性——采取热变性,使模板DNA在95℃左右的高温下解链;(2) 退火——降低温度(通常在50℃～65℃),以使引物与模板DNA配对;(3) 延伸反应——在DNA聚合酶催化下的,在引物的3′-端合成DNA,温度通常在72℃左右。在循环结束以后,一般还有一步专门的延伸反应,大概持续10～30分钟,以尽可能获得完整的产物,这对以后的克隆或测序反应特别重要。最后得到的PCR产物可以通过常规的琼脂糖凝胶电泳进行鉴定分析(图13-18)。

一个标准的PCR反应系统包括:DNA模板、耐热的DNA聚合酶(如*Taq* DNA聚合酶)、一对寡聚脱氧核苷酸引物、4种dNTP、合适浓度的Mg^{2+}和一定体积的缓冲液等。人工合成引物的序列设计是PCR成功的关键,现有专门的软件(如Primer Premier 5.0)可以辅助设计合适的引物。虽然理论上说,产物量应该呈指数增加,但是,实际上由于底物和引物的消耗以及酶的失活等因素,产物量并不能够始终以指数增加,但通常实验获得目的序列10^6～10^8倍的扩增产物并不困难,因此PCR具有高度的灵敏度。此外,由于引物与模板的配对是特异的,因而PCR也具有高度的特异性。

Quiz11 现在有一种十分方便的克隆由Taq酶扩增出来的PCR产物的方法,叫TA克隆法。请说出它的原理。

PCR自诞生以后,即引起了人们的高度关注。如今,该技术已渗透到生命科学几乎每一个领域,并进行了各种形式的扩展、改进和优化,例如逆转录PCR(reverse transcription PCR,RT-PCR)、反向PCR(inverse PCR)、巢式PCR(nested PCR)、递减

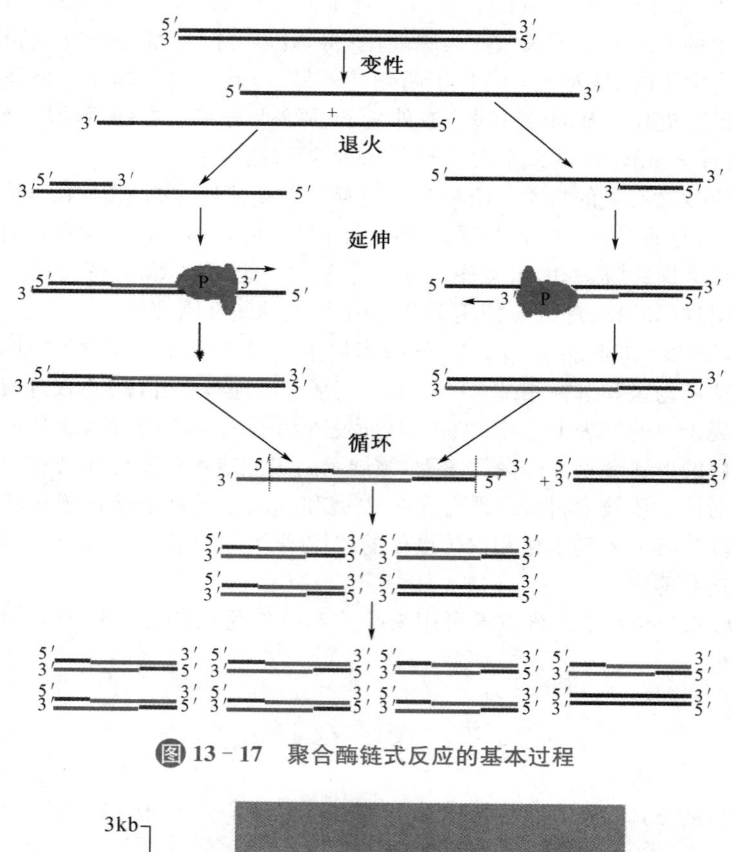

图 13-17 聚合酶链式反应的基本过程

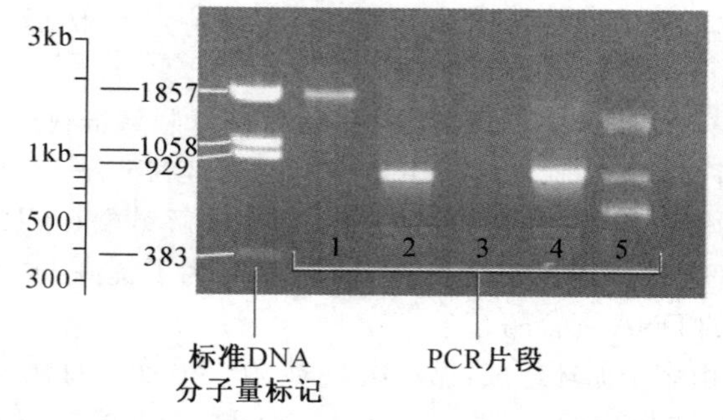

图 13-18 PCR 产物琼脂糖凝胶电泳分析

PCR(TD-PCR)、原位 PCR(In situ PCR)、菌落 PCR(colony PCR)、简并 PCR(degenerate PCR)、多重 PCR(multiplex PCR)、不对称 PCR(asymmetric PCR)、热不对称交错 PCR(thermal asymmetric interlaced PCR,TAIL-PCR)、标记 PCR(LP-PCR)和实时定量 PCR(quantitative real-time PCR, Q-PCR)等。

一、RT-PCR

RT-PCR 首先需要将 mRNA 逆转录成 cDNA,然后利用特定引物直接以反转录得到的 cDNA 为模板,进行 PCR 扩增反应,得到所需要的基因片段。这项技术结合了 cDNA 合成和 PCR 扩增这两种方法,反转录的模板可以是细胞的总 RNA 或总 mRNA,逆转录后的 PCR 反应可以直接用反转录产生的单链 cDNA 作为模板,不必再转变成双链 cDNA。逆转录的引物可以用寡聚 dT,也可以用特定引物或随机引物。

RT-PCR 的具体操作通常可以分为一步法和两步法,一步法是指逆转录和 PCR 在同一个反应管、同一个缓冲溶液体系中完成;两步法是指在逆转录完成后,取出少量产物作为下一步 PCR 反应的模板。RT-PCR 为分离特定的 cDNA 基因提供了一种通用、快速的实验手段。由于该方法可以省去 mRNA 的分离纯化，也是检测 mRNA 转录水平的简便方法。传统分离 cDNA 的方法是首先构建 cDNA 文库，然后通过核酸探针或抗体（对表达文库而言）进行杂交筛选，获得若干的阳性克隆，这些克隆中的 cDNA 序列有可能相同或部分重叠，对这些序列进行拼接可以获得全长的 cDNA 序列。相比之下，RT - PCR 的方法虽然可以直接从总 RNA 或 mRNA 得到特异性的 cDNA 片段，但由于多种因素的限制，得到的通常是全长 cDNA 的部分序列。要获得 5′-端与 3′-端完整的 cDNA，在 RT - PCR 之后往往还需要进行 cDNA 末端的扩增（Rapid Amplification of cDNA Ends，RACE）。依据扩增的末端不同，分别简称 5′- RACE 与 3′- RACE。5′- RACE 与 3′- RACE 仍然建立在 PCR 的基础之上，但不同的是由于需要扩增的序列末端未知，因而 PCR 的两个引物只有一个是特异性的而另一个不具备特异性。由于真核生物 mRNA 的 3′-端一般有多聚 A 尾巴，因此，3′- RACE 首先以多聚 T 为逆转录引物合成 3′-端完整的 cDNA 第一条链，后面的 PCR 反应可以用多聚 T 作为一个引物，而另一个引物为序列特异性的。真核生物 mRNA 5′-端缺乏类似于多聚 A 的通用序列，因而在用基因特异性的引物合成好 5′-端完整的 cDNA 第一条链后，需要通过末端转移酶的作用，在 cDNA 第一条链的 3′-端加上多聚 C 的序列，这样在下面的 PCR 反应中，可以用多聚 G 作为非特异性引物与另一条基因内部的特异性引物一起，合成 5′-端的 cDNA 序列。

二、反向 PCR

这种 PCR 需要选择 1 个在已知序列中缺乏、但在其两侧都存在的 RE 切点，用相应的 RE 切割，再用连接酶将酶切片段环化，使得已知序列位于环状分子上，根据已知序列的两端序列设计 1 对引物，以环状分子为模板进行 PCR，就可以扩增出位于已知序列两侧的未知序列，由于引物方向与正常 PCR 所用的正好相反，故称反向 PCR。

反向 PCR 用于扩增已知序列两端的未知 DNA 序列。

三、巢式 PCR

这种 PCR 需要进行二步扩增，第二步扩增需使用另外一对引物，并另行设置反应体系。第二对引物的位置位于第一步扩增引物的内侧，用第一步扩增产物做模板，进行第二步扩增，这样只有第一步扩增中特异的扩增片段才能被二级引物扩增到。

巢式 PCR 除了可以富集特定产物以外，还提高了最终产物的特异性。一般应用于动物病源基因的鉴别，如梅毒螺旋体、HIV 和肿瘤基因等。

四、递减 PCR

这种 PCR 需要每隔一个循环即降低 1 度退火反应温度，直至达到“递减”（touchdown）退火温度，然后以此退火温度再进行 10 个左右的循环。该方法最初出现是为了避开确定最佳退火温度而进行的复杂的反应优化过程。正确和非正确退火温度之间的任何差异，将造成每个循环 PCR 产物量的两倍差异（每度造成 4 倍差异）。因此相对于非正确产物，正确的产物可以得到富集。

五、原位 PCR

这种 PCR 在组织或细胞标本片上直接进行，对其中的靶 DNA 进行扩增，通过参入标记基团直接显色或结合原位杂交进行检测的方法。其基本步骤是：组织切片或细胞固定→蛋白酶消化→原位 PCR 扩增→冲洗→产物检测。

使用原位 PCR，可对细胞内特定靶基因序列进行定位。

六、菌落 PCR

这种 PCR 可不必提取基因组 DNA，不必酶切鉴定，而是直接以菌体热解后暴露的

DNA 为模板进行 PCR 扩增,省时省力。此法设计引物很关键。如果是定向克隆,一般就用载体上的通用引物即可,最后的 PCR 产物大小是载体通用引物之间的插入片断大小;如果是非定向克隆,一条引物用载体,一条引物用目的基因上的,这样就可以比较方便的鉴定了,而且错误概率很低。PCR 条件的选择接近最佳,同时挑取的菌体不宜太多,否则会有非特异性扩增。

七、简并 PCR

这种 PCR 根据氨基酸序列设计两组带有一定简并性的引物库,从不同物种中扩增出未知碱基序列的基因。简并引物库是由一组引物构成的,这些引物有很多相同碱基,但在序列的若干位置也有很多不同的碱基,只有这样才会和多种同源序列发生退火,以扩增出特定基因序列。

利用简并 PCR 可发现新基因或基因家族。

八、多重 PCR

即复合 PCR,它是在同一 PCR 反应体系里,加上二对以上引物,同时扩增出多个核酸片段的 PCR 反应,其反应原理、反应试剂和操作过程与一般 PCR 相同,但必须保证多对引物之间不形成引物二聚体、引物与目标模板区域具有高度特异性。

多重 PCR 应用于基因诊断,对与疾病相关的基因进行扩增检测。

九、不对称 PCR

此种 PCR 所使用的 2 个引物的含量不同,其浓度比为 50∶1 或 100∶1,前 12 个循环两条模板等量扩增,之后低浓度引物消耗殆尽,其扩增产物减少至无。而高浓度引物扩增的产物逐渐增加,可得到大量单链 DNA。产生的单链 DNA,可进行序列分析。

十、热不对称交错 PCR

此种 PCR 需要利用目标序列旁的已知序列,设计 3 个嵌套的特异性引物(约 20 bp)——sp1、sp2 和 sp3,用它们分别和 1 个具有低 Tm 值的短的随机简并引物(约 14 bp)相组合,以基因组 DNA 为模板,根据引物的长短和特异性的差异设计不对称的温度循环。总共分 3 次反应:第一次反应包括 5 次高特异性(使 sp1 与已知的序列退火并延伸,增加了目标序列的浓度)、1 次低特异(使简并引物结合到较多的目标序列上)、10 次较低特异性反应(使 2 种引物均与模板退火)和 12 个热不对称的超级循环。随后进行 12 次超级循环。经上述反应得到不同浓度的 3 种类型产物:特异性产物(Ⅰ型)和非特异性产物(Ⅱ型和Ⅲ型)。第二次反应则将第一次反应的产物稀释一千倍后再作模板,通过 10 次热不对称的超级循环,选择地扩增特异性产物,而使非特异产物含量极低。第三次反应又将第二次反应的产物稀释作模板,再设置普通的 PCR 反应或热不对称超级循环,通过上述 3 次 PCR 反应可获得与已知序列邻近的目标序列。

由于热不对称交错 PCR 能有效控制由随机引物引发的非特异产物的产生,可成功地从突变体中克隆到外源插入基因的旁侧序列,从而为启动子的克隆提供了有效的新方法。

十一、标记 PCR

利用放射性同位素或荧光染料对 PCR 引物的 5′-端进行标记,用来检测靶基因是否存在。有色互补 PCR(CCA - PCR)是其中的一种,它用不同颜色的荧光染料标记引物的 5′-端,故扩增后的靶基因序列分别在两端带有不同颜色的荧光,通过电泳或离心沉淀,肉眼就可根据不同荧光的颜色判定靶序列是否存在及其扩增情况。

此法可用来检测基因的突变,染色体重排或转位,基因缺失及微生物的型别鉴定等。

十二、实时定量 PCR

细胞内各种基因的表达水平会随着内部或外部因素的变化而改变，mRNA 水平的高低通常是这种变化最直接的体现。Northern 杂交可以直观地反映出细胞内不同 mRNA 的含量，但是操作复杂而且不能精确定量 mRNA 水平的微小变化。相比较而言，RT－PCR 可以迅速简便的检测出 mRNA 水平的变化而且灵敏度也比 Northern 杂交更高，但是 RT－PCR 本身由两个酶促反应组成，而且由于 PCR 本身的特点，极小的模板差异都会造成最终产物的极大差别，这些都会影响到实验结果的准确性，而定量 PCR 的方法则可以最大程度地避免上述问题。定量 PCR 包括竞争性定量 PCR（competitive quantitative PCR）和实时定量 PCR（realtime quantitative PCR）两种，这里仅介绍荧光实时定量 PCR。

荧光实时定量 PCR 的基本原理有两个：一是对 PCR 反应中每一个循环的反应产物进行实时检测并记录下来；二是用于检测 PCR 产物实时检测的荧光染料标记在一段可以与单链 PCR 产物（模板）特异性杂交的探针上，并且处在淬灭状态，只有当探针与模板特异性结合以后才有可能释放出荧光信号，要做到这一点可以有多种方法，这里仅介绍两种。其一是选取 PCR 上下游引物之间的一段序列作为探针，并在探针的 5′-端标记上荧光基团，3′-端标记上相应的淬灭基团，由于两个基团靠得很近，构成荧光能量传递的关系，没有荧光信号产生。在每一个循环的退火过程中，该探针可以与模板相结合，随后的延伸反应中，当引物合成至探针与模板结合处时，Taq 酶的 5′-外切酶活性可以降解探针的 5′-端，并因此使荧光基团与淬灭基团分离，释放荧光。理论上每合成一次新链就有一次荧光信号释放（图 13－19）。另一种方法中，探针片段在游离状态下呈茎环结构，其中茎的部分一般是 5～7 个高 GC 含量的核苷酸，环的部分是 15～30 个可以与 PCR 模板互补的核苷酸序列，而且探针的 5′-和 3′-端分别标记有荧光报告基团和淬灭基团，由于这两个基团处在茎的结构中，靠得很近，没有荧光信号产生。在 PCR 每一个循环的变性

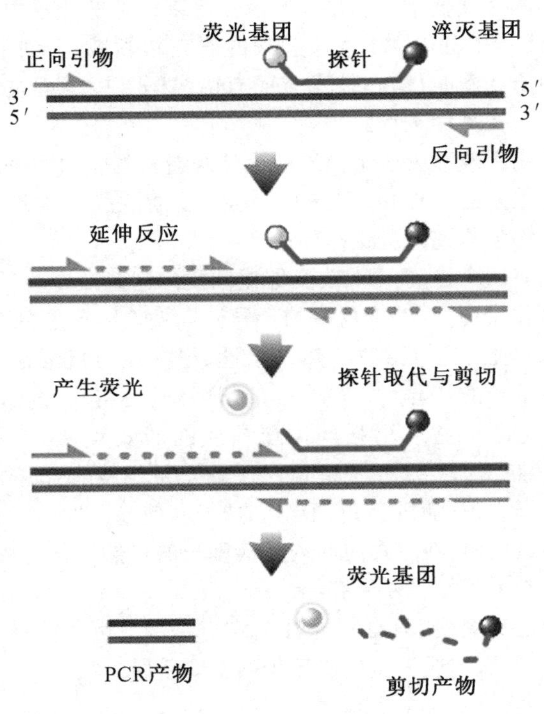

图 13－19　Q－PCR 过程中荧光产生的一种机制

过程中,处于茎环结构的探针被打开,并在退火过程中与模板结合,使报告基团远离淬灭基团并释放荧光信号,因而荧光强度与被扩增的模板量成正比。

无论哪种方法,每一轮循环中PCR的产出量都以荧光信号的形式被PCR仪的光学检测系统记录下来,在某一循环中荧光信号的强度达到预先设定的阈值时,此时循环数称为阈值的循环数(threshold cycle, CT),显然CT值与起始的模板量成反比,起始的PCR模板量越多,CT值就越小。如果要准确定量的话,需要做出标准曲线,以CT值为纵坐标,起始模板数为横坐标作图。

常规PCR的产物在理论上呈指数级增长,而在实际反应中,由于底物浓度、酶活性等条件的变化,在循环数不断增加时,反应进入平台期,PCR产物不再呈指数级增长。荧光实时定量PCR的优点在于它避免了常规PCR的平台效应对起始模板量和最终产物量之间相关性的干扰。它的另一个优点是只有正确的扩增产物才能和用于定量的探针结合并产生荧光信号,这样就避免了假阳性污染,对于临床诊断等工作特别有效。

可以说,PCR的用途越来越广,综合起来,它主要应用在以下一个方面:(1) 基因或基因片段的克隆和鉴定;(2) 基因诊断;(3) 亲子鉴定(paternity testing);(4) 随机突变和定点突变(参看蛋白质工程);(5) 基因表达差异定量;(6) 确定未知基因表达变化;(7) 犯罪现场的法医鉴定;(8) 古代DNA的分析;(9) 循环测序(cycle sequencing)。上述各项应用的原理和具体步骤可以在许多PCR手册上查到。必须指出,由于PCR的高度敏感性,所以在进行相关的实验时,严防样品发生污染,此外,最好同时做阴性对照反应。

第五节 蛋白质工程

蛋白质工程(protein engineering)就是使用生物化学、分子生物学和遗传学等手段,从改变或合成基因入手,改善一种蛋白质的结构与功能,从而产生具有特殊功能、符合人们意愿性质的新产物的一项技术。它是在基因工程基础上综合蛋白质化学、蛋白质晶体学、计算机学辅助设计等知识和技术发展起来的研究新领域,开创了按人类意愿改造和设计人类需要的蛋白质的新时代,在技术方面有诸多同基因工程技术相似的地方,因此蛋白质工程也称为第二代基因工程。

蛋白质工程除了用于改造天然蛋白质或设计制造新的蛋白质外,其本身还是研究蛋白质结构与功能相互关系的一种强有力的工具,它在解决生物学理论方面所起的作用,可以和任何重大的生物学研究方法相提并论。

蛋白质工程一般有四个目的:(1) 改变催化性质。这包括提高V_{max}、降低K_m值、改变最适pH、去除抑制剂作用位点、改变反应的特异性或去除导致蛋白质不稳定的氨基酸残基等。(2) 改变结构性质。这包括改善热稳定性、提高在有机溶剂中的稳定性、改变理化性质或改变对配体结合的特异性。(3) 创造新系统。这包括合成融合蛋白或多功能蛋白、添加有利于纯化的标签或增强药用蛋白质的药效等。(4) 蛋白质的定向进化(directed evolution)。在不需要事先了解蛋白质的三维结构和作用机制的情况下,直接在体外模拟自然进化的过程(随机突变、重组和选择),使基因发生大量变异,并定向选择出所需性质或功能的蛋白质,在较短时间内完成漫长的自然进化过程。

改造蛋白质的主要手段是体外突变(in vitro mutagenesis)。而突变分为非特异性的随机突变和特异性的定点突变,只有特异性的定点突变才是按照人们的事先设计进行的,具有明确的目的,因此,才成为蛋白质工程的主要手段。

一、随机突变

随机突变可以通过合成带有随机取代的寡核苷酸片段,进行寡核苷酸引导的突变

(参考后面的寡核苷酸引导的定点突变)。也可以使用化学诱变剂直接作用DNA,制作突变序列文库,然后进行筛选。但现在使用最方便的还是PCR突变。

PCR突变可以是随机的,也可以是定向的。使用PCR进行随机突变可以通过在特定的条件下进行易错的PCR(error-prone PCR)而实现。例如,在扩增体系中用Mn^{2+}取代Mg^{2+},因为在DNA复制的时候,使用Mn^{2+}代替Mg^{2+},可提高错配的机会;或者在反应体系中,故意降低任意一种dNTP的浓度,因为在DNA复制的时候,如果一种dNTP的量缺乏,那其参入的机会就降低,从而提高与它相似的核苷酸参入的机会而增加错配的可能性;也可以使用缺乏校对活性的DNA聚合酶在高Mg^{2+}下进行扩增。

以GFP的改造为例,如果想把它改造成发其他颜色荧光的XFP,就将含有野生型GFP基因的载体DNA在缺乏一种dNTP的条件下,进行PCR(图13-20),并进行克隆、转化和表达。最后在UV照射下,直接挑出能发其他颜色荧光的菌落。该菌落应该含有XFP。

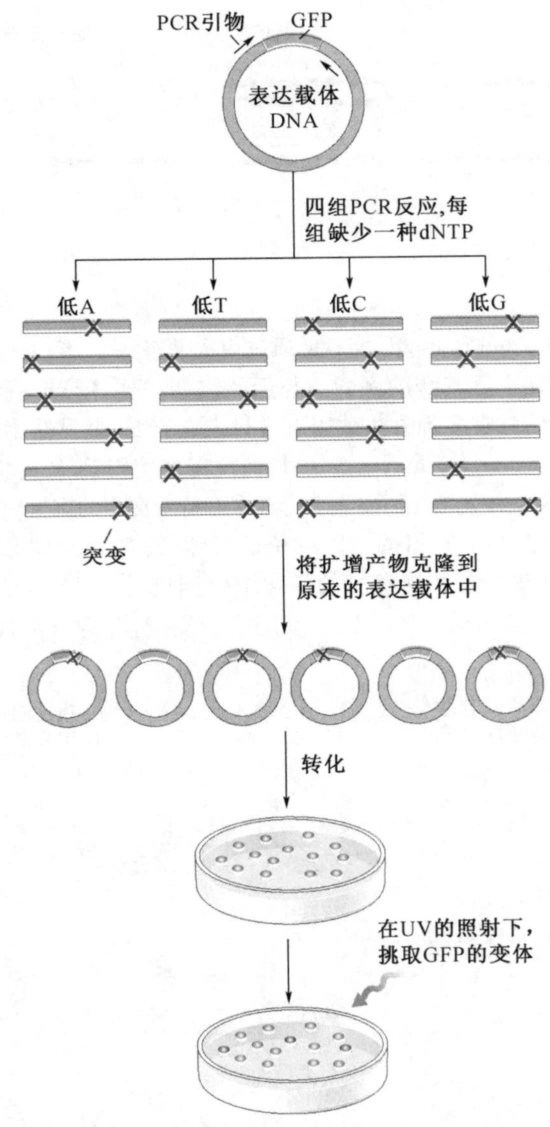

图13-20　使用PCR介导的随机突变筛选GFP变体(XFP)的基本步骤

除了易错的PCR以外,还有一种叫基因混排(gene shuffling)或DNA混排的方法。基因混排也叫基因改组,它实际上是一种体外同源重组技术(图13-21)。具体操作是将来源不同但功能相同的一组同源基因(来源于不同物种的同源基因或含有不同突变的基因),用DNA酶Ⅰ消化成随机片段,由这些随机片段组成一个文库,使之互为引物和模板进行PCR扩增,当一个基因拷贝片段作为另一基因拷贝的引物时,引起模板互换,重组因此发生,导入体内后,选择正突变体作为新一轮的体外重组。

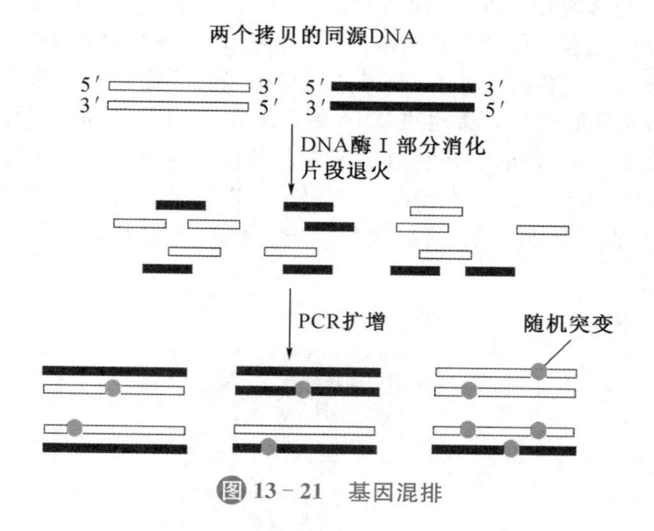

图13-21 基因混排

二、定点突变

定点突变(site-directed mutagenesis)是通过定向改变一个蛋白质基因的碱基序列而改变多肽链上一个或几个氨基酸的序列。与天然突变一样,定点突变也分为取代、缺失和插入三种形式。目前已有多种方法被用来进行定点突变,最早使用的是寡核苷酸引导的突变(oligonucleotide-directed mutagenesis),而现在多使用PCR突变。

寡核苷酸引导的突变首先按照需要人工合成带有特定突变的寡聚核苷酸(图13-22),然后,将合成好的寡核苷酸与带有目的基因的单链载体(通常由M13噬菌体衍生而来)进行杂交,随后,在DNA聚合酶和连接酶的催化下分别进行DNA合成和连接反应,从而形成双链载体,最后,将双链载体引入宿主细胞进行复制,并进行筛选和鉴定,以得到含

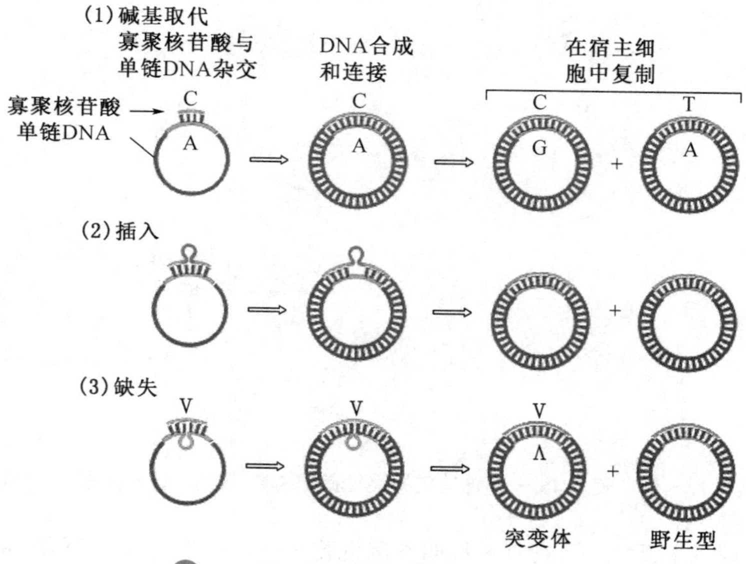

图13-22 寡核苷酸引导的定点突变

有特定突变的基因。在得到定点突变的基因以后，可将它亚克隆到表达载体中，进行表达。

PCR突变直接在引物设计的时候引入突变，通过扩增将突变固定到一个完整的基因之中（图13-23）。

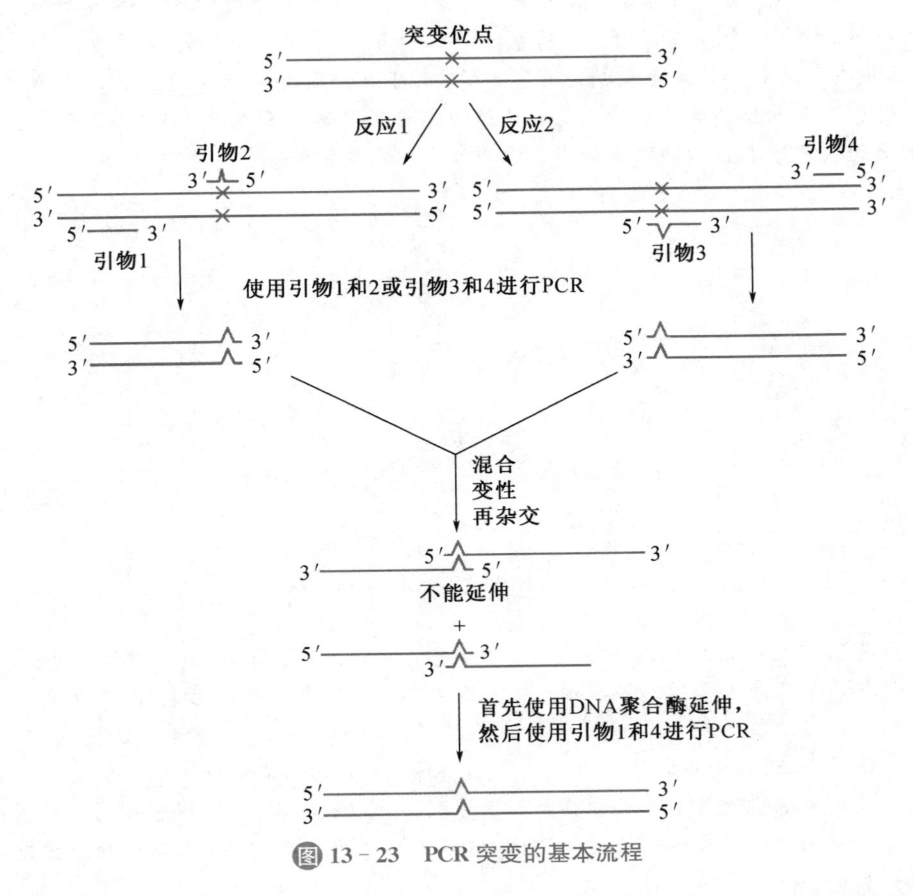

图13-23　PCR突变的基本流程

使用定点突变改造蛋白质有一个十分成功的例子，其改造的对象是枯草杆菌蛋白酶。此酶对衣物污迹上的蛋白质具有广泛的特异性，因此，人们首先想到将它添加到洗涤剂中，以提高去污的效率。然而，此酶的天然形式并不稳定，容易失活。后来，发现该酶易失活的原因是其Met22容易被氧化。为此，有人使用定点突变的方法，将Met22突变成其他的氨基酸，并对各种突变体的酶活性和稳定性进行了测定和比较，结果发现突变成Ala22的变体，酶活性和稳定性都很好。目前，经过上述改造的枯草杆菌蛋白酶已作为洗涤剂的添加剂被广泛使用。

无论是随机突变，还是定点突变，最后都面临一个筛选的问题。如何提高筛选的效率，以在较短的时间内获得想要的变体，这对于蛋白质工程的成败至关重要。现在有两种非常有用的筛选方法，一是前面已经介绍过的噬菌体展示，另一个就是现在要介绍的核糖体展示（ribosome display）。

核糖体展示是一种利用蛋白质与特异性配体特异性结合在体外直接进行筛选的新技术，它将正确折叠的蛋白质及其mRNA模板同时结合在核糖体上，形成mRNA-核糖体-蛋白质三元复合物，从中筛选出目标蛋白和编码它的基因序列，可用于各种蛋白质的体外改造等。

Box 13-1 胰岛素的定向改造

胰岛素在胰腺β细胞内合成后,会以六聚体(hexamer)的形式存储在那里(图13-24)。然而,它的活性形式是单体,因为只有这种形式才能与它的受体结合。

一个世纪前,糖尿病患者没有好的治疗选择,在当时总是致命的。胰岛素的发现大大扭转这一严峻现实。今天,胰岛素治疗让糖尿病患者可以很好地调理他们的生活,尽量减少高血糖对健康造成的有害影响,而可以长期过着正常的生活。但最初用来治疗糖尿病的胰岛素是从牛或猪的胰脏组织中提取制备而成的。现在,使用的胰岛素都是通过基因工程由细菌生长出来的基因重组人胰岛素。

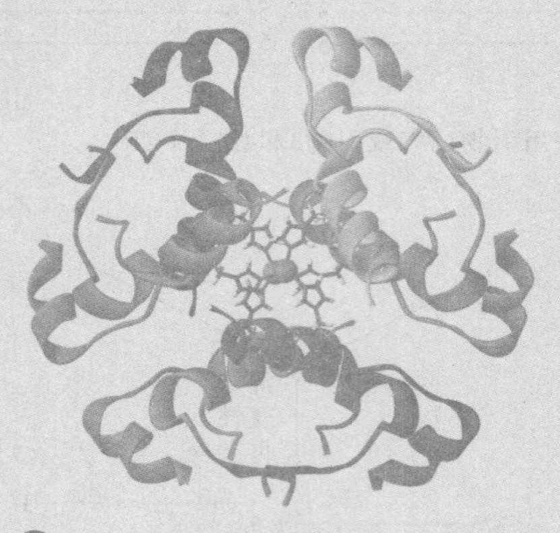

图13-24 胰岛素六聚体的三维结构

当基因重组人胰岛素皮下注射时,它可以迅速降低血糖浓度,但其作用在短短几个小时就差不多消失了。这种控制血糖的方法只能在饱餐一顿以后有效,但是我们身体里的细胞在两餐之间需要通过动员储存在肌肉和肝脏中的糖原为自己提供燃料。在正常情况下,胰腺会不断分泌低水平的胰岛素,控制我们禁食期间的血糖水平。在重组人胰岛素很快通过了美国食品和药物管理局(FDA)批准以后,科学家们开始尝试创建另一种基因经过改造的长效胰岛素,它可以作用更长的时间,从而有助于控制基底血糖水平。

创建长效胰岛素的灵感来自我们对其结构的认识。胰岛素存储在胰腺的时候以六聚体形式存在。当它被释放到血液中,解离成活性单体并与靶细胞质膜上的胰岛素受体结合。要产生长效胰岛素,需要设法减慢活性单体的出现。第一次成功的方法是让其结合鱼精蛋白(protamine),形成异源的复合物,这样可以让胰岛素从中慢慢释放出来起作用。后来,研究人员将重点放在用蛋白质工程技术来重新设计和改造胰岛素,以改变其性质。例如,添加两个精氨酸残基,再将一个天冬酰胺定点突变成甘氨酸。这种改造过的胰岛素在生理pH下,水溶性有所下降,其形成的六聚体可以慢慢地释放出长效的活性单体。

此外,还可以通过引入长的碳氢链长烃链制备长效胰岛素。这种化学修饰不仅可让几个六聚体通过疏水作用聚合在一起,然后慢慢溶解在血液中,而且还能稳定它们与白蛋白之间的相互作用,从而进一步延长了胰岛素作用的时间。

长效胰岛素结合速效胰岛素餐后立即使用。设计速效胰岛素分子的秘诀是破坏六聚体,使其在进入血液后可迅速解聚成活性的单体。第一次速效胰岛素的设计是颠倒胰岛素B链在C端两个氨基酸残基的顺序。这种变化可削弱胰岛素单体之间的结合,使突变体形成六聚体的机会下降了200倍。此外,还可以通过在相同的位置引入一种带电的氨基酸,产生速效胰岛素。

核糖体展示技术的基本原理和步骤包括(图 13－25)：

图 13－25　核糖体展示的基本原理和过程

(1) 模板的构建。模板的构建需要将目标 DNA 序列(突变的或没有突变的)插入到一种特殊的受 T7/SP6 RNAP 驱动的体外转录载体之中。在构建体外转录载体的时候，需要将目标 DNA 的 5′-端与一段能形成茎环结构的前导序列融合在一起，以提高将来的转录物的稳定性，而在 3′-端与一段无终止密码子的间隔序列(spacer)融合在一起，以使转录物缺乏终止密码子。

(2) 体外转录和翻译。在模板构建好以后，先进行体外转录，再使用无细胞翻译系统进行体外翻译。由于转录物缺乏终止密码子，故在进行体外翻译的时候无法终止，于是翻译到最后，肽酰 tRNA 仍然与间隔序列结合，而由原来的基因序列翻译出来的蛋白质突出在核糖体之外并进行折叠，由此形成一种由 mRNA、核糖体和蛋白质组成的三元复合物。

Quiz12 在进行体外转录之前，需要对载体进行线性化处理。这是为什么？

(3) 亲和筛选。根据突变蛋白与特殊配体特异性结合的性质，可使用亲和层析将核糖体上还没有释放出来的蛋白质，与结合在特殊树脂表面的配体或包被有特殊配体的磁珠保温结合，来筛选目标蛋白。为了稳定形成的 mRNA－核糖体－蛋白质复合物，可将温度降低并加入 Mg^{2+}。此后，可使用高盐溶液或者金属螯合剂(EDTA)，或者游离的配体进行洗脱。

(4) 逆转录 PCR。mRNA 在洗脱的时候将得以释放，随后可以作为模板，进行逆转录 PCR，并进行下一轮突变、转录、翻译和筛选，以得到更好的突变体。

第六节　研究核酸与蛋白质之间相互作用的主要方法和技术

分子生物学的核心内容之一是研究核酸与蛋白质之间的相互作用。用来研究这两类生物大分子相互作用的主要方法和技术有:电泳泳动变化分析、DNA 亲和层析、DNA 酶Ⅰ-足印分析和染色质免疫沉淀(Chromatin Immunoprecipitation, ChIP)技术。前三种方法在前面有关章节已做过介绍,这里只介绍 ChIP。

ChIP 是当今研究体内蛋白质与 DNA 相互作用的最重要的技术手段,利用该技术不仅可以检测细胞内各种反式作用因子与 DNA 分子上各种顺式作用元件之间的动态作用,还可以用来研究组蛋白的各种共价修饰以及转录因子与基因表达的关系。此外,将 ChIP 与其他方法结合,可大大扩大其应用范围。例如,ChIP 与基因芯片相结合建立的 ChIP-on-chip 方法已广泛用于特定反式因子靶基因的高通量筛选。再如,ChIP 与体内足迹法相结合,用于寻找反式作用因子在体内的结合位点。

ChIP 的基本原理是:在活细胞状态下,使用甲醛固定蛋白质- DNA 复合物,并通过超声波或酶处理,将染色质随机切成一定长度范围内的小片段。然后,通过抗原抗体的特异性识别和结合反应沉淀此复合体,特异性地富集与靶蛋白结合的 DNA 片段。最后通过对目的片段的纯化与检测,获得蛋白质与 DNA 相互作用的信息。

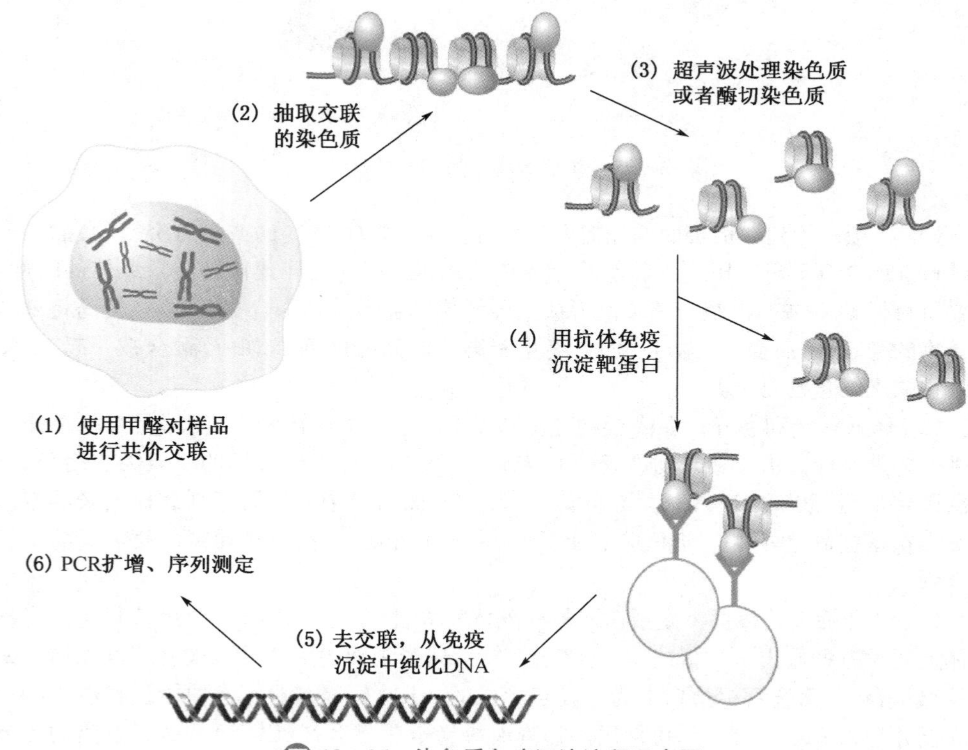

图 13-26　染色质免疫沉淀流程示意图

Quiz13 如何进行去交联?

ChIP 操作的基本步骤是(图 13-26):

(1) 用甲醛在体内将 DNA 结合蛋白与 DNA 交联。

(2) 分离染色质,使用超声法或者酶法将染色质剪切成小的片段。

(3) 先用特异性抗体与 DNA 结合蛋白结合,再用沉淀法分离形成的复合体。

(4) 去交联,纯化富集释放出来的 DNA 片段。

(5) 用 PCR 扩增释放出来的 DNA 片段并进行序列分析。

第七节　研究蛋白质之间相互作用的主要方法与技术

分子生物学的另一核心内容是研究蛋白质与蛋白质之间的相互作用。用来研究蛋白质之间相互作用的主要方法和技术有免疫共沉淀(Co-Immunoprecipitation, Co-IP)、亲和层析、共价交联、荧光共振能量(fluorescence resonance energy transfer, FRET)、生物发光共振能量(bioluminescence resonance energy transfer, BRET)、酵母双杂交系统(yeast two-hybrid system)和蛋白质芯片(protein chip)等。

一、免疫共沉淀

此方法的原理是:如果X蛋白与Y蛋白之间存在相互作用,那当将X蛋白的抗体加到细胞裂解物之后,Y会与X-抗体复合物一齐发生免疫沉淀。

二、亲和层析

此方法的原理是:如果X蛋白与Y蛋白之间有相互作用,那在将细胞裂解液流过固定有X的树脂以后,Y就通过与X之间的特异性相互作用而被亲和吸附到树脂上,其他无关的蛋白质会直接流出树脂。

三、共价交联

此方法的原理是:如果X蛋白与Y蛋白之间有相互作用,那在细胞或细胞裂解液中加入共价交联试剂以后,它们之间就会形成稳定的共价复合物。然后,再使用免疫沉淀的方法将它们共沉淀下来。最后,将交联打开,使Y得以释放。

四、荧光共振能量转移

此方法的原理是:如果两种蛋白质之间有相互作用,那在将它们各自引入激发的荧光供体基团和荧光受体基团以后,两个荧光基团之间就会发生能量转移。FRET在两个荧光基因之间的距离<10 nm时就可以发生,这可以通过荧光受体发出的荧光波长的变化来测定。

五、生物发光共振能量转移

此方法的原理类似于FRET,不同的是要借助重组DNA技术将两种蛋白质分别与不同的荧光蛋白融合在一起,然后再测定它们之间的能量转移。

六、酵母双杂交

酵母双杂交可以说是最重要的一项研究蛋白质与蛋白质相互作用的技术,它最早由Fields S.和Song O. K.于1989年提出。这项技术广泛应用在验证已知蛋白质之间的相互作用,以及筛选与特定靶蛋白呈特异性作用的候选蛋白的研究。其可行性和有效性已被证实,并被推广到了诸如信号转导、细胞周期调控和肿瘤基因表达等多个研究领域。

(一) 酵母双杂交系统的原理

一个蛋白质通常由若干个在结构上相对独立的结构域组成,结构域的存在使得同一个蛋白质可具有不同的功能区。酵母双杂交系统使用的是激活基因表达的激活蛋白所具有的两种功能不同的结构域:一种是与DNA结合的结合结构域(BD),另一种是激活DNA转录的激活结构域(AD)。研究表明,这两种结构域并不一定需要在同一个蛋白质分子上才起作用。事实上,一个含有BD的蛋白质如果能够与另一个含有AD的蛋白质结合在一起,就可以激活转录(图13-27),该原理构成了酵母双杂交技术的基础。

在双杂交系统中，需要表达两种融合蛋白：一种是蛋白质X，用它作为“诱饵”，去捕获与它相作用的目标蛋白，因此经常称为诱饵蛋白(bait protein)。X在N端与BD融合在一起；另一种是潜在的能够与X结合的候选目标蛋白Y。Y与AD融合在一起。如果X与Y相互作用，形成的XY复合物在功能上就相当于一个完整的单一激活蛋白，就能够驱动一个容易检测的报告基因(如GFP和β-半乳糖苷酶的基因)的表达。于是，报告基因的表达量可以用来作为测定X与Y相互作用的尺度。

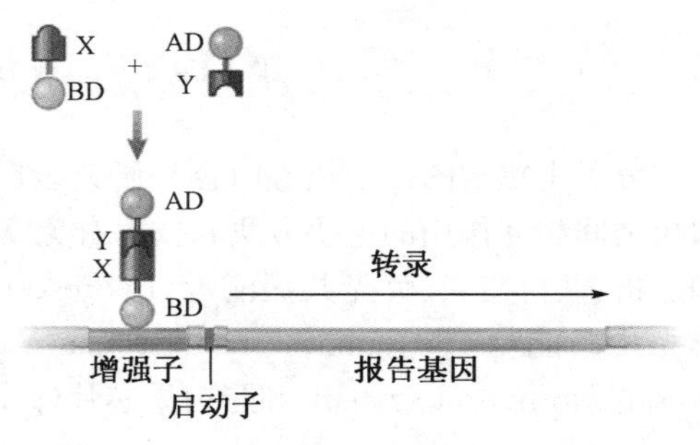

图 13-27 酵母双杂交系统的原理图解

(二) 酵母双杂交系统的建立

双杂交系统建立的基本步骤与普通的克隆实验差不多，可分为以下几步：

(1) 选择载体。进行双杂交筛选，首先需要选择合适的载体，目前已有各种商业化的含有BD或AD的载体可供使用。而使用最多的载体上的BD或AD来自酵母的Gal4蛋白，也有一些载体上的BD来自大肠杆菌的LexA蛋白，AD来自单纯疱疹病毒的激活蛋白VP16。无论是BD载体，还是AD载体，它们都含有合成特定营养成分(通常是氨基酸)所需要的某一种酶的基因，以提供选择性标记(图13-28)。

(2) 将“诱饵”蛋白X的基因和目标蛋白Y的基因分别插入到BD载体和AD载体之中，以形成BD-X和AD-Y融合基因。

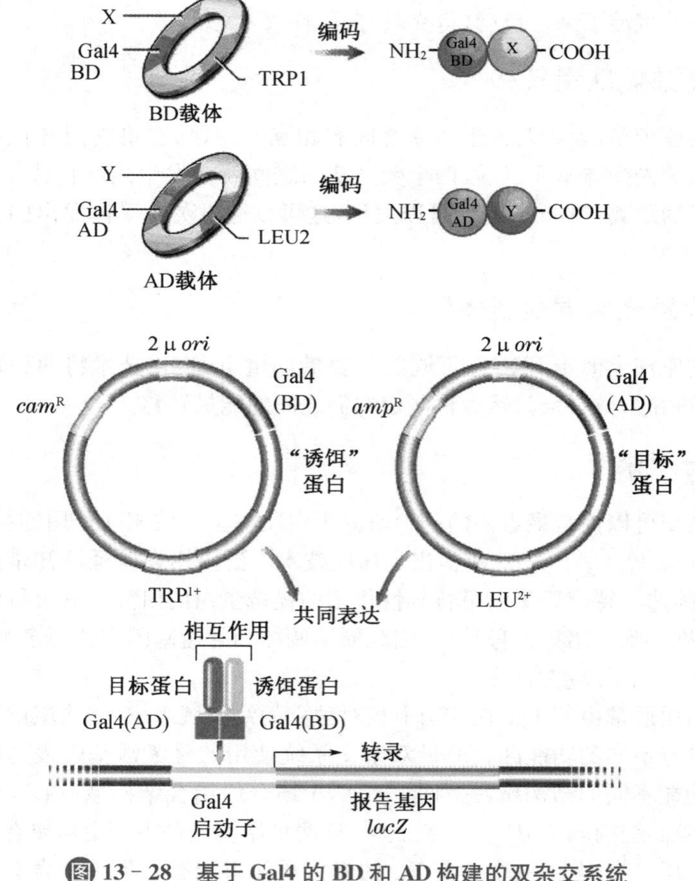

图 13-28 基于Gal4的BD和AD构建的双杂交系统

(图中的2μori代表酵母的2 μm质粒复制起始区)

(3) 转染。使用特定的手段将重组后的BD-X载体和AD-Y载体转染到特定的营养缺陷型酵母宿主细胞。

(4) 筛选。利用双营养缺陷型的恢复筛选出同时含有BD载体和AD载体的细胞。

(5) 活性检测。一旦BD-X载体和AD-Y载体进入宿主细胞,如果X蛋白和Y蛋白发生相互作用,宿主细胞内的报告基因就会受到驱动而表达。使用Gal4系统的报告基因通常是*lacZ*,一旦它被驱动表达,则细胞在含有X-gal的培养基上显色为蓝色。

(三) 酵母双杂交系统的应用

酵母双杂交系统作为发现和研究活细胞内蛋白质与蛋白质之间相互作用的技术平台,通过报告基因的表达,可以敏感地监测到蛋白质之间微弱的、瞬间的作用。

Quiz14 如何利用酵母双杂交系统,筛选出能够加强或者减弱两种蛋白质相互作用的药物?

该系统主要应用于:(1) 进一步验证通过其他方法发现的蛋白质间可能的相互作用;(2) 发现新的蛋白质之间的相互作用;(3) 确定蛋白质之间相互作用的关键结构域和氨基酸残基以及发生相互作用所需条件,这可以使用截短的蛋白质或改变细胞内的环境来进行;(4) 从文库中筛选出与已知蛋白质存在特异性相互作用的蛋白质。由于这种方法比较简便、快速,而且不经蛋白质纯化即可获得编码基因的特点,因此已成为从cDNA文库或基因组文库中直接筛选出与已知蛋白质发生特异性相互作用的蛋白质的最有效的手段;(5) 了解蛋白质相互作用的生物学意义。例如,许多疾病是因为突变导致蛋白质功能丧失或改变,一种促进细胞分裂的突变可能使其中负调控蛋白不能再与有关的蛋白质相互作用,以致促进细胞分裂的途径无法关闭。使用双杂交系统就可以确定一种突变是如何影响到一种蛋白质与其他蛋白质之间的相互作用的。

第八节　SELEX技术

SELEX代表的是指数富集式配体系统进化(systematic evolution of ligands by exponential enrichment, SELEX),它是一项将寡核苷酸扩增和体外筛选结合在一起的技术,已被广泛用于分离能与靶蛋白或小分子高亲和力结合的RNA和DNA分子,筛选到的寡核苷酸序列称为适体或智能配体(aptamer)。能与靶蛋白分子作用的适体可用硝酸纤维素滤膜捕获或以聚丙烯酰胺凝胶分离,而能与小分子结合的适体则可用亲和层析分离。该技术不仅可用于研制核酸药物,还可用于研制新的核酶。例如,利用SELEX技术筛选获得的针对血管内皮生长因子(vascular endothelial growth factor, VEGF)的一种RNA适体,经过美国Eyetech和Pifzer制药公司15年的研制,已经于2004年12月获得美国FDA批准上市,用于治疗老年性视网膜黄斑营养不良。

SELEX筛选过程需要应用大容量的随机寡核苷酸文库,结合PCR进行体外扩增,以指数级富集与特定靶分子特异结合的寡核苷酸,经过数轮反复的体外筛选、扩增,最终可获得与靶分子特异结合的寡核苷酸适体。核酸文库由组合化学合成制备,主要有RNA文库、DNA文库和含有修饰核苷酸的文库。文库中由中间为一定长度的随机序列和5′-端、3′-端的固定序列构成。两端固定序列长度一般为20 nt～25 nt,其作用是增加文库的稳定性和为PCR扩增准备。随机区的每一个核苷酸位置都存在四种可能性,如果随机序列长度为N,随机序列的多样性就有4^N种,即文库的库容量为4^N。典型的文库至少有10^{13}～10^{18}种独立序列,其随机区域长度为30 nt左右。

筛选流程是将文库和靶分子在一定温度(通常为37 ℃)下保温,在最初几个循环中只有少数(约0.1%～0.5%)的序列与靶分子作用,这些序列通过亲和层析、纤维膜过滤等分离手段将结合复合物与未结合的序列分开。分离得到的序列再通过PCR扩增产生次级文库,用于下一轮筛选。由此进入一个反复筛选富集的过程。对于RNA文库,扩增步骤还包括RNA序列的反转录,得到的双链DNA文库,再转录生成次级RNA文库。经过数轮的筛选富集,分离得到的随机序列如果与靶物质亲和力不再提高,就可对筛选获得的寡核苷酸适体进行克隆、测序、生物活性及分子识别等功能研究。

以制备结合 ATP 的 RNA 适体为例(图 13－29):首先,合成大约有 10^{15} 种随机序列的 RNA 多聚物混合物;然后,将混合物通过结合有 ATP 的树脂进行非自然的选择,丢弃直接流出树脂的 RNA;与树脂结合的 RNA 进行洗脱和收集;收集的 RNA 通过反转录 PCR,扩增得到 cDNA;将 cDNA 再转录大量的 RNA;将得到的 RNA 再进行下一轮选择和富集,这可进行多次循环,直至得到少数能够与 ATP 紧密结合的适体分子。有人通过此法,得到一种 36 nt 的 RNA 适体。

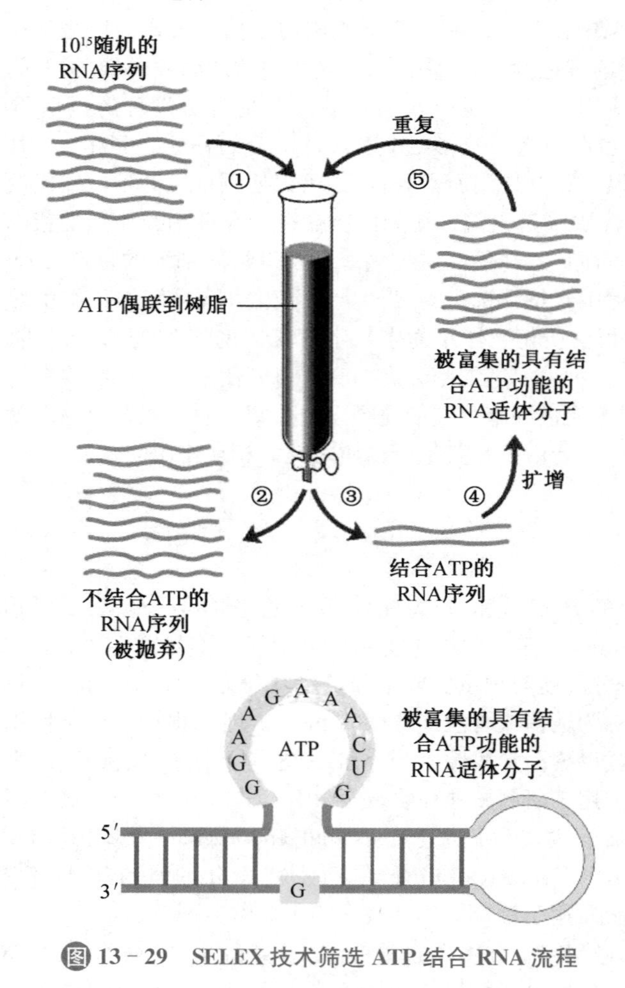

图 13－29　SELEX 技术筛选 ATP 结合 RNA 流程

第九节　生物芯片技术

生物芯片是指包被在硅片、尼龙膜等固相支持物上的高密度的核酸、蛋白质、糖类、细胞、组织或其他生物组分的微阵列。将芯片与标记的样品进行杂交,通过检测杂交信号即可实现对生物样品的分析。由于常用硅芯片作为固相支持物,且在制备过程运用了计算机芯片的制备技术,所以称之为生物芯片技术。目前常见的生物芯片主要有基因芯片(gene chip)、蛋白质芯片和组织芯片。其中基因芯片和蛋白质芯片最有用。

一、基因芯片

基因芯片是随着“人类基因组计划”和其他模式生物基因组计划的进展而发展起来的一项技术,也叫 DNA 芯片、DNA 微阵列(DNA microarray)或寡核苷酸阵列

(oligonucleotide array),它采用原位合成(in situ synthesis)或显微打印手段,将数以万计的DNA探针固定在支持物的表面,产生二维DNA探针阵列。然后,将其与标记的样品分子进行杂交,通过检测杂交信号的强弱,对样品进行快速、并行和高效地检测或医学诊断。基因芯片以其无可比拟的信息量、高通量、快速和准确地分析基因的本领,在基因组功能研究、临床诊断及新药开发等方面显示出巨大的威力,已成为人类研究生命和维护生命的一项重要手段,因此,被誉为是基因功能研究领域最伟大的发明之一。

一般说来应用基因芯片分5步进行:(1) 生物学问题的提出和芯片设计与制备;(2) 样品制备;(3) 核酸杂交反应;(4) 结果探测;(5) 数据处理和建模。

（一）基因芯片的种类和制备

目前市场上的基因芯片种类繁多,制备方法也不尽相同,根据制备的方法,它们可分为两大类:一类是原位合成的基因芯片,另一类为直接点样而制成的基因芯片。前者适用于寡核苷酸,后者多用于大片段DNA,有时也用于寡核苷酸,甚至mRNA。原位合成有光蚀刻法和喷印法。点样法较简单,只需将预先制备好的寡核苷酸或cDNA等样品通过自动点样装置点于经特殊处理的玻璃片或其他材料上即可。

1. 原位光蚀刻合成

寡聚核苷酸原位光蚀刻(photo lithography)合成技术是由Affymetrix公司研究开发的(图13-30),它需要在合成核苷酸单体的5′-羟基末端连上一个光敏保护基团。合成的第一步是利用光照射使羟基端去保护,然后,一个5′-端被保护的核苷酸单体连接上去。这个过程反复进行,直至合成完毕。使用多种掩盖物能以更少的合成步骤生产出高密度的阵列,在合成循环中探针数目呈指数增长。

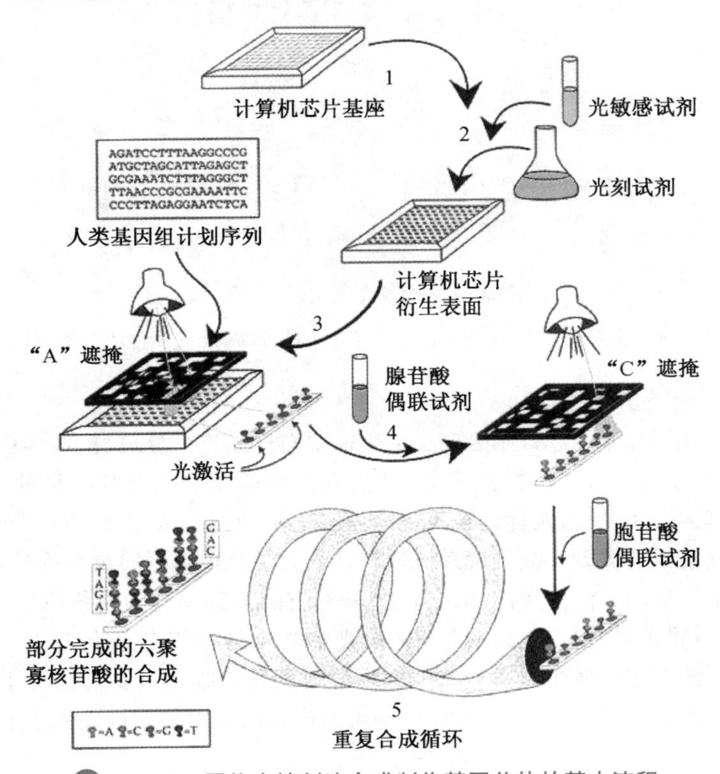

图 13-30　原位光蚀刻法合成制作基因芯片的基本流程

另一种方法是光导原位合成法(图13-31),具体步骤是:在经过处理的载玻片表面铺上一层连接分子(linker),其羟基上加有光敏保护基团,可用光照除去。用特制的光刻掩膜(photolithographic mask)保护不需要合成的部位,而暴露合成部位。在光作用下去除羟基上的保护基团,游离出羟基,利用化学反应加上第一个核苷酸,所加核苷酸种类及在芯片上的部位预先设定,所引入的核苷酸也带有光敏保护基团,以便下一步合成。然后按上述方法在其他位点加上另外三种核苷酸完成第一位核苷酸的合成。上述过程也是反复进行,直到得到所需的寡核苷酸点阵序列。

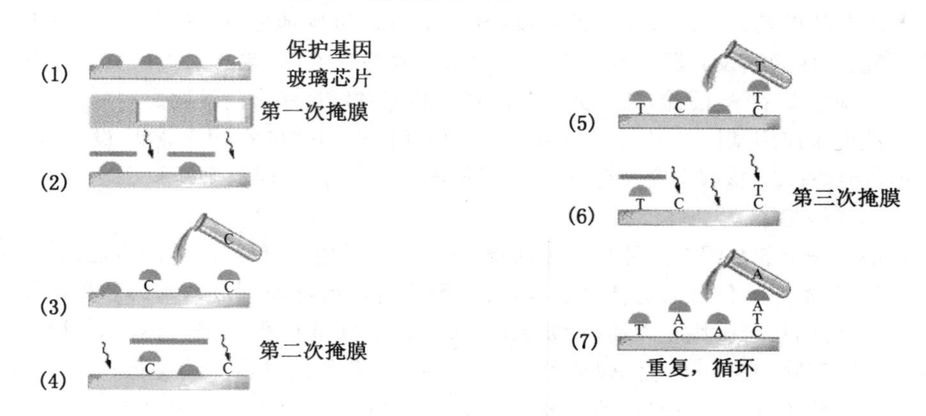

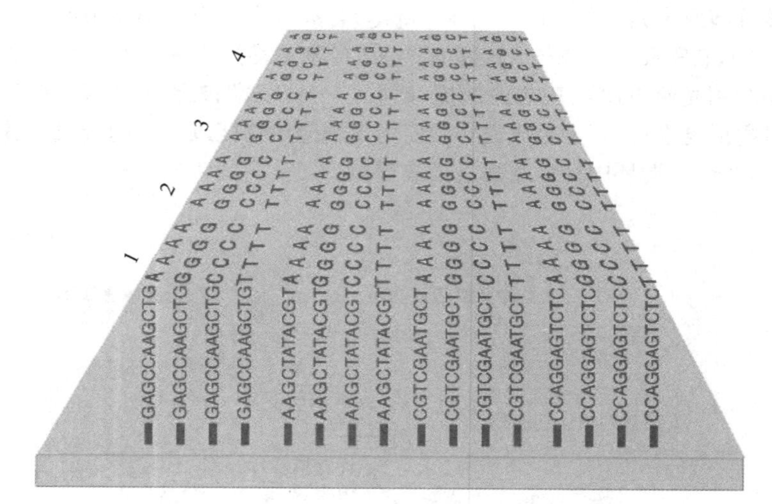

图 13-31 光导原位合成法制作基因芯片的基本流程及其合成好的点阵序列

2. 基因芯片样品的制备

在待分析基因与基因芯片结合杂交之前需要对样品进行分离、扩增和标记。采用的基因分离、扩增及标记方法因样品来源、基因含量及检测方法和分析目的不同而不同。虽然常规的基因分离、扩增及标记技术仍旧可以使用,但由于操作繁琐且费时,现已逐步被专门的高度集成的微型样品处理系统取代。而为了获得基因的杂交信号,必须对目的基因进行标记。目前广泛使用的标记方法是荧光标记,其原理与传统方法如体外转录、PCR、逆转录等并无多大差异,只是采用的荧光染料种类更多,以满足对不同来源的样品进行平行分析的需要。使用计算机控制的高分辨荧光扫描仪可获得结合于基因芯片上的目的基因的荧光信号,通过计算机处理即可给出目的基因的结构或表达信息。

3. 基因芯片杂交

在样品制备好以后,就可以进行下一步杂交反应了。杂交条件的选择与研究目的有关:如果芯片用于多态性分析或者基因测序,就需要将每个核苷酸或突变位点都检测出来。这时通常设计出一套四种寡聚核苷酸,在目标序列上跨越每个位点,只是在中央位点碱基有所不同,根据每套探针在某一特点位点的杂交严紧程度,即可测定出该碱基的种类。由于突变检测要鉴别出单碱基错配,因此需要更高的杂交严紧性和更短的时间;

如果芯片仅用于检测基因表达，就只需设计出针对基因中的特定区域的几套寡聚核苷酸即可。一般表达检测需要较长的杂交时间，更高的严紧性，更高的样品浓度和低温度，这有利于提高检测的特异性和低拷贝基因检测的灵敏度。

此外，杂交反应还必须考虑反应体系中的盐浓度、探针的GC含量和所带电荷、探针与芯片之间连接臂的长度及种类、待测基因的二级结构的影响。有研究表明，如果探针和芯片之间连接臂的长度适当，杂交效率就可提高150倍。连接臂上任何正电荷或负电荷都将降低杂交效率。

4. 基因芯片检测原理

杂交信号的检测是基因芯片技术中的重要组成部分。在以往的研究中，已建立了多种探测分子杂交的方法，例如荧光显微镜、隐逝波传感器、光散射表面共振、化学发光、电化学传感器和荧光各向异性等等，但是，这些传统的方法并非都适用于基因芯片。由于基因芯片本身的结构和性质的特殊性，需要确定杂交信号在芯片上的位置，尤其是大规模基因芯片由于其面积小、密度大，点样量又很少，所以杂交信号较弱，需要使用光电倍增管或冷却的电荷偶连照相机(charged-coupled device camera, CCD)或摄像机等弱光信号探测装置。此外，大多数DNA芯片杂交信号谱型除了分布位点以外还需要确定每一点上的信号强度，以确定是完全杂交还是部分杂交，因而探测方法的灵敏度及线性响应也是非常重要的。杂交信号探测系统主要包括杂交信号产生、信号收集及传输和信号处理及成像三个部分组成。

5. 基因芯片的应用

(1) 基因表达分析

基因芯片具有高度的敏感性和特异性，它可以同时监测细胞中几个至几千个mRNA拷贝的转录情况，可自动、快速地检测出成千上万个基因的表达情况。它不仅可以检测和分析基因表达时空特征、基因差异表达，还可用用来发现新基因。与用单探针分析mRNA的点杂交或Northern印迹技术不同，基因芯片表达探针阵列应用了大约20对寡核苷酸探针来监测每一个mRNA的转录情况。每对探针中，包含一个与所要监测的mRNA完全吻合和一个不完全吻合的探针，这两个探针的差别在于其中间位置的核苷酸不同。这种成对的探针可以将非特异性杂交和背景讯号减小到最低的水平，由此就可以确定那些低丰度的mRNA。

进行基因表达分析的基本步骤包括(图13-32)：① RNA的抽取和分离。先得到总mRNA，然后，使用寡聚dT作为引物，在逆转录酶催化下得到cDNA；② 扩增。使用T7

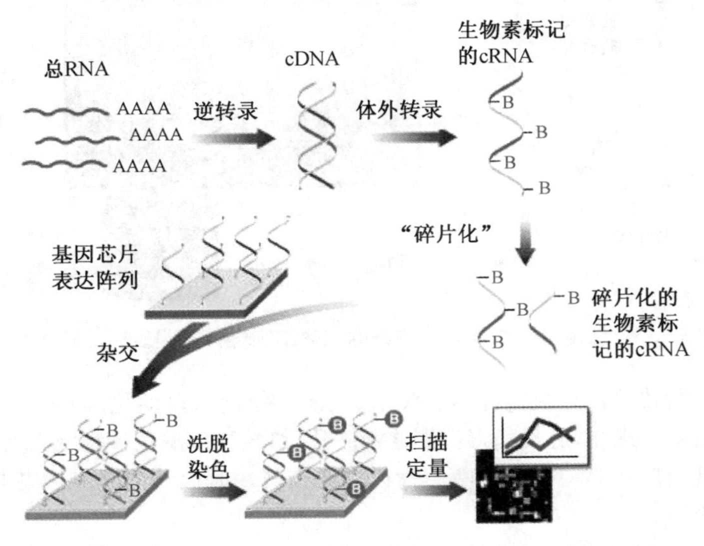

图13-32　使用基因芯片进行基因表达分析的基本流程

RNA 聚合酶和生物素标记的 UTP 和 CTP，体外转录 cDNA，得到大量生物素标记的互补的 RNA(cRNA)；③ “碎片化”。将 cRNA 保温在 94 ℃的缓冲溶液中，产生 35 nt～200 nt 长的 cRNA 片段；④ 杂交。将芯片与 cRNA 杂交，随后洗去非杂交的原料；⑤ 染色和洗脱。使用链霉亲和素(strepavidin)-藻红蛋白对生物素标记的 cRNA 进行标记，然后洗去非特异性结合的染料；⑥ 使用共聚焦激光扫描(confocal laser scanner)装置扫描杂交芯片；⑦ 信号放大。使用山羊抗体和生物素标记的抗体与芯片保温，再进行染色和洗脱；⑧ 再次扫描芯片，并对表达状况进行定量分析。

(2) 基因型、基因突变和多态性分析

在同一物种不同个体之间，有着多种不同的基因型，而这种差异往往与个体的不同性状和多种遗传疾病有着密切的关系。通过对大量具有不同性状的个体的基因型进行比较，就可以得出基因与性状的关系。但是，由于大多数性状和遗传性疾病由多个基因同时决定，因此分析起来就很困难，然而基因芯片技术却能很好地解决了这一问题，利用它可以同时反映数千甚至更多基因的特性，在此基础上就可以分析基因组中不同基因与性状或疾病的关系。

(3) 基因诊断

人类的疾病与遗传基因密切关联，基因芯片可以对遗传信息进行快速准确的分析，因此它在疾病的分子诊断中的优势是不言而喻的。从正常人的基因组中分离出 DNA 与 DNA 芯片杂交就可以得出标准图谱。从病人的基因组中分离出 DNA 与 DNA 芯片杂交就可以得出病变图谱。通过比较、分析这两种图谱，就可以得出病变的 DNA 信息。如果是要诊断正常细胞与肿瘤细胞在基因表达上的差别(图 13 - 33)，可以先从这两种细胞内抽取总 mRNA，然后进行 RT - PCR。在进行 PCR 的时候，需要使用不同颜色荧光标记的 dNTP，这样可以让这两种细胞扩增的产物带上不同的荧光标记。比如用绿色荧光标记正常细胞的扩增产物，红色荧光标记肿瘤细胞的扩增产物。随后，将两种细胞的 PCR 扩增产物等量合并，再与已制备好的基因芯片进行杂交分析。由于芯片上含有各种已知的蛋白质基因的探针序列，监测到的红色荧光代表的是肿瘤细胞特异性表达的基因，绿色荧光代表的是正常细胞才表达的基因，黄色荧光是两种细胞都表达的基因。

Quiz15 两种细胞都不表达的基因在芯片上呈现什么颜色?

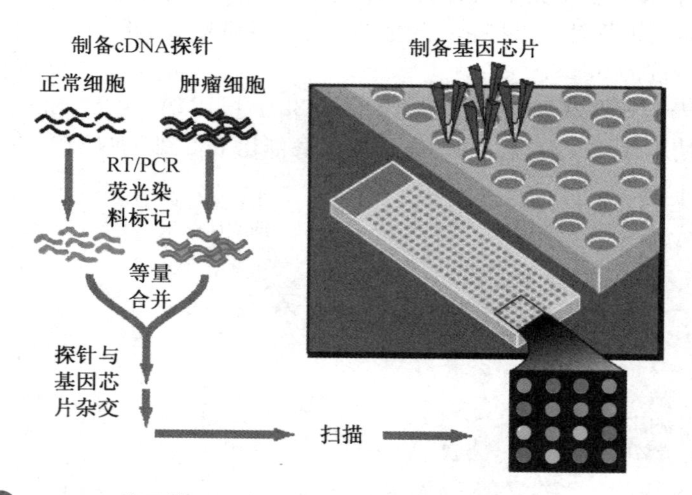

图 13 - 33 使用基因芯片对正常细胞和癌细胞进行基因表达分析比较

基因芯片诊断技术具有快速、高效、灵敏、经济、平行化、自动化等特点，已成为一项现代化诊断新技术。现在，肝炎病毒检测诊断芯片、结核杆菌耐药性检测芯片、多种恶性肿瘤相关病毒基因芯片等一系列诊断芯片已进入市场。基因诊断是基因芯片中最具有商业化价值的应用。

(4) 药物筛选

如何分离和鉴定药的有效成分是目前中药产业和传统的西药开发遇到的重大难题，基因芯片技术是解决这一难题的有效手段，它能够大规模筛选、通用性强，能够从基因水平解释药物的作用机理，即可以利用基因芯片分析用药前后机体的不同组织、器官基因表达的差异。如果再用 mRNA 构建 cDNA 表达文库，然后用得到的肽库制作肽芯片，就可以从众多的药物成分中筛选到起作用的部分。生物芯片技术使得药物筛选、靶基因鉴别和新药测试的速度大大加快，成本大大降低。基因芯片药物筛选技术工作目前刚刚起步，很多制药公司已开始前期工作，即正在建立表达谱数据库，从而为药物筛选提供各种靶基因及分析手段。

(5) 大规模 DNA 测序

基因芯片利用固定探针与样品进行分子杂交产生的杂交图谱而排列出待测样品的序列，这种测定方法快速，具有十分诱人的前景。芯片技术中杂交测序(sequencing by hybridization, SBH)技术及邻堆杂交(contiguous stacking hybridization, CSH)技术是一种新的高效快速测序方法。如果用含 65 536 个 8 聚寡核苷酸的微阵列，采用 SBH 技术，就可测定 200 bp 长 DNA 序列，而采用 67 108 864 个 13 聚寡核苷酸的微阵列，可对数千个碱基长的 DNA 测序。SBH 技术的效率随着微阵列中寡核苷酸数量与长度的增加而提高，但微阵列中寡核苷酸数量与长度的增加则使微阵列的复杂性提高，而降低杂交的准确性。CSH 技术可弥补 SBH 技术存在的弊端，可进行较长的 DNA 测序。计算机模拟论证了 8 聚寡核苷酸微阵列与 5 聚寡核苷酸邻堆杂交，相当于 13 聚寡核苷酸微阵列的作用，可测定数千个核苷酸长的 DNA 序列。该方法可用于含重复序列及较长序列的 DNA 序列测定及不同基因组同源区域的序列比较。利用基因芯片测序的准确率达 99%以上。

此外，基因芯片在新基因发现、药物基因组图谱绘制、中药物种鉴定、DNA 计算机研究等方面也有巨大应用价值。

二、蛋白质芯片

蛋白质芯片又称蛋白质微阵列(protein microarray)，是指固定于支持介质上的蛋白质构成的微阵列，它是在功能基因组学研究中作为基因芯片功能的补充发展起来的。与基因芯片相似，蛋白质芯片也是在一个基因芯片大小的载体上，按使用目的的不同，点布相同或不同种类的蛋白质，然后再让其与荧光标记的蛋白质特异性结合，通过扫描仪读出荧光强弱，计算机分析出样本结果。理论上，蛋白质芯片可以对各种蛋白质、抗体以及配体进行检测，可弥补基因芯片检测的不足，它不仅适合于抗原、抗体的筛选，同样也可用于受体与配体的相互作用的研究，具有一次性检测样本大、消耗低、计算机自动分析结果以及快速、准确等特点。

(一) 蛋白质芯片的基本构成

蛋白质芯片是高通量、微型化和自动化的蛋白质分析技术，一般由三个部分组成：

1. 特殊材料制成的固相载体

呈薄片型，外观可做成长条状、圆形或椭圆形等不同形状，经特定处理后承载吸附有关的生物制剂。常用的材质有硅、云母和各种膜片等。

2. 以特定方式固定在载体表面并具有特定功能的蛋白质

对蛋白质芯片来说，制备时常常采用直接点样法，以避免蛋白质的空间结构改变，保持芯片和样品的特异性结合能力。现已有预置好已知探针的多种芯片系统出售，如微阵列式、微孔板式、凝胶块状等类型。使用时先将需要检测的含有蛋白质的标本(如尿液、血清、精液、组织提取物等)按一定程序做好层析、电泳、色谱等前期处理，然后在每个芯池内点入需要检测的样品。一般样品量只要 2 μL～10 μL 即可，根据测定目的不同可选用含有不同探针的芯片。让样品在每个芯池中与特定的探针结合或与其中含有的生物制剂相互作用一段时间,然后洗去没有结合的或多余的物质,再将样品固定一下后即可检测。

3. 蛋白质芯片的检测

样品中的蛋白质预先用荧光物质或同位素等标记,结合到芯片上的蛋白质就会发出特定的信号,用CCD照相技术及激光扫描系统等对信号进行检测。

(二)蛋白质芯片的应用

蛋白质芯片能够同时分析上千种蛋白质的变化情况,使得在全基因组水平研究蛋白质的功能成为可能,如研究酶活性、抗体的特异性、配体-受体的相互作用以及蛋白质与蛋白质或核酸或小分子的结合。

1. 用于疾病诊断和疗效判定,即生物学标志的检测

蛋白质芯片能够同时检测生物样品中与某种疾病或环境因素损伤可能相关的全部蛋白质的含量变化情况,即表型指纹(phenomic fingerprint)。对于疾病的诊断而言,表型指纹要比单一标志物准确可靠得多。此外,表型指纹对监测疾病的进程和预后,判断治疗的效果也具有重要意义。蛋白质芯片的探针蛋白的特异性高、亲和力强,受其他杂质的影响较低,因此对生物样品的要求较低,简化了样品的前处理,甚至可以直接利用生物材料进行检测,如对血样、尿样、细胞及组织等。由于蛋白质芯片的高通量性质,加快了生物标志物发现和确认的速度。

2. 用于研究蛋白质之间的相互作用

迄今为止,人们研究蛋白质之间的相互作用,还是主要依靠酵母双杂交系统。双杂交系统虽然在研究蛋白质之间的相互作用方面发挥重要作用,但它也具有其内在的不足,就是经常出现假阳性。另外,对于某些蛋白质,特别是胞浆蛋白和膜蛋白在酵母的细胞核内不一定能够正确折叠,这样给研究带来了极大的困难。但若利用蛋白质芯片,就可以很好地解决这些问题。

3. 用于发现药物或毒物新靶点及其作用机制研究

疾病的发生和发展与体内的某些蛋白质的变化有关,如果以这些蛋白质构建芯片,对众多候选化学物进行筛选,就可以直接筛选出与靶蛋白作用的化学物质,这必将大大推进药物的开发。

第十节　基因组编辑技术

基因组编辑(genome editing)是一种可以在基因组水平上对某个基因或者某些基因的碱基序列进行定向改造的遗传操作技术。该技术的原理是利用一种经人工构建的内切核酸酶或者利用一种天然的核酸内切酶(如Cas9),在预定的基因组位置切开DNA的主链,切断的DNA在被细胞内的DNA修复系统修复过程中会产生序列的变化,从而达到定向改造基因组的目的。在DNA主链发生断裂以后,胞内存在的非同源末端连接(NHEJ)或同源重组(HR)两条修复途径会立刻启动(参看第五章DNA的损伤、修复和突变),对双链断裂这种损伤进行所谓的修复(图13-34)。之所以说是所谓的修复,是因为经过修复以后的基因组在裂口附近的碱基序列通常发生了变化,要是没有变化的话,也就没有编辑了。如果是NHEJ这种修复途径,一旦DNA两条链发生断裂,该修复途径先要利用一些特殊的蛋白质与裂口结合并把裂口拉到一起,再通过一些核酸酶的修剪和DNA聚合酶的延伸对裂口进行加工、改造,使其成为DNA连接酶的正常底物,从而让裂口被重新缝合。正是连接前的加工和改造导致裂口处的碱基序列发生了变化,这种变化可能是插入,也可能是缺失,因此通过这种修复途径一般会导致被编辑的基因失活;如果是同源重组修复途径,需要有同源的序列。在进行基因组编辑的时候,同源的序列是人为提供的。若提供的同源序列是好的,经过同源重组修复,可以把一个本来坏的基因进行纠正。若提供的同源序列是坏的,经过同源重组修复,可以把一个本来好的基因给破

坏。若提供的同源序列中带有一个外来的基因，则经过同源重组修复，可以将一个外来基因插入到基因组上，从而实现定向转基因的目的。总之，基因组编辑技术可以实现四种基因组改造的目的。

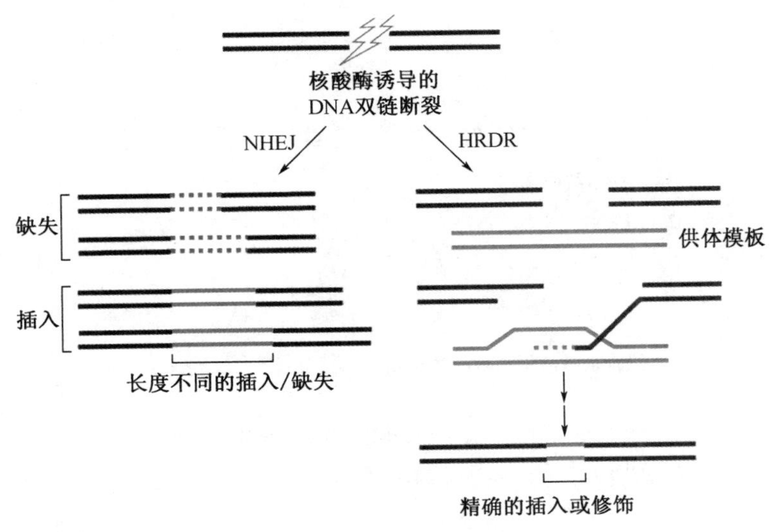

图 13-34　基因组编辑的基本原理

(1) 基因敲除。若想使某个基因的功能丧失，可以在这个基因上产生双链断裂损伤，然后借助 NHEJ 修复途径，产生 DNA 的插入或缺失，造成移码突变，从而实现基因敲除。

(2) 定点突变。如果想把某个特异的突变引入到基因组上，需要通过同源重组来实现，这时候要提供一个带有特异突变的同源模板。正常情况下同源重组效率非常低，而在这个位点产生双链断裂损伤会大大地提高重组效率，从而实现特异突变的引入。

(3) 定点转基因。与特异突变引入的原理一样，在同源模板中间插入一个外源基因，这个外源基因在同源重组修复过程中会被拷贝到基因组中，从而实现定点转基因。若编辑的对象是人类基因组，可通过这种方法把基因插入到人类基因组腺病毒相关整合位点(adeno-associated virus integration site1，AAVS1)，因为这个位点是一个开放位点，支持转基因长期稳定的表达，破坏这个位点对细胞没有不利影响。

(4) 有缺陷的基因纠正。与定点突变和定点转基因一样，需要提供同源的模板，但提供的同源模板所带有的序列是正常的，可在同源重组修复过程中，替换需要纠正的基因本来带有的有缺陷的序列，从而实现对一些基因病进行基因治疗。

由此可见，基因组编辑技术的原理并不复杂，其关键在于能否找到那种可高度定向切断 DNA 的内切核酸酶。若能找到，余下来的事情主要交给细胞的修复系统自己来处理。这种处理就是进行所谓的修复，而修复的结果必然带来基因组的编辑。

目前，用来进行基因组编辑的内切核酸酶有大范围核酸酶(meganuclease，MGN)、锌指核酸酶(zinc finger nuclease，ZFN)、拟转录激活蛋白效应物核酸酶(transcription activator-like effector nuclease，TALEN)(图 13-35)和 Cas9(表 13-3)。其中，前三种内切核酸酶是酶自己去识别特定的碱基序列，但要让它们识别不同的序列，必须使用基因工程等手段对其进行改造。而 Cas9 只管切割，不管识别！识别的任务由与它结合的引导 RNA 通过与目标 DNA 序列的互补配对来完成。

无论使用何种核酸酶，由于基因组编辑的对象是整个基因组，若设计得不好，有可能在基因组的非靶向位置产生裂口，从而导致不需要的 DNA 突变，也就是脱靶效应(off-target effect)，这可对细胞产生毒性。

Quiz16 基因组编辑所使用的内切核酸酶识别的碱基序列一般是 20 bp 或 nt，这是为什么？为什么不能用 RE 来定向切割基因组 DNA？

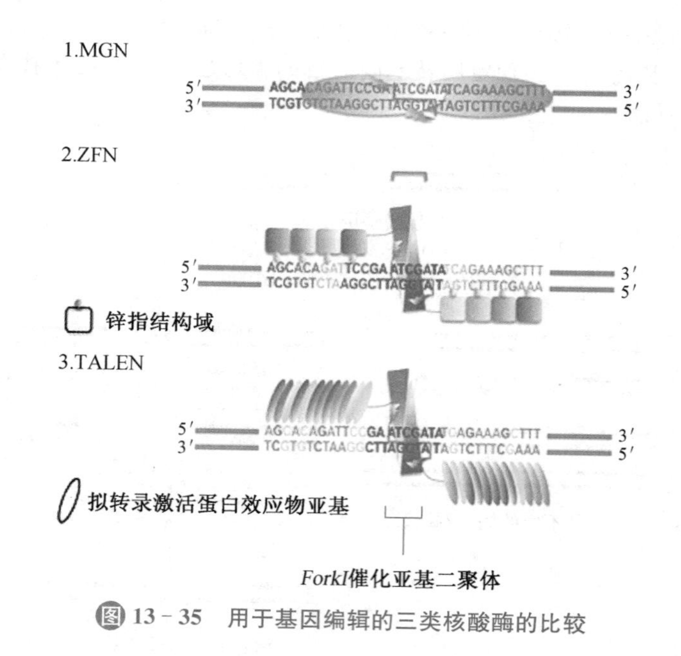

图 13－35 用于基因编辑的三类核酸酶的比较

一、大范围核酸酶

MGN是一类识别位点序列为12 bp～40 bp的内切DNA酶，存在于一些细菌、古菌、噬菌体、真菌、藻类和植物体内，迄今为止，已发现了几百种不同的MGN。由于此类内切酶识别的序列较长，用它切割一种基因组DNA，通常只有一个切点，因此，MGN可以说是特异性最高的天然限制性内切酶。

MGN可以分为两类：一类是内含子内切核酸酶(intron endonuclease)，另一类是内含肽内切核酸酶(intein endonuclease)。这两类内切核酸酶均由转座子序列编码。其中有一类属于LAGLIDADG家族，它们都含有高度保守的九肽序列——LAGLIDADG，主要存在于单细胞真核生物的线粒体或叶绿体，也有来自原核生物。例如，来自面包酵母线粒体的Ⅰ－SceⅠ和来自莱茵衣藻(*Chlamydomonas reinhardtii*)叶绿体的Ⅰ－CreⅠ，以及来自一种琉球古菌中的Ⅰ－DmoⅠ。这一家族的MGN为同源二聚体蛋白，所识别的碱基序列一般具有回文特征。

在已知的MGN中，属于LAGLIDADG家族的归巢内切核酸酶(intein endonuclease)最有用。它在作用的时候，就像一把高度定向的分子剪刀，可取代、切割或修饰DNA。在使用蛋白质工程将其定点改造以后，可以改变它所能识别的序列，因此现有多种改造过的MGN可用来对各种基因组DNA进行编辑。

改造的方法可以是对已有的MGN进行定点突变，从而改变其识别的序列的特异性，也可以将不同的MGN的结构域进行重组，得到序列特异性改变的嵌合酶。

二、锌指核酸酶

锌指是许多DNA序列特异性结合蛋白用来识别并结合特定碱基序列的模体结构。每个锌指可直接特异识别DNA双螺旋中3个连续的核苷酸，但若人为地将3～6个识别不同靶位点序列的锌指结构串联在一起，则能识别并结合更长、特异性更高的靶序列。在此基础上，如果再将这种由重组锌指构成的结构域与Ⅱ型限制性内切酶*Fok* Ⅰ C端96个氨基酸残基组成的活性中心结构域相连接，就可构建成ZFN，实现对靶序列的定点切割。如果增加串联锌指的数目，可让ZFN识别更长的靶序列，同时也就提高了DNA靶向修饰的特异性。*Fok* Ⅰ是来自海床黄杆菌(*Flavobacterium okeanokoites*)，只在二聚体状态时才能切割DNA，故设计好的2个互补的ZFN分子同时与靶位点结合，一旦它们之间的距离恰当（一般为6 bp～8 bp），*Fok* Ⅰ结构域即二聚化并切割DNA，从而可在基因组特定位点切断DNA，形成“双链断裂缺口”。双链断裂可以启动细胞内的DNA损伤修复机制，一方面细胞通过易错的NHEJ机制修复双链断裂，从而在ZFN靶位点造成小片段随机性丢失或插入，引起基因的靶向敲除；另一方面，由于双链断裂可刺激同源重组，如果细胞内同时存在与靶位点同源的DNA片段，则细胞可通过同源重组的机制修复双链断裂，从而实现靶基因敲除或敲入。例如，2012年，Michael Holmes等人尝试使用ZFN破坏$CD4^{+}$-T细胞中的内源基因CCR5，使HIV失去感染所必需的辅助受体，从而抑制病毒的繁殖与传播。目前，Sangamo公司针对CCR5设计的ZFN药物已进入三期临床试验阶段。

表13-3　四种基因组编辑技术的比较

类别	MGN	ZFN	TALEN	Cas9
识别模式	蛋白质-DNA	蛋白质-DNA	蛋白质-DNA	RNA-DNA
识别长度(bp)	12～40	(3～6)×3×2	(12～20)×2	20
识别序列特征	回文特征	以3 bp为单位	5′前一位为T	3′序列为NGG
特异性	高	较高	一般	一般
构建难易	容易	难度大	较容易	容易
细胞毒性	小	大	较小	小
构成	改造过的MGN	ZF/*FokI*	TALE/*FokI*	Cas9/sgRNA
靶向序列(bp)	大于12	大于18	大于30	23
切割类型	双链断裂、单链缺刻	双链断裂、单链缺刻	双链断裂、单链缺刻	双链断裂、单链缺刻
技术难度	容易	困难	较容易	非常容易
脱靶效应	较高	较高	较高	低

三、拟转录激活蛋白效应物核酸酶

ZFN的发明使得精确的基因组编辑成为可能，但其对DNA序列识别的不规律性使得它的发展受到一定的限制。2009年，有人在植物病原体黄单胞菌（*Xanthomonas*）中，发现一种拟转录激活蛋白效应因子（transcription activator-like effector，TALE），该因子能以序列特异性的方式结合DNA。利用该特点，科学家们成功构建出TALEN，用于基因组编辑。TALEN是由TALE代替了ZF作为DNA结合域而与*Fok* Ⅰ切割结构域重组而成的核酸酶。通过TALE识别特异的DNA序列，*Fok* Ⅰ二聚化产生内切核酸酶活性，与ZFN一样，在特异的靶DNA序列上产生双链断裂以实现精确的基因组编辑。通过对已发现的所有TALE蛋白分析发现，TALE蛋白中DNA结合域有1个共同的特点，即不同的TALE蛋白的DNA结合域是由数目不同、高度保守的重复单元组成，每个重复单元含有33～35个氨基酸残基。这些重复单元的氨基酸组成相当保守，除了第12和13位氨基酸可变外，其他氨基酸都是相同的，这两个氨基酸称为重复可变的双氨基酸残基（repeat variable diresidues，RVD）。TALE特异识别DNA的机制在于，每个RVD可以特异识别DNA分子中4种碱基中的1种，目前在发现的5种RVD中，His-Asp特异识别碱基C，Asn-Ile识别碱基A，Asn-Asn识别碱基G或A，Asn-Gly识别碱基T，Asn-Ser可以识别A、T、G、C中的任一种。而通过对天然TALE的研究发现，TALE蛋白框架固定识别碱基T，故靶序列总是以碱基T开始。因此，理论上可以根据实验目的对DNA结合结构域的RVD进行设计，得到特异识别任意靶位点序列的TALE。

Quiz17 如何利用基因编辑的方法来治疗艾滋病和镰状细胞贫血？

TALEN的发明使基因组编辑的效率和可操作性得到了提高，对于目的片段的切割效率达到了近40%。目前，TALEN也像ZFN一样，被应用到了不同物种的细胞及生物的基因组编辑中。

四、Cas9

Cas9 蛋白来自在产脓链球菌(*Streptococcus pyogenes*)中发现的Ⅱ型 CRISPR 系统。该系统十分简单(图 13－36),只需要 Cas9 和两个非编码 RNA——crRNA 和 tracrRNA,即可介导外源 DNA 片段的定向降解。在 CRISPR/Cas9 系统中,一旦外源的 DNA 进入胞内,细菌的 RNaseⅢ即催化 crRNA 的成熟。成熟的 crRNA 通过碱基配对与 tracrRNA 结合,形成双链 RNA。这一 crRNA:tracrRNA 二元复合体指导 Cas9 在 crRNA 引导序列靶标的特定位点剪切双链 DNA,其中 Cas9 的 HNH 核酸酶结构域剪切互补链,而 Cas9 的 RuvCI 结构域剪切非互补链。Cas9 系统介导的基因组编辑就是利用 CRISPR/Cas9 系统对 DNA 分子的靶向切割特性,使其用于定向的基因修饰。

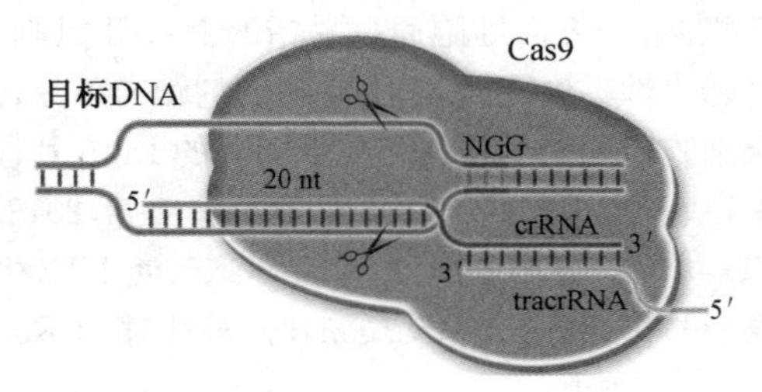

图 13－36 CRISPR/Cas9 系统

2012 年,来自加州大学伯克利分校的一个研究小组,首先利用人工设计的 crRNA 序列,使用 CRISPR/Cas9 系统对体外的 DNA 靶序列进行了精确切割,并且把 crRNA:tracrRNA 二元复合体改造为单链 RNA 嵌合体,使其成为单一引导 RNA(single-guide RNA,sgRNA),也能引导 Cas9 在特定位点剪切双链 DNA。而且,如果对 Cas9 的 HNH 核酸酶结构域及 RuvCI 结构域进行改造,还能完成对目标单链的切割。2013 年初,来自 MIT 的另一个研究小组证明了经过修饰的 Cas9,可以在 crRNA:tracrRNA 的指导下,对来自人肾胚的 293FT 细胞的特定位点进行精确地切割。他们还发现,在对 Cas9 的 RuvCⅠ结构域进行改造以后,Cas9 对目标基因进行单链切割在人源细胞中同样可以实现。而且通过设计多段 crRNA,可以让 CRISPR/Cas9 系统对同一个细胞的多个位点进行切割。他们的研究甚至发现,把 Cas9、crRNA 及 tracrRNA 序列构建于同一个质粒上进行转染,就可以完成切割,大大降低了操作的难度。差不多与此同时,来自哈佛大学的一个研究小组也利用了类似的方法,对 293FT、K562 和诱导多能干细胞(induced pluripotent stem cells,iPS)进行了精确的基因编辑。之后,又有 3 个不同的研究小组也利用了 CRISPR/Cas9 系统对人、小鼠和斑马鱼细胞同样进行了精确的基因组编辑。2014 年,我国的高彩霞等人使用 TALEN 和 CRISPR/Cas9 系统,将小麦六倍体基因组中三个拷贝的抑制防御白粉菌的基因破坏,获得可抵抗白粉病(powdery mildew)的小麦。CRISPR/Cas9 对靶位点的切割效率被证明与 ZFN 和 TALEN 相差无几。

除了用于定点的基因组编辑,CRISPR/Cas9 也可用于改变目的基因的转录。例如,已有人改造构建了没有核酸酶活性的 Cas9(deactivated Cas9, dCas9),通过与指导 RNA 转化大肠杆菌可以靶向干扰目的基因的转录,这一过程被称为 CRISPRi。CRISPRi 具有高度特异性,能够靶向干扰单个或同时干扰多个基因,而且通过可诱导启动子的加入,人为地控制干扰过程。再如,有人将 dCas9 的 C 端与一些激活蛋白的激活结构域融合在一起,然后在 sgRNA 的引导下,可以定向激活基因组上特定的基因表达。还有人将 dCas9 与人的 p300 的 HAT 核心结构域融合,再在 sgRNA 的引导下,与 dCas9 融合的 HAT 可对基因组上特定染色质上的组蛋白进行乙酰化修饰,有助于被修饰的染色质附件的基因表达。

相较于 MGN、ZFN 和 TALEN 技术,CRISPR/Cas9 系统相当于是一个天然存在的原核干扰系统,其介导的基因组编辑是由 crRNA 指导的,对靶序列的识别依赖于 RNA 与 DNA 的碱基配对,相比蛋白质对 DNA 序列的识别要精确更多,只要有一个碱基无法配对,就不会实现 Cas9 对 DNA 的切割,这就降低了脱靶切割的概率,也就减弱了细胞毒性。而且,改进过的 CRISPR/Cas9 系统只需要设计与靶序列互补的 sgRNA 即可,过程相对于 TALEN 更为简单和廉价,一般的实验室都可以自行完成构建,这大大提高了基因操作的效率及简便性。并且，CRISPR/Cas9 系统是由 RNA 介导的 DNA 切割，若在 RNA 水平上进行分子操作，则可实现精确且瞬时的切割。但是，CRISPR/Cas9 系统在真核基因组编辑中也存在着一些不足：首先，Cas9 蛋白对于目标序列的切割不仅仅依靠 crRNA 序列的匹配，在目标序列即前间隔序列附近必须存在一些小的前间隔序列邻近模体（PAM），若目标序列周围不存在 PAM（PAM 序列一般为 NGG），或者无法严格配对，Cas9 蛋白就不能行使核酸酶的功能，这也造成了不能利用 CRISPR/Cas9 对任意序列进行切割；其次，目前 CRISPR/Cas9 系统所靶向的序列仅需十多个 bp 精确配对，这可能降低 CRISPR/Cas9 系统切割的特异性，且作为一个原核系统，针对真核细胞中染色体的各种化学修饰是否能够无差别地进行高效切割尚需作进一步探究；最后，和 ZFN 及 TALEN 技术一样，CRISPR/Cas9 也面临着如何控制双链断裂之后的 NHEJ 修复可能随机产生的细胞毒性问题。

Box 13-2　CRISPR 技术进军基因治疗

红得发紫的基因组编辑技术 CRISPR 再次取得新进展，科学家使用这种技术成功治疗了小鼠肌营养不良。2015 年 12 月 31 日，三个研究小组在 *Science* 同时发表了使用 CRISPR 技术切除杜氏肌肉营养不良症（Duchenne muscular dystrophy）有缺陷的基因，使患有这种有遗传病的成年小鼠制造出必需的肌肉蛋白。这是人类第一次成功使用 CRISPR 技术对患遗传病的成年哺乳动物进行的基因治疗。

杜氏肌营养不良是一种 X 染色体隐性遗传疾病，因此主要发生于男孩，发病率是 1/5000。这种疾病的患者编码抗肌营养不良蛋白（dystrophin）的基因缺陷。抗肌营养不良蛋白是维持肌肉纤维强度的必需分子。缺乏这种蛋白质，肌肉和心脏肌肉会发生退化。绝大多数患者会先失去行走能力，到 10 岁就要靠轮椅生活，然后失去呼吸功能，依靠呼吸机生存，大约在 25 岁左右死亡。

科学家一直没有发现有效治疗该疾病的方法，研究发现将肌肉干细胞输送到正确部位缓解该疾病发展是非常困难。传统的基因治疗用携带正常抗肌营养不良蛋白基因的病毒无法有效输送基因，因为该基因非常大，共有 78 个内含子，其 mRNA 前体的长度在 2×10^6 nt。一些给患者输入小抗肌营养不良蛋白基因的基因治疗能取得短期效果，缓解病情。也有公司开发绕过缺陷外显子，使抗肌营养不良蛋白基因一个小蛋白产物，这些药物虽然有一定临床治疗作用，但副作用太大，并没有获得监管机构认可。

CRISPR 当选为 *Science* 评选的 2015 年年度突破，现在这项技术终于被引入治疗肌肉营养不良症领域。此前曾有科学家使用 CRISPR 对某些人类和动物遗传病的细胞进行基因纠正，并用于成年小鼠肝病治疗。去年，科学家发现 CRISPR 能修改小鼠胚胎抗肌萎缩蛋白基因。基因组编辑成功的关键是如何将编辑工具输送到目标细胞内，现在最佳的方法是用病毒作为载体。Gersbach 曾使用电穿孔法将 CRISPR 系统引入到患者培养细胞之中，但想这样引入到患者肌肉细胞之中是不切实际的。Nelson 和 Gersbach 开始想到将编辑工具包装到当今最流行的病毒——腺相关病毒（adeno-associated virus，AAV）载体之中。

使用病毒作为工具进行基因治疗，需要去除所有有害的基因，同时放入用于治疗的基因。但大多数病毒并不适合，原因不尽相同，有的因为无法整合到目标细胞的基因组上，有的可诱发异常的免疫反应。AAV 却没有这些问题，虽然许多人接触过这种病毒，但是却相安无事。AAV 在美国已用于多例后期临床试验之中，在欧洲也被批准进行一例进行基因治疗的药物。已有多个版本的 AAV 载体，它们适合不同的组织细胞。但仍然有一个通用的问题，就是插入的 DNA 的大小。

AAV 本来就是一个小型病毒，其容量有限，但 CRISPR 相对比较大。它们看起来并不适合。然而，MIT 的布洛德研究所（the Broad Institute）的张锋解决了这个问题。

大多数研究者使用的Cas9来自化脓性链球菌(*Streptococcus pyogenes*),这种Cas9比较大,但张锋在金黄色葡萄球菌(*Staphylococcus aureus*)发现的Cas9要小得多。因此使用小一号的Cas9便解决了原来大小的问题。

解决了这个问题以后,研究者以带有缺陷抗肌营养不良蛋白基因的小鼠作为模型,其一个外显子有问题。他们使用新的改进过的CRISPR/Cas9系统将无功能的外显子切除,然后让机体天然的DNA修复系统将留下的基因裂口缝合,从而得到了一种截短但却有功能的抗肌营养不良蛋白基因。显然将一个没有功能的外显子直接切除要比用一个正常的拷贝取而代之要容易得多,效率也更高。

Gersbach和他的团队首先用这种方式,直接将编辑工具引入了一只成年患病小鼠的腿部肌肉之中,发现了有功能的抗肌营养不良蛋白的表达,肌肉力量因此增强。他们又将CRISPR/AAV注射到血液中,这样可以让每一种肌肉都有机会获得编辑工具,结果表明,全身肌肉功能都有改善,包括心肌。这的确是一个非常重要的突破,因为心脏衰竭通常是杜氏肌肉营养不良症患者死亡的主要原因。

杜克大学的Charles Gersbach、哈佛大学的Amy Wagers分别和张锋合作完成,并分别报道了他们类似的研究结果。CRISPR的精确性也在研究中进行了评价,所有三组研究都没有发现这种技术因脱靶效应影响到其他基因。

Wagers小组发现,在肌肉干细胞内的抗肌萎缩蛋白缺陷基因也受到修复,这一结果非常重要,说明这种治疗不会随着这些成熟肌肉细胞的退化效果消失,因为这些干细胞能补充和代替这些退化的肌肉细胞。动物接受CRISPR治疗后肌肉强度并没有完全恢复到正常水平,说明这种治疗并不是治愈。不过Gersbach认为这种方法仍然存在改进的空间。Olson提出,大约80%的杜氏肌肉营养不良症患者将可能因为这种技术受益,但是开展临床研究仍需要等待数年。进入临床前需要进行大型动物实验,证明这种技术的安全性。

科学故事——绿色荧光蛋白的发现及发展

2008年的诺贝尔化学奖被授予了在绿色荧光蛋白GFP(green fluorescent protein, GFP)的发现、研究和应用中有突出贡献的三位科学家——Osamu Shimomura、Martin Chalfie和Roger Y. Tsien(图13-37),其中Roger Y. Tsien是我国已故的著名科学家钱学森在美国的侄子,他的中文名字是钱永健。令人遗憾的是,Roger Y. Tsien已于2016年8月31日在美国去世,享年64岁。

Shimomura的贡献是发现了GFP,Chalfie的贡献是将GFP的荧光特性应用在生物学研究上,而钱永健的贡献是解释GFP了的发光机制,并在此基础上开发出增强性、多色的GFP蛋白。然而,这三位诺贝尔奖得主可能都应该感谢Douglas Prasher这个人。

发现GFP的故事可以追溯到第二次世界大战后的日本。Shimomura于1928年出生于日本京都。二战和美国投下的原子弹中断了他的教育。尽管如此,他还是热爱科学。1955年,Shimomura成为名古屋大学Yoshimasa Hirata教授的研究助理。Hirata给了他一个似乎不大可能完成的题目,即寻找一种磨碎的软体动物海萤(Cypridina)的残骸遇水发光的原因。将一个如此困难的工作交给一个没有什么经验的助手,似乎不可思议,但也情有可原。因为在当时,美国一个领先的研究小组也在努力试图分离这种发光物质。Hirata不能将一个看似不可能成功的研究项目交

图 13-37　Osamu Shimomura(左)、Martin Chalfie(中)和 Roger Y. Tsien(1952—2016)(右)

给博士生们,因为他们需要成果才能按时毕业。

幸运的是,一年后 Shimomura 得到了这种发光物,这是一种蛋白质,其亮度比磨碎的海荧残骸高出 3.7 万倍。研究成果发表后,引起了美国普林斯顿大学 Frank Johnson 教授的兴趣。受 Johnson 的邀请,他去了普林斯顿大学工作。作为告别礼物,Hirata 见证了 Shimomura 被授予名古屋大学的博士学位,这是一个不同寻常的做法,因为他并不是一个正式注册的博士生。

在 Johnson 的实验室,Shimomura 开始寻找另一种自然发光体维多利亚水母(*Aequorea victoria*)的发光原因。在 1961 年的整个夏天,他们俩来到位于美国西海岸的星期五港湾(Friday Harbor),收集这种水母。他们切下水母的发光边缘,将之放到滤纸上挤压,以得到所谓的抽取物。有一天晚上,当 Shimomura 将部分抽取物倒进水池时,看见它们闪闪发光。他意识到,这是因为它们结合了水池里海水中的钙离子。但奇怪的是,这些残留物发出的不是水母中的绿光,而是蓝光。那一年,Shimomura 和 Johnson 将从 1 万多只水母中提取到的原材料带回普林斯顿。几个月后,他们从中纯化出几毫克的蓝光材料,将之命名为水母素(aequorin)。

1962 年,Shimomura 和 Johnson 等发表论文,详细描述了提取水母素的过程,同时也提到他们无意中分离出另外一种蛋白质,这种蛋白质在日光下呈淡绿色,灯光下呈黄色,在紫外光下呈绿色。它们将这种蛋白质称为绿色蛋白,也就是今天的 GFP。这是人类第一次对 GFP 的描述。

20 世纪 70 年代,Shimomura 更加专注地研究 GFP 的荧光性质。他发现,GFP 含有一个发色团,这是一种能吸光和发光的化学基团。在紫外光或蓝光的照射下,GFP 的发色团吸收光线中的能量,被激活,然后再释放出绿色波长的光。在水母体内,GFP 的发色团将水母素的蓝光转换成为绿光,因此水母发出的是绿光。而最重要的是 GFP 发光不需要其他蛋白质的帮助。

Shimomura 终于明白 GFP 为什么会发光了,但他完全不知道也不在乎这种蛋白质会有什么用途,仍然是一如既往地做自己的研究,他和同事每年夏天都到星期五港湾收集水母。19 年间共收集了大约 85 万只水母,这一工作一直持续到 1980 年。这一年,Johnson 教授退休了,Shimomura 随后来到了马萨诸塞州的林洞海洋生物研究所(Marine Biological Laboratory in Woods Hole),同时在波士顿大学做兼职教授,直至 2001 年退休。退休后,他还在家里的地下室继续作研究。

当诺贝尔奖网站主编问他为什么要这样做时,他回答道:“我做研究不是为了应用或其他任何利益。我做自己的研究只是想搞清楚水母为什么会发光”。他庆幸自己在原子弹的爆炸中活了下来,而且活到了今天,因为当时他就住在距离原子弹爆炸地点12公里远的地方。实际上,他不仅活下来了,而且长寿,终于在80岁时因为自己40多年前的工作获得了诺贝尔奖。

Prasher的工作主要是克隆到了GFP的基因,为Chalfie和钱永健后来的工作打下了基础。在佐治亚大学做研究生时,Prasher就对水母发光蛋白质产生了浓厚的兴趣,并克隆了水母的其他发光蛋白质。1980年,当Shimomura到林洞海洋研究所工作时,他遇到正在这里作研究的Prasher。Prasher被GFP迷住了,准备克隆它的基因,但发现申请基金和完成克隆都相当困难。

1987年,他想到可以用GFP作为其他蛋白质的信号指示。为此,Prasher从美国癌症研究协会(American Association for Cancer Research, AACR)申请到了一笔为期三年的研究经费。1992年,他终于克隆出了GFP的基因,但也用完了这笔钱。没有经费的支持,他无法继续研究,也就无法将克隆到的GFP基因导入到细胞中,从而证明自己克隆的DNA序列是否真的正确。但他遵守事先的约定,将自己克隆到的GFP基因送给了哥伦比亚大学的Chalfie教授。他与Chalfie的故事始于1988年底在哥伦比亚大学召开的一次生物发光学术会议。

自从1982年,Chalfie就开始用秀丽隐杆线虫这种模式动物做研究。但在1988年底的这次生物发光会议之前,他从来就没有听说过GFP。在会议期间,一位报告人在报告中提到了GFP,这种可以自体发光的蛋白质让Chalfie激动不已,其他的演讲他一个字也没有听进去。Chalfie立即大胆展望如何将GFP用到他的线虫中,"照亮"他的实验。但这样做需要GFP的基因。经过几天的查询,他得知Prasher正在克隆GFP的基因,并找到了他。他俩在电话上非常激动地聊了一个多小时,并达成共识:就是应该马上合作,看看这种基因是否能在线虫里工作。但随后一系列的误会导致两人失去了联系,研究工作被耽误了几年。

在与Prasher交谈后不久,Chalfie与犹他大学的一位教授结婚,并到犹他大学工作了9个月。就在这段时间,Prasher完成了GFP基因的克隆,却联系不到Chalfie。于是,Prasher认为他已经离开学术界。1992年9月,一位名叫Ghia Euskirchen的研究生加入了Chalfie的实验室,这位学生曾经做过荧光方向的研究。Chalfie希望她能将GFP导入到细胞中。于是,两人开始搜寻荧光蛋白质的资料,他们找到了Prasher的论文,并立即打电话找到了Prasher,Prasher将克隆的GFP基因送给了他们。一个月后,Euskirchen告诉Chalfie,她在显微镜下看到了线虫在紫外线照射下发出绿光!他们的论文发表在1994年2月的*Science*杂志上。

然而,实际上这一发现差一点被错过!目前在耶鲁大学工作的Euskirchen在接受*Nature*杂志采访时,说她当时在Chalfie的实验室并没有看见。然后,在她将细胞带到哥伦比亚大学化学工程系的老实验室时,那里更好的显微镜让她看到了这个荧光神话!这一发现奠定了今天GFP革命性应用的基础:GFP可以作为示踪物,实时观察蛋白质在细胞内的运动和变化,细胞内的黑暗世界被照亮。

Prasher却没有那么幸运,他离开林洞海洋研究所,到美国农业部的一个实验室工作,后来得到了国家航空和宇宙航行局(NASA)的一个工作合同,大约在两年多前,NASA取消了这个合同,Prasher也失去了工作。如今,他是一家汽车公司的驾驶员。

殊不知,Prasher不仅将GFP的基因给了Chalfie,还给了钱永健。当Prasher的GFP基因的论文发表后,钱永健和Chalfie同样激动。但这时,GFP只能发出绿色的荧光。与Chalfie一样,钱永健找到了Prasher的电话号码并最终找到了他,Prasher

很乐意将基因给了钱永健。钱永健本身是一位化学家，得到 GFP 的基因后，他开始研究这种蛋白质的发色团的结构。他发现了这个发色团在 GFP 的 238 个氨基酸中发生化学反应的机制。以前的研究认为，第 65、66 和 67 号的氨基酸彼此反应形成发色团，钱永健的研究进一步显示，这种化学反应只需要氧气，因此解释了这种反应为何不需要其他蛋白质的参与。

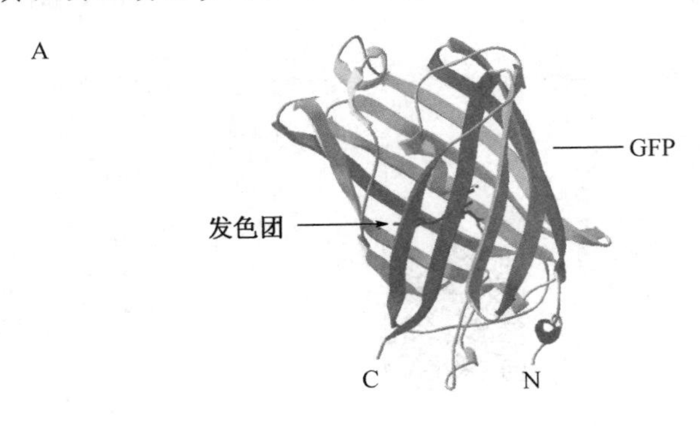

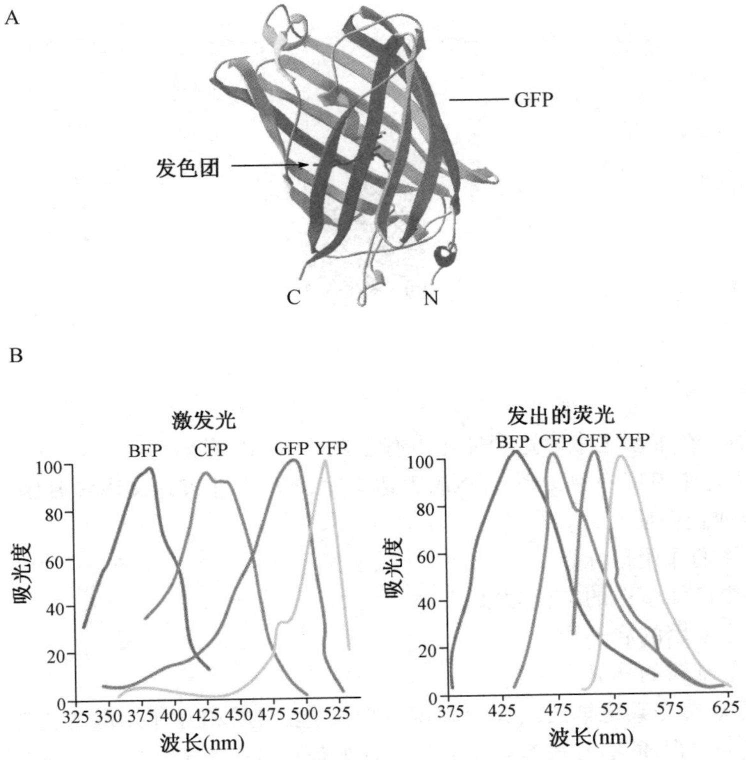

B

激发光
BFP　CFP　GFP YFP
吸光度
100
80
60
40
20
0
325 350 375 400 425 450 475 500 525
波长(nm)

发出的荧光
BFP CFP GFP YFP
吸光度
100
80
60
40
20
0
375 425 475 525 575 625
波长(nm)

图 13－38　GFP 及其变体的荧光性质

借助 DNA 重组技术，钱永健对 GFP 进行了定点突变，让这种蛋白质的其他部分也能吸收和发射不同波长的光，从而使今天的研究人员能够同时给不同的蛋白质标记上不同的颜色，实时、动态地检测它们的变化和相互作用(图 13－38)。例如，增强型 GFP (enhanced GFP，EGFP)，发生了双氨基酸取代，Leu 取代 GFP 的 Phe64，Thr 取代了 GFP 的 Ser65。与野生的 GFP 相比，EGFP 具有更强更稳定的绿色荧光。再如，黄色荧光蛋白(YFP)其序列与 GFP 基本相同，不同之处就是 Thr203 被 Tyr 取代，这样的 GFP 不发出绿色荧光，而发出较长波长的黄色荧光。由此可见，GFP 与其他突变体的氨基酸序列非常类似，只有 1～2 个氨基酸残基被实施了定点突变。然而，钱永健无法创造出发出红光的 RFP。要知道，红光更容易穿透生物组织。这时，两位来自俄罗斯的 Mikhail Matz 和 Sergei Lukyanov 参加了这场 GFP 的革命。他们从发出荧光的珊瑚中找到了 6 个与 GFP 类似的蛋白质，其中一个就是红色。问题是这个红色的蛋白质太大太重，无法像 GFP 一样嵌入基因中。钱永健的团队重新设计了这种红色蛋白质，让它变得更小更轻，从而能够加入到其他蛋白质中。

诺贝尔奖委员会在公告中指出，2008 年诺贝尔化学奖的故事是一个星光闪烁的例子，表明一个领域的基础研究如何在另一个领域得到广泛而重要的应用。但很遗憾，Prasher 虽然贡献很大，但并没获奖！对此，钱永健在加州大学圣地亚哥分校在其获奖当天召开的记者会上说道："他创造了一个彩虹般的调色板。显然，Prasher

被诺贝尔奖名单忽略了！但这个奖项一次最多只能给三个人，我相信委员会作了一个艰难的决定”。

Prasher认为自己运气不好，但他一点也不后悔将GFP基因给了两位科学家。他说：“钱永健和Chalfie做了自己难以做到的非常伟大的工作，那时，我知道我将离开这个领域，我的经费已经用完了。如果他们有机会来我这里，应该请我共进晚餐”。

本章小结

思考题：

1. 你如何在细菌之中表达和纯化出有毒性的DNA酶？

2. 你认为使用哪一种文库（cDNA表达文库、cDNA非表达文库和基因组文库）来筛选下列基因或蛋白质？

(1) 抗体的作用目标

(2) 一个已知蛋白的结合对象

(3) 一个基因的启动子

(4) 一个基因的外显子

3. 酵母双杂交系统早已经成为确定蛋白质-蛋白质相互作用的有力工具。假定你有一个小鼠的蛋白质X，它没有转录活性。你如何设计一个双杂交系统来筛选与蛋白质X相互作用的小鼠蛋白？

4. 你分离到一种生物的突变体——不能产生红色的色素。在你确定这种突变属于单基因和隐性突变以后，你如何克隆到这个基因的正常拷贝？

5. 你克隆到一个新的基因——*SRF*，它编码蛋白质serfin。你有15 kb的*SRF*的基因组克隆，其含有4 kb的*SRF* 5′-端到转录起始点的序列。在你将*SRF* 5′-端序列与*LacZ*基因相连以后，将其转染到能正常表达*SRF*的细胞，结果发现，尽管*SRF*在这些细胞中高度表达，但你只能检测到较低的LacZ活性。造成LacZ活性低最可能的原因是什么？你如何证明你的猜想？

6. 假定*SRF* mRNA具有特别短的半衰期，那么你如何鉴别出与这个性质相关联的序列元件？

7. 有人在嗜热水生菌（*Thermus aquaticus*）体内发现一种耐热的限制性内切酶——*Taq*I，它识别的碱基序列是TCGA。假定你已经得到了这种限制性内切酶基因的部分序列，现在需要获得全长的基因拷贝，以方便后面对该基因进行表达、改造等方面的研究。于是你使用机械剪切的方法将嗜热水生菌的基因组DNA随机切割成各种片段，然后再将各种片段克隆到由pBR332衍生的表达质粒中，克隆位点位于Amp^R基因内部。再将克隆的质粒转化到大肠杆菌细胞内，在含有四环素的培养基上培养。最后将得到的菌落吸印到滤膜上，用已经得到的基因片段作为探针进行筛选。然而，最后的结果让你出乎意料：你几乎没有得到任何阳性的克隆！如果你在整个实验的操作上没有任何问题，那么是什么原因让你得不到含有*Taq*I基因的阳性克隆？要获得理想的结果你如何改进你的实验？

8. 有人从小鼠细胞中纯化到了一种新的蛋白质，为了能够从小鼠基因组中克隆到这种蛋白质的基因，他首先测定了这种蛋白质的一级结构，然后想根据遗传密码来根据氨基酸序列来设计核酸探针，以便从基因组文库中“钓出”目的基因。在设计核酸探针序列的时候，他将注意力集中在富含 Met 或 Trp 的序列，而忽略富含 Leu 或 Arg 的序列，为什么？

9. 假定你在酵母中发现一个与细胞周期相关的一个关键基因，你如何使用功能互补的方法快速地从人细胞中找到与这个基因同源的基因？

10. 有人使用 PCR 扩增一个 2 kb 长的基因，他在准备扩增反应的时候，犯了一些错误。根据你学过的分子生物学知识，你认为这些错误对 PCR 的结果有何影响？他需要不需要重新准备反应系统？

(1) 在反应系统中，他除了加了 dNTP，还加入了 ddNTP。

(2) DNA 模板的量比原计划多加了两倍。

(3) 他使用了大肠杆菌的 DNA 聚合酶代替 *Taq* 聚合酶。

(4) 他设置的扩增循环是：1 min@37 ℃，1 min@50 ℃，1 min@72 ℃。

(5) 他使用的引物序列与基因的编码链两侧的序列完全相同。

推荐网站：

1. http://en.wikipedia.org/wiki/Molecular_cloning（维基百科有关分子克隆的内容）
2. http://www.cellbio.com/protocols.html（在线的细胞和分子生物学实验技术）
3. http://www.protocol-online.org/prot/Molecular_Biology/（在线的分子生物学实验技术）
4. http://www.assay-protocol.com/molecular-biology（在线的分子生物学实验技术）
5. https://en.wikipedia.org/wiki/Polymerase_chain_reaction（维基百科有关 PCR 的内容）

参考文献：

1. Ledford H. CRISPR: Gene Editing Is Just the Beginning[J]. Nature, 2016, 531(7593): 156.
2. Kim H, Kim J S. A guide to genome engineering with programmable nucleases[J]. *Nature Reviews Genetics*, 2014, 15(5): 321～334.
3. Luke A. Gilbert, Matthew H. Larson, Morsut L, et al. CRISPR-Mediated Modular RNA-Guided Regulation of Transcription in Eukaryotes[J]. *Cell*, 2013, 154(2): 442～451.
4. Nelson J D, Denisenko O, Bomsztyk K. Protocol for the fast chromatin immunoprecipitation (ChIP) method[J]. *Nature Protocols*, 2006, 1(1): 179～185.
5. Lipovsek D, Plückthun A. In-vitro protein evolution by ribosome display and mRNA display[J]. *Journal of Immunological Methods*, 2004, 290(1): 51～67.
6. Pfeifer A, Verma I M. Gene therapy: promises and problems[J]. *Annual Review of Genomics & Human Genetics*, 2001, 2(1): 177.
7. Fraser A G, Kamath R S, Zipperien P, et al. Functional genomic analysis of C. elegans chromosome I by systematic RNA interference[J]. *Nature*, 2000, 408

(6810): 325.

8. Arnheim N, Erlich H. Polymerase chain reaction strategy[J]. *Annual Review of Biochemistry*, 1992, 61(61): 131～156.
9. Saiki R K, Gelfand D H, Stoffel S, et al. Primer-directed enzymatic amplification of DNA with a thermostable DNA polymerase[J]. *Science*, 1988, 239(4839): 487～91.
10. Smith G P. Filamentous fusion phage: novel expression vectors that display cloned antigens on the virion surface[J]. *Science*, 1985, 228(4705): 1315～1317.
11. Saiki R K, Scharf S, Faloona F, et al. Enzymatic amplification of b-globin genomic sequences and restriction site analysis for diagnosis of sickle cell anemia [J]. *Science*, 1985, 230(4732): 1350～1354.
12. Johnson I S. Human insulin from recombinant DNA technology[J]. *Science*, 1983, 219(4585): 632～637.
13. Smith G P, Petrenko V A. Phage display[J]. *Chemical reviews*, 1997, 97(2): 391～410.
14. Hanes J, Plückthun A. In vitro selection and evolution of functional proteins by using ribosome display[J]. *Proc. Natl. Acad. Sci*, 2003, 94(10): 4937～4942.
15. Lobban PE, Kaiser AD. Enzymatic end-to end joining of DNA molecules[J]. *Journal of Molecular Biology*, 1973, 78(3): 453, IN1, 461～460, IN2, 471.
16. Cohen S N, Boyer H W, Helling R B. Construction of Biologically Functional Bacterial Plasmids In Vitro[J]. *Proc. Natl. Acad. Sci*, 1992, 24(11): 188.
17. Jackson D A, Symons R H, Berg P. Biochemical Method for Inserting New Genetic Information into DNA of Simian Virus 40: Circular SV40 DNA Molecules Containing Lambda Phage Genes and the Galactose Operon of Escherichia coli[J]. *Proc. Natl. Acad. Sci*, 1972, 69(10): 2904.

数字资源:

专业词汇英汉对照和索引

aminoacylated tRNA 氨酰- tRNA
aminoacyl-tRNA synthetase (aaRS) 氨酰 tRNA 合成酶
aminoacyl-tRNA-protein transferase 氨酰- tRNA -蛋白质转移酶
aminoglycoside 氨基糖苷
A-minor motif A -小沟模体
amphipathic helix 两亲螺旋
anaphase-promoting complex (APC) 后期促进复合物
ancillary protein factor 辅助性蛋白因子
anisomycin 茴香霉素
annealing 退火
antennapedia complex (ANT-C) 触角足复合体
anterior pole 前极
anthranilate synthetase 邻氨基苯甲酸合成酶
antisense RNA 反义 RNA
antibiotic 抗生素
antigenome 反基因组
AP endonuclease AP 内切酶
APOBEC - 1 complementation factor (ACF) APOBEC - 1 互补因子
apo B mRNA editing catalytic subunit 1(APOBEC - 1) Apo B mRNA 编辑催化亚基 1
apocytochrome c 脱辅基细胞色素 c
apolipoprotein 载脂蛋白或脱辅基脂蛋白
apoptosis 细胞凋亡
aptamer 适体
apurinic site 无嘌呤位点(AP 位点)
apyridimidic site 无嘧啶位点(AP 位点)
apyrase 双磷酸酶
Arabideopis thaliana 拟南芥
arabinose isomerase 阿拉伯糖异构酶
Archaea 古菌
argonaute(Ago) 淘金者蛋白
A site A 部位
assembly factor 组装因子
Ataxia telangiectasia (AT) 共济失调微血管扩张综合征
attachment 附着
ATP sulfurylase ATP 硫酸化酶
AU-rich element (ARE) 富含 AU 序列的元件
attenuation 衰减或弱化
attenuator 衰减子或弱化子
AU-rich element (ARE) 富含 AU 序列的元件
autism 自闭症
autogenous control 自体调控
autokinase 自激酶

autophagosome 自噬体
autosome 常染色体
autonomous 自主型
autonomously replicating sequence (ARS) 自主复制序列
autoradiography 放射自显影
autoregulation 自体调控
avian myeloblastosis virus (AMV) 禽类成髓细胞瘤病毒
avian sarcoma/leukosis virus (ASLV) 鸟肿瘤/白血病病毒

β- galactosidase β-半乳糖苷酶
back mutation 回复突变
backtrack 倒退
Bacteria 细菌
Bacteriophage Mu Mu 噬菌体
Bacterial Artificial Chromosome (BAC) 细菌人工染色体
Baculoviruses 昆虫杆状病毒
Barr body 巴氏小体
basal transcription factor 基础转录因子
basal promoter 基础启动子
base excision repair (BER) 碱基切除修复
base flipping 碱基翻转
base pair (bp) 碱基对
base-pair substitution 碱基对置换
base-stacking 碱基堆集力
basic copy (BC) 基本拷贝
basic domain 碱性结构域
basic helix-loop-helix (bHLH) 碱性 α -螺旋-环- α -螺旋
basic Zipper (B-Zip) 碱性拉链
beads on a string 串珠状
beta barrel β-桶
beta-scaffold factors with minor groove contacts 与小沟接触的 β-支架因子
B-form double helix B 型双螺旋
bidirectional replication 双向复制
binding immunoglobulin protein (BiP) 结合免疫球蛋白蛋白
bioluminescence resonance energy transfer (BRET) 生物发光共振能量

Bioinformatics 生物信息学
biomass 生物质
biotinylation 生物素化
bithorax complex (BX-C) 双胸复合体
bladder cancer-associated protein (BLCAP) 膀胱癌相关蛋白
bleomycin 博来霉素
Bloom's syndrome 布伦氏综合征
blue/white screening 蓝白筛选法
blunt ends 平端
Borrelia burgdorferi 博氏疏螺旋体
Bovine spongiform encephalopathy (BSE) 牛海绵状脑病
branch migration 分叉迁移
branch point binding protein (BBP) 分支点结合蛋白
brain derived neurotrophic factor (BDNF) 脑衍生的神经营养因子
bridge helix 桥螺旋
bromodomain 溴结构域
budding yeast 芽殖酵母
buoyant density 浮力密度
bypass suppressor 迂回校正
bypass synthesis 跨越合成
bypass translation 跳跃翻译

cAMP receptor protein (CRP) cAMP 受体蛋白
calcitonin gene-relatedpeptide (CGRP) 降钙素基因相关肽
catabolite activator protein (CAP) 分解物激活蛋白
calnexin (CNX) 钙凝素
calreticulin (CRT) 钙网质素
cAMP response element binding protein binding protein (CREBBP) cAMP 反应元件结合蛋白的结合蛋白
Candida albicans 白色念珠菌
Candida parapsilosis 平滑假丝酵母
capping 戴帽
capsid protein (CA) 衣壳蛋白
cap-binding complex (CBC) 帽子结合复合物
cap-binding protein (CBP) 帽子结合蛋白
capsule 荚膜
cartilage matrix protein 软骨基质蛋白
Cauliflower mosaic virus (CaMV) 花椰菜镶嵌病毒
catenation 连环化
carboxyl-terminal domain (CTD) 羧基端结构域
C-C motif receptor 5(CCR5) C-C 模体受体 5
CCCTC-binding factor (CTCF) CCCTC 结合因子
CCA-adding enzyme CCA 添加酶
cyclin-dependent kinase (CDK) 周期蛋白依赖性蛋白质激酶
C/D box C/D 盒
cDNA library cDNA 文库
C. elegans 秀丽隐杆线虫
Cell division cycle 10 - dependent transcript1 (Cdt1) 细胞分裂周期蛋白 10 依赖性转录因子
cell division cycle 6 (Cdc6) 细胞分裂周期蛋白 6
cell-free translation system 无细胞翻译系统
centi Morgan (cM) 厘摩
central DNA flap 中央翼式结构
central dogma 中心法则
central domain 中央结构域
centromere 着丝粒
chair-G-quadruplex 椅状的四联体
chalone synthase 蝴蝶兰查尔酮合酶
chaperonin 伴侣蛋白
Chargaff's rules Chargaff 规则
chemical footprinting 化学足印法
chemokine 趋化因子
chimeic mouse 嵌合型小鼠
Chlamydomonas reinhardtii 莱茵衣藻
clathrin 笼形蛋白或网格蛋白
cleavage 卵裂,剪切
checkpoint kinase 检查点激酶
chromosome walking 染色体步移
chromosome conformation capture carbon copy (5C) 染色体构象捕获碳拷贝
chromatin 染色质
chromatin assembly factor 1(CAF - 1) 染色质组装因子 1
chromatin accessibility complex (CHRAC) 染色质可及复合物
Chromatin Immunoprecipitation (ChIP) 染色质免疫沉淀
chromatin remodeling factor 染色质重塑因子
chromatid 染色单体
chromosome 染色体
chloramphenicol 氯霉素
chloroplast DNA (ctDNA) 叶绿体 DNA
circadian clock 生物钟
Circoviridae 环状病毒
cis-dominant 顺式显性

cis-splicing 顺式拼接
cis-acting element 顺式作用元件
cis-sequences 顺式序列
cisplatin 顺铂
ciprofloxin 环丙沙星
citrullination 瓜氨酸化
clamp-loading complex 钳载复合物
class switching 类别转换
class switch recombination (CSR) 类别转换重组
cleavage and poly Adenylation specificity factor (CPSF) 剪切/多聚腺苷酸化特异性因子
cleavage factor Ⅰ/Ⅱ (CF Ⅰ/Ⅱ) 剪切因子Ⅰ和Ⅱ
cleavage stimulation factor (CstF) 剪切刺激因子
clone contig approach 克隆重叠群法
closed complex 封闭复合物
cloverleaf 三叶草
co-activator 辅激活蛋白
coat protein 外被蛋白
coding strand 编码链
cohesin 粘连蛋白
colicin 大肠杆菌素
co-linearity 共线性
co-regulator 共调节物
cosuppression 共阻遏
constitutive genes 组成型基因
constitutive heterochromatin 组成型异染色质
control element 受到控制元件
co-repressor 辅阻遏物
Corynebacterium diphtheriae 白喉杆菌
core particle (CP) 核心颗粒
cordycepin 虫草素
coding strand 编码链
Cockayne's syndrome (CS) Cockayne 氏综合征
cocktail therapy "鸡尾酒"疗法
cohesive ends 粘性末端
cohesive site 粘性位点(*cos* 位点)
colony stimulating factor (CSF) 集落刺激因子
Comparative Genomics 比较基因组学
competent cell 感受态细胞
complex transposon 复杂型转座子
composite transposon 复合型转座子
Computational Biology 计算生物学
complementary DNA (cDNA)互补 DNA
complementarity determining region (CDR) 互补性决定区
confocal laser scanner 激光共聚焦扫描
concatemer 串联体
colicin 大肠杆菌素
conditional mutant 条件突变体
conjugation 接合
contiguous stacking hybridization (CSH) 邻堆杂交
conotoxin 芋螺毒素
convergent evolution 趋同进化
co-protease 共蛋白酶
copy number polymorphism (CNP) 拷贝数多态性
copy number variation profiling 拷贝数目变异谱分析
cordycepin 冬虫夏草素
core enzyme 核心酶
core promoter 核心启动子
coronavirus 冠状病毒
cosmid 柯斯质粒
covalently-closed circular (cccDNA) 共价闭环 DNA
CpG island CpG 岛
CRE cAMP 反应元件
Creutzfeld-Jakob disease (CJD) 克-雅氏综合征
CRISPR associated protein (Cas) CRISPR 关联蛋白
CRISPR RNA crRNA
cross-linking 共价交联
cruciform DNA 十字形 DNA
cryptic satellite DNA 隐蔽卫星 DNA
cryptochrome (CRY) 隐蔽色素
cuticle protein 蛹角质膜蛋白
cutaneous T-cell lymphoma (CTCL) 皮肤 T 细胞淋巴瘤
C value paradox C 值矛盾
CXC motif receptor4 (CXCR4) C-X-C 模体受体 4
cyclic phosphodiesterase 环磷酸二酯酶
cyclesequencing 循环测序
cyclin 细胞周期蛋白
cyclin-dependent kinase 依赖于周期蛋白的蛋白质激酶 (CDK)
cyclin-dependent kinase activating kinase (CAK) 周期蛋白依赖性激酶激活的激酶
cycloheximide 放线菌酮
cyclobutane pyrimidine dimmer (CPD) 环丁烷嘧啶二聚体
cystic fibrosis 囊性纤维变性
cytosine 胞嘧啶
cytosolic chaperonin containing TCP-1(CCT) 细胞质基质含有 TCP-1 的伴侣蛋白

cytokines 细胞因子
cytochrome c heme lyase（CCHL）细胞色素 c 血红素裂合酶
cytidine deaminase acting on tRNA base 8(CDAT8) 作用 tRNA8 号碱基的胞苷酸脱氨酶

damage bypass 损伤跨越
damage sensor proteins 损伤探测蛋白
Dbf4-dependent protein kinase（DDK）Dbf4 依赖性蛋白质激酶
deamidase 脱酰胺酶
death receptor 死亡受体
deazaflavin 脱氮黄素
decatenation 去连环化
decay-accelerating factor（DAF）退化加速因子
degeneracy 简并性
degenerate PCR 简并 PCR
degradosome 降解体
dehydroalanine 脱氢丙氨酸
delayed early gene 晚早期基因
Deltaproteobacteria δ-变形细菌
Deinococcus radiodurans 耐辐射奇球菌
denaturation 变性
density gradient centrifugation 密度梯度离心
De novo synthesis 从头合成
destruction box 破坏盒
deubiquitinating enzymes 去泛酰化酶
diphthamide 白喉酰胺
differential display PCR（DD－PCR）差异显示 PCR 技术
differential expression 差别表达
distal ends 远端
DNA adenine methyltransferase（Dam）DNA 腺嘌呤甲基转移酶
DNA amplification DNA 扩增
DNA bending DNA 弯曲
DNA dependent DNA polymerase（DNAP）依赖于 DNA 的 DNA 聚合酶
DNA-dependent RNA polymerase（RNAP）依赖于 DNA 的 RNA 聚合酶
DNA-dependent protein kinase's catalytic subunit（DNA－PK_{CS}）DNA 依赖性蛋白质激酶催化亚基
DNase Ⅰ footprinting assay DNA 酶Ⅰ-足印分析
DNase Ⅰ hypersensitive site（DHS）DNA 酶Ⅰ超敏感位点
DNA chaperone DNA 伴侣蛋白
DNA deaminase DNA 脱氨酶
DNA transposons that transpose conservatively 保留型 DNA 转座子
DNA transposons that transpose replicatively 复制型 DNA 转座子
DNA scrunching DNA 皱褶
DNA-glycosylase DNA 糖苷酶
DNA photoreactivating enzyme DNA 光复活酶
DNA photolyase DNA 光裂合酶
DNA ligase DNA 连接酶
DNA microarray DNA 微阵列
DNA imprinting DNA 印记
DNA methyltransferases DNA 甲基化酶
DNA recognition helix DNA 识别螺旋
DNA-binding domain（DBD）DNA 结合结构域
DNA unwinding element（DUE）DNA 解链元件
dihydrouridine（D）二氢尿嘧啶
dimethylsulphate（DMS）硫酸二甲酯
diploid 二倍体
diphtheria toxin（DT）白喉毒素
direct repeat 直接重复
dispersive 弥散性
displacement-loop 取代环(D-环)
direct repair 直接修复
direct repeats 直接重复序列
dissociation element（Ds）解离元件
distal sequence element（DSE）远端序列元件
D loop D 环
dodecapeptide 十二肽
dolichol 多萜醇
dominant 显性的
dominant negative mutant 显性负性突变体
donor duplex 供体双链
"double sieve" mechanism "双筛"机制
double-strand break model 双链断裂模型
double-strand break repair（DSBR）双链断裂修复
double-strand origin（DSO）双链起始区
down mutations 下降突变
Down syndrome-associated cell adhesion molecule（Dscam）唐氏综合征相关细胞粘着分子
downstream promoter element（DPE）下游启动子元件
drug-resistance plasmids 抗药性质粒(R 质粒)
dsRNA-dependent protein kinase（PKR）依赖于 dsRNA 的蛋白质激酶

Drosophila melanogaster 黑腹果蝇
dystrophin 抗肌营养不良蛋白
Dyschromatosis symmetrica hereditaria 遗传性对称性色素异常症

early B-cell factor 3 (EBF3) 期 B 细胞因子 3
Ebola virus 埃博拉病毒
echinoderm 棘皮类动物
editing 编辑
editing site 校对中心
editosome 编辑体
effector domain 效应器结构域
eIF4E binding protein1 (eIF4EBP1) eIF4E 结合蛋白 1
electrophoretic mobility shift assay (EMSA) 电泳迁移滞后分析
electroporation 电穿孔
electrophoretic mobility shift assay (EMSA) 电泳泳动变化分析
electrospray ionization-tandem mass spectrometry (ESI-MS) 电喷雾电离串联质谱
element 元件
elongation mutation 加长突变
elongation factor (EF) 延伸因子
end-product repression 末端产物阻遏
enhanceosome 增强体
envelope 外被
embryonic stem cells (ES cells) 干细胞
endosome 内体
enhancer 增强子
enhanced GFP (EGFP) 增强型绿色荧光蛋白
Enterococcus faecalis 粪肠球菌
environmental genomics 环境基因组学
ERE 雌激素反应元件
ER-associated degradation pathway (ERAD) 内质网关联的蛋白质降解途径
epigenetic 表观遗传
epigenetics 表观遗传学
Epstein-Barrvirus EB 病毒
error-prone repair 易错修复
error-prone PCR 易错的 PCR
erythropopoetin(EPO) 红细胞生成素
ethidium bromide(EB) 溴乙啶
euchromatin 常染色质
Eukarya 真核生物
Euplotes aediculatus 小腔游仆虫
Euryarchaeota 广古菌
excisionase 切除酶
excision repair 切除修复
exit channel 离开通道
exit site (E site) E 部位
exome 外显组
exon 外显子
exon-junction complex (EJC) 外显子连接点复合物
exon shuffling 外显子混编
exon skipping 外显子跳过
exonic splicing enhancer (ESE) 外显子剪接增强子
exon trapping 外显子捕获
exonuclease V 外切核酸酶 V
exosome 外体
expression sequence tag (EST) 表达序列标签
expression vector 表达载体
expression-linked copy (ELC) 表达偶联位点的拷贝
exportin 输出蛋白
external transcribed spacer (ETS) 外部转录间隔序列
extein 外显肽

Faconi anemia 范康尼贫血
Flavobacterium okeanokoites 海床黄杆菌
facultative heterochromatin 兼性异染色质
farnesol 金合欢醇
farnesyl group 法呢酯基
Feline leukemia virus 猫白血病病毒
ferritin 铁蛋白
factor for inversion stimulation (Fis) 倒位刺激因子
fibronectin 纤粘蛋白
Firmicutes 厚壁细菌
flap endonuclease 翼式内切酶
flagellin 鞭毛蛋白
fluorescent in situ hybridization (FISH) 荧光原位杂交
fluorescence resonance energy transfer (FRET) 荧光共振能量
folding sensor 折叠的传感器
folding-competent state 折叠能状态
fork pausing element 复制叉暂停元件
formylmethonine 甲酰甲硫氨酸
forward mutation 正向突变
Fragile X syndrome 脆性 X 综合征
fragment reaction “碎片”反应
frameshift mutation 移码突变
functional genomics 功能基因组学

fusidic acid 梭链孢酸
fusion vector 融合载体

gametogenesis 配子形成
gap gene 间隙基因
gancyclovir（GCV）丙氧鸟苷
Gaucher's disease 戈谢病
gastrula 原肠胚
gene bank 基因库
gene chip 基因芯片
gene cluster 基因簇
gene body 基因本体
gene expression 基因表达
gene expression profiling 基因表达谱分析
gene family 基因家族
gene gun 基因枪
gene knockout 基因敲除
gene knockdown 基因敲减
gene loss 基因丢失
gene overlapping 基因重叠
gene superfamily 超基因家族
general recombination 一般性重组
general transcription factor 普遍转录因子
gene shuffling 基因混排
gene therapy 基因治疗
genetic code 遗传密码
genetic linkage map 遗传连锁图谱
genetic mapping 遗传作图
geminin 增殖蛋白
genome 基因组
genome editing 基因组编辑
genome-wide DNA methylation profiling 基因组规模 DNA 甲基化谱分析
genomic DNA library 基因组文库
Genomics 基因组学
genotyping 基因分型
geometric selection 几何选择
geraniol 香叶醇
germ-line gene therapy 性细胞基因治疗
germinal micronucleus 生殖性的小核
Giardia lamblia 兰布尔吉亚尔氏鞭毛虫
glioblastoma multiforme 多形性胶质细胞瘤
global genome NER（GGR）全局性基因组 NER
glycosylphosphatidyl inositol-anchored（GPI-anchored）糖基磷脂酰肌醇锚定
glucosyl hydroxymethyl uracil 葡萄糖基羟甲基尿嘧啶
glucosyl hydroxymethyl uracil 葡萄糖基羟甲基尿嘧啶
glucose effect 葡萄糖效应
glucosamine 6 - phosphate（GlcN6P）6 -磷酸葡糖胺
glucosidase Ⅰ（GⅠ）葡糖苷酶Ⅰ
glucosidase Ⅱ（GⅡ）葡糖苷酶Ⅱ
glutaredoxin 谷氧还蛋白
glutamine-rich domain 富含 Gln 结构域
glycoprotein glycosyltransferase 糖蛋白糖基转移酶
glycosyl transferase 糖基转移酶
glucocorticoid hormone-response element（GRE）糖皮质激素反应元件
glutamate receptor channel 谷氨酸受体通道
glutathione reductase 谷胱甘肽还原酶
Glutamine Synthase-A 谷氨酰胺合成酶 A
G-quadruplex G -四联体
gratuitous inducer 安慰诱导物
green fluorescent protein（GFP）绿色荧光蛋白
group Ⅰ intron 第一类内含子
group Ⅱ introns 第二类内含子
guide RNA（gRNA）指导 RNA
GTPase activating protein（GAP）GTP 酶活化蛋白
guanine 鸟嘌呤
guanine - 7 - methyl transferase 鸟嘌呤- 7 -甲基转移酶
guanosine triphosphate cyclohydrolase 鸟苷三磷酸环化水解酶
guanine nucleotide exchange factor（GEF）鸟苷酸交换因子
guanylyl transferase 鸟苷酸转移酶
guide RNA（gRNA）引导 RNA
gyrase 旋转酶

H/ACA box H/ACA 盒
hairpin loop-bulge contact 发夹环突触结构
half chiasmas 半交叉点
half-time 半衰期
Haloarcula marismortui 死海嗜盐古菌
hammerhead ribozymes 锤头核酶
haploid 单倍体
haplotype mapping project（HapMap）单体型图计划
heat shock response element（HSE）热休克反应元件
heat shock factor（HSF1）热休克因子 1
head-to-tail axis 头尾轴
heavy strand 重链(H 链)

helix-loop-helix (HLH) α螺旋-突环-α螺旋
hemagglutinin (HA) 血凝素
hemolymph 血淋巴
hereditary nonpolyposis colorectal cancer (HNPCC) 遗传性非息肉病性大肠癌
Hepadna virus 嗜肝DNA病毒
Hepatitis Bvirus (HBV) 乙型肝炎病毒
hepatitis D virus (HDV) 丁型肝炎病毒
heparin 肝素
hereditary factor 遗传因子
herpes simplex virus-thymidine kinase 单纯疱疹病毒胸苷激酶
heterochromatin 异染色质
heteropolymer 异聚物
heterochromatin protein 1(HP1) 异染色质结合蛋白1
heterocyst 异胞体
heteroduplex 异源双链
heterologous probes 异源探针
heteropolymer 异聚物
heterodisulfide reductase 异二硫化物还原酶
heterozygote 杂合体
helper virus 辅助病毒
hepatitis delta antigen (HDAg) 丁型肝炎抗原
Hepatitis delta virus (HDV) 人丁型肝炎病毒
H. influenzae 嗜血流感杆菌
highly repetitive sequences 高度重复序列
high-fidelity 忠实性
hinged DNA (H-DNA) 铰链DNA
histone 组蛋白
histone core 组蛋白核心
histone fold 组蛋白折叠
His-tag 组氨酸标签
histone acetyltransferase (HAT) 组蛋白乙酰转移酶
histone code 组蛋白密码
histone deacetylase (HDAC) 组蛋白去乙酰酶
histone demethyltransferase (HDMT) 组蛋白去甲基转移酶
histone downstream element (HDE) 组蛋白下游元件
histone modifying enzyme 组蛋白修饰酶
histone variant 组蛋白变体
Holliday immediate Holliday 中间体
Hollidayjunction Holliday 连接
holoenzyme 全酶
histonemethyltransferase (HMT) 组蛋白甲基转移酶
Holliday structure Holliday 结构
homeobox gene 同源异形框基因
homeobox 同源异形框
homeodomain protein 同源异形蛋白
homeodomain 同源异形结构域
homing endonuclease (HO) 归巢核酸酶
homologous recombination (HR) 同源重组
homologous-pairing protein 2(Hop2) 同源配对蛋白2
homeotic gene 同源异形基因
homopolymer 同聚物
homozygote 纯合体
Hoogsteen base-pairing Hoogsteen 碱基对
host factor q protein (Hfq) 宿主因子q蛋白
hotspot “热点”
house-keeping gene 管家基因
house-keeping protein 管家蛋白
Hox antisense intergenic RNA(HOTAIR) Hox 反义基因间RNA
H-strand promoter (HSP) H链启动子
Human artificial chromosome (HAC) 人人工染色体
human epigenomic project (HEP) 人类表观基因组计划
Human Genome Project (HGP) 人类基因组计划
human growth hormone (hGH) 人生长激素
human immunodeficency virus (HIV) 人类免疫缺陷病毒
human papilloma virus (HPV) 人乳头瘤病毒
Human Protein Atlas (HPA) 人类蛋白质图集
human proteome project (HPP) 人类蛋白质组计划
human T-cell leukemia virus (HTLV) 人T-细胞白血病病毒
Huntington's disease 亨廷顿氏病
hybrid-capture 杂交捕获
hydrolytic editing 水解编辑
Hygromycin B 潮霉素B
hyperchromic effect 增色效应
hypochromic effect 减色效应
hyperphosphorylation 高度磷酸化
hypusination 脱氧羟基腐胺化

identity 个性
idling reaction 空转反应
immediate early gene 早早期基因
imprinting control region (ICR) 印记控制区域
import intermediate associated protein (IAP) 输入中间物关联蛋白
importin-β binding domain 输入蛋白-β结合域

light-harvesting chlorophyll protein (LHCP) 聚光叶绿素蛋白
levansucrase 果聚糖蔗糖酶
library 文库
limb bud 肢芽
lincomycin 林可霉素
linker DNA 连线 DNA
linkage map 连锁图谱
linking number 连环数
lipidation 脂酰基化
lipotropin 促脂解素
Listeria monocytogenes 单核细胞增生性李斯特菌
localization 区域化
localized anchor 区域化的锚定物
Lolium perenne L. 黑麦草
long interspersed nuclearelements (LINE) 长散布核元件
long noncoding RNA(lncRNA) 长非编码 RNA
longsingle copy section (LSC) 长单拷贝部分
long-term regulation 长期调控
looping-out model 环出模型
long-patch 长修补
long terminal repeat (LTR) 长末端重复序列
L-strand promoter (LSP) L 链启动子
luciferase 荧光素酶
luxury genes 奢侈基因
lymedisease 莱姆病
lysogenic pathway 溶原途径
lytic pathway 裂解途径
lytic phage 烈性噬菌体

macronucleus 大核
magic spot 魔斑
major groove 大沟
maltodextrin phosphorylase 麦芽糊精磷酸化酶
mammalian-wide interspersed repeat (MIR)
mannose 6 - phosphate (M6P) 6 -磷酸甘露糖
marine cone snail 海蜗牛
mariner element “水手”元件
matrix-associated region (MAR) 基质相关区域
matrix protein (MA) 基质蛋白
maturation factor 1 (MF1)成熟因子 1
maturase 成熟酶
maternal genes 母系基因
male pronucleus 雌性原核

maltodextrin phosphorylase 麦芽糊精磷酸化酶
mass spectrometry (MS) 质谱分析
massively parallel signature sequencing (MPSS) 大规模平行信号测序
matrix-assisted laser desorption ionization-time of flight mass spectrometry (MALDI-TOF MS) 基质辅助激光解析电离飞行质谱
measles virus 麻疹病毒
mediator 介导蛋白
meganuclease (MGN) 大范围核酸酶
megasatellite DNA 大卫星 DNA
Methanococcus voltae 沃氏甲烷球菌
Methanocaldococcus jannaschii 詹氏甲烷球菌
melanocyte-stimulating hormone (MSH) 促黑激素
melting temperature (Tm) 熔解温度
Mendelian inheritance 孟德尔遗传
metal response element (MRE) 金属反应元件
mesenchymal 间质
metallothionein (MT) 金属硫蛋白
metal-responsive transcription factor 1 (MTF - 1)金属应答性转录因子- 1
Met-aminopeptidase 甲硫氨酸-氨肽酶
metabolome 代谢组
metabolomics 代谢组学
metagenomics 宏基组学
Methanothermus fervidus 炽热甲烷嗜热菌
Methanopyrus kandleri 嗜热产甲烷古菌
methyl CpG binding protein (MBD) 甲基化 CpG 结合蛋白
methylcytosine binding protein (MeCP) 甲基化胞嘧啶结合蛋白
MeCP2 duplication syndrome MeCP2 倍增综合征
methyl-directed mismatch repair 甲基化导向的错配修复
methenyltetrahydrofolate (MTHF) 甲川四氢叶酸
micrococcal nuclease 小球菌核酸酶
Micrococcus 微球菌
Micrococcus luteus 黄色微球菌
microprocessor 微加工体
microRNA 微 RNA
microsatellite DNA 微卫星 DNA
microsatellite instability (MSI) 微卫星不稳定性
mini-intein 微内含肽
mini-chromosome maintenance (Mcm) 微型染色体维护蛋白

minimal promoter 基础启动子
Miniature Inverted-repeat Transposable Element (MITE) 微型反向重复转座元件
minisatellite DNA 小卫星 DNA
minor groove 小沟
minus-strand strong stop DNA (—sssDNA) 链强终止 DNA
mirror repeat 镜像重复
mismatch repair (MMR) 错配修复
missense mutations 错义突变
mis-paired slipped DNA 错配滑移 DNA
mitochondrial-import stimulating factor (MSF) 线粒体输入刺激因子
mitochondrial transcription factor A (TFAM) 线粒体转录因子 A
mitochondrial transcription factor B2 (TFB2M) 线粒体转录因子 B2
mitochondrial transcription elongation factor (TEFM) 线粒体转录延伸因子
mitochondrial RNA polymerase (POLRMT) 线粒体 RNA 聚合酶
mitomycin C (MMC) 丝裂霉素 C
Model organism 模式生物
moderately repetitive sequences 中度重复序列
moloney murine leukemia virus (MMLV) 莫洛尼鼠白血病病毒
molecular barcoding 分子条码
molecular biology 分子生物学
molecular motor 分子马达
molecular zipcode 分子邮政编码
Morphogen 成形素
molecular mimicry 分子模拟
mono-cistron 单顺反子
monoubiquitylation 单泛酰化
mouse mammary tumor virus (MMTV) 小鼠乳腺肿瘤病毒
mooring sequence 停泊序列
mRNA 信使 RNA
mRNA surveillance mRNA 监视
muclein 核素
nucleosome 核小体
multiple cloning sites (MCS) 多克隆位点
multiple displacement amplification (MDA) 多重取代扩增
multi-functional enzyme 多功能酶
multiple monoubiquitination 多重单泛酰化
multimerization domain 多聚化结构域
muscle regulatory factor (MRF) 肌肉调节因子
muscle enhancer factor (MEF) 肌肉增强因子
mutagen 突变原
mutation 突变
mutator 诱变子
Myxococcus 粘球菌
Mycobacteria tuberculosis 结核分枝杆菌
myoblast 肌纤维母细胞
myeloma 骨髓瘤
myelin basic protein (MBP) 髓鞘碱性蛋白
myogenin 肌细胞生成素
myristoylation 豆蔻酰化

N6-methyladenosine(m^6A) 6-甲基腺嘌呤
nanopore 纳米孔
N-acyl-homoserine lactone (AHL) N-脂酰高丝氨酸内酯类
Nanoarchaeum equitans 骑行纳古菌
negative control 负调控
negative element 负元件
N-end rule N 端规则
nested PCR 巢式 PCR
nested gene 嵌套基因
neomycin 新霉素
neuraminidase (NA) 神经氨酸苷酶
neural cell adhesion molecule (NCAM) 神经细胞黏附分子
neural restrictive silencer element (NRSE) 神经限制性沉默子元件
neural restrictive silencer factor (NRSF) 神经限制性沉默子因子
Neurospora 脉孢霉
neurofibromatosis 神经纤维瘤
neurofibromin 神经纤维瘤蛋白
neutralmutation 中性突变
nick translation 切口平移
Nitrogen regulator protein-C (Ntr-C) 氮调节蛋白 C
nitrosylation 亚硝基化
N, N-dimethyl malonamide N,N-二甲基丙二酰胺
non-contiguous fragments 非临近序列片段
non-fusion vectors 非融合载体
non-coding sequence (NCS) 非编码序列
non-homologous end joining (NHEJ) 非同源末端连接

non-functional rRNA decay（NRD）无功能 rRNA 的降解
non-small-cell lung carcinoma 非小细胞肺癌
nontranscribed spacer（NTS）非转录间隔区
nonsense-mediated mRNA decay（NMD）无义介导的 mRNA 降解
nonsense strand 无意义链
nonstop mRNA decay（NSD）无终止 mRNA 降解
nonstop 无终止密码子
nontumorigenic RNA virus 非致瘤 RNA 病毒
nonsense strand 无意义链
non-autonomous 非自主型
nonsense mutation 无义突变
non-histone protein 非组蛋白
Northernblotting Northern 印迹
novobiocin 新生霉素
nuclein 核素
nucleocapsid protein（NC）核衣壳蛋白
nucleotide 核苷酸
nucleotide excision repair（NER）核苷酸切除修复
nucleotidylation 核苷酸化
nucleic acid hybridization 核酸杂交
nucleofilament 核丝
nucleoprotein fibril 核蛋白纤维
nucleosome 核小体
nucleosome positioning 核小体选位
nucleation 成核作用
nuclear scaffold 核骨架
nuclear localization sequence（NLS）细胞核定位序列
nucleoid 类核或拟核
null phenotype 缺失表现型
nurse cell 滋养细胞
N-utilization site Nut 位点
N-utilization substance N 蛋白利用物质(Nus)

ochre codon 赭石型密码子
ochre suppressor tRNA 赭石型校正 tRNA
oligoadenylate synthetase 寡聚腺苷酸合成酶
oligonucleotide array 寡核苷酸阵列
oligonucleotide-directed mutagenesis 寡核苷酸引导的突变
oligosaccharyltransferase 寡糖基转移酶
O^6-alkylated guanine 6－烷基鸟嘌呤
O^6-methylguanine methyltransferase（MGMT）6－甲基鸟嘌呤甲基转移酶
oncoprotein 癌蛋白
onion skin replication“洋葱皮复制”
opal codon 乳白型密码子
open complex 开放复合物
oogenesis 卵子形成
open reading frame（ORF）可读架
Octamer 八聚体元件
operator 操纵基因或操作子
operon 操纵子
opioid peptide 阿片肽
origin recognition complex of proteins（ORC）起始区识别蛋白质复合体
ornithine decarboxylase（ODC）鸟氨酸脱羧酶
orthology 直系同源或种间同源
O. sativa 亚洲栽培稻
overload response 过载反应
overlapping gene 重叠基因
overhang 悬垂
oxidase assembly protein1（Oxa1）氧化酶组装蛋白 1

P1 phage artificial chromosome（PAC）P1 噬菌体人工染色体
pachytene 粗线期
palindromic sequences 回文结构
palm-fingers-thumb“手掌—手指—拇指”
panediting 泛编辑
Pandoravirus 潘多拉病毒
parasegment 泛体节
paralogy 旁系同源或种内同源
parental gene 亲本基因
partner exchange 对象交换
pair-rule genes 对律基因
paired end sequencing 双端测序
Paralog 横向同源物
paternity testing 亲子鉴定
pathogenomics 病理基因组学
pararetroviruses 拟反转录病毒
P element P 元件
peptidyl-prolyl cis-trans isomerase（PPI）肽酰脯氨酰异构酶
peptidylarginine deiminase（PAD）肽酰精氨酸脱亚氨基酶
peptidyl site（P site）P 部位
perivitelline space 卵周间隙
peroxisome targeting sequences（PTS）过氧化物酶体

定向序列
peptidyl transferase 肽酰转移酶
petunias 矮牵牛
phage display 噬菌体展示
phamarcogenomics 药物基因组学
phase variation 相变
Physarum 绒泡菌
physical map 物理图谱
photo lithography 光蚀刻
photolithographic mask 光刻掩膜
photoaffinity 光亲和分析
physical map 物理图
picornavirus 细小核酸病毒
ping pong cycle 乒乓循环
Pisum sativum 豌豆
piperidine 哌啶
Plasmodium 疟原虫
platyhelminth 新月鱼
plasmid 质粒
plus-strand strong stop DNA（＋sssDNA） 正链强终止 DNA
polar effect 极性效应
polyamine 多胺
polycistron 多顺反子
polymerase basic 1（PB1）碱性聚合酶 1
polymerase basic 2（PB2）碱性聚合酶 2
polymerase acidic（PA）酸性聚合酶
polymerase chain reaction（PCR）聚合酶链式反应
polynucleotide phosphorylase（PNP） 多聚核苷酸磷酸化酶
population genomics 群体基因组学
postgenomics 后基因组学
post transcriptional gene silencing（PTGS）转录后基因沉默
posterior pole 后极
potato spindle tuber viroid（pstvd） 马铃薯纺锤块茎类病毒
porin 孔蛋白
positive control 正调控
pre-fusion complex 预融合复合物
pre-incision complex 预剪切复合物
pre-initiation complex（PIC）预转录起始复合物
pre-nucleosome 前核小体
preprimosome 预引发体
pre-replication complex（pre-RC） 复制预起始复合物
Pribnow box Pribnow 盒
processing bodies（P 小体）加工小体
prokaryotic ubiquitin-like protein（Pup） 原核拟泛素蛋白
protein activator of the interferon induced protein kinase（PACT）干扰素诱导的蛋白质激酶激活蛋白
protein A series 蛋白质 A 融合系列
protein disulphide isomerase（PDI） 蛋白质二硫键异构酶
protein engineering 蛋白质工程
proteome 蛋白质组
Proteomics 蛋白质组学
programmed rearrangement 程序性重排
proline-rich domain 富含 Pro 结构域
proximal sequence element（PSE） 近序列元件
promoter for repressor establishment（P_{RE}）为阻遏蛋白建立的启动子
polyprotein 多聚蛋白质
poly-cistron 多顺反子
polycomb repressive complex 2（PRC2） 多梭阻遏复合物 2
polynucleotide phosphorylase（PNP） 多核苷酸磷酸化酶
polyphenol oxidase（PPO） 多酚氧化酶
polysomes 多聚核糖体
polyubiquitination 多聚泛酰化
positive element 正元件
post-proteasome degradation 蛋白酶体后降解
polar effect 极性效应
point mutations 点突变
poliovirus 脊髓灰质炎病毒
polyoma virus 多瘤病毒
polypurine tract（PPT） 多聚嘌呤区域
poly A binding protein（PABP） poly A 结合蛋白
polyadenylation 多聚腺苷酸化
polynucleotide 多聚核苷酸
post-catalytic P complex 催化后 P 复合物
posterior pole 后极
posttranscriptional processing 转录后加工
positional factor 定位因子
powdery mildew 白粉病
pre-catalytic B complex 预催化 B 复合物
precipitation 沉淀
pre-initiation complex（PIC） 预转录起始复合物
premature stop codon（PTC） 提前出现终止密码子

preproinsulin 前胰岛素原
preprimosome 预引发体
Pribnow box Pribnow 盒
primary transcript 初级转录物
primase 引发酶
primer 引物
primer-binding site (PBS) 引物结合位点
processivity 进行性
prion 朊病毒
proflavin 原黄素
proliferating cell nuclear antigen (PCNA) 分裂细胞核抗原
PCNA-interacting protein box (PIP 盒) PCNA 互作蛋白盒
programmed cell death (PCD) 细胞程序性死亡
primosome 引发体
promoter clearance 启动子清空
promoter 启动子
positive supercoiling 正超螺旋
prophage 原噬菌体
proof-reading site 校对中心
proof-reading 校对
proteasome 蛋白酶体
proteome 蛋白质组
proteomics 蛋白质组学
pro-opiomelanocortin (POMC) 促阿黑皮素原
protospacer 原间隔序列
proto-spacer-adjacent motif (PAM) 原间隔序列邻位模体
pro-virus theory 前病毒学说
Pseudomonas. aeruginasa 铜绿假单胞菌
pseudogenes 假基因
pseudoknot 假节结构
pseudouridine (ψ) 假尿苷
pseudo-reverse mutation 假回复突变
P site P 部位
pulse chase 脉冲追踪
pulse labeling 脉冲标记
purine 嘌呤
puromycin 嘌呤霉素
pyrimidine 嘧啶
pyrophosphohydrolase 焦磷酸水解酶
pyrosequencing 焦磷酸测序
pyrrolysine (Pyl 或 O) 吡咯赖氨酸
Pyrococcus furiosus 极端嗜热菌
Pyrodictium 热网菌

quasispecies 准种
quality control 质量控制
quantitative real-time PCR (Q-PCR) 实时定量 PCR
quorum sensing 群体感应
Q-utilization site Qut 位点(靠近 $P_{R'}$ 启动子)

racemization 消旋化
Rauschermurine leukemia virus (R-MLV) 劳舍尔鼠白血病病毒
rapid amplication of cDNA ends(RACE) cDNA 末端快速扩增法
reactive oxygen species (ROS) 活性氧
read-through 通读
read-through mutations 通读突变
Really Interesting New Gene finger RING 指状
recipient duplex 受体双链
recessive 隐性的
recombinase 重组酶
recombination 重组
recombination repair 重组修复
recombination signal sequence (RSS) 重组信号序列
recombination-activating gene (RAG) 重组激活基因
recombinational bypass 重组跨越
regulatory elements 调控元件
release factor (RF) 释放因子
receiver 接受子
regulatory gene 调控基因
regulatory transcription factors 调节转录因子
regulon 调节子或调谐子
relaxed control 松弛型控制
relaxed mutants 松弛型突变体
remodelling 重塑
renaturation 复性
repeat (R) 重复序列
repetitive sequence 重复序列
replacement vector 取代型载体
reproductive genomics 生殖基因组学
replicase RNA 复制酶
replication factor F (RFC) 复制因子 C
replication origin 复制起始区
replication fork 复制叉
replication fork barriers (RFB) 复制叉障碍物
replication protein A (RPA) 复制蛋白 A

replication slippage 复制打滑
replication termination site（RTS）复制终止位点
replicon 复制子
replisome 复制体
reporter gene 报告基因
repression domain 阻遏结构域
rescuing synthesis 抢救合成
resolvase 拆分酶
response elements 反应元件
restriction endonucleases（RE）限制性内切酶
restriction fragment length polymorphism（RFLP）限制性片段长度多态性
retrotransposons 反转座子
retrointron 逆转录内含子
retron 逆转子
repressible operon 阻遏型的操纵子
repressor 阻遏蛋白
repressor maintenance（RM）阻遏蛋白维持
repressor establishment（RE）阻遏蛋白建立
repression domain 阻遏结构域
reprogrammed genetic decoding 再次程序化的遗传解码
reverse DNA gyrase DNA 反旋转酶
reversegenetics 反向遗传学
reverse mutation 回复突变
reverse transcriptase（RT）逆转录酶
reverse transcription PCR（RT-PCR）逆转录 PCR
reverse transcription 逆转录
retroplasmid 逆转录质粒
retrohoming 逆归巢
reverse splicing 逆性剪接
Rev Response Element（RRE）Rev 反应元件
rho factor ρ 因子
Rho-utilization site Rho 因子利用位点或 *rut* 位点
Rhozobium 固氮菌
ribonucleoproteins 核糖核酸蛋白复合物
ribose zipper 核糖拉链
ribosome-binding site（RBS）核糖体结合位点
ribosome-binding technique 核糖体结合技术
ribosome modulation factor（RMF）核糖体调节因子
ribosome display 核糖体展示
ribosomal frameshifting 核糖体移框
ribosome-nascent chain-SRP complex（RNC-SRP）核糖体-新生肽链-SRP 复合物
ribosome recycling factor（RRF）核糖体循环因子
riboswitch 核开关
ribozyme 核酶
ribonucleoprotein 核糖核蛋白
ribonucleotide reductase 核苷酸还原酶
ricin 蓖麻毒素
rifampicin 利福霉素
RNA arbitrarily primed PCR（RAP-PCR）RNA 随机引物聚合酶链式反应
RNA-dependent RNA polymerase（RdRP）依赖于 RNA 的 RNA 聚合酶
RNA-directed DNA methylation（RdDM）RNA 引导的 DNA 甲基化
RNA-exit channel RNA 离开通道
RNA interference（RNAi）RNA 干扰
RNA guanylyl transferase RNA 鸟苷酸转移酶
RNA-Induced Silencing Complex（RISC）RNA 诱导的沉默复合物
RNase RNA 酶
RNase P 核糖核酸酶 P
rolling-circle replication（RC 复制）通过滚环复制
Rotaviruses 轮状病毒
Rous sarcoma virus（RSV）劳氏肉瘤病毒
Rossman fold Rossman 折叠
rRNA 核糖体 RNA
Rubinstein-Taybi syndrome 阔拇指巨趾综合征或 Rubinstein-Taybi 综合征

Saccharomyces cerevisiae 酿酒酵母
Salmonella typhimurium 鼠伤寒沙门氏菌
saquinavir 沙奎那韦
satellite DNA 卫星 DNA
scaffold factors with minor groove contacts 与小沟接触的 β-支架因子
scanning tunnel microscope（STM）扫描隧道显微镜
Scrapie 羊瘙痒病
secretome 分泌组
segment polarity gene 体节极性基因
segmentation genes 分节基因
self-assemble 自组装
selectivity factor1（SL1）选择因子 1
selenocysteine（Sec 或 U）硒代半胱氨酸
Selenocysteine insertion sequence（SECIS）硒代半胱氨酸插入序列
Selenophosphate synthetase（SelD）磷酸硒化物合成酶
Selenoprotein-P 硒蛋白 P
semi-conservative replication 半保留复制

semi-discontinuous 半不连续
sense strand 有意义链
sensor 感应子
sensor kinase 感应子激酶
sequence complexity DNA 序列的复杂度
sequence-specific DNA affinity chromatography 序列特异性 DNA 亲和层析
Sequence Tagged Sites (STS) 序列标签位点
serum response element (SRE) 血清反应元件
serum response factor (SRF) 血清反应因子
serine/arginine-rich protein (SR 蛋白) 富含丝氨酸和精氨酸的蛋白
severe acuterespiratory syndrome virus SARS 病毒
serial analysis of gene expression (SAGE) 基因表达系列分析
short-hairpin RNA (shRNA) 短发夹结构的 RNA
short-interfering RNA (siRNA) 短干扰 RNA
shortsingle copy section (SSC) 短单拷贝部分
short-term regulation 短期调控
sheep Dolly 多莉羊
short-patch 短修补
shuttle vector 穿梭载体
silent information regulator (SiR) 沉默信息调节蛋白
Single Nucleotide Polymorphism (SNP) 单个核苷酸的多态性分析
Shine-Dalgarno sequence SD 序列
sickle cell anemia 镰刀形细胞贫血症
signature motif "签名"模体
signal hypothesis 信号学说
signal patch 信号斑
signal peptidase 信号肽酶
signal recognition particle (SRP) 信号识别颗粒
simple termination 简单终止
single cell DNA genome sequencing 单细胞基因组 DNA 测序
single molecule sequencer 单分子测序仪
site-directed mutagenesis 定点突变
short interspersed nuclear element (SINE) 短散布核元件
single-strand break model 单链断裂模型
site-specific recombination 位点特异性重组
signaling 信号传导
silent mutation 沉默突变
Simian virus (SV40) 猿猴病毒 40
simianimmunodeficency virus (SIV) 猿类免疫缺陷病毒
single-guide RNA (sgRNA) 单一引导 RNA
single-strand origin (SSO) 单链起始区
single-stranded DNA-binding proteins (SSB) 单链 DNA 结合蛋白
sliding clamp 滑动钳
Slipped mispaired DNA (SMP-DNA) 滑移错配 DNA
silencer 沉默子
silent mutation 沉默突变
simple termination 简单终止
small archaeal modifier protein (Samp) 古菌小修饰物蛋白
small ubiquitin-like modifier (SUMO) 小泛素相关修饰物
signal patch 信号斑
small temporal RNA (stRNA) 时钟小 RNA
small nuclear RNA (snRNA) 核小 RNA
small nuclear ribonucleoprotein (snRNP) 核小核糖核蛋白复合物
small nucleolar RNA (snoRNA) 核仁小 RNA
small protein B (SmpB) 小蛋白 B
SNP genotyping 单核苷酸多态性基因分型
snRNA activating protein complex (SNAPC) snRNA 激活蛋白复合物
sodiumion channel type Ⅱ Ⅱ型钠离子通道
solenoid 螺线管
somatic hypermutation (SHM) 体细胞超突变
somatic macronucleus 营养性的大核
somites 体节
sorting vesicle 分拣小泡
Southern blotting Southern 印迹
sparsomycin 稀疏霉素
specific linking difference (λ) 比连环差
specific transcription factor 特异性转录因子
spermidine 亚精胺
spermine 精胺
spindle fiber 纺锤丝
spliced leader sequence (SL) 被剪接的前导序列
spliceosome 剪接体
spliceosomal A complex 剪辑体 A 复合物
splicing 剪接
split gene 断裂基因
Spodoptera frugiperda 草地贪夜蛾
spontaneous mutation 自发性突变
stationary phase 稳定期
Staphylococcus Aureus 金黄色葡萄球菌

Streptococcus pyogenes 产脓链球菌
streptolydigin 利链霉素
Streptomyces griseus 灰色链霉菌
start point 起始点
start-transfer signal 启动转移信号
stem-loop 茎环
stem-loop binding protein (SLBP) 茎环结合蛋白
strepavidin 链霉亲和素
stringent control 严紧控制
structural genomics 结构基因组学
stringent factor 严紧因子
stringent response 严紧反应
stop-transfer sequence 停止转移序列
streptomycin 链霉素
species specific 种族特异性
specific transcription factor 特异性转录因子
streptolydigin 利链霉素
strepavidin 链霉亲和素
Streptococcus pneumoniae 肺炎双球菌
striatum 纹状体
structural gene 结构基因
sumoylation 小泛素相关修饰物修饰
suppressor tRNA 校正 tRNA
surface glycoprotein (SU) 表面糖蛋白
subtilisin 枯草杆菌蛋白酶
supercoiling 超螺旋
superhelix density 超螺旋密度
substitution vector 替换型载体
suppression subtractive hybridization (SSH) 抑制性消减杂交技术
suppressor mutation 校正突变
surrogate mother 代孕母鼠
synapsis 联会
synapsin Ⅰ 突触素Ⅰ
synaptonemal complex (SC) 联会复合体
synaptogenesis 突触形成
synergistic activation 增效激活
synteny 同线性
systematic evolution of ligands by exponential enrichment (SELEX) 指数富集式配体系统进化
Sulfolobus acidocaldarius 嗜酸热硫化叶菌
Sulfolobus solfataricus 嗜热硫矿硫化叶菌

tailing 加尾
tandemgene duplication 串联基因重复
TATA Box Binding Protein (TBP) TATA 盒结合蛋白
target-primed reverse transcription 靶位点引发的逆转录
TBP associated factors TBP 相关因子
T-cell receptor (TCR) T 细胞受体
telomere 端粒
telomere loop 端粒环(T-环)
telomere terminal transferase (TTT) 端粒末端转移酶
template 模板
template strand 模板链
template-switching-mediated TLS 模板转换介导的 TLS
terminal deoxynucleotidyl transferase (TdT) 末端脱氧核苷酸转移酶
terminator 终止子
terminator utilization substance 终止区利用物质(Tus 蛋白)
terminus 终止区
terminal uridylyl transferase (TUT) 末端尿苷酸转移酶
temperate phage 温和噬菌体
tetracycline 四环素
tetraikiodothyronine 5′-deiodinase 四碘甲状腺素 5′-去碘酶
Tetrahymena thermophilus 嗜热四膜虫
TFⅡB recognition element (BRE) TFⅡB 识别元件
TFⅢB-related factor TFⅢB 相关因子
thalassemia 地中海贫血
the acceptor stem 受体茎
the anterior- posterior axis 前后轴
the anticodon loop 反密码子环
the attachment site 附着位点
the cancer genome atlas (TCGA) 癌症基因组图集
translesion synthesis (TLS) 跨损伤合成
the chain termination method 末端终止法
theclustered regularly interspaced short palindromic repeat-associated (CRISPR) 成簇有规律间插短回文重复序列相关系统
the dideoxy method 双脱氧法
the discriminator base 区别碱基
the dorsal - ventral axis 背腹轴
the early growth response 1(EGR-1) 早期生长反应基因
the Encyclopedia of DNA Elements (ENCODE) DNA 元件百科全书
theextra loop 附加环

thefacilitates chromatin transcription complex（FACT） 促进染色质转录复合物
the guide strand 引导链
the germ line theory 生殖细胞学说
thehairpin-invasion model 发夹入侵模型
the heat shock factor（HSF）热休克因子
the library screening 文库筛选
the lysogenic cycle 溶原期
the lytic cycle 裂解期
the mercuric ion resistance operon 抗汞离子操纵子
the passenger strand“过客链”
the presequence translocase-associated motor（PAM） 前导序列转位酶相关联的分子马达
the poly A polymerase（PAP）poly A 聚合酶
the reinitiation mechanism 重启机制
the second genetic code 第二套遗传密码
Thermococcus Litoralis 嗜热原生动物
Thermophilic methanogens 嗜热的产甲烷菌
Thermus thermophilus 嗜热栖热菌
Thermus aquaticus（Taq）水生嗜热菌
the powerstroke model 能击模型
the shotgun sequencing 鸟枪法测序
the signal hypothesis 信号假说
the slippage mechanism“滑移”机制
the somatic mutation theory 体细胞突变学说
thethermal ratchet model 热棘轮模型
the two-gene theory 双基因学说
the tyrosine recombinase 酪氨酸重组酶
the serine recombinase 丝氨酸重组酶
the uridine turn 尿苷转角
thevariable loop 可变环
thiogalactoside transacetylase 巯基半乳糖苷转乙酰酶
thymine 胸腺嘧啶
thymine glycol 胸腺嘧啶乙二醇
tissue specific RNA editing 组织特异性 RNA 编辑
titin 肌巨蛋白
tmRNA 转移信使 RNA
trans-acting factor 反式作用因子
trans-activatingcrRNA（tracrRNA）反式作用 crRNA
transcription 转录
transcription activator-like effector nuclease（TALEN） 拟转录激活蛋白效应物核酸酶
transcription bubble 转录泡
transcription-coupled repair（TCR）转录偶联性修复
transcriptional gene silencing（TGS）转录阶段基因沉默
transcription factors（TF）转录因子
transcription initiating factor 转录起始因子
transcriptome 转录组
transcriptomics 转录组学
transferrin receptor（TfR）转铁蛋白受体
transcription repair coupled factor（TRCF）转录修复偶联因子
transduction 转导
transfection 转染
transformation 转化
transforming factor 转化因子
transit peptide 输送肽
transition 转换
translation 翻译
translational control 翻译控制
translational frameshift 翻译水平的移框
translocation 移位
translocon 移位子
transmembrane protein（TM）跨膜蛋白
transmission genetics 传递遗传学
transposable genetic element 可移位的遗传元件
transposase（*tnp*A）转座酶
transposition 转位
transposition recombination 转座重组
transposon 转座子
trans-splicing 反式剪接
trans side 高尔基体反面
transit peptide 输送肽
translocation 移位
transpeptidation 转肽
transport across theinner chloroplast membrane（TIC） 横跨叶绿体内膜的转运蛋白
Transport across the Inner Membrane（TIM）横跨(线粒体)内膜的转运蛋白
transport across the outer chloroplast membrane（TOC） 横跨叶绿体外膜的转运蛋白
transport across the Outer Membrane（TOM）横跨线粒体)外膜的转运
trans-translation 反式翻译
transversions 颠换
Trichodesmium erythraeum 红海束毛藻
Trichothiodystrophy（TTD）毛发二硫键营养不良症
Trichomonas 毛滴虫
trimming 修剪

索引查询入口

常见英文缩写

缩写	英文全称	中文译称
AAA^+	ATPases Associated with diverse cellular Activities	细胞多种活性相关的 ATP 酶
aaRS	aminoacyl-tRNA synthetase	氨酰 tRNA 合成酶
ADAR	adenosine deaminase acting on RNA	作用 RNA 的腺苷脱氨酶
AIDS	Acquired Immune Deficiency Syndrome	人类获得性免疫缺陷综合征
APC	anaphase-promoting complex	后期促进复合物
ARS	autonomously replicating sequence	自主复制序列
AZT	azidothymine	叠氮胸苷(齐多夫定)
BAC	bacterial artificial chromosome	细菌人工染色体
BRE	TFⅡB recognition element TFⅡB	TFⅡB 识别元件
BER	base excision repair	碱基切除修复
BiP	binding immunoglobulin protein	结合免疫球蛋白蛋白
BRET	bioluminescence resonance energy transfer	生物发光共振能量
CAF-1	chromatin assembly factor 1	染色质组装因子 1
CAP	catobolite activator protein	分解物激活蛋白
cAMP	cyclic AMP	环腺苷酸
CaMV	Cauliflower mosaic virus	花椰菜镶嵌病毒
CBP	cap-binding protein	帽子结合蛋白
cccDNA	covalently-closed circular	共价闭环 DNA
CCR5	C-C motif receptor 5	C-C 模体受体 5
CDK	cyclin-dependent kinase	周期蛋白依赖性蛋白质激酶
CEN	centromere	着丝粒
CHRAC	chromatin accessibility complex	染色质可及复合物
CNX	calnexin	钙凝素
cDNA	complementary DNA	互补 DNA
ChIP	Chromatin Immunoprecipitation	染色质免疫沉淀
CJD	Creutzfeldt-Jakob disease	克雅氏病
CPD	cyclobutane pyrimidine dimmer	环丁烷嘧啶二聚体
CPSF	cleavage and polyadenylation specificity factor	剪切/多聚腺苷酸化特异性因子
CRE	cAMP-response element	cAMP 反应元件
CRISPR	the clustered regularly interspaced short palindromic repeats	成簇有规律间插短回文重复序列相关系统
CRP	cAMP receptor protein	cAMP 受体蛋白
CRT	calreticulin	钙网质素
CRY	cryptochrome	隐蔽色素
CS	Cockayne syndrome	柯凯因氏症候群
CStF	cleavage stimulation factor	剪切刺激因子
CTD	carboxyl-terminal domain	羧基端结构域
CXCR4	CXC motif receptor 4	C-X-C 模体受体 4

Dam	DNA adenine methyltransferase	DNA 腺嘌呤甲基转移酶
ddNTP	2′,3′-dideoxynucleotide	2′,3′-双脱氧核苷酸
DDK	Dbf4-dependent protein kinase	Dbf4 依赖性蛋白质激酶
DMS	dimethylsulphate	硫酸二甲酯
DNA	deoxynucleic acid	脱氧核糖核酸
DNAP	DNA polymerase	DNA 聚合酶
DPE	downstream promoter element	下游启动子元件
DSBR	Double-strand break repair	双链断裂修复
DT	diphtheria toxin	白喉毒素
EB	ethidium bromide	溴化乙啶
EF	elongation factor	延伸因子
EJC	exon-junction complex	外显子连接复合物
EMSA	electrophoretic mobility shift assay	电泳泳动变化分析
ENCODE	the Encyclopedia of DNA Elements	DNA 元件百科全书
EPO	erythropopoetin	红细胞生成素
ESE	exonic splicing enhancer	外显子剪接增强子
EST	expressed sequence tag	表达序列标签
ERAD	ER-associated degradation pathway	内质网关联的蛋白质降解途径
FACT	the facilitates chromatin transcription complex	促进染色质转录复合物
Fis	factor for inversion stimulation	倒位刺激因子
FISH	fluorescent in situ hybridization	荧光原位杂交
FRET	fluorescence resonance energy transfer	荧光共振能量
GFP	green fluorescent protein	绿色荧光蛋白
GRE	glucocorticoid hormone-response element	糖皮质激素反应元件
GSA	Glutamine Synthase-A	谷氨酰胺合成酶 A
FEN1	flap endonuclease1	翼式内切酶 1
gRNA	guide RNA	指导 RNA
HAT	histone acetyltransferase	组蛋白乙酰转移酶
HapMap	haplotype mapping project	单体型图计划
HBV	Hepatitis B virus	乙型肝炎病毒
HDAC	histone deacetylase	组蛋白去乙酰酶
HDMT	histone demethyltransferase	组蛋白去甲基转移酶
HEP	human epigenomic project	人类表观基因组计划
HGP	Human Genome Project	人类基因组计划
HIV	human immunodeficency virus	人类免疫缺陷病毒
HMT	histone methyltransferase	组蛋白甲基转移酶
HNPCC	hereditary non-polyposis colorectal cancer	遗传性非息肉直肠癌
HPA	Human Protein Atlas	人类蛋白质图集
HPP	human proteome Project	人类蛋白质组计划
HSP	heat-shock protein	热激蛋白或热休克蛋白
HR	homologous recombination	同源重组
HRE	hormone response element	激素反应元件
IHF	integration host factor	整合宿主因子
IF	initiation factor	起始因子
IPTG	isopropyl beta-D-thiogalactoside	异丙基 硫代-β-D-半乳糖苷

IRE	insulin-response element	胰岛素反应元件
IRE	iron-response element	铁反应元件
IRES	internal ribosome entry site	内部核糖体进入位点
IS	insertion sequences	插入序列
IVS	intervening sequence	间插序列
lncRNA	long noncoding RNA	长非编码 RNA
LINE	long interspersed nuclear elements	长散布核元件
LTR	long terminal repeat	长末端重复序列
MAR	matrix-associated region	基质相关区域
MCS	multiple cloning sites	多克隆位点
Mcm	mini-chromosome maintenance	微型染色体维护蛋白
MDA	Multiple Displacement Amplification	多重取代扩增
micRNA	mRNA-interfering complementary RNA	信使干扰互补 RNA
MITE	miniature inverted-repeat transposable elements	微型反向重复转座元件
MMR	mismatch repair	错配修复
MMTV	mouse mammary tumor virus	小鼠乳腺肿瘤病毒
MRE	metal response element	金属反应元件
mRNA	messenger RNA	信使 RNA
MSF	mitochondrial-import stimulating factor	线粒体输入刺激因子
NDP	nucleoside diphosphate	核苷二磷酸
NER	nucleotide excision repair	核苷酸切除修复
NHEJ	non-homologous end joining	非同源末端连接
NLS	nuclear localization signal	细胞核定位信号
NMD	nonsense-mediated mRNA decay	无义介导的 mRNA 降解
NMP	nucleoside monophosphate	核苷酸单磷酸
NPC	nuclearpore complex	核孔复合物
NRD	non-functional rRNA decay	无功能 rRNA 的降解
NSD	nonstop mRNA decay	无终止 mRNA 降解
Ntr-C	Nitrogen regulator protein-C	氮调节蛋白 C
NTP	nucleoside triphosphate	核苷三磷酸
ORC	origin recognition complex of proteins	起始区识别蛋白质复合体
ORF	open reading frame	可读框
PABP	poly A binding protein	poly A 结合蛋白
PAC	P1-derivedArtificial Chromosome	P1 噬菌体的人工染色体
PBS	primer-binding site	引物结合位点
PCNA	proliferating cell nuclear antigen	分裂细胞核抗原
PCR	polymerase chain reaction	聚合酶链式反应
PDI	protein disulphide isomerase	蛋白质二硫键异构酶
PNP	polynucleotide phosphorylase	多聚核苷酸磷酸化酶
PPI	peptidyl-prolyl cis-trans isomerase	肽酰脯氨酰异构酶
PTS	peroxisome targeting sequence	过氧化物酶体定向序列
RACE	rapid amplification of cDNA ends	cDNA 末端快速扩增法
RBS	ribosome binding site	核糖体结合位点
RdRP	RNA-dependent RNA polymerase	RNA 依赖性 RNA 聚合酶
RE	restriction endonuclease	限制性内切酶

RF	release factor	释放因子
RFC	replication factor C	复制因子 C
RFLP	restriction fragment length polymorphism	限制性片段长度多态性
RISC	RNA-Induced Silencing Complex	RNA 诱导的沉默复合物
RNAP	RNA polymerase	RNA 聚合酶
ROS	reactive oxygen species	活性氧
RPA	replication protein A	复制蛋白 A
RRF	ribosome recycling factor	核糖体循环因子
RT	reverse transcriptase	逆转录酶
RNA	ribonucleic acid	核糖核酸
RAP-PCR	RNA arbitrarily primed PCR	RNA 随机引物聚合酶链式反应
RNAi	interfering RNA	干扰 RNA
rRNA	ribosomal RNA	核糖体 RNA
RSV	Rous sarcoma virus	劳氏肉瘤病毒
SAGE	serialanalysis of gene expression	基因表达系列分析
SAM	S-adenosylmethionine	S-腺苷甲硫氨酸
SBH	sequencing by hybridization	杂交测序
SCID	severe combined immunodeficiency	重度复合型免疫缺乏征
SINE	short interspersed nuclear element	短散布核元件
siRNA	short-interfering RNA	短干扰 RNA
SMP-DNA	slipped mispaired DNA	滑动错配 DNA
SNAPC	snRNA activating protein complex	snRNA 激活蛋白复合物
SnoRNA	small nucleoleic RNA	核仁小 RNA
SnRNA	small nuclear RNA	核小 RNA
SNP	single nucleotide polymorphism	单核苷酸多态性
SRE	serum response element	血清反应元件
SRP	signal recognition particle	信号识别颗粒
SSB	single-stranded DNA-binding protein	单链 DNA 结合蛋白
STS	sequence-tagged site	序列标签位点
stRNA	small temporal RNA	时间小 RNA
SV40	Simian virus 40	猿猴病毒 40
TALEN	transcription activator-like effector nuclease	拟转录激活蛋白效应物核酸酶
TBP	TATA box binding protein	TATA 盒结合蛋白
TCR	T-cell receptor	T 细胞受体
TCGA	the cancer genome atlas	癌症基因组图集
TIM	Transport across the Inner Membrane	横跨内膜的转运蛋白
TLS	translesion synthesis	跨损伤合成
TOM	Transport across the Outer Membrane	横跨外膜的转运蛋白
TF	transcription factors	转录因子
tmRNA	transfer messenger RNA	转移信使 RNA
TMV	tobacco mosaic virus	烟草花叶病毒
TRCF	transcription repair coupled factor	转录修复偶联因子
tRNA	transfer RNA	转移 RNA
TRS	tandem repeated sequence	串联重复序列
TTD	trichothiodystrophy	毛发二硫键营养不良症

TUT	terminal uridylyl transferase	末端尿苷酸转移酶
UAS	upstream activator sequence	上游激活子序列
UDG	uracil DNA glycosidase	尿嘧啶-DNA糖苷酶
UPE	upstream proximal elements	上游临近元件
VNTR	variable number tandem repeated sequence	可变串联重复序列
VSG	variant surface glycoprotein	可变的表面糖蛋白
XP	Xeroderma pigmentosum	着色性干皮病
Xgal	5-bromo-4-chloro-3-indolyl-β-D-galactoside	5-溴-4-氯-3-吲哚-β-D-半乳糖苷
YAC	yeast artificial chromosome	酵母人工染色体
ZFN	zinc finger nuclease	锌指核酸酶

主要参考书目

1. 杨荣武. 生物化学原理(第三版)[M]. 北京:高等教育出版社,2018.
2. 朱玉贤. 现代分子生物学(第三版)[M]. 北京:高等教育出版社,2007.
3. 王德宝,祁国荣. 核酸结构、功能与合成[M]. 北京:科学出版社,1987.
4. James D. Watson, Tania A. Baker, Stephen P. Bell, Alexander Gann, Michael Levine and RichardLosick. Molecular Biology of the Gene. 7th ed. Pearson Education, Inc., 2014.
5. Bruce Alberts, Alexander Johnson, Julian Lewis, and Martin Raff, Molecular Biology of the Cell. 6th ed. Garland Science, 2014.
6. David L. Neslson and Michael M. Cox. Lehninger principles of biochemistry. 6th ed. W. H. Freeman and Company, 2013.
7. Michael M. Cox, Jennifer A. Doudna and Michael O'Donnell. Molecular Biology. Macmillan Higher Education, 2012.
8. Jeremy M. Berg, John L. Tymoczko and Lubert Stryer. Biochemistry. 8th ed. W. H. Freeman and Company, 2015.
9. Jocelyn E. Krebs, Elliott S. Goldstein and Stephen T. Kilpatrick. Lewin's Genes XI. Pearson Education, Inc., 2014.
10. Robert F. Weaver. Molecular Biology. 5th ed. McGraw-Hill Companies, 2011.
11. Peter J. Russell. iGenetics: a molecular approach. 3rd ed. Pearson Education, Inc., 2010.
12. Donald Voet, Judith G. Voet and Charlotte W. Pratt. Fundamentals of Biochemistry. 2nd ed. John Wiley & Sons, Inc., 2006.
13. Benjamin A. Pierce. Genetics Essential. W. H. Freeman and Company, 2010.
14. Jeremy W. Dale and Simon F. Park. Molecular Genetics of Bacteria. 5th ed. John Wiley & Sons, Ltd, 2010.
15. Sambrook J. and Russell D. W. Molecular Cloning: A laboratory Manual. 3rd ed. Cold Spring Harbor Laboratory Press, 2001.

推荐网站

1. https://www. coursera. org/learn/shengwu-huaxue/home/welcome(全球著名的 coursera 慕课即 MOOC 平台,内有南京大学杨荣武教授讲授的结构生物化学 MOOC 课程)
2. http://www. icourses. cn/coursestatic/course_6275. html(中国国家资源共享课程平台,内有南京大学杨荣武教授讲授的结构生物化学 MOOC 和生物化学国家级精品资源共享课程以及国内其他高校教授讲授的与生命科学有关的课程)
3. http://www. wiley. com/legacy/college/boyer/0470003790/animations/animations. html(一个十分有用的生化和分子生物学学习动画互动网站)
4. http://mol-biol4masters. masters. grkraj. org/Molecular_Biology_Table_Of_Contents. html(印度班加罗尔大学 G. R. Kantharaj 教授提供的免费的面向硕士研究生的分子生物学课程)
5. http://www. web-books. com/MoBio/(一个在线的免费分子生物学教材)
6. http://www. ncbi. nlm. nih. gov/books/NBK21154/(在线的 Stryer 生物化学第五版)
7. http://themedicalbiochemistrypage. org/(一个在线的免费医学生物化学教材)
8. http://www. 51qe. cn/book/book18. php/(一个在线的免费中文分子生物学教材)
9. http://www. ncbi. nih. gov/美国生物技术信息中心(NCBI),一个学生化的人必去的地方
10. http://www. sciencedaily. com/(每日提供最新的科技新闻,许多是关于生命科学的)
11. http://www. bioon. com/(即生物谷——一个十分有用的生物医学门户网站)
12. http://www. dxy. cn/bbs/(丁香园——医学、药学、生命科学专业知识检索与交流论坛)
13. http://www. protocol-online. org/(一个在线提供各种生命科学实验方法的网站)
14. http://cmbi. bjmu. edu. cn/(中国医学生物信息网)
15. http://bingle. pku. eud. cn/(北京大学天网 FTP、WWW 文件搜索引擎)
16. http://www. science. com/(科学杂志)
17. http://www. nature. com/(自然杂志)
18. http://www. cell. com/(细胞杂志)
19. http://www. pnas. com/(美国科学院院刊)
20. http://en. wikipedia. org/(维基百科)
21. http://au. expasy. org/(在线的蛋白质序列数据库)
22. http://genomesonline. org/(各种生物的基因组数据)
23. http://www. edx. org/course/principles-biochemistry-harvardx-mcb63x-0(是全球又一著名的 edX 慕课即 MOOC)平台,内有哈佛大学两位教授讲授的 Principles of Biochemistry)